위험물 기능장
실기

한권으로 끝내기

시대에듀

국가기술자격도서 NO.1

합격도 취업도 한 번에 성공!
시대에듀에서 여러분을 응원합니다.

편·저·자·약·력

이덕수

[경력사항]
現 (주)유신방재
前 (주)거산방재
　　(주)대성방재
　　(주)국민소방
　　(주)보국이엔씨
　　소방설비기사 20년 강의
　　위험물기능장, 산업기사 10년 강의
　　산업안전협회(화공분야) 8년 강의
　　소방시설관리사 5년 강의
　　화학공장(현장, 품질관리) 16년 근무
　　위험물안전관리 대행기관 5년 근무

[자격사항]
위험물기능장 취득
소방시설관리사 취득
소방설비기사(기계, 전기) 취득
화공기사 취득
산업안전기사 외 다수 취득

끝까지 책임진다! 시대에듀!
QR코드를 통해 도서 출간 이후 발견된 오류나 개정법령, 변경된 시험 정보, 최신기출문제, 도서 업데이트 자료 등이 있는지 확인해 보세요! 시대에듀 합격 스마트 앱을 통해서도 알려 드리고 있으니 구글 플레이나 앱 스토어에서 다운받아 사용하세요. 또한, 파본 도서인 경우에는 구입하신 곳에서 교환해 드립니다.

편집진행 윤진영·김지은 | **표지디자인** 권은경·길전홍선 | **본문디자인** 정경일·박동진

PREFACE 머리말

현대 산업사회의 발전은 물질적인 풍요와 안락한 삶을 추구하게 합니다. 그러나 사회의 급속한 성장에 따른 변화들은 현실에서 위험물 안전관리에 대한 필요성을 절실히 느끼게 합니다. 산업의 발전과 더불어 위험물은 그 종류가 다양해지고 범위도 확산 추세에 있어, 위험물을 안전하게 취급·관리하는 위험물기능장의 수요는 꾸준히 증가할 전망입니다.

위험물기능장 자격증을 취득하면, 소방점검의 최상위 자격증인 소방시설관리사의 자격이 주어지는 것은 물론 소방시설관리사 실기시험의 2과목 중 소방시설의 설계 및 시공의 1과목이 면제되므로 소방시설관리사의 자격 취득에 월등히 유리한 조건이 주어집니다.

이에 저자는 석유화학공장, 위험물을 기초 원료로 하는 화학공장, 위험물 인·허가, 위험물안전관리대행 업무 등 오랜 실무 경험과 강의 경력을 바탕으로 한국산업인력공단의 출제기준에 맞춰 이 도서를 출간하게 되었습니다.

--- 본 도서의 특징 ---

- 저자의 오랜 현장 경험과 학원 강의 경력을 바탕으로 핵심만 집약하였습니다.
- 과년도 기출복원문제를 최다 수록하였으며, 각 문제마다 해설을 충실히 설명하였습니다.
- 이론과 과년도 기출복원문제는 현행 위험물안전관리법에 맞게 수정하였습니다.
- 실제 시험에 출제된 중요한 내용은 "고딕체"로 강조하여 핵심내용을 쉽게 파악할 수 있습니다.

앞으로도 도서의 부족한 점은 꾸준히 개정·보완하여 좋은 수험서가 되도록 노력하겠습니다.
「2026 시대에듀 위험물기능장 실기 한권으로 끝내기」 도서가 수험생 여러분들에게 합격의 날개가 될 수 있기를 진심으로 기원합니다.

편저자 올림

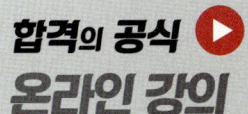 

보다 깊이 있는 학습을 원하는 수험생들을 위한
시대에듀의 동영상 강의가 준비되어 있습니다.
www.sdedu.co.kr ➜ 회원가입(로그인) ➜ 강의 살펴보기

시험안내

수행직무

위험물 관리 및 점검에 관한 최상급 숙련기능을 가지고 산업현장에서 작업관리, 위험물 취급기능자의 지도 및 감독, 현장훈련, 경영층과 생산계층을 유기적으로 결합시켜 주는 현장의 중간관리 등의 업무를 수행한다.

진로 및 전망

- 위험물(제1류~제6류)의 제조 · 저장 · 취급전문업체에 종사하거나 도료제조, 고무제조, 금속제련, 유기합성물제조, 염료제조, 화장품제조, 인쇄잉크제조업체 및 지정수량 이상의 위험물 취급업체에 종사할 수 있다. 일부는 소방직 공무원이나 위험물 관리와 관련된 직업능력개발훈련교사로 진출하기도 한다.
- 산업의 발전과 더불어 위험물은 그 종류가 다양해지고 범위도 확산 추세에 있으며, 소방법으로 정한 위험물 제1류~제6류에 속하는 위험물 제조 · 저장 · 운반시설업자 역시 위험물 안전관리자로 자격증 취득자를 선임하도록 되어 있어 위험물을 안전하게 취급 · 관리하는 전문가의 수요는 꾸준할 전망이다.

시험일정

구 분	필기원서접수 (인터넷)	필기시험	필기합격 (예정자)발표	실기시험 원서접수	실기시험	최종 합격자 발표일
제79회	1월 초순	1월 하순	2월 초순	2월 초순	3월 중순	4월 중순
제80회	6월 초순	6월 하순	7월 중순	7월 하순	8월 하순	9월 하순

※ 상기 시험일정은 시행처의 사정에 따라 변경될 수 있으니, 자세한 사항은 반드시 www.q-net.or.kr에서 확인하시기 바랍니다.

취득방법

- 시행처 : 한국산업인력공단
- 시험과목
  - 필기 : 화재이론, 위험물의 제조소 등의 위험물 안전관리 및 공업경영에 관한 사항
  - 실기 : 위험물취급 실무
- 검정방법
  - 필기 : 4지 택일형, 객관식 60문항(1시간)
  - 실기 : 필답형(2시간)
- 합격기준
  - 필기 · 실기 : 100점을 만점으로 하여 60점 이상

INFORMATION

합격의 공식 Formula of pass   시대에듀 www.sdedu.co.kr

검정현황

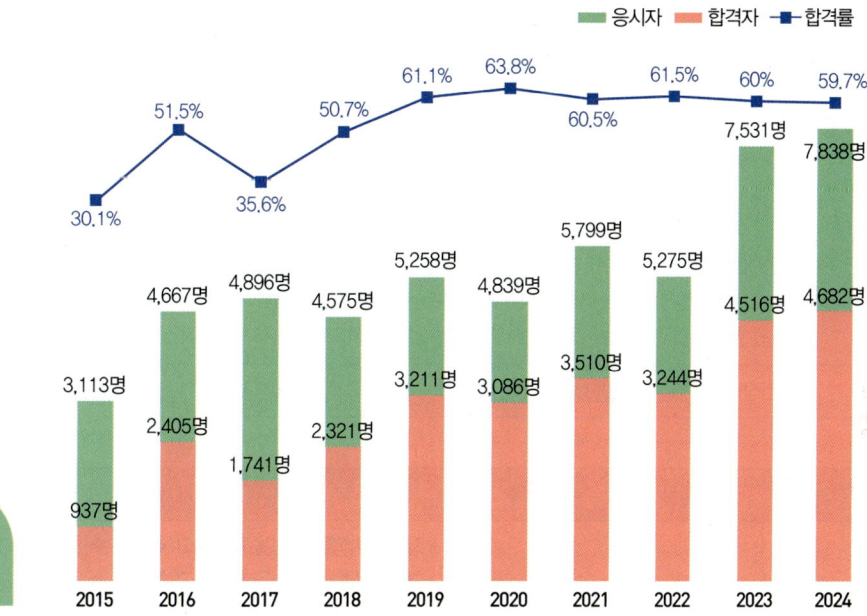

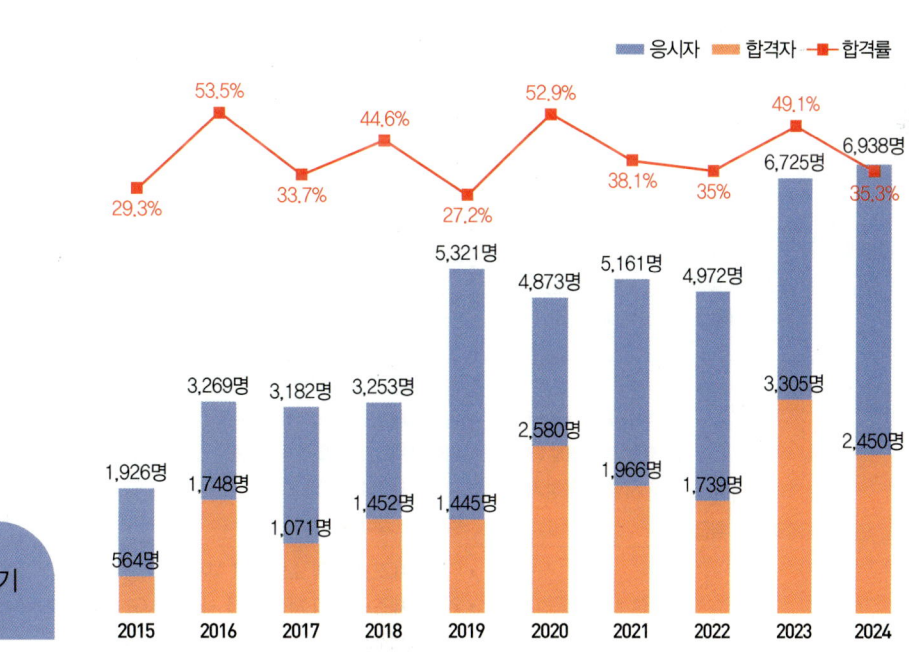

시험안내

출제기준

직무분야	화 학	중직무분야	위험물	자격종목	위험물기능장

- 직무내용 : 위험물의 저장·취급 및 운반과 이에 따른 안전관리와 제조소 등의 설계·시공·점검을 수행하고, 현장 위험물 안전관리에 종사하는 자 등을 지도·감독하여, 화재 등의 재난이 발생한 경우 응급조치 등의 총괄 업무를 수행하는 직무이다.
- 수행준거 : 1. 위험물 성상에 대한 전문 지식 및 숙련 기능을 가지고 작업을 할 수 있다.
  2. 위험물 화재 등 각종 사고 예방을 위해 안전 조치를 취할 수 있다.
  3. 산업 현장에서 위험물시설 점검 등을 수행할 수 있다.
  4. 위험물 관련 법규에 대한 전반적 사항을 적용하여 작업을 수행할 수 있다.
  5. 위험물 운송·운반에 대한 전문 지식 및 숙련 기능을 가지고 작업을 수행할 수 있다.
  6. 위험물 안전관리에 종사하는 자를 지도, 감독 및 현잔 훈현을 수행할 수 있다.
  7. 위험물 업무 관련하여 경영자와 기능 인력을 유기적으로 연계시켜주는 작업 등 현장 관리 업무를 수행할 수 있다.

실기검정방법	필답형	시험시간	2시간

실기과목명	주요항목	세부항목	세세항목
위험물취급 실무	위험물 성상	위험물의 유별 특성을 파악하고 취급하기	• 제1류 위험물 특성을 파악하고 취급할 수 있다. • 제2류 위험물 특성을 파악하고 취급할 수 있다. • 제3류 위험물 특성을 파악하고 취급할 수 있다. • 제4류 위험물 특성을 파악하고 취급할 수 있다. • 제5류 위험물 특성을 파악하고 취급할 수 있다. • 제6류 위험물 특성을 파악하고 취급할 수 있다.
		화재와 소화이론 파악하기	• 위험물의 인화, 발화, 연소범위 및 폭발 등의 특성을 파악할 수 있다. • 화재의 종류와 소화이론에 관한 사항을 파악할 수 있다. • 일반화학에 관한 사항을 파악할 수 있다.
	위험물 소화 및 화재, 폭발 예방	위험물의 소화 및 화재, 폭발 예방하기	• 적응소화제 및 소화설비를 파악하여 적용할 수 있다. • 화재예방법 및 경보설비 사용법을 이해하여 적용할 수 있다. • 폭발방지 및 안전장치를 이해하여 적용할 수 있다. • 위험물제조소 등의 소방시설 설치, 점검 및 사용을 할 수 있다.
	시설 및 저장·취급	위험물의 시설 및 저장·취급에 대한 사항 파악하기	• 유별을 달리하는 위험물 재해발생 방지와 적재방법을 설명할 수 있다. • 위험물제조소 등의 위치·구조 및 설비를 파악할 수 있다. • 위험물제조소 등의 위치·구조 및 설비에 대한 기준을 파악할 수 있다. • 위험물제조소 등의 소화설비, 경보설비 및 피난설비에 대한 기준을 파악할 수 있다.
		설계 및 시공하기	• 위험물제조소 등의 소방시설 설치 및 사용방법을 파악할 수 있다. • 위험물제조소 등의 저장, 취급 시설의 사고 예방대책을 수립할 수 있다. • 위험물제조소 등의 설계 및 시공을 이해할 수 있다.

실기과목명	주요항목	세부항목	세세항목
위험물취급 실무	관련 법규 적용	위험물제조소 등 허가 및 안전관리 법규 적용하기	• 위험물제조소 등과 관련된 안전관리 법규를 검토하여 허가, 완공절차 및 안전 기준을 파악할 수 있다. • 위험물 안전관리 법규의 벌칙규정을 파악하고 준수할 수 있다.
		위험물제조소 등 관리	• 예방규정 작성에 대해 파악할 수 있다. • 위험물시설 일반점검표 작성에 대해 파악할 수 있다.
	위험물 운송·운반 기준 파악	운송·운반 기준 파악하기	• 운송 기준을 검토하여 운송 시 준수 사항을 확인할 수 있다. • 운반 기준을 검토하여 적합한 운반용기를 선정할 수 있다. • 운반 기준을 확인하여 적합한 적재방법을 선정할 수 있다. • 운반 기준을 조사하여 적합한 운반방법을 선정할 수 있다. • 국제기준을 검토하여 국내법과 비교 설명할 수 있다.
		운송시설의 위치·구조 및 설비 기준 파악하기	• 이동탱크저장소의 위치 기준을 검토하여 위험물을 안전하게 관리할 수 있다. • 이동탱크저장소의 구조 기준을 검토하여 위험물을 안전하게 운송할 수 있다. • 이동탱크저장소의 설비 기준을 검토하여 위험물을 안전하게 운송할 수 있다. • 이동탱크저장소의 특례 기준을 검토하여 위험물을 안전하게 운송할 수 있다.
		운반시설 파악하기	• 위험물 운반시설(차량 등)의 종류를 분류하여 안전하게 운반할 수 있다. • 위험물 운반시설(차량 등)의 구조를 검토하여 안전하게 운반할 수 있다.
	위험물 운송·운반 관리	운송·운반 안전조치하기	• 입·출하 차량 동선, 주정차, 통제 관련 규정을 파악하고 적용하여 운송·운반 안전조치를 취할 수 있다. • 입·출하 작업 사전에 수행해야 할 안전조치 사항을 파악하고 적용하여 운송·운반 안전조치를 취할 수 있다. • 입·출하 작업 중 수행해야 할 안전조치 사항을 파악하고 적용하여 운송·운반 안전조치를 취할 수 있다. • 사전 비상대응 매뉴얼을 파악하여 운송·운반 안전조치를 취할 수 있다.

표 준 주 기 율 표
Periodic Table of the Elements

1	2											13	14	15	16	17	18
1 **H** 수소 hydrogen 1.008 [1.0078, 1.0082]																	2 **He** 헬륨 helium 4.0026
3 **Li** 리튬 lithium 6.94 [6.938, 6.997]	4 **Be** 베릴륨 beryllium 9.0122											5 **B** 붕소 boron 10.81 [10.806, 10.821]	6 **C** 탄소 carbon 12.011 [12.009, 12.012]	7 **N** 질소 nitrogen 14.007 [14.006, 14.008]	8 **O** 산소 oxygen 15.999 [15.999, 16.000]	9 **F** 플루오린 fluorine 18.998	10 **Ne** 네온 neon 20.180
11 **Na** 소듐 sodium 22.990	12 **Mg** 마그네슘 magnesium 24.305 [24.304, 24.307]	3	4	5	6	7	8	9	10	11	12	13 **Al** 알루미늄 aluminium 26.982	14 **Si** 규소 silicon 28.085 [28.084, 28.086]	15 **P** 인 phosphorus 30.974	16 **S** 황 sulfur 32.06 [32.059, 32.076]	17 **Cl** 염소 chlorine 35.45 [35.446, 35.457]	18 **Ar** 아르곤 argon 39.95 [39.792, 39.963]
19 **K** 포타슘 potassium 39.098	20 **Ca** 칼슘 calcium 40.078(4)	21 **Sc** 스칸듐 scandium 44.956	22 **Ti** 타이타늄 titanium 47.867	23 **V** 바나듐 vanadium 50.942	24 **Cr** 크로뮴 chromium 51.996	25 **Mn** 망가니즈 manganese 54.938	26 **Fe** 철 iron 55.845(2)	27 **Co** 코발트 cobalt 58.933	28 **Ni** 니켈 nickel 58.693	29 **Cu** 구리 copper 63.546(3)	30 **Zn** 아연 zinc 65.38(2)	31 **Ga** 갈륨 gallium 69.723	32 **Ge** 저마늄 germanium 72.630(8)	33 **As** 비소 arsenic 74.922	34 **Se** 셀레늄 selenium 78.971(8)	35 **Br** 브로민 bromine 79.904 [79.901, 79.907]	36 **Kr** 크립톤 krypton 83.798(2)
37 **Rb** 루비듐 rubidium 85.468	38 **Sr** 스트론튬 strontium 87.62	39 **Y** 이트륨 yttrium 88.906	40 **Zr** 지르코늄 zirconium 91.224(2)	41 **Nb** 나이오븀 niobium 92.906	42 **Mo** 몰리브데넘 molybdenum 95.95	43 **Tc** 테크네튬 technetium	44 **Ru** 루테늄 ruthenium 101.07(2)	45 **Rh** 로듐 rhodium 102.91	46 **Pd** 팔라듐 palladium 106.42	47 **Ag** 은 silver 107.87	48 **Cd** 카드뮴 cadmium 112.41	49 **In** 인듐 indium 114.82	50 **Sn** 주석 tin 118.71	51 **Sb** 안티모니 antimony 121.76	52 **Te** 텔루륨 tellurium 127.60(3)	53 **I** 아이오딘 iodine 126.90	54 **Xe** 제논 xenon 131.29
55 **Cs** 세슘 caesium 132.91	56 **Ba** 바륨 barium 137.33	57-71 란타넘족 lanthanoids	72 **Hf** 하프늄 hafnium 178.49(2)	73 **Ta** 탄탈럼 tantalum 180.95	74 **W** 텅스텐 tungsten 183.84	75 **Re** 레늄 rhenium 186.21	76 **Os** 오스뮴 osmium 190.23(3)	77 **Ir** 이리듐 iridium 192.22	78 **Pt** 백금 platinum 195.08	79 **Au** 금 gold 196.97	80 **Hg** 수은 mercury 200.59	81 **Tl** 탈륨 thallium 204.38 [204.38, 204.39]	82 **Pb** 납 lead 207.2	83 **Bi** 비스무트 bismuth 208.98	84 **Po** 폴로늄 polonium	85 **At** 아스타틴 astatine	86 **Rn** 라돈 radon
87 **Fr** 프랑슘 francium	88 **Ra** 라듐 radium	89-103 악티늄족 actinoids	104 **Rf** 러더포듐 rutherfordium	105 **Db** 두브늄 dubnium	106 **Sg** 시보귬 seaborgium	107 **Bh** 보륨 bohrium	108 **Hs** 하슘 hassium	109 **Mt** 마이트너륨 meitnerium	110 **Ds** 다름슈타튬 darmstadtium	111 **Rg** 뢴트게늄 roentgenium	112 **Cn** 코페르니슘 copernicium	113 **Nh** 니호늄 nihonium	114 **Fl** 플레로븀 flerovium	115 **Mc** 모스코븀 moscovium	116 **Lv** 리버모륨 livermorium	117 **Ts** 테네신 tennessine	118 **Og** 오가네손 oganesson

표기법:
원자 번호
기호
원소명(국문)
원소명(영문)
일반 원자량
표준 원자량

57 **La** 란타넘 lanthanum 138.91	58 **Ce** 세륨 cerium 140.12	59 **Pr** 프라세오디뮴 praseodymium 140.91	60 **Nd** 네오디뮴 neodymium 144.24	61 **Pm** 프로메튬 promethium	62 **Sm** 사마륨 samarium 150.36(2)	63 **Eu** 유로퓸 europium 151.96	64 **Gd** 가돌리늄 gadolinium 157.25(3)	65 **Tb** 터븀 terbium 158.93	66 **Dy** 디스프로슘 dysprosium 162.50	67 **Ho** 홀뮴 holmium 164.93	68 **Er** 어븀 erbium 167.26	69 **Tm** 툴륨 thulium 168.93	70 **Yb** 이터븀 ytterbium 173.05	71 **Lu** 루테튬 lutetium 174.97
89 **Ac** 악티늄 actinium	90 **Th** 토륨 thorium 232.04	91 **Pa** 프로트악티늄 protactinium 231.04	92 **U** 우라늄 uranium 238.03	93 **Np** 넵투늄 neptunium	94 **Pu** 플루토늄 plutonium	95 **Am** 아메리슘 americium	96 **Cm** 퀴륨 curium	97 **Bk** 버클륨 berkelium	98 **Cf** 캘리포늄 californium	99 **Es** 아인슈타이늄 einsteinium	100 **Fm** 페르뮴 fermium	101 **Md** 멘델레븀 mendelevium	102 **No** 노벨륨 nobelium	103 **Lr** 로렌슘 lawrencium

참조: 표준 원자량은 2011년 IUPAC에서 결정한 새로운 형식을 따른 것으로 [ ] 안에 표시된 숫자는 2 종류 이상의 안정한 동위원소가 존재하는 경우에 지각 시료에서 발견되는 자연 존재비의 분포를 고려한 표준 원자량의 범위를 나타낸 것임. 자세한 내용은 https://iupac.org/what-we-do/periodic-table-of-elements/을 참조하기 바람.

© 대한화학회, 2018

PART 01 위험물의 연소 및 소화

CHAPTER 01 위험물의 연소

제1절 위험물의 화재
1. 화재의 정의와 3요소 … 1-3
2. 화재의 종류 … 1-4
3. 화재의 피해 및 소실 정도 … 1-5

제2절 위험물의 연소 이론
1. 연소의 정의 … 1-6
2. 연소의 색과 온도 … 1-6
3. 연소의 3요소 … 1-6

제3절 위험물의 연소 형태 및 연소과정
1. 연소의 형태 … 1-7
2. 연소에 따른 제반사항 … 1-8
3. 연소의 이상 현상 … 1-11
4. 화재 시 발생하는 현상 … 1-12

제4절 위험물의 폭발에 관한 사항
1. 폭발의 개요 … 1-12
2. 폭발의 분류 … 1-13
3. 불활성화 방법 … 1-14
4. 폭발범위 … 1-15
5. 방폭구조 … 1-17
6. 최대안전틈새범위(안전간극) … 1-17
7. 위험장소의 분류 … 1-18

제5절 유류(가스)탱크에서 발생하는 현상
1. 유류탱크에서 발생하는 현상 … 1-18
2. 액화가스탱크에서 발생하는 현상 … 1-19

CONTENTS

CHAPTER 02 위험물의 소화

제1절   소화이론   1-21

제2절   소화기 및 소화약제의 종류
- 1. 소화기의 분류   1-22
- 2. 소화기의 종류   1-23
- 3. 물소화기   1-24
- 4. 산·알칼리소화기   1-25
- 5. 강화액소화기   1-25
- 6. 포소화약제   1-26
- 7. 이산화탄소소화약제   1-28
- 8. 할로젠화합물(할론)소화약제   1-29
- 9. 할로젠화합물 및 불활성기체소화약제   1-33
- 10. 분말소화약제   1-35
- 11. 간이소화제   1-38
- 12. 소화기의 유지관리   1-38
- 13. 위험물의 소화방법   1-39

CONTENTS

CHAPTER 03 일반화학 및 유체역학

제1절 일반화학
1. 분자에 관한 법칙 · 1-41
2. 화학식 · 1-42
3. 당 량 · 1-43
4. 용 액 · 1-43
5. 용해도 · 1-44
6. 용해도 상태 · 1-44
7. 용액의 농도 · 1-45

제2절 유체역학
1. 기초단위 · 1-46
2. 열역학의 법칙 · 1-47
3. 비압축성 유체 · 1-48
4. 베르누이 방정식(Bernoulli's Equation) · 1-48
5. 유체의 관 마찰 손실 · 1-49
6. 레이놀즈수(Reynold's Number, Re) · 1-49
7. U자관 Manometer의 압력차 · 1-49
8. 피토관의 유속 · 1-49
9. 펌프에서 발생하는 현상 · 1-50

실전예상문제 · 1-52

PART 02 위험물의 성상 및 취급

CHAPTER 01 제1류 위험물
1. 제1류 위험물의 특성 … 2-3
2. 각 위험물의 물성 및 특성 … 2-5

CHAPTER 02 제2류 위험물
1. 제2류 위험물의 특성 … 2-19
2. 각 위험물의 종류 및 물성 … 2-20

CHAPTER 03 제3류 위험물
1. 제3류 위험물의 특성 … 2-28
2. 각 위험물의 종류 및 물성 … 2-29

CHAPTER 04 제4류 위험물
1. 제4류 위험물의 특성 … 2-40
2. 각 위험물의 종류 및 물성 … 2-43

CHAPTER 05 제5류 위험물
1. 제5류 위험물의 특성 … 2-63
2. 각 위험물의 종류 및 물성 … 2-64

CHAPTER 06 제6류 위험물
1. 제6류 위험물의 특성 … 2-73
2. 각 위험물의 종류 및 물성 … 2-74
3. 복수성상물품(성질란에 규정된 성상을 2가지 이상 포함하는 물질) … 2-76

실전예상문제 … 2-77

PART 03 위험물 안전관리법령

CHAPTER 01 위험물안전관리법

제1절 위험물안전관리법(법, 시행령, 시행규칙)에 관한 일반적인 사항

1. 위험물	3-3
2. 제조소 등	3-3
3. 위험물안전관리법 적용제외	3-4
4. 위험물제조소 등의 설치 허가	3-5
5. 위험물의 취급	3-5
6. 제조소 등의 완공검사 신청시기(시행규칙 제20조)	3-6
7. 위험물안전관리자	3-6
8. 안전관리대행기관	3-8
9. 예방규정을 정해야 하는 대상(시행령 제15조)	3-10
10. 탱크안전성능검사	3-11
11. 탱크시험자의 등록 결격사유(법 제16조)	3-12
12. 탱크시험자의 등록 취소사유(법 제16조)	3-12
13. 탱크시험자의 기술능력·시설 및 장비(시행령 별표 7)	3-12
14. 자체소방대	3-13
15. 자체소방대의 설치 제외대상인 일반취급소(시행규칙 제73조)	3-14
16. 화학소방자동차에 갖추어야 하는 소화능력 및 설비의 기준 (시행규칙 별표 23)	3-14
17. 위험물취급자격자의 자격(시행령 별표 5)	3-15
18. 제조소 등에 선임해야 하는 안전관리자의 자격(시행령 별표 6)	3-15
19. 운송책임자의 감독, 지원을 받아 운송해야 하는 위험물 (시행령 제19조)	3-16
20. 위험물제조소 등의 정기점검 및 정기검사	3-16
21. 위험물탱크	3-18
22. 과태료 부과기준(시행령 별표 9)	3-20
23. 제조소 등에 대한 행정처분(시행규칙 별표 2)	3-22
24. 제조소 등의 변경허가를 받아야 하는 경우(시행규칙 별표 1의 2)	3-23
25. 제조소 등의 설치 및 변경의 허가 시 기술검토 및 위임사항	3-27
26. 강습교육 및 실무교육(시행규칙 별표 24)	3-28
27. 이송취급소 허가신청의 첨가서류(시행규칙 별표 1)	3-29

제2절 제조소의 위치, 구조 및 설비의 기준(시행규칙 별표 4)

1. 제조소의 안전거리 — 3-31
2. 제조소의 보유공지 — 3-31
3. 제조소의 표지 및 게시판 — 3-32
4. 건축물의 구조 — 3-32
5. 채광・조명 및 환기설비 — 3-33
6. 옥외설비의 바닥(옥외에서 액체 위험물을 취급하는 경우) — 3-35
7. 제조소에 설치해야 하는 기타설비 — 3-35
8. 정전기 제거설비 — 3-36
9. 피뢰설비 — 3-37
10. 위험물 취급탱크(지정수량 1/5 미만은 제외) — 3-37
11. 위험물제조소의 배관 — 3-38
12. 용어 정의 — 3-38
13. 고인화점위험물(100[℃] 미만의 온도에서 취급)제조소의 특례 — 3-39
14. 알킬알루미늄 등, 아세트알데하이드 등을 취급하는 제조소의 특례 — 3-39
15. 제조소 등의 안전거리의 단축기준(시행규칙 별표 4) — 3-40
16. 하이드록실아민 등을 취급하는 제조소의 특례 — 3-41

제3절 옥내저장소의 위치, 구조 및 설비의 기준(시행규칙 별표 5)

1. 옥내저장소의 안전거리 — 3-42
2. 옥내저장소의 안전거리 제외 대상 — 3-42
3. 옥내저장소의 표지 및 게시판 — 3-42
4. 옥내저장소의 보유공지 — 3-42
5. 옥내저장소의 저장창고 — 3-43
6. 다층 건물의 옥내저장소의 기준(제2류의 인화성 고체, 인화점이 70[℃] 미만인 제4류 위험물은 제외) — 3-45
7. 소규모 옥내저장소의 특례(지정수량의 50배 이하, 처마높이가 6[m] 미만인 것) — 3-45
8. 고인화점위험물의 단층건물 옥내저장소의 특례 — 3-45
9. 위험물의 성질에 따른 옥내저장소의 특례 — 3-46
10. 수출입 하역장소의 옥내저장소의 보유공지 — 3-47

CONTENTS

제4절 옥외탱크저장소의 위치, 구조 및 설비의 기준(시행규칙 별표 6)
1. 옥외탱크저장소의 안전거리 … 3-48
2. 옥외탱크저장소의 보유공지 … 3-48
3. 옥외탱크저장소의 표지 및 게시판 … 3-49
4. 특정옥외탱크저장소 등 … 3-49
5. 옥외탱크저장소의 외부구조 및 설비 … 3-50
6. 옥외탱크저장소의 방유제(이황화탄소는 제외) … 3-52
7. 고인화점위험물(100[℃] 미만의 온도로 저장 또는 취급)의 옥외탱크저장소의 특례 … 3-54
8. 위험물 성질에 따른 옥외탱크저장소의 특례 … 3-54

제5절 옥내탱크저장소의 위치, 구조 및 설비의 기준(시행규칙 별표 7)
1. 옥내탱크저장소의 구조 … 3-55
2. 옥내탱크저장소의 표지 및 게시판 … 3-56
3. 옥내탱크저장소 중 탱크전용실을 단층건물 외의 건축물에 설치하는 것[황화린, 적린, 덩어리 황, 황린, 질산, 제4류 위험물(인화점 38[℃] 이상)] … 3-56

제6절 지하탱크저장소의 위치, 구조 및 설비의 기준(시행규칙 별표 8)
1. 지하탱크저장소의 기준 … 3-58
2. 지하탱크저장소의 표지 및 게시판 … 3-59

제7절 간이탱크저장소의 위치, 구조 및 설비의 기준(시행규칙 별표 9)
1. 설치기준 … 3-60
2. 표지 및 게시판 … 3-60

제8절 이동탱크저장소의 위치, 구조 및 설비의 기준(시행규칙 별표 10)
1. 이동탱크저장소의 상치장소 … 3-61
2. 이동저장탱크의 구조 … 3-61
3. 배출밸브, 폐쇄장치, 결합금속구 등 … 3-62
4. 이동탱크저장소 및 위험물수송차량의 위험성 경고표지(위험물 운송·운반 시의 위험성 경고표지에 관한 기준 별표 3) … 3-63
5. 이동탱크저장소의 펌프설비 … 3-64
6. 이동탱크저장소의 접지도선 … 3-64
7. 컨테이너식 이동탱크저장소의 특례 … 3-65
8. 주유탱크차의 특례 … 3-65
9. 알킬알루미늄 등을 저장 또는 취급하는 이동탱크저장소 … 3-66
10. 이동저장탱크의 방호틀과 방파판의 두께(세부기준 제107조) … 3-67

제9절 옥외저장소의 위치, 구조 및 설비의 기준(시행규칙 별표 11)

1. 옥외저장소의 안전거리   3-67
2. 옥외저장소의 보유공지   3-67
3. 옥외저장소의 표지 및 게시판   3-68
4. 옥외저장소의 기준   3-68
5. 인화성 고체, 제1석유류, 알코올류의 옥외저장소의 특례   3-69
6. 옥외저장소에 저장할 수 있는 위험물   3-69

제10절 주유취급소의 위치, 구조 및 설비의 기준(시행규칙 별표 13)

1. 주유취급소의 주유공지   3-70
2. 주유취급소의 표지 및 게시판   3-70
3. 주유취급소의 저장 또는 취급 가능한 탱크   3-70
4. 고정주유설비 등   3-71
5. 주유취급소에 설치할 수 있는 건축물   3-71
6. 주유취급소의 건축물 구조   3-72
7. 담 또는 벽   3-73
8. 캐노피의 설치기준   3-73
9. 펌프실 등의 구조   3-74
10. 고속국도 주유취급소의 특례   3-74
11. 셀프용 주유취급소의 특례   3-74

제11절 판매취급소의 위치, 구조 및 설비의 기준(시행규칙 별표 14)

1. 제1종 판매취급소(지정수량의 20배 이하)의 기준   3-76
2. 제2종 판매취급소(지정수량의 40배 이하)의 기준   3-76

제12절 이송취급소의 위치, 구조 및 설비의 기준(시행규칙 별표 15)

1. 설치장소   3-77
2. 배관설치의 기준   3-77
3. 기타 설비 등   3-78

제13절 일반취급소의 위치, 구조 및 설비의 기준(시행규칙 별표 16)

1. 분무도장 작업 등의 일반취급소의 특례 — 3-81
2. 세정작업의 일반취급소의 특례 — 3-81
3. 열처리작업 등의 일반취급소의 특례 — 3-81
4. 보일러 등으로 위험물을 소비하는 일반취급소의 특례 — 3-81
5. 충전하는 일반취급소의 특례 — 3-81
6. 옮겨 담는 일반취급소의 특례 — 3-82
7. 유압장치 등을 설치하는 일반취급소의 특례 — 3-82
8. 절삭장치 등을 설치하는 일반취급소의 특례 — 3-82
9. 열매체유 순환장치를 설치하는 일반취급소의 특례 — 3-83
10. 화학실험의 일반취급소의 특례 — 3-83

제14절 제조소 등의 소화설비, 경보설비, 피난설비의 기준(시행규칙 별표 17)

1. 제조소 등의 소화난이도등급 및 소화설비 — 3-84
2. 전기설비 및 소요단위 등 — 3-89
3. 경보설비(시행규칙 별표 17) — 3-90
4. 피난설비 — 3-91

제15절 위험물제조소 등의 저장 및 취급에 관한 기준(시행규칙 별표 18)

1. 저장·취급의 공통기준 — 3-92
2. 유별 저장 및 취급의 공통기준 — 3-93
3. 저장의 기준 — 3-93
4. 취급의 기준 — 3-95

제16절 위험물의 운반에 관한 기준(시행규칙 별표 19, 별표 21)

1. 운반용기의 재질 — 3-96
2. 운반방법(지정수량 이상 운반 시) — 3-97
3. 적재방법 — 3-97
4. 운반용기의 최대용적 또는 중량(시행규칙 별표 19) — 3-99
5. 운반 시 위험물의 혼재 가능 기준 — 3-101
6. 위험물의 위험등급 — 3-102
7. 위험물 운송책임자의 감독 및 운송 시 준수사항(시행규칙 별표 21) — 3-102

CHAPTER 02 위험물안전관리에 관한 세부기준

제1절 위험물의 종류별 성상 판정기준
1. 종류별 판정기준 ··· 3-104
2. 위험물별 측정방법 ··· 3-105

제2절 위험물제조소 등의 허가 및 탱크안전성능검사
1. 제조소 등의 허가 ··· 3-110
2. 탱크안전성능검사의 시험개소 및 범위(세부기준 제29조) ··· 3-110
3. 충수·수압시험의 방법 및 판정기준(세부기준 제31조) ··· 3-112
4. 강화플라스틱제 이중벽탱크의 성능시험(세부기준 제38조) ··· 3-112

제3절 위험물제조소 등의 기술기준
1. 특정옥외저장탱크(세부기준 제57조) ··· 3-113
2. 이동저장탱크의 재료(세부기준 제107조) ··· 3-114

제4절 위험물제조소 등의 소방시설
1. 소화기구 ··· 3-115
2. 옥내소화전설비(세부기준 제129조) ··· 3-116
3. 옥외소화전설비(세부기준 제130조) ··· 3-118
4. 스프링클러설비(세부기준 제131조) ··· 3-119
5. 물분무소화설비(세부기준 제132조) ··· 3-122
6. 포소화설비(세부기준 제133조) ··· 3-123
7. 불활성 가스소화설비(세부기준 제134조) ··· 3-129
8. 할로젠화합물소화설비(세부기준 제135조) ··· 3-135
9. 분말소화설비(세부기준 제136조) ··· 3-139

제5절 위험물의 운반 및 정기검사
1. 기계에 의하여 하역하는 구조로 된 운반 기준(세부기준 제150조) ··· 3-142
2. 정기검사(세부기준 제156조) ··· 3-142

제6절 위험물제조소 등의 일반점검표 ··· 3-145

제7절 위험물제조소 등의 소방시설 일반점검표 ··· 3-164

실전예상문제 ··· 3-178

PART 04 과년도 + 최근 기출복원문제

2009년	제45회 과년도 기출복원문제	4-3
	제46회 과년도 기출복원문제	4-15
2010년	제47회 과년도 기출복원문제	4-28
	제48회 과년도 기출복원문제	4-44
2011년	제49회 과년도 기출복원문제	4-58
	제50회 과년도 기출복원문제	4-70
2012년	제51회 과년도 기출복원문제	4-84
	제52회 과년도 기출복원문제	4-97
2013년	제53회 과년도 기출복원문제	4-111
	제54회 과년도 기출복원문제	4-125
2014년	제55회 과년도 기출복원문제	4-139
	제56회 과년도 기출복원문제	4-152
2015년	제57회 과년도 기출복원문제	4-165
	제58회 과년도 기출복원문제	4-176
2016년	제59회 과년도 기출복원문제	4-188
	제60회 과년도 기출복원문제	4-201

CONTENTS

2017년	제61회 과년도 기출복원문제	4-213
	제62회 과년도 기출복원문제	4-229
2018년	제63회 과년도 기출복원문제	4-242
	제64회 과년도 기출복원문제	4-258
2019년	제65회 과년도 기출복원문제	4-273
	제66회 과년도 기출복원문제	4-289
2020년	제67회 과년도 기출복원문제	4-304
	제68회 과년도 기출복원문제	4-319
2021년	제69회 과년도 기출복원문제	4-339
	제70회 과년도 기출복원문제	4-355
2022년	제71회 과년도 기출복원문제	4-368
	제72회 과년도 기출복원문제	4-385
2023년	제73회 과년도 기출복원문제	4-402
	제74회 과년도 기출복원문제	4-419
2024년	제75회 과년도 기출복원문제	4-433
	제76회 과년도 기출복원문제	4-450
2025년	제77회 최근 기출복원문제	4-468
	제78회 최근 기출복원문제	4-486

위험물의 연소 및 소화

CHAPTER 01   위험물의 연소
CHAPTER 02   위험물의 소화
CHAPTER 03   일반화학 및 유체역학

합격의 공식 시대에듀
www.sdedu.co.kr

CHAPTER 01 위험물의 연소

제1절 위험물의 화재

1 화재의 정의와 3요소

(1) 화재의 정의

① 자연 또는 인위적인 원인에 의해 물체를 연소시키고 인간의 신체, 재산, 생명의 손실을 초래하는 재난
② 사람의 의도에 반하거나 고의로 인하여 발생하는 연소현상으로 소방시설 등을 사용하여 소화할 필요가 있는 현상
　㉠ **사람의 의도에 반한다** : 과실로 인하여 발생한 화재를 말하며 화기취급 중 실화뿐만 아니라 자연발화도 포함된다.
　㉡ **고의에 의한다** : 일정한 대상에 대하여 피해 발생을 목적으로 화재발생을 유도하거나 직접 방화한 경우를 말한다.
　㉢ **연소현상** : 가연물이 산소와 반응하여 열과 빛을 동반하는 급격한 산화반응을 말한다.

> **Plus One** 연소현상에서 제외
> - 금속의 부식 : 산소와 결합하는 산화반응이나 장시간 지속되고 열과 빛을 발산하지 않으므로 연소현상이 아니다.
> - 금속의 용융, 핵분열과 핵융합 : 열과 빛은 발하나 산화현상이 아니므로 연소가 아니다.

　㉣ **소화시설 등을 사용하여 소화할 필요가 있다** : 소화시설이나 그와 유사한 시설을 사용할 수준 이상이어야 한다.

(2) 화재의 3요소

화재의 3요소가 충족되면 화재라 볼 수 있고 1개 요소라도 부족하면 화재라고 볼 수 없다.
① 인간의 의도에 반하여 또는 방화에 의하여 발생해야 한다.
② 소화할 필요성이 있는 연소현상이어야 한다(연소 확대의 위험성이 있다는 것을 객관적으로 판단해야 한다).
③ 소화시설이나 그와 유사한 시설을 사용할 수준 이상이어야 한다.

> **Plus One** 화재의 판정 예시
> [예시 1] 가정집의 굴뚝으로부터 불꽃이 인근 지붕에 비화하여 비닐로 씌운 지붕판이 녹아 구멍은 났으나 연소는 되지 않은 사례
> ① 사람의 의도에 반하여 발생하였다.
> ② 소화가 필요한 연소현상은 아니다.
> ③ 소화시설 또는 그 동등 이상의 효과가 있는 물건의 이용이 필요하지 않다.
> ∴ [예시 1]은 ②와 ③이 요건에 충족하지 못하므로 **화재라 볼 수 없다.**
>
> [예시 2] 어린이가 성냥을 갖고 불장난을 하다가 옆에 있는 의자에 연소 확대되어 귀가 중인 어머니가 화장실에 있는 물로 소화한 사례
> ① 사람의 의도에 반하여 발생하였다.
> ② 소화가 필요한 연소현상이다.
> ③ 소화시설 또는 그 동등 이상의 효과가 있는 물건의 이용이 필요하였다.
> ∴ [예시 2]는 화재의 3요소 요건을 전부 충족하므로 **화재로 본다.**

(3) 화재의 발생현황

① 원인별 화재발생현황 : 전기 > 담배 > 방화 > 불티 > 불장난 > 유류
② 장소별 화재발생현황 : 주택, 아파트 > 차량 > 공장 > 음식점 > 점포
③ 계절별 화재발생현황 : 겨울 > 봄 > 가을 > 여름

2 화재의 종류

구 분 \ 급 수	A급	B급	C급	D급
화재의 종류	일반화재	유류화재	전기화재	금속화재
원형 표시색	백색	황색	청색	무색

(1) 일반화재

목재, 종이, 합성수지류 등의 일반가연물의 화재

> 한옥의 화재 : A급 화재

(2) 유류화재

제4류 위험물(특수인화물, 제1석유류~제4석유류, 알코올류, 동식물유류)의 화재

> 유류화재 시 주수소화 금지이유 : 연소면(화재면) 확대

(3) 전기화재

전기화재는 양상이 다양한 원인 규명의 곤란이 많은 전기가 설치된 곳의 화재

> 전기화재의 발생원인 : 합선(단락), 과부하, 누전, 스파크, 배선불량, 전열기구의 과열

(4) 금속화재

칼륨(K), 나트륨(Na), 마그네슘(Mg), 아연(Zn) 등 물과 반응하여 가연성 가스를 발생하는 물질의 화재

> - 금수성 물질의 반응식
> $2K + 2H_2O \rightarrow 2KOH + H_2 \uparrow$
> $2Na + 2H_2O \rightarrow 2NaOH + H_2 \uparrow$
> $Mg + 2H_2O \rightarrow Mg(OH)_2 + H_2 \uparrow$
> $Zn + 2H_2O \rightarrow Zn(OH)_2 + H_2 \uparrow$
> - 금속화재 시 주수소화를 금지하는 이유 : 수소(H_2)가스 발생
> - 알킬알루미늄은 공기나 물과 반응하면 발화한다.
> $2(CH_3)_3Al + 12O_2 \rightarrow Al_2O_3 + 9H_2O + 6CO_2$
> $2(C_2H_5)_3Al + 21O_2 \rightarrow Al_2O_3 + 15H_2O + 12CO_2$
> $(C_2H_5)_3Al + 3H_2O \rightarrow Al(OH)_3 + 3C_2H_6$
> $(CH_3)_3Al + 3H_2O \rightarrow Al(OH)_3 + 3CH_4$

3 화재의 피해 및 소실 정도

(1) 화재의 소실 정도

① 전소 : 건물의 70[%] 이상(입체면적에 대한 비율)이 소실되었거나 또는 그 미만이라도 잔존 부분을 보수하여도 재사용이 불가능한 것
② 반소 : 건물의 30[%] 이상 70[%] 미만이 소실된 것
③ 부분소 : 전소, 반소화재에 해당되지 않는 것

(2) 화상의 종류

① 1도 화상(홍반성)
최외각의 피부가 손상되어 그 부위가 분홍색이 되며 심한 통증을 느끼는 정도
② 2도 화상(수포성)
화상 부위가 분홍색으로 되고 분비액이 많이 분비되는 화상의 정도

> 구급처치법 : 상처부위를 다량의 흐르는 물로 세척한다.

③ 3도 화상(괴사성)

　　화상 부위가 벗겨지고 열이 깊숙이 침투하여 검게 되는 정도

④ 4도 화상

　　전기화재로 인하여 화상을 입은 부위 조직이 탄화되어 검게 변한 정도

제2절 위험물의 연소 이론

1 연소의 정의
가연물이 공기 중에서 산소와 반응하여 열과 빛을 동반하는 급격한 산화현상

2 연소의 색과 온도

색 상	담암적색	암적색	적 색	휘적색	황적색	백적색	휘백색
온도[℃]	520	700	**850**	950	1,100	1,300	**1,500 이상**

3 연소의 3요소

(1) 가연물
목재, 종이, 석탄, 플라스틱 등과 같이 산소와 반응하여 발열반응하는 물질

① 가연물의 조건
　㉠ **열전도율**이 **작을 것**
　㉡ 발열량이 클 것
　㉢ 표면적이 넓을 것
　㉣ 산소와 친화력이 좋을 것
　㉤ **활성화에너지**가 **작을 것**

> 열전도율이 크면 열이 한 곳에 모이지 않기 때문에 가연물의 조건이 아니다.

② 가연물이 될 수 없는 물질
　㉠ 산소와 더 이상 반응하지 않는 물질(산화완결반응) : CO_2, H_2O, Al_2O_3 등
　㉡ **질소** 또는 질소산화물 : 산소와 반응은 하나 **흡열반응**을 하기 때문

$$N_2 + \frac{1}{2}O_2 \rightarrow N_2O - Q[kcal]$$

ⓒ **0(영)족 원소**(불활성 기체) : 헬륨(He), 네온(Ne), 아르곤(Ar), 크립톤(Kr), 제논(Xe), 라돈(Rn)

(2) 산소공급원
산소, 공기, 제1류 위험물, 제5류 위험물, 제6류 위험물

(3) 점화원
전기불꽃, 정전기불꽃, 충격마찰의 불꽃, 단열압축, 나화 및 고온표면 등

> • **연소의 3요소** : 가연물, 산소공급원, 점화원
> • **연소의 4요소** : 가연물, 산소공급원, 점화원, **순조로운 연쇄반응**

제3절 위험물의 연소 형태 및 연소과정

1 연소의 형태

(1) 고체의 연소
① **표면연소** : **목탄, 코크스, 숯, 금속분** 등이 열분해에 의하여 가연성 가스를 발생하지 않고 그 물질 자체가 연소하는 현상
② **분해연소** : **석탄, 종이, 목재, 플라스틱** 등의 연소 시 열분해에 의해 발생된 가스와 공기가 혼합하여 연소하는 현상
③ **증발연소** : **황, 나프탈렌, 왁스, 파라핀** 등과 같이 고체를 가열하면 열분해는 일어나지 않고 고체가 액체로 되어 일정온도가 되면 액체가 기체로 변화하여 기체가 연소하는 현상
④ **자기연소(내부연소)** : **제5류 위험물**인 나이트로셀룰로스, 셀룰로이드 등 그 물질이 가연물과 산소를 동시에 가지고 있는 가연물이 연소하는 현상

> • 촛불의 연소 : 증발연소   • 금속분 : 표면연소
> • 나이트로셀룰로스의 연소 : 내부연소

(2) 액체의 연소
① **증발연소** : **아세톤, 휘발유, 등유, 경유**와 같이 액체를 가열하면 증기가 되어 증기가 연소하는 현상

② **액적연소** : 벙커C유와 같이 가열하여 점도를 낮추어 버너 등을 사용하여 액체의 입자를 안개상으로 분출하여 연소하는 현상

> 알코올, 휘발유 등 제4류 위험물 : 증발연소

(3) 기체의 연소

① **확산연소** : 수소, 아세틸렌, 프로페인, 뷰테인 등 화염의 안정범위가 넓고 조작이 용이하며 역화의 위험이 없는 연소현상
② **폭발연소** : 밀폐된 용기에 공기와 혼합가스가 있을 때 점화되면 연소속도가 증가하여 폭발적으로 연소하는 현상
③ **예혼합연소** : 가연성 기체와 공기 중의 산소를 미리 혼합하여 연소하는 현상

> 확산연소 : 불꽃은 있으나 불티가 없는 연소

2 연소에 따른 제반사항

(1) 비열(Specific Heat)

① 1[g]의 물체를 1[℃] 올리는 데 필요한 열량[cal]([cal/g·℃])
② 1[lb]의 물체를 1[°F] 올리는 데 필요한 열량[BTU]

(2) 잠열(Latent Heat)

어떤 물질이 온도는 변하지 않고 상태만 변화할 때 발생하는 열($Q = \gamma \cdot m$)

① **증발잠열** : 액체가 기체로 될 때 출입하는 열(물의 **증발잠열 : 539[cal/g]**)
② **융해잠열** : 고체가 액체로 될 때 출입하는 열(물의 융해잠열 : 80[cal/g])

Plus One 현열 : 어떤 물질이 상태는 변화하지 않고 온도만 변화할 때 발생하는 열($Q = mc\Delta t$)

- 0[℃]의 물 1[g]을 100[℃]의 수증기로 되는 데 필요한 열량 : 639[cal]
$$Q = mc\Delta t + \gamma \cdot m$$
$$= (1[g] \times 1[cal/g \cdot ℃] \times (100-0)[℃]) + (539[cal/g] \times 1[g]) = 639[cal]$$

- 0[℃]의 얼음 1[g]을 100[℃]의 수증기로 되는 데 필요한 열량 : 719[cal]
$$Q = \gamma_1 \cdot m + mc\Delta t + \gamma_2 \cdot m$$
$$= (80[cal/g] \times 1[g]) + (1[g] \times 1[cal/g \cdot ℃] \times (100-0)[℃]) + (539[cal/g] \times 1[g])$$
$$= 719[cal]$$

※ 물의 비열 = 1[cal/g·℃] = 1[kcal/kg·℃]

(3) 인화점(Flash Point)
휘발성 물질에 불꽃(점화원)을 접하여 발화될 수 있는 최저의 온도

> 인화점 : 가연성 증기를 발생할 수 있는 최저의 온도

(4) 발화점(Ignition Point)
가연성 물질에 점화원을 접하지 않고도 불이 일어나는 최저의 온도

① **자연발화의 형태** 33회
   ㉠ **산화열**에 의한 발화 : **석탄, 건성유,** 고무분말
   ㉡ **분해열**에 의한 발화 : 셀룰로이드, 나이트로셀룰로스
   ㉢ **미생물**에 의한 발화 : **퇴비, 먼지**
   ㉣ **흡착열**에 의한 발화 : 목탄, 활성탄

② **자연발화의 조건** 44회
   ㉠ 주위의 온도가 높을 것
   ㉡ **열전도율이 작을 것**
   ㉢ 발열량이 클 것
   ㉣ 표면적이 넓을 것
   ㉤ 열의 축적이 클 때

③ 자연발화의 방지대책
   ㉠ **습도를 낮게 할 것**
   ㉡ 주위의 온도를 낮출 것
   ㉢ 통풍을 잘 시킬 것
   ㉣ 불활성 가스를 주입하여 공기와 접촉을 피할 것

④ 발화점이 낮아지는 이유
   ㉠ 분자구조가 복잡할 때
   ㉡ 산소와 친화력이 좋을 때
   ㉢ 열전도율이 낮을 때
   ㉣ 증기압이 낮을 때

⑤ 발화점에 영향을 주는 요인
   ㉠ 가연성 가스와 공기의 혼합비
   ㉡ 발화가 생기는 공간의 형태와 크기
   ㉢ 가열속도와 지연시간
   ㉣ 용기의 재질과 촉매의 효과
   ㉤ 점화원의 종류와 에너지의 가열방법

⑥ 발화지체시간
   혼합물의 온도가 상승하여 화재가 발생할 때까지의 경과시간

> **Plus One** 발화지체시간이 짧아지는 요인
> - 온도가 높은 경우
> - 압력이 높은 경우
> - 가연성 가스와 공기의 혼합비가 완전산화에 가까운 경우

(5) 연소점(Fire Point) [35회]

어떤 물질이 공기 중에서 열을 받아 지속적인 연소를 일으킬 수 있는 온도로서 인화점보다 10[℃] 높다.

(6) 최소착화에너지

① 정의
  어떤 물질이 공기와의 혼합하였을 때 점화원으로 발화하기 위한 최소한 에너지
② 최소착화에너지에 영향을 주는 요인
  ㉠ 온도
  ㉡ 압력
  ㉢ 농도(조성)
③ 최소착화에너지가 커지는 현상 [31회]
  ㉠ 압력이나 온도가 낮을 때
  ㉡ 질소, 이산화탄소 등 불연성 가스를 투입할 때
  ㉢ 가연물의 농도가 감소할 때
  ㉣ 산소의 농도가 감소할 때

(7) 최소산소농도(Minimum Oxygen Concentration, MOC)

$$MOC = 하한값 \times \frac{산소의\ 몰수}{연료의\ 몰수}$$

(8) 열의 전달

① 전도(Conduction) : 하나의 물체가 다른 물체와 직접 접촉하여 열이 전달되는 현상

> 전도 : 화재 시 화염과 격리된 인접 가연물에 불이 옮겨 붙는 것

② 대류(Convection) : 화로에 의해서 방안이 더워지는 현상은 대류현상에 의한 것이다.
③ 복사(Radiation) : 양지바른 곳에서 햇볕을 쬐면 따뜻함을 느끼는 현상

> **Plus One** 슈테판-볼츠만(Stefan-Boltzmann) 법칙
> **복사열**은 절대온도차의 **4제곱**에 비례하고 **열전달면적**에 비례한다.
> $$Q = aAF(T_1^4 - T_2^4)[\text{kcal/h}]$$
> $$Q_1 : Q_2 = (T_1 + 273)^4 : (T_2 + 273)^4$$

(9) 정전기

① 정 의

전하의 공간적 이동이 적어 전계효과에 비해 자계효과가 무시할 정도로 아주 작은 전기를 말한다.

② 정전기 축적방지법 `39회`

㉠ 방전에 의한 완화 : 부도체의 대전방지를 위하여 사용되는 도전성 섬유는 낮은 전위에서도 방전이 일어나기 쉬운 성질을 이용하고 있다.

㉡ 도전에 의한 완화 : 대전물체와 대지 간의 전기전도에 의해 이루어진다.

③ 정전기 방지법 `39회`

㉠ **접지할 것**
- 정전기가 축적되면 가연물을 연소시켜 화재가 발생하므로 제거해야 한다.
- 접지하는 방법은 제1종 접지, 제2종 접지, 제3종 접지, 특별 제3종접지로 구분한다.
- 접지할 때에는 접지와 본딩(Bonding)을 동시에 실시한다.

㉡ **공기 중의 상대습도를 70[%] 이상으로 할 것**
- 공기를 냉각하면 상대습도는 높아진다.
- 현장에 물을 뿌리거나 물을 가열하여 수증기를 발생시킨다.

㉢ **공기를 이온화 할 것** : 방사선 물질을 이용하여 공기가 전기를 띄게 한다.

- 정전기의 발화과정 : 전하의 발생 → 전하의 축적 → 방전 → 발화
- 전기불꽃에 의한 에너지 $E = \dfrac{1}{2}CV^2 = \dfrac{1}{2}QV$ `34, 43, 57회`

  여기서, E : 에너지(Joule), C : 정전용량(Farad)
  V : 방전전압(Volt), Q : 전기량(Coulomb)

3 연소의 이상 현상

(1) 역화(Back Fire) `64회`

① 역 화

연료가스의 **분출속도가 연소속도보다 느릴 때** 불꽃이 연소기의 내부로 들어가 혼합관 속에서 연소하는 현상

② 역화의 원인

㉠ 버너가 과열될 때
㉡ 혼합가스량이 너무 적을 때
㉢ 연료의 분출속도가 연소속도보다 느릴 때
㉣ 가스압력이 낮을 때
㉤ 노즐의 부식으로 분출 구멍이 커진 경우

(2) 선화(Lifting) 43, 64회

연료가스의 **분출속도가 연소속도보다 빠를 때** 불꽃이 버너의 노즐에서 떨어져 나가서 연소 하는 현상으로 완전 연소가 이루어지지 않으며 역화의 반대현상이다.

(3) 블로오프(Blow-off) 현상

선화상태에서 연료가스의 분출속도가 증가하거나 주위 공기의 유동이 심하면 화염이 노즐에서 연소하지 못하고 떨어져서 화염이 꺼지는 현상

4 화재 시 발생하는 현상

(1) 백드래프트(Back Draft)

밀폐된 공간에서 화재발생 시 산소부족으로 불꽃을 내지 못하고 가연성 가스만 축적되어 있는 상태에서 갑자기 문을 개방하면 신선한 공기 유입으로 폭발적인 연소가 시작되는 현상

(2) 롤오버(Roll Over)

화재발생 시 천장부근에 축적된 가연성 가스가 연소범위에 도달하면 천장전체의 연소가 시작하여 불덩어리가 천장을 굴러다니는 것처럼 뿜어져 나오는 현상

제4절 위험물의 폭발에 관한 사항

1 폭발의 개요

(1) 폭발(Explosion)

밀폐된 용기에서 갑자기 압력상승으로 인하여 외부로 순간적인 많은 압력을 방출하는 것으로 폭발속도는 0.1~10[m/s]이다.

(2) 폭굉(Detonation)

① 정의 : **발열반응**으로서 연소의 전파속도가 **음속보다 빠른 현상**이다. 속도는 1,000~3,500[m/s] 이다.
② 폭굉유도거리(DID) : 최초의 완만한 연소가 격렬한 폭굉으로 발전할 때까지의 거리
③ 폭굉유도거리가 **짧아지는 요인** 47회
  ㉠ 압력이 높을수록
  ㉡ 관경이 작을수록

ⓒ 관 속에 장애물이 있는 경우
　　ⓔ 점화원의 에너지가 강할수록
　　ⓜ 정상연소속도가 큰 혼합물일수록

(3) 폭연(Deflagration)
발열반응으로서 연소의 전파속도가 **음속보다 느린 현상**

2 폭발의 분류

(1) 물리적인 폭발
① 화산의 폭발
② 은하수 충돌에 의한 폭발
③ 진공용기의 파손에 의한 폭발
④ 과열액체의 비등에 의한 증기폭발
⑤ 고압용기의 과압과 과충전

(2) 화학적인 폭발
① **산화폭발** : 가스가 공기 중에 누설 또는 인화성 액체탱크에 공기가 유입되어 탱크 내에 점화원이 유입되어 폭발하는 현상
② **분해폭발** : **아세틸렌, 산화에틸렌, 하이드라진**과 같이 분해하면서 폭발하는 현상

> 아세틸렌 희석제 : 질소, 일산화탄소, 메테인

③ **중합폭발** : **사이안화수소**와 같이 단량체가 일정 온도와 압력으로 반응이 진행되어 분자량이 큰 중합체가 되어 폭발하는 현상

(3) 가스폭발
가연성 가스가 산소와 반응하여 점화원에 의해 폭발하는 현상

> 가스폭발 : 메테인, 에테인, 프로페인, 뷰테인, 수소, 아세틸렌

(4) 분진폭발
분진폭발 공기 속을 떠다니는 아주 작은 고체 알갱이(분진 : $75[\mu m]$ 이하의 고체입자로서 공기 중에 떠 있는 분체)가 적당한 농도 범위에 있을 때 불꽃이나 점화원으로 인하여 폭발하는 현상
① 분진폭발의 조건
　　⊙ 가연성일 것
　　⊙ 미분상태일 것

ⓒ 지연성 가스(공기) 중에서 교반과 유동될 것
ⓓ 점화원이 존재하고 있을 것

② 분진폭발의 특성
  ㉠ 가스폭발에 비해 일산화탄소(CO)의 양이 많이 발생한다.
  ㉡ 발화에 필요한 에너지가 크다.
  ㉢ 초기의 폭발은 작지만 2차, 3차 폭발로 확대된다.
  ㉣ 연소속도, 폭발압력은 가스폭발에 비해 작지만 발생에너지와 파괴력이 더 크다.
  ㉤ 폭발압력 전파속도는 300[m/s]이다.
  ㉥ 폭발온도는 2,000~3,000[℃] 정도이다.

③ 분진폭발의 순서 : 퇴적분진 → 비산 → 분산 → 발화원 → 전면폭발 → 2차 폭발

④ 종류 : 알루미늄, 마그네슘, 아연분말, 농산물, 플라스틱, 석탄, 황

⑤ **분진폭발(Bartknecth) 3승 법칙** : 폭연지수(폭연상수 : Kst)란 밀폐계 폭발의 폭발특성을 나타내는 함수로서, 최대압력상승속도와 용기부피와는 일정한 관계가 성립한다. 이것을 Cubic-Root법 또는 **세제곱근 법칙**이라 한다. 36회

⑥ 분진의 폭발 가능성에 영향을 미치는 인자
  ㉠ 입자의 크기
  ㉡ 농 도
  ㉢ 산 소
  ㉣ 점화원의 강도

⑦ 메커니즘의 4단계 37회
  ㉠ 분진입자 표면에 열에너지가 부여되어 표면온도가 상승한다.
  ㉡ 입자 표면의 분자가 열분해 또는 건류작용을 일으켜 기체 상태로 입자 주위로 방출한다.
  ㉢ 방출된 기체가 공기와 혼합하여 폭발성 혼합기를 만들고 발화하여 화염을 발생한다.
  ㉣ 화염에 의해 발생한 열이 분말의 분해를 촉진시켜 기상의 가연성 기체로 방출하여 공기와 혼합하여 폭발한다.

3 불활성화 방법

(1) 불활성화

불활성 가스(N_2, CO_2, 수증기)를 주입하여 연소에 필요한 최소산소농도(Minimum Oxygen Concentration, MOC) 이하로 유지하는 방법을 말한다.

① MOC는 가스(Gas)인 경우 10[%] 정도이고 분진의 경우는 8[%] 정도이다.
② 산소농도의 제어점은 MOC보다 4[%] 정도 낮은 농도이다(MOC가 10[%]인 경우 불활성화는 산소농도가 6[%]로 되게 하는 것이다).

(2) 불활성화(Inerting) 퍼지방법 36회

① 사이폰 퍼지(Siphon Purge) : 사용 용기에 액체(물)를 채운 후 용기로부터 액체를 배출시킬 때 동시에 Inerting(불활성) 가스를 주입하여 산소농도를 낮추는 방법으로 대형용기의 퍼지에 주로 사용한다.

② 압력 퍼지(Pressurize Purge) : 사용 용기에 Inerting 가스를 가압하여 용기 내의 가스가 충분히 확산된 후 대기로 방출하는 조작을 반복하여 산소농도를 낮추는 방법으로 진공퍼지보다 시간을 단축할 수 있고, Inerting 가스량이 많이 필요하다.

③ 진공 퍼지(Vacuum Purge) : 용기를 일정의 진공도까지 진공시킨 후 용기에 Inerting 가스(질소, 이산화탄소)를 주입시켜 용기를 대기압과 같은 상태로 하는 방식으로 용기의 통상적인 Inerting 방법으로 반응기나 중형, 소형 압력용기에 사용한다.

④ 스위프 퍼지(Sweep Through Purge) : 용기의 한 개구부로 Inerting 가스를 주입하고, 다른 개구부로부터 대기로 혼합가스를 배출하는 방식으로 압력을 가하거나 진공을 걸 수 없는 용기류에 사용하고 큰 저장용기를 퍼지할 때 적합하나 많은 양의 불활성 가스(Inert Gas)를 필요로 하므로 많은 경비가 소요된다.

> **Plus One** 퍼지방법(Purging Method)
> 폭발방지를 하기 위하여 불활성화(Inerting)하는 방법

4 폭발범위

(1) 폭발범위(연소범위)

가연성 물질이 기체 상태에서 공기와 혼합하여 일정농도 범위 내에서 연소가 일어나는 범위
① 하한값(하한계) : 연소가 계속되는 최저의 용량비
② 상한값(상한계) : 연소가 계속되는 최대의 용량비

> **Plus One** 폭발범위와 화재의 위험성
> - 하한값이 낮을수록 위험
> - 상한값이 높을수록 위험
> - 연소범위가 넓을수록 위험
> - 온도(압력)가 상승할수록 위험[압력이 상승하면 하한값은 불변, 상한값은 증가(단, 일산화탄소는 압력상승 시 연소범위가 감소)]

(2) 공기 중의 폭발범위

종 류	하한값[%]	상한값[%]
아세틸렌(C_2H_2) 44, 46, 58, 62, 71회	2.5	81.0
수소(H_2) 42, 52, 59, 62, 69, 71회	4.0	75.0
일산화탄소(CO)	12.5	74.0
암모니아(NH_3)	15.0	28.0
메테인(CH_4) 42, 62, 67, 69, 71회	5.0	15.0
에테인(C_2H_6) 42, 51, 62, 65, 66, 69, 74회	3.0	12.4
프로페인(C_3H_8) 42, 67, 69회	2.1	9.5
뷰테인(C_4H_{10}) 42, 69회	1.8	8.4
황화수소(H_2S)	4.3	45.0
이황화탄소(CS_2) 53회	1.0	50.0
에터($C_2H_5OC_2H_5$) 41, 48, 56, 65회	1.7	48.0
아세트알데하이드(CH_3CHO) 49, 53, 61, 71회	4.0	60.0
산화프로필렌(CH_3CHCH_2O)	2.8	37.0
아이소프로필아민[$(CH_3)_2CHNH_2$]	2.3	10.0
펜타보레인(B_5H_9)	0.42	98.0
사이안화수소(HCN)	5.6	40.0
산화에틸렌(C_2H_4O)	3.0	80.0
헥세인(C_6H_{14})	1.1	7.5
아세톤(CH_3COCH_3) 41회	2.5	12.8
휘발유($C_5H_{12} \sim C_9H_{20}$) 43, 56회	1.2	7.6
벤젠(C_6H_6)	1.4	8.0
톨루엔($C_6H_5CH_3$)	1.27	7.0
메틸에틸케톤($CH_3COC_2H_5$) 47회	1.8	10.0
피리딘(C_5H_5N)	1.8	12.4
메틸알코올(CH_3OH)	6.0	36.0
에틸알코올(C_2H_5OH) 65회	3.1	27.7

(3) 혼합가스의 폭발한계값 31, 40, 42, 45, 55, 64, 65, 67, 69, 71회

$$L_m = \frac{100}{\dfrac{V_1}{L_1} + \dfrac{V_2}{L_2} + \dfrac{V_3}{L_3} + \cdots + \dfrac{V_n}{L_n}}$$

여기서, L_m : 혼합가스의 폭발한계(하한값, 상한값 [vol%])
V_1, V_2, V_3, V_n : 가연성 가스의 용량[vol%]
L_1, L_2, L_3, L_n : 가연성 가스의 하한값 또는 상한값[vol%]

(4) 위험도(Degree of Hazards) 31, 33, 41, 47, 48, 53, 55, 56, 57, 58, 61, 65, 67, 74, 75회

$$\text{위험도} \quad H = \frac{U-L}{L}$$

여기서, U : 폭발상한값　　　　L : 폭발하한값

5 방폭구조 48회

(1) 내압(耐壓)방폭구조
폭발성 가스가 용기 내부에서 폭발하였을 때 용기가 그 압력에 견디거나 외부의 폭발성 가스가 인화되지 않도록 된 구조

(2) 압력(내압, 內壓)방폭구조
공기나 질소와 같이 **불연성 가스**를 용기 내부에 압입시켜 내부압력을 유지함으로서 외부의 폭발성 가스가 용기 내부에 침입하지 못하게 하는 구조

(3) 유입(油入)방폭구조
아크 또는 고열을 발생하는 전기설비를 용기에 넣어 그 용기 안에 다시 기름을 채워 외부의 폭발성 가스와 점화원이 접촉하여 폭발의 위험이 없도록 한 구조

(4) 안전증방폭구조
폭발성 가스나 증기에 점화원의 발생을 방지하기 위하여 기계적, 전기적 구조상 온도 상승에 대한 안전도를 증가시키는 구조

(5) 본질안전방폭구조
전기불꽃, 아크 또는 고온에 의하여 폭발성 가스나 증기에 점화되지 않는 것이 점화시험, 기타에 의하여 확인된 구조

6 최대안전틈새범위(안전간극)

(1) 정 의 38회
내용적이 8[L]이고 틈새 깊이가 25[mm]인 표준용기 안에서 가스가 폭발할 때 발생한 화염이 용기 밖으로 전파하여 가연성 가스에 점화되지 않는 최대틈새값

(2) 가연성 가스의 폭발등급 및 이에 대응하는 내압방폭구조의 폭발등급

폭발등급 \ 구분	최대안전틈새 범위	대상 물질
A	0.9[mm] 이상	메테인, 에테인, 석탄가스, 일산화탄소, 암모니아
B	0.5[mm] 초과 0.9[mm] 미만	에틸렌, 사이안화수소, 산화에틸렌
C	0.5[mm] 이하	수소, 아세틸렌

7 위험장소의 분류

(1) 위험장소
폭발성 가스 또는 증기에 따라 위험분위기가 조성될 가능성이 있는 장소

(2) 위험장소의 분류
① 0종 장소 : 위험분위기가 통상 상태에서 장시간 지속되는 장소(가연성 가스의 용기, 탱크나 봄베 등의 내부)
② 1종 장소 : 통상 상태에서 위험분위기를 생성할 우려가 있는 장소(플랜트, 장치 등에 운전이 계속 허용되는 상태)
③ 2종 장소 : 이상상태에서 **위험분위기를 생성할 우려가 있는 장소**(플랜트, 장치, 기기 등의 운전에 이상 또는 운전 잘못으로 위험위기를 생성하는 경우)
④ 준위험 장소 : 예상사고로 폭발성 가스가 대량 유출되어 위험분위기가 되는 장소

제5절 유류(가스)탱크에서 발생하는 현상

1 유류탱크에서 발생하는 현상

(1) 보일오버(Boil Over) 36, 39, 43회
① 중질유탱크에서 장시간 조용히 연소하다가 탱크의 잔존기름이 갑자기 분출(Over Flow)하는 현상
② 연소유면으로부터 100[℃] 이상의 열파가 탱크 저부에 고여 있는 물을 비등하게 하면서 연소유를 탱크 밖으로 비산하며 연소하는 현상

(2) 슬롭오버(Slop Over) 43회

중질유탱크 등의 화재 시 열류층에 소화하기 위하여 물이나 포말을 주입하면 수분의 급격한 증발에 의하여 유면이 거품을 일으키거나 열류의 교란에 의하여 열류층 밑의 냉유가 급격히 팽창하여 유면을 밀어 올리는 위험한 현상

(3) 프로스오버(Froth Over)

물이 뜨거운 기름 표면 아래서 끓을 때 화재를 수반하지 않고 용기에서 넘쳐흐르는 현상

2 액화가스탱크에서 발생하는 현상

(1) 블레비(Boiling Liquid Expanding Vapor Explosion, BLEVE)

① 정 의

가스저장탱크지역의 화재발생 시 내부의 가열된 비등상태의 액체가 기화면서 증기가 팽창하여 탱크가 파괴되어 폭발을 일으키는 현상으로 블레비 또는 블레브라고 한다.

② LPG, LNG 등 액화가스에서 발생하는 현상이다.

③ 진행과정

㉠ 액화가스가 들어있는 가스저장탱크의 주위에서 화재가 발생하여 열에 의하여 인접한 탱크의 벽이 가열된다.

㉡ 액면 위의 온도는 올라가고 탱크 내의 압력이 증가된다.

㉢ 탱크는 가열되어 용기강도 및 구조적 강도가 저하된다.

㉣ 강도가 약해져 탱크는 파열되고 이때 내부의 가열된 비등상태의 액체는 순간적으로 기화하면서 팽창하여 설계압력을 초과하게 되고 탱크가 파괴되어 급격한 증기 폭발 현상을 일으킨다.

④ 발생 조건

㉠ 가연성 액체 또는 가스가 밀폐계 내에 존재할 것

㉡ 화재나 폭발 등으로 가연물의 비점 이상 가열될 것

㉢ 파열이나 균열 등에 의하여 내용물이 대기 중으로 방출되어야 할 것

⑤ 영향을 주는 요인

㉠ 저장물질의 종류와 형태

㉡ 저장용기의 재질

㉢ 주위온도와 압력상태

㉣ 저장물질의 인화성 및 독성 여부

㉤ 저장물질의 물리적 역학상태

⑥ **예방대책** 39회
  ㉠ 탱크 내의 감압장치 설치 : 탱크 내의 압력이 저하되면 탱크강판의 응력을 파괴치 이하로 떨어지게 하는 효과를 얻을 수 있다.
  ㉡ 화염으로부터 탱크로의 입열을 억제
    • 탱크외벽의 단열조치
    • 탱크의 지하설치
    • 물에 의한 탱크표면의 냉각장치 설치
  ㉢ 폭발방지장치 설치 : 탱크내벽에 열전도도가 좋은 물질을 설치하여 탱크가 화염에 노출되어 있을 때 탱크 기상부 강판으로 흡수되는 열을 탱크 내의 액상가스로 신속히 전달시킴으로써 탱크 기상부 강판의 온도를 파괴점 이하로 유지하여 BLEVE 발생을 방지한다.
  ㉣ 용기의 내압강도 유지
  ㉤ 용기의 외력에 의한 파괴의 방지

CHAPTER 02 위험물의 소화

제1절 소화이론

(1) 소화의 원리

연소의 3요소 중 어느 하나를 없애주어 소화하는 방법

(2) 소화방법 38회

① 냉각소화 : 화재현장에 물을 주수하여 발화점 이하로 온도를 낮추어 소화하는 방법

- 물 1[L/min]은 건물 내의 일반가연물을 진화할 수 있는 양 : 0.75[m^3]
- 물을 소화제로 이용하는 이유 : **비열과 증발잠열**이 크기 때문
- 소화약제 : 산화반응을 하고 발열반응을 갖지 않는 물질

② 질식소화 : 공기 중의 산소의 농도를 21[%]에서 15[%] 이하로 낮추어 소화하는 방법(공기 차단)

질식소화 시 산소의 유효 한계농도 : 10~15[%]

③ 제거소화 : 화재현장에서 가연물을 없애주어 소화하는 방법
④ 화학소화(부촉매효과) : 연쇄반응을 차단하여 소화하는 방법

> **Plus One 화학소화(부촉매효과)**
> - 화학소화방법은 불꽃연소에만 한한다.
> - 화학소화제는 연쇄반응을 억제하면서 동시에 냉각, 산소희석, 연료제거 등의 작용을 한다.
> - 화학소화제는 불꽃연소에는 매우 효과적이나 표면연소에는 효과가 없다.

⑤ 희석소화 : 알코올, 에터, 에스터, 케톤류 등 수용성 물질에 다량의 물을 방사하여 가연물의 농도를 낮추어 소화하는 방법
⑥ 유화소화(효과) : 물분무소화설비를 중유에 방사하는 경우 유류 표면에 얇은 막으로 유화층을 형성하여 화재를 소화하는 방법
⑦ 피복소화 : 이산화탄소 약제 방사 시 가연물의 구석까지 침투하여 피복하므로 연소를 차단하여 소화하는 방법

제2절 소화기 및 소화약제의 종류

1 소화기의 분류

(1) 가압방식에 의한 분류

① 축압식 : 항상 소화기의 용기 내부에 소화약제와 압축공기 또는 불연성 Gas(N_2, CO_2)를 축압시켜 그 압력에 의해 약제가 방출되며, CO_2 소화기 외에는 모두 지시압력계가 부착되어 있으며 녹색의 지시가 정상 상태이다.

② 가압식 : 소화약제의 방출을 위한 가압가스 용기를 소화기의 내부나 외부에 따로 부설하여 가압Gas의 압력에서 소화약제가 방출된다.

(2) 소화능력단위에 의한 분류(소방)

① 소형 소화기 : 능력단위 1단위 이상이면서 대형 소화기의 능력단위(A급 화재는 10단위, B급 화재는 20단위) 미만인 소화기

② 대형 소화기 : 능력단위가 **A급 화재는 10단위** 이상, **B급 화재는 20단위** 이상인 것으로서 소화약제 충전량은 옆의 표에 기재한 이상인 소화기

종 별	소화약제의 충전량
포	20[L]
강화액	60[L]
물	80[L]
분 말	**20[kg]**
할론(할로젠화합물)	30[kg]
이산화탄소	50[kg]

※ 포강물, 분할탄 = 20, 60, 80[L], 20, 30, 50[kg]

(3) 소화약제에 의한 분류

① 액 체
  ㉠ 물소화기
  ㉡ 산·알칼리소화기
  ㉢ 강화액소화기
  ㉣ 포소화기

② 가 스
  ㉠ 이산화탄소소화기
  ㉡ 할론(할로젠화합물)소화기
  ㉢ 할로젠화합물 및 불활성 기체소화기(소방)

③ 고체 : 분말소화기

(4) 소화약제에 방출방식에 의한 분류

① 축압식 : 강화액, 할로젠화합물, 분말소화기와 같이 본체용기 중에 소화약제와 함께 소화약제의 방출원이 되는 압축가스(질소 등)를 봉입한 방식의 소화기

② **가스가압식(가압식)** : 강화액, 분말소화기와 같이 소화약제의 방출원이 되는 가압가스를 소화기 본체용기와는 별도의 전용 용기(소화기가압용 가스용기)에 충전하여 장치하고 소화기가압용 가스용기의 작동봉판을 파괴하는 등의 조작에 의하여 방출되는 가스의 압력으로 소화약제를 방사하는 방식의 소화기
③ **자기반응식** : 할로젠화합물소화기와 같이 화학반응에 의하여 발생하는 압력원으로 소화약제를 방출하는 소화기
④ **자기방출방식** : 이산화탄소, 할로젠화합물소화기와 같이 자기 증기압에 의해 소화약제를 방출하는 소화기

2 소화기의 종류

소화기명	소화약제	종 류	적응화재	소화효과
산·알칼리소화기	H_2SO_4, $NaHCO_3$	파병식, 전도식, 이중병식	A급(무상 : C급)	냉각
강화액소화기	H_2SO_4, K_2CO_3	축압식, 화학반응식, 가스가압식	A급(무상 : A, B, C급)	냉각(무상 : 질식)
이산화탄소소화기	CO_2	고압가스용기	B, C급	질식, 냉각, 피복
할로젠화합물소화기	할론1301, 할론1211, 할론2402	축압식, 자기반응식	B, C급	질식, 냉각, 부촉매(억제)
할로젠화합물 및 불활성 기체소화기	HCFC-123, FK-5-1-12	축압식	A, B, C급	질식, 냉각, 부촉매(억제)
분말소화기	제1종, 제2종, 제3종, 제4종	축압식, 가스가압식	A, B, C급	질식, 냉각, 부촉매(억제)
포말소화기	$Al_2(SO_4)_3 \cdot 18H_2O$, $NaHCO_3$	전도식, 내통밀폐식, 내통밀봉식	A, B급	질식, 냉각

Plus One 위험물과 소방의 소화기 및 소화설비 명칭 비교

종 류	구 분		위험물	소 방
소화기		분 말	분말소화기	분말소화기
		이산화탄소	이산화탄소소화기	이산화탄소소화기
		할로젠화합물	할로젠화합물소화기	할론소화기
소화설비	물분무 등 소화설비	물분무	물분무소화설비	물분무소화설비
		포	포소화설비	포소화설비
		이산화탄소	불활성 가스소화설비	이산화탄소소화설비
		할로젠화합물	할로젠화합물소화설비	할론소화설비
		청정소화약제	없 음	할로겐화합물 및 불활성 기체소화설비
		분 말	분말소화설비	분말소화설비
		미분무	없 음	미분무소화설비
		강화액	없 음	강화액소화설비

※ 소방법령에서 할로겐화합물 및 불활성 기체소화설비는 개정되지 않았으나 위험물 법령의 개정으로 이 도서에는 할로젠화합물 및 불활성 기체소화설비, 할로젠 화합물소화설비로 수정하였다.

3 물소화기

(1) 물소화약제의 장단점

① 장 점
  ㉠ 인체에 무해하여 다른 약제와 혼합하여 수용액으로 사용할 수 있다.
  ㉡ 가격이 저렴하고 장기 보존이 가능하다.
  ㉢ 냉각의 효과가 우수하며 무상주수일 때는 질식, 유화효과가 있다.

② 단 점
  ㉠ 0[℃] 이하의 온도에서는 동파 및 응고 현상으로 소화효과가 적다.
  ㉡ 방사 후 물에 의한 2차 피해의 우려가 있다.
  ㉢ 전기화재(C급)나 금속화재(D급)에는 적응성이 없다.
  ㉣ 유류화재 시 물약제를 방사하면 연소면 확대로 소화효과는 기대하기 어렵다.

(2) 물소화약제의 방사방법 및 소화효과

① **봉상주수** : 옥내소화전, 옥외소화전에서 방사하는 물이 가늘고 긴 물줄기 모양을 형성하여 방사되는 것
② **적상주수** : 스프링클러헤드와 같이 물방울을 형성하면서 방사되는 것으로 봉상주수보다 물방울의 입자가 작다.
③ **무상주수** : 물분무헤드와 같이 안개 또는 구름 모양을 형성하면서 방사되는 것

(3) 소화원리

냉각작용에 의한 소화효과가 가장 크며 증발하여 수증기로 되므로 원래 물의 용적의 약 **1,700배**의 불연성 기체로 되기 때문에 가연성 혼합기체의 희석작용도 하게 된다.

> **Plus One** 물의 질식효과 64, 76회
>
> • 물의 성상
>   – 물의 밀도 : 1[g/cm³]
>   – 화학식 : H_2O(분자량 : 18)
>   – 부피 : 22.4[L](표준상태에서 1[g-mol]이 차지하는 부피)
> • 1,700배의 계산근거
>
>   물이 1[g]일 때 몰수를 구하면 $\dfrac{1[g]}{18[g/g-mol]} = 0.05555[mol]$
>
>   0.05555[mol]을 부피로 환산하면 $0.05555[g-mol] \times 22.4[L/g-mol] = 1.244[L] = 1,244[cm^3]$
>
>   온도 100[℃]를 보정하면 $1,244[cm^3] \times \dfrac{(273+100)[K]}{273[K]} = 1,700[cm^3]$
>
>   ∴ 물 1[g]이 100[℃] 수증기로 증발하였을 때 체적은 약 1,700배가 된다.

4 산·알칼리소화기

(1) 종 류

① 전도식 : 내부의 상부에 합성수지용기에 황산을 넣어놓고 용기 본체에는 탄산수소나트륨 수용액을 넣어 사용할 때 황산 용기의 마개가 자동적으로 열려 혼합되면 화학반응을 일으켜서 방출구로 방사하는 방식
② 파병식 : 용기 본체의 중앙부 상단에 황산이 든 앰플을 파열시켜 용기 본체 내부의 중탄산나트륨 수용액과 화합하여 반응 시 생성되는 탄산가스의 압력으로 약제를 방출하는 방식

(2) 소화원리

$$H_2SO_4 + 2NaHCO_3 \rightarrow Na_2SO_4 + 2H_2O + 2CO_2\uparrow$$

> 산·알칼리소화기 무상일 때 : 전기화재 가능

5 강화액소화기

(1) 종 류

① 축압식 : 강화액소화약제(탄산칼륨수용액)를 정량적으로 충전시킨 소화기로서 압력을 용이하게 확인할 수 있도록 압력지시계가 부착되어 있으며 방출방식은 봉상 또는 무상인 소화기이다.
② 가스가압식 : 축압식에서와 같으며 단지 압력지시계가 없으며 안전밸브와 액면표시가 되어 있는 소화기이다.
③ 반응식 : 용기의 재질과 구조는 산·알칼리소화기의 파병식과 동일하며 탄산칼륨수용액의 소화약제가 충전되어 있는 소화기이다.

(2) 소화원리 31, 38회

$$H_2SO_4 + K_2CO_3 + H_2O \rightarrow K_2SO_4 + 2H_2O + CO_2\uparrow$$

강화액은 −25[℃]에서도 동결하지 않으므로 한랭지에서도 보온의 필요가 없을 뿐만 아니라 탈수, 탄화작용으로 목재, 종이 등을 불연화하고 재연방지의 효과도 있다.

6 포소화약제

(1) 소화약제의 장단점
① 장 점
  ㉠ 인체에는 무해하고, 약제 방사 후 독성 가스의 발생 우려가 없다.
  ㉡ 가연성 액체화재 시 질식, 냉각의 소화위력을 발휘한다.
② 단 점
  ㉠ 동절기에는 유동성을 상실하여 소화효과가 저하된다.
  ㉡ 단백포의 경우는 침전부패의 우려가 있어 정기적으로 교체 충전해야 한다.
  ㉢ 약제 방사 후 약제의 잔유물이 남는다.

> 포소화약제의 소화효과 : 질식효과, 냉각효과

(2) 소화약제의 구비조건
① 포의 안정성과 유동성이 좋을 것
② 독성이 적을 것
③ 유류와의 접착성이 좋을 것

(3) 소화약제의 종류 및 성상
① **화학포소화약제**
  화학포소화약제는 외약제인 탄산수소나트륨(중탄산나트륨, $NaHCO_3$)의 수용액과 내약제인 황산알루미늄[$Al_2(SO_4)_3$]의 수용액과 화학반응에 의해 이산화탄소를 이용하여 포(Foam)를 발생시킨 약제이다.
  ㉠ **내약제(B제)** : 황산알루미늄[$Al_2(SO_4)_3$]
  ㉡ **외약제(A제)** : 중탄산나트륨($NaHCO_3$), 기포안정제

> 기포안정제 : 계면활성제, 사포닌, 젤라틴, 가수분해단백질

  ㉢ 반응식
  $6NaHCO_3 + Al_2(SO_4)_3 \cdot 18H_2O \rightarrow 3Na_2SO_4 + 2Al(OH)_3 + 6CO_2 + 18H_2O$

② 기계포(공기포)소화약제
　㉠ 혼합비율에 따른 분류

구 분	약제 종류	약제 농도	팽창비
저발포용	단백포	3[%], 6[%]	6배 이상 20배 이하
	합성계면활성제포	3[%], 6[%]	6배 이상 20배 이하
	수성막포	3[%], 6[%]	5배 이상 20배 이하
	알코올용포	3[%], 6[%]	6배 이상 20배 이하
	플루오린화단백포	3[%], 6[%]	6배 이상 20배 이하
고발포용	합성계면활성제포	1[%], 1.5[%], 2[%]	80배 이상 1,000배 미만

> **단백포 3[%]** : 단백포약제 3[%]와 물 97[%]의 비율로 혼합한 약제

$$\text{팽창비} = \frac{\text{방출 후 포의 체적[L]}}{\text{방출 전 포수용액의 체적(포원액+물)[L]}} = \frac{\text{방출 후 포의 체적[L]}}{\dfrac{\text{원액의 양[L]}}{\text{농도[\%]}}}$$

　㉡ 포소화약제에 따른 분류
　　• **단백포소화약제** : 소의 뿔, 발톱, 피 등 동물성 단백질 가수분해물에 염화제일철염($FeCl_2$염)의 안정제를 첨가해 물에 용해하여 수용액으로 제조된 소화약제로서 특이한 냄새가 나는 끈끈한 흑갈색 액체이다.

물성 \ 종류	단백포	합성계면활성제포	수성막포	알코올용포
pH(20[℃])	6.0~7.5	6.5~8.5	6.0~8.5	6.0~8.5
비중(20[℃])	1.1~1.2	0.9~1.2	1.0~1.15	0.9~1.2

　　• **합성계면활성제포소화약제** : 고급 알코올 황산에스터와 고급 알코올황산염을 사용하여 포의 안정성을 위해 안정제를 첨가한 소화약제이다.
　　• **수성막포소화약제** : 미국의 3M사가 개발한 것으로 일명 Light Water라고 한다. 이 약제는 플루오린계통의 습윤제에 합성계면활성제가 첨가되어 있는 약제로서 물과 혼합하여 사용한다. 성능은 단백포소화약제에 비해 약 300[%] 효과가 있으며 필요한 소화약제의 양은 1/3 정도에 불과하다.

> AFFF(Aqueous Film Forming Foam) : 수성막포

　　• **알코올용포소화약제** : 단백질의 가수분해물에 합성세제를 혼합해서 제조한 소화약제로서 **알코올, 에스터류** 같이 **수용성인 용제**에 적합하다.

> **알코올용포** : 알코올, 에스터 등 수용성 액체에 적합

　　• 플루오린화단백포소화약제 : 단백포에 플루오린계 계면활성제를 혼합하여 제조한 것으로서 플루오린의 소화효과는 포소화약제 중 우수하나 가격이 비싸 잘 유통되지 않고 있다.

7 이산화탄소소화약제

(1) 소화약제의 성상

① **소화약제의 특성**

㉠ 상온에서 **기체**이며 그 가스비중(공기=1.0)은 1.52로 공기보다 무겁다.
㉡ 무색무취로 화학적으로 안정하고 가연성·부식성도 없다.
㉢ 이산화탄소는 화학적으로 비교적 안정하다.
㉣ 공기보다 1.52배 무겁기 때문에 심부화재에 적합하다.
㉤ 고농도의 이산화탄소는 인체에 독성이 있다.
㉥ 액화가스로 저장하기 위하여 임계온도(31.35[℃]) 이하로 냉각시켜 놓고 가압한다.
㉦ 저온으로 고체화한 것을 드라이아이스라고 하며 냉각제로 사용한다.

> 이산화탄소의 허용농도 : 5,000[ppm](0.5[%])

② **이산화탄소의 물성**

구 분	물성치
화학식	CO_2
분자량	44
비중(공기=1)	1.52
비 점	−78[℃]
밀 도	1.977[g/L]
삼중점	−56.4[℃](5.11[atm])
승화점	−78.5[℃]
점도(20[℃])	14.7[μPa·s]
임계압력	72.75[atm]
임계온도	31.35[℃]
열전도율(20[℃])	3.6×10^{-5}[cal/cm·s·℃]
증발잠열[kJ/kg]	576.5[kJ/kg]

(2) 소화약제의 품질기준 39회

① 탄산가스의 함량 : 99.5[%] 이상
② 수분 : 0.05[wt%] 이하

> 수분 0.05[wt%] 이상 : 수분 결빙하여 노즐 폐쇄(줄-톰슨효과)

(3) 소화약제의 소화효과

① 산소의 농도를 21[%]를 15[%]로 낮추어 이산화탄소에 의한 **질식효과**
② 증기비중이 공기보다 1.52배로 무겁기 때문에 이산화탄소에 의한 **피복효과**
③ 이산화탄소가스 방출 시 기화열에 의한 **냉각효과**

8 할로젠화합물(할론)소화약제

(1) 소화약제의 개요

할로젠화합물이란 **플루오린, 염소, 브로민** 및 **아이오딘** 등 할로젠족 원소를 하나 이상 함유한 화학물질을 말한다. 할로젠족 원소는 다른 원소에 비해 높은 반응성을 갖고 있어 할로젠화합물은 독성이 적고 안정된 화합물을 형성한다.

① **오존파괴지수(ODP)** 36, 62회

어떤 물질의 오존파괴능력을 상대적으로 나타내는 지표를 **ODP**(Ozone Depletion Potential, 오존파괴지수)라 한다. 이 ODP는 기준물질로 CFC-11(CFCl$_3$)의 ODP를 1로 정하고 상대적으로 어떤 물질의 대기권에서의 수명, 물질의 단위질량당 염소나 브로민 질량의 비, 활성 염소와 브로민의 오존파괴능력 등을 고려하여 그 물질의 ODP가 정해지는데 그 계산식은 다음과 같다.

$$ODP = \frac{\text{어떤 물질 1[kg]이 파괴하는 오존량}}{\text{CFC-11 1[kg]이 파괴하는 오존량}}$$

② **지구온난화지수(GWP)**

일정무게의 CO$_2$가 대기 중에 방출되어 지구온난화에 기여하는 정도를 1로 정하였을 때 같은 무게의 어떤 물질이 기여하는 정도를 **GWP**(Global Warming Potential, 지구온난화지수)로 나타내며, 다음 식으로 정의된다.

$$GWP = \frac{\text{물질 1[kg]이 기여하는 온난화 정도}}{\text{CO}_2\ \text{1[kg]이 기여하는 온난화 정도}}$$

(2) 소화약제의 특성

① 소화약제의 물성 32, 40, 45회

물성 종류	할론1301	할론1211	할론2402
분자식	CF_3Br	CF_2ClBr	$C_2F_4Br_2$
분자량	148.9	165.4	259.8
비점[℃]	-57.75	-4	47.5
빙점[℃]	-168.0	-160.5	-110.1
임계온도[℃]	67.0	153.8	214.6
임계압력[atm]	39.1	40.57	33.5
임계 밀도[g/cm^3]	0.745	0.713	0.790
대기 잔존기간(1년)	100	20	-
상태(20[℃])	기체	기체	액체
오존층파괴지수	14.1	2.4	6.6
밀도[g/cm^3]	1.57	1.83	2.18
증기비중	5.13	5.70	8.96
증발 잠열[kJ/kg]	119	130.6	105

② 소화약제의 특성
  ㉠ 변질분해가 없다.
  ㉡ 전기부도체이다.
  ㉢ 금속에 대한 부식성이 적다.
  ㉣ 연소 억제작용으로 부촉매소화효과가 훌륭하다.
  ㉤ 값이 비싸다는 단점도 있다.

③ 소화약제의 구비조건
  ㉠ 기화되기 쉬운 저비점 물질일 것
  ㉡ 공기보다 무겁고 불연성일 것
  ㉢ 증발잔유물이 없어야 할 것

④ **명명법** 67, 76회

할로젠화합물이란 할로젠화 탄화수소(Halogenated Hydrocarbon)의 약칭으로 탄소 또는 탄화수소에 플루오린, 염소, 브로민이 함께 포함되어 있는 물질을 통칭하는 말이다. 예를 들면, **할론-1211**은 CF_2ClBr로서 메테인에 플루오린 2원자, 염소 1원자, 브로민 1원자로 이루어진 화합물이다.

```
Halon-1211, 1  2  1  1
        |   |  |  |  |
Halon-  A   B  C  D
```

- 브로민(Br) 원자수
- 염소(Cl) 원자수
- 플루오린(F) 원자수
- 탄소(C) 원자수

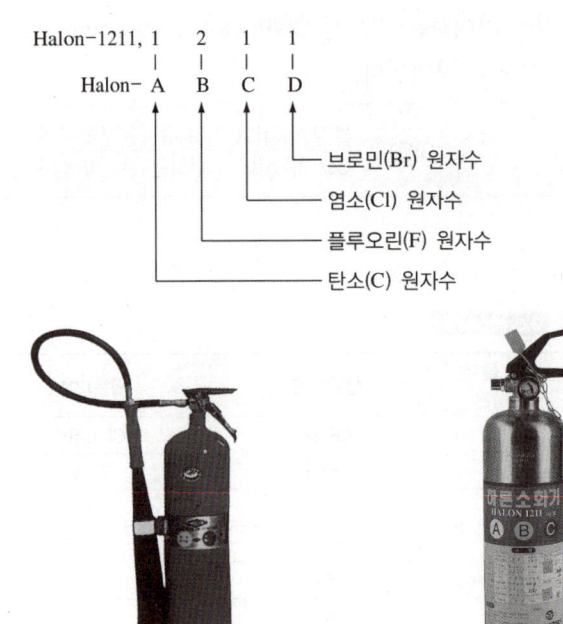

[탄산가스소화기]   [할로젠화합물소화기]

(3) 소화약제의 성상

① 할론1301소화약제 31, 47회

이 약제는 메테인(CH_4)에 플루오린(F) 3원자와 브로민(Br) 1원자가 치환되어 있는 약제로서 분자식은 CF_3Br이며 분자량은 148.93이다. BTM(Bromo Trifluoro Methane)이라 하며 "브로모트라이플루오로메테인"이라고도 한다.

$$\begin{array}{c} H \\ | \\ H-C-H \\ | \\ H \end{array} \longrightarrow \begin{array}{c} F \\ | \\ F-C-Br \\ | \\ F \end{array}$$

상온(21[℃])에서 **기체**이며 **무색무취**로 **전기전도성**이 **없으며** 공기보다 약 5.13배(148.93/29 = 5.13배) 무거우며 21[℃]에서 약 **1.4[MPa]**의 압력을 가하면 액화될 수 있다. 할론1301은 고압식(4.2[MPa])과 저압식(2.5[MPa])으로 지정하는데 할론1301 소화설비에서 21[℃] 자체 증기압은 1.4[MPa]이므로 고압식으로 저장하면 나머지 압력(4.2-1.4=**2.8[MPa]**)은 **질소 가스**를 충전하여 약제를 전량 외부로 방출하도록 되어 있다. 이 약제는 할론 소화약제 중에서 독성이 가장 약하고 소화효과는 가장 좋다. 적응화재는 B급(유류) 화재, C급(전기) 화재에 적합하다.

> **Plus One** 할론1301소화약제
> - 상온에서 기체, 공기보다 5.1배 무겁다.
> - 자체압력이 1.4[MPa]이므로 질소로 2.8[MPa]를 충전하여 4.2[MPa]로 충전한다.
> - 인체에 대한 독성이 가장 약하고 소화효과가 가장 좋다.

② 할론1211소화약제

이 약제는 메테인에 플루오린(F) 2원자, 염소(Cl) 1원자, 브로민(Br) 1원자가 치환되어 있는 약제로서 분자식은 CF_2ClBr이며 분자량은 165.4이다. **BCF(Bromo Chloro Difluoro Methane)**이라 하며 "브로모클로로다이플루오로메테인"이라고도 한다. **상온**에서 **기체**이며, 공기보다 약 5.70배 무거우며, 비점은 -4[℃]로서 이 온도에서 방출 시에는 액체 상태로 방사된다. 적응화재는 유류화재, 전기화재에 적합하다.

$$\begin{array}{c} H \\ | \\ H-C-H \\ | \\ H \end{array} \longrightarrow \begin{array}{c} Cl \\ | \\ F-C-F \\ | \\ Br \end{array}$$

③ 할론1011소화약제

이 약제는 메테인에 염소 1원자, 브로민 1원자가 치환되어 있는 약제로서 분자식은 CH_2ClBr이며 분자량은 129.4이다. CB(Bromo Chloro Methane)이라 하며 "브로모클로로메테인"이라고도 한다. 할론1011은 상온에서 액체이며 증기의 비중(공기=1)은 4.5이며 기체의 밀도는 0.0058[g/cm^3]이다.

$$\begin{array}{c} H \\ | \\ H-C-H \\ | \\ H \end{array} \longrightarrow \begin{array}{c} Cl \\ | \\ H-C-H \\ | \\ Br \end{array}$$

④ 할론2402소화약제

이 약제는 에테인(C_2H_6)에 플루오린 4원자와 브로민 2원자를 치환한 약제로서 분자식은 $C_2F_4Br_2$이며 분자량은 259.8이다. FB(Dibromo Tetra Fluoro Ethane)이라 하며 "다이브로모 테트라플루오로에테인"이라고도 한다. 적응화재는 유류화재, 전기화재의 소화에 적합하다.

$$\begin{array}{c} H\ H \\ |\ \ | \\ H-C-C-H \\ |\ \ | \\ H\ H \end{array} \longrightarrow \begin{array}{c} F\ F \\ |\ \ | \\ Br-C-C-Br \\ |\ \ | \\ F\ F \end{array}$$

⑤ 사염화탄소소화약제

이 약제는 메테인에 염소 4원자를 치환시킨 약제로서 공기, 수분, 탄산가스와 반응하면 포스겐($COCl_2$)이라는 독가스를 발생하기 때문에 실내에 사용을 금지하고 있으며, 이 약제는 CTC(Carbon Tetra Chloride)라 한다. 사염화탄소는 무색투명한 휘발성 액체로서 특유한 냄새와 독성이 있다.

> **Plus One** 사염화탄소의 화학반응식
> - 공기 중 : $2CCl_4 + O_2 \rightarrow 2COCl_2 + 2Cl_2$
> - 습기 중 : $CCl_4 + H_2O \rightarrow COCl_2 + 2HCl$
> - 탄산가스 중 : $CCl_4 + CO_2 \rightarrow 2COCl_2$
> - 산화철 접촉 중 : $3CCl_4 + Fe_2O_3 \rightarrow 3COCl_2 + 2FeCl_3$
> - 발연황산 중 : $2CCl_4 + H_2SO_4 + SO_3 \rightarrow 2COCl_2 + S_2O_5Cl_2 + 2HCl$

(4) 소화약제의 소화효과

① 물리적 효과

기체 및 액상의 할론약제의 열 흡수, 액체 할론이 기화할 때와 할론이 분해할 때 주위의 열을 빼앗아 공기 중 산소농도를 묽게 해주는 희석효과 공기 중의 산소 농도를 16[%] 이하로 낮추어 준다.

② 화학적 효과

연소과정은 자유 Radical이 계속 이어지면서 연쇄반응이 이루어지는데 이 과정에 할론약제가 접촉하면 할론이 함유하고 있는 브로민이 고온에서 Radical 형태로 분해되어 연소 시 연쇄반응의 원인물질인 활성자유 Radical과 반응하여 연쇄반응의 꼬리를 끊어주어 연소의 연쇄반응을 억제시킨다.

> **Plus One** 소화약제의 소화
> - 소화효과 : 질식, 냉각, 부촉매효과
> - 소화효과의 크기 : 사염화탄소 < 할론1011 < 할론2402 < 할론1211 < 할론1301

9 할로젠화합물 및 불활성 기체소화약제(소방)

※ 위험물안전관리법령에는 할로젠화합물 및 불활성 기체소화약제란 명칭이 없다.

(1) 소화약제의 정의

① **할로젠화합물소화약제** : 플루오린, 염소, 브로민 또는 아이오딘 중 하나 이상의 원소를 포함하고 있는 유기화합물을 기본성분으로 하는 소화약제
② **불활성 기체소화약제** : 헬륨, 네온, 아르곤 또는 질소가스 중 하나 이상의 원소를 기본성분으로 하는 소화약제
③ **충전밀도** : 용기의 단위 용적당 소화약제의 중량의 비율

(2) 소화약제의 종류

소화약제	화학식
퍼플루오로뷰테인(이하 "FC-3-1-10"이라 한다)	C_4F_{10}
하이드로클로로플루오로카본혼화제(상품명 : NAFS-III) (이하 "HCFC BLEND A"라 한다)	• HCFC-123($CHCl_2CF_3$) : 4.75[%] • HCFC-22($CHClF_2$) : 82[%] • HCFC-124($CHClFCF_3$) : 9.5[%] • $C_{10}H_{16}$: 3.75[%]
클로로테트라플루오로에테인(이하 "HCFC-124"라 한다)	$CHClFCF_3$
펜타플루오로에테인(이하 "HFC-125"라 한다)	CHF_2CF_3
헵타플루오로프로페인(이하 "HFC-227ea"라 한다)(상품명 : FM200)	CF_3CHFCF_3
트라이플루오로메테인(이하 "HFC-23"라 한다)	CHF_3
헥사플루오로프로페인(이하 "HFC-236fa"라 한다)	$CF_3CH_2CF_3$
트라이플루오로아이오다이드(이하 "FIC-13I1"라 한다)	CF_3I
불연성·불활성 기체 혼합가스(이하 "IG-01"이라 한다)	Ar
불연성·불활성 기체 혼합가스(이하 "IG-100"이라 한다)	N_2
불연성·불활성 기체 혼합가스(이하 "IG-541"이라 한다)	N_2 : 52[%], Ar : 40[%], CO_2 : 8[%]
불연성·불활성 기체 혼합가스(이하 "IG-55"이라 한다)	N_2 : 50[%], Ar : 50[%]
도데카플루오로-2-메틸펜테인-3-원(이하 "FK-5-1-12"이라 한다)	$CF_3CF_2C(O)CF(CF_3)_2$

(3) 소화약제의 특성

① 전기적으로 비전도성이다.
② 휘발성이 있거나 증발 후 잔여물은 남기지 않는 액체이다.
③ 할론소화약제 대체용이다.

(4) 소화약제의 구분

① 할로젠화합물소화약제

㉠ 분류

계열	정의	해당 물질
HFC(Hydro Fluoro Carbons) 계열	C(탄소)에 F(플루오린)와 H(수소)가 결합된 것	HFC-125, HFC-227ea, HFC-23, HFC-236fa
HCFC(Hydro Chloro Fluoro Carbons) 계열	C(탄소)에 Cl(염소), F(플루오린), H(수소)가 결합된 것	HCFC-BLEND A, HCFC-124
FIC(Fluoro Iodo Carbons) 계열	C(탄소)에 F(플루오린)와 I(아이오딘)이 결합된 것	FIC-13I1
FC(PerFluoro Carbons) 계열	C(탄소)에 F(플루오린)가 결합된 것	FC-3-1-10, FK-5-1-12

㉡ 명명법

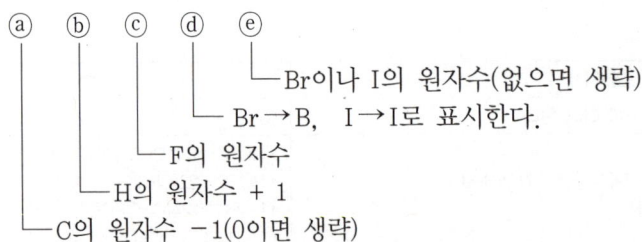

- ⓐ → C의 원자수 −1(0이면 생략)
- ⓑ → H의 원자수 + 1
- ⓒ → F의 원자수
- ⓓ → Br→B, I→I로 표시한다.
- ⓔ → Br이나 I의 원자수(없으면 생략)

[예 시]

- HFC계열(HFC-227ea, CF_3CHFCF_3)
  - ⓐ → C의 원자수(3−1 = 2)
  - ⓑ → H의 원자수(1+1 = 2)
  - ⓒ → F의 원자수(7)

- FIC계열(FIC-13I1, CF_3I)
  - ⓐ → C의 원자수(1−1 = 0, 생략)
  - ⓑ → H의 원자수(0+1 = 1)
  - ⓒ → F의 원자수(3)
  - ⓓ → I로 표기
  - ⓔ → I의 원자수(1)

- HCFC계열(HCFC-124, $CHClFCF_3$)
  - ⓐ → C의 원자수(2−1 = 1)
  - ⓑ → H의 원자수(1+1 = 2)
  - ⓒ → F의 원자수(4)
  - − 부족한 원소는 Cl로 채운다.

- FC계열(FC-3-1-10, C_4F_{10})
  - ⓐ → C의 원자수(4−1 = 3)
  - ⓑ → H의 원자수(0+1 = 1)
  - ⓒ → F의 원자수(10)

② 불활성 기체소화약제

㉠ 분류 53, 62, 70, 75회

종 류	화학식
IG-01	Ar
IG-100	N_2
IG-55	N_2(50[%]), Ar(50[%])
IG-541	N_2(52[%]), Ar(40[%]), CO_2(8[%])

ⓛ 명명법

```
 ⓧ  ⓨ  ⓩ
           └── $CO_2$의 농도[%] : 첫째자리 반올림, 생략 가능
       └────── Ar의 농도[%] : 첫째자리 반올림
  └─────────── $N_2$의 농도[%] : 첫째자리 반올림
```

[예 시]

- IG-01
  - ⓧ → N_2의 농도(0[%] = 0)
  - ⓨ → Ar의 농도(100[%] = 1)
  - ⓩ → CO_2의 농도(0[%]) : 생략

- IG-55
  - ⓧ → N_2의 농도(50[%] = 5)
  - ⓨ → Ar의 농도(50[%] = 5)
  - ⓩ → CO_2의 농도(0[%]) : 생략

- IG-100
  - ⓧ → N_2의 농도(100[%] = 1)
  - ⓨ → Ar의 농도(0[%] = 0)
  - ⓩ → CO_2의 농도(0[%] = 0)

- IG-541
  - ⓧ → N_2의 농도(52[%] = 5)
  - ⓨ → Ar의 농도(40[%] = 4)
  - ⓩ → CO_2의 농도(8[%] → 10[%] = 1)

(5) 약제의 구비조건

① 독성이 낮고 설계농도는 NOAEL 이하일 것
② 오존파괴지수(ODP), 지구온난화지수(GWP)가 낮을 것
③ 소화효과는 할론소화약제와 유사할 것
④ 비전도성이고 소화 후 증발잔유물이 없을 것
⑤ 저장 시 분해하지 않고 용기를 부식시키지 않을 것

(6) 소화효과

① 할로젠화합물소화약제 : 질식, 냉각, 부촉매효과
② 불활성 기체소화약제 : 질식, 냉각효과

10 분말소화약제

(1) 분말소화약제의 개요

열과 연기가 충만한 장소와 연소 확대위험이 많은 특정소방대상물에 설치하여 수동, 자동조작에 의해 불연성 가스(N_2, CO_2)의 압력으로 배관 내에 분말소화약제를 압송시켜 고정된 헤드나 노즐로 하여 방호대상물에 소화제를 방출하는 설비로서 가연성 액체의 소화에 효과적이고 전기설비의 화재에도 적합하다.

① 축압식 : 용기의 재질은 철제로서 본체 내부를 내식 가공 처리한 것으로 용기에 분말약제를 채우고 약제를 질소(N_2)가스로 충전되어 있으며 압력 지시계가 부착된 소화기이다.

② 가스가압식 : 용기는 철제이고 용기 본체 내부 또는 외부에 설치된 봄베 속에 충전되어 있는 탄산가스(CO_2)를 압력원으로 사용하는 소화기이다.

> 축압식 분말소화기의 사용압력 범위 : 0.7~0.98[MPa]

[축압식 분말소화기]

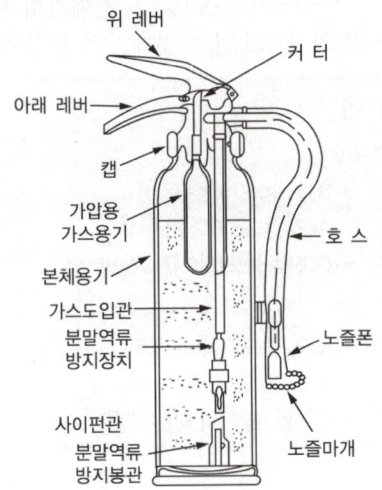

[가스가압식 분말소화기]

(2) 분말소화약제의 성상

① 제1종 분말소화약제(중탄산나트륨, 중조, $NaHCO_3$) 75회
  ㉠ 제1종 분말의 주성분 : 중탄산나트륨(탄산수소나트륨) + 스테아린산염 또는 실리콘
  ㉡ 약제의 착색 : 백색
  ㉢ 적응화재 : 유류, 전기화재
  ㉣ 소화효과 : 질식, 냉각 부촉매효과
  ㉤ **식용유화재** : 주방에서 사용하는 식용유 화재에는 가연물과 반응하여 **비누화현상**을 일으키므로 질식소화 및 재발 방지까지 하므로 효과가 있다.

  > **Plus One | 비누화현상**
  > 알칼리를 작용하면 가수분해되어 그 성분의 산의 염과 알코올이 생성되는 현상

② 제2종 분말소화약제(중탄산칼륨, $KHCO_3$) 75회
  ㉠ 제2종 분말의 주성분 : 중탄산칼륨 + 스테아린산염 또는 실리콘
  ㉡ 약제의 착색 : 담회색
  ㉢ 적응화재 : 유류, 전기화재
  ㉣ 소화효과 : 질식, 냉각 부촉매효과
  ㉤ 소화능력 : 제1종 분말보다 약 1.67배 크다.

③ 제3종 분말소화약제(제일인산암모늄, $NH_4H_2PO_4$) 75회
  ㉠ 제3종 분말의 주성분 : 제일인산암모늄
  ㉡ 약제의 착색 : 담홍색

ⓒ 적응화재 : **일반, 유류, 전기화재**
　　　ⓓ 소화효과 : 질식, 냉각 부촉매효과
　　　ⓔ 소화능력 : 제1종, 제2종 분말보다 20~30[%]나 크다.
　④ 제4종 분말소화약제[중탄산칼륨 + 요소, $KHCO_3 + (NH_2)_2CO$] 48회
　　　ⓐ 제4종 분말의 주성분 : 중탄산칼륨 + 요소
　　　ⓑ 약제의 착색 : 회색
　　　ⓒ 적응화재 : 유류, 전기화재

종류	주성분	착색	적응화재
제1종 분말	탄산수소나트륨($NaHCO_3$)	백색	B, C급
제2종 분말	탄산수소칼륨($KHCO_3$)	담회색	B, C급
제3종 분말	제일인산암모늄($NH_4H_2PO_4$)	담홍색	A, B, C급
제4종 분말	탄산수소칼륨 + 요소($KHCO_3 + (NH_2)_2CO$)	회색	B, C급

　⑤ **열분해반응식**
　　　㉠ 제1종 분말 38, 41, 50, 54, 56, 66, 67, 70, 76회
　　　　• 1차 분해반응식(270[℃]) : $2NaHCO_3 \rightarrow Na_2CO_3 + CO_2 + H_2O - Q[kcal]$
　　　　• 2차 분해반응식(850[℃]) : $2NaHCO_3 \rightarrow Na_2O + 2CO_2 + H_2O - Q[kcal]$
　　　㉡ 제2종 분말 56회
　　　　• 1차 분해반응식(190[℃]) : $2KHCO_3 \rightarrow K_2CO_3 + CO_2 + H_2O - Q[kcal]$
　　　　• 2차 분해반응식(590[℃]) : $2KHCO_3 \rightarrow K_2O + 2CO_2 + H_2O - Q[kcal]$
　　　㉢ 제3종 분말 39, 46, 47, 59, 70, 74회
　　　　• 1차 분해반응식(190[℃]) : $NH_4H_2PO_4 \rightarrow NH_3 + H_3PO_4$(인산, 오쏘인산)
　　　　• 2차 분해반응식(215[℃]) : $2H_3PO_4 \rightarrow H_2O + H_4P_2O_7$(피로인산)
　　　　• 3차 분해반응식(300[℃]) : $H_4P_2O_7 \rightarrow H_2O + 2HPO_3$(메타인산)
　　　㉣ 제4종 분말 : $2KHCO_3 + (NH_2)_2CO \rightarrow K_2CO_3 + 2NH_3 + 2CO_2 - Q[kcal]$

(3) 분말소화약제의 소화효과
　① **제1종 분말과 제2종 분말**
　　　㉠ 이산화탄소와 수증기에 의한 산소차단에 의한 질식효과
　　　㉡ 이산화탄소와 수증기의 발생 시 흡수열에 의한 냉각효과
　　　㉢ 나트륨염(Na^+)과 칼륨염(K^+)의 금속 이온에 의한 부촉매효과
　② **제3종 분말**
　　　㉠ 열분해 시 암모니아와 수증기에 의한 **질식효과**
　　　㉡ 열분해에 의한 **냉각효과**
　　　㉢ 유리된 암모늄염(NH_4^+)에 의한 **부촉매효과**

    ㉣ 메타인산(HPO_3)에 의한 방진작용(가연물이 숯불 형태로 연소하는 것을 방지하는 작용)
    ㉤ 탈수효과

11 간이소화제

(1) 건조된 모래(만능 소화제)

> **Plus One** 건조된 모래의 보관방법
> - 반드시 건조되어 있을 것
> - 가연물이 함유되어 있지 않을 것
> - 부속 기구로서는 삽과 양동이를 비치할 것

(2) 팽창질석, 팽창진주암

발화점이 낮은 알킬알루미늄 등의 화재에 사용되는 불연성 고체로서 비중이 아주 적다.

> **Plus One** 알킬알루미늄과 물과 접촉 시 반응식
> - $(CH_3)_3Al + 3H_2O \rightarrow Al(OH)_3 + 3CH_4 \uparrow$
> - $(C_2H_5)_3Al + 3H_2O \rightarrow Al(OH)_3 + 3C_2H_6 \uparrow$

(3) 간이소화용구

에어로졸소화용구, 투척용 소화용구 및 소화약제 외의 것을 이용한 소화용구

12 소화기의 유지관리

(1) 소화기 사용법

① 적응화재에만 사용할 것
② 성능에 따라서 불 가까이 접근하여 사용할 것
③ 바람을 등지고 풍상에서 풍하로 방사할 것
④ 비로 쓸듯이 양옆으로 골고루 사용할 것

(2) 소화기의 유지관리

① 바닥면으로부터 1.5[m] 이하가 되는 지점에 설치할 것
② 통행, 피난에 지장이 없고, 사용 시 쉽게 반출하기 쉬운 곳에 설치할 것
③ 소화제의 동결, 변질 또는 분출할 우려가 없는 곳에 설치할 것
④ 설치지점은 잘 보이도록 '소화기' 표시를 할 것

(3) 소화기의 외부 표시사항(소화기의 형식승인 및 제품검사의 기술기준 제38조)

① 종별 및 형식
② 형식승인번호
③ 제조연월 및 제조번호, 내용연한(분말소화약제를 사용하는 소화기에 한함)
④ 제조업체명 또는 상호, 수입업체명(수입품에 한함)
⑤ 사용온도범위
⑥ 소화능력단위
⑦ 충전된 소화약제의 주성분 및 중(용)량
⑧ 방사시간, 방사거리
⑨ 가압용 가스용기의 가스 종류 및 가스량(가압식 소화기에 한함)
⑩ 총중량
⑪ 취급상의 주의사항
⑫ 적응화재별 표시사항은 일반화재용 소화기의 경우 "A(일반화재용)", 유류화재용 소화기의 경우에는 "B(유류화재용)", 전기화재용 소화기의 경우 "C(전기화재용)", 금속화재용 소화기의 경우 "D(금속화재용)", 주방화재용 소화기의 경우 "K(주방화재용)"로 표시해야 한다.
⑬ 사용방법
⑭ 품질보증에 관한 사항(보증기간, 보증내용, A/S 방법, 자체검사필 등)
⑮ 소화기의 원산지
⑯ 소화기에 충전한 소화약제의 물질안전자료(MSDS)에 언급된 동일한 소화약제명의 다음 각 목의 정보
　㉠ 1[%]를 초과하는 위험물질 목록
　㉡ 5[%]를 초과하는 위험물질 목록
　㉢ MSDS에 따른 위험한 약제에 관한 정보
⑰ 소화 가능한 가연성 금속재료의 종류 및 형태, 중량, 면적(D급 화재용 소화기에 한함)

13 위험물의 소화방법

(1) 제1류 위험물

① 산화성 고체로서 주수에 의한 냉각소화
② 알칼리금속의 과산화물 : 마른모래, 탄산수소염류의 질식소화

(2) 제2류 위험물

① 가연성 고체로서 주수에 의한 냉각 소화
② 철분, 마그네슘, 금속분 : 마른모래, 탄산수소염류의 질식소화

(3) 제3류 위험물
① 자연발화성 물질 및 금수성 물질
② 불연성, 일부 가연성
③ **소화방법** : 마른모래, 팽창질석, 팽창진주암, 탄산수소염류의 질식(피복)소화

(4) 제4류 위험물
① 인화성 액체로서 가연성
② **소화방법** : 질식소화(포말, 이산화탄소, 할로젠화합물, 할로젠화합물 및 불활성 기체, 분말, 안개상의 분무주수)

(5) 제5류 위험물
① 자기반응성 물질로서 가연성
② **소화방법** : 냉각소화

(6) 제6류 위험물
① 산화성 액체로서 불연성
② **소화방법** : 다량의 물(냉각소화)

CHAPTER 03 일반화학 및 유체역학

제1절 일반화학

1 분자에 관한 법칙

(1) 보일의 법칙
기체의 부피는 온도가 일정할 때 절대압력에 반비례한다.

$$T = 일정,\ PV = k\ (P : 압력\ \ V : 부피)$$

(2) 샤를의 법칙
압력이 일정할 때 기체가 차지하는 부피는 절대온도에 비례한다.

$$\frac{V_1}{T_1} = \frac{V_2}{T_2}$$

(3) 보일-샤를의 법칙
기체가 차지하는 **부피**는 **압력에 반비례**하고 **절대온도에 비례**한다.

$$\frac{P_1 V_1}{T_1} = \frac{P_2 V_2}{T_2} \qquad V_2 = V_1 \times \frac{P_1}{P_2} \times \frac{T_2}{T_1}$$

(4) 이상기체 상태방정식 32, 40, 51, 57, 73회

$$PV = nRT = \frac{W}{M}RT \qquad PM = \frac{W}{V}RT = \rho RT \qquad M(분자량) = \frac{\rho RT}{P}$$

여기서, P : 압력[atm]　　　　　　　　V : 부피[L]
$\quad\quad\quad\ \ n$: mol수[g-mol]　　　　　　M : 분자량[g/g-mol]
$\quad\quad\quad\ \ W$: 무게[g]　　　　　　　　R : 기체상수(0.08205[L·atm/g-mol·K])
$\quad\quad\quad\ \ T$: 절대온도(273 + [℃]=[K])

(5) 돌턴의 분압 법칙

혼합기체의 전압은 각 성분의 분압의 합과 같다.

$$P = P_A + P_B + P_C$$

여기서, P : 전 압 P_A, P_B, P_C : A, B, C 각 성분의 분압

2 화학식

(1) 분자식

단체 또는 화합물의 실제의 조성을 표시하는 식으로 한 물질의 가장 작은 단위에 있는 각 원소의 원자들의 개수를 정확히 나타내는 식이다.

에틸알코올 : C_2H_6O, 포도당 : $C_6H_{12}O_6$

(2) 실험식

물질을 이루는 원소의 종류와 수를 가장 간단한 비율로 표시한 식(NaCl)

(3) 시성식

분자를 이루고 있는 원자단(관능기)을 나타내며 그 분자의 특성을 밝힌 화학식

에틸알코올 : C_2H_5OH, 다이에틸에터 : $C_2H_5OC_2H_5$

(4) 구조식

화합물의 분자 내에서의 원자의 결합상태를 나타내는 식

- 에틸알코올 :
$$H-\overset{\overset{H}{|}}{\underset{\underset{H}{|}}{C}}-\overset{\overset{H}{|}}{\underset{\underset{H}{|}}{C}}-OH$$
- 이산화탄소 : $O=C=O$

Plus One 초산의 예
- 시성식 : CH_3COOH
- 분자식 : $C_2H_4O_2$
- 실험식 : $C_2H_4O_2$에서 C : H : O = 2 : 4 : 2 = 1 : 2 : 1이므로 실험식은 CH_2O가 된다.
- 구조식 :
$$H-\overset{\overset{H}{|}}{\underset{\underset{H}{|}}{C}}-\overset{\overset{O}{\|}}{C}-O-H$$

3 당량

(1) 당량
산소 8(산소 1/2원자량)이나 수소 1(수소 1원자량)과 결합 또는 치환하는 원소의 양

(2) g당량
당량에 [g]을 붙인 것

- 당량 = $\dfrac{원자량}{원자가}$, 원자량 = 당량 × 원자가
- 산·알칼리 당량 = $\dfrac{산 \cdot 알칼리의 \ 분자량}{H(OH)의 \ 수}$
- 산화제(환원제)의 당량 = $\dfrac{산화제(환원제)의 \ 분자량}{산화수의 \ 변화}$
- 산소 16[g]일 때 g당량 = $\dfrac{16[g]}{8}$ = 2g당량
- **산소 1g당량 = 8[g] = $\dfrac{1}{4}$[mol] = 5.6[L]**
- 수소 1g당량 = 1[g] = $\dfrac{1}{2}$[mol] = 11.2[L]
- 황산의 1g당량 = $\dfrac{98}{2}$ = 49[g]

4 용 액

(1) 용액의 정의
액체 상태에서 다른 물질이 용해되어 균일하게 혼합되어 있는 액체

(2) 용액의 분류
① 불포화용액 : 일정한 온도에서 일정량의 용매에 용질이 더 녹을 수 있는 용액
② 포화용액 : 일정한 온도에서 일정량의 용매에 최대한 용질이 녹아 있는 용액
③ 과포화용액 : 일정한 온도에서 용질이 용해도 이상이 녹아 있는 용액

> **(예) 20[℃]의 물 100[g]에 소금이 36[g]이 용해한다고 하면**
> - 불포화용액 : 소금 36[g] 이하를 녹인 용액
> - 포화용액 : 소금 36[g]을 녹인 용액
> - 과포화용액 : 소금 36[g] 이상이 녹아 있는 용액

5 용해도

(1) 용해도의 정의

일정한 온도에서 용매 100[g]에 녹을 수 있는 용질의 [g]수

$$용해도 = \frac{용질의\ [g]수}{용매의\ [g]수} \times 100$$

(2) 용해도 곡선

용액의 온도 변화에 따른 용해도 관계를 나타낸 것

$$과포화용액 \underset{냉각}{\overset{가열}{\rightleftarrows}} 포화용액 \underset{냉각}{\overset{가열}{\rightleftarrows}} 불포화용액$$

6 용해도 상태

(1) 고체의 용해도

고체의 용해도는 압력에 영향을 받지 않고 온도 상승에 따라 증가한다.

- NaCl의 용해도는 온도 상승에 따라 미세하게 증가한다.
- $Ca(OH)_2$는 용해할 때 발열반응을 하므로 온도 상승에 따라 감소한다.

(2) 액체의 용해도

① 액체의 용해도는 온도와 압력에는 무관하다.
② 극성 물질은 극성 용매에 잘 녹고 비극성 물질은 비극성 용매에 잘 녹는다.

- 극성 용매 : 물(H_2O), 아세톤(CH_3COCH_3), 에틸알코올(C_2H_5OH)
  (극성 물질 : HCl, NH_3, HF, H_2S)
- 비극성 용매 : 벤젠(C_6H_6), 사염화탄소(CCl_4), 에터($C_2H_5OC_2H_5$)
  (비극성 물질 : CH_4, H_2, O_2, CO_2, N_2)

(3) 기체의 용해도

기체의 용해도는 온도가 상승하면 감소하고, 압력이 상승하면 용해도는 증가한다.

- 헨리의 법칙 : 용해도가 작은 물질, 묽은 농도에만 성립한다.
- 용해량 $W = kP$ (k : 헨리의 정수, P : 압력)
∴ 기체의 용해도는 압력에 비례한다.

7 용액의 농도

(1) 백분율

① 중량백분율([wt%]농도)

용액 100[g] 중 녹아 있는 용질의 [g]수

$$[wt\%] = \frac{용질의\ 중량}{용액의\ 중량} \times 100$$

② 용적백분율([vol%]농도)

용액 1[L] 중 녹아 있는 용질의 부피 [L]수

$$[vol\%] = \frac{용질의\ 부피}{용액의\ 부피} \times 100$$

③ ppm

용액 1[L] 중에 녹아 있는 용질의 [mg]수

$$[ppm] = [mg/L] = [g/m^3] = [mg/kg] = \frac{용질의\ 질량[mg]}{용액의\ 부피[L]}$$

④ 몰분율과 몰%

- i성분의 몰분율 = $\dfrac{i성분의\ 몰수}{전체의\ 몰수}$
- 몰% = 몰분율 × 100
- 몰분율의 합은 1이다.
- 부분압력 = 전체압력 × 몰분율

(2) 농 도 48, 53회

① **몰농도**(M) : 용액 1[L](1,000[mL]) 속에 녹아 있는 용질의 몰수
② **규정농도**(N) : 용액 1[L](1,000[mL]) 속에 녹아 있는 용질의 g당량수
③ **몰랄농도**(m) : **용매 1,000[g]** 속에 녹아 있는 **용질의 몰수**

- 몰농도(M) = $\dfrac{\text{용질의 무게[g]}}{\text{용질의 분자량[g]}} \times \dfrac{1{,}000}{\text{용액의 부피[mL]}}$

- 규정농도(N) = $\dfrac{\text{용질의 무게[g]}}{\text{용질의 g당량}} \times \dfrac{1{,}000}{\text{용액의 부피[mL]}}$

- 몰랄농도(m) = $\dfrac{\text{용질의 몰수}}{\text{용매의 질량([g])}} \times 1{,}000\text{[g]}$

- 당량수 = 규정농도 × 부피[L]

- 농도환산방법
  - [%]농도 → 몰농도로 환산, $M = \dfrac{10ds}{\text{분자량}}$ (d : 비중, s : [%]농도)
  - [%]농도 → 규정농도로 환산, $N = \dfrac{10ds}{\text{당량}}$ (d : 비중, s : [%]농도)
  - 규정농도 = 몰농도 × 산도(염기도)

제2절 유체역학

1 기초단위

(1) 온 도

① $[\text{℃}] = \dfrac{5}{9}([\text{°F}] - 32)$

② $[\text{°F}] = 1.8[\text{℃}] + 32$

③ $[\text{K}] = 273 + [\text{℃}]$

④ $[\text{R}] = 460 + [\text{°F}]$

(2) 압 력

압력 $P = \dfrac{F}{A}$ (F : 힘, A : 단면적)

```
1[atm] = 760[mmHg] = 10.332[mH₂O(mAq)] = 1,013[mb]
       = 1.0332[kgf/cm²] = 1,013 × 10³[dyne/cm²]
       = 101.325[Pa]([N/m²]) = 101.325[kPa]([kN/m²]) = 0.101325[MPa]([MN/m²])
       = 14.7[Psi]([lbf/in²])
```

(3) 점도(점성계수)

동점도 $\nu = \dfrac{\mu}{\rho}[\text{cm}^2/\text{s}]$

- 1[P(poise)] = 1[gr/cm·s] = [dyne·s/cm²] = 100[cP] = 0.1[kg/m·s]
- 1[cP(centipoise)] = 0.01[gr/cm·s] = 0.001[kg/m·s] = 2.42[lb/ft·h]

(4) 비중(Specific Gravity)

물 4[℃]를 기준으로 하였을 때 물체의 무게

① 비중$(S) = \dfrac{\text{물체의 무게}}{4[℃]\text{의 체적의 물의 무게}}$

γ_w(물의 비중량) = 1,000[kg$_f$/m³] = 9,800[N/m³]

② 액체의 비중량 $\gamma = S \times 1,000[\text{kg}_f/\text{m}^3]$

Plus One 비 중

- Baume도(ρ)
  - Baume도($\rho < 1$일 때) = $\dfrac{140}{G} - 130$ (G : 비중)
  - Baume도($\rho > 1$일 때) = $145 - \dfrac{145}{G}$ (G : 비중)
- API도(석유제품의 비중) API도 = $\dfrac{141.5}{G} - 131.5$ (G : 비중)
- Twaddell척도(물보다 무거운 액체) Twaddell = $200(G-1.0)$ (G : 비중)

(5) 밀도(Density) [70회]

단위 체적당의 질량(W/V)

물의 밀도 ρ = 1[gr/cm³] = 1,000[kg/m³] = 1,000[N·s²/m⁴](절대단위)
= 1,000/9.8 = 102[kg$_f$·s²/m⁴](중력단위)

2 열역학의 법칙

(1) 열역학 제1법칙(에너지보존의 법칙)

기체에 공급된 열에너지는 기체 내부에너지의 증가와 기체가 외부에 한 일의 합과 같다.

공급된 열에너지 $Q = \Delta u + P\Delta V = \Delta w$

여기서, u : 내부에너지 $P\Delta V$: 일
Δw : 기체가 외부에 한 일

(2) 열역학 제2법칙
① 열은 외부에서 작용을 받지 아니하고 **저온**에서 **고온**으로 **이동시킬 수 없다.**
② 열을 완전히 일로 바꿀 수 있는(열효율이 100[%]인) 열기관을 만들 수 없다.
③ **자발적인 변화**는 **비가역적**이다.
④ 엔트로피는 증가하는 방향으로 흐른다.

(3) 열역학 제3법칙
순수한 물질이 1[atm]하에서 완전히 결정 상태이면 그 엔트로피는 0[K]에서 0이다.

3 비압축성 유체
유체의 유속은 단면적에 반비례하고 지름의 제곱에 반비례한다.

$$\frac{u_2}{u_1} = \frac{A_1}{A_2} = \left(\frac{D_1}{D_2}\right)^2, \quad u_2 = u_1 \times \left(\frac{D_1}{D_2}\right)^2$$

4 베르누이 방정식(Bernoulli's Equation)

$$\frac{u_1^2}{2g} + \frac{p_1}{\gamma} + Z_1 = \frac{u_2^2}{2g} + \frac{p_2}{\gamma} + Z_2 = \text{Const}$$

여기서, u : 각 단면에 있어서의 유체속도[m/s] p_1, p_2 : 압력[N/m^2]
  Z : 높이[m] γ : 비중량(9,800[N/m^3])
  $\frac{u^2}{2g}$: 속도수두(Velocity Head) $\frac{p}{\gamma}$: 압력수두(Pressure Head)
  Z : 위치수두(Potential Head)

유체의 마찰을 고려하면, 즉 비압축성 유체일 때의 방정식

$$\frac{u_1^2}{2g} + \frac{p_1}{\gamma} + Z_1 = \frac{u_2^2}{2g} + \frac{p_2}{\gamma} + Z_2 + \Delta H$$

여기서, ΔH : 에너지 손실수두(損失水頭)

5 유체의 관 마찰 손실 56회

Darcy-Weisbach식 : 수평관을 정상적으로 흐를 때 적용

$$h = \frac{\Delta P}{\gamma} = \frac{flu^2}{2gD}[m]$$

여기서, h : 마찰손실[m]
ΔP : 압력차[N/m²]
γ : 유체의 비중량(물의 비중량 9,800[N/m³])
f : 관의 마찰계수
l : 관의 길이[m]
u : 유체의 유속[m/s]
D : 관의 내경[m]

6 레이놀즈수(Reynold's Number, Re)

$$Re = \frac{Du\rho}{\mu} = \frac{Du}{\nu}[\text{무차원}]$$

여기서, D : 관의 내경[cm]

$\overline{m} = Au\rho$에서 $u = \dfrac{\overline{m}}{A\rho}$

μ : 유체의 점도[g/cm·s]

u(유속) $= \dfrac{Q}{A} = \dfrac{4Q}{\pi D^2}$

ρ : 유체의 밀도[g/cm³]

ν(동점도) : 절대점도를 밀도로 나눈 값 $\left(\dfrac{\mu}{\rho}[\text{cm}^2/\text{s}]\right)$

7 U자관 Manometer의 압력차

$$\Delta P = \frac{g}{g_c}R(\gamma_A - \gamma_B)$$

여기서, R : Manometer 읽음[m]
γ_B : 물의 비중량[N/m³]
γ_A : 유체의 비중량[N/m³]

8 피토관의 유속 39회

$$u = \sqrt{2gR\frac{(\gamma_A - \gamma_B)}{\gamma_B}}\,[\text{m/s}]$$

여기서, g : 중력가속도(9.8[m/s²])
γ_A : 수은의 비중량[N/m³]
R : Manometer 읽음[m]
γ_B : 유체의 비중량[N/m³]

9 펌프에서 발생하는 현상

(1) 공동현상(Cavitation)

Pump의 흡입측 배관 내에서 발생하는 것으로 배관 내의 수온 상승으로 물이 수증기로 변화하여 물이 Pump로 흡입되지 않는 현상

① **공동현상의 발생원인**
- ㉠ Pump의 **흡입측 수두가 클 때**
- ㉡ Pump의 **마찰손실이 클 때**
- ㉢ Pump의 **Impeller 속도가 클 때**
- ㉣ Pump의 **흡입관경이 작을 때**
- ㉤ Pump 설치위치가 수원보다 높을 때
- ㉥ 관 내의 유체가 고온일 때
- ㉦ Pump의 흡입압력이 유체의 증기압보다 낮을 때

> **Plus One** 공동현상의 발생원인
> - Pump의 흡입측 수두가 클 때
> - Pump의 마찰손실이 클 때
> - Pump의 Impeller 속도가 클 때
> - Pump의 흡입관경이 작을 때

② **공동현상의 발생현상**
- ㉠ 소음과 진동 발생
- ㉡ 관정 부식
- ㉢ Impeller의 손상
- ㉣ Pump의 성능저하(토출량, 양정, 효율감소)

③ **공동현상의 방지 대책**
- ㉠ Pump의 흡입측 수두, 마찰손실을 적게 한다.
- ㉡ Pump **Impeller 속도를 작게** 한다.
- ㉢ Pump 흡입관경을 크게 한다.
- ㉣ Pump 설치위치를 수원보다 낮게 해야 한다.
- ㉤ Pump 흡입압력을 유체의 증기압보다 높게 한다.
- ㉥ 양흡입 Pump를 사용해야 한다.
- ㉦ 양흡입 Pump로 부족 시 펌프를 2대로 나눈다.

(2) 수격현상(Water Hammering)

유체가 유동하고 있을 때 정전 혹은 밸브를 차단할 경우 유체가 감속되어 운동에너지가 압력에너지로 변하여 유체 내의 고압이 발생하고 유속이 급변화하면서 압력 변화를 가져와 관로의 벽면을 타격하는 현상

① **수격현상의 발생원인**
　㉠ Pump의 운전 중에 정전에 의해서
　㉡ Pump의 정상 운전일 때의 액체의 압력변동이 생길 때
② **수격현상의 방지대책**
　㉠ 관로의 **관경**을 **크게** 하고 **유속**을 **낮게** 해야 한다.
　㉡ 압력강하의 경우 Fly Wheel을 설치해야 한다.
　㉢ 조압수조(Surge Tank) 또는 수격방지기(Water Hammering Cushion)를 설치해야 한다.
　㉣ Pump 송출구 가까이 송출밸브를 설치하여 압력상승 시 압력을 제어해야 한다.

> **Plus One** 수격현상의 방지대책
> 　관경을 크게 하고 유속을 낮게 할 것

(3) 맥동현상(Surging)

Pump의 입구와 출구에 부착된 진공계와 압력계의 침이 흔들리고 동시에 토출유량이 변화를 가져오는 현상

① **맥동현상의 발생원인**
　㉠ Pump의 양정곡선($Q-H$) 산(山) 모양의 곡선으로 상승부에서 운전하는 경우
　㉡ 유량조절밸브가 배관 중 수조의 위치 후방에 있을 때
　㉢ 배관 중에 수조가 있을 때
　㉣ 배관 중에 기체 상태의 부분이 있을 때
　㉤ 운전 중인 Pump를 정지할 때
② **맥동현상의 방지대책**
　㉠ Pump 내의 양수량을 증가시키거나 Impeller의 회전수를 변화시킨다.
　㉡ 관로 내의 잔류공기 제거하고 관로의 단면적 유속 및 유량을 조절한다.

실전예상문제

001 연소의 3요소를 쓰고 간단히 설명하시오.

해설

연 소
① **정의** : 가연물이 공기 중에서 산소와 반응하여 열과 빛을 동반하는 급격한 산화현상
② **연소의 3요소**
　㉠ **가연물** : 목재, 종이, 석탄, 플라스틱 등과 같이 산소와 반응하여 발열반응하는 물질
　㉡ **산소공급원** : 산소, 공기, 제1류 위험물, 제5류 위험물, 제6류 위험물
　㉢ **점화원** : 전기불꽃, 정전기불꽃, 충격마찰의 불꽃, 단열압축, 나화 및 고온표면 등

정답
- 가연물 : 산화되기 쉬운 물질
- 산소공급원 : 산소, 공기, 산화제
- 점화원 : 가연물에 활성화에너지를 공급하는 것으로서 전기불꽃, 정전기불꽃, 충격마찰에 의한 불꽃, 고열물

002 화재의 종류를 쓰고 간단히 설명하시오.

해설

화재의 종류

구 분 \ 급수	A급	B급	C급	D급
화재의 종류	일반화재	유류화재	전기화재	금속화재
원형 표시색	백 색	황 색	청 색	무 색

정답
- **일반화재** : 목재, 종이, 합성수지류 등의 일반가연물의 화재
- **유류화재** : 제4류 위험물(특수인화물, 제1석유류~제4석유류, 알코올류, 동식물유류)의 화재
- **전기화재** : 전기화재는 양상이 다양한 원인 규명의 곤란이 많은 전기가 설치된 곳의 화재
- **금속화재** : 칼륨(K), 나트륨(Na), 마그네슘(Mg), 아연(Zn) 등 물과 반응하여 가연성 가스를 발생하는 물질의 화재

003 가연물이 되기 쉽고 타기 쉬운 조건 5가지를 쓰시오.

해설

가연물의 구비조건
① **열전도율이 작을 것** : 열전도율이 작아야 열이 축적이 되므로 연소하기 쉽다.
② **발열량이 클 것**
③ **표면적이 넓을 것** : 표면적이 넓어야 공기와 접촉면적이 크므로 연소가 잘된다.
④ **산소와 친화력이 좋을 것**
⑤ **활성화에너지가 적을 것** : 처음 연소에 필요한 에너지(활성화에너지)가 적어야 연소가 잘된다.

정답
- 열전도율이 작을 것
- 발열량이 클 것
- 표면적이 넓을 것
- 산소와 친화력이 좋을 것
- 활성화에너지가 적을 것

004 가연물이 될 수 없는 조건 3가지를 쓰시오.

해설

가연물이 될 수 없는 조건
① **불활성 기체(0족 원소)** : 헬륨(He), 네온(Ne), 아르곤(Ar), 크립톤(Kr), 제논(Xe), 라돈(Rn)
② **질소 또는 질소산화물** : 산소와 반응은 하나 **흡열반응**을 하기 때문

$$N_2 + \frac{1}{2}O_2 \rightarrow N_2O - Q[kcal]$$

③ **산화완결반응** : 산소와 더 이상 반응하지 않는 물질(CO_2, H_2O, Al_2O_3 등)

정답
- 불활성 기체(0족 원소)
- 질소 또는 질소산화물
- 산화완결반응

005 고체연소의 종류를 나열하고 해당하는 물질 2가지를 쓰시오.

해설

고체의 연소
① **표면연소** : **목탄, 코크스, 숯, 금속분** 등이 열분해에 의하여 가연성 가스를 발생하지 않고 그 물질 자체가 연소하는 현상
② **분해연소** : **석탄, 종이, 목재, 플라스틱** 등의 연소 시 열분해에 의해 발생된 가스와 공기가 혼합하여 연소하는 현상
③ **증발연소** : **황, 나프탈렌, 왁스, 파라핀** 등과 같이 고체를 가열하면 열분해는 일어나지 않고 고체가 액체로 되어 일정온도가 되면 액체가 기체로 변화하여 기체가 연소하는 현상
④ **자기연소(내부연소)** : 제5류 위험물인 **나이트로셀룰로스, 셀룰로이드** 등 그 물질이 가연물과 산소를 동시에 가지고 있는 가연물이 연소하는 현상

정답
- 표면연소 : 목탄, 코크스
- 분해연소 : 석탄, 종이
- 증발연소 : 황, 나프탈렌
- 자기연소 : 나이트로셀룰로스, 셀룰로이드

006 자연발화의 종류를 분류하고 해당되는 물질 2가지를 쓰시오.

해설
자연발화
① **자연발화의 형태**
  ㉠ **산화열**에 의한 발화 : 석탄, 건성유, 고무분말
  ㉡ **분해열**에 의한 발화 : 나이트로셀룰로스, 셀룰로이드
  ㉢ **미생물**에 의한 발화 : 퇴비, 먼지
  ㉣ **흡착열**에 의한 발화 : 목탄, 활성탄
  ㉤ **중합열**에 의한 발화 : 사이안화수소
② **자연발화의 조건**
  ㉠ 주위의 온도가 높을 것
  ㉡ 열전도율이 작을 것
  ㉢ 발열량이 클 것
  ㉣ 표면적이 넓을 것
  ㉤ 열의 축적이 클 것
③ **자연발화의 방지대책**
  ㉠ 습도를 낮게 할 것(습도를 낮게 해야 한 지점의 열의 확산을 잘 시킨다)
  ㉡ 주위(저장실)의 온도를 낮출 것
  ㉢ 통풍을 잘 시킬 것
  ㉣ 불활성 가스를 주입하여 공기와 접촉을 피할 것
④ **자연발화의 요인**
  ㉠ 발열량
  ㉡ 열전도율
  ㉢ 공기의 유통
  ㉣ 퇴적방법
  ㉤ 수 분
  ㉥ 열의 축적
⑤ **발화점이 낮아지는 이유**
  ㉠ 분자구조가 복잡할 때
  ㉡ 산소와 친화력이 좋을 때
  ㉢ 열전도율이 낮을 때
  ㉣ 증기압이 낮을 때
  ㉤ 압력, 발열량, 화학적 활성도가 클 때

정답
- 산화열에 의한 발화 : 석탄, 건성유
- 분해열에 의한 발화 : 셀룰로이드, 나이트로셀룰로스
- 미생물에 의한 발화 : 퇴비, 먼지
- 흡착열에 의한 발화 : 목탄, 활성탄

007 자연발화의 조건을 쓰시오.

해설
문제 6번 참조

정답
- 주위의 온도가 높을 것
- 열전도율이 작을 것
- 발열량이 클 것
- 표면적이 넓을 것
- 열의 축적이 클 것

008 자연발화를 일으킬 수 있는 요인 5가지를 쓰시오.

해설
문제 6번 참조

정답
- 발열량
- 열전도율
- 공기의 유통
- 퇴적방법
- 수 분

009 발화점이 낮아지는 이유를 쓰시오.

해설
문제 6번 참조

정답
- 분자구조가 복잡할 때
- 열전도율이 낮을 때
- 압력, 발열량, 화학적 활성도가 클 때
- 산소와 친화력이 좋을 때
- 증기압이 낮을 때

010 연소점의 정의를 쓰시오.

해설
정 의
① **연소점(Fire Point)** : 어떤 물질이 공기 중에서 열을 받아 **5초 이상의 지속적인 연소**를 일으킬 수 있는 **온도**로서 **인화점보다 10[℃] 높다**.
② **인화점(Flash Point)** : 휘발성 물질에 불꽃을 접하여 발화될 수 있는 최저의 온도

> 온도 : 발화점 > 연소점 > 인화점

③ **착화점(발화점, Ignition Point)** : 가연성 물질에 점화원을 접하지 않고도 불이 일어나는 최저의 온도

정답 어떤 물질이 공기 중에서 열을 받아 5초 이상의 지속적인 연소를 일으킬 수 있는 온도로서 인화점보다 10[℃] 높은 온도

011 다음 사항에 대하여 최소점화에너지의 변화를 설명하시오.
- 압력증가
- 가연성 가스 농도 증가
- 질소의 농도 증가

해설
최소착화(점화)에너지
① **정의** : 어떤 물질이 공기와의 혼합하였을 때 점화원으로 발화하기 위하여 필요한 최소한의 에너지
② **최소착화에너지에 영향을 주는 요인**
  ㉠ 온 도
  ㉡ 압 력
  ㉢ 농도(조성)
③ **최소착화에너지가 커지는 현상**
  ㉠ 압력이나 온도가 낮을 때
  ㉡ 질소, 이산화탄소 등 불연성 가스를 투입할 때
  ㉢ 가연물의 농도가 감소할 때
  ㉣ 산소의 농도가 감소할 때

정답
- 압력이 증가하면 최소점화에너지는 감소한다.
- 가연성 가스 농도가 증가하면 최소점화에너지는 감소한다.
- 질소의 농도가 증가하면 최소점화에너지는 증가한다.

012 다음 공식의 뜻과 기호를 설명하시오.

$$E = \frac{1}{2}CV^2 = \frac{1}{2}QV$$

해설
에너지량

$$E = \frac{1}{2}CV^2 = \frac{1}{2}QV$$

여기서, E : 에너지량(Joule)　　　C : 정전용량(Farad)
　　　　V : 방전전압(Volt)　　　　Q : 전기량(Coulomb)

정답
- 공식 : 전기불꽃에 의한 에너지 발생량을 구하는 식
- 기호 설명
  E : 에너지량(Joule)　　　C : 정전용량(Farad)
  V : 방전전압(Volt)　　　　Q : 전기량(Coulomb)

---

013 정전기의 방지대책과 축적 방지법을 쓰시오.

해설
정전기
① **정의** : 전하의 공간적 이동이 적어 전계효과에 비해 자계효과가 아주 무시할 정도로 작은 전기를 말한다.
② **정전기 방지대책**
　㉠ 접지하는 방법 : 제1종 접지, 제2종 접지, 제3종 접지, 특별 제3종 접지로 구분한다.
　㉡ 상대습도(Relative Humidity)를 70[%] 이상으로 한다.

> 공기를 가열하면 상대습도는 낮아지고, 냉각하면 높아진다.

　㉢ 공기를 이온화한다 : 방사선 물질을 이용하여 공기가 전기를 띠게 만드는 것을 말한다.
③ **정전기 축적 방지법**
　㉠ 방전에 의한 완화 : 부도체의 대전방지를 위하여 사용되는 도전성 섬유는 낮은 전위에서도 방전이 일어나기 쉬운 성질을 이용하고 있다.
　㉡ 도전에 의한 완화 : 대전물체와 대지 간의 전기전도에 의해 이루어진다.

정답
- 정전기의 방지대책
  - 접지할 것
  - 공기 중의 상대습도를 70[%] 이상으로 할 것
  - 공기를 이온화할 것
- 축적 방지법
  - 방전에 의한 완화
  - 도전에 의한 완화

014 리프팅의 정의와 발생원인에 대해 설명하시오.

해설
연소의 이상현상
① **불완전연소** : 연소 시 공기와 가스의 혼합이 적절하지 않아 그을음이 발생하는 현상

> **Plus One** 그을음의 발생원인
> • 산소(공기)가 부족할 때
> • 연소온도가 낮을 때
> • 연료의 공급상태가 불안정할 때

② **역화(Back Fire)** : 연료가스의 분출속도가 연소속도보다 느릴 때 불꽃이 연소기의 내부로 들어가 혼합관 속에서 연소하는 현상

> **Plus One** 역화의 원인
> • 버너가 과열될 때
> • 혼합가스량이 너무 적을 때
> • 연료의 분출속도가 연소속도보다 느릴 때
> • 가스압력이 낮을 때
> • 노즐의 부식으로 분출 구멍이 커진 경우

③ **선화(Lifting)** : 연소 시 가스의 **분출속도가 연소속도보다 빠를 때** 불꽃이 버너의 노즐에서 떨어져 나가서 연소하는 현상으로 완전연소가 이루어지지 않으며 역화의 반대현상이다.
④ **블로오프(Blow-off)현상** : 선화상태에서 연료가스의 분출속도가 증가하거나 주위 공기의 유동이 심하면 화염이 노즐에서 연소하지 못하고 떨어져서 화염이 꺼지는 현상

정답
• 정의 : 불꽃이 버너의 노즐에서 떨어져 나가서 연소하는 현상으로 완전 연소가 이루어지지 않으며 역화의 반대현상이다.
• 발생원인 : 연소 시 가스의 분출속도가 연소속도보다 빠르기 때문에

015 일반건축물 화재 시 발생하는 롤오버를 설명하시오.

해설
화재 시 발생현상
① **백드래프트(Back Draft)** : 밀폐된 공간에서 화재발생 시 산소부족으로 불꽃을 내지 못하고 가연성 가스만 축적되어 있는 상태에서 갑자기 문을 개방하면 신선한 공기 유입으로 폭발적인 연소가 시작되는 현상
② **롤오버(Roll Over)** : 화재발생 시 천장부근에 축적된 가연성 가스가 연소범위에 도달하면 천장 전체의 연소가 시작하여 불덩어리가 천장을 굴러다니는 것처럼 뿜어져 나오는 현상

정답 화재발생 시 천장부근에 축적된 가연성 가스가 연소범위에 도달하면 천장 전체의 연소가 시작하여 불덩어리가 천장을 굴러다니는 것처럼 뿜어져 나오는 현상

016 불활성화 방법인 가연성 가스와 불연성 가스를 혼합하는 것으로서, 산소를 배출하는 방법으로 사이폰 퍼지법을 설명하시오.

해설

퍼지방법(Purging Method) : 폭발방지를 하기 위하여 불활성화하는 방법

① **불활성화(Inerting)** : 불활성 가스(N_2, CO_2, 수증기)를 주입하여 연소에 필요한 최소산소농도(Minimum Oxygen Concentration, MOC) 이하로 유지하는 방법을 말한다.
　㉠ MOC는 가스(Gas)인 경우 10[%] 정도이고 분진의 경우는 8[%] 정도이다.
　㉡ 산소농도의 제어점은 MOC보다 4[%] 정도 낮은 농도이다(MOC가 10[%]인 경우 불활성화는 산소농도가 6[%]로 되게 하는 것이다).

$$MOC = 하한값 \times \frac{산소의\ 몰수}{연료의\ 몰수}$$

② **불활성화 퍼지방법**
　㉠ **사이폰 퍼지**(Siphon Purge) : 사용 용기에 액체(물)를 채운 후 용기로부터 액체를 배출시킬 때 동시에 Inerting(불활성) 가스를 주입하여 산소농도를 낮추는 방법으로 대형용기의 퍼지에 주로 사용한다.
　㉡ **압력 퍼지**(Pressurize Purge) : 사용 용기에 Inerting 가스를 가압하여 용기 내의 가스가 충분히 확산된 후 대기로 방출하는 조작을 반복하여 산소농도를 낮추는 방법으로 진공 퍼지보다 시간을 단축할 수 있고, Inerting 가스량이 많이 필요하다.
　㉢ **진공 퍼지**(Vacuum Purge) : 용기를 일정의 진공도까지 진공시킨 후 용기에 Inerting 가스(질소, 이산화탄소)를 주입시켜 용기를 대기압과 같은 상태로 하는 방식으로 용기의 통상적인 Inerting 방법으로 반응기나 중형, 소형 압력용기에 사용한다.
　㉣ **스위프 퍼지**(Sweep Through Purge) : 용기의 한 개구부로 Inerting 가스를 주입하고, 다른 개구부로부터 대기로 혼합가스를 배출하는 방식으로 압력을 가하거나 진공을 걸 수 없는 용기류에 사용하고 큰 저장용기를 퍼지할 때 적합하나 많은 양의 불활성 가스(Inert Gas)를 필요로 하므로 많은 경비가 소요된다.

정답 사용 용기에 액체(물)를 채운 후 용기로부터 액체를 배출시키고 동시에 Inerting(불활성) 가스를 주입하여 산소농도를 낮추는 방법으로 대형용기의 퍼지에 주로 사용한다.

017

체적비로 메테인 40[%], n-헥세인 60[%]의 혼합가스가 존재한다. Le Chatelier의 법칙을 이용하여, 혼합가스의 연소하한값을 구하시오(단, C_6H_{14}의 하한값은 1.1[%], CH_4의 하한값은 5.0[%]이다).

해설

혼합가스의 폭발한계값

$$L_m = \frac{100}{\frac{V_1}{L_1} + \frac{V_2}{L_2}}$$

여기서, L_m : 혼합가스의 폭발한계(하한값, 상한값의 [vol%])
V_1, V_2 : 가연성 가스의 용량[vol%]
L_1, L_2 : 가연성 가스의 하한값 또는 상한값[vol%]

∴ 하한값을 구하면 $L_m = \dfrac{100}{\frac{V_1}{L_1} + \frac{V_2}{L_2}} = \dfrac{100}{\frac{40[\%]}{5.0[\%]} + \frac{60[\%]}{1.1[\%]}} = 1.60[\%]$

정답 1.6[%]

018

다이에틸에터와 에틸알코올이 각각 1 : 4의 비율로 혼합되어 있는 위험물이 있다. 이 위험물의 폭발범위를 계산하시오(단, 다이에틸에터의 폭발범위는 1.7[%]~48[%], 에틸알코올의 폭발범위는 3.1[%]~27.7[%]이다).

해설

혼합가스의 폭발한계(폭발범위)

$$L_m = \frac{100}{\frac{V_1}{L_1} + \frac{V_2}{L_2}}$$

여기서, L_m : 혼합가스의 폭발한계(하한값, 상한값의 [vol%])
V_1, V_2 : 가연성 가스의 용량[vol%]
L_1, L_2 : 가연성 가스의 하한값 또는 상한값[vol%]

① 혼합가스의 하한값
$L_m = \dfrac{100}{\frac{V_1}{L_1} + \frac{V_2}{L_2}} = \dfrac{100}{\frac{20[\%]}{1.7[\%]} + \frac{80[\%]}{3.1[\%]}} = 2.66[\%]$

② 혼합가스의 상한값
$L_m = \dfrac{100}{\frac{V_1}{L_1} + \frac{V_2}{L_2}} = \dfrac{100}{\frac{20[\%]}{48[\%]} + \frac{80[\%]}{27.7[\%]}} = 30.26[\%]$

정답 2.66~30.26[%]

019

아세틸렌의 위험도를 계산하시오.

해설

아세틸렌의 폭발범위 : 2.5~81[%]

$$위험도\ H = \frac{U-L}{L}$$

여기서, U : 폭발상한값 L : 폭발하한값

$\therefore H = \dfrac{81-2.5}{2.5} = 31.4$

정답   31.4

020

폭발하한계에 대해 설명하고, 가솔린의 연소하한값을 쓰시오.

해설

폭 발

① **폭발범위**
  ㉠ 하한계(Lower Flammability Level, LFL) : 가연성 가스가 공기 중에서 연소할 수 있는 최소의 농도값
  ㉡ 상한계(Upper Flammability Level, UFL) : 가연성 가스가 공기 중에서 연소할 수 있는 최대의 농도값
② **가솔린(휘발유)** : 제4류 위험물 제1석유류(비수용성)로서 지정수량은 200[L]이다.
③ **가솔린의 연소범위** : 1.2~7.6[%]

정답 • 하한계 : 가연성 가스가 공기 중에서 연소할 수 있는 최소의 농도값
       • 가솔린의 연소하한값 : 1.2[%]

021

다음 물질의 위험도를 구하시오.
• 다이에틸에터
• 아세톤

해설

위험도

① **다이에틸에터의 연소범위** : 1.7~48[%]
  $\therefore 위험도\ H = \dfrac{상한값-하한값}{하한값} = \dfrac{48-1.7}{1.7} = 27.24$
② **아세톤의 연소범위** : 2.5~12.8[%]
  $\therefore 위험도\ H = \dfrac{상한값-하한값}{하한값} = \dfrac{12.8-2.5}{2.5} = 4.12$

정답 • 다이에틸에터 : 27.24
       • 아세톤 : 4.12

022

다음 표를 참고하여 프로페인 50[%], 뷰테인 15[%], 에테인 4[%], 나머지는 메테인으로 구성된 혼합가스의 폭발하한값을 구하시오.

물 질	폭발하한값	폭발상한값	구성비[%]
프로페인	2.0	9.5	50
뷰테인	1.8	8.4	15
에테인	3.0	12.0	4
메테인	5.0	15.0	31

해설

혼합가스의 폭발한계값

$$L_m = \frac{100}{\dfrac{V_1}{L_1} + \dfrac{V_2}{L_2} + \dfrac{V_3}{L_3} + \dfrac{V_4}{L_4}}$$

여기서, L_m : 혼합가스의 폭발한계(하한값, 상한값의 [vol%])
V_1, V_2, V_3, V_4 : 가연성 가스의 용량[vol%]
L_1, L_2, L_3, L_4 : 가연성 가스의 하한값 또는 상한값[vol%]

① 혼합가스의 하한값

$$L_m = \frac{100}{\dfrac{V_1}{L_1} + \dfrac{V_2}{L_2} + \dfrac{V_3}{L_3} + \dfrac{V_4}{L_4}} = \frac{100}{\dfrac{50}{2.0} + \dfrac{15}{1.8} + \dfrac{4}{3.0} + \dfrac{31}{5.0}} = 2.45[\%]$$

② 혼합가스의 상한값

$$L_m = \frac{100}{\dfrac{V_1}{L_1} + \dfrac{V_2}{L_2} + \dfrac{V_3}{L_3} + \dfrac{V_4}{L_4}} = \frac{100}{\dfrac{50}{9.5} + \dfrac{15}{8.4} + \dfrac{4}{12.0} + \dfrac{31}{15.0}} = 10.58[\%]$$

정답 폭발하한값 : 2.45[%]

023

방폭구조의 종류에 대하여 쓰시오.

해설

방폭구조

① **내압(耐壓) 방폭구조** : 폭발성 가스가 용기 내부에서 폭발하였을 때 용기가 그 압력에 견디거나 외부의 폭발성 가스가 인화되지 않도록 된 구조
② **압력(내압, 內壓) 방폭구조** : 공기나 질소와 같이 불연성 가스를 용기 내부에 압입시켜 내부압력을 유지함으로서 외부의 폭발성 가스가 용기 내부에 침입하지 못하게 하는 구조
③ **유입(油入) 방폭구조** : 아크 또는 고열을 발생하는 전기설비를 용기에 넣어 그 용기 안에 다시 기름을 채워 외부의 폭발성 가스와 점화원이 접촉하여 폭발의 위험이 없도록 한 구조
④ **안전증 방폭구조** : 폭발성 가스나 증기에 점화원의 발생을 방지하기 위하여 기계적, 전기적 구조상 온도상승에 대한 안전도를 증가시키는 구조
⑤ **본질안전 방폭구조** : 전기불꽃, 아크 또는 고온에 의하여 폭발성 가스나 증기에 점화되지 않는 것이 점화시험, 기타에 의하여 확인된 구조

정답
- 내압 방폭구조
- 압력 방폭구조
- 유입 방폭구조
- 안전증 방폭구조
- 본질안전 방폭구조

024 분진폭발의 강도를 나타내는 Bartknecth의 3승근 법칙을 설명하시오.

해설

분진폭발
① **정의** : 공기 속을 떠다니는 아주 작은 고체 알갱이(분진 : 75[μm] 이하의 고체입자로서 공기 중에 떠 있는 분체)가 적당한 농도 범위에 있을 때 불꽃이나 점화원으로 인하여 폭발하는 현상
② **분진폭발의 조건**
  ㉠ 가연성일 것
  ㉡ 미분상태일 것
  ㉢ 지연성 가스(공기) 중에서 교반과 유동될 것
  ㉣ 점화원이 존재하고 있을 것 등의 여러 조건이 필요하다.
③ **분진폭발의 특성**
  ㉠ 가스폭발에 비해 일산화탄소(CO)의 양이 많이 발생한다.
  ㉡ 발화에 필요한 에너지가 크다.
  ㉢ 초기의 폭발은 작지만 2차, 3차 폭발로 확대된다.
  ㉣ 연소 속도, 폭발 압력은 가스폭발에 비해 작지만 발생 에너지와 파괴력이 더 크다.
  ㉤ 폭발압력 전파속도는 300[m/s]이다.
  ㉥ 폭발온도는 2,000~3,000[℃] 정도이다.
④ **분진폭발의 순서** : 퇴적분진→ 비산 → 분산 → 발화원 → 전면폭발 → 2차 폭발
⑤ **종류** : 알루미늄, 마그네슘, 아연분말, 농산물, 플라스틱, 석탄, 황
⑥ **분진폭발(Bartknecth) 3승 법칙** : 폭연지수(폭연상수 : Kst)란 밀폐계 폭발의 폭발특성을 나타내는 함수로서, 최대압력상승속도와 용기부피와는 일정한 관계가 성립한다. 이것을 Cubic-Root법 또는 세제곱근 법칙이라 한다.
⑦ **분진의 폭발 가능성에 영향을 미치는 인자**
  ㉠ 입자의 크기
  ㉡ 농 도
  ㉢ 산 소
  ㉣ 점화원의 강도

정답 폭연지수(폭연상수 : Kst)란 밀폐계 폭발의 폭발특성을 나타내는 함수로서, 최대압력상승속도와 용기부피와는 일정한 관계가 성립한다.

025 분진폭발의 메커니즘을 4단계로 설명하시오.

해설

분진폭발 메커니즘의 4단계
① 분진입자 표면에 열에너지가 부여되어 표면온도가 상승한다.
② 입자 표면의 분자가 열분해 또는 건류작용을 일으켜 기체 상태로 입자 주위로 방출한다.
③ 방출된 기체가 공기와 혼합하여 폭발성 혼합기를 만들고 발화하여 화염을 발생한다.
④ 화염에 의해 발생한 열이 분말의 분해를 촉진시켜 기상의 가연성 기체로 방출하여 공기와 혼합하여 폭발한다.

정답
- 분진입자 표면에 열에너지가 부여되어 표면온도가 상승한다.
- 입자 표면의 분자가 열분해 또는 건류작용을 일으켜 기체 상태로 입자 주위로 방출한다.
- 방출된 기체가 공기와 혼합하여 폭발성 혼합기를 만들고 발화하여 화염을 발생한다.
- 화염에 의해 발생한 열이 분말의 분해를 촉진시켜 기상의 가연성 기체로 방출하여 공기와 혼합하여 폭발한다.

026 최대안전틈새범위(안전간극)의 정의에 대해 쓰시오.

해설

안전간극(Safety Gap)
① 정의 : 내용적이 8[L]이고 틈새 깊이가 25[mm]인 표준용기 안에서 가스가 폭발할 때 발생한 화염이 용기 밖으로 전파하여 가연성 가스에 점화되지 않는 최댓값
② 가연성 가스의 폭발등급 및 이에 대응하는 **내압방폭구조의 폭발등급**

폭발등급 \ 구분	최대안전틈새 범위	대상 물질
A	0.9[mm] 이상	메테인, 에테인, 석탄가스, 일산화탄소, 암모니아
B	0.5[mm] 초과 0.9[mm] 미만	에틸렌, 사이안화수소, 산화에틸렌
C	0.5[mm] 이하	수소, 아세틸렌

정답 내용적이 8[L]이고 틈새 깊이가 25[mm]인 표준용기 안에서 가스가 폭발할 때 발생한 화염이 용기 밖으로 전파하여 가연성 가스에 점화되지 않는 최댓값

027 가연성 가스가 폭발하여 폭발적인 폭굉으로 유도되는 열적 Mechanism과 연쇄 Mechanism을 설명하시오.

해설

폭 발
① **폭발(Explosion)** : 밀폐된 용기에서 갑자기 압력상승으로 인하여 외부로 순간적인 많은 압력을 방출하는 것
② **폭굉(Detonation)**
  ㉠ 정의 : 발열반응으로서 연소의 전파속도가 음속보다 빠르므로 초음속이다.
  ㉡ 연소파의 진행에 앞서서 충격파가 진행되어 심한 파괴와 굉음을 동반한다.
  ㉢ 폭굉 속도는 1,000~3,500[m/s]이다.
  ㉣ 폭굉의 특징
    • 고속의 전파력
    • 밀폐된 용기 및 파이프에서의 충격압력
    • 밀폐된 용기 및 파이프에서의 충격파의 반응
    • 용기 및 파이프의 기하학적 고찰
  ㉤ 폭굉유도거리(DID) : 최초의 완만한 연소가 격렬한 폭굉으로 발전할 때까지의 거리
  ㉥ 폭굉 유도거리가 짧아지는 요인
    • 압력이 높을수록
    • 관경이 작을수록
    • 관 속에 장애물이 있는 경우
    • 점화원의 에너지가 강할수록
    • 정상연소속도가 큰 혼합물일수록
③ **폭연(Deflagration)**
  ㉠ 발열반응으로서 연소의 전파속도가 음속보다 느린 현상
  ㉡ 충격파를 방출하지 않으면서 급격하게 진행되는 연소한다.
  ㉢ 연소의 전파속도는 0.1~10[m/s]이다.

Plus One 폭굉과 폭연의 비교

구 분	폭 굉	폭 연
전파속도	1,000~3,500[m/s](음속 이상)	0.1~10[m/s](음속 이하)
폭발압력	10배 이상	초기압력의 10배 이하
필요한 에너지	충격에너지	전도, 대류, 복사
화재파급효과	작 다.	크 다.
충격파 발생	발생한다.	발생하지 않는다.

④ **Mechanism**
  ㉠ **열적 메커니즘** : 반응으로 가스온도가 상승하여 반응속도가 스스로 가속되어 폭굉에 이른다는 것
  ㉡ **연쇄 메커니즘** : 반응성 자유라디칼이나 중심이 기초 반응에 의하여 수직으로 급격히 증가하여 폭굉을 일으킨다는 것

정답
• 열적 메커니즘 : 반응으로 가스온도가 상승하여 반응속도가 스스로 가속되어 폭굉에 이른다는 것
• 연쇄 메커니즘 : 반응성 자유라디칼이나 중심이 기초 반응에 의하여 수직으로 급격히 증가하여 폭굉을 일으킨다는 것

028 유류탱크에서 발생하는 슬롭오버와 보일오버를 설명하시오.

해설

유류탱크(가스탱크)에서 발생하는 현상
① **보일오버**(Boil Over)
  ㉠ 중질유탱크에서 장시간 조용히 연소하다가 탱크의 잔존기름이 갑자기 분출(Over Flow)하는 현상
  ㉡ 유류탱크 바닥에 물 또는 물-기름에 에멀션이 섞여 있을 때 화재가 발생하는 현상
  ㉢ 연소유면으로부터 100[℃] 이상의 열파가 탱크 저부에 고여 있는 물을 비등하게 하면서 연소유를 탱크 밖으로 비산하며 연소하는 현상
② **슬롭오버**(Slop Over) : 물이 연소유의 뜨거운 표면에 들어갈 때 기름 표면에서 화재가 발생하는 현상
③ **프로스오버**(Froth Over) : 물이 뜨거운 기름 표면 아래서 끓을 때 화재를 수반하지 않는 용기에서 넘쳐흐르는 현상
④ **블레비**(Boiling Liquid Expanding Vapor Explosion, BLEVE) : 액화가스 저장탱크의 누설로 부유 또는 확산된 액화가스가 착화원과 접촉하여 액화가스가 공기 중으로 확산, 폭발하는 현상

정답
• 슬롭오버(Slop Over) : 물이 연소유의 뜨거운 표면에 들어갈 때 기름 표면에서 화재가 발생하는 현상
• 보일오버(Boil Over) : 연소유면으로부터 100[℃] 이상의 열파가 탱크 저부에 고여 있는 물을 비등하게 하면서 연소유를 탱크 밖으로 비산하며 연소하는 현상

029 BLEVE의 위험성 예방대책 3가지를 쓰시오.

해설

BLEVE(Boiling Liquid Expanding Vapor Explosion)
① **정의** : 가스저장탱크지역의 화재발생 시 내부의 가열된 비등상태의 액체가 기화되면서 증기가 팽창하여 탱크가 파괴되어 폭발을 일으키는 현상으로 블레비 또는 블레브라고 한다.
② LPG, LNG 등 액화가스에서 발생하는 현상이다.
③ **진행과정**
  ㉠ 액화가스가 들어있는 가스저장탱크의 주위에서 화재가 발생하여 열에 의하여 인접한 탱크의 벽이 가열된다.
  ㉡ 액면 위의 온도는 올라가고 탱크 내의 압력이 증가된다.
  ㉢ 탱크는 가열되어 용기강도 및 구조적 강도가 저하된다.
  ㉣ 강도가 약해져 탱크는 파열되고 이때 내부의 가열된 비등상태의 액체는 순간적으로 기화하면서 팽창하여 설계압력을 초과하게 되고 탱크가 파괴되어 급격한 증기 폭발현상을 일으킨다.
④ **발생 조건**
  ㉠ 가연성 액체 또는 가스가 밀폐계 내에 존재할 것
  ㉡ 화재나 폭발 등으로 가연물의 비점 이상 가열될 것
  ㉢ 파열이나 균열 등에 의하여 내용물이 대기 중으로 방출되어야 할 것

⑤ 예방대책
  ㉠ 탱크 내의 감압장치 설치 : 탱크 내의 압력이 저하되면 탱크강판의 응력을 파괴치 이하로 떨어지게 하는 효과를 얻을 수 있다.
  ㉡ 화염으로부터 탱크로의 입열을 억제
  ㉢ 폭발방지장치 설치
  ㉣ 용기의 내압강도 유지
  ㉤ 용기의 외력에 의한 파괴의 방지

정답
- 탱크 내의 감압장치 설치한다.
- 화염으로부터 탱크로의 입열을 억제시킨다.
- 폭발방지장치를 설치한다.

030

다음의 ( ) 부분을 채우시오.
소화기구(자동확산소화기를 제외한다)는 거주자 등이 손쉽게 사용할 수 있는 장소에 바닥으로부터 높이 (㉮)[m] 이하의 높이에 비치하고, 소화기에 있어서는 (㉯), 투척용 소화용구 등에 있어서는 (㉰), 마른모래에 있어서는 (㉱), 팽창질석 및 팽창진주암에 있어서는 (㉲)이라고 표시한 표지를 보기 쉬운 장소에 비치해야 한다.

해설
소화기
① 소화기구의 표시(소화기구 및 자동소화장치의 화재안전기술기준) : 소화기구(자동확산소화기를 제외한다)는 거주자 등이 손쉽게 사용할 수 있는 장소에 바닥으로부터 높이 **1.5[m] 이하**의 높이에 비치하고, 소화기에 있어서는 **소화기**, 투척용 소화용구에 있어서는 **투척용 소화용구**, 마른모래에 있어서는 **소화용 모래**, 팽창질석 및 팽창진주암에 있어서는 **소화질석**이라고 표시한 표지를 보기 쉬운 장소에 비치해야 한다.
② 소화기의 공통된 유지관리방법
  ㉠ 바닥면으로부터 1.5[m] 이하의 지점에 설치할 것
  ㉡ 통행 및 피난에 지장이 없고 사용 시 반출되기 쉬운 곳에 설치할 것
  ㉢ 동결, 변질 또는 분출할 우려가 없는 곳에 설치할 것
  ㉣ 설치된 지점에 잘 보이도록 소화기 표시를 할 것
③ 소화기의 사용방법
  ㉠ 적응화재에만 사용할 것
  ㉡ 성능에 따라 화점 가까이 접근하여 사용할 것
  ㉢ 비로 쓸듯이 골고루 방사할 것
  ㉣ 바람을 등지고 풍상에서 풍하의 방향으로 사용할 것

정답
㉮ 1.5   ㉯ 소화기
㉰ 투척용 소화용구   ㉱ 소화용 모래
㉲ 소화질석

031

다음 가연물을 소화하는 방법으로 적당한 말을 쓰시오.
㉮ 가연물을 연소구역에서 제거하여 소화하는 방법
㉯ 가연물의 표면을 덮어서 소화하는 방법
㉰ 연소물로부터 열을 빼앗아 발화점 이하로 온도를 낮추어 소화하는 방법
㉱ 할로젠원소의 억제효과에 의하여 연소의 연쇄반응을 차단하는 방법

해설

소화방법
① **제거소화** : 화재현장에서 가연물을 없애주어 소화하는 방법
② **질식소화** : 공기 중의 산소의 농도를 21[%]에서 **15[%] 이하**로 낮추어 소화하는 방법(공기 차단)

> 질식소화 시 산소의 유효 한계농도 : 10~15[%]

③ **냉각소화** : 화재현장에 물을 주수하여 발화점 이하로 온도를 낮추어 소화하는 방법
④ **부촉매소화(화학소화)** : 할로젠원소의 억제효과에 의하여 연소의 연쇄반응을 차단하여 소화하는 방법
⑤ **희석소화** : 알코올, 에터, 에스터, 케톤류 등 수용성 물질에 다량의 물을 방사하여 가연물의 농도를 낮추어 소화하는 방법
⑥ **유화효과** : 물분무소화설비를 중유에 방사하는 경우 유류 표면에 엷은 막으로 유화층을 형성하여 화재를 소화하는 방법
⑦ **피복효과** : 이산화탄소약제 방사 시 가연물의 구석까지 침투하여 피복하므로 연소를 차단하여 소화하는 방법

Plus One 소화효과
- 물(적상, 봉상)방사 : 냉각효과
- 물(무상)방사 : 질식, 냉각, 희석, 유화효과
- 포말 : 질식, 냉각효과
- 이산화탄소 : 질식, 냉각, 피복효과
- 할로젠화합물, 분말 : 질식, 냉각, 억제(부촉매)효과

정답 ㉮ 제거소화   ㉯ 질식소화
         ㉰ 냉각소화   ㉱ 부촉매소화

032

제5류 위험물인 자기연소성 물질의 경우 화재초기를 지나면 소화가 곤란하지만 화재초기에 소화할 수 있는 방법을 쓰시오.

해설

제5류 위험물
① **제5류 위험물의 저장 및 취급방법**
  ㉠ 화염, 불꽃 등 점화원의 접근엄금, 가열, 충격, 마찰, 타격 등을 피한다.
  ㉡ 강산화제, 강산류, 기타 물질이 혼입되지 않도록 한다.
  ㉢ 소분하여 저장하고 용기의 파손 및 위험물의 누출을 방지한다.
② **제5류 위험물 소화방법**
  ㉠ 화재 초기에는 **다량의 주수소화**가 가장 좋다.
  ㉡ 제5류 위험물은 주수에 의한 냉각소화가 좋으며 연소가 시작되면 폭발적으로 연소가 진행되므로 초기 진화해야 한다.

정답 다량의 물에 의한 냉각소화

033
냉각소화로 화재를 진압하기 위하여 20[℃]의 물 10[kg]을 사용하여 100[℃]의 수증기가 되었을 때 흡수한 열량은 몇 [kcal]인가?

해설
열량을 구하면
$Q = mc\Delta t + \gamma \cdot m$
　$= (10[kg] \times 1[kcal/kg \cdot ℃] \times (100-20)[℃]) + (539[kcal/kg] \times 10[kg])$
　$= 6,190[kcal]$
※ 물의 비열 = 1[kcal/kg·℃], 물의 증발잠열 = 539[kcal/kg]

정답 6,190[kcal]

034
강화액(탄산칼륨)의 소화작용에 대해 쓰시오.

해설
강화액소화약제
① 강화액소화기란 물에 탄산칼륨(K_2CO_3)을 첨가하여 겨울철이나 한랭지방에서 사용할 수 있는 소화기이다.
② 겨울철 −25[℃]에 얼지 않도록 되어 있으며, 가연물의 속으로 잘 침투해서 일반 가연물과 결합하여 화염이 일어나지 않게 방염제와 침투제 등과 혼합용액으로 되어있어 일반화재에 효과가 양호하다.
③ 소화원리

$$H_2SO_4 + K_2CO_3 + H_2O \rightarrow K_2SO_4 + 2H_2O + CO_2 \uparrow$$

④ 소화효과
　㉠ 냉각작용
　㉡ 질식작용

정답
• 냉각작용
• 질식작용

035
강화액소화기는 아래의 화학반응식에 의해 발생하는 가스의 압력에 의해 방출된다. 반응식을 완결하시오.

$$H_2SO_4 + K_2CO_3 + H_2O \rightarrow$$

해설
강화액소화기
① 강화액(Loaded Stream)소화기는 물에 탄산칼륨을 충전하여 겨울철에 얼지 않도록 한 소화기이다.
② 소화원리

$$H_2SO_4 + K_2CO_3 + H_2O \rightarrow K_2SO_4 + 2H_2O + CO_2 \uparrow$$

정답 $H_2SO_4 + K_2CO_3 + H_2O \rightarrow K_2SO_4 + 2H_2O + CO_2$

036

다음 ( ) 안을 채우시오.

이산화탄소소화약제는 기화 시 (㉮)가 클수록 유리하고, 수분이 0.05[%] 이하이어야 하는데 수분이 많으면 (㉯)효과에 의해 동결되어 노즐이 막힐 우려가 있다.

해설

이산화탄소는 액체로 저장하였다가 화재 시 기체로 방출되므로 수분을 0.05[%] 이하로 규정하고 있는데 이때 수분이 많으면 줄-톰슨효과에 의하여 노즐이 막힐 우려가 있다.

정답
㉮ 충전비
㉯ 줄-톰슨

037

할로젠화합물소화기의 종류 3가지를 쓰시오.

해설

할로젠화합물소화기

① **소화약제의 개요** : 할로젠화합물이란 플루오린, 염소, 브로민 및 아이오딘 등 할로젠족 원소를 하나 이상 함유한 화학 물질을 말한다. 할로젠족 원소는 다른 원소에 비해 높은 반응성을 갖고 있어 할로젠화합물은 독성이 적고 안정된 화합물을 형성한다.

② **소화약제의 특성**
㉠ 변질분해가 없다.　　　　　　　㉡ 전기부도체이다.
㉢ 금속에 대한 부식성이 적다.　㉣ 연소억제작용으로 부촉매 소화효과가 훌륭하다.
㉤ 값이 비싸다는 단점도 있다.

③ **소화약제의 구비조건**
㉠ 비점이 낮고 기화되기 쉬운 것
㉡ 공기보다 무겁고 불연성일 것
㉢ 증발잔유물이 없어야 할 것

④ **명명법** : 할로젠화합물이란 할로젠화 탄화수소(Halogenated Hydrocarbon)의 약칭으로 탄소 또는 탄화수소에 플루오린, 염소, 브로민이 함께 포함되어 있는 물질을 통칭하는 말이다. 예를 들면, 할론-1211은 CF_2ClBr로서 메테인(CH_4)에 2개의 플루오린원자, 1개의 염소원자 및 1개의 브로민원자로 이루어진 화합물이다.

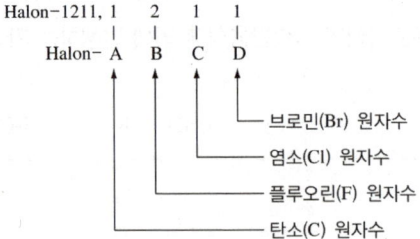

```
Halon-1211,  1   2   1   1
             |   |   |   |
Halon-       A   B   C   D
```
- A : 탄소(C) 원자수
- B : 플루오린(F) 원자수
- C : 염소(Cl) 원자수
- D : 브로민(Br) 원자수

⑤ **종류** : 할론1301(CF_3Br), 할론2402($C_2F_4Br_2$), 할론1211(CF_2ClBr)

⑥ **소화효과** : 냉각효과, 질식효과, 부촉매효과

정답
- 할론1301
- 할론1211
- 할론2402

038

다음 할로젠화합물소화기의 명칭을 화학식으로 쓰시오.
- 할론1211
- 할론2402
- 할론1001
- 할론1011
- 할론1301

해설

할로젠화합물소화약제

① **정의** : 할로젠화합물이란 할로젠화 탄화수소(Halogenated Hydrocarbon)의 약칭으로 탄소 또는 탄화수소에 플루오린, 염소, 브로민이 함께 포함되어 있는 물질을 통칭하는 말이다.

② **명명법** : 할론-1211은 CF_2ClBr로서 메테인(CH_4)에 2개의 플루오린원자, 1개의 염소원자 및 1개의 브로민원자로 이루어진 화합물이다.

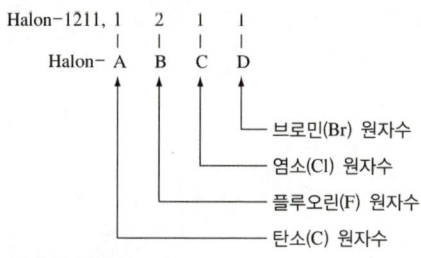

- 브로민(Br) 원자수
- 염소(Cl) 원자수
- 플루오린(F) 원자수
- 탄소(C) 원자수

③ **약제의 화학식**

㉠ 할론1211 : CF_2ClBr

㉡ 할론1011 : CH_2ClBr

㉢ 할론2402 : $C_2F_4Br_2$

㉣ 할론1301 : CF_3Br

㉤ 할론1001 : CH_3Br

정답
- 할론1211 : CF_2ClBr
- 할론2402 : $C_2F_4Br_2$
- 할론1001 : CH_3Br
- 할론1011 : CH_2ClBr
- 할론1301 : CF_3Br

039 할로젠화합물소화약제의 조건 3가지를 쓰시오.

해설
문제 37번 참조

정답
- 비점이 낮고 기화되기 쉬울 것
- 공기보다 무겁고 불연성일 것
- 증발잔유물이 없을 것

040 할로젠화합물 및 불활성 기체소화약제의 구비조건 3가지를 쓰시오.

해설
할로젠화합물 및 불활성 기체소화약제의 구비조건
① 독성이 낮고 설계농도는 NOAEL 이하일 것
② 오존파괴지수(ODP), 지구온난화지수(GWP)가 낮을 것
③ 소화효과 할로젠화합물소화약제와 유사할 것
④ 비전도성이고 소화 후 증발잔유물이 없을 것
⑤ 저장 시 분해하지 않고 용기를 부식시키지 않을 것

- NOAEL(No Observed Adverse Effect Level) : 심장 독성시험 시 심장에 **영향을 미치지 않는 최대허용농도**
- LOAEL(Lowest Observed Adverse Effect Level) : 심장 독성시험 시 심장에 **영향을 미칠 수 있는 최소허용농도**

정답
- 독성이 낮고 설계농도는 NOAEL 이하일 것
- 오존파괴지수(ODP), 지구온난화지수(GWP)가 낮을 것
- 비전도성이고 소화 후 증발잔유물이 없을 것

041 할로젠화합물 및 불활성 기체소화약제 중 IG-541의 구성비를 쓰시오.

해설

할로젠화합물 및 불활성 기체소화약제의 종류(소방)

소화약제	화학식
퍼플루오로뷰테인(이하 "FC-3-1-10"이라 한다)	C_4F_{10}
하이드로클로로플루오로카본혼화제 (이하 "HCFC BLEND A"라 한다)	HCFC-123($CHCl_2CF_3$) : 4.75[%] HCFC-22($CHClF_2$) : 82[%] HCFC-124($CHClFCF_3$) : 9.5[%] $C_{10}H_{16}$: 3.75[%]
클로로테트라플루오로에테인(이하 "HCFC-124"라 한다)	$CHClFCF_3$
펜타플루오로에테인(이하 "HFC-125"라 한다)	CHF_2CF_3
헵타플루오로프로페인(이하 "HFC-227ea"라 한다)	CF_3CHFCF_3
트라이플루오로메테인(이하 "HFC-23"라 한다)	CHF_3
헥사플루오로프로페인(이하 "HFC-236fa"라 한다)	$CF_3CH_2CF_3$
트라이플루오로이오다이드(이하 "FIC-13I1"라 한다)	CF_3I
불연성·불활성 기체 혼합가스(이하 "IG-01"이라 한다)	Ar
불연성·불활성 기체 혼합가스(이하 "IG-100"이라 한다)	N_2
불연성·불활성 기체 혼합가스(이하 "IG-541"이라 한다)	N_2 : 52[%], Ar : 40[%], CO_2 : 8[%]
불연성·불활성 기체 혼합가스(이하 "IG-55"이라 한다)	N_2 : 50[%], Ar : 50[%]
도데카플루오로-2-메틸펜테인-3-원(이하 "FK-5-1-12"이라 한다)	$CF_3CF_2C(O)CF(CF_3)_2$

정답 N_2 : 52[%], Ar : 40[%], CO_2 : 8[%]

042 아세톤 화재 시 물이나 화학포를 이용하면 소화효과가 없는데 그 이유를 설명하시오.

해설

아세톤은 수용성이므로 화학포로 소화하면 포가 파괴(소포)되기 때문에 소화효과가 없고 포소화약제를 사용하려면 알코올용포를 사용해야 한다.

정답 포가 소포되기 때문에

043

사염화탄소를 소화제로 사용할 때 다음 물질과 반응할 때 반응식을 쓰시오.
- 공 기
- 수 분
- 탄산가스
- 산화철

해설

사염화탄소의 화학반응식
① 공기 중   : $2CCl_4 + O_2 \rightarrow 2COCl_2 + 2Cl_2$
② 습기 중   : $CCl_4 + H_2O \rightarrow COCl_2 + 2HCl$
③ 탄산가스 중 : $CCl_4 + CO_2 \rightarrow 2COCl_2$
④ 산화철 접촉 중 : $3CCl_4 + Fe_2O_3 \rightarrow 3COCl_2 + 2FeCl_3$
⑤ 발연황산 중 : $2CCl_4 + H_2SO_4 + SO_3 \rightarrow 2COCl_2 + S_2O_5Cl_2 + 2HCl$

정답
- 공 기   : $2CCl_4 + O_2 \rightarrow 2COCl_2 + 2Cl_2$
- 수 분   : $CCl_4 + H_2O \rightarrow COCl_2 + 2HCl$
- 탄산가스 : $CCl_4 + CO_2 \rightarrow 2COCl_2$
- 산화철 : $3CCl_4 + Fe_2O_3 \rightarrow 3COCl_2 + 2FeCl_3$

044

할로젠화합물원소의 오존층파괴지수인 ODP 구하는 식을 쓰고, 설명하시오.

해설

ODP와 GWP의 설명

① **오존파괴지수(Ozone Depletion Potential, ODP)** : 어떤 물질의 오존파괴능력을 상대적으로 나타내는 지표를 ODP(오존파괴지수)라 한다. 이 ODP는 기준물질로 CFC-11($CFCl_3$)의 ODP를 1로 정하고 상대적으로 어떤 물질의 대기권에서의 수명, 물질의 단위질량당 염소나 브로민질량의 비, 활성 염소와 브로민의 오존파괴능력 등을 고려하여 그 물질의 ODP가 정해지는데 그 계산식은 다음과 같다.

$$ODP = \frac{어떤\ 물질\ 1[kg]이\ 파괴하는\ 오존량}{CFC-11\ 1[kg]이\ 파괴하는\ 오존량}$$

② **지구온난화지수(GWP, Global Warming Potential)** : 일정무게의 CO_2가 대기 중에 방출되어 지구온난화에 기여하는 정도를 1로 정하였을 때 같은 무게의 어떤 물질이 기여하는 정도를 GWP(지구온난화지수)로 나타내며, 다음 식으로 정의된다.

$$GWP = \frac{물질\ 1[kg]이\ 기여하는\ 온난화\ 정도}{CO_2\ 1[kg]이\ 기여하는\ 온난화\ 정도}$$

정답
- $ODP = \dfrac{어떤\ 물질\ 1[kg]이\ 파괴하는\ 오존량}{CFC-11\ 1[kg]이\ 파괴하는\ 오존량}$
- 어떤 물질의 오존파괴능력을 상대적으로 나타내는 지표를 ODP(오존파괴지수)라 한다. 이 ODP는 기준물질로 CFC-11($CFCl_3$)의 ODP를 1로 정하고 상대적으로 어떤 물질의 대기권에서의 수명, 물질의 단위질량당 염소나 브로민질량의 비, 활성 염소와 브로민의 오존파괴능력 등을 고려하여 그 물질의 ODP가 정해진다.

045 탄산수소나트륨의 열분해반응식을 쓰시오.

해설

분말소화약제
① 약제의 특성

종 류	주성분	착 색	적응화재
제1종 분말	탄산수소나트륨($NaHCO_3$)	백 색	B, C급
제2종 분말	탄산수소칼륨($KHCO_3$)	담회색	B, C급
제3종 분말	제일인산암모늄($NH_4H_2PO_4$)	담홍색	A, B, C급
제4종 분말	탄산수소칼륨 + 요소[$KHCO_3 + (NH_2)_2CO$]	회 색	B, C급

② 열분해반응식
  ㉠ 제1종 분말 : $2NaHCO_3 \rightarrow Na_2CO_3 + CO_2 + H_2O$
  ㉡ 제2종 분말 : $2KHCO_3 \rightarrow K_2CO_3 + CO_2 + H_2O$
  ㉢ 제3종 분말 : $NH_4H_2PO_4 \rightarrow HPO_3 + NH_3 + H_2O$
  ㉣ 제4종 분말 : $2KHCO_3 + (NH_2)_2CO \rightarrow K_2CO_3 + 2NH_3 + 2CO_2$

정답 $2NaHCO_3 \rightarrow Na_2CO_3 + CO_2 + H_2O$

046 제3종 분말소화약제에 대하여 물음에 답하시오.

- HPO_3의 소화작용은?
- $NH_4H_2PO_4$ 1[mol]이 열분해 시 생성되는 HPO_3의 발생량은 몇 [g]인가?

해설

제3종 분말약제
① 메타인산(HPO_3)은 가연물의 표면에 부착되어 산소와의 접촉을 차단하는 방진효과가 있다.
② $NH_4H_2PO_4 \rightarrow HPO_3 + NH_3 + H_2O$
    1[mol] → 1[mol](80[g])

정답 • 가연물의 표면에 부착되어 산소와의 접촉을 차단하는 방진효과
        • 80[g]

047 제1종 분말소화약제의 화학식을 쓰고, 1차 및 2차 분해반응식을 쓰시오.

해설

분말약제의 종류

① 약제의 적응화재 및 착색

종 류	주성분	적응화재	착색(분말의 색)
제1종 분말	NaHCO₃(중탄산나트륨, 탄산수소나트륨)	B, C급	백 색
제2종 분말	KHCO₃(중탄산칼륨, 탄산수소칼륨)	B, C급	담회색
제3종 분말	NH₄H₂PO₄(인산암모늄, 제일인산암모늄)	A, B, C급	담홍색
제4종 분말	KHCO₃ + (NH₂)₂CO	B, C급	회 색

② 열분해반응식

㉠ 제1종 분말
- 1차 분해반응식(270[℃]) : $2NaHCO_3 \rightarrow Na_2CO_3 + CO_2 + H_2O - Q[kcal]$
- 2차 분해반응식(850[℃]) : $2NaHCO_3 \rightarrow Na_2O + 2CO_2 + H_2O - Q[kcal]$

㉡ 제2종 분말
- 1차 분해반응식(190[℃]) : $2KHCO_3 \rightarrow K_2CO_3 + CO_2 + H_2O - Q[kcal]$
- 2차 분해반응식(590[℃]) : $2KHCO_3 \rightarrow K_2O + 2CO_2 + H_2O - Q[kcal]$

㉢ 제3종 분말 : $NH_4H_2PO_4 \rightarrow HPO_3 + NH_3\uparrow + H_2O\uparrow - Q[kcal]$

㉣ 제4종 분말 : $2KHCO_3 + (NH_2)_2CO \rightarrow K_2CO_3 + 2NH_3\uparrow + 2CO_2\uparrow - Q[kcal]$

정답
- 화학식 : $NaHCO_3$
- 1차 분해반응식(270[℃]) : $2NaHCO_3 \rightarrow Na_2CO_3 + CO_2 + H_2O$
- 2차 분해반응식(850[℃]) : $2NaHCO_3 \rightarrow Na_2O + 2CO_2 + H_2O$

048 제3종 분말약제의 각 온도에 따른 분해반응식을 쓰시오.

- 190[℃]에서 인산으로 분해될 때 반응식
- 215[℃]에서 피로인산으로 분해될 때 반응식
- 300[℃]에서 메타인산으로 분해될 때 반응식

해설

인산암모늄(제3종 분말)

① 인산의 종류
㉠ 인산(Phosphoric Acid)은 오쏘인산, 피로인산, 메타인산 등이 있는데, 일반적으로는 오쏘인산을 인산이라고 부른다.
㉡ 피로인산(Pyrophosphoric Acid)은 다중인산이다.
㉢ 메타인산(Metaphosphoric Acid)은 오쏘인산에서 물 분자가 떨어져나간 인산이다.

② 분해반응식
㉠ 1차 분해반응식(190[℃]) : $NH_4H_2PO_4 \rightarrow NH_3 + H_3PO_4$(인산, 오쏘인산)
㉡ 2차 분해반응식(215[℃]) : $2H_3PO_4 \rightarrow H_2O + H_4P_2O_7$(피로인산)
㉢ 3차 분해반응식(300[℃]) : $H_4P_2O_7 \rightarrow H_2O + 2HPO_3$(메타인산)

정답
- 190[℃]에서 분해반응식 : $NH_4H_2PO_4 \rightarrow NH_3 + H_3PO_4$(인산, 오쏘인산)
- 215[℃]에서 분해반응식 : $2H_3PO_4 \rightarrow H_2O + H_4P_2O_7$(피로인산)
- 300[℃]에서 분해반응식 : $H_4P_2O_7 \rightarrow H_2O + 2HPO_3$(메타인산)

049

분말소화약제로 사용하는 탄산수소나트륨 126[g]이 완전히 분해되었을 때 생성되는 이산화탄소의 체적은 표준상태에서 몇 [L]인가? 반응식과 계산식을 쓰시오(단, 원자량 Na : 23, H : 1, C : 12, O : 16이다).

해설

체적을 구하면

$2NaHCO_3 \rightarrow Na_2CO_3 + CO_2 + H_2O$

$2 \times 84[g]$ $22.4[L]$
$126[g]$ x

$\therefore x = \dfrac{126[g] \times 22.4[L]}{2 \times 84[g]} = 16.8[L]$

※ 표준상태(0[℃], 1[atm])에서 기체 1[g-mol]이 차지하는 부피 : 22.4[L]

정답 16.8[L]

050

중탄산나트륨의 열분해반응식과 중탄산나트륨 8.4[g]이 반응해서 발생하는 이산화탄소의 부피[L]를 쓰시오(단, Na : 23, H : 1, C : 12, O : 16).

해설

제1종 분말소화약제(중탄산나트륨)

① 분해반응식 : $2NaHCO_3 \rightarrow Na_2CO_3 + CO_2 + H_2O$
② 이산화탄소의 부피를 구하면

$2NaHCO_3 \rightarrow Na_2CO_3 + CO_2 + H_2O$

$2 \times 84[g]$ $22.4[L]$
$8.4[g]$ x

$\therefore x = \dfrac{8.4[g] \times 22.4[L]}{2 \times 84[g]} = 1.12[L]$

정답
- 분해반응식 : $2NaHCO_3 \rightarrow Na_2CO_3 + CO_2 + H_2O$
- 발생하는 이산화탄소의 부피 : 1.12[L]

051

소화기의 사용방법을 쓰시오.

정답
- 적응화재에만 사용할 것
- 성능에 따라서 불 가까이 접근하여 사용할 것
- 바람을 등지고 풍상에서 풍하로 방사할 것
- 비로 쓸듯이 양옆으로 골고루 사용할 것

052 소화기의 외부에 표시하는 사항 7가지를 쓰시오.

해설

소화기의 외부 표시사항(소화기의 형식승인 및 제품검사의 기술기준 제38조)
① 종별 및 형식
② 형식승인번호
③ 제조연월 및 제조번호, 내용연한(분말소화약제를 사용하는 소화기에 한함)
④ 제조업체명 또는 상호, 수입업체명(수입품에 한함)
⑤ 사용온도범위
⑥ 소화능력단위
⑦ 충전된 소화약제의 주성분 및 중(용)량
⑧ 방사시간, 방사거리
⑨ 가압용 가스용기의 가스 종류 및 가스량(가압식 소화기에 한함)
⑩ 총중량
⑪ 취급상의 주의사항
⑫ 적응화재별 표시사항은 일반화재용 소화기의 경우 "A(일반화재용)", 유류화재용 소화기의 경우에는 "B(유류화재용)", 전기화재용 소화기의 경우 "C(전기화재용)", 금속화재용 소화기의 경우 "D(금속화재용)", 주방화재용 소화기의 경우 "K(주방화재용)"로 표시해야 한다.
⑬ 사용방법
⑭ 품질보증에 관한 사항(보증기간, 보증내용, A/S 방법, 자체검사필 등)
⑮ 소화기의 원산지
⑯ 소화기에 충전한 소화약제의 물질안전자료(MSDS)에 언급된 동일한 소화약제명의 다음 각 목의 정보
   ㉠ 1[%]를 초과하는 위험물질 목록   ㉡ 5[%]를 초과하는 위험물질 목록
   ㉢ MSDS에 따른 위험한 약제에 관한 정보
⑰ 소화 가능한 가연성 금속재료의 종류 및 형태, 중량, 면적(D급 화재용 소화기에 한함)

정답
- 종별 및 형식
- 형식승인번호
- 제조연월 및 제조번호
- 제조업체명 또는 상호, 수입업체명(수입품에 한함)
- 사용온도범위
- 소화능력단위
- 충전된 소화약제의 주성분 및 중(용)량

053 팽창계수와 부피와의 관계식에 대해 쓰시오.

해설

체적팽창계수
① 체적팽창계수란 온도변화에 따른 부피의 변화율의 관계를 나타낸 것이다.
② 체적팽창계수 $= \dfrac{1}{처음부피} \times \dfrac{부피변화}{온도변화}$
③ 체적탄성계수 $= \dfrac{1}{체적 압축계수}$

정답 체적팽창계수 $= \dfrac{1}{처음부피} \times \dfrac{부피변화}{온도변화}$

054 뚜껑이 개방된 용기에 1기압 10[℃]의 공기가 있다. 이것을 400[℃]로 가열할 때 처음 공기량의 몇 [%]가 용기 밖으로 나오는가?

해설

$PV = WRT$를 적용하면

$V_1 = V_2$, $P_1 = P_2 = P =$ 대기압

$T_1 = 273 + 10[℃] = 283[K]$, $T_2 = 273 + 400[℃] = 673[K]$

① $PV_1 = W_1 RT_1$, $V_1 = \dfrac{W_1 RT_1}{P}$

② $PV_2 = W_2 RT_2$, $W_2 = \dfrac{PV_2}{RT_2} = \dfrac{P \times \dfrac{W_1 RT_1}{P}}{RT_2} = W_1 \times \dfrac{T_1}{T_2}$

여기서, $W_1 = 1[kg]$이라고 가정하면

$W_2 = W_1 \times \dfrac{T_1}{T_2} = 1[kg] \times \dfrac{283[K]}{673[K]} = 0.4205[kg]$

∴ $\dfrac{W_1 - W_2}{W_1} \times 100 = \dfrac{(1 - 0.4205)[kg]}{1[kg]} \times 100 = 57.95[\%]$

정답 57.95[%]

---

055 25[℃]에서 포화용액 80[g] 속에 25[g]이 녹아있다. 용해도를 구하시오.

해설

용해도 : 용매 100[g] 속에 녹아 있는 용질의 [g]수 $\left(\text{용해도} = \dfrac{\text{용질}}{\text{용매}} \times 100\right)$

① 용액 = 용질 + 용매

$80[g] = 25[g] + 55[g]$

$55[g] : 25[g] = 100[g] : x$

∴ $x = \dfrac{100[g] \times 25[g]}{55[g]} = 45.45[g]$

② 용해도 $= \dfrac{\text{용질}}{\text{용매}} \times 100 = \dfrac{25[g]}{55[g]} \times 100 = 45.45$

정답 45.45

056

10[℃]에서 $KNO_3 \cdot 10H_2O$ 12.6[g]을 포화시킬 때 물 20[g]이 필요하다면 이 온도에서 KNO_3 용해도를 구하시오.

해설
용해도
① 정의 : 용매 100[g]에 최대한 녹아있는 용질의 [g]수

$$용해도 = \frac{용질의\ [g]수}{용매의\ [g]수} \times 100$$

② KNO_3의 분자량 : 101
③ $KNO_3 \cdot 10H_2O$의 분자량 : 281
④ $KNO_3 \cdot 10H_2O$의 KNO_3의 양 $= \frac{101}{281} \times 12.6[g] = 4.53[g]$
⑤ $KNO_3 \cdot 10H_2O$의 $10H_2O$의 양 $= \frac{180}{281} \times 12.6[g] = 8.07[g]$
⑥ 전체용매(물)의 양 = 20[g] + 8.07[g] = 28.07[g]

$$\therefore 용해도 = \frac{4.53}{28.07} \times 100 = 16.14$$

정답 16.14

057

어떤 금속 8[g]이 산소와 결합하여 생성물 산화금속이 11.2[g]이 될 때 이 금속의 당량을 구하시오.

해설
당량(Equivalent Weight)
① 산소 8[g](0.25[mol])이나 수소 1[g](0.5[mol])과 결합하거나 치환되는 다른 원소의 양
② 당량 $= \frac{원자량}{원자가}$, 원자량 = 당량 × 원자가
③ 모든 원소들은 반드시 당량 대 당량으로 반응한다.
④ 산소 1g당량은 8[g]이다.
　　문제를 풀면 금속산화물 = 금속 + 산소
　　　　　　　11.2[g] = 8[g] + x
　$\therefore x = 3.2[g]$
　금속 : 산소의 비율은 8[g] : 3.2[g] = x : 8[g]
　$\therefore 당량 = \frac{8[g] \times 8[g]}{3.2[g]} = 20[g]$

정답 20[g]

058

45[%] 황산구리 용액 100[g]에 물 100[g]을 희석시키면 몇 [%]의 농도가 되는지 계산하시오.

해설

농도를 구하면 용액[%] = $\dfrac{용질}{용액} \times 100$

45[%] 황산구리 용액은 물 100[g]에 황산구리가 45[g]이 녹아있다는 것이다.
여기에 물 100[g]을 희석시키면 용액의 농도는

용액[%] = $\dfrac{45[g]}{(100+100)[g]} \times 100 = 22.5[\%]$

> [wt%] : 용액 100[g] 속에 녹아 있는 용질의 중량[g]

정답 22.5[%]

059

석유화학공업에서 Cracking에 대해 설명하시오.

해설

Cracking

① **정의** : 크래킹(Cracking)은 석유화학제품을 생산하는 공정으로 유기화합물의 분자를 탄소와 탄소 사이의 결합을 끊음으로서 작은 분자로 만드는 공정을 말하며 석유정제에서는 주로 가스오일 또는 찌꺼기유로부터 고옥테인가 가솔린을 제조하기 위하여 사용하는데 이 방법으로 제조된 가솔린을 분해가솔린(Cracking Gasoline)이라고 한다.

② **가솔린의 제법**
　㉠ 열분해법 : 원료유를 고온, 가압하에서 분해하는 방법
　㉡ 접촉분해법 : 촉매를 사용하여 분해하는 방법
　㉢ 수증기 분해법 : 탄화수소를 수증기로 묽게 하여 700~900[℃]에서 가열한 다음 빨리 냉각시킨다. 이 수증기 크래킹은 화학약품으로서의 에틸렌, 프로필렌, 부타다이엔, 아이소프렌과 같은 탄화수소를 제조하는 데 있어서의 중요성이 증대되고 있다.

정답 크래킹(Cracking)은 석유화학제품을 생산하는 공정으로 등유, 경유, 중유 등을 증류에 의하여 분해시켜 휘발유를 제조하는 방법이다.

060

유량계수 C가 0.94인 오리피스의 지름이 10[mm]이고 분당 유량이 100[L]일 때 압력은 몇 [MPa]인가?

해설

유량을 구하면

$$Q = 0.6597\,CD^2\sqrt{10P} \text{ 의 공식에서 } P = \dfrac{\left(\dfrac{Q}{0.6597\,CD^2}\right)^2}{10}$$

여기서, Q : 유량[L/min] C : 유량(흐름)계수
D : 지름[mm] P : 압력[MPa]

$$\therefore P = \dfrac{\left(\dfrac{Q}{0.6597\,CD^2}\right)^2}{10} = \dfrac{\left(\dfrac{100}{0.6597 \times 0.94 \times 10^2}\right)^2}{10} = 0.26[\text{MPa}]$$

$1[\text{atm}] = 1.0332[\text{kg}_f/\text{cm}^2] = 101.325[\text{kPa}] = 0.101325[\text{MPa}]$

정답 0.26[MPa]

061

배관에 101[kPa]의 압력으로 흐르는 비중 1.0035 유체가 있다. 이 유체에 피토관을 설치하여 압력차의 높이가 수은마노미터로 330[mmHg]일 때 유속은 얼마인가?

해설

피토관의 유속

$$V = \sqrt{2gH\left(\dfrac{\gamma_A - \gamma_B}{\gamma_B}\right)}$$

여기서, g : 중력가속도(9.8[m/s²])

H : 수두 $\left(\dfrac{330[\text{mmHg}]}{760[\text{mmHg}]} \times 10.332[\text{mH}_2\text{O}] = 4.49[\text{m}]\right)$

γ_A : 수은의 비중량 γ_B : 유체의 비중량

$$\therefore V = \sqrt{2 \times 9.8[\text{m/s}^2] \times 4.49[\text{m}] \times \left(\dfrac{13.6 - 1.0035}{1.0035}\right)} = 33.2[\text{m/s}]$$

정답 33.2[m/s]

062

1[kg]의 아연을 묽은 염산에 녹였을 때 발생가스의 부피는 0.5[atm], 27[℃]에서 몇 [L]인가?

해설

아연과 염산의 반응식

$$Zn + 2HCl \rightarrow ZnCl_2 + H_2$$

65.4[g] ――― 2[g]
1,000[g] ――― x

$x = \dfrac{1,000 \times 2}{65.4} = 30.58[g]$

① 이상기체 상태방정식을 적용하면

$$PV = nRT = \dfrac{W}{M}RT \qquad V = \dfrac{WRT}{PM}$$

여기서, P : 압력[atm]　　　　V : 부피[L]
　　　　n : mol수[g-mol]　　M : 분자량(H_2 = 2[g/g-mol])
　　　　W : 무게[g]　　　　　T : 절대온도(273 + [℃])[K]
　　　　R : 기체상수(0.08205[L·atm/g-mol·K])

② 부피를 구하면 $V = \dfrac{WRT}{PM} = \dfrac{30.58[g] \times 0.08205[L \cdot atm/g-mol \cdot K]) \times (273+27)[K]}{0.5[atm] \times 2[g/g-mol]} = 752.7[L]$

정답 752.7[L]

063

1[atm], 0[℃]에서 나트륨을 물과 반응시키면 발생된 기체의 부피를 측정한 결과 10[L]이다. 동일한 질량의 칼륨을 2[atm], 100[℃]에서 물과 반응시키면 몇 [L]의 기체가 발생하는지 계산하시오.

해설

나트륨에서 무게를 구하여 칼륨에 대입하여 수소의 부피를 구하고, 온도와 압력을 보정하여 답을 구한다.

① 나트륨의 무게를 구하면

$$2Na + 2H_2O \rightarrow 2NaOH + H_2$$
$$2 \times 23[g] \qquad\qquad\qquad\qquad 22.4[L]$$
$$x \qquad\qquad\qquad\qquad\qquad 10[L]$$

$$\therefore x = \frac{2 \times 23[g] \times 10[L]}{22.4[L]} = 20.54[g]$$

② 수소의 부피를 구하면

$$2K + 2H_2O \rightarrow 2KOH + H_2$$
$$2 \times 39[g] \qquad\qquad\qquad\qquad 22.4[L]$$
$$20.54[g] \qquad\qquad\qquad\qquad x$$

$$\therefore x = \frac{20.54[g] \times 22.4[L]}{2 \times 39[g]} = 5.90[L]$$

③ 보일-샤를의 법칙을 적용하면

$$V_2 = V_1 \times \frac{P_1}{P_2} \times \frac{T_2}{T_1}$$

$$\therefore V_2 = 5.90[L] \times \frac{1}{2} \times \frac{273 + 100[K]}{273 + 0[K]} = 4.03[L]$$

정답 4.03[L]

064

CO_2 1,000[g]을 방사할 경우 체적[L]을 계산하시오(단, STP상태이다).

해설

체적을 계산하면

① 이상기체 상태방정식을 적용하면

$$PV = nRT = \frac{W}{M}RT \qquad PM = \frac{W}{V}RT = \rho RT$$

여기서, P : 압력[atm] V : 부피[L]
n : mol수[g-mol] M : 분자량(CO_2 = 44[g/g-mol])
W : 무게[g] T : 절대온도(273 + [℃])[K]
R : 기체상수(0.08205[L·atm/g-mol·K])

$$\therefore V = \frac{WRT}{PM} = \frac{1,000[g] \times 0.08205[L \cdot atm/g-mol \cdot K] \times 273[K]}{1[atm] \times 44[g/g-mol]} = 509.1[L]$$

② 표준상태(STP상태)일 때 기체 1[g-mol]이 차지하는 부피는 22.4[L]이므로

$$\frac{1,000[g]}{44[g]} \times 22.4[L] = 509.1[L]$$

정답 509.1[L]

065

분자량이 58이고 압력 202.65[kPa], 온도가 100[℃]인 물질의 증기밀도[g/L]를 계산하시오.

해설

① 이상기체 상태방정식을 적용하면

$$PV = nRT = \frac{W}{M}RT \quad PM = \frac{W}{V}RT = \rho RT \quad \rho(밀도) = \frac{PM}{RT}$$

여기서, P : 압력[atm]　　　　　V : 부피[L]
　　　　n : mol수[g-mol]　　　M : 분자량[g/g-mol]
　　　　W : 무게[g]　　　　　　T : 절대온도(273 + [℃])[K]
　　　　R : 기체상수(0.08205[L・atm/g-mol・K])

② 밀도를 구하면

$$\rho(밀도) = \frac{PM}{RT} = \frac{\frac{202.65[kPa]}{101.325[kPa]} \times 1[atm] \times 58[g/g-mol]}{0.08205[L \cdot atm/g-mol \cdot K] \times 373[K]} = 3.79[g/L]$$

정답 3.79[g/L]

066

120[℉]는 몇 [℃]인가?

해설

온 도

① $[℃] = \frac{5}{9}([℉] - 32)$
② $[℉] = 1.8[℃] + 32$
③ $[K] = 273 + [℃]$
④ $[R] = 460 + [℉]$

∴ $[℃] = \frac{5}{9} \times ([℉] - 32) = \frac{5}{9}(120 - 32) = 48.89[℃]$

정답 48.89[℃]

067

섭씨온도와 화씨온도가 같아지는 온도는 몇 [℃]인가?

해설

온 도
$[℉] = 1.8[℃] + 32$
$-40 = 1.8 \times (-40) + 32$

정답 -40

068

어떤 화합물의 질량을 분석한 결과 나트륨 58.97[%], 산소 41.03[%]였다. 이 화합물의 실험식과 분자식을 구하시오(단, 이 화합물의 분자량은 78[g/mol]이다).

해설

실험식과 분자식을 구하면
① **실험식**
  ㉠ 나트륨 = $\dfrac{58.97}{23}$ = 2.56
  ㉡ 산소 = $\dfrac{41.03}{16}$ = 2.56
  ∴ Na : O = 2.56 : 2.56 = 1 : 1이므로 실험식은 NaO이다.
② **분자식**
  분자식 = 실험식 × n
  78 = 39(NaO의 분자량) × n
  n = 2
  ∴ n이 2이므로 분자식은 Na_2O_2(과산화나트륨)이다.

정답
 • 실험식 : NaO
 • 분자식 : Na_2O_2

PART 02

위험물의 성상 및 취급

CHAPTER 01	제1류 위험물
CHAPTER 02	제2류 위험물
CHAPTER 03	제3류 위험물
CHAPTER 04	제4류 위험물
CHAPTER 05	제5류 위험물
CHAPTER 06	제6류 위험물

합격의 공식 시대에듀

www.sdedu.co.kr

CHAPTER 01 제1류 위험물

1 제1류 위험물의 특성

(1) 종류 56, 64, 71, 74회

유별	성질	품명	위험등급	지정수량
제1류	산화성 고체	아염소산염류, 염소산염류, 과염소산염류, 무기과산화물	I	50[kg]
		브로민산염류, 질산염류, 아이오딘산염류	II	300[kg]
		과망가니즈산염류, 다이크로뮴산염류	III	1,000[kg]
		그 밖에 행정안전부령이 정하는 것 • 과아이오딘산염류 • 과아이오딘산 • 크로뮴, 납 또는 아이오딘의 산화물 • 아질산염류 • 염소화아이소사이아누르산 • 퍼옥소이황산염류 • 퍼옥소붕산염류	II	300[kg] 300[kg] 300[kg] 300[kg] 300[kg] 300[kg] 300[kg]
		차아염소산염류	I	50[kg]

(2) 산화성 고체의 정의 31, 34, 42, 45, 58, 68, 70회

산화성 고체 : **고체**[액체(1기압 및 20[℃]에서 액상인 것 또는 20[℃] 초과 40[℃] 이하에서 액상인 것) 또는 **기체**(1기압 및 20[℃]에서 기상인 것) 외의 것]**로서 산화력의 잠재적인 위험성 또는 충격에 대한 민감성을 판단**하기 위하여 소방청장이 정하여 고시하는 시험에서 고시로 정하는 성질과 상태를 나타내는 것을 말한다. 이 경우 "**액상**"이라 함은 수직으로 된 시험관(안지름 30[mm], 높이 120[mm]의 원통형 유리관을 말한다)에 시료를 55[mm]까지 채운 다음 해당 시험관을 수평으로 하였을 때 시료액면의 **끝부분이 30[mm]를 이동하는 데 걸리는 시간이 90초 이내**에 있는 것을 말한다.

(3) 제1류 위험물의 일반적인 성질

① 모두 무기화합물로서 대부분 무색 결정 또는 백색 분말의 산화성 고체이다.
② 강산화성 물질이며 불연성 고체이다.
③ 가열, 충격, 마찰, 타격으로 분해하여 산소를 방출하여 가연물의 연소를 도와준다.
④ 비중은 1보다 크며 물에 녹는 것도 있고 질산염류와 같이 조해성이 있는 것도 있다.
⑤ 가열하여 용융된 진한 용액은 가연성 물질과 접촉 시 혼촉발화의 위험이 있다.

(4) 제1류 위험물의 위험성
① 가열 또는 제6류 위험물과 혼합하면 산화성이 증대된다.
② NH_4NO_3, NH_4ClO_3은 가연물과 접촉·혼합으로 분해폭발한다.
③ 무기과산화물은 물과 반응하여 산소를 방출하고 심하게 발열한다.
④ 유기물과 혼합하면 폭발의 위험이 있다.

(5) 제1류 위험물의 저장 및 취급방법
① 가열, 마찰, 충격 등을 피한다.
② 환원제인 제2류 위험물과의 접촉을 피한다.
③ 조해성 물질은 방습하고 수분과의 접촉을 피한다.
④ 무기과산화물은 공기나 물과의 접촉을 피한다.
⑤ 분해를 촉진하는 물질과의 접촉을 피한다.
⑥ 무기과산화물은 분말약제를 사용하여 질식소화한다.
⑦ 용기를 옮길 때에는 밀봉용기를 사용한다.

(6) 소화방법
① 제1류 위험물 : 산화성 고체로서 주수에 의한 냉각소화
② 알칼리금속의 과산화물 : 마른모래, 탄산수소염류 분말약제, 팽창질석, 팽창진주암

> **Plus One** 제1류 위험물의 반응식
> - 염소산칼륨의 열분해반응식 : $2KClO_3 \rightarrow 2KCl + 3O_2 \uparrow$
> - 염소산나트륨과 산의 반응식 : $2NaClO_3 + 2HCl \rightarrow 2NaCl + 2ClO_2 + H_2O_2 \uparrow$
> - **과염소산나트륨의 분해반응식 : $NaClO_4 \rightarrow NaCl + 2O_2$**
> - 과산화칼륨의 반응식
>   - 물과 반응 : $2K_2O_2 + 2H_2O \rightarrow 4KOH + O_2 \uparrow$
>   - 가열분해반응 : $2K_2O_2 \rightarrow 2K_2O + O_2 \uparrow$
>   - 탄산가스와 반응 : $2K_2O_2 + 2CO_2 \rightarrow 2K_2CO_3 + O_2 \uparrow$
>   - 초산과 반응 : $K_2O_2 + 2CH_3COOH \rightarrow 2CH_3COOK + H_2O_2 \uparrow$
>   - 염산과 반응 : $K_2O_2 + 2HCl \rightarrow 2KCl + H_2O_2$
>   - ※ **과산화나트륨은 과산화칼륨과 동일함**
> - 과산화마그네슘과의 반응식
>   - 가열분해반응 : $2MgO_2 \rightarrow 2MgO + O_2 \uparrow$
>   - 산과 반응 : $MgO_2 + 2HCl \rightarrow MgCl_2 + H_2O_2 \uparrow$
>   - ※ **과산화칼슘, 과산화바륨은 동일함**

Plus One
- 질산칼륨의 열분해반응(400[℃]) : $2KNO_3 \rightarrow 2KNO_2 + O_2 \uparrow$
- 질산나트륨의 열분해반응(380[℃]) : $2NaNO_3 \rightarrow 2NaNO_2 + O_2 \uparrow$
- 질산암모늄의 폭발반응 : $2NH_4NO_3 \rightarrow 2N_2 + 4H_2O + O_2 \uparrow$
- 과망가니즈산칼륨의 반응
  - 분해반응(240[℃]) : $2KMnO_4 \rightarrow K_2MnO_4 + MnO_2 + O_2 \uparrow$
  - 묽은 황산과 반응 : $4KMnO_4 + 6H_2SO_4 \rightarrow 2K_2SO_4 + 4MnSO_4 + 6H_2O + 5O_2 \uparrow$
  - 염산과 반응 : $2KMnO_4 + 16HCl \rightarrow 2KCl + 2MnCl_2 + 8H_2O + 5Cl_2$
- ※ "↑"는 가스발생을 표시하는 것으로 정답을 작성할 때는 기재할 필요 없습니다.

2 각 위험물의 종류 및 물성

(1) 아염소산염류

- 정의 : 아염소산($HClO_2$)의 수소 이온에 금속 또는 양이온(M)을 치환한 형태의 염
- 특 성
  - 고체이고 은(Ag), 납(Pb), 수은(Hg)을 제외하고는 물에 용해한다.
  - 가열, 마찰, 충격에 의하여 폭발한다.
  - 강산, 황, 유기물, 이황화탄소, 황화합물과 접촉 또는 혼합하면 발화하거나 폭발한다.
  - 중금속염은 폭발성이 있어 기폭제로 사용한다.

① 아염소산칼륨
  ㉠ 물 성

화학식	지정수량	분자량	분해 온도
$KClO_2$	50[kg]	106.5	160[℃]

  ㉡ 백색의 침상 결정 또는 분말이다.
  ㉢ 조해성과 부식성이 있다.
  ㉣ 열, 충격에 의하여 폭발의 위험이 있다.
  ㉤ 염산과 반응하면 **이산화염소**(ClO_2)의 유독가스가 발생한다.

$$3KClO_2 + 2HCl \rightarrow 3KCl + 2ClO_2 + H_2O_2$$

② 아염소산나트륨
  ㉠ 물 성

화학식	지정수량	분자량	분해 온도
$NaClO_2$	50[kg]	90.5	수분이 포함될 경우 120~130[℃](무수물 : 350[℃])

  ㉡ 무색 결정성 분말이다.
  ㉢ 비교적 안정하나 시판품은 140[℃] 이상의 온도에서 발열반응을 일으킨다.
  ㉣ 단독으로 폭발이 가능하고 분해 온도 이상에서는 산소를 발생한다.
  ㉤ **산과 반응**하면 **이산화염소**(ClO_2)의 유독가스가 발생한다.

$$3NaClO_2 + 2HCl \rightarrow 3NaCl + 2ClO_2 + H_2O_2$$

ⓑ 황, 유기물, 이황화탄소, 금속분 등 환원성 물질과 접촉 또는 혼합에 의하여 발화 또는 폭발한다.
ⓢ 수용액은 강한 산성이다.

(2) 염소산염류

- 정의 : 염소산($HClO_3$)의 수소 이온이 금속 또는 양이온을 치환한 형태의 염
- 특 성
  - 대부분 물에 녹으며 상온에서 안정하나 열에 의해 분해하여 산소를 발생한다.
  - 장시간 일광에 방치하면 분해하여 아염소산염류($MClO_2$)가 된다.
  - 수용액은 강한 산화력이 있으며 산화성 물질과 혼합하면 폭발을 일으킨다.

① 염소산칼륨

㉠ 물 성

화학식	지정수량	분자량	비 중	융 점	용해도(25[℃])	분해 온도
$KClO_3$	50[kg]	122.5	2.32	368[℃]	7.3	400[℃]

㉡ 무색의 **단사정계 판상 결정** 또는 **백색 분말**로서 상온에서 안정한 물질이다.
㉢ 가열, 충격, 마찰 등에 의해 폭발한다.
㉣ **염산과 반응**하면 **이산화염소**(ClO_2)의 유독가스를 발생한다.

$$2KClO_3 + 2HCl \rightarrow 2KCl + 2ClO_2 + H_2O_2 \uparrow$$

㉤ **냉수, 알코올**에 **녹지 않고**, 온수나 글리세린에는 녹는다.
㉥ 일광에 장시간 방치하면 분해하여 $KClO_2$를 만든다.
㉦ 이산화망가니즈(MnO_2)와 접촉하면 분해가 촉진되어 산소를 방출한다.
㉧ 황산과 반응하면 이산화염소의 흰 가스가 발생한다.

$$6KClO_3 + 3H_2SO_4 \rightarrow 3K_2SO_4 + 4ClO_2 + 2H_2O + 2HClO_4$$

㉨ **목탄과 혼합**하면 **발화, 폭발**의 **위험**이 있다.

Plus One 염소산칼륨의 반응식 45회

$$2KClO_3 \xrightarrow{MnO_2} 2KCl + 3O_2 \uparrow$$

② 염소산나트륨

㉠ 물 성 35회

화학식	지정수량	분자량	융 점	비 중	분해 온도
$NaClO_3$	50[kg]	106.5	248[℃]	2.49	**300[℃]**

㉡ 무색무취의 결정 또는 분말이다.
㉢ **물, 알코올, 에터**에는 **녹는다**.

ⓔ 조해성이 강하므로 수분과의 접촉을 피한다.
　　ⓜ **산과 반응**하면 **이산화염소**(ClO_2)의 유독가스를 발생한다. `31회`

> $2NaClO_3 + 2HCl \rightarrow 2NaCl + 2ClO_2 + H_2O_2 \uparrow$

　　ⓑ 300[℃]에서 가열분해한다.
　　ⓢ 분해를 촉진하는 약품류와의 접촉을 피한다.
　　ⓞ 조해성이 있으므로 용기는 **밀폐, 밀봉**하여 저장한다.
　　ⓩ 철제용기는 부식되므로 저장용기로는 부적합하다.

> **Plus One** 염소산나트륨의 분해반응식 `71회`
> $2NaClO_3 \rightarrow 2NaCl + 3O_2 \uparrow$

③ 염소산암모늄
　ⓐ 물 성

화학식	지정수량	분자량	분해 온도
NH_4ClO_3	50[kg]	101.5	100[℃]

　ⓑ 무색의 결정으로 **조해성**과 폭발성이 있다.
　ⓒ 수용액은 산성으로서 금속을 부식시킨다.

(3) 과염소산염류

> • 정의 : 과염소산($HClO_4$)의 수소 이온이 금속 또는 양이온을 치환한 형태의 염
> • 특 성
> 　- 무색무취의 결정성 분말이다.
> 　- 대부분 물에 녹으며 유기용매에 녹는 것도 있다.
> 　- 수용액은 화학적으로 안정하며 불용성염 외에는 조해성이 있다.
> 　- 마찰, 충격에 불안정하다.

① 과염소산칼륨 `44, 63회`
　ⓐ 물 성

화학식	지정수량	분자량	비 중	융 점	분해 온도
$KClO_4$	50[kg]	138.5	2.52	400[℃]	400[℃]

　ⓑ 무색무취의 사방정계 결정이다.
　ⓒ **물, 알코올, 에터**에는 녹지 않는다.
　ⓓ 탄소, 황, 유기물과 혼합하였을 때 가열, 마찰, 충격에 의하여 폭발한다.
　ⓔ 염산과 반응하면 이산화염소(ClO_2)의 유독성 가스를 발생한다.
　　$3KClO_4 + 4HCl \rightarrow 3KCl + 4ClO_2 + 2H_2O_2$

> **Plus One** 과염소산칼륨의 분해반응식 `32, 51, 63, 64회`
> $KClO_4 \rightarrow KCl + 2O_2 \uparrow$

② 과염소산나트륨
  ㉠ 물 성

화학식	지정수량	분자량	비 중	융 점	분해 온도
NaClO$_4$	50[kg]	122.5	2.02	482[℃]	400[℃]

  ㉡ 무색 또는 백색의 결정으로서 조해성이 있다.
  ㉢ **물, 아세톤, 알코올**에 녹고, 에터(다이에틸에터)에는 녹지 않는다.
  ㉣ 염산과 반응하면 이산화염소(ClO_2)의 유독성 가스를 발생한다.
  $3NaClO_4 + 4HCl \rightarrow 3NaCl + 4ClO_2 + 2H_2O_2$

  > **Plus One** 과염소산나트륨의 분해반응식
  > $NaClO_4 \rightarrow NaCl + 2O_2$

③ 과염소산암모늄
  ㉠ 물 성

화학식	지정수량	분자량	비 중	분해 온도
NH$_4$ClO$_4$	50[kg]	117.5	2.0	130[℃]

  ㉡ 무색의 수용성 결정이다.
  ㉢ 충격에 비교적 안정하다.
  ㉣ **물, 에탄올, 아세톤**에 녹고, 에터에는 **녹지 않는다**.
  ㉤ 폭약이나 성냥원료로 쓰인다.
  ㉥ 분해반응식

  > $NH_4ClO_4 \rightarrow NH_4Cl + 2O_2 \uparrow$
  > $2NH_4ClO_4 \rightarrow N_2 + Cl_2 + 2O_2 + 4H_2O$

(4) 무기과산화물

> **Plus One** 과산화물의 분류
> - 무기과산화물(제1류 위험물)
>   - 알칼리금속의 과산화물(과산화칼륨, 과산화나트륨)
>   - 알칼리금속 외(알칼리토금속)의 과산화물(과산화칼슘, 과산화바륨, 과산화마그네슘)
> - 유기과산화물(제5류 위험물)
> ※ 알칼리금속의 과산화물 : M_2O_2, 알칼리 외의 금속의 과산화물 : MO_2

- 정의 : 과산화수소(H_2O_2)의 수소 이온이 금속으로 치환한 형태의 화합물
- 특 성
  - 분자 내의 -O-O-는 결합력이 약하여 불안정하다.
    $M-O-O-M$ → $M-O-M$ + [O]
    (불안정)   (안정)   (강산화성)
  - 이때 분리된 발생기 산소는 반응성이 강하고 산소보다 산화력이 더 강하다.
  - 물과의 반응식
    ⓐ 알칼리금속의 과산화물 : $2M_2O_2 + 2H_2O → 4MOH + O_2↑ + 발열$
    ⓑ 알칼리토금속의 과산화물 : $2MO_2 + 2H_2O → 2M(OH)_2 + O_2↑ + 발열$
  - 무기과산화물이 산과 반응하면 과산화수소(H_2O_2)를 발생한다.

① 과산화칼륨

㉠ 물 성

화학식	지정수량	분자량	비 중	융 점	분해 온도
K_2O_2	50[kg]	110	2.9	490[℃]	490[℃]

㉡ 무색 또는 오렌지색의 결정으로 **에틸알코올에 녹는다**.
㉢ 피부 접촉 시 피부를 부식시키고 **탄산가스**를 흡수하면 **탄산염**이 된다.
㉣ 다량일 경우 폭발의 위험이 있고 소량의 물과 접촉 시 발화의 위험이 있다.
㉤ 소화방법 : 마른모래, 암분, 탄산수소염류 분말약제, **팽창질석, 팽창진주암**

> **Plus One** 과산화칼륨의 반응식 35, 36, 38, 48, 51, 55, 57, 60, 67, 68, 71, 75회
> - **분해반응식** : $2K_2O_2 → 2K_2O + O_2↑$
> - **물과 반응** : $2K_2O_2 + 2H_2O → 4KOH + O_2↑ + 발열$
> - **탄산가스와 반응** : $2K_2O_2 + 2CO_2 → 2K_2CO_3 + O_2↑$
> - **초산과 반응** : $K_2O_2 + 2CH_3COOH → 2CH_3COOK + H_2O_2↑$
>   (초산칼륨) (과산화수소)
> - **염산과 반응** : $K_2O_2 + 2HCl → 2KCl + H_2O_2↑$
> - **황산과 반응** : $K_2O_2 + H_2SO_4 → K_2SO_4 + H_2O_2↑$
> - **알코올과 반응** : $K_2O_2 + 2C_2H_5OH → 2C_2H_5OK + H_2O_2↑$
>   (칼륨에틸레이트)

② 과산화나트륨

㉠ 물 성

화학식	지정수량	분자량	비 중	융 점	분해 온도
Na_2O_2	50[kg]	78	2.8	460[℃]	460[℃]

㉡ 순수한 것은 **백색**이지만 보통은 **황백색의 분말**이다.
㉢ **에틸알코올에 녹지 않는다.**
㉣ 백색 분말로서 **흡습성**이 있다.
㉤ 목탄, 가연물과 접촉하면 발화되기 쉽다.
㉥ **산과 반응**하면 **과산화수소**를 생성한다.

$$Na_2O_2 + 2HCl \rightarrow 2NaCl + H_2O_2 \uparrow$$

ⓢ 물과 반응하면 산소가스와 많은 열이 발생한다.

$$2Na_2O_2 + 2H_2O \rightarrow 4NaOH + O_2 \uparrow + 발열$$

ⓞ 유기물질, 황분, 알루미늄분 등의 혼입을 막고 수분이 들어가지 않게 밀전 및 밀봉해야 한다.
ⓩ 소화방법 : **마른모래**, 탄산수소염류 분말약제, **팽창질석, 팽창진주암**

> **Plus One** 과산화나트륨의 반응식 32, 44, 46, 53, 58, 66, 67, 68, 70회
>
> • 분해반응식 : $2Na_2O_2 \rightarrow 2Na_2O + O_2 \uparrow$
>   (산화나트륨)
> • 물과 반응 : $2Na_2O_2 + 2H_2O \rightarrow 4NaOH + O_2 + 발열$
> • 탄산가스와 반응 : $2Na_2O_2 + 2CO_2 \rightarrow 2Na_2CO_3 + O_2 \uparrow$
> • **초산과 반응** : $Na_2O_2 + 2CH_3COOH \rightarrow 2CH_3COONa + H_2O_2 \uparrow$
>   (초산나트륨) (과산화수소)
> • 염산과 반응 : $Na_2O_2 + 2HCl \rightarrow 2NaCl + H_2O_2 \uparrow$
> • 황산과 반응 : $Na_2O_2 + H_2SO_4 \rightarrow Na_2SO_4 + H_2O_2 \uparrow$
> • 알코올과 반응 : $Na_2O_2 + 2C_2H_5OH \rightarrow 2C_2H_5ONa + H_2O_2 \uparrow$
>   (나트륨에틸레이트)

③ 과산화칼슘

ⓝ 물 성

화학식	지정수량	분자량	비 중	분해 온도
CaO_2	50[kg]	72	1.7	275[℃]

ⓝ 백색 분말이다.
ⓒ 물, 알코올, 에터에는 녹지 않는다.
ⓔ 수분과 접촉으로 산소를 발생한다.
ⓜ 기타 과산화칼륨에 준한다.

> **Plus One** 과산화칼슘의 반응식 56회
>
> • 분해반응식 : $2CaO_2 \rightarrow 2CaO + O_2 \uparrow$
>   (산화칼슘)
> • 물과 반응 : $2CaO_2 + 2H_2O \rightarrow 2Ca(OH)_2 + O_2 \uparrow + 발열$
>   (수산화칼슘)
> • 염산과 반응 : $CaO_2 + 2HCl \rightarrow CaCl_2 + H_2O_2 \uparrow$
>   (염화칼슘)

④ 과산화바륨

ⓝ 물 성

화학식	지정수량	분자량	비 중	분해 온도	융 점
BaO_2	50[kg]	169	4.95	840[℃]	450[℃]

ⓝ 백색 분말이다.
ⓒ 냉수에 약간 녹고, 묽은 산에는 녹는다.

② 수분과 접촉으로 산소를 발생한다.
⑩ 유기물, 산과의 접촉을 피해야 한다.
⑪ 금속용기에 밀폐, 밀봉하여 둔다.
⑫ 과산화물이 되기 쉽고 분해 온도(840[℃])가 무기과산화물 중 가장 높다.

> **Plus One** 과산화바륨의 반응식
> - 분해반응식 : $2BaO_2 \rightarrow 2BaO + O_2 \uparrow$
> - 물과 반응 : $2BaO_2 + 2H_2O \rightarrow 2Ba(OH)_2 + O_2 \uparrow + 발열$
> - 산과 반응 : $BaO_2 + 2HCl \rightarrow BaCl_2 + H_2O_2 \uparrow$
> $BaO_2 + H_2SO_4 \rightarrow BaSO_4 + H_2O_2 \uparrow$

⑤ 과산화마그네슘
  ㉠ 백색 분말로서 화학식은 MgO_2이다.
  ㉡ 물에는 녹지 않는다.
  ㉢ 시판품은 15~20[%]의 MgO_2를 함유한다.
  ㉣ 습기나 물에 의하여 활성 산소를 방출한다.
  ㉤ 분해촉진제와 접촉을 피한다.
  ㉥ 유기물의 혼입, 가열, 마찰, 충격을 피해야 한다.
  ㉦ **산화제와 혼합**하여 가열하면 **폭발 위험**이 있다.

> **Plus One** 과산화마그네슘의 반응식
> - 분해반응식 : $2MgO_2 \rightarrow 2MgO + O_2 \uparrow$
> - **물과 반응** : $2MgO_2 + 2H_2O \rightarrow 2Mg(OH)_2 + O_2 \uparrow + 발열$
> - 산과 반응 : $MgO_2 + 2HCl \rightarrow MgCl_2 + H_2O_2 \uparrow$

(5) 브로민산염류

> - 정의 : 브로민산($HBrO_3$)의 수소 이온이 금속 또는 양이온으로 치환된 화합물
> - 특 성
>   – 대부분 **무색, 백색의 결정**이고 물에 녹는 것이 많다.
>   – 가열분해하면 산소를 방출한다.
>   – 브로민산칼륨은 가연물과 혼합하면 위험하다.

- 종 류

물질명	지정수량	화학식	색상	분자량	분해 온도
브로민산칼륨	300[kg]	$KBrO_3$	백색	167	370[℃]
브로민산나트륨	300[kg]	$NaBrO_3$	무색	151	381[℃]
브로민산바륨	300[kg]	$Ba(BrO_3)_2$	무색	411	–

(6) 질산염류

- 정의 : 질산(HNO_3)의 수소 이온이 금속 또는 양이온으로 치환한 화합물
- 특 성
  - 대부분 무색, 백색의 결정 및 분말로 물에 녹고 **조해성**이 있는 것이 많다.
  - 물과 결합하면 수화염이 되기 쉬우나 열분해로 산소를 방출한다.
  - 강력한 산화제로서 $MClO_3$나 $MClO_4$보다 가열, 마찰에 대하여 안정하다.
  - 금속, 금속탄산염, 금속산화물 또는 수산화물에 질산을 반응시켜 만든다.

HNO_3 : 제6류 위험물

① 질산칼륨(초석)
  ㉠ 물 성 57, 66회

화학식	지정수량	분자량	비 중	융 점	분해 온도
KNO_3	300[kg]	101	2.1	339[℃]	400[℃]

  ㉡ 차가운 느낌의 자극이 있고 짠맛이 나는 무색의 결정 또는 **백색 결정**이다.
  ㉢ **물, 글리세린에 잘 녹으나, 알코올에는 녹지 않는다.**
  ㉣ 강산화제이며 가연물과 접촉하면 위험하다.
  ㉤ **황과 숯가루와 혼합하여 흑색화약을 제조**한다.

흑색화약의 조성비 : 질산칼륨 75[%], 황 10[%], 목탄 15[%]

  ㉥ 티오황산나트륨과 함께 가열하면 폭발한다.
  ㉦ 소화방법 : 주수소화

  Plus One 질산칼륨의 분해반응식 50, 55, 57, 64, 66, 71회
  $$2KNO_3 \rightarrow 2KNO_2 + O_2\uparrow$$
  (아질산칼륨)

② 질산나트륨(칠레초석)
  ㉠ 물 성

화학식	지정수량	분자량	비 중	융 점	분해 온도
$NaNO_3$	300[kg]	85	2.27	308[℃]	380[℃]

  ㉡ 무색무취의 결정이다.
  ㉢ **조해성**이 있는 **강산화제**이다.
  ㉣ **물, 글리세린에 잘 녹고**, 무수알코올에는 녹지 않는다.
  ㉤ **가연물, 유기물과 혼합하여 가열하면 폭발**한다.

  Plus One 질산나트륨의 분해반응식
  $$2NaNO_3 \rightarrow 2NaNO_2 + O_2\uparrow$$
  (아질산나트륨) (산소)

③ 질산암모늄
  ㉠ 물 성 59, 62, 71회

화학식	지정수량	분자량	비 중	융 점	분해 온도
NH_4NO_3	300[kg]	80	1.73	165[℃]	220[℃]

  ㉡ **무색무취**의 **결정**이다.
  ㉢ **조해성** 및 **흡수성**이 강하다.
  ㉣ **물, 알코올**에 **녹는다**(물에 용해 시 **흡열반응**).
  ㉤ 급격한 가열 또는 충격으로 분해 폭발한다.
  ㉥ **조해성**이 있어 수분과 접촉을 피해야 한다.
  ㉦ **유기물**과 **혼합**하여 가열하면 **폭발**한다.
  ㉧ 질산암모늄(94[%])과 경유(6[%])를 혼합하여 ANFO(안포)폭약을 제조한다. 31회

  > **Plus One** 질산암모늄의 분해반응식 46, 53, 54, 59, 62, 71, 74회
  > • 분해반응식 : $NH_4NO_3 \rightarrow N_2O + 2H_2O$
  > • 폭발반응식 : $2NH_4NO_3 \rightarrow 4H_2O + 2N_2 + O_2 \uparrow$

④ 질산은 41, 48회
  ㉠ 물 성

화학식	지정수량	분자량	비 중	융 점	분해 온도
$AgNO_3$	300[kg]	170	4.35	212[℃]	445[℃]

  ㉡ 무색무취이고 투명한 결정이다.
  ㉢ 물, 아세톤, 알코올, 글리세린에는 잘 녹는다.
  ㉣ 햇빛에 의해 변질되므로 갈색병에 보관해야 한다.
  ㉤ 사진감광제, 부식제, 은도금, 분석시약, 살균제, 살충제로 사용한다.

  > **Plus One** 질산은의 분해반응식 54회
  > $2AgNO_3 \rightarrow 2Ag + 2NO_2 + O_2$
  >   (은) (이산화질소) (산소)

(7) 아이오딘산염류

> • 정의 : 아이오딘산(HIO_3)의 수소 이온이 금속 또는 양이온으로 치환된 형태의 화합물
> • 특 성
> - 대부분 결정성 고체이다.
> - 알칼리금속염은 물에 잘 녹으나 중금속염은 잘 녹지 않는다.
> - 산화력이 강하여 유기물과 혼합하여 가열하면 폭발한다.

① 아이오딘산칼륨
  ㉠ 물 성

화학식	지정수량	분자량
KIO$_3$	300[kg]	214

  ㉡ 광택이 나는 무색의 결정성 분말이다.
  ㉢ 염소산칼륨보다는 위험성이 적다.
  ㉣ 융점 이상으로 가열하면 산소를 방출하며 가연물과 혼합하면 폭발위험이 있다.

② 아이오딘산나트륨
  ㉠ 화학식은 NaIO$_3$이다.
  ㉡ 백색의 결정 또는 분말이다.
  ㉢ 물에 녹고 알코올에는 녹지 않는다.
  ㉣ 의약이나 분석시약으로 사용한다.

③ 기타 아이오딘산염류
  ㉠ 아이오딘산암모늄(NH$_4$IO$_3$)
  ㉡ 아이오딘산마그네슘[Mg(IO$_3$)$_2$]
  ㉢ 아이오딘산칼슘[Ca(IO$_3$)$_2$]
  ㉣ 아이오딘산바륨[Ba(IO$_3$)$_2$]

(8) 과망가니즈산염류

> • 정의 : 과망가니즈산(HMnO$_4$)의 수소 이온이 금속 또는 양이온으로 치환된 형태의 화합물
> • 특 성
> - 흑자색의 결정이며 물에 잘 녹는다.
> - 강알칼리와 반응하면 산소를 방출한다.
> - 고농도의 과산화수소와 접촉하면 폭발한다.
> - 염산과 반응하면 염소가스를 발생한다.
> - 황화인과 접촉하면 자연발화의 위험이 있다.
> - 알코올, 에터, 강산, 유기물, **글리세린** 등과 접촉하면 **발화의 위험**이 있어 격리하여 보관한다.

① 과망가니즈산칼륨 38회
  ㉠ 물 성 61회

화학식	지정수량	분자량	비 중	분해 온도
KMnO$_4$	1,000[kg]	158	2.7	200~250[℃]

  ㉡ **흑자색**의 **사방정계** 결정으로 **산화력**과 **살균력**이 강하다.
  ㉢ 물, 알코올에 녹으면 진한 **보라색**을 나타낸다.
  ㉣ 진한 황산과 접촉하면 폭발적으로 반응한다.
  ㉤ 강알칼리와 접촉시키면 산소를 방출한다.
  ㉥ 알코올, 에터, 글리세린 등 유기물과의 접촉을 피한다.

ⓐ 목탄, 황 등의 환원성 물질과 접촉 시 충격에 의해 폭발의 위험성이 있다.
ⓑ **살균소독제, 산화제**로 이용된다.

> **Plus One** 과망가니즈산칼륨의 반응식 43, 49, 61, 69회
> - **분해반응식** : $2KMnO_4 \rightarrow K_2MnO_4 + MnO_2 + O_2 \uparrow$
>   (망가니즈산칼륨) (이산화망가니즈)
> - **묽은 황산과 반응식** : $4KMnO_4 + 6H_2SO_4 \rightarrow 2K_2SO_4 + 4MnSO_4 + 6H_2O + 5O_2 \uparrow$
> - **진한 황산과 반응식** : $2KMnO_4 + H_2SO_4 \rightarrow K_2SO_4 + 2HMnO_4$
>   (과망가니즈산)
> - **염산과 반응식** : $2KMnO_4 + 16HCl \rightarrow 2KCl + 2MnCl_2 + 8H_2O + 5Cl_2 \uparrow$

② 과망가니즈산나트륨
  ㉠ 물 성

화학식	지정수량	분자량	분해 온도
$NaMnO_4$	1,000[kg]	142	170[℃]

  ㉡ 적자색의 결정으로 물에 잘 녹는다.
  ㉢ 조해성이 강하므로 수분에 주의해야 한다.
③ 기타 과망가니즈산염류
  ㉠ **과망가니즈산암모늄**(NH_4MnO_4)
  ㉡ **과망가니즈산바륨**[$(Ba(MnO_4)_2)$]
  ㉢ **과망가니즈산칼슘**[$(Ca(MnO_4)_2)$]
  ㉣ **과망가니즈산아연**[$(Zn(MnO_4)_2)$]

(9) 다이크로뮴산염류

> - **정 의** : 다이크로뮴산($H_2Cr_2O_7$)의 수소가 금속 또는 양이온으로 치환된 화합물
> - **특 성**
>   - 대부분 황적색의 결정이며 거의 다 물에 녹는다.
>   - 가열에 의해 분해하여 산소를 방출한다.
>   - 아닐린, 피리딘과 장기간 방치 또는 가열하면 폭발한다.
>   - 가연물과 혼합하면 가열에 의해 폭발한다.

① 다이크로뮴산칼륨
  ㉠ 물 성

화학식	지정수량	분자량	비 중	융 점	분해 온도
$K_2Cr_2O_7$	1,000[kg]	294	2.69	398[℃]	500[℃]

  ㉡ 등적색의 판상 결정이다.
  ㉢ 물에 녹고 알코올에는 녹지 않는다.
  ㉣ 가열에 의해 삼산화이크로뮴(Cr_2O_3)과 크로뮴산칼륨(K_2CrO_4)으로 분해된다.

$$4K_2Cr_2O_7 \rightarrow 2Cr_2O_3 + 4K_2CrO_4 + 3O_2$$

② 다이크로뮴산나트륨
  ㉠ 물 성

화학식	지정수량	분자량	비 중	융 점	분해 온도
Na$_2$Cr$_2$O$_7$	1,000[kg]	262	2.52	356[℃]	400[℃]

  ㉡ **등적색**의 **결정**이다.
  ㉢ 유기물과 혼합되어 있을 때 가열, 마찰에 의해 발화 또는 폭발한다.
③ 다이크로뮴산암모늄
  ㉠ 물 성

화학식	지정수량	분자량	비 중	분해 온도
(NH$_4$)$_2$Cr$_2$O$_7$	1,000[kg]	252	2.15	180[℃]

  ㉡ 적색 또는 등적색(오렌지색)의 단사정계 침상 결정이다.
  ㉢ **약 180[℃]**에서 가열하면 분해하여 **질소가스**를 발생한다.

  > **Plus One** 다이크로뮴산암모늄의 분해반응식
  > (NH$_4$)$_2$Cr$_2$O$_7$ → Cr$_2$O$_3$ + N$_2$ + 4H$_2$O

  ㉣ 그라비아 인쇄의 사진제판, 매염제, 피혁가공, 석유정제, 불꽃놀이 제조 등의 용도로 사용한다.
  ㉤ 에틸렌, 수산화나트륨, 하이드라진과는 혼촉, 발화한다.

(10) 과아이오딘산염류
① 과아이오딘산칼륨(KIO$_4$)
  ㉠ 물에 녹기 어려운 정방정계의 결정이다.
  ㉡ 융점이 582[℃]로서 300[℃] 이상에서 분해하여 산소를 잃는다.
② 과아이오딘산나트륨(NaIO$_4$)
  ㉠ 정방정계의 결정이다.
  ㉡ 물에 대한 용해도는 14.4이고 175[℃]에서 분해하여 산소를 잃는다.

(11) 과아이오딘산(HIO$_4$)
① 무색의 결정 또는 분말이다.
② 물과 알코올에 녹고 에터에는 약간 녹는다.
③ 110[℃]에서 승화하고 138[℃]에서 분해하여 산소를 잃는다.

(12) 크로뮴, 납, 아이오딘의 산화물

① 무수크로뮴산(삼산화크로뮴)

㉠ 물 성

화학식	지정수량	분자량	융 점	분해 온도
CrO_3	300[kg]	100	196[℃]	250[℃]

㉡ **암적색**의 **침상 결정**으로 **조해성**이 있다.

㉢ 물, 알코올, 에터, 황산에 잘 녹는다.

㉣ 크로뮴산화성의 크기 : $CrO < Cr_2O_3 < CrO_3$

㉤ 황, 목탄분, 적린, 금속분, 강력한 산화제, 유기물, 인, 목탄분, 피크르산, 가연물과 혼합하면 폭발의 위험이 있다.

㉥ 제4류 위험물과 접촉 시 발화한다.

㉦ 물과 접촉 시 격렬하게 발열한다.

㉧ 유기물과 환원제와는 격렬히 반응하며 강한 환원제와는 폭발한다.

㉨ 소화방법 : 소량일 때에는 다량의 물로 냉각소화

㉩ 삼산화크로뮴을 융점 이상으로 가열(250[℃])하면 삼산화이크로뮴(Cr_2O_3)과 산소(O_2)를 발생한다.

> **Plus One** 삼산화크로뮴의 분해반응식
> $4CrO_3 \rightarrow 2Cr_2O_3 + 3O_2 \uparrow$

② 이산화납(PbO_2)

㉠ 흑갈색의 결정 분말이다.

㉡ 염산과 반응하면 조연성 가스인 산소와 염소가스를 발생한다.

③ 사산화삼납(Pb_3O_4)

㉠ 적색 분말이다.

㉡ 습기와 반응하여 오존을 생성한다.

(13) 아질산염류

① 아질산칼륨(KNO_2)

㉠ 무색의 단사결정으로 조해성이 있다.

㉡ 냉수, 가열한 에틸알코올과 액체 암모니아에 잘 녹는다.

② 아질산나트륨($NaNO_2$)

㉠ 무색의 결정으로 물에 잘 녹는다.

㉡ 융점은 270[℃]이고 320[℃]에서 분해한다.

③ 아질산암모늄(NH_4NO_2)

㉠ 무색의 결정으로 조해성이 있다.

㉡ 냉수에는 잘 녹으며 33[℃] 이상의 물에서 분해한다.

④ 아질산은(AgNO$_2$)
　㉠ 담황색의 사방정계 결정으로 140[℃]에서 분해한다.
　㉡ 냉수에 녹지 않고 직사광선에 의하여 분해하여 검은색으로 변한다.

(14) 염소화아이소사이아누르산(Chloroisocyanuric Acid)

① 화학식은 C$_3$Cl$_3$N$_3$O$_3$이다.
② 백색 분말로서 인체에 대한 부식성이 있다.
③ 가연물과 혼합하여 발화하면 맹렬히 반응한다.

(15) 퍼옥소이황산염류

① 과산화이황산칼륨(K$_2$S$_2$O$_8$)
　㉠ 무색의 결정으로 물에 잘 녹는다.
　㉡ 과산화수소보다 산화성이 더 강하다.
　㉢ 장기간 저장 시 서서히 분해하여 산성염을 생성한다.
　㉣ 칼륨염은 100[℃]에서 분해한다.
② 과산화이황산나트륨(Na$_2$S$_2$O$_8$)
　㉠ 무색의 결정으로 충격, 마찰에 의하여 산소를 발생하고 폭발의 위험이 있다.
　㉡ 습기와 반응하여 오존을 생성한다.
　㉢ 가수분해하여 황산암모늄과 과산화수소를 생성한다.
③ 과산화이황산암모늄[(NH$_4$)$_2$S$_2$O$_8$]
　㉠ 무색의 결정으로 물에 잘 녹는다.
　㉡ 가열, 마찰, 충격에 의하여 분해되어 산소를 방출한다.
　㉢ 금속과 접촉하면 분해한다.

CHAPTER 02 제2류 위험물

1 제2류 위험물의 특성

(1) 종 류 66, 71, 74회

유 별	성 질	품 명	위험등급	지정수량
제2류	가연성 고체	황화인, 적린, 황	II	100[kg]
		철분, 금속분, 마그네슘	III	500[kg]
		그 밖에 행정안전부령이 정하는 것	II, III	100[kg] 또는 500[kg]
		인화성 고체	III	1,000[kg]

(2) 정 의 36, 37, 41, 43, 49, 52, 60, 63, 65, 68, 75, 76회

① **가연성 고체** : 고체로서 화염에 의한 발화의 위험성 또는 인화의 위험성을 판단하기 위하여 고시로 정하는 시험에서 고시로 정하는 성질과 상태를 나타내는 것
② **황** : 순도가 60[wt%] 이상인 것을 말하며 순도측정을 하는 경우 불순물은 활석 등 불연성 물질과 수분으로 한정한다.
③ **철분** : 철의 분말로서 53[μm]의 표준체를 통과하는 것이 50[wt%] 미만인 것은 제외한다.
④ **금속분** : 알칼리금속·알칼리토금속·철 및 마그네슘 외의 금속의 분말(구리분·니켈분 및 150[μm]의 체를 통과하는 것이 50[wt%] 미만인 것은 제외)

> **Plus One** 마그네슘에 해당하지 않는 것
> • 2[mm]의 체를 통과하지 않는 덩어리 상태의 것
> • 지름 2[mm] 이상의 막대 모양의 것

⑤ **인화성 고체** : 고형알코올 그 밖에 1기압에서 인화점이 40[℃] 미만인 고체

(3) 제2류 위험물의 일반적인 성질 33회

① **가연성 고체**로서 비교적 낮은 온도에서 착화하기 쉬운 가연성, 속연성 물질이다.
② 비중은 1보다 크고 물에 녹지 않고 산소를 함유하지 않기 때문에 강력한 **환원성 물질**이다.
③ 산소와 결합이 용이하여 산화되기 쉽고 **연소속도**가 **빠르다.**
④ 연소 시 연소열이 크고 연소온도가 높다.

(4) 제2류 위험물의 위험성

① 착화 온도가 낮아 저온에서 발화가 용이하다.
② 연소속도가 빠르고 연소 시 다량의 빛과 열을 발생한다.

③ 수분과 접촉하면 자연발화하고 금속분은 산, 할로젠원소, 황화수소와 접촉하면 발열·발화한다.
④ 산화제(제1류, 제6류)와 혼합한 것은 가열·충격·마찰에 의해 발화 폭발 위험이 있다.

(5) 제2류 위험물의 저장 및 취급방법 33회
① 화기를 피하고 불티, 불꽃, 고온체와의 **접촉을 피한다**.
② **산화제**(제1류와 제6류 위험물)와의 혼합 또는 접촉을 피한다.
③ 철분, 마그네슘, 금속분은 물, 습기, 산과의 접촉을 피하여 저장한다.
④ 통풍이 잘되는 냉암소에 보관, 저장한다.

(6) 소화방법
① 가연성 고체로서 주수에 의한 냉각소화
② **철분, 마그네슘, 금속분** : 마른모래, 탄산수소염류에 의한 질식소화

> **Plus One** 제2류 위험물의 반응식
> - 삼황화인의 연소반응식 : $P_4S_3 + 8O_2 \rightarrow 2P_2O_5 + 3SO_2 \uparrow$
> - 오황화인의 연소반응식 : $2P_2S_5 + 15O_2 \rightarrow 2P_2O_5 + 10SO_2$
> - 오황화인과 물의 분해반응식 : $P_2S_5 + 8H_2O \rightarrow 5H_2S + 2H_3PO_4$
> - 적린의 연소반응식 : $4P + 5O_2 \rightarrow 2P_2O_5$
> - 마그네슘의 반응식
>   - 연소반응식 : $2Mg + O_2 \rightarrow 2MgO$
>   - 온수와 반응식 : $Mg + 2H_2O \rightarrow Mg(OH)_2 + H_2 \uparrow$
>   - 이산화탄소와 반응 : $Mg + CO_2 \rightarrow MgO + CO \uparrow$
> - 알루미늄과 물의 반응 : $2Al + 6H_2O \rightarrow 2Al(OH)_3 + 3H_2 \uparrow$
> - 알루미늄과 산의 반응 : $2Al + 6HCl \rightarrow 2AlCl_3 + 3H_2 \uparrow$

2 각 위험물의 종류 및 물성

(1) 황화인
① 황화인의 동소체 39회

항목 \ 종류	삼황화인	오황화인	칠황화인
화학식	P_4S_3	P_2S_5	P_4S_7
지정수량	100[kg]	100[kg]	100[kg]
성상	황색 결정	담황색 결정	담황색 결정
비점	407[℃]	514[℃]	523[℃]
비중	2.03	2.09	2.03
융점	172.5[℃]	290[℃]	310[℃]
착화점	약 100[℃]	142[℃]	–

② 위험성
  ㉠ 가연성 고체로 열에 의해 연소하기 쉽고 경우에 따라 폭발한다.
  ㉡ 무기과산화물, 과망가니즈산염류, 금속분, 유기물과 혼합하면 가열, 마찰, 충격에 의하여 발화 또는 폭발한다.
  ㉢ 물과 접촉 시 가수분해하거나 습한 공기 중에서 분해하여 황화수소(H_2S)를 발생한다.
  ㉣ 알코올, 알칼리, 유기산, 강산, 아민류와 접촉하면 심하게 반응한다.
③ 저장 및 취급
  ㉠ 가연성 고체로 열에 의해 연소하기 쉽고 경우에 따라 폭발한다.
  ㉡ 화기, 충격과 마찰을 피해야 한다.
  ㉢ 산화제, 알칼리, **알코올**, 과산화물, 강산, **금속분과 접촉**을 **피한다**.
  ㉣ 분말, 이산화탄소, 마른모래, 건조소금 등으로 질식소화한다.

> 착화점이 낮은 순서 : 황린(34[℃]), 삼황화인(100[℃]), 황(232[℃]), 적린(260[℃])

④ 삼황화인 32회
  ㉠ 황색의 결정 또는 분말로서 **조해성**이 **없다**.
  ㉡ **이황화탄소(CS_2)**, 알칼리, 질산에 **녹고**, 물, 염소, **염산**, **황산**에는 **녹지 않는다**.
  ㉢ 삼황화인은 공기 중 **약 100[℃]**에서 **발화**하고 마찰에 의해서도 쉽게 연소하며 자연발화 가능성도 있다.
  ㉣ **삼황화인**은 **자연발화성**이므로 가열, 습기 방지 및 산화제와의 접촉을 피한다.
  ㉤ 저장 시 금속분과 멀리해야 한다.
  ㉥ 용도는 성냥, 유기합성 등에 쓰인다.

  Plus One 삼황화인의 연소반응식 34, 45, 50, 56, 59, 66회
  $P_4S_3 + 8O_2 \rightarrow 2P_2O_5 + 3SO_2 \uparrow$
  (오산화인) (이산화황)

⑤ 오황화인 32, 45, 50, 55, 56, 66회
  ㉠ 담황색의 결정체이다.
  ㉡ **조해성**과 **흡습성**이 있다.
  ㉢ 알코올, 이황화탄소에 녹는다.
  ㉣ **물** 또는 알칼리에 분해하여 **황화수소**와 **인산**이 되고 발생한 황화수소는 산소와 반응하여 아황산가스와 물을 생성한다. 74회

  $P_2S_5 + 8H_2O \rightarrow 5H_2S + 2H_3PO_4$
  $2H_2S + 3O_2 \rightarrow 2SO_2 + 2H_2O$
  $P_2S_5 + 8NaOH \rightarrow H_2S + 2H_3PO_4 + 4Na_2S$
  (황화수소) (인산) (황화나트륨)

ⓜ 오황화인은 산소와 반응하여 오산화인(P_2O_5)과 아황산가스(SO_2)를 발생한다.

$$2P_2S_5 + 15O_2 \rightarrow 2P_2O_5 + 10SO_2$$

ⓗ 물에 의한 냉각소화는 부적합하며(H_2S 발생), 분말, CO_2, 건조사 등으로 질식소화한다.
ⓢ 용도로는 **섬광제, 윤활유 첨가제, 의약품** 등에 쓰인다.

⑥ 칠황화인 32회
  ㉠ 담황색 결정으로 **조해성**이 있다.
  ㉡ CS_2에 약간 녹으며 수분을 흡수하거나 냉수에서는 서서히 분해된다.
  ㉢ 더운물에서는 급격히 분해하여 황화수소(H_2S)와 인산(H_3PO_4)을 발생한다.
  ㉣ 칠황화인은 연소하면 오산화인(P_2O_5)과 아황산가스(SO_2)를 발생한다.
  $$P_4S_7 + 12O_2 \rightarrow 2P_2O_5 + 7SO_2$$

(2) 적린(붉은인) 52회

① 특 성

화학식	지정수량	원자량	비 중	착화점	융 점
P	100[kg]	31	2.2	260[℃]	600[℃]

② **황린**의 **동소체**로 **암적색**의 **분말**이다.
③ **물**, 알코올, 에터, **CS_2**, 암모니아에 **녹지 않는다**.
④ **강알칼리**와 반응하여 유독성의 **포스핀가스**를 발생한다.
⑤ **이황화탄소**(CS_2), **황**(S), **암모니아**(NH_3)와 **접촉하면 발화**한다.
⑥ 과산화나트륨(Na_2O_2), 아염소산나트륨($NaClO_2$) 같은 강산화제와 혼합되어 있는 것은 저온에서 발화하거나 충격, 마찰에 의해 발화한다.
⑦ 염소산염류 및 과염소산염류 등 강산화제와 혼합하면 불안정한 물질이 되어 약간의 가열, 충격, 마찰에 의해 폭발한다.

$$6P + 5KClO_3 \rightarrow 5KCl + 3P_2O_5$$

⑧ **질산칼륨**(KNO_3), **질산나트륨**($NaNO_3$)과 혼촉하면 **발화위험**이 있다.
⑨ **황린**(P_4)을 공기차단하고 260[℃]로 가열하여 적린을 제조한다.
⑩ 공기 중에 방치하면 자연발화는 않지만 **260[℃] 이상** 가열하면 **발화**하고 **400[℃] 이상**에서 **승화**한다.
⑪ 제1류 위험물, 산화제와 혼합되지 않도록 하고 폭발성·가연성 물질과 격리하여 저장한다.
⑫ 다량의 물로 냉각소화하며 소량의 경우 모래나 CO_2도 효과가 있다.

Plus One 적린의 연소반응식 59회

$4P + 5O_2 \rightarrow 2P_2O_5$ (오산화인)

적린과 황린의 비교
- 적린은 황린에 비하여 안정하다.
- 적린과 황린은 모두 물에 녹지 않는다.
- 연소할 때 황린과 적린은 모두 P_2O_5의 흰 연기를 발생한다.
- 비중과 녹는점(융점)은 적린이 크다.
- 물성 비교 54, 74회

종류\항목	화학식	색상	독성	연소생성물	CS_2에 대한 용해도	위험등급
황린	P_4	백색 또는 담황색	있음	P_2O_5	용해된다.	I
적린	P	암적색	없음	P_2O_5	용해되지 않는다.	II

(3) 황

① 황의 동소체

항목\종류	단사황	사방황	고무상황
지정수량	100[kg]	100[kg]	100[kg]
결정형	바늘모양의 결정	팔면체	무정형
비중	1.95	2.07	–
비점	445[℃]	–	–
융점	119[℃]	113[℃]	–
착화점	–	232[℃]	360[℃]
전이온도	95.5[℃]	95.5[℃]	–
용해도(물)	녹지 않음	녹지 않음	녹지 않음

② 황의 특성

㉠ **황색**의 **결정** 또는 **미황색**의 **분말**이다.
㉡ 물이나 산에 녹지 않으나 알코올에는 조금 녹고 **고무상황**을 **제외**하고는 CS_2에 **잘 녹는다**.
㉢ 공기 중에서 연소하면 푸른빛을 내며 **이산화황**(SO_2)을 발생한다.
㉣ 매우 연소하기 쉬운 가연성 고체로 연소 시 유독한 SO_2를 발생한다. 59회

$$S + O_2 \rightarrow SO_2$$

㉤ 상온에서 아염소산나트륨($NaClO_2$)과 혼합하면 발화위험이 높다.
㉥ 분말 상태로 밀폐 공간에서 공기 중 부유 시에는 **분진폭발**을 일으킨다.
㉦ 황은 고온에서 다음 물질과 반응으로 격렬히 발열한다.

> - $H_2 + S \rightarrow H_2S \uparrow + 발열$
> - $Fe + S \rightarrow FeS + 발열$
> - $C + 2S \rightarrow CS_2 + 발열$

  ⓞ 가열, 마찰, 충격, 화기에 주의해야 한다.
  ⓩ **탄화수소, 강산화제, 유기과산화물, 목탄분** 등과의 **혼합을 피한다**.
  ⓧ 소규모 화재 시 건조된 모래로 질식소화하며, 주수 시는 다량의 물로 분무 주수한다.

  > 황화합물 : 석유류의 불쾌한 냄새를 가지며 장치를 부식시킨다.

  ⓚ 고무상황은 CS_2(이황화탄소)에 녹지 않고, 350[℃]로 가열하여 용해한 것을 찬물에 넣으면 생성된다.

(4) 철분(Fe) 40, 57회

① 물 성

화학식	지정수량	융점(녹는점)	비점(끓는점)	비 중
Fe	500[kg]	1,530[℃]	2,750[℃]	7.0

② 은백색의 광택금속 분말이다.
③ 산소와 친화력이 강하여 발화할 때도 있고 **산(염산)에 녹아 수소가스를 발생**한다.

> $Fe + 2HCl \rightarrow FeCl_2 + H_2 \uparrow$
> (이염화철) (수소)

④ 공기 중에서 서서히 산화하여 삼산화제2철(Fe_2O_3)이 되어 백색의 광택이 황갈색으로 변한다.

> $4Fe + 3O_2 \rightarrow 2Fe_2O_3$

⑤ 연소하기 쉬우며 기름(절삭유) 묻은 철분을 장기간 방치하면 자연발화하기 쉽다.
⑥ 환원철은 산화되기 쉽고 공기 중 500~700[℃]에서 자연발화한다.
⑦ 무기과산화물과 혼합한 것은 소량의 물에 의해 발화한다.
⑧ 용융 알루미늄과 황과 접촉하면 폭발한다.
⑨ 주수소화는 절대금물이며 건조된 모래, 탄산수소염류분말로 질식소화한다.

(5) 금속분

① 금속분의 특성
  ㉠ 종류 : **Al분말, Zn분말, Ti분말** 등
  ㉡ 금속분은 염소가스 중에서 자연발화, 폭발적인 발화를 일으킨다.
  ㉢ 황산, 염산 등과 반응하여 수소를 발생한다.
  ㉣ **물과 반응**하여 **수소를 발생**하며 발열한다.
  ㉤ 산화성이 강한 물질과 접촉하면 염이 되고 고온이 되면 발화한다.

ⓑ 산화성 물질과 혼합한 것은 가열, 충격, 마찰에 의해 폭발한다.
ⓢ 은(Ag), 백금(Pt), 납(Pb) 등은 상온에서 **과산화수소**(H_2O_2)와 **접촉**하면 **폭발 위험**이 있다.
ⓞ 질산암모늄(NH_4NO_3)과 접촉에 의해 연소 또는 폭발 위험이 있다.
ⓩ 정전기, 충격 등의 점화원에 의해 **분진폭발**을 일으킨다.
ⓧ 무기과산화물과 혼합하고 있을 때 소량의 수분에 의해 자연발화한다.
ⓚ 냉각소화는 부적합하고 마른모래, 탄산수소염류 등으로 질식소화가 유효하다.

② 알루미늄분
  ㉠ 물 성

화학식	지정수량	원자량	비 중	비 점
Al	500[kg]	27	2.7	2,327[℃]

  ㉡ **은백색**의 **경금속**이다.
  ㉢ **수분, 할로젠원소**와 접촉하면 **자연발화**의 위험이 있다.
  ㉣ 산화제와 혼합하면 가열, 마찰, 충격에 의하여 발화한다.
  ㉤ **산, 알칼리, 물**과 반응하면 **수소**(H_2)가스를 발생한다. 39, 40, 44, 47, 52, 55, 56, 60, 70, 73회

  - $4Al + 3O_2 \rightarrow 2Al_2O_3$ (산화알루미늄)
  - $2Al + 6HCl \rightarrow 2AlCl_3 + 3H_2$ (염화알루미늄)
  - $2Al + 3H_2SO_4 \rightarrow Al_2(SO_4)_3 + 3H_2 \uparrow$ (황산알루미늄)
  - $2Al + 6H_2O \rightarrow 2Al(OH)_3 + 3H_2$ (수산화알루미늄)
  - $2Al + 2KOH + 2H_2O \rightarrow 2KAlO_2 + 3H_2$ (알루미늄산칼륨)
  - $8Al + 3Fe_3O_4 \rightarrow 4Al_2O_3 + 9Fe$

  ㉥ 묽은 질산, 묽은 염산, 황산은 알루미늄분을 침식한다.
  ㉦ **테르밋 반응** 33회

  $$2Al + Fe_2O_3 \rightarrow 2Fe + Al_2O_3$$

③ 아연분 58회
  ㉠ 물 성

화학식	지정수량	원자량	비 중	비 점
Zn	500[kg]	65.4	7.0	907[℃]

  ㉡ **은백색**의 **분말**이다.
  ㉢ 공기 중에서 표면에 산화피막을 형성한다.

② 온수, 산, 알칼리와 반응하면 수소가스를 발생한다.

- $Zn + 2H_2O \rightarrow Zn(OH)_2 + H_2$
- $Zn + 2HCl \rightarrow ZnCl_2 + H_2$
- $Zn + H_2SO_4 \rightarrow ZnSO_4 + H_2$
- $Zn + 2CH_3COOH \rightarrow (CH_3COO)_2Zn + H_2$
  (초산아연)

◎ 유리병에 넣어 건조한 곳에 저장한다.

④ 타이타늄(티탄)분

㉠ 물 성

화학식	지정수량	원자량	비 중	융 점
Ti	500[kg]	47.9	4.5	1,668[℃]

㉡ 은백색의 단단한 금속이다.
㉢ 산과 반응하면 수소가스를 발생한다.
㉣ 질산과 반응하면 TiO_2(이산화타이타늄)을 발생한다.
㉤ 610[℃] 이상 가열하면 산소와 결합하여 TiO_2를 발생한다.

(6) 마그네슘 52, 54회

① 물 성

화학식	지정수량	원자량	비 중	융 점	비 점
Mg	500[kg]	24.3	1.74	651[℃]	1,100[℃]

② 은백색의 광택이 있는 금속이다.
③ **물이나 산과 반응**하면 **수소**가스를 발생한다. 60회

- $Mg + 2H_2O \rightarrow Mg(OH)_2 + H_2\uparrow$
  (수산화마그네슘)
- $Mg + 2HCl \rightarrow MgCl_2 + H_2\uparrow$
  (염화마그네슘)
- $Mg + H_2SO_4 \rightarrow MgSO_4 + H_2\uparrow$
  (황산마그네슘)

④ 가열하면 연소하기 쉽고 순간적으로 맹렬하게 폭발한다.

$$2Mg + O_2 \rightarrow 2MgO + Q[kcal]$$

⑤ 고온에서 질소와 반응하여 질화마그네슘(Mg_3N_2)을 생성한다.

$$3Mg + N_2 \rightarrow Mg_3N_2$$

⑥ 이산화탄소와 반응하면 가연성가스인 일산화탄소가 발생하므로 위험하다. 76회

$$Mg + CO_2 \rightarrow MgO + CO$$
(산화마그네슘) (일산화탄소)

⑦ 공기 중에서 연소하면 산화마그네슘이 생성되고, 이 중 75[%]는 산소와 결합되어 있고, 25[%]는 질소와 결합해서 **질화마그네슘**(Mg_3N_2)을 생성한다. 38회

> • $2Mg + O_2 \rightarrow 2MgO$
> • $3Mg + N_2 \rightarrow Mg_3N_2$

⑧ Mg분이 공기 중에 부유하면 화기에 의해 **분진폭발**의 위험이 있다.
⑨ 소화방법 : 마른모래, 탄산수소염류 등으로 질식소화
⑩ 물, CO_2, N_2, 포, 할로젠화합물소화약제는 효과가 없으므로 사용을 금한다.

Plus One 마그네슘 소화 시 소화약제의 적응성
• 건조사에 의한 질식소화는 소화 적응성이 있다.
• 물을 주수하면 폭발의 위험이 있으므로 소화 적응성이 없다.
• **이산화탄소**와 반응하여 **일산화탄소를 발생**하므로 소화 적응성이 없다.
• **할로젠화합물**은 **포스겐을 생성**하므로 소화 적응성이 없다.

(7) 인화성 고체

① 정 의 60회
인화성 고체란 고형알코올 그 밖에 1기압에서 인화점이 **40[℃] 미만**인 고체

② 종 류
㉠ **고형알코올** : 합성수지에 메탄올을 혼합 침투시켜 한천상(寒天狀)으로 만든 것
  • 30[℃] 미만에서 가연성의 증기를 발생하기 쉽고 매우 인화되기 쉽다.
  • 가열 또는 화염에 의해 화재 위험성이 매우 높다.
  • 화기에 주의하고 서늘하고 건조한 곳에 저장한다.
  • 강산화제와의 접촉을 방지한다.
  • 소화방법은 알코올용포, CO_2, 건조분말이 적합하다.
㉡ **제삼부틸알코올**
  • 물 성

화학식	지정수량	분자량	인화점	융 점	비 점
$(CH_3)_3COH$	1,000[kg]	74	11[℃]	25.6[℃]	83[℃]

  • 무색의 고체로서 물보다 가볍고 물에 잘 녹는다.
  • 상온에서 가연성 증기발생이 용이하고 증기는 공기보다 무거워서 낮은 곳에 체류한다.
  • 밀폐공간에서는 인화 · 폭발의 위험이 크다.
  • 연소열량이 커서 소화가 곤란하다.

CHAPTER 03 제3류 위험물

1 제3류 위험물의 특성

(1) 종 류 70, 71, 74회

유 별	성 질	품 명	위험등급	지정수량
제3류	자연발화성 물질 및 금수성 물질	칼륨, 나트륨, 알킬알루미늄, 알킬리튬	I	10[kg]
		황 린	I	**20[kg]**
		알칼리금속(칼륨 및 나트륨을 제외) 및 알칼리토금속 유기금속화합물(알킬알루미늄 및 알킬리튬을 제외)	II	50[kg]
		금속의 수소화물, 금속의 인화물, 칼슘 또는 알루미늄의 탄화물	III	300[kg]
		그 밖에 행정안전부령이 정하는 것(**염소화규소화합물**)	III	10[kg], 20[kg], 50[kg], 300[kg]

(2) 정 의

자연발화성 물질 및 금수성 물질은 고체 또는 액체로서 공기 중에서 발화의 위험성이 있거나 물과 접촉하여 발화하거나 가연성 가스를 발생하는 위험성이 있는 것

(3) 제3류 위험물의 일반적인 성질

① 대부분 **무기화합물**이며 **고체** 또는 **액체**이다.
② **칼륨**(K), **나트륨**(Na), **알킬알루미늄, 알킬리튬**은 **물보다 가볍고** 나머지는 물보다 무겁다.
③ **칼륨, 나트륨, 황린, 알킬알루미늄**은 **연소**하고 나머지는 연소하지 않는다.

(4) 제3류 위험물의 위험성

① 황린을 제외한 **금수성 물질**은 물과 반응하여 **가연성 가스**(수소, 아세틸렌, 포스핀)를 발생하고 발열한다.
② 자연발화성 물질은 물 또는 공기와 접촉하면 폭발적으로 연소하여 가연성 가스를 발생한다.
③ 일부 품목은 물과 접촉에 의해 발화한다.
④ 가열, 강산화성 물질 또는 강산류와 접촉에 의해 위험성이 증가한다.

(5) 제3류 위험물의 저장 및 취급방법

① 저장용기는 공기와의 접촉을 방지하고 수분과의 접촉을 피한다.
② K, Na 및 알칼리금속은 산소가 함유되지 않은 **석유류**에 **저장**한다.
③ 자연발화성 물질의 경우는 불티, 불꽃 또는 고온체와 접근을 방지한다.

(6) 소화방법

① **황린**은 **주수소화**가 가능하나 나머지는 물에 의한 냉각소화는 절대 불가능하다.
② 소화약제 : 마른모래, 탄산수소염류분말, 팽창질석, 팽창진주암

> **Plus One** 제3류 위험물의 반응식
> - 나트륨의 반응식
>   - 연소반응식 : $4Na + O_2 \rightarrow 2Na_2O$
>   - 물과 반응 : $2Na + 2H_2O \rightarrow 2NaOH + H_2 \uparrow$
>   - 알코올과 반응 : $2Na + 2C_2H_5OH \rightarrow 2C_2H_5ONa + H_2 \uparrow$
>   - 사염화탄소와 반응 : $4Na + CCl_4 \rightarrow 4NaCl + C$
>   - 이산화탄소와 반응 : $4Na + 3CO_2 \rightarrow 2Na_2CO_3 + C$
>   - 초산과 반응 : $2Na + 2CH_3COOH \rightarrow 2CH_3COONa + H_2 \uparrow$
> - 트라이에틸알루미늄의 반응식
>   - 공기 중 : $2(C_2H_5)_3Al + 21O_2 \rightarrow Al_2O_3 + 12CO_2 + 15H_2O$
>   - 물과 접촉 : $(C_2H_5)_3Al + 3H_2O \rightarrow Al(OH)_3 + 3C_2H_6 \uparrow$
> - 황린의 연소식 : $P_4 + 5O_2 \rightarrow 2P_2O_5$
> - 리튬과 물의 반응 : $2Li + 2H_2O \rightarrow 2LiOH + H_2 \uparrow$
> - 칼슘과 물의 반응 : $Ca + 2H_2O \rightarrow Ca(OH)_2 + H_2 \uparrow$
> - 인화석회(인화칼슘)와 물의 반응 : $Ca_3P_2 + 6H_2O \rightarrow 2PH_3 + 3Ca(OH)_2$
> - 수소화칼륨과 물의 반응 : $KH + H_2O \rightarrow KOH + H_2 \uparrow$
> - 카바이드와 물의 반응 : $CaC_2 + 2H_2O \rightarrow Ca(OH)_2 + C_2H_2 \uparrow$
>
> > 아세틸렌의 연소반응식 $2C_2H_2 + 5O_2 \rightarrow 4CO_2 + 2H_2O$
>
> - 물과의 반응식
>   - 탄화알루미늄 : $Al_4C_3 + 12H_2O \rightarrow 4Al(OH)_3 + 3CH_4 \uparrow$
>   - **탄화망가니즈** : $Mn_3C + 6H_2O \rightarrow 3Mn(OH)_2 + CH_4 + H_2 \uparrow$
>   - 탄화베릴륨 : $Be_2C + 4H_2O \rightarrow 2Be(OH)_2 + CH_4 \uparrow$

2 각 위험물의 종류 및 물성

(1) 칼 륨

① 물 성 61, 70, 76회

화학식	지정수량	원자량	비 점	융 점	비 중	불꽃색상
K	10[kg]	39	774[℃]	63.7[℃]	0.86	보라색

② **은백색**의 광택이 있는 **무른 경금속**으로 **보라색 불꽃**을 내면서 연소한다.
③ 할로젠 및 산소, 수증기 등과 접촉하면 발화위험이 있다.
④ 습기 존재하에서 CO와 접촉하면 폭발한다.
⑤ **석유, 경유, 유동파라핀** 등의 **보호액**을 넣은 내통에 밀봉 저장한다.

[저장방법] 33, 34, 37, 42, 45, 46회				
종 류	황 린	칼 륨	과산화수소	이황화탄소
화학식	P_4	K	H_2O_2	CS_2
유 별	제3류 위험물	제3류 위험물	제6류 위험물	제4류 위험물
지정수량	20[kg]	10[kg]	300[kg]	50[L]
저장방법	물속에 저장	등유, 경유, 유동파라핀 속에 저장	구멍이 뚫린 마개를 사용한 갈색 유리병에 저장	물속에 저장
저장하는 이유	포스핀가스 발생방지	가연성 가스 발생방지	폭발방지	가연성 증기 발생방지

⑥ **마른모래, 탄산수소염류분말**로 피복하여 **질식소화**한다.
⑦ 피부에 접촉하면 화상을 입는다.
⑧ 이온화 경향이 큰 금속이다.

> **Plus One** 칼륨의 반응식 50, 61, 62, 73, 76회
> - 연소반응 : $4K + O_2 \rightarrow 2K_2O$ (산화칼륨, 회백색)
> - 물과 반응 : $2K + 2H_2O \rightarrow 2KOH + H_2 \uparrow$
> - 이산화탄소와 반응 : $4K + 3CO_2 \rightarrow 2K_2CO_3 + C$
> - 사염화탄소와 반응 : $4K + CCl_4 \rightarrow 4KCl + C$
> - 염소와 반응 : $2K + Cl_2 \rightarrow 2KCl$
> - 에틸알코올과 반응 : $2K + 2C_2H_5OH \rightarrow 2C_2H_5OK + H_2 \uparrow$ (칼륨에틸레이트)
> - 초산과 반응 : $2K + 2CH_3COOH \rightarrow 2CH_3COOK + H_2 \uparrow$ (초산칼륨)
> - 암모니아와 반응 : $2K + 2NH_3 \rightarrow 2KNH_2 + H_2 \uparrow$ (칼륨아마이드)

(2) 나트륨

① 물 성

화학식	지정수량	원자량	비 점	융 점	비 중	불꽃색상
Na	10[kg]	23	880[℃]	97.7[℃]	0.97	노란색

② 은백색의 광택이 있는 **무른 경금속**으로 **노란색 불꽃**을 내면서 연소한다.
③ 비중(0.97), 융점(97.7[℃])이 낮다.
④ 보호액(석유, 경유, 유동파라핀)을 넣은 내통에 밀봉 저장한다.

> 나트륨을 석유 속에 보관 중 수분이 혼입되면 화재 발생 요인이 된다.

⑤ 아이오딘산(HIO_3)과 접촉 시 폭발하며 수은(Hg)과 격렬하게 반응하고 경우에 따라 폭발한다.
⑥ **알코올**이나 **산과 반응**하면 **수소가스**를 발생한다.
⑦ 소화방법 : 마른모래, 탄산수소염류분말

> **Plus One** 나트륨의 반응식 75, 76회
> - 연소반응 : $4Na + O_2 \rightarrow 2Na_2O$
>   (회백색)
> - 물과 반응 : $2Na + 2H_2O \rightarrow 2NaOH + H_2\uparrow$
>   (수산화나트륨)
> - 이산화탄소와 반응 : $4Na + 3CO_2 \rightarrow 2Na_2CO_3 + C$
>   (탄산나트륨)
> - 사염화탄소와 반응 : $4Na + CCl_4 \rightarrow 4NaCl + C$
> - 염소와 반응 : $2Na + Cl_2 \rightarrow 2NaCl$
> - 에틸알코올과 반응 : $2Na + 2C_2H_5OH \rightarrow 2C_2H_5ONa + H_2\uparrow$
>   (나트륨에틸레이트)
> - 초산과 반응 : $2Na + 2CH_3COOH \rightarrow 2CH_3COONa + H_2\uparrow$
>   (초산나트륨)
> - 암모니아와 반응 : $2Na + 2NH_3 \rightarrow 2NaNH_2 + H_2\uparrow$
>   (나트륨아마이드)

(3) 알킬알루미늄

① 특 성
  ㉠ 알킬기($R = C_nH_{2n+1}$)와 알루미늄의 화합물로서 유기금속화합물이다.
  ㉡ 알킬기의 탄소 1개에서 4개까지의 화합물은 공기와 접촉하면 자연발화를 일으킨다.
  ㉢ 저급의 것은 반응성이 풍부하여 공기 중에서 자연발화한다.
  ㉣ 알킬기의 탄소수가 5개까지는 점화원에 의해 불이 붙고 탄소수가 6개 이상인 것은 공기 중에서 서서히 산화하여 흰 연기가 난다.
  ㉤ 저장용기의 상부는 불연성 가스로 봉입해야 한다.
  ㉥ 벤젠이나 헥세인으로 희석시킨다.
  ㉦ 피부에 접촉하면 심한 화상을 입는다.
  ㉧ 소화방법 : 팽창질석, 팽창진주암, 건조된 모래

② 트라이메틸알루미늄
  ㉠ 물 성

화학식	지정수량	분자량	비 점	융 점	증기비중	비 중
$(CH_3)_3Al$	10[kg]	72	125[℃]	15[℃]	2.5	0.752

  ㉡ 무색의 가연성 액체이다.
  ㉢ 공기 중에 노출하면 자연발화하므로 위험하다.
  ㉣ 물과 접촉하면 심하게 반응하고 메테인을 발생하여 폭발한다.
  ㉤ 산, 알코올, 아민, 할로젠과 접촉하면 맹렬히 반응한다.

> **Plus One** 트라이메틸알루미늄의 반응식
> - 공기(산소)와 반응 : $2(CH_3)_3Al + 12O_2 \rightarrow Al_2O_3 + 9H_2O + 6CO_2\uparrow$
> - 물과 반응 : $(CH_3)_3Al + 3H_2O \rightarrow Al(OH)_3 + 3CH_4\uparrow$
> - 염산과 반응 : $(CH_3)_3Al + 3HCl \rightarrow AlCl_3 + 3CH_4$
> - 염소와 반응 : $(CH_3)_3Al + 3Cl_2 \rightarrow AlCl_3 + 3CH_3Cl$
>   (염화메틸)

③ 트라이에틸알루미늄 51, 53회
  ㉠ 물 성

화학식	지정수량	분자량	비 점	융 점	비 중
$(C_2H_5)_3Al$	10[kg]	114	128[℃]	-50[℃]	0.835

  ㉡ 무색투명한 액체이다.
  ㉢ 공기 중에 노출하면 자연발화하므로 위험하다.
  ㉣ 물과 접촉하면 심하게 반응하고 에테인을 발생하여 폭발한다.
  ㉤ 산, 알코올, 아민, 할로젠과 접촉하면 맹렬히 반응한다.

  Plus One 트라이에틸알루미늄의 반응식 37, 38, 39, 45, 46, 47, 49, 50, 54, 57, 58, 62, 63, 64, 65, 66, 68, 69, 71, 74, 75, 76회

  • 200[℃]에서 폭발반응식 : $2(C_2H_5)_3Al \rightarrow 2Al + 3H_2 + 6C_2H_4$ (에틸렌)
  • 공기(산소)와 반응 : $2(C_2H_5)_3Al + 21O_2 \rightarrow Al_2O_3 + 15H_2O + 12CO_2 \uparrow$
  • 물과 반응 : $(C_2H_5)_3Al + 3H_2O \rightarrow Al(OH)_3 + 3C_2H_6 \uparrow$ (에테인)
  • 염산과 반응 : $(C_2H_5)_3Al + 3HCl \rightarrow AlCl_3 + 3C_2H_6$
  • 염소와 반응 : $(C_2H_5)_3Al + 3Cl_2 \rightarrow AlCl_3 + 3C_2H_5Cl$ (염화에틸)
  • 메틸알코올과 반응 : $(C_2H_5)_3Al + 3CH_3OH \rightarrow Al(CH_3O)_3 + 3C_2H_6$ (알루미늄메틸레이트)
  • 에틸알코올과 반응 : $(C_2H_5)_3Al + 3C_2H_5OH \rightarrow Al(C_2H_5O)_3 + 3C_2H_6$

④ 트라이아이소부틸알루미늄
  ㉠ 물 성

화학식	지정수량	비 점	융 점	비 중
$(C_4H_9)_3Al$	10[kg]	86[℃]	4[℃]	0.788

  ㉡ 무색투명한 가연성 액체이다.
  ㉢ 공기 중에 노출하면 자연발화하므로 위험하다.
  ㉣ 공기 또는 물과 격렬하게 반응하여 강산, 알코올과 반응한다.
⑤ 기타 알킬알루미늄 53회
  ㉠ 다이메틸 알루미늄 클로라이드 : $(CH_3)_2AlCl$, 무색 액체
  ㉡ 다이에틸 알루미늄 클로라이드 : $(C_2H_5)_2AlCl$, 무색 액체

(4) 알킬리튬
① **알킬리튬**은 **알킬기**와 **리튬금속의 화합물**로 유기금속화합물이다.
② 종 류 : 메틸리튬(CH_3Li), 에틸리튬(C_2H_5Li), 부틸리튬(C_4H_9Li)
③ **자연발화성 물질** 및 **금수성 물질**이다.
④ 물과 만나면 심하게 발열하고 가연성 가스인 메테인, 에테인, 뷰테인을 발생한다.

(5) 황 린

① 물 성

화학식	지정수량	발화점	비 점	융 점	비 중	증기비중
P_4	20[kg]	34[℃]	280[℃]	44[℃]	1.82	4.4

② **백색** 또는 **담황색**의 **자연발화성 고체**이다.
③ 물과 반응하지 않기 때문에 pH 9(약알칼리) 정도의 **물속에 저장**하며 보호액이 증발되지 않도록 한다. 35, 41, 47회

> 황린은 포스핀(PH_3)의 생성을 방지하기 위하여 pH 9인 물속에 저장한다.

④ **벤젠, 알코올**에 **일부 녹고**, 이황화탄소(CS_2), 삼염화린, 염화황에는 잘 녹는다.
⑤ 증기는 공기보다 무겁고 **자극적**이며 **맹독성인 물질**이다.
⑥ 황, 산소, 할로젠원소와 격렬하게 반응한다.
⑦ **발화점**이 **매우 낮고** 산소와 결합 시 산화열이 크며 공기 중에 방치하면 액화되면서 **자연발화**를 일으킨다.

> 황린은 발화점(착화점)이 낮기 때문에 자연발화를 일으킨다.

⑧ 공기를 차단하고 **황린을 260[℃]로 가열**하면 **적린이 생성**된다.
⑨ 산화제, 화기의 접근, 고온체와 접촉을 피하고, 직사광선을 차단한다.
⑩ 공기 중에 노출되지 않도록 하고 유기과산화물, 산화제, 가연물과 격리한다.
⑪ 치사량이 0.02~0.05[g]이면 사망한다.
⑫ 강산화성 물질과 수산화나트륨(NaOH)과 혼촉 시 발화의 위험이 있다.
⑬ **초기소화**에는 **물, 포, CO_2, 건조분말소화약제**가 유효하다.

Plus One 황린반응식 41, 47, 71회
- 공기 중에서 연소 시 오산화인의 흰 연기를 발생한다(260[℃]로 가열).
  $P_4 + 5O_2 \rightarrow 2P_2O_5$
- 강알칼리용액과 반응하면 유독성의 포스핀가스(PH_3)를 발생한다.
  $P_4 + 3KOH + 3H_2O \rightarrow PH_3\uparrow + 3KH_2PO_2$
  (차아인산칼륨)

(6) 알칼리금속(K, Na 제외)류 및 알칼리토금속

- 알칼리금속[리튬(Li), 루비듐(Rb), 세슘(Cs), 프란슘(Fr)]의 특징
  - 무른 금속으로 융점과 밀도가 낮다.
  - 할로젠화합물과는 격렬히 반응하여 발열한다.
  - 물과의 반응은 위험하고 산소와 친화력이 강하고 가온하면 발화하며 CO_2 중에서도 연소가 계속된다.
- 알칼리토금속[베릴륨(Be), 칼슘(Ca), 스트론튬(Sr), 바륨(Ba), 라듐(Ra)]의 특징
  - 무른 금속이며 알칼리금속보다 융점이 훨씬 높고 활성이 약하다.
  - 물, 산소, 황, 할로젠화합물과 쉽게 반응하지만 격렬하지는 않다.
  - 금속산화물은 물과 반응하여 수산화물을 형성하고 열을 발생한다.
  - Ca, Ba, Sr은 물과 반응하여 수소를 발생한다.
  - 산과 반응하여 수소를 발생하고 장시간 공기 중의 습기와 반응으로 자연발화를 일으킨다.

① 리튬
　㉠ 물 성

화학식	지정수량	비 점	융 점	비 중	불꽃색상
Li	50[kg]	1,336[℃]	180[℃]	0.543	적 색

　㉡ 은백색의 무른 경금속으로 금속 중 가장 가볍다.
　㉢ 리튬은 다른 알칼리금속과 달리 질소와 직접 화합하여 **적색의 질화리튬(Li_3N)**을 생성한다.
　㉣ **물, 산, 알코올과 반응**하면 **수소(H_2)가스**를 발생한다.

> **Plus One** 리튬과 물의 반응식 76회
> $$2Li + 2H_2O \rightarrow 2LiOH + H_2\uparrow$$

　㉤ 2차 전지의 원료로 사용한다.

② 루비듐
　㉠ 물 성

화학식	지정수량	비 점	융 점	비 중
Rb	50[kg]	688[℃]	38[℃]	1.53

　㉡ 은백색의 금속으로 융점이 매우 낮다.
　㉢ 물, 묽은산, 알코올과 반응하여 수소를 발생한다.
　㉣ 고온에서는 할로젠화합물과 반응한다.

③ 칼 슘 37, 47, 66회
　㉠ 물 성

화학식	지정수량	비 점	융 점	비 중	불꽃색상
Ca	50[kg]	1,420[℃]	845[℃]	1.55	황적색

　㉡ 전성, 연성이 있는 **은백색의 육방정계 결정**으로 무른 경금속이다.
　㉢ 물과 반응하면 수소(H_2)가스를 발생한다.
　㉣ 소화방법 : 마른모래에 의한 질식소화한다.

> **Plus One** 칼슘과 물의 반응식 69, 76회
> $$Ca + 2H_2O \rightarrow Ca(OH)_2 + H_2\uparrow$$

(7) 유기금속화합물

① 저급 유기금속화합물은 반응성이 풍부하다.
② 공기 중에서 자연발화를 하므로 위험하다.
③ 종 류
　㉠ 다이메틸아연 : $Zn(CH_3)_2$
　㉡ 다이에틸아연 : $Zn(C_2H_5)_2$
　㉢ 다이메틸주석 : $Sn(CH_3)_2$

② 다이에틸주석 : $Sn(C_2H_5)_2$
⑩ 다이메틸수은 : $Hg(CH_3)_2$
⑪ 다이에틸카드뮴 : $Cd(C_2H_5)_2$

(8) 금속의 수소화물

① 수소화칼륨
  ㉠ 회백색의 결정 분말이다.
  ㉡ **물과 반응**하면 **수산화칼륨(KOH)과 수소(H_2)가스**를 발생한다.
  ㉢ 고온에서 **암모니아(NH_3)와 반응**하면 **칼륨아마이드(KNH_2)와 수소**가 생성된다.

> **Plus One** 수소화칼륨의 반응식 62회
> • 물과 반응 : $KH + H_2O \rightarrow KOH + H_2 \uparrow$
> • 암모니아와 반응 : $KH + NH_3 \rightarrow KNH_2 + H_2 \uparrow$
> (칼륨아마이드)

② 펜타보레인(Pentaboran)
  ㉠ 물 성

화학식	지정수량	인화점	액체비중	비 점	연소범위
B_5H_9	300[kg]	30[℃]	0.6	60[℃]	0.42~98[%]

  ㉡ 자극성 냄새가 나고 물에 녹지 않는다.
  ㉢ 자연발화의 위험성이 있는 가연성 무색 액체이다.
  ㉣ 발화점이 낮기 때문에 공기에 노출되면 자연발화의 위험이 있다.
  ㉤ 연소 시 유독성 가스와 자극성의 연소가스를 발생할 수 있다.
  ㉥ 화재 시 적절한 소화약제는 없으나 누출을 차단시키지 못하면 자연진화하도록 둔다.

③ 기타 종류 59회

종 류	형 태	화학식	지정수량	분자량	융 점
수소화나트륨	은백색의 결정	NaH	300[kg]	24	−50[℃]
수소화리튬	투명한 고체	LiH	300[kg]	7.9	680[℃]
수소화칼슘	무색 결정	CaH_2	300[kg]	42	600[℃]
수소화알루미늄리튬	회백색 분말	$LiAlH_4$	300[kg]	37.9	125[℃]

④ 물과의 반응식

> **Plus One** 물과의 반응식 41, 42, 66, 69, 76회
> • **수소화나트륨** : $NaH + H_2O \rightarrow NaOH + H_2 \uparrow$
> • **수소화리튬** : $LiH + H_2O \rightarrow LiOH + H_2 \uparrow$
> • **수소화칼슘** : $CaH_2 + 2H_2O \rightarrow Ca(OH)_2 + 2H_2 \uparrow$
> • **수소화알루미늄리튬** : $LiAlH_4 + 4H_2O \rightarrow LiOH + Al(OH)_3 + 4H_2$
> • **수소화알루미늄리튬 열분해** : $LiAlH_4 \xrightarrow[(125 \sim 150[℃])]{\Delta} Li + Al + 2H_2$

(9) 금속의 인화물

① 인화칼슘(인화석회)

㉠ 물 성 70회

화학식	지정수량	분자량	융 점	비 중
Ca_3P_2	300[kg]	182	1,600[℃]	2.51

㉡ **적갈색의 괴상 고체**이다.
㉢ 알코올, 에터에는 **녹지 않는다**.
㉣ 건조한 공기 중에서 안정하나 300[℃] 이상에서는 산화한다.
㉤ 가스 취급 시 독성이 심하므로 방독마스크를 착용해야 한다.
㉥ **물**이나 **산과 반응**하여 **포스핀**(PH_3)의 **유독성 가스**를 발생한다.

> **Plus One** 인화칼슘과 물의 반응식 31, 37, 43, 45, 68, 69, 70, 76회
> - $Ca_3P_2 + 6H_2O \rightarrow 3Ca(OH)_2 + 2PH_3 \uparrow$
> - $Ca_3P_2 + 6HCl \rightarrow 3CaCl_2 + 2PH_3 \uparrow$
> - $2PH_3 + 4O_2 \rightarrow P_2O_5 + 3H_2O \uparrow$

② 인화알루미늄

㉠ 물 성

화학식	지정수량	분자량	비 점
AlP	300[kg]	58	1,000[℃]

㉡ 회색의 결정성 분말이다.
㉢ 물에는 분해되고 산화성 물질과 심하게 반응한다.
㉣ 산, 알칼리, 물과 반응하여 포스핀(인화수소)의 독성 가스를 발생한다.

> $AlP + 3H_2O \rightarrow Al(OH)_3 + PH_3 \uparrow$

③ 인화아연(Zn_3P_2) 66회

㉠ 물 성

화학식	지정수량	분자량	융 점
Zn_3P_2	300[kg]	258	420[℃]

㉡ 암회색의 결정성 분말이다.
㉢ 알코올과 에터에 녹지 않고 물에는 분해한다.
㉣ 산이나 물과 반응하여 포스핀(인화수소)의 독성 가스를 발생한다.

> $Zn_3P_2 + 6H_2O \rightarrow 3Zn(OH)_2 + 2PH_3 \uparrow$

(10) 칼슘 또는 알루미늄의 탄화물

① 탄화칼슘(CaC_2, 카바이드)
  ㉠ 물 성

화학식	지정수량	분자량	융점	비중
CaC_2	300[kg]	64	2,370[℃]	2.21

  ㉡ 순수한 것은 무색 투명하나 보통은 회백색의 덩어리 상태이다.
  ㉢ 에터에 녹지 않고 물과 알코올에는 분해된다.
  ㉣ 공기 중에서 안정하지만 350[℃] 이상에서는 산화된다.
  ㉤ **물과 반응**하면 **아세틸렌(C_2H_2)가스**를 발생하고 아세틸렌가스는 연소하면 이산화탄소와 물을 생성시킨다.

  > **Plus One** 아세틸렌의 특성 37, 44, 46, 49, 52, 53, 55, 58, 60, 61, 62, 63, 66, 67, 68, 73, 75, 76회
  >
  > $$CaC_2 + 2H_2O \rightarrow \underset{(\text{소석회, 수산화칼슘})}{Ca(OH)_2} + \underset{(\text{아세틸렌})}{C_2H_2 \uparrow}$$
  >
  > $$2C_2H_2 + 5O_2 \rightarrow 4CO_2 + 2H_2O$$
  >
  > • 연소범위는 2.5~81[%]이다.
  > • 구리(동), 은 및 수은과 접촉하면 폭발성 금속 아세틸라이드를 생성하므로 위험하다.
  > $$C_2H_2 + 2Cu \rightarrow \underset{(\text{동아세틸라이드})}{Cu_2C_2} + H_2$$
  > • 아세틸렌은 흡열화합물로서 압축하면 분해폭발한다.
  > • 탄소 간 삼중결합이 있다(CH≡CH).

  ㉥ 습기가 없는 밀폐용기에 저장하고 용기에는 질소가스 등 불연성 가스를 봉입시킬 것
  ㉦ 시판품은 불순물(S, P, N)을 포함하므로 유독한 가스를 발생시켜 악취가 난다.
  ㉧ 구리, 은 등 금속과 반응하면 폭발성의 아세틸라이드를 생성한다.

  > **Plus One** 탄화칼슘의 반응식
  > • 약 700[℃] 이상에서 반응 : $CaC_2 + N_2 \rightarrow \underset{(\text{석회질소})}{CaCN_2} + \underset{(\text{탄소})}{C}$
  > • 아세틸렌가스와 금속(은)과 반응 : $C_2H_2 + 2Ag \rightarrow \underset{(\text{은아세틸라이드 : 폭발물질})}{Ag_2C_2} + H_2 \uparrow$

② 탄화알루미늄(Al_4C_3)
  ㉠ 물 성 64회

화학식	지정수량	분자량	융점	비중
Al_4C_3	300[kg]	144	2,100[℃]	2.36

  ㉡ 황색(순수한 것은 백색)의 단단한 결정 또는 분말이다.
  ㉢ 에터와 알코올에 녹지 않고 물에는 분해된다.
  ㉣ 밀폐용기에 저장해야 하며 용기 등에는 질소가스 등 불연성 가스를 봉입시켜 빗물침투 우려가 없는 안전한 장소에 저장해야 한다.

◎ 물과 반응하면 가연성의 메테인 가스를 발생한다.

> **Plus One** 탄화알루미늄의 반응식 35, 40, 51, 62, 63, 64, 66, 73회
>
> $Al_4C_3 + 12H_2O \rightarrow 4Al(OH)_3 + 3CH_4 \uparrow$
> (수산화알루미늄) (메테인)
>
> $CH_4 + 2O_2 \rightarrow CO_2 + 2H_2O$

③ 기타 금속탄화물

㉠ 물과 반응 시 **아세틸렌**(C_2H_2) 가스를 발생하는 물질 : Li_2C_2, Na_2C_2, K_2C_2, MgC_2, **CaC_2**

㉡ 물과 반응 시 **메테인 가스**를 발생하는 물질 : Be_2C, Al_4C_3

㉢ 물과 반응 시 **메테인과 수소가스**를 발생하는 물질 : Mn_3C

> **Plus One** 기타 금속탄화물과 물의 반응식
>
> • 물과 반응 시 **아세틸렌**(C_2H_2)가스를 발생하는 물질 : Li_2C_2, Na_2C_2, K_2C_2, MgC_2, **CaC_2**
>   - $Li_2C_2 + 2H_2O \rightarrow 2LiOH + C_2H_2 \uparrow$ 67회
>   - $Na_2C_2 + 2H_2O \rightarrow 2NaOH + C_2H_2 \uparrow$
>   - $K_2C_2 + 2H_2O \rightarrow 2KOH + C_2H_2 \uparrow$
>   - $MgC_2 + 2H_2O \rightarrow Mg(OH)_2 + C_2H_2 \uparrow$
>   - $CaC_2 + 2H_2O \rightarrow Ca(OH)_2 + C_2H_2 \uparrow$
>
> • 물과 반응 시 **메테인 가스**를 발생하는 물질 : Be_2C, Al_4C_3
>   - $Be_2C + 4H_2O \rightarrow 2Be(OH)_2 + CH_4 \uparrow$
>   - $Al_4C_3 + 12H_2O \rightarrow 4Al(OH)_3 + 3CH_4 \uparrow$
>
> • 물과 반응 시 **메테인과 수소가스**를 발생하는 물질 : Mn_3C
> $Mn_3C + 6H_2O \rightarrow 3Mn(OH)_2 + CH_4 \uparrow + H_2 \uparrow$

(11) 염소화규소화합물

① 트라이클로로실레인

㉠ 물 성

화학식	지정수량	인화점	액체비중	증기비중	융 점	연소범위
$HSiCl_3$	300[kg]	-28[℃]	1.34	4.67	-127[℃]	1.2~90.5[%]

㉡ 차아염소산, 냄새가 나는 휘발성, 발연성, 자극성, 가연성의 무색 액체이다.

㉢ 벤젠, 에터, 클로로폼, 사염화탄소에 녹는다.

㉣ 물보다 무거우며 물과 접촉 시 분해하며 공기 중 쉽게 증발한다.

㉤ 점화원에 의해 일시에 번지며 심한 백색연기를 발생한다.

㉥ 알코올, 유기화합물, 과산화물, 아민, 강산화제와 심하게 반응하며 경우에 따라 혼촉발화하는 것도 있다.

㉦ 물과 심하게 반응하여 부식성, 자극성의 염산을 생성하며 공기 중 수분과 반응하여 맹독성의 염화수소가스를 발생한다.

㉧ 산화성 물질과 접촉하면 폭발적으로 반응하며, 아세톤, 알코올과 반응한다.

㉨ 물, 알코올, 강산화제, 유기화합물, 아민과 철저히 격리한다.

㊂ 6[%] 중팽창포를 제외하고 건조분말, CO_2 및 할로젠소화약제는 효과가 없으므로 사용하지 않도록 한다.
  ㊆ 밀폐 소구역에서는 분말, CO_2가 유효하다.
② 클로로실레인
  ㉠ 화학식은 SiH_3Cl이다.
  ㉡ 무색의 휘발성 액체로서 물에 녹지 않는다.
  ㉢ 인화성, 부식성이 있고 산화성 물질과 맹렬히 반응한다.

제4류 위험물

1 제4류 위험물의 특성

(1) 종 류 36, 39, 43, 56, 74회

유 별	성 질	품 명		위험등급	지정수량
제4류	인화성 액체	특수인화물		I	50[L]
		제1석유류	비수용성 액체	II	200[L]
			수용성 액체	II	400[L]
		알코올류		II	400[L]
		제2석유류	비수용성 액체	III	1,000[L]
			수용성 액체	III	2,000[L]
		제3석유류	비수용성 액체	III	2,000[L]
			수용성 액체	III	4,000[L]
		제4석유류		III	6,000[L]
		동식물유류		III	10,000[L]

(2) 분 류 32, 34, 39, 40, 58, 63, 69회

① 특수인화물 60회

㉠ 1기압에서 **발화점**이 100[℃] 이하인 것

㉡ **인화점**이 영하 20[℃] 이하이고 비점이 40[℃] 이하인 것

> 특수인화물 : 이황화탄소, 다이에틸에터, 아세트알데하이드, 산화프로필렌, 아이소프렌, 아이소펜테인

② 제1석유류 : 1기압에서 **인화점**이 21[℃] 미만인 것

> - **제1석유류** : 아세톤, 휘발유, 벤젠, 톨루엔, 메틸에틸케톤(MEK), 피리딘, 초산메틸, 초산에틸, 의산에틸, 콜로디온, 사이안화수소, 아세토나이트릴, 에틸벤젠, 사이클로헥세인 등
> - **수용성 : 아세톤, 피리딘, 사이안화수소, 아세토나이트릴, 의산메틸**
>   ※ 수용성 액체를 판단하기 위한 시험(세부기준 제13조)
>   - 온도 20[℃], 1기압의 실내에서 50[mL] 메스실린더에 증류수 25[mL]를 넣은 후 시험물품 25[mL]를 넣을 것
>   - 메스실린더의 혼합물을 1분에 90회 비율로 5분간 혼합할 것
>   - 혼합한 상태로 5분간 유지할 것
>   - 층분리가 되는 경우 비수용성, 그렇지 않은 경우 수용성으로 판단할 것. 다만, 증류수와 시험물품이 균일하게 혼합되어 혼탁하게 분포하는 경우에도 수용성으로 판단한다.

③ 알코올류 : 1분자를 구성하는 **탄소원자의 수가 1개부터 3개까지**인 포화1가 알코올(**변성알코올 포함**)로서 농도가 60[wt%] 이상 75회

> **Plus One** 알코올류의 제외
> - C_1~C_3까지의 포화1가 알코올의 함유량이 60[wt%] 미만인 수용액
> - 가연성 액체량이 60[wt%] 미만이고 인화점 및 연소점이 에틸알코올 60[wt%] 수용액의 인화점 및 연소점을 초과하는 것
> ※ 알코올류 : 메틸알코올, 에틸알코올, 프로필알코올, 변성알코올

④ 제2석유류 : 1기압에서 **인화점이 21[℃] 이상 70[℃] 미만**인 것

> **Plus One** 제 외
> 도료류 그 밖의 물품에 있어서 가연성 액체량이 40[wt%] 이하이면서 인화점이 40[℃] 이상인 동시에 연소점이 60[℃] 이상인 것은 제외
> ※ 제2석유류 : 등유, 경유, 초산, 의산, 테레핀유, 클로로벤젠, 스타이렌, 메틸셀로솔브, 에틸셀로솔브, 자일렌, 아크릴산, 장뇌유, 부탄올, 하이드라진, o, m, p-자일렌 등
> ※ **수용성 : 초산, 의산, 아크릴산, 메틸셀로솔브, 에틸셀로솔브, 하이드라진**

⑤ 제3석유류 : 1기압에서 **인화점이 70[℃] 이상 200[℃] 미만**인 것

> **Plus One** 제 외
> 도료류 그 밖의 물품은 가연성 액체량이 40[wt%] 이하인 것은 제외
> ※ 제3석유류 : 중유, 크레오스트유, 나이트로벤젠, 아닐린, 메타크레졸, 글리세린, 에틸렌글라이콜, 에탄올아민, 페닐하이드라진, 사에틸납, 담금질유 등
> ※ 수용성 : 글리세린, 에틸렌글라이콜, 에탄올아민

⑥ 제4석유류 : 1기압에서 **인화점이 200[℃] 이상 250[℃] 미만**의 것

> **Plus One** 제 외
> 도료류 그 밖의 물품은 가연성 액체량이 40[wt%] 이하인 것은 제외
> ※ **제4석유류 : 기어유, 실린더유**, 가소제, 절삭유, 방청유, 윤활유 등

⑦ 동식물유류 : 동물의 지육 등 또는 식물의 종자나 과육으로부터 추출한 것으로서 1기압에서 **인화점이 250[℃] 미만**인 것

> ※ 동식물유류 : 건성유, 반건성유, 불건성유

(3) 제4류 위험물의 일반적인 성질

① 대단히 **인화하기 쉽다**.
② 물보다 가볍고 물에 녹지 않는 것이 많다.
③ 증기비중은 **공기보다 무겁기 때문**에 낮은 곳에 체류하여 연소, 폭발의 위험이 있다.
④ 연소범위의 하한이 낮기 때문에 공기 중 소량 누설되어도 연소한다.

> **Plus One** 유기용제의 공통 특성
> - 방향족화합물, 고리모양의 화합물은 선상화합물보다 취성이 강하다.
> - 지방족 탄화수소의 경우 저급일수록 마취작용이 약해진다.
> - 할로젠화탄화수소는 그 모체 화합물보다 취성이 더욱 강해 인체에 큰 해를 미친다.
> - 방향족 탄화수소는 주로 조혈기관(골수)을 해친다.

(4) 제4류 위험물의 위험성
① 인화위험이 높아 화기의 접근을 피할 것
② 증기는 공기와 약간만 혼합되어도 연소한다.
③ 연소범위의 하한이 낮다.
④ **발화점**이 **낮다**.
⑤ 전기부도체이므로 정전기 발생에 주의한다.

(5) 제4류 위험물의 저장 및 취급방법
① 누출방지를 위하여 밀폐용기를 사용해야 한다.
② 점화원을 제거한다.

(6) 소화방법
① **수용성 위험물**은 **알코올용포소화약제**를 사용한다.
② **소화방법** : 포말, 불활성 가스(이산화탄소), 할로젠화합물, 분말소화약제로 **질식소화**

> **Plus One** 제4류 위험물의 반응식 51, 65회
> - 에터의 연소반응식 : $C_2H_5OC_2H_5 + 6O_2 \rightarrow 4CO_2 + 5H_2O$
> - 이황화탄소의 반응식
>   - 연소반응식 : $CS_2 + 3O_2 \rightarrow CO_2 + 2SO_2\uparrow$
>   - 물과 반응 : $CS_2 + 2H_2O \rightarrow CO_2 + 2H_2S\uparrow$
> - 아세트알데하이드의 연소반응식 : $2CH_3CHO + 5O_2 \rightarrow 4CO_2 + 4H_2O$
> - 산화프로필렌의 연소반응식 : $CH_3CHCH_2O + 4O_2 \rightarrow 3CO_2 + 3H_2O$
> - 벤젠의 연소반응식 : $2C_6H_6 + 15O_2 \rightarrow 12CO_2 + 6H_2O$
> - 톨루엔의 연소반응식 : $C_6H_5CH_3 + 9O_2 \rightarrow 7CO_2 + 4H_2O$
> - 아세톤의 연소반응식 : $CH_3COCH_3 + 4O_2 \rightarrow 3CO_2 + 3H_2O$
> - 메틸에틸케톤의 연소반응식 74회 : $2CH_3COC_2H_5 + 11O_2 \rightarrow 8CO_2 + 8H_2O$
> - 메틸알코올 연소반응식 : $2CH_3OH + 3O_2 \rightarrow 2CO_2 + 4H_2O$
> - 에틸알코올 연소반응식 : $C_2H_5OH + 3O_2 \rightarrow 2CO_2 + 3H_2O$
> - 초산의 연소반응식 69, 76회 : $CH_3COOH + 2O_2 \rightarrow 2CO_2 + 2H_2O$
> - 의산의 연소반응식 : $2HCOOH + O_2 \rightarrow 2CO_2 + 2H_2O$
> - 에틸렌글라이콜의 연소반응식 : $2C_2H_6O_2 + 5O_2 \rightarrow 4CO_2 + 6H_2O$
> - 글리세린의 연소반응식 : $2C_3H_8O_3 + 7O_2 \rightarrow 6CO_2 + 8H_2O$

2 각 위험물의 종류 및 물성

(1) 특수인화물

① 다이에틸에터(Di Ethyl Ether, 에터) 36, 43, 46, 49, 50, 53, 57, 59, 63, 64회

㉠ 물 성 60, 71, 75회

화학식	지정수량	분자량	비 중	비 점	인화점	착화점	증기비중	연소범위
$C_2H_5OC_2H_5$	50[L]	74.12	0.7	34[℃]	-40[℃]	180[℃]	2.55	1.7~48[%]

㉡ 휘발성이 강한 무색투명한 특유의 향이 있는 액체이다.
㉢ **물에 약간 녹고**, 알코올에 잘 녹으며 발생된 증기는 **마취성**이 있다.
㉣ 직사일광에 의하여 분해되어 **과산화물**이 생성되므로 **갈색병**에 저장해야 한다.
㉤ 에터는 **전기불량도체**이므로 정전기 발생에 주의한다.
㉥ 동·식물성 섬유로 여과할 경우 정전기가 발생하기 쉽다.
㉦ **이산화탄소, 할로젠화합물, 포말**에 의한 **질식소화**를 한다.
㉧ 용기의 **공간용적을 2[%] 이상**으로 해야 한다.

- 에터의 일반식 : R-O-R′ (R : 알킬기)
- 에터의 구조식 :

$$H-\underset{\underset{H}{|}}{\overset{\overset{H}{|}}{C}}-\underset{\underset{H}{|}}{\overset{\overset{H}{|}}{C}}-O-\underset{\underset{H}{|}}{\overset{\overset{H}{|}}{C}}-\underset{\underset{H}{|}}{\overset{\overset{H}{|}}{C}}-H$$

- 과산화물 생성 방지 : 40[mesh]의 구리망을 넣어 준다.
- 과산화물 검출시약 : 10[%] 아이오딘화칼륨(KI)용액(검출 시 황색)
- 과산화물 제거시약 : 황산제일철 또는 환원철
- 제법 : 에탄올에 진한 황산을 넣고 130~140[℃]에서 반응시키면 축합반응에 의하여 생성된다.

② 이황화탄소(Carbon DiSulfide)

㉠ 물 성 36, 37, 50, 66회

화학식	지정수량	분자량	비 중	비 점	인화점	착화점	연소범위
CS_2	50[L]	76	1.26	46[℃]	-30[℃]	90[℃]	1.0~50.0[%]

㉡ 순수한 것은 **무색투명한 액체**이며 불순물에 의하여 **황색으로 착색**된다.
㉢ **제4류 위험물 중 착화점**이 낮고 증기는 유독하다.
㉣ **물에 녹지 않고**, 알코올, 에터, 벤젠 등의 **유기용매**에는 **잘 녹는다**.
㉤ **가연성 증기 발생을 억제**하기 위하여 **물속에 저장**한다.
㉥ 연소 시 아황산가스를 발생하며 **파란 불꽃**을 나타낸다.
㉦ 황, 황린, 생고무, 수지 등을 잘 녹이고 **고무가황 촉진제**로 **사용**한다.
㉧ 물 또는 이산화탄소, 할로젠화합물, 포말, 분말소화약제 등에 의한 질식소화한다.
㉨ **물과 반응**하면 **이산화탄소(CO_2)와 황화수소(H_2S)**를 발생하고 **연소**하면 이산화탄소와 이산화황(SO_2)을 발생한다.

> **Plus One** 이황화탄소의 반응식 31, 33회
> - 연소반응식 : $CS_2 + 3O_2 \rightarrow CO_2 + 2SO_2$
> - 물과 반응(150[℃]) : $CS_2 + 2H_2O \rightarrow CO_2 + 2H_2S$

③ 아세트알데하이드(Acet Aldehyde) 44회

　㉠ 물 성 71, 73회

화학식	지정수량	분자량	비 중	비 점	인화점	착화점	연소범위
CH_3CHO	50[L]	44	0.78	21[℃]	-40[℃]	175[℃]	4.0~60.0[%]

　㉡ 무색투명한 액체이며 **자극성 냄새**가 난다.
　㉢ 공기와 접촉하면 가압에 의해 폭발성의 **과산화물**을 생성한다.
　㉣ **에틸알코올**을 **산화**하면 **아세트알데하이드**가 된다.
　㉤ 암모니아와 반응하면 알데하이드암모니아를 생성한다.
　㉥ 아세트알데하이드는 **펠링반응, 은거울반응**을 한다.

> **Plus One** 아세트알데하이드의 검출방법 33, 69, 76회
> - 은거울반응 : 알데하이드(아세트알데하이드, CH_3CHO)는 환원성이 있어서 암모니아성 질산은 용액을 가하면 쉽게 산화되어 카복실산이 되며 은 이온을 은으로 환원시킨다.
>
> $CH_3CHO + 2Ag(NH_3)_2OH \rightarrow CH_3COOH + 2Ag + 4NH_3 + H_2O$
> (아세트알데하이드) (암모니아성 질산은 용액)
>
> - 펠링 반응 : 알데하이드를 펠링용액(황산구리(Ⅱ)수용액, 수산화나트륨수용액)에 넣고 가열하면 Cu_2O의 붉은색 침전이 생성된다.
>
> $CH_3CHO + 2Cu^{2+} + H_2O + NaOH \rightarrow CH_3COONa + 4H^+ + Cu_2O\downarrow$(붉은색)

　㉦ **구리**(Cu), **마그네슘**(Mg), **은**(Ag), **수은**(Hg)과 반응하면 **아세틸라이드**를 생성한다.
　㉧ 저장용기 내부에는 **불연성 가스** 또는 **수증기 봉입장치**를 할 것
　㉨ 산 또는 강산화제와의 접촉을 피한다.
　㉩ 소화약제는 **알코올용포**, 이산화탄소, 분말소화약제가 효과가 있다.

> - 아세트알데하이드의 구조식
>
> $H-\underset{\underset{H}{|}}{\overset{\overset{H}{|}}{C}}-C\overset{H}{\underset{O}{\diagdown\!\!\!\diagup}}$
>
> - 연소반응식　$2CH_3CHO + 5O_2 \rightarrow 4CO_2 + 4H_2O$ 49, 61회

④ 산화프로필렌(Propylene Oxide) 32, 75회

　㉠ 물 성 64회

화학식	지정수량	분자량	비 중	비 점	인화점	착화점	연소범위
CH_3CHCH_2O	50[L]	58	0.82	35[℃]	-37[℃]	449[℃]	2.8~37.0[%]

　㉡ 무색투명한 **자극성 액체**이다.

ⓒ **구리**(Cu), **마그네슘**(Mg), **은**(Ag), **수은**(Hg)과 반응하면 **아세틸라이드**를 생성한다.
ⓔ 저장용기 내부에는 **불연성 가스** 또는 **수증기 봉입장치**를 할 것
ⓜ 소화약제는 **알코올용포**, 이산화탄소, 분말소화약제가 효과가 있다.

> **Plus One** 산화프로필렌의 구조식 [71회]
>
> $$\begin{array}{c} \text{H H H} \\ | \ | \ | \\ \text{H}-\text{C}-\text{C}-\text{C}-\text{H} \\ | \ \diagdown \diagup \\ \text{H} \quad \text{O} \end{array}$$

⑤ 아이소프로필아민
  ㉠ 물 성

화학식	지정수량	분자량	인화점	착화점	비 중	증기비중	연소범위
$(CH_3)_2CHNH_2$	50[L]	59.0	−28[℃]	402[℃]	0.69	2.03	2.3~10.0[%]

  ㉡ 강한 암모니아 냄새가 나는 무색투명한 인화성 액체로서 물에 녹는다.
  ㉢ 증기누출, 액체누출 방지를 위하여 완전 밀봉한다.
  ㉣ 증기는 공기보다 무겁고 공기와 혼합되면 점화원에 의하여 인화, 폭발위험이 있다.
  ㉤ 강산류, 강산화제, 케톤류와의 접촉을 방지한다.
  ㉥ 화기엄금, 가열금지, 직사광선차단, 환기가 좋은 장소에 저장한다.

⑥ 기 타
  ㉠ 아이소프렌(Isoprene)

화학식	지정수량	분자량	비 중	인화점	착화점	연소범위
$CH_2=C(CH_3)CH=CH_2$	50[L]	68	0.7	−54[℃]	220[℃]	2~9[%]

  ㉡ 바이닐에터(Vinyl Ether)

화학식	지정수량	분자량	비 중	인화점	착화점	연소범위
$(CH_2=CH)_2O$	50[L]	70	0.8	−30[℃]	360[℃]	1.7~27[%]

  ㉢ 황화다이메틸(Di Methyl Sulfide)

화학식	지정수량	분자량	비 중	인화점	착화점	연소범위
$(CH_3)_2S$	50[L]	62	0.84	−36[℃]	206[℃]	2.2~19.7[%]

  ㉣ 아이소펜테인 : 인화점 −51[℃]

[인화점]			
종 류	다이에틸에터	아세트알데하이드	이황화탄소
인화점	−40[℃]	−40[℃]	−30[℃]

(2) 제1석유류

① 아세톤(Acetone, DiMethyl Ketone)
  ㉠ 물 성 64, 75회

화학식	지정수량	분자량	비중	비점	인화점	착화점	연소범위
$(CH_3)_2CO$	400[L]	58	0.79	56[℃]	-18.5[℃]	465[℃]	2.5~12.8[%]

  ㉡ **무색투명한 자극성 휘발성 액체**이다.
  ㉢ 물에 잘 녹으므로 **수용성**이다.
  ㉣ 피부에 닿으면 **탈지작용**을 한다.
  ㉤ 아세톤은 아이오도폼 반응을 한다.

> **Plus One** 아세톤의 검출방법 : 아이오도폼 반응
> 분자 중에 $CH_3CHO(OH)-$나 CH_3CO-(아세틸기)를 가진 물질은 I_2와 KOH나 NaOH를 넣고 60~80[℃]로 가열하면, 황색의 아이오도폼(CHI_3) 침전이 생김(C_2H_5OH, CH_3CHO, CH_3COCH_3)
>
> - 아세톤 : $CH_3COCH_3 + 3I_2 + 4NaOH \rightarrow CH_3COONa + 3NaI + CHI_3\downarrow + 3H_2O$
> - 아세트알데하이드 : $CH_3CHO + 3I_2 + 4NaOH \rightarrow HCOONa + 3NaI + CHI_3\downarrow + 3H_2O$
> - 에틸알코올 : $C_2H_5OH + 4I_2 + 6NaOH \rightarrow HCOONa + 5NaI + CHI_3\downarrow + 5H_2O$

  ㉥ 공기와 장기간 접촉하면 과산화물이 생성되므로 **갈색병**에 저장해야 한다.
  ㉦ 분무상의 주수, **알코올용포**, 이산화탄소소화약제로 질식소화한다.

> **Plus One** 아세톤
> - 아이오도폼 반응을 하는 물질로 끓는점이 낮고 인화점이 낮아 위험성이 있어 화기를 멀리 해야 하고 용기는 갈색병을 사용하여 냉암소에 보관해야 하는 물질
> - 아세톤의 구조식
>
> ```
>      H  O  H
>      |  ||  |
>   H--C--C--C--H
>      |      |
>      H      H
> ```

② 피리딘(Pyridine)
  ㉠ 물 성 58, 59, 70, 73회

화학식	지정수량	비중	비점	융점	인화점	착화점	연소범위
C_5H_5N	400[L]	0.99	115.4[℃]	-41.7[℃]	16[℃]	482[℃]	1.8~12.4[%]

  ㉡ 순수한 것은 무색의 액체로 강한 **악취**와 **독성**이 있다.
  ㉢ **약알칼리성**을 나타내며 수용액 상태에서도 인화의 위험이 있다.
  ㉣ 산, 알칼리에 안정하고, **물, 알코올, 에터**에 **잘 녹는다**(수용성).
  ㉤ 질산과 같이 가열하여도 분해하지 않는다.
  ㉥ 공기 중에서 **최대 허용농도** : 5[ppm]

> **Plus One** 피리딘의 구조식

③ **사이안화수소**
   ㉠ 물 성 46, 67, 73, 74회

화학식	지정수량	구조식	인화점	착화점	증기비중	비 점	융 점	연소범위
HCN	400[L]	H−C≡N	−17[℃]	538[℃]	0.931	26[℃]	−14[℃]	5.6~40[%]

   ㉡ 복숭아 냄새가 나는 무색 또는 푸른색을 띠는 액체이다.
   ㉢ 제1석유류로서 물, 알코올에 잘 녹고 지정수량은 400[L]이다.
   ㉣ 제4류 위험물 중 증기가 유일하게 **공기보다 가볍다**(증기비중 : 0.931).
   ㉤ 독성이 강한 물질로서 액체 또는 증기와의 접촉을 피한다.
   ㉥ 화재 시 알코올용포에 의한 질식소화를 한다.
   ㉦ 연소반응식
      $4HCN + 5O_2 \rightarrow 2N_2 + 4CO_2 + 2H_2O$

④ **아세토나이트릴(Acetonitrile)**
   ㉠ 물 성 60회

화학식	지정수량	분자량	비 점	인화점	증기비중	연소범위
CH_3CN	400[L]	41	82[℃]	20[℃]	1.41	3.0~17.0[%]

   ㉡ 에터 냄새의 무색투명한 액체이다.
   ㉢ 물이나 알코올에는 잘 녹는다.

⑤ **휘발유(Gasoline)**
   ㉠ 물 성 43회

화학식	지정수량	비 중	증기비중	유출온도	인화점	착화점	연소범위
C_5H_{12}~C_9H_{20}	200[L]	0.7~0.8	3~4	32~220[℃]	−43[℃]	약 280~456[℃]	1.2~7.6[%]

   ㉡ 무색투명한 휘발성이 강한 인화성 액체이다.
   ㉢ 탄소와 수소의 **지방족 탄화수소**이다.
   ㉣ **정전기**에 의한 인화의 폭발우려가 있다.
   ㉤ 가솔린 제법 : 직류법, 접촉개질법, 열분해법
   ㉥ 이산화탄소, 할로젠화합물, 분말, 포말(대량일 때)이 효과가 있다.

Plus One 옥테인가 42, 43, 51회
- 정의 : 연료가 내연기관의 실린더 속에서 공기와 혼합하여 연소할 때 노킹을 억제시킬 수 있는 정도를 측정한 값으로 Antiknock Rating이라고도 하며 아이소옥테인(iso-Octane) 100, 노말헵테인(n-Heptane) 0으로 하여 가솔린의 품질을 나타내는 척도이다.
- 옥테인가 구하는 방법 = $\dfrac{\text{아이소옥테인}}{\text{아이소옥테인} + \text{노말헵테인}} \times 100$
- 옥테인가와 연소효율의 관계 : 옥테인가가 높을수록 연소효율은 증가한다(비례관계).

⑥ 벤젠(Benzene, 벤졸)
  ㉠ 물 성 56, 64, 69, 75회

화학식	지정수량	비 중	비 점	융 점	인화점	착화점	연소범위
C_6H_6	200[L]	0.95	79[℃]	7[℃]	-11[℃]	498[℃]	1.4~8.0[%]

  ㉡ **무색투명**한 **방향성**을 갖는 **액체**이며, 증기는 독성이 있다.
  ㉢ **물**에 **녹지 않고** 알코올, 아세톤, 에터에는 녹는다.
  ㉣ 비전도성이므로 **정전기의 화재발생** 위험이 있다.
  ㉤ 포말, 분말, 이산화탄소, 할로젠화합물소화약제가 효과가 있다.

Plus One 벤 젠
- 벤젠의 구조식 48, 54, 56회

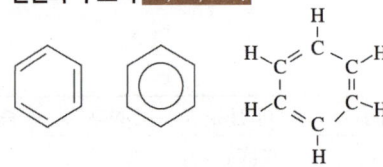

- 연소반응식 : $2C_6H_6 + 15O_2 \rightarrow 12CO_2 + 6H_2O$ 65, 69회

⑦ 톨루엔(Toluene, 메틸벤젠) 31, 41, 42, 52, 69, 70, 73회
  ㉠ 물 성 64, 66, 75회

화학식	지정수량	비 중	비 점	인화점	착화점	연소범위
$C_6H_5CH_3$	200[L]	0.86	110[℃]	4[℃]	480[℃]	1.27~7.0[%]

  ㉡ 벤젠에서 수소원자 1개를 메틸기($-CH_3$)로 치환한 물질
  ㉢ **무색투명한 독성**이 있는 **액체**이다.
  ㉣ 증기는 **마취성**이 있고 인화점이 낮다.
  ㉤ **물에 녹지 않고** 아세톤, 알코올 등 유기용제에는 잘 녹는다.
  ㉥ 증기비중은 3.17(92/29 = 3.17)로 공기보다 무겁다.
  ㉦ **TNT의 원료**로 사용하고, 산화하면 안식향산(벤조산)이 된다.
  ㉧ 벤젠(C_6H_6)은 융점이 7[℃]이므로 겨울철에 응고되고 톨루엔($C_6H_5CH_3$)은 응고되지 않는다.

Plus One 벤젠과 톨루엔의 비교

항 목	벤 젠	톨루엔
독 성	큼	작 음
인화점	-11[℃]	4[℃]
비 점	79[℃]	110[℃]
융 점	7[℃]	-
착화점	498[℃]	480[℃]
비 중	0.95	0.86

톨루엔의 구조식

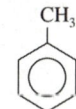

⑧ 콜로디온[Collodion, $C_{12}H_{16}O_6(NO_3)_4 - C_{13}H_{17}(NO_3)_3$]
  ㉠ 질화도가 낮은 **질화면**(나이트로셀룰로스)에 부피비로 **에탄올 3과 에터 1**의 혼합용액으로 녹여 교질상태로 만든 것이다.
  ㉡ 무색투명한 끈기 있는 액체이며 **인화점은 -18[℃]**이다.
  ㉢ 콜로디온의 성분 중 에틸알코올, 에터 등은 상온에서 인화의 위험이 크다.
  ㉣ 알코올용포, 이산화탄소, 분무주수 등으로 소화한다.

⑨ 메틸에틸케톤(Methyl Ethyl Keton, MEK)
  ㉠ 물 성 59, 66, 70회

화학식	지정수량	비 중	비 점	융 점	인화점	착화점	연소범위
$CH_3COC_2H_5$	200[L]	0.8	80[℃]	-80[℃]	-7[℃]	505[℃]	1.8~10[%]

  ㉡ 휘발성이 강한 무색의 액체이다.
  ㉢ 물에 대한 **용해도는 26.8**이다.
  ㉣ **물, 알코올**, 에터, 벤젠 등 유기용제에 **잘 녹고**, 수지, 유지를 잘 녹인다.
  ㉤ **탈지작용**이 있으므로 피부에 닿지 않도록 주의한다.
  ㉥ 분무주수가 가능하고 **알코올용포**로 질식소화를 한다.

  Plus One MEK의 구조식 47, 49, 57회

  R-CO-R'   H O H H
             | ‖ | |
  케톤의 일반식   H-C-C-C-C-H
             | | |
             H   H H

⑩ 노말-헥세인(n-Hexane)
  ㉠ 물 성 60회

화학식	지정수량	비 중	비 점	융 점	인화점	연소범위
$CH_3(CH_2)_4CH_3$	200[L]	0.65	69[℃]	-95[℃]	-20[℃]	1.1~7.5[%]

  ㉡ 무색투명한 액체로서 제1석유류(비수용성)로 지정수량은 200[L]이다.
  ㉢ 물에 녹지 않고 알코올, 에터, 클로로폼, 아세톤 등 유기용제에는 잘 녹는다.

⑪ 아크릴로나이트릴 46, 57, 71회
  ㉠ 물 성

화학식	지정수량	분자량	비 점	인화점	착화점	증기비중	연소범위
$CH_2=CHCN$	200[L]	53	78[℃]	-5[℃]	481[℃]	1.83	3.0~17[%]

  ㉡ 특유의 냄새가 나는 무색의 액체이다.
  ㉢ 일정량 이상을 공기와 혼합하면 폭발하고 독성이 강하며 중합(重合)하기 쉽다. 합성 섬유나 합성 고무의 원료이며 용제(溶劑)나 살충제 따위에도 쓴다.
  ㉣ 유기용제에 잘 녹는다.

⑫ 초산에스터류
  ㉠ **초산메틸**(Methyl Acetate, 아세트산메틸)
    • 물 성

화학식	지정수량	비 중	비 점	인화점	착화점	연소범위
CH_3COOCH_3	200[L]	0.93	58[℃]	-10[℃]	502[℃]	3.1~16.0[%]

    • 초산에스터류 중 **물에 가장 잘 녹는다**(용해도 24.5).
    • **무색투명한 휘발성 액체**로서 **마취성**이 있고 향긋한 냄새가 난다.
    • 물, 알코올, 에터 등에 녹는다.
    • **초산과 메틸알코올의 축합물**로서 가수분해하면 초산과 메틸알코올이 된다. 68회

    $$CH_3COOCH_3 + H_2O \rightarrow CH_3COOH + CH_3OH$$
    　　　　　　　　　　　　　　　　　(초산)　　(메틸알코올)

    • 피부에 접촉하면 **탈지작용**을 한다.
    • 물에 잘 녹으므로 **알코올용포**를 사용한다.

    • 초산메틸의 구조식

    ```
        H O H
        | ‖ |
      H-C-C-O-C-H
        |   |
        H   H
    ```

    • 분자량이 증가할수록 나타나는 현상 31회
      - **인화점**, 증기비중, 비점, 점도가 **커진다**.
      - **착화점**, 수용성, 휘발성, 연소범위, 비중이 **감소한다**.
      - 이성질체가 **많아진다**.

  ㉡ **초산에틸**(Ethyl Acetate, 아세트산에틸)
    • 물 성

화학식	지정수량	비 중	비 점	인화점	착화점	연소범위
$CH_3COOC_2H_5$	200[L]	0.9	77.5[℃]	-3[℃]	429[℃]	2.2~11.5[%]

    • **딸기 냄새**가 나는 **무색투명한 액체**이다.
    • 알코올, 에터, 아세톤에 녹고 물에 약간 녹는다(용해도 6.4).
    • 휘발성, 인화성이 강하다.

- 유지, 수지, 셀룰로스 유도체 등을 잘 녹인다.
⑬ 의산에스터류
  ㉠ **의산메틸**(개미산메틸) 46, 55, 67회
    - 물 성

화학식	지정수량	비 중	비 점	인화점	착화점	연소범위
HCOOCH$_3$	400[L]	0.97	32[℃]	-19[℃]	449[℃]	5~23[%]

    - **럼주와 같은 향기**를 가진 **무색투명한 액체**이다.
    - 증기는 **마취성**이 있으나 **독성은 없다**.
    - 에터, 벤젠, 에스터에 녹고 물에도 잘 녹는다(용해도 23.3).
    - **의산**과 **메틸알코올의 축합물**로서 가수분해하면 의산과 메틸알코올이 된다.

    $$HCOOCH_3 + H_2O \rightarrow CH_3OH + HCOOH$$
    (메틸알코올) (의산)

  ㉡ 의산에틸(개미산에틸)
    - 물 성

화학식	지정수량	비 중	비 점	인화점	착화점	연소범위
HCOOC$_2$H$_5$	200[L]	0.92	54[℃]	-19[℃]	440[℃]	2.7~16.5[%]

    - 복숭아 향이 나는 무색투명한 액체이다.
    - 에터, 벤젠, 에스터에 녹고 물에는 일부 녹는다(용해도 13.6).
    - 가수분해하면 의산과 에틸알코올이 된다.

    $$HCOOC_2H_5 + H_2O \rightarrow C_2H_5OH + HCOOH$$
    (에틸알코올) (의산)

    Plus One 의산에스터류의 구조식

    [의산메틸]　　　[의산에틸]

(3) 알코올류

① 메틸알코올(Methyl Alcohol, Methanol, 메탄올, 목정)
  ㉠ 물 성

화학식	지정수량	비 중	증기비중	비 점	인화점	착화점	연소범위
CH$_3$OH	400[L]	0.79	1.1	64.7[℃]	11[℃]	464[℃]	6.0~36.0[%]

  ㉡ **무색투명한 휘발성**이 강한 **액체**이다.
  ㉢ 알코올류 중에서 **수용성**이 **가장 크다**(수용성).
  ㉣ 인화점 이상이 되면 밀폐된 상태에서도 폭발한다.

ⓐ 메틸알코올은 독성이 있으나 에틸알코올은 독성이 없다.
　　ⓑ 알칼리금속(Na)과 반응하면 수소를 발생한다.
　　ⓒ 산화하면 메틸알코올 → 폼알데하이드(HCHO) → 폼산(개미산, HCOOH)이 된다.
　　ⓓ 8~20[g]을 먹으면 눈이 멀고, 30~50[g]을 먹으면 생명을 잃는다.
　　ⓔ 화재 시에는 알코올용포를 사용한다.

> **Plus One** 메틸알코올의 반응식 33, 52, 57, 64, 68, 71, 74회
> - 연소반응식 : $2CH_3OH + 3O_2 \rightarrow 2CO_2 + 4H_2O$
> - 알칼리금속과 반응 : $2Na + 2CH_3OH \rightarrow 2CH_3ONa + H_2\uparrow$
> - 메틸알코올의 산화, 환원반응식
> $$CH_3OH \underset{\text{환원}}{\overset{\text{산화}}{\rightleftarrows}} HCHO \underset{\text{환원}}{\overset{\text{산화}}{\rightleftarrows}} HCOOH$$
>   - 1차 생성물 : 폼알데하이드(포르말린, HCHO)
>   - 2차 생성물 : 폼산(개미산, 의산, HCOOH)

② 에틸알코올(Ethyl Alcohol, Ethanol, 에탄올, 주정) 55, 75회
　㉠ 물 성 64회

화학식	지정수량	비 중	증기비중	비 점	인화점	착화점	연소범위
C_2H_5OH	400[L]	0.79	1.59	80[℃]	13[℃]	423[℃]	3.1~27.7[%]

　㉡ 무색투명한 휘발성이 강한 액체이다.
　㉢ 물에 잘 녹으므로 수용성이다.
　㉣ 에탄올은 벤젠보다 탄소(C)의 함량이 적기 때문에 그을음이 적게 나타난다.
　㉤ 산화하면 에틸알코올 → 아세트알데하이드 → 초산(아세트산)이 된다.

> **Plus One** 에틸알코올의 반응식 47회
> - 연소반응식 : $C_2H_5OH + 3O_2 \rightarrow 2CO_2 + 3H_2O$
> - 알칼리금속과 반응 : $2Na + 2C_2H_5OH \rightarrow 2C_2H_5ONa + H_2\uparrow$
> - 메틸알코올의 산화, 환원반응식 37회
> $$C_2H_5OH \underset{\text{환원}}{\overset{\text{산화}}{\rightleftarrows}} CH_3CHO \underset{\text{환원}}{\overset{\text{산화}}{\rightleftarrows}} CH_3COOH$$
>   - 1차 생성물 : 아세트알데하이드(CH_3CHO)
>   - 2차 생성물 : 초산(아세트산, CH_3COOH)

　㉥ 에틸알코올은 아이오도폼 반응을 한다.

> **Plus One** 아이오도폼 반응
> 에틸알코올에 수산화나트륨과 아이오딘를 가하여 아이오도폼(CHI_3)의 황색 침전이 생성되는 반응
> $$C_2H_5OH + 6NaOH + 4I_2 \rightarrow CHI_3 + 5NaI + HCOONa + 5H_2O$$
> (아이오도폼 : 황색 침전)

③ 아이소프로필알코올(Iso Propyl Alcohol)
　㉠ 물 성 64, 75회

화학식	지정수량	비 중	증기비중	비 점	인화점	연소범위
C_3H_7OH	400[L]	0.78	2.07	83	12[℃]	2.0~12.0[%]

　㉡ 물과는 임의의 비율로 섞이며 아세톤, 에터 등 유기용제에 잘 녹는다.
　㉢ 산화하면 아세톤이 되고, 탈수하면 프로필렌이 된다.

(4) 제2석유류

① 초산(Acetic Acid, 아세트산)
　㉠ 물 성 66회

화학식	지정수량	비 중	증기비중	인화점	착화점	응고점	연소범위
CH_3COOH	2,000[L]	1.05	2.07	40[℃]	485[℃]	16.2[℃]	6.0~17.0[%]

　㉡ **자극성 냄새**와 **신맛이 나는 무색투명한 액체**이다.
　㉢ 물, 알코올, 에터에 잘 녹으며 물보다 무겁다(**수용성**).
　㉣ 피부와 접촉하면 **수포상의 화상**을 입는다.
　㉤ **식초 : 3~5[%]의 수용액**
　㉥ 저장용기 : **내산성 용기**
　㉦ 아세트알데하이드가 산화하면 초산이 된다. 73회
　　　$2CH_3CHO + O_2 \rightarrow 2CH_3COOH$
　㉧ 소화방법 : **알코올용포**, 이산화탄소, 할로젠화합물, 분말

② 의산(Formic Acid, 개미산, 폼산)
　㉠ 물 성 60, 66, 71회

화학식	지정수량	비 중	증기비중	인화점	착화점	연소범위
HCOOH	2,000[L]	1.2	1.59	55[℃]	540[℃]	18.0~51.0[%]

　㉡ 물에 잘 녹고 물보다 무겁다(**수용성**).
　㉢ 초산보다 산성이 강하며 신맛이 있다.
　㉣ 피부와 접촉하면 수포상의 화상을 입는다.
　㉤ 저장용기 : **내산성 용기**
　㉥ 소화방법 : 알코올용포, 이산화탄소, 할로젠화합물, 분말
　㉦ 연소 시 **푸른 불꽃**을 내고, **위험등급**은 Ⅲ이다.

　　Plus One　의 산
　　　• 수산화나트륨(NaOH)과 반응할 수 있다.
　　　• 은거울 반응을 한다.
　　　• 메탄올(CH_3OH)과 에스터화 반응을 한다.

③ 아크릴산
  ㉠ 물 성

화학식	지정수량	비중	비점	인화점	착화점	응고점	연소범위
CH₂CHCOOH	2,000[L]	1.1	139[℃]	46[℃]	438[℃]	12[℃]	2.4~8.0[%]

  ㉡ 자극적인 냄새가 나는 무색의 부식성, 인화성 액체이다.
  ㉢ 무색의 초산과 비슷한 액체로 겨울에는 응고된다(응고점 12[℃]).
  ㉣ 물에 잘 녹고 알코올, 벤젠, 클로로폼, 아세톤, 에터에 잘 녹는다.

④ 하이드라진
  ㉠ 물 성

화학식	지정수량	비점	융점	인화점	비중
N₂H₄	2,000[L]	113[℃]	2[℃]	38[℃]	1.01

  ㉡ 무색의 맹독성 가연성 액체이다.
  ㉢ **물이나 알코올에 잘 녹고, 에터에는 녹지 않는다.**
  ㉣ 유리를 침식하고 코르크나 고무를 분해하므로 사용하지 말아야 한다.
  ㉤ 연소반응식 75회

  $N_2H_4 + O_2 \rightarrow N_2 + 2H_2O$

  ㉥ 약 알칼리성으로 공기 중에서 **약 180[℃]에서 열분해**하여 **암모니아, 질소, 수소**로 분해된다.

  $2N_2H_4 \rightarrow 2NH_3 + N_2 + H_2$

  ㉦ 하이드라진과 과산화수소의 폭발반응

  $N_2H_4 + 2H_2O_2 \rightarrow 4H_2O + N_2$

  ㉧ **발암성 물질**로서 피부, 호흡기에 심하게 침해하므로 유독하다.

⑤ 메틸셀로솔브(Methyl Cellosolve)
  ㉠ 물 성

화학식	지정수량	비중	비점	인화점	착화점
CH₃OCH₂CH₂OH	2,000[L]	0.937	124[℃]	43[℃]	288[℃]

  ㉡ 무색의 상쾌한 냄새가 나는 약간의 휘발성을 지닌 액체이다.
  ㉢ **물, 에터, 벤젠, 사염화탄소, 아세톤, 글리세린에 용해**한다.
  ㉣ 저장용기는 철분의 혼입을 피하기 위하여 **스테인리스를 용기**로 사용한다.

  Plus One 메틸셀로솔브의 구조식

  ```
      H   H H
      |   | |
  H-C-O-C-C-OH
      |   | |
      H   H H
  ```

⑥ 에틸셀로솔브(Ethyl Cellosolve)
　㉠ 물 성

화학식	지정수량	비 중	비 점	인화점	착화점
$C_2H_5OCH_2CH_2OH$	2,000[L]	0.93	135[℃]	40[℃]	238[℃]

　㉡ 무색의 상쾌한 냄새가 나는 액체이다.
　㉢ 가수분해하면 에틸알코올과 에틸렌글라이콜을 생성한다.

> **Plus One** 에틸셀로솔브의 구조식
>
> $$H-\underset{H}{\overset{H}{C}}-\underset{H}{\overset{H}{C}}-O-\underset{H}{\overset{H}{C}}-\underset{H}{\overset{H}{C}}-OH$$

⑦ 등유(Kerosine)
　㉠ 물 성

화학식	지정수량	비 중	증기비중	유출온도	인화점	착화점	연소범위
C_9~C_{18}	1,000[L]	0.78~0.8	4~5	156~300[℃]	39[℃] 이상	210[℃] 이상	0.7~5.0[%]

　㉡ 무색 또는 담황색의 약한 취기가 있는 액체이다.
　㉢ **물에 녹지 않고**, 석유계 용제에는 잘 녹는다.
　㉣ 원유 증류 시 휘발유와 경유 사이에서 유출되는 **포화·불포화 탄화수소 혼합물**이다.
　㉤ 정전기 불꽃으로 인화의 위험이 있다.
　㉥ 소화방법으로는 **포말, 이산화탄소, 할로젠화합물, 분말**이 적합하다.

⑧ 경유(디젤유)
　㉠ 물 성 74회

화학식	지정수량	위험등급	비 중	증기비중	인화점	착화점	연소범위
C_{15}~C_{20}	1,000[L]	Ⅲ	0.82~0.84	4~5	41[℃] 이상	257[℃]	0.6~7.5[%]

　㉡ 탄소수가 15개에서 20개까지의 포화·불포화 탄화수소 혼합물이다.
　㉢ 물에 녹지 않고, 석유계 용제에는 잘 녹는다.
　㉣ 품질은 **세테인값**으로 정한다.
　㉤ 소화방법으로는 포말, 이산화탄소, 할로젠화합물, 분말이 적합하다.

⑨ 자일렌(Xylene)
　㉠ 물 성

구 분	구조식	비 중	인화점	착화점	유 별	지정수량
o-자일렌	(CH₃, CH₃ 구조)	0.88	32[℃]	106.2[℃]	제2석유류 (비수용성)	1,000[L]
m-자일렌	(CH₃, CH₃ 구조)	0.86	25[℃]	-	제2석유류 (비수용성)	1,000[L]
p-자일렌	(CH₃, CH₃ 구조)	0.86	25[℃]	-	제2석유류 (비수용성)	1,000[L]

　㉡ **물에 녹지 않고**, 알코올, 에터, 벤젠 등 유기용제에는 잘 녹는다.
　㉢ 무색투명한 액체로서 톨루엔과 비슷하다.
　㉣ BTX(Benzene, Toluene, Xylene) 중에서 **독성이 가장 약하다**.
　㉤ 자일렌의 이성질체로는 o-xylene, m-xylene, p-xylene가 있다.

> 이성질체 : 화학식은 같으나 구조식이 다른 것

Plus One BTX 비교 `35, 45, 57, 66, 76회`

종 류 항 목	벤 젠	톨루엔	자일렌		
			o-자일렌	m-자일렌	p-자일렌
화학식	C_6H_6	$C_6H_5CH_3$	$C_6H_4(CH_3)_2$	$C_6H_4(CH_3)_2$	$C_6H_4(CH_3)_2$
구조식	(벤젠)	(톨루엔)	(o-자일렌)	(m-자일렌)	(p-자일렌)
인화점	-11[℃]	4[℃]	32[℃]	25[℃]	25[℃]
유 별	제4류 위험물 제1석유류(비)	제4류 위험물 제1석유류(비)	제4류 위험물 제2석유류(비)	제4류 위험물 제2석유류(비)	제4류 위험물 제2석유류(비)
지정수량	200[L]	200[L]	1,000[L]	1,000[L]	1,000[L]

⑩ 부탄올(부틸알코올)
　㉠ 물 성 `64회`

화학식	지정수량	비 중	비 점	인화점
$CH_3(CH_2)_3OH$	1,000[L]	0.81	117[℃]	35[℃]

　㉡ 특이한 향기가 나는 무색투명한 액체로서 물에 녹는다.

    ⓒ 물에는 녹지만 제2석유류로서 비수용성으로 지정수량은 1,000[L]이다.
    ② 강산화제와 반응하여 수소를 발생한다.
  ⑪ 테레핀유(송정유)
    ⊙ 물 성

화학식	지정수량	비 중	비 점	인화점	착화점	연소범위
$C_{10}H_{16}$	1,000[L]	0.86	155[℃]	35[℃]	253[℃]	0.8~6.0[%]

    ⓒ **피넨($C_{10}H_{16}$)**이 80~90[%] 함유된 소나무과 식물에 함유된 기름으로 **송정유**라고도 한다.
    ⓒ 무색 또는 **엷은 담황색의 액체**이다.
    ② **물에 녹지 않고**, 알코올, 에터, 벤젠, 클로로폼에는 녹는다.
    ⑩ 헝겊 또는 종이에 스며들어 **자연발화**한다.
  ⑫ 스타이렌(Styrene)
    ⊙ 물 성

화학식	지정수량	비 중	비 점	인화점	착화점
$C_6H_5CH=CH_2$	1,000[L]	0.9	146[℃]	32[℃]	490[℃]

    ⓒ 독특한 냄새가 나는 **무색 액체**이다.
    ⓒ **물에 녹지 않고, 알코올, 에터, 이황화탄소에는 녹는다.**
    ② 빛, 가열, 과산화물과 중합반응하여 무색의 고상물이 된다.
  ⑬ 클로로벤젠(Chlorobenzene) 54, 58, 59, 68, 70, 73회
    ⊙ 물 성

화학식	구조식	지정수량	위험등급	비 중	인화점
C_6H_5Cl	Cl-C6H5	1,000[L]	Ⅲ	1.1	27[℃]

    ⓒ 마취성이 조금 있고 석유와 비슷한 냄새가 나는 무색 액체이다.
    ⓒ **물에 녹지 않고** 알코올, 에터 등 유기용제에는 녹는다.
    ② **연소**하면 **염화수소가스**를 발생한다.

> $C_6H_5Cl + 7O_2 \rightarrow 6CO_2 + 2H_2O + HCl$

    ⑩ 고온에서 진한 황산과 반응하여 p-클로로술폰산을 만든다.

(5) 제3석유류

① 에틸렌글라이콜(Ethylene Glycol) 43, 59회
  ㉠ 물 성 75회

화학식	지정수량	비 중	비 점	인화점	착화점
$C_2H_4(OH)_2$	4,000[L]	1.11	198[℃]	120[℃]	398[℃]

  Plus One 에틸렌글라이콜의 구조식

  $$\begin{array}{c} CH_2-OH \\ | \\ CH_2-OH \end{array} \qquad HO-\underset{H}{\overset{H}{C}}-\underset{H}{\overset{H}{C}}-OH$$

  ㉡ 무색의 끈기 있는 흡습성의 액체이다.
  ㉢ 사염화탄소, 에터, 벤젠, 이황화탄소, 클로로폼에 녹지 않고, 물, 알코올, 글리세린, 아세톤, 초산, 피리딘에는 잘 녹는다(**수용성**).
  ㉣ **2가 알코올**로서 **독성**이 있으며 **단맛**이 난다.
  ㉤ 연소반응식 34회

  $$2C_2H_6O_2 + 5O_2 \rightarrow 4CO_2 + 6H_2O$$

② 글리세린(Glycerine)
  ㉠ 물 성 59, 64, 75회

화학식	지정수량	증기비중	비 중	비 점	인화점	착화점
$C_3H_5(OH)_3$	4,000[L]	3.2	1.26	182[℃]	160[℃]	370[℃]

  Plus One 글리세린의 구조식

  $$\begin{array}{c} CH_2-OH \\ | \\ CH-OH \\ | \\ CH_2-OH \end{array} \qquad H-\underset{OH}{\overset{H}{C}}-\underset{OH}{\overset{H}{C}}-\underset{OH}{\overset{H}{C}}-H$$

  ㉡ 무색무취의 점성 액체로서 **흡수성**이 있다.
  ㉢ 물, 알코올에는 잘 녹지만(**수용성**) 벤젠, 에터, 클로로폼에는 녹지 않는다.
  ㉣ **3가 알코올**로서 **독성**이 **없으며 단맛**이 난다.
  ㉤ 윤활제, 화장품, 폭약의 원료로 사용한다.
  ㉥ 소화방법으로는 알코올용포, 분말, 이산화탄소, 사염화탄소가 효과적이다.
  ㉦ 연소반응식 34, 60회

  $$2C_3H_8O_3 + 7O_2 \rightarrow 6CO_2 + 8H_2O$$

③ 에탄올아민
  ㉠ 물 성

화학식	지정수량	비 중	비 점	인화점	융 점
$NH_2CH_2CH_2OH$	4,000[L]	1.01	170[℃]	85[℃]	10[℃]

ⓒ 실온에서 무색투명한 점성이 있는 액체이다(온도가 내려가면 고체가 된다).
　　　ⓒ 물, 알코올에는 잘 녹는다.
　④ 중 유
　　　㉠ 직류중유
　　　　• 물 성

비 중	지정수량	유출온도	인화점	착화점
0.85~0.93	2,000[L]	300~405[℃]	60~150[℃]	254~405[℃]

　　　　• 300~350[℃] 이상의 잔류물과 경유의 혼합물이다.
　　　　• 비중과 점도가 낮다.
　　　　• 분무성이 좋고 착화가 잘된다.
　　　㉡ 분해중유
　　　　• 물 성

비 중	지정수량	인화점	착화점
0.95~0.97	2,000[L]	70~150[℃]	380[℃]

　　　　• 중유 또는 경유를 열분해하여 가솔린의 제조 잔유와 분해경유의 혼합물이다.
　　　　• 비중과 점도가 높다.
　　　　• 분무성이 나쁘다.
　⑤ 크레오소트유(타르유)
　　　㉠ 물 성

비 중	지정수량	비 점	인화점
1.02~1.05	2,000[L]	194~400[℃]	73.9[℃]

　　　㉡ 일반적으로 타르류, 액체 피치유라고도 한다.
　　　㉢ **황록색** 또는 **암갈색**의 **기름 모양**의 **액체**이며 **증기**는 **유독**하다.
　　　㉣ **주성분**은 **나프탈렌, 안트라센**이다.
　　　㉤ 물에 녹지 않고 알코올, 에터, 벤젠, 톨루엔에는 잘 녹는다.
　　　㉥ 물보다 무겁고 독성이 있다.
　　　㉦ **타르산**이 함유되어 용기를 부식시키므로 **내산성 용기**를 사용해야 한다.
　　　㉧ 소화방법은 중유에 준한다.
　⑥ 아닐린(Aniline)
　　　㉠ 물 성 58, 60, 70회

화학식	지정수량	비 중	융 점	비 점	인화점
$C_6H_5NH_2$	2,000[L]	1.02	-6[℃]	184[℃]	70[℃]

　　　㉡ **황색** 또는 **담황색**의 **기름성의 액체**이다.
　　　㉢ 물에 약간 녹고, **알코올, 아세톤, 벤젠**에는 **잘 녹는다**(물의 용해도 3.5).

② 물보다 무겁고 독성이 강하다.
⑩ 알칼리금속과 반응하여 수소가스를 발생한다.
⑦ 나이트로벤젠(Nitrobenzene)
  ㉠ 물 성 59회

화학식	지정수량	비 중	비 점	인화점	착화점
$C_6H_5NO_2$	2,000[L]	1.2	211	88[℃]	482[℃]

  ㉡ 암갈색 또는 갈색의 특이한 냄새가 나는 액체이다.
  ㉢ 물에 녹지 않고 알코올, 벤젠, 에터에는 잘 녹는다.
  ㉣ **나이트로화제 : 황산과 질산**

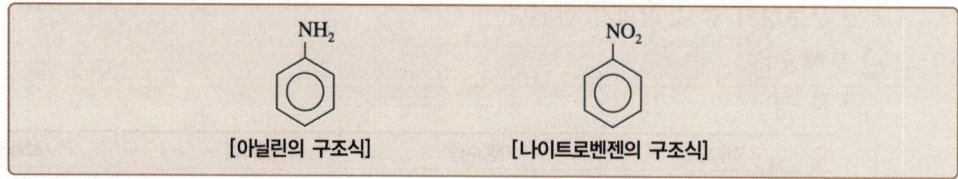

[아닐린의 구조식]   [나이트로벤젠의 구조식]

⑧ 메타크레졸(m-Cresol)
  ㉠ 물 성

화학식	지정수량	비 중	비 점	인화점
$C_6H_4CH_3OH$	2,000[L]	1.03	203	86[℃]

  ㉡ 무색 또는 황색의 **페놀 냄새**가 나는 **액체**이다.
  ㉢ **물에 녹지 않고**, 알코올, 에터, 클로로폼에는 녹는다.
  ㉣ 크레졸은 o-Cresol, m-Cresol, p-Cresol의 **3가지 이성질체**가 있다.

  Plus One 크레졸의 이성질체

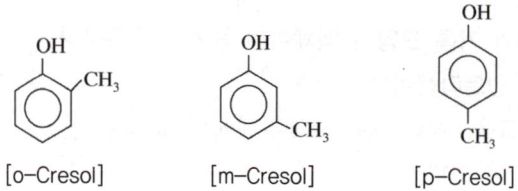

  [o-Cresol]   [m-Cresol]   [p-Cresol]

⑨ 페닐하이드라진(Phenyl Hydrazine)
  ㉠ 물 성

화학식	지정수량	비 중	비 점	인화점	착화점	융 점
$C_6H_5NHNH_2$	2,000[L]	1.09	53[℃]	89[℃]	174[℃]	19.4[℃]

  ㉡ 무색의 결정 또는 액체로서 독특한 냄새가 난다.
  ㉢ 물에 녹지 않고, 알코올, 에터, 벤젠, 아세톤, 클로로폼에는 녹는다.
  ㉣ 알데하이드, 케톤, 당류의 분리, 확인을 위한 시약으로 사용되는 물질이다.

⑩ 염화벤조일
  ㉠ 물 성

화학식	지정수량	비 중	비 점	인화점	착화점	융 점
C_6H_5COCl	2,000[L]	1.21	74[℃]	72[℃]	197.2[℃]	-1[℃]

  ㉡ 자극성 냄새가 나는 무색의 액체이다.
  ㉢ 물에 분해되고 에터에는 녹는다.
  ㉣ 산화성 물질과 혼합 시 폭발할 우려가 있다.

(6) 제4석유류
① 위험성
  ㉠ 실온에서 인화위험은 없으나 가열하면 연소위험이 증가한다.
  ㉡ 일단 연소하면 액온이 상승하여 연소가 확대된다.
② 저장·취급
  ㉠ 화기를 엄금하고 발생된 증기의 누설을 방지하고 환기를 잘 시킨다.
  ㉡ 가연성 물질, 강산화성 물질과 격리한다.
③ 소화방법
  ㉠ 초기 화재 시 분말, 할로젠화합물, 이산화탄소가 적합하다.
  ㉡ 대형 화재 시 포소화약제에 의한 질식소화를 한다.
④ 종 류
  ㉠ **윤활유** : **기어유, 실린더유**, 터빈유, 모빌유, 엔진오일, 컴프레셔오일 등
  ㉡ **가소제유**(플라스틱의 강도, 유연성, 가소성, 연화온도 등을 자유롭게 조절하기 위하여 첨가하는 비휘발성유) : DOP, DNP, DINP, DBS, DOS, TCP, TOP, DINP 등

(7) 동식물유류 34회
① 위험성
  ㉠ 상온에서 인화위험은 없으나 가열하면 연소위험이 증가한다.
  ㉡ 발생 증기는 공기보다 무겁고 연소범위 하한이 낮아 인화위험이 높다.
  ㉢ **아마인유**는 **건성유**이므로 **자연발화 위험**이 있다.
  ㉣ 화재 시 액온이 높아 소화가 곤란하다.
② 저장·취급
  ㉠ 화기에 주의해야 하며 발생 증기는 인화되지 않도록 한다.
  ㉡ 건성유의 경우 자연발화 위험이 있으므로 다공성 가연물과 접촉을 피한다.
③ 소화방법
  ㉠ 초기 화재 시 분말, 할로젠화합물, 이산화탄소가 유효하고 분무주수도 가능하다.
  ㉡ 대형 화재 시 포에 의한 질식소화를 한다.

④ 종 류 40, 62, 73회

구 분	아이오딘값	반응성	불포화도	종 류
건성유	130 이상	큼	큼	해바라기유, 동유, **아마인유**, 정어리기름, 들기름
반건성유	100~130	중 간	중 간	채종유, 목화씨기름(면실유), 참기름, 콩기름
불건성유	100 이하	작 음	작 음	야자유, 올리브유, 피마자유, 동백유

㉠ 건성유 : 아이오딘값이 130 이상
㉡ 반건성유 : 아이오딘값이 100~130
㉢ 불건성유 : 아이오딘값이 100 이하

> 아이오딘값 : 유지 100[g]에 부가되는 아이오딘의 [g]수 32회

제5류 위험물

1 제5류 위험물의 특성

(1) 종 류 56, 71, 74회

품 명		해당하는 위험물	위험등급	지정수량
자기반응성 물질	유기과산화물	제2종	과산화벤조일, 과산화메틸에틸케톤, 과산화초산	II	100[kg]
	질산에스터류	제1종	나이트로셀룰로스, 나이트로글리세린, 나이트로글라이콜	I	10[kg]
		제2종	셀룰로이드	II	100[kg]
	하이드록실아민	제2종	-	II	100[kg]
	하이드록실아민염류	제2종	황산하이드록실아민, 염산하이드록실아민	II	100[kg]
	나이트로화합물	제1종	트라이나이트로톨루엔, 트라이나이트로페놀, 테트릴	I	10[kg]
	나이트로소화합물	제1종	-	I	10[kg]
		제2종	-	II	100[kg]
	아조화합물	제2종	아조비스아이소부티로나이트릴	II	100[kg]
	다이아조화합물	제2종	-	-	종 판단 필요
	하이드라진 유도체	제2종	염산하이드라진, 황산디하이드라진, 메틸하이드라진	II	100[kg]
	그밖에 행정안전부령이 정하는 것		금속의 아자이드화합물(제1종) 아자이드화나트륨	I	10[kg]
			질산구아니딘	-	자료없음

※ 지정수량은 제1종 : 10[kg], 제2종 : 100[kg]

(2) 정 의

자기반응성 물질은 고체 또는 액체로서 폭발의 위험성 또는 가열분해의 격렬함을 판단하기 위하여 고시로 정하는 시험에서 고시로 정하는 성질과 상태를 나타내는 것을 말하며 위험성 유무와 등급에 따라 제1종 또는 제2종으로 분류한다.

(3) 제5류 위험물의 일반적인 성질

① 외부로부터 산소의 공급 없이도 가열, 충격 등에 의해 연소 폭발을 일으킬 수 있는 **자기반응성 물질**이다.
② 하이드라진 유도체를 제외하고는 **유기화합물**이다.
③ 유기과산화물을 제외하고는 질소를 함유한 **유기질소화합물**이다.
④ 모두 가연성의 액체 또는 고체물질이고 연소할 때는 다량의 가스를 발생한다.
⑤ 시간의 경과에 따라 자연발화의 위험성이 있다.

(4) 제5류 위험물의 위험성

① 외부의 산소공급 없이도 **자기연소**하므로 연소속도가 빠르고 폭발적이다.

② 아조화합물, 다이아조화합물, 하이드라진 유도체는 고농도인 경우 충격에 민감하며 연소 시 순간적인 폭발로 이어진다.
③ 나이트로화합물은 화기, 가열, 충격, 마찰에 민감하여 폭발위험이 있다.
④ 강산화제, 강산류와 혼합한 것은 발화를 촉진시키고 위험성도 증가한다.

(5) 제5류 위험물의 저장 및 취급방법
① 화염, 불꽃 등 점화원의 접근엄금, 가열, 충격, 마찰, 타격 등을 피한다.
② 강산화제, 강산류, 기타 물질이 혼입되지 않도록 한다.
③ 소분하여 저장하고 용기의 파손 및 위험물의 누출을 방지한다.

(6) 소화방법 38회
주수에 의한 냉각소화

> **Plus One** 제5류 위험물의 반응식
> - 나이트로글리세린의 분해반응식
> $4C_3H_5(ONO_2)_3 \rightarrow 12CO_2 + 10H_2O + 6N_2\uparrow + O_2\uparrow$
> - TNT의 분해반응식
> $2C_6H_2CH_3(NO_2)_3 \rightarrow 2C + 3N_2\uparrow + 5H_2\uparrow + 12CO\uparrow$
> - 피크르산의 분해반응식
> $2C_6H_2OH(NO_2)_3 \rightarrow 2C + 3N_2\uparrow + 3H_2\uparrow + 4CO_2\uparrow + 6CO\uparrow$

2 각 위험물의 종류 및 물성

(1) 유기과산화물(Organic Peroxide)

> - 정의 : -O-O-기의 구조를 가진 산화물
> - 특성
>   - 불안정하며 자기반응성 물질이기 때문에 무기과산화물류보다 더 위험하다.
>   - 산소원자 사이의 결합이 약하기 때문에 가열, 충격, 마찰에 의해 분해된다.
>   - 분해된 산소에 의해 강한 산화작용을 일으켜 폭발을 일으키기 쉽다.

① 과산화벤조일(Benzoyl Peroxide, 벤조일퍼옥사이드, BPO)
　㉠ 물성

화학식	지정수량	비중	융점	착화점
$(C_6H_5CO)_2O_2$	100[kg]	1.33	105[℃]	80[℃]

　㉡ **무색무취**의 **백색 결정**으로 **강산화성 물질**이다.
　㉢ 물에 녹지 않고, 알코올에는 약간 용해한다.
　㉣ **프탈산다이메틸**(DMP), **프탈산다이부틸**(DBP)의 **희석제**를 사용한다.
　㉤ 발화되면 연소속도가 빠르고 건조상태에서는 위험하다.
　㉥ 마찰, 충격으로 폭발의 위험이 있다.

◇ 가열하면 100[℃]에서 흰 연기를 내며 분해되기 시작한다.
◎ 소화방법은 소량일 때에는 탄산가스, 분말, 건조된 모래로 **대량**일 때에는 **물**이 효과적이다.

> **Plus One** 과산화벤조일의 구조식 49, 57, 62, 71회
>
> $$\langle\bigcirc\rangle - \overset{O}{\underset{\|}{C}} - O - O - \overset{O}{\underset{\|}{C}} - \langle\bigcirc\rangle$$

② 과산화메틸에틸케톤(Methyl Ethyl Ketone Peroxide, MEKPO)
  ㉠ 물 성

화학식	지정수량	비 중	융 점	착화점
$C_8H_{16}O_4$	100[kg]	1.06	20[℃]	555.5[℃]

  ㉡ **무색, 특이**한 **냄새**가 나는 **기름 모양**의 **액체**이다.
  ㉢ 물에 약간 녹고 알코올, 에터, 케톤에는 녹는다.
  ㉣ 빛, 열, 알칼리금속에 의하여 분해된다.
  ㉤ 40[℃] 이상에서 분해가 시작되어 110[℃] 이상이면 발열하고 분해가스가 연소한다.

> **Plus One** MEKPO의 구조식
>
> $$\begin{array}{c} CH_3 \quad O—O \quad CH_3 \\ \diagdown C \diagup \quad \diagdown C \diagup \\ C_2H_5 \quad O—O \quad C_2H_5 \end{array}$$

③ 과산화초산(Peracetic Acid)
  ㉠ 물 성

화학식	지정수량	인화점	착화점	비 중	융 점	비 점
CH_3COOOH	100[kg]	56[℃]	200[℃]	1.13	-0.2[℃]	105[℃]

  ㉡ 아세트산 냄새가 나는 무색의 **가연성 액체**이다.
  ㉢ 충격, 마찰, 타격에 민감하다.

④ 아세틸퍼옥사이드(Acetyl Peroxide) 42, 52, 66회
  ㉠ 물 성

화학식	지정수량	성 상	비 중	융 점	인화점
$(CH_3CO)_2O_2$	100[kg]	고 체	1.2	30[℃]	45[℃]

  ㉡ 제5류 위험물의 유기과산화물로서 무색의 고체이다.

> **Plus One** 아세틸퍼옥사이드의 구조식 42, 52, 66회
>
> $$CH_3 - \overset{O}{\underset{\|}{C}} - O - O - \overset{O}{\underset{\|}{C}} - CH_3$$

  ㉢ 충격, 마찰에 의하여 분해하고 가열하면 폭발한다.
  ㉣ 희석제인 DMF를 75[%] 첨가시켜서 0~5[℃] 이하의 저온에서 저장한다.
  ㉤ 화재 시 다량의 물로 냉각소화한다.

(2) 질산에스터류

- 정의 : 질산(HNO₃)의 수소(H)원자를 알킬기(C_nH_{2n+1})로 치환된 화합물이다.
  $$R-OH + HNO_3 \rightarrow R-ONO_2 + H_2O$$
  (질산에스터)
- 특 성
  - 분자 내부에 산소를 함유하고 있어 불안정하며 분해가 용이하다.
  - 가열, 마찰, 충격으로 폭발이 쉬우며 폭약의 원료로 많이 사용된다.

① 나이트로셀룰로스(Nitro Cellulose, NC) 31, 32, 35, 36, 38회
  ㉠ 물 성

화학식	지정수량	비 중	융 점
$[C_6H_7O_2(ONO_2)_3]_n$	10[kg]	1.23	165[℃]

  ㉡ 무색 또는 백색의 고체이다.
  ㉢ 물에 약간 녹고 알코올, 아세톤에는 잘 녹는다.
  ㉣ **셀룰로스**에 진한 황산과 진한 질산의 **혼산으로 반응시켜 제조한 것**이다.
  ㉤ 저장 중에 **물** 또는 **알코올**로 **습윤**시켜 저장한다(통상적으로 아이소프로필알코올 30[%] 습윤시킴).

  > NC는 폭발을 방지하기 위하여 물 또는 알코올로 습윤시켜 저장한다.

  ㉥ 가열, 마찰, 충격에 의하여 격렬히 연소, 폭발한다.
  ㉦ 130[℃]에서는 서서히 분해하여 180[℃]에서 불꽃을 내면서 급격히 연소한다.
  ㉧ **질화도가 클수록 폭발성이 크다.**
  ㉨ 열에 의하여 자연발화할 우려가 있다.
  ㉩ 용도로는 면약, 래커, 콜로디온의 제조에 쓰인다.

  - **질화도** : 나이트로셀룰로스 속에 함유된 **질소의 함유량**
    - **강면약** : 질화도 N > 12.76[%]
    - **약면약** : 질화도 N < 10.18~12.76[%]
  - NC의 분해반응식
    $$2C_{24}H_{29}O_9(ONO_2)_{11} \rightarrow 24CO_2\uparrow + 24CO\uparrow + 12H_2O + 17H_2\uparrow + 11N_2\uparrow$$

② 나이트로글리세린(Nitro Glycerine, NG)
  ㉠ 물 성 54, 68회

화학식	지정수량	융 점	비 점	비 중
$C_3H_5(ONO_2)_3$	10[kg]	2.8[℃]	218[℃]	1.5

  ㉡ **무색투명한 기름성의 액체(공업용 : 담황색)**이다.
  ㉢ 알코올, 에터, 벤젠, 아세톤 등 유기용제에는 녹는다.
  ㉣ 상온에서 액체이고 겨울에는 동결한다.
  ㉤ 혀를 찌르는 듯한 단맛이 있다.

ⓑ 수산화나트륨-알코올의 혼합액에 분해하여 비폭발성 물질로 된다.
ⓢ 일부가 동결한 것은 액상의 것보다 충격에 민감하다.
ⓞ 피부 및 호흡에 의해 인체의 순환계통에 용이하게 흡수된다.
ⓩ 가열, 마찰, 충격에 민감하다(**폭발을 방지**하기 위하여 **다공성 물질에 흡수**시킨다).

> 다공성 물질 : 규조토, 톱밥, 소맥분, 전분

ⓩ 규조토에 흡수시켜 다이너마이트를 제조할 때 사용한다.

> • 나이트로글리세린의 구조식 51, 62, 71회
>
> $$H-\underset{\underset{NO_2}{|}}{\underset{|}{C}}-\underset{\underset{NO_2}{|}}{\underset{|}{C}}-\underset{\underset{NO_2}{|}}{\underset{|}{C}}-H$$
>
> 의 H가 각각 붙음
>
> • NG의 분해반응식 33, 44, 45, 49, 54, 56, 59, 63, 68, 71, 75회
> $4C_3H_5(ONO_2)_3 \rightarrow 12CO_2\uparrow + 10H_2O + 6N_2\uparrow + O_2\uparrow$

③ 셀룰로이드 32회

ⓐ 질산셀룰로스와 장뇌의 균일한 콜로이드 분산액으로부터 개발한 최초의 합성 플라스틱 물질
ⓑ 무색 또는 황색의 반투명 고체이나 열이나 햇빛에 의해 황색으로 변색된다.
ⓒ 물에 녹지 않고 아세톤, 알코올, 초산에스터류에는 잘 녹는다.
ⓓ 지정수량은 100[kg]이고, 비중은 1.35~1.60이다.
ⓔ 연소 시 유독가스가 발생한다.
ⓕ 습도와 온도가 높을 경우 자연발화의 위험이 있다.

④ 질산메틸

ⓐ 물 성

화학식	지정수량	비 점	증기비중
CH_3ONO_2	10[kg]	66[℃]	2.66

ⓑ 메틸알코올과 질산을 반응하여 질산메틸(CH_3ONO_2)을 제조한다.

> $CH_3OH + HNO_3 \rightarrow CH_3ONO_2 + H_2O$

ⓒ **무색투명한 액체**로서 **단맛**이 있으며 **방향성**을 갖는다.
ⓓ 물에 녹지 않고 **알코올, 에터에는 잘 녹는다.**
ⓔ 폭발성은 거의 없으나 인화의 위험성은 있다.

⑤ 질산에틸
　㉠ 물 성

화학식	지정수량	비 점	증기비중
$C_2H_5ONO_2$	10[kg]	88[℃]	3.14

　㉡ **에틸알코올**과 **질산**을 반응하여 **질산에틸($C_2H_5ONO_2$)**을 제조한다.

$$C_2H_5OH + HNO_3 \rightarrow C_2H_5ONO_2 + H_2O$$

　㉢ **무색투명한 액체**로서 **방향성**을 갖는다.
　㉣ **물에 녹지 않고 알코올에는 잘 녹는다.**
　㉤ **인화성이 강하고 비점 이상에서 폭발한다.**

⑥ 나이트로글라이콜(Nitro Glycol) 43, 46, 55, 65, 72회
　㉠ 물 성

화학식	지정수량	비 중	융 점	비 점
$C_2H_4(ONO_2)_2$	10[kg]	1.5	-22[℃]	114[℃]

　㉡ 순수한 것은 **무색**이나 **공업용**은 **담황색** 또는 **분홍색**의 액체이다.
　㉢ 물에 녹지 않고 알코올, 아세톤, 벤젠에는 잘 녹는다.
　㉣ 마찰, 충격에 민감하고 산이 존재하면 분해되어 폭발할 수도 있다.

(3) 나이트로화합물

> • 정의 : 유기화합물의 수소원자를 나이트로기($-NO_2$)로 치환한 화합물
> • 특 성
> － 나이트로기가 많을수록 연소하기 쉽고 폭발력도 커진다.
> － 공기 중 자연발화 위험은 없으나, 가열·충격·마찰에 위험하다.
> － 연소 시 CO, N_2O 등 유독가스가 다량 발생하므로 주의해야 한다.

① 트라이나이트로톨루엔(Tri Nitro Toluene, TNT) 41, 42, 56, 64회
　㉠ 물 성

화학식	지정수량	분자량	비 점	융 점	비 중
$C_6H_2CH_3(NO_2)_3$	10[kg]	227	240[℃]	80.1[℃]	1.0

　㉡ **담황색**의 **결정**으로 강력한 **폭약**이다.
　㉢ **충격에는 민감하지 않으나** 급격한 **타격**에 의하여 **폭발**한다.
　㉣ **물에 녹지 않고**, 알코올에는 가열하면 녹고, 아세톤, 벤젠, 에터에는 잘 녹는다.
　㉤ 일광에 의해 갈색으로 변하고 가열, 타격에 의하여 폭발한다.
　㉥ **충격 감도는 피크르산보다 약하다.**
　㉦ TNT가 분해할 때 질소, 일산화탄소, 수소가스가 발생한다.

- TNT의 구조식 및 제법 35, 48, 50, 69회
  톨루엔을 진한 질산과 진한 황산으로 나이트로화시켜 제조한다.

  $$\underset{\text{톨루엔}}{C_6H_5CH_3} + 3HNO_3 \xrightarrow[\text{나이트로화}]{c-H_2SO_4} C_6H_2CH_3(NO_2)_3 + 3H_2O$$

- TNT의 분해반응식 35, 48, 50, 74회
  $2C_6H_2CH_3(NO_2)_3 \rightarrow 2C + 3N_2\uparrow + 5H_2\uparrow + 12CO\uparrow$

② 트라이나이트로페놀(Tri Nitro Phenol, 피크르산) 35, 41, 49, 58, 61, 64, 67회

㉠ 물 성

화학식	지정수량	융 점	착화점	비 중
$C_6H_2OH(NO_2)_3$	10[kg]	121[℃]	300[℃]	1.8

㉡ 광택 있는 **황색**의 **침상 결정**이고 찬물에는 미량 녹으며 알코올, 에터, 온수에는 잘 녹는다.
㉢ 나이트로화합물류 중 분자구조 내에 하이드록시기(-OH)를 갖는 위험물이다.
㉣ **쓴맛**과 **독성**이 있다.
㉤ 단독으로 가열, 마찰 충격에 안정하고 **연소 시 검은 연기를 내지만 폭발**은 **하지 않는다.**
㉥ 금속염과 혼합하면 폭발이 심하며 가솔린, 알코올, 아이오딘, 황과 혼합하면 마찰, 충격에 의하여 심하게 폭발한다.
㉦ 피크르산 1몰 중 질소의 함유량[%] 35, 41, 58, 64회

$= \dfrac{3 \times 14}{229} \times 100 = 18.34[\%]$ (피크르산의 분자량 : 229)

- 피크르산의 구조식 및 제법

  $$C_6H_5OH + 3HNO_3 \xrightarrow{c-H_2SO_4} C_6H_2OH(NO_2)_3 + 3H_2O$$

- 피크르산의 분해반응식
  $2C_6H_2OH(NO_2)_3 \rightarrow 2C + 3N_2\uparrow + 3H_2\uparrow + 4CO_2\uparrow + 6CO\uparrow$

③ 테트릴(Tetryl, Tetranitromethyl Aniline)

㉠ 물 성

화학식	지정수량	융 점	비 중
$C_6H_2(NO_2)_4NCH_3$	10[kg]	130~132[℃]	1.0

㉡ 황백색의 침상 결정이다.
㉢ 물에 녹지 않고 아세톤, 벤젠에는 녹고 차가운 알코올은 조금 용해한다.
㉣ 피크르산이나 TNT보다 더 민감하고 폭발력이 높다.

ⓜ 화기의 접근을 피하고 마찰, 충격을 주어서는 안 된다.
　　ⓑ 물, 분말, 포말소화약제가 적합하다.

(4) 나이트로소화합물

> • 정의 : 나이트로소기(-NO)를 가진 화합물
> • 특 성
>   - 산소를 함유하고 있는 자기연소성, 폭발성 물질이다.
>   - 대부분 불안정하며 연소속도가 빠르다.
>   - 가열, 마찰, 충격에 의해 폭발의 위험이 있다.

① 파라다이나이트로소벤젠[Para DiNitroso Benzene, $C_6H_4(NO)_2$] 35회
　　㉠ 황갈색의 분말이다.
　　㉡ 가열, 마찰, 충격에 의하여 폭발하나 폭발력은 강하지 않다.
　　㉢ 가열하면 분해하여 암모니아, 질소, 포르말린을 생성한다.
　　㉣ **고무 가황제의 촉매**로 사용한다.

② 다이나이트로소레조르신[Di Nitroso Resorcinol, $C_6H_2(OH)_2(NO)_2$]
　　㉠ 회흑색의 광택 있는 결정으로 폭발성이 있다.
　　㉡ 162~163[℃]로 가열하면 분해하여 암모니아, 질소, 포르말린을 생성한다.

③ 다이나이트로소펜타메틸렌테드라민[DPT, $C_5H_{10}N_4(NO)_2$]
　　㉠ 광택 있는 크림색의 분말이다.
　　㉡ 가열 또는 산을 가하면 200~205[℃]에서 분해하여 폭발한다.

(5) 아조화합물

> • 정의 : 아조기(-N=N-)가 탄화수소의 탄소원자와 결합되어 있는 유기화합물
> • 종 류
>   - 아조벤젠(Azo Benzene, $C_6H_5N = NC_6H_5$)
>   - 아조비스 아이소부티로 나이트릴[Azobis Iso Butyro Nitrile, $CNC(CH_3)_2N_2$]
>   - 아조다이카본 아마이드[Azodicarbon Amide, $(NH_2CON)_2$]

(6) 다이아조화합물

> • 정의 : 다이아조기(-N≡N-)가 탄화수소의 탄소원자와 결합되어 있는 화합물
> • 종 류
>   - 고농도의 것은 매우 예민하여 가열, 충격, 마찰에 의한 폭발위험이 높다.
>   - 분진이 체류하는 곳에서는 대형 분진폭발 위험이 있으며 다른 물질과 합성 반응 시 폭발위험이 따른다.
>   - 저장 시 안정제로는 황산알루미늄을 사용한다.

① 다이아조다이나이트로페놀[Diazo DiNitro Phenol, DDNP, $C_6H_2ON_2(NO_2)_2$]
② 다이아조아세토나이트릴(Diazo Acetonitrile, C_2HN_3)

(7) 하이드라진 유도체

① 염산 하이드라진(Hydrazine Hydrochloride, $N_2H_4 \cdot HCl$)
    ㉠ 백색 결정성 분말로서 흡습성이 강하다.
    ㉡ 물에 녹고, 알코올에는 녹지 않는다.
    ㉢ 질산은($AgNO_3$)용액을 가하면 백색침전(AgCl)이 생긴다.
② 황산 하이드라진(Di-Hydrazine Sulfate, $N_2H_4 \cdot H_2SO_4$)
    ㉠ 백색 또는 무색 결정성 분말이다.
    ㉡ 물에 녹고, 알코올에는 녹지 않는다.
③ 메틸 하이드라진(Methyl Hydrazine, CH_3NHNH_2)
    ㉠ 암모니아 냄새가 나는 액체이다.
    ㉡ 물에 녹고 상온에서 인화의 위험이 없다.
    ㉢ 착화점은 비교적 낮고 연소범위는 넓다.
④ 기 타
    ㉠ 다이메틸하이드라진[$(CH_3)_2NNH_2$] : 무색의 액체
    ㉡ 하이드라진에탄올[$HOCH_2CH_2NHNH_2$] : 황색의 액체
    ㉢ 하이드라진 모노하이드레이트[N_2H_4] : 무색의 액체

(8) 하이드록실아민

① 물 성

화학식	지정수량	분자량	비 점	비 중
NH_2OH	100[kg]	33	116[℃]	1.12

② 무색의 사방정계 결정으로 조해성이 있다.
③ 물, 메탄올에 녹고 온수에서는 서서히 분해한다.
④ 130[℃]로 가열하면 폭발한다.

(9) 하이드록실아민염류

① 황산하이드록실아민
    ㉠ 화학식은 $(NH_2OH)_2 \cdot H_2SO_4$이다.
    ㉡ 흰색의 모래와 같은 결정이다.
    ㉢ 물에 녹고 알코올에는 약간 녹는다.
    ㉣ 170[℃]로 가열하면 폭발하여 분해한다.

(10) 금속의 아자이드화합물

① 아자이드화나트륨(NaN$_3$)
  ㉠ 무색의 육방정계의 결정이다.
  ㉡ 물에 녹고 산과 접촉하면 아자이드화수소(HN$_3$)가 생성된다.
  ㉢ 300[℃]로 가열하면 분해하여 나트륨과 질소를 발생한다.

② 아자이드화납[Pb(N$_3$)$_2$]
  ㉠ 무색의 단사정계 또는 사방정계의 결정이다.
  ㉡ 폭발성이 크므로 기폭제로 사용한다.

③ 아자이드화은(AgN$_3$)
  ㉠ 무색의 사방정계의 결정이다.
  ㉡ 170[℃]에서 분해가 시작되어 300[℃]에서 폭발한다.

(11) 질산구아니딘

① 화학식은 C(NH$_2$)$_3$NO$_3$이다.
② 백색의 결정성 분말로서 250[℃]에서 분해한다.
③ 가연물과 접촉하면 발화할 수 있고 가열하면 폭발한다.
④ 로켓추진제, 폭발물의 제조에 사용한다.

CHAPTER 06 제6류 위험물

1 제6류 위험물의 특성

(1) 종류 63회

유별	성질	품명	위험등급	지정수량
제6류	산화성 액체	과염소산($HClO_4$), 과산화수소(H_2O_2), 질산(HNO_3)	I	300[kg]
		할로젠간화합물(BrF_3, BrF_5, IF_5 등)	I	300[kg]

(2) 정의

① 산화성 액체 : 액체로서 산화력의 잠재적인 위험성을 판단하기 위하여 고시로 정하는 시험에서 고시로 정하는 성질과 상태를 나타내는 것
② 과산화수소 : 농도가 36[wt%] 이상인 것
③ 질산 : 비중이 1.49 이상인 것

(3) 제6류 위험물의 일반적인 성질 38회

① **산화성 액체**이며 무기화합물로 이루어져 형성된다.
② 무색 투명하며 **비중은 1보다 크고**, 표준상태에서는 모두가 **액체**이다.
③ **과산화수소를 제외**하고 **강산성 물질**이며 물에 녹기 쉽다.
④ **불연성 물질**이며 가연물, 유기물 등과의 혼합으로 발화한다.
⑤ 증기는 유독하며 피부와 접촉 시 점막을 부식시킨다.

(4) 제6류 위험물의 위험성

① 자신은 **불연성 물질**이지만 산화성이 커 다른 물질의 연소를 돕는다.
② 강환원제, 일반 가연물과 혼합하면 발화하거나 가열 등에 의해 위험한 상태가 된다.
③ 과산화수소를 제외하고 물과 접촉하면 심하게 발열한다.

(5) 제6류 위험물의 저장 및 취급방법

① 염, 물과의 접촉을 피한다.
② 직사광선 차단, 강환원제, 유기물질, 가연성 위험물과 접촉을 피한다.
③ 저장용기는 **내산성 용기**를 사용해야 한다.

(6) 소화방법
주수에 의한 냉각소화(**주수소화**)가 적합하다.

2 각 위험물의 종류 및 물성

(1) 과염소산(Perchloric Acid) 32회
① 물 성

화학식	지정수량	비 점	융 점	비 중
$HClO_4$	300[kg]	39[℃]	-112[℃]	1.76

② 무색무취의 유동하기 쉬운 액체로 **흡습성**이 강하며 **휘발성**이 있다.
③ 가열하면 폭발하고 산성이 강한 편이다.
④ 물과 반응하면 심하게 발열하며 반응으로 생성된 혼합물도 강한 산화력을 가진다.
⑤ **불연성 물질**이지만 **자극성, 산화성**이 매우 크다.
⑥ 대단히 불안정한 강산으로 순수한 것은 분해가 용이하고 폭발력을 가진다.
⑦ **밀폐용기**에 넣어 저장하고 저온에서 통풍이 잘되는 곳에 저장한다.
⑧ 환원제, 알코올류, 사이안화합물, 알칼리와의 접촉을 방지한다.
⑨ 다량의 물로 분무주수하거나 분말소화약제를 사용한다.
⑩ **물과 작용**하여 **6종**의 **고체수화물**을 만든다.
　㉠ $HClO_4 \cdot H_2O$
　㉡ $HClO_4 \cdot 2H_2O$
　㉢ $HClO_4 \cdot 2.5H_2O$
　㉣ $HClO_4 \cdot 3H_2O$(2종류)
　㉤ $HClO_4 \cdot 3.5H_2O$

> **Plus One** 과염소산의 가열분해 반응식
> $$HClO_4 \xrightarrow{\triangle} HCl + 2O_2$$
> 　　　　(염화수소) (산소)

(2) 과산화수소(Hydrogen Peroxide) 32, 33, 37회
① 물 성

화학식	지정수량	농 도	비 점	융 점	비 중
H_2O_2	300[kg]	36[wt%] 이상	152[℃]	-17[℃]	1.463(100%)

② **점성이 있는 무색 액체**(다량일 경우 : 청색)이다.
③ 투명하며 물보다 무겁고 수용액 상태는 비교적 안정하다.
④ **물, 알코올, 에터에 녹고, 벤젠에는 녹지 않는다.**
⑤ 유기물 등의 가연물에 접촉하면 연소를 촉진시키고 혼합물에 따라 발화한다.
⑥ 농도 **60[wt%] 이상**은 충격, 마찰에 의해서도 단독으로 **분해폭발 위험**이 있다.

⑦ 나이트로글리세린, **하이드라진(N_2H_4)**과 **혼촉**하면 분해하여 **발화, 폭발**한다. 33, 70회

$$2H_2O_2 + N_2H_4 \rightarrow 4H_2O + N_2$$

⑧ **저장용기**는 밀봉하지 말고 **구멍이 있는 마개**를 사용해야 한다.
⑨ 소량 누출 시 물로 희석하고 다량 누출 시 흐름을 차단하여 물로 씻는다.

- 과산화수소의 안정제 : 인산(H_3PO_4), 요산($C_5H_4N_4O_3$) 37회
- 옥시풀 : 과산화수소 3[%] 용액의 소독약
- 과산화수소의 분해반응식(정촉매 : MnO_2, KI) 63, 66, 70, 71회

  $$2H_2O_2 \xrightarrow{MnO_2} 2H_2O + O_2$$

- 과산화수소의 저장용기 : 착색 유리병
- **구멍 뚫린 마개를 사용하는 이유** : 상온에서 서서히 분해하면 산소를 발생하여 폭발의 위험이 있어 통기를 위하여

(3) 질 산 32, 34, 38회

① 물 성 70회

화학식	지정수량	비 점	융 점	비 중
HNO_3	300[kg]	122[℃]	-42[℃]	1.49

② **흡습성**이 강하여 습한 공기 중에서 발열하는 무색의 무거운 액체이다.
③ **자극성, 부식성**이 강하며 비점이 낮아 휘발성이고 햇빛에 의해 일부 분해한다.
④ 진한 질산을 가열하면 **적갈색**의 **갈색증기(NO_2)**가 발생한다.
⑤ 목탄분, 천, 실, 솜 등에 스며들어 방치하면 자연발화한다.
⑥ 강산화제, K, Na, NH_4OH, $NaClO_3$와 접촉 시 폭발위험이 있다.
⑦ 진한 질산은 Co, Fe, Ni, Cr, Al을 부동태화한다.

> **Plus One** 부동태화 34회
> 철(Fe), 코발트(Co), 니켈(Ni), 알루미늄(Al), 크로뮴(Cr) 등은 진한 질산과 작용하여 금속 표면에 얇은 수산화물의 피막이 생겨 더 이상 산화가 진행되지 않는 현상

⑧ 질산은 단백질과 잔토프로테인 반응을 하여 노란색으로 변한다.

> **Plus One** 잔토프로테인 반응
> 단백질 검출 반응의 하나로서 아미노산 또는 단백질에 진한 질산을 가하여 가열하면 황색이 되고, 냉각하여 염기성으로 되게 하면 **등황색**을 띠는 현상

⑨ **물과 반응**하면 **발열**한다.
⑩ 화재 시 다량의 물로 소화한다.

- 질산에 부식되지 않는 것 : 백금(Pt)
- 왕수 : 진한 질산과 진한 염산을 1 : 3의 비율로 섞은 용액으로 금이나 백금을 녹인다.
- **질산의 분해반응식** : $4HNO_3 \rightarrow 2H_2O + 4NO_2\uparrow + O_2\uparrow$ 34, 63회

(4) 할로젠간 화합물 63, 70회

종류	화학식	비점	융점	비중
트라이플루오로화브로민	BrF_3	125[℃]	8.77[℃]	2.8
펜타플루오로화브로민	BrF_5	40.8[℃]	-60.5[℃]	2.5
펜타플루오로화아이오딘	IF_5	100.5[℃]	9.43[℃]	3.19

① 트라이플루오로화브로민
  ㉠ 자극성 냄새가 나는 무색의 액체이다.
  ㉡ 부식성이 있다.

② 펜타플루오로화브로민
  ㉠ 냄새가 심하게 나는 무색의 액체이다.
  ㉡ 산과 반응하면 부식성 가스를 발생한다.
  ㉢ 물과 혼합하면 폭발의 위험이 있다.

③ 펜타플루오로화아이오딘
  ㉠ 냄새가 심하게 나는 무색의 액체이다.
  ㉡ 부식성이 있고 물에 잘 녹는다.

3 복수성상물품(성질란에 규정된 성상을 2가지 이상 포함하는 물질) 52, 55, 62, 63, 68, 69, 71회

(1) 복수성상물품이 **산화성 고체(제1류)**의 성상 및 **가연성 고체(제2류)**의 성상을 가지는 경우 : **제2류** 제8호의 규정에 의한 품명

(2) 복수성상물품이 **산화성 고체(제1류)**의 성상 및 **자기반응성 물질(제5류)**의 성상을 가지는 경우 : **제5류** 제11호의 규정에 의한 품명

(3) 복수성상물품이 **가연성 고체(제2류)**의 성상 및 **자연발화성 물질(제3류)**의 성상 및 **금수성 물질(제3류)**의 성상을 가지는 경우 : **제3류** 제12호의 규정에 의한 품명

(4) 복수성상물품이 **자연발화성 물질(제3류)**의 성상, **금수성 물질(제3류)**의 성상 및 **인화성 액체(제4류)**의 성상을 가지는 경우 : 제3류 제12호의 규정에 의한 품명

(5) 복수성상물품이 **인화성 액체(제4류)**의 성상 및 **자기반응성 물질(제5류)**의 성상을 가지는 경우 : **제5류** 제11호의 규정에 의한 품명

PART 02 실전예상문제

001
제1류 위험물의 일반적인 성질 3가지를 쓰시오.

해설

제1류 위험물의 일반적인 성질
① 모두 무기화합물로서 대부분 무색 결정 또는 백색 분말의 산화성 고체이다.
② 강산화성 물질이며 불연성 고체이다.
③ 가열, 충격, 마찰, 타격으로 분해하여 산소를 방출한다.
④ 비중은 1보다 크며 물에 녹는 것도 있고 질산염류와 같이 조해성이 있는 것도 있다.
⑤ 가열하여 용융된 진한 용액은 가연성 물질과 접촉 시 혼촉발화의 위험이 있다.

정답
- 모두 무기화합물로서 대부분 무색 결정 또는 백색 분말의 산화성 고체이다.
- 강산화성 물질이며 불연성 고체이다.
- 가열, 충격, 마찰, 타격으로 분해하여 산소를 방출한다.

002
다음은 위험물안전관리법에서 정하는 액상의 정의로서 ( ) 안에 알맞은 수치를 쓰시오.
"액상"이란 수직으로 된 안지름 (㉮)[mm], 높이 (㉯)[mm]의 원통형 유리관에 시료를 (㉰)[mm]까지 채운 다음 해당 유리관을 수평으로 하였을 때 시료 액면의 끝부분이 (㉱)[mm] 이동하는 데 걸리는 시간이 (㉲)초 이내인 것을 말한다.

해설

용어의 정의(시행령 별표 1)
① "산화성 고체"란 고체[액체(1기압 및 20[℃]에서 액상인 것 또는 20[℃] 초과 40[℃] 이하에서 액상인 것을 말한다) 또는 기체(1기압 및 20[℃]에서 기상인 것을 말한다) 외의 것을 말한다]로서 산화력의 잠재적인 위험성 또는 충격에 대한 민감성을 판단하기 위하여 소방청장이 정하여 고시(이하 "고시"라 한다)하는 시험에서 고시로 정하는 성질과 상태를 나타내는 것을 말한다. 이 경우 "액상"이라 함은 수직으로 된 시험관(안지름 30[mm], 높이 120[mm]의 원통형 유리관을 말한다)에 시료를 55[mm]까지 채운 다음 해당 시험관을 수평으로 하였을 때 시료액면의 끝부분이 30[mm]를 이동하는 데 걸리는 시간이 90초 이내에 있는 것을 말한다.
② "가연성 고체"란 고체로서 화염에 의한 발화의 위험성 또는 인화의 위험성을 판단하기 위하여 고시로 정하는 시험에서 고시로 정하는 성질과 상태를 나타내는 것을 말한다.
③ 황은 순도가 60[wt%] 이상인 것을 말하며 순도측정을 하는 경우 불순물은 활석 등 불연성 물질과 수분으로 한정한다.
④ "철분"이란 철의 분말로서 53[μm]의 표준체를 통과하는 것이 50[wt%] 미만인 것은 제외한다.
⑤ "금속분"이란 알칼리금속·알칼리토금속·철 및 마그네슘 외의 금속의 분말을 말하고, 구리분·니켈분 및 150[μm]의 체를 통과하는 것이 50[wt%] 미만인 것은 제외한다.

⑥ 마그네슘 및 제2류 제8호의 물품 중 마그네슘을 함유한 것에 있어서는 다음에 해당하는 것은 제외한다.
  ㉠ 2[mm]의 체를 통과하지 않는 덩어리 상태의 것
  ㉡ 지름 2[mm] 이상의 막대 모양의 것
⑦ "인화성 고체"란 고형알코올 그 밖에 1[atm]에서 인화점이 40[℃] 미만인 고체를 말한다.
⑧ "자연발화성 물질 및 금수성 물질"이란 고체 또는 액체로서 공기 중에서 발화의 위험성이 있거나 물과 접촉하여 발화하거나 가연성 가스를 발생하는 위험성이 있는 것을 말한다.
⑨ "인화성 액체"란 액체(제3석유류, 제4석유류 및 동식물유류에 있어서는 1[atm]과 20[℃]에서 액상인 것에 한한다)로서 인화의 위험성이 있는 것을 말한다.
⑩ "특수인화물"이란 이황화탄소, 다이에틸에터 그 밖에 1[atm]에서 발화점이 100[℃] 이하인 것 또는 인화점이 -20[℃] 이하이고 비점이 40[℃] 이하인 것을 말한다.
⑪ "제1석유류"란 아세톤, 휘발유 그 밖에 1[atm]에서 인화점이 21[℃] 미만인 것을 말한다.
⑫ "알코올류"란 1분자를 구성하는 탄소원자의 수가 1개부터 3개까지인 포화1가 알코올(변성알코올을 포함한다)을 말한다. 다만, 다음에 해당하는 것은 제외한다.
  ㉠ 1분자를 구성하는 탄소원자의 수가 1개 내지 3개의 포화1가 알코올의 함유량이 60[wt%] 미만인 수용액
  ㉡ 가연성 액체량이 60[wt%] 미만이고 인화점 및 연소점(태그개방식 인화점측정기에 의한 연소점을 말한다)이 에틸알코올 60[wt%] 수용액의 인화점 및 연소점을 초과하는 것
⑬ "제2석유류"란 등유, 경유 그 밖에 1[atm]에서 인화점이 21[℃] 이상 70[℃] 미만인 것을 말한다. 다만, 도료류 그 밖의 물품에 있어서 가연성 액체량이 40[wt%] 이하이면서 인화점이 40[℃] 이상인 동시에 연소점이 60[℃] 이상인 것은 제외한다.
⑭ "제3석유류"란 중유, 크레오소트유 그 밖에 1[atm]에서 인화점이 70[℃] 이상 200[℃] 미만인 것을 말한다. 다만, 도료류 그 밖의 물품은 가연성 액체량이 40[wt%] 이하인 것은 제외한다.
⑮ "제4석유류"란 기어유, 실린더유 그 밖에 1[atm]에서 인화점이 200[℃] 이상 250[℃] 미만의 것을 말한다. 다만, 도료류 그 밖의 물품은 가연성 액체량이 40[wt%] 이하인 것은 제외한다.
⑯ "동식물유류"란 동물의 지육(枝肉 : 머리, 내장, 다리를 잘라 내고 아직 부위별로 나누지 않은 고기를 말한다) 등 또는 식물의 종자나 과육으로부터 추출한 것으로서 1[atm]에서 인화점이 250[℃] 미만인 것을 말한다. 다만, 법 제20조 제1항의 규정에 의하여 행정안전부령이 정하는 용기기준과 수납·저장기준에 따라 수납되어 저장·보관되고 용기의 외부에 물품의 통칭명, 수량 및 화기엄금(화기엄금과 동일한 의미를 갖는 표시를 포함한다)의 표시가 있는 경우를 제외한다.
⑰ "자기반응성 물질"이란 고체 또는 액체로서 폭발의 위험성 또는 가열분해의 격렬함을 판단하기 위하여 고시로 정하는 시험에서 고시로 정하는 성질과 상태를 나타내는 것을 말하며 위험성 유무와 등급에 따라 제1종, 제2종으로 분류한다.
⑱ "산화성 액체"란 액체로서 산화력의 잠재적인 위험성을 판단하기 위하여 고시로 정하는 시험에서 고시로 정하는 성질과 상태를 나타내는 것을 말한다.
⑲ 과산화수소는 그 농도가 36[wt%] 이상인 것에 한한다.
⑳ 질산은 그 비중이 1.49 이상인 것에 한한다.

정답 ㉮ 30   ㉯ 120
㉰ 55   ㉱ 30
㉲ 90

003

다음 위험물의 지정수량의 합은 얼마인가?
- 질산나트륨
- 과산화칼륨
- 다이크로뮴산칼륨

해설

제1류 위험물의 지정수량

항목 \ 종류	질산나트륨	과산화칼륨	다이크로뮴산칼륨
품 명	질산염류	무기과산화물	다이크로뮴산염류
화학식	$NaNO_3$	K_2O_2	$K_2Cr_2O_7$
지정수량	300[kg]	50[kg]	1,000[kg]

∴ 지정수량의 합 = 300 + 50 + 1,000 = 1,350[kg]

정답 1,350[kg]

004

제1류 위험물인 산화성 고체의 조건에 대해 쓰시오.

해설

문제 2번 참조

정답 고체[액체(1[atm] 및 20[℃]에서 액상인 것 또는 20[℃] 초과 40[℃] 이하에서 액상인 것) 또는 기체(1기압 및 20[℃]에서 기상인 것) 외의 것]로서 산화력의 잠재적인 위험성 또는 충격에 대한 민감성을 판단하기 위하여 소방청장이 정하여 고시하는 시험에서 고시로 정하는 성질과 상태를 나타내는 것

005

다음 위험물의 반응식을 쓰시오.

㉮ 염소산나트륨과 염산의 반응
㉯ 과염소산나트륨의 분해반응식
㉰ 과산화칼륨과 물의 반응
㉱ 과산화칼륨과 아세트산의 반응
㉲ 과망가니즈산칼륨과 염산의 반응

해설

제1류 위험물의 반응식

① 염소산칼륨의 열분해반응식 : $2KClO_3 \rightarrow 2KCl + 3O_2$
② 염소산나트륨과 염산의 반응식 : $2NaClO_3 + 2HCl \rightarrow 2NaCl + 2ClO_2 + H_2O_2$
③ 과염소산나트륨의 분해반응식 : $NaClO_4 \rightarrow NaCl + 2O_2$
④ 과산화칼륨의 반응식
  ㉠ 물과 반응 : $2K_2O_2 + 2H_2O \rightarrow 4KOH + O_2$
  ㉡ 가열분해반응 : $2K_2O_2 \rightarrow 2K_2O + O_2$
  ㉢ 탄산가스와 반응 : $2K_2O_2 + 2CO_2 \rightarrow 2K_2CO_3 + O_2$
  ㉣ 초산(아세트산)과 반응 : $K_2O_2 + 2CH_3COOH \rightarrow 2CH_3COOK + H_2O_2$
  ㉤ 염산과 반응 : $K_2O_2 + 2HCl \rightarrow 2KCl + H_2O_2$
  ※ 과산화나트륨은 과산화칼륨과 동일함
⑤ 과산화마그네슘의 반응식
  ㉠ 가열분해반응 : $2MgO_2 \rightarrow 2MgO + O_2$
  ㉡ 산과의 반응 : $MgO_2 + 2HCl \rightarrow MgCl_2 + H_2O_2$
  ※ 과산화칼슘, 과산화바륨은 동일함
⑥ 질산칼륨의 열분해반응(400[℃]) : $2KNO_3 \rightarrow 2KNO_2 + O_2$
⑦ 질산나트륨의 열분해반응(380[℃]) : $2NaNO_3 \rightarrow 2NaNO_2 + O_2$
⑧ 질산암모늄의 열분해반응 : $2NH_4NO_3 \rightarrow 2N_2 + 4H_2O + O_2$
⑨ 과망가니즈산칼륨의 반응
  ㉠ 분해반응(240[℃]) : $2KMnO_4 \rightarrow K_2MnO_4 + MnO_2 + O_2$
  ㉡ 묽은 황산과 반응 : $4KMnO_4 + 6H_2SO_4 \rightarrow 2K_2SO_4 + 4MnSO_4 + 6H_2O + 5O_2$
  ㉢ 염산과 반응 : $2KMnO_4 + 16HCl \rightarrow 2KCl + 2MnCl_2 + 8H_2O + 5Cl_2$

정답
㉮ $2NaClO_3 + 2HCl \rightarrow 2NaCl + 2ClO_2 + H_2O_2$
㉯ $NaClO_4 \rightarrow NaCl + 2O_2$
㉰ $2K_2O_2 + 2H_2O \rightarrow 4KOH + O_2$
㉱ $K_2O_2 + 2CH_3COOH \rightarrow 2CH_3COOK + H_2O_2$
㉲ $2KMnO_4 + 16HCl \rightarrow 2KCl + 2MnCl_2 + 8H_2O + 5Cl_2$

006

염소산칼륨 1,000[g]을 분해하였을 때 발생하는 산소의 부피는 몇 [m³]인가?

해설

염소산칼륨

$$2KClO_3 \rightarrow 2KCl + 3O_2 \uparrow$$

$2 \times 122.5[g] \quad\quad 3 \times 22.4[L]$

$1,000[g] \quad\quad x$

$$\therefore x = \frac{1,000[g] \times 3 \times 22.4[L]}{2 \times 122.5[g]} = 274.286[L] = 0.274[m^3]$$

> 표준상태에서 1[g-mol]이 차지하는 부피 : 22.4[L]
> 1[kg-mol]이 차지하는 부피 : 22.4[m³]

정답 0.27[m³]

007

염소산칼륨($KClO_3$) 122.5[g]을 완전분해해서 740[mmHg] 30[℃]에서 발생하는 산소(O_2)는 몇 [L]인가?

해설

$$2KClO_3 \rightarrow 2KCl + 3O_2$$

$2 \times 122.5[g] \quad\quad 3 \times 32[g]$

$122.5[g] \quad\quad x$

$$\therefore x = \frac{122.5 \times 3 \times 32}{2 \times 122.5} = 48[g]$$

이상기체 상태방정식을 적용하여, 무게를 부피로 환산한다.

$$\therefore V = \frac{WRT}{PM} = \frac{48[g] \times 0.08205[L \cdot atm/g-mol \cdot K] \times (273+30)[K]}{(740/760) \times 1[atm] \times 32[g/g-mol]} = 38.30[L]$$

정답 38.30[L]

008

염소산나트륨, 염소산칼륨, 과염소산나트륨, 과염소산칼륨 중에서 분해 온도가 가장 낮은 것을 쓰시오.

해설

제1류 위험물

종 류	염소산나트륨	염소산칼륨	과염소산나트륨	과염소산칼륨
화학식	$NaClO_3$	$KClO_3$	$NaClO_4$	$KClO_4$
유 별	제1류 위험물 염소산염류	제1류 위험물 염소산염류	제1류 위험물 과염소산염류	제1류 위험물 과염소산염류
분해 온도	**300[℃]**	400[℃]	400[℃]	400[℃]

정답 염소산나트륨($NaClO_3$)

009

분자량 138.5, 비중 2.52, 융점 400[℃]인 제1류 위험물이다. 다음 물음에 답하시오.
- 화학식
- 지정수량
- 분해반응식
- 이 물질 100[kg]이 400[℃]에서 분해하여 생성되는 산소량은 740[mmHg]에서 몇 [m³]인가?

해설

과염소산칼륨($KClO_4$)

① 물 성

화학식	품 명	지정수량	분자량	비 중	융 점	분해 온도
$KClO_4$	제1류 위험물 (과염소산염류)	50[kg]	138.5	2.52	400[℃]	400[℃]

② 무색무취의 사방정계 결정이다.
③ 물, 알코올, 에터에 녹지 않는다.
④ 탄소, 황, 유기물과 혼합하였을 때 가열, 마찰, 충격에 의하여 폭발한다.
⑤ 부피를 구하면

$$KClO_4 \rightarrow KCl + 2O_2$$

138.5[kg] —————— 2×22.4[m³]
100[kg] —————— x

$$x = \frac{100[kg] \times 2 \times 22.4[m³]}{138.5[kg]} = 32.347[m³]$$

∴ 보일-샤를의 법칙을 적용하면

$$V_2 = V_1 \times \frac{P_1}{P_2} \times \frac{T_2}{T_1} = 32.347[m³] \times \frac{760[mmHg]}{740[mmHg]} \times \frac{(273+400)[K]}{(273+0)[K]} = 81.897[m³]$$

정답
- 화학식 : $KClO_4$
- 지정수량 : 50[kg]
- 분해반응식 : $KClO_4 \rightarrow KCl + 2O_2$
- 부피 : 81.897[m³]

010 과산화칼륨이 물과 이산화탄소와 반응할 때 반응식을 쓰시오.

해설

과산화칼륨의 반응식
① 분해반응식 : $2K_2O_2 \rightarrow 2K_2O + O_2 \uparrow$
② 물과 반응 : $2K_2O_2 + 2H_2O \rightarrow 4KOH + O_2 \uparrow +$ 발열
③ 이산화탄소와 반응 : $2K_2O_2 + 2CO_2 \rightarrow 2K_2CO_3 + O_2 \uparrow$
④ 초산과 반응 : $K_2O_2 + 2CH_3COOH \rightarrow 2CH_3COOK + H_2O_2 \uparrow$
　　　　　　　　　　　　　　　　　　　　　(초산칼륨)　　(과산화수소)
⑤ 염산과 반응 : $K_2O_2 + 2HCl \rightarrow 2KCl + H_2O_2 \uparrow$

Plus One 과산화물의 분류
- 무기과산화물(제1류 위험물)
  – 알칼리금속의 과산화물(과산화칼륨, 과산화나트륨)
  – 알칼리금속 외(알칼리토금속)의 과산화물(과산화칼슘, 과산화바륨, 과산화마그네슘)
  ※ 알칼리금속의 과산화물 : M_2O_2, 알칼리 외의 금속의 과산화물 : MO_2
- 유기과산화물(제5류 위험물)

정답
- 물과 반응 : $2K_2O_2 + 2H_2O \rightarrow 4KOH + O_2$
- 이산화탄소와 반응 : $2K_2O_2 + 2CO_2 \rightarrow 2K_2CO_3 + O_2$

011 비중이 2.9이고, 물과 반응해서 수산화칼륨과 산소를 발생하는 물질명을 쓰고, 열분해 반응식, 이 물질의 소화약제를 쓰시오.

해설

과산화칼륨
① 물 성

화학식	분자량	비 중	분해 온도
K_2O_2	110	2.9	490[℃]

② 무색 또는 오렌지색의 결정으로 에틸알코올에 용해한다.
③ 피부 접촉 시 피부를 부식시키고 탄산가스를 흡수하면 탄산염이 된다.
④ 다량일 경우 폭발의 위험이 있고 소량의 물과 접촉 시 발화의 위험이 있다.
⑤ 알칼리금속의 과산화물은 물과 접촉하여 산소를 발생하므로 주수소화가 적합하지 않고, 다른 제1류 위험물은 주수소화한다.
⑥ **소화방법** : 마른모래, 암분, 탄산수소염류 분말약제, 팽창질석, 팽창진주암

Plus One 과산화칼륨의 반응식
- 분해반응식 : $2K_2O_2 \rightarrow 2K_2O + O_2 \uparrow$
- 물과 반응 : $2K_2O_2 + 2H_2O \rightarrow 4KOH + O_2 \uparrow +$ 발열
- 탄산가스와 반응 : $2K_2O_2 + 2CO_2 \rightarrow 2K_2CO_3 + O_2 \uparrow$
- 초산과 반응 : $K_2O_2 + 2CH_3COOH \rightarrow 2CH_3COOK + H_2O_2 \uparrow$
　　　　　　　　　　　　　　　　　　　　(초산칼륨)　　(과산화수소)
- 염산과 반응 : $K_2O_2 + 2HCl \rightarrow 2KCl + H_2O_2 \uparrow$

정답
- 과산화칼륨
- $2K_2O_2 \rightarrow 2K_2O + O_2$
- 마른모래

012

지정수량 50[kg], 분자량 78, 비중 2.8, 물과 접촉 시 산소를 발생하는 물질과 아세트산과 반응 시 화학반응식을 쓰시오.

해설

과산화나트륨

① 물 성

화학식	분자량	비 중	융 점	분해 온도
Na_2O_2	78	2.8	460[℃]	460[℃]

② 순수한 것은 백색이지만 보통은 황백색의 분말이다.
③ 에틸알코올에 녹지 않는다.
④ 목탄, 가연물과 접촉하면 발화되기 쉽다.
⑤ 산과 반응하면 과산화수소를 생성한다.

$$Na_2O_2 + 2HCl \rightarrow 2NaCl + H_2O_2$$

⑥ 물과 반응하면 산소가스를 발생하고 많은 열을 발생한다.

$$2Na_2O_2 + 2H_2O \rightarrow 4NaOH + O_2 \uparrow + 발열$$

⑦ 아세트산(초산)과 반응 시 초산나트륨과 과산화수소를 생성한다.

$$Na_2O_2 + 2CH_3COOH \rightarrow 2CH_3COONa + H_2O_2$$

⑧ **소화방법** : 마른모래, 탄산수소염류 분말약제, 팽창질석, 팽창진주암

정답
- 물질 : 과산화나트륨
- 반응식 : $Na_2O_2 + 2CH_3COOH \rightarrow 2CH_3COONa + H_2O_2$

013

과산화나트륨과 물, 알코올의 반응식을 쓰고 이산화탄소소화기를 사용해서는 안 되는 이유를 설명하시오.

해설

과산화나트륨의 반응

① **분해반응식** : $2Na_2O_2 \rightarrow 2Na_2O + O_2 \uparrow$
② **물과 반응** : $2Na_2O_2 + 2H_2O \rightarrow 4NaOH + O_2 \uparrow + 발열$
③ **알코올과 반응** : $Na_2O_2 + 2C_2H_5OH \rightarrow 2C_2H_5ONa + H_2O_2$
④ **탄산가스와 반응** : $2Na_2O_2 + 2CO_2 \rightarrow 2Na_2CO_3 + O_2 \uparrow$
⑤ **초산과 반응** : $Na_2O_2 + 2CH_3COOH \rightarrow 2CH_3COONa + H_2O_2$
⑥ **염산과 반응** : $Na_2O_2 + 2HCl \rightarrow 2NaCl + H_2O_2$

정답
- 반응식
  - 물과 반응 : $2Na_2O_2 + 2H_2O \rightarrow 4NaOH + O_2$
  - 알코올과 반응 : $Na_2O_2 + 2C_2H_5OH \rightarrow 2C_2H_5ONa + H_2O_2$
  - 탄산가스와 반응 : $2Na_2O_2 + 2CO_2 \rightarrow 2Na_2CO_3 + O_2$
- 이유 : 반응식에서 과산화나트륨이 이산화탄소와 반응하면 산소를 생성하므로 적합하지 않다.

014

과산화나트륨이 온수와 반응할 때 반응식과 생성하는 물질을 쓰시오.

해설

과산화나트륨

① 산과 반응하면 과산화수소를 생성한다.

$$Na_2O_2 + 2HCl \rightarrow 2NaCl + H_2O_2 \uparrow$$

② 물과 반응하면 수산화나트륨과 산소가스를 발생하고 많은 열을 발생한다.

$$2Na_2O_2 + 2H_2O \rightarrow 4NaOH + O_2$$
$$\text{(수산화나트륨) (산소)}$$

정답
- 반응식 : $2Na_2O_2 + 2H_2O \rightarrow 4NaOH + O_2$
- 생성물질 : 수산화나트륨, 산소

015

질산암모늄 94[%]에 경유 6[%]를 혼합한 것의 명칭을 쓰고, 폭발 반응식을 쓰시오.

해설

안포(Ammonium Nitrate Fuel Oil, ANFO)폭약

① 질산암모늄(NH_4NO_3) 94[%]에 경유 6[%]를 혼합하여 만든 것으로서 가격이 싸서 광산, 토목공사에 주로 사용한다.
② 반응식 : $2NH_4NO_3 \rightarrow 2N_2 + 4H_2O + O_2$
③ ANFO 내에 혼합된 경유량이 6[%]에 가까울수록 폭발 속도는 빠르고 위력이 크다.

정답
- 명칭 : 안포(Ammonium Nitrate Fuel Oil, ANFO)폭약
- 반응식 : $2NH_4NO_3 \rightarrow 2N_2 + 4H_2O + O_2$

016

ANFO폭약에 사용되는 제1류 위험물의 화학명과 분해반응식 및 폭발반응식을 쓰시오.

해설

ANFO폭약(질산암모늄)

① **제조** : 질산암모늄 94[%]와 경유 6[%]를 혼합한 것
② 분해반응(220[℃])식 : $NH_4NO_3 \rightarrow N_2O + 2H_2O$
③ 폭발반응식 : $2NH_4NO_3 \rightarrow 2N_2 + 4H_2O + O_2$

정답
- 화학명 : 질산암모늄(NH_4NO_3)
- 분해반응(220[℃])식 : $NH_4NO_3 \rightarrow N_2O + 2H_2O$
- 폭발반응식 : $2NH_4NO_3 \rightarrow 2N_2 + 4H_2O + O_2$

017 흑색화약 제조의 원료를 3가지 쓰시오.

해설

질산칼륨(초석)
① 물 성

화학식	분자량	비 중	융 점	분해 온도
KNO_3	101	2.1	339[℃]	400[℃]

② 차가운 느낌의 자극이 있고 짠맛이 나는 무색의 결정 또는 백색 결정이다.
③ 물, 글리세린에 잘 녹으나, 알코올에는 녹지 않는다.
④ 강산화제이며 가연물과 접촉하면 위험하다.
⑤ **황과 숯가루**와 혼합하여 **흑색화약**을 제조한다.
⑥ 티오황산나트륨과 함께 가열하면 폭발한다.
⑦ 소화방법 : 주수소화

$$2KNO_3 \rightarrow 2KNO_2 + O_2 \uparrow$$

정답 질산칼륨, 황(가루), 숯가루(목탄)

018 과망가니즈산칼륨은 흑자색의 결정이다. 결정의 구조를 쓰시오.

해설
과망가니즈산칼륨은 **흑자색의 사방정계 결정**이다.

Plus One 결정구조

결정구조	축 률	각 도
입방정계	$a=b=c$	$\alpha=\beta=\gamma=90°$
정방정계	$a=b\neq c$	$\alpha=\beta=\gamma=90°$
사방정계	$a\neq b\neq c$	$\alpha=\beta=\gamma=90°$
단사정계	$a\neq b\neq c$	$\alpha=\gamma=90°\neq\beta$
삼방정계	$a=b=c$	$\alpha=\beta=\gamma\neq 90°$
육방정계	$a=b\neq c$	$\alpha=\beta=90°,\ \gamma=120°$
삼사정계	$a\neq b\neq c$	$\alpha\neq\beta\neq\gamma$

정답 사방정계

019

제1류 위험물로서 무색 무취이고 투명한 결정으로 녹는점 212[℃]이며, 비중 4.35이고, 햇빛에 의해 변질되어 갈색병에 보관하는 위험물은?

• 물질명
• 분해반응식

해설

질산은(Sliver Nitrate)

① 물 성

화학식	비 중	융 점
$AgNO_3$	4.35	212[℃]

② 무색 무취이고 투명한 결정이다.
③ 물, 아세톤, 알코올, 글리세린에는 잘 녹는다.
④ 햇빛에 의해 변질되므로 갈색병에 보관해야 한다.

정답
• 물질명 : 질산은($AgNO_3$)
• 분해반응식 : $2AgNO_3 \rightarrow 2Ag + 2NO_2 + O_2$

020

제1류 위험물 중 다음 물질은 일반적인 특성을 가지고 있다. 이 물질에 대하여 답하시오.

이 물질은 비중이 2.7이고 흑자색의 주상 결정으로 산화력과 살균력이 강하고 물에 녹으면 진한 보라색을 나타내는 물질이다.

• 명 칭
• 지정수량
• 열분해반응식
• 묽은 황산과 반응식
• 염산과 반응식

해설

과망가니즈산칼륨

① 물 성

화학식	분자량	비 중	분해 온도
$KMnO_4$	158	2.7	200~250[℃]

② **흑자색의 주상 결정**으로 **산화력과 살균력**이 강하다.
③ 물, 알코올에 녹으면 진한 **보라색**을 나타낸다.
④ 알코올, 에터, 글리세린 등 유기물과의 접촉을 피한다.
⑤ 목탄, 황 등의 환원성 물질과 접촉 시 충격에 의해 폭발의 위험성이 있다.
⑥ **살균소독제, 산화제**로 이용된다.

Plus One 과망가니즈산칼륨의 반응식
• 분해반응식 : $2KMnO_4 \rightarrow K_2MnO_4 + MnO_2 + O_2 \uparrow$
• 묽은 황산과 반응식 : $4KMnO_4 + 6H_2SO_4 \rightarrow 2K_2SO_4 + 4MnSO_4 + 6H_2O + 5O_2 \uparrow$
• 진한 황산과 반응식 : $2KMnO_4 + H_2SO_4 \rightarrow K_2SO_4 + 2HMnO_4$
• 염산과 반응식 : $2KMnO_4 + 16HCl \rightarrow 2KCl + 2MnCl_2 + 8H_2O + 5Cl_2$

정답
• 명칭 : 과망가니즈산칼륨
• 지정수량 : 1,000[kg]
• 열분해반응식 : $2KMnO_4 \rightarrow K_2MnO_4 + MnO_2 + O_2 \uparrow$
• 묽은 황산과의 반응식 : $4KMnO_4 + 6H_2SO_4 \rightarrow 2K_2SO_4 + 4MnSO_4 + 6H_2O + 5O_2 \uparrow$
• 염산과 반응식 : $2KMnO_4 + 16HCl \rightarrow 2KCl + 2MnCl_2 + 8H_2O + 5Cl_2$

021 제2류 위험물의 일반적인 성질 3가지를 쓰시오.

해설
제2류 위험물의 일반적인 성질
① 가연성 고체로서 비교적 낮은 온도에서 착화하기 쉬운 가연성, 속연성 물질이다.
② 비중은 1보다 크고 물에 불용성이며 산소를 함유하지 않기 때문에 강력한 환원성 물질이다.
③ 산소와 결합이 용이하여 산화되기 쉽고 연소속도가 빠르다.
④ 연소 시 연소열이 크고 연소온도가 높다.

정답
- 가연성 고체로서 낮은 온도에서 착화하기 쉬운 가연성 물질이다.
- 비중은 1보다 크고 물에 불용성이며 강력한 환원성 물질이다.
- 산소와 결합이 용이하여 산화되기 쉽고 연소속도가 빠르다.

022 제2류 위험물의 저장 및 취급방법 3가지를 쓰시오.

해설
제2류 위험물
① 제2류 위험물의 위험성
  ㉠ 착화 온도가 낮아 저온에서 발화가 용이하다.
  ㉡ 연소속도가 빠르고 연소 시 다량의 빛과 열을 발생한다.
  ㉢ 수분과 접촉하면 자연발화하고 금속분은 산, 할로젠원소, 황화수소와 접촉하면 발열·발화한다.
  ㉣ 산화제(제1류, 제6류)와 혼합한 것은 가열·충격·마찰에 의해 발화폭발위험이 있다.
② 제2류 위험물의 저장 및 취급방법
  ㉠ 화기를 피하고 불티, 불꽃, 고온체와의 접촉을 피한다.
  ㉡ 산화제(제1류와 제6류 위험물)와의 혼합 또는 접촉을 피한다.
  ㉢ 철분, 마그네슘, 금속분은 물, 습기, 산과의 접촉을 피하여 저장한다.
  ㉣ 통풍이 잘 되는 냉암소에 보관, 저장한다.
  ㉤ 황은 물에 의한 냉각소화가 적당하다.

정답
- 화기를 피하고 불티, 불꽃, 고온체와의 접촉을 피한다.
- 산화제(제1류와 제6류 위험물)와의 혼합 또는 접촉을 피한다.
- 철분, 마그네슘, 금속분은 물, 습기, 산과의 접촉을 피하여 저장한다.

023 제2류 위험물인 금속분의 위험물안전관리법상 정의를 쓰시오.

해설
제2류 위험물의 정의
① **가연성 고체** : 고체로서 화염에 의한 발화의 위험성 또는 인화의 위험성을 판단하기 위하여 고시로 정하는 시험에서 고시로 정하는 성질과 상태를 나타내는 것
② **황** : 순도가 60[wt%] 이상인 것을 말하며 순도측정을 하는 경우 불순물은 활석 등 불연성 물질과 수분으로 한정한다.
③ **철분** : 철의 분말로서 53[μm]의 표준체를 통과하는 것이 50[wt%] 미만인 것은 제외한다.
④ **금속분** : 알칼리금속·알칼리토금속·철 및 마그네슘 외의 금속의 분말(구리분, 니켈분 및 150[μm]의 체를 통과하는 것이 **50[wt%] 미만**인 것은 **제외**)

> **Plus One** 마그네슘에 해당하지 않는 것
> - 2[mm]의 체를 통과하지 않는 덩어리상태의 것
> - 지름 2[mm] 이상의 막대 모양의 것

⑤ **인화성 고체** : 고형알코올 그 밖에 1기압에서 인화점이 40[℃] 미만인 고체

정답 알칼리금속·알칼리토금속·철 및 마그네슘 외의 금속의 분말(구리분, 니켈분 및 150[μm]의 체를 통과하는 것이 50[wt%] 미만인 것은 제외)

024 위험물안전관리법령상 인화성 고체의 정의를 설명하시오.

해설
문제 23번 참조

정답 고형알코올 그 밖에 1기압에서 인화점이 40[℃] 미만인 고체

025 금속분에 대한 설명이다. ( ) 안에 적당한 말을 넣으시오.

- 철분이란 철의 분말로서 (㉮)[μm]의 표준체를 통과하는 것이 (㉯)[wt%] 미만인 것은 제외한다.
- 금속분이란 알칼리금속·알칼리토금속·철 및 마그네슘 외의 금속의 분말을 말하고, 구리분·(㉰) 및 (㉱)[μm]의 체를 통과하는 것이 (㉲)[wt%] 미만인 것은 제외한다.

해설
문제 23번 참조

정답 ㉮ 53　　　　㉯ 50
　　　㉰ 니켈분　　㉱ 150
　　　㉲ 50

026 삼황화인, 오황화인의 연소반응식을 쓰시오.

해설
황화인의 연소반응식
① 삼황화인 : $P_4S_3 + 8O_2 \rightarrow 2P_2O_5 + 3SO_2 \uparrow$
② 오황화인 : $2P_2S_5 + 15O_2 \rightarrow 2P_2O_5 + 10SO_2$

정답
- 삼황화인 : $P_4S_3 + 8O_2 \rightarrow 2P_2O_5 + 3SO_2$
- 오황화인 : $2P_2S_5 + 15O_2 \rightarrow 2P_2O_5 + 10SO_2$

027 삼황화인의 착화점, 연소반응식, 지정수량에 대하여 쓰시오.

해설
황화인
① 황화인의 종류

항목 \ 종류	삼황화인	오황화인	칠황화인
성상	황색 결정	담황색 결정	담황색 결정
화학식	P_4S_3	P_2S_5	P_4S_7
비점	407[℃]	514[℃]	523[℃]
비중	2.03	2.09	2.03
융점	172.5[℃]	290[℃]	310[℃]
착화점	약 100[℃]	142[℃]	–
지정수량	100[kg]	100[kg]	100[kg]

② 삼황화인
 ㉠ 황색의 결정 또는 분말로서 조해성이 없다.
 ㉡ 이황화탄소(CS_2), 알칼리, 질산에 녹고, 물, 염소, 염산, 황산에는 녹지 않는다.
 ㉢ 삼황화인은 공기 중 약 100[℃]에서 발화하고 마찰에 의해서도 쉽게 연소하며 자연발화 가능성도 있다.
 ㉣ 삼황화인은 자연발화성이므로 가열, 습기 방지 및 산화제와의 접촉을 피한다.
 ㉤ 저장 시 금속분과 멀리해야 한다.
 ㉥ 용도는 성냥, 유기합성 등에 쓰인다.

Plus One 삼황화인의 연소반응식
$$P_4S_3 + 8O_2 \rightarrow 2P_2O_5 + 3SO_2 \uparrow$$

③ 오황화인
 ㉠ 담황색의 결정체이다.
 ㉡ 조해성과 흡습성이 있다.
 ㉢ 알코올, 이황화탄소에 녹는다.
 ㉣ 물 또는 알칼리에 분해하여 황화수소와 인산이 된다.

$$P_2S_5 + 8H_2O \rightarrow 5H_2S + 2H_3PO_4$$

 ㉤ 물에 의한 냉각소화는 부적합하며(H_2S 발생), 분말, CO_2, 건조사 등으로 질식소화한다.
 ㉥ 용도로는 **섬광제, 윤활유 첨가제, 의약품** 등에 쓰인다.

④ 칠황화인
 ㉠ 담황색 결정으로 조해성이 있다.
 ㉡ CS_2에 약간 녹으며 수분을 흡수하거나 냉수에서는 서서히 분해된다.
 ㉢ 더운 물에서는 급격히 분해하여 황화수소와 인산을 발생한다.

정답
• 착화점 : 100[℃]
• 연소반응식 : $P_4S_3 + 8O_2 \rightarrow 2P_2O_5 + 3SO_2$
• 지정수량 : 100[kg]

028 황화인의 동소체 화학식 3가지를 쓰고 다음 보기에서 3가지 종류에 각각 용해 가능 여부를 표시하시오.

물, 끓는 물, 황산, 질산, 이황화탄소, 알칼리, 글리세린, 벤젠, 톨루엔, 알코올

해설
황화인
① **삼황화인**은 **이황화탄소(CS_2), 알칼리, 질산**에는 **녹고**, 물, 염소, **염산, 황산**에는 **녹지 않는다.**
② **오황화인**은 **알코올, 이황화탄소**에 녹고, 물 또는 알칼리에 분해하여 **황화수소와 인산**이 된다.
③ **칠황화인**은 **이황화탄소(CS_2)**에 약간 녹으며 수분을 흡수하거나 냉수에서는 서서히 분해되고, 더운물에서는 급격히 분해하여 황화수소와 인산을 발생한다.

정답
- 동소체 화학식 3가지 : 삼황화인(P_4S_3), 오황화인(P_2S_5), 칠황화인(P_4S_7)
- 용해 가능 여부
  - 삼황화인 : 질산, 이황화탄소, 알칼리
  - 오황화인 : 이황화탄소, 알코올
  - 칠황화인 : 이황화탄소

029 황화인(삼황화인, 오황화인, 칠황화인)의 사용용도에 대해 쓰시오.

해설
황화인의 동소체

항목 \ 종류	삼황화인	오황화인	칠황화인
성 상	황색 결정	담황색 결정	담황색 결정
화학식	P_4S_3	P_2S_5	P_4S_7
착화점	약 100[℃]	142[℃]	-
용 도	성냥, 유기합성	농약의 중간체, 의약품	섬광제

정답
- 삼황화인 : 성냥의 제조
- 오황화인 : 농약의 중간체
- 칠황화인 : 섬광제

030 0.01[wt%] 황을 함유한 1,000[kg]의 코크스를 과잉공기 중에 완전 연소시켰을 때 발생되는 SO_2의 양은 몇 [g]인가?

해설
1,000[kg] 중의 황의 양은 $1,000,000[g] \times 0.0001 = 100[g]$

$$S + O_2 \rightarrow SO_2$$
$$32[g] \quad\quad 64[g]$$
$$100[g] \quad\quad x$$

$$\therefore x = \frac{100[g] \times 64[g]}{32[g]} = 200[g]$$

정답 200[g]

031

석탄 100[kg]에 S가 0.01[%] 있을 때 SO_2의 질량[g]을 구하시오.

해설

SO_2의 질량

① 석탄 100[kg] 속의 황(S)의 질량을 구하면
   $100[kg] \times 0.0001 = 0.01[kg] = 10[g]$
② 황(S)의 연소반응식

$$S + O_2 \rightarrow SO_2$$
$$32[g] \qquad\qquad 64[g]$$
$$10[g] \qquad\qquad x[g]$$

$$\therefore x = \frac{10[g] \times 64[g]}{32[g]} = 20[g]$$

정답 20[g]

032

마그네슘이 물과 반응하여 발생하는 가스는 무엇이며 이 가스의 위험도를 계산하시오.

해설

물과 반응

① 물과 반응하면 수소가스를 발생한다.

$$Mg + 2H_2O \rightarrow Mg(OH)_2 + H_2 \uparrow$$

② 수소의 연소범위 : 4.0~75[%]
③ 위험도 $= \dfrac{상한값 - 하한값}{하한값} = \dfrac{75 - 4.0}{4.0} = 17.75$

정답
- 가스 : 수소
- 위험도 : 17.75

033

알루미늄이 공기 중의 수분과 접촉 시 품질저하와 위험성의 문제가 생기는데 그에 따른 반응식과 위험성을 쓰시오.

해설

알루미늄

① 물 성

화학식	원자량	비 중	비 점
Al	27	2.7	2,327[℃]

② 은백색의 경금속이다.
③ 수분, 할로젠원소와 접촉하면 자연발화의 위험이 있다.
④ 산화제와 혼합하면 가열, 마찰, 충격에 의하여 발화한다.
⑤ 산, 알칼리, 물과 반응하면 수소(H_2)가스를 발생한다.

$$2Al + 6HCl \rightarrow 2AlCl_3 + 3H_2$$
$$2Al + 6H_2O \rightarrow 2Al(OH)_3 + 3H_2$$
$$2Al + 2KOH + 2H_2O \rightarrow 2KAlO_2 + 3H_2$$
$$2Al + 2NaOH + 2H_2O \rightarrow 2NaAlO_2 + 3H_2$$

⑥ 묽은 질산, 묽은 염산, 황산은 알루미늄분을 침식한다.
⑦ 연성과 전성이 가장 풍부하다.
⑧ 테르밋(Thermite) 반응식

$$2Al + Fe_2O_3 \rightarrow 2Fe + Al_2O_3$$

정답
- 반응식 : $2Al + 6H_2O \rightarrow 2Al(OH)_3 + 3H_2$
- 위험성
  - 수분과 반응하면 가연성 가스인 수소를 발생하므로 폭발의 위험이 있다.
  - 수분과 접촉하면 자연발화의 위험이 있다.

034

제2류 위험물인 Al과 HCl 및 NaOH 수용액의 반응식을 쓰시오.

해설
문제 33번 참조

정답
- 염산과 반응 : $2Al + 6HCl \rightarrow 2AlCl_3 + 3H_2$
- 수산화나트륨과 반응 : $2Al + 2NaOH + 2H_2O \rightarrow 2NaAlO_2 + 3H_2$

035

알루미늄 절단공장에서 호퍼(Hopper) 청소를 하기 위하여 용접기로 절단작업을 하던 중 용접불꽃에 의해 착화되었다. 이때 작업자가 물을 뿌렸는데 큰 폭발이 일어났다. 다음 물음에 답하시오.
- 화재의 종류
- 폭발의 원인
- 알루미늄이 물과 접촉 시 화학반응식

해설
알루미늄분
① 알루미늄은 제2류 위험물로서 금속화재(D급)이다.
② 수분, 할로젠원소와 접촉하면 자연발화의 위험이 있다.
③ 산이나 물과 반응하면 수소(H_2)가스를 발생하여 폭발한다.

$$2Al + 6HCl \rightarrow 2AlCl_3 + 3H_2$$
$$2Al + 6H_2O \rightarrow 2Al(OH)_3 + 3H_2$$

정답
- 화재의 종류 : 금속화재
- 폭발원인 : 알루미늄분이 물과 반응하여 가연성 가스인 수소를 발생하여 폭발이 일어났다.
- 물과의 반응식 : $2Al + 6H_2O \rightarrow 2Al(OH)_3 + 3H_2$

036 철분과 수증기의 화학반응식을 쓰시오.

해설
철분과의 반응식
① 공기 중에서 서서히 산화하여 삼산화이철이 된다.
　$4Fe + 3O_2 \rightarrow 2Fe_2O_3$
② 수증기와 반응하면 사산화삼철이 된다.
　$3Fe + 4H_2O \rightarrow Fe_3O_4 + 4H_2$
③ 염산과 반응하면 염화제일철이 된다.
　$Fe + 2HCl \rightarrow FeCl_2 + H_2 \uparrow$

정답　$3Fe + 4H_2O \rightarrow Fe_3O_4 + 4H_2$

037 은백색의 금속분말로 묽은 염산에서 수소가스를 발생하며 비중이 약 7.0, 융점 1,530[℃]인 제2류 위험물이 위험물관리안전법상 위험물이 되기 위한 조건은?

해설
철분(Fe)
① 물 성

화학식	융점(녹는점)	비점(끓는점)	비 중
Fe	1,530[℃]	2,750[℃]	7.0(20[℃])

② 은백색의 광택 금속분말이다.
③ 산소와 친화력이 강하여 발화할 때도 있고 산에 녹아 수소가스를 발생한다.

　　　$Fe + 2HCl \rightarrow FeCl_2 + H_2 \uparrow$

④ **철분**이란 철의 분말로서 53[μm]의 표준체를 통과하는 것이 50[wt%] 미만인 것은 제외한다.

정답　철의 분말로서 53[μm]의 표준체를 통과하는 것이 50[wt%] 이상인 것

038 수소화나트륨과 물이 접촉했을 때의 반응식과 위험성 2가지를 쓰시오.

해설
물과 반응식
① 과산화칼륨 : $2K_2O_2 + 2H_2O \rightarrow 4KOH + O_2 \uparrow$ + 발열
② 과산화나트륨 : $2Na_2O_2 + 2H_2O \rightarrow 4NaOH + O_2 \uparrow$ + 발열
③ 알루미늄 : $2Al + 6H_2O \rightarrow 2Al(OH)_3 + 3H_2$
④ 마그네슘 : $Mg + 2H_2O \rightarrow Mg(OH)_2 + H_2 \uparrow$
⑤ 칼 륨 : $2K + 2H_2O \rightarrow 2KOH + H_2 \uparrow$
⑥ 나트륨 : $2Na + 2H_2O \rightarrow 2NaOH + H_2 \uparrow$
⑦ 트라이에틸알루미늄 : $(C_2H_5)_3Al + 3H_2O \rightarrow Al(OH)_3 + 3C_2H_6 \uparrow$
⑧ 리 튬 : $2Li + 2H_2O \rightarrow 2LiOH + H_2 \uparrow$
⑨ 칼 슘 : $Ca + 2H_2O \rightarrow Ca(OH)_2 + H_2 \uparrow$

⑩ 인화칼슘(인화석회) : $Ca_3P_2 + 6H_2O \rightarrow 2PH_3 + 3Ca(OH)_2$
⑪ 수소화칼륨 : $KH + H_2O \rightarrow KOH + H_2 \uparrow$
⑫ **수소화나트륨 : $NaH + H_2O \rightarrow NaOH + H_2 \uparrow$**
⑬ 카바이드(탄화칼슘) : $CaC_2 + 2H_2O \rightarrow Ca(OH)_2 + C_2H_2 \uparrow$
⑭ 탄화알루미늄 : $Al_4C_3 + 12H_2O \rightarrow 4Al(OH)_3 + 3CH_4 \uparrow$
⑮ 탄화망가니즈 : $Mn_3C + 6H_2O \rightarrow 3Mn(OH)_2 + CH_4 + H_2 \uparrow$
⑯ 탄화베릴륨 : $Be_2C + 4H_2O \rightarrow 2Be(OH)_2 + CH_4 \uparrow$

정답
- 반응식 : $NaH + H_2O \rightarrow NaOH + H_2$
- 위험성
  - 물과 접촉하면 폭발성 가스의 수소를 생성한다.
  - 공기 중에서 물과 접촉하면 자연발화의 위험이 있다.

039

수소화나트륨이 물과 반응할 때의 화학반응식을 쓰고 이때 발생된 가스의 위험도를 구하시오.

해설

수소화나트륨과 물의 반응
① 반응식 : $NaH + H_2O \rightarrow NaOH + H_2 \uparrow$
② 발생하는 가스 : 수소(폭발범위 : 4.0~75[%])
③ 위험도

$$위험도 \quad H = \frac{U-L}{L}$$

여기서, U : 폭발상한값[%] L : 폭발하한값[%]

∴ 위험도 $H = \frac{75-4}{4} = 17.75$

정답
- 반응식 : $NaH + H_2O \rightarrow NaOH + H_2 \uparrow$
- 위험도 : 17.75

040

알루미늄의 테르밋 반응식을 쓰시오.

해설

테르밋(Thermite) 반응식

$$2Al + Fe_2O_3 \rightarrow 2Fe + Al_2O_3$$

정답 $2Al + Fe_2O_3 \rightarrow 2Fe + Al_2O_3$

041

마그네슘이 불연성 가스인 질소와 고온에서 반응할 경우 생성되는 물질과 반응식을 쓰시오.

해설

마그네슘의 반응

① 물과 반응하면 수소가스를 발생한다.

$$Mg + 2H_2O \rightarrow Mg(OH)_2 + H_2 \uparrow$$

② 가열하면 연소하기 쉽고 순간적으로 맹렬하게 폭발한다.

$$2Mg + O_2 \rightarrow 2MgO + Q[kcal]$$

③ 고온에서 **질소와 반응**하여 **질화마그네슘(Mg_3N_2)**을 생성한다.

$$3Mg + N_2 \rightarrow Mg_3N_2$$

④ 이산화탄소와 반응하여 산화마그네슘과 일산화탄소를 생성한다.

$$Mg + CO_2 \rightarrow MgO + CO$$

⑤ 공기 중에서 연소하면 산화마그네슘이 생성되고, 이 중 75[%]는 산소와 결합되어 있고, 25[%]는 질소와 결합해서 질화마그네슘을 생성한다.

- $2Mg + O_2 \rightarrow 2MgO$
- $3Mg + N_2 \rightarrow Mg_3N_2$

정답
- 생성 물질 : 질화마그네슘(Mg_3N_2)
- 반응식 : $3Mg + N_2 \rightarrow Mg_3N_2$

042

제3류 위험물인 황린의 저장 조건을 설명하시오.

해설

황린은 물과 반응하지 않기 때문에 **pH 9(약알칼리)** 정도의 **물속에 저장**하며 보호액이 증발되지 않도록 한다.

황린은 포스핀(인화수소, PH_3)의 생성을 방지하기 위하여 pH 9인 물속에 저장한다.
[pH < 7 : 산성, pH = 7 : 중성, **pH > 7 : 알칼리성**]

정답 인화수소(PH_3)의 생성을 방지하기 위하여 pH 9인 보호액(물) 속에 저장한다.

043

비중 1.82, 녹는점 44[℃]인 담황색의 고체로 마늘냄새가 나는 위험물에 대한 답을 쓰시오.
- 화학식
- 지정수량
- 보관방법
- 연소반응식

해설

황 린

① 물 성

분자식	발화점	비 점	융 점	비 중	증기비중
P_4	34[℃]	280[℃]	44[℃]	1.82	4.4

② 백색 또는 담황색의 자연발화성 고체이다.
③ 물과 반응하지 않기 때문에 pH 9(약알칼리) 정도의 물속에 저장하며 보호액이 증발되지 않도록 한다.

> 황린은 포스핀(PH_3)의 생성을 방지하기 위하여 pH 9인 물속에 저장한다.

④ 벤젠, 알코올에는 일부 용해하고, 이황화탄소(CS_2), 삼염화린, 염화황에는 잘 녹는다.
⑤ 증기는 공기보다 무겁고 자극적이며 맹독성인 물질이다.
⑥ 황, 산소, 할로젠원소와 격렬하게 반응한다.
⑦ 발화점이 매우 낮고 산소와 결합 시 산화열이 크며 공기 중에 방치하면 액화되면서 자연발화를 일으킨다.

> 황린은 발화점(착화점)이 낮기 때문에 자연발화를 일으킨다.

⑧ 산화제, 화기의 접근, 고온체와 접촉을 피하고, 직사광선을 차단한다.
⑨ 공기 중에 노출되지 않도록 하고 유기과산화물, 산화제, 가연물과 격리한다.
⑩ 치사량이 0.02~0.05[g]이면 사망한다.
⑪ 강산화성 물질과 수산화나트륨(NaOH)과 혼촉 시 발화의 위험이 있다.
⑫ 초기소화에는 물, 포, CO_2, 건조분말소화약제가 유효하다.

Plus One 황린 반응식
- 공기 중에서 연소 시 오산화인의 흰 연기를 발생한다.
  $P_4 + 5O_2 \rightarrow 2P_2O_5$
- 강알칼리용액과 반응하면 유독성의 포스핀가스(PH_3)를 발생한다.
  $P_4 + 3KOH + 3H_2O \rightarrow PH_3\uparrow + 3KH_2PO_2$

정답
- 화학식 : P_4
- 지정수량 : 20[kg]
- 보관방법 : 인화수소(포스핀)의 생성방지를 위하여 물속에 저장한다.
- 연소반응식 : $P_4 + 5O_2 \rightarrow 2P_2O_5$

044

제3류 위험물인 Na 화재소화에 CCl_4 및 CO_2 등 소화제의 사용 유무를 답하고 화학반응식과 이유를 설명하시오.
- 소화제의 사용 여부
- 화학반응식
- 이 유

해설

나트륨
① 나트륨은 사염화탄소나 이산화탄소와 반응하면 탄소를 발생하여 폭발하므로 적합하지 않다.
② 나트륨과 사염화탄소, 이산화탄소의 반응식
  ㉠ $4Na + CCl_4 \rightarrow 4NaCl + C$
  ㉡ $4Na + 3CO_2 \rightarrow 2Na_2CO_3 + C$

정답
- 사용 여부 : 사용할 수 없다.
- 화학반응식
  - $4Na + CCl_4 \rightarrow 4NaCl + C$
  - $4Na + 3CO_2 \rightarrow 2Na_2CO_3 + C$
- 이유 : 폭발하기 때문

045

나트륨(Na)과 공기, 물, 에틸알코올이 반응하였을 때 다음 반응식을 쓰시오.
- 공기와 반응식
- 물과 반응식
- 에틸알코올과 반응식

해설

나트륨의 반응식
① 연소반응 : $4Na + O_2 \rightarrow 2Na_2O$(회백색)
② 물과 반응 : $2Na + 2H_2O \rightarrow 2NaOH + H_2 \uparrow + 92.8[kcal]$
③ 이산화탄소와 반응 : $4Na + 3CO_2 \rightarrow 2Na_2CO_3 + C$(연소폭발)
④ 사염화탄소와 반응 : $4Na + CCl_4 \rightarrow 4NaCl + C$(폭발)
⑤ 염소와 반응 : $2Na + Cl_2 \rightarrow 2NaCl$
⑥ 에틸알코올과 반응 : $2Na + 2C_2H_5OH \rightarrow 2C_2H_5ONa + H_2 \uparrow$
  (나트륨에틸레이트)
⑦ 초산과 반응 : $2Na + 2CH_3COOH \rightarrow 2CH_3COONa + H_2 \uparrow$

정답
- $4Na + O_2 \rightarrow 2Na_2O$
- $2Na + 2H_2O \rightarrow 2NaOH + H_2$
- $2Na + 2C_2H_5OH \rightarrow 2C_2H_5ONa + H_2$

046

나트륨과 다음 물질의 화학반응식을 쓰시오.

- 산화하여 아세트알데하이드를 생성한다.
- 지정수량이 제4류 위험물로 400[L]이다.
- 무색투명한 액체이다.

해설

위험물의 성질

① 나트륨

㉠ 물 성

화학식	원자량	비 점	융 점	비 중	불꽃색상
Na	23	880[℃]	97.7[℃]	0.97	노란색

㉡ 은백색의 광택이 있는 무른 경금속으로 노란색 불꽃을 내면서 연소한다.
㉢ 비중(0.97), 융점(97.7[℃])이 낮다.
㉣ 보호액(석유, 경유, 유동파라핀)을 넣은 내통에 밀봉 저장한다.

> 나트륨을 석유 속에 보관 중 수분이 혼입되면 화재발생 요인이 된다.

㉤ 아이오딘산(HIO_3)과 접촉 시 폭발하며 수은(Hg)과 격렬하게 반응하고 경우에 따라 폭발한다.
㉥ 알코올이나 산과 반응하면 수소가스를 발생한다.
㉦ 소화방법 : 마른모래, 건조된 소금, 탄산칼슘분말

Plus One 나트륨의 반응식
- 연소반응 : $4Na + O_2 \rightarrow 2Na_2O$(회백색)
- 물과 반응 : $2Na + 2H_2O \rightarrow 2NaOH + H_2\uparrow + 92.8[kcal]$
- 이산화탄소와 반응 : $4Na + 3CO_2 \rightarrow 2Na_2CO_3 + C$(연소폭발)
- 사염화탄소와 반응 : $4Na + CCl_4 \rightarrow 4NaCl + C$(폭발)
- 염소와 반응 : $2Na + Cl_2 \rightarrow 2NaCl$
- 알코올과 반응 : $2Na + 2C_2H_5OH \rightarrow 2C_2H_5ONa + H_2\uparrow$
  (나트륨에틸레이트)
- 초산과 반응 : $2Na + 2CH_3COOH \rightarrow 2CH_3COONa + H_2\uparrow$

② 에틸알코올(C_2H_5OH)

㉠ 무색투명한 액체이다.
㉡ 제4류 위험물 알코올류로서 지정수량이 400[L]이다.
㉢ 1차 산화하면 아세트알데하이드, 2차 산화하면 초산이 된다.

정답 $2Na + 2C_2H_5OH \rightarrow 2C_2H_5ONa + H_2$

047

보호액 속에 나트륨 46[g]을 저장하다 수분이 유입되어 가스가 발생되었다. 용기의 용적은 2[L]일 때, 이 기체의 온도가 30[℃]이라면 압력은 몇 [atm]인가?(단, R : 0.082[L·atm/g-mol·K], Na 원자량 : 23)

해설

나트륨의 반응

① 나트륨과 물이 반응하여 발생하는 수소의 무게를 구한다.

$$2Na + 2H_2O \rightarrow 2NaOH + H_2$$
$$2 \times 23[g] \quad 2 \times 18[g] \quad 2 \times 40[g] \quad 2[g]$$

반응식에서 보면 나트륨 46[g]이 수분과 반응하여 수소기체 2[g]이 발생된다.

② 이상기체 상태방정식을 적용하면

$$PV = nRT = \frac{W}{M}RT$$

여기서, P : 압력[atm] V : 부피[L] n : mol수[g-mol](무게/분자량)
W : 무게[g] M : 분자량[g/g-mol] R : 기체상수(0.082[L·atm/g-mol·K])
T : 절대온도(273 + [℃])[K]

$$\therefore P = \frac{WRT}{VM} = \frac{2[g] \times 0.082[L \cdot atm/g-mol \cdot K] \times (273+30)[K]}{2[L] \times 2[g/g-mol]} = 12.42[atm]$$

정답 12.42[atm]

048

트라이에틸알루미늄이 물과 반응할 때 화학반응식과 생성물을 쓰시오.

해설

알킬알루미늄의 반응식

① **공기와 반응**

$$2(C_2H_5)_3Al + 21O_2 \rightarrow Al_2O_3 + 15H_2O + 12CO_2 \uparrow$$
$$\text{(산화알루미늄)}$$

$$2(CH_3)_3Al + 12O_2 \rightarrow Al_2O_3 + 9H_2O + 6CO_2 \uparrow$$

② **물과 반응**

$$(C_2H_5)_3Al + 3H_2O \rightarrow Al(OH)_3 + 3C_2H_6 \uparrow$$
$$\text{(수산화알루미늄) (에테인)}$$

$$(CH_3)_3Al + 3H_2O \rightarrow Al(OH)_3 + 3CH_4 \uparrow$$

③ **염소와 반응**

$$(C_2H_5)_3Al + 3Cl_2 \rightarrow AlCl_3 + 3C_2H_5Cl$$
$$(CH_3)_3Al + 3Cl_2 \rightarrow AlCl_3 + 3CH_3Cl$$

- 트라이메틸알루미늄 : $(CH_3)_3Al$
- 트라이에틸알루미늄 : $(C_2H_5)_3Al$
- 수산화알루미늄 : $Al(OH)_3$
- 에테인 : C_2H_6

정답
- 화학반응식 : $(C_2H_5)_3Al + 3H_2O \rightarrow Al(OH)_3 + 3C_2H_6$
- 생성물 : 수산화알루미늄, 에테인

049

제3류 위험물인 트라이에틸알루미늄과 공기가 반응할 때 연소반응식을 쓰시오.

해설
문제 48번 참조

정답 $2(C_2H_5)_3Al + 21O_2 \rightarrow Al_2O_3 + 15H_2O + 12CO_2$

050

트라이에틸알루미늄과 염소가 반응할 때 반응식을 쓰시오.

해설
트라이에틸알루미늄[$(C_2H_5)_3Al$]과 염소(Cl_2)가 반응하면 염화알루미늄($AlCl_3$)과 **염화에틸(C_2H_5Cl)**이 생성된다.

$$(C_2H_5)_3Al + 3Cl_2 \rightarrow AlCl_3 + 3C_2H_5Cl$$

정답 $(C_2H_5)_3Al + 3Cl_2 \rightarrow AlCl_3 + 3C_2H_5Cl$

051

TMAL, TEAL과 물이 반응할 때 생성되는 기체를 각각 쓰시오.

해설
TMAL, TEAL의 특성
① 트라이메틸알루미늄(Tri Methyl Aluminium, TMAL)
  ㉠ 물과 반응 : $(CH_3)_3Al + 3H_2O \rightarrow Al(OH)_3 + 3CH_4\uparrow$
  ㉡ 공기와 반응 : $2(CH_3)_3Al + 12O_2 \rightarrow Al_2O_3 + 9H_2O + 6CO_2\uparrow$
② 트라이에틸알루미늄(Tri Ethyl Aluminium, TEAL)
  ㉠ 물과 반응 : $(C_2H_5)_3Al + 3H_2O \rightarrow Al(OH)_3 + 3C_2H_6\uparrow$
  ㉡ 공기와 반응 : $2(C_2H_5)_3Al + 21O_2 \rightarrow Al_2O_3 + 15H_2O + 12CO_2$

정답
• TMAL과 물의 반응 시 생성되는 기체 : 메테인(CH_4)
• TEAL과 물의 반응 시 생성되는 기체 : 에테인(C_2H_6)

052

트라이에틸알루미늄과 물의 반응식을 쓰고, 이때 발생하는 기체의 위험도를 계산하시오.

해설

트라이에틸알루미늄

① 물과 반응

$$(C_2H_5)_3Al + 3H_2O \rightarrow Al(OH)_3 + 3C_2H_6 \uparrow$$

> C_2H_6(에테인)의 연소범위 : 3.0~12.4[%]

② 위험도 $= \dfrac{상한값 - 하한값}{하한값} = \dfrac{12.4 - 3}{3} = 3.13$

정답
- 반응식 : $(C_2H_5)_3Al + 3H_2O \rightarrow Al(OH)_3 + 3C_2H_6$
- 위험도 : 3.13

053

TEAL(트라이에틸알루미늄)에 대하여 다음 물음에 답하시오.

- 물과의 반응식을 쓰시오.
- 표준상태에서 TEAL 1몰(Mol)이 연소되며 발생되는 가스는 몇 [L]가 되는가?
- 위험물의 지정수량을 쓰시오.

해설

TEAL(트라이에틸알루미늄)

① 물과의 반응식 $(C_2H_5)_3Al + 3H_2O \rightarrow Al(OH)_3 + 3C_2H_6$

② $2(C_2H_5)_3Al + 21O_2 \rightarrow Al_2O_3 + 12CO_2 + 15H_2O$

     2[mol] ──────── 12[mol] × 22.4[L]
     1[mol] ──────── x

$\therefore x = \dfrac{1 \times 12 \times 22.4[L]}{2} = 134.4[L]$

③ 제3류 위험물의 알킬알루미늄의 지정수량 : 10[kg]

정답
- $(C_2H_5)_3Al + 3H_2O \rightarrow Al(OH)_3 + 3C_2H_6$
- 134.4[L]
- 10[kg]

054

다음과 같은 물질이 물과 접촉할 때 반응식과 발생되는 기체를 1가지씩 쓰시오(단, 발생하는 기체가 없으면 "없음"이라고 쓰시오).

물질명	발생 기체	반응식
칼륨		
탄화칼슘		
탄화알루미늄		
과산화바륨		
황린		

해설

물과의 반응식
① 과산화칼륨 : $2K_2O_2 + 2H_2O \rightarrow 4KOH + O_2\uparrow + 발열$
② 과산화나트륨 : $2Na_2O_2 + 2H_2O \rightarrow 4NaOH + O_2\uparrow + 발열$
③ 알루미늄 : $2Al + 6H_2O \rightarrow 2Al(OH)_3 + 3H_2$
④ 마그네슘 : $Mg + 2H_2O \rightarrow Mg(OH)_2 + H_2\uparrow$
⑤ **칼륨** : $2K + 2H_2O \rightarrow 2KOH + H_2\uparrow$
⑥ 나트륨 : $2Na + 2H_2O \rightarrow 2NaOH + H_2\uparrow$
⑦ 트라이에틸알루미늄 : $(C_2H_5)_3Al + 3H_2O \rightarrow Al(OH)_3 + 3C_2H_6\uparrow$
⑧ 리튬 : $2Li + 2H_2O \rightarrow 2LiOH + H_2\uparrow$
⑨ 칼슘 : $Ca + 2H_2O \rightarrow Ca(OH)_2 + H_2\uparrow$
⑩ 인화칼슘(인화석회) : $Ca_3P_2 + 6H_2O \rightarrow 3Ca(OH)_2 + 2PH_3\uparrow$
⑪ 수소화칼륨 : $KH + H_2O \rightarrow KOH + H_2\uparrow$
⑫ 수소화나트륨 : $NaH + H_2O \rightarrow NaOH + H_2\uparrow$
⑬ 카바이드(**탄화칼슘**) : $CaC_2 + 2H_2O \rightarrow Ca(OH)_2 + C_2H_2\uparrow$
⑭ **탄화알루미늄** : $Al_4C_3 + 12H_2O \rightarrow 4Al(OH)_3 + 3CH_4\uparrow$
⑮ 탄화망가니즈 : $Mn_3C + 6H_2O \rightarrow 3Mn(OH)_2 + CH_4\uparrow + H_2\uparrow$
⑯ **과산화바륨** : $2BaO_2 + 2H_2O \rightarrow 2Ba(OH)_2 + O_2\uparrow$
⑰ 황린과 이황화탄소는 물속에 저장한다.

정답

물질명	발생 기체	반응식
칼륨	수소	$2K + 2H_2O \rightarrow 2KOH + H_2\uparrow$
탄화칼슘	아세틸렌	$CaC_2 + 2H_2O \rightarrow Ca(OH)_2 + C_2H_2\uparrow$
탄화알루미늄	메테인	$Al_4C_3 + 12H_2O \rightarrow 4Al(OH)_3 + 3CH_4\uparrow$
과산화바륨	산소	$2BaO_2 + 2H_2O \rightarrow 2Ba(OH)_2 + O_2\uparrow$
황린	없음	자연발화성이 있어 물속에 보관

055

카바이드가 물과 반응할 때 반응식을 쓰시오.

해설

문제 54번 참조

정답 $CaC_2 + 2H_2O \rightarrow Ca(OH)_2 + C_2H_2$

056

탄화칼슘과 물의 반응식, 생성되는 기체의 화학식, 생성물의 농도가 공기 중에서 25[%]일 때 생성물이 위험한 이유를 쓰시오.

해설

탄화칼슘

① 물과 반응 : $CaC_2 + 2H_2O \rightarrow Ca(OH)_2 + C_2H_2 \uparrow$
(소석회, 수산화칼슘) (아세틸렌)

② 물과 반응하여 생성되는 가스는 아세틸렌(C_2H_2)이며 폭발범위는 2.5~81[%]이다.

③ 약 700[℃] 이상에서 반응 $CaC_2 + N_2 \rightarrow CaCN_2 + C + 74.6[kcal]$
(석회질소) (탄소)

④ 아세틸렌가스와 금속의 반응 $C_2H_2 + 2Ag \rightarrow Ag_2C_2 + H_2 \uparrow$
(은아세틸라이드 : 폭발물질)

정답
- 물과 반응 : $CaC_2 + 2H_2O \rightarrow Ca(OH)_2 + C_2H_2$
- 생성되는 기체 : C_2H_2(아세틸렌)
- 위험성 여부 : 아세틸렌(C_2H_2)의 폭발범위는 2.5~81[%]이므로 공기 중의 농도가 25[%]이면 폭발범위 내에 있으므로 폭발의 위험이 있다.

057

탄화칼슘 10[kg]이 물과 반응하였을 때 70[kPa], 30[℃]에서 몇 [m³]의 아세틸렌가스가 발생하는지 계산하시오(단, 1기압은 약 101.3[kPa]이다).

해설

탄화칼슘(카바이드)의 반응식

$CaC_2 + 2H_2O \rightarrow Ca(OH)_2 + C_2H_2$
64[kg]   26[kg]
10[kg] x

$x = \dfrac{10[kg] \times 26[kg]}{64[kg]} = 4.06[kg]$

이상기체 상태방정식을 적용하면

$$PV = \dfrac{W}{M}RT \qquad V = \dfrac{WRT}{PM}$$

$\therefore V = \dfrac{WRT}{PM} = \dfrac{4.06[kg] \times 0.08205[atm \cdot m^3/kg-mol \cdot K] \times (273+30)[K]}{\left(\dfrac{70[kPa]}{101.3[kPa]} \times 1[atm]\right) \times 26[kg/kg-mol]} = 5.62[m^3]$

정답 5.62[m³]

058

탄화칼슘 100[kg], 온도 100[℃], 1기압일 때 물과 반응 시 발생하는 가스의 부피[m³]와 발생하는 가스의 위험도를 구하시오.

해설

탄화칼슘(카바이드)

① 반응식

$$CaC_2 + 2H_2O \rightarrow Ca(OH)_2 + C_2H_2$$
64[kg]   26[kg]
100[kg] x

$$x = \frac{100[kg] \times 26[kg]}{64[kg]} = 40.63[kg]$$

이상기체 상태방정식을 적용하면

$$PV = \frac{W}{M}RT \qquad V = \frac{WRT}{PM}$$

$$\therefore V = \frac{WRT}{PM} = \frac{40.63[kg] \times 0.08205[atm \cdot m^3/kg-mol \cdot K] \times (273+100)[K]}{1[atm] \times 26[kg/kg-mol]} = 47.83[m^3]$$

② 발생하는 가스 : 아세틸렌
③ 아세틸렌의 폭발범위 : 2.5~81[%]
④ 위험도 = $\frac{상한값 - 하한값}{하한값} = \frac{81 - 2.5}{2.5} = 31.4$

정답
- 발생하는 가스의 부피 : 47.83[m³]
- 발생가스의 위험도 : 31.4

059

CaC₂ 128[g]과 물이 반응하여 생성되는 아세틸렌가스를 완전 연소시키는 데 필요한 산소는 0[℃], 1[atm]에서 몇 [L]인가?(단, CaC₂ 분자량은 64)

- CaC₂와 물의 반응식
- 아세틸렌 연소반응식
- 필요한 산소량[L]

해설

아세틸렌

① 반응식 : $CaC_2 + 2H_2O \rightarrow Ca(OH)_2 + C_2H_2$
② 연소반응식 : $2C_2H_2 + 5O_2 \rightarrow 4CO_2 + 2H_2O$
③ $CaC_2 + 2H_2O \rightarrow Ca(OH)_2 + C_2H_2$
     64[g]   26[g]
     128[g] x

$$\therefore x = \frac{128[g] \times 26[g]}{64[g]} = 52[g]$$

아세틸렌 발생량으로 산소의 체적을 구하면

$$2C_2H_2 + 5O_2 \rightarrow 4CO_2 + 2H_2O$$
2 × 26[g]   5 × 22.4[L]
52[g] x

$$\therefore x = \frac{52[g] \times 5 \times 22.4[L]}{2 \times 26[g]} = 112[L]$$

정답
- 물과의 반응식 : $CaC_2 + 2H_2O \rightarrow Ca(OH)_2 + C_2H_2$
- 연소반응식 : $2C_2H_2 + 5O_2 \rightarrow 4CO_2 + 2H_2O$
- 산소량 : 112[L]

060 인화칼슘이 물과 반응 시 반응식과 생성물질을 쓰시오.

해설

인화칼슘(인화석회)

① 물 성

유 별	화학식	지정수량	분자량	융 점	비 중
제3류 위험물	Ca_3P_2	300[kg]	182	1,600[℃]	2.51

② 적갈색의 괴상 고체이다.
③ 알코올, 에테르에는 녹지 않는다.
④ 건조한 공기 중에서 안정하나 300[℃] 이상에서는 산화한다.
⑤ 가스 취급 시 독성이 심하므로 방독마스크를 착용해야 한다.
⑥ 물이나 약산과 반응하여 포스핀(PH_3)의 유독성 가스를 발생한다.
⑦ 인화칼슘의 반응식

- 인화칼슘은 물과 반응하면 수산화칼슘과 인화수소(포스핀)를 생성한다.
  $Ca_3P_2 + 6H_2O \rightarrow 3Ca(OH)_2 + 2PH_3$
  (수산화칼슘) (인화수소)
- 인화칼슘은 산과 반응하면 염화칼슘과 인화수소(포스핀)를 생성한다.
  $Ca_3P_2 + 6HCl \rightarrow 3CaCl_2 + 2PH_3$
- 포스핀의 연소반응식 $2PH_3 + 4O_2 \rightarrow P_2O_5 + 3H_2O$

정답
- 반응식 : $Ca_3P_2 + 6H_2O \rightarrow 3Ca(OH)_2 + 2PH_3$
- 생성물질 : 인화수소(포스핀), 수산화칼슘

061 다음 물질의 저장방법을 쓰시오.
- 황 린
- 칼 륨
- 과산화수소
- 이황화탄소

해설

위험물의 저장방법

종 류	황 린	칼 륨	과산화수소	이황화탄소
화학식	P_4	K	H_2O_2	CS_2
유 별	제3류 위험물	제3류 위험물	제6류 위험물	제4류 위험물
지정수량	20[kg]	10[kg]	300[kg]	50[L]
저장방법	물속에 저장	등유, 경유, 유동 파라핀 속에 저장	구멍이 뚫린 마개를 사용한 갈색 유리병에 저장	물속에 저장
저장하는 이유	포스핀가스 발생방지	가연성 가스 발생방지	폭발방지	가연성 증기 발생방지

정답
- 황린 : 물속에 저장
- 칼륨 : 등유(석유) 속에 저장
- 과산화수소 : 구멍이 뚫린 유리병에 저장
- 이황화탄소 : 물속에 저장

062 위험물을 보호액에 저장하는 3가지 사례를 들고, 이유를 설명하시오.

해설
저장방법
① 이황화탄소(CS_2)
  ㉠ 보호액 : 물
  ㉡ 이유 : 가연성 증기의 발생방지
② 황린(P_4)
  ㉠ 보호액 : 물
  ㉡ 이유 : 포스핀가스의 생성방지
③ 칼륨(K) 및 나트륨(Na)
  ㉠ 보호액 : 등유, 경유, 유동파라핀
  ㉡ 이유 : 습기 차단, 가연성 가스 발생방지
④ 나이트로셀룰로스
  ㉠ 저장방법 : 물 또는 알코올로 습면시켜 저장
  ㉡ 이유 : 폭발방지
⑤ 과산화수소
  ㉠ 저장방법 : 구멍 뚫린 마개 사용하여 저장
  ㉡ 이유 : 폭발방지

정답

위험물	보호액	이유
이황화탄소(CS_2)	물	가연성 증기의 발생방지
황린(P_4)	물	포스핀가스의 발생방지
칼륨(K) 및 나트륨(Na)	등유, 경유, 유동파라핀	가연성 가스 발생방지

063

공기 중에서는 안정하나 물이나 묽은 산에서 맹독성의 인화수소(PH_3, 포스핀)가스를 발생하는 적갈색의 괴상 고체인 제3류 위험물이다.

- 이 물질명을 쓰시오.
- 이 물질과 물의 반응식
- 이 물질과 염산의 반응식
- 위험물의 유별과 지정수량은?
- 상태와 색상은?
- 위험성 2가지

해설

인화칼슘(인화석회)

① 물 성

화학식	분자량	융 점	비 중
Ca_3P_2	182	1,600[℃]	2.51

② **적갈색의 괴상 고체이다.**
③ **알코올, 에터에는 녹지 않는다.**
④ 건조한 공기 중에서 안정하나 300[℃] 이상에서는 산화한다.
⑤ 가스 취급 시 독성이 심하므로 방독마스크를 착용해야 한다.
⑥ **물이나 약산과 반응**하여 **포스핀(PH_3)의 유독성 가스**를 발생한다.

Plus One 인화칼슘과 물의 반응식
- $Ca_3P_2 + 6H_2O \rightarrow 3Ca(OH)_2 + 2PH_3 \uparrow$
- $Ca_3P_2 + 6HCl \rightarrow 3CaCl_2 + 2PH_3 \uparrow$

정답
- 물질명 : 인화칼슘
- 물과의 반응식 : $Ca_3P_2 + 6H_2O \rightarrow 3Ca(OH)_2 + 2PH_3$
- 염산과의 반응식 : $Ca_3P_2 + 6HCl \rightarrow 3CaCl_2 + 2PH_3$
- 유별 : 제3류 위험물, 지정수량 : 300[kg]
- 상태 : 고체, 색상 : 적갈색
- 위험성 : 독성, 가연성

064

100[g]의 탄화알루미늄이 물과 반응하여 발생한 가스의 양을 20[℃], 1.5기압에서 측정할 때 부피가 몇 [L]인지 구하시오(단, 알루미늄의 원자량은 27이다).

해설

탄화알루미늄과 물의 반응식

$Al_4C_3 + 12H_2O \rightarrow 4Al(OH)_3 + 3CH_4$

144[g] ────── 3×22.4[L]
100[g] ────── x

$x = \dfrac{100[g] \times 3 \times 22.4[L]}{144[g]} = 46.67[L]$

이것을 온도와 압력을 보정하여 보일-샤를의 법칙을 적용하면

$V_2 = V_1 \times \dfrac{P_1}{P_2} \times \dfrac{T_2}{T_1} = 46.67[L] \times \dfrac{1[atm]}{1.5[atm]} \times \dfrac{(273+20)[K]}{273[K]} = 33.39[L]$

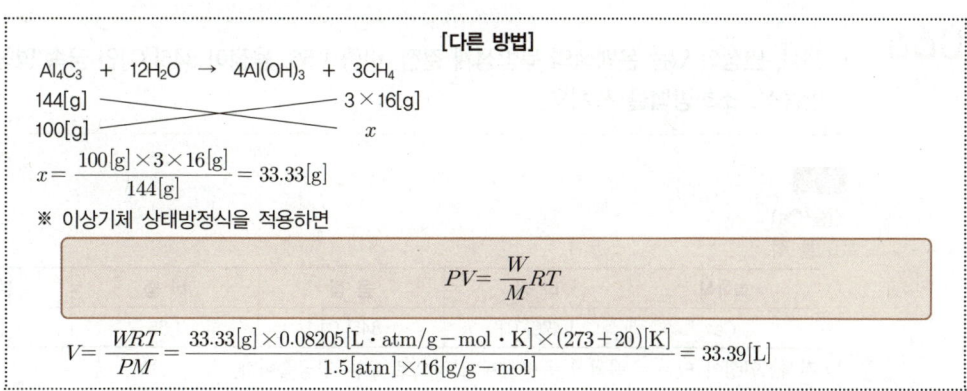

정답 33.39[L]

065

제3류 위험물로서 물과 반응하여 가연성인 메테인 가스가 발생하므로, 인화폭발의 위험이 있는 물질로 분자량은 144이다. 이 물질의 명칭과 화학반응식을 쓰시오.

해설

탄화알루미늄
① 황색(순수한 것은 백색)의 단단한 결정 또는 분말이다.
② 분자식은 Al_4C_3이고 분자량은 144이다.
③ 비중은 2.36이고 1,400[℃] 이상 가열 시 분해한다.
④ 밀폐용기에 저장해야 하며 용기 등에는 질소가스 등 불연성 가스를 봉입시켜야 빗물침투 우려가 없는 안전한 장소에 저장해야 한다.
⑤ 물과 반응하면 메테인 가스가 발생한다.

$$Al_4C_3 + 12H_2O \rightarrow \underset{(수산화알루미늄)}{4Al(OH)_3} + \underset{(메테인)}{3CH_4 \uparrow}$$

정답
- 명칭 : 탄화알루미늄
- 화학반응식 : $Al_4C_3 + 12H_2O \rightarrow 4Al(OH)_3 + 3CH_4$

066

전성, 연성이 있는 은백색의 육방정계 결정, 비중 1.55, 융점이 845[℃]인 금속 명칭, 물과의 반응식, 소화방법을 쓰시오.

해설

칼슘(Ca)

① 물 성

화학식	비 점	융 점	비 중	불꽃색상
Ca	1,420[℃]	845[℃]	1.55	황적색

② 전성, 연성이 있는 은백색의 육방정계 결정으로 무른 경금속이다.
③ 물과 반응하면 수소(H_2)가스를 발생한다.

$$Ca + 2H_2O \rightarrow Ca(OH)_2 + H_2 \uparrow$$

④ 초기소화는 건조사, 소석회로 질식소화한다.

정답
- 금속 명칭 : 칼슘(Ca)
- 물과의 반응식 : $Ca + 2H_2O \rightarrow Ca(OH)_2 + H_2$
- 소화방법 : 건조사(마른모래)에 의한 질식소화

067

제4류 위험물의 특성 3가지를 쓰시오.

해설

제4류 위험물의 특성
① 대단히 인화하기 쉽다.
② 물보다 가볍고 물에 녹지 않는다.
③ 증기는 공기보다 무겁기 때문에 낮은 곳에 체류하여 연소, 폭발의 위험이 있다.
④ 연소범위의 하한이 낮기 때문에 공기 중 소량 누설되어도 연소한다.

정답
- 대단히 인화하기 쉽다.
- 물보다 가볍고 물에 녹지 않는다.
- 증기는 공기보다 무겁기 때문에 낮은 곳에 체류한다.

068 제4류 위험물 중 석유류의 정의를 인화점을 기준으로 설명하시오.

해설
석유류의 분류

① **제1석유류** : 아세톤, 휘발유 그 밖에 1[atm]에서 **인화점**이 21[℃] 미만인 것

> • 제1석유류 : 아세톤, 휘발유, 벤젠, 톨루엔, 메틸에틸케톤(MEK), 피리딘, 초산메틸, 초산에틸, 의산에틸, 콜로디온, 사이안화수소, 아세토나이트릴 등
> • 수용성 : 아세톤, 피리딘, 사이안화수소, 아세토나이트릴, 의산메틸
> ※ 수용성 액체 : 20[℃], 1[atm]에서 동일한 양의 증류수와 완만하게 혼합하여 혼합액의 유동이 멈춘 후 해당 혼합액이 균일한 외관을 유지하는 것

② **제2석유류** : 등유, 경유 그 밖에 1[atm]에서 **인화점**이 21[℃] 이상 70[℃] 미만인 것(다만, 도료류 그 밖의 물품에 있어서 가연성 액체량이 40[wt%] 이하이면서 인화점이 40[℃] 이상인 동시에 연소점이 60[℃] 이상인 것은 제외)

> • 제2석유류 : 등유, 경유, 초산, 의산, 테레핀유, 클로로벤젠, 스타이렌, 메틸셀로솔브, 에틸셀로솔브, 자일렌, 아크릴산, 장뇌유, 하이드라진 등
> • 수용성 : 초산, 의산, 아크릴산, 메틸셀로솔브, 에틸셀로솔브, 하이드라진

③ **제3석유류** : 중유, 크레오소트유 그 밖에 1[atm]에서 **인화점**이 70[℃] 이상 200[℃] 미만인 것(다만, 도료류 그 밖의 물품은 가연성 액체량이 40[wt%] 이하인 것은 제외)

> • 제3석유류 : 중유, 크레오소트유, 나이트로벤젠, 아닐린, 메타크레졸, 글리세린, 에틸렌글라이콜, 담금질유 등
> • 수용성 : 글리세린, 에틸렌글라이콜, 에탄올아민

④ **제4석유류** : 기어유, 실린더유 그 밖에 1[atm]에서 **인화점**이 200[℃] 이상 250[℃] 미만의 것(다만, 도료류 그 밖의 물품은 가연성 액체량이 40[wt%] 이하인 것은 제외)

> 제4석유류 : 기어유, 실린더유, 가소제, 담금질유, 절삭유, 방청유, 윤활유

⑤ **알코올류** : 1분자를 구성하는 탄소원자의 수가 1개부터 3개까지인 포화1가 알코올(변성알코올 포함)로서 농도가 60[wt%] 이상으로서 메틸알코올, 에틸알코올, 프로필알코올이 있다.

Plus One 알코올류의 제외
> • $C_1 \sim C_3$까지의 포화1가 알코올의 함유량이 60[wt%] 미만인 수용액
> • 가연성 액체량이 60[wt%] 미만이고 인화점 및 연소점이 에틸알코올 60[wt%] 수용액의 인화점 및 연소점을 초과하는 것

정답
• 제1석유류 : 인화점이 21[℃] 미만인 것
• 제2석유류 : 인화점이 21[℃] 이상 70[℃] 미만인 것
• 제3석유류 : 인화점이 70[℃] 이상 200[℃] 미만인 것
• 제4석유류 : 인화점이 200[℃] 이상 250[℃] 미만인 것

069

제4류 위험물 중 제1석유류, 제2석유류, 제3석유류, 제4석유류의 각 품명 2가지를 쓰시오.

해설
문제 68번 참조

정답
- 제1석유류 : 휘발유, 아세톤
- 제2석유류 : 등유, 경유
- 제3석유류 : 중유, 크레오소트유
- 제4석유류 : 기어유, 실린더유

070

다음 (　) 안을 채우시오.

특수인화물이란 (㉮), (㉯) 그 밖에 1기압에서 발화점 (㉰)[℃] 이하인 것 또는 인화점이 (㉱)[℃] 이하이고 비점이 (㉲)[℃] 이하인 것을 말한다.

해설

특수인화물 : **이황화탄소, 다이에틸에터** 그 밖에 1기압에서 **발화점이 100[℃]** 이하인 것 또는 인화점이 **−20[℃]** 이하이고 비점이 **40[℃]** 이하인 것을 말한다.

특수인화물 : 이황화탄소, 다이에틸에터, 아세트알데하이드, 산화프로필렌, 아이소프렌, 아이소펜테인

정답
- ㉮ 이황화탄소
- ㉯ 다이에틸에터
- ㉰ 100
- ㉱ −20
- ㉲ 40

071

다음의 위험물안전관리법상의 정의를 쓰시오.
- 알코올류
- 동식물유류

해설
문제 68번 참조

정답
- 알코올류 : 1분자를 구성하는 탄소원자의 수가 1개부터 3개까지인 포화1가 알코올(변성알코올 포함)로서 농도가 60[wt%] 이상으로서 메틸알코올, 에틸알코올, 프로필알코올이 있다.
- 동식물유류 : 동물의 지육(枝肉 : 머리, 내장, 다리를 잘라 내고 아직 부위별로 나누지 않은 고기를 말한다) 등 또는 식물의 종자나 과육으로부터 추출한 것으로서 1기압에서 인화점이 250[℃] 미만인 것

072 제4류 위험물(수용성, 비수용성 구분)의 지정수량을 쓰시오.

해설

제4류 위험물의 지정수량

유 별	성 질	품 명		위험등급	지정수량
제4류	인화성 액체	특수인화물		I	50[L]
		제1석유류	비수용성 액체	II	200[L]
			수용성 액체	II	400[L]
		알코올류		II	400[L]
		제2석유류	비수용성 액체	III	1,000[L]
			수용성 액체	III	2,000[L]
		제3석유류	비수용성 액체	III	2,000[L]
			수용성 액체	III	4,000[L]
		제4석유류		III	6,000[L]
		동식물유류		III	10,000[L]

※ **수용성 액체를 판단하기 위한 시험**(세부기준 제13조)
- 온도 20[℃], 1기압의 실내에서 50[mL] 메스실린더에 증류수 25[mL]를 넣은 후 시험물품 25[mL]를 넣을 것
- 메스실린더의 혼합물을 1분에 90회 비율로 5분간 혼합할 것
- 혼합한 상태로 5분간 유지할 것
- 층분리가 되는 경우 비수용성, 그렇지 않은 경우 수용성으로 판단할 것. 다만, 증류수와 시험물품이 균일하게 혼합되어 혼탁하게 분포하는 경우에도 수용성으로 판단한다.

정답 제4류 위험물의 지정수량
- 특수인화물 : 50[L]
- 제1석유류
  - 비수용성 액체 : 200[L]
  - 수용성 액체 : 400[L]
- 알코올류 : 400[L]
- 제2석유류
  - 비수용성 액체 : 1,000[L]
  - 수용성 액체 : 2,000[L]
- 제3석유류
  - 비수용성 액체 : 2,000[L]
  - 수용성 액체 : 4,000[L]
- 제4석유류 : 6,000[L]
- 동식물유류 : 10,000[L]

073 다이에틸에터에 대하여 다음 물음에 답하시오.

- 구조식
- 지정수량
- 인화점, 비점
- 공기 중 장시간 노출 시 생성물질
- 2,550[L]일 때 옥내저장소에 보유공지(단, 내화구조로 된 건축물이다)

해설
다이에틸에터(Di Ethyl Ether, 에터)

① 물 성

화학식	지정수량	분자량	비 중	비 점	인화점	착화점	증기비중	연소범위
$C_2H_5OC_2H_5$	50[L]	74.12	0.7	34[℃]	-40[℃]	180[℃]	2.55	1.7~48.0[%]

② 공기와 장기간 접촉하면 **과산화물**이 생성되므로 **갈색병**에 저장해야 한다.

- 에터의 일반식 : R-O-R′ (R : 알킬기)
- 에터의 구조식 :

$$\begin{array}{ccccc} H & H & & H & H \\ | & | & & | & | \\ H-C-C-O-C-C-H \\ | & | & & | & | \\ H & H & & H & H \end{array}$$

- 과산화물 생성 방지 : 40[mesh]의 구리망을 넣어 준다.
- 과산화물 검출시약 : 10[%] 아이오딘화칼륨(KI)용액(검출 시 황색)
- 과산화물 제거시약 : 황산제일철 또는 환원철

③ 옥내저장소의 보유공지

저장 또는 취급하는 위험물의 최대수량	공지의 너비	
	벽·기둥 및 바닥이 내화구조로 된 건축물	그 밖의 건축물
지정수량의 5배 이하	-	0.5[m] 이상
지정수량의 5배 초과 10배 이하	1[m] 이상	1.5[m] 이상
지정수량의 10배 초과 20배 이하	2[m] 이상	3[m] 이상
지정수량의 20배 초과 50배 이하	3[m] 이상	5[m] 이상
지정수량의 50배 초과 200배 이하	**5[m] 이상**	10[m] 이상
지정수량의 200배 초과	10[m] 이상	15[m] 이상

먼저 지정수량의 배수를 결정하면 다이에틸에터는 제4류 위험물의 특수인화물이므로 지정수량은 50[L]이다.

∴ 지정수량의 배수 = $\dfrac{2,550[L]}{50[L]}$ = 51.0배

⇒ 표에서 지정수량의 **50배 초과 200배 이하**에 속하므로 보유공지는 **5[m] 이상**이다.

> **Plus One** 옥외저장소에 저장할 수 있는 위험물
> - 제2류 위험물 중 황, 인화성 고체(인화점이 0[℃] 이상인 것에 한함)
> - 제4류 위험물 중 제1석유류(인화점이 0[℃] 이상인 것에 한함), 제2석유류, 제3석유류, 제4석유류, 알코올류, 동식물유류
> - 제6류 위험물
> - 제2류 위험물 및 제4류 위험물 중 특별시·광역시·특별자치시·도 또는 특별자치도의 조례로 정하는 위험물(관세법 제154조의 규정에 의한 보세구역 안에 저장하는 경우로 한정한다)
> - 국제해사기구에 관한 협약에 의하여 설치된 국제해사기구가 채택한 국제해상위험물규칙(IMDG Code)에 적합한 용기에 수납된 위험물
> ※ 다이에틸에터는 제4류 위험물의 특수인화물(인화점이 −40[℃])로서 옥외저장소에는 저장할 수 없다.

정답
- 구조식 :

$$\begin{array}{ccccccc} & H & H & & H & H & \\ & | & | & & | & | & \\ H- & C- & C- & O- & C- & C- & H \\ & | & | & & | & | & \\ & H & H & & H & H & \end{array}$$

- 지정수량 : 50[L]
- 인화점 : −40[℃], 비점 : 34[℃]
- 과산화물
- 보유공지 : 5[m] 이상

074

다이에틸에터를 공기 중 장시간 방치하면 산화되어 폭발성 과산화물이 생성될 수 있다. 다음 물음에 답하시오.
- 과산화물이 존재하는지 여부를 확인하는 방법
- 생성된 과산화물을 제거하는 시약
- 과산화물 생성방지 방법

해설
다이에틸에터
① 과산화물 검출시약 : 10[%] 아이오딘화칼륨(KI)용액(검출 시 황색)
② 과산화물 제거시약 : 황산제일철($FeSO_4$) 또는 환원철
③ 과산화물 생성 방지 : 40[mesh]의 구리망을 넣어 준다.

정답
- 과산화물의 존재 여부 방법 : 10[%] KI 용액을 첨가하여 1분 이내에 황색으로 변화하는지 확인한다.
- 과산화물 제거시약 : 황산제일철($FeSO_4$) 또는 환원철
- 과산화물 생성 방지 : 40[mesh]의 구리망을 넣어 준다.

075

100[kg]의 이황화탄소(CS_2)가 물과 반응 시 발생하는 유독가스인 황화수소 발생량은 압력 800[mmHg] 30[℃]에서 몇 [m³]인가?

해설

체적을 구하면

$CS_2 + 2H_2O \rightarrow 2H_2S + CO_2$

76[kg]　　　　2×34[kg]
100[kg]　　　　x

$\therefore x = \dfrac{100[kg] \times 2 \times 34[kg]}{76[kg]} = 89.47[kg]$

그러므로 $PV = \dfrac{WRT}{M}$ 에서

$V = \dfrac{WRT}{PM} = \dfrac{89.47[kg] \times 0.08205[m^3 \cdot atm/kg-mol \cdot K] \times (273+30)[K]}{\dfrac{800[mmHg]}{760[mmHg]} \times 1[atm] \times 34[kg/kg-mol]} = 62.15[m^3]$

정답　62.15[m³]

076

다이에틸에터가 100[L], 칼륨이 10[kg], 에틸알코올이 400[L]를 저장소에 저장할 때 지정수량의 몇 배수인가?

해설

각 위험물의 지정수량

종류	다이에틸에터	칼륨	에틸알코올
분류	제4류 위험물 특수인화물	제3류 위험물	제4류 위험물 알코올류
지정수량	50[L]	10[kg]	400[L]

$\therefore$ 지정수량의 배수 = $\dfrac{저장수량}{지정수량} + \dfrac{저장수량}{지정수량} \cdots$

$= \dfrac{100[L]}{50[L]} + \dfrac{10[kg]}{10[kg]} + \dfrac{400[L]}{400[L]} = 4.0$배

정답　4.0배

※ 제4류 위험물과 제3류 위험물은 옥내저장소에 같이 저장할 수 없다. 지정수량 배수만 구한 문제이다.

077

어느 저장소에 다음과 같은 물질이 동일 장소에 저장되어 있다. 저장량은 지정수량의 몇 배인지 구하시오(단, 계산식을 쓰시오).

메틸에틸케톤 1,000[L], 메틸알코올 1,000[L], 클로로벤젠 1,500[L]

해설
지정수량의 배수

$$\text{지정수량의 배수} = \frac{\text{저장수량}}{\text{지정수량}} + \frac{\text{저장수량}}{\text{지정수량}} + \cdots$$

종 류	메틸에틸케톤	메틸알코올	클로로벤젠
분 류	제1석유류(비수용성)	알코올류	제2석유류(비수용성)
지정수량	200[L]	400[L]	1,000[L]

∴ 지정수량의 배수 $= \dfrac{1{,}000[L]}{200[L]} + \dfrac{1{,}000[L]}{400[L]} + \dfrac{1{,}500[L]}{1{,}000[L]} = 9.0$배

정답 9.0배

078

다음 주어진 내용을 보고 물질의 화학식을 쓰시오.
- 휘발성이 강한 무색투명한 특유의 향이 있는 액체로서 분자량이 74.12이고, 지정수량이 50[L]이다.
- 특유의 냄새가 나는 무색의 액체로서 분자량이 53이고 비점이 78[℃], 인화점이 -5[℃], 지정수량이 200[L]이다.

해설
물질의 설명
① 다이에틸에터(Di Ethyl Ether, 에터)
  ㉠ 물 성

화학식	지정수량	분자량	비 중	비 점	인화점	착화점	연소범위
$C_2H_5OC_2H_5$	50[L]	74.12	0.7	34[℃]	-40[℃]	180[℃]	1.7~48.0[%]

  ㉡ 휘발성이 강한 무색투명한 특유의 향이 있는 액체이다.
  ㉢ 물에 약간 녹고, 알코올에 잘 녹으며 발생된 증기는 마취성이 있다.
  ㉣ 공기와 장기간 접촉하면 과산화물이 생성되므로 갈색병에 저장해야 한다.
  ㉤ 동·식물성 섬유로 여과할 경우 정전기가 발생하기 쉽다.
  ㉥ 이산화탄소, 할로젠화합물, 포말에 의한 질식소화를 한다.
  ㉦ 용기의 공간용적을 2[%] 이상으로 해야 한다.

② 아크릴로나이트릴
  ㉠ 물 성

화학식	지정수량	분자량	비 중	비 점	인화점	착화점	연소범위
$CH_2=CHCN$	200[L]	53	0.8	78[℃]	-5[℃]	481[℃]	3.0~17.0[%]

  ㉡ **특유의 냄새가 나는 무색의 액체**이다.
  ㉢ 일정량 이상을 공기와 혼합하면 폭발하고 독성이 강하며 중합(重合)하기 쉽다. 합성 섬유나 합성 고무의 원료이며 용제(溶劑)나 살충제 따위에도 쓴다.
  ㉣ 유기용제와 잘 섞인다.

정답
 • $C_2H_5OC_2H_5$
 • $CH_2=CHCN$

079

다음 내용의 (   ) 안에 알맞은 말을 채우시오.

이황화탄소는 (㉮)한 액체이며, 불순물에 의하여 (㉯)으로 착색되어 있다. 연소 시 (㉰)를 발생하며, 연소 시 색상은 (㉱)이다.

해설

이황화탄소(Carbon Disulfide)
① 물 성

화학식	분자량	비 중	비 점	인화점	착화점	연소범위
CS_2	76	1.26	46[℃]	-30[℃]	90[℃]	1.0~50.0[%]

② 순수한 것은 **무색투명한 액체**이며 시판용은 담황색이다.
③ 제4류 위험물 중 **착화점이 낮고** 증기는 유독하다.
④ 물에 녹지 않고, 알코올, 에터, 벤젠 등의 유기용매에 잘 녹는다.
⑤ 가연성 증기 발생을 억제하기 위하여 물속에 저장한다.
⑥ **연소 시** 아황산가스와 이산화탄소를 발생하며 **파란 불꽃**을 나타낸다.
⑦ 물과 반응하면 황화수소(H_2S)를, **연소하면 이산화황(SO_2)과 이산화탄소**를 발생한다.
⑧ 물 또는 이산화탄소, 할로젠화합물, 분말소화약제 등에 의한 질식소화를 한다.

 • 연소반응식 : $CS_2 + 3O_2 \rightarrow CO_2 + 2SO_2$
 • 물과 반응(150[℃]) : $CS_2 + 2H_2O \rightarrow CO_2 + 2H_2S$

정답 ㉮ 무색투명
   ㉯ 황 색
   ㉰ 이산화황(아황산가스)과 이산화탄소
   ㉱ 청 색

080 무색투명한 액체이며, 일광에 쪼이면 황색으로 변색되며 에터, 벤젠, 유기용제에 녹고, 고무가황 촉진제로 사용하는 것의 명칭을 화학식으로 쓰시오.

해설
문제 79번 참조

정답 CS_2

---

081 이황화탄소(CS_2)를 물과 혼합하여 150[℃] 이상 가열하였을 경우 분해반응식과 가스의 명칭을 쓰시오.

해설
이황화탄소
① 이황화탄소는 물과 반응하면 이산화탄소와 황화수소를 발생한다.

$$CS_2 + 2H_2O \rightarrow CO_2 + 2H_2S$$

② 황화수소는 계란 썩는 냄새가 나는 독성 가스이다.

정답
- 분해반응식 : $CS_2 + 2H_2O \rightarrow CO_2 + 2H_2S$
- 생성가스 : 황화수소(H_2S)

---

082 이황화탄소의 연소반응식에 대해 쓰시오.

해설
이황화탄소(Carbon Disulfide)의 반응식
① 연소반응식 : $CS_2 + 3O_2 \rightarrow CO_2 + 2SO_2$
② 물과 반응 : $CS_2 + 2H_2O \rightarrow CO_2 + 2H_2S$

정답 $CS_2 + 3O_2 \rightarrow CO_2 + 2SO_2$

083

자동차용 가솔린에 첨가하여 옥테인가를 높이는 데 사용하는 MTBE에 대한 명칭과 구조식을 쓰시오.

해설

MTBE(메틸터셔리부틸에터, Methyl Tertiary Butyl Ether)
① MTBE : 무연휘발유에 첨가하여 옥테인가를 높이는 데 사용한다.
② 화학식 : $(CH_3)_3COCH_3$

Plus One 가솔린의 제조방법
- 직류법 : 원유의 상압 증류에서 유출하는 가솔린을 제조하는 방법이다.
- 분해증류법 : 가솔린보다 탄소수가 많은 탄화수소를 분해하여 가솔린을 제조하는 방법이다.
- 접촉개질법 : 옥테인가가 낮은 것을 촉매의 존재하에 탈수소하여 성질이 달라진 것을 이용하는 가솔린 제조방법이다.

정답
- 명칭 : MTBE(메틸터셔리부틸에터, Methyl Tertiary Butyl Ether)
- 구조식

$$H_3C-O-\underset{\underset{CH_3}{|}}{\overset{\overset{CH_3}{|}}{C}}-CH_3$$

084

케톤(-CO-)과 아세트알데하이드의 검출방법에 대해 쓰시오.

해설

검출방법
① 아이오도폼 반응 : 분자 중에 $CH_3CHO(OH)-$ 나 CH_3CO-(아세틸기)를 가진 물질은 I_2와 KOH나 NaOH를 넣고 60~80[℃]로 가열하면 황색의 아이오도폼(CHI_3) 침전이 생김(C_2H_5OH, CH_3CHO, CH_3COCH_3 등)

- 아세톤 : $CH_3COCH_3 + 3I_2 + 4NaOH \rightarrow CH_3COONa + 3NaI + CHI_3\downarrow + 3H_2O$
- 아세트알데하이드 : $CH_3CHO + 3I_2 + 4NaOH \rightarrow HCOONa + 3NaI + CHI_3\downarrow + 3H_2O$
- 에틸알코올 : $C_2H_5OH + 4I_2 + 6NaOH \rightarrow HCOONa + 5NaI + CHI_3\downarrow + 5H_2O$

② 은거울 반응 : 알데하이드(아세트알데하이드, CH_3CHO)는 환원성이 있어서 암모니아성 질산은용액을 가하면 쉽게 산화되어 카복실산이 되며 은 이온을 은으로 환원시킨다.

$$CH_3CHO + 2Ag(NH_3)_2OH \rightarrow CH_3COOH + 2Ag + 4NH_3 + H_2O$$
아세트알데하이드   암모니아성 질산은용액

③ 펠링 반응 : 알데하이드를 펠링용액(황산구리(Ⅱ)수용액, 수산화나트륨수용액)에 넣고 가열하면 Cu_2O의 붉은색 침전이 생성됨

$$CH_3CHO + 2Cu^{2+} + H_2O + NaOH \rightarrow CH_3COONa + 4H^+ + Cu_2O\downarrow(붉은색)$$

정답
- 케톤(-CO-)의 검출방법 : 케톤은 아이오도폼 반응을 한다.
- 아세트알데하이드의 검출방법 : 아이오도폼 반응과 펠링 반응, 환원성이 있어 은거울 반응을 한다.

085 제4류 위험물인 특수인화물 중 착화점이 낮아 물속에 저장하는 물질명을 쓰고, 이 물질 100[g]을 연소시켰을 때 완전 연소반응식과 발생하는 가스의 총부피[L]를 구하시오.

해설

① **물질명** : 이황화탄소(CS_2)는 착화점이 100[℃]로서 제4류 위험물 중 대체로 낮다.
② 이황화탄소의 연소반응식

㉠ $CS_2 + 3O_2 \rightarrow CO_2 + 2SO_2$
   76[g]   22.4[L]
   100[g] x

$\therefore x = \dfrac{100[g] \times 22.4[L]}{76[g]} = 29.47[L]$

㉡ $CS_2 + 3O_2 \rightarrow CO_2 + 2SO_2$
   76[g] $2 \times 22.4[L]$
   100[g] x

$\therefore x = \dfrac{100[g] \times 2 \times 22.4[L]}{76[g]} = 58.95[L]$

③ 발생하는 총가스의 부피 = 29.47[L] + 58.95[L] = 88.42[L]

정답
- 물질명 : 이황화탄소
- 연소반응식 : $CS_2 + 3O_2 \rightarrow CO_2 + 2SO_2$
- 발생 가스 총부피 : 88.42[L]

---

086 [보기]에서 어떤 물질의 제조방법 3가지를 설명하고 있다. 이러한 방법으로 제조되는 제4류 위험물에 대한 각 물음에 답하시오.

[보 기]
- 에틸렌과 산소를 $PdCl_2$ 또는 $CuCl_2$ 촉매하에서 반응시켜 제조
- 에탄올을 산화시켜 제조
- 황산수은 촉매하에서 아세틸렌에 물을 첨가시켜 제조

㉮ 이 위험물의 위험도는?
㉯ 이 물질이 공기 중 산소에 의해 산화하여 다른 종류의 제4류 위험물이 생성되는 반응식은?

해설

아세트알데히드
① 제법 : 에탄올을 산화시켜 제조한다.

$$2C_2H_5OH + O_2 \rightarrow 2CH_3CHO + 2H_2O$$

② 연소범위 : 4.0~60[%]

$$위험도 = \dfrac{상한값 - 하한값}{하한값} = \dfrac{60 - 4.0}{4.0} = 14.0$$

③ 아세트알데하이드를 산화하면 아세트산(초산)이 된다.

$$2CH_3CHO + O_2 \rightarrow 2CH_3COOH$$

정답   ㉮ 14.0
㉯ $2CH_3CHO + O_2 \rightarrow 2CH_3COOH$

087 산화프로필렌의 사용제한 금속의 종류에 대해 쓰시오.

해설

산화프로필렌의 취급
① 아세트알데하이드 또는 산화프로필렌을 취급하는 설비는 구리(Cu), 마그네슘(Mg), 은(Ag), 수은(Hg) 성분을 함유한 합금을 사용해서는 안 된다.
② 구리(Cu), 은(Ag), 수은(Hg), 마그네슘(Mg)과 접촉하여 중합반응으로 폭발성의 아세틸라이드를 생성한다.

정답   은, 수은, 구리(동), 마그네슘

088 152[kPa], 100[℃] 아세톤의 증기밀도는?

해설
이상기체 상태방정식을 적용하면

$$PV = nRT = \frac{W}{M}RT \quad PM = \frac{W}{V}RT = \rho RT \quad \rho(밀도) = \frac{PM}{RT}$$

여기서, P : 압력[atm] V : 부피[L]
n : mol수[g-mol] M : 분자량($CH_3COCH_3 = 58$[g/g-mol])
W : 무게[g] R : 기체상수(0.08205[L·atm/g-mol·K])
T : 절대온도(273 + [℃])[K]

∴ 밀도를 구하면

$$\rho(밀도) = \frac{PM}{RT} = \frac{\frac{152[kPa]}{101.325[kPa]} \times 1[atm] \times 58[g/g-mol]}{0.08205[L \cdot atm/g-mol \cdot K] \times (273+100)[K]} = 2.84[g/L]$$

정답   2.84[g/L]
※ 시험에서 기체상수는 0.082[L·atm/mol·K]로 출제된다. 그러나 문제풀이에서는 0.08205[L·atm/g-mol·K] 또는 0.08205[m^3·atm/kg-mol·K]로 풀이하였다.

089

BTX를 화학식으로 쓰시오.

해설

BTX란 벤젠(Benzen), 톨루엔(Toluene), 자일렌(Xylene)의 약자를 말한다.

항목 \ 종류	벤젠	톨루엔	자일렌 o-자일렌	자일렌 m-자일렌	자일렌 p-자일렌
화학식	C_6H_6	$C_6H_5CH_3$	$C_6H_4(CH_3)_2$	$C_6H_4(CH_3)_2$	$C_6H_4(CH_3)_2$
구조식	(벤젠고리)	(톨루엔 구조)	(o-자일렌 구조)	(m-자일렌 구조)	(p-자일렌 구조)
인화점	−11[℃]	4[℃]	32[℃]	25[℃]	25[℃]
유별	제4류 위험물 제1석유류(비)	제4류 위험물 제1석유류(비)	제4류 위험물 제2석유류(비)	제4류 위험물 제2석유류(비)	제4류 위험물 제2석유류(비)
지정수량	200[L]	200[L]	1,000[L]	1,000[L]	1,000[L]

정답
- B : Benzen(C_6H_6)
- T : Toluene($C_6H_5CH_3$)
- X : Xylene($C_6H_4(CH_3)_2$)

090

벤젠 6[g]을 1[atm], 78[℃]에서 증기화시키면 몇 [L]로 되겠는가?

해설

이상기체 상태방정식을 적용하면

$$PV = nRT = \frac{W}{M}RT \qquad V = \frac{WRT}{PM}$$

여기서, P : 압력[atm] V : 부피[L]
  n : mol수[g-mol] M : 분자량(C_6H_6 = 78[g/g-mol])
  W : 무게[g] R : 기체상수(0.08205[L·atm/g-mol·K])
  T : 절대온도(273 + [℃] = [K])

$\therefore V = \dfrac{WRT}{PM}$

$= \dfrac{6[g] \times 0.08205[L \cdot atm/g-mol \cdot K] \times (273+78)[K]}{1[atm] \times 78[g/g-mol]} \fallingdotseq 2.215[L]$

정답 2.22[L]

091

벤젠에서 수소 1개를 메틸기 1개로 치환된 물질의 구조식, 물질명, 품명, 지정수량을 쓰시오.

해설

벤젠(C_6H_6)에서 수소(H) 1개를 메틸기($-CH_3$) 1개로 치환된 물질은 톨루엔이다.

① **톨루엔의 구조식**

② **톨루엔의 품명** : 제1석유류(비수용성)
③ **톨루엔(제1석유류, 비수용성)의 지정수량** : 200[L]

정답
- 구조식 :
- 물 질 명 : 톨루엔
- 품   명 : 제1석유류(비수용성)
- 지정수량 : 200[L]

092

제4류 위험물로서 무색투명한 휘발성 액체로 물에 녹지 않고, 에터, 벤젠의 유기용제에는 녹으며 인화점 4[℃], 분자량 92인 물질의 구조식과 증기비중을 쓰시오.

해설

톨루엔(Toluene, 메틸벤젠)

① 물 성

화학식	분자량	비 중	비 점	인화점	착화점	연소범위
$C_6H_5CH_3$	92	0.86	110[℃]	4[℃]	480[℃]	1.27~7.0[%]

② 무색투명한 독성이 있는 액체이다.
③ 증기는 마취성이 있고 인화점이 낮다.
④ 물에 녹지 않고, 아세톤, 알코올 등 유기용제에는 잘 녹는다.
⑤ 고무, 수지를 잘 녹인다.
⑥ 벤젠보다 독성은 약하다.
⑦ 증기비중은 3.17(92/29 = 3.17)로 공기보다 무겁다.

정답
- 구조식 :
- 증기비중 : 3.17

093 제4류 위험물인 톨루엔의 저장 및 취급상 주의사항을 쓰시오.

해설
톨루엔
① 증기는 **마취성**이 있고 인화점이 낮다.
② 인화위험이 높아 화기의 접근을 피할 것
③ 증기는 공기와 약간만 혼합되어도 연소한다.
④ 전기부도체이므로 정전기발생에 주의한다.

정답
- 증기는 마취성과 독성이 있다.
- 전기부도체이므로 정전기발생에 주의한다.

094 다음 제4류 위험물의 지정수량의 배수를 구하시오.
초산에틸 200[L], 아세톤 400[L], 에탄올아민 2,000[L], 클로로벤젠 2,000[L]

해설
제4류 위험물의 지정수량

종 류	초산에틸	아세톤	에탄올아민	클로로벤젠
구 분	제1석유류 (비수용성)	제1석유류 (수용성)	제3석유류 (수용성)	제2석유류 (비수용성)
지정수량	200[L]	400[L]	4,000[L]	1,000[L]

$$\therefore \text{지정수량의 배수} = \frac{\text{저장수량}}{\text{지정수량}} = \frac{200[L]}{200[L]} + \frac{400[L]}{400[L]} + \frac{2,000[L]}{4,000[L]} + \frac{2,000[L]}{1,000[L]} = 4.5 \text{배}$$

Plus One 제1석유류(비수용성) : 휘발유, 톨루엔, 초산메틸, 초산에틸, 의산에틸, MEK
제1석유류(수용성) : 아세톤, 피리딘, 의산메틸

정답 4.5배

095 옥테인가의 정의 및 구하는 방법을 쓰고 옥테인가와 연소효율의 관계를 설명하시오.

해설
옥테인가와 세테인가
① 옥테인가
  ㉠ **정의** : 연료가 내연기관의 실린더 속에서 공기와 혼합하여 연소할 때 노킹을 억제시킬 수 있는 정도를 측정한 값으로 Antiknock Rating이라고도 한다. 아이소옥테인(Iso-Octane) 100, 노말헵테인(n-Heptane) 0으로 하여 가솔린의 품질을 나타내는 척도이다.
  ㉡ **옥테인가 구하는 방법** = $\dfrac{\text{아이소옥테인}}{\text{아이소옥테인} + \text{노말헵테인}} \times 100$
  ㉢ **옥테인가와 연소효율의 관계** : 옥테인가가 높을수록 연소효율은 증가한다(비례관계).

② 세테인가
연료(경유)가 압축되었을 때 얼마나 점화가 잘 되는가를 측정하는 것이다. 세테인가가 높을수록 연료가 더 효율적이고 착화성이 좋고 디젤 노크를 일으키지 않는다.

정답
- 옥테인가의 정의 : 연료가 내연기관의 실린더 속에서 공기와 혼합하여 연소할 때 노킹을 억제시킬 수 있는 정도를 측정한 값으로 아이소옥테인 100, 노말헵테인을 0으로 하여 가솔린의 품질을 나타내는 척도
- 옥테인가 구하는 방법 : $\dfrac{\text{아이소옥테인}}{\text{아이소옥테인} + \text{노말헵테인}} \times 100$
- 옥테인가와 연소효율의 관계 : 옥테인가가 높을수록 연소효율은 증가한다.

096

휘발유에 대하여 다음 물음에 답하시오.
- 연소범위
- 위험도
- 옥테인가의 정의
- 옥테인가를 구하는 공식

해설

휘발유

① 물 성

화학식	비 중	증기비중	유출온도	인화점	착화점	연소범위
$C_5H_{12} \sim C_9H_{20}$	0.7~0.8	3~4	32~220[℃]	-43[℃]	280~456[℃]	1.2~7.6[%]

② 위험도

$$\text{위험도} \quad H = \frac{U-L}{L}$$

여기서, U : 폭발상한값 L : 폭발하한값

∴ $H = \dfrac{7.6 - 1.2}{1.2} = 5.33$

③ 옥테인가
㉠ 정의 : 연료가 내연기관의 실린더 속에서 공기와 혼합하여 연소할 때 노킹을 억제시킬 수 있는 정도를 측정한 값으로 Antiknock Rating이라고도 하며 아이소옥테인(Iso-Octane) 100, 노말헵테인(n-Heptane) 0으로 하여 가솔린의 품질을 나타내는 척도이다.
㉡ 옥테인가 구하는 방법 = $\dfrac{\text{아이소옥테인}}{\text{아이소옥테인} + \text{노말헵테인}} \times 100$
㉢ 옥테인가와 연소효율의 관계 : 옥테인가가 높을수록 연소효율은 증가한다(비례관계).

정답
- 1.2~7.6[%]
- 5.33
- 아이소옥테인(Iso-Octane) 100, 노말헵테인(n-Heptane) 0으로 하여 가솔린의 품질을 나타내는 척도이다.
- 옥테인가 = $\dfrac{\text{아이소옥테인}}{\text{아이소옥테인} + \text{노말헵테인}} \times 100$

097

메테인과 암모니아를 백금 촉매하에서 산소와 반응시켜 얻어지는 반응성이 강한 것으로 분자량이 27이고 약한 산성을 나타내는 물질에 대하여 답하시오.
- 물질명
- 화학식
- 품 명

해설
사이안화수소(청산)
① 물 성

품 명	지정수량	화학식	분자량	인화점	비 중	증기비중
제1석유류(수용성)	400[L]	HCN	27	−17[℃]	0.69	0.932

② 제법 : 메테인-암모니아 혼합물의 촉매 산화반응, 사이안화나트륨과 황산의 반응, 폼아마이드($HCONH_2$)의 분해반응의 3가지 주요방법으로 합성된다.

정답
- 사이안화수소
- HCN
- 제1석유류(수용성)

098

제1석유류이고 분자량이 60인 물질이 가수분해하여 알코올과 폼산을 생성하는 반응식을 쓰시오.

해설
의산메틸
① 물 성

화학식	지정수량	분자량	비 중	비 점	인화점	착화점	연소범위
$HCOOCH_3$	400[L]	60	0.97	32[℃]	−19[℃]	449[℃]	5.0~23.0[%]

② 럼주와 같은 향기를 가진 무색투명한 액체이다.
③ 증기는 마취성이 있으나 독성은 없다.
④ 에터, 벤젠, 에스터에 잘 녹으며 물에는 잘 녹는다(용해도 23.3).
⑤ 의산과 메틸알코올의 축합물로서 가수분해하면 의산(폼산)과 메틸알코올이 된다.

$$HCOOCH_3 + H_2O \rightarrow \underset{(메틸알코올)}{CH_3OH} + \underset{(폼산)}{HCOOH}$$

정답 $HCOOCH_3 + H_2O \rightarrow CH_3OH + HCOOH$

099
에틸알코올을 산화시키면 생성되는 1차 생성물과 2차 생성물에 대하여 쓰시오.

해설

알코올류 : 1분자를 구성하는 탄소원자의 수가 1개부터 3개까지인 포화1가 알코올(변성알코올 포함)로서 농도가 60[wt%] 이상인 것

Plus One 알코올류의 제외
- $C_1 \sim C_3$까지의 포화1가 알코올의 함유량이 60[wt%] 미만인 수용액
- 가연성 액체량이 60[wt%] 미만이고 인화점 및 연소점이 에틸알코올 60[wt%] 수용액의 인화점 및 연소점을 초과하는 것

※ 알코올류 : 메틸알코올, 에틸알코올, 프로필알코올, 변성알코올

① 메틸알코올의 산화

$$CH_3OH \underset{환원}{\overset{산화}{\rightleftarrows}} HCHO \underset{환원}{\overset{산화}{\rightleftarrows}} HCOOH$$

메틸알코올을 산화하면
- 1차 생성물 : 폼알데하이드(포르말린, HCHO)
- 2차 생성물 : 폼산(개미산, HCOOH)

② 에틸알코올의 산화

$$C_2H_5OH \underset{환원}{\overset{산화}{\rightleftarrows}} CH_3CHO \underset{환원}{\overset{산화}{\rightleftarrows}} CH_3COOH$$

에틸알코올을 산화하면
- **1차 생성물** : 아세트알데하이드(CH_3CHO)
- **2차 생성물** : 초산(아세트산, CH_3COOH)

정답
- 1차 생성물 : 아세트알데하이드(CH_3CHO)
- 2차 생성물 : 아세트산(CH_3COOH)

100
비중이 0.8인 메탄올 10[L]가 완전연소할 때 이론공기량은 몇 [m³]인가?(공기 중에 산소는 21[%] 함유되어 있다)

해설

메탄올의 무게를 계산하면 $W = \rho \cdot V = 0.8[kg/L] \times 10[L] = 8[kg]$

비중 : 0.8일 때 밀도 $0.8[g/cm^3] = 0.8[g/mL] = 0.8[kg/L]$

메탄올의 연소반응식
$$2CH_3OH \;+\; 3O_2 \;\rightarrow\; 2CO_2 \;+\; 4H_2O$$

$2 \times 32[kg] \qquad\qquad 3 \times 22.4[m^3]$
$8[kg] \qquad\qquad\qquad x$

$x = \dfrac{8[kg] \times 3 \times 22.4[m^3]}{2 \times 32[kg]} = 8.4[m^3]$ (이론산소량)

∴ 이론공기량 = $8.4[m^3] \div 0.21 = 40[m^3]$

정답 $40[m^3]$

101 79[%]인 에틸알코올(C₂H₅OH) 200[mL]에 물 150[mL]를 혼합한 것은 위험물에 해당하는지를 답하시오(단, 에틸알코올의 비중은 0.79이다).

해설

농도를 구하면

알코올 수용액의 중량[%] = $\dfrac{(0.79 \times 200[\text{mL}]) \times 0.79[\text{g/mL}]}{(0.79[\text{g/mL}] \times 200[\text{mL}]) + 150[\text{g}]} \times 100 = 40.53[\text{wt\%}]$

> 비중 : 0.79일 때 밀도 0.79[g/cm³] = 0.79[g/mL]

∴ 현행 위험물안전관리법상 알코올은 60[wt%] 이상이 제4류 위험물에 해당하므로 40.53[wt%]는 위험물이 아니다.

정답 위험물이 아니다.

---

102 비중이 0.8인 메탄올 10[L]가 완전히 연소될 때 소요되는 이론산소량[kg]과 표준상태에서 생성되는 이산화탄소의 부피[m³]를 구하시오.

해설

메탄올의 연소반응식

① 메탄올의 무게 $W = \rho \cdot V = 0.8[\text{kg/L}] \times 10[\text{L}] = 8[\text{kg}]$

② 이론산소량을 구하면

$2CH_3OH + 3O_2 \rightarrow 2CO_2 + 4H_2O$
$2 \times 32[\text{kg}] \qquad 3 \times 32[\text{kg}]$
$8[\text{kg}] \qquad\qquad x$

∴ $x = \dfrac{8 \times 3 \times 32[\text{kg}]}{2 \times 32[\text{kg}]} = 12[\text{kg}]$

③ 이산화탄소의 부피를 구하면

$2CH_3OH + 3O_2 \rightarrow 2CO_2 + 4H_2O$
$2 \times 32[\text{kg}] \qquad 2 \times 22.4[\text{m}^3]$
$8[\text{kg}] \qquad\qquad x$

∴ $x = \dfrac{8[\text{kg}] \times 2 \times 22.4[\text{m}^3]}{2 \times 32[\text{kg}]} = 5.6[\text{m}^3]$

정답
- 이론산소량 : 12[kg]
- 이산화탄소의 부피 : 5.6[m³]

103 에스터의 분자량이 커질 때, 점도, 수용성, 이성질체수의 변화에 대해 쓰시오.

해설

에스터
① 에스터(Ester)의 일반식 : R-COO-R′
② 종 류
  ㉠ 초산에스터류
    • 초산메틸(Methyl Acetate) : CH_3COOCH_3
    • 초산에틸(Ethyl Acetate) : $CH_3COOC_2H_5$
    • 초산프로필(Propyl Acetate) : $CH_3COOC_3H_7$
    • 초산부틸(Butyl Acetate) : $CH_3COOC_4H_9$
  ㉡ 의산에스터류
    • 의산메틸(Methyl Formate) : $HCOOCH_3$
    • 의산에틸(Ethyl Formate) : $HCOOC_2H_5$
③ 분자량 증가에 따른 공통점(알코올류, 초산에스터류, 의산에스터류)
  ㉠ 인화점, 증기비중, 비점, **점도가 커진다.**
  ㉡ 착화점, **수용성**, 휘발성, 연소범위, 비중이 **감소한다.**
  ㉢ 이성질체가 많아진다.

정답
• 점도가 커진다.
• 수용성이 감소한다.
• 이성질체수가 많아진다.

104

산화에틸렌에 물을 첨가하여 만든 물질로서 끓는점 198[℃]인 제4류 위험물에 대하여 답하시오.
- 화학식
- 품 명
- 지정수량

해설

에틸렌글라이콜(Ethylene Glycol)
① 물 성

화학식	품 명	지정수량	비 중	비 점	인화점	착화점
$C_2H_4(OH)_2$	제4류 위험물 (제3석유류, 수용성)	4,000[L]	1.11	198[℃]	120[℃]	398[℃]

② 산화에틸렌에 물을 첨가하여 만든 물질이다.
③ 무색의 끈기 있는 흡습성의 액체이다.
④ 사염화탄소, 에터, 벤젠, 이황화탄소, 클로로폼에 녹지 않고, 물, 알코올, 글리세린, 아세톤, 초산, 피리딘에는 잘 녹는다(수용성).
⑤ 2가 알코올로서 독성이 있으며 단맛이 난다.

정답
- $C_2H_4(OH)_2$
- 제3석유류(수용성)
- 4,000[L]

105

제4류 위험물인 에틸렌글라이콜과 글리세린의 연소반응식을 쓰시오.

해설

에틸렌글라이콜과 글리세린의 비교

항 목 \ 종 류	에틸렌글라이콜	글리세린
구 분	제4류 위험물 제3석유류(수용성)	제4류 위험물 제3석유류(수용성)
화학식	$C_2H_4(OH)_2$	$C_3H_5(OH)_3$
지정수량	4,000[L]	4,000[L]
위험등급	III	III
알코올 가수	2가 알코올	3가 알코올
맛	단 맛	단 맛
독 성	있 음	없 음
구조식	CH₂-OH | CH₂-OH	CH₂-OH | CH -OH | CH₂-OH

정답
- 에틸렌글라이콜의 연소반응식 : $2C_2H_6O_2 + 5O_2 \rightarrow 4CO_2 + 6H_2O$
- 글리세린의 연소반응식 : $2C_3H_8O_3 + 7O_2 \rightarrow 6CO_2 + 8H_2O$

106 중유의 API도가 15.437일 때 중유의 비중을 구하시오.

해설
중유의 비중

$$\text{API도}(15.437) = \frac{141.5}{S} - 131.5, \quad S(\text{비중}) = 0.963$$

정답 0.963

107 동·식물성 섬유에 에터를 여과하면 위험하다. 그 원인에 대하여 쓰시오.

해설
다이에틸에터(Diethyl Ether, 에터)
① 물 성

화학식	분자량	비 중	비 점	인화점	착화점	증기비중	연소범위
$C_2H_5OC_2H_5$	74.12	0.7	34[℃]	-40[℃]	180[℃]	2.55	1.7~48.0[%]

② 휘발성이 강한 무색투명한 특유의 향이 있는 액체이다.
③ 물에 약간 녹고, 알코올에 잘 녹으며 발생된 증기는 마취성이 있다.
④ 공기와 장기간 접촉하면 과산화물이 생성되므로 갈색병에 저장해야 한다.
⑤ 에터는 동·식물성 섬유로 여과를 할 경우에 정전기가 발생하기 쉽다.
⑥ 용기의 공간용적을 2[%] 이상으로 해야 한다.

정답 동·식물성 섬유로 에터를 여과할 경우에 정전기가 발생하기 쉽다.

108 아이오딘값에 대하여 설명하시오.

해설
동식물유류
① 분 류

구 분	아이오딘값	반응성	불포화도	종 류
건성유	130 이상	큼	큼	해바라기유, 동유, 아마인유, 정어리기름, 들기름
반건성유	100~130	중 간	중 간	채종유, 목화씨기름(면실유), 참기름, 콩기름
불건성유	100 이하	작 음	작 음	야자유, 올리브유, 피마자유, 동백유, 쇠기름, 돼지기름

② **아이오딘값** : 유지 100[g]을 비누화시키는 데 부가되는 아이오딘의 [g]수
③ 건성유에는 대표적으로 아마인유가 있으며, 아마인유는 자연발화한다.
④ 건성유가 공기 중에서 자연발화하는 이유는 불포화결합 부분의 산화중합 시 산화열의 축적 때문이다.

정답
• 아이오딘값 : 유지 100[g]에 부가되는 아이오딘(I_2)의 [g]수
• 아이오딘값이 클수록 이중결합이 많고, 자연발화성이 크다.

109
아이오딘값에 대한 정의와 아이오딘값에 따른 3가지 종류 및 각각에 대한 아이오딘값을 쓰시오.

해설
문제 108번 참조

정답
- 아이오딘값의 정의 : 유지 100[g]에 부가되는 아이오딘의 [g]수
- 아이오딘값에 따른 3가지 종류
  - 건성유 : 130 이상
  - 반건성유 : 100~130
  - 불건성유 : 100 이하

110
다음 ( )에 적당한 말을 넣으시오.

경화유란 지방유 속에 포함된 액체 상태의 (㉮)에 (㉯)를 첨가하여 고체 상태의 (㉰)으로 만드는 기름인데 비누, 마가린, 글리세린 등의 원료로 사용한다.

해설
경화유란 지방유 속에 포함된 액체 상태의 **불포화지방산**에 **수소**를 첨가하여 고체 상태의 **포화지방산**으로 만드는 기름인데 비누, 마가린, 글리세린 등의 원료로 사용한다.

정답
㉮ 불포화지방산
㉯ 수 소
㉰ 포화지방산

111
다이에틸에터 50[L], 피리딘 800[L], 나트륨 100[kg], 에틸알코올 800[L]를 저장소에 저장할 때 지정수량의 배수는 얼마인가?

해설
각 위험물의 지정수량

종 류	다이에틸에터	피리딘	나트륨	에틸알코올
분 류	제4류 위험물 특수인화물	제4류 위험물 제1석유류(수)	제3류 위험물	제4류 위험물 알코올류
지정수량	50[L]	400[L]	10[kg]	400[L]

∴ 지정수량의 배수 = $\frac{저장수량}{지정수량} + \frac{저장수량}{지정수량} + \cdots = \frac{50[L]}{50[L]} + \frac{800[L]}{400[L]} + \frac{100[kg]}{10[kg]} + \frac{800[L]}{400[L]} = 15$배

정답 15배

112 제5류 위험물의 일반적인 성질 3가지를 쓰시오.

해설

제5류 위험물의 일반적인 성질
① 외부로부터 산소의 공급 없이도 가열, 충격 등에 의해 연소 폭발을 일으킬 수 있는 자기반응성 물질이다.
② 하이드라진 유도체를 제외하고는 유기화합물이다.
③ 유기과산화물을 제외하고는 질소를 함유한 유기질소화합물이다.
④ 모두 가연성의 액체 또는 고체물질이고 연소할 때는 다량의 가스를 발생한다.
⑤ 시간의 경과에 따라 자연발화의 위험성이 있다.

정답
- 외부로부터 산소의 공급 없이도 가열, 충격 등에 의해 연소 폭발을 일으킬 수 있는 자기반응성 물질이다.
- 하이드라진 유도체를 제외하고는 유기화합물이다.
- 유기과산화물을 제외하고는 질소를 함유한 유기질소화합물이다.

113 나이트로셀룰로스를 저장할 때 폭발을 방지하기 위하여 넣어주는 물질을 쓰시오.

해설

나이트로셀룰로스(Nitro Cellulose, NC)
① 셀룰로스에 진한 황산과 진한 질산의 혼산으로 반응시켜 제조한 것이다.
② 저장 중에 물 또는 알코올로 습윤시켜 저장한다(통상적으로 아이소프로필알코올 30[%] 습윤시킴).
③ 130[℃]에서는 서서히 분해하여 180[℃]에서 불꽃을 내면서 급격히 연소한다.
④ 질화도가 클수록 폭발성이 크다.

- 질화도 : 나이트로셀룰로스 속에 함유된 질소의 함유량
  - 강면약 : 질화도 $N > 12.76[\%]$
  - 약면약 : 질화도 $N < 10.18 \sim 12.76[\%]$
- NC의 분해반응식 : $2C_{24}H_{29}O_9(ONO_2)_{11} \rightarrow 24CO_2\uparrow + 24CO\uparrow + 12H_2O + 17H_2\uparrow + 11N_2\uparrow$

정답 물 또는 알코올

114 다음 물질의 분해반응식을 쓰시오.

- 나이트로글리세린
- 나이트로셀룰로스

해설

제5류 위험물의 분해반응식
① **나이트로글리세린의 분해반응식** : $4C_3H_5(ONO_2)_3 \rightarrow 12CO_2 + 10H_2O + 6N_2 + O_2\uparrow$
② TNT의 분해반응식 : $2C_6H_2CH_3(NO_2)_3 \rightarrow 12CO + 2C + 3N_2\uparrow + 5H_2\uparrow$
③ 피크르산의 분해반응식 : $2C_6H_2OH(NO_2)_3 \rightarrow 4CO_2 + 6CO + 2C + 3N_2\uparrow + 3H_2\uparrow$
④ **나이트로셀룰로스의 분해반응식** : $2C_{24}H_{29}O_9(ONO_2)_{11} \rightarrow 24CO_2\uparrow + 24CO\uparrow + 12H_2O + 17H_2\uparrow + 11N_2\uparrow$

정답
- $4C_3H_5(ONO_2)_3 \rightarrow 12CO_2 + 10H_2O + 6N_2 + O_2$
- $2C_{24}H_{29}O_9(ONO_2)_{11} \rightarrow 24CO_2 + 24CO + 12H_2O + 17H_2 + 11N_2$

115
비점이 83[℃]이고, 비중이 1.23이며 무색투명한 백색 고체로서, 물이나 알코올로 습윤시켜 저장 또는 수송하는 위험물의 명칭과 소화방법을 쓰시오.

해설

나이트로셀룰로스
① 저장 중에 물 또는 알코올로 습윤시켜 저장한다(통상적으로 아이소프로필알코올 30[%] 습윤시킴).
② 소화방법은 물 또는 포말을 이용한 냉각소화를 한다.

정답
- 명칭 : 나이트로셀룰로스
- 소화방법 : 물이나 포말을 이용한 냉각소화방법

116
제5류 위험물인 나이트로글리세린의 분해반응식을 쓰시오.

해설

나이트로글리세린(Nitro Glycerine, NG)
① 물 성

화학식	융 점	비 점
$C_3H_5(ONO_2)_3$	2.8[℃]	218[℃]

② 무색투명한 기름성의 액체(공업용 : 담황색)이다.
③ 알코올, 에터, 벤젠, 아세톤 등 유기용제에는 녹는다.
④ 가열, 마찰, 충격에 민감하다(폭발을 방지하기 위하여 다공성 물질에 흡수시킨다).
⑤ 규조토에 흡수시켜 다이너마이트를 제조할 때 사용한다.

Plus One NG의 분해반응식
$$4C_3H_5(ONO_2)_3 \rightarrow 12CO_2\uparrow + 10H_2O + 6N_2\uparrow + O_2\uparrow$$

정답 $4C_3H_5(ONO_2)_3 \rightarrow 12CO_2 + 10H_2O + 6N_2 + O_2$

117
나이트로글라이콜에 대하여 다음 물음에 답하시오.
- 화학식
- 색 상
- 질소함유량
- 폭발속도

해설

나이트로글라이콜(Nitro Glycol)
① 물 성

화학식	비 중	융 점	비 점
$C_2H_4(ONO_2)_2$	1.5	−22[℃]	114[℃]

② 순수한 것은 **무색**이나 공업용은 **담황색** 또는 **분홍색의 액체**이다.

③ 알코올, 아세톤, 벤젠에는 잘 녹는다.
④ 질소함유량 = $\dfrac{\text{질소의 분자량}}{\text{나이트로글라이콜의 분자량}} = \dfrac{28}{152} \times 100 = 18.42[\%]$

> • 질소(N_2)의 분자량 = $14 \times 2 = 28[g]$
> • 나이트로글라이콜의 분자량 = $C_2H_4(ONO_2)_2 = (12 \times 2) + (1 \times 4) + [(16 + 14 + 32) \times 2] = 152[g]$

⑤ 폭발속도 : 7,800[m/s]

정답 • 화학식 : $C_2H_4(ONO_2)_2$
 • 색상 : 순수한 것은 무색이나 공업용은 담황색 또는 분홍색
 • 질소 함유량 : 18.42[%]
 • 폭발속도 : 7,800[m/s]

118

다음의 내용을 보고 물음에 답하시오.

• 비중이 1.5이다.
• 응고점이 −22[℃]이다.
• 순수한 것은 무색이고 공업용은 담황색 또는 분홍색의 액체이다.
• 알코올, 아세톤, 벤젠에는 잘 녹는다.
• 구조식은 $CH_2 - ONO_2$
         |
         $CH_2 - ONO_2$ 이다.

㉮ 이 물질의 명칭을 쓰시오.
㉯ 이 물질의 품명을 쓰시오.
㉰ 이 물질의 지정수량을 쓰시오.

해설

나이트로글라이콜(Nitro Glycol)
① 물 성

화학식	구조식	품 명	지정수량	비 중	응고점
$C_2H_4(ONO_2)_2$	CH_2-ONO_2 | CH_2-ONO_2	질산에스터류	10[kg]	1.5	−22[℃]

② **질산에스터류** : 나이트로셀룰로스(NC), 나이트로글리세린, 나이트로글라이콜, 셀룰로이드
③ **지정수량** : 10[kg]

정답 ㉮ 나이트로글라이콜
 ㉯ 질산에스터류
 ㉰ 10[kg]

119 셀룰로이드의 소화방법 및 소화원리에 대해 쓰시오.

해설

셀룰로이드
① 질산셀룰로스와 장뇌의 균일한 콜로이드 분산액으로부터 개발한 최초의 합성 플라스틱 물질
② 무색 또는 황색의 반투명 고체이나 열이나 햇빛에 의해 황색으로 변색된다.
③ 물에 용해되지 않으나 아세톤, 알코올, 초산에스터류에 잘 녹는다.
④ 발화온도는 약 180[℃]이고 비중은 1.35~1.60이다.
⑤ 제5류 위험물은 자체 내에 산소를 함유하므로 질식소화는 효과가 없고 다량의 주수에 의한 냉각소화 방법이 효과가 있다.

정답
- 소화방법 : 화재 초기에는 다량의 주수소화가 가장 좋다.
- 소화원리 : 연소가 시작되면 폭발적으로 연소가 진행되므로 초기 진화해야 하며, 주수에 의한 냉각으로 분해속도를 늦추는 방법을 사용한다.

120 아세틸퍼옥사이드 구조식을 나타내고 인화점을 쓰시오.

해설

아세틸퍼옥사이드(Acetyl Peroxide)
① 제5류 위험물의 유기과산화물로서, 무색의 고체이다.
② 구조식 :
$$CH_3-\underset{\underset{O}{\|}}{C}-O-O-\underset{\underset{O}{\|}}{C}-CH_3$$
③ 인화점 : 45[℃]
④ 충격, 마찰에 의하여 분해하고 가열되면 폭발한다.
⑤ 희석제인 DMF를 75[%] 첨가시켜서 0~5[℃] 이하의 저온에서 저장한다.
⑥ 화재 시 다량의 물로 냉각소화한다.

정답
- 구조식 :
$$CH_3-\underset{\underset{O}{\|}}{C}-O-O-\underset{\underset{O}{\|}}{C}-CH_3$$
- 인화점 : 45[℃]

121

나이트로글리세린 500[g]이 부피 320[mL]의 용기에서 완전 분해폭발하여 폭발온도가 1,000[℃]일 경우 생성되는 기체의 압력[atm]은?(단, 이상기체 상태방정식에 따른다)

해설

이상기체 상태방정식을 적용하면

① 나이트로글리세린의 완전분해반응식

$$4C_3H_5(ONO_2)_3 \rightarrow O_2 + 6N_2 + 10H_2O + 12CO_2$$

$4C_3H_5(ONO_2)_3 \rightarrow O_2 + 6N_2 + 10H_2O + 12CO_2$
$4 \times 227[g] \qquad\qquad 29[g-mol](1+6+10+12)$
$500[g] \qquad\qquad\qquad x$

$$\therefore x = \frac{500[g] \times 29[g-mol]}{4 \times 227[g]} = 15.97[g-mol]$$

② 이상기체 상태방정식을 이용하여 압력을 구하면

$$PV = nRT \qquad P = \frac{nRT}{V}$$

$$\therefore P = \frac{nRT}{V} = \frac{15.97[g-mol] \times 0.08205[L \cdot atm/g-mol \cdot K] \times (273+1,000)[K]}{0.32[L]} = 5,212.69[atm]$$

정답 5,212.69[atm]

122

TNT 500[g](비중 1.65)이 840[mL] 용기에서 1,700[℃]에서 폭발하였다면 폭발당시 압력[atm]은 얼마인가?

해설

폭발당시 압력

이상기체 상태방정식을 적용하면

$$PV = nRT = \frac{W}{M}RT \qquad PM = \frac{W}{V}RT = \rho RT \qquad P = \frac{WRT}{MV}$$

여기서, P : 압력[atm]
W : 무게[g]
V : 부피[L, m³]
R : 기체상수(0.08205[L·atm/g-mol·K])
n : 몰수[g-mol]
M : 분자량($C_6H_2CH_3(NO_2)_3$ = 227[g/g-mol])
T : 절대온도([K] = 273 + [℃])

$$\therefore P = \frac{WRT}{MV} = \frac{500[g] \times 0.08205[L \cdot atm/g-mol \cdot K] \times (273+1,700)[K]}{227[g/g-mol] \times 0.84[L]} = 424.49[atm]$$

정답 424.49[atm]

123. TNT의 구조식과 분해반응식을 쓰시오.

해설

트라이나이트로톨루엔(Tri Nitro Toluene, TNT)

① 물성

화학식	유별	품명	지정수량	분자량	비점	융점	비중
$C_6H_2CH_3(NO_2)_3$	제5류	나이트로화합물(제1종)	10[kg]	227	240[℃]	80.1[℃]	1.0

② 담황색의 결정으로 강력한 폭약이다.
③ 충격에는 민감하지 않으나 급격한 타격에 의하여 폭발한다.
④ 물에 녹지 않고, 알코올에는 가열하면 녹고, 아세톤, 벤젠, 에터에는 잘 녹는다.
⑤ 일광에 의해 갈색으로 변하고 가열, 타격에 의하여 폭발한다.
⑥ 충격 감도는 피크르산보다 약하다.

- TNT의 제법 및 구조식

  $C_6H_5CH_3 + 3HNO_3 \xrightarrow[\text{나이트로화}]{c-H_2SO_4} C_6H_2CH_3(NO_2)_3 + 3H_2O$

- TNT의 분해반응식
  $2C_6H_2CH_3(NO_2)_3 \rightarrow 2C + 3N_2\uparrow + 5H_2\uparrow + 12CO\uparrow$

정답
- 구조식 : (벤젠고리에 CH₃, O₂N, NO₂, NO₂ 치환된 TNT 구조)
- 분해반응식 : $2C_6H_2CH_3(NO_2)_3 \rightarrow 2C + 3N_2 + 5H_2 + 12CO$

124. 다음 $C_6H_2CH_3(NO_2)_3$의 물질에 대한 물음에 답하시오.

- 물질명
- 유별
- 품명
- 지정수량

해설

문제 123번 참조

정답
- TNT(트라이나이트로톨루엔)
- 제5류 위험물
- 나이트로화합물
- 10[kg]

125

제5류 위험물인 피크르산에 대하여 다음 물음에 답하시오.
- 구조식
- 질소의 함유량[wt%]

해설

트라이나이트로페놀(Trinitrophenol, 피크르산)

① 물 성

화학식	융 점	착화점	비 중
$C_6H_2OH(NO_2)_3$	121[℃]	300[℃]	1.8

② 광택 있는 황색의 침상 결정이다.
③ 쓴맛과 독성이 있으며 찬물에는 미량 녹고 알코올, 에터, 벤젠, 더운물에는 잘 녹는다.
④ 단독으로 가열, 마찰 충격에 안정하고 연소 시 검은 연기를 내지만 폭발은 하지 않는다.
⑤ 금속염과 혼합은 폭발이 심하며 가솔린, 알코올, 아이오딘, 황과 혼합하면 마찰, 충격에 의하여 심하게 폭발한다.
⑥ 질소의 함량 = N의 합/분자량 × 100이다.

- 피크르산의 분자량[$C_6H_2OH(NO_2)_3$] = (12×6) + (1×2) + (16+1) + [(14+32)×3] = 229
- N(질소의 합) = 14 × 3 = 42
- ∴ 피크르산 내의 질소의 함유량 = $\dfrac{42}{229} \times 100 = 18.34[\%]$

⑦ 구조식과 분해반응식

- **피크르산의 구조식**

$$\underset{NO_2}{\underset{|}{\overset{OH}{\underset{|}{\bigcirc}}}}$$ (O_2N, NO_2 치환)

- 피크르산의 분해반응식
$2C_6H_2OH(NO_2)_3 \rightarrow 2C + 3N_2\uparrow + 3H_2\uparrow + 4CO_2\uparrow + 6CO\uparrow$

정답
- 구조식 :
- 질소의 함량[wt%] : 18.34[%]

126

제5류 위험물인 피크르산의 분해반응식을 쓰시오.

해설

문제 125번 참조

정답 $2C_6H_2OH(NO_2)_3 \rightarrow 2C + 3N_2 + 3H_2 + 4CO_2 + 6CO$

127 파라다이나이트로소벤젠의 화학식과 지정수량을 쓰시오.

해설

나이트로소화합물
① **정의** : 나이트로소기(-NO)를 가진 화합물
② **특성**
  ㉠ 산소를 함유하고 있는 자기연소성, 폭발성 물질이다.
  ㉡ 대부분 불안정하며 연소속도가 **빠르다**.
  ㉢ 가열, 마찰, 충격에 의해 폭발의 위험이 있다.
  ㉣ 다이나이트로소벤젠은 3종(Ortho, Meta, Para)의 이성질체가 있다.
③ **종류**
  ㉠ **파라다이나이트로소벤젠**[Para Di Nitroso Benzene, **$C_6H_4(NO)_2$**]
    • 가열, 마찰, 충격에 의하여 폭발하나 폭발력은 강하지 않다.
    • 고무 가황제의 촉매로 사용한다.
  ㉡ 다이나이트로소레조르신[Di Nitroso Resorcinol, $C_6H_2(OH)_2(NO)_2$]
    • 회흑색의 광택 있는 결정으로 폭발성이 있다.
    • 162~163[℃]에서 분해한다.
  ㉢ 다이나이트로소펜타메틸렌테드라민[DPT, $C_5H_{10}N_4(NO)_2$]
    • 광택 있는 크림색의 분말이다.
    • 가열 또는 산을 가하면 200~205[℃]에서 분해하여 폭발한다.

정답
• 화학식 : $C_6H_4(NO)_2$
• 지정수량 : 100[kg]

128 제6류 위험물의 일반적인 성질 3가지를 쓰시오.

해설

제6류 위험물의 일반적인 성질
① **산화성 액체**이며 무기화합물로 이루어져 형성된다.
② 무색투명하며 **비중은 1보다 크고**, 표준상태에서는 **모두가 액체**이다.
③ 과산화수소를 제외하고 **강산성 물질**이며 물에 녹기 쉽다.
④ **불연성 물질**이며 가연물, 유기물 등과의 혼합으로 발화한다.
⑤ **증기**는 **유독**하며 피부와 접촉 시 **점막을 부식**시킨다.

정답
• 산화성 액체이며 무기화합물로 이루어져 형성된다.
• 무색 투명하며 비중은 1보다 크고, 표준상태에서는 모두가 액체이다.
• 과산화수소를 제외하고 강산성 물질이며 물에 녹기 쉽다.

129. 질산, 과산화수소, 과염소산의 각 품명별 주의사항에 대해 쓰시오.

해설

제6류 위험물
① 종 류

유 별	성 질	품 명	위험등급	지정수량
제6류	산화성 액체	과염소산($HClO_4$), 과산화수소(H_2O_2), 질산(HNO_3)	I	300[kg]

② 정 의
  ㉠ 산화성 액체 : 액체로서 산화력의 잠재적인 위험성을 판단하기 위하여 고시로 정하는 시험에서 고시로 정하는 성질과 상태를 나타내는 것
  ㉡ 과산화수소 : 농도가 36[wt%] 이상인 것
  ㉢ 질산 : 비중이 1.49 이상인 것

③ 제6류 위험물의 일반적인 성질
  ㉠ 산화성 액체이며 무기화합물로 이루어져 형성된다.
  ㉡ 무색 투명하며 비중은 1보다 크고, 표준상태에서는 모두가 액체이다.
  ㉢ 부식성 및 유독성이 강한 강산화제이다.
  ㉣ 과산화수소를 제외하고 강산성 물질이며 물에 녹기 쉽다.
  ㉤ 불연성 물질이며 가연물, 유기물 등과의 혼합으로 발화한다.
  ㉥ 증기는 유독하며 피부와 접촉 시 점막을 부식시킨다.

④ 제6류 위험물의 위험성
  ㉠ 자신은 불연성 물질이지만 산화성이 커서 다른 물질의 연소를 돕는다.
  ㉡ 증기는 독성이 있다.
  ㉢ 강환원제, 일반 가연물과 혼합한 것은 접촉발화하거나 가열 등에 의해 위험한 상태로 된다.
  ㉣ 과산화수소를 제외하고 물과 접촉하면 심하게 발열한다.

⑤ 제6류 위험물의 저장 및 취급방법
  ㉠ 염, 물과의 접촉을 피한다.
  ㉡ 직사광선 차단, 강환원제, 유기물질, 가연성 위험물과 접촉을 피한다.
  ㉢ 저장용기는 내산성 용기를 사용해야 한다.
  ㉣ 소화방법은 주수소화가 적합하다.

정답
- 질 산
  - 직사광선에서 분해하며 이산화질소를 발생하므로 갈색병에 넣어 냉암소 보관한다.
  - 환원성 물질과 혼합하면 발화 및 폭발을 한다.
- 과산화수소
  - 용기는 통풍을 위하여 구멍이 뚫린 마개를 사용한다.
  - 갈색 유리병을 사용한다.
- 과염소산
  - 물과 접촉하여 심하게 발열한다.
  - 가열하면 폭발한다.

130. 제6류 위험물 속에 함유되어 있어 다른 물질을 산화시키는 물질을 쓰시오.

해설
문제 129번 참조

정답 산소(O_2)

131 제6류 위험물인 질산(HNO_3)에 대한 다음 물음에 답하여라.

- 위험물안전관리법상 질산의 비중은 얼마인가?
- 단백질과 반응하여 노란색으로 변하는 것을 어떤 반응이라고 하는가?
- 철, 코발트, 니켈, 알루미늄, 크로뮴 등은 진한 질산과 작용하여 금속 표면에 얇은 수산화물의 피막이 생겨 더 이상 산화가 진행되지 않는데 이러한 현상을 무슨 현상이라고 하는가?
- 직사일광하에서 질산의 분해반응식을 쓰시오.

해설

질 산
① 물 성

화학식	지정수량	비 점	융 점	비 중
HNO_3	300[kg]	122[℃]	-42[℃]	1.49 이상

※ 질산은 비중이 1.49 미만이면 제6류 위험물이 아니다.
② 흡습성이 강하여 습한 공기 중에서 발열하는 무색의 무거운 액체이다.
③ 자극성, 부식성이 강하며 비점이 낮아 휘발성이고 햇빛에 의해 일부 분해한다.
④ 진한 질산을 가열하면 적갈색의 갈색증기(NO_2)가 발생한다.
⑤ 목탄분, 천, 실, 솜 등에 스며들어 방치하면 자연발화한다.
⑥ 강산화제, K, Na, NH_4OH, $NaClO_3$와 접촉 시 폭발위험이 있다.
⑦ 진한 질산은 Co, Fe, Ni, Cr, Al과 작용하여 **부동태화**(Passivity)한다.

> 부동태화 : 금속 표면에 수산화물의 피막을 입혀 내식성을 높이는 현상

⑧ 질산은 단백질과 **잔토프로테인 반응**을 하여 노란색으로 변한다.

> **Plus One** 잔토프로테인 반응
> 단백질 검출반응의 하나로서 아미노산 또는 단백질에 진한 질산을 가하여 가열하면 황색이 되고, 냉각하여 염기성으로 되게 하면 등황색을 띤다.

⑨ 화재 시 다량의 물로 소화한다.
⑩ 직사일광하에서 분해하면 이산화질소, 산소, 물을 생성시킨다.

> 질산의 분해반응식 : $4HNO_3 \rightarrow 4NO_2\uparrow + O_2\uparrow + 2H_2O$

- 제6류 위험물은 불연성이나 가열에 의하여 산소를 발생하므로 연소를 돕는다.
- 유출 시에는 마른모래나 중화제로 희석한다.

정답
- 1.49 이상
- 잔토프로테인 반응
- 부동태화
- $4HNO_3 \rightarrow 4NO_2\uparrow + O_2\uparrow + 2H_2O$

132 가열하면 적갈색의 갈색 증기가 발생하는 비중이 1.49인 위험물의 명칭, 지정수량, 저장방법, 소화방법에 대해 쓰시오.

해설
문제 131번 참조

정답
- 명칭 : 질산(HNO_3)
- 지정수량 : 300[kg]
- 저장방법 : 무기물, 산화성 액체, 물과의 접촉을 피하여 건조하고 서늘한 장소에 저장
- 소화방법 : 다량의 물로 연소확대방지

133 위험물 중 질산의 부동태화에 대하여 설명하시오.

해설
질산의 반응
① 분해반응식

$$4HNO_3 \rightarrow 4NO_2\uparrow + O_2\uparrow + 2H_2O$$

② **부동태화** : 코발트(Co), 철(Fe), 니켈(Ni), 크로뮴(Cr), 알루미늄(Al) 등은 진한 질산과 작용하여 금속 표면에 얇은 수산화물의 피막이 생겨 더 이상 산화가 진행되지 않는 현상
③ 잔토프로테인 반응 : 단백질 검출반응으로 벤젠 고리를 가진 아미노산 또는 그것이 들어 있는 단백질에 진한 질산을 작용시켜 가열하면 황색으로 되는 반응

정답 부동태화는 코발트(Co), 철(Fe), 니켈(Ni), 크로뮴(Cr), 알루미늄(Al) 등은 진한 질산과 작용하여 금속 표면에 얇은 수산화물의 피막이 생겨 더 이상 산화가 진행되지 않는 현상이다.

134 제6류 위험물인 과산화수소와 혼합해서는 안 되는 물질 3가지를 쓰시오.

해설

과산화수소(Hydrogen Peroxide)
① 물 성

화학식	비 점	융 점	비 중
H_2O_2	152[℃]	-17[℃]	1.463(100%)

② 점성이 있는 무색 액체(다량일 경우 : 청색)이다.
③ 물, 알코올, 에터에는 녹지만, 벤젠에는 녹지 않는다.
④ 농도 60[wt%] 이상은 충격, 마찰에 의해서도 단독으로 분해폭발 위험이 있다.
⑤ **나이트로글리세린**, **하이드라진**과 **혼촉**하면 분해하여 **발화**, **폭발**한다.
⑥ 저장용기는 밀봉하지 말고 구멍이 있는 마개를 사용해야 한다.

- 과산화수소의 안정제 : **인산**(H_3PO_4), **요산**($C_5H_4N_4O_3$)
- 옥시풀 : 과산화수소 3[%] 용액의 소독약
- 과산화수소의 분해반응식 : $2H_2O_2 \rightarrow 2H_2O + O_2$
- 과산화수소의 저장용기 : 착색 유리병
- 구멍 뚫린 마개를 사용하는 이유 : 상온에서 서서히 분해하면 산소를 발생해서 폭발의 위험이 있으므로 통기를 위하여

정답 과망가니즈산칼륨, 나이트로글리세린, 하이드라진

135 과산화수소의 분해를 방지하기 위하여 첨가하는 안정제 2가지를 쓰시오.

해설

문제 134번 참조

정답 인산, 요산

136

80[wt%] 과산화수소 수용액 300[kg]을 보관하고 있는 탱크에 화재가 일어났을 때 다량의 물에 의하여 희석 소화를 시키고자 한다. 과산화수소의 최종 희석 농도를 3[wt%] 이하로 하기로 하고 실제 소화수의 양은 이론량의 1.5배를 준비하기 위해서 저장해야 할 소화수의 양[kg]을 구하시오.

해설

① **방법 Ⅰ**

과산화수소의 양을 구하면 300[kg] × 0.8 = 240[kg]

㉠ 3[wt%]로 희석 시 필요한 물의 양(W)

$$\text{농도[wt\%]} = \frac{\text{용질[g]}}{\text{용액[g]}} \times 100$$

$3[wt\%] = \dfrac{240[kg]}{(300[kg] + W)} \times 100$

$W = 7,700[kg]$

㉡ 실제 소화수의 양 = 7,700 × 1.5 = 11,550[kg]

② **방법 Ⅱ**

과산화수소 80[%] 　　 3 − 0 = 3 × 100 = 300[kg]
　　　　　　　　3[%]
물　　　　0[%]   　　 80 − 3 = 77 × 100 = 7,700[kg]

∴ 실제 소화수의 양 = 7,700[kg] × 1.5 = 11,550[kg]

정답 11,550[kg]

위험물 안전관리법령

CHAPTER 01 위험물안전관리법
CHAPTER 02 위험물안전관리에 관한 세부기준

합격의 공식 **시대에듀**

www.sdedu.co.kr

CHAPTER 01 위험물안전관리법

제1절 위험물안전관리법(법, 시행령, 시행규칙)에 관한 일반적인 사항

1 위험물
인화성 또는 **발화성** 등의 성질을 가지는 것으로 **대통령령**이 정하는 물품

2 제조소 등

(1) 제조소

위험물을 제조할 목적으로 **지정수량 이상의 위험물을 취급**하기 위하여 제6조 제1항의 규정에 따른 허가를 받은 장소를 말한다.

(2) 저장소(시행령 별표 2) 60회

지정수량 이상의 위험물을 저장하기 위한 대통령령이 정하는 장소로서 제6조 제1항의 규정에 따른 허가를 받은 장소를 말한다.

[저장소의 구분]

저장소의 구분	지정수량 이상의 위험물을 저장하기 위한 장소
옥내저장소	옥내(지붕과 기둥 또는 벽 등에 의하여 둘러싸인 곳을 말한다)에 저장(위험물을 저장하는 데 따르는 취급을 포함)하는 장소
옥외탱크저장소	옥외에 있는 탱크에 위험물을 저장하는 장소
옥내탱크저장소	옥내에 있는 탱크에 위험물을 저장하는 장소
지하탱크저장소	지하에 매설한 탱크에 위험물을 저장하는 장소
간이탱크저장소	간이탱크에 위험물을 저장하는 장소
이동탱크저장소	차량에 고정된 탱크에 위험물을 저장하는 장소
옥외저장소	옥외에 다음의 어느 하나에 해당하는 위험물을 저장하는 장소 • 제2류 위험물 중 **황** 또는 **인화성 고체**(**인화점**이 0[℃] 이상인 것에 한한다) • 제4류 위험물 중 **제1석유류**(인화점이 0[℃] 이상인 것에 한한다) · **알코올류 · 제2석유류 · 제3석유류 · 제4석유류** 및 **동식물유류** • **제6류 위험물** • 제2류 위험물 및 제4류 위험물 중 특별시 · 광역시 · 특별자치시 · 도 또는 특별자치도의 조례로 정하는 위험물(관세법 제154조의 규정에 의한 보세구역 안에 저장하는 경우로 한정한다) • 국제해사기구에 관한 협약에 의하여 설치된 국제해사기구가 채택한 국제해상위험물규칙(IMDG Code)에 적합한 용기에 수납된 위험물
암반탱크저장소	암반 내의 공간을 이용한 탱크에 액체의 위험물을 저장하는 장소

(3) 취급소(시행령 별표 3)

지정수량 이상의 위험물을 제조 외의 목적으로 취급하기 위한 대통령령이 정하는 장소로서 제6조 제1항의 규정에 따른 허가를 받은 장소를 말한다.

[취급소의 구분]

구 분	위험물을 제조 외의 목적으로 취급하기 위한 장소
주유취급소	1. 고정된 주유설비(항공기에 주유하는 경우 차량에 설치된 주유설비를 포함)에 의하여 자동차·항공기 또는 선박 등의 연료탱크에 직접 주유하기 위하여 위험물을 취급하는 장소(위험물을 용기에 옮겨 담거나 차량에 고정된 5,000[L] 이하의 탱크에 주입하기 위하여 고정된 급유설비를 병설한 장소를 포함한다)
판매취급소	2. 점포에서 위험물을 용기에 담아 판매하기 위하여 **지정수량**의 **40배 이하**의 위험물을 취급하는 장소
이송취급소	3. **다음 장소를 제외한 배관 및 이에 부속된 설비**에 의하여 위험물을 이송하는 장소 　가. 송유관안전관리법에 의한 송유관에 의하여 위험물을 이송하는 경우 　나. 제조소 등에 관계된 시설(배관을 제외) 및 그 부지가 같은 사업소 안에 있고 해당 사업소 안에서만 위험물을 이송하는 경우 　다. 사업소와 사업소의 사이에 도로(폭 2[m] 이상의 일반교통에 이용되는 도로로서 자동차의 통행이 가능한 것)만 있고 사업소와 사업소 사이의 이송배관이 그 도로를 횡단하는 경우 　라. 사업소와 사업소 사이의 이송배관이 제3자(해당 사업소와 관련이 있거나 유사한 사업을 하는 자에 한함)의 토지만을 통과하는 경우로서 해당 배관의 길이가 100[m] 이하인 경우 　마. 해상구조물에 설치된 배관(이송되는 위험물이 별표 1의 제4류 위험물 중 제1석유류인 경우에는 배관의 안지름이 30[cm] 미만인 것에 한함)으로서 해당 해상구조물에 설치된 배관의 길이가 30[m] 이하인 경우 　바. 사업소와 사업소 사이의 이송배관이 다목 내지 마목의 규정에 의한 경우 중 2 이상에 해당하는 경우 　사. 농어촌 전기공급사업 촉진법에 따라 설치된 자가발전시설에 사용되는 위험물을 이송하는 경우
일반취급소	4. 제1호 내지 제3호 외의 장소(석유 및 석유대체연료사업법 제29조의 규정에 의한 유사석유제품에 해당하는 위험물을 취급하는 경우의 장소를 제외한다)

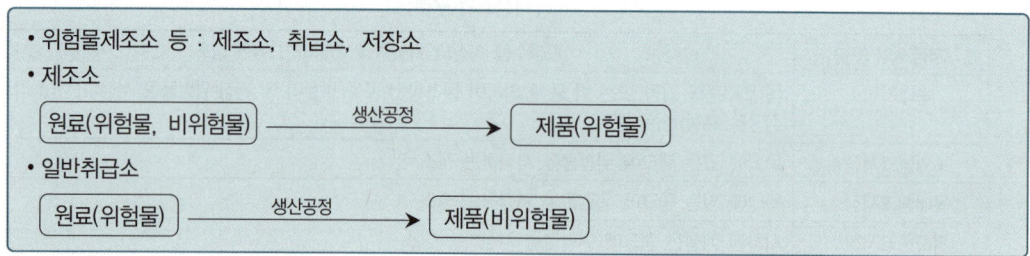

3 위험물안전관리법 적용제외

(1) 항공기

(2) 선 박

(3) 철도 및 궤도

4 위험물제조소 등의 설치 허가

(1) 제조소 등을 **설치하고자 하는 자**는 **시·도지사의 허가**를 받아야 한다.

(2) 제조소 등의 위치, 구조 또는 설비의 변경 없이 위험물의 품명, 수량 또는 지정수량의 배수를 **변경하고자 하는 자**는 변경하고자 하는 날의 **1일 전**까지 **시·도지사에게 신고**해야 한다.
  60, 67회

(3) **신고를 하지 않고 위험물의 품명·수량 또는 지정수량의 배수를 변경할 수 있는 경우**(법 제6조)
  69회

제조소명	대상	지정수량
저장소 또는 취급소	주택의 난방시설(공동주택의 중앙난방시설을 제외)	제한없음
저장소	농예용·축산용 또는 수산용으로 필요한 난방시설 또는 건조시설	20배 이하
제조소 등	군사목적 또는 군부대시설을 위한 제조소 등	제한없음

5 위험물의 취급

(1) **지정수량 이상의 위험물** 73회

제조소 등에서 취급해야 하며 **위험물안전관리법**의 적용을 받는다.

> **Plus One** 지정수량
> 위험물의 종류별로 위험성을 고려하여 **대통령령이 정하는 수량**으로서 제6호의 규정에 의한 제조소 등의 설치허가 등에 있어서 최저의 기준이 되는 수량을 말한다.

(2) **지정수량 미만의 위험물**

시·도의 조례

- 지정수량 이상 : 위험물안전관리법에 적용(제조소 등을 설치하고 안전관리자 선임)
- 지정수량 미만 : 허가받지 않고 사용한다(시·도의 조례).

(3) **지정수량의 배수(지정배수)**

둘 이상의 품명을 저장할 때 이 공식을 적용한다.

$$지정배수 = \frac{저장(취급)량}{지정수량} + \frac{저장(취급)량}{지정수량} + \frac{저장(취급)량}{지정수량} + \cdots$$

(4) **제조소 등 설치자의 지위승계** 67회

　　지위를 승계한 자는 승계한 날부터 30일 이내에 시·도지사에게 신고

(5) **제조소 등의 용도폐지 신고** 60, 67회

　　폐지한 날로부터 14일 이내에 시·도지사에게 신고

6 제조소 등의 완공검사 신청시기(시행규칙 제20조) 69회

(1) **지하탱크가 있는 제조소 등의 경우** : 해당 **지하탱크를 매설하기 전**

(2) **이동탱크저장소의 경우** : 이동저장탱크를 완공하고 상시설치장소(상치장소)를 확보한 후

(3) **이송취급소의 경우** : 이송배관 공사의 전체 또는 일부를 완료한 후. 다만, 지하·하천 등에 매설하는 이송배관의 공사의 경우에는 이송배관을 매설하기 전

(4) **전체 공사가 완료된 후에는 완공검사를 실시하기 곤란한 경우** : 다음에서 정하는 시기
　① 위험물설비 또는 배관의 설치가 완료되어 기밀시험 또는 내압시험을 실시하는 시기
　② 배관을 지하에 설치하는 경우에는 시·도지사, 소방서장 또는 기술원이 지정하는 부분을 매몰하기 직전
　③ 기술원이 지정하는 부분의 비파괴시험을 실시하는 시기

(5) **(1) 내지 (4)에 해당하지 않는 제조소 등의 경우**

　　제조소 등의 공사를 완료한 후

7 위험물안전관리자

(1) **위험물안전관리자 선임권자** : 제조소 등의 관계인

(2) **위험물안전관리자 선임신고** : 소방본부장 또는 소방서장에게 신고

(3) **해임 또는 퇴직 시** : 30일 이내에 재선임 67회

(4) **안전관리자 선임신고** : 14일 이내 60회

(5) **안전관리자가 여행, 질병, 기타사유로 직무 수행이 불가능 시** : 대리자 지정(대행하는 기간은 30일을 초과할 수 없음)

(6) **위험물안전관리자 미선임** : 1,500만원 이하의 벌금

(7) **위험물안전관리자 선임신고 태만** : 500만원 이하의 과태료 60회

> ※ 위험물안전관리자로 선임할 수 있는 **위험물취급자격자** : 위험물기능장, 위험물산업기사, 위험물기능사, 안전관리자교육이수자, 소방공무원경력자(소방공무원 경력이 3년 이상)

(8) **1인의 안전관리자를 중복하여 선임할 수 있는 경우 등(시행령 제12조)**
  ① 보일러·버너 또는 이와 비슷한 것으로서 위험물을 소비하는 장치로 이루어진 7개 이하의 일반취급소와 그 일반취급소에 공급하기 위한 위험물을 저장하는 저장소[일반취급소 및 저장소가 모두 동일 구내(같은 건물 안 또는 같은 울 안을 말한다)에 있는 경우에 한한다]를 동일인이 설치한 경우
  ② 위험물을 차량에 고정된 탱크 또는 운반용기에 옮겨 담기 위한 5개 이하의 일반취급소[일반취급소 간의 거리(보행거리를 말한다)가 300[m] 이내인 경우에 한한다]와 그 일반취급소에 공급하기 위한 위험물을 저장하는 저장소를 동일인이 설치한 경우
  ③ 동일 구내에 있거나 상호 100[m] 이내의 거리에 있는 저장소로서 저장소의 규모, 저장하는 위험물의 종류 등을 고려하여 **행정안전부령이 정하는 저장소**를 동일인이 설치한 경우

> **Plus One** 행정안전부령이 정하는 저장소(시행규칙 제56조) 65, 68회
> • **10개 이하의 옥내저장소, 옥외저장소, 암반탱크저장소**
> • 30개 이하의 옥외탱크저장소
> • 옥내탱크저장소, 지하탱크저장소, 간이탱크저장소

  ④ 다음의 기준에 모두 적합한 5개 이하의 제조소 등을 동일인이 설치한 경우
    ㉠ 각 제조소 등이 동일 구내에 위치하거나 상호 **100[m] 이내**의 거리에 있을 것
    ㉡ 각 제조소 등에서 저장 또는 취급하는 위험물의 최대수량이 지정수량의 **3,000배 미만**일 것(다만, 저장소의 경우에는 그렇지 않다)
  ⑤ 그 밖에 ① 또는 ②의 규정에 의한 제조소 등과 비슷한 것으로서 행정안전부령이 정하는 제조소 등을 동일인이 설치한 경우

(9) **위험물안전관리자의 책무(시행규칙 제55조)**
  ① 위험물의 취급 작업에 참여하여 해당 작업이 규정(법 제5조 제3항)에 의한 저장 또는 취급에 관한 기술기준과 규정(법 제17조)에 의한 예방규정에 적합하도록 해당 작업자(해당 작업에 참여하는 위험물취급자격자를 포함)에 대하여 지시 및 감독하는 업무
  ② 화재 등의 재난이 발생한 경우 응급조치 및 소방관서 등에 대한 연락업무

③ 위험물시설의 안전을 담당하는 자를 따로 두는 제조소 등의 경우에는 그 담당자에게 다음 규정에 의한 업무의 지시, 그 밖의 제조소 등의 경우에는 다음 규정에 의한 업무
  ㉠ 제조소 등의 위치·구조 및 설비를 기술기준(법 제5조 제4항)에 적합하도록 유지하기 위한 점검과 점검상황의 기록·보존
  ㉡ 제조소 등의 구조 또는 설비의 이상을 발견한 경우 관계자에 대한 연락 및 응급조치
  ㉢ 화재가 발생하거나 화재발생의 위험성이 현저한 경우 소방관서 등에 대한 연락 및 응급조치
  ㉣ 제조소 등의 계측장치·제어장치 및 안전장치 등의 적정한 유지·관리
  ㉤ 제조소 등의 위치·구조 및 설비에 관한 설계도서 등의 정비·보존 및 제조소 등의 구조 및 설비의 안전에 관한 사무의 관리
④ 화재 등의 재해의 방지와 응급조치에 관하여 인접하는 제조소 등과 그 밖의 관련되는 시설의 관계자와 협조체제의 유지
⑤ 위험물의 취급에 관한 일지의 작성·기록
⑥ 그 밖에 위험물을 수납한 용기를 차량에 적재하는 작업, 위험물설비를 보수하는 작업 등 위험물의 취급과 관련된 작업의 안전에 관하여 필요한 감독의 수행

> **Plus One** 안전교육대상자(시행령 제20조) 53, 70회
> • 안전교육실시권자 : 소방청장(위탁 : 한국소방안전원장)
> • 안전교육대상자
>   - 안전관리자로 선임된 자
>   - 탱크시험자의 기술인력으로 종사하는 자
>   - 위험물운반자로 종사하는 자
>   - 위험물운송자로 종사하는 자

8 안전관리대행기관 51, 52, 65, 70, 73회

(1) 대행기관의 지정기준(시행규칙 별표 22)

기술인력	• 위험물기능장 또는 위험물산업기사 1명 이상 • 위험물산업기사 또는 위험물기능사 2명 이상 • 기계분야 및 전기분야의 소방설비기사 1명 이상
시 설	전용 사무실을 갖출 것
장 비	• 절연저항계(절연저항측정기) • 접지저항측정기(최소눈금 0.1[Ω] 이하) • 가스농도측정기(탄화수소계 가스의 농도측정이 가능할 것) • 정전기 전위측정기 • 토크렌치(Torque Wrench : 볼트와 너트를 규정된 회전력에 맞춰 조이는 데 사용하는 도구) • 진동시험기 • 표면온도계(-10~300[℃]) • 두께측정기(1.5~99.9[mm]) • 안전용구(안전모, 안전화, 손전등, 안전로프 등) • 소화설비점검기구(소화전밸브압력계, 방수압력측정계, 포콜렉터, 헤드렌치, 포콘테이너)

(2) 대행기관 지정 취소사유(취소 또는 6월 이내의 업무 정지)(시행규칙 제58조)
　① 허위 그 밖의 부정한 방법으로 지정을 받은 때(**지정취소**)
　② 탱크시험자의 등록 또는 다른 법령에 의하여 안전관리업무를 대행하는 기관의 지정ㆍ승인 등이 취소된 때(**지정취소**)
　③ 다른 사람에게 지정서를 대여한 때(**지정취소**)
　④ 안전관리대행기관의 지정기준에 미달되는 때
　⑤ 소방청장의 지도ㆍ감독에 정당한 이유 없이 따르지 않는 때
　⑥ 안전관리대행기관의 변경ㆍ휴업 또는 재개업의 신고를 연간 2회 이상 하지 않은 때
　⑦ 안전관리대행기관의 기술인력이 안전관리업무를 성실하게 수행하지 않은 때

(3) 1인의 기술인력을 안전관리자로 중복선임 가능한 최대 제조소 등의 수(시행규칙 제59조)
　안전관리대행기관은 기술인력을 안전관리자로 지정함에 있어서 1인의 기술인력을 다수의 제조소 등의 안전관리자로 중복하여 지정하는 경우에는 규정에 적합하게 지정하거나 안전관리자의 업무를 성실히 대행할 수 있는 범위 내에서 관리하는 **제조소 등의 수가 25를 초과하지 않도록 지정해야 한다**. 이 경우 각 제조소 등(**지정수량의 20배 이하를 저장하는 저장소는 제외한다**)의 관계인은 해당 제조소 등마다 위험물의 취급에 관한 **국가기술자격자 또는 안전교육을 받은 자를 안전관리원으로 지정하여** 대행기관이 지정한 **안전관리자의 업무를 보조하게 해야 한다**.

> [제조소 등의 수(현장 실무)]
> ① 관할 소방서에서 발급하는 완공검사합격확인증의 개수가 제조소 등의 수를 말한다.
> ② 옥외탱크저장소는 하나의 방유제 안에 탱크가 5개 있으면 완공검사합격확인증은 5개가 발급되므로 제조소 등의 수에 5개가 포함된다. 그 나머지 제조소 등은 1개가 발급된다.

(4) 안전관리대행기관이 지정받은 사항을 변경하는 경우(시행규칙 제57조)
　① 신고기한
　　㉠ 안전관리대행기관은 지정받은 사항의 변경이 있는 때 : 그 사유가 있는 날부터 14일 이내
　　㉡ 휴업ㆍ재개업 또는 폐업을 하고자 하는 때 : 휴업ㆍ재개업 또는 폐업하고자 하는 날 1일 전까지 위험물안전관리대행지정서를 소방청장에게 제출
　② 신고기관 : 소방청장
　③ 변경 시 필요한 서류
　　㉠ **영업소의 소재지, 법인명칭 또는 대표자를 변경하는 경우**
　　　• 위험물안전관리대행기관지정서
　　㉡ 기술인력을 변경하는 경우
　　　• 기술인력자의 연명부
　　　• 변경된 기술인력자의 기술자격증

(5) 기술인력이 사업장 방문횟수(시행규칙 제59조)

안전관리자로 지정된 안전관리대행기관의 기술인력 또는 제2항에 따라 안전관리원으로 지정된 자는 위험물의 취급작업에 참여하여 법 제15조 및 이 규칙 제55조에 따른 안전관리자의 책무를 성실히 수행해야 하며, 기술인력이 위험물의 취급작업에 참여하지 않는 경우에 기술인력은 제55조 제3호 가목에 따른 점검 및 동조 제6호에 따른 감독을 **매월 4회(저장소의 경우에는 매월 2회) 이상 실시**해야 한다.

> ① 제조소나 일반취급소의 경우 방문 횟수 : 월 4회 이상
> ② 저장소의 경우 방문 횟수 : 월 2회 이상

9 예방규정을 정해야 하는 대상(시행령 제15조) 34, 40, 46, 50, 53, 55, 63회

(1) **지정수량의 10배 이상의 위험물을 취급하는 제조소**

(2) **지정수량의 100배 이상의 위험물을 저장하는 옥외저장소**

(3) **지정수량의 150배 이상의 위험물을 저장하는 옥내저장소**

(4) **지정수량의 200배 이상의 위험물을 저장하는 옥외탱크저장소**

(5) **암반탱크저장소, 이송취급소**

(6) **지정수량의 10배 이상의 위험물을 취급하는 일반취급소**

다만, 제4류 위험물(특수인화물은 제외)만을 지정수량의 50배 이하로 취급하는 일반취급소(제1석유류·알코올류의 취급량이 지정수량의 10배 이하인 경우에 한한다)로서 다음의 어느 하나에 해당하는 것을 제외한다.
① 보일러·버너 또는 이와 비슷한 것으로서 위험물을 소비하는 장치로 이루어진 일반취급소
② 위험물을 용기에 옮겨 담거나 차량에 고정된 탱크에 주입하는 일반취급소

> **Plus One** 예방규정 작성 내용(시행규칙 제63조) 57, 66회
> - 위험물의 안전관리업무를 담당하는 자의 직무 및 조직에 관한 사항
> - 안전관리자가 여행·질병 등으로 인하여 그 직무를 수행할 수 없을 경우 그 직무의 대리자에 관한 사항
> - 자체소방대를 설치해야 하는 경우에는 자체소방대의 편성과 화학소방자동차의 배치에 관한 사항
> - 위험물의 안전에 관계된 작업에 종사하는 자에 대한 안전교육 및 훈련에 관한 사항
> - 위험물시설 및 작업장에 대한 안전순찰에 관한 사항
> - 위험물시설·소방시설 그 밖의 관련시설에 대한 점검 및 정비에 관한 사항
> - 위험물시설의 운전 또는 조작에 관한 사항
> - 위험물 취급작업의 기준에 관한 사항
> - 이송취급소에 있어서는 배관공사 현장책임자의 조건 등 배관공사 현장에 대한 감독체제에 관한 사항과 배관 주위에 있는 이송취급소 시설 외의 공사를 하는 경우 배관의 안전확보에 관한 사항
> - 재난 그 밖의 비상시의 경우에 취해야 하는 조치에 관한 사항
> - 위험물의 안전에 관한 기록에 관한 사항
> - 제조소 등의 위치·구조 및 설비를 명시한 서류와 도면의 정비에 관한 사항
> - 그 밖에 위험물의 안전관리에 관하여 필요한 사항

10 탱크안전성능검사

(1) 탱크안전성능검사 대상이 되는 탱크(시행령 제8조) 62, 69, 71회

① 기초·지반검사 : 옥외탱크저장소의 액체위험물탱크 중 그 용량이 100만[L] 이상인 탱크
② 충수(充水)·수압검사 : 액체위험물을 저장 또는 취급하는 탱크
③ 용접부검사 : ①의 규정에 의한 탱크
④ 암반탱크검사 : 액체위험물을 저장 또는 취급하는 암반 내의 공간을 이용한 탱크

(2) 탱크안전성능검사 신청시기(시행규칙 제18조)

① 기초·지반검사 : 위험물탱크의 기초 및 지반에 관한 공사의 개시 전
② 충수(充水)·수압검사 : 위험물을 저장 또는 취급하는 탱크에 배관 그 밖의 부속설비를 부착하기 전
③ 용접부검사 : 탱크 본체에 관한 공사의 개시 전
④ 암반탱크검사 : 암반탱크의 본체에 관한 공사의 개시 전

> **Plus One** 제외 대상(시행령 제8조)
> - 제조소 또는 일반취급소에 설치된 탱크로서 용량이 지정수량 미만인 것
> - 고압가스안전관리법 제17조 제1항의 규정에 의한 특정설비에 관한 검사에 합격한 탱크
> - 산업안전보건법 제84조 제1항에 따른 안전인증을 받은 탱크

11 탱크시험자의 등록 결격사유(법 제16조) 50회

(1) **피성년후견인**

(2) 위험물안전관리법, 소방기본법, 화재의 예방 및 안전관리에 관한 법률, 소방시설 설치 및 관리에 관한 법률 또는 소방시설공사업법에 의한 금고 이상의 실형의 선고를 받고 그 집행이 종료(집행이 종료된 것으로 보는 경우를 포함)되거나 집행이 면제된 날부터 2년이 지나지 않은 자

(3) 위험물안전관리법, 소방기본법, 화재의 예방 및 안전관리에 관한 법률, 소방시설 설치 및 관리에 관한 법률 또는 소방시설공사업법에 의한 금고 이상의 형의 집행유예 선고를 받고 그 유예기간 중에 있는 자

(4) 탱크시험자의 등록이 취소된 날부터 2년이 지나지 않은 자

(5) 법인으로서 그 대표자가 (1) 내지 (5)의 하나에 해당하는 경우

12 탱크시험자의 등록 취소사유(법 제16조)

(1) **허위** 그 밖의 **부정한 방법**으로 등록을 한 경우

(2) 등록의 결격사유에 해당하게 된 경우

(3) 등록증을 다른 자에게 빌려준 경우

(4) 등록기준에 미달하게 된 경우

(5) 탱크안전성능시험 또는 점검을 허위로 하거나 이 법에 의한 기준에 맞지 않게 탱크안전성능시험 또는 점검을 실시하는 경우 등 탱크시험자로서 적합하지 않다고 인정하는 경우

13 탱크시험자의 기술능력·시설 및 장비(시행령 별표 7)

(1) **기술능력**

① 필수인력
㉠ 위험물기능장·위험물산업기사 또는 위험물기능사 1명 이상
㉡ 비파괴검사기술사 1명 이상 또는 초음파비파괴검사·자기비파괴검사 및 침투비파괴검사별로 기사 또는 산업기사 각 1명 이상

② 필요한 경우에 두는 인력
　㉠ 충·수압시험, 진공시험, 기밀시험 또는 내압시험의 경우 : 누설비파괴검사 기사, 산업기사 또는 기능사
　㉡ 수직·수평도시험의 경우 : 측량 및 지형공간정보 기술사, 기사, 산업기사 또는 측량기능사
　㉢ 방사선투과시험의 경우 : 방사선비파괴검사 기사 또는 산업기사
　㉣ 필수 인력의 보조 : 방사선비파괴검사·초음파비파괴검사·자기비파괴검사 또는 침투비파괴검사 기능사

(2) 시설 : 전용사무실

(3) 장비 46, 48, 56, 58, 59, 67회
① 필수장비 : 자기탐상시험기, 초음파두께측정기 및 다음 중 어느 하나
　㉠ 영상초음파시험기
　㉡ 방사선투과시험기 및 초음파시험기
② 필요한 경우에 두는 장비
　㉠ 충·수압시험, 진공시험, 기밀시험 또는 내압시험의 경우
　　• 진공능력 53[kPa] 이상의 진공누설시험기
　　• 기밀시험장치(안전장치가 부착된 것으로서 가압능력 200[kPa] 이상, 감압의 경우에는 감압능력 10[kPa] 이상·감도 10[Pa] 이하의 것으로서 각각의 압력 변화를 스스로 기록할 수 있는 것)
　㉡ 수직·수평도시험의 경우 : 수직·수평도측정기
※ 비고 : 둘 이상의 기능을 함께 가지고 있는 장비를 갖춘 경우에는 각각의 장비를 갖춘 것으로 본다.

14 자체소방대

(1) 자체소방대를 설치해야 하는 사업소(시행령 제18조)
① 제4류 위험물의 최대수량의 합이 지정수량의 3,000배 이상을 취급하는 제조소 또는 일반취급소(다만, 보일러로 위험물을 소비하는 일반취급소는 제외)
② 제4류 위험물의 최대수량이 지정수량의 50만배 이상을 저장하는 옥외탱크저장소

(2) 자체소방대에 두는 화학소방자동차 및 인원(시행령 별표 8) 34, 45회

사업소의 구분	화학소방자동차	자체소방대원의 수
제조소 또는 일반취급소에서 취급하는 제4류 위험물의 최대수량의 합이 지정수량의 3,000배 이상 12만배 미만인 사업소	1대	5인
제조소 또는 일반취급소에서 취급하는 제4류 위험물의 최대수량의 합이 지정수량의 12만배 이상 24만배 미만인 사업소	2대	10인
제조소 또는 일반취급소에서 취급하는 제4류 위험물의 최대수량의 합이 지정수량의 24만배 이상 48만배 미만인 사업소	3대	15인
제조소 또는 일반취급소에서 취급하는 제4류 위험물의 최대수량의 합이 지정수량의 48만배 이상인 사업소	4대	20인
옥외탱크저장소에 저장하는 제4류 위험물의 최대수량이 지정수량의 50만배 이상인 사업소	2대	10인

비고 : 화학소방자동차에는 행정안전부령이 정하는 소화능력 및 설비를 갖추어야 하고, 소화활동에 필요한 소화약제 및 기구(방열복 등 개인장구를 포함한다)를 비치해야 한다.

15 자체소방대의 설치 제외대상인 일반취급소(시행규칙 제73조) 46, 59회

(1) 보일러, 버너 그 밖에 이와 유사한 장치로 위험물을 소비하는 일반취급소

(2) 이동저장탱크 그 밖에 이와 유사한 것에 위험물을 주입하는 일반취급소

(3) 용기에 위험물을 옮겨 담는 일반취급소

(4) 유압장치, 윤활유순환장치 그 밖에 이와 유사한 장치로 위험물을 취급하는 일반취급소

(5) 광산안전법의 적용을 받는 일반취급소

16 화학소방자동차에 갖추어야 하는 소화능력 및 설비의 기준(시행규칙 별표 23) 46, 66회

화학소방자동차의 구분	소화능력 및 설비의 기준
포수용액 방사차	포수용액의 방사능력이 **매분 2,000[L] 이상**일 것
	소화약액탱크 및 소화약액혼합장치를 비치할 것
	10만[L] 이상의 포수용액을 방사할 수 있는 양의 소화약제를 비치할 것
분말 방사차	분말의 방사능력이 매초 35[kg] 이상일 것
	분말탱크 및 가압용 가스설비를 비치할 것
	1,400[kg] 이상의 분말을 비치할 것
할로젠화합물 방사차	할로젠화합물의 방사능력이 매초 40[kg] 이상일 것
	할로젠화합물탱크 및 가압용 가스설비를 비치할 것
	1,000[kg] 이상의 할로젠화합물을 비치할 것
이산화탄소 방사차	이산화탄소의 방사능력이 매초 40[kg] 이상일 것
	이산화탄소 저장용기를 비치할 것
	3,000[kg] 이상의 이산화탄소를 비치할 것
제독차	가성소다 및 규조토를 각각 50[kg] 이상 비치할 것

17 위험물취급자격자의 자격(시행령 별표 5) 67회

위험물취급자격자의 구분	취급할 수 있는 위험물
국가기술자격법에 따라 위험물기능장, 위험물산업기사, 위험물기능사의 자격을 취득한 사람	시행령 별표 1의 모든 위험물
안전관리자교육이수자(법 제28조 제1항에 따라 소방청장이 실시하는 안전관리자 교육을 이수한 자를 말한다. 이하 별표 6에서 같다)	시행령 별표 1의 위험물 중 **제4류 위험물**
소방공무원경력자(소방공무원으로 근무한 경력이 **3년 이상**인 자를 말한다)	시행령 별표 1의 위험물 중 **제4류 위험물**

18 제조소 등에 선임해야 하는 안전관리자의 자격(시행령 별표 6)

제조소 등의 종류 및 규모			안전관리자의 자격
제조소	1. 제4류 위험물만을 취급하는 것으로서 지정수량 **5배 이하**의 것		위험물기능장, 위험물산업기사, 위험물기능사, **안전관리자교육이수자**, 소방공무원경력자
	2. 제1호에 해당하지 않는 것		위험물기능장, 위험물산업기사, 2년 이상의 실무경력이 있는 위험물기능사
저장소	1. 옥내저장소	제4류 위험물만을 저장하는 것으로서 **지정수량 5배 이하**의 것	위험물기능장, 위험물산업기사, 위험물기능사, **안전관리자교육이수자**, 소방공무원경력자
		제4류 위험물 중 알코올류·제2석유류·제3석유류·제4석유류·동식물유류만을 저장하는 것으로서 지정수량 40배 이하의 것	
	2. 옥외탱크저장소	제4류 위험물만을 저장하는 것으로서 **지정수량 5배 이하**의 것	
		제4류 위험물 중 제2석유류·제3석유류·제4석유류·동식물유류만을 저장하는 것으로서 지정수량 40배 이하의 것	
	3. 옥내탱크저장소	제4류 위험물만을 저장하는 것으로서 **지정수량 5배 이하**의 것	
		제4류 위험물 중 **제2석유류·제3석유류·제4석유류·동식물유류**만을 저장하는 것	
	4. 지하탱크저장소	제4류 위험물만을 저장하는 것으로서 **지정수량 40배 이하**의 것	
		제4류 위험물 중 **제1석유류**·알코올류·제2석유류·제3석유류·제4석유류·동식물유류만을 저장하는 것으로서 **지정수량 250배 이하**의 것	
	5. 간이탱크저장소로서 제4류 위험물만을 저장하는 것		
	6. **옥외저장소** 중 제4류 위험물만을 저장하는 것으로서 **지정수량 40배 이하**의 것		
	7. 보일러, 버너 그 밖에 이와 유사한 장치에 공급하기 위한 위험물을 저장하는 탱크저장소		
	8. 선박주유취급소, 철도주유취급소 또는 항공기주유취급소의 고정주유설비에 공급하기 위한 위험물을 저장하는 탱크저장소로서 지정수량의 250배(제1석유류의 경우에는 지정수량의 100배) 이하의 것		
	9. 제1호 내지 제8호에 해당하지 않는 저장소		위험물기능장, 위험물산업기사, 2년 이상의 실무경력이 있는 위험물기능사

제조소 등의 종류 및 규모			안전관리자의 자격
취급소	1. 주유취급소		위험물기능장, 위험물산업기사, 위험물기능사, **안전관리자교육이수자**, 소방공무원경력자
	2. 판매취급소	제4류 위험물만을 저장하는 것으로서 지정수량 5배 이하의 것	
		제4류 위험물 중 제1석유류·알코올류·제2석유류·제3석유류·제4석유류·동식물유류만을 취급하는 것	
	3. 제4류 위험물 중 제1석유류·알코올류·제2석유류·제3석유류·제4석유류·동식물유류만을 지정수량 50배 이하로 취급하는 일반취급소(제1석유류·알코올류의 취급량이 지정수량의 10배 이하인 경우에 한한다)로서 다음의 어느 하나에 해당하는 것 가. 보일러, 버너 그 밖에 이와 유사한 장치에 의하여 위험물을 소비하는 것 나. 위험물을 용기 또는 차량에 고정된 탱크에 주입하는 것		
	4. 제4류 위험물만을 취급하는 **일반취급소**로서 지정수량 **10배 이하**의 것		
	5. 제4류 위험물 중 **제2석유류·제3석유류·제4석유류·동식물유류**만을 취급하는 **일반취급소**로서 **지정수량 20배 이하**의 것		
	6. 농어촌전기공급사업촉진법에 의하여 설치된 자가발전시설용 위험물을 취급하는 일반취급소		
	7. 제1호 내지 제6호에 해당하지 않는 취급소		위험물기능장, 위험물산업기사, 2년 이상의 실무경력이 있는 위험물기능사

19 운송책임자의 감독, 지원을 받아 운송해야 하는 위험물(시행령 제19조) 55회

(1) 알킬알루미늄

(2) 알킬리튬

(3) (1) 또는 (2)의 물질을 함유하는 위험물

> **운송책임자의 자격(시행규칙 제52조)** 69회
> • 해당 위험물의 취급에 관한 국가기술자격을 취득하고 관련 업무에 1년 이상 종사한 경력이 있는 자
> • 법 제28조 제1항의 규정에 의한 위험물의 운송에 관한 안전교육을 수료하고 관련 업무에 2년 이상 종사한 경력이 있는 자

20 위험물제조소 등의 정기점검 및 정기검사

(1) 정기점검 대상인 위험물제조소 등(시행령 제16조) 65, 68, 73회

① 예방규정을 정해야 하는 제조소 등
  ㉠ 지정수량의 **10배 이상**의 위험물을 취급하는 **제조소, 일반취급소**
  ㉡ 지정수량의 **100배 이상**의 위험물을 저장하는 **옥외저장소**
  ㉢ 지정수량의 **150배 이상**의 위험물을 저장하는 **옥내저장소**
  ㉣ 지정수량의 **200배 이상**의 위험물을 저장하는 **옥외탱크저장소**
  ㉤ **암반탱크저장소, 이송취급소**
② 지하탱크저장소

③ 이동탱크저장소
④ 위험물을 취급하는 탱크로서 지하에 매설된 탱크가 있는 제조소, 주유취급소, 일반취급소

(2) 정기점검 실시자
위험물안전관리자, 위험물운송자

(3) 특정·준특정옥외탱크저장소의 정기점검(시행규칙 제65조) 65회
① 대상 : 저장 또는 취급하는 액체 위험물의 최대수량이 50만[L] 이상인 것
② 구조안전점검시기
  ㉠ 특정·준특정옥외탱크저장소의 설치허가에 따른 완공검사합격확인증을 발급받은 날부터 12년
  ㉡ 최근의 정밀정기검사를 받은 날부터 11년
  ㉢ 특정·준특정옥외저장탱크에 안전조치를 한 후 구조안전점검시기 연장신청을 하여 해당 안전조치가 적정한 것으로 인정받은 경우에는 최근의 정밀정기검사를 받은 날부터 13년

(4) 정기점검의 기록·유지(시행규칙 제68조)
① 기록사항
  ㉠ 점검을 실시한 제조소 등의 명칭
  ㉡ 점검의 방법 및 결과
  ㉢ 점검연월일
  ㉣ 점검을 한 안전관리자 또는 점검을 한 탱크시험자와 점검에 입회한 안전관리자의 성명
② 정기점검의 보존
  ㉠ 제65조 제1항의 규정에 의한 옥외저장탱크의 **구조안전점검**에 관한 기록 : **25년**(동항 제3호에 규정한 기간의 적용을 받는 경우에는 30년)
  ㉡ ㉠에 해당하지 않는 정기점검의 기록 : 3년

(5) 정기검사 73회
① 대상 : 액체 위험물을 저장 또는 취급하는 50만[L] 이상의 옥외탱크저장소
② 검사자 : 소방본부장, 소방서장
③ 정기검사의 시기(시행규칙 제70조)
  ㉠ 정밀정기검사 : 다음의 어느 하나에 해당하는 기간 내에 1회
    • 특정·준특정옥외탱크저장소의 설치허가에 따른 완공검사합격확인증을 발급받은 날부터 12년
    • 최근의 정밀정기검사를 받은 날부터 11년

⓵ 중간정기검사 : 다음의 어느 하나에 해당하는 기간 내에 1회
- 특정·준특정옥외탱크저장소의 설치허가에 따른 완공검사합격확인증을 발급받은 날부터 4년
- 최근의 정밀정기검사 또는 중간정기검사를 받은 날부터 4년

21 위험물탱크

(1) 위험물탱크의 정의 66회
① **지중탱크** : 저부가 지반면 아래에 있고 상부가 지반면 이상에 있으며 탱크 내 위험물의 최고 액면이 지반면 아래에 있는 원통종 형식의 위험물탱크
② **해상탱크** : 해상의 동일 장소에 정치되어 육상에 설치된 설비와 배관 등에 의하여 접속된 위험물탱크
③ **특정옥외탱크저장소** : 옥외탱크저장소 중 그 저장 또는 취급하는 액체위험물의 최대수량이 1,000,000[L] 이상의 것
④ **준특정옥외탱크저장소** : 옥외탱크저장소 중 그 저장 또는 취급하는 액체위험물의 최대수량이 500,000[L] 이상 1,000,000[L] 미만의 것

(2) 탱크의 공간용적(세부기준 제25조)
① **탱크의 공간용적**은 탱크의 내용적의 **5/100 이상 10/100 이하**의 용적으로 한다. 다만, **소화설비**(소화약제 방출구를 탱크 안의 윗부분에 설치하는 것에 한한다)**를 설치하는 탱크의 공간용적**은 해당 소화설비의 소화약제 **방출구 아래의 0.3[m] 이상 1[m] 미만 사이의 면으로부터 윗부분의 용적**으로 한다.
② **암반탱크**에 있어서는 해당 탱크 내에 용출하는 **7일간의 지하수의 양에 상당하는 용적**과 해당 탱크의 **내용적의 1/100의 용적** 중에서 보다 **큰 용적을 공간용적**으로 한다.

> **Plus One**
> - 탱크의 용량 = 탱크의 내용적 − 공간용적(탱크 내용적의 5/100 이상 10/100 이하)
> - **암반탱크의 용량을 구하면?**
>
> > - 암반탱크의 내용적 : 600,000[L]
> > - 1일간 탱크 내에 용출하는 지하수의 양 : 1,000[L]
>
> 암반탱크에 있어서는 해당 탱크 내에 용출하는 **7일간의 지하수의 양에 상당하는 용적**과 해당 **탱크의 내용적의 1/100의 용적** 중에서 보다 **큰 용적을 공간용적**으로 한다.
> ∴ 공간용적을 구하면
>   ㉠ 7일간의 지하수의 양에 상당하는 용적 = 1,000[L]×7 = 7,000[L]
>   ㉡ 탱크의 내용적의 1/100의 용적 = 600,000[L]×1/100 = 6,000[L]
>   공간용적은 ㉠과 ㉡의 큰 용적이므로 7,000[L]이다
> ※ 탱크의 용량 = 탱크의 내용적 − 공간용적 = 600,000[L] − 7,000[L] = 593,000[L]

> **[탱크의 용량]**
> - 일반탱크=탱크의 내용적－공간용적
>   (공간용적 : 5~10[%])
> - 암반탱크=탱크의 내용적－공간용적
>   (공간용적 : 탱크에 용출하는 7일간의 지하수의 양에 상당하는 용적과 탱크내용적의 1/100 용적 중 큰 용적)
> - 포방출구를 탱크 안의 윗부분에 설치하는 경우=탱크의 내용적－공간용적
>   (공간용적 : 소화약제 방출구 아래의 0.3[m] 이상 1[m] 미만 사이의 면으로부터 윗부분의 용적)
> - 알킬알루미늄 등은 운반용기의 내용적의 90% 이하의 수납률로 하되 50[℃]에서 5[%] 이상의 공간용적을 유지할 것

(3) 탱크의 내용적(세부기준 별표 1)

① 타원형 탱크의 내용적

㉠ 양쪽이 볼록한 것 50, 61, 63, 65회

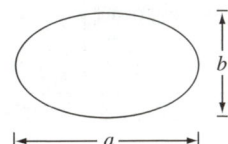 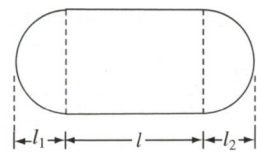

$$\text{내용적} = \frac{\pi ab}{4}\left(l + \frac{l_1 + l_2}{3}\right)$$

㉡ 한쪽은 볼록하고 다른 한쪽은 오목한 것 65회

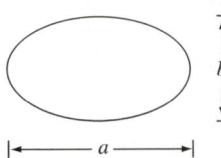 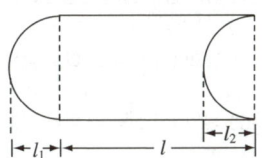

$$\text{내용적} = \frac{\pi ab}{4}\left(l + \frac{l_1 - l_2}{3}\right)$$

② 원통형 탱크의 내용적

㉠ 가로로 설치한 것 44, 75회

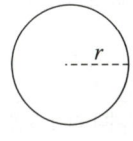 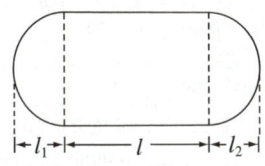

$$\text{내용적} = \pi r^2\left(l + \frac{l_1 + l_2}{3}\right)$$

ⓛ 세로로 설치한 것 40, 53, 58, 65회

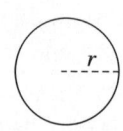
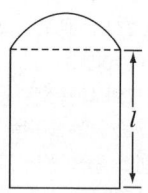

내용적 $= \pi r^2 l$

22 과태료 부과기준(시행령 별표 9)

위반행위	근거 법조문	과태료 금액
법 제5조 제2항 제1호에 따른 승인을 받지 않은 경우	법 제39조 제1항 제1호	
• 승인기한(임시저장 또는 취급개시일의 전날)의 다음 날을 기산일로 하여 30일 이내에 승인을 신청한 경우		250
• 승인기한(임시저장 또는 취급개시일의 전날)의 다음 날을 기산일로 하여 31일 이후에 승인을 신청한 경우		400
• 승인을 받지 않은 경우		500
법 제5조 제3항 제2호에 따른 위험물의 저장 또는 취급에 관한 세부기준을 위반한 경우 74회	법 제39조 제1항 제2호	
• 1차 위반 시		250
• 2차 위반 시		400
• 3차 이상 위반 시		500
법 제6조 제2항에 따른 품명 등의 변경신고를 기간 이내에 하지 않거나 허위로 한 경우	법 제39조 제1항 제3호	
• 신고기한(변경한 날의 1일 전날)의 다음 날을 기산일로 하여 30일 이내에 신고한 경우		250
• 신고기한(변경한 날의 1일 전날)의 다음 날을 기산일로 하여 31일 이후에 신고한 경우		350
• 허위로 신고한 경우		500
• 신고를 하지 않은 경우		500
법 제10조 제3항에 따른 지위승계신고를 기간 이내에 하지 않거나 허위로 한 경우	법 제39조 제1항 제4호	
• 신고기한(지위승계일의 다음 날을 기산일로 하여 30일이 되는 날)의 다음 날을 기산일로 하여 30일 이내에 신고한 경우		250
• 신고기한(지위승계일의 다음 날을 기산일로 하여 30일이 되는 날)의 다음 날을 기산일로 하여 31일 이후에 신고한 경우		350
• 허위로 신고한 경우		500
• 신고를 하지 않은 경우		500
법 제11조에 따른 제조소 등의 폐지신고를 기간 이내에 하지 않거나 허위로 한 경우	법 제39조 제1항 제5호	
• 신고기한(폐지일의 다음 날을 기산일로 하여 14일이 되는 날)의 다음 날을 기산일로 하여 30일 이내에 신고한 경우		250
• 신고기한(폐지일의 다음 날을 기산일로 하여 14일이 되는 날)의 다음 날을 기산일로 하여 31일 이후에 신고한 경우		350
• 허위로 신고한 경우		500
• 신고를 하지 않은 경우		500

위반행위	근거 법조문	과태료 금액
법 제11조의2 제2항을 위반하여 사용 중지신고 또는 재개신고를 기간 이내에 하지 않거나 거짓으로 한 경우	법 제39조 제1항 제5호의2	
• 신고기한(중지 또는 재개한 날의 14일 전날)의 다음 날을 기산일로 하여 30일 이내에 신고한 경우		250
• 신고기한(중지 또는 재개한 날의 14일 전날)의 다음 날을 기산일로 하여 31일 이후에 신고한 경우		350
• 거짓으로 신고한 경우		500
• 신고를 하지 않은 경우		500
법 제15조 제3항에 따른 안전관리자의 선임신고를 기간 이내에 하지 않거나 허위로 한 경우	법 제39조 제1항 제5호	
• 신고기한(선임한 날의 다음 날을 기산일로 하여 14일이 되는 날)의 다음 날을 기산일로 하여 30일 이내에 신고한 경우		250
• 신고기한(선임한 날의 다음 날을 기산일로 하여 14일이 되는 날)의 다음 날을 기산일로 하여 31일 이후에 신고한 경우		350
• 허위로 신고한 경우		500
• 신고를 하지 않은 경우		500
법 제16조 제3항을 위반하여 등록사항의 변경신고를 기간 이내에 하지 않거나 허위로 한 경우	법 제39조 제1항 제6호	
• 신고기한(변경일의 다음 날을 기산일로 하여 30일이 되는 날)의 다음 날을 기산일로 하여 30일 이내에 신고한 경우		250
• 신고기한(변경일의 다음 날을 기산일로 하여 30일이 되는 날)의 다음 날을 기산일로 하여 31일 이후에 신고한 경우		350
• 허위로 신고한 경우		500
• 신고를 하지 않은 경우		500
법 제17조 제3항을 위반하여 예방규정을 준수하지 않은 경우	법 제39조 제1항 제6호의2	
• 1차 위반 시		250
• 2차 위반 시		400
• 3차 이상 위반 시		500
법 제18조 제1항을 위반하여 점검결과를 기록하지 않거나 보존하지 않은 경우	법 제39조 제1항 제7호	
• 1차 위반 시		250
• 2차 위반 시		400
• 3차 이상 위반 시		500
법 제18조 제2항을 위반하여 기간 이내에 점검 결과를 제출하지 않은 경우	법 제39조 제1항 제7호의2	
• 제출기한(점검일의 다음 날을 기산일로 하여 30일이 되는 날)의 다음 날을 기산일로 하여 30일 이내에 제출한 경우		250
• 제출기한(점검일의 다음 날을 기산일로 하여 30일이 되는 날)의 다음 날을 기산일로 하여 31일 이후에 제출한 경우		400
• 제출하지 않은 경우		500
법 제20조 제1항 제2호에 따른 위험물의 운반에 관한 세부기준을 위반한 경우	법 제39조 제1항 제8호	
• 1차 위반 시		250
• 2차 위반 시		400
• 3차 이상 위반 시		500
법 제21조 제3항을 위반하여 위험물의 운송에 관한 기준을 따르지 않은 경우	법 제39조 제1항 제9호	
• 1차 위반 시		250
• 2차 위반 시		400
• 3차 이상 위반 시		500

23 제조소 등에 대한 행정처분(시행규칙 별표 2) 50, 54, 57, 68회

위반행위	근거 법조문	행정처분 기준		
		1차	2차	3차
법 제6조 제1항의 후단에 따른 변경허가를 받지 않고, 제조소 등의 위치·구조 또는 설비를 변경한 경우	법 제12조 제1호	경고 또는 사용정지 15일	사용정지 60일	허가취소
법 제9조에 따른 완공검사를 받지 않고 제조소 등을 사용한 경우	법 제12조 제2호	사용정지 15일	사용정지 60일	허가취소
법 제11조의2 제3항에 따른 안전조치 이행명령을 따르지 않은 경우	법 제12조 제2호의2	경고	허가취소	—
법 제14조 제2항에 따른 수리·개조 또는 이전의 명령을 위반한 경우	법 제12조 제3호	사용정지 30일	사용정지 90일	허가취소
법 제15조 제1항 및 제2항에 따른 위험물안전관리자를 선임하지 않은 경우	법 제12조 제4호	사용정지 15일	사용정지 60일	허가취소
법 제15조 제5항을 위반하여 대리자를 지정하지 않은 경우	법 제12조 제5호	사용정지 10일	사용정지 30일	허가취소
법 제18조 제1항에 따른 정기점검을 하지 않은 경우	법 제12조 제6호	사용정지 10일	사용정지 30일	허가취소
법 제18조 제3항에 따른 정기검사를 받지 않은 경우	법 제12조 제7호	사용정지 10일	사용정지 30일	허가취소
법 제26조에 따른 저장·취급기준 준수명령을 위반한 경우	법 제12조 제8호	사용정지 30일	사용정지 60일	허가취소

24 제조소 등의 변경허가를 받아야 하는 경우(시행규칙 별표 1의 2)

제조소 등의 구분	변경허가를 받아야 하는 경우
제조소 또는 일반취급소	• 제조소 또는 일반취급소의 위치를 이전하는 경우 • 건축물의 벽·기둥·바닥·보 또는 지붕을 증설 또는 철거하는 경우 • 배출설비를 신설하는 경우 • 위험물취급탱크를 신설·교체·철거 또는 보수(탱크의 본체를 절개하는 경우에 한한다)하는 경우 • 위험물취급탱크의 노즐 또는 맨홀을 신설하는 경우(노즐 또는 맨홀의 지름이 250[mm]를 초과하는 경우에 한한다) • 위험물취급탱크의 방유제의 높이 또는 방유제 내의 면적을 변경하는 경우 • 위험물취급탱크의 탱크전용실을 증설 또는 교체하는 경우 • 300[m](지상에 설치하지 않는 배관의 경우에는 30[m])를 초과하는 위험물배관을 신설·교체·철거 또는 보수(배관을 절개하는 경우에 한한다)하는 경우 • 불활성 기체(다른 원소와 화학 반응을 일으키기 어려운 기체)의 봉입장치를 신설하는 경우 • 별표 4 XII 제2호 가목에 따른 누설범위를 국한하기 위한 설비를 신설하는 경우 • 별표 4 XII 제3호 다목에 따른 냉각장치 또는 보냉장치를 신설하는 경우 • 별표 4 XII 제3호 마목에 따른 탱크전용실을 증설 또는 교체하는 경우 • 별표 4 XII 제4호 나목에 따른 담 또는 토제를 신설·철거 또는 이설하는 경우 • 별표 4 XII 제4호 다목에 따른 온도 및 농도의 상승에 의한 위험한 반응을 방지하기 위한 설비를 신설하는 경우 • 별표 4 XII 제4호 라목에 따른 철 이온 등의 혼입에 의한 위험한 반응을 방지하기 위한 설비를 신설하는 경우 • 방화상 유효한 담을 신설·철거 또는 이설하는 경우 • 위험물의 제조설비 또는 취급설비(펌프설비를 제외한다)를 증설하는 경우 • 옥내소화전설비·옥외소화전설비·스프링클러설비·물분무 등 소화설비를 신설·교체(배관·밸브·압력계·소화전본체·소화약제탱크·포헤드·포방출구 등의 교체는 제외한다) 또는 철거하는 경우 • 자동화재탐지설비를 신설 또는 철거하는 경우
옥내저장소	• 건축물의 벽·기둥·바닥·보 또는 지붕을 증설 또는 철거하는 경우 • 배출설비를 신설하는 경우 • 별표 5 VIII 제3호 가목에 따른 누설범위를 국한하기 위한 설비를 신설하는 경우 • 별표 5 VIII 제4호에 따른 온도의 상승에 의한 위험한 반응을 방지하기 위한 설비를 신설하는 경우 • 별표 5 부표 1 비고 제0호 또는 같은 별표 부표 2 비고 제0호에 따른 담 또는 토제를 신설·철거 또는 이설하는 경우 • 옥외소화전설비·스프링클러설비·물분무 등 소화설비를 신설·교체(배관·밸브·압력계·소화전본체·소화약제탱크·포헤드·포방출구 등의 교체는 제외한다) 또는 철거하는 경우 • 자동화재탐지설비를 신설 또는 철거하는 경우

제조소 등의 구분	변경허가를 받아야 하는 경우
옥외탱크 저장소	• 옥외저장탱크의 위치를 이전하는 경우 • 옥외탱크저장소의 기초·지반을 정비하는 경우 • 별표 6 Ⅱ제5호에 따른 물분무설비를 신설 또는 철거하는 경우 • 주입구의 위치를 이전하거나 신설하는 경우 • 300[m](지상에 설치하지 않는 배관의 경우에는 30[m])를 초과하는 위험물배관을 신설·교체·철거 또는 보수(배관을 절개하는 경우에 한한다)하는 경우 • 별표 6 Ⅵ 제20호에 따른 수조를 교체하는 경우 • 방유제(간막이 둑을 포함한다)의 높이 또는 방유제 내의 면적을 변경하는 경우 • 옥외저장탱크의 밑판 또는 옆판을 교체하는 경우 • 옥외저장탱크의 노즐 또는 맨홀을 신설하는 경우(노즐 또는 맨홀의 지름이 250[mm]를 초과하는 경우에 한한다) • 옥외저장탱크의 밑판 또는 옆판의 표면적의 20%를 초과하는 겹침보수공사 또는 육성보수공사를 하는 경우 • 옥외저장탱크의 애뉼러 판의 겹침보수공사 또는 육성보수공사를 하는 경우 • 옥외저장탱크의 애뉼러 판 또는 밑판이 옆판과 접하는 용접이음부의 겹침보수공사 또는 육성보수공사를 하는 경우(용접길이가 300[mm]를 초과하는 경우에 한한다) • 옥외저장탱크의 옆판 또는 밑판(애뉼러 판을 포함한다) 용접부의 절개보수공사를 하는 경우 • 옥외저장탱크의 지붕판 표면적 30% 이상을 교체하거나 구조·재질 또는 두께를 변경하는 경우 • 별표 6 ⅩⅠ 제1호 가목에 따른 누설범위를 국한하기 위한 설비를 신설하는 경우 • 별표 6 ⅩⅠ 제2호 나목에 따른 냉각장치 또는 보냉장치를 신설하는 경우 • 별표 6 ⅩⅠ 제3호 가목에 따른 온도의 상승에 의한 위험한 반응을 방지하기 위한 설비를 신설하는 경우 • 별표 6 ⅩⅠ 제3호 나목에 따른 철 이온 등의 혼입에 의한 위험한 반응을 방지하기 위한 설비를 신설하는 경우 • 불활성 기체의 봉입장치를 신설하는 경우 • 지중탱크의 누액방지판을 교체하는 경우 • 해상탱크의 정치설비를 교체하는 경우 • 물분무 등 소화설비를 신설·교체(배관·밸브·압력계·소화전본체·소화약제탱크·포헤드·포방출구 등의 교체는 제외한다) 또는 철거하는 경우 • 자동화재탐지설비를 신설 또는 철거하는 경우
옥내탱크 저장소	• 옥내저장탱크의 위치를 이전하는 경우 • 주입구의 위치를 이전하거나 신설하는 경우 • 300[m](지상에 설치하지 않는 배관의 경우에는 30[m])를 초과하는 위험물배관을 신설·교체·철거 또는 보수(배관을 절개하는 경우에 한한다)하는 경우 • 옥내저장탱크를 신설·교체 또는 철거하는 경우 • 옥내저장탱크를 보수(탱크 본체를 절개하는 경우에 한한다)하는 경우 • 옥내저장탱크의 노즐 또는 맨홀을 신설하는 경우(노즐 또는 맨홀의 지름이 250[mm]를 초과하는 경우에 한한다) • 건축물의 벽·기둥·바닥·보 또는 지붕을 증설 또는 철거하는 경우 • 배출설비를 신설하는 경우 • 별표 7 Ⅱ에 따른 누설범위를 국한하기 위한 설비·냉각장치·보냉장치·온도의 상승에 의한 위험한 반응을 방지하기 위한 설비 또는 철 이온 등의 혼입에 의한 위험한 반응을 방지하기 위한 설비를 신설하는 경우 • 불활성 기체의 봉입장치를 신설하는 경우 • 물분무 등 소화설비를 신설·교체(배관·밸브·압력계·소화전본체·소화약제탱크·포헤드·포방출구 등의 교체는 제외한다) 또는 철거하는 경우 • 자동화재탐지설비를 신설 또는 철거하는 경우

제조소 등의 구분	변경허가를 받아야 하는 경우
지하탱크 저장소	• 지하저장탱크의 위치를 이전하는 경우 • 탱크전용실을 증설 또는 교체하는 경우 • 지하저장탱크를 신설·교체 또는 철거하는 경우 • 지하저장탱크를 보수(탱크 본체를 절개하는 경우에 한한다)하는 경우 • 지하저장탱크의 노즐 또는 맨홀을 신설하는 경우(노즐 또는 맨홀의 지름이 250[mm]를 초과하는 경우에 한한다) • 주입구의 위치를 이전하거나 신설하는 경우 • 300[m](지상에 설치하지 않는 배관의 경우에는 30[m])를 초과하는 위험물배관을 신설·교체·철거 또는 보수(배관을 절개하는 경우에 한한다)하는 경우 • 특수누설방지구조를 보수하는 경우 • 별표 8 Ⅳ 제2호 나목 및 같은 항 제3호에 따른 냉각장치·보냉장치·온도의 상승에 의한 위험한 반응을 방지하기 위한설비 또는 철 이온 등의 혼입에 의한 위험한 반응을 방지하기 위한 설비를 신설하는 경우 • 불활성 기체의 봉입장치를 신설하는 경우 • 자동화재탐지설비를 신설 또는 철기하는 경우 • 지하저장탱크의 내부에 탱크를 추가로 설치하거나 철판 등을 이용하여 탱크 내부를 구획하는 경우
간이탱크 저장소 45회	• 간이저장탱크의 위치를 이전하는 경우 • 건축물의 벽·기둥·바닥·보 또는 지붕을 증설 또는 철거하는 경우 • 간이저장탱크를 신설·교체 또는 철거하는 경우 • 간이저장탱크를 보수(탱크 본체를 절개하는 경우에 한한다)하는 경우 • 간이저장탱크의 노즐 또는 맨홀을 신설하는 경우(노즐 또는 맨홀의 지름이 250[mm]를 초과하는 경우에 한한다)
이동탱크 저장소	• 상치장소의 위치를 이전하는 경우(같은 사업장 또는 같은 울안에서 이전하는 경우는 제외한다) • 이동저장탱크를 보수(탱크 본체를 절개하는 경우에 한한다)하는 경우 • 이동저장탱크의 노즐 또는 맨홀을 신설하는 경우(노즐 또는 맨홀의 지름이 250[mm]를 초과하는 경우에 한한다) • 이동저장탱크의 내용적을 변경하기 위하여 구조를 변경하는 경우 • 별표 10 Ⅳ 제3호에 따른 주입설비를 설치 또는 철거하는 경우 • 펌프설비를 신설하는 경우
옥외 저장소	• 옥외저장소의 면적을 변경하는 경우 • 별표 11 Ⅲ 제1호에 따른 살수설비 등을 신설 또는 철거하는 경우 • 옥외소화전설비·스프링클러설비·물분무 등 소화설비를 신설·교체(배관·밸브·압력계·소화전본체·소화약제탱크·포헤드·포방출구 등의 교체는 제외한다) 또는 철거하는 경우
암반탱크 저장소	• 암반탱크저장소의 내용적을 변경하는 경우 • 암반탱크의 내벽을 정비하는 경우 • 배수시설·압력계 또는 안전장치를 신설하는 경우 • 주입구의 위치를 이전하거나 신설하는 경우 • 300[m](지상에 설치하지 않는 배관의 경우에는 30[m])를 초과하는 위험물배관을 신설·교체·철거 또는 보수(배관을 절개하는 경우에 한한다)하는 경우 • 물분무 등 소화설비를 신설·교체(배관·밸브·압력계·소화전본체·소화약제탱크·포헤드·포방출구 등의 교체는 제외한다) 또는 철거하는 경우 • 자동화재탐지설비를 신설 또는 철거하는 경우

제조소 등의 구분	변경허가를 받아야 하는 경우
주유취급소	• 지하에 매설하는 탱크의 변경 중 다음의 어느 하나에 해당하는 경우 　- 탱크의 위치를 이전하는 경우 　- 탱크전용실을 보수하는 경우 　- 탱크를 신설·교체 또는 철거하는 경우 　- 탱크를 보수(탱크 본체를 절개하는 경우에 한한다)하는 경우 　- 탱크의 노즐 또는 맨홀을 신설하는 경우(노즐 또는 맨홀의 지름이 250[mm]를 초과하는 경우에 한한다) 　- 특수누설방지구조를 보수하는 경우 • 옥내에 설치하는 탱크의 변경 중 다음의 어느 하나에 해당하는 경우 　- 탱크의 위치를 이전하는 경우 　- 탱크를 신설·교체 또는 철거하는 경우 　- 탱크를 보수(탱크 본체를 절개하는 경우에 한한다)하는 경우 　- 탱크의 노즐 또는 맨홀을 신설하는 경우(노즐 또는 맨홀의 지름이 250[mm]를 초과하는 경우에 한한다) • 고정주유설비 또는 고정급유설비를 신설 또는 철거하는 경우 • 고정주유설비 또는 고정급유설비의 위치를 이전하는 경우 • 건축물의 벽·기둥·바닥·보 또는 지붕을 증설 또는 철거하는 경우 • 담 또는 캐노피(기둥으로 받치거나 매달아 놓은 덮개)를 신설 또는 철거(유리를 부착하기 위하여 담의 일부를 철거하는 경우를 포함한다)하는 경우 • 주입구의 위치를 이전하거나 신설하는 경우 • 별표 13 Ⅴ 제1호 각 목에 따른 시설과 관계된 공작물(바닥면적이 4[m²] 이상인 것에 한한다)을 신설 또는 증축하는 경우 • 별표 13 Ⅹ Ⅵ에 따른 개질장치(改質裝置 : 탄화수소의 구조를 변화시켜 제품의 품질을 높이는 조작 장치), 압축기(壓縮機), 충전설비, 축압기(압력흡수저장장치) 또는 수입설비(受入設備)를 신설하는 경우 • 자동화재탐지설비를 신설 또는 철거하는 경우 • 셀프용이 아닌 고정주유설비를 셀프용 고정주유설비로 변경하는 경우 • 주유취급소 부지의 면적 또는 위치를 변경하는 경우 • 300[m](지상에 설치하지 않는 배관의 경우에는 30[m])를 초과하는 위험물의 배관을 신설·교체·철거 또는 보수(배관을 자르는 경우만 해당한다)하는 경우 • 탱크의 내부에 탱크를 추가로 설치하거나 철판 등을 이용하여 탱크 내부를 구획하는 경우
판매취급소	• 건축물의 벽·기둥·바닥·보 또는 지붕을 증설 또는 철거하는 경우 • 자동화재탐지설비를 신설 또는 철거하는 경우
이송취급소	• 이송취급소의 위치를 이전하는 경우 • 300[m](지상에 설치하지 않는 배관의 경우에는 30[m])를 초과하는 위험물배관을 신설·교체·철거 또는 보수(배관을 절개하는 경우에 한한다)하는 경우 • 방호구조물을 신설 또는 철거하는 경우 • 누설확산방지조치·운전상태의 감시장치·안전제어장치·압력안전장치·누설검지장치를 신설하는 경우 • 주입구·배출구 또는 펌프설비의 위치를 이전하거나 신설하는 경우 • 옥내소화전설비·옥외소화전설비·스프링클러설비·물분무 등 소화설비를 신설·교체(배관·밸브·압력계·소화전본체·소화약제탱크·포헤드·포방출구 등의 교체는 제외한다) 또는 철거하는 경우 • 자동화재탐지설비를 신설 또는 철거하는 경우

25 제조소 등의 설치 및 변경의 허가 시 기술검토 및 위임사항

(1) 서류 제출 : 시·도지사에게 한다.

(2) 한국소방산업기술원의 기술검토를 받아야 하는 사항(시행령 제6조) 53, 69, 73회
① 지정수량의 1,000배 이상의 위험물을 취급하는 제조소 또는 일반취급소 : 구조·설비에 관한 사항
② 옥외탱크저장소(저장용량이 50만[L] 이상인 것만 해당) 또는 암반탱크저장소 : 위험물탱크의 기초·지반, 탱크 본체 및 소화설비에 관한 사항

(3) 부분적 변경으로 기술검토를 받지 않는 사항(세부기준 제24조)
① 옥외저장탱크의 지붕판(노즐·맨홀 등을 포함)의 교체(동일한 형태의 것으로 교체하는 경우에 한한다)
② 옥외저장탱크의 옆판(노즐·맨홀 등을 포함)의 교체 중 다음의 어느 하나에 해당하는 경우
    ㉠ 최하단 옆판을 교체하는 경우에는 옆판 표면적의 10[%] 이내의 교체
    ㉡ 최하단 외의 옆판을 교체하는 경우에는 옆판 표면적의 30[%] 이내의 교체
③ 옥외저장탱크의 밑판(옆판의 중심선으로부터 600[mm] 이내의 밑판에 있어서는 해당 밑판의 원주길이의 10[%] 미만에 해당하는 밑판에 한한다)의 교체
④ 옥외저장탱크의 밑판 또는 옆판(노즐·맨홀 등을 포함)의 정비(밑판 또는 옆판의 표면적의 50[%] 미만의 겹침보수공사 또는 육성보수공사를 포함)
⑤ 옥외탱크저장소의 기초·지반의 정비
⑥ 암반탱크의 내벽의 정비
⑦ 제조소 또는 일반취급소의 구조·설비를 변경하는 경우에 변경에 의한 위험물 취급량의 증가가 지정수량의 1,000배 미만인 경우
⑧ ① 내지 ⑥의 경우와 유사한 경우로서 한국소방산업기술원(이하 "기술원"이라 한다)이 부분적 변경에 해당한다고 인정하는 경우

(4) 시·도지사의 권한을 소방서장에게 위임하는 사항(시행령 제21조)
① 제조소 등의 설치허가 또는 변경허가
② 위험물의 품명·수량 또는 지정수량의 배수의 변경신고의 수리
③ 군사목적 또는 군부대시설을 위한 제조소 등을 설치하거나 그 위치·구조 또는 설비의 변경에 관한 군부대의 장과의 협의
④ 탱크안전성능검사(제22조 제2항 제1호에 따라 기술원에 위탁하는 것을 제외)
⑤ 완공검사(제22조 제2항 제2호에 따라 기술원에 위탁하는 것을 제외)

⑥ 제조소 등의 설치자의 지위승계신고의 수리
⑦ 제조소 등의 용도폐지신고의 수리
⑧ 제조소 등의 사용중지신고 또는 재개신고의 수리
⑨ 안전조치의 이행명령
⑩ 제조소 등의 설치허가의 취소와 사용정지
⑪ 과징금처분
⑫ 예방규정의 수리·반려 및 변경명령
⑬ 정기점검 결과의 수리

(5) 시·도지사의 업무를 기술원에 위탁하는 사항(시행령 제22조) 69회
① 탱크안전성능검사 중 다음의 탱크에 대한 탱크안전성능검사
   ㉠ 용량이 100만[L] 이상인 액체위험물을 저장하는 탱크
   ㉡ 암반탱크
   ㉢ 지하탱크저장소의 위험물탱크 중 행정안전부령으로 정하는 액체위험물탱크
② 법 제9조 제1항에 따른 완공검사 중 다음의 완공검사
   ㉠ 지정수량의 1,000배 이상의 위험물을 취급하는 제조소 또는 일반취급소의 설치 또는 변경(사용 중인 제조소 또는 일반취급소의 보수 또는 부분적인 증설은 제외한다)에 따른 완공검사
   ㉡ 옥외탱크저장소(저장용량이 50만[L] 이상인 것만 해당한다) 또는 암반탱크저장소의 설치 또는 변경에 따른 완공검사
③ 법 제20조 제3항에 따른 운반용기 검사

26 강습교육 및 실무교육(시행규칙 별표 24)

교육과정	교육대상자	교육시간	교육시기	교육기관
강습교육	안전관리자가 되려는 사람	24시간	최초 선임되기 전	안전원
	위험물운반자가 되려는 사람	8시간	최초 종사하기 전	
	위험물운송자가 되려는 사람	16시간	최초 종사하기 전	
실무교육	안전관리자	8시간 이내	가. 제조소 등의 안전관리자로 선임된 날부터 6개월 이내 나. 가목에 따른 교육을 받은 후 2년마다 1회	안전원
	위험물운반자	4시간	가. 위험물운반자로 종사한 날부터 6개월 이내 나. 가목에 따른 교육을 받은 후 3년마다 1회	
	위험물운송자	8시간 이내	가. 이동탱크저장소의 위험물운송자로 종사한 날부터 6개월 이내 나. 가목에 따른 교육을 받은 후 3년마다 1회	
	탱크시험자의 기술인력	8시간 이내	가. 탱크시험자의 기술인력으로 등록한 날부터 6개월 이내 나. 가목에 따른 교육을 받은 후 2년마다 1회	기술원

27 이송취급소 허가신청의 첨가서류(시행규칙 별표 1) 62, 73회

구조 및 설비	첨부서류
배 관	• 위치도(축척 : 1/50,000 이상, 배관의 경로 및 이송기지의 위치를 기재할 것) • 평면도[축척 : 1/3,000 이상, 배관의 중심선에서 좌우 300[m] 이내의 지형, 부근의 도로·하천·철도 및 건축물 그 밖의 시설의 위치, 배관의 중심선·신축구조·지진감지장치·배관계 내의 압력을 측정하여 자동적으로 위험물의 누설을 감지할 수 있는 장치의 압력계·방호장치 및 밸브의 위치, 시가지·별표 15 Ⅰ제1호 각목의 규정에 의한 장소 그리고 행정구역의 경계를 기재하고 배관의 중심선에는 200[m]마다 누계거리를 기재할 것] • 종단도면(축척 : 가로는 1/3,000·세로는 1/300 이상, 지표면으로부터 배관의 깊이·배관의 경사도·주요한 공작물의 종류 및 위치를 기재할 것) • 횡단도면(축척 : 1/200 이상, 배관을 부설한 도로·철도 등의 횡단면에 배관의 중심과 지상 및 지하의 공작물의 위치를 기재할 것 • 도로·하천·수로 또는 철도의 지하를 횡단하는 금속관 또는 방호구조물 안에 배관을 설치하거나 배관을 가공횡단(架空橫斷 : 공중에 가로지름)하여 설치하는 경우에는 해당 횡단 개소의 상세도면 • 강도계산서 • 접합부의 구조도 • 용접에 관한 설명서 • 접합방법에 관하여 기재한 서류 • 배관의 기점·분기점 및 종점의 위치에 관하여 기재한 서류 • 연장에 관하여 기재한 서류(도로밑·철도밑·해저·하천 밑·지상·해상 등의 위치에 따라 구별하여 기재할 것) • 배관 내의 최대상용 압력에 관하여 기재한 서류 • 주요 규격 및 재료에 관하여 기재한 서류 • 그 밖에 배관에 대한 설비 등에 관한 설명도서
긴급차단밸브 및 차단밸브	• 구조설명서(부대설비를 포함한다) • 기능설명서 • 강도에 관한 설명서 • 제어계통도 • 밸브의 종류·형식 및 재료에 관하여 기재한 서류
누설탐지설비 — 배관계 내의 위험물의 유량측정에 의하여 자동적으로 위험물의 누설을 검지할 수 있는 장치 또는 이와 동등 이상의 성능이 있는 장치	• 누설검지능력에 관한 설명서 • 누설검지에 관한 흐름도 • 연산처리장치의 처리능력에 관한 설명서 • 누설의 검지능력에 관하여 기재한 서류 • 유량계의 종류·형식·정밀도 및 측정범위에 관하여 기재한 서류 • 연산처리장치의 종류 및 형식에 관하여 기재한 서류
누설탐지설비 — 배관계 내의 압력을 측정하여 자동적으로 위험물의 누설을 검지할 수 있는 장치 또는 이와 동등 이상의 성능이 있는 장치	• 누설검지능력에 관한 설명서 • 누설검지에 관한 흐름도 • 수신부의 구조에 관한 설명서 • 누설검지능력에 관하여 기재한 서류 • 압력계의 종류·형식·정밀도 및 측정범위에 관하여 기재한 서류
누설탐지설비 — 배관계 내의 압력을 일정하게 유지하고 해당 압력을 측정하여 위험물의 누설을 검지할 수 있는 장치 또는 이와 동등 이상의 성능이 있는 장치	• 누설검지능력에 관한 설명서 • 누설검지능력에 관하여 기재한 서류 • 압력계의 종류·형식·정밀도 및 측정범위에 관하여 기재한 서류

구조 및 설비	첨부서류
압력안전장치	구조설명도 또는 압력제어방식에 관한 설명서
지진감지장치 및 강진계	• 구조설명도 • 지진검지에 관한 흐름도 • 종류 및 형식에 관하여 기재한 서류
펌프	• 구조설명도 • 강도에 관한 설명서 • 용적식펌프의 압력상승방지장치에 관한 설명서 • 고압판넬·변압기 등 전기설비의 계통도(원동기를 움직이기 위한 전기설비에 한한다) • 종류·형식·용량·양정(揚程 : 펌프가 물을 퍼 올리는 높이)·회전수 및 상용·예비의 구별에 관하여 기재한 서류 • 실린더 등의 주요 규격 및 재료에 관하여 기재한 서류 • 원동기의 종류 및 출력에 관하여 기재한 서류 • 고압판넬의 용량에 관하여 기재한 서류 • 변압기 용량에 관하여 기재한 서류
피그(Pig)취급장치(배관 내의 이물질 제거 및 이상 유무 파악 등을 위한 장치)	구조설명도
전기방식설비, 가열·보온설비, 지지물, 누설확산방지설비, 운전상태감시장치, 안전제어장치, 경보설비, 비상전원, 위험물주입·취출구, 금속관, 방호구조물, 보호설비, 신축흡수장치, 위험물제거장치, 통보설비, 가연성증기체류방지설비, 부등침하측정설비, 기자재창고, 점검상자, 표지 그 밖에 이송취급소에 관한 설비	• 설비의 설치에 관하여 필요한 설명서 및 도면 • 설비의 종류·형식·재료·강도 및 그 밖의 기능·성능 등에 관하여 기재한 서류

제2절 제조소의 위치, 구조 및 설비의 기준(시행규칙 별표 4)

1 제조소의 안전거리 68회

건축물의 외벽 또는 공작물의 외측으로부터 해당 제조소의 외벽 또는 이에 상당하는 공작물의 외측까지의 수평거리를 안전거리라 한다(제6류 위험물을 취급하는 제조소는 제외).

건축물	안전거리
사용전압 7,000[V] 초과 35,000[V] 이하의 특고압가공전선	3[m] 이상
사용전압 **35,000[V]를 초과**하는 특고압가공전선	**5[m] 이상**
주거용으로 사용되는 것(제조소가 설치된 부지 내에 있는 것은 제외)	**10[m] 이상**
고압가스, 액화석유가스, 노시가스를 저장 또는 취급하는 시설	20[m] 이상
학교, 병원(병원급 의료기관), 공연장, 영화상영관 및 그 밖에 이와 유사한 시설로서 300명 이상의 인원을 수용할 수 있는 것, 복지시설(아동복지시설, 노인복지시설, 장애인복지시설, 한부모가족복지시설), 어린이집, 성매매피해자 등을 위한 지원시설, 정신건강증진시설, 가정폭력방지 및 피해자보호 등에 관한 법률에 따른 보호시설 및 그 밖에 이와 유사한 시설로서 수용인원 20명 이상 수용할 수 있는 것	30[m] 이상
지정문화유산 및 천연기념물 등	50[m] 이상

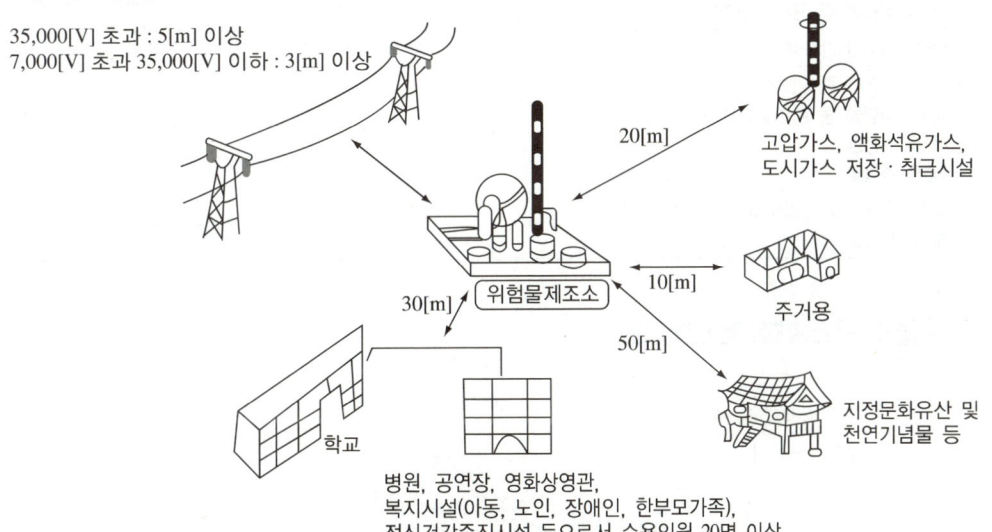

2 제조소의 보유공지 68회

취급하는 위험물의 최대수량	공지의 너비
지정수량의 10배 이하	3[m] 이상
지정수량의 10배 초과	5[m] 이상

3 제조소의 표지 및 게시판

(1) "위험물제조소"라는 표지를 설치
① 표지의 크기 : 한 변의 길이 **0.3[m] 이상**, 다른 한 변의 길이 **0.6[m] 이상**
② 표지의 색상 : **백색바탕**에 **흑색문자**

(2) 방화에 관하여 필요한 사항을 게시한 게시판 설치
① 게시판의 크기 : 한 변의 길이 0.3[m] 이상, 다른 한 변의 길이 0.6[m] 이상
② 기재 내용 : 위험물의 **유별·품명** 및 **저장최대수량** 또는 **취급최대수량, 지정수량의 배수** 및 **안전관리자의 성명** 또는 **직명**
③ 게시판의 색상 : 백색바탕에 흑색문자

(3) 주의사항을 표시한 게시판 설치 34, 46, 68, 70회

위험물의 종류	주의사항	게시판의 색상
• 제1류 위험물 중 **알칼리금속의 과산화물** • 제3류 위험물 중 **금수성 물질**	**물기엄금**	**청색바탕에 백색문자**
• 제2류 위험물(인화성 고체는 제외)	화기주의	적색바탕에 백색문자
• 제2류 위험물 중 **인화성 고체** • 제3류 위험물 중 **자연발화성 물질** • **제4류 위험물** • **제5류 위험물**	**화기엄금**	**적색바탕에 백색문자**
• 알칼리금속의 과산화물 외의 제1류 위험물 • 제6류 위험물	해당 없음	

4 건축물의 구조 33, 36, 41, 47, 48회

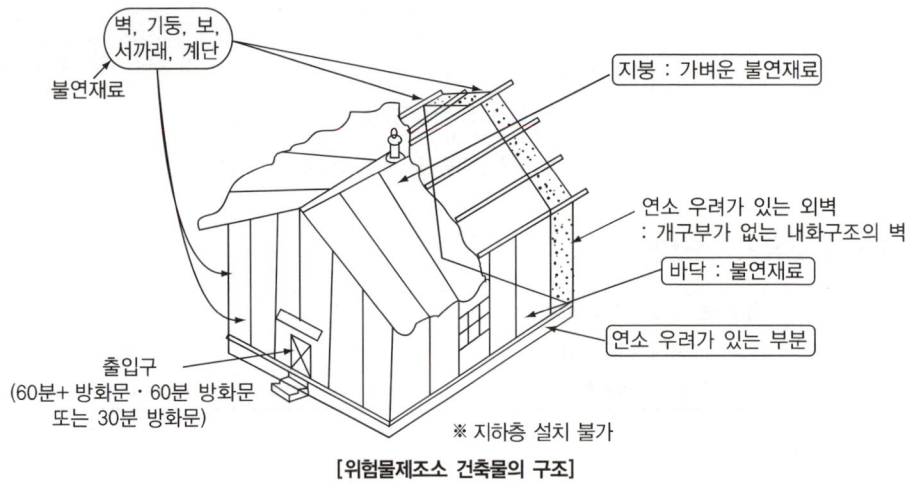

[위험물제조소 건축물의 구조]

(1) 지하층이 없도록 해야 한다.

(2) 벽·기둥·바닥·보·서까래 및 계단 : 불연재료(연소 우려가 있는 외벽은 출입구 외의 개구부가 없는 내화구조의 벽으로 해야 한다. 이 경우 제6류 위험물을 취급하는 건축물에 있어서 위험물이 스며들 우려가 있는 부분에 대하여는 아스팔트 그 밖에 부식되지 않는 재료로 피복해야 한다) 70회

> **Plus One** 연소우려가 있는 외벽(세부기준 제41조)
> 연소(延燒)의 우려가 있는 외벽은 다음에 정한 선을 기산점으로 하여 3[m](2층 이상의 층에 대해서는 5[m]) 이내에 있는 제조소 등의 외벽을 말한다(다만, 방화상 유효한 공터, 광장, 하천, 수면 등에 면한 외벽은 제외한다).
> • 제조소 등이 설치된 부지의 경계선
> • 제조소 등에 인접한 도로의 중심선
> • 제조소 등의 외벽과 동일부지 내의 다른 건축물의 외벽 간의 중심선

(3) 지붕은 폭발력이 위로 방출될 정도의 가벼운 불연재료로 덮어야 한다.

> **Plus One** 지붕을 내화구조로 할 수 있는 경우
> • 제2류 위험물(분말 상태의 것과 인화성 고체는 제외)
> • 제4류 위험물 중 제4석유류, 동식물유류
> • 제6류 위험물
> • 다음의 기준에 적합한 밀폐형 구조의 건축물인 경우
>   – 발생할 수 있는 내부의 과압 또는 부압에 견딜 수 있는 철근콘크리트조일 것
>   – 외부화재에 90분 이상 견딜 수 있는 구조일 것

(4) 출입구와 비상구에는 **60분+ 방화문·60분 방화문** 또는 **30분 방화문**을 설치해야 한다.

> 연소우려가 있는 외벽의 출입구 : 수시로 열 수 있는 자동폐쇄식의 60분+ 방화문 또는 60분 방화문 설치

(5) **건축물의 창 및 출입구의 유리** : 망입유리(두꺼운 판유리에 철망을 넣은 것)

(6) **액체의 위험물을 취급하는 건축물의 바닥** : 위험물이 스며들지 못하는 재료를 사용하고, **적당한 경사**를 두고 그 **최저부에 집유설비**를 할 것

5 채광·조명 및 환기설비

(1) **채광설비**
불연재료로 하고 연소의 우려가 없는 장소에 설치하되 채광면적을 최소로 할 것

(2) **조명설비**
① 가연성 가스 등이 체류할 우려가 있는 장소의 조명등 : 방폭등
② 전선 : 내화·내열전선

③ 점멸스위치 : 출입구 바깥부분에 설치(다만, 스위치의 스파크로 인한 화재·폭발의 우려가 없을 경우에는 그렇지 않다)

(3) 환기설비 34회

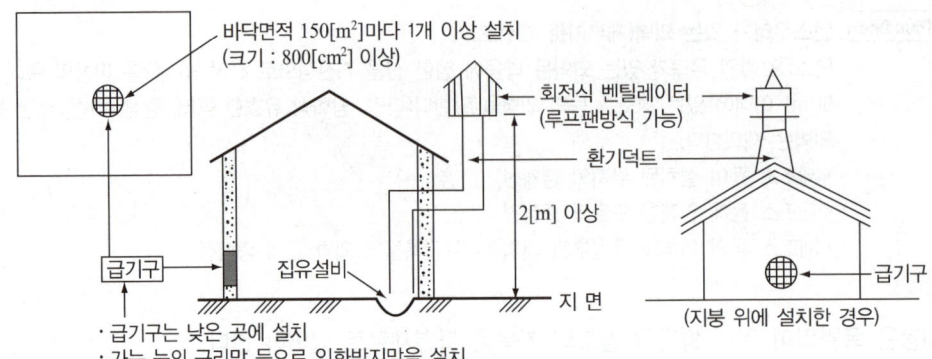

[위험물제조소의 자연배기방식의 환기설비]

① 환기 : **자연배기방식**
② 급기구는 해당 급기구가 설치된 실의 바닥면적 **150[m²]마다 1개 이상**으로 하되 **급기구의 크기**는 **800[cm²] 이상**으로 할 것. 다만, 바닥면적 150[m²] 미만인 경우에는 다음의 크기로 할 것

바닥면적	급기구의 면적
60[m²] 미만	150[cm²] 이상
60[m²] 이상 90[m²] 미만	300[cm²] 이상
90[m²] 이상 120[m²] 미만	450[cm²] 이상
120[m²] 이상 150[m²] 미만	600[cm²] 이상

③ **급기구**는 **낮은 곳**에 **설치**하고 가는 눈의 구리망 등으로 **인화방지망**을 설치할 것
④ 환기구는 지붕 위 또는 **지상 2[m] 이상**의 높이에 회전식 고정벤틸레이터 또는 루프팬방식(Roof Fan : 지붕에 설치하는 배기장치)으로 설치할 것

(4) 배출설비 37, 42, 48, 54, 75회

① 설치장소 : 가연성 증기 또는 미분이 체류할 우려가 있는 건축물
② 배출설비 : 국소방식

> **Plus One** 전역방식으로 할 수 있는 경우 62회
> • 위험물취급설비가 배관이음 등으로만 된 경우
> • 건축물의 구조·작업장소의 분포 등의 조건에 의하여 전역방식이 유효한 경우

③ 배출설비는 배풍기(오염된 공기를 뽑아내는 통풍기), 배출덕트(공기 배출통로), 후드 등을 이용하여 강제적으로 배출하는 것으로 할 것

④ **배출능력**은 1시간당 배출장소 용적의 **20배 이상**인 것으로 할 것 63회
   (**전역방식** : 바닥면적 1[m²]당 18[m³] 이상)
⑤ **급기구**는 **높은 곳**에 **설치**하고 가는 눈의 구리망 등으로 **인화방지망**을 설치할 것
⑥ 배출구는 **지상 2[m] 이상**으로서 연소 우려가 없는 장소에 설치하고 배출덕트가 관통하는 벽부분의 바로 가까이에 화재 시 자동으로 폐쇄되는 방화댐퍼(화재 시 연기등을 차단하는 장치)를 설치할 것
⑦ 배풍기는 강제배기방식으로 하고 옥내덕트의 내압이 대기압 이상이 되지 않는 위치에 설치해야 한다.

6 옥외설비의 바닥(옥외에서 액체 위험물을 취급하는 경우) 38, 47회

(1) 바닥의 둘레에 높이 **0.15[m] 이상**의 **턱**을 설치할 것

(2) 바닥의 최저부에 **집유설비**를 할 것

(3) 위험물(20[℃]의 물 100[g]에 용해되는 양이 1[g] 미만인 것에 한함)을 취급하는 설비에는 집유설비에 유분리장치를 설치할 것

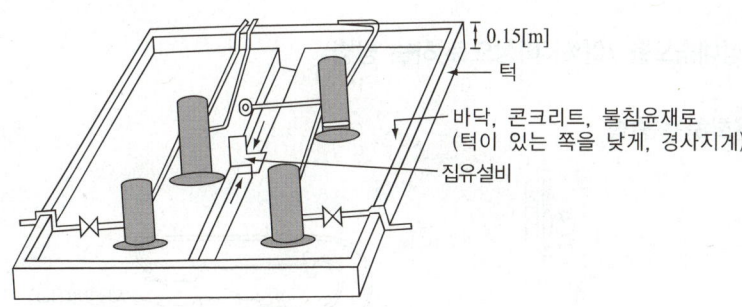

[위험물제조소의 옥외설비의 바닥]

7 제조소에 설치해야 하는 기타설비

(1) **위험물 누출·비산방지설비**

위험물을 취급하는 기계·기구 그 밖의 설비는 위험물이 새거나 넘치거나 비산하는 것을 방지할 수 있는 구조로 해야 한다. 다만, 해당 설비에 위험물의 누출 등으로 인한 재해를 방지할 수 있는 부대설비(되돌림관·수막 등)를 한 때에는 그렇지 않다.

(2) **가열·냉각설비 등의 온도측정장치**

위험물을 가열하거나 냉각하는 설비 또는 위험물의 취급에 수반하여 온도변화가 생기는 설비에는 온도측정장치를 설치해야 한다.

(3) 가열건조설비

위험물을 가열 또는 건조하는 설비는 직접 불을 사용하지 않는 구조로 해야 한다.
다만, 해당 설비가 방화상 안전한 장소에 설치되어 있거나 화재를 방지할 수 있는 부대설비를 한 때에는 그렇지 않다.

(4) 압력계 및 안전장치 31, 33, 44, 45, 51, 52회

위험물을 가압하는 설비 또는 그 취급하는 위험물의 압력이 상승할 우려가 있는 설비에는 압력계 및 다음에 해당하는 **안전장치**를 설치해야 한다.
① 자동적으로 압력의 상승을 정지시키는 장치
② 감압측에 안전밸브를 부착한 감압밸브
③ 안전밸브를 겸하는 경보장치
④ 파괴판(위험물의 성질에 따라 안전밸브의 작동이 곤란한 설비에 한한다)

8 정전기 제거설비 35회

(1) 접지에 의한 방법

(2) 공기 중의 상대습도를 70[%] 이상으로 하는 방법

(3) 공기를 이온화하는 방법

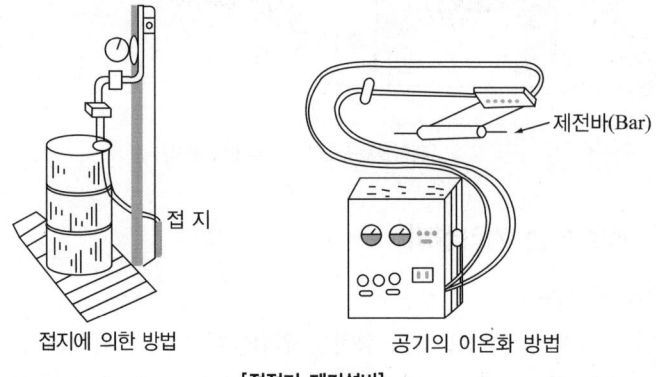

[정전기 제거설비]

⑨ 피뢰설비

지정수량의 **10배 이상**의 위험물을 취급하는 제조소(**제6류 위험물**은 **제외**)에는 설치할 것

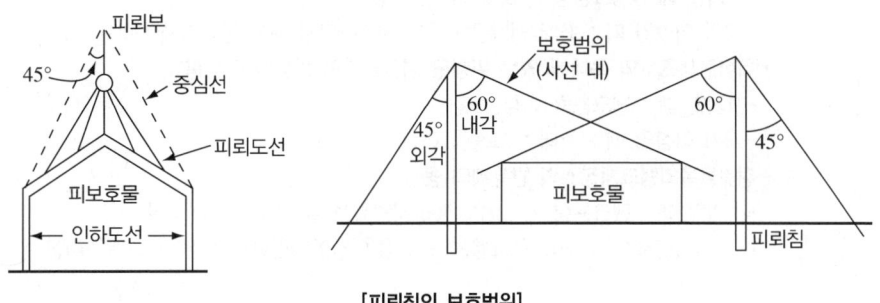

[피뢰침의 보호범위]

⑩ 위험물 취급탱크(지정수량 1/5 미만은 제외)

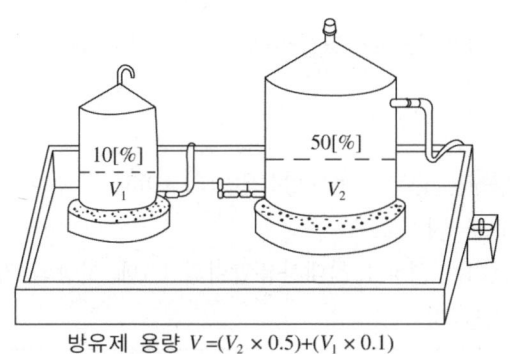

방유제 용량 $V = (V_2 \times 0.5) + (V_1 \times 0.1)$

[옥외위험물 취급탱크의 방유제 용량]

(1) 위험물제조소의 옥외에 있는 위험물 취급탱크
   ① 하나의 취급탱크 주위에 설치하는 방유제의 용량 : 해당 **탱크용량의 50[%] 이상**
   ② 2 이상의 취급탱크 주위에 하나의 방유제를 설치하는 경우 방유제의 용량 : 해당 탱크 중 용량이 **최대인 것의 50[%]**에 **나머지 탱크용량 합계의 10[%]**를 가산한 양 이상이 되게 할 것[이 경우 방유제의 용량 = 해당 방유제의 내용적 − (용량이 최대인 탱크 외의 탱크의 방유제 높이 이하 부분의 용적, 해당 방유제 내에 있는 모든 탱크의 지반면 이상 부분의 기초의 체적, 간막이 둑의 체적 및 해당 방유제 내에 있는 배관 등의 체적)]

(2) 위험물제조소의 옥내에 있는 위험물 취급탱크
   ① 하나의 취급탱크의 주위에 설치하는 방유턱의 용량 : 해당 **탱크용량 이상**
   ② 2 이상의 취급탱크 주위에 설치하는 방유턱의 용량 : **최대 탱크용량 이상**

| Plus One | 방유제, 방유턱의 용량

- 위험물제조소의 **옥외**에 있는 위험물 취급탱크의 **방유제의 용량** 52회
  - 1기일 때 : 탱크용량 × 0.5(50[%]) 이상
  - 2기 이상일 때 : 최대 탱크용량×0.5 + (나머지 탱크 용량합계×0.1) 이상
- 위험물제조소의 **옥내**에 있는 위험물 취급탱크의 **방유턱의 용량**
  - 1기일 때 : 탱크용량 이상
  - 2기 이상일 때 : 최대 탱크용량 이상
- **위험물옥외탱크저장소의 방유제의 용량**
  - 1기일 때 : 탱크용량 × 1.1(110[%])[비인화성 물질×100[%]] 이상
  - 2기 이상일 때 : 최대 탱크용량 × 1.1(110[%])[비인화성 물질×100[%]] 이상

11 위험물제조소의 배관

(1) 배관의 재질 68회

강관, 유리섬유강화플라스틱, 고밀도폴리에틸렌, 폴리우레탄

(2) 내압시험

① 불연성 액체를 이용하는 경우 : 최대상용압력의 1.5배 이상의 압력에서 실시하여 누설 또는 그 밖의 이상이 없을 것

② 불연성 기체를 이용하는 경우 : 최대사용압력의 1.1배 이상의 압력에서 실시하여 누설 또는 그 밖의 이상이 없을 것

- 위험물을 취급하는 배관의 재질
  - 강 관
  - 유리섬유강화플라스틱
  - 고밀도폴리에틸렌
  - 폴리우레탄
- 배관에 사용하는 관이음의 설계기준
  - 관이음의 설계는 배관의 설계에 준하는 것 외에 관이음의 휨특성 및 응력집중을 고려하여 행할 것
  - 배관을 분기하는 경우는 미리 제작한 분기용 관이음 또는 분기구조물을 이용할 것. 이 경우 분기구조물에는 보강판을 부착하는 것을 원칙으로 한다.
  - 분기용 관이음, 분기구조물 및 리듀셔(Reducer)는 원칙적으로 이송기지 또는 전용부지 내에 설치할 것

12 용어 정의

(1) 고인화점위험물

인화점이 **100[℃] 이상**인 제4류 위험물

(2) 알킬알루미늄 등

제3류 위험물 중 알킬알루미늄·알킬리튬 또는 이 중 어느 하나 이상을 함유하는 것

(3) 아세트알데하이드 등

제4류 위험물 중 특수인화물의 아세트알데하이드·산화프로필렌 또는 이 중 어느 하나 이상을 함유하는 것

(4) 하이드록실아민 등

제5류 위험물 중 하이드록실아민·하이드록실아민염류 또는 이 중 어느 하나 이상을 함유하는 것

13 고인화점위험물(100[℃] 미만의 온도에서 취급)제조소의 특례

(1) 안전거리
① 주거용 : 10[m] 이상
② 고압가스, 액화석유가스, 도시가스를 저장 또는 취급시설 : 20[m] 이상
③ 지정문화유산 및 천연기념물 등 : 50[m] 이상

(2) 보유공지 : 3[m] 이상

(3) 건축물의 지붕 : 불연재료

(4) 창 또는 출입구 : 60분+ 방화문·60분 방화문·30분 방화문 또는 불연재료나 유리로 만든 문을 달고 연소우려가 있는 외벽에 두는 출입구에는 자동폐쇄식의 60분+ 방화문 또는 60분 방화문을 설치할 것

(5) 연소의 우려가 있는 외벽에 두는 출입구에 유리를 이용하는 경우 : 망입유리

14 알킬알루미늄 등, 아세트알데하이드 등을 취급하는 제조소의 특례

(1) 알킬알루미늄 등을 취급하는 설비에는 불활성 기체(질소, 이산화탄소)를 봉입하는 장치를 갖출 것

(2) 아세트알데하이드 등을 취급하는 설비는 **은**(Ag)·**수은**(Hg)·**구리**(Cu)·**마그네슘**(Mg) 또는 이들을 성분으로 하는 합금으로 만들지 않을 것

(3) 아세트알데하이드 등을 취급하는 설비에는 연소성 혼합기체의 생성에 의한 폭발을 방지하기 위한 **불활성 기체** 또는 **수증기**를 봉입하는 장치를 갖출 것

15 제조소 등의 안전거리의 단축기준(시행규칙 별표 4)

(1) 방화상 유효한 담을 설치한 경우의 안전거리

(단위 : [m])

구 분	취급하는 위험물의 최대수량(지정수량의 배수)	안전거리(이상)		
		주거용 건축물	학교·유치원 등	국가유산
제조소·일반취급소(취급하는 위험물의 양이 주거지역에 있어서는 30배, 상업지역에 있어서는 35배, 공업지역에 있어서는 50배 이상인 것을 제외한다)	10배 미만	6.5	20	35
	10배 이상	7.0	22	38
옥내저장소(취급하는 위험물의 양이 주거지역에 있어서는 지정수량의 120배, 상업지역에 있어서는 150배, 공업지역에 있어서는 200배 이상인 것을 제외한다)	5배 미만	4.0	12.0	23.0
	5배 이상 10배 미만	4.5	12.0	23.0
	10배 이상 20배 미만	5.0	14.0	26.0
	20배 이상 50배 미만	6.0	18.0	32.0
	50배 이상 200배 미만	7.0	22.0	38.0
옥외탱크저장소(취급하는 위험물의 양이 주거지역에 있어서는 지정수량의 600배, 상업지역에 있어서는 700배, 공업지역에 있어서는 1,000배 이상인 것을 제외한다)	500배 미만	6.0	18.0	32.0
	500배 이상 1,000배 미만	7.0	22.0	38.0
옥외저장소(취급하는 위험물의 양이 주거지역에 있어서는 지정수량의 10배, 상업지역에 있어서는 15배, 공업지역에 있어서는 20배 이상인 것을 제외한다)	10배 미만	6.0	18.0	32.0
	10배 이상 20배 미만	8.5	25.0	44.0

(2) 방화상 유효한 담의 높이 산정방법 33, 35, 36, 38, 41, 43, 49, 59, 62, 64, 68회

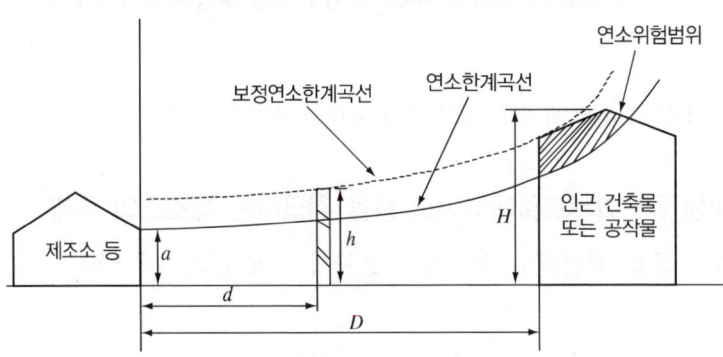

- $H \leqq pD^2 + a$ 인 경우 $h = 2$
- $H > pD^2 + a$ 인 경우 $h = H - p(D^2 - d^2)$

여기서, D : 제조소 등과 인근 건축물 또는 공작물과의 거리[m]
H : 인근 건축물 또는 공작물의 높이[m]
a : 제조소 등의 외벽의 높이[m]
d : 제조소 등과 방화상 유효한 담과의 거리[m]
h : 방화상 유효한 담의 높이[m]
p : 상 수

인근 건축물 또는 공작물의 구분	p의 값
• 학교·주택·국가유산 등의 건축물 또는 공작물이 목조인 경우 • 학교·주택·국가유산 등의 건축물 또는 공작물이 방화구조 또는 내화구조이고, 제조소 등에 면한 부분의 개구부에 60분+ 방화문·60분 방화문 또는 30분 방화문이 설치되지 않은 경우	0.04
• 학교·주택·국가유산 등의 건축물 또는 공작물이 방화구조인 경우 • 학교·주택·국가유산 등의 건축물 또는 공작물이 방화구조 또는 내화구조이고, 제조소 등에 면한 부분의 개구부에 30분 방화문이 설치된 경우	0.15
• 학교·주택·국가유산 등의 건축물 또는 공작물이 내화구조이고, 제조소 등에 면한 개구부에 60분+ 방화문 또는 60분 방화문이 설치된 경우	∞

① 위에서 산출한 수치가 2 미만일 때에는 담의 높이를 2[m]로, 4 이상일 때에는 담의 높이를 4[m]로 하되 다음의 소화설비를 보강해야 한다.
  ㉠ 해당 제조소 등의 **소형소화기 설치대상**인 것 : **대형소화기를 1개 이상 증설**할 것
  ㉡ 해당 제조소 등의 **대형소화기 설치대상**인 것 : 대형소화기 대신 옥내소화전설비, 옥외소화전설비, 스프링클러설비, 물분무소화설비, 포소화설비, 불활성 가스소화설비, 할로젠화합물소화설비, 분말소화설비 중 적응소화설비를 설치할 것
  ㉢ 해당 제조소 등이 옥내소화전설비, 옥외소화전설비, 스프링클러설비, 물분무소화설비, 포소화설비, 불활성 가스소화설비, 할로젠화합물소화설비, 분말소화설비 설치대상인 것 : 반경 30[m]마다 대형소화기 1개 이상 증설할 것

② 방화상 유효한 담
  ㉠ 제조소 등으로부터 5[m] 미만의 거리에 설치하는 경우 : 내화구조
  ㉡ 5[m] 이상의 거리에 설치하는 경우 : 불연재료

16 하이드록실아민 등을 취급하는 제조소의 특례

(1) 안전거리 36, 44, 51, 55, 62, 70회

$$D = 51.1\sqrt[3]{N}\,[m]$$

여기서, N : 지정수량의 배수(하이드록실아민의 지정수량 : 100[kg])

(2) 제조소 주위의 담 또는 토제(土堤)의 설치기준

① 담 또는 토제는 제조소의 외벽 또는 공작물의 외측으로부터 2[m] 이상 떨어진 장소에 설치할 것
② 담 또는 토제의 높이는 해당 제조소에 있어서 하이드록실아민 등을 취급하는 부분의 높이 이상으로 할 것
③ 담은 두께 15[cm] 이상의 철근콘크리트조·철골철근콘크리트조 또는 두께 20[cm] 이상의 보강콘크리트블록조로 할 것
④ 토제의 경사면의 경사도는 60° 미만으로 할 것
⑤ 하이드록실아민 등을 취급하는 설비에는 철 이온 등의 혼입에 의한 위험한 반응을 방지하기 위한 조치를 강구할 것

제3절 옥내저장소의 위치, 구조 및 설비의 기준(시행규칙 별표 5)

1 옥내저장소의 안전거리
제조소와 동일함

2 옥내저장소의 안전거리 제외 대상
(1) **제4석유류** 또는 **동식물유류**의 위험물을 저장 또는 취급하는 옥내저장소로서 그 최대수량이 **지정수량의 20배 미만**인 것

(2) **제6류 위험물**을 저장 또는 취급하는 옥내저장소

(3) 지정수량의 20배(하나의 저장창고의 바닥면적이 150[m^2] 이하인 경우에는 50배) 이하의 위험물을 저장 또는 취급하는 옥내저장소로서 다음의 기준에 적합한 것 59회
  ① 저장창고의 벽·기둥·바닥·보 및 지붕이 내화구조인 것
  ② 저장창고의 출입구에 수시로 열 수 있는 자동폐쇄식의 60분+ 방화문 또는 60분 방화문이 설치되어 있을 것
  ③ 저장창고에 창이 설치하지 않을 것

3 옥내저장소의 표지 및 게시판
제조소와 동일함

4 옥내저장소의 보유공지 53회

저장 또는 취급하는 위험물의 최대수량	공지의 너비	
	벽·기둥 및 바닥이 내화구조로 된 건축물	그 밖의 건축물
지정수량의 5배 이하	-	0.5[m] 이상
지정수량의 5배 초과 10배 이하	1[m] 이상	1.5[m] 이상
지정수량의 10배 초과 20배 이하	2[m] 이상	3[m] 이상
지정수량의 20배 초과 50배 이하	**3[m] 이상**	5[m] 이상
지정수량의 50배 초과 200배 이하	5[m] 이상	10[m] 이상
지정수량의 200배 초과	10[m] 이상	15[m] 이상

단, 지정수량의 **20배를 초과**하는 옥내저장소와 동일한 부지 내에 있는 다른 옥내저장소와의 사이에는 동표에 정하는 공지의 너비의 **1/3**(해당 수치가 **3[m] 미만**인 경우에는 **3[m]**)의 공지를 보유할 수 있다.

5 옥내저장소의 저장창고 59회

(1) 저장창고는 지면에서 처마까지의 높이(**처마높이**)가 **6[m] 미만**인 단층 건물로 하고 그 바닥을 지반면보다 높게 해야 한다.

> 저장창고는 위험물의 저장을 전용으로 하는 **독립된 건축물**로 해야 한다.

(2) 제2류 또는 제4류 위험물만을 저장하는 아래 기준에 적합한 창고의 처마 높이는 20[m] 이하로 할 수 있다.
  ① 벽·기둥·보 및 바닥을 내화구조로 할 것
  ② 출입구에 60분+ 방화문 또는 60분 방화문을 설치할 것
  ③ 피뢰침을 설치할 것(단, 주위 상황에 의하여 안전상 지장이 없는 경우에는 예외)

(3) **저장창고의 기준면적** 50, 52, 67, 68, 71, 76회

위험물을 저장하는 창고의 종류	기준면적
① 제1류 위험물 중 **아염소산염류, 염소산염류, 과염소산염류, 무기과산화물**, 그 밖에 지정수량이 50[kg]인 위험물 ② 제3류 위험물 중 **칼륨, 나트륨, 알킬알루미늄, 알킬리튬**, 그 밖에 지정수량이 10[kg]인 위험물 및 **황린** ③ 제4류 위험물 중 **특수인화물, 제1석유류** 및 **알코올류** ④ 제5류 위험물 중 지정수량이 10[kg]인 위험물 ⑤ **제6류 위험물**	1,000[m²] 이하
①~⑤의 위험물 외의 위험물을 저장하는 창고	2,000[m²] 이하
위의 전부에 해당하는 위험물을 내화구조의 격벽으로 완전히 구획된 실에 각각 저장하는 창고(①~⑤의 위험물을 저장하는 실의 면적은 500[m²]를 초과할 수 없다)	1,500[m²] 이하

(4) 저장창고의 **벽·기둥** 및 **바닥**은 **내화구조**로 하고, **보와 서까래**는 **불연재료**로 해야 한다.

> **Plus One** 연소의 우려가 없는 벽·기둥 및 바닥을 불연재료로 할 수 있는 것 73회
> - 지정수량의 10배 이하의 위험물의 저장창고
> - 제2류 위험물(인화성 고체는 제외)만의 저장창고
> - 제4류 위험물(인화점이 70[℃] 미만은 제외)만의 저장창고

(5) **저장창고**는 **지붕**을 폭발력이 위로 방출될 정도의 가벼운 **불연재료**로 하고, 천장을 만들지 않아야 한다(**제5류 위험물**만의 저장창고는 저온유지를 위해 **난연재료** 또는 **불연재료**의 천장을 설치할 수 있음). 38, 73회

> **Plus One** 지붕을 내화구조로 할 수 있는 것 73회
> - 제2류 위험물(분말 상태의 것과 인화성 고체는 제외)만의 저장창고
> - 제6류 위험물만의 저장창고

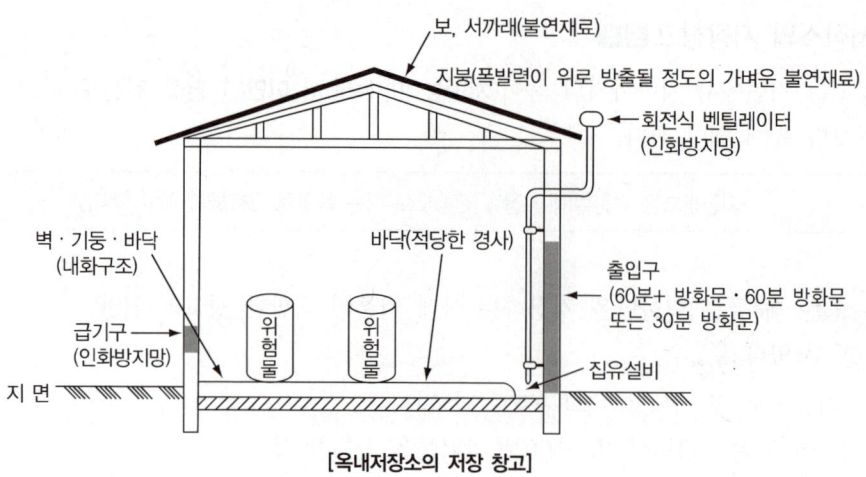

[옥내저장소의 저장 창고]

(6) 저장창고의 출입구에는 60분+ 방화문·60분 방화문 또는 30분 방화문을 설치하되, **연소의 우려가 있는 외벽**에 있는 출입구에는 수시로 열 수 있는 **자동폐쇄식의 60분+ 방화문 또는 60분 방화문**을 설치해야 한다. `65, 67회`

(7) 저장창고의 창 또는 출입구에 유리를 이용하는 경우에는 **망입유리**로 해야 한다. `65회`

(8) **저장창고에 물의 침투를 막는 구조로 해야 하는 위험물** `32, 65회`
  ① 제1류 위험물 중 **알칼리금속의 과산화물**
  ② 제2류 위험물 중 **철분, 금속분, 마그네슘**
  ③ 제3류 위험물 중 **금수성 물질**
  ④ **제4류 위험물**

(9) **액상의 위험물**의 저장창고의 바닥은 위험물이 스며들지 않는 구조로 하고, 적당하게 경사지게 하여 그 최저부에 **집유설비**를 해야 한다. `65회`

> 액상의 위험물 : 제4류 위험물, 보호액을 사용하는 위험물

(10) **피뢰침 설치**
  지정수량의 **10배 이상**의 저장창고(제6류 위험물은 제외)

6 다층 건물의 옥내저장소의 기준(제2류의 인화성 고체, 인화점이 70[℃] 미만인 제4류 위험물은 제외)

(1) 옥내저장소의 저장창고의 기준과 동일하다.

(2) 저장창고는 각층의 바닥을 지면보다 높게 하고, 바닥면으로부터 상층의 바닥(상층이 없는 경우에는 처마)까지의 높이(층고)를 6[m] 미만으로 해야 한다.

(3) 하나의 저장창고의 바닥면적 합계는 1,000[m^2] 이하로 해야 한다.

(4) 저장창고의 **벽·기둥·바닥 및 보**를 **내화구조**로 하고, **계단**을 **불연재료**로 할 것

(5) 2층 이상의 층의 바닥에는 개구부를 두지 않아야 한다. 다만, 내화구조의 벽과 60분+ 방화문·60분 방화문 또는 30분 방화문으로 구획된 계단실에 있어서는 그렇지 않다.

7 소규모 옥내저장소의 특례(지정수량의 50배 이하, 처마높이가 6[m] 미만인 것) 53, 73회

(1) 보유공지

저장 또는 취급하는 위험물의 최대수량	공지의 너비
지정수량의 5배 이하	–
지정수량의 5배 초과 20배 이하	1[m] 이상
지정수량의 20배 초과 50배 이하	2[m] 이상

(2) **저장창고 바닥면적** : 150[m^2] 이하

(3) **벽·기둥·바닥·보·지붕** : 내화구조

(4) **출입구** : 수시로 개방할 수 있는 **자동폐쇄식의 60분+ 방화문 또는 60분 방화문**을 설치

(5) 저장창고에는 창을 설치하지 않을 것

8 고인화점위험물의 단층건물 옥내저장소의 특례

(1) 지정수량의 20배를 초과하는 옥내저장소의 안전거리
  ① **주거용** : **10[m] 이상**
  ② 고압가스, 액화석유가스, 도시가스를 저장 또는 취급시설 : 20[m] 이상
  ③ 지정문화유산 및 천연기념물 등 : 50[m] 이상

(2) 보유공지

저장 또는 취급하는 위험물의 최대수량	공지의 너비	
	해당 건축물의 벽·기둥 및 바닥이 내화구조로 된 경우	왼쪽 란에 정하는 경우 외의 경우
20배 이하	-	0.5[m] 이상
20배 초과 50배 이하	1[m] 이상	1.5[m] 이상
50배 초과 200배 이하	2[m] 이상	3[m] 이상
200배 초과	3[m] 이상	5[m] 이상

(3) **지붕** : 불연재료

(4) 저장창고의 창 및 출입구에는 방화문 또는 불연재료나 유리로 된 문을 달고, 연소의 우려가 있는 외벽에 두는 출입구에는 수시로 열 수 있는 자동폐쇄식의 60분+ 방화문 또는 60분 방화문을 설치할 것

(5) **연소의 우려가 있는 외벽에 설치하는 출입구의 유리** : 망입유리

9 위험물의 성질에 따른 옥내저장소의 특례

(1) **지정과산화물(제5류 위험물 중 유기과산화물)을 저장 또는 취급하는 옥내저장소**
  ① 안전거리, 보유공지 : 시행규칙 별표 5의 Ⅷ 참조 51회
  ② 담 또는 토제의 기준 70회
    ㉠ 지정수량의 5배 이하인 지정과산화물의 옥내저장소에 대하여는 해당 옥내저장소의 저장창고의 외벽을 두께 30[cm] 이상의 철근콘크리트조 또는 철골철근콘크리트조로 만드는 것으로서 담 또는 토제에 대신할 수 있다.
    ㉡ 담 또는 토제는 저장창고의 외벽으로부터 **2[m] 이상 떨어진 장소**에 설치할 것. 다만, 담 또는 토제와 해당 저장창고와의 간격은 해당 옥내저장소의 공지의 너비의 1/5을 초과할 수 없다.
    ㉢ 담 또는 토제의 높이는 저장창고의 **처마높이 이상**으로 할 것
    ㉣ 담은 두께 15[cm] 이상의 **철근콘크리트조**나 **철골철근콘크리트조** 또는 **두께 20[cm] 이상**의 **보강콘크리트블록조**로 할 것
    ㉤ 토제의 경사면의 경사도는 60° 미만으로 할 것
  ③ **저장창고는 150[m²] 이내**마다 **격벽**으로 완전하게 구획할 것. 이 경우 해당 격벽은 두께 30[cm] 이상의 철근콘크리트조 또는 철골철근콘크리트조로 하거나 두께 40[cm] 이상의 보강콘크리트블록조로 하고, 해당 저장창고의 양측의 외벽으로부터 1[m] 이상, 상부의 지붕으로부터 50[cm] 이상 돌출하게 할 것 46회
  ④ 저장창고의 **외벽**은 두께 **20[cm] 이상**의 **철근콘크리트조**나 **철골철근콘크리트조** 또는 두께 **30[cm] 이상**의 **보강콘크리트블록조**로 할 것

⑤ 저장창고 지붕의 설치기준
  ㉠ 중도리(서까래 중간을 받치는 수평의 도리) 또는 서까래의 간격은 30[cm] 이하로 할 것
  ㉡ 지붕의 아래쪽 면에는 한 변의 길이가 45[cm] 이하의 환강(丸鋼)·경량형강(輕量型鋼) 등으로 된 강제(鋼製)의 격자를 설치할 것
  ㉢ 지붕의 아래쪽 면에 철망을 쳐서 불연재료의 도리(서까래를 받치기 위해 기둥과 기둥 사이에 설치한 부재)·보 또는 서까래에 단단히 결합할 것
  ㉣ 두께 5[cm] 이상, 너비 30[cm] 이상의 목재로 만든 받침대를 설치할 것
  ㉤ 저장창고의 출입구에는 60분+ 방화문 또는 60분 방화문을 설치할 것
  ㉥ 저장창고의 창은 바닥면으로부터 2[m] 이상의 높이에 두되, 하나의 벽면에 두는 창의 면적의 합계를 해당 벽면의 면적의 1/80 이내로 하고, 하나의 창의 면적을 0.4[m^2] 이내로 할 것

10 수출입 하역장소의 옥내저장소의 보유공지

저장 또는 취급하는 위험물의 최대수량	공지의 너비	
	벽·기둥 및 바닥이 내화구조로 된 건축물	그 밖의 건축물
지정수량의 5배 이하	–	0.5[m] 이상
지정수량의 5배 초과 10배 이하	1[m] 이상	1.5[m] 이상
지정수량의 10배 초과 20배 이하	2[m] 이상	3[m] 이상
지정수량의 20배 초과 50배 이하	**3[m] 이상**	**3.3[m] 이상**
지정수량의 50배 초과 200배 이하	3.3[m] 이상	3.5[m] 이상
지정수량의 200배 초과	3.5[m] 이상	5[m] 이상

제4절 옥외탱크저장소의 위치, 구조 및 설비의 기준(시행규칙 별표 6)

1 옥외탱크저장소의 안전거리
제조소와 동일함

2 옥외탱크저장소의 보유공지 71회

저장 또는 취급하는 위험물의 최대수량	공지의 너비
지정수량의 500배 이하	3[m] 이상
지정수량의 500배 초과 1,000배 이하	5[m] 이상
지정수량의 1,000배 초과 2,000배 이하	9[m] 이상
지정수량의 2,000배 초과 3,000배 이하	12[m] 이상
지정수량의 3,000배 초과 4,000배 이하	15[m] 이상
지정수량의 4,000배 초과	해당 탱크의 수평단면의 **최대지름**(가로형은 긴변)과 높이 중 큰 것과 같은 거리 이상(단, 30[m] 초과 시 30[m] 이상으로, 15[m] 미만 시 15[m] 이상으로 할 것)

(1) **제6류 위험물**을 저장 또는 취급하는 옥외저장탱크 : 표의 규정에 의한 보유공지의 **1/3 이상** (최소 1.5[m] 이상)

(2) **제6류 위험물**을 저장 또는 취급하는 옥외저장탱크를 동일 구내에 **2개 이상** 인접하여 설치하는 경우의 보유공지 : (1)의 규정에 의하여 산출된 너비의 **1/3 이상**(최소 1.5[m] 이상)

(3) **제6류 위험물 외의 위험물**을 저장 또는 취급하는 옥외저장탱크(지정수량 4,000배 초과 시 제외)를 동일한 방유제 안에 2개 이상 인접하여 설치하는 경우 : 표의 보유공지의 **1/3 이상**(최소 3[m] 이상)

(4) 보유공지의 기준에도 불구하고 옥외저장탱크에 다음 기준에 적합한 **물분무설비**로 방호조치를 하는 경우에는 **2**의 표의 규정에 의한 **보유공지의 1/2 이상**의 너비(최소 3[m] 이상)로 할 수 있다.
　① 탱크의 표면에 방사하는 물의 양은 탱크의 **원주길이 1[m]**에 대하여 **분당 37[L] 이상**으로 할 것
　② **수원의 양**은 ①의 규정에 의한 수량으로 **20분 이상** 방사할 수 있는 수량으로 할 것 71회

$$\text{수원} = \text{원주길이} \times 37[\text{L/min} \cdot \text{m}] \times 20[\text{min}]$$
$$= 2\pi r \times 37[\text{L/min} \cdot \text{m}] \times 20[\text{min}]$$

　③ 탱크에 보강 링이 설치된 경우에는 보강 링의 아래에 분무헤드를 설치하되, 분무헤드는 탱크의 높이 및 구조를 고려하여 분무가 적정하게 이루어질 수 있도록 배치할 것

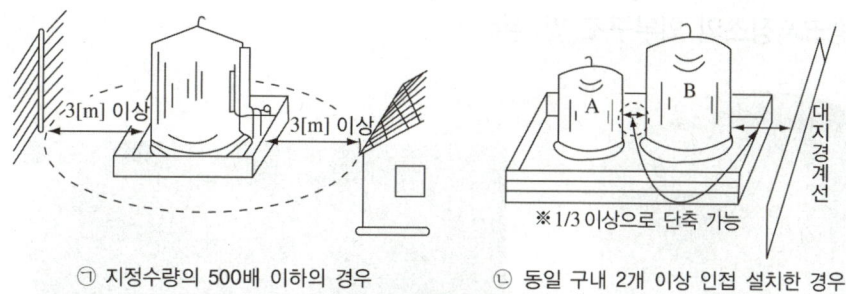

㉠ 지정수량의 500배 이하의 경우　　㉡ 동일 구내 2개 이상 인접 설치한 경우

[옥외탱크저장소의 보유공지]

3 옥외탱크저장소의 표지 및 게시판

제조소와 동일함

※ 탱크의 군에 있어서는 그 의미 전달에 지장이 없는 범위 안에서 보기 쉬운 곳에 일괄 설치할 수 있다.

4 특정옥외탱크저장소 등

(1) 특정옥외저장탱크

액체위험물의 최대수량이 **100만[L] 이상**의 옥외저장탱크

> [특정옥외저장탱크의 애뉼러 판을 설치하는 경우] 49, 54회
> • 저장탱크 옆판의 최하단 두께가 15[mm]를 초과하는 경우
> • 안지름이 30[m]를 초과하는 경우
> • 저장탱크 옆판을 고장력강으로 사용하는 경우

(2) 준특정옥외저장탱크

액체위험물의 최대수량이 50만[L] 이상 100만[L] 미만의 옥외저장탱크

5 옥외탱크저장소의 외부구조 및 설비

[입형 옥외탱크]

[횡형 옥외탱크]

(1) 옥외저장탱크
① 옥외저장탱크(특정옥외저장탱크 및 준특정옥외저장탱크는 제외)의 두께
   3.2[mm] 이상의 강철판
② 시험방법
   ㉠ **압력탱크** : **최대상용압력**의 **1.5배의 압력**으로 **10분**간 실시하는 수압시험에서 이상이 없을 것
   ㉡ **압력탱크 외의 탱크** : **충수시험**

> 압력탱크 : 최대상용압력이 대기압을 초과하는 탱크

③ 특정옥외탱크의 용접부의 검사 : 방사선투과시험, 진공시험 등의 비파괴시험

(2) 통기관
① **밸브 없는 통기관** 48, 51회
   ㉠ **지름**은 **30[mm] 이상**일 것
   ㉡ 끝부분은 수평면보다 **45° 이상** 구부려 **빗물 등의 침투를 막는 구조**로 할 것

> 통기관을 45° 이상 구부린 이유 : 빗물 등의 침투를 막기 위하여

   ㉢ 인화점이 38[℃] 미만인 위험물만을 저장 또는 취급하는 탱크에 설치하는 통기관에는 화염방지장치를 설치하고, 그 외의 탱크에 설치하는 통기관에는 40메시(mesh) 이상의 구리망 또는 동등 이상의 성능을 가진 인화방지장치를 설치할 것. 다만, 인화점이 70[℃] 이상인 위험물만을 해당 위험물의 인화점 미만의 온도로 저장 또는 취급하는 탱크에 설치하는 통기관에는 인화방지장치를 설치하지 않을 수 있다.
   ㉣ 가연성의 증기를 회수하기 위한 밸브를 통기관에 설치하는 경우에 있어서는 해당 통기관의 밸브는 저장탱크에 위험물을 주입하는 경우를 제외하고는 항상 개방되어 있는 구조로 하는 한편, 폐쇄하였을 경우에 있어서는 10[kPa] 이하의 압력에서 개방되는 구조로 할 것. 이 경우 개방된 부분의 유효 단면적은 777.15[mm^2] 이상이어야 한다.

② 대기밸브부착 통기관
　　㉠ 5[kPa] 이하의 압력 차이로 작동할 수 있을 것
　　㉡ 인화점이 38[℃] 미만인 위험물만을 저장 또는 취급하는 탱크에 설치하는 통기관에는 화염방지장치를 설치하고, 그 외의 탱크에 설치하는 통기관에는 40[mesh] 이상의 구리망 또는 동등 이상의 성능을 가진 인화방지장치를 설치할 것. 다만, 인화점이 70[℃] 이상인 위험물만을 해당 위험물의 인화점 미만의 온도로 저장 또는 취급하는 탱크에 설치하는 통기관에는 인화방지장치를 설치하지 않을 수 있다.

(3) 액체 위험물의 옥외저장탱크의 계량장치
① 기밀부유식(밀폐되어 부상하는 방식) 계량장치
② 부유식 계량장치(증기가 비산하지 않는 구조)
③ 전기압력자동방식, 방사성동위원소를 이용한 자동계량장치
④ 유리측정기(Gauge Glass : 수면이나 유면의 높이를 측정하는 유리로 된 기구를 말하며, 금속관으로 보호된 경질유리 등으로 되어 있고 게이지가 파손되었을 때 위험물의 유출을 자동적으로 정지할 수 있는 장치가 되어 있는 것으로 한정한다)

(4) 인화점이 21[℃] 미만인 위험물의 옥외저장탱크의 주입구 35회
① 게시판의 크기 : 한 변이 0.3[m] 이상, 다른 한 변이 0.6[m] 이상
② 게시판의 기재사항 : **옥외저장탱크 주입구, 위험물의 유별, 품명, 주의사항**
③ 게시판의 색상 : 백색바탕에 흑색문자(주의사항은 적색문자)
④ 주입구 주위에는 새어나온 기름 등 액체가 외부로 유출되지 않도록 방유턱을 설치하거나 집유설비 등의 장치를 갖출 것

(5) 옥외저장탱크의 펌프설비
① **펌프설비**의 주위에는 **너비 3[m] 이상의 공지**를 보유할 것(방화상 유효한 격벽을 설치하는 경우, **제6류 위험물, 지정수량의 10배 이하** 위험물은 **제외**)
② 펌프설비로부터 옥외저장탱크까지의 사이에는 해당 옥외저장탱크의 보유공지 너비의 1/3 이상의 거리를 유지할 것
③ 펌프실의 벽, 기둥, 바닥, 보 : 불연재료
④ 펌프실의 지붕 : 폭발력이 위로 방출될 정도의 가벼운 불연재료로 할 것
⑤ 펌프실의 창 및 출입구에는 60분+ 방화문·60분 방화문 또는 30분 방화문을 설치할 것
⑥ 펌프실의 창 및 출입구에 유리를 이용하는 경우에는 망입유리로 할 것
⑦ 펌프실의 바닥의 주위에는 높이 **0.2[m] 이상의 턱**을 만들고 그 최저부에는 **집유설비**를 설치할 것

> **Plus One** 턱의 높이
> - 옥외저장탱크의 펌프실의 바닥 주위의 턱의 높이 : 0.2[m] 이상
> - 옥내탱크저장소의 탱크전용실에 펌프설비 설치 시 턱의 높이 : 0.2[m] 이상
> - 제조소 옥외설비의 바닥 둘레의 턱의 높이 : 0.15[m] 이상
> - 옥외저장탱크의 펌프실 외의 장소에 설치하는 펌프설비(그 직하의 지반면의 주위)의 턱의 높이 : 0.15[m] 이상
> - 판매취급소 배합실의 출입구 문턱의 높이 : 0.1[m] 이상
> - 주유취급소 펌프실 출입구의 턱의 높이 : 0.1[m] 이상

⑧ **펌프실 외의 장소에 설치하는 펌프설비**에는 그 직하의 지반면의 주위에 높이 **0.15[m] 이상의 턱**을 만들고 해당 지반면은 콘크리트 등 위험물이 스며들지 않는 재료로 적당히 경사지게 하여 그 최저부에는 집유설비를 할 것. 이 경우 제4류 위험물(온도 20[℃]의 물 100[g]에 용해되는 양이 1[g] 미만인 것에 한한다)을 취급하는 펌프설비에 있어서는 해당 위험물이 직접 배수구에 유입하지 않도록 집유설비에 유분리장치를 설치해야 한다. 75회

⑨ 인화점이 21[℃] 미만인 위험물을 취급하는 펌프설비에는 보기 쉬운 곳에 "옥외저장탱크 펌프설비"라는 표시를 한 게시판과 방화에 관하여 필요한 사항을 게시한 게시판을 설치할 것

(6) 기타 설치기준 32, 49, 67회

① 옥외저장탱크의 배수관 : 탱크의 옆판에 설치
② **피뢰침 설치 : 지정수량의 10배 이상**(단, **제6류 위험물**, 탱크에 저항이 5[Ω] 이하인 접지시설을 설치하거나 인근 피뢰설비의 보호범위 내에 들어가는 등 주위의 상황에 따라 안전상 지장이 없는 경우에는 제외) 70회
③ 이황화탄소의 옥외저장탱크는 **벽 및 바닥의 두께가 0.2[m] 이상**이고, 누수가 되지 않는 **철근콘크리트의 수조**에 넣어 보관해야 한다. 이 경우 **보유공지·통기관** 및 **자동계량장치**는 생략할 수 있다.

6 옥외탱크저장소의 방유제(이황화탄소는 제외) 32, 37, 56, 65회

(1) 방유제의 용량 60, 65회

① 탱크가 **하나일 때** : **탱크 용량의 110[%]**(인화성이 없는 액체위험물은 100[%]) **이상**
② 탱크가 **2기 이상일 때** : 탱크 중 용량이 **최대인 것의 용량**의 110[%](인화성이 없는 액체위험물은 100[%]) **이상**[이 경우 방유제의 용량 = 해당 방유제의 내용적 - (용량이 최대인 탱크 외의 탱크의 방유제 높이 이하 부분의 용적, 해당 방유제 내에 있는 모든 탱크의 지반면 이상 부분의 기초의 체적, 간막이 둑의 체적 및 해당 방유제 내에 있는 배관 등의 체적)]

(2) 방유제 69, 75회

높이 0.5[m] 이상 3[m] 이하, 두께 0.2[m] 이상, 지하매설깊이 1[m] 이상

> [방유제 설치목적]
> 탱크로부터 누출된 위험물의 확산 방지 및 원활한 소방활동을 하기 위하여

(3) 방유제 내의 면적

80,000[m^2] 이하

(4) 방유제 내에 설치하는 옥외저장탱크의 수는 10(방유제 내에 설치하는 모든 옥외저장탱크의 용량이 20만[L] 이하이고, 위험물의 인화점이 70[℃] 이상 200[℃] 미만인 경우에는 20) 이하로 할 것(단, 인화점이 200[℃] 이상인 옥외저장탱크는 제외)

> **Plus One** 방유제 내에 탱크의 설치 개수 69회
> - 특수인화물, 제1석유류, 제2석유류, 알코올류 : 10기 이하
> - 제3석유류(20만[L] 이하이고, 인화점 70[℃] 이상 200[℃] 미만) : 20기 이하
> - 제4석유류(인화점이 200[℃] 이상), 동식물유류 : 제한없음

(5) 방유제 외면의 **1/2 이상**은 자동차 등이 통행할 수 있는 **3[m] 이상**의 노면 폭을 확보한 구내도로에 직접 접하도록 할 것

(6) 방유제는 탱크의 옆판으로부터 일정 거리를 유지할 것(단, 인화점이 200[℃] 이상인 위험물은 제외)
   ① 지름이 15[m] 미만인 경우 : **탱크 높이의 1/3 이상**
   ② 지름이 15[m] 이상인 경우 : **탱크 높이의 1/2 이상**

(7) 방유제의 재질 : **철근콘크리트로 하고**, 방유제와 옥외저장탱크 사이의 지표면은 불연성과 불침윤성이 있는 구조(철근콘크리트 등)로 할 것(다만, 누출된 위험물을 수용할 수 있는 전용유조(專用油槽) 및 펌프 등의 설비를 갖춘 경우에는 방유제와 옥외저장탱크 사이의 지표면을 흙으로 할 수 있다) 65, 69회

(8) 용량이 1,000만[L] 이상인 옥외저장탱크의 주위에 설치하는 방유제의 규정 60, 64, 65, 74회
   ① 간막이 둑의 높이는 **0.3[m]**(방유제 내에 설치되는 옥외저장탱크의 용량의 합계가 2억[L]를 넘는 방유제에 있어서는 1[m]) 이상으로 하되, 방유제의 높이보다 **0.2[m] 이상 낮게** 할 것
   ② 간막이 둑은 흙 또는 철근콘크리트로 할 것
   ③ 간막이 둑의 용량은 간막이 둑 안에 설치된 탱크의 용량의 10[%] 이상일 것

(9) 방유제에는 **배수구**를 설치하고 **개폐밸브를 방유제의 외부에 설치할 것**

(10) 높이가 1[m] 이상이면 **계단** 또는 **경사로**를 약 50[m]마다 설치할 것 69회

> 이황화탄소는 물속에 저장하므로 방유제를 설치하지 않아도 된다.

7 고인화점위험물(100[℃] 미만의 온도로 저장 또는 취급)의 옥외탱크저장소의 특례

(1) 보유공지

저장 또는 취급하는 위험물의 최대수량	공지의 너비
지정수량의 2,000배 이하	3[m] 이상
지정수량의 2,000배 초과 4,000배 이하	5[m] 이상
지정수량의 4,000배 초과	해당 탱크의 수평단면의 최대지름(가로형은 긴 변)과 높이 중 큰 것의 1/3과 같은 거리 이상(최소 5[m] 이상)

(2) 옥외저장탱크의 펌프설비 주위에 1[m] 이상 너비의 보유공지를 보유할 것

Plus One 예외규정
- 내화구조로 된 방화상 유효한 격벽을 설치하는 경우
- 지정수량의 10배 이하의 위험물

(3) 펌프실의 창 및 출입구에는 60분+ 방화문·60분 방화문 또는 30분 방화문을 설치할 것(다만, 연소의 우려가 없는 외벽에 설치하는 창 및 출입구에는 불연재료 또는 유리로 만든 문을 달 수 있다)

8 위험물 성질에 따른 옥외탱크저장소의 특례

(1) **알킬알루미늄** 등의 옥외저장탱크에는 **불활성의 기체**를 봉입하는 장치를 설치할 것

(2) **아세트알데하이드** 등의 옥외저장탱크
① 옥외저장탱크의 설비는 **구리**(Cu), **마그네슘**(Mg), **은**(Ag), **수은**(Hg)의 합금으로 만들지 않을 것
② 옥외저장탱크에는 **냉각장치, 보냉장치, 불활성 기체의 봉입장치**를 설치할 것

> 아세트알데하이드 등을 옥외탱크저장소에 저장 시 : **냉각장치, 보냉장치, 불활성 기체의 봉입장치**를 할 것

제5절 **옥내탱크저장소의 위치, 구조 및 설비의 기준**(시행규칙 별표 7)

1 옥내탱크저장소의 구조

(1) 옥내저장탱크의 **탱크전용실**은 **단층 건축물**에 설치할 것

(2) **옥내저장탱크**와 **탱크전용실**의 **벽과의 사이** 및 **옥내저장탱크**의 상호 간에는 **0.5[m] 이상**의 간격을 유지할 것(다만, 탱크의 점검 및 보수에 지장이 없는 경우에는 그렇지 않다) 75회

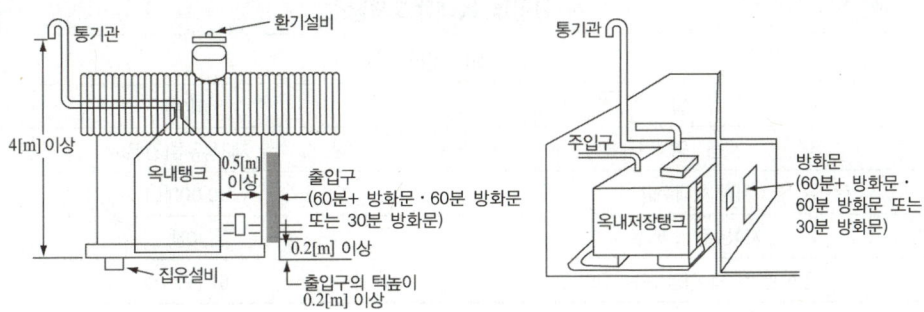

[옥내탱크저장소의 구조]

(3) 옥내저장탱크의 용량(동일한 탱크전용실에 2 이상 설치하는 경우에는 각 탱크의 용량의 합계)은 **지정수량의 40배**(제4석유류 및 동식물유류 외의 제4류 위험물 : 20,000[L]를 초과할 때에는 **20,000[L]**) 이하일 것 31, 33회

(4) **옥내저장탱크** 75회
   ① 압력탱크(최대상용압력이 부압 또는 정압 5[kPa]을 초과하는 탱크) 외의 탱크(제4류 위험물에 한함) : 밸브 없는 통기관 또는 대기밸브부착 통기관 설치
   ② 통기관의 끝부분은 건축물의 창·출입구 등의 개구부로부터 **1[m] 이상** 떨어진 옥외의 장소에 지면으로부터 **4[m] 이상**의 높이로 설치하되, 인화점이 40[℃] 미만인 위험물의 탱크에 설치하는 통기관에 있어서는 부지경계선으로부터 1.5[m] 이상 거리를 둘 것
   ③ **압력탱크** : 압력계 및 안전장치(자동적으로 압력의 상승을 정지시키는 장치, 감압측에 안전밸브를 부착한 감압밸브, 안전밸브를 겸하는 경보장치, 파괴판) 설치
   ④ 위험물의 양을 자동적으로 표시하는 자동계량장치 설치할 것
   ⑤ 주입구 : 옥외저장탱크의 주입구 기준에 준한다.
   ⑥ 탱크전용실의 채광, 조명, 환기 및 배출설비 : 옥내저장소(제조소)의 기준에 준한다.
   ⑦ 탱크전용실의 벽, 기둥, 바닥은 내화구조로 하고, 보를 불연재료로 하며 연소의 우려가 있는 외벽은 출입구외에는 개구부가 없도록 할 것. 다만, 인화점이 70[℃] 이상인 제4류 위험물만의 옥내저장탱크를 설치하는 탱크 전용실에 있어서는 연소의 우려가 없는 외벽·기둥 및 바닥을 불연재료로 할 수 있다.

⑧ 탱크전용실의 창 및 출입구에는 60분+ 방화문·60분 방화문 또는 30분 방화문을 설치하는 동시에 연소의 우려가 있는 외벽에 두는 출입구에는 수시로 열 수 있는 자동폐쇄식의 60분+ 방화문 또는 60분 방화문을 설치할 것
⑨ 탱크전용실의 창 또는 출입구에 유리를 이용하는 경우에는 망입유리로 할 것
⑩ **액상의 위험물**의 옥내저장탱크를 설치하는 탱크전용실의 바닥은 위험물이 침투하지 않는 구조로 하고, **적당한 경사**를 두는 한편, **집유설비**를 설치할 것

2 옥내탱크저장소의 표지 및 게시판

위험물 옥내탱크저장소	
화기엄금	
유 별	제4류
품 명	제2석유류(경유)
저장 최대수량	10,000[L]
지정수량의 배수	10배
안전관리자의 성명 또는 직명	이 덕 수

3 옥내탱크저장소 중 탱크전용실을 단층건물 외의 건축물에 설치하는 것[황화인, 적린, 덩어리 황, 황린, 질산, 제4류 위험물(인화점 38[℃] 이상)]

(1) 옥내저장탱크는 탱크전용실에 설치할 것 55회

> 황화인, 적린, 덩어리 황, 황린, 질산의 탱크전용실 : 1층 또는 지하층에 설치

(2) 탱크전용실이 있는 건축물에 설치하는 옥내저장탱크의 펌프설비(탱크전용실 외의 장소에 설치하는 경우)
　① 펌프실은 벽·기둥·바닥 및 보를 내화구조로 할 것
　② 펌프실
　　㉠ 상층이 있는 경우에 상층의 바닥 : 내화구조
　　㉡ 상층이 없는 경우에 지붕 : 불연재료
　　㉢ 천장을 설치하지 않을 것
　③ 펌프실에는 창을 설치하지 않을 것(단, 제6류 위험물의 탱크전용실은 60분+ 방화문·60분 방화문 또는 30분 방화문이 있는 창을 설치할 수 있다)
　④ 펌프실의 출입구에는 60분+ 방화문 또는 60분 방화문을 설치할 것(단, 제6류 위험물의 탱크전용실은 30분 방화문을 설치할 수 있다)
　⑤ 펌프실의 환기 및 배출의 설비에는 방화상 유효한 댐퍼 등을 설치할 것

(3) **탱크전용실**에 **펌프설비**를 설치하는 경우에는 불연재료로 된 턱을 **0.2[m] 이상**의 **높이**로 설치할 것 69회

(4) **탱크전용실의 설치기준**
① 벽·기둥·바닥 및 보 : 내화구조
② 펌프실
  ㉠ 상층이 있는 경우에 상층의 바닥 : 내화구조
  ㉡ 상층이 없는 경우에 지붕 : 불연재료
  ㉢ 천장을 설치하지 않을 것
③ 탱크전용실에는 창을 설치하지 않을 것
④ 탱크전용실의 출입구에는 수시로 열 수 있는 자동폐쇄식의 60분+ 방화문 또는 60분 방화문을 설치할 것
⑤ 탱크전용실의 환기 및 배출의 설비에는 방화상 유효한 댐퍼 등을 설치할 것
⑥ 탱크전용실의 출입구의 턱의 높이를 해당 탱크전용실 내의 옥내저장탱크(옥내저장탱크가 2 이상인 경우에는 모든 탱크)의 용량을 수용할 수 있는 높이 이상으로 하거나 옥내저장탱크로부터 누설된 위험물이 탱크전용실 외의 부분으로 유출하지 않는 구조로 할 것

(5) **옥내저장탱크**의 용량(동일한 탱크전용실에 옥내저장탱크를 2 이상 설치하는 경우에는 각 탱크의 용량의 합계)은 **1층 이하의 층**은 **지정수량의 40배(제4석유류, 동식물유류 외의 제4류 위험물**에 있어서는 해당 수량이 2만[L] 초과할 때에는 **2만[L]**) 이하, 2층 이상의 층은 **지정수량의 10배**(제4석유류, 동식물유류 외의 제4류 위험물에 있어서는 해당 수량이 5,000[L] 초과할 때에는 **5,000[L]**) 이하일 것

> **Plus One** 다층건축물일 때 옥내저장탱크의 설치용량 69회
> • 1층 이하의 층
> – 제2석유류(인화점 38[℃] 이상), 제3석유류 : 지정수량의 40배 이하
>   (단, 20,000[L] 초과 시 20,000[L]로)
> – 제4석유류, 동식물유류 : 지정수량의 40배 이하
> • 2층 이상의 층
> – 제2석유류(인화점 38[℃] 이상), 제3석유류 : 지정수량의 10배 이하
>   (단, 5,000[L] 초과 시 5,000[L]로)
> – 제4석유류, 동식물유류 : 지정수량의 10배 이하
> ※ 용량 : 탱크전용실에 옥내저장탱크를 2 이상 설치 시 각 탱크의 용량의 합계

제6절 지하탱크저장소의 위치, 구조 및 설비의 기준 (시행규칙 별표 8)

1 지하탱크저장소의 기준 54, 58회

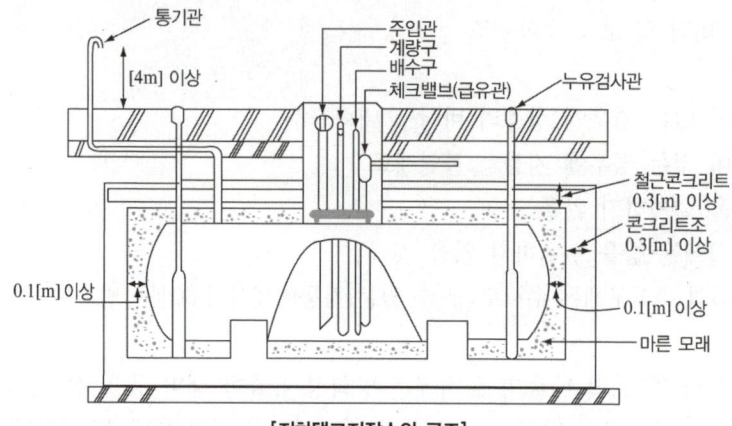

[지하탱크저장소의 구조]

(1) 탱크전용실은 지하의 가장 가까운 벽·피트·가스관 등의 시설물 및 대지경계선으로부터 **0.1[m] 이상** 떨어진 곳에 설치하고, 지하저장탱크와 탱크전용실의 안쪽과의 사이는 **0.1[m] 이상**의 간격을 유지하도록 하며, 해당 탱크의 주위에 마른모래 또는 습기 등에 의하여 응고되지 않는 입자지름 5[mm] 이하의 **마른 자갈분**을 채워야 한다.

(2) **지하저장탱크의 윗부분**은 **지면으로부터 0.6[m] 이상** 아래에 있어야 한다.

(3) 지하저장탱크를 2 이상 인접해 설치하는 경우에는 그 상호 간에 1[m](해당 2 이상의 지하저장탱크의 용량의 합계가 지정수량의 100배 이하인 때에는 **0.5[m]**) 이상의 간격을 유지해야 한다.

(4) 지하저장탱크의 재질은 두께 3.2[mm] 이상의 강철판으로 할 것

(5) **수압시험**
 ① 압력탱크(최대상용압력이 46.7[kPa] 이상인 탱크) 외의 탱크 : 70[kPa]의 압력으로 **10분간**
 ② **압력탱크** : **최대상용압력**의 **1.5배의 압력**으로 **10분간**

(6) 지하저장탱크의 배관은 탱크의 윗부분에 설치해야 한다.

> **예외 규정** : 제2석유류(인화점 40[℃] 이상), 제3석유류, 제4석유류, 동식물유류로서 그 직근에 유효한 제어밸브를 설치한 경우

(7) 지하저장탱크의 주위에는 해당 탱크로부터의 액체 위험물의 **누설을 검사하기 위한 관**을 다음의 기준에 따라 **4개소 이상** 적당한 위치에 설치해야 한다. `44, 51, 55, 57, 61, 74회`
① **이중관**으로 할 것. 다만, **소공이 없는 상부**는 **단관**으로 할 수 있다.
② 재료는 금속관 또는 경질합성수지관으로 할 것
③ **관은 탱크전용실의 바닥** 또는 **탱크의 기초까지 닿게 할 것**
④ 관의 밑부분으로부터 탱크의 중심 높이까지의 부분에는 소공이 뚫려 있을 것. 다만, 지하수위가 높은 장소에 있어서는 지하수위 높이까지의 부분에 소공이 뚫려 있어야 한다.
⑤ 상부는 물이 침투하지 않는 구조로 하고, 뚜껑은 검사 시에 쉽게 열 수 있도록 할 것

(8) **탱크전용실의 구조(철근콘크리트구조)**
① 벽, 바닥, 뚜껑의 두께 : 0.3[m] 이상
② 벽, 바닥 및 뚜껑의 내부에는 지름 9[mm]부터 13[mm]까지의 철근을 가로 및 세로로 5[cm]부터 20[cm]까지의 간격으로 배치할 것
③ 벽, 바닥 및 뚜껑의 재료에 수밀(액체가 새지 않도록 밀봉되어 있는 상태)콘크리트를 혼입하거나 벽, 바닥 및 뚜껑의 중간에 아스팔트층을 만드는 방법으로 적정한 방수조치를 할 것

(9) **과충전방지장치 설치기준** `63회`
① 탱크용량을 초과하는 위험물이 주입될 때 자동으로 그 주입구를 폐쇄하거나 위험물의 공급을 자동으로 차단하는 방법
② 탱크용량의 **90[%]**가 찰 때 경보음을 올리는 방법

(10) **맨홀 설치기준**
① 맨홀은 지면까지 올라오지 않도록 하되, 가급적 낮게 할 것
② 보호틀을 다음에 정하는 기준에 따라 설치할 것
  ㉠ 보호틀을 탱크에 완전히 용접하는 등 보호틀과 탱크를 기밀하게 접합할 것
  ㉡ 보호틀의 뚜껑에 걸리는 하중이 직접 보호틀에 미치지 않도록 설치하고, 빗물 등이 침투하지 않도록 할 것
③ 배관이 보호틀을 관통하는 경우에는 해당 부분을 용접하는 등 침수를 방지하는 조치를 할 것

2 지하탱크저장소의 표지 및 게시판
제조소와 동일함

제7절 간이탱크저장소의 위치, 구조 및 설비의 기준(시행규칙 별표 9)

1 설치기준 37회

(1) 위험물을 저장 또는 취급하는 간이탱크(간이저장탱크)는 옥외에 설치해야 한다.

(2) 전용실의 창 및 출입구의 기준
   ① 탱크전용실의 창 및 출입구에는 60분+ 방화문·60분 방화문 또는 30분 방화문을 설치하는 동시에, 연소의 우려가 있는 외벽에 두는 출입구에는 수시로 열 수 있는 자동폐쇄식의 60분+ 방화문 또는 60분 방화문을 설치할 것
   ② 탱크전용실의 창 또는 출입구에 유리를 이용하는 경우에는 망입유리로 할 것

(3) 전용실의 바닥
   액상의 위험물의 옥내저장탱크를 설치하는 탱크전용실의 바닥은 위험물이 침투하지 않는 구조로 하고, 적당한 경사를 두는 한편, 집유설비를 설치할 것

(4) 하나의 간이탱크저장소에 설치하는 **간이저장탱크**는 그 수를 **3 이하**로 하고, 동일한 품질의 위험물의 간이저장탱크를 2 이상 설치하지 않아야 한다.

(5) 간이저장탱크의 용량은 **600[L] 이하**이어야 한다.

(6) 간이저장탱크는 **두께 3.2[mm] 이상**의 강판으로 흠이 없도록 제작해야 하며, 70[kPa]의 압력으로 10분간의 수압시험을 실시하여 새거나 변형되지 않아야 한다.

(7) 간이저장탱크에 밸브 없는 통기관의 설치기준
   ① **통기관의 지름**은 25[mm] 이상으로 할 것
   ② 통기관은 옥외에 설치하되, 그 끝부분의 높이는 **지상 1.5[m] 이상**으로 할 것
   ③ 통기관의 끝부분은 수평면에 대하여 아래로 **45° 이상** 구부려 빗물 등이 침투하지 않도록 할 것
   ④ **가는 눈의 구리망** 등으로 **인화방지장치**를 할 것(다만, 인화점이 70[℃] 이상의 위험물만을 해당 위험물의 인화점 미만의 온도로 저장 또는 취급하는 탱크에 설치하는 통기관에 있어서는 그렇지 않다)

2 표지 및 게시판
제조소와 동일함

제8절 이동탱크저장소의 위치, 구조 및 설비의 기준(시행규칙 별표 10)

1 이동탱크저장소의 상치장소 [57회]

(1) 옥외에 있는 **상치장소**는 화기를 취급하는 장소 또는 인근의 건축물로부터 **5[m] 이상**(인근의 **건축물이 1층**인 경우에는 **3[m] 이상**)의 거리를 확보해야 한다(단, 하천의 공지나 수면, 내화구조 또는 불연재료의 담 또는 벽 그 밖에 이와 유사한 것에 접하는 경우를 제외).

(2) 옥내에 있는 **상치장소**는 **벽·바닥·보·서까래** 및 **지붕**이 **내화구조** 또는 **불연재료**로 된 건축물의 **1층에 설치**해야 한다.

[이동저장탱크]

2 이동저장탱크의 구조

(1) **탱크의 두께** : 3.2[mm] 이상의 강철판 [39회]

(2) **수압시험** [39회]
   ① **압력탱크**(최대상용압력이 46.7[kPa] 이상인 탱크) **외의 탱크** : 70[kPa]의 압력으로 10분간
   ② **압력탱크** : 최대상용압력의 1.5배의 압력으로 10분간

(3) 이동저장탱크는 그 내부에 4,000[L] 이하마다 **3.2[mm] 이상의 강철판** 또는 이와 동등 이상의 강도·내열성 및 내식성이 있는 금속성의 것으로 **칸막이**를 설치해야 한다(다만, 고체인 위험물을 저장하거나 고체인 위험물을 가열하여 액체 상태로 저장하는 경우에는 그렇지 않다).

(4) **칸막이로 구획된 각 부분에 설치**
   맨홀, 안전장치, 방파판을 설치(용량이 2,000[L] 미만 : 방파판 설치 제외)

① 안전장치의 작동 압력 37, 47, 48, 64, 73회
  ㉠ 상용압력이 20[kPa] 이하인 탱크 : 20[kPa] 이상 24[kPa] 이하의 압력
  ㉡ 상용압력이 20[kPa]을 초과하는 탱크 : 상용압력의 1.1배 이하의 압력
② 방파판 48회
  ㉠ 두께 : 1.6[mm] 이상의 강철판
  ㉡ 하나의 구획부분에 2개 이상의 방파판을 이동탱크저장소의 진행방향과 평행으로 설치하되, 각 방파판은 그 높이 및 칸막이로부터의 거리를 다르게 할 것
  ㉢ 하나의 구획부분에 설치하는 각 방파판의 면적의 합계는 해당 구획부분의 최대 수직단면적의 50[%] 이상으로 할 것. 다만, 수직단면이 원형이거나 짧은 지름이 1[m] 이하의 타원형일 경우에는 40[%] 이상으로 할 수 있다.

(5) 측면틀

① 탱크 뒷부분의 입면도에 있어서 **측면틀의 최외측**과 **탱크의 최외측**을 연결하는 직선의 수평면에 대한 내각이 **75° 이상**이 되도록 하고, 최대수량의 위험물을 저장한 상태에 있을 때의 해당 탱크중량의 중심점과 측면틀의 최외측을 연결하는 직선과 그 중심점을 지나는 직선 중 최외측선과 직각을 이루는 직선과의 내각이 **35° 이상**이 되도록 할 것
② 외부로부터의 하중에 견딜 수 있는 구조로 할 것
③ 탱크상부의 네 모퉁이에 해당 탱크의 전단 또는 후단으로부터 각각 **1[m] 이내**의 위치에 설치할 것
④ 측면틀에 걸리는 하중에 의하여 탱크가 손상되지 않도록 측면틀의 부착부분에 받침판을 설치할 것

(6) 방호틀의 두께 : 2.3[mm] 이상의 강철판

Plus One 이동탱크저장소의 부속장치
- **방호틀** : 탱크 전복 시 부속장치(주입구, 맨홀, 안전장치) 보호(2.3[mm] 이상)
- **측면틀** : 탱크 전복 시 탱크 본체 파손 방지(3.2[mm] 이상)
- **방파판** : 위험물 운송 중 내부의 위험물의 출렁임, 쏠림 등을 완화하여 차량의 안전 확보(1.6[mm] 이상)
- **칸막이** : 탱크 전복 시 탱크의 일부가 파손되더라도 전량의 위험물의 누출 방지(3.2[mm] 이상)

3 배출밸브, 폐쇄장치, 결합금속구 등

(1) 이동저장탱크의 아랫부분에 배출구를 설치하는 경우에 해당 탱크의 배출구에 배출밸브를 설치하고 비상시에 직접 해당 배출밸브를 폐쇄할 수 있는 수동폐쇄장치 또는 자동폐쇄장치를 설치할 것

(2) 수동식 폐쇄장치에는 길이 15[cm] 이상의 레버를 설치할 것

(3) 탱크의 배관의 끝부분에는 개폐밸브를 설치할 것

(4) 이동탱크저장소에 주입설비를 설치하는 경우 설치기준
① 주입설비의 길이는 50[m] 이내로 하고 그 끝부분에 축적되는 정전기 제거장치를 설치할 것
② 분당배출량 : 200[L] 이하

4 이동탱크저장소 및 위험물수송차량의 위험성 경고표지(위험물 운송·운반 시의 위험성 경고표지에 관한 기준 별표 3)

(1) 표 지
① 부착위치
  ㉠ 이동탱크저장소 : 전면 상단 및 후면 상단
  ㉡ 위험물운반차량 : 전면 및 후면
② **규격 및 형상** : 60[cm] 이상×30[cm] 이상의 가로형 사각형
③ **색상 및 문자** : **흑색 바탕에 황색의 반사 도료로 "위험물"**이라 표기할 것
④ 위험물이면서 유해화학물질에 해당하는 품목의 경우에는 화학물질관리법에 따른 유해화학물질 표지를 위험물 표지와 상하 또는 좌우로 인접하여 부착할 것

(2) UN번호
① **그림문자의 외부에 표기하는 경우**
  ㉠ 부착위치 : 위험물수송차량의 후면 및 양 측면(그림문자와 인접한 위치)
  ㉡ 규격 및 형상 : 30[cm] 이상×12[cm] 이상의 횡형(가로형) 사각형

  ㉢ 색상 및 문자 : 흑색 테두리 선(굵기 1[cm])과 오렌지색으로 이루어진 바탕에 UN번호(글자의 높이 6.5[cm] 이상)를 흑색으로 표기할 것
② **그림문자의 내부에 표기하는 경우**
  ㉠ 부착위치 : 위험물수송차량의 후면 및 양 측면
  ㉡ 규격 및 형상 : 심벌 및 분류·구분의 번호를 가리지 않는 크기의 횡형 사각형

③ **색상 및 문자** : 흰색 바탕에 흑색으로 UN번호(글자의 높이 6.5[cm] 이상)를 표기할 것

(3) 그림문자
① 부착위치 : 위험물수송차량의 후면 및 양 측면
② **규격 및 형상** : 25[cm] 이상×25[cm] 이상의 마름모 꼴

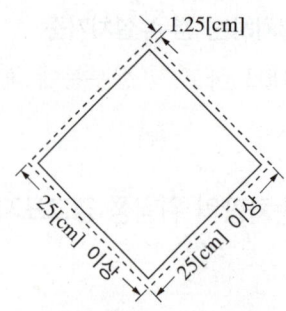

③ 색상 및 문자 : 위험물의 품목별로 해당하는 심벌을 표기하고 그림문자의 하단에 분류·구분의 번호(글자의 높이 2.5[cm] 이상)를 표기할 것
④ 위험물의 분류·구분별 그림문자의 세부기준 : 위험물의 분류·구분에 따라 주위험성 및 부위험성에 해당되는 그림문자를 모두 표시할 것(생략)

5 이동탱크저장소의 펌프설비

(1) 동력원을 이용하여 위험물 이송
인화점이 40[℃] 이상의 것 또는 비인화성의 것

(2) 진공흡입방식의 펌프를 이용하여 위험물 이송
인화점이 70[℃] 이상인 폐유 또는 비인화성의 것

- 결합금속구 : 놋쇠
- 펌프설비의 감압장치의 배관 및 배관의 이음 : 금속제

6 이동탱크저장소의 접지도선

(1) 접지도선 설치대상
특수인화물, 제1석유류, 제2석유류

(2) 설치기준
① 양도체(良導體)의 도선에 비닐 등의 전열차단재료로 피복하여 끝부분에 접지전극 등을 결착시킬 수 있는 클립(Clip) 등을 부착할 것
② 도선이 손상되지 않도록 도선을 수납할 수 있는 장치를 부착할 것

7 컨테이너식 이동탱크저장소의 특례

(1) 컨테이너식 이동탱크저장소 : 이동저장탱크를 차량 등에 옮겨 싣는 구조로 된 이동탱크 저장소

(2) 컨테이너식 이동탱크저장소에 이동저장탱크 하중의 4배의 전단하중에 견디는 걸고리체결 금속구 및 모서리체결 금속구를 설치할 것

> 용량이 6,000[L] 이하인 이동탱크저장소에는 유(U)자 볼트를 설치할 수 있다.

(3) 이동저장탱크 및 부속장치(맨홀, 주입구, 안전장치)는 강재로 된 상자틀에 수납할 것

(4) 이동저장탱크, 맨홀, 주입구의 뚜껑은 두께 6[mm] 이상의 강판으로 할 것

(5) 이동저장탱크의 **칸막이**는 두께 3.2[mm] 이상의 강판으로 할 것

(6) 이동저장탱크에는 맨홀, 안전장치를 설치할 것

(7) 부속장치는 상자틀의 최외각과 50[mm] 이상의 간격을 유지할 것

(8) 표시판
  ① 크기 : 가로 0.4[m] 이상, 세로 0.15[m] 이상
  ② 색상 : 백색바탕에 흑색문자
  ③ 내용 : 허가청의 명칭, 완공검사번호

8 주유탱크차의 특례

(1) 주유탱크차의 설치기준
  ① 주유탱크차에는 엔진배기통의 끝부분에 화염의 분출을 방지하는 장치를 설치할 것
  ② 주유탱크차에는 주유호스 등이 적정하게 격납되지 않으면 발진되지 않는 장치를 설치할 것
  ③ 주유설비의 기준
     ㉠ 배관은 금속제로서 최대상용압력의 1.5배 이상의 압력으로 10분간 수압시험을 실시하였을 때 누설 그 밖의 이상이 없는 것으로 할 것
     ㉡ 주유호스의 끝부분에 설치하는 밸브는 위험물의 누설을 방지할 수 있는 구조로 할 것
     ㉢ 외장은 난연성이 있는 재료로 할 것
  ④ 주유설비에는 해당 주유설비의 펌프기기를 정지하는 등의 방법에 의하여 이동저장탱크로부터의 위험물 이송을 긴급히 정지할 수 있는 장치를 설치할 것

⑤ 주유설비에는 개방 조작 시에만 개방하는 자동폐쇄식의 개폐장치를 설치하고, 주유호스의 끝부분에는 연료탱크의 주입구에 연결하는 결합금속구를 설치할 것. 다만, 주유호스의 끝부분에 수동개폐장치를 설치한 주유노즐(수동개폐장치를 개방상태에서 고정하는 장치를 설치한 것을 제외)을 설치한 경우에는 그렇지 않다.
⑥ 주유설비에는 주유호스의 끝부분에 축적된 정전기를 유효하게 제거하는 장치를 설치할 것
⑦ 주유호스는 최대상용압력의 **2배 이상**의 압력으로 **수압시험**을 실시하여 누설 그 밖의 이상이 없는 것으로 할 것

> 주유탱크차 : 항공기의 연료탱크에 직접 주유하기 위한 주유설비를 갖춘 이동탱크저장소

(2) 공항에서 시속 40[km] 이하로 운행하도록 된 주유탱크차의 기준
① 이동저장탱크는 그 내부에 **길이 1.5[m] 이하** 또는 **부피 4,000[L] 이하**마다 3.2[mm] 이상의 **강철판** 또는 이와 같은 수준 이상의 강도·내열성 및 내식성이 있는 금속성의 것으로 **칸막이를 설치**할 것
② ①에 따른 칸막이에 구멍을 낼 수 있되, 그 지름이 40[cm] 이내일 것

9 알킬알루미늄 등을 저장 또는 취급하는 이동탱크저장소 69회

(1) 이동저장탱크의 두께 : 10[mm] 이상의 강판

(2) 수압시험 : 1[MPa] 이상의 압력으로 10분간 실시하여 새거나 변형하지 않을 것

(3) 이동저장탱크의 용량 : 1,900[L] 미만

(4) 안전장치 : 수압시험의 압력의 2/3를 초과하고 4/5를 넘지 않는 범위의 압력에서 작동할 것

(5) 맨홀, 주입구의 뚜껑 두께 : 10[mm] 이상의 강판

(6) 이동저장탱크 : 불활성 기체 봉입장치 설치

(7) 이동저장탱크의 외면 도장 색상 : 적색

10 이동저장탱크의 방호틀과 방파판의 두께(세부기준 제107조) 67회

(1) 방호틀

KS규격품인 스테인리스강판, 알루미늄합금판, 고장력강판으로서 두께가 다음 식에 의하여 산출된 수치(소수점 2자리 이하는 올림) 이상으로 한다.

$$t = \sqrt{\frac{270}{\sigma}} \times 2.3$$

여기서, t : 사용재질의 두께[mm] σ : 사용재질의 인장강도[N/mm²]

(2) 방파판

KS규격품인 스테인리스강판, 알루미늄합금판, 고장력강판으로서 두께가 다음 식에 의하여 산출된 수치(소수점 2자리 이하는 올림) 이상으로 한다.

$$t = \sqrt{\frac{270}{\sigma}} \times 1.6$$

여기서, t : 사용재질의 두께[mm] σ : 사용재질의 인장강도[N/mm²]

제9절 옥외저장소의 위치, 구조 및 설비의 기준(시행규칙 별표 11)

1 옥외저장소의 안전거리

제조소와 동일함

2 옥외저장소의 보유공지

저장 또는 취급하는 위험물의 최대수량	공지의 너비
지정수량의 10배 이하	3[m] 이상
지정수량의 10배 초과 20배 이하	5[m] 이상
지정수량의 20배 초과 50배 이하	**9[m] 이상**
지정수량의 50배 초과 200배 이하	**12[m] 이상**
지정수량의 200배 초과	15[m] 이상

※ 제4류 위험물 중 제4석유류와 제6류 위험물 : 보유공지의 1/3 이상으로 할 수 있다.

[고인화점위험물 저장 시 보유공지]

저장 또는 취급하는 위험물의 최대수량	공지의 너비
지정수량의 50배 이하	3[m] 이상
지정수량의 50배 초과 200배 이하	6[m] 이상
지정수량의 200배 초과	10[m] 이상

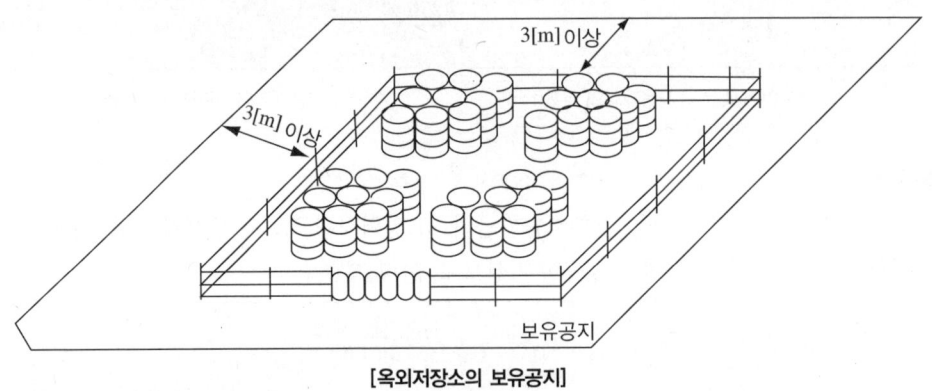

[옥외저장소의 보유공지]

3 옥외저장소의 표지 및 게시판

제조소와 동일함

4 옥외저장소의 기준

(1) 선반 : 불연재료

(2) 선반의 높이 : 6[m]를 초과하지 말 것

(3) 과산화수소, 과염소산을 저장하는 옥외저장소 61, 68, 74회

불연성 또는 난연성의 천막 등을 설치하여 햇빛을 가릴 것

(4) 덩어리 상태의 황을 저장 또는 취급하는 경우 61, 68, 74회

① 하나의 경계표시의 내부의 면적 : **100[m²]** 이하
② 2 이상의 경계표시를 설치하는 경우에 있어서는 각각의 경계표시 내부의 면적을 합산한 면적 : 1,000[m²] 이하(단, 지정수량의 200배 이상인 경우 : 10[m] 이상)
③ 경계표시 : 불연재료
④ 경계표시의 높이 : 1.5[m] 이하

⑤ 경계표시에는 황이 넘치거나 비산하는 것을 방지하기 위한 천막 등을 고정하는 장치를 설치하되, 천막 등을 고정하는 장치는 경계표시의 길이 2[m]마다 한 개 이상 설치할 것
⑥ 황을 저장 또는 취급하는 장소의 주위에는 배수구와 분리장치를 설치할 것

5 인화성 고체, 제1석유류, 알코올류의 옥외저장소의 특례 56회

(1) 인화성 고체(인화점이 21[℃] 미만인 것에 한한다), 제1석유류, 알코올류를 저장 또는 취급하는 장소 : **살수설비** 설치

(2) 제1석유류 또는 알코올류를 저장 또는 취급하는 장소의 주위 : **배수구**와 **집유설비**를 설치할 것. 이 경우 **제1석유류**(온도 20[℃]의 물 100[g]에 용해되는 양이 1[g] 미만의 것에 한한다)를 저장 또는 취급하는 장소에는 집유설비에 **유분리장치**를 설치할 것)

> 유분리장치를 해야 하는 제1석유류 : 벤젠, 톨루엔, 휘발유

6 옥외저장소에 저장할 수 있는 위험물 36, 52, 56회

(1) 제2류 위험물 중 **황, 인화성 고체**(인화점이 0[℃] 이상인 것에 한함)

(2) 제4류 위험물 중 **제1석유류**(인화점이 0[℃] 이상인 것에 한함), **제2석유류, 제3석유류, 제4석유류, 알코올류, 동식물유류**

(3) 제6류 위험물

> **제4류 위험물 제1석유류의 인화점**
> • 톨루엔 : 4[℃]
> • 피리딘 : 16[℃]

(4) 제2류 위험물 및 제4류 위험물 중 특별시·광역시·특별자치시·도 또는 특별자치도의 조례로 정하는 위험물(관세법 제154조의 규정에 의한 보세구역 안에 저장하는 경우로 한정한다)

(5) 국제해사기구에 관한 협약에 의하여 설치된 국제해사기구가 채택한 국제해상위험물규칙(IMDG Code)에 적합한 용기에 수납된 위험물

| 제10절 | 주유취급소의 위치, 구조 및 설비의 기준(시행규칙 별표 13) |

1 주유취급소의 주유공지

(1) 주유공지 40, 52, 60, 66, 76회

너비 15[m] 이상, 길이 6[m] 이상

(2) 공지의 바닥 52, 60, 76회

주위 지면보다 높게 하고, 적당한 기울기, 배수구, 집유설비, 유분리장치를 설치

2 주유취급소의 표지 및 게시판 40, 62회

위험물 주유취급소	
화 기 엄 금	
위험물의 유별	제4류
품 명	제1석유류(휘발유)
취급최대수량	50,000[L]
지정수량의 배수	250배
안전관리자의 성명 또는 직명	이덕수

주유 중 엔진정지 34, 35, 62회
(황색바탕에 흑색문자)

3 주유취급소의 저장 또는 취급 가능한 탱크 36, 41, 43, 47, 66, 75회

(1) 자동차 등에 주유하기 위한 **고정주유설비**에 직접 접속하는 전용탱크로서 **50,000[L] 이하**의 것

(2) **고정급유설비**에 직접 접속하는 전용탱크로서 **50,000[L]** 이하의 것

(3) **보일러** 등에 직접 접속하는 전용탱크로서 **10,000[L]** 이하의 것

(4) 자동차 등을 점검·정비하는 작업장 등(주유취급소 안에 설치된 것에 한한다)에서 사용하는 폐유·윤활유 등의 위험물을 저장하는 탱크로서 용량(2 이상 설치하는 경우에는 각 용량의 합계를 말한다)이 2,000[L] 이하인 탱크(이하 "폐유탱크 등"이라 한다)

(5) 고정주유설비 또는 고정급유설비에 직접 접속하는 3기 이하의 간이탱크. 다만, 국토의 계획 및 이용에 관한 법률에 의한 방화지구 안에 위치하는 주유취급소의 경우를 제외한다.

4 고정주유설비 등

(1) 주유취급소의 고정주유설비 또는 고정급유설비의 구조

① 펌프기기의 배출량

㉠ 주유관 끝부분에서의 **최대배출량**
- 제1석유류 : 분당 50[L] 이하
- 경유 : 분당 180[L] 이하
- 등유 : 분당 80[L] 이하

㉡ 이동저장탱크에 주입하기 위한 고정급유설비의 펌프기기는 최대배출량 : 분당 300[L] 이하

(2) 고정주유설비 또는 고정급유설비의 주유관의 길이

5[m](현수식의 경우에는 지면 위 0.5[m]의 수평면에 수직으로 내려 만나는 점을 중심으로 반경 3[m]) **이내**로 하고 그 끝부분에는 축적된 정전기를 유효하게 제거할 수 있는 장치를 설치할 것

(3) 고정주유설비 또는 고정급유설비의 설치기준 61회

① 고정주유설비(중심선을 기점으로 하여)
㉠ **도로경계선**까지 : **4[m] 이상**
㉡ **부지경계선·담 및 건축물의 벽**까지 : **2[m]**(개구부가 없는 벽까지는 1[m]) 이상

② 고정급유설비(중심선을 기점으로 하여)
㉠ 도로경계선까지 : 4[m] 이상
㉡ 부지경계선·담까지 : 1[m] 이상
㉢ 건축물의 벽까지 : 2[m](개구부가 없는 벽까지는 1[m]) 이상 거리를 유지할 것

③ 고정주유설비와 고정급유설비 사이에는 4[m] 이상의 거리를 유지할 것

5 주유취급소에 설치할 수 있는 건축물 47, 56, 75회

(1) 주유 또는 등유·경유를 옮겨 담기 위한 **작업장**

(2) 주유취급소의 업무를 행하기 위한 **사무소**

(3) 자동차 등의 점검 및 **간이정비**를 위한 **작업장**

(4) 자동차 등의 **세정을 위한 작업장**

(5) 주유취급소에 출입하는 사람을 대상으로 한 **점포·휴게음식점** 또는 **전시장**

(6) 주유취급소의 관계자가 거주하는 **주거시설**

(7) 전기자동차용 충전설비(전기는 동력원으로 하는 자동차에 직접 전기를 공급하는 설비를 말한다)

(8) 그 밖의 소방청장이 정하여 고시하는 건축물 또는 시설
   ※ 주유취급소의 직원 외의 자가 출입하는 (2), (3), (5)의 용도에 제공하는 부분의 면적의 합은 1,000[m^2]를 초과할 수 없다.

6 주유취급소의 건축물 구조

(1) 건축물의 벽·기둥·바닥·보 및 지붕 : 내화구조 또는 불연재료

> 주유취급소에 설치할 수 있는 건축물에 해당하는 면적의 합계가 500[m^2]를 초과하는 경우에는 건축물의 벽을 내화구조로 할 것

(2) 창 및 출입구 : 60분+ 방화문·60분 방화문·30분 방화문 또는 **불연재료**로 된 문을 설치

(3) 사무실 등의 창 및 출입구에 유리를 사용하는 경우에는 망입유리 또는 강화유리로 할 것(강화유리의 두께는 창에는 8[mm] 이상, 출입구에는 12[mm] 이상)

(4) 건축물 중 사무실 그 밖의 화기를 사용하는 곳의 기준 66회
   가연성 증기가 그 내부에 유입되지 않도록 다음 기준에 적합한 구조로 할 것
   ① 출입구는 건축물의 안에서 밖으로 수시로 개방할 수 있는 자동폐쇄식의 것으로 할 것
   ② 출입구 또는 사이통로의 문턱의 높이를 15[cm] 이상으로 할 것
   ③ 높이 1[m] 이하의 부분에 있는 창 등은 밀폐시킬 것

(5) 자동차 등의 점검·정비를 행하는 설비
   ① 고정주유설비로부터 4[m] 이상 떨어지게 할 것
   ② 도로경계선으로부터 2[m] 이상 떨어지게 할 것

(6) 자동차 등의 세정을 행하는 설비
   ① **증기세차기**를 설치하는 경우 그 주위에 불연재료로 된 높이 **1[m] 이상의 담**을 설치하고 출입구가 고정주유설비에 면하지 않도록 할 것. 이 경우 고정주유설비로부터 4[m] 이상 떨어지게 할 것
   ② **증기세차기 외의 세차기**를 설치하는 경우에는 고정주유설비로부터 **4[m] 이상**, **도로경계선**으로부터 **2[m] 이상** 떨어지게 할 것

(7) 주유원 간이대기실의 기준 66회
① 불연재료로 할 것
② 바퀴가 부착되지 않은 고정식일 것
③ 차량의 출입 및 주유작업에 장애를 주지 않는 위치에 설치할 것
④ **바닥면적**이 2.5[m²] **이하**일 것. 다만, 주유공지 및 급유공지 외의 장소에 설치하는 것은 그렇지 않다.

7 담 또는 벽

(1) 주유취급소의 주위에는 자동차 등이 출입하는 쪽 외의 부분에 **높이 2[m] 이상**의 **내화구조** 또는 **불연재료의 담** 또는 **벽**을 설치하되, 주유취급소의 인근에 연소의 우려가 있는 건축물이 있는 경우에는 소방청장이 정하여 고시하는 바에 따라 방화상 유효한 높이로 해야 한다.

(2) 다음 기준에 모두 적합한 경우에는 담 또는 벽의 일부분에 방화상 유효한 구조의 유리를 부착할 수 있다. 66, 67회
① 유리를 부착하는 **위치**는 **주입구, 고정주유설비 및 고정급유설비**로부터 **4[m] 이상** 거리를 둘 것
② 유리를 부착하는 방법은 다음의 기준에 모두 적합할 것 53회
  ㉠ 주유취급소 내의 지반면으로부터 **70[cm]**를 초과하는 부분에 한하여 유리를 부착할 것
  ㉡ 하나의 **유리판의 가로의 길이는 2[m] 이내**일 것
  ㉢ 유리판의 테두리를 금속제의 구조물에 견고하게 고정하고 해당 구조물을 담 또는 벽에 견고하게 부착할 것
  ㉣ **유리의 구조**는 접합유리(2장의 유리를 **두께 0.76[mm] 이상**의 폴리비닐부티랄 필름으로 접합한 구조)로 하되, 유리구획 부분의 내화시험방법(KS F 2845)에 따라 시험하여 **비차열 30분 이상**의 방화성능이 인정될 것
③ 유리를 부착하는 범위는 전체의 담 또는 벽의 길이의 **2/10**를 초과하지 않을 것

8 캐노피의 설치기준

(1) 배관이 캐노피 내부를 통과할 경우에는 1개 이상의 점검구를 설치할 것

(2) 캐노피 외부의 점검이 곤란한 장소에 배관을 설치하는 경우에는 용접이음으로 할 것

(3) 캐노피 외부의 배관이 일광열의 영향을 받을 우려가 있는 경우에는 단열재로 피복할 것

9 펌프실 등의 구조

(1) 바닥은 위험물이 침투하지 않는 구조로 하고 적당한 경사를 두어 집유설비를 설치할 것

(2) 펌프실 등에는 위험물을 취급하는 데 필요한 채광·조명 및 환기의 설비를 할 것

(3) 가연성 증기가 체류할 우려가 있는 펌프실 등에는 그 증기를 옥외에 배출하는 설비를 설치할 것

(4) 고정주유설비 또는 고정급유설비 중 펌프기기를 호스기기와 분리하여 설치하는 경우에는 펌프실의 출입구를 주유공지 또는 급유공지에 접하도록 하고, 자동폐쇄식의 60분+ 방화문 또는 60분 방화문을 설치할 것

(5) 펌프실 등의 표지 및 게시판
  ① "위험물 펌프실", "위험물 취급실"이라는 표지를 설치
      ㉠ 표지의 크기 : 한 변의 길이 0.3[m] 이상, 다른 한 변의 길이 0.6[m] 이상
      ㉡ 표지의 색상 : 백색바탕에 흑색문자
  ② 방화에 관하여 필요한 사항을 게시한 게시판 : 제조소와 동일함

(6) 출입구에는 바닥으로부터 **0.1[m] 이상의 턱**을 설치할 것

10 고속국도 주유취급소의 특례

고속국도의 도로변에 설치된 **주유취급소**의 탱크의 용량 : **60,000[L] 이하**

11 셀프용 주유취급소의 특례

(1) 고객이 직접 자동차 등의 연료탱크 또는 용기에 위험물을 주입하는 고정주유설비 또는 고정급유설비(이하 "셀프용 고정주유설비" 또는 "셀프용 고정급유설비"라 한다)를 설치하는 주유취급소의 특례기준이다.

(2) 셀프용 고정주유설비의 기준 50, 63회
  ① 주유호스의 끝부분에 수동개폐장치를 부착한 주유노즐을 설치할 것. 다만, 수동개폐장치를 개방한 상태로 고정시키는 장치가 부착된 경우에는 다음의 기준에 적합해야 한다.
      ㉠ 주유작업을 개시함에 있어서 주유노즐의 수동개폐장치가 개방상태에 있는 때에는 해당 수동개폐장치를 일단 폐쇄시켜야만 다시 주유를 개시할 수 있는 구조로 할 것
      ㉡ 주유노즐이 자동차 등의 주유구로부터 이탈된 경우 주유를 자동적으로 정지시키는 구조일 것

② 주유노즐은 자동차 등의 연료탱크가 가득 찬 경우 자동적으로 정지시키는 구조일 것
③ **주유호스**는 **200[kg_f] 이하의 하중**에 의하여 깨져 분리되거나 이탈되어야 하고, 깨져 분리되거나 이탈된 부분으로부터의 위험물 누출을 방지할 수 있는 구조일 것
④ 휘발유와 경유 상호 간의 오인에 의한 주유를 방지할 수 있는 구조일 것
⑤ **1회의 연속주유량** 및 **주유시간**의 상한을 미리 설정할 수 있는 구조일 것. 이 경우 연속주유량 및 주유시간은 아래와 같다.

종 류	연속주유량	주유시간
휘발유	100[L] 이하	4분 이하
경 유	600[L] 이하	12분 이하

(3) 셀프용 고정급유설비의 기준 63회
① 급유호스의 끝부분에 수동개폐장치를 부착한 급유노즐을 설치할 것
② 급유노즐은 용기가 가득 찬 경우에 자동적으로 정지시키는 구조일 것
③ 1회의 **연속급유량** 및 **급유시간**의 상한을 미리 설정할 수 있는 구조일 것. 이 경우 급유량의 상한은 **100[L] 이하**, 급유시간의 상한은 **6분 이하**로 한다.

(4) 수상구조물에 설치하는 고정주유설비의 설치기준 64회
① 주유호스의 끝부분에 수동개폐장치를 부착한 주유노즐을 설치하고, 개방한 상태로 고정시키는 장치를 부착하지 않을 것
② 주유노즐은 선박의 연료탱크가 가득 찬 경우 자동적으로 정지시키는 구조일 것
③ 주유호스는 200[kg_f] 이하의 하중에 의하여 깨져 분리되거나 이탈되어야 하고, 깨져 분리되거나 이탈된 부분으로부터의 위험물의 누출을 방지할 수 있는 구조일 것

(5) 수상구조물에 설치하는 고정주유설비의 차단밸브 설치기준(단, 위험물을 공급하는 탱크의 최고 액표면의 높이가 해당 배관계의 높이보다 낮은 경우에는 그렇지 않다)
① 고정주유설비의 인근에서 주유작업자가 직접 위험물의 공급을 차단할 수 있는 수동식의 차단밸브를 설치할 것
② 배관 경로 중 육지 내의 지점에서 위험물의 공급을 차단할 수 있는 수동식의 차단밸브를 설치할 것

제11절 판매취급소의 위치, 구조 및 설비의 기준(시행규칙 별표 14)

1 제1종 판매취급소(지정수량의 20배 이하)의 기준

(1) 제1종 판매취급소는 건축물의 1층에 설치할 것

(2) 제1종 판매취급소에는 보기 쉬운 곳에 "위험물 판매취급소(제1종)"라는 표지와 방화에 관하여 필요한 사항을 게시한 게시판을 제조소와 동일하게 설치할 것

(3) 제1종 판매취급소의 용도로 사용되는 건축물의 부분은 내화구조 또는 불연재료로 하고, 판매취급소로 사용되는 부분과 다른 부분과의 격벽은 내화구조로 할 것

(4) 제1종 판매취급소의 용도로 사용하는 건축물의 부분은 보를 불연재료로 하고, 천장을 설치하는 경우에는 천장을 불연재료로 할 것

(5) 제1종 판매취급소의 용도로 사용하는 부분의 창 및 출입구에는 60분+ 방화문·60분 방화문 또는 30분 방화문을 설치할 것

(6) 제1종 판매취급소의 용도로 사용하는 부분의 창 또는 출입구에 유리를 이용하는 경우에는 망입유리로 할 것

(7) **위험물 배합실의 기준** 44회
① **바닥면적**은 **6[m²] 이상 15[m²] 이하**일 것
② **내화구조** 또는 **불연재료**로 된 벽으로 구획할 것
③ 바닥은 위험물이 침투하지 않는 구조로 하여 **적당한 경사**를 두고 **집유설비**를 할 것
④ 출입구에는 수시로 열 수 있는 **자동폐쇄식의 60분+ 방화문 또는 60분 방화문**을 설치할 것
⑤ **출입구 문턱의 높이**는 바닥면으로부터 **0.1[m] 이상**으로 할 것
⑥ 내부에 체류한 가연성의 증기 또는 가연성의 미분을 지붕 위로 방출하는 설비를 할 것

2 제2종 판매취급소(지정수량의 40배 이하)의 기준

(1) 제2종 판매취급소의 용도로 사용하는 부분은 벽·기둥·바닥 및 보를 내화구조로 하고, 천장이 있는 경우에는 이를 불연재료로 하며, 판매취급소로 사용되는 부분과 다른 부분과의 격벽은 내화구조로 할 것

(2) 제2종 판매취급소의 용도로 사용하는 부분에 있어서 상층이 있는 경우에는 상층의 바닥을 내화구조로 하는 동시에 상층으로의 연소를 방지하기 위한 조치를 강구하고, 상층이 없는 경우에는 지붕을 내화구조로 할 것

(3) 제2종 판매취급소의 용도로 사용하는 부분 중 연소의 우려가 없는 부분에 한하여 창을 두되, 해당 창에는 60분+ 방화문·60분 방화문 또는 30분 방화문을 설치할 것

(4) 제2종 판매취급소의 용도로 사용하는 부분의 출입구에는 60분+ 방화문·60분 방화문 또는 30분 방화문을 설치할 것. 다만, 해당 부분 중 연소의 우려가 있는 벽에 설치하는 출입구에는 수시로 열 수 있는 자동폐쇄식의 60분+ 방화문 또는 60분 방화문을 설치해야 한다.

제12절 이송취급소의 위치, 구조 및 설비의 기준(시행규칙 별표 15)

1 설치장소 50회

이송취급소는 다음의 **장소 외의 장소**에 설치해야 한다.

(1) 철도 및 도로의 터널 안

(2) 고속국도 및 자동차전용도로의 차도·갓길 및 중앙분리대

(3) 호수·저수지 등으로서 수리의 수원이 되는 곳

(4) 급경사지역으로서 붕괴의 위험이 있는 지역

2 배관설치의 기준

(1) 지하매설

① 배관은 그 외면으로부터 건축물·지하가·터널 또는 수도시설까지 각각 다음의 규정에 의한 안전거리를 둘 것(다만, ⓒ 또는 ⓒ의 공작물에 있어서는 적절한 누설확산방지조치를 하는 경우에 그 안전거리를 1/2의 범위 안에서 단축할 수 있다)
  ㉠ **건축물**(지하가 내의 건축물을 제외한다) : **1.5[m] 이상**
  ㉡ **지하가 및 터널 : 10[m] 이상**
  ㉢ 수도법에 의한 **수도시설**(위험물의 유입우려가 있는 것에 한한다) : **300[m] 이상**
② 배관은 그 외면으로부터 다른 공작물에 대하여 0.3[m] 이상의 거리를 보유할 것
③ 배관의 외면과 지표면과의 거리는 **산이나 들**에 있어서는 **0.9[m] 이상**, 그 밖의 지역에 있어서는 1.2[m] 이상으로 할 것

(2) 지상설치 76회

① 배관[이송기지(펌프에 의하여 위험물을 보내거나 받는 작업을 행하는 장소를 말한다)의 구내에 설치되어진 것을 제외한다]은 다음의 기준에 의한 **안전거리**를 둘 것
  ㉠ 철도(화물수송용으로만 쓰이는 것을 제외) 또는 **도로의 경계선**으로부터 **25[m] 이상**

ⓛ 학교, **병원(종합병원, 치과병원, 한방병원, 요양병원)**, 공연장, 영화상영관, 복지시설(아동, 노인, 장애인, 모·부자) 등 시설로부터 **45[m] 이상**
ⓒ **지정문화유산 및 천연기념물 등** 시설로부터 **65[m] 이상**
ⓔ **고압가스, 액화석유가스, 도시가스 시설**로부터 **35[m] 이상**
ⓜ 공공공지 또는 도시공원으로부터 45[m] 이상
ⓗ 판매시설·숙박시설·위락시설 등 불특정다중을 수용하는 시설 중 연면적 1,000[m²] 이상인 것으로부터 45[m] 이상
ⓢ 1일 평균 20,000명 이상 이용하는 기차역 또는 버스터미널로부터 45[m] 이상
ⓞ 수도법에 의한 수도시설 중 위험물이 유입될 가능성이 있는 것으로부터 300[m] 이상
ⓩ 주택 또는 ㉠ 내지 ⓞ과 유사한 시설 중 다수의 사람이 출입하거나 근무하는 것으로부터 25[m] 이상

② 배관(이송기지의 구내에 설치된 것을 제외)의 양측면으로부터 해당 배관의 최대상용압력에 따라 다음 표에 의한 너비의 공지를 보유할 것

배관의 최대상용압력	공지의 너비
0.3[MPa] 미만	5[m] 이상
0.3[MPa] 이상 1[MPa] 미만	9[m] 이상
1[MPa] 이상	15[m] 이상

3 기타 설비 등

(1) 가연성 증기의 체류방지조치

배관을 설치하기 위하여 설치하는 터널(높이 **1.5[m]** 이상인 것에 한한다)에는 가연성 증기의 체류를 방지하는 조치를 해야 한다.

(2) 비파괴시험

배관 등의 **용접부**는 비파괴시험을 실시하여 합격할 것. 이 경우 이송기지 내의 지상에 설치된 배관 등은 전체 용접부의 **20[%] 이상**을 **발췌**하여 시험할 수 있다.

(3) 내압시험

배관 등은 최대상용압력의 **1.25배 이상**의 압력으로 **4시간 이상** 수압을 가하여 누설 그 밖의 이상이 없을 것

(4) 압력안전장치

배관계에는 배관 내의 압력이 최대상용압력을 초과하거나 유격작용 등에 의하여 생긴 압력이 최대상용압력의 1.1배를 초과하지 않도록 제어하는 장치(이하 "압력안전장치"라 한다)를 설치할 것

(5) 긴급차단밸브

① 긴급차단밸브 설치기준
  ㉠ 시가지에 설치하는 경우에는 약 4[km]의 간격
  ㉡ 하천·호소 등을 횡단하여 설치하는 경우에는 횡단하는 부분의 양 끝
  ㉢ 해상 또는 해저를 통과하여 설치하는 경우에는 통과하는 부분의 양 끝
  ㉣ 산림지역에 설치하는 경우에는 약 10[km]의 간격
  ㉤ 도로 또는 철도를 횡단하여 설치하는 경우에는 횡단하는 부분의 양 끝

② 긴급차단밸브 설치 예외기준
  ①의 ㉡, ㉢은 해당 지역을 횡단하는 부분의 양단의 높이 차이로 인하여 하류측으로부터 상류측으로 역류될 우려가 없을 때에는 하류측에는 설치하지 않을 수 있으며, ①의 ㉣, ㉤은 방호구조물을 설치하는 등 안전상 필요한 조치를 하는 경우에는 설치하지 않을 수 있다.

(6) 지진감지장치 등 74회

배관의 경로에는 안전상 필요한 장소와 25[km]의 거리마다 지진감지장치 및 강진계를 설치해야 한다.

(7) 경보설비 74회

① **이송기지**에는 **비상벨장치** 및 **확성장치**를 설치할 것
② 가연성 증기를 발생하는 위험물을 취급하는 펌프실 등에는 가연성 증기 경보설비를 설치할 것

(8) 배관의 경로에 설치하는 기자재창고의 비치물

① 3[%]로 희석하여 사용하는 포소화약제 400[L] 이상
② 방화복(또는 방열복) 5벌 이상
③ 삽 및 곡괭이 각 5개 이상

(9) 이송취급소의 접지 등의 설치기준

① 배관계에는 안전상 필요에 따라 접지 등의 설비를 할 것
② 배관계는 안전상 필요에 따라 지지물 그 밖의 구조물로부터 절연할 것
③ 배관계에는 안전상 필요에 따라 절연용 접속을 할 것
④ 피뢰설비의 접지장소에 근접하여 배관을 설치하는 경우에는 절연을 위하여 필요한 조치를 할 것

(10) 펌프 및 그 부속설비의 보유공지

펌프 등의 최대상용압력	공지의 너비
1[MPa] 미만	3[m] 이상
1[MPa] 이상 3[MPa] 미만	5[m] 이상
3[MPa] 이상	15[m] 이상

(11) **피그장치의 설치기준** 74회
① 피그장치는 배관의 강도와 동등 이상의 강도를 가질 것
② 피그장치는 해당 장치의 내부압력을 안전하게 방출할 수 있고 내부압력을 방출한 후가 아니면 피그를 삽입하거나 배출할 수 없는 구조로 할 것
③ 피그장치는 배관 내에 이상응력이 발생하지 않도록 설치할 것
④ 피그장치를 설치한 장소의 바닥은 위험물이 침투하지 않는 구조로 하고 누설한 위험물이 외부로 유출되지 않도록 배수구 및 집유설비를 설치할 것
⑤ 피그장치의 주변에는 너비 3[m] 이상의 공지를 보유할 것. 다만, 펌프실 내에 설치하는 경우에는 그렇지 않다.
※ 피그 취급 장치 : 배관 내의 이물질 제거 및 이상 유무 파악 등을 위한 장치

(12) 이송기지의 부지경계선에 높이 50[cm] 이상의 방유제를 설치할 것

(13) **이송취급소의 배관경로의 위치표지, 주의표지의 설치기준(세부기준 제125조)** 65회
① 위치표지는 다음에 의하여 지하매설의 배관경로에 설치할 것
  ㉠ 배관 경로 약 100[m]마다의 개소, 수평곡관부 및 기타 안전상 필요한 개소에 설치할 것
  ㉡ 위험물을 이송하는 배관이 매설되어 있는 상황 및 기점에서의 거리, 매설위치, 배관의 축방향, 이송자명 및 매설연도를 표시할 것
② 주의표시는 다음에 의하여 지하매설의 배관경로에 설치할 것. 다만, 방호구조물 또는 이중관 기타의 구조물에 의하여 보호된 배관에 있어서는 그렇지 않다.
  ㉠ 배관의 바로 위에 매설할 것
  ㉡ 주의표시와 배관의 윗부분과의 거리는 0.3[m]로 할 것
  ㉢ 재질은 내구성을 가진 합성수지로 할 것
  ㉣ 폭은 배관의 외경 이상으로 할 것
  ㉤ 색은 황색으로 할 것
  ㉥ 위험물을 이송하는 배관이 매설된 상황을 표시할 것
③ 주의표지는 다음에 의하여 지상배관의 경로에 설치할 것
  ㉠ 일반인이 접근하기 쉬운 장소 기타 배관의 안전상 필요한 장소의 배관 직근에 설치할 것

제13절 일반취급소의 위치, 구조 및 설비의 기준(시행규칙 별표 16)

1 분무도장 작업 등의 일반취급소의 특례 60, 69회

도장, 인쇄 또는 도포를 위하여 제2류 위험물 또는 제4류 위험물(특수인화물을 제외한다)을 취급하는 일반취급소로서 지정수량의 30배 미만의 것(위험물을 취급하는 설비를 건축물에 설치하는 것에 한한다)

2 세정작업의 일반취급소의 특례 60, 69회

세정을 위하여 위험물(인화점이 40[℃] 이상인 제4류 위험물에 한한다)을 취급하는 일반취급소로서 지정수량의 30배 미만의 것(위험물을 취급하는 설비를 건축물에 설치하는 것에 한한다)

3 열처리작업 등의 일반취급소의 특례 60, 69회

열처리작업 또는 방전가공을 위하여 위험물(인화점이 70[℃] 이상인 제4류 위험물에 한한다)을 취급하는 일반취급소로서 지정수량의 30배 미만의 것(위험물을 취급하는 설비를 건축물에 설치하는 것에 한한다)

4 보일러 등으로 위험물을 소비하는 일반취급소의 특례 60, 69회

보일러, 버너 그 밖의 이와 유사한 장치로 위험물(인화점이 38[℃] 이상인 제4류 위험물에 한한다)을 소비하는 일반취급소로서 지정수량의 30배 미만의 것(위험물을 취급하는 설비를 건축물에 설치하는 것에 한한다)

5 충전하는 일반취급소의 특례 60, 69회

이동저장탱크에 액체위험물(알킬알루미늄 등, 아세트알데하이드 등 및 하이드록실아민 등을 제외)을 주입하는 일반취급소(액체위험물을 용기에 옮겨 담는 취급소를 포함)

(1) 제조소의 설치기준에 따라 보유공지와 안전거리를 확보해야 한다.

(2) 건축물을 설치하는 경우에 있어서 해당 건축물은 벽·기둥·바닥·보 및 지붕을 내화구조 또는 불연재료로 하고, 창 및 출입구에 60분+ 방화문·60분 방화문 또는 30분 방화문을 설치해야 한다.

(3) 위 (2)의 건축물의 창 또는 출입구에 유리를 설치하는 경우에는 망입유리로 해야 한다.

(4) (2)의 건축물의 2 방향 이상은 통풍을 위하여 벽을 설치하지 않아야 한다.

(5) 위험물을 이동저장탱크에 주입하기 위한 설비(위험물을 이송하는 배관을 제외한다)의 주위에 필요한 공지를 보유해야 한다.

(6) 위험물을 용기에 옮겨 담기 위한 설비를 설치하는 경우에는 해당 설비(위험물을 이송하는 배관을 제외한다)의 주위에 필요한 공지를 (5)의 공지 외의 장소에 보유해야 한다.

(7) 공지는 그 지반면을 주위의 지반면보다 높게 하고, 그 표면에 적당한 경사를 두며, 콘크리트 등으로 포장해야 한다.

(8) (5) 및 (6)의 공지에는 누설한 위험물 그 밖의 액체가 해당 공지 외의 부분에 유출하지 않도록 집유설비 및 주위에 배수구를 설치해야 한다. 이 경우 제4류 위험물(온도 20[℃]의 물 100[g]에 용해되는 양이 1[g] 미만인 것에 한한다)을 취급하는 공지에 있어서는 집유설비에 유분리장치를 설치해야 한다.

6 옮겨 담는 일반취급소의 특례

고정주유설비에 의하여 위험물(인화점이 38[℃] 이상인 제4류 위험물에 한한다)을 용기에 옮겨 담거나 4,000[L] 이하의 이동저장탱크(용량이 2,000[L]를 넘는 탱크에 있어서는 그 내부를 2,000[L] 이하마다 구획한 것에 한한다)에 주입하는 일반취급소로서 지정수량의 40배 미만의 것

7 유압장치 등을 설치하는 일반취급소의 특례

위험물을 이용한 유압장치 또는 윤활유 순환장치를 설치하는 일반취급소(고인화점위험물만을 100[℃] 미만의 온도로 취급하는 것에 한한다)로서 지정수량의 50배 미만의 것(위험물을 취급하는 설비를 건축물에 설치하는 것에 한한다)

8 절삭장치 등을 설치하는 일반취급소의 특례

절삭유의 위험물을 이용한 절삭장치, 연삭장치 그 밖의 이와 유사한 장치를 설치하는 일반취급소(고인화점위험물만을 100[℃] 미만의 온도로 취급하는 것에 한한다)로서 지정수량의 30배 미만의 것(위험물을 취급하는 설비를 건축물에 설치하는 것에 한한다)

9 열매체유 순환장치를 설치하는 일반취급소의 특례

위험물 외의 물건을 가열하기 위하여 위험물(고인화점위험물에 한한다)을 이용한 열매체유(열전달에 이용하는 합성유) 순환장치를 설치하는 일반취급소로서 지정수량의 30배 미만의 것(위험물을 취급하는 설비를 건축물에 설치하는 것에 한한다)

10 화학실험의 일반취급소의 특례

화학실험을 위하여 위험물을 취급하는 일반취급소로서 지정수량의 30배 미만의 것(위험물을 취급하는 설비를 건축물에 설치하는 것만 해당한다)

제14절 제조소 등의 소화설비, 경보설비, 피난설비의 기준(시행규칙 별표 17)

1 제조소 등의 소화난이도등급 및 소화설비

(1) 소화난이도등급 Ⅰ

① 소화난이도등급 Ⅰ에 해당하는 제조소 등

제조소 등의 구분	제조소 등의 규모, 저장 또는 취급하는 위험물의 품명 및 최대수량 등
제조소, 일반취급소	연면적 1,000[m²] 이상인 것
	지정수량의 **100배 이상**인 것(고인화점위험물만을 100[℃] 미만의 온도에서 취급하는 것 및 제48조의 위험물을 취급하는 것은 제외)
	지반면으로 부터 6[m] 이상의 높이에 위험물 취급설비가 있는 것(고인화점위험물만을 100[℃] 미만의 온도에서 취급하는 것은 제외)
	일반취급소로 사용되는 부분 외의 부분을 갖는 건축물에 설치된 것(내화구조로 개구부 없이 구획된 것, 고인화점 위험물만을 100[℃] 미만의 온도에서 취급하는 것 및 화학실험의 일반취급소는 제외)
주유취급소	별표 13 Ⅴ 제2호에 따른 면적의 합이 500[m²]를 초과하는 것
옥내 저장소 64회	**지정수량의 150배 이상**인 것(고인화점위험물만을 저장하는 것 및 제48조의 위험물을 저장하는 것은 제외)
	연면적 150[m²]을 초과하는 것(150[m²] 이내마다 불연재료로 개구부 없이 구획된 것 및 인화성 고체 외의 제2류 위험물 또는 인화점 70[℃] 이상의 제4류 위험물만을 저장하는 것은 제외)
	처마높이가 6[m] 이상인 단층건물의 것
	옥내저장소로 사용되는 부분 외의 부분이 있는 건축물에 설치된 것(내화구조로 개구부 없이 구획된 것 및 인화성 고체 외의 제2류 위험물 또는 인화점 70[℃] 이상의 제4류 위험물만을 저장하는 것은 제외)
옥외탱크 저장소 64, 65회	액표면적이 40[m²] 이상인 것(제6류 위험물을 저장하는 것 및 고인화점위험물만을 100[℃] 미만의 온도에서 저장하는 것은 제외)
	지반면으로부터 탱크 옆판의 상단까지 높이가 6[m] 이상인 것(제6류 위험물을 저장하는 것 및 고인화점위험물만을 100[℃] 미만의 온도에서 저장하는 것은 제외)
	지중탱크 또는 해상탱크로서 지정수량의 100배 이상인 것(제6류 위험물을 저장하는 것 및 고인화점위험물만을 100[℃] 미만의 온도에서 저장하는 것은 제외)
	고체 위험물을 저장하는 것으로서 지정수량의 100배 이상인 것
옥내탱크 저장소 65회	**액표면적이 40[m²] 이상**인 것(제6류 위험물을 저장하는 것 및 고인화점위험물만을 100[℃] 미만의 온도에서 저장하는 것은 제외)
	바닥면으로부터 탱크 옆판의 상단까지 높이가 6[m] 이상인 것(제6류 위험물을 저장하는 것 및 고인화점위험물만을 100[℃] 미만의 온도에서 저장하는 것은 제외)
	탱크전용실이 단층건물 외의 건축물에 있는 것으로서 인화점 38[℃] 이상 70[℃] 미만의 위험물을 지정수량의 **5배 이상** 저장하는 것(내화구조로 개구부 없이 구획된 것은 제외)
옥외저장소	덩어리 상태의 황을 저장하는 것으로서 경계표시 내부의 면적(2 이상의 경계표시가 있는 경우에는 각 경계표시의 내부의 면적을 합한 면적)이 100[m²] 이상인 것
	별표 11 Ⅲ의 위험물을 저장하는 것으로서 지정수량의 100배 이상인 것
암반 탱크저장소	액표면적이 40[m²] 이상인 것(제6류 위험물을 저장하는 것 및 고인화점위험물만을 100[℃] 미만의 온도에서 저장하는 것은 제외)
	고체 위험물을 저장하는 것으로서 지정수량의 100배 이상인 것
이송취급소 65회	모든 대상

② 소화난이도등급 I 의 제조소 등에 설치해야 하는 소화설비 32, 36, 53회

제조소 등의 구분			소화설비
제조소 및 일반취급소			옥내소화전설비, 옥외소화전설비, 스프링클러설비 또는 물분무 등 소화설비(화재발생 시 연기가 충만할 우려가 있는 장소에는 스프링클러설비 또는 이동식 외의 물분무 등 소화설비에 한한다)
주유취급소 66회			스프링클러설비(건축물에 한정한다), 소형수동식소화기 등(능력단위의 수치가 건축물 그 밖의 공작물 및 위험물의 소요단위의 수치에 이르도록 설치할 것)
옥내 저장소 62, 69회	처마높이가 6[m] 이상인 단층건물 또는 다른 용도의 부분이 있는 건축물에 설치한 옥내저장소		스프링클러설비 또는 이동식 외의 물분무 등 소화설비
	그 밖의 것		옥외소화전설비, 스프링클러설비, 이동식 외의 물분무 등 소화설비 또는 이동식 포소화설비(포소화전을 옥외에 설치하는 것에 한한다)
옥외탱크 저장소 62, 69, 76회	지중탱크 또는 해상탱크 외의 것	황만을 저장·취급하는 것	물분무소화설비
		인화점 70[℃] 이상의 제4류 위험물만을 저장·취급하는 것	물분무소화설비 또는 고정식 포소화설비
		그 밖의 것	고정식 포소화설비(포소화설비가 적응성이 없는 경우에는 분말소화설비)
	지중탱크		고정식 포소화설비, 이동식 이외의 불활성 가스소화설비 또는 이동식 이외의 할로젠화합물소화설비
	해상탱크 63회		고정식 포소화설비, 물분무소화설비, 이동식 이외의 불활성 가스소화설비 또는 이동식 이외의 할로젠화합물소화설비
옥내탱크 저장소 69회	황만을 저장·취급하는 것		물분무소화설비
	인화점 70[℃] 이상의 제4류 위험물만을 저장 취급하는 것		물분무소화설비, 고정식 포소화설비, 이동식 이외의 불활성 가스소화설비, 이동식 이외의 할로젠화합물소화설비 또는 이동식 이외의 분말소화설비
	그 밖의 것		고정식 포소화설비, 이동식 이외의 불활성 가스소화설비, 이동식 이외의 할로젠화합물소화설비 또는 이동식 이외의 분말소화설비
옥외저장소 및 이송취급소			옥내소화전설비, 옥외소화전설비, 스프링클러설비 또는 물분무 등 소화설비(화재발생 시 연기가 충만할 우려가 있는 장소에는 스프링클러설비 또는 이동식 이외의 물분무 등 소화설비에 한한다)
암반탱크 저장소	황만을 저장·취급하는 것		물분무소화설비
	인화점 70[℃] 이상의 제4류 위험물만을 저장·취급하는 것		물분무소화설비 또는 고정식 포소화설비
	그 밖의 것		고정식 포소화설비(포소화설비가 적응성이 없는 경우에는 분말소화설비)

(2) 소화난이도등급 Ⅱ

① 소화난이도등급Ⅱ에 해당하는 제조소 등

제조소 등의 구분	제조소 등의 규모, 저장 또는 취급하는 위험물의 품명 및 최대수량 등
제조소, 일반취급소	연면적 600[m^2] 이상인 것
	지정수량의 **10배 이상**인 것(고인화점위험물만을 100[℃] 미만의 온도에서 취급하는 것 및 제48조의 위험물을 취급하는 것은 제외)
	별표 16 Ⅱ·Ⅲ·Ⅳ·Ⅴ·Ⅷ·Ⅸ·Ⅹ 또는 Ⅹ의2의 일반취급소로서 소화난이도등급 Ⅰ 의 제조소 등에 해당하지 않는 것(고인화점위험물만을 100[℃] 미만의 온도에서 취급하는 것은 제외)
옥내저장소	**단층건물 이외의 것**
	별표 5 Ⅱ 또는 Ⅳ 제1호의 옥내저장소
	지정수량의 10배 이상인 것(고인화점위험물만을 저장하는 것 및 제48조의 위험물을 저장하는 것은 제외)
	연면적 150[m^2] 초과인 것
	별표 5 Ⅲ의 옥내저장소로서 소화난이도등급 Ⅰ 의 제조소 등에 해당하지 않는 것
옥외탱크저장소, 옥내탱크저장소	소화난이도등급 Ⅰ 의 제조소 등 외의 것(고인화점위험물만을 100[℃] 미만의 온도로 저장하는 것 및 제6류 위험물만을 저장하는 것은 제외)
옥외저장소	덩어리 상태의 황을 저장하는 것으로서 경계표시 내부의 면적(2 이상의 경계표시가 있는 경우에는 각 경계표시의 내부의 면적을 합한 면적)이 5[m^2] 이상 100[m^2] 미만인 것
	별표 11 Ⅲ의 위험물을 저장하는 것으로서 지정수량의 10배 이상 100배 미만인 것
	지정수량의 100배 이상인 것(덩어리 상태의 황 또는 고인화점위험물을 저장하는 것은 제외)
주유취급소	옥내주유취급소로서 소화난이도등급 Ⅰ 의 제조소 등에 해당하지 않는 것
판매취급소	제2종 판매취급소

② 소화난이도등급Ⅱ의 제조소 등에 설치해야 하는 소화설비 73회

제조소 등의 구분	소화설비
제조소, 옥내저장소, 옥외저장소, 주유취급소, 판매취급소, 일반취급소	방사능력범위 내에 해당 건축물, 그 밖의 공작물 및 위험물이 포함되도록 대형수동식소화기를 설치하고, 해당 위험물의 소요단위의 1/5 이상에 해당하는 능력단위의 소형수동식소화기 등을 설치할 것
옥외탱크저장소, 옥내탱크저장소	**대형수동식소화기** 및 **소형수동식소화기** 등을 **각각 1개 이상** 설치할 것

※ 옥내소화전설비, 옥외소화전설비, 스프링클러설비 또는 물분무 등 소화설비를 설치한 경우에는 해당 소화설비의 방사능력범위 내의 부분에 대해서는 대형수동식소화기를 설치하지 않을 수 있다.

(3) 소화난이도등급Ⅲ

① 소화난이도등급Ⅲ에 해당하는 제조소 등

제조소 등의 구분	제조소 등의 규모, 저장 또는 취급하는 위험물의 품명 및 최대수량 등
제조소, 일반취급소	제48조의 위험물을 취급하는 것
	제48조의 위험물 외의 것을 취급하는 것으로서 소화난이도등급Ⅰ 또는 소화난이도등급Ⅱ의 제조소 등에 해당하지 않는 것
옥내저장소	제48조의 위험물을 취급하는 것
	제48조의 위험물 외의 것을 취급하는 것으로서 소화난이도등급Ⅰ 또는 소화난이도등급Ⅱ의 제조소 등에 해당하지 않는 것
지하탱크저장소, 간이탱크저장소, **이동탱크저장소**	모든 대상
옥외저장소	덩어리 상태의 황을 저장하는 것으로서 경계표시 내부의 면적(2 이상의 경계표시가 있는 경우에는 각 경계표시의 내부의 면적을 합한 면적)이 5[m^2] 미만인 것
	덩어리 상태의 황 외의 것을 저장하는 것으로서 소화난이도등급Ⅰ 또는 소화난이도등급Ⅱ의 제조소 등에 해당하지 않는 것
주유취급소	옥내주유취급소 외의 것으로서 소화난이도등급Ⅰ의 제조소 등에 해당하지 않는 것
제1종 판매취급소	모든 대상

② 소화난이도등급Ⅲ의 제조소 등에 설치해야 하는 소화설비

제조소 등의 구분	소화설비	설치기준	
지하탱크저장소	소형수동식소화기 등	능력단위의 수치가 3 이상	2개 이상
이동탱크저장소	자동차용 소화기	무상의 강화액 8[L] 이상	2개 이상
		이산화탄소 3.2[kg] 이상	
		브로모클로로다이플루오로메테인(CF$_2$ClBr) 2[L] 이상	
		브로모트라이플루오로메테인(CF$_3$Br) 2[L] 이상	
		다이브로모테트라플루오로에테인(C$_2$F$_4$Br$_2$) 1[L] 이상	
		소화분말 3.3[kg] 이상	
	마른모래 및 팽창질석 또는 팽창진주암	마른모래 150[L] 이상	
		팽창질석 또는 팽창진주암 640[L] 이상	
그 밖의 제조소 등	소형수동식소화기 등	능력단위의 수치가 건축물 그 밖의 공작물 및 위험물의 소요단위의 수치에 이르도록 설치할 것. 다만, 옥내소화전설비, 옥외소화전설비, 스프링클러설비, 물분무 등 소화설비 또는 대형수동식소화기를 설치한 경우에는 해당 소화설비의 방사능력범위 내의 부분에 대하여는 수동식소화기 등을 그 능력단위의 수치가 해당 소요단위의 수치의 1/5 이상이 되도록 하는 것으로 족하다.	

※ 알킬알루미늄 등을 저장 또는 취급하는 이동탱크저장소에 있어서는 자동차용 소화기를 설치하는 것 외에 마른 모래나 팽창질석 또는 팽창진주암을 추가로 설치해야 한다. 49, 51회

(4) 소화설비의 적응성 61회

소화설비의 구분			건축물·그 밖의 공작물	전기설비	제1류 위험물 알칼리금속 과산화물 등	제1류 위험물 그 밖의 것	제2류 위험물 철분·금속분·마그네슘 등	제2류 위험물 인화성 고체	제2류 위험물 그 밖의 것	제3류 위험물 금수성 물품	제3류 위험물 그 밖의 것	제4류 위험물	제5류 위험물	제6류 위험물
옥내소화전설비 또는 옥외소화전설비			○			○		○	○		○		○	○
	스프링클러설비		○			○		○	○		○	△	○	○
물분무 등 소화설비	물분무소화설비		○	○		○		○	○		○	○	○	○
	포소화설비		○			○		○	○		○	○	○	○
	불활성 가스소화설비			○				○				○		
	할로젠화합물소화설비			○				○				○		
	분말 소화설비	인산염류 등	○	○		○		○	○			○		○
		탄산수소염류 등		○	○		○	○		○		○		
		그 밖의 것			○		○			○				
대형·소형 수동식 소화기	봉상수(棒狀水)소화기		○			○		○	○		○		○	○
	무상수(霧狀水)소화기		○	○		○		○	○		○		○	○
	봉상강화액소화기		○			○		○	○		○		○	○
	무상강화액소화기		○	○		○		○	○		○	○	○	○
	포소화기		○			○		○	○		○	○	○	○
	이산화탄소소화기			○				○				○		△
	할로젠화합물소화기			○				○				○		
	분말소화기	인산염류소화기	○	○		○		○	○			○		○
		탄산수소염류소화기		○	○		○	○		○		○		
		그 밖의 것			○		○			○				
기타	물통 또는 수조		○			○		○	○		○		○	○
	건조사				○	○	○	○	○	○	○	○	○	○
	팽창질석 또는 팽창진주암				○	○	○	○	○	○	○	○	○	○

비고 : "○"표시는 해당 특정소방대상물 및 위험물에 대하여 소화설비가 적응성이 있음을 표시하고, "△"표시는 제4류 위험물을 저장 또는 취급하는 장소의 살수기준면적에 따라 스프링클러설비의 살수밀도가 규정된 표에 정하는 기준 이상인 경우에는 해당 스프링클러설비가 제4류 위험물에 대하여 적응성이 있음을, 제6류 위험물을 저장 또는 취급하는 장소로서 **폭발의 위험이 없는 장소**에 한하여 **이산화탄소소화기**가 제6류 위험물에 대하여 적응성이 있음을 각각 표시한다.

2 전기설비 및 소요단위 등

(1) **전기설비의 소화설비**

제조소 등에 전기설비(전기배선, 조명기구 등은 제외)가 설치된 경우 : **면적 100[m²]마다** 소형 수동식소화기를 1개 이상 설치할 것

(2) **소요단위 및 능력단위**

① 소요단위 : 소화설비의 설치대상이 되는 건축물 그 밖의 공작물의 규모 또는 위험물의 양의 기준단위
② 능력단위 : ①의 소요단위에 대응하는 소화설비의 소화능력의 기준단위

(3) **소요단위의 계산방법** 55, 73, 74, 76회

① **제조소 또는 취급소의 건축물**
  ㉠ 외벽이 **내화구조 : 연면적 100[m²]**를 1소요단위
  ㉡ 외벽이 **내화구조가 아닌 것 : 연면적 50[m²]**를 1소요단위
② 저장소의 건축물
  ㉠ 외벽이 내화구조 : 연면적 150[m²]를 1소요단위
  ㉡ 외벽이 내화구조가 아닌 것 : 연면적 75[m²]를 1소요단위
③ 제조소 등의 옥외에 설치된 공작물은 외벽이 내화구조인 것으로 간주하고 공작물의 최대수평 투영면적을 연면적으로 간주하여 ① 및 ②의 규정에 의하여 소요단위를 산정한다.
④ 위험물 : 지정수량의 10배를 **1소요단위**

> 소요단위 = 저장(운반)수량 ÷ (지정수량 × 10)

(4) **소화설비의 능력단위** 67, 70, 73회

소화설비	용량	능력단위
소화전용(專用) 물통	8[L]	0.3
수조(소화전용 물통 3개 포함)	80[L]	1.5
수조(소화전용 물통 6개 포함)	190[L]	2.5
마른모래(삽 1개 포함)	50[L]	0.5
팽창질석 또는 **팽창진주암**(삽 1개 포함)	160[L]	1.0

> 소화설비의 능력단위 : **종종 출제**

3 경보설비(시행규칙 별표 17)

(1) 자동화재탐지설비의 설치기준 45회

① 자동화재탐지설비의 경계구역(화재가 발생한 구역을 다른 구역과 구분하여 식별할 수 있는 최소단위의 구역)은 건축물 그 밖의 공작물의 2 이상의 층에 걸치지 않도록 할 것. 다만, 하나의 경계구역의 면적이 500[m²] 이하이면서 해당 경계구역이 두 개의 층에 걸치는 경우이거나 계단·경사로·승강기의 승강로 그 밖에 이와 유사한 장소에 연기감지기를 설치하는 경우에는 그렇지 않다.

② 하나의 **경계구역의 면적**은 **600[m²] 이하**로 하고 그 한 변의 길이는 **50[m]**(**광전식분리형 감지기**를 설치할 경우에는 **100[m]**) 이하로 할 것. 다만, 해당 건축물 그 밖의 공작물의 주요한 출입구에서 그 내부의 전체를 볼 수 있는 경우에 있어서는 그 면적을 **1,000[m²] 이하**로 할 수 있다.

③ 자동화재탐지설비의 감지기는 지붕(상층이 있는 경우에는 상층의 바닥) 또는 벽의 옥내에 면한 부분(천장이 있는 경우에는 천장 또는 벽의 옥내에 면한 부분 및 천장의 뒷 부분)에 유효하게 화재의 발생을 감지할 수 있도록 설치할 것

④ 자동화재탐지설비에는 비상전원을 설치할 것

⑤ 옥외탱크저장소에 설치하는 자동화재탐지설비의 감지기 설치기준
  ㉠ 불꽃감지기를 설치할 것. 다만, 불꽃을 감지하는 기능이 있는 지능형 폐쇄회로텔레비전(CCTV)을 설치한 경우 불꽃감지기를 설치한 것으로 본다.
  ㉡ 옥외저장탱크 외측과 별표 6 Ⅱ에 따른 보유공지 내에서 발생하는 화재를 유효하게 감지할 수 있는 위치에 설치할 것
  ㉢ 지지대를 설치하고 그곳에 감지기를 설치하는 경우 지지대는 벼락에 영향을 받지 않도록 설치할 것

⑥ 옥외탱크저장소에 자동화재탐지설비를 설치하지 않을 수 있는 경우
  ㉠ 옥외탱크저장소의 방유제(防油堤)와 옥외저장탱크 사이의 지표면을 불연성 및 불침윤성(수분에 젖지 않는 성질)이 있는 철근콘크리트 구조 등으로 한 경우
  ㉡ 화학물질관리법 시행규칙 별표 5 제6호의 화학물질안전원장이 정하는 고시에 따라 가스감지기를 설치한 경우

⑦ 옥외탱크저장소에 자동화재속보설비를 설치하지 않을 수 있는 경우
  ㉠ 옥외탱크저장소의 방유제(防油堤)와 옥외저장탱크 사이의 지표면을 불연성 및 불침윤성(수분에 젖지 않는 성질)이 있는 철근콘크리트 구조 등으로 한 경우
  ㉡ 화학물질관리법 시행규칙 별표 5 제6호의 화학물질안전원장이 정하는 고시에 따라 가스감지기를 설치한 경우
  ㉢ 법 제19조에 따른 자체소방대를 설치한 경우
  ㉣ 안전관리자가 해당 사업소에 24시간 상주하는 경우

(2) 제조소 등별로 설치해야 하는 경보설비의 종류 42회

제조소 등의 구분	제조소 등의 규모, 저장 또는 취급하는 위험물의 종류 및 최대수량 등	경보설비
가. 제조소 및 일반취급소	• 연면적이 500[m²] 이상인 것 • 옥내에서 지정수량의 100배 이상을 취급하는 것(고인화점위험물만을 100[℃] 미만의 온도에서 취급하는 것은 제외) • 일반취급소로 사용되는 부분 외의 부분이 있는 건축물에 설치된 일반취급소(일반취급소와 일반취급소 외의 부분이 내화구조의 바닥 또는 벽으로 개구부 없이 구획된 것은 제외)	자동화재탐지설비
나. 옥내저장소	• 지정수량의 100배 이상을 저장 또는 취급하는 것(고인화점위험물만을 저장 또는 취급하는 것은 제외) • 저장창고의 연면적이 150[m²]를 초과하는 것[연면적 150[m²] 이내마다 불연재료의 격벽으로 개구부 없이 완전히 구획된 저장창고와 제2류 위험물(인화성 고체는 제외) 또는 제4류 위험물(인화점이 70[℃] 미만인 것은 제외)만을 저장 또는 취급하는 저장창고는 그 연면적이 500[m²] 이상인 것을 말한다] • 처마 높이가 6[m] 이상인 단층 건물의 것 • 옥내저장소로 사용되는 부분 외의 부분이 있는 건축물에 설치된 옥내저장소[옥내저장소와 옥내저장소 외의 부분이 내화구조의 바닥 또는 벽으로 개구부 없이 구획된 것과 제2류(인화성 고체는 제외) 또는 제4류의 위험물(인화점이 70[℃] 미만인 것은 제외)만을 저장 또는 취급하는 것은 제외]	자동화재탐지설비
다. 옥내탱크저장소	단층 건물 외의 건축물에 설치된 옥내탱크저장소로서 소화난이도등급Ⅰ에 해당하는 것	
라. 주유취급소	옥내주유취급소	
마. 옥외탱크저장소	특수인화물, 제석유류 및 알코올류를 저장 또는 취급하는 탱크의 용량이 1,000만[L] 이상인 것	• 자동화재탐지설비 • 자동화재속보설비
바. 가목부터 마목까지의 규정에 따른 자동화재탐지설비 설치 대상 제조소 등에 해당하지 않는 제조소 등(이송취급소는 제외)	지정수량의 10배 이상을 저장 또는 취급하는 것	자동화재탐지설비, 비상경보설비, 확성장치 또는 비상방송설비 중 1종 이상

비고 : 이송취급소의 경보설비는 별표 15 Ⅳ 제14호의 규정에 의한다.

4 피난설비

(1) 피난설비의 개요

피난기구는 화재가 발생하였을 때 소방대상물에 상주하는 사람들을 안전한 장소로 피난시킬 수 있는 기계·기구를 말하며 피난설비는 화재발생 시 건축물로부터 피난하기 위해 사용하는 기계기구 또는 설비를 말한다.

(2) 피난구조설비의 종류(소방)

① **피난기구** : 피난사다리, 완강기, 간이완강기, 구조대, 미끄럼대, 피난교, 피난용트랩, 다수인피난장비, 승강식피난기 등
② **인명구조기구**[방열복, 방화복(안전모, 보호장갑, 안전화 포함), 공기호흡기, 인공소생기], 유도등, 유도표지, 비상조명등, 휴대용 비상조명등

(3) 피난설비의 설치기준(시행규칙 별표 17) `62회`

① 주유취급소 중 건축물의 2층 이상의 부분을 점포·휴게음식점 또는 전시장의 용도로 사용하는 것에 있어서는 해당 건축물의 2층 이상으로부터 직접 주유취급소의 부지 밖으로 통하는 출입구와 해당 출입구로 통하는 통로·계단 및 출입구에 **유도등**을 설치해야 한다.
② 옥내주유취급소에 있어서는 해당 사무소 등의 출입구 및 피난구와 해당 피난구로 통하는 통로·계단 및 출입구에 **유도등**을 설치해야 한다.
③ 유도등에는 비상전원을 설치해야 한다.

제15절 위험물제조소 등의 저장 및 취급에 관한 기준(시행규칙 별표 18)

1 저장·취급의 공통기준

(1) 제조소 등에서 법 제6조 제1항의 규정에 의한 허가 및 법 제6조 제2항의 규정에 의한 신고와 관련되는 품명 외의 위험물 또는 이러한 허가 및 신고와 관련되는 수량 또는 지정수량의 배수를 초과하는 위험물을 저장 또는 취급하지 않아야 한다.

(2) 위험물을 저장 또는 취급하는 건축물 그 밖의 공작물 또는 설비는 해당 위험물의 성질에 따라 차광 또는 환기를 실시해야 한다. `40, 62회`

(3) 위험물은 온도계, 습도계, 압력계 그 밖의 계기를 감시하여 해당 위험물의 성질에 맞는 적정한 온도, 습도 또는 압력을 유지하도록 저장 또는 취급해야 한다. `40회`

(4) 위험물을 저장 또는 취급하는 경우에는 위험물의 변질, 이물질의 혼입 등에 의하여 해당 위험물의 위험성이 증대되지 않도록 필요한 조치를 강구해야 한다.

(5) 위험물이 남아 있거나 남아 있을 우려가 있는 설비, 기계·기구, 용기 등을 수리하는 경우에는 안전한 장소에서 위험물을 완전하게 제거한 후에 실시해야 한다.

(6) 위험물을 용기에 수납하여 저장 또는 취급할 때에는 그 용기는 해당 위험물의 성질에 적응하고 파손·부식·균열 등이 없는 것으로 해야 한다.

(7) **가연성의 액체·증기 또는 가스가 새거나 체류할 우려가 있는 장소** 또는 가연성의 미분이 현저하게 부유할 우려가 있는 장소에서는 **전선과 전기기구를 완전히 접속하고 불꽃을 발하는 기계·기구·공구·신발 등을 사용하지 않아야 한다.** `50, 62회`

(8) 위험물을 보호액 중에 보존하는 경우에는 해당 위험물이 보호액으로부터 노출되지 않도록 해야 한다. 40, 62회

2 유별 저장 및 취급의 공통기준

(1) **제1류 위험물** 53회

가연물과의 접촉, 혼합이나 분해를 촉진하는 물품과의 접근 또는 과열, 충격, 마찰 등을 피하는 한편, 알칼리금속의 과산화물 및 이를 함유한 것에 있어서는 물과의 접촉을 피해야 한다.

(2) **제2류 위험물** 53, 56회

산화제와의 접촉, 혼합이나 불티, 불꽃, 고온체와의 접근 또는 과열을 피하는 한편, 철분, 금속분, 마그네슘 및 이를 함유한 것에 있어서는 물이나 산과의 접촉을 피하고 인화성 고체에 있어서는 함부로 증기를 발생시키지 않아야 한다.

(3) **제3류 위험물**

자연발화성 물질에 있어서는 불티, 불꽃 또는 고온체와의 접근·과열 또는 공기와의 접촉을 피하고, 금수성 물질에 있어서는 물과의 접촉을 피해야 한다.

(4) **제4류 위험물**

불티, 불꽃, 고온체와의 접근 또는 과열을 피하고, 함부로 증기를 발생시키지 않아야 한다.

(5) **제5류 위험물**

불티, 불꽃, 고온체와의 접근이나 과열, 충격 또는 마찰을 피해야 한다.

(6) **제6류 위험물**

가연물과의 접촉·혼합이나 분해를 촉진하는 물품과의 접근 또는 과열을 피해야 한다.

3 저장의 기준

(1) **옥내저장소** 또는 **옥외저장소**에는 있어서 유별을 달리하는 위험물을 동일한 저장소에 저장할 수 없는데 1[m] 이상 간격을 두고 아래 유별을 저장할 수 있다. 61, 63, 69, 74회

① **제1류 위험물**(알칼리금속의 과산화물은 제외)과 **제5류 위험물**을 저장하는 경우
② **제1류 위험물**과 **제6류 위험물**을 저장하는 경우
③ **제1류 위험물**과 **제3류 위험물** 중 **자연발화성 물질**(황린에 한함)을 저장하는 경우
④ 제2류 위험물 중 **인화성 고체**와 **제4류 위험물**을 저장하는 경우

⑤ 제3류 위험물 중 알킬알루미늄 등과 제4류 위험물(알킬알루미늄 또는 알킬리튬을 함유한 것에 한함)을 저장하는 경우
⑥ 제4류 위험물 중 유기과산화물 또는 이를 함유한 것과 제5류 위험물 중 유기과산화물 또는 이를 함유한 것을 저장하는 경우

(2) 제3류 위험물 중 **황린** 그 밖에 물속에 저장하는 물품과 **금수성 물질**은 동일한 저장소에서 **저장하지 않아야 한다.**

(3) **옥내저장소**에서 동일 품명의 위험물이더라도 자연발화할 우려가 있는 위험물 또는 재해가 현저하게 증대할 우려가 있는 위험물을 다량 저장하는 경우에는 **지정수량의 10배 이하**마다 구분하여 상호 간 **0.3[m] 이상의 간격**을 두어 저장해야 한다.

(4) 옥내저장소와 옥외저장소에 저장 시 높이(아래 높이를 초과하지 말 것)
① 기계에 의하여 하역하는 구조로 된 용기만을 겹쳐 쌓는 경우 : 6[m]
② 제4류 위험물 중 제3석유류, 제4석유류, 동식물유류를 수납하는 용기만을 겹쳐 쌓는 경우 : 4[m]
③ 그 밖의 경우(특수인화물, 제1석유류, 제2석유류, 알코올류, 타류) : 3[m]

(5) 옥내저장소에서는 용기에 수납하여 저장하는 위험물의 온도 : 55[℃] 이하

(6) **이동저장탱크**에는 해당 탱크에 저장 또는 취급하는 위험물의 **위험성을 알리는 표지를 부착하고** 잘 보일 수 있도록 관리할 것

(7) 이동탱크저장소에는 **완공검사합격확인증과 정기점검기록**을 비치할 것 69회

(8) **알킬알루미늄 등**을 저장 또는 취급하는 **이동탱크저장소**에는 긴급 시의 **연락처, 응급조치**에 관하여 필요한 **사항을 기재한 서류, 방호복, 고무장갑, 밸브 등을 죄는 결합공구** 및 **휴대용 확성기**를 비치해야 한다.

(9) 옥외저장소에서 위험물을 수납한 용기를 선반에 저장하는 경우 : 6[m]를 초과하지 말 것

(10) 황을 용기에 수납하지 않고 저장하는 옥외저장소에서는 황을 경계표시의 높이 이하로 저장하고, 황이 넘치거나 비산하는 것을 방지할 수 있도록 경계표시 내부의 전체를 난연성 또는 불연성의 천막 등으로 덮고 해당 천막 등을 경계표시에 고정해야 한다.

(11) 이동저장탱크에 **알킬알루미늄 등**을 저장하는 경우에는 20[kPa] 이하의 압력으로 **불활성의 기체를 봉입**하여 둘 것 69회

(12) 옥외저장탱크·옥내저장탱크 또는 지하저장탱크 중 압력탱크 외의 탱크에 저장 63, 73회
  ① 산화프로필렌, 다이에틸에터 등 : 30[℃] 이하
  ② 아세트알데하이드 : 15[℃] 이하

(13) 옥외저장탱크·옥내저장탱크 또는 지하저장탱크 중 압력탱크에 저장 50, 63, 71, 73회
  아세트알데하이드 등 또는 다이에틸에터 등 : 40[℃] 이하

(14) 아세트알데하이드 등 또는 다이에틸에터 등을 이동저장탱크에 저장하는 경우 50, 60, 63, 69, 71회
  ① 보냉장치가 있는 경우 : 비점 이하
  ② 보냉장치가 없는 경우 : 40[℃] 이하

4 취급의 기준

(1) 제조에 관한 기준 44, 52, 54회
  ① **증류공정**에 있어서는 위험물을 취급하는 설비의 **내부압력**의 변동 등에 의하여 액체 또는 증기가 새지 않도록 할 것
  ② **추출공정**에 있어서는 추출관의 **내부압력**이 비정상으로 상승하지 않도록 할 것
  ③ **건조공정**에 있어서는 위험물의 **온도**가 부분적으로 상승하지 않는 방법으로 가열 또는 건조할 것
  ④ **분쇄공정**에 있어서는 위험물의 **분말**이 현저하게 부유하고 있거나 위험물의 분말이 현저하게 기계·기구 등에 부착하고 있는 상태로 그 기계·기구를 취급하지 않을 것

(2) 소비에 관한 기준 32, 56회
  ① 분사도장작업은 방화상 유효한 격벽 등으로 구획된 안전한 장소에서 실시할 것
  ② 담금질 또는 열처리작업은 위험물이 위험한 온도에 이르지 않도록 하여 실시할 것
  ③ 버너를 사용하는 경우에는 버너의 역화를 방지하고 위험물이 넘치지 않도록 할 것

(3) 이동탱크저장소에서의 취급기준
  ① 이동저장탱크로부터 위험물을 저장 또는 취급하는 탱크에 인화점이 **40[℃] 미만**인 위험물을 주입할 때에는 이동탱크저장소의 **원동기를 정지**시킬 것
  ② 휘발유·벤젠 그 밖에 정전기에 의한 재해발생의 우려가 있는 액체의 위험물을 이동저장탱크에 주입하거나 이동저장탱크로부터 배출하는 때에는 도선으로 이동저장탱크와 접지전극 등과의 사이를 긴밀히 연결하여 해당 이동저장탱크를 접지할 것

③ **휘발유·벤젠**·그 밖에 정전기에 의한 재해발생의 우려가 있는 액체의 위험물을 이동저장탱크의 **상부로 주입하는** 때에는 주입관을 사용하되, 해당 주입관의 끝부분을 이동저장탱크의 **밑바닥에 밀착할 것**
④ 이동저장탱크에 위험물(휘발유, 등유, 경유)을 교체 주입하고자 할 때 정전기 방지 조치 40, 47, 69회
  ㉠ 이동저장탱크의 상부로부터 위험물을 주입할 때에는 위험물의 액표면이 주입관의 끝부분을 넘는 높이가 될 때까지 그 주입관 내의 유속을 1[m/s] **이하**로 할 것
  ㉡ 이동저장탱크의 밑부분으로부터 위험물을 주입할 때에는 위험물의 액표면이 주입관의 정상부분을 넘는 높이가 될 때까지 그 주입배관 내의 유속을 1[m/s] **이하**로 할 것
  ㉢ 그 밖의 방법에 의한 위험물의 주입은 이동저장탱크에 **가연성 증기**가 잔류하지 않도록 조치하고 안전한 상태로 있음을 확인한 후에 할 것

(4) 알킬알루미늄 등 및 아세트알데하이드 등의 취급기준 60회

① 알킬알루미늄 등의 제조소 또는 일반취급소에 있어서 알킬알루미늄 등을 취급하는 설비에는 **불활성의 기체**를 봉입할 것
② **알킬알루미늄 등의 이동탱크저장소**에 있어서 이동저장탱크로부터 알킬알루미늄 등을 **꺼낼 때**에는 동시에 200[kPa] **이하의 압력**으로 불활성의 기체를 봉입할 것

> 이동저장탱크에 알킬알루미늄을 **저장하는 경우** : 20[kPa] **이하의 압력**으로 불활성 기체 봉입할 것

③ 아세트알데하이드 등의 제조소 또는 일반취급소에 있어서 아세트알데하이드 등을 취급하는 설비에는 연소성 혼합기체의 생성에 의한 폭발의 위험이 생겼을 경우에 **불활성의 기체 또는 수증기**[아세트알데하이드 등을 취급하는 탱크(옥외에 있는 탱크 또는 옥내에 있는 탱크로서 그 용량이 지정수량의 1/5 미만의 것을 제외한다)에 있어서는 불활성의 기체]를 **봉입할 것**
④ **아세트알데하이드 등의 이동탱크저장소**에 있어서 이동저장탱크로부터 아세트알데하이드 등을 꺼낼 때에는 동시에 100[kPa] **이하의 압력**으로 불활성의 기체를 봉입할 것

제16절 위험물의 운반에 관한 기준(시행규칙 별표 19, 별표 21)

1 운반용기의 재질 32, 59회

① 강 판   ② 알루미늄판   ③ 양철판   ④ 유 리
⑤ 금속판   ⑥ 종 이   ⑦ 플라스틱 ⑧ 섬유판
⑨ 고무류   ⑩ 합성섬유   ⑪ 삼   ⑫ 짚
⑬ 나 무

2 운반방법(지정수량 이상 운반 시)

(1) 한 변의 길이가 0.3[m] 이상, 다른 한 변의 길이가 0.6[m] 이상인 직사각형의 판으로 할 것

(2) **흑색바탕에 황색의 반사도료** 그 밖의 반사성이 있는 재료로 "위험물"이라고 표시할 것

(3) 표지는 차량의 전면 및 후면의 보기 쉬운 곳에 내걸 것

(4) 지정수량 이상의 위험물을 차량으로 운반하는 경우에는 해당 위험물에 적응성이 있는 소형 수동식소화기를 해당 위험물의 소요단위에 상응하는 능력단위 이상을 갖추어야 한다.

$$\text{소요단위} = \text{저장(운반)수량} \div (\text{지정수량} \times 10)$$

※ 위험물은 지정수량의 10배를 1소요단위로 한다.

3 적재방법

(1) 고체 위험물 37회

운반용기 **내용적의 95[%]** 이하의 수납률로 수납할 것

(2) 액체 위험물 34, 37, 40회

운반용기 **내용적의 98[%]** 이하의 수납률로 수납하되, **55[℃]**의 온도에서 누설되지 않도록 충분한 **공간용적**을 유지하도록 할 것

(3) 제3류 위험물의 운반용기의 수납기준 36, 40, 45, 46, 47, 54회

① **자연발화성 물질**에 있어서는 **불활성 기체를 봉입**하여 밀봉하는 등 공기와 접하지 않도록 할 것
② **자연발화성 물질 외의 물품**에 있어서는 **파라핀·경유·등유** 등의 보호액으로 채워 밀봉하거나 **불활성 기체를 봉입**하여 밀봉하는 등 수분과 접하지 않도록 할 것
③ 자연발화성 물질 중 **알킬알루미늄 등**은 운반용기의 내용적의 **90[%]** 이하의 **수납률**로 수납하되, 50[℃]의 온도에서 5[%] 이상의 **공간용적**을 유지하도록 할 것

(4) 기계에 의하여 하역하는 구조로 된 운반용기의 수납기준 75회

① 금속제의 운반용기, 경질플라스틱제의 운반용기 또는 플라스틱내용기 부착의 운반용기에 있어서는 다음에 정하는 시험 및 점검에서 누설 등 이상이 없을 것
  ㉠ 2년 6개월 이내에 실시한 기밀시험(액체의 위험물 또는 10[kPa] 이상의 압력을 가하여 수납 또는 배출하는 고체의 위험물을 수납하는 운반용기에 한한다)
  ㉡ 2년 6개월 이내에 실시한 운반용기의 외부의 점검·부속설비의 기능점검 및 5년 이내의 사이에 실시한 운반용기의 내부의 점검
② 복수의 폐쇄장치가 연속하여 설치되어 있는 운반용기에 위험물을 수납하는 경우에는 용기본체에 가까운 폐쇄장치를 먼저 폐쇄할 것
③ 휘발유, 벤젠 그 밖의 정전기에 의한 재해가 발생할 우려가 있는 액체의 위험물을 운반용기에 수납 또는 배출할 때에는 당해 재해의 발생을 방지하기 위한 조치를 강구할 것
④ 액체 위험물을 수납하는 경우에는 55[℃]의 온도에서의 증기압이 130[kPa] 이하가 되도록 수납할 것
⑤ 경질플라스틱제의 운반용기 또는 플라스틱내용기 부착의 운반용기에 액체 위험물을 수납하는 경우에는 해당 운반용기는 제조된 때로부터 5년 이내의 것으로 할 것

(5) 위험물은 해당 위험물이 용기 밖으로 쏟아지거나 위험물을 수납한 운반용기가 전도·낙하 또는 파손되지 않도록 적재해야 한다.

(6) 적재위험물에 따른 조치

① **차광성이 있는 것으로 피복** 47, 63, 67, 71회
  ㉠ **제1류 위험물**
  ㉡ 제3류 위험물 중 **자연발화성 물질**
  ㉢ 제4류 위험물 중 **특수인화물**
  ㉣ **제5류 위험물**
  ㉤ **제6류 위험물**
② **방수성이 있는 것으로 피복** 32, 33, 47, 63, 67, 71회
  ㉠ 제1류 위험물 중 **알칼리금속의 과산화물**
  ㉡ 제2류 위험물 중 **철분·금속분·마그네슘**
  ㉢ 제3류 위험물 중 **금수성 물질**

(7) 위험물을 수납한 **운반용기를 겹쳐 쌓는 경우**에는 그 높이를 **3[m] 이하**로 하고, 용기의 상부에 걸리는 하중은 해당 용기 위에 해당 용기와 동종의 용기를 겹쳐 쌓아 3[m]의 높이로 하였을 때에 걸리는 하중 이하로 해야 한다.

(8) 운반용기의 외부 표시 사항 48회

① 위험물의 **품명, 위험등급, 화학명 및 수용성**(제4류 위험물의 수용성인 것에 한함)
② 위험물의 **수량**
③ **주의사항** 36, 39, 44, 53, 54, 58, 76회
 ㉠ 제1류 위험물 70회
  • 알칼리금속의 과산화물 : 화기·충격주의, 물기엄금, 가연물접촉주의
  • 그 밖의 것 : 화기·충격주의, 가연물접촉주의
 ㉡ 제2류 위험물 63, 67, 69, 70회
  • 철분·금속분·마그네슘 : 화기주의, 물기엄금
  • 인화성 고체 : 화기엄금
  • 그 밖의 것 : 화기주의
 ㉢ 제3류 위험물 47회
  • 자연발화성 물질 : 화기엄금, 공기접촉엄금
  • 금수성 물질 : 물기엄금
 ㉣ 제4류 위험물 : 화기엄금
 ㉤ 제5류 위험물 : 화기엄금, 충격주의 70회
 ㉥ 제6류 위험물 : 가연물접촉주의 70회

(9) 기계에 의하여 하역하는 구조로 된 운반용기의 외부 표시 사항

① 운반용기의 제조연월 및 제조자의 명칭
② 겹쳐쌓기 시험하중
③ 운반용기의 종류에 따라 다음의 규정에 의한 중량
 ㉠ 플렉시블 외의 운반용기 : 최대총중량(최대수용중량의 위험물을 수납하였을 경우의 운반용기의 전중량을 말한다)
 ㉡ 플렉시블 운반용기 : 최대수용중량

4 운반용기의 최대용적 또는 중량(시행규칙 별표 19)

(1) 고체 위험물 73회

운반 용기				수납 위험물의 종류								
내장 용기		외장 용기		제1류			제2류		제3류			제5류
용기의 종류	최대용적 또는 중량	용기의 종류	최대용적 또는 중량	I	II	III	II	III	I	II	III	I	II
유리용기 또는 플라스틱 용기	10[L]	나무상자 또는 플라스틱상자(필요에 따라 불활성의 완충재를 채울 것)	125[kg]	○	○	○	○	○	○	○	○	○	○
			225[kg]		○	○		○		○	○		○
		파이버판상자(필요에 따라 불활성의 완충재를 채울 것)	40[kg]	○	○	○	○	○	○	○	○	○	○
			55[kg]			○		○			○		○

운반 용기				수납 위험물의 종류									
내장 용기		외장 용기		제1류			제2류		제3류			제5류	
용기의 종류	최대용적 또는 중량	용기의 종류	최대용적 또는 중량	I	II	III	II	III	I	II	III	I	II
금속제용기	30[L]	나무상자 또는 플라스틱상자	125[kg]	○	○	○	○	○	○	○	○	○	○
			225[kg]		○	○		○		○	○		○
		파이버판상자	40[kg]	○	○	○	○	○	○	○	○	○	○
			55[kg]		○	○		○		○	○		○
플라스틱필름포대 또는 종이포대	5[kg]	나무상자 또는 플라스틱상자	50[kg]	○	○	○	○	○		○	○		○
	50[kg]		50[kg]		○	○		○					○
	125[kg]		125[kg]		○	○	○	○					
	225[kg]		225[kg]			○		○					
	5[kg]	파이버판상자	40[kg]	○	○	○	○	○					○
	40[kg]		40[kg]		○	○	○	○					○
	55[kg]		55[kg]			○		○					
		금속제용기(드럼 제외)	60[L]	○	○	○	○	○	○	○	○	○	○
		플라스틱용기(드럼 제외)	10[L]		○	○	○	○		○	○		○
			30[L]			○		○					
		금속제드럼	250[L]	○	○	○	○	○	○	○	○	○	○
		플라스틱드럼 또는 파이버 드럼(방수성이 있는 것)	60[L]	○	○	○	○	○		○	○		○
			250[L]		○	○		○		○	○		○
		합성수지포대(방수성이 있는 것), 플라스틱필름포대, 섬유포대(방수성이 있는 것) 또는 종이포대(여러 겹으로서 방수성이 있는 것)	50[kg]		○	○	○	○		○			○

비고 : 1. "○" 표시는 수납위험물의 종류별 각 란에 정한 위험물에 대하여 해당 각 란에 정한 운반용기가 적응성이 있음을 표시한다.
2. 내장용기는 외장용기에 수납해야 하는 용기로서 위험물을 직접 수납하기 위한 것을 말한다.
3. 내장용기의 용기의 종류란이 공란인 것은 외장용기에 위험물을 직접 수납하거나 유리용기, 플라스틱용기, 금속제용기, 폴리에틸렌포대 또는 종이포대를 내장용기로 할 수 있음을 표시한다.

(2) 액체 위험물 47회

운반 용기				수납위험물의 종류								
내장 용기		외장 용기		제3류			제4류			제5류		제6류
용기의 종류	최대용적 또는 중량	용기의 종류	최대용적 또는 중량	I	II	III	I	II	III	I	II	I
유리용기	5[L]	나무 또는 플라스틱상자 (불활성의 완충재를 채울 것)	75[kg]	○	○	○	○	○	○	○	○	○
	10[L]		125[kg]		○	○		○	○		○	
			225[kg]						○			
	5[L]	파이버판상자 (불활성의 완충재를 채울 것)	40[kg]	○	○	○	○	○	○	○	○	○
	10[L]		55[kg]						○			
플라스틱 용기	10[L]	나무 또는 플라스틱상자(필요에 따라 불활성의 완충재를 채울 것)	75[kg]	○	○	○	○	○	○	○	○	○
			125[kg]		○	○		○	○		○	
			225[kg]						○			
		파이버판상자(필요에 따라 불활성의 완충재를 채울 것)	40[kg]	○	○	○	○	○	○	○	○	○
			55[kg]						○			

운반 용기				수납위험물의 종류								
내장 용기		외장 용기		제3류			제4류			제5류		제6류
용기의 종류	최대용적 또는 중량	용기의 종류	최대용적 또는 중량	I	II	III	I	II	III	I	II	I
금속제용기	30[L]	나무 또는 플라스틱상자	125[kg]	○	○	○	○	○	○	○	○	○
			225[kg]						○			
		파이버판상자	40[kg]	○	○	○	○	○	○	○	○	○
			55[kg]					○	○		○	
		금속제용기(금속제드럼 제외)	60[L]		○	○		○	○		○	
		플라스틱용기(플라스틱드럼 제외)	10[L]		○	○		○	○		○	
			20[L]					○	○		○	
			30[L]						○		○	
		금속제드럼(뚜껑고정식)	250[L]	○	○	○	○	○	○	○	○	○
		금속제드럼(뚜껑탈착식)	250[L]					○	○			
		플라스틱 또는 파이버드럼 (플라스틱내용기 부착의 것)	250[L]		○	○		○		○	○	

비고 : 1. "○" 표시는 수납위험물의 종류별 각 란에 정한 위험물에 대하여 해당 각란에 정한 운반용기가 적응성이 있음을 표시한다.
2. 내장용기는 외장용기에 수납해야 하는 용기로서 위험물을 직접 수납하기 위한 것을 말한다.
3. 내장용기의 용기의 종류란이 공란인 것은 외장용기에 위험물을 직접 수납하거나 유리용기, 플라스틱용기 또는 금속제용기를 내장용기로 할 수 있음을 표시한다.

5 운반 시 위험물의 혼재 가능 기준 39, 47회

(1) 유별을 달리하는 위험물의 혼재 기준

위험물의 구분	제1류	제2류	제3류	제4류	제5류	제6류
제1류		×	×	×	×	○
제2류	×		×	○	○	×
제3류	×	×		○	×	×
제4류	×	○	○		○	×
제5류	×	○	×	○		×
제6류	○	×	×	×	×	

비고 : 1. "×" 표시는 혼재할 수 없음을 표시한다.
2. "○" 표시는 혼재할 수 있음을 표시한다.
3. 이 표는 지정수량의 $\frac{1}{10}$ 이하의 위험물에 대하여는 적용하지 않는다.

Plus One 혼재 가능 유별 암기법
- 1류 + 6류 : 육하나
- 3류 + 4류 : 삼군사관학교
- 5류 + 2류 + 4류 : 오이사

6 위험물의 위험등급

(1) 위험등급 I 의 위험물 51, 53, 60, 65, 75회
① 제1류 위험물 중 아염소산염류, 염소산염류, 과염소산염류, **무기과산화물**, 지정수량이 50[kg]인 위험물
② 제3류 위험물 중 **칼륨, 나트륨, 알킬알루미늄, 알킬리튬, 황린**, 지정수량이 10[kg] 또는 20[kg]인 위험물
③ 제4류 위험물 중 **특수인화물**(에터, 이황화탄소 등)
④ 제5류 위험물 중 지정수량이 10[kg]인 위험물
⑤ **제6류 위험물**

(2) 위험등급 II 의 위험물 51, 53, 58, 64, 65, 75회
① 제1류 위험물 중 브로민산염류, 질산염류, 아이오딘산염류, 지정수량이 300[kg]인 위험물
② **제2류 위험물** 중 **황화인, 적린, 황**, 지정수량이 **100[kg]**인 위험물
③ 제3류 위험물 중 알칼리금속(칼륨, 나트륨 제외) 및 알칼리토금속, 유기금속화합물(알킬알루미늄 및 알킬리튬은 제외), 지정수량이 50[kg]인 위험물
④ **제4류 위험물** 중 **제1석유류, 알코올류**
⑤ 제5류 위험물 중 위험등급 I 에 정하는 위험물 외의 것

(3) 위험등급 III 의 위험물 51, 52, 53, 65, 68, 75회
(1) 및 (2)에 정하지 않은 위험물

7 위험물 운송책임자의 감독 및 운송 시 준수사항(시행규칙 별표 21)

(1) 운송책임자의 감독 또는 지원의 방법
① 운송책임자가 이동탱크저장소에 동승하여 운송 중인 위험물의 안전확보에 관하여 운전자에게 필요한 감독 또는 지원을 하는 방법. 다만, 운전자가 운반책임자의 자격이 있는 경우에는 운송책임자의 자격이 없는 자가 동승할 수 있다.
② 운송의 감독 또는 지원을 위하여 마련한 별도의 사무실에 운송책임자가 대기하면서 다음의 사항을 이행하는 방법
  ㉠ 운송경로를 미리 파악하고 관할 소방관서 또는 관련 업체(비상대응에 관한 협력을 얻을 수 있는 업체를 말한다)에 대한 연락체계를 갖추는 것
  ㉡ 이동탱크저장소의 운전자에 대하여 수시로 안전확보 상황을 확인하는 것
  ㉢ 비상시의 응급처치에 관하여 조언을 하는 것
  ㉣ 그 밖에 위험물의 운송 중 안전확보에 관하여 필요한 정보를 제공하고 감독 또는 지원하는 것

(2) 이동탱크저장소에 의한 위험물의 운송 시 준수해야 하는 기준
① 위험물운송자는 운송의 개시 전에 **이동저장탱크의 배출밸브** 등의 밸브와 **폐쇄장치, 맨홀 및 주입구의 뚜껑, 소화기 등의 점검**을 충분히 실시할 것
② 위험물운송자는 장거리(**고속국도**에 있어서는 **340[km] 이상**, 그 밖의 도로에 있어서는 **200[km] 이상**을 말한다)에 걸치는 운송을 하는 때에는 **2명 이상의 운전자**로 할 것. 다만, 다음의 어느 하나에 해당하는 경우에는 그렇지 않다.
　㉠ 운송책임자를 동승시킨 경우
　㉡ 운송하는 위험물이 **제2류 위험물 · 제3류 위험물**(칼슘 또는 알루미늄의 탄화물과 이것만을 함유한 것에 한한다) 또는 **제4류 위험물**(특수인화물을 제외한다)인 경우
　㉢ 운송도중에 **2시간 이내마다 20분 이상씩 휴식**하는 경우
③ 위험물운송자는 이동저장탱크로부터 위험물이 현저하게 새는 등 재해발생의 우려가 있는 경우에는 재난을 방지하기 위한 응급조치를 강구하는 동시에 소방관서 그 밖의 관계 기관에 통보할 것
④ 위험물(제4류 위험물에 있어서는 **특수인화물** 및 **제1석유류**에 한한다)을 운송하게 하는 자는 별지 제48호 서식의 **위험물안전카드**를 위험물운송자로 하여금 **휴대**하게 할 것

CHAPTER 02 위험물안전관리에 관한 세부기준

제1절 위험물의 종류별 성상 판정기준

1 종류별 판정기준

유 별	판정시험		비 고
제1류 위험물	산화성 시험	연소시험	분립상(매분당 160회의 타진을 받으며 회전하는 2[mm]의 체를 30분에 걸쳐 통과하는 양이 10[wt%] 이상인 것) 물품의 **산화성**으로 인한 위험성의 정도를 판단하기 위한 시험
		대량연소시험	분립상 외의 물품의 산화성으로 인한 위험성의 정도를 판단하기 위한 시험
	충격민감성 시험	낙구타격감도시험	분립상 물품의 **민감성**으로 인한 위험성의 정도를 판단하기 위한 시험
		철관시험	분립상 외의 물품의 민감성으로 인한 위험성의 정도를 판단하기 위한 시험
제2류 위험물	착화성 시험		작은 불꽃 착화시험
	인화성 시험		신속평형법에 의한 인화점측정기
제3류 위험물	자연발화성 시험		고체와 액체의 발화성 시험을 구분하여 시험
	금수성 시험		물과 접촉하여 발화하거나 가연성 가스 발생을 시험
제4류 위험물	인화성 시험	인화점 측정시험	태그밀폐식 인화점측정기, 신속평형법 인화점측정기, 클리블랜드개방컵 인화점측정기
	연소점 측정시험		–
	발화점 측정시험		–
	비점 측정시험		–
제5류 위험물	폭발성 시험	열분석 시험	폭발성으로 인한 위험성의 정도를 판단하기 위한 시험
	가열분해성 시험	압력용기 시험	가열분해성으로 인한 위험성의 정도를 판단하기 위한 시험
제6류 위험물	산화성 시험	연소시간 측정시험	–

2 위험물별 측정방법

(1) 인화점 시험 59회

① **고체의 인화 위험성 시험방법(세부기준 제9조)**
  ㉠ 시험장치는 페인트, 바니시, 석유 및 관련 제품 - 인화점 시험방법 - 신속평형법(KS M ISO 3679)에 의한 인화점 측정기 또는 이에 준하는 것으로 할 것
  ㉡ 시험장소는 기압 1기압의 무풍의 장소로 할 것
  ㉢ 신속평형법의 시료 컵을 설정온도(시험물품이 인화하는지의 여부를 확인하는 온도를 말한다)까지 가열 또는 냉각하여 시험물품(설정온도가 상온보다 낮은 온도인 경우에는 설정온도까지 냉각시킨 것) 2[g]을 시료 컵에 넣고 뚜껑 및 개폐기를 닫을 것
  ㉣ 시료 컵의 온도를 5분간 설정온도로 유지할 것
  ㉤ 시험불꽃을 점화하고 화염의 크기를 직경 4[mm]가 되도록 조정할 것
  ㉥ 5분 경과 후 개폐기를 작동하여 시험불꽃을 시료 컵에 2.5초간 노출시키고 닫을 것. 이 경우 시험불꽃을 급격히 상하로 움직이지 않아야 한다.
  ㉦ ㉥의 방법에 의하여 인화한 경우에는 인화하지 않게 될 때까지 설정온도를 낮추고, 인화하지 않는 경우에는 인화할 때까지 높여 ㉢ 내지 ㉥의 조작을 반복하여 인화점을 측정할 것

② **인화성 액체의 인화점 시험방법(세부기준 제13조)**
  ㉠ 측정결과가 0[℃] 미만인 경우에는 해당 측정결과를 인화점으로 할 것
  ㉡ 측정결과가 0[℃] 이상 80[℃] 이하인 경우에는 동점도 측정을 하여 동점도가 10[mm^2/s] 미만인 경우에는 해당 측정결과를 인화점으로 하고, 동점도가 10[mm^2/s] 이상인 경우에는 제15조(신속평형법 인화점측정기에 의한 인화점 측정시험)의 규정에 따른 방법으로 다시 측정할 것
  ㉢ 측정결과가 80[℃]를 초과하는 경우에는 제16조(클리블랜드 개방컵 인화측정기에 의한 인화점 측정시험)의 규정에 따른 방법으로 다시 측정할 것

③ **인화점 측정시험(세부기준 제14조~제16조)** 37회
  ㉠ 태그밀폐식 인화점측정기에 의한 인화점 측정시험
    ㉮ 시험장소는 기압 1기압, 무풍의 장소로 할 것
    ㉯ 원유 및 석유제품 인화점 시험방법-태크밀폐식 시험방법(KS M 2010)에 의한 태그(Tag)밀폐식 인화점측정기의 시료 컵에 시험물품 50[cm^3]를 넣고 시험물품의 표면의 기포를 제거한 후 뚜껑을 덮을 것
    ㉰ 시험불꽃을 점화하고 화염의 크기를 직경이 4[mm]가 되도록 조정할 것
    ㉱ 시험물품의 온도가 60초간 1[℃]의 비율로 상승하도록 수조를 가열하고 시험물품의 온도가 설정온도보다 5[℃] 낮은 온도에 도달하면 개폐기를 작동하여 시험불꽃을 시료 컵에 1초간 노출시키고 닫을 것. 이 경우 시험불꽃을 급격히 상하로 움직이지 않아야 한다.

⑮ ㉑의 방법에 의하여 인화하지 않는 경우에는 시험물품의 온도가 0.5[℃] 상승할 때마다 개폐기를 작동하여 시험불꽃을 시료 컵에 1초간 노출시키고 닫는 조작을 인화할 때까지 반복할 것

⑯ ⑮의 방법에 의하여 인화한 온도가 60[℃] 미만의 온도이고 설정온도와의 차가 2[℃]를 초과하지 않는 경우에는 해당 온도를 인화점으로 할 것

⑰ ㉑의 방법에 의하여 인화한 경우 및 ⑮의 방법에 의하여 인화한 온도와 설정온도와의 차가 2[℃]를 초과하는 경우에는 ㉯ 내지 ⑮에 의한 방법으로 반복하여 실시할 것

⑱ ⑮의 방법 및 ⑰의 방법에 의하여 인화한 온도가 60[℃] 이상의 온도인 경우에는 ㉓ 내지 ㉙의 순서에 의하여 실시할 것

㉓ ㉯ 및 ㉑과 같은 순서로 실시할 것

㉔ 시험물품의 온도가 60초간 3[℃]의 비율로 상승하도록 수조를 가열하고 시험물품의 온도가 설정온도보다 5[℃] 낮은 온도에 도달하면 개폐기를 작동하여 시험불꽃을 시료 컵에 1초간 노출시키고 닫을 것. 이 경우 시험불꽃을 급격히 상하로 움직이지 않아야 한다.

㉕ ㉔의 방법에 의하여 인화하지 않는 경우에는 시험물품의 온도가 1[℃] 상승마다 개폐기를 작동하여 시험불꽃을 시료 컵에 1초간 노출시키고 닫는 조작을 인화할 때까지 반복할 것

㉖ ㉕의 방법에 의하여 인화한 온도와 설정온도와의 차가 2[℃]를 초과하지 않는 경우에는 해당 온도를 인화점으로 할 것

㉗ ㉔의 방법에 의하여 인화한 경우 및 ㉕의 방법에 의하여 인화한 온도와 설정온도와의 차가 2[℃]를 초과하는 경우에는 ㉓ 내지 ㉕와 같은 순서로 반복하여 실시할 것

ⓛ **신속평형법 인화점측정기**에 의한 인화점측정시험 44회

㉮ 시험장소는 기압 1기압, 무풍의 장소로 할 것

㉯ 신속평형법 인화점측정기의 시료 컵을 설정온도까지 가열 또는 냉각하여 시험물품(설정온도가 상온보다 낮은 온도인 경우에는 설정온도까지 냉각한 것) 2[mL]를 시료 컵에 넣고 즉시 뚜껑 및 개폐기를 닫을 것

㉰ 시료 컵의 온도를 1분간 설정온도로 유지할 것

㉱ 시험불꽃을 점화하고 화염의 크기를 직경 4[mm]가 되도록 조정할 것

㉲ 1분 경과 후 개폐기를 작동하여 시험불꽃을 시료 컵에 2.5초간 노출시키고 닫을 것. 이 경우 시험불꽃을 급격히 상하로 움직이지 않아야 한다.

㉳ ㉲의 방법에 의하여 인화한 경우에는 인화하지 않을 때까지 설정온도를 낮추고, 인화하지 않는 경우에는 인화할 때까지 설정온도를 높여 ㉯ 내지 ㉲의 조작을 반복하여 인화점을 측정할 것

ⓒ **클리블랜드 개방컵 인화점측정기**에 의한 인화점측정시험 46, 62회

㉮ 시험장소는 기압 1기압, 무풍의 장소로 할 것

㉯ 인화점 및 연소점 시험방법-클리블랜드 개방컵 시험방법(KS M ISO 2592)에 의한 인화점측정기의 시료 컵의 표선(標線)까지 시험물품을 채우고 시험물품의 표면의 기포를 제거할 것
㉰ 시험불꽃을 점화하고 화염의 크기를 직경 4[mm]가 되도록 조정할 것
㉱ 시험물품의 온도가 60초간 14[℃]의 비율로 상승하도록 가열하고 설정온도보다 55[℃] 낮은 온도에 달하면 가열을 조절하여 설정온도보다 28[℃] 낮은 온도에서 60초간 5.5[℃]의 비율로 온도가 상승하도록 할 것
㉲ 시험물품의 온도가 설정온도보다 28[℃] 낮은 온도에 달하면 시험불꽃을 시료 컵의 중심을 횡단하여 일직선으로 1초간 통과시킬 것. 이 경우 시험불꽃의 중심을 시료컵 위쪽 가장자리의 상방 2[mm] 이하에서 수평으로 움직여야 한다.
㉳ ㉲의 방법에 의하여 인화하지 않는 경우에는 시험물품의 온도가 2[℃] 상승할 때마다 시험불꽃을 시료 컵의 중심을 횡단하여 일직선으로 1초간 통과시키는 조작을 인화할 때까지 반복할 것
㉴ ㉳의 방법에 의하여 인화한 온도와 설정온도와의 차가 4[℃]를 초과하지 않는 경우에는 해당 온도를 인화점으로 할 것
㉵ ㉲의 방법에 의하여 인화한 경우 및 ㉳의 방법에 의하여 인화한 온도와 설정온도와의 차가 4[℃]를 초과하는 경우에는 ㉯ 내지 ㉳와 같은 순서로 반복하여 실시할 것

(2) 가연성 고체 시험

① **착화의 위험성 시험방법 및 판정기준(세부기준 제8조)**
   ㉠ 시험장소는 온도 20[℃], 습도 50[%], 기압 1기압, 무풍의 장소로 할 것
   ㉡ 두께 10[mm] 이상의 무기질의 단열판 위에 시험물품(건조용 실리카젤을 넣은 데시케이터 속에 온도 20[℃]로 24시간 이상 보존되어 있는 것) 3[cm³] 정도를 둘 것. 이 경우 시험물품이 분말상 또는 입자상이면 무기질의 단열판 위에 반구상(半球狀)으로 둔다.
   ㉢ 액화석유가스의 불꽃[선단이 봉상(棒狀)인 착화기구의 확산염으로서 화염의 길이가 해당 착화기구의 구멍을 위로 향한 상태로 70[mm]가 되도록 조절한 것]을 시험물품에 10초간 접촉(화염과 시험물품의 접촉면적은 2[cm²]로 하고 접촉각도는 30°로 한다)시킬 것
   ㉣ ㉡ 및 ㉢의 조작을 10회 이상 반복하여 화염을 시험물품에 접촉할 때부터 시험물품이 착화할 때까지의 시간을 측정하고, 시험물품이 1회 이상 연소(불꽃 없이 연소하는 상태를 포함한다)를 계속하는지 여부를 관찰할 것

② **판정기준**
   위의 방법에 의한 시험결과 불꽃을 시험물품에 접촉하고 있는 동안에 시험물품이 모두 연소하는 경우, 불꽃을 격리시킨 후 10초 이내에 연소물품의 모두가 연소한 경우 또는 불꽃을 격리시킨 후 10초 이상 계속하여 시험물품이 연소한 경우에는 가연성 고체에 해당하는 것으로 한다.

(3) 자연발화성 시험(세부기준 제11조)

① 고체의 공기 중 발화의 위험성의 시험방법 및 판정기준
  ㉠ 시험장소는 온도 20[℃], 습도 50[%], 기압 1기압, 무풍의 장소로 할 것
  ㉡ 시험물품(300[μm]의 체를 통과하는 분말) 1[cm^3]를 직경 70[mm]인 화학분석용 자기 위에 설치한 직경 90[mm]인 여과지의 중앙에 두고 10분 이내에 자연발화하는지 여부를 관찰할 것. 이 경우 자연발화하지 않는 경우에는 같은 조작을 5회 이상 반복하여 1회 이상 자연발화하는지 여부를 관찰한다.
  ㉢ 분말인 시험물품이 ㉡의 방법에 의하여 자연발화하지 않는 경우에는 시험물품 2[cm^3]를 무기질의 단열판 위에 1[m]의 높이에서 낙하시켜 낙하 중 또는 낙하 후 10분 이내에 자연발화 여부를 관찰할 것. 이 경우 자연발화하지 않는 경우에는 같은 조작을 5회 이상 반복하여 1회 이상 자연발화하는지 여부를 관찰한다.
  ㉣ 판정기준 : ㉠ 내지 ㉢의 방법에 의한 시험결과 자연발화하는 경우에는 자연발화성 물질에 해당하는 것으로 할 것

② 액체의 공기 중 발화의 위험성의 시험방법 및 판정기준
  ㉠ 시험장소는 온도 20[℃], 습도 50[%], 기압 1기압, 무풍의 장소로 할 것
  ㉡ 시험물품 0.5[cm^3]를 직경 70[mm]인 자기에 20[mm]의 높이에서 전량을 30초간 균일한 속도로 주사기 또는 피펫을 써서 떨어뜨리고 10분 이내에 자연발화하는지 여부를 관찰할 것. 이 경우 자연발화하지 않는 경우에는 같은 조작을 5회 이상 반복하여 1회 이상 자연발화하는지 여부를 관찰한다.
  ㉢ ㉡의 방법에 의하여 자연발화하지 않는 경우에는 시험물품 0.5[cm^3]를 직경 70[mm]인 자기 위에 설치한 직경 90[mm]인 여과지에 20[mm]의 높이에서 전량을 30초간 균일한 속도로 주사기 또는 피펫을 써서 떨어뜨리고 10분 이내 자연발화하는지 또는 여과지를 태우는지 여부(여과지가 갈색으로 변하면 태운 것으로 본다)를 관찰할 것. 이 경우 자연발화하지 않는 경우 또는 여과지를 태우지 않는 경우에는 같은 조작을 5회 이상 반복하여 1회 이상 자연발화하는지 또는 여과지를 태우는지 여부를 관찰한다.
  ㉣ 판정기준 : ㉠ 내지 ㉢의 방법에 의한 시험결과 자연발화하는 경우에 또는 여과지를 태우는 경우에는 자연발화성 물질에 해당하는 것으로 할 것

(4) 금수성 시험(세부기준 제12조)

① 물과 접촉하여 발화하거나 가연성 가스를 발생할 위험성의 시험방법
  ㉠ 시험장소는 온도 20[℃], 습도 50[%], 기압 1기압, 무풍의 장소로 할 것
  ㉡ 용량 500[cm^3]의 비커 바닥에 여과지 침하방지대를 설치하고 그 위에 직경 70[mm]의 여과지를 놓은 후 여과지가 뜨도록 침하방지대의 상면까지 20[℃]의 순수한 물을 넣고 시험물품 50[mm^3]를 여과지의 중앙에 둔(액체 시험물품에 있어서는 여과지의 중앙에 주사한다) 상태에서 발생하는 가스가 자연발화하는지 여부를 관찰할 것. 이 경우 자연발화하지 않는 경우에는 같은 방법으로 5회 이상 반복하여 1회 이상 자연발화하는지 여부를 관찰한다.

ⓒ ⓛ의 방법에 의하여 발생하는 가스가 자연발화하지 않는 경우에는 해당 가스에 화염을 가까이하여 착화하는지 여부를 관찰할 것
ⓔ ⓛ의 방법에 의하여 발생하는 가스가 자연발화하지 않거나 가스의 발생이 인지되지 않는 경우 또는 ⓒ의 방법에 의하여 착화되지 않는 경우에는 시험물품 2[g]을 용량 100[cm³]의 원형 바닥의 플라스크에 넣고 이것을 40[℃]의 수조에 넣어 40[℃]의 순수한 물 50[cm³]를 신속히 가한 후 직경 12[mm]의 구형의 교반자 및 자기교반기를 써서 플라스크 내를 교반하면서 가스 발생량을 1시간마다 5회 측정할 것
ⓜ 1시간마다 측정한 시험물품 1[kg]당의 가스 발생량의 최대치를 가스발생량으로 할 것
ⓗ 발생하는 가스에 가연성 가스가 혼합되어 있는지 여부를 검지관, 가스크로마토그래프 등에 의하여 분석할 것
② 판정기준
위의 방법에 의한 시험결과 자연발화하는 경우, 착화하는 경우 또는 가연성 성분을 함유한 가스의 발생량이 200[L] 이상인 경우에는 금수성 물질에 해당하는 것으로 한다.

(5) 폭발성 시험(세부기준 제18조~제19조)

① 폭발성으로 인한 위험성의 정도를 판단하기 위한 시험은 **열분석시험방법**
㉠ 표준물질의 발열개시온도 및 발열량(단위 질량당 발열량을 말한다)
  ㉮ **표준물질인 2,4-다이나이트로톨루엔** 및 기준물질인 산화알루미늄을 각각 1[mg]씩 파열압력이 5[MPa] 이상인 스테인리스강재의 내압성 셸에 밀봉한 것을 시차주사(示差走査)열량측정장치(DSC) 또는 시차(示差)열분석장치(DTA)에 충전하고 2,4-다이나이트로톨루엔 및 산화알루미늄의 온도가 60초간 10[℃]의 비율로 상승하도록 가열하는 시험을 5회 이상 반복하여 발열개시온도 및 발열량의 각각의 평균치를 구할 것
  ㉯ **표준물질인 과산화벤조일** 및 **기준물질인 산화알루미늄**을 각각 2[mg]씩으로 하여 ㉮에 의할 것
㉡ 시험물품의 발열개시온도 및 발열량 시험은 시험물질 및 기준물질인 산화알루미늄을 각각 2[mg]씩으로 하여 ①의 ㉮에 의할 것

② 판정기준
㉠ 발열개시온도에서 25[℃]를 뺀 온도(이하 "보정온도"라 한다)의 상용대수를 횡축으로 하고 발열량의 상용대수를 종축으로 하는 좌표도를 만들 것
㉡ ㉠의 좌표도상에 2,4-다이나이트로톨루엔의 발열량에 0.7을 곱하여 얻은 수치의 상용대수와 보정온도의 상용대수의 상호대응 좌표점 및 과산화벤조일의 발열량에 0.8을 곱하여 얻은 수치의 상용대수와 보정온도의 상용대수의 상호대응 좌표점을 연결하여 직선을 그을 것
㉢ 시험물품의 발열량의 상용대수와 보정온도(1[℃] 미만일 때에는 1[℃]로 한다)의 상용대수의 상호대응 좌표점을 표시할 것

② ⓒ에 의한 좌표점이 ⓑ에 의한 직선상 또는 이보다 위에 있는 것을 자기반응성 물질에 해당하는 것으로 할 것

제2절 위험물제조소 등의 허가 및 탱크안전성능검사

1 제조소 등의 허가

(1) 설치허가 또는 변경허가 시 기술검토를 받지 않는 부분적 변경(세부기준 제24조)
① 옥외저장탱크의 지붕판(노즐·맨홀 등을 포함한다)의 교체(동일한 형태의 것으로 교체하는 경우에 한한다)
② 옥외저장탱크의 옆판(노즐·맨홀 등을 포함한다)의 교체 중 다음 어느 하나에 해당하는 경우
  ㉠ 최하단 옆판을 교체하는 경우에는 옆판 표면적의 10[%] 이내의 교체
  ㉡ 최하단 외의 옆판을 교체하는 경우에는 옆판 표면적의 30[%] 이내의 교체
③ 옥외저장탱크의 밑판(옆판의 중심선으로부터 600[mm] 이내의 밑판에 있어서는 해당 밑판의 원주길이의 10[%] 미만에 해당하는 밑판에 한한다)의 교체
④ 옥외저장탱크의 밑판 또는 옆판(노즐·맨홀 등을 포함한다)의 정비(밑판 또는 옆판의 표면적의 50[%] 미만의 겹침보수공사 또는 육성보수공사를 포함한다)
⑤ 옥외탱크저장소의 기초·지반의 정비
⑥ 암반탱크의 내벽의 정비
⑦ 제조소 또는 일반취급소의 구조·설비를 변경하는 경우에 변경에 의한 위험물 취급량의 증가가 지정수량의 1천배 미만인 경우

2 탱크안전성능검사의 시험개소 및 범위(세부기준 제29조)

(1) 원통세로형 탱크
① 애뉼러 판 맞대기이음 용접부에 대한 시험(다음 시험방법 중 하나로 할 것)
  ㉠ 초층용접 후 전용접부에 대하여 **침투탐상시험**을 하고, 용접종료 후 **자기탐상시험**을 할 것
  ㉡ 애뉼러 판 맞대기이음 용접부의 바깥쪽 끝단에서 250[mm]까지를 용접종료 후 전체 개소 중 50[%]에 대하여 방사선투과시험 또는 영상초음파탐상시험을 실시하고, 바깥쪽 끝단에서 250[mm]까지의 범위를 초과하는 모든 용접부에 대해서는 ㉠의 시험방법을 적용할 것

② **애뉼러 판이 없는 구조의 밑판**은 옆판 최하단의 중심선을 기준으로 밑판의 안쪽방향 용접부 200[mm]와 바깥쪽 방향 전용접부를 초층용접 후 침투탐상시험을 하고, 용접종료 후 자기탐상시험을 할 것

③ 밑판과 옆판의 이음부 및 애뉼러 판과 옆판의 이음부인 **필렛용접부**는 용접종료 후와 **충수시험, 수압시험** 또는 **기밀시험** 후에 안쪽 용접부에 대하여 **자기탐상시험**을 할 것

④ 밑판 용접부 및 밑판과 애뉼러 판의 이음 용접부는 다음과 같이 시험할 것
  ㉠ 3매 겹침부 또는 맞대기용접일 경우의 T자부(이하 "3매 겹침부 등"이라 한다)에 대해서는 3방향으로 각각 길이 200[mm]의 범위에 걸쳐 초층용접 후 침투탐상시험을 하고, 용접종료 후 자기탐상시험을 할 것
  ㉡ 3매 겹침부 등을 제외한 밑판 전용접길이의 3[%](10[m]를 초과하는 경우에는 10[m]로 한다)에 대해 용접종료 후 자기탐상시험을 하거나 3매 겹침부 등을 제외한 밑판 전용접길이에 대해 진공시험을 할 것

⑤ 옆판 맞대기이음 용접부에 대한 시험은 다음의 규정에 따른 시험방법 중 어느 하나로 할 것
  ㉠ 용접종료 후 제34조에 따른 방사선투과시험을 할 것
  ㉡ 용접종료 후 제35조에 따른 영상초음파탐상시험을 할 것. 다만, 옆판 두께가 6[mm] 미만인 경우에는 초층용접 후 전용접부에 대하여 침투탐상시험을 하고, 용접종료 후 자기탐상시험을 할 것

⑥ 옆판최하단의 개구부(보강판을 포함한다) 및 물받이(Sump) 용접부는 용접종료 후 자기탐상시험을 하며, 옆판이 고장력강판(인장강도 규격의 최소치가 500[MPa] 이상인 강판을 말한다)인 경우에는 모든 두께의 판, 연강판인 경우에는 25[mm]를 초과하는 두께의 판에 설치된 개구부의 용접부에 대하여 초층용접 후 침투탐상시험을 할 것. 다만, 방사선투과시험 또는 영상초음파탐상시험을 실시한 부위를 제외한다.

⑦ **개구부 및 물받이의 맞대기 용접부**는 용접종료 후 **방사선투과시험** 또는 영상초음파탐상시험을 할 것

⑧ 탱크의 옆판에 탱크의 제작 등을 위하여 가설재 등을 부착하였다가 제거하는 경우에는 해당 가설재 등을 제거한 부위에 대하여 육안검사 또는 자기탐상시험을 실시할 것. 이 경우 고장력강판 및 25[mm]를 초과하는 연강판에 대해서는 자기탐상시험을 실시해야 하며 자기탐상시험을 실시하지 못할 경우에는 침투탐상시험을 실시할 수 있다.

(2) **구형 탱크**
  ① 개구부의 모든 용접부에 대하여 초층용접 후 **침투탐상시험**을 할 것. 다만, 방사선투과시험 또는 영상초음파탐상시험을 실시한 부위는 제외한다.
  ② 모든 용접부에 대하여 용접종료 후 **자기탐상시험**을 할 것
  ③ **맞대기용접의 이음부**는 전용접부에 대하여 용접종료 후 **방사선투과시험** 또는 영상초음파탐상시험을 할 것

④ 개구부의 맞대기용접부는 용접종료 후 **방사선투과시험** 또는 영상초음파탐상시험을 실시할 것
⑤ 탱크의 강판에 탱크의 제작 등을 위하여 가설재 등을 부착하였다가 제거하는 경우에는 해당 가설재 등을 제거한 부위에 대하여 **육안검사** 또는 **자기탐상시험**을 실시할 것. 이 경우 고장력강판 및 25[mm]를 초과하는 연강판에 대해서는 자기탐상시험을 실시해야 하며 자기탐상시험을 실시하지 못할 경우에는 침투탐상시험을 실시할 수 있다.

(3) 기타 형상의 탱크

① 모든 용접부에 대하여 용접종료 후 **방사선투과시험, 영상초음파탐상시험, 자기탐상시험, 침투탐상시험** 중 적절한 시험방법을 선택하여 시험할 것
② 탱크의 강판에 탱크의 제작 등을 위하여 가설재 등을 부착하였다가 제거하는 경우에는 해당 가설재 등을 제거한 부위에 대하여 육안검사 또는 자기탐상시험을 실시할 것. 이 경우 고장력강판 및 25[mm]를 초과하는 연강판에 대해서는 자기탐상시험을 실시해야 하며 자기탐상시험을 실시하지 못할 경우에는 침투탐상시험을 실시할 수 있다.

3 충수・수압시험의 방법 및 판정기준(세부기준 제31조)

(1) **충수시험**은 탱크에 물이 채워진 상태에서 1,000[kL] 미만의 탱크는 12시간, 1,000[kL] 이상의 탱크는 24시간 이상 경과한 이후에 지반침하가 없고 탱크 본체 접속부 및 용접부 등에서 누설 변형 또는 손상 등의 이상이 없을 것

(2) **수압시험**은 탱크의 모든 개구부를 완전히 폐쇄한 이후에 물을 가득 채우고 **최대사용압력의 1.5배 이상**의 압력을 가하여 **10분 이상** 경과한 이후에 탱크 본체・접속부 및 용접부 등에서 누설 또는 영구변형 등의 이상이 없을 것. 다만, 규칙에서 시험압력을 정하고 있는 탱크의 경우에는 해당 압력을 시험압력으로 한다.

4 강화플라스틱제 이중벽탱크의 성능시험(세부기준 제38조)

(1) 기밀시험

① 감지층에 대하여 다음의 공기압을 5분 동안 가압하는 경우에 누출되거나 파손되지 않을 것
  ㉠ 탱크 직경이 3[m] 미만인 경우 : 30[kPa]
  ㉡ 탱크 직경이 3[m] 이상인 경우 : 20[kPa]
② 탱크를 정격최대압력 및 정격진공압력으로 24시간 동안 유지한 후 감지층에 대하여 정격최대압력의 2배의 압력과 진공압력(20[kPa])을 각각 1분간 가하는 경우에 탱크가 파손되거나 손상되지 않을 것

(2) 수압시험

① 다음의 규정에 의한 수압을 1분 동안 탱크내부에 가하는 경우에 파손되지 않고 내압력을 지탱할 것
  ㉠ 탱크 직경이 3[m] 미만인 경우 : 0.17[MPa]
  ㉡ 탱크 직경이 3[m] 이상인 경우 : 0.1[MPa]
② 빈 탱크를 시험용 도크(Dock)에 적절히 고정하고 탱크 윗부분이 수면으로부터 0.9[m] 이상 잠기도록 물을 채워 24시간 동안 유지한 후 1분 동안 탱크 내부에 20[kPa]의 진공압력을 작용시키는 경우에 파열 또는 손상이 없을 것

(3) 충수시험

탱크를 모래베드에 놓고 직경의 1/8 높이까지 모래로 매립한 다음 물을 최대용량만큼 채운 후 1시간 동안 유지하였을 때 탱크에 누설이 없을 것

제3절 위험물제조소 등의 기술기준

1 특정옥외저장탱크(세부기준 제57조)

(1) 특정옥외저장탱크 옆판의 최소두께

내경[m]	두께[mm]
16 이하	4.5
16 초과 35 이하	6
35 초과 60 이하	8
60 초과	10

(2) 특정옥외저장탱크 두께

① 밑판의 최소두께는 특정옥외저장탱크의 용량이 1,000[kL] 이상 10,000[kL] 미만의 것에 있어서는 8[mm]로 하고, 10,000[kL] 이상의 것에 있어서는 9[mm]로 할 것. 다만, 저장하는 위험물의 성상 등에 따라 밑판이 부식할 우려가 없다고 인정되는 경우에는 해당 밑판의 두께를 감소할 수 있다.
② 지붕의 최소두께는 4.5[mm]로 할 것

(3) 특정옥외저장탱크의 풍하중(세부기준 제59조)

$$풍하중\ q = 0.588k\sqrt{h}\,[\text{kN/m}^2]$$

여기서, k : 풍력계수(원통형 탱크의 경우 : 0.7, 그 외의 탱크 : 1.0)
h : 지반면으로부터의 높이[m]

2 이동저장탱크의 재료(세부기준 제107조)

(1) 이동저장탱크의 탱크, 칸막이, 맨홀 및 주입관의 뚜껑

KS규격품인 스테인리스강판, 알루미늄합금판, 고장력강판으로서 두께가 다음 식에 의하여 산출된 수치(소수점 2자리 이하는 올림) 이상으로 하고 판두께의 최소치는 2.8[mm] 이상일 것. 다만, 최대용량이 20[kL]를 초과하는 탱크를 알루미늄합금판으로 제작하는 경우에는 다음 식에 의하여 구한 수치에 1.1을 곱한 수치로 한다.

$$t = \sqrt[3]{\frac{400 \times 21}{\sigma \times A}} \times 3.2$$

여기서, t : 사용재질의 두께[mm]
σ : 사용재질의 인장강도[N/mm^2]
A : 사용재질의 신축률[%]

(2) 이동저장탱크의 방파판

KS규격품인 스테인리스강판, 알루미늄합금판, 고장력강판으로서 두께가 다음 식에 의하여 산출된 수치(소수점 2자리 이하는 올림) 이상으로 한다.

$$t = \sqrt{\frac{270}{\sigma}} \times 1.6$$

여기서, t : 사용재질의 두께[mm]
σ : 사용재질의 인장강도[N/mm^2]

(3) 이동저장탱크의 방호틀 48회

KS규격품인 스테인리스강판, 알루미늄합금판, 고장력강판으로서 두께가 다음 식에 의하여 산출된 수치(소수점 2자리 이하는 올림) 이상으로 한다.

$$t = \sqrt{\frac{270}{\sigma}} \times 2.3$$

여기서, t : 사용재질의 두께[mm]
σ : 사용재질의 인장강도[N/mm^2]

(4) 이동탱크저장소의 외부도장(세부기준 제109조)

유 별	도장의 색상	비 고
제1류 위험물	회 색	• 탱크의 앞면과 뒷면을 제외한 면적의 40[%] 이내의 면적은 다른 유별의 색상 외의 색상으로 도장하는 것이 가능하다. • 제4류에 대해서는 도장의 색상이 제한이 없으나 적색을 권장한다.
제2류 위험물	적 색	
제3류 위험물	청 색	
제5류 위험물	황 색	
제6류 위험물	청 색	

제4절 위험물제조소 등의 소방시설

1 소화기구

(1) 소화기구의 설치기준(시행규칙 별표 17, 소화기구 및 자동소화장치의 화재안전기술기준)
① **각층마다** 설치할 것
② 소방대상물의 각 부분으로부터 소화기까지의 보행거리
  ㉠ **소형소화기** : 20[m] 이내가 되도록 배치할 것
  ㉡ **대형소화기** : 30[m] 이내가 되도록 배치할 것
③ 소화기구(자동확산소화기는 제외)는 바닥으로부터 높이 1.5[m] 이하의 곳에 비치할 것
④ **소화기**에 있어서는 "**소화기**", 투척용 소화용구에 있어서는 "**투척용 소화용구**", 마른모래에 있어서는 "**소화용 모래**", 팽창질석 및 팽창진주암에 있어서는 "**소화질석**"이라고 표시한 표지를 보기 쉬운 곳에 부착할 것 38회

> **Plus One** 소형소화기 설치 장소
> • 지하탱크저장소　　　　　　　　• 간이탱크저장소
> • 이동탱크저장소　　　　　　　　• 주유취급소
> • 판매취급소

(2) 이산화탄소, 할론을 방사하는 소화기구(자동확산소화기는 제외) 설치 금지 장소
① **지하층**
② **무창층**
③ **밀폐된 거실**로서 그 바닥면적이 20[m²] 미만의 장소
  ※ 다만, 배기를 위한 유효한 개구부가 있는 장소인 경우에는 그렇지 않다.

2 옥내소화전설비(세부기준 제129조)

(1) 옥내소화전설비의 설치기준
① 옥내소화전의 개폐밸브, 호스접속구의 설치 위치 : 바닥면으로부터 1.5[m] 이하
② 옥내소화전의 개폐밸브 및 방수용기구를 격납하는 상자(소화전함)는 불연재료로 제작하고 점검에 편리하고 화재발생 시 연기가 충만할 우려가 없는 장소 등 쉽게 접근이 가능하고 화재 등에 의한 피해를 받을 우려가 적은 장소에 설치할 것
③ 가압송수장치의 시동을 알리는 **표시등**(시동표시등)은 **적색**으로 하고 옥내소화전함의 내부 또는 그 직근의 장소에 설치할 것(자체소방대를 둔 제조소 등으로서 가압송수장치의 기동장치를 기동용 수압개폐장치로 사용하는 경우에는 시동표시등을 설치하지 않을 수 있다)
④ 옥내소화전함에는 그 표면에 "소화전"이라고 표시할 것
⑤ 옥내소화전함의 **상부**의 벽면에 **적색의 표시등**을 설치하되, 해당 표시등의 부착면과 15° 이상의 각도가 되는 방향으로 10[m] 떨어진 곳에서 용이하게 식별이 가능하도록 할 것

(2) 물올림장치의 설치기준 33회
① 설치 : **수원의 수위**가 **펌프**(수평회전식의 것에 한함)보다 **낮은 위치**에 있을 때 설치
② 물올림장치에는 전용의 물올림탱크를 설치할 것
③ 물올림탱크의 용량은 가압송수장치를 유효하게 작동할 수 있도록 할 것
④ 물올림탱크에는 감수경보장치 및 물올림탱크에 물을 자동으로 보급하기 위한 장치가 설치되어 있을 것

(3) 옥내소화전설비의 비상전원
① **종류** : 자가발전설비, 축전지설비
② **용량** : 옥내소화전설비를 유효하게 **45분 이상** 작동시키는 것이 가능할 것

(4) 배관의 설치기준
① 전용으로 할 것
② 가압송수장치의 토출측 직근 부분의 배관에는 체크밸브 및 개폐밸브를 설치할 것
③ 주배관 중 **입상관**은 관의 직경이 **50[mm] 이상**인 것으로 할 것
④ 개폐밸브에는 그 개폐방향을, 체크밸브에는 그 흐름방향을 표시할 것

(5) 가압송수장치의 설치기준
① **고가수조를 이용한 가압송수장치**
  ㉠ 낙차(수조의 하단으로부터 호스접속구까지의 수직거리)는 다음 식에 의하여 구한 수치 이상으로 할 것

$$H = h_1 + h_2 + 35[\text{m}]$$

여기서, H : 필요낙차[m]
h_1 : 소방용 호스의 마찰손실수두[m]
h_2 : 배관의 마찰손실수두[m]

ⓒ 고가 수조에는 **수위계, 배수관, 오버플로우용 배수관, 보급수관** 및 **맨홀**을 설치할 것

② 압력수조를 이용한 가압송수장치 44, 61회

㉠ 압력수조의 압력은 다음 식에 의하여 구한 수치 이상으로 할 것

$$P = p_1 + p_2 + p_3 + 0.35[\text{MPa}]$$

여기서, P : 필요한 압력[MPa] p_1 : 소방용 호스의 마찰손실수두압[MPa]
p_2 : 배관의 마찰손실수두압[MPa] p_3 : 낙차의 환산수두압[MPa]

ⓒ 압력수조의 수량은 해당 압력수조 체적의 2/3 이하일 것
ⓒ 압력수조에는 **압력계, 수위계, 배수관, 보급수관, 통기관** 및 **맨홀**을 설치할 것

③ 펌프를 이용한 가압송수장치

㉠ 펌프의 전양정은 다음 식에 의하여 구한 수치 이상으로 할 것

$$H = h_1 + h_2 + h_3 + 35[\text{m}]$$

여기서, H : 펌프의 전양정[m] h_1 : 소방용 호스의 마찰손실수두[m]
h_2 : 배관의 마찰손실수두[m] h_3 : 낙차[m]

ⓒ 펌프의 **토출량**이 **정격토출량**의 150[%]인 경우에는 **전양정**은 **정격전양정**의 65[%] 이상일 것
ⓒ 펌프는 전용으로 할 것
㉣ 펌프에는 **토출측**에 **압력계**, **흡입측**에 **연성계**를 설치할 것
㉤ 가압송수장치에는 정격부하 운전 시 펌프의 성능을 시험하기 위한 배관설비를 설치할 것
㉥ 가압송수장치에는 체절 운전 시에 수온상승방지를 위한 **순환배관**을 설치할 것
㉦ 원동기는 전동기 또는 내연기관에 의한 것으로 할 것

④ 옥내소화전설비는 각층을 기준으로 하여 해당 층의 모든 옥내소화전(설치개수가 **5개 이상**인 경우는 5개의 옥내소화전)을 동시에 사용할 경우에 각 노즐 끝부분의 **방수압력**이 **350[kPa]** 이상이고 **방수량**이 **1분당 260[L] 이상**의 성능이 되도록 할 것

⑤ **수원의 수량**은 옥내소화전이 가장 많이 설치된 층의 옥내소화전 설치개수(설치개수가 5개 이상인 경우는 5개)에 **7.8[m³]**를 곱한 양 이상이 되도록 설치할 것

⑥ 옥내소화전은 제조소 등의 건축물의 층마다 하나의 호스접속구까지의 **수평거리가 25[m] 이하**가 되도록 설치할 것. 이 경우 옥내소화전은 각층의 출입구 부근에 1개 이상 설치해야 한다.

⑦ 가압송수장치에는 해당 옥내소화전의 노즐 끝부분에서 **방수압력**이 **0.7[MPa]**을 초과하지 않도록 할 것

⑧ 방수량, 방수압력, 수원 등 41, 52, 58, 61회

항 목	방수량	방수압력	토출량	수 원	비상전원
옥내소화전설비	260[L/min] 이상	0.35[MPa] 이상	N(최대 5개) × 260[L/min]	N(최대 5개) × 7.8[m³] (260[L/min] × 30[min])	45분 이상

Plus One 소화설비의 설치 구분(세부기준 제128조)
- 옥내소화전설비 및 이동식 물분무 등 소화설비는 화재발생 시 연기가 충만할 우려가 없는 장소 등 쉽게 접근이 가능하고 화재 등에 의한 피해를 받을 우려가 적은 장소에 한하여 설치할 것
- 옥외소화전설비는 건축물의 1층 및 2층 부분만을 방사능력범위로 하고 건축물의 지하층 및 3층 이상의 층에 대하여 다른 소화설비를 설치할 것. 또한 옥외소화전설비를 옥외 공작물에 대한 소화설비로 하는 경우에도 유효방수거리 등을 고려한 방사능력 범위에 따라 설치할 것
- 제4류 위험물을 저장 또는 취급하는 탱크에 포소화설비를 설치하는 경우에는 고정식 포소화설비(세로형 탱크에 설치하는 것은 고정식 포방출구방식으로 하고 보조포소화전 및 연결송액구를 함께 설치할 것)를 설치할 것
- 소화난이도등급Ⅰ의 제조소 또는 일반취급소에 옥내·외소화전설비, 스프링클러설비 또는 물분무 등소화설비를 설치 시 해당 제조소 또는 일반취급소의 취급탱크(인화점 21[℃] 미만의 위험물을 취급하는 것에 한함)의 펌프설비, 주입구 또는 토출구가 옥내·외소화전설비, 스프링클러설비 또는 는 물분무 등 소화설비의 방사능력 범위 내에 포함되도록 할 것. 이 경우 해당 취급탱크의 펌프설비, 주입구 또는 토출구에 접속하는 배관의 내경이 200[mm] 이상인 경우에는 해당 펌프설비, 주입구 또는 토출구에 대하여 적응성 있는 소화설비는 이동식 외의 물분무 등 소화설비에 한함
- 포소화설비 중 포모니터노즐 방식은 옥외의 공작물(펌프설비 등을 포함) 또는 옥외에서 저장 또는 취급하는 위험물을 방호대상물로 할 것

3 옥외소화전설비(세부기준 제130조)

(1) 옥외소화전의 설치기준

① 옥외소화전의 **개폐밸브** 및 호스접속구는 지반면으로부터 **1.5[m] 이하**의 높이에 설치할 것
② 방수용 기구를 격납하는 함(이하 "**옥외소화전함**"이라 함)은 불연재료로 제작하고 옥외소화전으로부터 **보행거리 5[m] 이하**의 장소로서 화재발생 시 쉽게 접근가능하고 화재 등의 피해를 받을 우려가 적은 장소에 설치할 것
③ 옥외소화전함에는 그 표면에 "호스격납함"이라고 표시할 것. 다만, 호스접속구 및 개폐밸브를 옥외소화전함의 내부에 설치하는 경우에는 "소화전"이라고 표시할 수도 있다.
④ 옥외소화전에는 직근의 보기 쉬운 장소에 "소화전"이라고 표시할 것
⑤ **자체소방대**를 둔 **제조소 등**으로서 옥외소화전함 부근에 설치된 옥외전등에 비상전원이 공급되는 경우에는 옥외소화전함의 **적색 표시등**을 **설치하지 않을 수 있다**.

(2) 가압송수장치, 시동표시등, 물올림장치, 비상전원, 조작회로의 배선, 배관 등

옥내소화전설비의 기준에 준한다.

(3) 옥외소화전설비는 습식으로 하고 동결방지조치를 할 것. 다만, 동결방지조치가 곤란한 경우에는 습식 외의 방식으로 할 수 있다.

(4) 방수량, 방수압력, 수원 등 61회

항 목	방수량	방수압력	토출량	수 원	비상전원
옥외소화전설비	450[L/min] 이상	0.35[MPa] 이상	N(최대 4개) $\times$ 450[L/min])	N(최대4개)$\times$13.5[m^3] (450[L/min]$\times$30[min])	45분 이상

4 스프링클러설비(세부기준 제131조)

(1) 개방형 스프링클러헤드
① 방호대상물의 모든 표면이 헤드의 유효사정 내에 있도록 설치할 것
② 스프링클러헤드의 반사판으로부터 하방으로 0.45[m], 수평방향으로 0.3[m]의 공간을 보유할 것
③ 스프링클러헤드는 헤드의 축심이 해당 헤드의 부착면에 대하여 직각이 되도록 설치할 것

(2) 폐쇄형 스프링클러헤드의 설치기준
① 스프링클러헤드는 (1)의 ①, ②의 규정에 의할 것
② 스프링클러헤드의 반사판과 해당 헤드의 부착면과의 거리는 **0.3[m] 이하**일 것
③ 스프링클러헤드는 해당 헤드의 부착면으로부터 0.4[m] 이상 돌출한 보 등에 의하여 구획된 부분마다 설치할 것. 다만, 해당 보 등의 상호 간의 거리(보 등의 중심선을 기산점으로 한다)가 1.8[m] 이하인 경우에는 그렇지 않다.
④ 급배기용 덕트 등의 긴 변의 길이가 1.2[m]를 초과하는 것이 있는 경우에는 해당 덕트 등의 아래 면에도 스프링클러헤드를 설치할 것
⑤ 스프링클러헤드의 부착위치
　㉠ 가연성 물질을 수납하는 부분에 스프링클러헤드를 설치하는 경우에는 해당 헤드의 반사판으로부터 하방으로 0.9[m], 수평방향으로 0.4[m]의 공간을 보유할 것
　㉡ 개구부에 설치하는 스프링클러헤드는 해당 개구부의 상단으로부터 높이 **0.15[m] 이내**의 벽면에 설치할 것
⑥ 건식 또는 준비작동식의 유수검지장치의 2차측에 설치하는 스프링클러헤드는 상향식스프링클러헤드로 할 것. 다만, 동결할 우려가 없는 장소에 설치하는 경우는 그렇지 않다.
⑦ 스프링클러헤드는 그 부착장소의 평상시의 최고주위온도에 따라 **오른쪽 표에 정한 표시온도**를 갖는 것을 설치할 것

부착장소의 최고주위온도[℃]	표시온도[℃]
28 미만	58 미만
28 이상 39 미만	**58 이상 79 미만**
39 이상 64 미만	79 이상 121 미만
64 이상 106 미만	121 이상 162 미만
106 이상	162 이상

(3) 개방형 스프링클러헤드를 이용하는 스프링클러설비의 일제개방밸브 또는 수동식 개방밸브설치기준
   ① 일제개방밸브의 기동조작부 및 수동식 개방밸브는 화재 시 쉽게 접근 가능한 바닥면으로부터 1.5[m] 이하의 높이에 설치할 것
   ② 일제개방밸브 또는 수동식 개방밸브의 설치
      ㉠ 방수구역마다 설치할 것
      ㉡ 일제개방밸브 또는 수동식 개방밸브에 작용하는 압력은 해당 일제개방밸브 또는 수동식 개방밸브의 최고사용압력 이하로 할 것
      ㉢ 일제개방밸브 또는 수동식 개방밸브의 2차측 배관부분에는 해당 방수구역에 방수하지 않고 해당 밸브의 작동을 시험할 수 있는 장치를 설치할 것
      ㉣ 수동식 개방밸브를 개방조작 하는 데 필요한 힘이 **15[kg] 이하**가 되도록 설치할 것

(4) 제어밸브의 설치기준
   ① 제어밸브는 개방형 스프링클러헤드를 이용하는 스프링클러설비에 있어서는 방수구역마다, 폐쇄형 스프링클러헤드를 사용하는 스프링클러설비에 있어서는 해당 방화대상물의 층마다, 바닥면으로부터 0.8[m] 이상 1.5[m] 이하의 높이에 설치할 것
   ② 제어밸브에는 함부로 닫히지 않는 조치를 강구할 것
   ③ 제어밸브에는 직근의 보기 쉬운 장소에 "스프링클러설비의 제어밸브"라고 표시할 것

(5) 자동경보장치의 설치기준(단, 자동화재탐지설비에 의하여 경보가 발하는 경우는 음향경보장치를 설치하지 않을 수 있다)
   ① 스프링클러헤드의 개방 또는 보조살수전의 개폐밸브의 개방에 의하여 경보를 발하도록 할 것
   ② 발신부는 각층 또는 방수구역마다 설치하고 해당 발신부는 유수검지장치 또는 압력검지장치를 이용할 것
   ③ 유수검지장치 또는 압력검지장치에 작용하는 압력은 해당 유수검지장치 또는 압력검지장치의 최고사용압력 이하로 할 것
   ④ 수신부에는 스프링클러헤드 또는 화재감지용 헤드가 개방된 층 또는 방수구역을 알 수 있는 표시장치를 설치하고, 수신부는 수위실 기타 상시 사람이 있는 장소(중앙관리실이 설치되어 있는 경우에는 해당 중앙관리실)에 설치할 것
   ⑤ 하나의 방화대상물에 2 이상의 수신부가 설치되어 있는 경우에는 이들 수신부가 있는 장소 상호 간에 동시에 통화할 수 있는 설비를 설치할 것

(6) 유수검지장치의 설치기준
   ① 유수검지장치의 1차측에는 압력계를 설치할 것
   ② 유수검지장치의 2차측에 압력의 설정을 필요로 하는 스프링클러설비에는 해당 유수검지장치의 압력설정치보다 2차측의 압력이 낮아진 경우에 자동으로 경보를 발하는 장치를 설치할 것

(7) 폐쇄형 스프링클러헤드를 이용하는 말단시험밸브 설치기준

① 말단시험밸브는 유수검지장치 또는 압력검지장치를 설치한 배관의 계통마다 1개씩, 방수압력이 가장 낮다고 예상되는 배관의 부분에 설치할 것
② 말단시험밸브의 1차측에는 압력계를, 2차측에는 스프링클러헤드와 동등의 방수성능을 갖는 오리피스 등의 시험용 방수구를 설치할 것
③ 말단시험밸브에는 직근의 보기 쉬운 장소에 "말단시험밸브"라고 표시할 것

(8) 쌍구형의 송수구의 설치기준

① 전용으로 하고 소방펌프자동차가 용이하게 접근할 수 있는 위치에 설치할 것
② 송수구의 **결합금속구**는 **탈착식** 또는 **나사식**으로 하고 **내경**을 **63.5[mm] 내지 66.5[mm]**로 할 것
③ 송수구의 결합금속구는 지면으로부터 0.5[m] 이상 1[m] 이하의 높이의 송수에 지장이 없는 위치에 설치할 것
④ 송수구는 해당 스프링클러설비의 가압송수장치로부터 유수검지장치·압력검지장치 또는 일제개방형밸브·수동식 개방밸브까지의 배관에 전용의 배관으로 접속할 것
⑤ 송수구에는 그 직근의 보기 쉬운 장소에 "스프링클러용 송수구"라고 표시하고 그 송수압력범위를 함께 표시할 것

(9) 방수량, 방수압력, 수원 등

항 목	방수량	방수압력	토출량	수 원	비상전원
스프링클러설비	80[L/min] 이상	0.1[MPa](100[kPa]) 이상	헤드수×80[L/min]	헤드수×2.4[m³](80[L/min]×30[min])	45분 이상

[일반건축물과 위험물제조소 등의 비교]

종 류	항 목	방수량	방수압력	토출량	수 원	비상전원
옥내소화전설비	일반건축물 (29층 이하)	130[L/min] 이상	0.17[MPa] 이상	N(최대 2개)×130[L/min]	N(최대 2개)×2.6[m³] (130[L/min]×20[min])	20분 이상
옥내소화전설비	위험물 제조소 등	260[L/min] 이상	0.35[MPa] 이상	N(최대 5개)×260[L/min]	N(최대 5개)×7.8[m³] (260[L/min]×30[min])	45분 이상
옥외소화전설비	일반건축물	350[L/min] 이상	0.25[MPa] 이상	N(최대 2개)×350[L/min]	N(최대 2개)×7[m³] (350[L/min]×20[min])	-
옥외소화전설비	위험물 제조소 등	450[L/min] 이상	0.35[MPa] 이상	N(최대 4개)×450[L/min]	N(최대4개)×13.5[m³] (450[L/min]×30[min])	45분 이상
스프링클러설비	일반건축물 (29층 이하)	80[L/min] 이상	0.1[MPa] 이상	헤드수×80[L/min]	헤드수×1.6[m³] (80[L/min]×20[min])	20분 이상
스프링클러설비	위험물 제조소 등	80[L/min] 이상	0.1[MPa] 이상	헤드수×80[L/min]	헤드수×2.4[m³] (80[L/min]×30[min])	45분 이상

(10) **가압송수장치, 물올림장치, 비상전원, 조작회로의 배선, 배관**
옥내소화전설비의 기준에 준한다.

5 물분무소화설비(세부기준 제132조)

(1) **물분무소화설비의 기준**
① 물분무소화설비에 2 이상의 방사구역을 두는 경우에는 화재를 유효하게 소화할 수 있도록 인접하는 방사구역이 상호 중복되도록 할 것
② 고압의 전기설비가 있는 장소에는 해당 전기설비와 분무헤드 및 배관과 사이에 전기절연을 위하여 필요한 공간을 보유할 것
③ 물분무소화설비에는 각층 또는 방사구역마다 제어밸브, 스트레이너 및 일제개방밸브 또는 수동식 개방밸브를 다음에 정한 것에 의하여 설치할 것
　㉠ 제어밸브 및 일제개방밸브 또는 수동식 개방밸브는 스프링클러설비의 기준의 예에 의할 것
　㉡ 스트레이너 및 일제개방밸브 또는 수동식 개방밸브는 제어밸브의 하류측 부근에 스트레이너, 일제개방밸브 또는 수동식 개방밸브의 순으로 설치할 것

(2) **설치기준** 74회
① 분무헤드의 개수 및 배치기준
　㉠ 분무헤드로부터 방사되는 물분무에 의하여 방호대상물의 모든 표면을 유효하게 소화할 수 있도록 설치할 것
　㉡ 방호대상물의 표면적(건축물에 있어서는 바닥면적) 1[m^2]당 ③의 규정에 의한 양의 비율로 계산한 수량을 표준방사량(해당 소화설비의 헤드의 설계압력에 의한 방사량)으로 방사할 수 있도록 설치할 것
② 물분무소화설비의 방사구역은 150[m^2] 이상(방호대상물의 표면적이 150[m^2] 미만인 경우에는 해당 표면적)으로 할 것
③ 수원의 수량은 분무헤드가 가장 많이 설치된 방사구역의 모든 분무헤드를 동시에 사용할 경우에 해당 방사구역의 표면적 1[m^2]당 1분당 20[L]의 비율로 계산한 양으로 30분간 방사할 수 있는 양 이상이 되도록 설치할 것

> • 수원 = 방호대상물의 표면적[m^2] × 20[L/min·m^2] × 30[min]
> • 방수압력 : 350[kPa] 이상

④ 물분무소화설비는 ③의 규정에 의한 분무헤드를 동시에 사용할 경우에 각 끝부분의 방사압력이 **350[kPa] 이상**으로 표준방사량을 방사할 수 있는 성능이 되도록 할 것
⑤ 물분무소화설비에는 비상전원을 설치할 것

6 포소화설비(세부기준 제133조)

(1) 고정식 방출구의 종류 57, 58, 59, 61, 67, 71, 75회

고정식 포방출구방식은 탱크에서 저장 또는 취급하는 위험물의 화재를 유효하게 소화할 수 있도록 하는 포방출구

① **Ⅰ형** : 고정지붕구조(Cone Roof Tank, CRT)의 탱크에 **상부포주입법**(고정포방출구를 탱크옆 판의 상부에 설치하여 액표면상에 포를 방출하는 방법)을 이용하는 것으로 방출된 포가 액면 아래로 몰입되거나 액면을 뒤섞지 않고 액면상을 덮을 수 있는 통계단 또는 미끄럼판 등의 설비 및 탱크 내의 위험물 증기가 외부로 역류되는 것을 저지할 수 있는 구조·기구를 갖는 포방출구

② **Ⅱ형** : 고정지붕구조(CRT) 또는 부상덮개부착 고정지붕구조(옥외저장탱크의 액상에 금속제의 플로팅, 팬 등의 덮개를 부착한 고정지붕구조의 것을 말한다)의 탱크에 **상부포주입법**을 이용하는 것으로 방출된 포가 탱크옆판의 내면을 따라 흘러내려 가면서 액면 아래로 몰입되거나 액면을 뒤섞지 않고 액면상을 덮을 수 있는 반사판 및 탱크 내의 위험물 증기가 외부로 역류되는 것을 저지할 수 있는 구조·기구를 갖는 포방출구

③ **특형** : **부상지붕구조**(Floating Roof Tank, FRT)의 탱크에 **상부포주입법**을 이용하는 것으로 부상지붕의 부상 부분상에 높이 **0.9[m]** 이상의 금속제의 칸막이(방출된 포의 유출을 막을 수 있고 충분한 배수능력을 갖는 배수구를 설치한 것에 한한다)를 탱크옆판의 내측으로부터 **1.2[m]** 이상 이격하여 설치하고 탱크옆판과 칸막이에 의하여 형성된 환상부분에 포를 주입하는 것이 가능한 구조의 반사판을 갖는 포방출구

④ **Ⅲ형** : 고정지붕구조(CRT)의 탱크에 **저부포주입법**(탱크의 액면하에 설치된 포방출구로부터 포를 탱크 내에 주입하는 방법)을 이용하는 것으로 송포관(발포기 또는 포발생기에 의하여 발생된 포를 보내는 배관을 말한다. 해당 배관으로 탱크 내의 위험물이 역류되는 것을 저지할 수 있는 구조·기구를 갖는 것에 한한다)으로부터 포를 방출하는 포방출구

⑤ **Ⅳ형** : 고정지붕구조(CRT)의 탱크에 **저부포주입법**을 이용하는 것으로 평상시에는 탱크의 액면 하의 저부에 격납통(포를 보내는 것에 의하여 용이하게 이탈되는 캡을 갖는 것을 포함한다)에 수납되어 있는 특수호스 등이 송포관의 말단에 접속되어 있다가 포를 보내는 것에 의하여 특수호스 등이 전개되어 그 선단(끝부분)이 액면까지 도달한 후 포를 방출하는 포방출구

(2) 보조포소화전의 설치

① 보조포소화전의 상호 간의 보행거리가 **75[m] 이하**가 되도록 설치할 것
② 보조포소화전은 3개(호스접속구가 3개 미만은 그 개수)의 노즐을 동시에 방사 시
　㉠ 방수압력 : 0.35[MPa] 이상
　㉡ 방사량 : 400[L/min] 이상

(3) 연결송액구 설치개수

$$N = \frac{Aq}{C}$$

여기서, N : 연결송액구의 설치개수
A : 탱크의 최대수평단면적[m²]
q : 탱크의 액표면적 1[m²]당 방사해야 할 포수용액의 방출률[L/min]
C : 연결송액구 1구당의 표준 송액량(800[L/min])

(4) 포헤드방식의 포헤드 설치기준
① 포헤드는 방호대상물의 모든 표면이 포헤드의 유효사정 내에 있도록 설치할 것
② 방호대상물의 표면적(건축물의 경우에는 바닥면적) 9[m²]당 1개 이상의 헤드를, 방호대상물의 표면적 1[m²]당의 방사량이 6.5[L/min] 이상의 비율로 계산한 양의 포수용액을 표준방사량으로 방사할 수 있도록 설치할 것
③ 방사구역은 100[m²] 이상(방호대상물의 표면적이 100[m²] 미만인 경우에는 해당 표면적)으로 할 것

(5) 포모니터노즐의 설치기준 71회
① 포모니터노즐은 옥외저장탱크 또는 이송취급소의 펌프설비 등이 안벽, 부두, 해상구조물, 그 밖의 이와 유사한 장소에 설치되어 있는 경우에 해당 장소의 끝선(해면과 접하는 선)으로부터 수평거리 15[m] 이내의 해면 및 주입구 등 위험물취급설비의 모든 부분이 수평방사거리 내에 있도록 설치할 것. 이 경우에 그 설치개수가 1개인 경우에는 2개로 할 것
② 포모니터노즐은 소화활동상 지장이 없는 위치에서 기동 및 조작이 가능하도록 고정하여 설치할 것
③ **포모니터노즐**은 모든 노즐을 동시에 사용할 경우에 각 노즐 끝부분의 **방사량**이 1,900[L/min] **이상**이고 **수평방사거리가 30[m] 이상**이 되도록 설치할 것

(6) 포소화설비에 적용하는 포소화약제
① Ⅲ형의 방출구 이용 : 불화단백포소화약제, 수성막포소화약제
② 그 밖의 것 : 단백포소화약제, 불화단백포소화약제, 수성막포소화약제
③ 수용성 위험물 : 수용성 액체용 포소화약제

(7) 수원의 수량
① 포방출구방식 40, 65회
  ㉠ 고정식 포방출구 수원 = 포수용액량(표1 참조) × 탱크의 액표면적[m²]
    [단, 비수용성 외의 것은 포수용액량(표2 참조) × 탱크의 액표면적[m²] × 계수(생략)]

[표1] 비수용성의 포수용액량

종류 구분	Ⅰ형		Ⅱ형		특형		Ⅲ형		Ⅳ형	
	포수용액량 [L/m²]	방출률 [L/m²·min]	포수용액량 [L/m²]	방출률 [L/m²·min]	포수용액량 [L/m²]	방출률 [L/m²·min]	포수용액량 [L/m²]	방출률 [L/m²·min]	포수용액량 [L/m²]	방출률 [L/m²·min]
제4류 위험물 중 인화점이 21[℃] 미만인 것	120	4	220	4	240	8	220	4	220	4
제4류 위험물 중 인화점이 21[℃] 이상 70[℃] 미만인 것	80	4	120	4	160	8	120	4	120	4
제4류 위험물 중 인화점이 70[℃] 이상인 것	60	4	100	4	120	8	100	4	100	4

[표2] 수용성의 포수용액량

Ⅰ형		Ⅱ형		특형		Ⅲ형		Ⅳ형	
포수용액량[L/m²]	방출률[L/m²·min]	포수용액량[L/m²]	방출률[L/m²·min]	포수용액량[L/m²]	방출률[L/m²·min]	포수용액량[L/m²]	방출률[L/m²·min]	포수용액량[L/m²]	방출률[L/m²·min]
160	8	240	8	–	–	–	–	240	8

ⓛ 보조포소화전의 수원 $Q = N(\text{보조포소화전수, 최대 3개}) \times 400[L/min] \times 20[min]$

포방출구방식의 수원 = ㉠ + ㉡

② 포헤드방식

수원 = 표면적$[m^2] \times 6.5[L/min \cdot m^2] \times 10[min]$

③ 포모니터 노즐방식

수원 = $N(\text{노즐수}) \times 방사량(1,900[L/min]) \times 30[min]$

④ 이동식 포소화설비 55회

 ㉠ 옥내에 설치 시 수원 = $N(\text{호스접속구수, 최대 4개}) \times 200[L/min] \times 30[min]$

 ㉡ 옥외에 설치 시 수원 = $N(\text{호스접속구수, 최대 4개}) \times 400[L/min] \times 30[min]$

방사압력 : 0.35[MPa] 이상

⑤ ①에서 ④에 정한 포수용액의 양 외에 배관 내를 채우기 위하여 필요한 포수용액의 양
⑥ 포소화약제의 저장량은 ① 내지 ⑤에 정한 포수용액량에 각 포소화약제의 적정희석 용량 농도를 곱하여 얻은 양 이상이 되도록 할 것

(8) 포소화약제의 혼합장치 34, 39, 43, 48, 55, 57, 66, 71회

기계포소화약제에는 비례혼합장치와 정량혼합장치가 있는데 비례혼합장치는 소화원액이 지정농도의 범위 내로 방사 유량에 비례하여 혼합하는 장치를 말하고, 정량혼합장치는 방사 구역 내에서 지정농도 범위 내의 혼합이 가능한 것만을 성능으로 하지 않는 것으로 지정농도에 관계없이 일정한 양을 혼합하는 장치이다.

[포혼합장치(Foam Mixer)]

① **펌프프로포셔너방식(Pump Proportioner, 펌프혼합방식)**

펌프의 토출관과 흡입관 사이의 배관 도중에 설치한 흡입기에 펌프에서 토출된 물의 일부를 보내고 농도조정밸브에서 조정된 포소화약제 저장의 필요량을 포소화약제 저장탱크에서 펌프 흡입측으로 보내어 약제를 혼합하는 방식

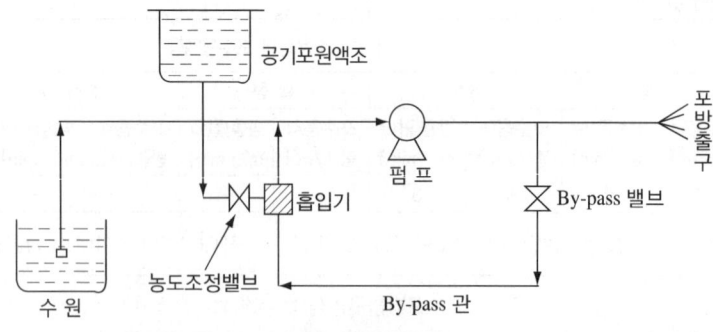

[펌프프로포셔너방식]

② **라인프로포셔너방식(Line Proportioner, 관로혼합방식)**

펌프와 발포기의 중간에 설치된 벤투리관의 **벤투리작용**에 따라 포소화약제를 **흡입·혼합**하는 방식. 이 방식은 옥외소화전에 연결 주로 1층에 사용하며 원액 흡입력 때문에 송수압력의 손실이 크고, 토출측 호스의 길이, 포원액 탱크의 높이 등에 민감하므로 아주 정밀설계와 시공을 요한다.

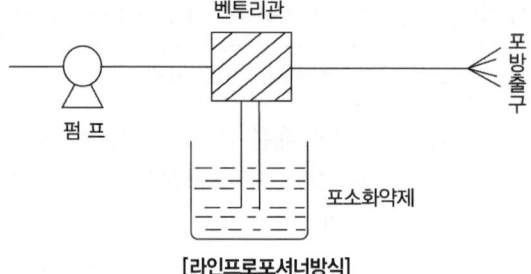

[라인프로포셔너방식]

③ **프레셔프로포셔너방식(Pressure Proportioner, 차압혼합방식)**

펌프와 발포기의 중간에 설치된 벤투리관의 **벤투리작용**과 펌프 가압수의 포소화약제 저장탱크에 대한 **압력에 따라** 포소화약제를 **흡입·혼합**하는 방식. 현재 우리나라에서는 3[%] 단백포 차압혼합방식을 많이 사용하고 있다.

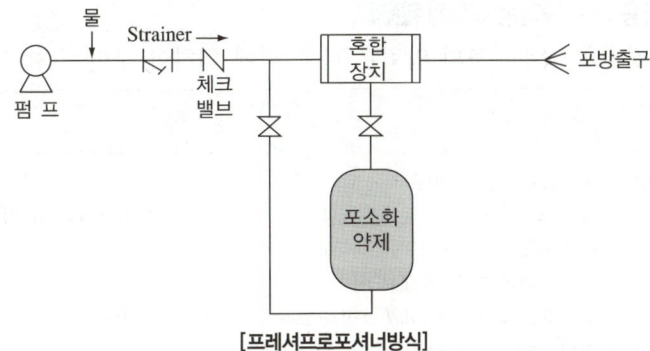

[프레셔프로포셔너방식]

④ 프레셔사이드프로포셔너방식(Pressure Side Proportioner, 압입혼합방식)

펌프의 토출관에 **압입기**를 **설치**하여 포소화약제 압입용 펌프로 포소화약제를 압입시켜 혼합하는 방식

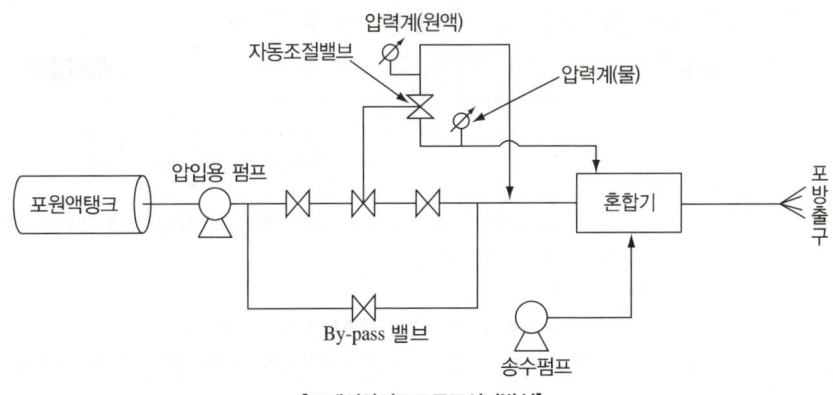

[프레셔사이드프로포셔너방식]

⑤ 압축공기포 믹싱챔버방식 : 물, 포소화약제 및 공기를 믹싱챔버로 강제주입시켜 챔버 내에서 포수용액을 생성한 후 포를 방사하는 방식

(9) 가압송수장치의 설치기준

① 고가수조를 이용하는 가압송수장치 76회

㉠ 가압송수장치의 낙차(수조의 하단으로부터 포방출구까지의 수직거리)는 다음 식에 의하여 구한 수치 이상으로 할 것

$$H = h_1 + h_2 + h_3$$

여기서, H : 필요한 낙차[m]
h_1 : 고정식 포방출구의 설계압력 환산수두 또는 이동식 포소화설비 노즐방사압력 환산수두[m]
h_2 : 배관의 마찰손실수두[m]
h_3 : 이동식 포소화설비의 소방용 호스의 마찰손실수두[m]

㉡ **고가수조**에는 **수위계, 배수관, 오버플로우용 배수관, 보급수관** 및 **맨홀**을 설치할 것

② 압력수조를 이용하는 가압송수장치 76회
  ㉠ 가압송수장치의 압력수조의 압력은 다음 식에 의하여 구한 수치 이상으로 할 것

$$P = p_1 + p_2 + p_3 + p_4$$

  여기서, P : 필요한 압력[MPa]
   p_1 : 고정식 포방출구의 설계압력 또는 이동식 포소화설비 노즐방사압력[MPa]
   p_2 : 배관의 마찰손실수두압[MPa]
   p_3 : 낙차의 환산수두압[MPa]
   p_4 : 이동식 포소화설비의 소방용 호스의 마찰손실수두압[MPa]

  ㉡ **압력수조**의 **수량**은 해당 **압력수조 체적의 2/3 이하**일 것
  ㉢ **압력수조**에는 **압력계, 수위계, 배수관, 보급수관, 통기관** 및 **맨홀**을 설치할 것

③ 펌프를 이용하는 가압송수장치 76회
  ㉠ 펌프의 토출량은 고정식 포방출구의 설계압력 또는 노즐의 방사압력의 허용범위로 포수용액을 방출 또는 방사하는 것이 가능한 양으로 할 것
  ㉡ 펌프의 전양정은 다음 식에 의하여 구한 수치 이상으로 할 것 43, 51회

$$H = h_1 + h_2 + h_3 + h_4$$

  여기서, H : 펌프의 전양정[m]
   h_1 : 고정식 포방출구의 설계압력환산수두 또는 이동식 포소화설비 노즐 끝부분의 방사압력 환산수두[m]
   h_2 : 배관의 마찰손실수두[m]
   h_3 : 낙차[m]
   h_4 : 이동식 포소화설비의 소방용 호스의 마찰손실수두[m]

  ㉢ 펌프의 토출량이 정격토출량의 150[%]인 경우에는 전양정은 정격전양정의 65[%] 이상일 것
  ㉣ 펌프는 전용으로 할 것. 다만, 다른 소화설비와 병용 또는 겸용하여도 각각의 소화설비의 성능에 지장을 주지 않는 경우에는 그렇지 않다.
  ㉤ 펌프에는 토출측에 압력계, 흡입측에 연성계를 설치할 것
  ㉥ 가압송수장치에는 정격부하 운전 시 펌프의 성능을 시험하기 위한 배관설비를 설치할 것
  ㉦ 가압송수장치에는 체절운전 시에 수온상승방지를 위한 순환배관을 설치할 것
  ㉧ 원동기는 전동기 또는 내연기관에 의한 것으로 할 것
  ㉨ 펌프를 시동한 후 5분 이내에 포수용액을 포방출구 등까지 송액할 수 있도록 하거나 또는 펌프로부터 포방출구 등까지의 수평거리를 500[m] 이내로 할 것

(10) **포소화설비의 수동식 기동장치의 설치기준** 46, 47, 59, 62회
  ① 직접조작 또는 원격조작에 의하여 가압송수장치, 수동식 개방밸브 및 포소화약제 혼합장치를 기동할 수 있을 것
  ② 2 이상의 방사구역을 갖는 포소화설비는 방사구역을 선택할 수 있는 구조로 할 것

③ 기동장치의 조작부는 화재 시 용이하게 접근이 가능하고 바닥면으로부터 0.8[m] 이상 1.5[m] 이하의 높이에 설치할 것
④ 기동장치의 조작부에는 유리 등에 의한 방호조치가 되어 있을 것
⑤ 기동장치의 조작부 및 호스접속구에는 직근의 보기 쉬운 장소에 각각 "기동장치의 조작부" 또는 "접속구"라고 표시할 것

7 불활성 가스소화설비(세부기준 제134조)

(1) 전역방출방식의 불활성 가스소화설비의 분사헤드 52, 59, 68, 70회

구 분	전역방출방식			국소방출방식 (이산화탄소)
	이산화탄소		불활성 가스	
	고압식	저압식	IG-100, IG-55, IG-541	
방사압력	2.1[MPa] 이상	1.05[MPa] 이상	1.9[MPa] 이상	이산화탄소와 같음
방사시간	60초 이내	60초 이내	95[%] 이상을 60초 이내	30초 이내

(2) 소화약제 저장량

① 전역방출방식

㉠ 이산화탄소

약제량 = (방호구역 체적[m³] × 체적당 약제량[kg/m³] + 개구부면적[m²] × 가산량[5kg/m²]) × 계수

방호구역 체적[m³]	필요가스량[kg/m³]	최저한도량[kg]
5[m³] 미만	1.20	–
5[m³] 이상 15[m³] 미만	1.10	6
15[m³] 이상 45[m³] 미만	1.00	17
45[m³] 이상 150[m³] 미만	0.90	45
150[m³] 이상 1,500[m³] 미만	0.80	135
1,500[m³] 이상	0.75	1,200

※ 방호구역의 개구부에 자동폐쇄장치를 설치한 경우에는 개구부의 면적[m²] × 5[kg/m²]을 계산하지 않는다.

㉡ 불활성 가스

약제량 = 방호구역 체적[m³] × 체적당 약제량[m³/m³] × 계수

소화약제의 종류	방호구역 체적 1[m³]당 소화약제의 양[m³]
IG-100	0.516
IG-55	0.477
IG-541	0.472

② 국소방출방식

소방대상물		약제 저장량[kg]	
		고압식	저압식
면적식 국소방출방식	액체 위험물을 상부를 개방한 용기에 저장하는 경우 등 화재 시 연소면이 한 면에 한정되고 위험물이 비산할 우려가 없는 경우	방호대상물의 표면적[m²] ×13[kg/m²]×1.4×계수	방호대상물의 표면적[m²] ×13[kg/m²]×1.1×계수
용적식 국소방출방식	상기 이외의 것	방호공간의 체적[m³] $\times \left(8-6\dfrac{a}{A}\right)$[kg/m³]×1.4×계수	방호공간의 체적[m³] $\times \left(8-6\dfrac{a}{A}\right)$[kg/m³]×1.1×계수

여기서 Q : 단위체적당 소화약제의 양[kg/m³] $\left(=8-6\dfrac{a}{A}\right)$

　　　a : 방호대상물의 주위에 실제로 설치된 고정벽(방호대상물로부터 0.6[m] 미만의 거리에 있는 것에 한한다)의 면적의 합계[m²]
　　　A : 방호공간 전체둘레의 면적[m²]

③ 이동식 불활성 가스소화설비
　㉠ 저장량 : 90[kg] 이상
　㉡ 방사량 : 90[kg/min] 이상

> **Plus One** 전역방출방식 또는 국소방출방식의 불활성 가스소화설비 설치기준
> • 방호구역의 환기설비 또는 배출설비는 소화약제 방사 전에 정지할 수 있는 구조로 할 것
> • 전역방출방식의 불활성 가스소화설비를 설치한 방화대상물 또는 개구부의 기준
>   ① 이산화탄소를 방사하는 것
>   ㉠ 층고의 2/3 이하의 높이에 있는 개구부로서 방사한 소화약제의 유실의 우려가 있는 것에는 소화약제 방사 전에 폐쇄할 수 있는 자동폐쇄장치를 설치할 것
>   ㉡ 자동폐쇄장치를 설치하지 않은 개구부 면적의 합계수치는 방호대상물의 전체 둘레의 면적(방호구역의 벽, 바닥 및 천장 또는 지붕면적의 합계를 말한다) 수치의 1[%] 이하일 것
>   ② IG-100, IG-55 또는 IG-541을 방사하는 것은 모든 개구부에 소화약제 방사 전에 폐쇄할 수 있는 자동폐쇄장치를 설치할 것

(3) 저장용기의 충전비 및 충전압력 42, 50, 72회

구 분	이산화탄소의 충전비		IG-100, IG-55, IG-541의 충전압력
	고압식	저압식	
기준	1.5 이상 1.9 이하	1.1 이상 1.4 이하	32[MPa] 이하

(4) 저장용기의 설치기준 42, 50, 55, 72회
① **방호구역 외의 장소**에 설치할 것
② 온도가 **40[℃] 이하**이고, 온도 변화가 적은 장소에 설치할 것
③ 직사일광 및 빗물이 침투할 우려가 적은 장소에 설치할 것
④ 저장용기에는 안전장치(용기밸브에 설치되어 있는 것 포함)를 설치할 것
⑤ 저장용기의 외면에 소화약제의 종류와 양, 제조연도 및 제조자를 표시할 것

(5) 배관의 설치기준
　① 이산화탄소
　　㉠ 강관의 배관[압력배관용 탄소강관(KS D 3562)]
　　　• 고압식 : 스케줄 80 이상의 것을 사용할 것
　　　• 저압식 : 스케줄 40 이상의 것을 사용할 것
　　㉡ 동관의 배관[이음매 없는 구리 및 구리합금관(KS D 5301)]
　　　• 고압식 : 16.5[MPa] 이상의 압력에 견딜 수 있는 것을 사용할 것
　　　• 저압식 : 3.75[MPa] 이상의 압력에 견딜 수 있는 것을 사용할 것
　② 불활성 가스(IG-100, IG-55, IG-541)
　　압력조절장치의 2차측 배관은 온도 40[℃]에서 최고조절압력에 견딜 수 있는 강도를 갖는 강관(아연도금 등에 의한 방식처리를 한 것에 한한다) 또는 동관을 사용할 수 있고, 선택밸브 또는 폐쇄밸브를 설치하는 경우에는 저장용기로부터 선택밸브 또는 폐쇄밸브까지의 부분에 온도 40[℃]에서 내부압력에 견딜 수 있는 강도를 갖는 강관(아연도금 등에 의한 방식처리를 한 것에 한한다) 또는 동관을 사용할 수 있다.
　　㉠ 강관의 배관[압력배관용 탄소강관(KS D 3562)] : 스케줄 40 이상으로 아연도금 등에 의한 방식처리한 것을 사용할 것
　　㉡ 동관의 배관[이음매 없는 구리 및 구리합금관(KS D 5301)] 또는 이와 동등 이상의 강도를 갖는 것으로서 16.5[MPa] 이상의 압력에 견딜 수 있는 것을 사용할 것
　③ 관이음쇠
　　㉠ 고압식 : 16.5[MPa] 이상의 압력에 견딜 수 있는 것을 사용할 것
　　㉡ 저압식 : 3.75[MPa] 이상의 압력에 견딜 수 있는 것을 사용할 것
　④ 낙차(배관의 가장 낮은 위치로부터 가장 높은 위치까지의 수직거리)는 50[m] 이하일 것

(6) 이산화탄소를 저장하는 저압식 저장용기의 설치기준 42, 50, 52회
　① 저압식 저장용기에는 액면계 및 압력계를 설치할 것
　② 저압식 저장용기에는 **2.3[MPa] 이상**의 압력 및 **1.9[MPa] 이하**의 압력에서 작동하는 **압력경보장치**를 설치할 것
　③ 저압식 저장용기에는 용기내부의 온도를 **-20[℃] 이상 -18[℃] 이하**로 유지할 수 있는 자동냉동기를 설치할 것
　④ 저압식 저장용기에는 파괴판 및 방출밸브를 설치할 것

(7) 선택밸브의 설치기준 57회
　① 저장용기를 공용하는 경우에는 방호구역 또는 방호대상물마다 선택밸브를 설치할 것
　② 선택밸브는 방호구역 외의 장소에 설치할 것
　③ 선택밸브에는 선택밸브라고 표시하고, 선택되는 방호구역 또는 방호대상물을 표시할 것

(8) 기동용 가스용기 60회
① 기동용 가스용기는 25[MPa] 이상의 압력에 견딜 수 있는 것일 것
② **기동용 가스용기**
　㉠ 내용적 : 1[L] 이상
　㉡ 이산화탄소의 양 : 0.6[kg] 이상
　㉢ 충전비 : 1.5 이상
③ 기동용 가스용기에는 안전장치 및 용기밸브를 설치할 것

(9) 기동장치

이산화탄소를 방사하는 것의 기동장치는 **수동식**으로 하고(다만, 상주인이 없는 대상물 등 수동식에 의하는 것이 적당하지 않은 경우에는 자동식으로 할 수 있다), IG-100, IG-55 또는 IG-541을 방사하는 것의 기동장치는 **자동식**으로 할 것

① **수동식 기동장치** 50회
　㉠ 기동장치는 해당 방호구역 밖에 설치하되 해당 방호구역 안을 볼 수 있고, 조작을 한 자가 쉽게 대피할 수 있는 장소에 설치할 것
　㉡ 기동장치는 하나의 방호구역 또는 방호대상물마다 설치할 것
　㉢ **기동장치의 조작부**는 바닥으로부터 **0.8[m] 이상 1.5[m] 이하**의 높이에 설치할 것
　㉣ 기동장치에는 직근의 보기 쉬운 장소에 "불활성 가스소화설비의 수동식 기동장치임을 알리는 표시를 할 것"이라고 표시할 것
　㉤ **기동장치의 외면은 적색**으로 할 것
　㉥ 전기를 사용하는 기동장치에는 전원표시등을 설치할 것
　㉦ 기동장치의 방출용 스위치 등은 음향경보장치가 기동되기 전에는 조작될 수 없도록 하고 기동장치에 유리 등에 의하여 유효한 방호조치를 할 것
　㉧ 기동장치 또는 직근의 장소에 **방호구역의 명칭, 취급방법, 안전상의 주의사항** 등을 표시할 것

② 자동식 기동장치
　㉠ 기동장치는 자동화재탐지설비의 감지기의 작동과 연동하여 기동될 수 있도록 할 것
　㉡ 기동장치에는 다음에 정한 것에 의하여 자동수동전환장치를 설치할 것
　　• 쉽게 조작할 수 있는 장소에 설치할 것
　　• 자동 및 수동을 표시하는 표시등을 설치할 것
　　• 자동수동의 전환은 열쇠 등에 의하는 구조로 할 것
　㉢ 자동수동전환장치 또는 직근의 장소에 취급방법을 표시할 것

(10) **전역방출방식의 안전조치** 60회
  ① 기동장치의 방출용 스위치 등의 작동으로부터 저장용기의 용기밸브 또는 방출밸브의 개방까지의 시간이 20초 이상 되도록 지연장치를 설치할 것
  ② 수동기동장치에는 ①에 정한 시간 내에 소화약제가 방출되지 않도록 조치를 할 것
  ③ 방호구역의 출입구 등 보기 쉬운 장소에 소화약제가 방출된다는 사실을 알리는 표시등을 설치할 것

(11) **비상전원**
  ① 종류 : 자가발전설비, 축전지설비
  ② **비상전원의 용량** : 1시간 작동

(12) **전역방출방식의 불활성 가스소화설비에 사용하는 소화약제**

제조소 등의 구분		소화약제 종류
제4류 위험물을 저장 또는 취급하는 제조소 등	방호구획의 체적이 1,000[m³] 이상의 것	이산화탄소
	방호구획의 체적이 1,000[m³] 미만의 것	이산화탄소, IG-100, IG-55, IG-541
제4류 외의 위험물을 저장 또는 취급하는 제조소 등		이산화탄소

  ① 불활성 가스소화설비에 사용하는 소화약제는 이산화탄소, IG-100, IG-55 또는 IG-541로 하되, 국소방출방식의 불활성 가스소화설비에 사용하는 소화약제는 이산화탄소로 할 것
  ② 전역방출방식의 불활성 가스소화설비 중 IG-100, IG-55 또는 IG-541을 방사하는 것은 방호구역 내의 압력상승을 방지하는 조치를 강구할 것

(13) 이동식 불활성 가스소화설비 설치기준

① 제4호 다목, 라목, 마목 및 바목에 정한 것에 의할 것

> [제4호 다목]
> 이산화탄소를 소화약제로 하는 경우에 저장용기의 충전비(용기내용적의 수치와 소화약제중량의 수치와의 비율을 말한다)는 고압식인 경우에는 1.5 이상 1.9 이하이고, 저압식인 경우에는 1.1 이상 1.4 이하일 것
> [제4호 라목]
> - 온도가 40[℃] 이하이고 온도 변화가 적은 장소에 설치할 것
> - 직사일광 및 빗물이 침투할 우려가 적은 장소에 설치할 것
> - 저장용기에는 안전장치(용기밸브에 설치되어 있는 것을 포함한다)를 설치할 것
> [제4호 마목]
> - 전용으로 할 것
> - 이산화탄소를 방사하는 것은 다음에 의할 것
>   - 강관의 배관은 압력 배관용 탄소강관(KS D 3562) 중에서 고압식인 것은 스케줄 80 이상, 저압식인 것은 스케줄 40 이상의 것 또는 이와 동등 이상의 강도를 갖는 것으로서 아연도금 등에 의한 방식처리를 한 것을 사용할 것
>   - 동관의 배관은 이음매 없는 구리 및 구리합금관(KS D 5301) 또는 이와 동등 이상의 강도를 갖는 것으로서 고압식인 것은 16.5[MPa] 이상, 저압식인 것은 3.75[MPa] 이상의 압력에 견딜 수 있는 것을 사용할 것
>   - 관이음쇠는 고압식인 것은 16.5[MPa] 이상, 저압식인 것은 3.75[MPa] 이상의 압력에 견딜 수 있는 것으로서 적절한 방식처리를 한 것을 사용할 것
>   - 낙차(배관의 가장 낮은 위치로부터 가장 높은 위치까지의 수직거리를 말한다)는 50[m] 이하일 것
> [제4호 바목]
> 고압식 저장용기에는 용기밸브를 설치할 것

② 노즐은 온도 20[℃]에서 하나의 노즐마다 90[kg/min] 이상의 소화약제를 방사할 수 있을 것
③ 저장용기의 용기밸브 또는 방출밸브는 호스의 설치장소에서 수동으로 개폐할 수 있을 것
④ 저장용기는 호스를 설치하는 장소마다 설치할 것
⑤ 저장용기의 직근의 보기 쉬운 장소에 적색등을 설치하고, 이동식 불활성 가스소화설비임을 알리는 표시를 할 것
⑥ 화재 시 연기가 현저하게 충만할 우려가 있는 장소 외의 장소에 설치할 것
⑦ 이동식 불활성 가스소화설비에 사용하는 소화약제는 이산화탄소로 할 것

8 할로젠화합물소화설비 (세부기준 제135조)

(1) 전역·국소방출방식

① 할론2402를 방사하는 분사헤드는 해당 소화약제가 무상으로 분무되는 것으로 할 것

② 분사헤드의 방사압력

약 제	방사압력
할론2402	0.1[MPa] 이상
할론1211	0.2[MPa] 이상
할론1301	**0.9[MPa] 이상**
HFC-227ea, FK-5-1-12	0.3[MPa] 이상
HFC-23	0.9[MPa] 이상
HFC-125	0.9[MPa] 이상

③ 약제 방사시간

약 제	방사시간
할론2402	30초 이내
할론1211	
할론1301	
HFC-227ea, FK-5-1-12	10초 이내
HFC-23	
HFC-125	

[분사헤드]

(2) 소화약제 저장량

① 전역방출방식 31회

㉠ 자동폐쇄장치가 설치된 경우

$$저장량[kg] = 방호구역체적[m^3] \times 필요가스량[kg/m^3] \times 계수$$

ⓛ 자동폐쇄장치가 설치되지 않는 경우

저장량[kg] = (방호구역체적[m³] × 필요가스량[kg/m³] + 개구부면적[m²] × 가산량[kg/m²]) × 계수

소화약제	필요가스량	가산량(자동폐쇄장치 미설치 시)
할론2402	0.40[kg/m³]	3.0[kg/m²]
할론1211	0.36[kg/m³]	2.7[kg/m²]
할론1301	0.32[kg/m³]	2.4[kg/m²]
HFC-23, HFC-125	0.52[kg/m³]	-
HFC-227ea	0.55[kg/m³]	-
KF-5-1-12	0.84[kg/m³]	-

② 국소방출방식 45, 63, 76회

소방대상물		약제 저장량[kg]		
		Halon2402	Halon1211	Halon1301
면적식 국소 방출방식	액체 위험물을 상부를 개방한 용기에 저장하는 경우 등 화재 시 연소면이 한 면에 한정되고 위험물이 비산할 우려가 없는 경우	방호대상물의 표면적[m²] × 8.8 [kg/m²] × 1.1 × 계수	방호대상물의 표면적[m²] × 7.6 [kg/m²] × 1.1 × 계수	방호대상물의 표면적[m²] × 6.8 [kg/m²] × 1.25 × 계수
용적식 국소 방출방식	상기 이외의 것	방호공간의 체적(m³) $\times \left(X - Y\frac{a}{A}\right)$[kg/m³] × 1.1 × 계수	방호공간의 체적(m³) $\times \left(X - Y\frac{a}{A}\right)$[kg/m³] × 1.1 × 계수	방호공간의 체적(m³) $\times \left(X - Y\frac{a}{A}\right)$[kg/m³] × 1.25 × 계수

㉠ 방호공간 : 방호대상물의 각 부분으로부터 0.6[m]의 거리에 따라 둘러싸인 공간

㉡ $Q = X - Y\frac{a}{A}$

여기서, Q : 단위체적당 소화약제의 양[kg/m³]
   a : 방호대상물의 주위에 실제로 설치된 고정벽의 면적의 합계[m²]
   A : 방호공간의 전체둘레의 면적[m²]
   X 및 Y : 다음 표에 정한 소화약제의 종류에 따른 수치

소화약제의 종별	X의 수치	Y의 수치
할론2402	5.2	3.9
할론1211	4.4	3.3
할론1301	4.0	3.0

③ 이동식의 할로젠화합물소화설비

소화약제의 종별	소화약제의 양	분당 방사량
할론2402	50[kg] 이상	45[kg] 이상
할론1211	45[kg] 이상	40[kg] 이상
할론1301		35[kg] 이상

(3) 할로젠화합물소화설비의 설치기준

① 충전비 `44, 65, 72, 73회`

약제의 종류		충전비
할론2402	가압식	0.51 이상 0.67 이하
	축압식	0.67 이상 2.75 이하
할론1211		0.7 이상 1.4 이하
할론1301, HFC-227ea		0.9 이상 1.6 이하
HFC-23, HFC-125		1.2 이상 1.5 이하
FK-5-1-12		0.7 이상 1.6 이하

② 저장용기
  ㉠ 가압식저장용기 등에는 방출밸브를 설치할 것
  ㉡ 표시사항 : 충전소화약제량, 소화약제의 종류, 최고사용압력(가압식에 한한다), 제조연도, 제조자명

③ 축압식 저장용기의 압력
  ㉠ 가압가스 : 질소
  ㉡ 축압 압력 `48회`

약 제	할론1301, HFC-227ea, FK-5-1-12	할론1211
저압식	2.5[MPa]	1.1[MPa]
고압식	4.2[MPa]	2.5[MPa]

④ 가압용 가스용기
  ㉠ 충전가스 : 질소(N_2)
  ㉡ 안전장치와 용기밸브를 설치할 것

⑤ 배 관
  ㉠ 전용으로 할 것
  ㉡ 강관의 배관은 할론2402는 배관용 탄소강관(KS D 3507), 할론1211 또는 할론1301, HFC-227ea, HFC-23, HFC-125 또는 FK-5-1-12에 있어서는 압력배관용 탄소강관(KS D 3562) 중에서 스케줄 40 이상의 것 또는 이와 동등 이상의 강도를 갖는 것으로서 아연도금 등에 의한 방식처리를 한 것을 사용할 것
  ㉢ 동관의 배관은 이음매 없는 구리 및 구리합금관(KS D 5301) 또는 이와 동등 이상의 강도 및 내식성을 갖는 것을 사용할 것
  ㉣ 관이음쇠 및 밸브류는 강관이나 동관 또는 이와 동등 이상의 강도 및 내식성을 갖는 것일 것
  ㉤ 낙차는 50[m] 이하일 것

⑥ 저장용기(축압식의 것으로서 내부압력이 1.0[MPa] 이상인 것에 한한다)에는 용기밸브를 설치할 것

⑦ 가압식 저장용기 : 2.0[MPa] 이하의 압력조정장치를 설치할 것
⑧ 저장용기 등과 선택밸브 등 사이에는 안전장치 또는 파괴판을 설치할 것
⑨ 기동장치는 할론2402, 할론1211 또는 할론1301을 방사하는 것은 수동식으로 하고(다만, 상주인이 없는 대상물 등 수동식에 의하는 것이 적당하지 않은 경우에는 자동식으로 할 수 있다), HFC-23, HFC-125, HFC-227ea 또는 FK-5-1-12를 방사하는 것의 기동장치는 자동식으로 할 것
⑩ 전역방출방식의 안전조치
　㉠ 기동장치의 방출용 스위치 등의 작동으로부터 저장용기 등의 용기밸브 또는 방출밸브의 개방까지의 시간이 20초 이상으로 되도록 지연장치를 설치할 것. 다만, 할론1301을 방사하는 것은 지연장치를 설치하지 않을 수 있다.
　㉡ 수동기동장치에는 ㉠에 정한 시간 내에 소화약제가 방출되지 않도록 조치를 할 것
　㉢ 방호구역의 출입구 등 보기 쉬운 장소에 소화약제가 방출된다는 사실을 알리는 표시등을 설치할 것
⑪ 전역방출방식의 할로젠화합물소화설비를 설치한 방화대상물 또는 그 부분의 개구부의 기준
　㉠ 할론2402, 할론1211 또는 할론1301를 방사하는 것은 다음에 의한 것
　　• 층고의 2/3 이하의 높이에 있는 개구부로서 방사한 소화약제의 유실의 우려가 있는 것에는 소화약제 방사 전에 폐쇄할 수 있는 자동폐쇄장치를 설치할 것
　　• 자동폐쇄장치를 설치하지 않은 개구부 면적의 합계수치는 방호대상물의 전체둘레의 면적(방호구역의 벽, 바닥 및 천장 또는 지붕면적의 합계를 말한다) 수치의 1[%] 이하일 것
　㉡ HFC-23, HFC-125, HFC-227ea 또는 FK-5-1-12를 방사하는 것은 모든 개구부에 소화약제 방사 전에 폐쇄할 수 있는 자동폐쇄장치를 설치할 것
⑫ 국소방출방식의 할로젠화합물소화설비에 사용하는 소화약제는 할론2402, 할론1211 또는 할론1301로 할 것
⑬ **전역방출방식의 할로젠화합물소화설비에 사용하는 소화약제의 종류**

제조소 등의 구분		소화약제 종류
제4류 위험물을 저장 또는 취급하는 제조소 등	방호구획의 체적이 1,000[m³] 이상의 것	할론2402, 할론1211, 할론1301
	방호구획의 체적이 1,000[m³] 미만의 것	할론2402, 할론1211, 할론1301, HFC-23, HFC-125, HFC-227ea, FK-5-1-12
제4류 외의 위험물을 저장 또는 취급하는 제조소 등		할론2402, 할론1211, 할론1301

9 분말소화설비(세부기준 제136조)

(1) 전역방출방식, 국소방출방식의 분사헤드
① 전역방출방식의 분말소화설비의 분사헤드
  ㉠ 방사된 소화약제가 방호구역의 전역에 균일하고 신속하게 확산할 수 있도록 설치할 것
  ㉡ 분사헤드의 방사압력은 **0.1[MPa] 이상**일 것
  ㉢ 소화약제의 양을 **30초 이내**에 균일하게 방사할 것
② 국소방출방식의 분말소화설비의 분사헤드
  ㉠ 분사헤드는 방호대상물의 모든 표면이 분사헤드의 유효사정 내에 있도록 설치할 것
  ㉡ 소화약제의 방사에 의하여 위험물이 비산되지 않는 장소에 설치할 것
  ㉢ 분사헤드의 방사압력은 **0.1[MPa] 이상**일 것
  ㉣ 소화약제의 양을 **30초 이내**에 균일하게 방사할 것

(2) 분말소화설비 사용하는 소화약제
① 제1종 분말
② 제2종 분말
③ 제3종 분말
④ 제4종 분말
⑤ 제5종 분말

(3) 저장용기 등의 충전비

소화약제의 종별	충전비의 범위
제1종 분말	0.85 이상 1.45 이하
제2종 분말 또는 제3종 분말	1.05 이상 1.75 이하
제4종 분말	1.50 이상 2.50 이하

(4) 소화약제 저장량
① 전역방출방식

분말저장량[kg] = (방호구역체적[m^3] × 필요가스량[kg/m^3] + 개구부면적[m^2] × 가산량[kg/m^2]) × 계수(별표 2)

소화약제의 종별	필요가스량[kg/m^3]	가산량[kg/m^2]
제1종 분말(탄산수소나트륨이 주성분)	0.60	4.5
제2종 분말(탄산수소칼륨이 주성분) 제3종 분말(인산염류(인산암모늄을 90[%] 이상 함유)가 주성분)	0.36	2.7
제4종 분말(탄산수소칼륨과 요소의 반응생성물)	0.24	1.8
제5종 분말(특정의 위험물에 적응성이 있는 것으로 인정)	소화약제에 따라 필요한 양	

② 국소방출방식 54, 71회

소방대상물		약제저장량[kg]		
		제1종 분말	제2종, 제3종 분말	제4종 분말
면적식 국소 방출 방식	액체 위험물을 상부를 개방한 용기에 저장하는 경우 등 화재 시 연소면이 한면에 한정되고 위험물이 비산할 우려가 없는 경우	방호대상물의 표면적[m²] ×8.8[kg/m²]×1.1×계수	방호대상물의 표면적[m²] ×5.2[kg/m²]×1.1×계수	방호대상물의 표면적[m²] ×3.6[kg/m²]×1.1×계수
용적식 국소 방출 방식	상기 이외의 것	방호공간의 체적[m³] $\times \left(X-Y\frac{a}{A}\right)$[kg/m³] ×1.1×계수	방호공간의 체적[m³] $\times \left(X-Y\frac{a}{A}\right)$[kg/m³] ×1.1×계수	방호공간의 체적[m³] $\times \left(X-Y\frac{a}{A}\right)$[kg/m³] ×1.1×계수

여기서, Q : 단위체적당 소화약제의 양[kg/m³]$\left(X-Y\frac{a}{A}\right)$

a : 방호대상물 주위에 실제로 설치된 고정벽의 면적의 합계[m²]
A : 방호공간 전체둘레의 면적[m²]
X 및 Y : 다음 표에 정한 소화약제의 종류에 따른 수치

소화약제의 종별	X의 수치	Y의 수치
제1종 분말	5.2	3.9
제2종 분말 또는 제3종 분말	3.2	2.4
제4종 분말	2.0	1.5
제5종 분말	소화약제에 따라 필요한 양	

(5) 이동식 분말소화설비

소화약제의 종별	소화약제의 양[kg]	분당 방사량[kg/min]
제1종 분말	50 이상	45 이상
제2종 분말 또는 제3종 분말	30 이상	27 이상
제4종 분말	20 이상	18 이상
제5종 분말	소화약제에 따라 필요한 양	-

(6) 배관의 기준

① 전용으로 할 것
② 강관의 배관은 배관용 탄소강관(KS D 3507)에 적합하고 아연도금 등에 의하여 방식처리를 한 것 또는 이와 동등 이상의 강도 및 내식성을 갖는 것을 사용할 것
③ 동관의 배관은 이음매 없는 구리 및 구리합금관(KS D 5301) 또는 이와 동등 이상의 강도 및 내식성을 갖는 것으로 조정압력 또는 최고사용압력의 1.5배 이상의 압력에 견딜 수 있는 것을 사용할 것
④ 관이음쇠는 나사식강관제관이음쇠(KS B 1533), 나사식가단주철제관이음쇠(KS B 1531), 강제용접식관플랜지(KS B 1503), 스테인리스강제용접식플랜지(KS B 1506), 배관용 강제맞대기용접식관이음쇠(KS B 1541) 또는 이와 동등 이상의 강도, 내식성 및 내열성을 갖는 것으로 할 것

⑤ 밸브류는 다음에 정한 것에 의할 것
　㉠ 소화약제를 방사하는 경우에 현저하게 소화약제와 가압용·축압용가스가 분리되거나 소화약제가 잔류할 우려가 없는 구조일 것
　㉡ 접속할 관의 구경에 맞는 규격일 것
　㉢ 재질은 주강 플랜지형 밸브(KS B 2361), 구상흑연주철품(KS D 4302)로서 방식처리가 된 것 또는 이와 동등 이상의 강도, 내식성 및 내열성을 갖는 것으로 할 것
　㉣ 밸브류는 개폐위치 또는 개폐방향을 표시할 것
　㉤ 방출밸브 및 가압용가스용기밸브의 수동조작부는 화재시 쉽게 접근 가능하고 안전한 장소에 설치할 것
⑥ 저장용기 등으로부터 배관의 굴곡부까지의 거리는 관경의 20배 이상 되도록 할 것. 다만, 소화약제와 가압용·축압용 가스가 분리되지 않도록 조치를 한 경우에는 그렇지 않다.
⑦ 낙차는 50[m] 이상일 것
⑧ 동시에 방사하는 분사헤드의 방사압력이 균일하도록 설치할 것

(7) 저장용기의 설치기준 71회
① 온도가 40℃ 이하이고 온도 변화가 적은 장소에 설치할 것
② 직사일광 및 빗물이 침투할 우려가 적은 장소에 설치할 것
③ 저장용기(축압식인 것은 내압력이 1.0[MPa]인 것에 한한다)에는 용기밸브를 설치할 것
④ 가압식의 저장용기 등에는 방출밸브를 설치할 것
⑤ 보기 쉬운 장소에 충전소화약제량, 소화약제의 종류, 최고사용압력(가압식인 것에 한한다), 제조연월 및 제조자명을 표시할 것

(8) 정압작동장치의 설치기준
① 기동장치의 작동 후 저장용기 등의 압력이 설정압력이 되었을 때 방출밸브를 개방시키는 것일 것
② 정압작동장치는 저장용기 등마다 설치할 것

제5절　위험물의 운반 및 정기검사

1 기계에 의하여 하역하는 구조로 된 운반 기준(세부기준 제150조)

(1) 금속제 운반용기의 표시
　　① 온도 20[℃]에서의 내용적[L]
　　② 운반용기의 자중[kg]
　　③ 최근의 기밀시험 및 점검 실시 연월
　　④ 수납 또는 배출 시에 해당 용기에 가하는 최대압력([kPa] 또는 [bar])
　　⑤ 본체의 재료 및 최소두께[mm]

(2) 경질플라스틱제 운반용기 또는 플라스틱내용기를 부착한 운반용기
　　① 온도 20[℃]에서의 내용적[L]
　　② 운반용기의 자중[kg]
　　③ 내압시험에서의 시험압력([kPa] 또는 [bar])
　　④ 수납 또는 배출 시에 해당 용기에 가하는 최대압력([kPa] 또는 [bar])
　　⑤ 최근의 기밀시험 및 점검 실시 연월

2 정기검사(세부기준 제156조)

(1) 수평도 측정

옆판 최하단의 외면을 원주길이 방향으로 6[m] 내지 10[m]의 등간격을 두어 원의 중심에 대칭되는 점에 스케일을 세우고 레벨측정기 등으로 수평도를 측정하여 수평도가 직경의 1/100을 초과하거나 300[mm]를 초과할 경우에는 불합격으로 할 것

(2) 수직도 측정

옆판 최상단의 외면을 원주길이 방향으로 6[m] 내지 10[m]의 등간격을 두어 원의 중심에 대칭되는 옆판상부 또는 지붕판에 일정한 길이로 추를 매달아 늘어뜨려 옆판과의 간격을 측정하는 등의 방법으로 탱크의 수직도를 검사하여 기울어진 정도가 탱크 높이의 1/100을 초과하거나 127[mm]를 초과하는 경우에는 불합격으로 할 것

> 구형탱크에 대한 수평도 측정 및 수직도 측정 시험은 지주에 표시된 개소의 부등침하율을 측정하고 수평도 기준을 적용하여 적합 여부를 판정할 것

(3) 누설시험(탱크와 연결된 지하매설배관에 대하여 실시)

① 탱크 내의 위험물을 완전히 비우고 개구부는 밸브 또는 막음판 등을 사용하여 완전히 폐쇄할 것
② 비압력탱크의 시험압력은 20[kPa], 압력탱크의 시험압력은 최대상용압력의 1.1배의 압력으로 할 것. 이 경우 가압가스는 불활성 가스를 사용한다.
③ 가압 중에 노출되어 있는 배관접속부 등에 비눗물 등을 뿌려 누설 여부를 확인할 것
④ 탱크와 연결된 지하매설배관과 지하탱크는 시험압력으로 가압한 후 10분 동안 유지시켜 안정된 시험압력을 확인하고 그 이후 50분 동안 압력변화를 측정하여 압력강하가 안정된 시험압력의 10[%]를 초과할 경우에는 불합격으로 할 것. 이때 안정된 시험압력이라 함은 가압 후 유지시간 동안 압력강하가 시험압력의 15[%] 이하인 압력을 말한다.

(4) 외관검사

① 밑판(애뉼러 판)에 관한 사항
   ㉠ 밑판의 부식 상태
   ㉡ 밑판의 누설 여부
   ㉢ 도면과 밑판의 배열, 섬프 등의 일치 여부
② 옆판에 관한 사항
   ㉠ 꺾임 및 뒤틀림의 정도
   ㉡ 보온재가 있을 경우의 방수 및 배수구조
   ㉢ 계단의 적정성
   ㉣ 계단의 입구에 정전기 방지설비의 적정성
   ㉤ 옆판의 부식 상태(보온재가 없는 경우)
   ㉥ 옆판 및 개구부의 누설 여부
   ㉦ 도면과 개구부의 일치 여부
③ 지붕에 관한 사항
   ㉠ 지붕판의 부식 상태(보온재가 없는 경우)
   ㉡ 도면과 개구부의 일치 여부
   ㉢ 통기관의 상태
   ㉣ 콘루프 또는 돔루프
      • 칼럼의 상태(옆으로 움직임 등)
      • 라프터의 유무 및 상태
      • 지붕의 파손 여부

㈂ 외부 부상지붕
　　　　• 실링 상태
　　　　• 지붕의 파손 여부
　　　　• 폰튠 및 데크의 누설 여부
　　　　• 옆판의 긁힘 또는 충격상태
　　　　• 정치상태, 지지대의 부식 여부 및 베이스의 건전성
　　　㈅ 내부 부상지붕
　　　　• 실링 상태
　　　　• 지붕의 파손 여부
　　　　• 정치상태, 지지대의 부식 여부 및 베이스의 건전성
　④ 탱크 내부에 관한 사항
　　　㉠ 루프 드레인 배관 및 지붕 물받이의 부식상태
　　　㉡ 스팀라인, 기타 배관의 상태
　　　㉢ 외부로 관통하는 부분의 유무(빛의 투과 여부)
　⑤ 기초에 관한 사항
　　　㉠ 콘크리트링월 등 기초부위의 손상 여부
　　　㉡ 방식장치의 관리 상태
　　　㉢ 누설흔적의 유무
　　　㉣ 부등침하의 유무
　　　㉤ 앵커볼트의 적정성
　⑥ 소화설비의 작동 여부에 관한 사항
　　　㉠ 포소화설비의 작동 여부
　　　㉡ 물분무소화설비의 작동 여부
　　　㉢ 소화기의 적정성

제6절 위험물제조소 등의 일반점검표

[세부기준 별지 제9호 서식]

<table>
<tr><td colspan="4">제 조 소
일반취급소   일반점검표</td><td colspan="2">점검기간 :
점 검 자 :   (서명 또는 인)
설 치 자 :   (서명 또는 인)</td></tr>
<tr><td colspan="2">제조소 등의 구분</td><td colspan="2">[ ] 제조소   [ ] 일반취급소</td><td>설치허가 연월일 및 완공검사번호</td><td></td></tr>
<tr><td colspan="2">설치자</td><td colspan="2"></td><td>안전관리자</td><td></td></tr>
<tr><td colspan="2">사업소명</td><td colspan="2"></td><td>설치위치</td><td></td></tr>
<tr><td colspan="2">위험물 현황</td><td>품 명</td><td></td><td>허가량</td><td>지정수량의 배수</td></tr>
<tr><td colspan="2">위험물 저장·취급 개요</td><td colspan="4"></td></tr>
<tr><td colspan="2">시설명/호칭번호</td><td colspan="4"></td></tr>
<tr><td colspan="2">점검항목</td><td>점검내용</td><td>점검방법</td><td>점검결과</td><td>비 고</td></tr>
<tr><td colspan="2" rowspan="2">안전거리</td><td>보호대상물 신설 여부</td><td>육안 및 실측</td><td>[ ]적합 [ ]부적합 [ ]해당없음</td><td></td></tr>
<tr><td>방화상 유효한 담의 손상 유무</td><td>육 안</td><td>[ ]적합 [ ]부적합 [ ]해당없음</td><td></td></tr>
<tr><td colspan="2" rowspan="2">보유공지</td><td>허가외 물건 존치 여부</td><td>육 안</td><td>[ ]적합 [ ]부적합 [ ]해당없음</td><td></td></tr>
<tr><td>방화상 유효한 격벽의 손상 유무</td><td>육 안</td><td>[ ]적합 [ ]부적합 [ ]해당없음</td><td></td></tr>
<tr><td rowspan="5">건축물</td><td>벽·기둥·보·지붕</td><td>균열·손상 등 유무</td><td>육 안</td><td>[ ]적합 [ ]부적합 [ ]해당없음</td><td></td></tr>
<tr><td>방화문</td><td>변형·손상 등 유무 및 폐쇄기능의 적부</td><td>육 안</td><td>[ ]적합 [ ]부적합 [ ]해당없음</td><td></td></tr>
<tr><td rowspan="2">바 닥</td><td>체유·체수 유무</td><td>육 안</td><td>[ ]적합 [ ]부적합 [ ]해당없음</td><td></td></tr>
<tr><td>균열·손상·패임 등 유무</td><td>육 안</td><td>[ ]적합 [ ]부적합 [ ]해당없음</td><td></td></tr>
<tr><td>계 단</td><td>변형·손상 등 유무 및 고정상황의 적부</td><td>육 안</td><td>[ ]적합 [ ]부적합 [ ]해당없음</td><td></td></tr>
<tr><td colspan="2" rowspan="5">환기설비·
배출설비 등
40, 58회</td><td>**변형·손상 유무 및 고정상태의 적부**</td><td>**육 안**</td><td>[ ]적합 [ ]부적합 [ ]해당없음</td><td></td></tr>
<tr><td>**인화방지망의 손상 및 막힘 유무**</td><td>**육 안**</td><td>[ ]적합 [ ]부적합 [ ]해당없음</td><td></td></tr>
<tr><td>**방화댐퍼의 손상 유무 및 기능의 적부**</td><td>**육안 및 작동확인**</td><td>[ ]적합 [ ]부적합 [ ]해당없음</td><td></td></tr>
<tr><td>**팬의 작동상황 적부**</td><td>**작동확인**</td><td>[ ]적합 [ ]부적합 [ ]해당없음</td><td></td></tr>
<tr><td>**가연성증기경보장치의 작동상황 적부**</td><td>**작동확인**</td><td>[ ]적합 [ ]부적합 [ ]해당없음</td><td></td></tr>
<tr><td rowspan="4">옥외위험물취급설비</td><td rowspan="2">방유턱·바닥</td><td>균열·손상 등 유무</td><td>육 안</td><td>[ ]적합 [ ]부적합 [ ]해당없음</td><td></td></tr>
<tr><td>체유·체수·토사퇴적 등 유무</td><td>육 안</td><td>[ ]적합 [ ]부적합 [ ]해당없음</td><td></td></tr>
<tr><td rowspan="2">집유설비·
배수구·
유분리장치</td><td>균열·손상 등 유무</td><td>육 안</td><td>[ ]적합 [ ]부적합 [ ]해당없음</td><td></td></tr>
<tr><td>체유·체수·토사퇴적 등 유무</td><td>육 안</td><td>[ ]적합 [ ]부적합 [ ]해당없음</td><td></td></tr>
<tr><td rowspan="12">위험물의 누출·비산방지장치 등</td><td rowspan="4">누출방지설비 등
(이중배관 등)</td><td>체유 등 유무</td><td>육 안</td><td>[ ]적합 [ ]부적합 [ ]해당없음</td><td></td></tr>
<tr><td>변형·균열·손상 유무</td><td>육 안</td><td>[ ]적합 [ ]부적합 [ ]해당없음</td><td></td></tr>
<tr><td>도장상황의 적부 및 부식 유무</td><td>육 안</td><td>[ ]적합 [ ]부적합 [ ]해당없음</td><td></td></tr>
<tr><td>고정상황의 적부</td><td>육 안</td><td>[ ]적합 [ ]부적합 [ ]해당없음</td><td></td></tr>
<tr><td rowspan="4">역류방지설비
(되돌림관 등)</td><td>기능의 적부</td><td>육안 및 작동확인</td><td>[ ]적합 [ ]부적합 [ ]해당없음</td><td></td></tr>
<tr><td>변형·균열·손상 유무</td><td>육 안</td><td>[ ]적합 [ ]부적합 [ ]해당없음</td><td></td></tr>
<tr><td>도장상황의 적부 및 부식 유무</td><td>육 안</td><td>[ ]적합 [ ]부적합 [ ]해당없음</td><td></td></tr>
<tr><td>고정상황의 적부</td><td>육 안</td><td>[ ]적합 [ ]부적합 [ ]해당없음</td><td></td></tr>
<tr><td rowspan="4">비산방지설비</td><td>체유 등 유무</td><td>육 안</td><td>[ ]적합 [ ]부적합 [ ]해당없음</td><td></td></tr>
<tr><td>변형·균열·손상 유무</td><td>육 안</td><td>[ ]적합 [ ]부적합 [ ]해당없음</td><td></td></tr>
<tr><td>기능의 적부</td><td>육안 및 작동확인</td><td>[ ]적합 [ ]부적합 [ ]해당없음</td><td></td></tr>
<tr><td>고정상황의 적부</td><td>육 안</td><td>[ ]적합 [ ]부적합 [ ]해당없음</td><td></td></tr>
</table>

가열·냉각·건조설비	기초·지주 등	변형·균열·손상·침하 유무	육안	[ ]적합 [ ]부적합 [ ]해당없음	
		볼트 등의 풀림 유무	육안	[ ]적합 [ ]부적합 [ ]해당없음	
		도장상황의 적부 및 부식 유무	육안	[ ]적합 [ ]부적합 [ ]해당없음	
	본체부	누설 유무	육안 및 가스검지	[ ]적합 [ ]부적합 [ ]해당없음	
		변형·균열·손상 유무	육안	[ ]적합 [ ]부적합 [ ]해당없음	
		도장상황의 적부 및 부식 유무	육안 및 두께측정	[ ]적합 [ ]부적합 [ ]해당없음	
		볼트 등의 풀림 유무	육안	[ ]적합 [ ]부적합 [ ]해당없음	
		보냉재의 손상·탈락 유무	육안	[ ]적합 [ ]부적합 [ ]해당없음	
	접지	단선 유무	육안	[ ]적합 [ ]부적합 [ ]해당없음	
		부착부분의 탈락 유무	육안	[ ]적합 [ ]부적합 [ ]해당없음	
		접지저항치의 적부	저항측정	[ ]적합 [ ]부적합 [ ]해당없음	
	안전장치	부식·손상 유무	육안	[ ]적합 [ ]부적합 [ ]해당없음	
		고정상황의 적부	육안	[ ]적합 [ ]부적합 [ ]해당없음	
		기능의 적부	작동확인	[ ]적합 [ ]부적합 [ ]해당없음	
	계측장치	손상 유무	육안	[ ]적합 [ ]부적합 [ ]해당없음	
		부착부의 풀림 유무	육안	[ ]적합 [ ]부적합 [ ]해당없음	
		작동·지시사항의 적부	육안	[ ]적합 [ ]부적합 [ ]해당없음	
	송풍장치	손상 유무	육안	[ ]적합 [ ]부적합 [ ]해당없음	
		부착부의 풀림 유무	육안	[ ]적합 [ ]부적합 [ ]해당없음	
		이상진동·소음·발열 등 유무	육안 및 작동확인	[ ]적합 [ ]부적합 [ ]해당없음	
	살수장치	부식·변형·손상 유무	육안	[ ]적합 [ ]부적합 [ ]해당없음	
		살수상황의 적부	육안	[ ]적합 [ ]부적합 [ ]해당없음	
		고정상태의 적부	육안	[ ]적합 [ ]부적합 [ ]해당없음	
	교반장치	손상 유무	육안	[ ]적합 [ ]부적합 [ ]해당없음	
		고정상황의 적부	육안	[ ]적합 [ ]부적합 [ ]해당없음	
		이상진동·소음·발열 등 유무	육안 및 작동확인	[ ]적합 [ ]부적합 [ ]해당없음	
		누유 유무	육안	[ ]적합 [ ]부적합 [ ]해당없음	
		안전장치의 작동 적부	육안 및 작동확인	[ ]적합 [ ]부적합 [ ]해당없음	
위험물 취급설비	기초·지주 등	변형·균열·손상·침하 유무	육안	[ ]적합 [ ]부적합 [ ]해당없음	
		볼트 등의 풀림 유무	육안	[ ]적합 [ ]부적합 [ ]해당없음	
		도장상황의 적부 및 부식 유무	육안	[ ]적합 [ ]부적합 [ ]해당없음	
	본체부	누설 유무	육안 및 가스검지	[ ]적합 [ ]부적합 [ ]해당없음	
		변형·균열·손상 유무	육안	[ ]적합 [ ]부적합 [ ]해당없음	
		도장상황의 적부 및 부식 유무	육안 및 두께측정	[ ]적합 [ ]부적합 [ ]해당없음	
		볼트 등의 풀림 유무	육안	[ ]적합 [ ]부적합 [ ]해당없음	
		보냉재의 손상·탈락 유무	육안	[ ]적합 [ ]부적합 [ ]해당없음	
	접지	단선 유무	육안	[ ]적합 [ ]부적합 [ ]해당없음	
		부착부분의 탈락 유무	육안	[ ]적합 [ ]부적합 [ ]해당없음	
		접지저항치의 적부	저항측정	[ ]적합 [ ]부적합 [ ]해당없음	
	안전장치	부식·손상 유무	육안	[ ]적합 [ ]부적합 [ ]해당없음	
		고정상황의 적부	육안	[ ]적합 [ ]부적합 [ ]해당없음	
		기능의 적부	작동확인	[ ]적합 [ ]부적합 [ ]해당없음	
	계측장치	손상의 유무	육안	[ ]적합 [ ]부적합 [ ]해당없음	
		부착부의 풀림 유무	육안	[ ]적합 [ ]부적합 [ ]해당없음	
		작동·지시사항의 적부	육안	[ ]적합 [ ]부적합 [ ]해당없음	
	송풍장치	손상 유무	육안	[ ]적합 [ ]부적합 [ ]해당없음	
		부착부의 풀림 유무	육안	[ ]적합 [ ]부적합 [ ]해당없음	
		이상진동·소음·발열 등 유무	육안 및 작동확인	[ ]적합 [ ]부적합 [ ]해당없음	
	구동장치	고정상태의 적부	육안	[ ]적합 [ ]부적합 [ ]해당없음	
		이상진동·소음·발열 등 유무	육안 및 작동확인	[ ]적합 [ ]부적합 [ ]해당없음	
		회전부 등의 급유상태 적부	육안	[ ]적합 [ ]부적합 [ ]해당없음	
	교반장치	손상 유무	육안	[ ]적합 [ ]부적합 [ ]해당없음	
		고정상황의 적부	육안	[ ]적합 [ ]부적합 [ ]해당없음	
		이상진동·소음·발열 등 유무	육안 및 작동확인	[ ]적합 [ ]부적합 [ ]해당없음	
		누유 유무	육안	[ ]적합 [ ]부적합 [ ]해당없음	
		안전장치의 작동 적부	육안 및 작동확인	[ ]적합 [ ]부적합 [ ]해당없음	

위험물 취급탱크	기초·지주·전용실 등	변형·균열·손상·침하 유무	육 안	[ ]적합 [ ]부적합 [ ]해당없음	
		고정상태의 적부	육 안	[ ]적합 [ ]부적합 [ ]해당없음	
	본 체	변형·균열·손상 유무	육 안	[ ]적합 [ ]부적합 [ ]해당없음	
		누설 유무	육 안	[ ]적합 [ ]부적합 [ ]해당없음	
		도장상황의 적부 및 부식 유무	육안 및 두께측정	[ ]적합 [ ]부적합 [ ]해당없음	
		고정상태의 적부	육 안	[ ]적합 [ ]부적합 [ ]해당없음	
		보냉재의 손상·탈락 등 유무	육 안	[ ]적합 [ ]부적합 [ ]해당없음	
	노즐·맨홀 등	누설 유무	육 안	[ ]적합 [ ]부적합 [ ]해당없음	
		변형·손상 유무	육 안	[ ]적합 [ ]부적합 [ ]해당없음	
		부착부의 손상 유무	육 안	[ ]적합 [ ]부적합 [ ]해당없음	
		도장상황의 적부 및 부식 유무	육안 및 두께측정	[ ]적합 [ ]부적합 [ ]해당없음	
	방유제·방유턱 42회	**변형·균열·손상 유무**	**육 안**	[ ]적합 [ ]부적합 [ ]해당없음	
		배수관의 손상 유무	**육 안**	[ ]적합 [ ]부적합 [ ]해당없음	
		배수관의 개폐상황 적부	**육 안**	[ ]적합 [ ]부적합 [ ]해당없음	
		배수구의 균열·손상 유무	**육 안**	[ ]적합 [ ]부적합 [ ]해당없음	
		배수구내 체유·체수·토사퇴적 등 유무	**육 안**	[ ]적합 [ ]부적합 [ ]해당없음	
		수용량의 적부	**측정**	[ ]적합 [ ]부적합 [ ]해당없음	
	접 지	단선 유무	육 안	[ ]적합 [ ]부적합 [ ]해당없음	
		부착부분의 탈락 유무	육 안	[ ]적합 [ ]부적합 [ ]해당없음	
		접지저항치의 적부	저항측정	[ ]적합 [ ]부적합 [ ]해당없음	
	누유검사관	변형·손상·토사퇴적 등 유무	육 안	[ ]적합 [ ]부적합 [ ]해당없음	
	교반장치	누유 유무	육 안	[ ]적합 [ ]부적합 [ ]해당없음	
		이상진동·소음·발열 등 유무	육안 및 작동확인	[ ]적합 [ ]부적합 [ ]해당없음	
		고정상태의 적부	육 안	[ ]적합 [ ]부적합 [ ]해당없음	
	통기관	인화방지장치의 손상·막힘 유무	육 안	[ ]적합 [ ]부적합 [ ]해당없음	
		화염방지장치 접합부의 고정상태 적부	육 안	[ ]적합 [ ]부적합 [ ]해당없음	
		밸브의 작동상황 적부	작동확인	[ ]적합 [ ]부적합 [ ]해당없음	
		통기관내 장애물의 유무	육 안	[ ]적합 [ ]부적합 [ ]해당없음	
		도장상황의 적부 및 부식 유무	육 안	[ ]적합 [ ]부적합 [ ]해당없음	
	안전장치	작동의 적부	육안 및 작동확인	[ ]적합 [ ]부적합 [ ]해당없음	
		부식·손상 유무	육 안	[ ]적합 [ ]부적합 [ ]해당없음	
	계량장치	손상 유무	육 안	[ ]적합 [ ]부적합 [ ]해당없음	
		부착부의 고정상태 적부	육 안	[ ]적합 [ ]부적합 [ ]해당없음	
		작동의 적부	육 안	[ ]적합 [ ]부적합 [ ]해당없음	
	주입구	폐쇄 시의 누설 유무	육 안	[ ]적합 [ ]부적합 [ ]해당없음	
		변형·손상 유무	육 안	[ ]적합 [ ]부적합 [ ]해당없음	
		접지전극의 손상 유무	육 안	[ ]적합 [ ]부적합 [ ]해당없음	
		접지저항치의 적부	저항측정	[ ]적합 [ ]부적합 [ ]해당없음	
	주입구의 피트	균열·손상 유무	육 안	[ ]적합 [ ]부적합 [ ]해당없음	
		체유·체수·토사퇴적 등 유무	육 안	[ ]적합 [ ]부적합 [ ]해당없음	
배관·밸브 등	배관(플랜지·밸브 포함)	누설의 유무(지하매설배관은 누설점검실시)	육안 및 누설점검	[ ]적합 [ ]부적합 [ ]해당없음	
		변형·손상 유무	육 안	[ ]적합 [ ]부적합 [ ]해당없음	
		도장상황의 적부 및 부식 유무	육 안	[ ]적합 [ ]부적합 [ ]해당없음	
		지반면과 이격상태의 적부	육 안	[ ]적합 [ ]부적합 [ ]해당없음	
	배관의 피트	균열·손상 유무	육 안	[ ]적합 [ ]부적합 [ ]해당없음	
		체유·체수·토사퇴적 등 유무	육 안	[ ]적합 [ ]부적합 [ ]해당없음	
	전기방식 설비	단자함의 손상·토사퇴적 등 유무	육 안	[ ]적합 [ ]부적합 [ ]해당없음	
		단자의 탈락 유무	육 안	[ ]적합 [ ]부적합 [ ]해당없음	
		방식전류(전위)의 적부	전위측정	[ ]적합 [ ]부적합 [ ]해당없음	

펌프설비 등	전동기	손상 유무	육안	[ ]적합 [ ]부적합 [ ]해당없음
		고정상태의 적부	육안	[ ]적합 [ ]부적합 [ ]해당없음
		회전부 등의 급유상태 적부	육안	[ ]적합 [ ]부적합 [ ]해당없음
		이상진동·소음·발열 등 유무	육안 및 작동확인	[ ]적합 [ ]부적합 [ ]해당없음
	펌프	누설 유무	육안	[ ]적합 [ ]부적합 [ ]해당없음
		변형·손상 유무	육안	[ ]적합 [ ]부적합 [ ]해당없음
		도장상태의 적부 및 부식 유무	육안	[ ]적합 [ ]부적합 [ ]해당없음
		고정상태의 적부	육안	[ ]적합 [ ]부적합 [ ]해당없음
		회전부 등의 급유상태 적부	육안	[ ]적합 [ ]부적합 [ ]해당없음
		유량 및 유압 적부	육안	[ ]적합 [ ]부적합 [ ]해당없음
		이상진동·소음·발열 등의 유무	육안 및 작동확인	[ ]적합 [ ]부적합 [ ]해당없음
	접지	단선 유무	육안	[ ]적합 [ ]부적합 [ ]해당없음
		부착부분의 탈락 유무	육안	[ ]적합 [ ]부적합 [ ]해당없음
		접지저항치의 적부	저항측정	[ ]적합 [ ]부적합 [ ]해당없음
전기설비	배전반·차단기·배선 등	변형·손상 유무	육안	[ ]적합 [ ]부적합 [ ]해당없음
		고정상태의 적부	육안	[ ]적합 [ ]부적합 [ ]해당없음
		기능의 적부	육안 및 작동확인	[ ]적합 [ ]부적합 [ ]해당없음
		배선접합부의 탈락 유무	육안	[ ]적합 [ ]부적합 [ ]해당없음
	접지	단선 유무	육안	[ ]적합 [ ]부적합 [ ]해당없음
		부착부분의 탈락 유무	육안	[ ]적합 [ ]부적합 [ ]해당없음
		접지저항치의 적부	저항측정	[ ]적합 [ ]부적합 [ ]해당없음
제어장치 등		제어계기의 손상 유무	육안	[ ]적합 [ ]부적합 [ ]해당없음
		제어반 고정상태의 적부	육안	[ ]적합 [ ]부적합 [ ]해당없음
		제어계(온도·압력·유량 등) 기능의 적부	작동확인 및 시험	[ ]적합 [ ]부적합 [ ]해당없음
		감시설비 기능의 적부	작동확인	[ ]적합 [ ]부적합 [ ]해당없음
		경보설비 기능의 적부	작동확인	[ ]적합 [ ]부적합 [ ]해당없음
피뢰설비		**돌침부의 경사·손상·부착상태 적부**	**육안**	[ ]적합 [ ]부적합 [ ]해당없음
		피뢰도선의 단선 및 벽체 등과 접촉 유무	**육안**	[ ]적합 [ ]부적합 [ ]해당없음
		접지저항치의 적부	**저항측정**	[ ]적합 [ ]부적합 [ ]해당없음
표지·게시판		손상 유무	육안	[ ]적합 [ ]부적합 [ ]해당없음
		기재사항의 적부	육안	[ ]적합 [ ]부적합 [ ]해당없음
소화설비	소화기	위치·설치수·압력의 적부	육안	[ ]적합 [ ]부적합 [ ]해당없음
	그 밖의 소화설비	소화설비 점검표에 의할 것		
경보설비	자동화재탐지설비	자동화재탐지설비 점검표에 의할 것		
	그 밖의 경보설비	손상 유무	육안	[ ]적합 [ ]부적합 [ ]해당없음
		기능의 적부	작동확인	[ ]적합 [ ]부적합 [ ]해당없음
기타사항				

[별지 제10호 서식]

옥내저장소 일반점검표

점검기간 :
점검자 :　　　　　서명(또는 인)
설치자 :　　　　　서명(또는 인)

옥내저장소의 형태	[ ]단층　[ ]다층　[ ]복합	설치허가 연월일 및 완공검사번호	
설치자		안전관리자	
사업소명		설치위치	
위험물 현황	품 명	허가량	지정수량의 배수
위험물 저장·취급 개요			
시설명/호칭번호			

점검항목		점검내용	점검방법	점검결과	비고
안전거리		보호대상물 신설여부	육안 및 실측	[ ]적합 [ ]부적합 [ ]해당없음	
		방화상 유효한 담의 손상 유무	육 안	[ ]적합 [ ]부적합 [ ]해당없음	
보유공지		허가외 물건 존치 여부	육 안	[ ]적합 [ ]부적합 [ ]해당없음	
건축물 52회	벽·기둥·보·지붕	균열·손상 등 유무	육 안	[ ]적합 [ ]부적합 [ ]해당없음	
	방화문	변형·손상 등 유무 및 폐쇄기능의 적부	육 안	[ ]적합 [ ]부적합 [ ]해당없음	
	바 닥	체유·체수 유무	육 안	[ ]적합 [ ]부적합 [ ]해당없음	
		균열·손상·패임 등 유무	육 안	[ ]적합 [ ]부적합 [ ]해당없음	
	계 단	변형·손상 등 유무 및 고정상황의 적부	육 안	[ ]적합 [ ]부적합 [ ]해당없음	
	다른 용도부분과 구획	균열·손상 등 유무	육 안	[ ]적합 [ ]부적합 [ ]해당없음	
	조명설비	손상의 유무	육 안	[ ]적합 [ ]부적합 [ ]해당없음	
환기설비·배출설비 등 33회		변형·손상 유무 및 고정상태의 적부	육 안	[ ]적합 [ ]부적합 [ ]해당없음	
		인화방지장치의 손상 및 막힘 유무	육 안	[ ]적합 [ ]부적합 [ ]해당없음	
		방화댐퍼의 손상 유무 및 기능의 적부	육안 및 작동확인	[ ]적합 [ ]부적합 [ ]해당없음	
		팬의 작동상황 적부	작동확인	[ ]적합 [ ]부적합 [ ]해당없음	
		가연성증기경보장치의 작동상황 적부	작동확인	[ ]적합 [ ]부적합 [ ]해당없음	
선반 등		변형·손상 등 유무 및 고정상태의 적부	육 안	[ ]적합 [ ]부적합 [ ]해당없음	
		낙하방지장치의 적부	육 안	[ ]적합 [ ]부적합 [ ]해당없음	
집유설비·배수구		균열·손상 등 유무	육 안	[ ]적합 [ ]부적합 [ ]해당없음	
		체유·체수·토사퇴적 등 유무	육 안	[ ]적합 [ ]부적합 [ ]해당없음	
전기설비	배전반·차단기·배선 등	변형·손상 유무	육 안	[ ]적합 [ ]부적합 [ ]해당없음	
		고정상태의 적부	육 안	[ ]적합 [ ]부적합 [ ]해당없음	
		기능의 적부	육안 및 작동확인	[ ]적합 [ ]부적합 [ ]해당없음	
		배선접합부의 탈락 유무	육 안	[ ]적합 [ ]부적합 [ ]해당없음	
	접 지 48회	단선 유무	육 안	[ ]적합 [ ]부적합 [ ]해당없음	
		부착부분의 탈락 유무	육 안	[ ]적합 [ ]부적합 [ ]해당없음	
		접지저항치의 적부	저항측정	[ ]적합 [ ]부적합 [ ]해당없음	
피뢰설비		돌침부의 경사·손상·부착상태 적부	육 안	[ ]적합 [ ]부적합 [ ]해당없음	
		피뢰도선의 단선 및 벽체 등과 접촉 유무	육 안	[ ]적합 [ ]부적합 [ ]해당없음	
		접지저항치의 적부	저항측정	[ ]적합 [ ]부적합 [ ]해당없음	
표지·게시판		손상의 유무	육 안	[ ]적합 [ ]부적합 [ ]해당없음	
		기재사항의 적부	육 안	[ ]적합 [ ]부적합 [ ]해당없음	
소화설비	소화기	위치·설치수·압력의 적부	육 안	[ ]적합 [ ]부적합 [ ]해당없음	
	그 밖의 소화설비	소화설비 점검표에 의할 것			
경보설비	자동화재 탐지설비	자동화재탐지설비 점검표에 의할 것			
	그 밖의 경보설비	손상 유무	육 안	[ ]적합 [ ]부적합 [ ]해당없음	
		기능의 적부	작동확인	[ ]적합 [ ]부적합 [ ]해당없음	
기타사항					

[별지 제11호 서식]

옥외탱크저장소 일반점검표

점검기간 :
점검자 : 서명(또는 인)
설치자 : 서명(또는 인)

옥외탱크저장소의 형태	[ ]고정지붕식 [ ]부상지붕식 [ ]지중탱크 [ ]부상덮개부착 고정지붕식 [ ]해상탱크 [ ]기타		설치허가 연월일 및 완공검사번호		
설치자			안전관리자		
사업소명			설치위치		
위험물 현황	품 명		허가량		지정수량의 배수
위험물 저장·취급 개요					
시설명/호칭번호					

점검항목		점검내용	점검방법	점검결과	비 고
안전거리		보호대상물 신설 여부	육안 및 실측	[ ]적합 [ ]부적합 [ ]해당없음	
		방화상 유효한 담의 손상 유무	육 안	[ ]적합 [ ]부적합 [ ]해당없음	
보유공지		허가외 물건 존치 여부	육 안	[ ]적합 [ ]부적합 [ ]해당없음	
		물분무설비 기능의 적부	작동확인	[ ]적합 [ ]부적합 [ ]해당없음	
탱크의 침하		부등침하의 유무	육 안	[ ]적합 [ ]부적합 [ ]해당없음	
기 초		균열·손상 등의 유무	육 안	[ ]적합 [ ]부적합 [ ]해당없음	
		배수관의 손상 유무 및 막힘 유무	육 안	[ ]적합 [ ]부적합 [ ]해당없음	
저부	바닥판 (애뉼러판 포함)	누설 유무	육 안	[ ]적합 [ ]부적합 [ ]해당없음	
		장출부의 변형·균열 유무	육 안	[ ]적합 [ ]부적합 [ ]해당없음	
		장출부의 토사퇴적·체수 유무	육 안	[ ]적합 [ ]부적합 [ ]해당없음	
		장출부 도장상황의 적부 및 부식 유무	육안 및 두께측정	[ ]적합 [ ]부적합 [ ]해당없음	
		고정상태의 적부	육 안	[ ]적합 [ ]부적합 [ ]해당없음	
	빗물침투 방지설비	변형·균열·박리 등의 유무	육 안	[ ]적합 [ ]부적합 [ ]해당없음	
	배수관 등	누설 유무	육 안	[ ]적합 [ ]부적합 [ ]해당없음	
		부식·변형·균열 유무	육 안	[ ]적합 [ ]부적합 [ ]해당없음	
		피트의 손상·체유·체수·토사퇴적 등의 유무	육 안	[ ]적합 [ ]부적합 [ ]해당없음	
		배수관과 피트의 간격 적부	육 안	[ ]적합 [ ]부적합 [ ]해당없음	
옆판부	옆판	누설 유무	육 안	[ ]적합 [ ]부적합 [ ]해당없음	
		변형·균열 유무	육 안	[ ]적합 [ ]부적합 [ ]해당없음	
		도장상황의 적부 및 부식 유무	육안 및 두께측정	[ ]적합 [ ]부적합 [ ]해당없음	
	노즐·맨홀 등	누설 유무	육 안	[ ]적합 [ ]부적합 [ ]해당없음	
		변형·손상 유무	육 안	[ ]적합 [ ]부적합 [ ]해당없음	
		부착부의 손상 유무	육 안	[ ]적합 [ ]부적합 [ ]해당없음	
		도장상황의 적부 및 부식 유무	육안 및 두께측정	[ ]적합 [ ]부적합 [ ]해당없음	
	접 지	단선 유무	육 안	[ ]적합 [ ]부적합 [ ]해당없음	
		부착부분의 탈락 유무	육 안	[ ]적합 [ ]부적합 [ ]해당없음	
		접지저항치의 적부	저항측정	[ ]적합 [ ]부적합 [ ]해당없음	
	윈드가드 및 계단	변형·손상 유무	육 안	[ ]적합 [ ]부적합 [ ]해당없음	
		도장상항의 적부 및 부식 유무	육 안	[ ]적합 [ ]부적합 [ ]해당없음	
지붕부	지붕판	변형·균열 유무	육 안	[ ]적합 [ ]부적합 [ ]해당없음	
		체수의 유무	육 안	[ ]적합 [ ]부적합 [ ]해당없음	
		도장상황의 적부 및 부식 유무	육안 및 두께측정	[ ]적합 [ ]부적합 [ ]해당없음	
		실(Seal)기구의 적부(탱크 개방 시)	육 안	[ ]적합 [ ]부적합 [ ]해당없음	
		루프드레인의 적부	육 안	[ ]적합 [ ]부적합 [ ]해당없음	
		폰튠·가이드폴의 적부(탱크 개방 시)	육 안	[ ]적합 [ ]부적합 [ ]해당없음	
		그 밖의 부상지붕 관련 설비의 적부	육 안	[ ]적합 [ ]부적합 [ ]해당없음	

지붕부	안전장치	작동의 적부	육안 및 작동확인	[ ]적합 [ ]부적합 [ ]해당없음
		부식·손상 유무	육 안	[ ]적합 [ ]부적합 [ ]해당없음
	통기관	인화방지장치의 손상·막힘 유무	육 안	[ ]적합 [ ]부적합 [ ]해당없음
		화염방지장치 접합부의 고정상태 적부	육 안	[ ]적합 [ ]부적합 [ ]해당없음
		대기밸브 작동상황의 적부	작동확인	[ ]적합 [ ]부적합 [ ]해당없음
		통기관 내 장애물의 유무	육 안	[ ]적합 [ ]부적합 [ ]해당없음
		도장상황의 적부 및 부식 유무	육 안	[ ]적합 [ ]부적합 [ ]해당없음
	검측구·샘플링구·맨홀	변형·균열·틈새의 유무	육 안	[ ]적합 [ ]부적합 [ ]해당없음
		도장상항의 적부 및 부식 유무	육 안	[ ]적합 [ ]부적합 [ ]해당없음
계측장치	액량자동표시장치	손상 유무	육 안	[ ]적합 [ ]부적합 [ ]해당없음
		작동상황의 적부	육안 및 작동확인	[ ]적합 [ ]부적합 [ ]해당없음
		부착부의 손상 유무	육 안	[ ]적합 [ ]부적합 [ ]해당없음
	온도계	손상 유무	육 안	[ ]적합 [ ]부적합 [ ]해당없음
		작동상황의 적부	육안 및 작동확인	[ ]적합 [ ]부적합 [ ]해당없음
		부착부의 손상 유무	육 안	[ ]적합 [ ]부적합 [ ]해당없음
	압력계	손상 유무	육 안	[ ]적합 [ ]부적합 [ ]해당없음
		작동상황의 적부	육안 및 작동확인	[ ]적합 [ ]부적합 [ ]해당없음
		부착부의 손상 유무	육 안	[ ]적합 [ ]부적합 [ ]해당없음
	액면상하한경보설비	손상 유무	육 안	[ ]적합 [ ]부적합 [ ]해당없음
		작동상황의 적부	육안 및 작동확인	[ ]적합 [ ]부적합 [ ]해당없음
		부착부의 손상 유무	육 안	[ ]적합 [ ]부적합 [ ]해당없음
배관·밸브 등	배관 (플랜지·밸브 포함)	누설 유무	육 안	[ ]적합 [ ]부적합 [ ]해당없음
		변형·손상 유무	육 안	[ ]적합 [ ]부적합 [ ]해당없음
		도장상황의 적부 및 부식 유무	육 안	[ ]적합 [ ]부적합 [ ]해당없음
		지반면과 이격상태의 적부	육 안	[ ]적합 [ ]부적합 [ ]해당없음
	배관의 피트	균열·손상 유무	육 안	[ ]적합 [ ]부적합 [ ]해당없음
		체유·체수·토사퇴적 등의 유무	육 안	[ ]적합 [ ]부적합 [ ]해당없음
	전기방식 설비	단자함의 손상·토사퇴적 등의 유무	육 안	[ ]적합 [ ]부적합 [ ]해당없음
		단자의 탈락 유무	육 안	[ ]적합 [ ]부적합 [ ]해당없음
		방식전류(전위)의 적부	전위측정	[ ]적합 [ ]부적합 [ ]해당없음
	주입구	폐쇄시의 누설 유무	육 안	[ ]적합 [ ]부적합 [ ]해당없음
		변형·손상 유무	육 안	[ ]적합 [ ]부적합 [ ]해당없음
		접지전극의 손상 유무	육 안	[ ]적합 [ ]부적합 [ ]해당없음
		접지저항치의 적부	저항측정	[ ]적합 [ ]부적합 [ ]해당없음
	배기밸브	누설 유무	육 안	[ ]적합 [ ]부적합 [ ]해당없음
		도장상황의 적부 및 부식 유무	육 안	[ ]적합 [ ]부적합 [ ]해당없음
		기능의 적부	작동확인	[ ]적합 [ ]부적합 [ ]해당없음
펌프설비 등	전동기	손상 유무	육 안	[ ]적합 [ ]부적합 [ ]해당없음
		고정상태의 적부	육 안	[ ]적합 [ ]부적합 [ ]해당없음
		회전부 등의 급유상태 적부	육 안	[ ]적합 [ ]부적합 [ ]해당없음
		이상진동·소음·발열 등의 유무	육안 및 작동확인	[ ]적합 [ ]부적합 [ ]해당없음
	펌프	누설 유무	육 안	[ ]적합 [ ]부적합 [ ]해당없음
		변형·손상 유무	육 안	[ ]적합 [ ]부적합 [ ]해당없음
		도장상황의 적부 및 부식 유무	육 안	[ ]적합 [ ]부적합 [ ]해당없음
		고정상태의 적부	육 안	[ ]적합 [ ]부적합 [ ]해당없음
		회전부 등의 급유상태 적부	육 안	[ ]적합 [ ]부적합 [ ]해당없음
		유량 및 유압의 적부	육 안	[ ]적합 [ ]부적합 [ ]해당없음
		이상진동·소음·발열 등의 유무	육안 및 작동확인	[ ]적합 [ ]부적합 [ ]해당없음
		기초의 균열·손상 유무	육 안	[ ]적합 [ ]부적합 [ ]해당없음

펌프설비 등	접지	단선 유무	육안	[ ]적합 [ ]부적합 [ ]해당없음
		부착부분의 탈락 유무	육안	[ ]적합 [ ]부적합 [ ]해당없음
		접지저항치의 적부	저항측정	[ ]적합 [ ]부적합 [ ]해당없음
	주위·바닥·집유설비·유분리장치	균열·손상 등 유무	육안	[ ]적합 [ ]부적합 [ ]해당없음
		체유·체수·토사퇴적 등의 유무	육안	[ ]적합 [ ]부적합 [ ]해당없음
	펌프실	지붕·벽·바닥·방화문 등의 균열·손상 유무	육안	[ ]적합 [ ]부적합 [ ]해당없음
		환기·배출설비 등의 손상 유무 및 기능의 적부	육안 및 작동확인	[ ]적합 [ ]부적합 [ ]해당없음
		조명설비의 손상 유무	육안	[ ]적합 [ ]부적합 [ ]해당없음
방유제 등	방유제	변형·균열·손상 유무	육안	[ ]적합 [ ]부적합 [ ]해당없음
	배수관	배수관의 손상 유무	육안	[ ]적합 [ ]부적합 [ ]해당없음
		배수관 개폐상황의 적부	육안	[ ]적합 [ ]부적합 [ ]해당없음
	배수구	배수구의 균열·손상 유무	육안	[ ]적합 [ ]부적합 [ ]해당없음
		배수구내의 체유·체수·토사퇴적 등의 유무	육안	[ ]적합 [ ]부적합 [ ]해당없음
	집유설비	체유·체수·토사퇴적 등의 유무	육안	[ ]적합 [ ]부적합 [ ]해당없음
	계단	변형·손상 유무	육안	[ ]적합 [ ]부적합 [ ]해당없음
전기설비	배전반·차단기·배선 등	변형·손상 유무	육안	[ ]적합 [ ]부적합 [ ]해당없음
		고정상태의 적부	육안	[ ]적합 [ ]부적합 [ ]해당없음
		기능의 적부	육안 및 작동확인	[ ]적합 [ ]부적합 [ ]해당없음
		배선접합부의 탈락 유무	육안	[ ]적합 [ ]부적합 [ ]해당없음
	접지	단선 유무	육안	[ ]적합 [ ]부적합 [ ]해당없음
		부착부분의 탈락 유무	육안	[ ]적합 [ ]부적합 [ ]해당없음
		접지저항치의 적부	저항측정	[ ]적합 [ ]부적합 [ ]해당없음
	피뢰설비	돌침부의 경사·손상·부착상태 적부	육안	[ ]적합 [ ]부적합 [ ]해당없음
		피뢰도선의 단선 및 벽체 등과 접촉 유무	육안	[ ]적합 [ ]부적합 [ ]해당없음
		접지저항치의 적부	저항측정	[ ]적합 [ ]부적합 [ ]해당없음
	표지·게시판	손상 유무	육안	[ ]적합 [ ]부적합 [ ]해당없음
		기재사항의 적부	육안	[ ]적합 [ ]부적합 [ ]해당없음
소화설비	소화기	위치·설치수·압력의 적부	육안	[ ]적합 [ ]부적합 [ ]해당없음
	그 밖의 소화설비	소화설비 점검표에 의할 것		
경보설비	자동화재탐지설비	자동화재탐지설비 점검표에 의할 것		
	그 밖의 경보설비	손상 유무	육안	[ ]적합 [ ]부적합 [ ]해당없음
		기능의 적부	작동확인	[ ]적합 [ ]부적합 [ ]해당없음
기타사항	보온재	손상·탈락 유무	육안	[ ]적합 [ ]부적합 [ ]해당없음
		피복재 도장상황의 적부 및 부식의 유무	육안	[ ]적합 [ ]부적합 [ ]해당없음
	탱크기둥	변형·손상의 유무(탱크 개방 시)	육안	[ ]적합 [ ]부적합 [ ]해당없음
		고정상태의 적부(탱크 개방 시)	육안	[ ]적합 [ ]부적합 [ ]해당없음
	가열장치	고정상태의 적부	육안	[ ]적합 [ ]부적합 [ ]해당없음
	전기방식설비	단자함 손상·토사퇴적 등의 유무	육안	[ ]적합 [ ]부적합 [ ]해당없음
		단자의 탈락 유무	육안	[ ]적합 [ ]부적합 [ ]해당없음
		방식전류(전위)의 적부	전위측정	[ ]적합 [ ]부적합 [ ]해당없음
	기타			

[별지 제12호 서식]

<table>
<tr><td colspan="5" rowspan="2" style="text-align:center">지하탱크저장소 일반점검표</td><td>점검기간 :</td><td></td></tr>
<tr><td>점검자 :</td><td>서명(또는 인)</td></tr>
<tr><td colspan="5"></td><td>설치자 :</td><td>서명(또는 인)</td></tr>
<tr><td colspan="2">지하탱크저장소의 형태</td><td colspan="2">이중벽(여·부)
전용실 설치 여부(여·부)</td><td>설치허가 연월일 및 완공검사번호</td><td colspan="2"></td></tr>
<tr><td colspan="2">설치자</td><td colspan="2"></td><td>안전관리자</td><td colspan="2"></td></tr>
<tr><td colspan="2">사업소명</td><td colspan="2"></td><td>설치위치</td><td colspan="2"></td></tr>
<tr><td colspan="2">위험물 현황</td><td>품 명</td><td></td><td>허가량</td><td>지정수량의 배수</td><td></td></tr>
<tr><td colspan="2">위험물
저장·취급 개요</td><td colspan="5"></td></tr>
<tr><td colspan="2">시설명/호칭번호</td><td colspan="5"></td></tr>
<tr><td colspan="2">점검항목</td><td>점검내용</td><td>점검방법</td><td colspan="2">점검결과</td><td>비 고</td></tr>
<tr><td colspan="2">탱그 본체</td><td>누설 유무</td><td>육 안</td><td colspan="2">[ ]적합 [ ]부적합 [ ]해당없음</td><td></td></tr>
<tr><td colspan="2" rowspan="2">상 부</td><td>뚜껑의 균열·변형·손상·부등침하 유무</td><td>육안 및 실측</td><td colspan="2">[ ]적합 [ ]부적합 [ ]해당없음</td><td></td></tr>
<tr><td>허가외 구조물 설치여부</td><td>육 안</td><td colspan="2">[ ]적합 [ ]부적합 [ ]해당없음</td><td></td></tr>
<tr><td colspan="2">맨 홀</td><td>변형·손상·토사퇴적 등의 유무</td><td>육 안</td><td colspan="2">[ ]적합 [ ]부적합 [ ]해당없음</td><td></td></tr>
<tr><td colspan="2" rowspan="5">통기관</td><td>인화방지장치의 손상·막힘 유무</td><td>육 안</td><td colspan="2">[ ]적합 [ ]부적합 [ ]해당없음</td><td></td></tr>
<tr><td>화염방지장치 접합부의 고정상태 적부</td><td>육 안</td><td colspan="2">[ ]적합 [ ]부적합 [ ]해당없음</td><td></td></tr>
<tr><td>밸브 작동상황의 적부</td><td>작동확인</td><td colspan="2">[ ]적합 [ ]부적합 [ ]해당없음</td><td></td></tr>
<tr><td>통기관 내 장애물의 유무</td><td>육 안</td><td colspan="2">[ ]적합 [ ]부적합 [ ]해당없음</td><td></td></tr>
<tr><td>도장상황의 적부 및 부식 유무</td><td>육 안</td><td colspan="2">[ ]적합 [ ]부적합 [ ]해당없음</td><td></td></tr>
<tr><td colspan="2" rowspan="2">안전장치</td><td>작동의 적부</td><td>육안 및 작동확인</td><td colspan="2">[ ]적합 [ ]부적합 [ ]해당없음</td><td></td></tr>
<tr><td>부식·손상 유무</td><td>육 안</td><td colspan="2">[ ]적합 [ ]부적합 [ ]해당없음</td><td></td></tr>
<tr><td colspan="2" rowspan="2">가연성증기
회수장치</td><td>손상의 유무</td><td>육 안</td><td colspan="2">[ ]적합 [ ]부적합 [ ]해당없음</td><td></td></tr>
<tr><td>작동상황의 적부</td><td>육 안</td><td colspan="2">[ ]적합 [ ]부적합 [ ]해당없음</td><td></td></tr>
<tr><td rowspan="8">계측장치</td><td rowspan="3">액량자동표시장치</td><td>손상 유무</td><td>육 안</td><td colspan="2">[ ]적합 [ ]부적합 [ ]해당없음</td><td></td></tr>
<tr><td>작동상황의 적부</td><td>육안 및 작동확인</td><td colspan="2">[ ]적합 [ ]부적합 [ ]해당없음</td><td></td></tr>
<tr><td>부착부의 손상 유무</td><td>육 안</td><td colspan="2">[ ]적합 [ ]부적합 [ ]해당없음</td><td></td></tr>
<tr><td rowspan="3">온도계</td><td>손상 유무</td><td>육 안</td><td colspan="2">[ ]적합 [ ]부적합 [ ]해당없음</td><td></td></tr>
<tr><td>작동상황의 적부</td><td>육안 및 작동확인</td><td colspan="2">[ ]적합 [ ]부적합 [ ]해당없음</td><td></td></tr>
<tr><td>부착부의 손상 유무</td><td>육 안</td><td colspan="2">[ ]적합 [ ]부적합 [ ]해당없음</td><td></td></tr>
<tr><td rowspan="2">계량구</td><td>덮개 폐쇄상황의 적부</td><td>육 안</td><td colspan="2">[ ]적합 [ ]부적합 [ ]해당없음</td><td></td></tr>
<tr><td>변형·손상 유무</td><td>육 안</td><td colspan="2">[ ]적합 [ ]부적합 [ ]해당없음</td><td></td></tr>
<tr><td colspan="2">누설검사관</td><td>변형·손상·토사퇴적 등의 유무</td><td>육 안</td><td colspan="2">[ ]적합 [ ]부적합 [ ]해당없음</td><td></td></tr>
<tr><td colspan="2" rowspan="2">누설감지설비
(이중벽탱크)</td><td>손상 유무</td><td>육 안</td><td colspan="2">[ ]적합 [ ]부적합 [ ]해당없음</td><td></td></tr>
<tr><td>경보장치 기능의 적부</td><td>작동확인</td><td colspan="2">[ ]적합 [ ]부적합 [ ]해당없음</td><td></td></tr>
<tr><td colspan="2" rowspan="4">주입구</td><td>폐쇄시의 누설 유무</td><td>육 안</td><td colspan="2">[ ]적합 [ ]부적합 [ ]해당없음</td><td></td></tr>
<tr><td>변형·손상 유무</td><td>육 안</td><td colspan="2">[ ]적합 [ ]부적합 [ ]해당없음</td><td></td></tr>
<tr><td>접지전극의 손상 유무</td><td>육 안</td><td colspan="2">[ ]적합 [ ]부적합 [ ]해당없음</td><td></td></tr>
<tr><td>접지저항치의 적부</td><td>저항측정</td><td colspan="2">[ ]적합 [ ]부적합 [ ]해당없음</td><td></td></tr>
<tr><td colspan="2" rowspan="2">주입구의 피트</td><td>균열·손상 유무</td><td>육 안</td><td colspan="2">[ ]적합 [ ]부적합 [ ]해당없음</td><td></td></tr>
<tr><td>체유·체수·토사퇴적 등의 유무</td><td>육 안</td><td colspan="2">[ ]적합 [ ]부적합 [ ]해당없음</td><td></td></tr>
</table>

배관·밸브 등	배관 (플랜지·밸브 포함)	누설 유무	육 안	[ ]적합 [ ]부적합 [ ]해당없음
		변형·손상의 유무	육 안	[ ]적합 [ ]부적합 [ ]해당없음
		도장상황의 적부 및 부식 유무	육 안	[ ]적합 [ ]부적합 [ ]해당없음
		지반면과 이격상태의 적부	육 안	[ ]적합 [ ]부적합 [ ]해당없음
	배관의 피트	균열·손상 유무	육 안	[ ]적합 [ ]부적합 [ ]해당없음
		체유·체수·토사퇴적 등의 유무	육 안	[ ]적합 [ ]부적합 [ ]해당없음
	전기방식 설비	단자함의 손상·토사퇴적 등의 유무	육 안	[ ]적합 [ ]부적합 [ ]해당없음
		단자의 탈락 유무	육 안	[ ]적합 [ ]부적합 [ ]해당없음
		방식전류(전위)의 적부	전위측정	[ ]적합 [ ]부적합 [ ]해당없음
	점검함	균열·손상·체유·체수·토사퇴적 등의 유무	육 안	[ ]적합 [ ]부적합 [ ]해당없음
	밸 브	누설·손상 유무	육 안	[ ]적합 [ ]부적합 [ ]해당없음
		폐쇄기능의 적부	작동확인	[ ]적합 [ ]부적합 [ ]해당없음
펌프설비 등	전동기	손상 유무	육 안	[ ]적합 [ ]부적합 [ ]해당없음
		고정상태의 적부	육 안	[ ]적합 [ ]부적합 [ ]해당없음
		회전부 등의 급유상태의 적부	육 안	[ ]적합 [ ]부적합 [ ]해당없음
		이상진동·소음·발열 등의 유무	육안 및 작동확인	[ ]적합 [ ]부적합 [ ]해당없음
	펌 프	**누설 유무**	**육 안**	[ ]적합 [ ]부적합 [ ]해당없음
		변형·손상 유무	**육 안**	[ ]적합 [ ]부적합 [ ]해당없음
		도장상태의 적부 및 부식 유무	**육 안**	[ ]적합 [ ]부적합 [ ]해당없음
		고정상태의 적부	**육 안**	[ ]적합 [ ]부적합 [ ]해당없음
		회전부 등의 급유상태의 적부	**육 안**	[ ]적합 [ ]부적합 [ ]해당없음
		유량 및 유압의 적부	**육 안**	[ ]적합 [ ]부적합 [ ]해당없음
		이상진동·소음·발열 등의 유무	**육안 및 작동확인**	[ ]적합 [ ]부적합 [ ]해당없음
		기초의 균열·손상 유무	**육 안**	[ ]적합 [ ]부적합 [ ]해당없음
	접 지	단선 유무	육 안	[ ]적합 [ ]부적합 [ ]해당없음
		부착부분의 탈락 유무	육 안	[ ]적합 [ ]부적합 [ ]해당없음
		접지저항치의 적부	저항측정	[ ]적합 [ ]부적합 [ ]해당없음
	주위·바닥·집유설비·유분리장치	균열·손상 등의 유무	육 안	[ ]적합 [ ]부적합 [ ]해당없음
		체유·체수·토사퇴적 등의 유무	육 안	[ ]적합 [ ]부적합 [ ]해당없음
	펌프실	지붕·벽·바닥·방화문 등의 균열·손상 유무	육 안	[ ]적합 [ ]부적합 [ ]해당없음
		환기·배출설비 등의 손상 유무 및 기능의 적부	육안 및 작동확인	[ ]적합 [ ]부적합 [ ]해당없음
		조명설비의 손상 유무	육 안	[ ]적합 [ ]부적합 [ ]해당없음
전기설비	배전반·차단기·배선 등	변형·손상 유무	육 안	[ ]적합 [ ]부적합 [ ]해당없음
		고정상태의 적부	육 안	[ ]적합 [ ]부적합 [ ]해당없음
		기능의 적부	육안 및 작동확인	[ ]적합 [ ]부적합 [ ]해당없음
		배선접합부의 탈락 유무	육 안	[ ]적합 [ ]부적합 [ ]해당없음
	접 지	**단선 유무**	**육 안**	[ ]적합 [ ]부적합 [ ]해당없음
		부착부분의 탈락 유무	**육 안**	[ ]적합 [ ]부적합 [ ]해당없음
		접지저항치의 적부	**저항측정**	[ ]적합 [ ]부적합 [ ]해당없음
표지·게시판		손상 유무	육 안	[ ]적합 [ ]부적합 [ ]해당없음
		기재사항의 적부	육 안	[ ]적합 [ ]부적합 [ ]해당없음
소화기		위치·설치수·압력의 적부	육 안	[ ]적합 [ ]부적합 [ ]해당없음
경보설비		손상 유무	육 안	[ ]적합 [ ]부적합 [ ]해당없음
		기능의 적부	작동확인	[ ]적합 [ ]부적합 [ ]해당없음
기타사항				

[별지 제13호 서식]

이동탱크저장소 일반점검표

점검기간 :
점검자 : 서명(또는 인)
설치자 : 서명(또는 인)

이동탱크저장소의 형태	컨테이너식(여·부) 견인식(여·부)		설치허가 연월일 및 완공검사번호			
설치자			위험물운송자			
사업소명			상치장소			
위험물 현황	품 명		허가량		지정수량의 배수	
위험물 저장·취급 개요						
시설명/호칭번호						

점검항목	점검내용	점검방법	점검결과	비고
상치장소	이격거리의 적부(옥외)	육 안	[ ]적합 [ ]부적합 [ ]해당없음	
	벽·기둥·지붕 등의 균열·손상 유무(옥내)	육 안	[ ]적합 [ ]부적합 [ ]해당없음	
탱크 본체	누설 유무	육 안	[ ]적합 [ ]부적합 [ ]해당없음	
탱크 프레임	균열·변형 유무	육 안	[ ]적합 [ ]부적합 [ ]해당없음	
탱크의 고정	고정상태의 적부	육 안	[ ]적합 [ ]부적합 [ ]해당없음	
	고정금속구의 균열·손상 유무	육 안	[ ]적합 [ ]부적합 [ ]해당없음	
안전장치	작동상황의 적부	육안 및 조작시험	[ ]적합 [ ]부적합 [ ]해당없음	
	본체의 손상 유무	육 안	[ ]적합 [ ]부적합 [ ]해당없음	
	인화방지장치의 손상 및 막힘 유무	육 안	[ ]적합 [ ]부적합 [ ]해당없음	
맨 홀	뚜껑의 이탈 유무	육 안	[ ]적합 [ ]부적합 [ ]해당없음	
주입구	뚜껑의 개폐상황의 적부	육 안	[ ]적합 [ ]부적합 [ ]해당없음	
	패킹의 마모상태	육 안	[ ]적합 [ ]부적합 [ ]해당없음	
가연성증기 회수설비	회수구의 변형·손상 유무	육 안	[ ]적합 [ ]부적합 [ ]해당없음	
	호스결합장치의 균열·손상 유무	육 안	[ ]적합 [ ]부적합 [ ]해당없음	
	완충이음 등의 균열·변형·손상의 유무	육 안	[ ]적합 [ ]부적합 [ ]해당없음	
정전기제거설비	변형·손상 유무	육 안	[ ]적합 [ ]부적합 [ ]해당없음	
	부착부의 이탈 유무	육 안	[ ]적합 [ ]부적합 [ ]해당없음	
방호틀·측면틀	균열·변형·손상 유무	육 안	[ ]적합 [ ]부적합 [ ]해당없음	
	부식 유무	육 안	[ ]적합 [ ]부적합 [ ]해당없음	
배출밸브·자동폐쇄장치·토출밸브·드레인밸브·바이패스밸브·전환밸브 등	작동상황의 적부	육안 및 작동확인	[ ]적합 [ ]부적합 [ ]해당없음	
	폐쇄장치의 작동상황의 적부	육안 및 작동확인	[ ]적합 [ ]부적합 [ ]해당없음	
	균열·손상 유무	육 안	[ ]적합 [ ]부적합 [ ]해당없음	
	누설 유무	육 안	[ ]적합 [ ]부적합 [ ]해당없음	
배 관	누설 유무	육 안	[ ]적합 [ ]부적합 [ ]해당없음	
	고정금속결합구의 고정상태의 적부	육 안	[ ]적합 [ ]부적합 [ ]해당없음	
전기설비	변형·손상 유무	육 안	[ ]적합 [ ]부적합 [ ]해당없음	
	배선접속부의 탈락 유무	육 안	[ ]적합 [ ]부적합 [ ]해당없음	
접지도선	접지도선과 선단크립의 도통상태의 적부	확인시험	[ ]적합 [ ]부적합 [ ]해당없음	
	회전부의 회전상태의 적부	확인시험	[ ]적합 [ ]부적합 [ ]해당없음	
	접지도선의 접속상태의 적부	확인시험	[ ]적합 [ ]부적합 [ ]해당없음	
주입호스·금속결합구	균열·변형·손상 유무	육 안	[ ]적합 [ ]부적합 [ ]해당없음	
펌프설비	누설 유무	육 안	[ ]적합 [ ]부적합 [ ]해당없음	
표시·표지	손상 유무 및 내용의 적부	육 안	[ ]적합 [ ]부적합 [ ]해당없음	
소화기	설치수·압력의 적부	육 안	[ ]적합 [ ]부적합 [ ]해당없음	
보냉온재	부식 유무	육 안	[ ]적합 [ ]부적합 [ ]해당없음	
컨테이너식	상자틀	균열·변형·손상 유무	육 안	[ ]적합 [ ]부적합 [ ]해당없음	
	금속결합구·모서리볼트·U볼트	균열·변형·손상 유무	육 안	[ ]적합 [ ]부적합 [ ]해당없음	
	탱크검사(시험) 합격확인증	손상 유무	육 안	[ ]적합 [ ]부적합 [ ]해당없음	
기타사항				

[별지 제14호 서식]

옥외저장소 일반점검표				점검기간 :			
				점검자 :		서명(또는 인)	
				설치자 :		서명(또는 인)	
옥외저장소의 면적				설치허가 연월일 및 완공검사번호			
설치자				안전관리자			
사업소명				설치위치			
위험물 현황	품 명			허가량		지정수량의 배수	
위험물 저장·취급 개요							
시설명/호칭번호							
점검항목		점검내용		점검방법	점검결과		비 고
안전거리		보호대상물 신설 여부		육안 및 실측	[ ]적합 [ ]부적합 [ ]해당없음		
		방화상 유효한 담의 손상 유무		육 안	[ ]적합 [ ]부적합 [ ]해당없음		
보유공지		허가외 물건 존치 여부		육 안	[ ]적합 [ ]부적합 [ ]해당없음		
경계표시		변형·손상 유무		육 안	[ ]적합 [ ]부적합 [ ]해당없음		
지반면등	지반면	패임의 유무 및 배수의 적부		육 안	[ ]적합 [ ]부적합 [ ]해당없음		
	배수구	균열·손상 유무		육 안	[ ]적합 [ ]부적합 [ ]해당없음		
		체유·체수·토사퇴적 등의 유무		육 안	[ ]적합 [ ]부적합 [ ]해당없음		
	유분리장치	균열·손상 유무		육 안	[ ]적합 [ ]부적합 [ ]해당없음		
		체유·체수·토사퇴적 등의 유무		육 안	[ ]적합 [ ]부적합 [ ]해당없음		
선 반		**변형·손상 유무**		**육 안**	[ ]적합 [ ]부적합 [ ]해당없음		
		고정상태의 적부		**육 안**	[ ]적합 [ ]부적합 [ ]해당없음		
		낙하방지조치의 적부		**육 안**	[ ]적합 [ ]부적합 [ ]해당없음		
표지·게시판		손상 유무 및 내용의 적부		육 안	[ ]적합 [ ]부적합 [ ]해당없음		
소화설비	소화기	위치·설치수·압력의 적부		육 안	[ ]적합 [ ]부적합 [ ]해당없음		
	그 밖의 소화설비	소화설비 점검표에 의할 것					
경보설비		손상 유무		육 안	[ ]적합 [ ]부적합 [ ]해당없음		
		작동의 적부		육안 및 작동확인	[ ]적합 [ ]부적합 [ ]해당없음		
살수설비		작동의 적부		육안 및 작동확인	[ ]적합 [ ]부적합 [ ]해당없음		
기타사항							

[별지 제15호 서식]

암반탱크저장소 일반점검표				점검기간 :	
				점검자 :	서명(또는 인)
				설치자 :	서명(또는 인)

암반탱크의 용적			설치허가 연월일 및 완공검사번호		
설치자			안전관리자		
사업소명			설치위치		
위험물 현황	품 명		허가량	지정수량의 배수	
위험물 저장·취급 개요					
시설명/호칭번호					

	점검항목	점검내용	점검방법	점검결과	비 고
탱크본체	암반투수도	투수계수의 적부	투수계수측정	[ ]적합 [ ]부적합 [ ]해당없음	
	탱크내부증기압	증기압의 적부	압력측정	[ ]적합 [ ]부적합 [ ]해당없음	
	탱크내벽	균열·손상 유무	육안	[ ]적합 [ ]부적합 [ ]해당없음	
		보강재의 이탈·손상의 유무	육안	[ ]적합 [ ]부적합 [ ]해당없음	
수리상태	유입지하수량	지하수 충전량과 비교치의 이상 유무	수량측정	[ ]적합 [ ]부적합 [ ]해당없음	
	수벽공	균열·변형·손상 유무	육안	[ ]적합 [ ]부적합 [ ]해당없음	
	지하수압	수압의 적부	수압측정	[ ]적합 [ ]부적합 [ ]해당없음	
표지·게시판		손상 유무 및 내용의 적부	육안	[ ]적합 [ ]부적합 [ ]해당없음	
압력계		작동의 적부	육안 및 작동확인	[ ]적합 [ ]부적합 [ ]해당없음	
		부식·손상 유무	육안	[ ]적합 [ ]부적합 [ ]해당없음	
안전장치		작동상황의 적부	육안 및 조작시험	[ ]적합 [ ]부적합 [ ]해당없음	
		본체의 손상 유무	육안	[ ]적합 [ ]부적합 [ ]해당없음	
		인화방지장치의 손상 및 막힘 유무	육안	[ ]적합 [ ]부적합 [ ]해당없음	
정전기제거설비		변형·손상 유무	육안	[ ]적합 [ ]부적합 [ ]해당없음	
		부착부의 이탈 유무	육안	[ ]적합 [ ]부적합 [ ]해당없음	
배관·밸브 등	배관 (플랜지·밸브 포함)	누설 유무	육안	[ ]적합 [ ]부적합 [ ]해당없음	
		변형·손상 유무	육안	[ ]적합 [ ]부적합 [ ]해당없음	
		도장상황의 적부 및 부식의 유무	육안	[ ]적합 [ ]부적합 [ ]해당없음	
		지반면과 이격상태의 적부	육안	[ ]적합 [ ]부적합 [ ]해당없음	
	배관의 피트	균열·손상 유무	육안	[ ]적합 [ ]부적합 [ ]해당없음	
		체유·체수·토사퇴적 등의 유무	육안	[ ]적합 [ ]부적합 [ ]해당없음	
	전기방식 설비	단자함의 손상·토사퇴적 등의 유무	육안	[ ]적합 [ ]부적합 [ ]해당없음	
		단자의 탈락 유무	육안	[ ]적합 [ ]부적합 [ ]해당없음	
		방식전류(전위)의 적부	전위측정	[ ]적합 [ ]부적합 [ ]해당없음	
주입구		**폐쇄 시의 누설 유무**	**육안**	[ ]적합 [ ]부적합 [ ]해당없음	
		변형·손상 유무	**육안**	[ ]적합 [ ]부적합 [ ]해당없음	
		접지전극의 손상 유무	**육안**	[ ]적합 [ ]부적합 [ ]해당없음	
		접지저항치의 적부	**저항측정**	[ ]적합 [ ]부적합 [ ]해당없음	
소화설비	소화기	위치·설치수·압력의 적부	육안	[ ]적합 [ ]부적합 [ ]해당없음	
	그 밖의 소화설비	소화설비 점검표에 의할 것			
경보설비	자동화재탐지설비	자동화재탐지설비 점검표에 의할 것			
	그 밖의 경보설비	손상 유무	육안	[ ]적합 [ ]부적합 [ ]해당없음	
		기능의 적부	작동확인	[ ]적합 [ ]부적합 [ ]해당없음	
기타사항					

[별지 제16호 서식]

		주유취급소 일반점검표		점검기간 :		
				점검자 :	서명(또는 인)	
				설치자 :	서명(또는 인)	
주유취급소의 형태		[ ]옥내 [ ]옥외 고객이 직접주유하는 형태(여·부)		설치허가 연월일 및 완공검사번호		
설치자				안전관리자		
사업소명				설치위치		
위험물 현황		품 명		허가량	지정수량의 배수	
위험물 저장·취급 개요						
시설명/호칭번호						
점검항목		점검내용	점검방법	점검결과		비고
공지등	주유·급유공지	장애물의 유무	육 안	[ ]적합 [ ]부적합 [ ]해당없음		
	지반면	주위지반과 고저차의 적부	육 안	[ ]적합 [ ]부적합 [ ]해당없음		
		균열·손상 유무	육 안	[ ]적합 [ ]부적합 [ ]해당없음		
	배수구·유분리장치	균열·손상 유무	육 안	[ ]적합 [ ]부적합 [ ]해당없음		
		체유·체수·토사퇴적 등의 유무	육 안	[ ]적합 [ ]부적합 [ ]해당없음		
	방화담	균열·손상·경사 등의 유무	육 안	[ ]적합 [ ]부적합 [ ]해당없음		
건축물	벽·기둥·바닥·보·지붕	균열·손상 유무	육 안	[ ]적합 [ ]부적합 [ ]해당없음		
	방화문	변형·손상 유무 및 폐쇄기능의 적부	육 안	[ ]적합 [ ]부적합 [ ]해당없음		
	간판 등	고정의 적부 및 경사의 유무	육 안	[ ]적합 [ ]부적합 [ ]해당없음		
	다른 용도와의 구획	균열·손상 유무	육 안	[ ]적합 [ ]부적합 [ ]해당없음		
	구멍·구덩이	구멍·구덩이의 유무	육 안	[ ]적합 [ ]부적합 [ ]해당없음		
	감시대	감시대	위치의 적부	육 안	[ ]적합 [ ]부적합 [ ]해당없음	
		감시설비	기능의 적부	육안 및 작동확인	[ ]적합 [ ]부적합 [ ]해당없음	
		제어장치	기능의 적부	육안 및 작동확인	[ ]적합 [ ]부적합 [ ]해당없음	
		방송기기 등	기능의 적부	육안 및 작동확인	[ ]적합 [ ]부적합 [ ]해당없음	
전용탱크·폐유탱크·간이탱크	상부	허가 외 구조물 설치 여부	육 안	[ ]적합 [ ]부적합 [ ]해당없음		
	맨 홀	변형·손상·토사퇴적 등의 유무	육 안	[ ]적합 [ ]부적합 [ ]해당없음		
	과잉주입방지장치	작동상황의 적부	육안 및 작동확인	[ ]적합 [ ]부적합 [ ]해당없음		
	가연성증기회수밸브	작동상황의 적부	육 안	[ ]적합 [ ]부적합 [ ]해당없음		
	액량자동표시장치	작동상황의 적부	육안 및 작동확인	[ ]적합 [ ]부적합 [ ]해당없음		
	온도계·계량구	작동상황의 적부 및 변형·손상 유무	육안 및 작동확인	[ ]적합 [ ]부적합 [ ]해당없음		
	탱크 본체	누설 유무	육 안	[ ]적합 [ ]부적합 [ ]해당없음		
	누설검사관	변형·손상·토사퇴적 등의 유무	육 안	[ ]적합 [ ]부적합 [ ]해당없음		
	누설감지설비 (이중벽탱크)	경보장치 기능의 적부	작동확인	[ ]적합 [ ]부적합 [ ]해당없음		
	주입구	접지전극의 손상 유무	육 안	[ ]적합 [ ]부적합 [ ]해당없음		
	주입구의 피트	체유·체수·토사퇴적 등의 유무	육 안	[ ]적합 [ ]부적합 [ ]해당없음		
	통기관	인화방지장치의 손상·막힘 유무	육 안	[ ]적합 [ ]부적합 [ ]해당없음		
		화염방지장치 접합부의 고정상태 적부	육 안	[ ]적합 [ ]부적합 [ ]해당없음		
		밸브의 작동상황 적부	작동확인	[ ]적합 [ ]부적합 [ ]해당없음		
		도장상황의 적부 및 부식 유무	육 안	[ ]적합 [ ]부적합 [ ]해당없음		
배관·밸브등	배관 (플랜지·밸브 포함)	도장상황의 적부·부식 및 누설 유무	육 안	[ ]적합 [ ]부적합 [ ]해당없음		
	배관의 피트	체유·체수·토사퇴적 등의 유무	육 안	[ ]적합 [ ]부적합 [ ]해당없음		
	전기방식 설비	단자의 탈락 유무	육 안	[ ]적합 [ ]부적합 [ ]해당없음		
	점검함	균열·손상·체유·체수·토사퇴적 등의 유무	육 안	[ ]적합 [ ]부적합 [ ]해당없음		
	밸브	폐쇄기능의 적부	작동확인	[ ]적합 [ ]부적합 [ ]해당없음		

고정	접합부	누설·변형·손상 유무	육안	[ ]적합 [ ]부적합 [ ]해당없음	
	고정볼트	부식·풀림 유무	육안	[ ]적합 [ ]부적합 [ ]해당없음	
	노즐·호스	누설의 유무	육안	[ ]적합 [ ]부적합 [ ]해당없음	
		균열·손상·결합부의 풀림 유무	육안	[ ]적합 [ ]부적합 [ ]해당없음	
		유종표시의 손상 유무	육안	[ ]적합 [ ]부적합 [ ]해당없음	
	펌프	누설의 유무	육안	[ ]적합 [ ]부적합 [ ]해당없음	
		변형·손상 유무	육안	[ ]적합 [ ]부적합 [ ]해당없음	
		이상진동·소음·발열 등의 유무	육안 및 작동확인	[ ]적합 [ ]부적합 [ ]해당없음	
주유설비·급유설비	유량계	누설·파손 유무	육안	[ ]적합 [ ]부적합 [ ]해당없음	
	표시장치	변형·손상 유무	육안	[ ]적합 [ ]부적합 [ ]해당없음	
	충돌방지장치	변형·손상 유무	육안	[ ]적합 [ ]부적합 [ ]해당없음	
	정전기제거설비	손상 유무	육안	[ ]적합 [ ]부적합 [ ]해당없음	
		접지저항치의 적부	저항측정	[ ]적합 [ ]부적합 [ ]해당없음	
	현수식 호스릴	누설·변형·손상 유무	육안	[ ]적합 [ ]부적합 [ ]해당없음	
		호스상승기능·작동상황이 적부	작동확인	[ ]적합 [ ]부적합 [ ]해당없음	
	긴급이송정지장치	기능의 적부	작동확인	[ ]적합 [ ]부적합 [ ]해당없음	
	기동안전대책노즐	기능의 적부	작동확인	[ ]적합 [ ]부적합 [ ]해당없음	
	탈락시정지 장치	기능의 적부	작동확인	[ ]적합 [ ]부적합 [ ]해당없음	
	가연성증기 회수장치	기능의 적부	작동확인	[ ]적합 [ ]부적합 [ ]해당없음	
	만량(滿量)정지장치	기능의 적부	작동확인	[ ]적합 [ ]부적합 [ ]해당없음	
	긴급이탈커플러	변형·손상 유무	육안	[ ]적합 [ ]부적합 [ ]해당없음	
	셀프용 오(誤)주유정지장치	기능의 적부	작동확인	[ ]적합 [ ]부적합 [ ]해당없음	
	정량정시간제어	기능의 적부	작동확인	[ ]적합 [ ]부적합 [ ]해당없음	
	노즐	개방상태고정이 불가한 수동폐쇄장치의 적부	작동확인	[ ]적합 [ ]부적합 [ ]해당없음	
	누설확산방지장치	변형·손상 유무	육안	[ ]적합 [ ]부적합 [ ]해당없음	
	"고객용"표시판	변형·손상 유무	육안	[ ]적합 [ ]부적합 [ ]해당없음	
	자동차정지위치·용기위치표시	변형·손상 유무	육안	[ ]적합 [ ]부적합 [ ]해당없음	
	사용방법·위험물의 품명표시	변형·손상 유무	육안	[ ]적합 [ ]부적합 [ ]해당없음	
	"비고객용"표시판	변형·손상 유무	육안	[ ]적합 [ ]부적합 [ ]해당없음	
펌프실·유고·정비실 등	벽·기둥·보·지붕	손상 유무	육안	[ ]적합 [ ]부적합 [ ]해당없음	
	방화문	변형·손상의 유무 및 폐쇄기능의 적부	육안	[ ]적합 [ ]부적합 [ ]해당없음	
	펌프	누설 유무	육안	[ ]적합 [ ]부적합 [ ]해당없음	
		변형·손상 유무	육안	[ ]적합 [ ]부적합 [ ]해당없음	
		이상진동·소음·발열 등의 유무	육안 및 작동확인	[ ]적합 [ ]부적합 [ ]해당없음	
	바닥·점검피트 집유설비	균열·손상·체유·체수·토사퇴적 등의 유무	육안	[ ]적합 [ ]부적합 [ ]해당없음	
	환기·배출설비	변형·손상 유무	육안	[ ]적합 [ ]부적합 [ ]해당없음	
	조명설비	손상 유무	육안	[ ]적합 [ ]부적합 [ ]해당없음	
	누설국한설비·수용설비	체유·체수·토사퇴적 등의 유무	육안	[ ]적합 [ ]부적합 [ ]해당없음	
전기설비		배선·기기의 손상의 유무	육안	[ ]적합 [ ]부적합 [ ]해당없음	
		기능의 적부	작동확인	[ ]적합 [ ]부적합 [ ]해당없음	
가연성증기검지 경보설비		손상 유무	육안	[ ]적합 [ ]부적합 [ ]해당없음	
		기능의 적부	작동확인	[ ]적합 [ ]부적합 [ ]해당없음	

부대설비	(증기)세차기	배기통·연통의 탈락·변형·손상 유무	육안	[ ]적합 [ ]부적합 [ ]해당없음	
		주위의 변형·손상 유무	육안	[ ]적합 [ ]부적합 [ ]해당없음	
	그 밖의 설비	위치의 적부	육안	[ ]적합 [ ]부적합 [ ]해당없음	
	표지·게시판	손상 유무	육안	[ ]적합 [ ]부적합 [ ]해당없음	
		기재사항의 적부	육안	[ ]적합 [ ]부적합 [ ]해당없음	
소화설비	소화기	위치·설치수·압력의 적부	육안	[ ]적합 [ ]부적합 [ ]해당없음	
	그 밖의 소화설비	소화설비 점검표에 의할 것			
경보설비	자동화재탐지설비	자동화재탐지설비 점검표에 의할 것			
	그 밖의 경보설비	손상 유무	육안	[ ]적합 [ ]부적합 [ ]해당없음	
		기능의 적부	작동확인	[ ]적합 [ ]부적합 [ ]해당없음	
피난설비	유도등본체	점등상황의 적부 및 손상의 유무	육안	[ ]적합 [ ]부적합 [ ]해당없음	
		시각장애물의 유무	육안	[ ]적합 [ ]부적합 [ ]해당없음	
	비상전원	정전 시 점등상황의 적부	작동확인	[ ]적합 [ ]부적합 [ ]해당없음	
	기타사항				

[별지 제17호 서식]

이송취급소 일반점검표

점검기간 :
점검자 :　　　　　서명(또는 인)
설치자 :　　　　　서명(또는 인)

이송취급소의 총연장				설치허가 연월일 및 완공검사번호			
설치자				안전관리자			
사업소명				설치위치			
위험물 현황		품 명		허가량		지정수량의 배수	
위험물 저장·취급 개요							
시설명/호칭번호							

점검항목			점검내용	점검방법	점검결과	비 고
이송기지	유출방지설비	울타리 등	손상 유무	육 안	[ ]적합 [ ]부적합 [ ]해당없음	
		성토상태	손상·갈라심의 유무	육 안	[ ]적합 [ ]부적합 [ ]해당없음	
			경사·굴곡의 유무	육 안	[ ]적합 [ ]부적합 [ ]해당없음	
			배수구개폐상황의 적부 및 막힘 유무	육 안	[ ]적합 [ ]부적합 [ ]해당없음	
		유분리장치	균열·손상 유무	육 안	[ ]적합 [ ]부적합 [ ]해당없음	
			체유·체수·토사퇴적 등의 유무	육 안	[ ]적합 [ ]부적합 [ ]해당없음	
	펌프설비	안전거리	보호대상물의 신설 여부	육안 및 실측	[ ]적합 [ ]부적합 [ ]해당없음	
		보유공지	허가 외 물건의 존치 여부	육 안	[ ]적합 [ ]부적합 [ ]해당없음	
		펌프실	지붕·벽·바닥·방화문의 균열·손상 유무	육 안	[ ]적합 [ ]부적합 [ ]해당없음	
			환기·배출설비의 손상 유무 및 기능의 적부	육안 및 작동확인	[ ]적합 [ ]부적합 [ ]해당없음	
			조명설비의 손상 유무	육 안	[ ]적합 [ ]부적합 [ ]해당없음	
		펌 프	누설 유무	육 안	[ ]적합 [ ]부적합 [ ]해당없음	
			변형·손상 유무	육 안	[ ]적합 [ ]부적합 [ ]해당없음	
			이상진동·소음·발열 등의 유무	육안 및 작동확인	[ ]적합 [ ]부적합 [ ]해당없음	
			도장상황의 적부 및 부식 유무	육 안	[ ]적합 [ ]부적합 [ ]해당없음	
			고정상황의 적부	육 안	[ ]적합 [ ]부적합 [ ]해당없음	
		펌프기초	균열·손상 유무	육 안	[ ]적합 [ ]부적합 [ ]해당없음	
			고정상황의 적부	육 안	[ ]적합 [ ]부적합 [ ]해당없음	
		펌프접지	단선 유무	육 안	[ ]적합 [ ]부적합 [ ]해당없음	
			접합부의 탈락 유무	육 안	[ ]적합 [ ]부적합 [ ]해당없음	
			접지저항치의 적부	저항측정	[ ]적합 [ ]부적합 [ ]해당없음	
	주위·바닥·집유설비·유분리장치		균열·손상 유무	육 안	[ ]적합 [ ]부적합 [ ]해당없음	
			체유·체수·토사퇴적 등의 유무	육 안	[ ]적합 [ ]부적합 [ ]해당없음	
	피그장치	보유공지	허가외 물건의 존치 여부	육 안	[ ]적합 [ ]부적합 [ ]해당없음	
		본 체	누설 유무	육 안	[ ]적합 [ ]부적합 [ ]해당없음	
			변형·손상 유무	육 안	[ ]적합 [ ]부적합 [ ]해당없음	
			내압방출설비 기능의 적부	작동확인	[ ]적합 [ ]부적합 [ ]해당없음	
		바닥·배수구·집유설비	균열·손상 유무	육 안	[ ]적합 [ ]부적합 [ ]해당없음	
			체유·체수·토사퇴적 등의 유무	육 안	[ ]적합 [ ]부적합 [ ]해당없음	
배관·플랜지 등	주입·토출구	로딩암	누설 유무	육 안	[ ]적합 [ ]부적합 [ ]해당없음	
			변형·손상 유무	육 안	[ ]적합 [ ]부적합 [ ]해당없음	
			도장상황의 적부 및 부식 유무	육 안	[ ]적합 [ ]부적합 [ ]해당없음	
			고정상황의 적부	육 안	[ ]적합 [ ]부적합 [ ]해당없음	
			기능의 적부	작동확인	[ ]적합 [ ]부적합 [ ]해당없음	
		기 타	누설 유무	육 안	[ ]적합 [ ]부적합 [ ]해당없음	
			변형·손상 유무	육 안	[ ]적합 [ ]부적합 [ ]해당없음	
	배관	지상·해상 설치 배관	안전거리 내 보호대상물 신설 여부	육안 및 실측	[ ]적합 [ ]부적합 [ ]해당없음	
			보유공지 내 허가외 물건의 존치 여부	육 안	[ ]적합 [ ]부적합 [ ]해당없음	
			누설 유무	육 안	[ ]적합 [ ]부적합 [ ]해당없음	
			변형·손상 유무	육 안	[ ]적합 [ ]부적합 [ ]해당없음	
			도장상황의 적부 및 부식의 유무	육안 및 두께측정	[ ]적합 [ ]부적합 [ ]해당없음	
			지표면과 이격상황의 적부	육 안	[ ]적합 [ ]부적합 [ ]해당없음	

배관·플랜지 등	배관	지하 매설배관	누설 유무	육안	[ ]적합 [ ]부적합 [ ]해당없음
			안전거리 내 보호대상물 신설 여부	육안 및 실측	[ ]적합 [ ]부적합 [ ]해당없음
		해저 설치배관	누설 유무	육안	[ ]적합 [ ]부적합 [ ]해당없음
			변형·손상 유무	육안	[ ]적합 [ ]부적합 [ ]해당없음
			해저매설상황의 적부	육안	[ ]적합 [ ]부적합 [ ]해당없음
	플랜지·교체밸브·제어밸브 등		누설 유무	육안	[ ]적합 [ ]부적합 [ ]해당없음
			변형·손상 유무	육안	[ ]적합 [ ]부적합 [ ]해당없음
			도장상황의 적부 및 부식의 유무	육안	[ ]적합 [ ]부적합 [ ]해당없음
			볼트의 풀림 유무	육안	[ ]적합 [ ]부적합 [ ]해당없음
			밸브개폐표시의 유무	육안	[ ]적합 [ ]부적합 [ ]해당없음
			밸브잠금상항의 적부	육안	[ ]적합 [ ]부적합 [ ]해당없음
			밸브개폐기능의 적부	작동확인	[ ]적합 [ ]부적합 [ ]해당없음
	누설확산 방지장치		변형·손상 유무	육안	[ ]적합 [ ]부적합 [ ]해당없음
			도장상항의 적부 및 부식 유무	육안	[ ]적합 [ ]부적합 [ ]해당없음
			체유·체수 유무	육안	[ ]적합 [ ]부적합 [ ]해당없음
			검지장치 작동상황의 적부	작동확인	[ ]적합 [ ]부적합 [ ]해당없음
	랙·지지대 등		변형·손상 유무	육안	[ ]적합 [ ]부적합 [ ]해당없음
			도장상항의 적부 및 부식 유무	육안	[ ]적합 [ ]부적합 [ ]해당없음
			고정상황의 적부	육안	[ ]적합 [ ]부적합 [ ]해당없음
			방호설비의 변형·손상 유무	육안	[ ]적합 [ ]부적합 [ ]해당없음
	배관피트 등		균열·손상 유무	육안	[ ]적합 [ ]부적합 [ ]해당없음
			체유·체수·토사퇴적 등의 유무	육안	[ ]적합 [ ]부적합 [ ]해당없음
	배기구		누설 여부	육안	[ ]적합 [ ]부적합 [ ]해당없음
			도장상황의 적부 및 부식 유무	육안	[ ]적합 [ ]부적합 [ ]해당없음
			기능의 적부	작동확인	[ ]적합 [ ]부적합 [ ]해당없음
	해상배관 및 지지물의 방호설비		변형·손상 유무	육안	[ ]적합 [ ]부적합 [ ]해당없음
			부착상황의 적부	육안	[ ]적합 [ ]부적합 [ ]해당없음
	긴급차단밸브		손상 유무	육안	[ ]적합 [ ]부적합 [ ]해당없음
			개폐상황표시의 유무	육안	[ ]적합 [ ]부적합 [ ]해당없음
			주위장애물의 유무	육안	[ ]적합 [ ]부적합 [ ]해당없음
			기능의 적부	작동확인	[ ]적합 [ ]부적합 [ ]해당없음
	배관접지		단선 유무	육안	[ ]적합 [ ]부적합 [ ]해당없음
			접합부의 탈락 유무	육안	[ ]적합 [ ]부적합 [ ]해당없음
			접지저항치의 적부	저항측정	[ ]적합 [ ]부적합 [ ]해당없음
	배관절연물 등		변형·손상 유무	육안	[ ]적합 [ ]부적합 [ ]해당없음
			절연저항치의 적부	저항측정	[ ]적합 [ ]부적합 [ ]해당없음
	가열·보온설비		변형·손상 유무	육안	[ ]적합 [ ]부적합 [ ]해당없음
			고정상황의 적부	육안	[ ]적합 [ ]부적합 [ ]해당없음
			안전장치의 기능 적부	작동확인	[ ]적합 [ ]부적합 [ ]해당없음
	전기방식설비		단자함의 손상 및 토사퇴적 등의 유무	육안	[ ]적합 [ ]부적합 [ ]해당없음
			단선 및 단자의 풀림 유무	육안	[ ]적합 [ ]부적합 [ ]해당없음
			방식전위(전류)의 적부	전위측정	[ ]적합 [ ]부적합 [ ]해당없음
	배관응력검지장치		변형·손상 유무	육안	[ ]적합 [ ]부적합 [ ]해당없음
			배관응력의 적부	육안	[ ]적합 [ ]부적합 [ ]해당없음
			지시상황의 적부	육안	[ ]적합 [ ]부적합 [ ]해당없음
터널내증기체류방지조치	배출설비		급배기덕트의 변형·손상 유무	육안	[ ]적합 [ ]부적합 [ ]해당없음
			인화방지장치의 손상·막힘 유무	육안	[ ]적합 [ ]부적합 [ ]해당없음
			배기구 부근의 화기 유무	육안	[ ]적합 [ ]부적합 [ ]해당없음
			가연성증기경보장치 작동상황의 적부	작동확인	[ ]적합 [ ]부적합 [ ]해당없음
	부속설비		배수구·집유설비·유분리장치의 균열·손상·체유·체수·토사퇴적 등의 유무	육안	[ ]적합 [ ]부적합 [ ]해당없음
			배수펌프의 손상 유무	육안	[ ]적합 [ ]부적합 [ ]해당없음
			조명설비의 손상 유무	육안	[ ]적합 [ ]부적합 [ ]해당없음
			방호설비·안전설비 등의 손상 유무	육안	[ ]적합 [ ]부적합 [ ]해당없음

운전상태감시장치	압력계 (압력경보)	본체 및 방호설비의 변형·손상 유무	육안	[ ]적합 [ ]부적합 [ ]해당없음	
		부착부의 풀림 유무	육안	[ ]적합 [ ]부적합 [ ]해당없음	
		지시상황의 적부	육안	[ ]적합 [ ]부적합 [ ]해당없음	
		경보기능의 적부	작동확인	[ ]적합 [ ]부적합 [ ]해당없음	
	유량계 (유량경보)	본체 및 방호설비의 변형·손상 유무	육안	[ ]적합 [ ]부적합 [ ]해당없음	
		부착부의 풀림 유무	육안	[ ]적합 [ ]부적합 [ ]해당없음	
		지시상황의 적부	육안	[ ]적합 [ ]부적합 [ ]해당없음	
		경보기능의 적부	작동확인	[ ]적합 [ ]부적합 [ ]해당없음	
	온도계 (온도과승검지)	본체 및 방호설비의 변형·손상 유무	육안	[ ]적합 [ ]부적합 [ ]해당없음	
		부착부의 풀림 유무	육안	[ ]적합 [ ]부적합 [ ]해당없음	
		지시상황의 적부	육안	[ ]적합 [ ]부적합 [ ]해당없음	
		경보기능의 적부	작동확인	[ ]적합 [ ]부적합 [ ]해당없음	
	과대진동검지장치	본체 및 방호설비의 변형·손상 유무	육안	[ ]적합 [ ]부적합 [ ]해당없음	
		부착부의 풀림 유무	육안	[ ]적합 [ ]부적합 [ ]해당없음	
		지시상황의 적부	육안	[ ]적합 [ ]부적합 [ ]해당없음	
		경보기능의 적부	작동확인	[ ]적합 [ ]부적합 [ ]해당없음	
	누설검지장치	손상 유무	육안	[ ]적합 [ ]부적합 [ ]해당없음	
		막힘 유무	육안	[ ]적합 [ ]부적합 [ ]해당없음	
		작동상황의 적부	육안	[ ]적합 [ ]부적합 [ ]해당없음	
		경보기능의 적부	작동확인	[ ]적합 [ ]부적합 [ ]해당없음	
안전제어장치		수동기동장치 주위장애물의 유무	육안	[ ]적합 [ ]부적합 [ ]해당없음	
		기능의 적부	작동확인	[ ]적합 [ ]부적합 [ ]해당없음	
압력안전장치		변형·손상 유무	육안	[ ]적합 [ ]부적합 [ ]해당없음	
		기능의 적부	작동확인	[ ]적합 [ ]부적합 [ ]해당없음	
경보설비 및 통보설비		변형·손상 유무	육안	[ ]적합 [ ]부적합 [ ]해당없음	
		부착부의 풀림 유무	육안	[ ]적합 [ ]부적합 [ ]해당없음	
		기능의 적부	작동확인	[ ]적합 [ ]부적합 [ ]해당없음	
순찰차 등	순찰차	배치의 적부	육안	[ ]적합 [ ]부적합 [ ]해당없음	
		적재기자재의 종류·수량·기능의 적부	육안 및 작동확인	[ ]적합 [ ]부적합 [ ]해당없음	
	기자재 등	창고	건물의 손상의 유무	육안	[ ]적합 [ ]부적합 [ ]해당없음	
			정리상황의 적부	육안	[ ]적합 [ ]부적합 [ ]해당없음	
		기자재	기자재의 종류·수량 적부	육안	[ ]적합 [ ]부적합 [ ]해당없음	
			기자재의 변형·손상 유무 및 기능의 적부	육안 및 작동확인	[ ]적합 [ ]부적합 [ ]해당없음	
비상전원	자가발전설비	변형·손상 유무	육안	[ ]적합 [ ]부적합 [ ]해당없음	
		주위 장애물 유무	육안	[ ]적합 [ ]부적합 [ ]해당없음	
		연료량의 적부	육안	[ ]적합 [ ]부적합 [ ]해당없음	
		기능의 적부	작동확인	[ ]적합 [ ]부적합 [ ]해당없음	
	축전지설비	변형·손상 유무	육안	[ ]적합 [ ]부적합 [ ]해당없음	
		단자볼트풀림 등의 유무	육안	[ ]적합 [ ]부적합 [ ]해당없음	
		전해액량의 적부	육안	[ ]적합 [ ]부적합 [ ]해당없음	
		기능의 적부	작동확인	[ ]적합 [ ]부적합 [ ]해당없음	
감진장치 등		손상 유무	육안	[ ]적합 [ ]부적합 [ ]해당없음	
		기능의 적부	작동확인	[ ]적합 [ ]부적합 [ ]해당없음	
피뢰설비		손상 유무	육안	[ ]적합 [ ]부적합 [ ]해당없음	
		피뢰도선의 단선·손상 유무	육안	[ ]적합 [ ]부적합 [ ]해당없음	
		접지저항치의 적부	저항측정	[ ]적합 [ ]부적합 [ ]해당없음	
전기설비		배선 및 기기의 손상 유무	육안	[ ]적합 [ ]부적합 [ ]해당없음	
		기능의 적부	작동확인	[ ]적합 [ ]부적합 [ ]해당없음	
표시·표지·게시판		기재사항의 적부 및 손상의 유무	육안	[ ]적합 [ ]부적합 [ ]해당없음	
소화설비	소화기	위치·설치수·압력의 적부	육안	[ ]적합 [ ]부적합 [ ]해당없음	
	그 밖의 소화설비	소화설비 점검표에 의할 것			
기타사항					

제7절 위험물제조소 등의 소방시설 일반점검표

[별지 제18호 서식]

[ ] 옥내 [ ] 옥외 소화전설비 일반점검표			점검기간 : 점검자 : 설치자 :	서명(또는 인) 서명(또는 인)	
제조소 등의 구분			제조소 등의 설치허가 연월일 및 완공검사번호		
소화설비의 호칭번호					
점검항목		점검내용	점검방법	점검결과	비고
수원	수조	누수·변형·손상 유무	육안	[ ]적합 [ ]부적합 [ ]해당없음	
	수원량·상태	수원량 적부	육안	[ ]적합 [ ]부적합 [ ]해당없음	
		부유물·침전물 유무	육안	[ ]적합 [ ]부적합 [ ]해당없음	
	급수장치	부식·손상 유무	육안	[ ]적합 [ ]부적합 [ ]해당없음	
		기능의 적부	작동확인	[ ]적합 [ ]부적합 [ ]해당없음	
흡수장치	흡수조	누수·변형·손상 유무	육안	[ ]적합 [ ]부적합 [ ]해당없음	
		물의 양·상태 적부	육안	[ ]적합 [ ]부적합 [ ]해당없음	
	밸브	변형·손상 유무	육안	[ ]적합 [ ]부적합 [ ]해당없음	
		개폐상태 및 기능의 적부	육안 및 작동확인	[ ]적합 [ ]부적합 [ ]해당없음	
	자동급수장치	변형·손상 유무	육안	[ ]적합 [ ]부적합 [ ]해당없음	
		기능의 적부	육안	[ ]적합 [ ]부적합 [ ]해당없음	
	감수경보장치	변형·손상 유무	육안	[ ]적합 [ ]부적합 [ ]해당없음	
		기능의 적부	작동확인	[ ]적합 [ ]부적합 [ ]해당없음	
가압송수장치	전동기	변형·손상 유무	육안	[ ]적합 [ ]부적합 [ ]해당없음	
		회전부 등의 급유상태 적부	육안	[ ]적합 [ ]부적합 [ ]해당없음	
		기능의 적부	작동확인	[ ]적합 [ ]부적합 [ ]해당없음	
		고정상태의 적부	육안	[ ]적합 [ ]부적합 [ ]해당없음	
		이상소음·진동·발열 유무	육안 및 작동확인	[ ]적합 [ ]부적합 [ ]해당없음	
	내연기관 본체	변형·손상 유무	육안	[ ]적합 [ ]부적합 [ ]해당없음	
		회전부 등의 급유상태 적부	육안	[ ]적합 [ ]부적합 [ ]해당없음	
		기능의 적부	작동확인	[ ]적합 [ ]부적합 [ ]해당없음	
		고정상태의 적부	육안	[ ]적합 [ ]부적합 [ ]해당없음	
		이상소음·진동·발열 유무	육안 및 작동확인	[ ]적합 [ ]부적합 [ ]해당없음	
	연료탱크	누설·부식·변형 유무	육안	[ ]적합 [ ]부적합 [ ]해당없음	
		연료량의 적부	육안	[ ]적합 [ ]부적합 [ ]해당없음	
		밸브개폐상태 및 기능의 적부	육안 및 작동확인	[ ]적합 [ ]부적합 [ ]해당없음	
	윤활유	현저한 노후의 유무 및 양의 적부	육안	[ ]적합 [ ]부적합 [ ]해당없음	
	축전지	부식·변형·손상 유무	육안	[ ]적합 [ ]부적합 [ ]해당없음	
		전해액량의 적부	육안	[ ]적합 [ ]부적합 [ ]해당없음	
		단자전압의 적부	전압측정	[ ]적합 [ ]부적합 [ ]해당없음	
	동력전달장치	부식·변형·손상 유무	육안	[ ]적합 [ ]부적합 [ ]해당없음	
		기능의 적부	육안	[ ]적합 [ ]부적합 [ ]해당없음	
	기동장치	부식·변형·손상 유무	육안	[ ]적합 [ ]부적합 [ ]해당없음	
		기능의 적부	작동확인	[ ]적합 [ ]부적합 [ ]해당없음	
		회전수의 적부	육안	[ ]적합 [ ]부적합 [ ]해당없음	
	냉각장치	냉각수의 누수 유무 및 물의 양·상태 적부	육안	[ ]적합 [ ]부적합 [ ]해당없음	
		부식·변형·손상 유무	육안	[ ]적합 [ ]부적합 [ ]해당없음	
		기능의 적부	작동확인	[ ]적합 [ ]부적합 [ ]해당없음	
	급배기장치	변형·손상 유무	육안	[ ]적합 [ ]부적합 [ ]해당없음	
		주위의 가연물 유무	육안	[ ]적합 [ ]부적합 [ ]해당없음	
		기능의 적부	작동확인	[ ]적합 [ ]부적합 [ ]해당없음	
	펌프	누수·부식·변형·손상 유무	육안	[ ]적합 [ ]부적합 [ ]해당없음	
		회전부 등의 급유상태 적부	육안	[ ]적합 [ ]부적합 [ ]해당없음	
		기능의 적부	작동확인	[ ]적합 [ ]부적합 [ ]해당없음	
		고정상태의 적부	육안	[ ]적합 [ ]부적합 [ ]해당없음	
		이상소음·진동·발열 유무	육안 및 작동확인	[ ]적합 [ ]부적합 [ ]해당없음	
		압력의 적부	육안	[ ]적합 [ ]부적합 [ ]해당없음	
		계기판의 적부	육안	[ ]적합 [ ]부적합 [ ]해당없음	

	기동장치	조작부 주위의 장애물 유무	육 안	[ ]적합 [ ]부적합 [ ]해당없음	
		표지의 손상 유무 및 기재사항의 적부	육 안	[ ]적합 [ ]부적합 [ ]해당없음	
		기능의 적부	작동확인	[ ]적합 [ ]부적합 [ ]해당없음	
전동기 제어장치	제어반	변형·손상 유무	육 안	[ ]적합 [ ]부적합 [ ]해당없음	
		조작관리상 지장 유무	육 안	[ ]적합 [ ]부적합 [ ]해당없음	
	전원전압	전압의 지시상황 적부	육 안	[ ]적합 [ ]부적합 [ ]해당없음	
		전원등의 점등상황 적부	작동확인	[ ]적합 [ ]부적합 [ ]해당없음	
	계기 및 스위치류	변형·손상 유무	육 안	[ ]적합 [ ]부적합 [ ]해당없음	
		단자의 풀림·탈락 유무	육 안	[ ]적합 [ ]부적합 [ ]해당없음	
		개폐상황 및 기능의 적부	육안 및 작동확인	[ ]적합 [ ]부적합 [ ]해당없음	
	휴즈류	손상·용단 유무	육 안	[ ]적합 [ ]부적합 [ ]해당없음	
		종류·용량의 적부	육 안	[ ]적합 [ ]부적합 [ ]해당없음	
		예비품의 유무	육 안	[ ]적합 [ ]부적합 [ ]해당없음	
	차단기	단자의 풀림·탈락 유무	육 안	[ ]적합 [ ]부적합 [ ]해당없음	
		접점의 소손 유무	육 안	[ ]적합 [ ]부적합 [ ]해당없음	
		기능의 적부	작동확인	[ ]적합 [ ]부적합 [ ]해당없음	
	결선접속	풀림·탈락·피복 손상 유무	육 안	[ ]적합 [ ]부적합 [ ]해당없음	
배관 등	밸브류	변형·손상 유무	육 안	[ ]적합 [ ]부적합 [ ]해당없음	
		개폐상태 및 작동의 적부	작동확인	[ ]적합 [ ]부적합 [ ]해당없음	
	여과장치	변형·손상 유무	육 안	[ ]적합 [ ]부적합 [ ]해당없음	
		여과망의 손상·이물의 퇴적 유무	육 안	[ ]적합 [ ]부적합 [ ]해당없음	
	배 관	누설·변형·손상 유무	육 안	[ ]적합 [ ]부적합 [ ]해당없음	
		도장상황의 적부 및 부식 유무	육 안	[ ]적합 [ ]부적합 [ ]해당없음	
		드레인피트의 손상 유무	육 안	[ ]적합 [ ]부적합 [ ]해당없음	
소화전	소화전함	부식·변형·손상 유무	육 안	[ ]적합 [ ]부적합 [ ]해당없음	
		주위 장애물 유무	육 안	[ ]적합 [ ]부적합 [ ]해당없음	
		부속공구의 비치상태 및 표지의 적부	육 안	[ ]적합 [ ]부적합 [ ]해당없음	
	호스 및 노즐	변형·손상 유무	육 안	[ ]적합 [ ]부적합 [ ]해당없음	
		수량 및 기능의 적부	육 안	[ ]적합 [ ]부적합 [ ]해당없음	
	표시등	손상 유무	육 안	[ ]적합 [ ]부적합 [ ]해당없음	
		점등 상황의 적부	작동확인	[ ]적합 [ ]부적합 [ ]해당없음	
예비동력원	자가발전설비 본체	변형·손상 유무	육 안	[ ]적합 [ ]부적합 [ ]해당없음	
		회전부 등의 급유상태 적부	육 안	[ ]적합 [ ]부적합 [ ]해당없음	
		기능의 적부	작동확인	[ ]적합 [ ]부적합 [ ]해당없음	
		고정상태의 적부	육 안	[ ]적합 [ ]부적합 [ ]해당없음	
		이상소음·진동·발열 유무	육안 및 작동확인	[ ]적합 [ ]부적합 [ ]해당없음	
		절연저항치의 적부	저항측정	[ ]적합 [ ]부적합 [ ]해당없음	
	연료탱크	누설·부식·변형 유무	육 안	[ ]적합 [ ]부적합 [ ]해당없음	
		연료량의 적부	육 안	[ ]적합 [ ]부적합 [ ]해당없음	
		밸브개폐상태 및 기능의 적부	육안 및 작동확인	[ ]적합 [ ]부적합 [ ]해당없음	
	윤활유	현저한 노후의 유무 및 양의 적부	육 안	[ ]적합 [ ]부적합 [ ]해당없음	
	축전지	부식·변형·손상 유무	육 안	[ ]적합 [ ]부적합 [ ]해당없음	
		전해액량 및 단자전압의 적부	육안 및 전압측정	[ ]적합 [ ]부적합 [ ]해당없음	
	냉각장치	냉각수의 누수 유무	육 안	[ ]적합 [ ]부적합 [ ]해당없음	
		물의 양·상태의 적부	육 안	[ ]적합 [ ]부적합 [ ]해당없음	
		부식·변형·손상 유무	육 안	[ ]적합 [ ]부적합 [ ]해당없음	
		기능의 적부	작동확인	[ ]적합 [ ]부적합 [ ]해당없음	
	급배기장치	변형·손상 유무	육 안	[ ]적합 [ ]부적합 [ ]해당없음	
		주위 가연물의 유무	육 안	[ ]적합 [ ]부적합 [ ]해당없음	
		기능의 적부	작동확인	[ ]적합 [ ]부적합 [ ]해당없음	
	축전지설비	부식·변형·손상 유무	육 안	[ ]적합 [ ]부적합 [ ]해당없음	
		전해액량 및 단자전압의 적부	육안 및 전압측정	[ ]적합 [ ]부적합 [ ]해당없음	
		기능의 적부	작동확인	[ ]적합 [ ]부적합 [ ]해당없음	
	기동장치	부식·변형·손상 유무	육 안	[ ]적합 [ ]부적합 [ ]해당없음	
		조작부 주위의 장애물 유무	육 안	[ ]적합 [ ]부적합 [ ]해당없음	
		기능의 적부	작동확인	[ ]적합 [ ]부적합 [ ]해당없음	
기타사항					

[별지 제19호 서식]

[ ] 물분무소화설비 [ ] 스프링클러설비 일반점검표			점검기간 : 점검자 : 설치자 :	서명(또는 인) 서명(또는 인)
제조소 등의 구분			제조소 등의 설치허가 연월일 및 완공검사번호	
소화설비의 호칭번호				

점검항목		점검내용	점검방법	점검결과	비고
수원	수조	누수·변형·손상 유무	육안	[ ]적합 [ ]부적합 [ ]해당없음	
	수원량·상태	수원량의 적부	육안	[ ]적합 [ ]부적합 [ ]해당없음	
		부유물·침전물 유무	육안	[ ]적합 [ ]부적합 [ ]해당없음	
	급수장치	부식·손상 유무	육안	[ ]적합 [ ]부적합 [ ]해당없음	
		기능의 적부	작동확인	[ ]적합 [ ]부적합 [ ]해당없음	
흡수장치	흡수조	누수·변형·손상 유무	육안	[ ]적합 [ ]부적합 [ ]해당없음	
		물의 양·상태의 적부	육안	[ ]적합 [ ]부적합 [ ]해당없음	
	밸브	변형·손상 유무	육안	[ ]적합 [ ]부적합 [ ]해당없음	
		개폐상태 및 기능의 적부	육안 및 작동확인	[ ]적합 [ ]부적합 [ ]해당없음	
	자동급수장치	변형·손상 유무	육안	[ ]적합 [ ]부적합 [ ]해당없음	
		기능의 적부	육안	[ ]적합 [ ]부적합 [ ]해당없음	
	감수경보장치	변형·손상 유무	육안	[ ]적합 [ ]부적합 [ ]해당없음	
		기능의 적부	작동확인	[ ]적합 [ ]부적합 [ ]해당없음	
가압송수장치	전동기	변형·손상 유무	육안	[ ]적합 [ ]부적합 [ ]해당없음	
		회전부 등의 급유상태의 적부	육안	[ ]적합 [ ]부적합 [ ]해당없음	
		기능의 적부	작동확인	[ ]적합 [ ]부적합 [ ]해당없음	
		고정상태의 적부	육안	[ ]적합 [ ]부적합 [ ]해당없음	
		이상소음·진동·발열 유무	육안 및 작동확인	[ ]적합 [ ]부적합 [ ]해당없음	
	내연기관 - 본체	변형·손상 유무	육안	[ ]적합 [ ]부적합 [ ]해당없음	
		회전부 등의 급유상태 적부	육안	[ ]적합 [ ]부적합 [ ]해당없음	
		기능의 적부	작동확인	[ ]적합 [ ]부적합 [ ]해당없음	
		고정상태의 적부	육안	[ ]적합 [ ]부적합 [ ]해당없음	
		이상소음·진동·발열 유무	육안 및 작동확인	[ ]적합 [ ]부적합 [ ]해당없음	
	내연기관 - 연료탱크	누설·부식·변형 유무	육안	[ ]적합 [ ]부적합 [ ]해당없음	
		연료량의 적부	육안	[ ]적합 [ ]부적합 [ ]해당없음	
		밸브개폐상태 및 기능의 적부	육안 및 작동확인	[ ]적합 [ ]부적합 [ ]해당없음	
	내연기관 - 윤활유	현저한 노후의 유무 및 양의 적부	육안	[ ]적합 [ ]부적합 [ ]해당없음	
	내연기관 - 축전지	부식·변형·손상 유무	육안	[ ]적합 [ ]부적합 [ ]해당없음	
		전해액량의 적부	육안	[ ]적합 [ ]부적합 [ ]해당없음	
		단자전압의 적부	전압측정	[ ]적합 [ ]부적합 [ ]해당없음	
	내연기관 - 동력전달장치	부식·변형·손상 유무	육안	[ ]적합 [ ]부적합 [ ]해당없음	
		기능의 적부	육안	[ ]적합 [ ]부적합 [ ]해당없음	
	내연기관 - 기동장치	부식·변형·손상 유무	육안	[ ]적합 [ ]부적합 [ ]해당없음	
		기능의 적부	작동확인	[ ]적합 [ ]부적합 [ ]해당없음	
		회전수의 적부	육안	[ ]적합 [ ]부적합 [ ]해당없음	
	내연기관 - 냉각장치	냉각수의 누수 유무 및 물의 양·상태의 적부	육안	[ ]적합 [ ]부적합 [ ]해당없음	
		부식·변형·손상 유무	육안	[ ]적합 [ ]부적합 [ ]해당없음	
		기능의 적부	작동확인	[ ]적합 [ ]부적합 [ ]해당없음	
	내연기관 - 급배기장치	변형·손상 유무	육안	[ ]적합 [ ]부적합 [ ]해당없음	
		주위의 가연물 유무	육안	[ ]적합 [ ]부적합 [ ]해당없음	
		기능의 적부	작동확인	[ ]적합 [ ]부적합 [ ]해당없음	
	펌프	누수·부식·변형·손상 유무	육안	[ ]적합 [ ]부적합 [ ]해당없음	
		회전부 등의 급유상태 적부	육안	[ ]적합 [ ]부적합 [ ]해당없음	
		기능의 적부	작동확인	[ ]적합 [ ]부적합 [ ]해당없음	
		고정상태의 적부	육안	[ ]적합 [ ]부적합 [ ]해당없음	
		이상소음·진동·발열 유무	육안 및 작동확인	[ ]적합 [ ]부적합 [ ]해당없음	
		압력의 적부	육안	[ ]적합 [ ]부적합 [ ]해당없음	
		계기판의 적부	육안	[ ]적합 [ ]부적합 [ ]해당없음	

		조작 부주위의 장애물 유무	육 안	[ ]적합 [ ]부적합 [ ]해당없음
	기동장치 45회	표지의 손상 유무 및 기재사항의 적부	육 안	[ ]적합 [ ]부적합 [ ]해당없음
		기능의 적부	작동확인	[ ]적합 [ ]부적합 [ ]해당없음
전동기 제어장치	제어반	변형·손상 유무	육 안	[ ]적합 [ ]부적합 [ ]해당없음
		조작관리상 지장 유무	육 안	[ ]적합 [ ]부적합 [ ]해당없음
	전원전압	전압의 지시상황의 적부	육 안	[ ]적합 [ ]부적합 [ ]해당없음
		전원 등의 점등상황 적부	작동확인	[ ]적합 [ ]부적합 [ ]해당없음
	계기 및 스위치류	변형·손상 유무	육 안	[ ]적합 [ ]부적합 [ ]해당없음
		단자의 풀림·탈락 유무	육 안	[ ]적합 [ ]부적합 [ ]해당없음
		개폐상황 및 기능의 적부	육안 및 작동확인	[ ]적합 [ ]부적합 [ ]해당없음
	휴즈류	손상·용단 유무	육 안	[ ]적합 [ ]부적합 [ ]해당없음
		종류·용량의 적부	육 안	[ ]적합 [ ]부적합 [ ]해당없음
		예비품의 유무	육 안	[ ]적합 [ ]부적합 [ ]해당없음
	차단기	단자의 풀림·탈락 유무	육 안	[ ]적합 [ ]부적합 [ ]해당없음
		접점의 소손 유무	육 안	[ ]적합 [ ]부적합 [ ]해당없음
		기능의 적부	작동확인	[ ]적합 [ ]부적합 [ ]해당없음
	결선접속	풀림·탈락·피복손상 유무	육 안	[ ]적합 [ ]부적합 [ ]해당없음
배관 등	밸브류	변형·손상 유무	육 안	[ ]적합 [ ]부적합 [ ]해당없음
		개폐상태 및 작동의 적부	작동확인	[ ]적합 [ ]부적합 [ ]해당없음
	여과장치	변형·손상 유무	육 안	[ ]적합 [ ]부적합 [ ]해당없음
		여과망의 손상·이물의 퇴적 유무	육 안	[ ]적합 [ ]부적합 [ ]해당없음
	배 관	누설·변형·손상 유무	육 안	[ ]적합 [ ]부적합 [ ]해당없음
		도장상황의 적부 및 부식 유무	육 안	[ ]적합 [ ]부적합 [ ]해당없음
		드레인피트의 손상 유무	육 안	[ ]적합 [ ]부적합 [ ]해당없음
	헤 드	변형·손상 유무	육 안	[ ]적합 [ ]부적합 [ ]해당없음
		부착각도의 적부	육 안	[ ]적합 [ ]부적합 [ ]해당없음
		기능의 적부	작동확인	[ ]적합 [ ]부적합 [ ]해당없음
예비동력원	자가발전설비	본 체	변형·손상 유무	육 안	[ ]적합 [ ]부적합 [ ]해당없음
			회전부 등의 급유상태 적부	육 안	[ ]적합 [ ]부적합 [ ]해당없음
			기능의 적부	작동확인	[ ]적합 [ ]부적합 [ ]해당없음
			고정상태의 적부	육 안	[ ]적합 [ ]부적합 [ ]해당없음
			이상소음·진동·발열 유무	육안 및 작동확인	[ ]적합 [ ]부적합 [ ]해당없음
			절연저항치의 적부	저항측정	[ ]적합 [ ]부적합 [ ]해당없음
		연료탱크	누설·부식·변형 유무	육 안	[ ]적합 [ ]부적합 [ ]해당없음
			연료량의 적부	육 안	[ ]적합 [ ]부적합 [ ]해당없음
			밸브개폐상태 및 기능의 적부	육안 및 작동확인	[ ]적합 [ ]부적합 [ ]해당없음
		윤활유	현저한 노후의 유무 및 양의 적부	육 안	[ ]적합 [ ]부적합 [ ]해당없음
		축전지	부식·변형·손상 유무	육 안	[ ]적합 [ ]부적합 [ ]해당없음
			전해액량 및 단자전압의 적부	육안 및 전압측정	[ ]적합 [ ]부적합 [ ]해당없음
		냉각장치	냉각수의 누수 유무	육 안	[ ]적합 [ ]부적합 [ ]해당없음
			물의 양·상태의 적부	육 안	[ ]적합 [ ]부적합 [ ]해당없음
			부식·변형·손상 유무	육 안	[ ]적합 [ ]부적합 [ ]해당없음
			기능의 적부	작동확인	[ ]적합 [ ]부적합 [ ]해당없음
		급배기장치	변형·손상 유무	육 안	[ ]적합 [ ]부적합 [ ]해당없음
			주위의 가연물 유무	육 안	[ ]적합 [ ]부적합 [ ]해당없음
			기능의 적부	작동확인	[ ]적합 [ ]부적합 [ ]해당없음
	축전지설비		부식·변형·손상 유무	육 안	[ ]적합 [ ]부적합 [ ]해당없음
			전해액량 및 단자전압의 적부	육안 및 전압측정	[ ]적합 [ ]부적합 [ ]해당없음
			기능의 적부	작동확인	[ ]적합 [ ]부적합 [ ]해당없음
	기동장치		부식·변형·손상 유무	육 안	[ ]적합 [ ]부적합 [ ]해당없음
			조작부 주위의 장애물 유무	육 안	[ ]적합 [ ]부적합 [ ]해당없음
			기능의 적부	작동확인	[ ]적합 [ ]부적합 [ ]해당없음
기타사항					

[별지 제20호 서식]

포소화설비 일반점검표

점검기간 :
점검자 :　　　　서명(또는 인)
설치자 :　　　　서명(또는 인)

제조소 등의 구분				제조소 등의 설치허가 연월일 및 완공검사번호	
소화설비의 호칭번호					
점검항목			점검내용	점검방법	점검결과	비고

점검항목			점검내용	점검방법	점검결과	비고
수원	수조		누수·변형·손상 유무	육안	[ ]적합 [ ]부적합 [ ]해당없음	
	수원량·상태		수원량의 적부	육안	[ ]적합 [ ]부적합 [ ]해당없음	
			부유물·침전물 유무	육안	[ ]적합 [ ]부적합 [ ]해당없음	
	급수장치		부식·손상 유무	육안	[ ]적합 [ ]부적합 [ ]해당없음	
			기능의 적부	작동확인	[ ]적합 [ ]부적합 [ ]해당없음	
흡수장치	흡수조		누수·변형·손상 유무	육안	[ ]적합 [ ]부적합 [ ]해당없음	
			물의 양·상태의 적부	육안	[ ]적합 [ ]부적합 [ ]해당없음	
	밸브		변형·손상 유무	육안	[ ]적합 [ ]부적합 [ ]해당없음	
			개폐상태 및 기능의 적부	육안 및 작동확인	[ ]적합 [ ]부적합 [ ]해당없음	
	자동급수장치		변형·손상 유무	육안	[ ]적합 [ ]부적합 [ ]해당없음	
			기능의 적부	육안	[ ]적합 [ ]부적합 [ ]해당없음	
	감수경보장치		변형·손상 유무	육안	[ ]적합 [ ]부적합 [ ]해당없음	
			기능의 적부	작동확인	[ ]적합 [ ]부적합 [ ]해당없음	
가압송수장치	전동기		변형·손상 유무	육안	[ ]적합 [ ]부적합 [ ]해당없음	
			회전부 등의 급유상태 적부	육안	[ ]적합 [ ]부적합 [ ]해당없음	
			기능의 적부	작동확인	[ ]적합 [ ]부적합 [ ]해당없음	
			고정상태의 적부	육안	[ ]적합 [ ]부적합 [ ]해당없음	
			이상소음·진동·발열 유무	육안 및 작동확인	[ ]적합 [ ]부적합 [ ]해당없음	
	내연기관	본체	변형·손상 유무	육안	[ ]적합 [ ]부적합 [ ]해당없음	
			회전부 등의 급유상태 적부	육안	[ ]적합 [ ]부적합 [ ]해당없음	
			기능의 적부	작동확인	[ ]적합 [ ]부적합 [ ]해당없음	
			고정상태의 적부	육안	[ ]적합 [ ]부적합 [ ]해당없음	
			이상소음·진동·발열 유무	육안 및 작동확인	[ ]적합 [ ]부적합 [ ]해당없음	
		연료탱크	누설·부식·변형 유무	육안	[ ]적합 [ ]부적합 [ ]해당없음	
			연료량의 적부	육안	[ ]적합 [ ]부적합 [ ]해당없음	
			밸브개폐상태 및 기능의 적부	육안 및 작동확인	[ ]적합 [ ]부적합 [ ]해당없음	
		윤활유	현저한 노후의 유무 및 양의 적부	육안	[ ]적합 [ ]부적합 [ ]해당없음	
		축전지	부식·변형·손상 유무	육안	[ ]적합 [ ]부적합 [ ]해당없음	
			전해액량의 적부	육안	[ ]적합 [ ]부적합 [ ]해당없음	
			단자전압의 적부	전압측정	[ ]적합 [ ]부적합 [ ]해당없음	
		동력전달장치	부식·변형·손상 유무	육안	[ ]적합 [ ]부적합 [ ]해당없음	
			기능의 적부	육안	[ ]적합 [ ]부적합 [ ]해당없음	
		기동장치	부식·변형·손상 유무	육안	[ ]적합 [ ]부적합 [ ]해당없음	
			기능의 적부	작동확인	[ ]적합 [ ]부적합 [ ]해당없음	
			회전수의 적부	육안	[ ]적합 [ ]부적합 [ ]해당없음	
		냉각장치	냉각수의 누수 유무 및 물의 양·상태의 적부	육안	[ ]적합 [ ]부적합 [ ]해당없음	
			부식·변형·손상 유무	육안	[ ]적합 [ ]부적합 [ ]해당없음	
			기능의 적부	작동확인	[ ]적합 [ ]부적합 [ ]해당없음	
		급배기장치	변형·손상 유무	육안	[ ]적합 [ ]부적합 [ ]해당없음	
			주위의 가연물 유무	육안	[ ]적합 [ ]부적합 [ ]해당없음	
			기능의 적부	작동확인	[ ]적합 [ ]부적합 [ ]해당없음	
	펌프		누수·부식·변형·손상 유무	육안	[ ]적합 [ ]부적합 [ ]해당없음	
			회전부 등의 급유상태 적부	육안	[ ]적합 [ ]부적합 [ ]해당없음	
			기능의 적부	작동확인	[ ]적합 [ ]부적합 [ ]해당없음	
			고정상태의 적부	육안	[ ]적합 [ ]부적합 [ ]해당없음	
			이상소음·진동·발열 유무	육안 및 작동확인	[ ]적합 [ ]부적합 [ ]해당없음	
			압력의 적부	육안	[ ]적합 [ ]부적합 [ ]해당없음	
			계기판의 적부	육안	[ ]적합 [ ]부적합 [ ]해당없음	

약제저장탱크	탱크	누설 유무	육안	[ ]적합 [ ]부적합 [ ]해당없음
		변형·손상 유무	육안	[ ]적합 [ ]부적합 [ ]해당없음
		도장상황의 적부 및 부식 유무	육안	[ ]적합 [ ]부적합 [ ]해당없음
		배관접속부의 이탈 유무	육안	[ ]적합 [ ]부적합 [ ]해당없음
		고정상태의 적부	육안	[ ]적합 [ ]부적합 [ ]해당없음
		통기관의 막힘 유무	육안	[ ]적합 [ ]부적합 [ ]해당없음
		압력계 지시상황의 적부(압력탱크)	육안	[ ]적합 [ ]부적합 [ ]해당없음
	소화약제	변질·침전물 유무	육안	[ ]적합 [ ]부적합 [ ]해당없음
		양의 적부	육안	[ ]적합 [ ]부적합 [ ]해당없음
약제혼합장치		변질·침전물 유무	육안	[ ]적합 [ ]부적합 [ ]해당없음
		양의 적부	육안	[ ]적합 [ ]부적합 [ ]해당없음
기동장치	수동기동장치	조작부 주위의 장애물 유무	육안	[ ]적합 [ ]부적합 [ ]해당없음
		표지의 손상 유무 및 기재사항의 적부	육안	[ ]적합 [ ]부적합 [ ]해당없음
		기능의 적부	작동확인	[ ]적합 [ ]부적합 [ ]해당없음
	자동기동장치 (기동용수압개폐장치 (압력스위치·압력탱크))	변형·손상 유무	육안	[ ]적합 [ ]부적합 [ ]해당없음
		압력계 지시상황의 적부	육안	[ ]적합 [ ]부적합 [ ]해당없음
		기능의 적부	작동확인	[ ]적합 [ ]부적합 [ ]해당없음
	화재감지장치 (감지기·폐쇄형헤드)	변형·손상 유무	육안	[ ]적합 [ ]부적합 [ ]해당없음
		주위 장애물의 유무	육안	[ ]적합 [ ]부적합 [ ]해당없음
		기능의 적부	작동확인	[ ]적합 [ ]부적합 [ ]해당없음
전동기 제어장치	제어반	변형·손상 유무	육안	[ ]적합 [ ]부적합 [ ]해당없음
		조작관리상 지장 유무	육안	[ ]적합 [ ]부적합 [ ]해당없음
	전원전압	전압의 지시상황 적부	육안	[ ]적합 [ ]부적합 [ ]해당없음
		전원등의 점등상황 적부	작동확인	[ ]적합 [ ]부적합 [ ]해당없음
	계기 및 스위치류	변형·손상 유무	육안	[ ]적합 [ ]부적합 [ ]해당없음
		단자의 풀림·탈락 유무	육안	[ ]적합 [ ]부적합 [ ]해당없음
		개폐상황 및 기능의 적부	육안 및 작동확인	[ ]적합 [ ]부적합 [ ]해당없음
	휴즈류	손상·용단 유무	육안	[ ]적합 [ ]부적합 [ ]해당없음
		종류·용량의 적부	육안	[ ]적합 [ ]부적합 [ ]해당없음
		예비품의 유무	육안	[ ]적합 [ ]부적합 [ ]해당없음
	차단기	단자의 풀림·탈락 유무	육안	[ ]적합 [ ]부적합 [ ]해당없음
		접점의 소손 유무	육안	[ ]적합 [ ]부적합 [ ]해당없음
		기능의 적부	작동확인	[ ]적합 [ ]부적합 [ ]해당없음
	결선접속	풀림·탈락·피복손상 유무	육안	[ ]적합 [ ]부적합 [ ]해당없음
유수·압력검지장치	자동경보밸브 (유수작동밸브)	변형·손상 유무	육안	[ ]적합 [ ]부적합 [ ]해당없음
		기능의 적부	작동확인	[ ]적합 [ ]부적합 [ ]해당없음
	리타딩챔버	변형·손상 유무	육안	[ ]적합 [ ]부적합 [ ]해당없음
		기능의 적부	작동확인	[ ]적합 [ ]부적합 [ ]해당없음
	압력스위치	단자의 풀림·이탈·손상 유무	육안	[ ]적합 [ ]부적합 [ ]해당없음
		기능의 적부	작동확인	[ ]적합 [ ]부적합 [ ]해당없음
	경보·표시장치	변형·손상 유무	육안	[ ]적합 [ ]부적합 [ ]해당없음
		기능의 적부	작동확인	[ ]적합 [ ]부적합 [ ]해당없음
배관등	밸브류	변형·손상 유무	육안	[ ]적합 [ ]부적합 [ ]해당없음
		개폐상태 및 작동의 적부	작동확인	[ ]적합 [ ]부적합 [ ]해당없음
	여과장치	변형·손상 유무	육안	[ ]적합 [ ]부적합 [ ]해당없음
		여과망의 손상·이물의 퇴적 유무	육안	[ ]적합 [ ]부적합 [ ]해당없음
	배관	누설·변형·손상 유무	육안	[ ]적합 [ ]부적합 [ ]해당없음
		도장상황의 적부 및 부식 유무	육안	[ ]적합 [ ]부적합 [ ]해당없음
		드레인피트의 손상 유무	육안	[ ]적합 [ ]부적합 [ ]해당없음
	저부포주입법의 외부격납함	변형·손상 유무	육안	[ ]적합 [ ]부적합 [ ]해당없음
		호스 격납상태의 적부	육안	[ ]적합 [ ]부적합 [ ]해당없음
포방출구	포헤드	변형·손상 유무	육안	[ ]적합 [ ]부적합 [ ]해당없음
		부착각도의 적부	육안	[ ]적합 [ ]부적합 [ ]해당없음
		공기취입구의 막힘 유무	육안	[ ]적합 [ ]부적합 [ ]해당없음
		기능의 적부	작동확인	[ ]적합 [ ]부적합 [ ]해당없음
	포챔버	본체의 부식·변형·손상 유무	육안	[ ]적합 [ ]부적합 [ ]해당없음
		봉판의 부착상태 및 손상 유무	육안	[ ]적합 [ ]부적합 [ ]해당없음

포방출구	포챔버	공기수입구 및 스크린의 막힘 유무	육 안	[ ]적합 [ ]부적합 [ ]해당없음	
		기능의 적부	작동확인	[ ]적합 [ ]부적합 [ ]해당없음	
	포모니터노즐	변형·손상 유무	육 안	[ ]적합 [ ]부적합 [ ]해당없음	
		공기수입구 및 필터의 막힘 유무	육 안	[ ]적합 [ ]부적합 [ ]해당없음	
		기능의 적부	작동확인	[ ]적합 [ ]부적합 [ ]해당없음	
포소화전	소화전함	부식·변형·손상 유무	육 안	[ ]적합 [ ]부적합 [ ]해당없음	
		주위 장애물 유무	육 안	[ ]적합 [ ]부적합 [ ]해당없음	
		부속공구의 비치 상태 및 표지의 적부	육 안	[ ]적합 [ ]부적합 [ ]해당없음	
	호스 및 노즐	변형·손상 유무	육 안	[ ]적합 [ ]부적합 [ ]해당없음	
		수량 및 기능의 적부	육 안	[ ]적합 [ ]부적합 [ ]해당없음	
	표시등	손상 유무	육 안	[ ]적합 [ ]부적합 [ ]해당없음	
		점등 상황의 적부	작동확인	[ ]적합 [ ]부적합 [ ]해당없음	
연결송액구		변형·손상 유무	육 안	[ ]적합 [ ]부적합 [ ]해당없음	
		주위 장애물 유무	육 안	[ ]적합 [ ]부적합 [ ]해당없음	
		표시의 적부	육 안	[ ]적합 [ ]부적합 [ ]해당없음	
예비동력원	자가발전설비	본 체	변형·손상 유무	육 안	[ ]적합 [ ]부적합 [ ]해당없음
			회전부 등의 급유상태 적부	육 안	[ ]적합 [ ]부적합 [ ]해당없음
			기능의 적부	작동확인	[ ]적합 [ ]부적합 [ ]해당없음
			고정상태의 적부	육 안	[ ]적합 [ ]부적합 [ ]해당없음
			이상소음·진동·발열 유무	육안 및 작동확인	[ ]적합 [ ]부적합 [ ]해당없음
			절연저항치의 적부	저항측정	[ ]적합 [ ]부적합 [ ]해당없음
		연료탱크	누설·부식·변형 유무	육 안	[ ]적합 [ ]부적합 [ ]해당없음
			연료량의 적부	육 안	[ ]적합 [ ]부적합 [ ]해당없음
			밸브개폐상태 및 기능의 적부	육안 및 작동확인	[ ]적합 [ ]부적합 [ ]해당없음
		윤활유	현저한 노후의 유무 및 양의 적부	육 안	[ ]적합 [ ]부적합 [ ]해당없음
		축전지	부식·변형·손상 유무	육 안	[ ]적합 [ ]부적합 [ ]해당없음
			전해액량 및 단자전압의 적부	육안 및 전압측정	[ ]적합 [ ]부적합 [ ]해당없음
		냉각장치	냉각수의 누수 유무	육 안	[ ]적합 [ ]부적합 [ ]해당없음
			물의 양·상태의 적부	육 안	[ ]적합 [ ]부적합 [ ]해당없음
			부식·변형·손상의 유무	육 안	[ ]적합 [ ]부적합 [ ]해당없음
			기능의 적부	작동확인	[ ]적합 [ ]부적합 [ ]해당없음
		급배기장치	변형·손상의 유무	육 안	[ ]적합 [ ]부적합 [ ]해당없음
			주위의 가연물 유무	육 안	[ ]적합 [ ]부적합 [ ]해당없음
			기능의 적부	작동확인	[ ]적합 [ ]부적합 [ ]해당없음
	축전지설비		부식·변형·손상 유무	육 안	[ ]적합 [ ]부적합 [ ]해당없음
			전해액량 및 단자전압의 적부	육안 및 전압측정	[ ]적합 [ ]부적합 [ ]해당없음
			기능의 적부	작동확인	[ ]적합 [ ]부적합 [ ]해당없음
	기동장치		부식·변형·손상 유무	육 안	[ ]적합 [ ]부적합 [ ]해당없음
			조작부 주위의 장애물 유무	육 안	[ ]적합 [ ]부적합 [ ]해당없음
			기능의 적부	작동확인	[ ]적합 [ ]부적합 [ ]해당없음
기타사항					

[별지 제21호 서식]

이산화탄소소화설비 일반점검표

점검기간 :
점검자 :　　　　　　서명(또는 인)
설치자 :　　　　　　서명(또는 인)

제조소 등의 구분				제조소 등의 설치허가 연월일 및 완공검사번호	

소화설비의 호칭번호

점검항목			점검내용	점검방법	점검결과	비고
이산화탄소소화약제저장용기등	소화약제 저장용기		설치상황의 적부	육 안	[ ]적합 [ ]부적합 [ ]해당없음	
			변형·손상 유무	육 안	[ ]적합 [ ]부적합 [ ]해당없음	
	소화약제		양의 적부	육 안	[ ]적합 [ ]부적합 [ ]해당없음	
	고압식	용기밸브	변형·손상·부식 유무	육 안	[ ]적합 [ ]부적합 [ ]해당없음	
			개폐상황의 적부	육 안	[ ]적합 [ ]부적합 [ ]해당없음	
		용기밸브 개방장치	변형·손상·부식 유무	육 안	[ ]적합 [ ]부적합 [ ]해당없음	
			기능의 적부	작동확인	[ ]적합 [ ]부적합 [ ]해당없음	
	저압식	안전장치	변형·손상·부식 유무	육 안	[ ]적합 [ ]부적합 [ ]해당없음	
		압력경보장치	변형·손상 유무	육 안	[ ]적합 [ ]부적합 [ ]해당없음	
			기능의 적부	작동확인	[ ]적합 [ ]부적합 [ ]해당없음	
		압력계	변형·손상 유무	육 안	[ ]적합 [ ]부적합 [ ]해당없음	
			지시상황의 적부	육 안	[ ]적합 [ ]부적합 [ ]해당없음	
		액면계	변형·손상 유무	육 안	[ ]적합 [ ]부적합 [ ]해당없음	
		자동냉동기	변형·손상 유무	육 안	[ ]적합 [ ]부적합 [ ]해당없음	
			기능의 적부	작동확인	[ ]적합 [ ]부적합 [ ]해당없음	
		방출밸브	변형·손상·부식 유무	육 안	[ ]적합 [ ]부적합 [ ]해당없음	
			개폐상황의 적부	육 안	[ ]적합 [ ]부적합 [ ]해당없음	
기동용가스용기등	용 기		변형·손상 유무	육 안	[ ]적합 [ ]부적합 [ ]해당없음	
			가스량의 적부	육 안	[ ]적합 [ ]부적합 [ ]해당없음	
	용기밸브		변형·손상·부식 유무	육 안	[ ]적합 [ ]부적합 [ ]해당없음	
			개폐상황의 적부	육 안	[ ]적합 [ ]부적합 [ ]해당없음	
	용기밸브개방장치		변형·손상·부식 유무	육 안	[ ]적합 [ ]부적합 [ ]해당없음	
			기능의 적부	작동확인	[ ]적합 [ ]부적합 [ ]해당없음	
	조작관		변형·손상·부식 유무	육 안	[ ]적합 [ ]부적합 [ ]해당없음	
선택밸브			손상·변형 유무	육 안	[ ]적합 [ ]부적합 [ ]해당없음	
			개폐상황의 적부	작동확인	[ ]적합 [ ]부적합 [ ]해당없음	
			기능의 적부	작동확인	[ ]적합 [ ]부적합 [ ]해당없음	
기동장치	**수동기동장치** **64회**		**조작부 주위의 장애물 유무**	**육 안**	[ ]적합 [ ]부적합 [ ]해당없음	
			표지의 손상 유무 및 기재사항의 적부	**육 안**	[ ]적합 [ ]부적합 [ ]해당없음	
			기능의 적부	**작동확인**	[ ]적합 [ ]부적합 [ ]해당없음	
	자동기동장치	자동수동 전환장치	변형·손상 유무	육 안	[ ]적합 [ ]부적합 [ ]해당없음	
			기능의 적부	작동확인	[ ]적합 [ ]부적합 [ ]해당없음	
		화재감지장치	변형·손상 유무	육 안	[ ]적합 [ ]부적합 [ ]해당없음	
			감지장해의 유무	육 안	[ ]적합 [ ]부적합 [ ]해당없음	
			기능의 적부	작동확인	[ ]적합 [ ]부적합 [ ]해당없음	
경보장치			변형·손상 유무	육 안	[ ]적합 [ ]부적합 [ ]해당없음	
			기능의 적부	작동확인	[ ]적합 [ ]부적합 [ ]해당없음	
압력스위치			단자의 풀림·탈락·손상 유무	육 안	[ ]적합 [ ]부적합 [ ]해당없음	
			기능의 적부	작동확인	[ ]적합 [ ]부적합 [ ]해당없음	
제어장치	제어반		변형·손상 유무	육 안	[ ]적합 [ ]부적합 [ ]해당없음	
			조작관리상 지장 유무	육 안	[ ]적합 [ ]부적합 [ ]해당없음	
	전원전압		전압의 지시상황 적부	육 안	[ ]적합 [ ]부적합 [ ]해당없음	
			전원등의 점등상황 적부	작동확인	[ ]적합 [ ]부적합 [ ]해당없음	
	계기 및 스위치류 **39회**		**변형·손상 유무**	**육 안**	[ ]적합 [ ]부적합 [ ]해당없음	
			단자의 풀림·탈락 유무	**육 안**	[ ]적합 [ ]부적합 [ ]해당없음	
			개폐상황 및 기능의 적부	**육안 및 작동확인**	[ ]적합 [ ]부적합 [ ]해당없음	
	휴즈류		손상·용단 유무	육 안	[ ]적합 [ ]부적합 [ ]해당없음	
			종류·용량의 적부 및 예비품 유무	육 안	[ ]적합 [ ]부적합 [ ]해당없음	

제어장치	차단기	단자의 풀림・탈락 유무	육 안	[ ]적합 [ ]부적합 [ ]해당없음
		접점의 소손 유무	육 안	[ ]적합 [ ]부적합 [ ]해당없음
		기능의 적부	작동확인	[ ]적합 [ ]부적합 [ ]해당없음
	결선접속	풀림・탈락・피복손상 유무	육 안	[ ]적합 [ ]부적합 [ ]해당없음
배관등	밸브류	변형・손상 유무	육 안	[ ]적합 [ ]부적합 [ ]해당없음
		개폐상태 및 작동의 적부	작동확인	[ ]적합 [ ]부적합 [ ]해당없음
	역류방지밸브	부착방향의 적부	육 안	[ ]적합 [ ]부적합 [ ]해당없음
		기능의 적부	작동확인	[ ]적합 [ ]부적합 [ ]해당없음
	배 관	누설・변형・손상・부식 유무	육 안	[ ]적합 [ ]부적합 [ ]해당없음
	파괴판・안전장치	변형・손상・부식 유무	육 안	[ ]적합 [ ]부적합 [ ]해당없음
방출표시등		손상 유무	육 안	[ ]적합 [ ]부적합 [ ]해당없음
		점등 상황의 적부	육 안	[ ]적합 [ ]부적합 [ ]해당없음
분사헤드		변형・손상・부식 유무	육 안	[ ]적합 [ ]부적합 [ ]해당없음
이동식노즐	호스・호스릴・노즐	변형・손상 유무	육 안	[ ]적합 [ ]부적합 [ ]해당없음
		부식 유무	육 안	[ ]적합 [ ]부적합 [ ]해당없음
	노즐개폐밸브	변형・손상 유무	육 안	[ ]적합 [ ]부적합 [ ]해당없음
		부식 유무	육 안	[ ]적합 [ ]부적합 [ ]해당없음
		기능의 적부	작동확인	[ ]적합 [ ]부적합 [ ]해당없음
예비동력원	자가발전설비	본 체	변형・손상 유무	육 안	[ ]적합 [ ]부적합 [ ]해당없음
			회전부 등의 급유상태 적부	육 안	[ ]적합 [ ]부적합 [ ]해당없음
			기능의 적부	작동확인	[ ]적합 [ ]부적합 [ ]해당없음
			고정상태의 적부	육 안	[ ]적합 [ ]부적합 [ ]해당없음
			이상소음・진동・발열 유무	육안 및 작동확인	[ ]적합 [ ]부적합 [ ]해당없음
			절연저항치의 적부	저항측정	[ ]적합 [ ]부적합 [ ]해당없음
		연료탱크	누설・부식・변형 유무	육 안	[ ]적합 [ ]부적합 [ ]해당없음
			연료량의 적부	육 안	[ ]적합 [ ]부적합 [ ]해당없음
			밸브개폐상태 및 기능의 적부	육안 및 작동확인	[ ]적합 [ ]부적합 [ ]해당없음
		윤활유	현저한 노후의 유무 및 양의 적부	육 안	[ ]적합 [ ]부적합 [ ]해당없음
		축전지	부식・변형・손상 유무	육 안	[ ]적합 [ ]부적합 [ ]해당없음
			전해액량 및 단자전압의 적부	육안 및 전압측정	[ ]적합 [ ]부적합 [ ]해당없음
		냉각장치	냉각수의 누수 유무	육 안	[ ]적합 [ ]부적합 [ ]해당없음
			물의 양・상태의 적부	육 안	[ ]적합 [ ]부적합 [ ]해당없음
			부식・변형・손상 유무	육 안	[ ]적합 [ ]부적합 [ ]해당없음
			기능의 적부	작동확인	[ ]적합 [ ]부적합 [ ]해당없음
		급배기장치	변형・손상 유무	육 안	[ ]적합 [ ]부적합 [ ]해당없음
			주위의 가연물 유무	육 안	[ ]적합 [ ]부적합 [ ]해당없음
			기능의 적부	작동확인	[ ]적합 [ ]부적합 [ ]해당없음
	축전지설비	부식・변형・손상 유무	육 안	[ ]적합 [ ]부적합 [ ]해당없음
		전해액량 및 단자전압의 적부	육안 및 전압측정	[ ]적합 [ ]부적합 [ ]해당없음
		기능의 적부	작동확인	[ ]적합 [ ]부적합 [ ]해당없음
	기동장치	부식・변형・손상 유무	육 안	[ ]적합 [ ]부적합 [ ]해당없음
		조작부 주위의 장애물 유무	육 안	[ ]적합 [ ]부적합 [ ]해당없음
		기능의 적부	작동확인	[ ]적합 [ ]부적합 [ ]해당없음
기타사항				

[별지 제22호 서식]

할로젠화합물소화설비 일반점검표				점검기간 : 점검자 :　　　　서명(또는 인) 설치자 :　　　　서명(또는 인)		
제조소 등의 구분				제조소 등의 설치허가 연월일 및 완공검사번호		
소화설비의 호칭번호						
점검항목			점검내용	점검방법	점검결과	비고
할로젠화합물소화약제저장용기등	소화약제 저장용기		설치상황의 적부	육 안	[ ]적합 [ ]부적합 [ ]해당없음	
			변형·손상 유무	육 안	[ ]적합 [ ]부적합 [ ]해당없음	
	소화약제		양 및 내압의 적부	육안 및 압력측정	[ ]적합 [ ]부적합 [ ]해당없음	
	축압식	용기밸브	변형·손상·부식 유무	육 안	[ ]적합 [ ]부적합 [ ]해당없음	
			개폐상황의 적부	육 안	[ ]적합 [ ]부적합 [ ]해당없음	
		용기밸브 개방장치	변형·손상·부식 유무	육 안	[ ]적합 [ ]부적합 [ ]해당없음	
			기능의 적부	작동확인	[ ]적합 [ ]부적합 [ ]해당없음	
		방출밸브	변형·손상·부식 유무	육 안	[ ]적합 [ ]부적합 [ ]해당없음	
			개폐상황의 적부	육 안	[ ]적합 [ ]부적합 [ ]해당없음	
		안전장치	변형·손상·부식 유무	육 안	[ ]적합 [ ]부적합 [ ]해당없음	
		압력계	변형·손상 유무	육 안	[ ]적합 [ ]부적합 [ ]해당없음	
	가압식	가압가스용기등	용기	설치상황의 적부 및 변형·손상 유무	육 안	[ ]적합 [ ]부적합 [ ]해당없음	
			가스량	양·내압의 적부	육안 및 압력측정	[ ]적합 [ ]부적합 [ ]해당없음	
			용기밸브	변형·손상·부식 유무	육 안	[ ]적합 [ ]부적합 [ ]해당없음	
				개폐상황의 적부	육 안	[ ]적합 [ ]부적합 [ ]해당없음	
			용기밸브 개방장치	변형·손상·부식 유무	육 안	[ ]적합 [ ]부적합 [ ]해당없음	
				기능의 적부	작동확인	[ ]적합 [ ]부적합 [ ]해당없음	
			압력조정기	변형·손상 유무	육 안	[ ]적합 [ ]부적합 [ ]해당없음	
				기능의 적부	작동확인	[ ]적합 [ ]부적합 [ ]해당없음	
기동용가스용기등	용기		변형·손상 유무	육 안	[ ]적합 [ ]부적합 [ ]해당없음	
			가스량의 적부	육 안	[ ]적합 [ ]부적합 [ ]해당없음	
	용기밸브		변형·손상·부식 유무	육 안	[ ]적합 [ ]부적합 [ ]해당없음	
			개폐상황의 적부	육 안	[ ]적합 [ ]부적합 [ ]해당없음	
	용기밸브개방장치		변형·손상·부식 유무	육 안	[ ]적합 [ ]부적합 [ ]해당없음	
			기능의 적부	작동확인	[ ]적합 [ ]부적합 [ ]해당없음	
	조작관		변형·손상·부식 유무	육 안	[ ]적합 [ ]부적합 [ ]해당없음	
선택밸브			손상·변형 유무	육 안	[ ]적합 [ ]부적합 [ ]해당없음	
			개폐상황 및 기능의 적부	작동확인	[ ]적합 [ ]부적합 [ ]해당없음	
기동장치	수동기동장치		조작부 주위의 장애물 유무	육 안	[ ]적합 [ ]부적합 [ ]해당없음	
			표지의 손상 유무 및 기재사항의 적부	육 안	[ ]적합 [ ]부적합 [ ]해당없음	
			기능의 적부	작동확인	[ ]적합 [ ]부적합 [ ]해당없음	
	자동기동장치	자동수동 전환장치	변형·손상 유무	육 안	[ ]적합 [ ]부적합 [ ]해당없음	
			기능의 적부	작동확인	[ ]적합 [ ]부적합 [ ]해당없음	
		화재감지장치	변형·손상 유무	육 안	[ ]적합 [ ]부적합 [ ]해당없음	
			감지장해 유무	육 안	[ ]적합 [ ]부적합 [ ]해당없음	
			기능의 적부	작동확인	[ ]적합 [ ]부적합 [ ]해당없음	
경보장치			변형·손상 유무	육 안	[ ]적합 [ ]부적합 [ ]해당없음	
			기능의 적부	작동확인	[ ]적합 [ ]부적합 [ ]해당없음	
압력스위치			단자의 풀림·탈락·손상 유무	육 안	[ ]적합 [ ]부적합 [ ]해당없음	
			기능의 적부	작동확인	[ ]적합 [ ]부적합 [ ]해당없음	
제어장치	제어반		변형·손상 유무	육 안	[ ]적합 [ ]부적합 [ ]해당없음	
			조작관리상 지장 유무	육 안	[ ]적합 [ ]부적합 [ ]해당없음	
	전원전압		전압의 지시상황 및 전원등의 점등상황 적부	육안 및 작동확인	[ ]적합 [ ]부적합 [ ]해당없음	
	계기 및 스위치류		변형·손상 및 단자의 풀림·탈락의 유무	육 안	[ ]적합 [ ]부적합 [ ]해당없음	
			개폐상황 및 기능의 적부	육안 및 작동확인	[ ]적합 [ ]부적합 [ ]해당없음	
	휴즈류		손상·용단 유무	육 안	[ ]적합 [ ]부적합 [ ]해당없음	
			종류·용량의 적부 및 예비품 유무	육 안	[ ]적합 [ ]부적합 [ ]해당없음	

제어장치	차단기	단자의 풀림·탈락의 유무	육 안	[ ]적합 [ ]부적합 [ ]해당없음	
		접점의 소손의 유무	육 안	[ ]적합 [ ]부적합 [ ]해당없음	
		기능의 적부	작동확인	[ ]적합 [ ]부적합 [ ]해당없음	
	결선접속	풀림·탈락·피복손상의 유무	육 안	[ ]적합 [ ]부적합 [ ]해당없음	
배관 등	밸브류	변형·손상의 유무	육 안	[ ]적합 [ ]부적합 [ ]해당없음	
		개폐상태 및 작동의 적부	작동확인	[ ]적합 [ ]부적합 [ ]해당없음	
	역류방지밸브	부착방향의 적부	육 안	[ ]적합 [ ]부적합 [ ]해당없음	
		기능의 적부	작동확인	[ ]적합 [ ]부적합 [ ]해당없음	
	배 관	누설·변형·손상·부식의 유무	육 안	[ ]적합 [ ]부적합 [ ]해당없음	
	파괴판·안전장치	변형·손상·부식의 유무	육 안	[ ]적합 [ ]부적합 [ ]해당없음	
방출표시등		손상의 유무	육 안	[ ]적합 [ ]부적합 [ ]해당없음	
		점등의 상황	육 안	[ ]적합 [ ]부적합 [ ]해당없음	
분사헤드		변형·손상·부식의 유무	육 안	[ ]적합 [ ]부적합 [ ]해당없음	
이동식노즐	호스·호스릴·노즐	변형·손상의 유무	육 안	[ ]적합 [ ]부적합 [ ]해당없음	
		부식의 유무	육 안	[ ]적합 [ ]부적합 [ ]해당없음	
	노즐개폐밸브	변형·손상의 유무	육 안	[ ]적합 [ ]부적합 [ ]해당없음	
		부식의 유무	육 안	[ ]적합 [ ]부적합 [ ]해당없음	
		기능의 적부	작동확인	[ ]적합 [ ]부적합 [ ]해당없음	
예비동력원	자가발전설비	본 체	변형·손상의 유무	육 안	[ ]적합 [ ]부적합 [ ]해당없음	
			회전부 등의 급유상태의 적부	육 안	[ ]적합 [ ]부적합 [ ]해당없음	
			기능의 적부	작동확인	[ ]적합 [ ]부적합 [ ]해당없음	
			고정상태의 적부	육 안	[ ]적합 [ ]부적합 [ ]해당없음	
			이상소음·진동·발열의 유무	육안 및 작동확인	[ ]적합 [ ]부적합 [ ]해당없음	
			절연저항치의 적부	저항측정	[ ]적합 [ ]부적합 [ ]해당없음	
		연료탱크	누설·부식·변형의 유무	육 안	[ ]적합 [ ]부적합 [ ]해당없음	
			연료량의 적부	육 안	[ ]적합 [ ]부적합 [ ]해당없음	
			밸브개폐상태 및 기능의 적부	육안 및 작동확인	[ ]적합 [ ]부적합 [ ]해당없음	
		윤활유	현저한 노후의 유무 및 양의 적부	육 안	[ ]적합 [ ]부적합 [ ]해당없음	
		축전지	부식·변형·손상의 유무	육 안	[ ]적합 [ ]부적합 [ ]해당없음	
			전해액량 및 단자전압의 적부	육안 및 전압측정	[ ]적합 [ ]부적합 [ ]해당없음	
		냉각장치	냉각수의 누수의 유무	육 안	[ ]적합 [ ]부적합 [ ]해당없음	
			물의 양·상태의 적부	육 안	[ ]적합 [ ]부적합 [ ]해당없음	
			부식·변형·손상의 유무	육 안	[ ]적합 [ ]부적합 [ ]해당없음	
			기능의 적부	작동확인	[ ]적합 [ ]부적합 [ ]해당없음	
		급배기장치	변형·손상의 유무	육 안	[ ]적합 [ ]부적합 [ ]해당없음	
			주위의 가연물의 유무	육 안	[ ]적합 [ ]부적합 [ ]해당없음	
			기능의 적부	작동확인	[ ]적합 [ ]부적합 [ ]해당없음	
	축전지설비		부식·변형·손상의 유무	육 안	[ ]적합 [ ]부적합 [ ]해당없음	
			전해액량 및 단자전압의 적부	육안 및 전압측정	[ ]적합 [ ]부적합 [ ]해당없음	
			기능의 적부	작동확인	[ ]적합 [ ]부적합 [ ]해당없음	
	기동장치		부식·변형·손상의 유무	육 안	[ ]적합 [ ]부적합 [ ]해당없음	
			조작부 주위의 장애물의 유무	육 안	[ ]적합 [ ]부적합 [ ]해당없음	
			기능의 적부	작동확인	[ ]적합 [ ]부적합 [ ]해당없음	
기타사항						

[별지 제23호 서식]

분말소화설비 일반점검표

점검기간 :
점검자 : 서명(또는 인)
설치자 : 서명(또는 인)

제조소 등의 구분					제조소 등의 설치허가 연월일 및 완공검사번호		
소화설비의 호칭번호							
점검항목				점검내용	점검방법	점검결과	비고
분말소화약제 저장용기 등	소화약제 저장용기			설치상황의 적부	육안	[ ]적합 [ ]부적합 [ ]해당없음	
				변형·손상 유무	육안	[ ]적합 [ ]부적합 [ ]해당없음	
	소화약제			양 및 내압의 적부	육안 및 압력측정	[ ]적합 [ ]부적합 [ ]해당없음	
	축압식	용기밸브		변형·손상·부식 유무	육안	[ ]적합 [ ]부적합 [ ]해당없음	
				개폐상황의 적부	육안	[ ]적합 [ ]부적합 [ ]해당없음	
		용기밸브 개방장치		변형·손상·부식 유무	육안	[ ]적합 [ ]부적합 [ ]해당없음	
				기능의 적부	작동확인	[ ]적합 [ ]부적합 [ ]해당없음	
		지시입력계		변형·손상 유무 및 지시상항외 적부	육안	[ ]적합 [ ]부적합 [ ]해당없음	
	가압식	방출밸브		변형·손상·부식의 유무	육안	[ ]적합 [ ]부적합 [ ]해당없음	
				개폐상황의 적부	육안	[ ]적합 [ ]부적합 [ ]해당없음	
		안전장치		변형·손상·부식의 유무	육안	[ ]적합 [ ]부적합 [ ]해당없음	
		정압작동장치		변형·손상의 유무	육안	[ ]적합 [ ]부적합 [ ]해당없음	
		가압가스용기 등	용기	설치상황의 적부 및 변형·손상 유무	육안	[ ]적합 [ ]부적합 [ ]해당없음	
			가스량	양·내압의 적부	육안 및 압력측정	[ ]적합 [ ]부적합 [ ]해당없음	
			용기밸브	변형·손상·부식 유무	육안	[ ]적합 [ ]부적합 [ ]해당없음	
				개폐상황의 적부	육안	[ ]적합 [ ]부적합 [ ]해당없음	
			용기밸브 개방장치	변형·손상·부식 유무	육안	[ ]적합 [ ]부적합 [ ]해당없음	
				기능의 적부	작동확인	[ ]적합 [ ]부적합 [ ]해당없음	
			압력조정기	변형·손상 유무 및 기능의 적부	육안 및 작동확인	[ ]적합 [ ]부적합 [ ]해당없음	
기동용가스용기 등	용기			변형·손상 유무	육안	[ ]적합 [ ]부적합 [ ]해당없음	
				가스량의 적부	육안	[ ]적합 [ ]부적합 [ ]해당없음	
	용기밸브			변형·손상·부식 유무	육안	[ ]적합 [ ]부적합 [ ]해당없음	
				개폐상황의 적부	육안	[ ]적합 [ ]부적합 [ ]해당없음	
	용기밸브개방장치			변형·손상·부식 유무	육안	[ ]적합 [ ]부적합 [ ]해당없음	
				기능의 적부	작동확인	[ ]적합 [ ]부적합 [ ]해당없음	
	조작관			변형·손상·부식 유무	육안	[ ]적합 [ ]부적합 [ ]해당없음	
선택밸브				손상·변형 유무	육안	[ ]적합 [ ]부적합 [ ]해당없음	
				개폐상황 및 기능의 적부	작동확인	[ ]적합 [ ]부적합 [ ]해당없음	
기동장치	수동기동장치			조작부 주위의 장애물 유무	육안	[ ]적합 [ ]부적합 [ ]해당없음	
				표지의 손상 유무 및 기재사항의 적부	육안	[ ]적합 [ ]부적합 [ ]해당없음	
				기능의 적부	작동확인	[ ]적합 [ ]부적합 [ ]해당없음	
	자동기동장치	자동수동 전환장치		변형·손상 유무	육안	[ ]적합 [ ]부적합 [ ]해당없음	
				기능의 적부	작동확인	[ ]적합 [ ]부적합 [ ]해당없음	
		화재감지장치		변형·손상 유무	육안	[ ]적합 [ ]부적합 [ ]해당없음	
				감지장해 유무	육안	[ ]적합 [ ]부적합 [ ]해당없음	
				기능의 적부	작동확인	[ ]적합 [ ]부적합 [ ]해당없음	
경보장치				변형·손상 유무	육안	[ ]적합 [ ]부적합 [ ]해당없음	
				기능의 적부	작동확인	[ ]적합 [ ]부적합 [ ]해당없음	
압력스위치				단자의 풀림·탈락·손상 유무	육안	[ ]적합 [ ]부적합 [ ]해당없음	
				기능의 적부	작동확인	[ ]적합 [ ]부적합 [ ]해당없음	
제어장치	제어반			변형·손상 유무	육안	[ ]적합 [ ]부적합 [ ]해당없음	
				조작관리상 지장 유무	육안	[ ]적합 [ ]부적합 [ ]해당없음	
	전원전압			전압의 지시상황 및 전원등의 점등상황의 적부	육안 및 작동확인	[ ]적합 [ ]부적합 [ ]해당없음	
	계기 및 스위치류			변형·손상 및 단자의 풀림·탈락 유무	육안	[ ]적합 [ ]부적합 [ ]해당없음	
				개폐상황 및 기능의 적부	육안 및 작동확인	[ ]적합 [ ]부적합 [ ]해당없음	
	휴즈류			손상·용단 유무	육안	[ ]적합 [ ]부적합 [ ]해당없음	
				종류·용량의 적부 및 예비품 유무	육안	[ ]적합 [ ]부적합 [ ]해당없음	

제어장치	차단기	단자의 풀림·탈락 유무	육 안	[ ]적합 [ ]부적합 [ ]해당없음	
		접점의 소손 유무	육 안	[ ]적합 [ ]부적합 [ ]해당없음	
		기능의 적부	작동확인	[ ]적합 [ ]부적합 [ ]해당없음	
	결선접속	풀림·탈락·피복손상 유무	육 안	[ ]적합 [ ]부적합 [ ]해당없음	
배관등	밸브류	변형·손상 유무	육 안	[ ]적합 [ ]부적합 [ ]해당없음	
		개폐상태 및 작동의 적부	작동확인	[ ]적합 [ ]부적합 [ ]해당없음	
	역류방지밸브	부착방향의 적부	육 안	[ ]적합 [ ]부적합 [ ]해당없음	
		기능의 적부	작동확인	[ ]적합 [ ]부적합 [ ]해당없음	
	배 관	누설·변형·손상·부식 유무	육 안	[ ]적합 [ ]부적합 [ ]해당없음	
	파괴판·안전장치	변형·손상·부식 유무	육 안	[ ]적합 [ ]부적합 [ ]해당없음	
방출표시등		손상 유무	육 안	[ ]적합 [ ]부적합 [ ]해당없음	
		점등 상황의 적부	육 안	[ ]적합 [ ]부적합 [ ]해당없음	
분사헤드		변형·손상·부식 유무	육 안	[ ]적합 [ ]부적합 [ ]해당없음	
이동식노즐	호스·호스릴·노즐	변형·손상 유무	육 안	[ ]적합 [ ]부적합 [ ]해당없음	
		부식 유무	육 안	[ ]적합 [ ]부적합 [ ]해당없음	
	노즐개폐밸브	변형·손상 유무	육 안	[ ]적합 [ ]부적합 [ ]해당없음	
		부식 유무	육 안	[ ]적합 [ ]부적합 [ ]해당없음	
		기능의 적부	작동확인	[ ]적합 [ ]부적합 [ ]해당없음	
예비동력원	자가발전설비	본 체	변형·손상 유무	육 안	[ ]적합 [ ]부적합 [ ]해당없음	
			회전부 등의 급유상태 적부	육 안	[ ]적합 [ ]부적합 [ ]해당없음	
			기능의 적부	작동확인	[ ]적합 [ ]부적합 [ ]해당없음	
			고정상태의 적부	육 안	[ ]적합 [ ]부적합 [ ]해당없음	
			이상소음·진동·발열 유무	육안 및 작동확인	[ ]적합 [ ]부적합 [ ]해당없음	
			절연저항치의 적부	저항측정	[ ]적합 [ ]부적합 [ ]해당없음	
		연료탱크	누설·부식·변형 유무	육 안	[ ]적합 [ ]부적합 [ ]해당없음	
			연료량의 적부	육 안	[ ]적합 [ ]부적합 [ ]해당없음	
			밸브개폐상태 및 기능의 적부	육안 및 작동확인	[ ]적합 [ ]부적합 [ ]해당없음	
		윤활유	현저한 노후의 유무 및 양의 적부	육 안	[ ]적합 [ ]부적합 [ ]해당없음	
		축전지	부식·변형·손상 유무	육 안	[ ]적합 [ ]부적합 [ ]해당없음	
			전해액량 및 단자전압의 적부	육안 및 전압측정	[ ]적합 [ ]부적합 [ ]해당없음	
		냉각장치	냉각수의 누수 유무	육 안	[ ]적합 [ ]부적합 [ ]해당없음	
			물의 양·상태의 적부	육 안	[ ]적합 [ ]부적합 [ ]해당없음	
			부식·변형·손상 유무	육 안	[ ]적합 [ ]부적합 [ ]해당없음	
			기능의 적부	작동확인	[ ]적합 [ ]부적합 [ ]해당없음	
		급배기장치	변형·손상 유무	육 안	[ ]적합 [ ]부적합 [ ]해당없음	
			주위의 가연물 유무	육 안	[ ]적합 [ ]부적합 [ ]해당없음	
			기능의 적부	작동확인	[ ]적합 [ ]부적합 [ ]해당없음	
	축전지설비		부식·변형·손상 유무	육 안	[ ]적합 [ ]부적합 [ ]해당없음	
			전해액량 및 단자전압의 적부	육안 및 전압측정	[ ]적합 [ ]부적합 [ ]해당없음	
			기능의 적부	작동확인	[ ]적합 [ ]부적합 [ ]해당없음	
	기동장치		부식·변형·손상 유무	육 안	[ ]적합 [ ]부적합 [ ]해당없음	
			조작부 주위의 장애물 유무	육 안	[ ]적합 [ ]부적합 [ ]해당없음	
			기능의 적부	작동확인	[ ]적합 [ ]부적합 [ ]해당없음	
기타사항					

[별지 제24호 서식]

자동화재탐지설비 일반점검표			점검기간 : 점검자 : 설치자 :		서명(또는 인) 서명(또는 인)
제조소 등의 구분			제조소 등의 설치허가 연월일 및 완공검사번호		
탐지설비의 호칭번호					
점검항목	점검내용	점검방법	점검결과		비 고
감지기	변형·손상 유무	육 안	[ ]적합 [ ]부적합 [ ]해당없음		
	감지장해 유무	육 안	[ ]적합 [ ]부적합 [ ]해당없음		
	기능의 적부	작동확인	[ ]적합 [ ]부적합 [ ]해당없음		
중계기	변형·손상 유무	육 안	[ ]적합 [ ]부적합 [ ]해당없음		
	표시의 적부	육 안	[ ]적합 [ ]부적합 [ ]해당없음		
	기능의 적부	작동확인	[ ]적합 [ ]부적합 [ ]해당없음		
수신기 (통합조작반)	**변형·손상 유무**	**육 안**	[ ]적합 [ ]부적합 [ ]해당없음		
	표시의 적부	**육 안**	[ ]적합 [ ]부적합 [ ]해당없음		
	경계구역일람도의 적부	**육 안**	[ ]적합 [ ]부적합 [ ]해당없음		
	기능의 적부	**작동확인**	[ ]적합 [ ]부적합 [ ]해당없음		
주음향장치 지구음향장치	변형·손상 유무	육 안	[ ]적합 [ ]부적합 [ ]해당없음		
	기능의 적부	작동확인	[ ]적합 [ ]부적합 [ ]해당없음		
발신기	변형·손상 유무	육 안	[ ]적합 [ ]부적합 [ ]해당없음		
	기능의 적부	작동확인	[ ]적합 [ ]부적합 [ ]해당없음		
비상전원	변형·손상 유무	육 안	[ ]적합 [ ]부적합 [ ]해당없음		
	전환의 적부	작동확인	[ ]적합 [ ]부적합 [ ]해당없음		
배 선	변형·손상 유무	육 안	[ ]적합 [ ]부적합 [ ]해당없음		
	접속단자의 풀림·탈락 유무	육 안	[ ]적합 [ ]부적합 [ ]해당없음		
기타사항					

PART 03 실전예상문제

001
위험물안전관리법에서 정하는 위험물의 정의를 쓰시오.

해설

정 의
① **위험물** : 인화성 또는 발화성 등의 성질을 가지는 것으로 대통령령이 정하는 물품
② **제조소** : 위험물을 제조할 목적으로 **지정수량 이상의 위험물을 취급**하기 위하여 제6조 제1항의 규정에 따른 허가를 받은 장소를 말한다.
③ **저장소** : 지정수량 이상의 위험물을 저장하기 위한 대통령령이 정하는 장소로서 제6조 제1항의 규정에 따른 허가를 받은 장소를 말한다.
④ **취급소** : 지정수량 이상의 위험물을 제조 외의 목적으로 취급하기 위한 대통령령이 정하는 장소로서 제6조 제1항의 규정에 따른 허가를 받은 장소를 말한다.

정답 인화성 또는 발화성 등의 성질을 가지는 것으로 대통령령이 정하는 물품

002
다음 위험물제조소 등의 완공검사 신청시기를 쓰시오.
- 지하탱크가 있는 제조소 등의 경우
- 이동탱크저장소의 경우
- 이송취급소의 경우

해설

제조소 등의 완공검사 신청시기
① **지하탱크가 있는 제조소 등의 경우** : 해당 지하탱크를 매설하기 전
② **이동탱크저장소의 경우** : 이동저장탱크를 완공하고 상시설치장소(상치장소)를 확보한 후
③ **이송취급소의 경우** : 이송배관 공사의 전체 또는 일부를 완료한 후. 다만, 지하·하천 등에 매설하는 이송배관의 공사의 경우에는 이송배관을 매설하기 전
④ **전체 공사가 완료된 후에는 완공검사를 실시하기 곤란한 경우** : 다음에서 정하는 시기
  ㉠ 위험물설비 또는 배관의 설치가 완료되어 기밀시험 또는 내압시험을 실시하는 시기
  ㉡ 배관을 지하에 설치하는 경우에는 시·도지사, 소방서장 또는 기술원이 지정하는 부분을 매몰하기 직전
  ㉢ 기술원이 지정하는 부분의 비파괴시험을 실시하는 시기
⑤ **① 내지 ④에 해당하지 않는 제조소 등의 경우** : 제조소 등의 공사를 완료한 후

정답
- 지하탱크가 있는 제조소 등의 경우 : 해당 지하탱크를 매설하기 전
- 이동탱크저장소의 경우 : 이동저장탱크를 완공하고 상치설치장소를 확보한 후
- 이송취급소의 경우 : 이송배관공사의 전체 또는 일부를 완료한 후. 다만, 지하·하천 등에 매설하는 이송배관의 공사의 경우에는 이송배관을 매설하기 전

003

위험물안전관리법의 위험물안전관리자에 대한 설명이다. 다음 물음에 답하시오.
- 위험물안전관리자 선임은 누가 하는가?
- 위험물안전관리자 선임신고는 어디에 하는가?
- 위험물안전관리자 선임신고는 며칠 이내에 해야 하는가?
- 위험물안전관리자 선임하지 않아 소방공무원에게 적발되었을 때 벌금은 얼마인가?
- 위험물안전관리자가 퇴직하면 며칠 이내에 안전관리자를 다시 선임해야 하는가?

해설

위험물안전관리자
① 위험물안전관리자 선임권자 : 제조소 등의 관계인
② 위험물안전관리자 선임신고 : 소방본부장 또는 소방서장에게 신고
③ 해임 또는 퇴직 시 : 30일 이내에 재선임
④ 안전관리자 선임신고 : 14일 이내
⑤ 안전관리자 여행, 질병 기타사유로 직무 수행이 불가능 시 : 대리자 지정
⑥ 위험물안전관리자 미선임 : 1,500만원 이하의 벌금
⑦ 위험물안전관리자 선임신고 태만 : 500만원 이하의 과태료

정답
- 관계인
- 소방본부장 또는 소방서장
- 14일
- 1,500만원 이하
- 30일

004

위험물안전관리법상 예방규정을 정해야 할 곳 5가지를 쓰시오.

해설

예방규정
① 예방규정을 정해야 하는 제조소 등
  ㉠ 지정수량의 10배 이상의 위험물을 취급하는 **제조소**
  ㉡ 지정수량의 100배 이상의 위험물을 저장하는 **옥외저장소**
  ㉢ 지정수량의 150배 이상의 위험물을 저장하는 **옥내저장소**
  ㉣ 지정수량의 200배 이상의 위험물을 저장하는 **옥외탱크저장소**
  ㉤ **암반탱크저장소**
  ㉥ **이송취급소**
  ㉦ 지정수량의 10배 이상의 위험물을 취급하는 **일반취급소**, 다만, 제4류 위험물(특수인화물은 제외한다)만을 지정수량의 50배 이하로 취급하는 일반취급소(제1석유류・알코올류의 취급량이 지정수량의 10배 이하인 경우에 한한다)로서 다음의 어느 하나에 해당하는 것을 제외한다.
    - 보일러・버너 또는 이와 비슷한 것으로서 위험물을 소비하는 장치로 이루어진 일반취급소
    - 위험물을 용기에 옮겨 담거나 차량에 고정된 탱크에 주입하는 일반취급소
② 예방규정의 작성 내용
  ㉠ 위험물의 안전관리업무를 담당하는 자의 직무 및 조직에 관한 사항
  ㉡ 안전관리자가 여행・질병 등으로 인하여 그 직무를 수행할 수 없을 경우 그 직무의 대리자에 관한 사항
  ㉢ 자체소방대를 설치해야 하는 경우에는 자체소방대의 편성과 화학소방자동차의 배치에 관한 사항
  ㉣ 위험물의 안전에 관계된 작업에 종사하는 자에 대한 안전교육에 관한 사항

ⓜ 위험물시설 및 작업장에 대한 안전순찰에 관한 사항
　　ⓝ 위험물시설·소방시설 그 밖의 관련시설에 대한 점검 및 정비에 관한 사항
　　ⓞ 위험물시설의 운전 또는 조작에 관한 사항
　　ⓟ 위험물 취급작업의 기준에 관한 사항
　　ⓠ 이송취급소에 있어서는 배관공사 현장책임자의 조건 등 배관공사 현장에 대한 감독체제에 관한 사항과 배관 주위에 있는 이송취급소 시설 외의 공사를 하는 경우 배관의 안전확보에 관한 사항
　　ⓡ 재난 그 밖의 비상시의 경우에 취해야 하는 조치에 관한 사항
　　ⓢ 위험물의 안전에 관한 기록에 관한 사항
　　ⓣ 제조소 등의 위치·구조 및 설비를 명시한 서류와 도면의 정비에 관한 사항
　　ⓤ 그 밖에 위험물의 안전관리에 관하여 필요한 사항

정답
- 지정수량의 10배 이상의 위험물을 취급하는 제조소
- 지정수량의 100배 이상의 위험물을 저장하는 옥외저장소
- 지정수량의 150배 이상의 위험물을 저장하는 옥내저장소
- 지정수량의 200배 이상의 위험물을 저장하는 옥외탱크저장소
- 이송취급소

---

005 화재예방 규정을 정하는 제조소 등에 대한 설명이다. ( ) 안에 적당한 말을 넣으시오.
- 지정수량의 (㉮)배 이상의 위험물을 취급하는 제조소
- 지정수량의 (㉯)배 이상의 위험물을 저장하는 옥외저장소
- 지정수량의 (㉰)배 이상의 위험물을 저장하는 옥내저장소
- 지정수량의 (㉱)배 이상의 위험물을 저장하는 옥외탱크저장소

해설
문제 4번 참조

정답 ㉮ 10　　㉯ 100　　㉰ 150　　㉱ 200

---

006 자체소방대의 설치제외 대상인 일반취급소 3가지를 쓰시오.

해설
자체소방대의 설치 제외대상인 일반취급소(시행규칙 제73조)
① 보일러, 버너 그 밖에 이와 유사한 장치로 위험물을 소비하는 일반취급소
② 이동저장탱크 그 밖에 이와 유사한 것에 위험물을 주입하는 일반취급소
③ 용기에 위험물을 옮겨 담는 일반취급소
④ 유압장치, 윤활유순환장치 그 밖에 이와 유사한 장치로 위험물을 취급하는 일반취급소
⑤ 광산안전법의 적용을 받는 일반취급소

정답
- 보일러, 버너 그 밖에 이와 유사한 장치로 위험물을 소비하는 일반취급소
- 이동저장탱크 그 밖에 이와 유사한 것에 위험물을 주입하는 일반취급소
- 용기에 위험물을 옮겨 담는 일반취급소

007

지정수량 12만배 이상 24만배 미만의 제조소에서 화학소방자동차 대수와 조작인원을 구하시오.

해설

자체소방대와 화학소방차와 조작인원
① 자체소방대를 설치해야 하는 사업소(시행령 제18조)
  ㉠ 제4류 위험물의 최대수량의 합이 지정수량의 3,000배 이상을 취급하는 제조소 또는 일반취급소(다만, 보일러로 위험물을 소비하는 일반취급소는 제외)
  ㉡ 제4류 위험물의 최대수량이 지정수량의 50만배 이상을 저장하는 옥외탱크저장소
② 자체소방대에 두는 화학소방자동차 및 인원(시행령 별표 8)

사업소의 구분	화학소방자동차	자체소방대원의 수
제조소 또는 일반취급소에서 취급하는 제4류 위험물의 최대수량의 합이 지정수량의 3,000배 이상 12만배 미만인 사업소	1대	5인
제조소 또는 일반취급소에서 취급하는 제4류 위험물의 최대수량의 합이 지정수량의 12만배 이상 24만배 미만인 사업소	2대	10인
제조소 또는 일반취급소에서 취급하는 제4류 위험물의 최대수량의 합이 지정수량의 24만배 이상 48만배 미만인 사업소	3대	15인
제조소 또는 일반취급소에서 취급하는 제4류 위험물의 최대수량의 합이 지정수량의 48만배 이상인 사업소	4대	20인
옥외탱크저장소에 저장하는 제4류 위험물의 최대수량이 지정수량의 50만배 이상인 사업소인	2대	10인

비고 : 화학소방자동차에는 행정안전부령이 정하는 소화능력 및 설비를 갖추어야 하고, 소화활동에 필요한 소화약제 및 기구(방열복 등 개인장구를 포함한다)를 비치해야 한다.

정답
- 화학소방자동차 대수 : 2대
- 조작인원(자체소방대원의 수) : 10인

008

제조소 또는 일반취급소에서 취급하는 제4류 위험물의 최대수량의 합이 지정수량의 24만배인 화학소방자동차의 대수 및 자체소방대원수는?

해설

문제 7번 참조

정답
- 화학소방자동차 : 3대
- 자체소방대원의 수 : 15인

009 탱크시험자가 갖추어야 할 필수장비 4가지를 적으시오.

해설

탱크시험자가 갖추어야 할 기술장비(시행령 별표 7)

① 기술능력
  ㉠ 필수인력
    • 위험물기능장·위험물산업기사 또는 위험물기능사 중 1명 이상
    • 비파괴검사기술사 1명 이상 또는 초음파비파괴검사·자기비파괴검사 및 침투비파괴검사별로 기사 또는 산업기사 각 1명 이상
  ㉡ 필요한 경우에 두는 인력
    • 충·수압시험, 진공시험, 기밀시험 또는 내압시험의 경우 : 누설비파괴검사 기사, 산업기사 또는 기능사
    • 수직·수평도시험의 경우 : 측량 및 지형공간정보 기술사, 기사, 산업기사 또는 측량기능사
    • 방사선투과시험의 경우 : 방사선비파괴검사 기사 또는 산업기사
    • 필수 인력의 보조 : 방사선비파괴검사·초음파비파괴검사·자기비파괴검사 또는 침투비파괴검사 기능사
② 시설 : 전용사무실
③ 장비
  ㉠ 필수장비 : 자기탐상시험기, 초음파두께측정기 및 다음 중 어느 하나
    • 영상초음파시험기
    • 방사선투과시험기 및 초음파시험기
  ㉡ 필요한 경우에 두는 장비
    • 충·수압시험, 진공시험, 기밀시험 또는 내압시험의 경우
      − 진공능력 53[kPa] 이상의 진공누설시험기
      − 기밀시험장치(안전장치가 부착된 것으로서 가압능력 200[kPa] 이상, 감압의 경우에는 감압능력 10[kPa] 이상·감도 10[Pa] 이하의 것으로서 각각의 압력 변화를 스스로 기록할 수 있는 것)
    • 수직·수평도 시험의 경우 : 수직·수평도 측정기
※ 비고 : 둘 이상의 기능을 함께 가지고 있는 장비를 갖춘 경우에는 각각의 장비를 갖춘 것으로 본다.

정답
• 방사선투과시험기
• 초음파탐상시험기
• 자기탐상시험기
• 초음파두께측정기

010 위험물탱크 안전성능시험자의 등록 시 결격사유 3가지를 쓰시오.

해설

위험물탱크 안전성능시험자의 등록결격사유

① 피성년후견인
② 위험물안전관리법, 소방기본법, 화재의 예방 및 안전관리에 관한 법률, 소방시설 설치 및 관리에 관한 법률 또는 소방시설공사업법에 의한 금고 이상의 실형의 선고를 받고 그 집행이 종료(집행이 종료된 것으로 보는 경우를 포함한다)되거나 집행이 면제된 날부터 2년이 지나지 않은 자
③ 위험물안전관리법, 소방기본법, 화재의 예방 및 안전관리에 관한 법률, 소방시설 설치 및 관리에 관한 법률 또는 소방시설공사업법에 의한 금고 이상의 형의 집행유예 선고를 받고 그 유예기간 중에 있는 자
④ 탱크시험자의 등록이 취소된 날부터 2년이 지나지 않은 자
⑤ 법인으로서 그 대표자가 ① 내지 ②의 어느 하나에 해당하는 경우

정답
- 피성년후견인
- 위험물안전관리법, 소방기본법, 화재의 예방 및 안전관리에 관한 법률, 소방시설 설치 및 관리에 관한 법률 또는 소방시설공사업법에 의한 금고 이상의 형의 집행유예 선고를 받고 그 유예기간 중에 있는 자
- 탱크시험자의 등록이 취소된 날부터 2년이 지나지 않은 자

011

화학소방자동차에 갖추어야 하는 소화능력 및 설비의 기준에 관한 설명이다. 다음 ( ) 안에 적당한 말을 넣으시오.

화학소방자동차의 구분	소화능력 및 설비의 기준
포수용액 방사차	포수용액의 방사능력이 매분 (㉮)[L] 이상일 것
	소화약액탱크 및 (㉯)를 비치할 것
	(㉰)[L] 이상의 포수용액을 방사할 수 있는 양의 소화약제를 비치할 것
분말 방사차	분말의 방사능력이 매초 (㉱)[kg] 이상일 것
	분말탱크 및 가압용 가스설비를 비치할 것
	(㉲)[kg] 이상의 분말을 비치할 것

해설
화학소방자동차에 갖추어야 하는 소화능력 및 설비의 기준(시행규칙 별표 23)

화학소방자동차의 구분	소화능력 및 설비의 기준
포수용액 방사차	포수용액의 방사능력이 **매분 2,000[L] 이상**일 것
	소화약액탱크 및 소화약액혼합장치를 비치할 것
	10만[L] 이상의 포수용액을 방사할 수 있는 양의 소화약제를 비치할 것
분말 방사차	분말의 방사능력이 **매초 35[kg] 이상**일 것
	분말탱크 및 가압용 가스설비를 비치할 것
	1,400[kg] 이상의 분말을 비치할 것
할로젠화합물 방사차	할로젠화합물의 방사능력이 매초 40[kg] 이상일 것
	할로젠화합물탱크 및 가압용 가스설비를 비치할 것
	1,000[kg] 이상의 할로젠화합물을 비치할 것
이산화탄소 방사차	이산화탄소의 방사능력이 매초 40[kg] 이상일 것
	이산화탄소저장용기를 비치할 것
	3,000[kg] 이상의 이산화탄소를 비치할 것
제독차	가성소다 및 규조토를 각각 50[kg] 이상 비치할 것

정답
- ㉮ 2,000
- ㉯ 소화약액혼합장치
- ㉰ 10만
- ㉱ 35
- ㉲ 1,400

012

다음 탱크의 공간용적을 $\frac{7}{100}$로 할 경우 아래 그림에 나타낸 타원형 위험물저장탱크의 용량은 얼마인가?

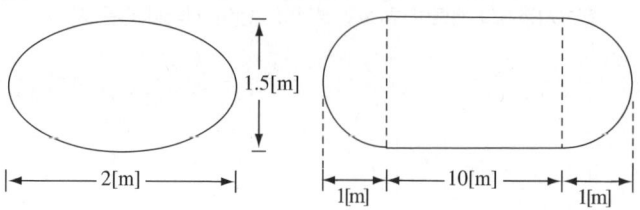

해설

저장탱크의 용량 = 내용적 − 공간용적(7[%])

① 탱크의 내용적 = $\frac{\pi ab}{4}\left(l + \frac{l_1 + l_2}{3}\right) = \frac{\pi \times 2[m] \times 1.5[m]}{4}\left(10[m] + \frac{1[m] + 1[m]}{3}\right) = 25.12[m^3]$

② 저장탱크의 용량 = 25.12 − (25.12 × 0.07) = 23.36[m^3]

정답 23.36[m^3]

013

글리세린 탱크의 내용적 90[%] 충전 시 지정수량의 몇 배인가?

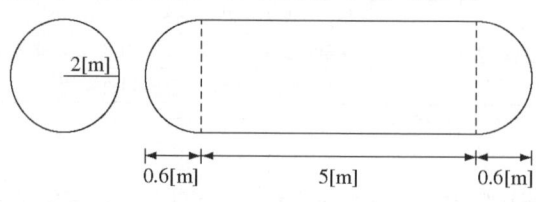

해설

탱크의 용량

① 타원형 탱크의 내용적

  ㉠ 양쪽이 볼록한 것

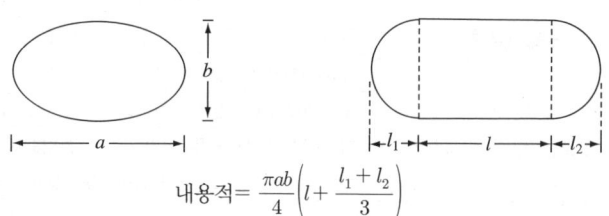

내용적 = $\frac{\pi ab}{4}\left(l + \frac{l_1 + l_2}{3}\right)$

  ㉡ 한쪽은 볼록하고 다른 한쪽은 오목한 것

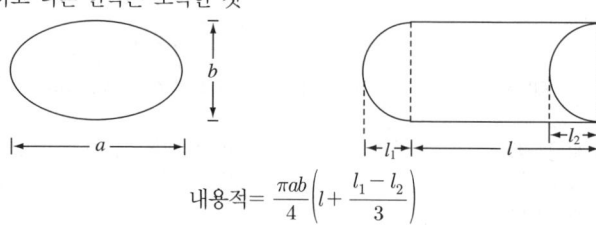

내용적 = $\frac{\pi ab}{4}\left(l + \frac{l_1 - l_2}{3}\right)$

② 원통형 탱크의 내용적

　　㉠ 가로로 설치한 것　　　　　　　　　　　　㉡ 세로로 설치한 것

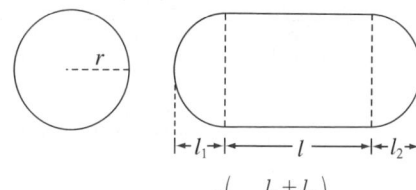
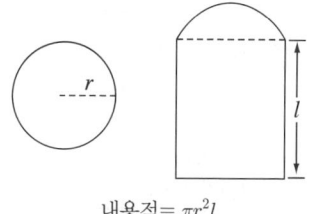

내용적 $= \pi r^2 \left(l + \dfrac{l_1 + l_2}{3} \right)$　　　　　　　내용적 $= \pi r^2 l$

먼저 탱크의 내용적을 구하면

내용적 $= \pi r^2 \left(l + \dfrac{l_1 + l_2}{3} \right) = 3.14 \times (2[m])^2 \times \left(5[m] + \dfrac{0.6[m] + 0.6[m]}{3} \right) = 67.824[m^3]$
$= 67,824[L] \times 0.9 = 61,041.6[L]$

∴ 글리세린은 제4류 위험물 제3석유류(수용성)로서 지정수량은 4,000[L]이다.

지정수량의 배수 $= \dfrac{61,041.6[L]}{4,000[L]} = 15.26$배

정답　15.26배

014

위험물의 소요단위를 산출하고자 한다. 지름 6[m]이고 높이가 5[m]인 원통형 탱크에 가솔린을 저장하고 있다. 소요단위는 얼마인가?(이 탱크에 90[%]를 저장한다고 가정한다)

해설

원통형 탱크의 용량을 구하면

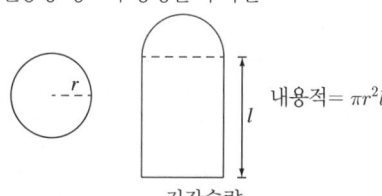

내용적 $= \pi r^2 l$

① 소요단위 $= \dfrac{\text{저장수량}}{\text{지정수량} \times 10배}$

② 저장량(탱크에 90[%]를 저장한다고 가정한 경우)

탱크의 용량 $= \pi r^2 l = 3.14 \times (3[m])^2 \times 5[m]$
$= 141.3[m^3] = 141,300[L] \times 0.9 = 127,170[L]$

∴ 소요단위 $= \dfrac{127,170[L]}{200[L] \times 10} = 63.585 \ \Rightarrow \ 64$단위

휘발유(제1석유류, 비수용성)의 지정수량 : 200[L]

정답　64단위

015 위험물제조소의 안전거리 기준에 대하여 설명하시오.

해설

위험물제조소의 안전거리
① **정의** : 건축물의 외벽 또는 공작물의 외측으로부터 해당 제조소의 외벽 또는 이에 상당하는 공작물의 외측까지의 수평거리
② **안전거리의 기준**

건축물	안전거리
사용전압 7,000[V] 초과 35,000[V] 이하의 특고압가공전선	3[m] 이상
사용전압 **35,000[V]를 초과**하는 특고압가공전선	5[m] 이상
주거용으로 사용되는 것(제조소가 설치된 부지 내에 있는 것을 제외)	10[m] 이상
고압가스, 액화석유가스, 도시가스를 저장 또는 취급하는 시설	20[m] 이상
학교, 병원(병원급 의료기관), 공연장, 영화상영관 및 그 밖에 이와 유사한 시설로서 300명 이상의 인원을 수용할 수 있는 것, 복지시설(아동복지시설, 노인복지시설, 장애인복지시설, 한부모가족복지시설), 어린이집, 성매매피해자 등을 위한 지원시설, 정신건강증진시설, 가정폭력방지 및 피해자보호 등에 관한 법률에 따른 보호시설 및 그 밖에 이와 유사한 시설로서 수용인원 20명 이상 수용할 수 있는 것	30[m] 이상
지정문화유산 및 천연기념물 등	50[m] 이상

정답

건축물	안전거리
사용전압 7,000[V] 초과 35,000[V] 이하의 특고압가공전선	3[m] 이상
사용전압 **35,000[V]를 초과**하는 특고압가공전선	5[m] 이상
주거용으로 사용되는 것(제조소가 설치된 부지 내에 있는 것을 제외)	10[m] 이상
고압가스, 액화석유가스, 도시가스를 저장 또는 취급하는 시설	20[m] 이상
학교, 병원(병원급 의료기관), 공연장, 영화상영관 및 그 밖에 이와 유사한 시설로서 300명 이상의 인원을 수용할 수 있는 것, 복지시설(아동복지시설, 노인복지시설, 장애인복지시설, 한부모가족복지시설), 어린이집, 성매매피해자 등을 위한 지원시설, 정신건강증진시설, 가정폭력방지 및 피해자보호 등에 관한 법률에 따른 보호시설 및 그 밖에 이와 유사한 시설로서 수용인원 20명 이상 수용할 수 있는 것	30[m] 이상
지정문화유산 및 천연기념물 등	50[m] 이상

016

위험물제조소의 표지 및 게시판에 대한 물음에 답하시오.
- "위험물제조소"의 표지의 크기와 표지의 색상을 쓰시오.
- 제조소의 방화에 관한 필요한 사항을 게시한 게시판을 설치하는데 기재내용을 전부 쓰시오.
- 주의사항으로 "화기엄금"에 해당하는 유별을 모두 쓰시오.

해설

제조소의 표지 및 게시판
① "위험물제조소"라는 표지를 설치
  ㉠ 표지의 크기 : 한 변의 길이 0.3[m] 이상, 다른 한 변의 길이 0.6[m] 이상
  ㉡ 표지의 색상 : 백색바탕에 흑색 문자
② 방화에 관하여 필요한 사항을 게시한 게시판 설치
  ㉠ 게시판의 크기 : 한 변의 길이 0.3[m] 이상, 다른 한 변의 길이 0.6[m] 이상
  ㉡ 기재 내용 : 위험물의 유별·품명 및 저장최대수량 또는 취급최대수량, 지정수량의 배수 및 안전관리자의 성명 또는 직명
  ㉢ 게시판의 색상 : 백색바탕에 흑색문자
③ 주의사항을 표시한 게시판 설치

위험물의 종류	주의사항	게시판의 색상
제1류 위험물 중 **알칼리금속의 과산화물** 제3류 위험물 중 **금수성 물질**	**물기엄금**	**청색바탕에 백색문자**
제2류 위험물(인화성 고체는 제외)	화기주의	적색바탕에 백색문자
제2류 위험물 중 **인화성 고체** 제3류 위험물 중 **자연발화성 물질** **제4류 위험물** **제5류 위험물**	**화기엄금**	**적색바탕에 백색문자**

정답
- "제조소"의 표지의 크기와 표지의 색상
  - 표지의 크기 : 한 변의 길이 0.3[m] 이상, 다른 한 변의 길이 0.6[m] 이상
  - 표지의 색상 : 백색바탕에 흑색문자
- 게시판의 기재 내용 : 위험물의 유별·품명 및 저장최대수량 또는 취급최대수량, 지정수량의 배수 및 안전관리자의 성명 또는 직명
- 화기엄금 : 제2류 위험물 중 인화성 고체, 제3류 위험물 중 자연발화성 물질, 제4류 위험물, 제5류 위험물

017

위험물을 제조할 때 "위험물제조소"에 표지판을 설치할 때 다음 위험물에 해당하는 주의사항과 게시판의 색상을 쓰시오.

과산화칼륨, 질산암모늄, 철분, 황, 인화성 고체, 황린, 탄화칼슘, 에터, 중유, 과산화벤조일, TNT, 질산

해설

주의사항 및 게시판의 색상

위험물의 종류	주의사항	게시판의 색상
제1류 위험물 중 **알칼리금속의 과산화물** 제3류 위험물 중 **금수성 물질**	물기엄금	**청색바탕에 백색문자**
제2류 위험물(인화성 고체는 제외)	화기주의	적색바탕에 백색문자
제2류 위험물 중 **인화성 고체** 제3류 위험물 중 **자연발화성 물질** **제4류 위험물** **제5류 위험물**	화기엄금	적색바탕에 백색문자
알칼리금속의 과산화물외의 제1류 위험물 제6류 위험물	해당 없음	

정답

종 류	유 별	주의사항	게시판의 색상
과산화칼륨	제1류 위험물	물기엄금	청색바탕에 백색문자
질산암모늄	제1류 위험물	해당 없음	해당 없음
철 분	제2류 위험물	화기주의	적색바탕에 백색문자
황	제2류 위험물	화기주의	적색바탕에 백색문자
인화성 고체	제2류 위험물	화기엄금	적색바탕에 백색문자
황 린	제3류 위험물	화기엄금	적색바탕에 백색문자
탄화칼슘	제3류 위험물	물기엄금	청색바탕에 백색문자
에 터	제4류 위험물	화기엄금	적색바탕에 백색문자
중 유	제4류 위험물	화기엄금	적색바탕에 백색문자
과산화벤조일	제5류 위험물	화기엄금	적색바탕에 백색문자
TNT	제5류 위험물	화기엄금	적색바탕에 백색문자
질 산	제6류 위험물	해당 없음	해당 없음

018

위험물제조소의 건축물의 구조에 대하여 답하시오.

- 불연재료로 해야 하는 곳
- 연소 우려가 있는 외벽의 구조
- 액체 위험물을 취급하는 건축물 바닥
- 지붕의 재질
- 출입구의 구조

해설

제조소의 건축물의 구조

① 지하층이 없도록 해야 한다. 다만, 위험물을 취급하지 않는 지하층으로서 위험물의 취급장소에서 새어나온 위험물 또는 가연성의 증기가 흘러 들어갈 우려가 없는 구조로 된 경우에는 그렇지 않다.
② **벽·기둥·바닥·보·서까래 및 계단**을 불연재료로 하고, **연소(延燒)의 우려가 있는 외벽**(소방청장이 정하여 고시하는 것에 한한다.)은 출입구 외의 개구부가 없는 **내화구조의 벽**으로 해야 한다. 이 경우 제6류 위험물을 취급하는 건축물에 있어서 위험물이 스며들 우려가 있는 부분에 대하여는 아스팔트 그 밖에 부식되지 않는 재료로 피복해야 한다.
③ **지붕**(작업공정상 제조기계시설 등이 2층 이상에 연결되어 설치된 경우에는 최상층의 지붕을 말한다)은 폭발력이 위로 방출될 정도의 **가벼운 불연재료**로 덮어야 한다. 다만, 위험물을 취급하는 건축물이 다음 ㉠에 해당하는 경우에는 그 지붕을 내화구조로 할 수 있다.
㉠ 제2류 위험물(분말 상태의 것과 인화성 고체를 제외한다), 제4류 위험물 중 제4석유류·동식물유류 또는 제6류 위험물을 취급하는 건축물인 경우
㉡ 다음의 기준에 적합한 밀폐형 구조의 건축물인 경우
  • 발생할 수 있는 내부의 과압(過壓) 또는 부압(負壓)에 견딜 수 있는 철근콘크리트조일 것
  • 외부화재에 90분 이상 견딜 수 있는 구조일 것
④ **출입구**와 비상구에는 **60분+ 방화문·60분 방화문 또는 30분 방화문**을 설치하되, **연소의 우려가 있는 외벽에 설치하는 출입구**에는 수시로 열 수 있는 **자동폐쇄식의 60분+ 방화문 또는 60분 방화문**을 설치해야 한다.
⑤ 위험물을 취급하는 건축물의 창 및 출입구에 유리를 이용하는 경우에는 망입유리(두꺼운 판유리에 철망을 넣은 것)로 해야 한다.
⑥ **액체의 위험물을 취급하는 건축물의 바닥**은 위험물이 스며들지 못하는 재료를 사용하고, **적당한 경사**를 두어 그 최저부에 **집유설비**를 해야 한다.

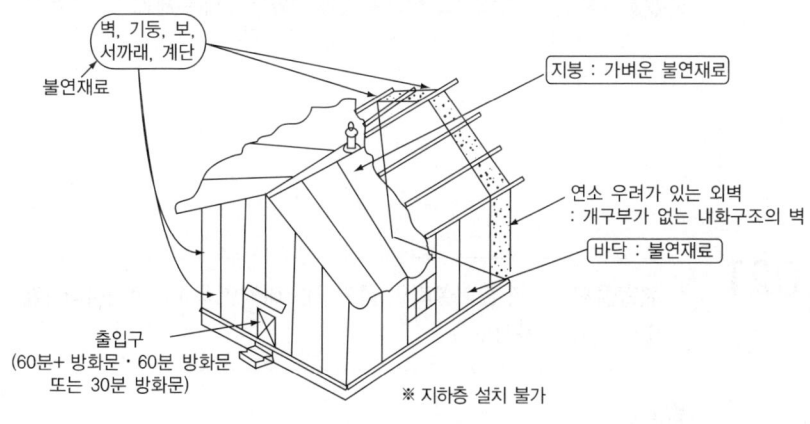

[위험물제조소 건축물의 구조]

정답
- 벽, 기둥, 바닥, 보, 서까래, 계단
- 가벼운 불연재료
- 내화구조
- 60분+ 방화문·60분 방화문 또는 30분 방화문
- 위험물이 스며들지 못하는 재료를 사용하고, 적당한 경사를 두어 그 최저부에 집유설비를 설치할 것

019
위험물제조소의 건축물의 구조 기준 3가지를 쓰시오.

해설
문제 18번 참조

정답
- 지하층이 없도록 할 것
- 벽, 기둥, 바닥, 보, 서까래 및 계단을 불연재료로 하고, 연소(延燒)의 우려가 있는 외벽은 개구부가 없는 내화구조의 벽으로 할 것
- 출입구와 비상구에는 60분+ 방화문·60분 방화문 또는 30분 방화문을 설치하되, 연소의 우려가 있는 외벽에 설치하는 출입구에는 수시로 열 수 있는 자동폐쇄식의 60분+ 방화문 또는 60분 방화문을 설치할 것

020
위험물제조소의 건축물의 구조에서 지붕을 불연재료로 덮어야 하나 내화구조로 할 수 있는 위험물 3가지를 쓰시오.

해설
지붕은 폭발력이 위로 방출될 정도의 가벼운 불연재료로 덮어야 한다.

Plus One | 지붕을 내화구조로 할 수 있는 경우
- 제2류 위험물(분말 상태의 것과 인화성 고체는 제외)
- 제4류 위험물 중 제4석유류, 동식물유류
- 제6류 위험물

정답
- 제2류 위험물(분말 상태의 것과 인화성 고체는 제외)
- 제4류 위험물 중 제4석유류, 동식물유류
- 제6류 위험물

021
위험물제조소의 환기설비의 급기구는 바닥면적 150[m²]마다 1개 이상으로 하되, 그 크기는 얼마인지 구하시오.

해설
채광·조명 및 환기설비
① **채광설비** : 불연재료로 하고 연소의 우려가 없는 장소에 설치하되 채광면적을 최소로 할 것
② 조명설비
  ㉠ 가연성 가스 등이 체류할 우려가 있는 장소의 조명등 : 방폭등
  ㉡ 전선 : 내화·내열전선
  ㉢ 점멸스위치 : 출입구 바깥부분에 설치(단, 스위치의 스파크로 인한 화재·폭발의 우려가 없는 경우에는 그렇지 않다)

③ 환기설비
  ㉠ 환기 : 자연배기방식
  ㉡ **급기구**는 해당 급기구가 설치된 실의 **바닥면적 150[m²]마다 1개 이상**으로 하되 급기구의 크기는 **800[cm²] 이상**으로 할 것. 다만, 바닥면적 150[m²] 미만인 경우에는 다음의 크기로 할 것

바닥면적	급기구의 면적
60[m²] 미만	150[cm²] 이상
60[m²] 이상 90[m²] 미만	300[cm²] 이상
90[m²] 이상 120[m²] 미만	**450[cm²] 이상**
120[m²] 이상 150[m²] 미만	600[cm²] 이상

  ㉢ 급기구는 낮은 곳에 설치하고 가는 눈의 구리망 등으로 인화방지망을 설치할 것
  ㉣ 환기구는 지붕위 또는 지상 2[m] 이상의 높이에 회전식 고정벤틸레이터 또는 루프팬방식(Roof Fan : 지붕에 설치하는 배기장치)으로 설치할 것

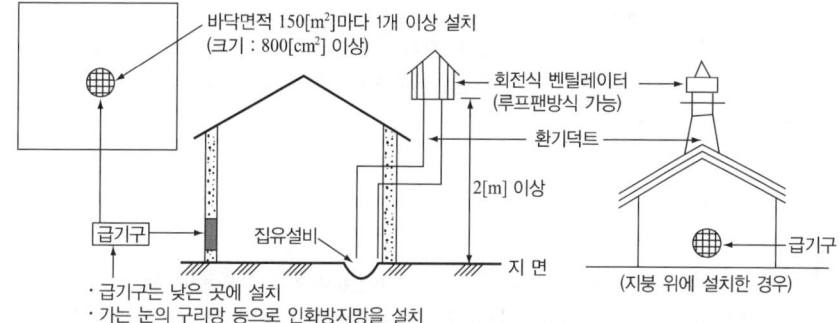

[위험물제조소의 자연배기방식의 환기설비]

④ 배출설비
  ㉠ 설치 장소 : 가연성 증기 또는 미분이 체류할 우려가 있는 건축물
  ㉡ 배출설비 : 국소방식

  > **Plus One** 전역방식으로 할 수 있는 경우
  > • 위험물취급설비가 배관이음 등으로만 된 경우
  > • 건축물의 구조·작업장소의 분포 등의 조건에 의하여 전역방식이 유효한 경우

  ㉢ 배출설비는 배풍기(오염된 공기를 뽑아내는 통풍기), 배출덕트(공기배출통로), 후드 등을 이용하여 강제적으로 배출하는 것으로 할 것
  ㉣ 배출능력은 1시간당 배출장소 용적의 20배 이상인 것으로 할 것(전역방식 : 바닥면적 1[m²]당 18[m³] 이상)
  ㉤ 급기구는 높은 곳에 설치하고 가는 눈의 구리망 등으로 인화방지망을 설치할 것
  ㉥ 배출구는 지상 2[m] 이상으로서 연소 우려가 없는 장소에 설치하고 배출덕트가 관통하는 벽부분의 바로 가까이에 화재 시 자동으로 폐쇄되는 방화댐퍼(화재 시 연기 등을 차단하는 장치)를 설치할 것
  ㉦ 배풍기 : 강제배기방식(옥내덕트의 내압이 대기압 이상이 되지 않는 위치에 설치)

정답 800[cm²] 이상

022

위험물제조소의 배출설비의 설치기준을 5가지 쓰시오.

해설
문제 21번 참조

정답
① 배출설비는 국소방식으로 해야 한다. 다만, 다음에 해당하는 경우에는 전역방식으로 할 수 있다.
  ㉠ 위험물취급설비가 배관이음 등으로만 된 경우
  ㉡ 건축물의 구조·작업장소의 분포 등의 조건에 의하여 전역방식이 유효한 경우
② 배출설비는 배풍기(오염된 공기를 뽑아내는 통풍기)·배출덕트(공기배출통로)·후드 등을 이용하여 강제적으로 배출하는 것으로 해야 한다.
③ 배출능력은 1시간당 배출장소 용적의 20배 이상인 것으로 해야 한다. 다만, 전역방식의 경우에는 바닥면적 $1[m^2]$당 $18[m^3]$ 이상으로 할 수 있다.
④ 급기구는 높은 곳에 설치하고, 가는 눈의 구리망 등으로 인화방지망을 설치할 것
⑤ 배출구는 지상 2[m] 이상으로서 연소의 우려가 없는 장소에 설치하고, 배출덕트가 관통하는 벽부분의 바로 가까이에 화재 시 자동으로 폐쇄되는 방화댐퍼(화재 시 연기 등을 차단하는 장치)를 설치할 것

023

가연성 증기가 체류할 우려가 있는 위험물제조소 건축물에 배출설비를 하고자 할 배출능력은 몇 $[m^3/h]$ 이상이어야 하는가?(단, 전역방식이 아닌 경우이고 배출장소의 크기는 가로 8[m], 세로 6[m], 높이 4[m]이다)

해설
배출능력은 1시간당 배출장소 용적의 **20배 이상**인 것으로 할 것
(전역방식 : 바닥면적 $1[m^2]$당 $18[m^3]$ 이상)
∴ 배출장소의 용적을 구하면 용적 = $8[m] \times 6[m] \times 4[m] = 192[m^3]$
 배출능력은 1시간당 배출장소 용적의 20배 이상인 것으로 할 것
 배출능력 = $192[m^3] \times 20 = 3,840[m^3/h]$

정답 $3,840[m^3/h]$

024

위험물제조소 등의 안전장치의 종류 4가지를 쓰시오.

해설
압력계 및 안전장치
위험물을 가압하는 설비 또는 그 취급하는 위험물의 압력이 상승할 우려가 있는 설비에는 압력계 및 다음에 해당하는 안전장치를 설치해야 한다.
① 자동적으로 압력의 상승을 정지시키는 장치
② 감압측에 안전밸브를 부착한 감압밸브
③ 안전밸브를 겸하는 경보장치
④ 파괴판(위험물의 성질에 따라 안전밸브의 작동이 곤란한 가압설비에 한한다)

정답
- 자동적으로 압력의 상승을 정지시키는 장치
- 감압측에 안전밸브를 부착한 감압밸브
- 안전밸브를 겸하는 경보장치
- 파괴판(위험물의 성질에 따라 안전밸브의 작동이 곤란한 가압설비에 한한다)

025 정전기 제거 방법 3가지에 대해 쓰시오.

해설
정전기 방지법
① 접지할 것
   ㉠ 정전기가 축적되면 가연물을 연소시켜 화재가 발생하므로 제거해야 한다.
   ㉡ 접지하는 방법은 제1종 접지, 제2종 접지, 제3종 접지, 특별 제3종 접지로 구분한다.
   ㉢ 접지할 때에는 접지와 본딩(Bonding)을 동시에 실시한다.
② 공기 중의 상대습도를 70[%] 이상으로 할 것
   ㉠ 공기를 냉각하면 상대습도는 높아진다.
   ㉡ 현장에 물을 뿌리거나 물을 가열하여 수증기를 발생시킨다.
③ 공기를 이온화할 것
   ㉠ 방사선 물질을 이용하여 공기가 전기를 띠게 한다.

정답
- 접지할 것
- 공기 중의 상대습도를 70[%] 이상으로 할 것
- 공기를 이온화할 것

026 다음은 제조소의 옥외설비의 바닥에 대한 설명이다. ( ) 안에 적당한 말을 채우시오.

- 바닥의 둘레에 높이(㉮) 이상의 턱을 설치하는 등 위험물이 외부로 흘러나가지 않도록 해야 한다.
- 바닥은 콘크리트 등 위험물이 스며들지 않는 재료로 하고, 위 설명의 턱이 있는 쪽이 (㉯) 경사지게 해야 한다.
- 바닥의 최저부에 (㉰)를 해야 한다.
- 위험물(온도 20[℃]의 물 100[g]에 용해되는 양이 1[g] 미만인 것에 한한다)을 취급하는 설비에 있어서는 해당 위험물이 직접 배수구에 흘러들어가지 않도록 집유설비에 (㉱)를 설치해야 한다.

해설
위험물제조소의 옥외설비의 바닥
옥외에서 액체 위험물을 취급하는 설비의 바닥은 다음 기준에 의해야 한다.
① 바닥의 둘레에 높이 **0.15[m]** 이상의 턱을 설치하는 등 위험물이 외부로 흘러나가지 않도록 해야 한다.
② 바닥은 콘크리트 등 위험물이 스며들지 않는 재료로 하고, ①의 턱이 있는 쪽이 **낮게** 경사지게 해야 한다.
③ 바닥의 최저부에 **집유설비**를 해야 한다.
④ 위험물(온도 20[℃]의 물 100[g]에 용해되는 양이 1[g] 미만인 것에 한한다)을 취급하는 설비에 있어서는 해당 위험물이 직접 배수구에 흘러들어가지 않도록 집유설비에 **유분리장치**를 설치해야 한다.

정답 ㉮ 0.15[m]　　㉯ 낮 게
　　　㉰ 집유설비　　㉱ 유분리장치

027

위험물시설의 배관 등의 용접부에 실시할 수 있는 비파괴시험방법 4가지를 쓰시오.

해설

비파괴시험방법
① 방사선투과시험　② 초음파탐상시험
③ 침투탐상시험　　④ 자기탐상시험
⑤ 진공시험

정답　• 방사선투과시험　　• 초음파탐상시험
　　　• 침투탐상시험　　　• 자기탐상시험

028

석유공장에서는 위험물질 취급 시 정전기에 의한 사고의 위험성이 높다. 액체 위험물 취급 시 발생할 수 있는 유동대전 현상이 무엇인지 설명하시오.

해설

대전의 종류
① **유동 대전** : 액체류의 위험물이 파이프 등 내부에서 유동할 때 액체와 관 벽 사이에 정전기가 발생하는 현상
② **마찰 대전** : 두 물체 사이의 마찰이나 접촉 위치의 이동으로 전하의 분리 및 재배열이 일어나서 정전기가 발생하는 현상
③ **박리 대전** : 서로 밀착되어 있는 물체가 떨어질 때 전하의 분리가 일어나 정전기가 발생하는 현상
④ **분출 대전** : 액체류, 기체류, 고체류 등이 작은 분출구를 통해 공기 중으로 분출될 때 정전기가 발생하는 현상
⑤ **충돌 대전** : 고체류의 충돌에 의하여 정전기가 발생하는 현상
⑥ **진동 대전** : 액체류가 이송이나 교반될 때 정전기가 발생하는 현상

정답　액체류 위험물이 파이프 등 내부에서 유동할 때 액체와 관 벽 사이에 정전기가 발생하는 현상

029 방화상 유효한 담의 높이를 계산하는 계산식을 쓰시오.

해설

방화상 유효한 담의 높이는 다음에 의하여 산정한 높이 이상으로 한다.

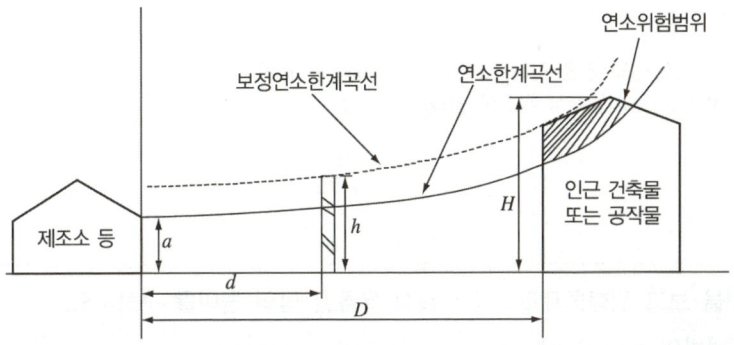

- $H \leqq pD^2 + a$ 인 경우 $h = 2$
- $H > pD^2 + a$ 인 경우 $h = H - p(D^2 - d^2)$

여기서, D : 제조소 등과 인근 건축물 또는 공작물과의 거리[m]
H : 인근 건축물 또는 공작물의 높이[m]
a : 제조소 등의 외벽의 높이[m]
d : 제조소 등과 방화상 유효한 담과의 거리[m]
h : 방화상 유효한 담의 높이[m]
p : 상 수

① 위에서 산출한 수치가 2 미만일 때에는 담의 높이를 2[m]로, 4 이상일 때에는 담의 높이를 4[m]로 하고 다음의 소화설비를 보강해야 한다.
  ㉠ 해당 제조소 등의 소형소화기 설치대상인 것 : 대형소화기를 1개 이상 증설할 것
  ㉡ 해당 제조소 등의 대형소화기 설치대상인 것 : 대형소화기 대신 옥내소화전설비, 옥외소화전설비, 스프링클러설비, 물분무소화설비, 포소화설비, 불활성 가스소화설비, 할로젠화합물소화설비, 분말소화설비 중 적응소화설비를 설치할 것
  ㉢ 해당 제조소 등이 옥내소화전설비, 옥외소화전설비, 스프링클러설비, 물분무소화설비, 포소화설비, 불활성 가스소화설비, 할로젠화합물소화설비, 분말소화설비 설치대상인 것 : 반경 30[m]마다 대형소화기 1개 이상 증설할 것
② **방화상 유효한 담**
  ㉠ 제조소 등으로부터 5[m] 미만의 거리에 설치하는 경우 : 내화구조
  ㉡ 5[m] 이상의 거리에 설치하는 경우 : 불연재료

정답
- $H \leqq pD^2 + a$ 인 경우 $h = 2$
- $H > pD^2 + a$ 인 경우 $h = H - p(D^2 - d^2)$

여기서, D : 제조소 등과 인근 건축물 또는 공작물과의 거리[m]
H : 인근 건축물 또는 공작물의 높이[m]
a : 제조소 등의 외벽의 높이[m]
d : 제조소 등과 방화상 유효한 담과의 거리[m]
h : 방화상 유효한 담의 높이[m]
p : 상 수

030

위험물제조소 등에서 방화상 유효한 담의 높이를 구하는 공식 중 D와 d가 무엇을 나타내는지 쓰시오.

해설
문제 29번 참조

정답
- D : 제조소 등과 인근 건축물 또는 공작물과의 거리[m]
- d : 제조소 등과 방화상 유효한 담과의 거리[m]

031

다음 조건을 보고 위험물제조소의 방화상 유효한 담의 높이를 구하시오.

- 제조소 외벽의 높이 2[m]
- 인근 건축물과의 거리 5[m]
- 제조소 등과 방화상 유효한 담과의 거리 2.5[m]
- 인근 건축물의 높이 6[m]
- 상수 0.15

해설
문제 29번의 공식 참조
∴ $H > pD^2 + a$인 경우 ⇒ $6 > 0.15 \times 5^2 + 2 = 5.75$ $6 > 5.75$
담의 높이 $h = H - p(D^2 - d^2) = 6 - 0.15(5^2 - 2.5^2) = 3.19$[m]

정답 3.19[m]

032

제조소, 저장소에서 관계인이 환기설비, 배출 설비를 점검할 때 점검표 항목 5가지를 쓰시오.

해설
제조소, 일반취급소, 옥내저장소의 일반 점검표(세부기준 별지 제9호)

점검항목	점검내용	점검방법	점검결과	조치연원일 및 내용
환기·배출 설비 등	변형·손상의 유무 및 고정상태의 적부	육안		
	인화방지망의 손상 및 막힘 유무	육안		
	방화댐퍼의 손상 유무 및 기능의 적부	육안 및 작동확인		
	팬의 작동상황의 적부	작동확인		
	가연성증기 경보장치의 작동상황 적부	작동확인		

정답
- 변형·손상의 유무 및 고정상태의 적부
- 방화댐퍼의 손상 유무 및 기능의 적부
- 가연성증기 경보장치의 작동상황 적부
- 인화방지망의 손상 및 막힘 유무
- 팬의 작동상황의 적부

033 하이드록실아민을 제조하는 제조소의 안전거리를 구하는 식을 쓰고, 설명하시오.

해설

하이드록실아민 등을 취급하는 제조소의 특례 기준

① 지정수량(지정수량이 100[kg]) 이상의 하이드록실아민 등을 취급하는 제조소의 위치는 건축물의 벽 또는 이에 상당하는 공작물의 외측으로부터 해당 제조소의 외벽 또는 이에 상당하는 공작물의 외측까지의 사이에 다음 식에 의하여 요구되는 거리 이상의 안전거리를 둘 것

$$D = 51.1\sqrt[3]{N}$$

여기서, D : 거리[m]
N : 해당 제조소에서 취급하는 하이드록실아민 등의 지정수량(100[kg])의 배수

② 제조소의 주위에는 다음에 정하는 기준에 적합한 담 또는 토제(土堤)를 설치할 것
  ㉠ 담 또는 토제는 해당 제조소의 외벽 또는 이에 상당하는 공작물의 외측으로부터 2[m] 이상 떨어진 장소에 설치할 것
  ㉡ 담 또는 토제의 높이는 해당 제조소에 있어서 하이드록실아민 등을 취급하는 부분의 높이 이상으로 할 것
  ㉢ 담은 두께 15[cm] 이상의 철근콘크리트조·철골철근콘크리트조 또는 두께 20[cm] 이상의 보강 콘크리트 블록조로 할 것
  ㉣ 토제의 경사면의 경사도는 60° 미만으로 할 것
③ 하이드록실아민 등을 취급하는 설비에는 하이드록실아민 등의 온도 및 농도의 상승에 의한 위험한 반응을 방지하기 위한 조치를 강구할 것
④ 하이드록실아민 등을 취급하는 설비에는 철 이온 등의 혼입에 의한 위험한 반응을 방지하기 위한 조치를 강구할 것

정답 $D = 51.1\sqrt[3]{N}$
여기서, D : 거리[m]
N : 해당 제조소에서 취급하는 하이드록실아민 등의 지정수량의 배수

034 하이드록실아민 200[kg]을 취급하는 제조소에서 안전거리를 구하시오.

해설

하이드록실아민 등을 취급하는 제조소의 안전거리

$$D = 51.1\sqrt[3]{N}\,[m]$$

여기서, N : 지정수량의 배수(하이드록실아민의 지정수량 : 100[kg])

$$\text{지정수량의 배수} = \frac{\text{취급량}}{\text{지정수량}} = \frac{200[kg]}{100[kg]} = 2$$

∴ 안전거리 $D = 51.1\sqrt[3]{2} = 51.1 \times 2^{\frac{1}{3}} = 64.38[m]$

정답   64.38[m]

035

위험물안전관리자가 점검해야 할 위험물제조소 및 일반취급소의 일반점검표 중에서 위험물취급탱크의 방유제·방유턱의 점검 내용 5가지만 쓰시오.

해설

위험물제조소 등의 정기점검
① 정기점검 대상인 위험물제조소 등
  ㉠ 지정수량의 **10배 이상**의 위험물을 취급하는 **제조소, 일반취급소**
  ㉡ 지정수량의 100배 이상의 위험물을 저장하는 옥외저장소
  ㉢ 지정수량의 150배 이상의 위험물을 저장하는 옥내저장소
  ㉣ 지정수량의 200배 이상의 위험물을 저장하는 옥외탱크저장소
  ㉤ 암반탱크저장소, 이송취급소
  ㉥ **지하탱크저장소**
  ㉦ 이동탱크저장소
  ㉧ 위험물을 취급하는 탱크로서 지하에 매설된 탱크가 있는 제조소, 주유취급소, 일반취급소
② 정기점검 실시자 : 위험물안전관리자, 위험물운송자
③ 정기점검의 기록·유지
  ㉠ 기록사항
   • 점검을 실시한 제조소 등의 명칭
   • 점검의 방법 및 결과
   • 점검연월일
   • 점검을 한 안전관리자 또는 점검을 한 탱크시험자와 점검에 입회한 안전관리자의 성명
  ㉡ 정기점검의 보존
   • 제65조 제1항의 규정에 의한 옥외저장탱크의 구조안전점검에 관한 기록 : 25년(동항 제3호에 규정한 기간의 적용을 받는 경우에는 30년)
   • 제1호에 해당하지 않는 정기점검의 기록 : 3년
④ 방유제·방유턱의 점검 내용
  ㉠ 변형·균열·손상 유무
  ㉡ 배수관의 손상 유무
  ㉢ 배수관의 개폐상황 적부
  ㉣ 배수구의 균열·손상 유무
  ㉤ 배수구 내 체유·체수·토사퇴적 등 유무
  ㉥ 수용량의 적부

정답
• 변형·균열·손상 유무
• 배수관의 손상 유무
• 배수관의 개폐상황 적부
• 배수구의 균열·손상 유무
• 배수구 내 체유·체수·토사퇴적 등 유무

036

옥내저장소에는 안전거리를 두어야 하는데 제외 대상 3가지를 쓰시오.

해설

옥내저장소의 안전거리 제외 대상

① **제4석유류** 또는 **동식물유류**의 위험물을 저장 또는 취급하는 옥내저장소로서 그 최대수량이 **지정수량의 20배 미만**인 것

> • **제4석유류** : 기어유, 실린더유
> • **동식물유류** : 건성유(해바라기유, 동유, 아마인유, 정어리기름, 들기름)
>   반건성유(참기름, 콩기름, 목화씨기름)
>   불건성유(올리브유, 피마자유, 야자유)

② **제6류 위험물(질산, 과염소산, 과산화수소)**을 저장 또는 취급하는 옥내저장소
③ 지정수량의 20배(하나의 저장창고의 바닥면적이 150[m²] 이하인 경우에는 50배) 이하의 위험물을 저장 또는 취급하는 옥내저장소로서 다음의 기준에 적합한 것
  ㉠ 저장창고의 벽·기둥·바닥·보 및 지붕이 내화구조일 것
  ㉡ 저장창고의 출입구에 수시로 열 수 있는 자동폐쇄식의 60분+ 방화문 또는 60분 방화문이 설치되어 있을 것
  ㉢ 저장창고에 창이 설치하지 않을 것

정답
• 제4석유류 또는 동식물유류의 위험물을 저장 또는 취급하는 옥내저장소로서 그 최대수량이 지정수량의 20배 미만인 것
• 제6류 위험물을 저장 또는 취급하는 옥내저장소
• 지정수량의 20배(하나의 저장창고의 바닥면적이 150[m²] 이하인 경우에는 50배) 이하의 위험물을 저장 또는 취급하는 옥내저장소로서 다음의 기준에 적합한 것
  – 저장창고의 벽·기둥·바닥·보 및 지붕이 내화구조일 것
  – 저장창고의 출입구에 수시로 열 수 있는 자동폐쇄식의 60분+ 방화문 또는 60분 방화문이 설치되어 있을 것
  – 저장창고에 창이 설치하지 않을 것

037

옥내저장소의 저장창고는 지면에서 처마의 높이가 6[m] 미만으로 해야 하는데 20[m] 이하로 할 수 있는 경우 3가지를 쓰시오(단, 제4류 위험물에 한한다).

해설

옥내저장소의 저장창고

① 저장창고는 지면에서 처마까지의 높이(처마높이)가 6[m] 미만인 단층 건물로 하고 그 바닥을 지반면보다 높게 해야 한다.

> **저장창고**는 위험물의 저장을 전용으로 하는 **독립된 건축물**로 해야 한다.

② 제2류 또는 제4류 위험물만을 저장하는 아래 기준에 적합한 창고는 20[m] 이하로 할 수 있다.
  ㉠ 벽·기둥·보 및 바닥을 내화구조로 할 것
  ㉡ 출입구에 60분+ 방화문 또는 60분 방화문을 설치할 것
  ㉢ 피뢰침을 설치할 것(단, 주위 상황에 의하여 안전상 지장이 없는 경우에는 예외)

정답
• 벽·기둥·보 및 바닥을 내화구조로 할 것
• 출입구에 60분+ 방화문 또는 60분 방화문을 설치할 것
• 피뢰침을 설치할 것(단, 주위 상황에 의하여 안전상 지장이 없는 경우에는 예외)

038

제3류 위험물을 옥내저장소 저장창고의 바닥면적이 2,000[m²]에 저장할 수 있는 품명 5가지를 쓰시오.

해설

옥내저장소의 바닥면적에 따른 저장할 수 있는 위험물의 종류

위험물을 저장하는 창고의 종류	기준면적
① 제1류 위험물 중 아염소산염류, 염소산염류, 과염소산염류, 무기과산화물, 그 밖에 지정수량이 50[kg]인 위험물 ② 제3류 위험물 중 칼륨, 나트륨, 알킬알루미늄, 알킬리튬, 그 밖에 지정수량이 10[kg]인 위험물 및 황린 ③ 제4류 위험물 중 특수인화물, 제1석유류 및 알코올류 ④ 제5류 위험물 중 지정수량이 10[kg]인 위험물 ⑤ 제6류 위험물	1,000[m²] 이하
※ ①~⑤의 위험물 외의 위험물을 저장하는 창고 ① 제1류 위험물 중 **브로민산염류**, 질산염류, 아이오딘산염류, 과망가니즈산염류, 다이크로뮴산염류 ② 제2류 위험물 전부 ③ **제3류 위험물 알칼리금속(칼륨 및 나트륨은 제외) 및 알칼리토금속, 유기금속화합물(알킬알루미늄 및 알킬리튬은 제외), 금속의 수소화물, 금속의 인화물, 칼슘 또는 알루미늄의 탄화물** ④ 제4류 위험물 중 제2석유류, 제3석유류, 제4석유류, 동식물유류 ⑤ 제5류 위험물 중 나이트로화합물(제2종), 나이트로소화합물, 아조화합물, 다이아조화합물, 히드라진유도체, 하이드록실아민, 하이드록실아민염류	2,000[m²] 이하

정답

- 알칼리금속(칼륨 및 나트륨은 제외) 및 알칼리토금속
- 유기금속화합물(알킬알루미늄 및 알킬리튬은 제외)
- 금속의 수소화물
- 금속의 인화물
- 칼슘 또는 알루미늄의 탄화물

039

옥내저장소의 저장창고는 연소의 우려가 없는 벽·기둥 및 바닥을 불연재료로 할 수 있는 경우 3가지를 쓰시오.

해설

저장창고의 벽·기둥 및 바닥은 내화구조로 하고 보와 서까래는 불연재료로 해야 한다. 다만, 지정수량의 10배 이하의 위험물 저장창고 또는 제2류 위험물(인화성 고체는 제외)과 제4류 위험물(인화점이 70[℃] 미만인 것은 제외)만의 저장창고에 있어서는 연소의 우려가 없는 벽·기둥 및 바닥은 불연재료로 할 수 있다.

정답
- 지정수량의 10배 이하의 위험물 저장창고
- 제2류 위험물(인화성 고체는 제외)의 저장창고
- 제4류 위험물(인화점이 70[℃] 미만은 제외)의 저장창고

040 옥내저장소에 저장하는 제1류 위험물 중 물의 침투를 막는 구조로 해야 하는 위험물을 쓰시오.

해설
옥내저장소의 기준
① 제1류 위험물 중 알칼리금속의 과산화물 또는 이를 함유하는 것, 제2류 위험물 중 철분, 금속분, 마그네슘 또는 이 중 어느 하나 이상을 함유하는 것, 제3류 위험물 중 금수성 물질 또는 제4류 위험물의 저장창고의 바닥은 물이 스며나오거나 스며들지 않는 구조로 해야 한다.
② 액상의 위험물의 저장창고의 바닥은 위험물이 스며들지 않는 구조로 하고, 적당하게 경사지게 하여 그 최저부에 집유설비를 해야 한다.
③ **물의 침투를 막는 구조(방수성)로 하는 위험물**
  ㉠ 제1류 위험물 중 알칼리금속의 과산화물(과산화칼륨, 과산화나트륨)
  ㉡ 제2류 위험물 중 철분·금속분·마그네슘
  ㉢ 제3류 위험물 중 금수성 물질
  ㉣ 제4류 위험물

정답 알칼리금속의 과산화물

041 옥내저장소에 셀룰로이드를 저장하는 경우 천장은 어떤 재료로 해야 하는가?

해설
옥내저장소의 제5류 위험물의 설치기준
① 저장창고는 지붕을 폭발력이 위로 방출될 정도의 가벼운 불연재료로 하고, 천장을 만들지 않아야 한다. 다만, 제2류 위험물(분말 상태의 것과 인화성 고체를 제외한다)과 제6류 위험물만의 저장창고에 있어서는 지붕을 내화구조로 할 수 있고, **제5류 위험물만의 저장창고**에 있어서는 해당 저장창고 내의 온도를 저온으로 유지하기 위하여 **난연재료 또는 불연재료**로 된 천장을 설치할 수 있다.
② 제5류 위험물 중 셀룰로이드 그 밖에 온도의 상승에 의하여 분해·발화할 우려가 있는 것의 저장창고는 해당 위험물이 발화하는 온도에 달하지 않는 온도를 유지하는 구조로 하거나 다음의 기준에 적합한 비상전원을 갖춘 통풍장치 또는 냉방장치 등의 설비를 2 이상 설치해야 한다.
  ㉠ 상용 전력원이 고장인 경우에 자동으로 비상전원으로 전환되어 가동되도록 할 것
  ㉡ 비상전원의 용량은 통풍장치 또는 냉방장치 등의 설비를 유효하게 작동할 수 있는 정도일 것

정답 난연재료 또는 불연재료

042

옥내저장소에 지정과산화물을 저장하는 저장창고의 기준이다. ( ) 안에 적당한 말을 넣으시오.

저장창고는 (㉮)[m²] 이내마다 격벽으로 완전하게 구획할 것. 이 경우 해당 격벽은 두께 30[cm] 이상의 (㉯) 또는 (㉰)로 하거나 두께 40[cm] 이상의 (㉱)로 하고, 해당 저장창고의 양측의 외벽으로부터 1[m] 이상, 상부의 지붕으로부터 (㉲)[cm] 이상 돌출하게 해야 한다.

해설
옥내저장소의 지정과산화물 저장창고의 기준(시행규칙 별표 5)
① **저장창고는 150[m²]** 이내마다 격벽으로 완전하게 구획할 것. 이 경우 해당 격벽은 두께 **30[cm]** 이상의 **철근콘크리트조** 또는 **철골·철근콘크리트조**로 하거나 두께 **40[cm]** 이상의 **보강콘크리트블록조**로 하고, 해당 저장창고의 양측의 외벽으로부터 1[m] 이상, 상부의 **지붕**으로부터 **50[cm]** 이상 돌출하게 해야 한다.
② 저장창고의 외벽은 두께 20[cm] 이상의 철근콘크리트조나 철골·철근콘크리트조 또는 두께 30[cm] 이상의 보강콘크리트블록조로 할 것
③ 저장창고의 지붕은 다음의 어느 하나에 적합할 것
  ㉠ 중도리(서까래 중간을 받치는 수평의 도리) 또는 서까래의 간격은 30[cm] 이하로 할 것
  ㉡ 지붕의 아래쪽 면에는 한 변의 길이가 45[cm] 이하의 환강(丸鋼)·경량형강(輕量型鋼) 등으로 된 강제(鋼製)의 격자를 설치할 것
  ㉢ 지붕의 아래쪽 면에 철망을 쳐서 불연재료의 도리(서까래를 받치기 위해 기둥과 기둥 사이에 설치한 부재)·보 또는 서까래에 단단히 결합할 것
  ㉣ 두께 5[cm] 이상, 너비 30[cm] 이상의 목재로 만든 받침대를 설치할 것
④ 저장창고의 출입구에는 60분+ 방화문 또는 60분 방화문을 설치할 것
⑤ 저장창고의 창은 바닥 면으로부터 2[m] 이상의 높이에 두되, 하나의 벽면에 두는 창의 면적의 합계를 해당 벽면의 면적의 1/80 이내로 하고, 하나의 창의 면적을 0.4[m²] 이내로 할 것

정답
㉮ 150 ㉯ 철근콘크리트조
㉰ 철골·철근콘크리트조 ㉱ 보강콘크리트블록조
㉲ 50

043

지정수량의 5배를 초과하는 지정과산화물의 옥내저장소의 안전거리 산정 시 담 또는 토제를 설치하는 경우 설치기준을 쓰시오.

해설
지정과산화물의 옥내저장소의 안전거리 산정 시 담 또는 토제를 설치하는 경우
① **지정수량의 5배 이하인 경우**
  지정수량의 5배 이하인 지정과산화물의 옥내저장소에 대하여는 해당 옥내저장소의 저장창고의 외벽을 두께 30[cm] 이상의 철근콘크리트조 또는 철골철근콘크리트조로 만드는 것으로서 담 또는 토제에 대신할 수 있다.
② **지정수량의 5배를 초과하는 경우**
  ㉠ 담 또는 토제는 저장창고의 외벽으로부터 2[m] 이상 떨어진 장소에 설치할 것. 다만, 담 또는 토제와 해당 저장창고와의 간격은 해당 옥내저장소의 공지의 너비의 1/5을 초과할 수 없다.
  ㉡ 담 또는 토제의 높이는 저장창고의 처마높이 이상으로 할 것

ⓒ 담은 두께 15[cm] 이상의 철근콘크리트조나 철골철근콘크리트조 또는 두께 20[cm] 이상의 보강콘크리트 블록조로 할 것
ⓔ 토제의 경사면의 경사도는 60° 미만으로 할 것

정답
- 담 또는 토제는 저장창고의 외벽으로부터 2[m] 이상 떨어진 장소에 설치할 것. 다만, 담 또는 토제와 해당 저장창고와의 간격은 해당 옥내저장소의 공지의 너비의 1/5을 초과할 수 없다.
- 담 또는 토제의 높이는 저장창고의 처마높이 이상으로 할 것
- 담은 두께 15[cm] 이상의 철근콘크리트조나 철골철근콘크리트조 또는 두께 20[cm] 이상의 보강콘크리트블록조로 할 것
- 토제의 경사면의 경사도는 60° 미만으로 할 것

044

내화구조 건축물인 옥내저장소에 아래 위험물을 저장하고자 할 때 보유공지를 몇 [m] 이상 확보해야 하는가?

인화성 고체 5,000[kg], 클로로벤젠 500[L], 에터 200[L], 글리세린 4,000[L]

해설
보유공지를 구하면
① 지정수량

항목\종류	인화성 고체	클로로벤젠	에터	글리세린
품명	제2류	제4류 제2석유류 (비수용성)	제4류 특수인화물	제4류 제3석유류 (수용성)
지정수량	1,000[kg]	1,000[L]	50[L]	4,000[L]

∴ 지정수량의 배수를 구하면

$$지정배수 = \frac{저장수량}{지정수량} + \frac{저장수량}{지정수량} + \cdots$$

$$= \frac{5,000[kg]}{1,000[kg]} + \frac{500[L]}{1,000[L]} + \frac{200[L]}{50[L]} + \frac{4,000[L]}{4,000[L]} = 10.5배$$

② 옥내저장소에 저장 시 보유공지

저장 또는 취급하는 위험물의 최대수량	공지의 너비	
	벽·기둥 및 바닥이 내화구조로 된 건축물	그 밖의 건축물
지정수량의 5배 이하	-	0.5[m] 이상
지정수량의 5배 초과 10배 이하	1[m] 이상	1.5[m] 이상
지정수량의 10배 초과 20배 이하	**2[m] 이상**	**3[m] 이상**
지정수량의 20배 초과 50배 이하	3[m] 이상	5[m] 이상
지정수량의 50배 초과 200배 이하	5[m] 이상	10[m] 이상
지정수량의 200배 초과	10[m] 이상	15[m] 이상

∴ 지정수량의 배수가 10.5배이므로 2[m] 이상의 보유공지를 확보해야 한다.

정답 2[m]

045

위험물 옥외탱크저장소의 보유공지이다. (   ) 안에 적당한 말을 쓰시오.

저장 또는 취급하는 위험물의 최대수량	공지의 너비
지정수량의 500배 이하	(㉮)[m] 이상
지정수량의 500배 초과 1,000배 이하	5[m] 이상
지정수량의 1,000배 초과 2,000배 이하	(㉯)[m] 이상
지정수량의 2,000배 초과 3,000배 이하	(㉰)[m] 이상
지정수량의 3,000배 초과 4,000배 이하	15[m] 이상
지정수량의 4,000배 초과	해당 탱크의 수평단면의 최대지름(가로형은 긴변)과 높이 중 큰 것과 같은 거리 이상(단, 30[m] 초과 시 30[m] 이상으로, 15[m] 미만 시 15[m] 이상으로 할 것)

해설

옥외탱크저장소의 보유공지

저장 또는 취급하는 위험물의 최대수량	공지의 너비
지정수량의 500배 이하	**3[m] 이상**
지정수량의 500배 초과 1,000배 이하	5[m] 이상
지정수량의 1,000배 초과 2,000배 이하	**9[m] 이상**
지정수량의 2,000배 초과 3,000배 이하	**12[m] 이상**
지정수량의 3,000배 초과 4,000배 이하	15[m] 이상
지정수량의 4,000배 초과	해당 탱크의 수평단면의 **최대지름**(가로형은 긴변)과 **높이** 중 **큰 것과 같은 거리 이상**(단, 30[m] 초과 시 30[m] 이상으로, 15[m] 미만 시 15[m] 이상으로 할 것)

정답 ㉮ 3   ㉯ 9   ㉰ 12

046

지름이 20[m], 탱크의 높이 30[m]인 옥외탱크저장소에 에터를 200,100[L]를 저장하고자 할 때 보유공지는 몇 [m] 이상을 두어야 하는가?

해설

① 에터는 제4류 위험물의 특수인화물이므로 지정수량이 50[L]이다.

∴ 지정수량의 배수 $= \dfrac{200,100[\text{L}]}{50[\text{L}]} = 4,002$배

② 옥외탱크저장소의 보유공지

저장 또는 취급하는 위험물의 최대수량	공지의 너비
지정수량의 **4,000배 초과**	해당 탱크의 수평단면의 **최대지름**(가로형은 긴변)과 **높이** 중 **큰 것과 같은 거리 이상**(단, 30[m] 초과 시 30[m] 이상으로, 15[m] 미만 시 15[m] 이상으로 할 것)

∴ 지름이 20[m]이고 탱크의 높이가 30[m]이므로 보유공지는 30[m]이다.

정답 30[m]

047

탱크의 지름이 10[m]인 옥외탱크저장소에 지정수량의 4,000배를 초과하는 위험물을 저장할 때 수원의 양[m³]을 구하시오(단, 물분무설비가 설치되어 있다).

해설

지정수량의 **4,000배를 초과**하여 위험물을 저장 또는 취급하는 옥외저장탱크에 있어서는 **물분무설비**로 방호조치를 하는 경우에는 표의 규정에 의한 **보유공지의 1/2 이상**의 너비로 할 수 있다.
① 탱크의 표면에 방사하는 물의 양은 탱크의 **원주길이 1[m]**에 대하여 **분당 37[L]** 이상으로 할 것
② **수원의 양**은 ①의 규정에 의한 수량으로 20분 이상 방사할 수 있는 수량으로 할 것

$$\text{수원} = \text{원주길이} \times 37[\text{L/min} \cdot \text{m}] \times 20[\text{min}]$$
$$= 2\pi r \times 37[\text{L/min} \cdot \text{m}] \times 20[\text{min}]$$

∴ 수원 $= 2\pi r \times 37[\text{L/min} \cdot \text{m}] \times 20[\text{min}]$
$= 2 \times 3.14 \times 5[\text{m}] \times 37[\text{L/min} \cdot \text{m}] \times 20[\text{min}]$
$= 23,236[\text{L}] = 23.24[\text{m}^3]$

정답 23.24[m³]

048

인화점이 21[℃] 미만인 위험물의 옥외저장탱크의 주입구에는 보기 쉬운 곳에 게시판을 설치해야 하는데 그 기준을 설명하시오.

해설

옥외저장탱크의 주입구의 기준
① 화재예방상 지장이 없는 장소에 설치할 것
② 주입호스 또는 주입관과 결합할 수 있고, 결합하였을 때 위험물이 새지 않을 것
③ 주입구에는 밸브 또는 뚜껑을 설치할 것
④ 휘발유, 벤젠 그 밖에 정전기에 의한 재해가 발생할 우려가 있는 액체 위험물의 옥외저장탱크의 주입구 부근에는 정전기를 유효하게 제거하기 위한 접지전극을 설치할 것
⑤ **인화점이 21[℃] 미만인 위험물의 옥외저장탱크의 주입구**에는 보기 쉬운 곳에 다음 기준에 의한 게시판을 설치할 것. 다만, 소방본부장 또는 소방서장이 화재예방상 해당 게시판을 설치할 필요가 없다고 인정하는 경우에는 그렇지 않다.
　㉠ 게시판은 한 변이 0.3[m] 이상, 다른 한 변이 0.6[m] 이상인 **직사각형**으로 할 것
　㉡ 게시판에는 "**옥외저장탱크 주입구**"라고 표시하는 것 외에 취급하는 위험물의 **유별, 품명** 및 **주의사항**을 표시할 것
　㉢ 게시판은 **백색바탕**에 **흑색문자**(주의사항은 **적색문자**)로 할 것

[별표 4 Ⅲ 제2호 라목의 주의사항]

위험물의 종류	주의사항	게시판의 색상
제1류 위험물 중 알칼리금속의 과산화물 제3류 위험물 중 금수성 물질	물기엄금	청색바탕에 백색문자
제2류 위험물(인화성 고체는 제외)	화기주의	적색바탕에 백색문자
제2류 위험물 중 **인화성 고체** 제3류 위험물 중 **자연발화성 물질** **제4류 위험물** **제5류 위험물**	**화기엄금**	**적색바탕에 백색문자**
제1류 위험물 중 알칼리금속의 과산화물 외, 제6류 위험물	해당 없음	

정답
- 게시판은 한 변이 0.3[m] 이상, 다른 한 변이 0.6[m] 이상인 직사각형으로 할 것
- 게시판에는 "옥외저장탱크 주입구"라고 표시하는 것 외에 취급하는 위험물의 유별, 품명 및 주의사항을 표시할 것
- 게시판은 백색바탕에 흑색문자(주의사항은 적색문자)로 할 것

049 위험물 옥외탱크저장소의 주입구 설치기준 4가지를 쓰시오.

해설
문제 48번 참조

정답
- 화재예방상 지장이 없는 장소에 설치할 것
- 주입호스 또는 주입관과 결합할 수 있고, 결합하였을 때 위험물이 새지 않을 것
- 주입구에는 밸브 또는 뚜껑을 설치할 것
- 휘발유, 벤젠 그 밖에 정전기에 의한 재해가 발생할 우려가 있는 액체 위험물의 옥외저장탱크의 주입구 부근에는 정전기를 유효하게 제거하기 위한 접지전극을 설치할 것

050 제4류 위험물 중 방유제를 설치하지 않고 물속에 저장하는 위험물을 쓰시오.

해설
제4류 위험물 중 이황화탄소는 물속에 저장하므로 방유제를 설치하지 않아도 된다.

정답 이황화탄소(CS_2)

051 옥외탱크저장소에 설치하는 방유제의 높이 및 면적을 쓰시오.

해설
옥외탱크저장소의 방유제
① **방유제의 용량**
  ㉠ 탱크가 하나일 때 : 탱크 용량의 110[%](인화성이 없는 액체 위험물은 100[%]) 이상
  ㉡ 탱크가 2기 이상일 때 : 탱크 중 용량이 최대인 것의 용량의 110[%](인화성이 없는 액체 위험물은 100[%]) 이상
② **방유제의 높이** : 0.5[m] 이상 3[m] 이하, 두께 0.2[m] 이상, 지하매설깊이 1[m] 이상
③ **방유제 내의 면적** : 80,000[m²] 이하
④ 방유제 내에 설치하는 옥외저장탱크의 수는 10(방유제 내에 설치하는 모든 옥외저장탱크의 용량이 20만[L] 이하이고, 위험물의 인화점이 70[℃] 이상 200[℃] 미만인 경우에는 20) 이하로 할 것(단, 인화점이 200[℃] 이상인 옥외저장탱크는 제외)

[방유제 내의 탱크 설치개수]
- 제1석유류, 제2석유류 : 10기 이하
- 제3석유류(인화점 70[℃] 이상 200[℃] 미만) : 20기 이하
- 제4석유류(인화점이 200[℃] 이상) : 제한없음

⑤ 방유제 외면의 1/2 이상은 자동차 등이 통행할 수 있는 3[m] 이상의 노면 폭을 확보한 구내도로에 직접 접하도록 할 것
⑥ 방유제는 탱크의 옆판으로부터 일정 거리를 유지할 것(단, 인화점이 200[℃] 이상인 위험물은 제외)
  ㉠ 지름이 15[m] 미만인 경우 : 탱크 높이의 1/3 이상
  ㉡ 지름이 15[m] 이상인 경우 : 탱크 높이의 1/2 이상
⑦ 방유제의 재질 : 철근콘크리트
⑧ 용량이 1,000만[L] 이상인 옥외저장탱크의 주위에 설치하는 방유제의 규정
  ㉠ 간막이 둑의 높이는 0.3[m](방유제 내에 설치되는 옥외저장탱크의 용량의 합계가 2억[L]를 넘는 방유제에 있어서는 1[m]) 이상으로 하되, 방유제의 높이보다 0.2[m] 이상 낮게 할 것
  ㉡ 간막이 둑은 흙 또는 철근콘크리트로 할 것
  ㉢ 간막이 둑의 용량은 간막이 둑 안에 설치된 탱크의 용량의 10[%] 이상일 것
⑨ 방유제에는 배수구를 설치하고 개폐밸브를 방유제 밖에 설치할 것
⑩ 높이가 1[m] 이상이면 계단 또는 경사로를 약 50[m]마다 설치할 것

정답
- 방유제의 높이 : 0.5[m] 이상 3[m] 이하
- 방유제의 면적 : 8만[m²] 이하

052

용량 1,000만[L]인 옥외저장탱크의 주위에 설치하는 방유제에 해당 탱크마다 간막이 둑을 설치해야 할 때 다음 사항에 대한 기준은?(단, 방유제 내에 설치되는 옥외저장탱크의 용량의 합계가 2억[L]를 넘지 않는다)
- 간막이 둑 높이 :
- 간막이 둑 재질 :
- 간막이 둑 용량 :

해설
용량 1,000만[L]인 옥외저장탱크의 방유제 설치기준(시행규칙 별표 6)
① 간막이 **둑의 높이는 0.3[m]**(방유제 내에 설치되는 옥외저장탱크의 용량의 합계가 2억[L]를 넘는 방유제에 있어서는 1[m]) 이상으로 하되, 방유제의 높이보다 0.2[m] 이상 낮게 할 것
② 간막이 둑은 흙 또는 **철근콘크리트로** 할 것
③ 간막이 둑의 용량은 간막이 둑 안에 설치된 탱크의 **용량의 10[%]** 이상일 것

정답
- 간막이 둑 높이 : 0.3[m] 이상
- 간막이 둑 재질 : 흙 또는 철근콘크리트
- 간막이 둑 용량 : 간막이 둑 안에 설치된 탱크의 용량의 10[%] 이상

053 옥외탱크저장소에 이황화탄소를 저장하고자 할 때 설치기준에 대하여 쓰시오.

해설

이황화탄소의 옥외탱크저장소
① 이황화탄소의 옥외저장탱크는 벽 및 바닥의 두께가 0.2[m] 이상이고 누수가 되지 않는 철근콘크리트의 수조에 넣어 보관해야 한다. 이 경우 보유공지, 통기관 및 자동계량장치는 생략할 수 있다.
② 이황화탄소(CS_2)는 물에 불용이며, 액체의 비중이 1.26으로 가연성 증기의 발생을 억제하기 위하여 물속에 저장한다.
③ 이황화탄소(CS_2)의 착화점은 100[℃]이다.

정답
- 이황화탄소의 옥외저장탱크는 벽 및 바닥의 두께가 0.2[m] 이상이고, 누수가 되지 않는 철근콘크리트의 수조에 넣어 보관해야 한다.
- 이 경우 보유공지, 통기장치 및 자동계량장치는 생략할 수 있다.

054 Dip Pipe의 설치목적을 쓰시오.

해설

Dip Pipe
① Dip Pipe(침액파이프)는 용기나 반응기에 액체 위험물을 채우거나 이송할 경우 자유낙하로 정전기불꽃이 발생하므로 화재, 폭발을 방지하기 위하여 용기나 반응기의 바닥 가까이에 설치하는 파이프를 말한다.
② Dip Pipe를 설치하지 않고 상부에서 자유 낙하로 위험물을 충전할 경우 액체 위험물(제4류 위험물)은 정전기가 발생하여 화재가 일어날 수 있다.

정답 용기에 액체 위험물을 채울 경우 발생할 수 있는 정전기를 감소시키기 위해서 용기내부 바닥 가까이에 설치하는 파이프를 말한다.

055 단층건물인 옥내탱크저장소에 경유를 저장하고자 할 때 최대용량은 얼마 이하인가?

해설

옥내탱크저장소
① 옥내저장탱크의 탱크전용실은 단층 건축물에 설치할 것
② 옥내저장탱크와 탱크전용실의 벽과의 사이 및 옥내저장탱크의 상호 간에는 0.5[m] 이상의 간격을 유지할 것
③ 옥내저장탱크의 용량(동일한 탱크전용실에 2 이상 설치하는 경우에는 각 탱크의 용량의 합계)은 **지정수량의 40배(제4석유류 및 동식물유류 외의 제4류 위험물 : 20,000[L]를 초과할 때에는 20,000[L])** 이하일 것
∴ 경유는 제4류 위험물 제2석유류(비수용성)이므로 **지정수량 1,000[L]**이다. 옥내탱크에 저장할 경우 지정수량의 40배 이하이면 1,000[L] × 40 = 40,000[L]가 된다. 제2석유류는 20,000[L]를 초과하면 20,000[L]로 해야 하므로 최대용량은 20,000[L]이다.

정답 20,000[L]

056

다음은 옥내탱크저장소에 대한 설명이다. (　) 안에 적당한 말을 쓰시오.

- 옥내저장탱크와 탱크전용실의 벽과의 사이 및 옥내저장탱크의 상호 간에는 (㉮)[m] 이상의 간격을 유지할 것
- 옥내저장탱크의 용량(동일한 탱크전용실에 옥내저장탱크를 2 이상 설치하는 경우에는 각 탱크의 용량의 합계를 말한다)은 지정수량의 (㉯)배(제4석유류 및 동식물유류 외의 제4류 위험물에 있어서 해당 수량이 20,000[L]를 초과할 때에는 20,000[L]) 이하일 것
- 밸브 없는 통기관의 지름은 (㉰)[mm] 이상일 것

해설

옥내탱크저장소의 위치·구조 및 설비의 기술기준

① 위험물을 저장 또는 취급하는 옥내탱크(이하 "옥내저장탱크"라 한다)는 단층건축물에 설치된 탱크전용실에 설치할 것
② 옥내저장탱크와 탱크전용실의 벽과의 사이 및 **옥내저장탱크의 상호 간**에는 **0.5[m]** 이상의 간격을 유지할 것. 다만, 탱크의 점검 및 보수에 지장이 없는 경우에는 그렇지 않다.
③ 옥내탱크저장소에는 별표 4 Ⅲ 제1호의 기준에 따라 보기 쉬운 곳에 "위험물 옥내탱크저장소"라는 표시를 한 표지와 동표 Ⅲ 제2호의 기준에 따라 방화에 관하여 필요한 사항을 게시한 게시판을 설치해야 한다.
④ **옥내저장탱크의 용량**(동일한 탱크전용실에 옥내저장탱크를 2 이상 설치하는 경우에는 각 탱크의 용량의 합계를 말한다)은 지정수량의 **40배**(제4석유류 및 동식물유류 외의 제4류 위험물에 있어서 해당 수량이 20,000[L]를 초과할 때에는 20,000[L]) 이하일 것
⑤ 옥내저장탱크의 구조는 별표 6 Ⅵ 제1호 및 Ⅹ Ⅳ의 규정에 의한 옥외저장탱크의 구조의 기준을 준용할 것
⑥ 옥내저장탱크의 외면에는 녹을 방지하기 위한 도장을 할 것
⑦ 옥내저장탱크 중 압력탱크(최대상용압력이 부압 또는 정압 5[kPa]을 초과하는 탱크를 말한다) 외의 탱크(제4류 위험물의 옥내저장탱크로 한정한다)에 있어서는 밸브 없는 통기관 또는 대기밸브 부착 통기관을 다음의 기준에 따라 설치하고, 압력탱크에 있어서는 별표 4 Ⅷ 제4호에 따른 안전장치를 설치할 것

　㉠ **밸브 없는 통기관**
　　- 통기관의 끝부분은 건축물의 창·출입구 등의 개구부로부터 1[m] 이상 떨어진 옥외의 장소에 지면으로부터 4[m] 이상의 높이로 설치하되, 인화점 40[℃] 미만인 위험물의 탱크에 설치하는 통기관에 있어서는 부지경계선으로부터 1.5[m] 이상 거리를 둘 것. 다만, 고인화점위험물만을 100[℃] 미만의 온도로 저장 또는 취급하는 탱크에 설치하는 통기관은 그 끝부분을 탱크전용실 내에 설치할 수 있다.
　　- 통기관은 가스 등이 체류할 우려가 있는 굴곡이 없도록 할 것
　　- 밸브 없는 통기관의 **지름은 30[mm] 이상**일 것
　　- 끝부분은 수평면보다 **45° 이상** 구부려 빗물 등의 침투를 막는 구조로 할 것
　　- 인화점이 38[℃] 미만인 위험물만을 저장 또는 취급하는 탱크에 설치하는 통기관에는 화염방지장치를 설치하고, 그 외의 탱크에 설치하는 통기관에는 40[mesh] 이상의 구리망 또는 동등 이상의 성능을 가진 인화방지장치를 설치할 것. 다만, 인화점이 70[℃] 이상인 위험물만을 해당 위험물의 인화점 미만의 온도로 저장 또는 취급하는 탱크에 설치하는 통기관에는 인화방지장치를 설치하지 않을 수 있다.
　　- 가연성의 증기를 회수하기 위한 밸브를 통기관에 설치하는 경우에 있어서는 해당 통기관의 밸브는 저장탱크에 위험물을 주입하는 경우를 제외하고는 항상 개방되어 있는 구조로 하는 한편, 폐쇄하였을 경우에 있어서는 10[kPa] 이하의 압력에서 개방되는 구조로 할 것. 이 경우 개방된 부분의 유효단면적은 777.15[mm^2] 이상이어야 한다.

　㉡ **대기밸브부착 통기관**
　　- 5[kPa] 이하의 압력 차이로 작동할 수 있을 것
　　- 인화점이 38[℃] 미만인 위험물만을 저장 또는 취급하는 탱크에 설치하는 통기관에는 화염방지장치를 설치하고, 그 외의 탱크에 설치하는 통기관에는 40[mesh] 이상의 구리망 또는 동등 이상의 성능을 가진 인화방지장치를 설치할 것. 다만, 인화점이 70[℃] 이상인 위험물만을 해당 위험물의 인화점 미만의 온도로 저장 또는 취급하는 탱크에 설치하는 통기관에는 인화방지장치를 설치하지 않을 수 있다.

⑧ 액체 위험물의 옥내저장탱크에는 위험물의 양을 자동적으로 표시하는 장치를 설치할 것
⑨ **탱크전용실**은 **벽·기둥** 및 **바닥**을 **내화구조**로 하고, **보**를 **불연재료**로 하며, 연소의 우려가 있는 외벽은 출입구 외에는 개구부가 없도록 할 것. 다만, 인화점이 70[℃] 이상인 제4류 위험물만의 옥내저장탱크를 설치하는 탱크전용실에 있어서는 연소의 우려가 없는 외벽·기둥 및 바닥을 불연재료로 할 수 있다.
⑩ 탱크전용실은 **지붕**을 **불연재료**로 하고, 천장을 설치하지 않을 것
⑪ 탱크전용실의 창 및 출입구에는 60분+ 방화문·60분 방화문 또는 30분 방화문을 설치하는 동시에, **연소의 우려가 있는 외벽**에 두는 **출입구**에는 수시로 열 수 있는 **자동폐쇄식의 60분+ 방화문 또는 60분 방화문**을 설치할 것
⑫ 탱크전용실의 창 또는 출입구에 유리를 이용하는 경우에는 망입유리로 할 것
⑬ 액상의 위험물의 옥내저장탱크를 설치하는 탱크전용실의 바닥은 위험물이 침투하지 않는 구조로 하고, 적당한 경사를 두는 한편, 집유설비를 설치할 것

정답 ㉮ 0.5 ㉯ 40 ㉰ 30

057

등유를 옥내탱크저장소에 저장하는 경우 밸브 없는 통기관의 설치기준 5가지를 쓰시오.

해설
문제 56번 참조

정답
- 지름은 30[mm] 이상일 것
- 끝부분은 수평면보다 45° 이상 구부려 빗물 등의 침투를 막는 구조로 할 것
- 인화점이 38[℃] 미만인 위험물만을 저장 또는 취급하는 탱크에 설치하는 통기관에는 화염방지장치를 설치하고, 그 외의 탱크에 설치하는 통기관에는 40[mesh] 이상의 구리망 또는 동등 이상의 성능을 가진 인화방지장치를 설치할 것. 다만, 인화점이 70[℃] 이상인 위험물만을 해당 위험물의 인화점 미만의 온도로 저장 또는 취급하는 탱크에 설치하는 통기관에는 인화방지장치를 설치하지 않을 수 있다.
- 통기관의 끝부분은 건축물의 창·출입구 등의 개구부로부터 1[m] 이상 떨어진 옥외의 장소에 지면으로부터 4[m] 이상의 높이로 설치하되, 인화점이 40[℃] 미만인 위험물의 탱크에 설치하는 통기관에 있어서는 부지경계선으로부터 1.5[m] 이상 거리를 둘 것
- 통기관은 가스 등이 체류할 우려가 있는 굴곡이 없도록 할 것

058 지하탱크저장소의 탱크로부터 액체 위험물의 누설을 검사하기 위한 관의 설치기준을 쓰시오.

해설

지하저장탱크의 주위에는 해당 탱크로부터의 액체 위험물의 **누설을 검사하기 위한 관(누유검사관)**을 다음의 기준에 따라 **4개소 이상** 적당한 위치에 설치해야 한다.
① 이중관으로 할 것. 다만, 소공이 없는 상부는 단관으로 할 수 있다.
② 재료는 금속관 또는 경질합성수지관으로 할 것
③ 관은 탱크전용실의 바닥 또는 탱크의 기초까지 닿게 할 것
④ 관의 밑부분으로부터 탱크의 중심 높이까지의 부분에는 소공이 뚫려 있을 것. 다만, 지하수위가 높은 장소에 있어서는 지하수위 높이까지의 부분에 소공이 뚫려 있어야 한다.
⑤ 상부는 물이 침투하지 않는 구조로 하고, 뚜껑은 검사 시에 쉽게 열 수 있도록 할 것

정답
- 이중관으로 할 것. 다만, 소공이 없는 상부는 단관으로 할 수 있다.
- 재료는 금속관 또는 경질합성수지관으로 할 것
- 관은 탱크전용실의 바닥 또는 탱크의 기초까지 닿게 할 것
- 관의 밑부분으로부터 탱크의 중심 높이까지의 부분에는 소공이 뚫려 있을 것. 다만, 지하수위가 높은 장소에 있어서는 지하수위 높이까지의 부분에 소공이 뚫려 있어야 한다.
- 상부는 물이 침투하지 않는 구조로 하고, 뚜껑은 검사 시에 쉽게 열 수 있도록 할 것

059 지하탱크저장소의 맨홀의 설치기준을 쓰시오.

해설

지하탱크저장소의 구조
① 탱크전용실의 구조(철근콘크리트구조)
  ㉠ 벽, 바닥, 뚜껑의 두께 : 0.3[m] 이상
  ㉡ 벽, 바닥 및 뚜껑의 내부에는 지름 9[mm]부터 13[mm]까지의 철근을 가로 및 세로로 5[cm]부터 20[cm]까지의 간격으로 배치할 것
  ㉢ 벽, 바닥 및 뚜껑의 재료에 수밀(액체가 새지 않도록 밀봉되어 있는 상태)콘크리트를 혼입하거나 벽, 바닥 및 뚜껑의 중간에 아스팔트층을 만드는 방법으로 적정한 방수조치를 할 것
② 과충전방지장치의 설치기준
  ㉠ 탱크용량을 초과하는 위험물이 주입될 때 자동으로 그 주입구를 폐쇄하거나 위험물의 공급을 자동으로 차단하는 방법
  ㉡ 탱크용량의 90[%]가 찰 때 경보음을 울리는 방법
③ 맨홀 설치기준
  ㉠ 맨홀은 지면까지 올라오지 않도록 하되, 가급적 낮게 할 것
  ㉡ 보호틀을 다음에 정하는 기준에 따라 설치할 것
    - 보호틀을 탱크에 완전히 용접하는 등 보호틀과 탱크를 기밀하게 접합할 것
    - 보호틀의 뚜껑에 걸리는 하중이 직접 보호틀에 미치지 않도록 설치하고, 빗물 등이 침투하지 않도록 할 것
  ㉢ 배관이 보호틀을 관통하는 경우에는 해당 부분을 용접하는 등 침수를 방지하는 조치를 할 것

정답
- 맨홀은 지면까지 올라오지 않도록 하되, 가급적 낮게 할 것
- 보호틀을 다음에 정하는 기준에 따라 설치할 것
  - 보호틀을 탱크에 완전히 용접하는 등 보호틀과 탱크를 기밀하게 접합할 것
  - 보호틀의 뚜껑에 걸리는 하중이 직접 보호틀에 미치지 않도록 설치하고, 빗물 등이 침투하지 않도록 할 것
- 배관이 보호틀을 관통하는 경우에는 해당 부분을 용접하는 등 침수를 방지하는 조치를 할 것

060
하나의 간이탱크저장소의 설치개수, 탱크전용실에 설치하는 경우에 탱크와 전용실의 벽과의 간격, 탱크의 용량에 대하여 쓰시오.

해설
간이탱크저장소의 기준
① **하나의 간이탱크저장소**에 설치하는 간이저장탱크는 그 수를 **3 이하**로 하고, 동일한 품질의 위험물이 간이저장탱크를 2 이상 설치하지 않아야 한다.
② 간이저장탱크는 움직이거나 넘어지지 않도록 지면 또는 가설대에 고정시키되, 옥외에 설치하는 경우에는 그 탱크의 주위에 너비 1[m] 이상의 공지를 두고, 전용실 안에 설치하는 경우에는 **탱크와 전용실의 벽과의 사이에 0.5[m] 이상의 간격**을 유지해야 한다.
③ 간이저장탱크의 **용량은 600[L] 이하**이어야 한다.
④ 간이저장탱크는 두께 3.2[mm] 이상의 강판으로 흠이 없도록 제작해야 하며, 70[kPa]의 압력으로 10분간의 수압시험을 실시하여 새거나 변형되지 않아야 한다.
⑤ 간이저장탱크의 외면에는 녹을 방지하기 위한 도장을 해야 한다.
⑥ 간이저장탱크에는 다음 기준에 적합한 밸브 없는 통기관을 설치해야 한다.
　㉠ 통기관의 지름은 25[mm] 이상으로 할 것
　㉡ 통기관은 옥외에 설치하되, 그 끝부분의 높이는 지상 1.5[m] 이상으로 할 것
　㉢ 통기관의 끝부분은 수평면에 대하여 아래로 45° 이상 구부려 빗물 등이 침투하지 않도록 할 것
　㉣ 가는 눈의 구리망 등으로 인화방지장치를 할 것. 다만, 인화점 70[℃] 이상의 위험물만을 70[℃] 미만의 온도로 저장 또는 취급하는 탱크에 설치하는 통기관에 있어서는 그렇지 않다.

정답
- 설치개수 : 3개 이하
- 탱크와 전용실 벽과의 간격 : 0.5[m] 이상
- 탱크의 용량 : 600[L] 이하

061
간이탱크저장소에 밸브없는 통기관을 설치할 때 설치기준을 쓰시오.

해설
문제 60번 참조

정답
- 통기관의 지름은 25[mm] 이상으로 할 것
- 통기관은 옥외에 설치하되, 그 끝부분의 높이는 지상 1.5[m] 이상으로 할 것
- 통기관의 끝부분은 수평면에 대하여 아래로 45° 이상 구부려 빗물 등이 침투하지 않도록 할 것
- 가는 눈의 구리망 등으로 인화방지장치를 할 것. 다만, 인화점 70[℃] 이상의 위험물만을 70[℃] 미만의 온도로 저장 또는 취급하는 탱크에 설치하는 통기관에 있어서는 그렇지 않다.

062
간이탱크저장소의 변경허가를 받아야 하는 경우 3가지를 쓰시오.

해설

제조소 등의 변경허가를 받아야 하는 경우(시행규칙 별표 1의 2)

제조소 등의 구분	변경허가를 받아야 하는 경우
간이탱크저장소	• 간이탱크저장소의 위치를 이전하는 경우 • 건축물의 벽·기둥·바닥·보 또는 지붕을 증설 또는 철거하는 경우 • 간이저장탱크를 신설·교체 또는 철거하는 경우 • 간이저장탱크를 보수(탱크 본체를 절개하는 경우에 한한다)하는 경우 • 간이저장탱크의 노즐 또는 맨홀을 신설하는 경우(노즐 또는 맨홀의 지름이 250[mm]를 초과하는 경우에 한한다)
이동탱크저장소	• 상치장소의 위치를 이전하는 경우(같은 사업장 또는 같은 울안에서 이전하는 경우는 제외한다) • 이동저장탱크를 보수(탱크 본체를 절개하는 경우에 한한다)하는 경우 • 이동저장탱크의 노즐 또는 맨홀을 신설하는 경우(노즐 또는 맨홀의 지름이 250[mm]를 초과하는 경우에 한한다) • 이동저장탱크의 내용적을 변경하기 위하여 구조를 변경하는 경우 • 별표 10 IV 제3호의 규정에 의한 주입설비를 설치 또는 철거하는 경우 • 펌프설비를 신설하는 경우

정답
• 간이탱크저장소의 위치를 이전하는 경우
• 건축물의 벽·기둥·바닥·보 또는 지붕을 신설·증설·교체 또는 철거하는 경우
• 간이저장탱크를 신설·교체 또는 철거하는 경우

063
이동탱크저장소의 최대상용압력이 21[kPa]일 때, 안전장치의 작동압력 계산식을 쓰고 답을 구하시오.

해설

이동탱크저장소의 구조

① 이동저장탱크의 구조는 다음의 기준에 의해야 한다.
  ㉠ 탱크(맨홀 및 주입관의 뚜껑을 포함)는 두께 3.2[mm] 이상의 강철판 또는 이와 동등 이상의 강도·내식성 및 내열성이 있다고 인정하여 소방청장이 정하여 고시하는 재료 및 구조로 위험물이 새지 않게 제작할 것
  ㉡ 압력탱크(최대상용압력이 46.7[kPa] 이상인 탱크) 외의 탱크는 70[kPa]의 압력으로, **압력탱크는 최대상용압력의 1.5배의 압력**으로 각각 10분간의 수압시험을 실시하여 새거나 변형되지 않을 것. 이 경우 수압시험은 용접부에 대한 비파괴시험과 기밀시험으로 대신할 수 있다.
② 이동저장탱크는 그 내부에 4,000[L] 이하마다 3.2[mm] 이상의 강철판 또는 이와 동등 이상의 강도·내열성 및 내식성이 있는 금속성의 것으로 칸막이를 설치해야 한다.
③ ②의 규정에 의한 칸막이로 구획된 각 부분마다 맨홀과 다음의 기준에 의한 안전장치 및 방파판을 설치해야 한다. 다만, 칸막이로 구획된 부분의 용량이 2,000[L] 미만인 부분에는 방파판을 설치하지 않을 수 있다.
  ㉠ 안전장치
    상용압력이 20[kPa] 이하인 탱크에 있어서는 20[kPa] 이상 24[kPa] 이하의 압력에서, 상용압력이 **20[kPa]을 초과하는 탱크**에 있어서는 **상용압력의 1.1배 이하의 압력에서 작동**하는 것으로 할 것
  ㉡ 방파판
    • 두께 1.6[mm] 이상의 강철판 또는 이와 동등 이상의 강도·내열성 및 내식성이 있는 금속성의 것으로 할 것

- 하나의 구획부분에 2개 이상의 방파판을 이동탱크저장소의 진행방향과 평행으로 설치하되, 각 방파판은 그 높이 및 칸막이로부터의 거리를 다르게 할 것
- 하나의 구획부분에 설치하는 각 방파판의 면적의 합계는 해당 구획부분의 최대 수직단면적의 50[%] 이상으로 할 것. 다만, 수직단면이 원형이거나 짧은 지름이 1[m] 이하의 타원형일 경우에는 40[%] 이상으로 할 수 있다.

④ 맨홀·주입구 및 안전장치 등이 탱크의 상부에 돌출되어 있는 탱크에 있어서는 다음의 기준에 의하여 부속장치의 손상을 방지하기 위한 측면틀 및 방호틀을 설치해야 한다. 다만, 피견인자동차에 고정된 탱크에는 측면틀을 설치하지 않을 수 있다.

㉠ **측면틀**
- 탱크 뒷부분의 입면도에 있어서 측면틀의 최외측과 탱크의 최외측을 연결하는 직선(이하 Ⅱ에서 "최외측선"이라 한다)의 수평면에 대한 내각이 75° 이상이 되도록 하고, 최대수량의 위험물을 저장한 상태에 있을 때의 해당 탱크중량의 중심점과 측면틀의 최외측을 연결하는 직선과 그 중심점을 지나는 직선중 최외측선과 직각을 이루는 직선과의 내각이 35° 이상이 되도록 할 것
- 외부로부터의 하중에 견딜 수 있는 구조로 할 것
- 탱크상부의 네 모퉁이에 해당 탱크의 전단 또는 후단으로부터 각각 1[m] 이내의 위치에 설치할 것
- 측면틀에 걸리는 하중에 의하여 탱크가 손상되지 않도록 측면틀의 부착부분에 받침판을 설치할 것

㉡ **방호틀**
- 두께 2.3[mm] 이상의 강철판 또는 이와 동등 이상의 기계적 성질이 있는 재료로써 산모양의 형상으로 하거나 이와 동등 이상의 강도가 있는 형상으로 할 것
- 정상부분은 부속장치보다 50[mm] 이상 높게 하거나 이와 동등 이상의 성능이 있는 것으로 할 것
- 탱크의 외면에는 방청도장을 해야 한다.

정답 21[kPa]×1.1 = 23.1[kPa] 이하

064 이동탱크저장소의 부속장치의 역할과 두께를 쓰시오.
- 방호틀
- 측면틀
- 방파판
- 안전칸막이

해설

이동탱크저장소의 부속장치

① **칸막이로 구획된 각 부분에 설치** : 맨홀, 안전장치, 방파판을 설치(용량이 2,000[L] 미만 : 방파판설치 제외)
  ㉠ 안전장치의 작동 압력
   - 상용압력이 20[kPa] 이하인 탱크 : 20[kPa] 이상 24[kPa] 이하의 압력
   - 상용압력이 20[kPa]을 초과 : 상용압력의 1.1배 이하의 압력

② **방파판**
  ㉠ 두께 : 1.6[mm] 이상의 강철판
  ㉡ 하나의 구획부분에 2개 이상의 방파판을 이동탱크저장소의 진행방향과 평행으로 설치하되, 각 방파판은 그 높이 및 칸막이로부터의 거리를 다르게 할 것

③ **측면틀**
  ㉠ 탱크 뒷부분의 입면도에 있어서 측면틀의 최외측과 탱크의 최외측을 연결하는 직선의 수평면에 대한 내각이 75° 이상이 되도록 하고, 최대수량의 위험물을 저장한 상태에 있을 때의 해당 탱크중량의 중심점과 측면틀의 최외측을 연결하는 직선과 그 중심점을 지나는 직선 중 최외측선과 직각을 이루는 직선과의 내각이 35° 이상이 되도록 할 것
  ㉡ 외부로부터의 하중에 견딜 수 있는 구조로 할 것
  ㉢ 탱크상부의 네 모퉁이에 해당 탱크의 전단 또는 후단으로부터 각각 1[m] 이내의 위치에 설치할 것
  ㉣ 측면틀에 걸리는 하중에 의하여 탱크가 손상되지 않도록 측면틀의 부착부분에 받침판을 설치할 것

④ **방호틀의 두께** : 2.3[mm] 이상의 강철판

> **Plus One** 이동탱크저장소의 부속장치
> - 방호틀 : 탱크 전복 시 부속장치(주입구, 맨홀, 안전장치) 보호(2.3[mm] 이상)
> - 측면틀 : 탱크 전복 시 탱크 본체 파손 방지(3.2[mm] 이상)
> - 방파판 : 위험물 운송 중 내부의 위험물의 출렁임, 쏠림 등을 완화하여 차량의 안전 확보(1.6[mm] 이상)
> - 칸막이 : 탱크 전복 시 탱크의 일부가 파손되더라도 전량의 위험물의 누출 방지(3.2[mm] 이상)

정답
- 방호틀
  - 역할 : 탱크 전복 시 부속장치(주입구, 맨홀, 안전장치) 보호
  - 두께 : 2.3[mm] 이상
- 측면틀
  - 역할 : 탱크 전복 시 탱크 본체 파손 방지
  - 두께 : 3.2[mm] 이상
- 방파판
  - 역할 : 위험물 운송 중 내부의 위험물의 출렁임, 쏠림 등을 완화하여 차량의 안전 확보
  - 두께 : 1.6[mm] 이상
- 칸막이
  - 역할 : 탱크 전복 시 탱크의 일부가 파손되더라도 전량의 위험물 누출 방지
  - 두께 : 3.2[mm] 이상

065

이동탱크저장소의 위험성 경고표지에 대하여 물음에 답하시오.
㉮ 부착위치
㉯ 규격 및 형상
㉰ 색상 및 문자

해설
이동탱크저장소 및 위험물운반차량의 위험성 경고표지(이동탱크저장소의 위험성 경고표지에 관한 기준 별표 3)
① 부착위치
  ㉠ 이동탱크저장소 : 전면 상단 및 후면 상단
  ㉡ 위험물운반차량 : 전면 및 후면
② 규격 및 형상 : 60[cm] 이상×30[cm] 이상의 횡형(가로형) 사각형
③ 색상 및 문자 : 흑색 바탕에 황색의 반사 도료로 "위험물"이라 표기할 것

정답
㉮ 이동탱크저장소의 전면 상단 및 후면 상단
㉯ 60[cm] 이상×30[cm] 이상의 횡형 사각형
㉰ 흑색 바탕에 황색의 반사 도료로 "위험물"이라 표기할 것

066

이동탱크저장소 및 위험물수송차량의 위험성 경고표지에서 UN번호에 대하여 물음에 답하시오.

㉮ 그림문자의 외부에 표기하는 경우
- 부착위치
- 규격 및 형상
- 색상 및 문자

㉯ 그림문자의 내부에 표기하는 경우
- 부착위치
- 규격 및 형상
- 색상 및 문자

해설

이동탱크저장소 및 위험물수송차량의 위험성 경고표지에서 UN번호 : 본문참고

정답 ㉮ 그림문자의 외부에 표기하는 경우
- 부착위치 : 위험물수송차량의 후면 및 양 측면(그림문자와 인접한 위치)
- 규격 및 형상 : 30[cm] 이상×12[cm] 이상의 횡형 사각형

- 색상 및 문자 : 흑색 테두리 선(굵기 1[cm])과 오렌지색으로 이루어진 바탕에 UN번호(글자의 높이 6.5[cm] 이상)를 흑색으로 표기할 것

㉯ 그림문자의 내부에 표기하는 경우
- 부착위치 : 위험물수송차량의 후면 및 양 측면
- 규격 및 형상 : 심벌 및 분류·구분의 번호를 가리지 않는 크기의 횡형 사각형

- 색상 및 문자 : 흰색 바탕에 흑색으로 UN번호(글자의 높이 6.5[cm] 이상)를 표기할 것

067

이동탱크저장소의 접지도선을 해야 하는 제4류 위험물의 품명을 쓰시오.

해설

이동탱크저장소의 접지도선 : 제4류 위험물 중 **특수인화물, 제1석유류** 또는 **제2석유류**의 이동탱크저장소에는 다음의 기준에 의하여 접지도선을 설치해야 한다.
① 양도체(良導體)의 도선에 비닐 등의 전열차단재료로 피복하여 끝부분에 접지전극 등을 결착시킬 수 있는 클립(Clip) 등을 부착할 것
② 도선이 손상되지 않도록 도선을 수납할 수 있는 장치를 부착할 것

정답 특수인화물, 제1석유류, 제2석유류

068

컨테이너식 이동탱크저장소의 특례기준에 대하여 다음 물음에 답하시오.
㉮ 이동저장탱크하중의 몇 배의 전단하중에 견디는 걸고리체결 금속구 및 모서리체결 금속구를 설치해야 하는가?
㉯ 탱크의 지름이 2[m]인 이동저장탱크·맨홀 및 주입구의 뚜껑의 두께는 몇 [mm]인가?
㉰ 부속장치는 상자틀의 최외측과 몇 [mm] 이상의 간격을 유지해야 하는가?
㉱ 표지의 크기와 표지의 색상, 표지에 기재내용을 쓰시오.

해설

컨테이너식 이동탱크저장소의 설치기준
① 컨테이너식 이동탱크저장소에는 이동저장탱크하중의 4배의 전단하중에 견디는 걸고리체결 금속구 및 모서리체결 금속구를 설치할 것
② 이동저장탱크·맨홀 및 주입구의 뚜껑은 두께 6[mm](해당 탱크의 지름 또는 장축(긴지름)이 1.8[m] 이하인 것은 5[mm]) 이상의 강판 또는 이와 동등 이상의 기계적 성질이 있는 재료로 할 것
③ **부속장치는 상자틀의 최외측**과 **50[mm] 이상의 간격을 유지할 것**
④ 이동저장탱크의 보기 쉬운 곳에 **가로 0.4[m] 이상, 세로 0.15[m] 이상**의 **백색바탕에 흑색문자**로 허가청의 **명칭** 및 **완공검사번호**를 표시해야 한다.

정답
㉮ 4
㉯ 6
㉰ 50
㉱ 표지의 크기 : 가로 0.4[m] 이상, 세로 0.15[m] 이상
　 표지의 색상 : 백색바탕에 흑색문자
　 표지 기재내용 : 허가청의 명칭, 완공검사번호

069

다음 ( ) 안을 채우시오.
이동탱크저장소의 압력탱크는 (㉮)[mm] 이상의 강철판으로 하고, 압력탱크검사는 (㉯)의 (㉰)배의 압력으로 검사하고, 압력탱크 외의 탱크는 (㉱)[kPa]로 (㉲)분간의 수압시험을 실시하여 새거나 변형되지 않아야 한다.

해설

이동저장탱크의 구조(시행규칙 별표 10)
① 탱크(맨홀 및 주입관의 뚜껑을 포함한다)는 두께 **3.2[mm] 이상의 강철판** 또는 이와 동등 이상의 강도·내식성 및 내열성이 있다고 인정하여 소방청장이 정하여 고시하는 재료 및 구조로 위험물이 새지 않게 제작할 것
② **압력탱크**(최대상용압력이 46.7[kPa] 이상인 탱크를 말한다) **외의 탱크는 70[kPa]의 압력으로**, 압력탱크는 **최대상용압력의 1.5배의 압력으로** 각각 **10분간의 수압시험**을 실시하여 새거나 변형되지 않을 것. 이 경우 수압시험은 용접부에 대한 비파괴시험과 기밀시험으로 대신할 수 있다.

정답
㉮ 3.2　　　㉯ 최대상용압력
㉰ 1.5　　　㉱ 70
㉲ 10

070

알킬알루미늄 등을 저장 및 취급하는 이동탱크저장소의 특례기준에 대하여 다음 물음에 답하시오.

㉮ 이동저장탱크는 두께 몇 [mm] 이상의 강판으로 해야 하는가?
㉯ 수압시험에서 새거나 변형되지 않아야 하는데 수압시험의 압력과 시간을 쓰시오.
㉰ 이동저장탱크의 용량은 얼마이어야 하는가?
㉱ 이동저장탱크의 맨홀 및 주입구의 뚜껑은 두께 몇 [mm] 이상이어야 하는가?

해설

알킬알루미늄 등을 저장 및 취급하는 이동탱크저장소의 특례기준

① 이동저장탱크는 **두께 10[mm] 이상**의 강판 또는 이와 동등 이상의 기계적 성질이 있는 재료로 기밀하게 제작되고 **1[MPa] 이상**의 압력으로 **10분간** 실시하는 수압시험에서 새거나 변형되지 않는 것일 것
② 이동저장탱크의 용량은 **1,900[L] 미만**일 것
③ 이동저장탱크의 **맨홀 및 주입구의 뚜껑**은 두께 10[mm] 이상의 강판 또는 이와 동등 이상의 기계적 성질이 있는 재료로 할 것

정답

㉮ 10
㉯ 압력 : 1[MPa] 이상, 시간 : 10분
㉰ 1,900[L] 미만
㉱ 10

071

옥외저장소에 저장할 수 있는 위험물의 종류를 쓰시오.

해설

옥외저장소에 저장할 수 있는 위험물

① 제2류 위험물 중 황, 인화성 고체(인화점이 0[℃] 이상인 것에 한함)
② 제4류 위험물 중 제1석유류(인화점이 0[℃] 이상인 것에 한함), 제2석유류, 제3석유류, 제4석유류, 알코올류, 동식물유류
③ 제6류 위험물
④ 제2류 위험물 및 제4류 위험물 중 특별시·광역시·특별자치시·도 또는 특별자치도의 조례로 정하는 위험물 (관세법 제154조의 규정에 의한 보세구역 안에 저장하는 경우로 한정한다)
⑤ 국제해사기구에 관한 협약에 의하여 설치된 국제해사기구가 채택한 국제해상위험물규칙(IMDG Code)에 적합한 용기에 수납된 위험물

정답

- 제2류 위험물 중 황, 인화성 고체(인화점이 0[℃] 이상인 것에 한함)
- 제4류 위험물 중 제1석유류(인화점이 0[℃] 이상인 것에 한함), 제2석유류, 제3석유류, 제4석유류, 알코올류, 동식물유류
- 제6류 위험물
- 제2류 위험물 및 제4류 위험물 중 특별시·광역시·특별자치시·도 또는 특별자치도의 조례로 정하는 위험물(관세법 제154조의 규정에 의한 보세구역 안에 저장하는 경우로 한정한다)
- 국제해사기구에 관한 협약에 의하여 설치된 국제해사기구가 채택한 국제해상위험물규칙(IMDG Code)에 적합한 용기에 수납된 위험물

072

주유취급소에서 저장 취급할 수 있는 탱크용량을 쓰시오.
㉮ 자동차 등에 주유하기 위한 고정주유설비에 직접 접속하는 전용탱크
㉯ 고정급유설비에 직접 접속하는 전용탱크
㉰ 자동차 등을 점검 정비하는 작업장 등에서 사용하는 폐유, 윤활유 등의 위험물을 저장하는 탱크
㉱ 보일러 등에 직접 접속하는 전용탱크

해설

주유취급소에는 다음의 탱크 외에는 위험물을 저장 또는 취급하는 탱크를 설치할 수 없다. 다만, 별표 10 Ⅰ의 규정에 의한 이동탱크저장소의 상치장소를 주유공지 또는 급유공지 외의 장소에 확보하여 이동탱크저장소(해당 주유취급소의 위험물의 저장 또는 취급에 관계된 것에 한한다)를 설치하는 경우에는 그렇지 않다.
① **자동차 등에 주유하기 위한 고정주유설비**에 직접 접속하는 전용탱크로서 **50,000[L] 이하**의 것
② **고정급유설비**에 직접 접속하는 전용탱크로서 **50,000[L] 이하**의 것
③ **보일러** 등에 직접 접속하는 전용탱크로서 **10,000[L] 이하**의 것
④ **자동차 등을 점검·정비하는 작업장** 등(주유취급소 안에 설치된 것에 한한다)에서 사용하는 폐유·윤활유 등의 위험물을 저장하는 탱크로서 용량(2 이상 설치하는 경우에는 각 용량의 합계를 말한다)이 **2,000[L] 이하**인 탱크(이하 "폐유탱크 등"이라 한다)
⑤ 고정주유설비 또는 고정급유설비에 직접 접속하는 3기 이하의 간이탱크. 다만, 국토의 계획 및 이용에 관한 법률에 의한 방화지구 안에 위치하는 주유취급소의 경우를 제외한다.

정답 ㉮ 50,000[L] 이하 ㉯ 50,000[L] 이하
㉰ 2,000[L] 이하 ㉱ 10,000[L] 이하

073

주유취급소의 표지 및 게시판에 대한 설명이다. 다음 물음에 답하시오.
㉮ 주유취급소의 표지 및 방화에 필요한 사항을 기재한 게시판 크기는?
㉯ "화기엄금"의 바탕색과 문자의 색상은?
㉰ "황색바탕에 흑색문자로"표시하는 게시판의 문구는?
㉱ 표지 및 게시판의 바탕색과 문자의 색상은?
㉲ 주유공지는 얼마로 해야 하는가?

해설

주유취급소
① 주유취급소에는 기준에 준하여 보기 쉬운 곳에 "위험물 주유취급소"라는 표시를 한 표지, 방화에 관하여 필요한 사항을 게시한 게시판 및 **황색바탕에 흑색문자**로 "**주유 중 엔진정지**"라는 표시를 한 게시판을 설치한다.
② **표지**는 한 변의 길이가 **0.3[m] 이상**, 다른 한 변의 길이가 **0.6[m] 이상**인 직사각형으로 한다.
③ 표지의 **바탕**은 **백색**으로, **문자**는 **흑색**으로 할 것
④ 보기 쉬운 곳에 다음의 기준에 따라 방화에 관하여 필요한 사항을 게시한 게시판을 설치해야 한다.
  ㉠ 게시판은 한 변의 길이가 0.3[m] 이상, 다른 한 변의 길이가 0.6[m] 이상인 직사각형으로 한다.
  ㉡ 게시판에는 저장 또는 취급하는 위험물의 유별, 품명 및 저장최대수량 또는 취급최대수량, 지정수량의 배수 및 안전관리자의 성명 또는 직명을 기재할 것
  ㉢ 게시판의 바탕은 백색으로, 문자는 흑색으로 할 것

⑤ 주유취급소의 고정주유설비(펌프기기 및 호스기기로 되어 위험물을 자동차 등에 직접 주유하기 위한 설비로서 현수식의 것을 포함)의 주위에는 주유를 받으려는 자동차 등이 출입할 수 있도록 **너비 15[m] 이상, 길이 6[m] 이상**의 콘크리트 등으로 포장한 공지(**주유공지**)를 보유해야 한다.

정답
㉮ 한 변의 길이가 0.3[m] 이상, 다른 한 변의 길이가 0.6[m] 이상인 직사각형
㉯ 적색바탕에 백색문자
㉰ 주유 중 엔진정지
㉱ 백색바탕에 흑색문자
㉲ 너비 15[m] 이상, 길이 6[m] 이상

074 주유취급소에 설치할 수 있는 건축물 또는 시설 5가지를 쓰시오.

해설

주유취급소에 설치할 수 있는 건축물 또는 시설
① 주유 또는 등유·경유를 옮겨 담기 위한 작업장
② 주유취급소의 업무를 행하기 위한 사무소
③ 자동차 등의 점검 및 간이정비를 위한 작업장
④ 자동차 등의 세정을 위한 작업장
⑤ 주유취급소에 출입하는 사람을 대상으로 한 점포·휴게음식점 또는 전시장
⑥ 주유취급소의 관계자가 거주하는 주거시설
⑦ 전기자동차용 충전설비(전기를 동력원으로 하는 자동차에 직접 전기를 공급하는 설비)
⑧ 그 밖의 소방청장이 정하여 고시하는 건축물 또는 시설

정답
• 주유 또는 등유·경유를 옮겨 담기 위한 작업장
• 주유취급소의 업무를 행하기 위한 사무소
• 자동차 등의 점검 및 간이정비를 위한 작업장
• 자동차 등의 세정을 위한 작업장
• 주유취급소의 관계자가 거주하는 주거시설

075 주유취급소에 설치하는 캐노피의 설치기준을 쓰시오.

해설

캐노피의 설치기준(시행규칙 별표 13)
• 배관이 캐노피 내부를 통과할 경우에는 1개 이상의 점검구를 설치할 것
• 캐노피 외부의 점검이 곤란한 장소에 배관을 설치하는 경우에는 용접이음으로 할 것
• 캐노피 외부의 배관이 일광열의 영향을 받을 우려가 있는 경우에는 단열재로 피복할 것

정답 해설 참조

076

주유취급소의 특례기준에서 셀프용 고정주유설비의 설치기준에 대하여 완성하시오.

- 주유호스는 (㉮)[kg중] 이하의 하중에 의하여 깨져 분리되거나 이탈되어야 하고, 깨져 분리되거나 이탈된 부분으로부터의 위험물 누출을 방지할 수 있는 구조일 것
- 1회의 연속주유량 및 주유시간의 상한을 미리 설정할 수 있는 구조일 것. 이 경우 주유량의 상한은 휘발유는 (㉯)[L] 이하, 경유는 (㉰)[L] 이하로 하며, 휘발유 주유시간의 상한은 (㉱)분 이하로 한다.

해설

셀프용 설비의 기준

① 셀프용 고정주유설비의 기준
  ㉠ 주유호스의 끝부분에 수동개폐장치를 부착한 주유노즐을 설치할 것. 다만, 수동개폐장치를 개방한 상태로 고정시키는 장치가 부착된 경우에는 다음의 기준에 적합해야 한다.
    - 주유작업을 개시함에 있어서 주유노즐의 수동개폐장치가 개방상태에 있는 때에는 해당 수동개폐장치를 일단 폐쇄시켜야만 다시 주유를 개시할 수 있는 구조로 할 것
    - 주유노즐이 자동차 등의 주유구로부터 이탈된 경우 주유를 자동적으로 정지시키는 구조일 것
  ㉡ 주유노즐은 자동차 등의 연료탱크가 가득 찬 경우 자동적으로 정지시키는 구조일 것
  ㉢ **주유호스는 200[kg중] 이하**의 하중에 의하여 깨져 분리되거나 이탈되어야 하고, 깨져 분리되거나 이탈된 부분으로부터의 위험물 누출을 방지할 수 있는 구조일 것
  ㉣ 휘발유와 경유 상호 간의 오인에 의한 주유를 방지할 수 있는 구조일 것
  ㉤ **1회의 연속주유량** 및 **주유시간**의 상한을 미리 설정할 수 있는 구조일 것

종 류	연속주유량	주유시간
휘발유	100[L] 이하	4분 이하
경유	600[L] 이하	12분 이하

② 셀프용 고정급유설비의 기준
  ㉠ 급유호스의 끝부분에 수동개폐장치를 부착한 급유노즐을 설치할 것
  ㉡ 급유노즐은 용기가 가득찬 경우에 자동적으로 정지시키는 구조일 것
  ㉢ 1회의 연속급유량 및 급유시간의 상한을 미리 설정할 수 있는 구조일 것. 이 경우 급유량의 상한은 100[L] 이하, 급유시간의 상한은 6분 이하로 한다.

정답 ㉮ 200   ㉯ 100   ㉰ 600   ㉱ 4

077

제1종 판매취급소의 배합실의 기준에 대한 설명이다. ( ) 안에 적당한 말을 쓰시오.

- 바닥면적은 (㉮) 이상 (㉯) 이하일 것
- (㉰) 또는 (㉱)로 된 벽으로 구획할 것
- 바닥은 위험물이 침투하지 않는 구조로 하여 적당한 경사를 두고 (㉲)를 할 것
- 출입구에는 수시로 열 수 있는 자동폐쇄식의 (㉳)을 설치할 것
- 출입구 문턱의 높이는 바닥면으로부터 (㉴)[m] 이상으로 할 것
- 내부에 체류한 가연성의 증기 또는 가연성의 미분을 지붕 위로 방출하는 설비를 할 것

해설

제1종 판매취급소의 위험물을 배합하는 실의 기준

① 바닥면적은 **6[m²] 이상 15[m²] 이하**일 것
② **내화구조** 또는 **불연재료**로 된 **벽**으로 구획할 것

③ 바닥은 위험물이 침투하지 않는 구조로 하여 적당한 경사를 두고 **집유설비**를 할 것
④ 출입구에는 수시로 열 수 있는 **자동폐쇄식의 60분+ 방화문 또는 60분 방화문**을 설치할 것
⑤ 출입구 문턱의 높이는 바닥면으로부터 **0.1[m]** 이상으로 할 것
⑥ 내부에 체류한 가연성의 증기 또는 가연성의 미분을 지붕 위로 방출하는 설비를 할 것

정답
- ㉮ 6[m²]
- ㉯ 15[m²]
- ㉰ 내화구조
- ㉱ 불연재료
- ㉲ 집유설비
- ㉳ 60분+ 방화문 또는 60분 방화문
- ㉴ 0.1

078 이송취급소의 설치 제외장소 3가지를 쓰시오.

해설
이송취급소의 설치 제외장소
① 철도 및 도로의 터널 안
② 고속국도 및 자동차전용도로의 차도·갓길 및 중앙분리대
③ 호수·저수지 등으로서 수리의 수원이 되는 곳
④ 급경사지역으로서 붕괴의 위험이 있는 지역

정답
- 철도 및 도로의 터널 안
- 호수·저수지 등으로서 수리의 수원이 되는 곳
- 급경사지역으로서 붕괴의 위험이 있는 지역

079 소화난이도등급Ⅰ에 해당하는 제조소에 설치해야 하는 소화설비 설치기준 4가지를 쓰시오.

해설
소화난이도등급Ⅰ
① 소화난이도등급Ⅰ에 해당하는 제조소 등

제조소 등의 구분	제조소 등의 규모, 저장 또는 취급하는 위험물의 품명 및 최대수량 등
제조소 및 일반취급소	연면적 1,000[m²] 이상인 것
	지정수량의 **100배 이상**인 것(고인화점위험물만을 100[℃] 미만의 온도에서 취급하는 것 및 제48조의 위험물을 취급하는 것은 제외)
	지반면으로부터 6[m] 이상의 높이에 위험물 취급설비가 있는 것(고인화점위험물만을 100[℃] 미만의 온도에서 취급하는 것은 제외)
	일반취급소로 사용되는 부분 외의 부분을 갖는 건축물에 설치된 것(내화구조로 개구부 없이 구획 된 것, 고인화점위험물만을 100[℃] 미만의 온도에서 취급하는 것 및 화학실험의 일반취급소는 제외)

② 소화난이도등급 Ⅰ의 제조소 등에 설치해야 하는 소화설비

제조소 등의 구분			소화설비
제조소 및 일반취급소			**옥내소화전설비, 옥외소화전설비, 스프링클러설비** 또는 **물분무 등 소화설비**(화재발생 시 연기가 충만할 우려가 있는 장소에는 스프링클러설비 또는 이동식 외의 물분무 등 소화설비에 한한다)
주유취급소			스프링클러설비(건축물에 한정한다), 소형수동식소화기 등(능력단위의 수치가 건축물 그 밖의 공작물 및 위험물의 소요단위의 수치에 이르도록 설치할 것)
옥내 저장소	처마높이가 6[m] 이상인 단층건물 또는 다른 용도의 부분이 있는 건축물에 설치한 옥내저장소		스프링클러설비 또는 이동식 외의 물분무 등 소화설비
	그 밖의 것		옥외소화전설비, 스프링클러설비, 이동식 외의 물분무 등 소화설비 또는 이동식 포소화설비(포소화전을 옥외에 설치하는 것에 한한다)
옥외탱크 저장소	지중탱크 또는 해상탱크 외의 것	황만을 저장·취급하는 것	물분무소화설비
		인화점 70[℃] 이상의 제4류 위험물만을 저장·취급하는 것	물분무소화설비 또는 고정식 포소화설비
		그 밖의 것	고정식 포소화설비(포소화설비가 적응성이 없는 경우에는 분말소화설비)
	지중탱크		고정식 포소화설비, 이동식 이외의 불활성 가스소화설비 또는 이동식 이외의 할로젠화합물소화설비
	해상탱크		고정식 포소화설비, 물분무소화설비, 이동식 이외의 불활성 가스소화설비 또는 이동식 이외의 할로젠화합물소화설비
옥내탱크 저장소	황만을 저장·취급하는 것		**물분무소화설비**
	인화점 70[℃] 이상의 제4류 위험물만을 저장·취급하는 것		물분무소화설비, 고정식 포소화설비, 이동식 이외의 불활성 가스소화설비, 이동식 이외의 할로젠화합물소화설비 또는 이동식 이외의 분말소화설비
	그 밖의 것		고정식 포소화설비, 이동식 이외의 불활성 가스소화설비, 이동식 이외의 할로젠화합물소화설비 또는 이동식 이외의 분말소화설비
옥외저장소 및 이송취급소			옥내소화전설비, 옥외소화전설비, 스프링클러설비 또는 물분무 등 소화설비(화재발생 시 연기가 충만할 우려가 있는 장소에는 스프링클러설비 또는 이동식 이외의 물분무 등 소화설비에 한한다)
암반탱크 저장소	황만을 저장·취급하는 것		**물분무소화설비**
	인화점 70[℃] 이상의 제4류 위험물만을 저장·취급하는 것		물분무소화설비 또는 고정식 포소화설비
	그 밖의 것		고정식 포소화설비(포소화설비가 적응성이 없는 경우에는 분말소화설비)

정답
- 옥내소화전설비
- 옥외소화전설비
- 스프링클러설비
- 물분무 등 소화설비(화재발생 시 연기가 충만할 우려가 있는 장소에는 스프링클러설비 또는 이동식 외의 물분무 등 소화설비에 한한다)

080

소화난이도등급 I 의 제조소 등에 설치해야 하는 소화설비를 쓰시오.

제조소 등의 구분			소화설비
제조소 및 일반취급소			(㉮), (㉯), (㉰) 또는 물분무 등 소화설비
옥내저장소	처마높이가 6[m] 이상인 단층건물 또는 다른 용도의 부분이 있는 건축물에 설치한 옥내저장소		(㉱) 또는 (㉲) 외의 물분무 등 소화설비
옥외탱크 저장소	지중탱크 또는 해상탱크 외의 것	황만 저장·취급하는 것	(㉳)
		인화점 70[℃] 이상의 제4류 위험물만을 저장·취급하는 것	물분무소화설비 또는 (㉴)
	지중탱크		고정식 포소화설비, (㉵) 이외의 (㉶) 또는 (㉷) 이외의 할로젠화합물소화설비
옥내탱크 저장소	황만을 저장·취급하는 것		(㉮)

해설
문제 79번 참조

정답
- ㉮ 옥내소화전설비
- ㉯ 옥외소화전설비
- ㉰ 스프링클러설비
- ㉱ 스프링클러설비
- ㉲ 이동식
- ㉳ 물분무소화설비
- ㉴ 고정식 포소화설비
- ㉵ 이동식
- ㉶ 불활성 가스소화설비
- ㉷ 이동식
- ㉸ 물분무소화설비

081

소화난이도등급 I 에 해당하는 옥내저장소의 기준 3가지를 쓰시오.

해설
소화난이도등급 I 에 해당하는 제조소 등

제조소 등의 구분	제조소 등의 규모, 저장 또는 취급하는 위험물의 품명 및 최대수량 등
옥내저장소	**지정수량의 150배 이상**인 것(고인화점위험물만을 저장하는 것 및 제48조의 위험물을 저장하는 것은 제외)
	연면적 150[m²]을 초과하는 것(150[m²] 이내마다 불연재료로 개구부 없이 구획된 것 및 인화성 고체 외의 제2류 위험물 또는 인화점 70[℃] 이상의 제4류 위험물만을 저장하는 것은 제외)
	처마높이가 6[m] 이상인 단층건물의 것
	옥내저장소로 사용되는 부분 외의 부분이 있는 건축물에 설치된 것(내화구조로 개구부 없이 구획된 것 및 인화성 고체 외의 제2류 위험물 또는 인화점 70[℃] 이상의 제4류 위험물만을 저장하는 것은 제외)

정답
- 지정수량의 150배 이상인 것
- 연면적 150[m²]을 초과하는 것
- 처마높이가 6[m] 이상인 단층건물의 것

082

알킬알루미늄 등을 저장 또는 취급하는 이동탱크저장소에는 자동차용 소화기 외에 추가로 설치해야 하는 소화설비는?

해설

소화난이도등급Ⅲ의 제조소 등에 설치해야 하는 소화설비

제조소 등의 구분	소화설비	설치기준	
지하탱크저장소	소형수동식소화기 등	능력단위의 수치가 3 이상	2개 이상
이동탱크저장소	자동차용 소화기	무상의 강화액 8[L] 이상	2개 이상
		이산화탄소 3.2[kg] 이상	
		브로모클로로다이플루오로메테인(CF_2ClBr) 2[L] 이상	
		브로모트라이플루오로메테인(CF_3Br) 2[L] 이상	
		다이브로모테트라플루오로에테인($C_2F_4Br_2$) 1[L] 이상	
		소화분말 3.3[kg] 이상	
	마른모래 및 팽창질석 또는 팽창진주암	마른모래 150[L] 이상	
		팽창질석 또는 팽창진주암 640[L] 이상	

비고 : **알킬알루미늄** 등을 저장 또는 취급하는 **이동탱크저장소**에 있어서는 자동차용 소화기를 설치하는 것 외에 마른모래나 팽창질석 또는 팽창진주암을 추가로 설치해야 한다.

정답 마른모래나 팽창질석 또는 팽창진주암

083

건축물 또는 위험물의 소요단위 산정 시 ( ) 안에 적당한 말을 쓰시오.

• 제조소 또는 취급소의 건축물
  – 외벽이 내화구조 : 연면적 (㉮)[m^2]를 1소요단위
  – 외벽이 내화구조가 아닌 것 : 연면적 (㉯)[m^2]를 1소요단위
• 저장소의 건축물
  – 외벽이 내화구조 : 연면적 (㉰)[m^2]를 1소요단위
  – 외벽이 내화구조가 아닌 것 : 연면적 (㉱)[m^2]를 1소요단위
• 위험물은 지정수량의 (㉲)배 : 1소요단위

해설

소요단위의 계산방법

① **제조소 또는 취급소의 건축물**
  • 외벽이 내화구조 : 연면적 100[m^2]를 1소요단위
  • 외벽이 내화구조가 아닌 것 : 연면적 50[m^2]를 1소요단위
② **저장소의 건축물**
  • 외벽이 내화구조 : 연면적 150[m^2]를 1소요단위
  • 외벽이 내화구조가 아닌 것 : 연면적 75[m^2]를 1소요단위
③ **위험물** : 지정수량의 10배를 1소요단위

정답 ㉮ 100 ㉯ 50
㉰ 150 ㉱ 75
㉲ 10

084

자동화재탐지설비의 경계구역 설치기준 중 ( ) 안을 채우시오.

- 자동화재탐지설비의 경계구역은 건축물 그 밖의 공작물의 2 이상의 층에 걸치지 않도록 할 것. 다만, 하나의 경계구역의 면적이 (㉮)[m²] 이하이면서 해당 경계구역이 두개의 층에 걸치는 경우이거나 계단·경사로·승강기의 승강로 그 밖에 이와 유사한 장소에 연기감지기를 설치하는 경우에는 그렇지 않다.
- 하나의 경계구역의 면적은 (㉯)[m²] 이하로 하고 그 한 변의 길이는 (㉰)[m](광전식분리형 감지기를 설치할 경우에는 (㉱)[m]) 이하로 할 것. 다만, 해당 건축물 그 밖의 공작물의 주요한 출입구에서 그 내부의 전체를 볼 수 있는 경우에 있어서는 그 면적을 (㉲)[m²] 이하로 할 수 있다.
- 자동화재탐지설비의 감지기는 지붕(상층이 있는 경우에는 상층의 바닥) 또는 벽의 옥내에 면한 부분(천장이 있는 경우에는 천장 또는 벽의 옥내에 면한 부분 및 천장의 뒷부분)에 유효하게 화재의 발생을 감지할 수 있도록 설치할 것
- 자동화재탐지설비에는 비상전원을 설치할 것

해설
자동화재탐지설비의 설치기준

① 자동화재탐지설비의 경계구역(화재가 발생한 구역을 다른 구역과 구분하여 식별할 수 있는 최소단위의 구역을 말한다)은 건축물 그 밖의 공작물의 2 이상의 층에 걸치지 않도록 할 것. 다만, 하나의 경계구역의 면적이 **500[m²] 이하**이면서 해당 경계구역이 2개의 층에 걸치는 경우이거나 계단·경사로·승강기의 승강로 그 밖에 이와 유사한 장소에 연기감지기를 설치하는 경우에는 그렇지 않다.
② 하나의 경계구역의 면적은 **600[m²] 이하**로 하고 그 한 변의 길이는 **50[m]**(광전식분리형 감지기를 설치할 경우에는 **100[m]**) 이하로 할 것. 다만, 해당 건축물 그 밖의 공작물의 주요한 출입구에서 그 내부의 전체를 볼 수 있는 경우에 있어서는 그 면적을 **1,000[m²] 이하**로 할 수 있다.
③ 자동화재탐지설비의 감지기는 지붕(상층이 있는 경우에는 상층의 바닥) 또는 벽의 옥내에 면한 부분(천장이 있는 경우에는 천장 또는 벽의 옥내에 면한 부분 및 천장의 뒷부분)에 유효하게 화재의 발생을 감지할 수 있도록 설치할 것
④ 자동화재탐지설비에는 비상전원을 설치할 것

정답 ㉮ 500   ㉯ 600   ㉰ 50   ㉱ 100   ㉲ 1,000

085

금속 칼륨 50[kg], 인화칼슘 6,000[kg] 저장 시 소화약제인 마른모래의 필요량은 몇 [L]인가?

해설
소화설비의 능력단위

소화설비	용 량	능력단위
소화전용(專用) 물통	8[L]	0.3
수조(소화전용 물통 3개 포함)	80[L]	1.5
수조(소화전용 물통 6개 포함)	190[L]	2.5
마른모래(=건조사, 삽 1개 포함)	**50[L]**	**0.5**
팽창질석 또는 팽창진주암(삽 1개 포함)	160[L]	1.0

① 위험물의 지정수량

종 류	품 명	지정수량
칼 륨	제3류 위험물	10[kg]
인화칼슘	제3류 위험물(금속의 인화물)	300[kg]

② 마른모래의 능력단위
50[L]일 때 0.5단위 ⇒ 100[L]가 1단위이다.

∴ 소요단위 = $\dfrac{\text{저장수량}}{\text{지정수량} \times 10}$ = $\dfrac{50[kg]}{10[kg] \times 10}$ + $\dfrac{6,000[kg]}{300[kg] \times 10}$ = 2.5단위

마른모래가 100[L]가 1단위이므로 2.5단위는 250[L]이다.

정답 250[L]

086

옥내저장소 또는 옥외저장소에서 유별을 달리하는 위험물을 동일한 저장소에 저장할 경우 1[m] 이상 간격을 두고 위험물을 저장할 수 있는데 같이 저장할 수 있는 위험물의 종류를 쓰시오.

㉮ 제1류 위험물(알칼리금속의 과산화물은 제외)
㉯ 제1류 위험물
㉰ 자연발화성 물질(황린에 한함)
㉱ 제2류 위험물 인화성 고체

해설
옥내저장소의 저장 기준
① 옥내저장소 또는 옥외저장소에는 있어서 유별을 달리하는 위험물을 동일한 저장소에 저장할 수 없는데 1[m] 이상 간격을 두고 아래 유별을 저장할 수 있다.
  ㉠ **제1류 위험물(알칼리금속의 과산화물은 제외)과 제5류 위험물**을 저장하는 경우
  ㉡ **제1류 위험물과 제6류 위험물**을 저장하는 경우
  ㉢ **제1류 위험물과 제3류 위험물 중 자연발화성 물질**(황린에 한함)을 저장하는 경우
  ㉣ 제2류 위험물 중 **인화성 고체와 제4류 위험물**을 저장하는 경우
  ㉤ 제3류 위험물 중 알킬알루미늄 등과 제4류 위험물(알킬알루미늄 또는 알킬리튬을 함유한 것에 한함)을 저장하는 경우
  ㉥ 제4류 위험물 중 유기과산화물과 제5류 위험물 중 유기과산화물을 저장하는 경우
② 옥내저장소에서 동일 품명의 위험물이더라도 **자연발화할 우려가 있는 위험물** 또는 재해가 현저하게 증대할 우려가 있는 위험물을 다량 저장하는 경우에는 지정수량의 10배 이하마다 구분하여 상호 간 **0.3[m] 이상**의 간격을 두어 저장해야 한다.
③ 옥내저장소에서는 용기에 수납하여 저장하는 위험물의 온도 : 55[℃] 이하

정답 ㉮ 제5류 위험물　㉯ 제6류 위험물
　　　㉰ 제1류 위험물　㉱ 제4류 위험물

087

옥내저장소에서 위험물을 저장할 경우 아래 위험물은 규정에 의한 몇 [m]의 높이를 초과하여 용기를 겹쳐 쌓지 않아야 하는가?

㉮ 기계로 하역하는 구조로 된 용기
㉯ 다이에틸에터
㉰ 등 유
㉱ 중 유

해설

옥내저장소에 저장 시 높이(아래 높이를 초과하지 말 것)
① 기계에 의하여 하역하는 구조로 된 용기만을 겹쳐 쌓는 경우 : 6[m]
② 제4류 위험물 중 **제3석유류, 제4석유류**, 동식물유류를 수납하는 용기만을 겹쳐 쌓는 경우 : 4[m]
③ 그 밖의 경우(특수인화물, 제1석유류, 제2석유류, 알코올류) : 3[m]

종 류	품 명	저장 높이
다이에틸에터	특수인화물	3[m]
등 유	제2석유류	3[m]
중 유	제3석유류	4[m]

정답 ㉮ 6[m] ㉯ 3[m]
　　　　㉰ 3[m] ㉱ 4[m]

088

알킬알루미늄 등을 저장 또는 취급하는 이동탱크저장소에 비치해야 할 서류 및 장비를 쓰시오.

해설

긴급 시의 연락처, 응급조치에 관하여 필요한 사항을 기재한 서류
알킬알루미늄 등을 저장 또는 취급하는 이동탱크저장소에는 긴급 시의 연락처, 응급조치에 관하여 필요한 사항을 기재한 서류, 방호복, 고무장갑, 밸브 등을 죄는 결합공구 및 휴대용 확성기를 비치해야 한다.

정답 방호복, 고무장갑, 밸브 등을 죄는 결합공구, 휴대용 확성기

089 위험물의 취급 중 소비에 관한 기준 3가지를 쓰시오.

해설
위험물의 취급 기준
① 위험물의 취급 중 소비에 관한 기준(중요기준)
  ㉠ 분사도장작업은 방화상 유효한 격벽 등으로 구획된 안전한 장소에서 실시할 것
  ㉡ 담금질 또는 열처리작업은 위험물이 위험한 온도에 이르지 않도록 하여 실시할 것
  ㉢ 버너를 사용하는 경우에는 버너의 역화를 방지하고 위험물이 넘치지 않도록 할 것
② 폐기에 관한 기준 : 2009. 3. 17일부로 삭제
③ 제조에 관한 기준(중요기준)
  ㉠ 증류공정에 있어서는 위험물을 취급하는 설비의 내부압력의 변동 등에 의하여 액체 또는 증기가 새지 않도록 할 것
  ㉡ 추출공정에 있어서는 추출관의 내부압력이 비정상으로 상승하지 않도록 할 것
  ㉢ 건조공정에 있어서는 위험물의 온도가 부분적으로 상승하지 않는 방법으로 가열 또는 건조할 것
  ㉣ 분쇄공정에 있어서는 위험물의 분말이 현저하게 부유하고 있거나 위험물의 분말이 현저하게 기계·기구 등에 부착하고 있는 상태로 그 기계·기구를 취급하지 않을 것

정답
- 분사 도장 작업은 방화상 유효한 격벽 등으로 구획된 안전한 장소에서 실시할 것
- 담금질 또는 열처리작업은 위험물이 위험한 온도에 이르지 않도록 하여 실시할 것
- 버너를 사용하는 경우에는 버너의 역화를 방지하고 위험물이 넘치지 않도록 할 것

090 위험물의 취급 중 제조에 관한 기준 4가지를 쓰고 설명하시오.

해설
문제 89번 참조

정답
- 증류공정 : 위험물을 취급하는 설비의 내부압력의 변동 등에 의하여 액체 또는 증기가 새지 않도록 할 것
- 추출공정 : 추출관의 내부압력이 비정상으로 상승하지 않도록 할 것
- 건조공정 : 위험물의 온도가 부분적으로 상승하지 않는 방법으로 가열 또는 건조할 것
- 분쇄공정 : 위험물의 분말이 현저하게 부유하고 있거나 위험물의 분말이 현저하게 기계·기구 등에 부착하고 있는 상태로 그 기계·기구를 취급하지 않을 것

091

다음은 위험물의 저장 및 취급에 대한 설명이다. ( ) 안에 알맞은 말을 쓰시오.

- 위험물을 저장 또는 취급하는 건축물 그 밖의 공작물 또는 설비는 해당 위험물의 성질에 따라 (㉮) 또는 (㉯)를 실시해야 한다.
- 위험물은 (㉰), 습도계, (㉱) 그 밖의 계기를 감시하여 해당 위험물의 성질에 맞는 적정한 온도, 습도 또는 압력을 유지하도록 저장 또는 취급해야 한다.
- 위험물을 (㉲) 중에 보존하는 경우에는 해당 위험물이 (㉳)으로부터 노출되지 않도록 한다.

해설

저장·취급의 공통기준

① 제조소 등에서 규정에 의한 허가 및 신고와 관련되는 품명 외의 위험물 또는 이러한 허가 및 신고와 관련되는 수량 또는 지정수량의 배수를 초과하는 위험물을 저장 또는 취급하지 않아야 한다(중요기준).
② 위험물을 저장 또는 취급하는 건축물 그 밖의 공작물 또는 설비는 해당 위험물의 성질에 따라 **차광** 또는 **환기**를 실시해야 한다.
③ 위험물은 **온도계, 습도계, 압력계** 그 밖의 계기를 감시하여 해당 위험물의 성질에 맞는 적정한 온도, 습도 또는 압력을 유지하도록 저장 또는 취급해야 한다.
④ 위험물을 저장 또는 취급하는 경우에는 위험물의 변질, 이물의 혼입 등에 의하여 해당 위험물의 위험성이 증대되지 않도록 필요한 조치를 강구해야 한다.
⑤ 위험물이 남아 있거나 남아 있을 우려가 있는 설비, 기계·기구, 용기 등을 수리하는 경우에는 안전한 장소에서 위험물을 완전하게 제거한 후에 실시해야 한다.
⑥ 위험물을 용기에 수납하여 저장 또는 취급할 때에는 그 용기는 해당 위험물의 성질에 적응하고 파손·부식·균열 등이 없는 것으로 해야 한다.
⑦ 가연성의 액체·증기 또는 가스가 새거나 체류할 우려가 있는 장소 또는 가연성의 미분이 현저하게 부유할 우려가 있는 장소에서는 전선과 전기기구를 완전히 접속하고 불꽃을 발하는 기계·기구·공구·신발 등을 사용하지 않아야 한다.
⑧ 위험물을 **보호액** 중에 보존하는 경우에는 해당 위험물이 **보호액**으로부터 노출되지 않도록 해야 한다.

정답
㉮ 차광   ㉯ 환기
㉰ 온도계 ㉱ 압력계
㉲ 보호액 ㉳ 보호액

092

가연성의 액체·증기 또는 가스가 새거나 체류할 우려가 있는 장소 또는 가연성의 미분이 현저하게 부유할 우려가 있는 장소에서 취해야 할 조치 사항 2가지를 쓰시오.

해설

제조소 등에서의 위험물의 저장 및 취급에 관한 기준

① 제조소 등에서 규정에 의한 허가 및 신고와 관련되는 품명 외의 위험물 또는 이러한 허가 및 신고와 관련되는 수량 또는 지정수량의 배수를 초과하는 위험물을 저장 또는 취급하지 않아야 한다(중요기준).
② 위험물을 저장 또는 취급하는 건축물 그 밖의 공작물 또는 설비는 해당 위험물의 성질에 따라 차광 또는 환기를 실시해야 한다.

③ 위험물은 온도계, 습도계, 압력계 그 밖의 계기를 감시하여 해당 위험물의 성질에 맞는 적정한 온도, 습도 또는 압력을 유지하도록 저장 또는 취급해야 한다.
④ 위험물을 저장 또는 취급하는 경우에는 위험물의 변질, 이물의 혼입 등에 의하여 해당 위험물의 위험성이 증대되지 않도록 필요한 조치를 강구해야 한다.
⑤ 위험물이 남아 있거나 남아 있을 우려가 있는 설비, 기계·기구, 용기 등을 수리하는 경우에는 안전한 장소에서 위험물을 완전하게 제거한 후에 실시해야 한다.
⑥ 위험물을 용기에 수납하여 저장 또는 취급할 때에는 그 용기는 해당 위험물의 성질에 적응하고 파손·부식·균열 등이 없는 것으로 해야 한다.
⑦ **가연성의 액체·증기** 또는 **가스가 새거나 체류할 우려가 있는 장소** 또는 가연성의 미분이 현저하게 부유할 우려가 있는 장소에서는 **전선과 전기기구를 완전히 접속하고 불꽃을 발하는 기계·기구·공구·신발 등을 사용하지 않아야 한다.**
⑧ 위험물을 보호액 중에 보존하는 경우에는 해당 위험물이 보호액으로부터 노출되지 않도록 해야 한다.

정답
- 전선과 전기기구를 완전히 접속한다.
- 불꽃을 발하는 기계·기구·공구·신발 등을 사용하지 않아야 한다.

093

위험물의 저장기준에 대하여 (   ) 안에 적당한 말을 쓰시오.

- 옥외저장탱크·옥내저장탱크 또는 지하 저장탱크 중 압력탱크에 저장하는 아세트알데히드 등 또는 다이에틸에터 등의 온도는 (㉮)[℃] 이하로 유지할 것
- 보냉장치가 있는 이동저장탱크에 저장하는 아세트알데히드 등 또는 다이에틸에터 등의 온도는 해당 위험물의 (㉯) 이하로 유지할 것
- 보냉장치가 없는 이동저장탱크에 저장하는 아세트알데히드 등 또는 다이에틸에터 등의 온도는 (㉰)[℃] 이하로 유지할 것

해설
위험물의 저장기준(시행규칙 별표 18)
① 옥외저장탱크·옥내저장탱크 또는 지하저장탱크 중 압력탱크 외의 탱크에 저장하는 다이에틸에터 등 또는 아세트알데히드 등의 온도는 산화프로필렌과 이를 함유한 것 또는 다이에틸에터 등에 있어서는 30[℃] 이하로, 아세트알데히드 또는 이를 함유한 것에 있어서는 15[℃] 이하로 각각 유지할 것
② 옥외저장탱크·옥내저장탱크 또는 지하저장탱크 중 **압력탱크에 저장하는 아세트알데히드 등** 또는 **다이에틸에터 등의 온도는 40[℃] 이하로 유지할 것**
③ **보냉장치가 있는 이동저장탱크**에 저장하는 아세트알데히드 등 또는 다이에틸에터 등의 온도는 해당 위험물의 **비점 이하**로 유지할 것
④ **보냉장치가 없는 이동저장탱크**에 저장하는 아세트알데히드 등 또는 다이에틸에터 등의 온도는 **40[℃] 이하**로 유지할 것

정답
㉮ 40
㉯ 비 점
㉰ 40

094

> 휘발유를 저장하던 이동저장탱크에 등유나 경유를 주입할 때 또는 등유나 경유를 저장하던 이동저장탱크에 휘발유를 주입할 때에는 정전기 등으로 인한 재해발생을 방지하기 위한 조치 3가지 쓰시오.

해설

휘발유를 저장하던 이동저장탱크에 등유나 경유를 주입할 때 또는 등유나 경유를 저장하던 이동지장텡크에 휘발유를 주입할 때에는 다음의 기준에 따라 **정전기** 등에 의한 재해를 **방지하기 위한 조치**를 할 것
① 이동저장탱크의 상부로부터 위험물을 주입할 때에는 위험물의 액표면이 주입관의 끝부분을 넘는 높이가 될 때까지 그 주입관 내의 유속을 **초당 1[m] 이하**로 할 것
② 이동저장탱크의 밑 부분으로부터 위험물을 주입할 때에는 위험물의 액표면이 주입관의 정상부분을 넘는 높이가 될 때까지 그 주입배관 내의 유속을 초당 1[m] 이하로 할 것
③ 그 밖의 방법에 의한 위험물의 주입은 이동저장탱크에 가연성 증기가 잔류하지 않도록 조치하고 안전한 상태로 있음을 확인한 후에 할 것

정답
- 이동저장탱크의 상부로부터 위험물을 주입할 때에는 위험물의 액표면이 주입관의 끝부분을 넘는 높이가 될 때까지 그 주입관 내의 유속을 초당 1[m] 이하로 할 것
- 이동저장탱크의 밑부분으로부터 위험물을 주입할 때에는 위험물의 액표면이 주입관의 정상부분을 넘는 높이가 될 때까지 그 주입배관 내의 유속을 초당 1[m] 이하로 할 것
- 그 밖의 방법에 의한 위험물의 주입은 이동저장탱크에 가연성 증기가 잔류하지 않도록 조치하고 안전한 상태로 있음을 확인한 후에 할 것

095

> 아세트알데하이드를 저장하는 탱크의 사용해서는 안 되는 금속 4가지와 이유를 설명하시오.

해설

아세트알데하이드는 **구리**(Cu), **마그네슘**(Mg), **은**(Ag), **수은**(Hg)과 반응하면 폭발성 금속의 **아세틸라이드**가 생성되어 점화원에 의하여 폭발의 위험이 있다.

정답
- 사용금지 금속 : 구리(Cu), 마그네슘(Mg), 은(Ag), 수은(Hg)
- 사용금지 이유 : 아세트알데하이드는 구리(Cu), 마그네슘(Mg), 은(Ag), 수은(Hg)과 반응하면 폭발성 금속의 아세틸라이드가 생성되어 점화원에 의하여 폭발의 위험이 있기 때문

096

자연발화성 물질에 대한 다음의 (　) 안을 채우시오.

- 자연발화성 물질에 있어서는 불활성 기체를 봉입하여 밀봉하는 등 (㉮)와 접하지 않도록 할 것
- 자연발화성 물질 외의 물품에 있어서는 파라핀·경유·등유 등의 보호액으로 채워 밀봉하거나 불활성 기체를 봉입하여 밀봉하는 등 (㉯)과 접하지 않도록 할 것
- 자연발화성 물질 중 알킬알루미늄 등은 운반용기의 내용적의 (㉰)[%] 이하의 수납률로 수납하되, (㉱)[℃]의 온도에서 (㉲)[%] 이상의 공간용적을 유지하도록 할 것

해설

운반용기의 적재방법(시행규칙 별표 19)

① 위험물이 온도변화 등에 의하여 누설되지 않도록 운반용기를 밀봉하여 수납할 것. 다만, 온도변화 등에 의한 위험물로부터의 가스의 발생으로 운반용기 안의 압력이 상승할 우려가 있는 경우(발생한 가스가 독성 또는 인화성을 갖는 등 위험성이 있는 경우를 제외)에는 가스의 배출구(위험물의 누설 및 다른 물질의 침투를 방지하는 구조로 된 것에 한한다)를 설치한 운반용기에 수납할 수 있다.
② 수납하는 위험물과 위험한 반응을 일으키지 않는 등 해당 위험물의 성질에 적합한 재질의 운반용기에 수납할 것
③ **고체 위험물**은 운반용기 내용적의 **95[%]** 이하의 **수납률**로 수납할 것
④ **액체 위험물**은 운반용기 내용적의 **98[%]** 이하의 **수납률**로 수납하되, 55[℃]의 온도에서 누설되지 않도록 충분한 공간용적을 유지하도록 할 것
⑤ 하나의 외장용기에는 다른 종류의 위험물을 수납하지 않을 것
⑥ 제3류 위험물은 다음의 기준에 따라 운반용기에 수납할 것
　㉠ **자연발화성 물질**에 있어서는 불활성 기체를 봉입하여 밀봉하는 등 **공기**와 접하지 않도록 할 것
　㉡ **자연발화성 물질 외의 물품**에 있어서는 파라핀·경유·등유 등의 보호액으로 채워 밀봉하거나 불활성 기체를 봉입하여 밀봉하는 등 **수분**과 접하지 않도록 할 것
　㉢ 자연발화성 물질 중 **알킬알루미늄** 등은 운반용기의 내용적 **90[%]** 이하의 수납률로 수납하되, **50[℃]**의 온도에서 **5[%]** 이상의 공간용적을 유지하도록 할 것

정답　㉮ 공 기　　㉯ 수 분
　　　　㉰ 90[%]　　㉱ 50[℃]
　　　　㉲ 5[%]

097

위험물 운반용기 5가지를 쓰시오.

해설

운반

① 운반용기의 재질
　㉠ 강판　　　　㉡ 알루미늄판
　㉢ 양철판　　　㉣ 유리
　㉤ 금속판　　　㉥ 종이
　㉦ 플라스틱　　㉧ 섬유판
　㉨ 고무류　　　㉩ 합성섬유
　㉪ 삼　　　　　㉫ 짚
　㉬ 나무

② 운반방법(지정수량 이상 운반 시)
  ㉠ 한 변의 길이가 0.3[m] 이상, 다른 한 변의 길이가 0.6[m] 이상인 직사각형의 판으로 할 것
  ㉡ 흑색바탕에 황색의 반사도료 그 밖의 반사성이 있는 재료로 "위험물"이라고 표시할 것
  ㉢ 표지는 차량의 전면 및 후면의 보기 쉬운 곳에 내걸 것
  ㉣ 지정수량 이상의 위험물을 차량으로 운반하는 경우에는 해당 위험물에 적응성이 있는 소형소화기를 해당 위험물의 소요단위에 상응하는 능력단위 이상을 갖추어야 한다.

정답
- 강 판
- 알루미늄판
- 양철판
- 유 리
- 금속판

098 위험물 운반 시 차광성이 있는 것으로 피복해야 하는 위험물의 종류를 쓰시오.

해설
운반용기
① **차광성이 있는 것으로 피복**
  ㉠ 제1류 위험물
  ㉡ 제3류 위험물 중 자연발화성 물질
  ㉢ 제4류 위험물 중 특수인화물
  ㉣ 제5류 위험물
  ㉤ 제6류 위험물
② **방수성이 있는 것으로 피복**
  ㉠ 제1류 위험물 중 **알칼리금속의 과산화물**
  ㉡ 제2류 위험물 중 **철분·금속분·마그네슘**
  ㉢ 제3류 위험물 중 **금수성 물질**
③ 운반용기의 외부 표시 사항
  ㉠ 위험물의 **품명, 위험등급, 화학명 및 수용성**(제4류 위험물의 수용성인 것에 한함)
  ㉡ 위험물의 수량
  ㉢ 주의사항

정답
- 제1류 위험물
- 제3류 위험물 중 자연발화성 물질
- 제4류 위험물 중 특수인화물
- 제5류 위험물
- 제6류 위험물

099 위험물 운반 시 방수성이 있는 것으로 피복해야 하는 위험물의 종류를 쓰시오.

해설
문제 98번 참조

정답
- 제1류 위험물 중 알칼리금속의 과산화물
- 제2류 위험물 중 철분·금속분·마그네슘
- 제3류 위험물 중 금수성 물질

100

제6류 위험물의 용기 수납률을 쓰시오.

해설

수납기준

① 위험물이 온도변화 등에 의하여 누설되지 않도록 운반용기를 밀봉하여 수납할 것. 다만, 온도변화 등에 의한 위험물로부터의 가스의 발생으로 운반용기 안의 압력이 상승할 우려가 있는 경우(발생한 가스가 독성 또는 인화성을 갖는 등 위험성이 있는 경우를 제외한다)에는 가스의 배출구(위험물의 누설 및 다른 물질의 침투를 방지하는 구조로 된 것에 한한다)를 설치한 운반용기에 수납할 수 있다.
② 수납하는 위험물과 위험한 반응을 일으키지 않는 등 해당 위험물의 성질에 적합한 재질의 운반용기에 수납할 것
③ **고체 위험물**은 운반용기 내용적의 **95[%] 이하의 수납률**로 수납할 것
④ **액체 위험물**은 운반용기 내용적의 **98[%] 이하의 수납률**로 수납하되, 55[℃]의 온도에서 누설되지 않도록 충분한 공간용적을 유지하도록 할 것

> 제6류 위험물(산화성 액체)의 수납률 : 98[%] 이하

⑤ 하나의 외장용기에는 다른 종류의 위험물을 수납하지 않을 것
⑥ 제3류 위험물은 다음의 기준에 따라 운반용기에 수납할 것
  ㉠ **자연발화성 물질**에 있어서는 **불활성 기체**를 봉입하여 밀봉하는 등 **공기**와 접하지 않도록 할 것
  ㉡ **자연발화성 물질 외의 물품**에 있어서는 파라핀·경유·등유 등의 보호액으로 채워 밀봉하거나 불활성 기체를 봉입하여 밀봉하는 등 **수분**과 접하지 않도록 할 것
  ㉢ 자연발화성 물질 중 **알킬알루미늄** 등은 운반용기의 내용적의 **90[%] 이하**의 수납률로 수납하되, 50[℃]의 온도에서 5[%] 이상의 공간용적을 유지하도록 할 것

정답 98[%] 이하

101

위험물 운반용기에 수납하여 운반하고자 할 때 액체와 고체의 용기의 수납률은 얼마인가?

해설

문제 100번 참조

정답
  • 고체 위험물 운반용기 수납률 : 내용적의 95[%] 이하
  • 액체 위험물 운반용기 수납률 : 내용적의 98[%] 이하

102

위험물 운반용기의 외부 표시 사항 중 주의사항을 제1류 위험물에서 제6류 위험물을 전부 쓰시오.

해설

운반용기의 외부 표시 사항

① 위험물의 품명, 위험등급, 화학명 및 수용성(제4류 위험물의 수용성인 것에 한함)
② 위험물의 수량

③ 주의사항
  ㉠ 제1류 위험물
    • 알칼리금속의 과산화물 : 화기·충격주의, 물기엄금, 가연물접촉주의
    • 그 밖의 것 : 화기·충격주의, 가연물접촉주의
  ㉡ 제2류 위험물
    • 철분·금속분·마그네슘 : 화기주의, 물기엄금
    • **인화성 고체 : 화기엄금**
    • 그 밖의 것 : 화기주의
  ㉢ 제3류 위험물
    • **자연발화성 물질 : 화기엄금, 공기접촉엄금**
    • 금수성 물질 : 물기엄금
  ㉣ **제4류 위험물 : 화기엄금**
  ㉤ 제5류 위험물 : 화기엄금, 충격주의
  ㉥ **제6류 위험물 : 가연물접촉주의**
  ※ 최대용적이 1[L] 이하인 운반용기[제1류, 제2류, 제4류 위험물(위험등급 Ⅰ은 제외)]의 품명 및 주의사항은 위험물의 통칭명 및 해당 주의사항과 동일한 의미가 있는 다른 표시로 대신할 수 있다.

정답
• 제1류 위험물
  − 알칼리금속의 과산화물 : 화기·충격주의, 물기엄금, 가연물접촉주의
  − 그 밖의 것 : 화기·충격주의, 가연물접촉주의
• 제2류 위험물
  − 철분·금속분·마그네슘 : 화기주의, 물기엄금
  − 인화성 고체 : 화기엄금
  − 그 밖의 것 : 화기주의
• 제3류 위험물
  − 자연발화성 물질 : 화기엄금, 공기접촉엄금
  − 금수성 물질 : 물기엄금
• 제4류 위험물 : 화기엄금
• 제5류 위험물 : 화기엄금, 충격주의
• 제6류 위험물 : 가연물접촉주의

103

다음 위험물의 운반용기 외부 포장 표시 중 수납 위험물의 주의사항을 쓰시오.
• 과염소산염류
• 칼 륨
• 인화석회
• 셀룰로이드

해설
문제 102번 참조

정답
• 과염소산염류(제1류) : 화기주의, 충격주의 및 가연물 접촉주의
• 칼륨(제3류) : 물기엄금
• 인화석회(제3류) : 물기엄금
• 셀룰로이드(제5류) : 화기엄금 및 충격주의

104

다음의 위험물을 용기에 운반할 때 주의사항을 쓰시오.
- 과염소산
- 칼 륨
- 철분, 금속분
- 이황화탄소

해설

운반용기의 외부 표시 사항
① 위험물의 품명, 위험등급, 화학명 및 수용성(제4류 위험물의 수용성인 것에 한함)
② 위험물의 수량
③ 주의사항
  ㉠ 제1류 위험물
    - 알칼리금속의 과산화물 : 화기·충격주의, 물기엄금, 가연물접촉주의
    - 그 밖의 것 : 화기·충격주의, 가연물접촉주의
  ㉡ 제2류 위험물
    - **철분·금속분·마그네슘 : 화기주의, 물기엄금**
    - 인화성 고체 : 화기엄금
    - 그 밖의 것 : 화기주의
  ㉢ 제3류 위험물
    - 자연발화성 물질 : 화기엄금, 공기접촉엄금
    - **금수성 물질 : 물기엄금**
  ㉣ **제4류 위험물 : 화기엄금**
  ㉤ 제5류 위험물 : 화기엄금, 충격주의
  ㉥ **제6류 위험물 : 가연물접촉주의**
※ 최대용적이 1[L] 이하인 운반용기[제1류, 제2류, 제4류 위험물(위험등급 I 은 제외)]의 품명 및 주의사항, 위험물의 통칭명, 주의사항은 동일한 의미가 있는 다른 표시로 대신할 수 있다.

정답
- 과염소산(제6류) : 가연물접촉주의
- 철분, 금속분(제2류) : 화기주의, 물기엄금
- 칼륨(제3류) : 물기엄금
- 이황화탄소(제4류) : 화기엄금

105

위험물을 운반하고자 할 때의 사항이다. 다음 (   ) 안을 채우시오.

유 별	제1류 위험물 중 (㉮)	제2류 위험물 중 철분, 금속분 마그네슘	제3류 위험물 중 (㉰)	제6류 위험물 중 질산
주의사항	화기·충격주의, 물기엄금, 가연물접촉주의	(㉯)	화기엄금 공기접촉엄금	(㉱)

해설

위험물 운반에 관한 사항
① 운반방법(지정수량 이상 운반 시)
  ㉠ 한 변의 길이가 0.3[m] 이상, 다른 한 변의 길이가 0.6[m] 이상인 직사각형의 판으로 할 것
  ㉡ 흑색바탕에 황색의 반사도료 그 밖의 반사성이 있는 재료로 "위험물"이라고 표시할 것
  ㉢ 표지는 차량의 전면 및 후면의 보기 쉬운 곳에 내걸 것

② 지정수량 이상의 위험물을 차량으로 운반하는 경우에는 해당 위험물에 적응성이 있는 소형소화기를 해당 위험물의 소요단위에 상응하는 능력단위 이상을 갖추어야 한다.

$$\text{소요단위} = \text{저장(운반)수량} \div (\text{지정수량} \times 10)$$

※ 위험물은 지정수량의 10배를 1소요단위로 한다.

② 적재방법
  ㉠ 고체 위험물 : 운반용기 내용적의 95[%] 이하의 수납률로 수납할 것
  ㉡ 액체 위험물 : 운반용기 내용적이 98[%] 이하의 수납률로 수납하되, 55[℃]의 온도에서 누설되지 않도록 충분한 공간용적을 유지하도록 할 것
  ㉢ 적재위험물에 따른 조치

구 분	차광성이 있는 것으로 피복	방수성이 있는 것으로 피복
해당 위험물	• 제1류 위험물 • 제3류 위험물 중 자연발화성 물질 • 제4류 위험물 중 특수인화물 • 제5류 위험물 • 제6류 위험물	• 제1류 위험물 중 알칼리금속의 과산화물 • 제2류 위험물 중 철분·금속분·마그네슘 • 제3류 위험물 중 금수성 물질

③ 운반용기의 외부 표시 사항
  ㉠ 위험물의 품명, 위험등급, 화학명 및 수용성(제4류 위험물의 수용성인 것에 한함)
  ㉡ 위험물의 수량
  ㉢ 주의사항

분 류		주의사항
제1류 위험물	알칼리금속의 과산화물 또는 이를 함유하는 것	화기·충격주의, 물기엄금, 가연물접촉주의
	그 밖의 것	화기·충격주의, 가연물접촉주의
제2류 위험물	철분·금속분·마그네슘	**화기주의, 물기엄금**
	인화성 고체	화기엄금
	그 밖의 것	화기주의
제3류 위험물	**자연발화성 물질**	**화기엄금, 공기접촉엄금**
	금수성 물질	물기엄금
제4류 위험물		화기엄금
제5류 위험물		화기엄금, 충격주의
제6류 위험물		**가연물접촉주의**

정답 ㉮ 알칼리금속의 과산화물 또는 이를 함유하는 것
  ㉯ 화기주의 및 물기엄금
  ㉰ 자연발화성 물질
  ㉱ 가연물 접촉주의

106 운반 시 제6류 위험물과 혼재 불가능한 유별 4가지를 쓰시오.

해설

혼재 여부

① 옥내저장소 또는 옥외저장소에 저장하는 경우
   유별을 달리하는 위험물은 동일한 저장소에 저장하지 않아야 한다. 다만, 옥내저장소 또는 옥외저장소에 있어서 다음의 규정에 의한 위험물을 저장하는 경우로서 위험물을 유별로 정리하여 저장하는 한편, 서로 1[m] 이상의 간격을 두는 경우에는 그렇지 않다.
   ㉠ 제1류 위험물(알칼리금속의 과산화물 또는 이를 함유한 것을 제외)과 제5류 위험물을 저장하는 경우
   ㉡ **제1류 위험물**과 **제6류 위험물**을 저장하는 경우
   ㉢ 제1류 위험물과 제3류 위험물 중 자연발화성 물질(황린 또는 이를 함유한 것에 한한다)을 저장하는 경우
   ㉣ 제2류 위험물 중 인화성 고체와 제4류 위험물을 저장하는 경우
   ㉤ 제3류 위험물 중 알킬알루미늄 등과 제4류 위험물(알킬알루미늄 또는 알킬리튬을 함유한 것에 한한다)을 저장하는 경우
   ㉥ 제4류 위험물 중 유기과산화물 또는 이를 함유하는 것과 제5류 위험물 중 유기과산화물 또는 이를 함유한 것을 저장하는 경우

② 운반 시 유별을 달리하는 위험물의 혼재 기준(별표 19 관련)

위험물의 구분	제1류	제2류	제3류	제4류	제5류	제6류
제1류		×	×	×	×	○
제2류	×		×	○	○	×
제3류	×	×		○	×	×
제4류	×	○	○		○	×
제5류	×	○	×	○		×
제6류	○	×	×	×	×	

비고 : 1. "×" 표시는 혼재할 수 없음을 표시한다.
2. "○" 표시는 혼재할 수 있음을 표시한다.
3. 이 표는 지정수량의 $\frac{1}{10}$ 이하의 위험물에 대하여는 적용하지 않는다.

※ 유별 혼재가능, 불가능 문제는 완벽하지는 않지만 현재까지 출제된 문제는 전부 다 **운반 시** 혼재 가능 또는 불가능으로 보고 풀이하면 됩니다.
[암기방법]
• 3 + 4(삼사 : 3군사관학교)
• 5 + 2 + 4(오이사 : 오 氏의 성을 가진 사람의 직급이 이사급이다)
• 1 + 6

정답
• 제2류 위험물
• 제4류 위험물
• 제3류 위험물
• 제5류 위험물

107

다음 [보기]의 위험물에 대한 위험등급을 쓰시오.

> **[보 기]**
> 칼륨, 리튬, 나이트로셀룰로스, 염소산칼륨, 아세트산, 황, 질산칼륨, 에탄올, 클로로벤젠

해설

위험등급
① **위험등급Ⅰ의 위험물**
  ㉠ 제1류 위험물 중 아염소산염류, **염소산염류(염소산칼륨)**, 과염소산염류, 무기과산화물 그 밖에 지정수량이 50[kg]인 위험물
  ㉡ 제3류 위험물 중 **칼륨**, 나트륨, 알킬알루미늄, 알킬리튬, 황린 그 밖에 지정 수량이 10[kg] 또는 20[kg]인 위험물
  ㉢ 제4류 위험물 중 특수인화물
  ㉣ 제5류 위험물 중 유기과산화물(제1종), **질산에스터류(나이트로셀룰로스)** 그 밖에 지정수량이 10[kg]인 위험물
  ㉤ 제6류 위험물
② **위험등급Ⅱ의 위험물**
  ㉠ 제1류 위험물 중 브로민산염류, **질산염류(질산칼륨)**, 아이오딘산염류 그 밖에 지정수량이 300[kg]인 위험물
  ㉡ 제2류 위험물 중 황화인, 적린, **황** 그 밖에 지정수량이 100[kg]인 위험물
  ㉢ 제3류 위험물 중 **알칼리금속**(칼륨 및 나트륨을 제외한다) 및 **알칼리토금속(리튬)**, 유기금속화합물(알킬알루미늄 및 알킬리튬을 제외한다) 그 밖에 지정수량이 50[kg]인 위험물
  ㉣ 제4류 위험물 중 제1석유류 및 **알코올류(에탄올)**
  ㉤ 제5류 위험물 중 ①의 ㉣에 정하는 위험물 외의 것
③ **위험등급Ⅲ의 위험물** : ① 및 ②에 정하지 않은 위험물(**클로로벤젠, 아세트산 : 제2석유류**)

정답
- 위험등급Ⅰ의 위험물 : 칼륨, 나이트로셀룰로스, 염소산칼륨
- 위험등급Ⅱ의 위험물 : 리튬, 황, 질산칼륨, 에탄올
- 위험등급Ⅲ의 위험물 : 아세트산, 클로로벤젠

108 신속평형법 인화점측정기에 의한 인화점 측정방법을 쓰시오.

(1) 시험장소는 기압 (㉮), 무풍의 장소로 할 것
(2) 신속평형법 인화점측정기의 시료 컵을 설정온도까지 가열 또는 냉각하여 시험물품(설정온도가 상온보다 낮은 온도인 경우에는 설정온도까지 냉각한 것) (㉯)[mL]를 시료 컵에 넣고 즉시 뚜껑 및 개폐기를 닫을 것
(3) 시료 컵의 온도를 (㉰)간 설정온도로 유지할 것
(4) 시험불꽃을 점화하고 화염의 크기를 직경 (㉱)[mm]가 되도록 조정할 것
(5) (㉲)분 경과 후 개폐기를 작동하여 시험불꽃을 시료 컵에 (㉳)초간 노출시키고 닫을 것. 이 경우 시험불꽃을 급격히 상하로 움직이지 않아야 한다.
(6) (5)의 방법에 의하여 인화한 경우에는 인화하지 않을 때까지 설정온도를 낮추고, 인화하지 않는 경우에는 인화할 때까지 설정온도를 높여 (2) 내지 (5)의 조작을 반복하여 인화점을 측정할 것

> 해설

인화점 시험방법
① **태그(Tag)밀폐식 인화점측정기에 의한 인화점 측정시험방법**
  ㉠ 시험장소는 기압 **1기압**, **무풍**의 장소로 할 것
  ㉡ 원유 및 석유제품 인화점 시험방법-태그밀폐식 시험방법(KS M 2010)에 의한 인화점측정기의 시료 컵에 시험물품 50[cm^3]를 넣고 시험물품의 표면의 기포를 제거한 후 뚜껑을 덮을 것
  ㉢ 시험불꽃을 점화하고 화염의 크기를 직경이 4[mm]가 되도록 조정할 것
  ㉣ 시험물품의 온도가 60초간 1[℃]의 비율로 상승하도록 수조를 가열하고 시험물품의 온도가 설정온도보다 5[℃] 낮은 온도에 도달하면 개폐기를 작동하여 시험불꽃을 시료 컵에 1초간 노출시키고 닫을 것. 이 경우 시험불꽃을 급격히 상하로 움직이지 않아야 한다.
  ㉤ ㉣의 방법에 의하여 인화하지 않는 경우에는 시험물품의 온도가 0.5[℃] 상승 때마다 개폐기를 작동하여 시험불꽃을 시료 컵에 1초간 노출시키고 닫는 조작을 인화할 때까지 반복할 것
  ㉥ ㉤의 방법에 의하여 인화한 온도가 60[℃] 미만의 온도이고 설정온도와의 차가 2[℃]를 초과하지 않는 경우에는 해당 온도를 인화점으로 할 것
  ㉦ ㉣의 방법에 의하여 인화한 경우 및 ㉤의 방법에 의하여 인화한 온도와 설정온도와의 차가 2[℃]를 초과하는 경우에는 ㉡ 내지 ㉤에 의한 방법으로 반복하여 실시할 것
  ㉧ ㉤의 방법 및 ㉦의 방법에 의하여 인화한 온도가 60[℃] 이상의 온도인 경우에는 ㉨ 내지 ㉴의 순서에 의하여 실시할 것
  ㉨ ㉡ 및 ㉢와 같은 순서로 실시할 것
  ㉩ 시험물품의 온도가 60초간 3[℃]의 비율로 상승하도록 수조를 가열하고 시험물품의 온도가 설정온도보다 5[℃] 낮은 온도에 도달하면 개폐기를 작동하여 시험불꽃을 시료 컵에 1초간 노출시키고 닫을 것. 이 경우 시험불꽃을 급격히 상하로 움직이지 않아야 한다.
  ㉪ ㉩의 방법에 의하여 인화하지 않는 경우에는 시험물품의 온도가 1[℃] 상승마다 개폐기를 작동하여 시험불꽃을 시료 컵에 1초간 노출시키고 닫는 조작을 인화할 때까지 반복할 것
  ㉫ ㉪의 방법에 의하여 인화한 온도와 설정온도와의 차가 2[℃]를 초과하지 않는 경우에는 해당 온도를 인화점으로 할 것
  ㉬ ㉩의 방법에 의하여 인화한 경우 및 ㉪의 방법에 의하여 인화한 온도와 설정온도와의 차가 2[℃]를 초과하는 경우에는 ㉨ 내지 ㉪과 같은 순서로 반복하여 실시할 것
② **신속평형법 인화점측정기에 의한 인화점 측정시험 방법**
  ㉠ 시험장소는 기압 **1기압**, **무풍**의 장소로 할 것
  ㉡ 신속평형법 인화점측정기의 시료 컵을 설정온도까지 가열 또는 냉각하여 시험물품(설정온도가 상온보다 낮은 온도인 경우에는 설정온도까지 냉각한 것) **2[mL]**를 시료 컵에 넣고 즉시 뚜껑 및 개폐기를 닫을 것

ⓒ 시료 컵의 온도를 **1분간** 설정온도로 유지할 것
ⓔ 시험불꽃을 점화하고 화염의 크기를 직경 **4[mm]**가 되도록 조정할 것
ⓓ 1분 경과 후 개폐기를 작동하여 시험불꽃을 시료 컵에 **2.5초간** 노출시키고 닫을 것. 이 경우 시험불꽃을 급격히 상하로 움직이지 않아야 한다.
ⓕ ⓓ의 방법에 의하여 인화한 경우에는 인화하지 않을 때까지 설정온도를 낮추고, 인화하지 않는 경우에는 인화할 때까지 설정온도를 높여 ⓒ 내지 ⓓ의 조작을 반복하여 인화점을 측정할 것

③ 클리블랜드(Cleveland) 개방컵 인화점측정기에 의한 인화점 측정시험방법
  ㉠ 시험장소는 기압 1기압, 무풍의 장소로 할 것
  ㉡ 인화점 및 연소점 시험방법-클리블랜드 개방컵 시험방법(KS M ISO 2592)에 의한 인화점측정기의 시료 컵의 표선(標線)까지 시험물품을 채우고 시험물품의 표면의 기포를 제거할 것
  ㉢ 시험불꽃을 점화하고 화염의 크기를 직경 4[mm]가 되도록 조정할 것
  ㉣ 시험물품의 온도가 60초간 14[℃]의 비율로 상승하도록 가열하고 설정온도보다 55[℃] 낮은 온도에 달하면 가열을 조절하여 설정온도보다 28[℃] 낮은 온도에서 60초간 5.5[℃]의 비율로 온도가 상승하도록 할 것
  ㉤ 시험물품의 온도가 설정온도보다 28[℃] 낮은 온도에 달하면 시험불꽃을 시료 컵의 중심을 횡단하여 일직선으로 1초간 통과시킬 것. 이 경우 시험불꽃의 중심을 시료 컵 위쪽 가장자리의 상방 2[mm] 이하에서 수평으로 움직여야 한다.
  ㉥ ㉤의 방법에 의하여 인화하지 않는 경우에는 시험물품의 온도가 2[℃] 상승할 때마다 시험불꽃을 시료 컵의 중심을 횡단하여 일직선으로 1초간 통과시키는 조작을 인화할 때까지 반복할 것
  ㉦ ㉥의 방법에 의하여 인화한 온도와 설정온도와의 차가 4[℃]를 초과하지 않는 경우에는 해당 온도를 인화점으로 할 것
  ㉧ ㉤의 방법에 의하여 인화한 경우 및 ㉥의 방법에 의하여 인화한 온도와 설정온도와의 차가 4[℃]를 초과하는 경우에는 ㉡ 내지 ㉥과 같은 순서로 반복하여 실시할 것

정답 ㉮ 1기압 ㉯ 2
  ㉰ 1분 ㉱ 4
  ㉲ 1 ㉳ 2.5

109 인화성 액체의 인화점 시험 방법 2가지를 쓰시오.

해설
문제 108번 참조

정답
• 신속평형법 인화점측정기에 의한 인화점 측정 방법
• 클리블랜드(Cleveland) 개방컵 인화점측정기에 의한 인화점 측정 방법

110 소화활동설비의 종류를 쓰시오.

해설
소화시설의 종류(소방시설 설치 및 관리에 관한 법률 시행령 별표 1)
① **소화설비** : 물 또는 그 밖의 소화약제를 사용하여 소화하는 기계·기구 또는 설비
  ㉠ 소화기구
    • 소화기
    • 간이소화용구 : 에어로졸소화용구, 투척용 소화용구, 소공간용 소화용구 및 소화약제 외의 것을 이용한 간이소화용구
    • 자동확산소화기
  ㉡ **자동소화장치**
    • 주거용 주방자동소화장치   • 상업용 주방자동소화장치
    • 캐비닛형 자동소화장치   • 가스 자동소화장치
    • 분말 자동소화장치   • 고체에어로졸 자동소화장치
  ㉢ 옥내소화전설비(호스릴옥내소화전설비를 포함한다)
  ㉣ 스프링클러설비 등
    • 스프링클러설비
    • 간이스프링클러설비(캐비닛형 간이스프링클러설비를 포함한다)
    • 화재조기진압용 스프링클러설비
  ㉤ **물분무 등 소화설비**
    • 물분무소화설비
    • 미분무소화설비
    • 포소화설비
    • 이산화탄소소화설비
    • 할론소화설비
    • 할로젠화합물 및 불활성 기체(다른 원소와 화학반응을 일으키기 어려운 기체)소화설비
    • 분말소화설비
    • **강화액소화설비**
    • 고체에어로졸소화설비
  ㉥ 옥외소화전설비
② **경보설비** : 화재발생 사실을 통보하는 기계·기구 또는 설비
  ㉠ 단독경보형 감지기
  ㉡ 비상경보설비
    • 비상벨설비
    • 자동식사이렌설비
  ㉢ 시각경보기
  ㉣ 자동화재탐지설비
  ㉤ 비상방송설비
  ㉥ 자동화재속보설비
  ㉦ 통합감시시설
  ㉧ 누전경보기
  ㉨ 가스누설경보기
  ㉩ 화재알림설비
③ **피난구조설비** : 화재가 발생할 경우 피난하기 위하여 사용하는 기구 또는 설비
  ㉠ 피난기구
    • 피난사다리   • 구조대
    • 완강기   • 간이완강기
    • 그 밖에 화재안전기준으로 정하는 것

ⓒ 인명구조기구
   - 방열복, 방화복(안전모, 보호장갑, 안전화 포함)
   - 공기호흡기
   - 인공소생기
  ⓒ 유도등
   - 피난유도선
   - 피난구유도등
   - 통로유도등
   - 객석유도등
   - 유도표지
  ⓔ 비상조명등 및 휴대용비상조명등
 ④ **소화용수설비** : 화재를 진압하는 데 필요한 물을 공급하거나 저장하는 설비
  ㉠ 소화수조, 저수조 그 밖의 소화용수설비
  ㉡ 상수도 소화용수설비
 ⑤ **소화활동 설비** : 화재를 진압하거나 인명구조 활동을 위하여 사용하는 설비
  ㉠ 제연설비
  ㉡ 연결송수관설비
  ㉢ 연결살수설비
  ㉣ 비상콘센트설비
  ㉤ 무선통신보조설비
  ㉥ 연소방지설비

  정답
   - 제연설비
   - 연결송수관설비
   - 연결살수설비
   - 비상콘센트설비
   - 무선통신보조설비
   - 연소방지설비

111

위험물저장소에 옥내소화전설비가 아래와 같이 설치되어 있다. 이때 수원의 양을 계산하시오.

3층 : 6개, 4층 : 4개, 5층 : 3개, 6층 : 2개

해설

옥내소화전설비(위험물 세부기준 제129조)
① **옥내소화전설비의 설치기준**
 ㉠ 옥내소화전의 개폐밸브, 호스접속구의 설치 위치 : 바닥면으로부터 1.5[m] 이하
 ㉡ 옥내소화전의 개폐밸브 및 방수용 기구를 격납하는 상자(소화전함)는 불연재료로 제작하고 점검에 편리하고 화재발생 시 연기가 충만할 우려가 없는 장소 등 쉽게 접근이 가능하고 화재 등에 의한 피해를 받을 우려가 적은 장소에 설치할 것
 ㉢ 가압송수장치의 시동을 알리는 표시등(시동표시등)은 적색으로 하고 옥내소화전함의 내부 또는 그 직근의 장소에 설치할 것(자체소방대를 둔 제조소 등으로서 가압송수장치의 기동장치를 기동용 수압개폐장치로 사용하는 경우에는 시동표시등을 설치하지 않을 수 있다)
 ㉣ 옥내소화전함에는 그 표면에 "소화전"이라고 표시할 것
 ㉤ 옥내소화전함의 상부의 벽면에 적색의 표시등을 설치하되, 해당 표시등의 부착면과 15° 이상의 각도가 되는 방향으로 10[m] 떨어진 곳에서 용이하게 식별이 가능하도록 할 것

② 물올림장치의 설치기준
  ㉠ 설치 : 수원의 수위가 펌프(수평회전식의 것에 한함)보다 낮은 위치에 있을 때 설치
  ㉡ 물올림장치에는 전용의 물올림탱크를 설치할 것
  ㉢ 물올림탱크의 용량은 가압송수장치를 유효하게 작동할 수 있도록 할 것
  ㉣ 물올림탱크에는 감수경보장치 및 물올림탱크에 물을 자동으로 보급하기 위한 장치가 설치되어 있을 것
③ 옥내소화전설비의 비상전원
  ㉠ 종류 : 자가발전설비, 축전지설비
  ㉡ 용량 : 옥내소화전설비를 유효하게 **45분 이상** 작동시키는 것이 가능할 것
④ 배관의 설치기준
  ㉠ 전용으로 할 것
  ㉡ 가압송수장치의 토출측 직근 부분의 배관에는 체크밸브 및 개폐밸브를 설치할 것
  ㉢ 주배관 중 입상관은 관의 직경이 50[mm] 이상인 것으로 할 것
  ㉣ 개폐밸브에는 그 개폐방향을, 체크밸브에는 그 흐름방향을 표시할 것
⑤ 가압송수장치의 설치기준
  ㉠ **고가수조를 이용한 가압송수장치**
    • 낙차(수조의 하단으로부터 호스접속구까지의 수직거리)는 다음 식에 의하여 구한 수치 이상으로 할 것

$$H = h_1 + h_2 + 35[\text{m}]$$

여기서, H : 필요낙차[m] h_1 : 소방용 호스의 마찰손실수두[m]
   h_2 : 배관의 마찰손실수두[m]

    • 고가수조에는 수위계, 배수관, 오버플로우용 배수관, 보급수관 및 맨홀을 설치할 것
  ㉡ **압력수조를 이용한 가압송수장치**
    • 압력수조의 압력은 다음 식에 의하여 구한 수치 이상으로 할 것

$$P = p_1 + p_2 + p_3 + 0.35[\text{MPa}]$$

여기서, P : 필요한 압력[MPa] p_1 : 소방용 호스의 마찰손실수두압[MPa]
   p_2 : 배관의 마찰손실수두압[MPa] p_3 : 낙차의 환산수두압[MPa]

    • 압력수조의 수량은 해당 압력수조 체적의 2/3 이하일 것
    • 압력수조에는 압력계, 수위계, 배수관, 보급수관, 통기관 및 맨홀을 설치할 것
  ㉢ **펌프를 이용한 가압송수장치**
    • 펌프의 토출량은 옥내소화전의 설치개수가 가장 많은 층에 대해 해당 설치개수(설치개수가 5개 이상인 경우에는 5개로 한다)에 260[L/min]를 곱한 양 이상이 되도록 할 것
    • 펌프의 전양정은 다음 식에 의하여 구한 수치 이상으로 할 것

$$H = h_1 + h_2 + h_3 + 35[\text{m}]$$

여기서, H : 펌프의 전양정[m] h_1 : 소방용 호스의 마찰손실수두[m]
   h_2 : 배관의 마찰손실수두[m] h_3 : 낙차[m]

    • 펌프의 토출량이 정격토출량의 150[%]인 경우에는 전양정은 정격 전양정의 65[%] 이상일 것
    • 펌프는 전용으로 할 것
    • 펌프에는 토출측에 압력계, 흡입측에 연성계를 설치할 것
    • 가압송수장치에는 정격부하 운전 시 펌프의 성능을 시험하기 위한 배관설비를 설치할 것
    • 가압송수장치에는 체절 운전 시에 수온상승방지를 위한 순환배관을 설치할 것
    • 원동기는 전동기 또는 내연기관에 의한 것으로 할 것
⑥ 옥내소화전은 제조소 등의 건축물의 층마다 하나의 호스접속구까지의 수평거리가 **25[m] 이하**가 되도록 설치할 것. 이 경우 옥내소화전은 각층의 출입구 부근에 1개 이상 설치해야 한다.
⑦ 가압송수장치에는 해당 옥내소화전의 노즐 끝부분에서 방수압력이 0.7[MPa]을 초과하지 않도록 할 것

⑧ 방수량, 방수압력, 수원 등

항 목	방수량	방수압력	토출량	수 원	비상전원
옥내소화전 설비	260[L/min] 이상	0.35[MPa] 이상	N(최대 5개) $\times$ 260[L/min]	N(최대 5개)$\times$7.8[m^3] (260[L/min]$\times$30[min])	45분 이상

Plus One 소화설비의 설치 구분(세부기준 제128조)
- 옥내소화전설비 및 이동식 물분무 등 소화설비는 화재발생 시 연기가 충만할 우려가 없는 장소 등 쉽게 접근이 가능하고 화재 등에 의한 피해를 받을 우려가 적은 장소에 한하여 설치할 것
- 옥외소화전설비는 건축물의 1층 및 2층 부분만을 방사능력범위로 하고 건축물의 지하층 및 3층 이상의 층에 대하여 다른 소화설비를 설치할 것. 또한 옥외소화전설비를 옥외 공작물에 대한 소화설비로 하는 경우에도 유효방수거리 등을 고려한 방사능력 범위에 따라 설치할 것
- 제4류 위험물을 저장 또는 취급하는 탱크에 포소화설비를 설치하는 경우에는 고정식포소화설비(종형 탱크에 설치하는 것은 고정식포방출구 방식으로 하고 보조포소화전 및 연결송액구를 함께 설치할 것)를 설치할 것
- 소화난이도등급 I의 제조소 또는 일반취급소에 옥내·외소화전설비, 스프링클러설비 또는 물분무 등 소화설비를 설치 시 해당 제조소 또는 일반취급소의 취급탱크(인화점 21[℃] 미만의 위험물을 취급하는 것에 한한다)의 펌프설비, 주입구 또는 토출구가 옥내·외소화전설비, 스프링클러설비 또는 물분무 등 소화설비의 방사능력범위 내에 포함되도록 할 것. 이 경우 해당 취급탱크의 펌프설비, 주입구 또는 토출구에 접속하는 배관의 내경이 200[mm] 이상인 경우에는 해당 펌프설비, 주입구 또는 토출구에 대하여 적응성 있는 소화설비는 이동식 외의 물분무 등 소화설비에 한한다.
- 포소화설비 중 포모니터노즐방식은 옥외의 공작물(펌프설비 등을 포함) 또는 옥외에서 저장 또는 취급하는 위험물을 방호대상물로 할 것

∴ 수원 = N(소화전의 수, 최대 5개)$\times$7.8[m^3] = 5×7.8[m^3] = 39[m^3]

정답 39[m^3] 이상

---

112 위험물저장소에 옥내소화전설비의 물올림장치의 설치기준을 쓰시오.

해설
물올림장치의 설치기준
① 설치 : 수원의 수위가 펌프(수평회전식의 것에 한함)보다 낮은 위치에 있을 때 설치
② 물올림장치에는 전용의 물올림탱크를 설치할 것
③ 물올림탱크의 용량은 가압송수장치를 유효하게 작동할 수 있도록 할 것
④ 물올림탱크에는 감수경보장치 및 물올림탱크에 물을 자동으로 보급하기 위한 장치가 설치되어 있을 것

정답
- 수원의 수위가 펌프(수평회전식의 것에 한함)보다 낮은 위치에 있을 때 설치한다.
- 물올림장치에는 전용의 물올림탱크를 설치할 것
- 물올림탱크의 용량은 가압송수장치를 유효하게 작동할 수 있도록 할 것
- 물올림탱크에는 감수경보장치 및 물올림탱크에 물을 자동으로 보급하기 위한 장치가 설치되어 있을 것

113. 옥내소화전설비의 압력수조의 압력을 구하는 공식을 쓰고 기호를 설명하시오.

해설

옥내소화전설비의 가압송수장치(세부기준 제129조)

① 고가수조를 이용한 가압송수장치

$$H = h_1 + h_2 + 35 [\text{m}]$$

여기서, H : 필요낙차[m] h_1 : 소방용 호스의 마찰손실수두[m]
h_2 : 배관의 마찰손실수두[m]

② 압력수조를 이용한 가압송수장치

$$P = p_1 + p_2 + p_3 + 0.35 [\text{MPa}]$$

여기서, P : 필요한 압력[MPa] p_1 : 소방용 호스의 마찰손실수두압[MPa]
p_2 : 배관의 마찰손실수두압[MPa] p_3 : 낙차의 환산수두압[MPa]

③ 펌프를 이용한 가압송수장치

$$H = h_1 + h_2 + h_3 + 35 [\text{m}]$$

여기서, P : 펌프의 전양정[m] h_1 : 소방용 호스의 마찰손실수두[m]
h_2 : 배관의 마찰손실수두[m] h_3 : 낙차의 환산수두[m]

정답
- 공식 : $P = p_1 + p_2 + p_3 + 0.35 [\text{MPa}]$
- 기호 설명
  P : 필요한 압력[MPa]
  p_1 : 소방용 호스의 마찰손실수두압[MPa]
  p_2 : 배관의 마찰손실수두압[MPa]
  p_3 : 낙차의 환산수두압[MPa]

114. 수계 소화설비의 가압송수장치 중 펌프의 점검사항을 5가지를 쓰시오.

해설

수계 소화설비의 펌프의 점검사항(세부기준 별지 제18호)
① 누수·부식·변형·손상 유무 — 육안
② 회전부 등의 급유상태 적부 — 육안
③ 기능의 적부 — 작동확인
④ 고정상태의 적부 — 육안
⑤ 이상소음·진동·발열 유무 — 육안 및 작동확인
⑥ 압력의 적부 — 육안
⑦ 계기판의 적부 — 육안

옥내소화전설비, 옥외소화전설비, 스프링클러설비, 물분무소화설비, 포소화설비는 수계 소화설비로서 펌프의 점검사항이 동일하다.

정답
- 기능의 적부 – 작동확인
- 고정상태의 적부 – 육안
- 이상소음·진동·발열의 유무 – 육안 및 작동확인
- 압력의 적부 – 육안
- 계기판의 적부 – 육안

115 습식 스프링클러설비를 다른 스프링클러설비와 비교했을 때 장단점 각 2가지를 쓰시오.

해설
습식 스프링클러설비의 장단점
① 장 점
  ㉠ 구조가 간단하고 공사비가 저렴하다.
  ㉡ 헤드까지 물이 충만되어 있으므로 화재발생 시에 물이 즉시 방수되어 소화가 빠르다.
  ㉢ 다른 종류의 스프링클러설비보다 유지관리가 쉽다.
  ㉣ 화재감지기가 없는 설비로서 작동에 있어서 가장 신뢰성이 있는 설비이다.
② 단 점
  ㉠ 차고나 주차장 등 배관의 물이 동결될 우려가 있는 장소에는 설치할 수 없다.
  ㉡ 배관의 누수 등으로 물의 피해가 우려되는 장소에는 부적합하다.
  ㉢ 화재발생 시 감지기 기동방식보다 경보가 늦게 울린다.

정답
- 장 점
  - 구조가 간단하고 공사비가 저렴하다.
  - 헤드까지 물이 충만되어 있으므로 화재발생 시에 물이 즉시 방수되어 소화가 빠르다.
- 단 점
  - 차고나 주차장 등 배관의 물이 동결될 우려가 있는 장소에는 설치할 수 없다.
  - 배관의 누수 등으로 물의 피해가 우려되는 장소에는 부적합하다.

116 위험물안전관리법 시행규칙에 의하여 스프링클러설비의 설치기준에 대하여 답하시오.
- 스프링클러헤드는 방호대상물의 천장 또는 건축물의 최상부 부근(천장이 설치되지 않는 경우)에 설치하되 방호대상물의 각 부분으로부터 하나의 헤드까지의 수평거리는?
- 스프링클러설비의 방사압력과 방수량은?

해설
스프링클러설비 설치기준
① 스프링클러헤드는 방호대상물의 천장 또는 건축물의 최상부 부근(천장이 설치되지 않는 경우)에 설치하되 방호대상물의 각 부분으로부터 하나의 헤드까지의 수평거리는 1.7[m] 이하가 되도록 설치할 것
② **스프링클러설비의 방사압력과 방수량**
  ㉠ 방사압력 : 100[kPa]
  ㉡ 방수량 : 80[L/min]

정답
- 1.7[m] 이하
- 방사압력 : 100[kPa], 방수량 : 80[L/min]

117 물분무소화설비의 기동장치 점검사항 3가지를 쓰시오.

해설

물분무소화설비, 스프링클러설비의 점검사항(세부기준 별지 제19호)
① **펌프의 점검내용 및 점검방법**
  ㉠ 누수·부식·변형·손상 유무 - 육안
  ㉡ 회전부 등의 급유상태 적부 - 육안
  ㉢ 기능의 적부 - 작동확인
  ㉣ 고정상태의 적부 - 육안
  ㉤ 이상소음·진동·발열 유무 - 육안 및 작동확인
  ㉥ 압력의 적부 - 육안
  ㉦ 계기판의 적부 - 육안
② **기동장치의 점검내용**
  ㉠ 조작부 주위의 장애물 유무 - 육안
  ㉡ 표지의 손상의 유무 및 기재사항의 적부 - 육안
  ㉢ 기능의 적부 - 작동확인

정답
- 조작부 주위의 장애물 유무 - 육안
- 표지의 손상의 유무 및 기재사항의 적부 - 육안
- 기능의 적부 - 작동확인

118 포소화설비의 포소화약제 저장탱크의 설치기준 5가지를 쓰시오.

해설

포소화설비의 설치기준(세부기준 제133조)
① **포소화약제 저장탱크의 설치기준**
  ㉠ 화재 등의 재해로 인한 피해를 받을 우려가 없는 장소에 설치할 것
  ㉡ 기온의 변동으로 포의 발생에 장애를 주지 않는 장소에 설치할 것. 다만, 기온의 변동에 영향을 받지 않는 포소화약제의 경우에는 그렇지 않다.
  ㉢ 포소화약제가 변질될 우려가 없고 점검에 편리한 장소에 설치할 것
  ㉣ 가압송수장치 또는 포소화약제 혼합장치의 기동에 따라 압력이 가해지는 것 또는 상시 가압된 상태로 사용되는 것에 있어서는 압력계를 설치할 것
  ㉤ 포소화약제 저장량의 확인이 쉽도록 액면계 또는 계량봉 등을 설치할 것
  ㉥ 가압식이 아닌 저장탱크는 그라스게이지를 설치하여 액량을 측정할 수 있는 구조로 할 것
② **고정식 방출구(Foam Chamber)의 종류**
  고정식 포방출구방식은 탱크에서 저장 또는 취급하는 위험물의 화재를 유효하게 소화할 수 있도록 하는 포방출구
  ㉠ Ⅰ형 : 고정지붕구조의 탱크에 상부포주입법(고정포방출구를 탱크옆판의 상부에 설치하여 액표면상에 포를 방출하는 방법을 말한다)을 이용하는 것으로서 방출된 포가 액면 아래로 몰입되거나 액면을 뒤섞지 않고 액면상을 덮을 수 있는 통계단 또는 미끄럼판 등의 설비 및 탱크 내의 위험물증기가 외부로 역류되는 것을 저지할 수 있는 구조·기구를 갖는 포방출구
  ㉡ Ⅱ형 : 고정지붕구조 또는 부상덮개부착고정지붕구조(옥외저장탱크의 액상에 금속제의 플로팅, 팬 등의 덮개를 부착한 고정지붕구조의 것을 말한다)의 탱크에 상부포주입법을 이용하는 것으로서 방출된 포가 탱크옆판의 내면을 따라 흘러내려 가면서 액면 아래로 몰입되거나 액면을 뒤섞지 않고 액면상을 덮을 수 있는 반사판 및 탱크 내의 위험물증기가 외부로 역류되는 것을 저지할 수 있는 구조·기구를 갖는 포방출구

ⓒ 특형 : 부상지붕구조의 탱크에 상부포주입법을 이용하는 것으로서 부상지붕의 부상부분상에 높이 0.9[m] 이상의 금속제의 칸막이(방출된 포의 유출을 막을 수 있고 충분한 배수능력을 갖는 배수구를 설치한 것에 한한다)를 탱크옆판의 내측으로부터 1.2[m] 이상 이격하여 설치하고 탱크옆판과 칸막이에 의하여 형성된 환상부분에 포를 주입하는 것이 가능한 구조의 반사판을 갖는 포방출구
　　　ⓔ Ⅲ형 : 고정지붕구조의 탱크에 저부포주입법(탱크의 액면하에 설치된 포방출구로부터 포를 탱크내에 주입하는 방법을 말한다)을 이용하는 것으로서 송포관(발포기 또는 포발생기에 의하여 발생된 포를 보내는 배관을 말한다. 해당 배관으로 탱크 내의 위험물이 역류되는 것을 저지할 수 있는 구조·기구를 갖는 것에 한한다)으로부터 포를 방출하는 포방출구
　　　ⓜ Ⅳ형 : 고정지붕구조의 탱크에 저부포주입법을 이용하는 것으로서 평상시에는 탱크의 액면하의 저부에 설치된 격납통(포를 보내는 것에 의하여 용이하게 이탈되는 캡을 갖는 것을 포함한다)에 수납되어 있는 특수호스 등이 송포관의 말단에 접속되어 있다가 포를 보내는 것에 의하여 특수호스 등이 전개되어 그 선단(끝부분)이 액면까지 도달한 후 포를 방출하는 포방출구

정답
- 화재 등의 재해로 인한 피해를 받을 우려가 없는 장소에 설치할 것
- 기온의 변동으로 포의 발생에 장애를 주지 않는 장소에 설치할 것. 다만, 기온의 변동에 영향을 받지 않는 포소화약제의 경우에는 그렇지 않다.
- 포소화약제가 변질될 우려가 없고 점검에 편리한 장소에 설치할 것
- 가압송수장치 또는 포소화약제 혼합장치의 기동에 따라 압력이 가해지는 것 또는 상시 가압된 상태로 사용되는 것에 있어서는 압력계를 설치할 것
- 포소화약제 저장량의 확인이 쉽도록 액면계 또는 계량봉 등을 설치할 것

119 포소화설비의 포소화약제의 혼합방법 5가지를 쓰시오.

해설
포소화약제의 혼합방법
① **펌프프로포셔너방식(Pump Proportioner, 펌프혼합방식)**
　펌프의 토출관과 흡입관 사이의 배관 도중에 설치한 흡입기에 펌프에서 토출된 물의 일부를 보내고 농도조정 밸브에서 조정된 포소화약제의 필요량을 포소화약제 저장탱크에서 펌프 흡입측으로 보내어 약제를 혼합하는 방식
② **라인프로포셔너방식(Line Proportioner, 관로혼합방식)**
　펌프와 발포기의 중간에 설치된 벤투리관의 벤투리 작용에 따라 포소화약제를 흡입·혼합하는 방식. 이 방식은 옥외 소화전에 연결 주로 1층에 사용하며 원액 흡입력 때문에 송수압력의 손실이 크고, 토출측 호스의 길이, 포원액 탱크의 높이 등에 민감하므로 아주 정밀설계와 시공을 요한다.
③ **프레셔프로포셔너방식(Pressure Proportioner, 차압혼합방식)**
　펌프와 발포기의 중간에 설치된 벤투리관의 벤투리작용과 펌프 가압수의 포소화약제 저장탱크에 대한 압력에 따라 포소화약제를 흡입·혼합하는 방식. 현재 우리나라에서는 3[%] 단백포 차압혼합방식을 많이 사용하고 있다.
④ **프레셔사이드프로포셔너방식(Pressure Side Proportioner, 압입혼합방식)**
　펌프의 토출관에 압입기를 설치하여 포소화약제 압입용 펌프로 포소화약제를 압입시켜 혼합하는 방식
⑤ **압축공기포 믹싱챔버방식** : 물, 포소화약제 및 공기를 믹싱챔버로 강제주입시켜 챔버 내에서 포수용액을 생성한 후 포를 방사하는 방식

정답
- 펌프프로포셔너방식
- 라인프로포셔너방식
- 프레셔프로포셔너방식
- 프레셔사이드프로포셔너방식
- 압축공기포 믹싱챔버방식

120

포소화설비에서 펌프의 전양정을 구하는 공식이다. 각각의 기호를 설명하시오.

$$H = h_1 + h_2 + h_3 + h_4$$

해설

포소화설비의 펌프의 전양정 구하는 공식

$$H = h_1 + h_2 + h_3 + h_4$$

여기서, H : 펌프의 전양정[m]
h_1 : 고정식 포방출구의 설계압력 환산수두 또는 이동식 포소화설비 노즐 끝부분의 방사압력 환산수두[m]
h_2 : 배관의 마찰손실수두[m]
h_3 : 낙차[m]
h_4 : 이동식 포소화설비의 소방용 호스의 마찰손실수두[m]

정답 H : 펌프의 전양정[m]
h_1 : 고정식 포방출구의 설계압력 환산수두 또는 이동식 포소화설비 노즐 끝부분의 방사압력 환산수두[m]
h_2 : 배관의 마찰손실수두[m]
h_3 : 낙차[m]
h_4 : 이동식 포소화설비의 소방용 호스의 마찰손실수두[m]

121

포소화설비에서 고정포방출구의 방출량 및 방사시간에 대한 (　)를 채우시오.

포방출구의 종류 위험물의 구분	Ⅰ형 방출률 [L/m²·min]	Ⅰ형 방사시간 [분]	Ⅱ형 방출률 [L/m²·min]	Ⅱ형 방사시간 [분]	특형 방출률 [L/m²·min]	특형 방사시간 [분]
제4류 위험물 중 인화점이 21[℃] 미만인 것	4	(㉮)	4	(㉱)	8	(㉷)
제4류 위험물 중 인화점이 21[℃] 이상 70[℃] 미만인 것	4	(㉯)	4	(㉲)	8	(㉸)
제4류 위험물 중 인화점이 70[℃] 이상인 것	4	(㉰)	4	(㉳)	8	(㉹)

해설

비수용성의 포수용액량

포방출구의 종류 위험물의 구분	Ⅰ형 포수용액량 [L/m²]	Ⅰ형 방출률 [L/m²·min]	Ⅱ형 포수용액량 [L/m²]	Ⅱ형 방출률 [L/m²·min]	특형 포수용액량 [L/m²]	특형 방출률 [L/m²·min]	Ⅲ형 포수용액량 [L/m²]	Ⅲ형 방출률 [L/m²·min]	Ⅳ형 포수용액량 [L/m²]	Ⅳ형 방출률 [L/m²·min]
제4류 위험물 중 인화점이 21[℃] 미만인 것	120	4	220	4	240	8	220	4	220	4
제4류 위험물 중 인화점이 21[℃] 이상 70[℃] 미만인 것	80	4	120	4	160	8	120	4	120	4
제4류 위험물 중 인화점이 70[℃] 이상인 것	60	4	100	4	120	8	100	4	100	4

정답 ㉮ 30　　㉯ 20
　　　㉰ 15　　㉱ 55
　　　㉲ 30　　㉳ 25
　　　㉴ 30　　㉵ 20
　　　㉶ 15

122 포소화설비의 수동식 기동장치의 설치기준 3가지만 쓰시오.

해설
포소화설비의 수동식 기동장치의 설치기준
① 직접조작 또는 원격조작에 의하여 가압송수장치, 수동식 개방밸브 및 포소화약제 혼합장치를 기동할 수 있을 것
② 2 이상의 방사구역을 갖는 포소화설비는 방사구역을 선택할 수 있는 구조로 할 것
③ 기동장치의 조작부는 화재 시 용이하게 접근이 가능하고 바닥면으로부터 0.8[m] 이상 1.5[m] 이하의 높이에 설치할 것
④ 기동장치의 조작부에는 유리 등에 방호조치가 되어 있을 것
⑤ 기동장치의 조작부 및 호스접속구에는 직근의 보기 쉬운 장소에 각각 "기동장치의 조작부" 또는 "접속구"라고 표시할 것

정답
• 직접조작 또는 원격조작에 의하여 가압송수장치, 수동식 개방밸브 및 포소화약제 혼합장치를 기동할 수 있을 것
• 2 이상의 방사구역을 갖는 포소화설비는 방사구역을 선택할 수 있는 구조로 할 것
• 기동장치의 조작부에는 유리 등에 방호조치가 되어 있을 것

123 위험물안전관리에 관한 세부기준에 명시된 배관에 사용하는 관이음의 설계기준을 3가지 쓰시오.

해설
관이음의 설계기준
① 관이음의 설계는 배관의 설계에 준하는 것 외에 관이음의 휨특성 및 응력집중을 고려하여 행할 것
② 배관을 분기하는 경우는 미리 제작한 분기용 관이음 또는 분기구조물을 이용할 것. 이 경우 분기구조물에는 보강판을 부착하는 것을 원칙으로 한다.
③ 분기용 관이음, 분기구조물 및 리듀서는 원칙적으로 이송기지 또는 전용부지 내에 설치할 것

정답
• 관이음의 설계는 배관의 설계에 준하는 것 외에 관이음의 휨특성 및 응력집중을 고려하여 행할 것
• 배관을 분기하는 경우는 미리 제작한 분기용 관이음 또는 분기구조물을 이용할 것. 이 경우 분기구조물에는 보강판을 부착하는 것을 원칙으로 한다.
• 분기용 관이음, 분기구조물 및 리듀서는 원칙적으로 이송기지 또는 전용부지 내에 설치할 것

124 이산화탄소소화설비의 분사헤드 설치할 수 없는 장소 4가지를 쓰시오.

해설

이산화탄소소화설비
① 이산화탄소는 약제 방출 시 냉각효과에 의해 온도가 -78.5[℃] 정도까지 내려가므로, 동상 또는 질식의 우려가 있다.
② 이산화탄소(CO_2)소화설비는 실내에 탄산가스를 방사하여, 냉각소화와 질식소화 효과에 의하여 소화하는 설비이다.
③ 이산화탄소소화설비는 질식의 소화효과도 있으므로, 사람이 상주하는 장소에는 사용을 금한다.
④ **분사헤드를 설치할 수 없는 장소**
  ㉠ 방재실, 제어실 등 사람이 상시 근무하는 장소
  ㉡ 나이트로셀룰로스, 셀룰로이드제품 등 자기연소성 물질을 저장·취급하는 장소
  ㉢ 나트륨, 칼륨, 칼슘 등 활성 금속물질을 저장·취급하는 장소
  ㉣ 전시장 등의 관람을 위하여 다수인이 출입·통행하는 통로 및 전시실 등

정답
- 방재실, 제어실 등 사람이 상시 근무하는 장소
- 나이트로셀룰로스, 셀룰로이드제품 등 자기연소성 물질을 저장·취급하는 장소
- 나트륨, 칼륨, 칼슘 등 활성 금속물질을 저장·취급하는 장소
- 전시장 등의 관람을 위하여 다수인이 출입·통행하는 통로 및 전시실 등

125 불활성 가스소화설비의 저장용기의 설치기준에 대한 사항이다. ( ) 안에 알맞은 수치를 쓰시오(이산화탄소에 한한다).

- 저장용기의 충전비는 고압식인 경우에는 (㉮) 이상 (㉯) 이하일 것
- 저장용기의 충전비는 저압식인 경우에는 (㉰) 이상 (㉱) 이하일 것
- 저압식 저장용기에는 (㉲)[MPa] 이상의 압력 및 (㉳)[MPa] 이하의 압력에서 작동하는 압력경보장치를 설치할 것
- 저압식 저장용기에는 용기내부의 온도를 (㉴)[℃] 이상 (㉵)[℃] 이하로 유지할 수 있는 자동냉동기를 설치할 것
- 저장용기는 온도가 (㉶)[℃] 이하이고 온도 변화가 적은 장소에 설치할 것

해설

불활성 가스소화설비 저장용기의 설치기준
① 저장용기의 충전비 및 충전압력

구 분	이산화탄소의 충전비		IG-100, IG-55, IG-541의 충전압력
	고압식	저압식	
기 준	1.5 이상 1.9 이하	1.1 이상 1.4 이하	32[MPa] 이하

② 저장용기의 설치기준
  ㉠ 방호구역 외의 장소에 설치할 것
  ㉡ 온도가 **40[℃] 이하**이고, 온도 변화가 적은 장소에 설치할 것
  ㉢ 직사일광 및 빗물이 침투할 우려가 적은 장소에 설치할 것
  ㉣ 저장용기에는 안전장치(용기밸브에 설치되어 있는 것 포함)를 설치할 것
  ㉤ 저장용기의 외면에 소화약제의 종류와 양, 제조연도 및 제조자를 표시할 것

③ 저압식 저장용기의 설치기준
  ㉠ 저압식 저장용기에는 액면계 및 압력계를 설치할 것
  ㉡ 저압식 저장용기에는 2.3[MPa] 이상의 압력 및 1.9[MPa] 이하의 압력에서 작동하는 압력경보장치를 설치할 것
  ㉢ 저압식 저장용기에는 용기내부의 온도를 −20[℃] 이상 −18[℃] 이하로 유지할 수 있는 자동냉동기를 설치할 것
  ㉣ 저압식 저장용기에는 파괴판 및 방출밸브를 설치할 것

정답 ㉮ 1.5 ㉯ 1.9
㉰ 1.1 ㉱ 1.4
㉲ 2.3 ㉳ 1.9
㉴ −20 ㉵ −18
㉶ 40

126

불활성 가스소화설비의 수동식 기동장치에 대하여 다음 물음에 답하시오.
- 기동장치의 조작부의 설치높이
- 기동장치의 외면의 색상
- 기동장치 또는 직근의 장소에 표시사항 2가지

해설

불활성 가스소화설비의 기동장치

① **수동식 기동장치의 설치기준(이산화탄소)**
  ㉠ 기동장치는 해당 방호구역 밖에 설치하되 해당 방호구역 안을 볼 수 있고 조작을 한 자가 쉽게 대피할 수 있는 장소에 설치할 것
  ㉡ 기동장치는 하나의 방호구역 또는 방호대상물마다 설치할 것
  ㉢ **기동장치의 조작부**는 바닥으로부터 **0.8[m] 이상 1.5[m] 이하**의 높이에 설치할 것
  ㉣ 기동장치에는 직근의 보기 쉬운 장소에 "이산화탄소소화설비 수동기동장치"라고 표시할 것
  ㉤ **기동장치의 외면**은 **적색**으로 할 것
  ㉥ 전기를 사용하는 기동장치에는 전원표시등을 설치할 것
  ㉦ 기동장치의 방출용 스위치 등은 음향경보장치가 기동되기 전에는 조작될 수 없도록 하고 기동장치에 유리 등에 의하여 유효한 방호조치를 할 것
  ㉧ 기동장치 또는 직근의 장소에 **방호구역의 명칭, 취급방법, 안전상의 주의사항** 등을 표시할 것

② **자동식의 기동장치의 설치기준(IG-100, IG-55, IG-541)**
  ㉠ 기동장치는 자동화재탐지설비의 감지기의 작동과 연동하여 기동될 수 있도록 할 것
  ㉡ 기동장치에는 다음에 정한 것에 의하여 자동수동전환장치를 설치할 것
    • 쉽게 조작할 수 있는 장소에 설치할 것
    • 자동 및 수동을 표시하는 표시등을 설치할 것
    • 자동수동의 전환은 열쇠 등에 의하는 구조로 할 것
  ㉢ 자동수동전환장치 또는 직근의 장소에 취급방법을 표시할 것

정답 • 기동장치의 조작부의 설치높이 : 0.8[m] 이상 1.5[m] 이하
• 기동장치의 외면의 색상 : 적색
• 기동장치 또는 직근의 장소에 표시사항 2가지 : 방호구역의 명칭, 취급방법

127

1기압 35[℃]에서 1,000[m³]의 부피를 갖는 공기에 이산화탄소를 투입하여 산소를 15[vol%]로 하려면 소요되는 이산화탄소의 양은 몇 [kg]인지 구하시오(단, 처음 공기 중 산소의 농도는 21[vol%]이고, 압력과 온도는 변하지 않는다).

해설

1,000[m³]의 공기 중 산소량 = 1,000 × 0.21 = 210[m³]
산소의 농도 15[%]로 낮출 때 이산화탄소의 체적

$$15[\%] = \frac{210}{(V+1,000)} \times 100$$

$V = 400[m^3]$

∴ 이상기체 상태방정식을 적용하면

$$PV = \frac{W}{M}RT \qquad W = \frac{PVM}{RT}$$

$$W = \frac{PVM}{RT} = \frac{1[\text{atm}] \times 400[m^3] \times 44[g/g-mol]}{0.082[\text{atm} \cdot m^3/g-mol \cdot K] \times (273+35)[K]} = 696.86[\text{kg}]$$

[다른 방법]

체적(이산화탄소의 체적) $= \dfrac{21 - O_2}{O_2} \times V(\text{방호구역의 체적})$

$= \dfrac{21 - 15}{15} \times 1,000[m^3] = 400[m^3]$

※ 이상기체 상태방정식을 적용하면

$$PV = \frac{W}{M}RT \qquad W = \frac{PVM}{RT}$$

$$W = \frac{PVM}{RT} = \frac{1[\text{atm}] \times 400[m^3] \times 44[g/g-mol]}{0.082[\text{atm} \cdot m^3/g-mol \cdot K] \times (273+35)[K]} = 696.86[\text{kg}]$$

정답 696.86[kg]

128

할로젠화합물소화약제의 저장용기의 충전비를 쓰시오.

약제의 종류		충전비
할론1301		㉮
할론1211		㉯
할론2402	가압식	㉰
	축압식	㉱

해설

할로젠화합물소화약제의 저장용기
① 축압식 저장용기의 압력은 온도 20[℃]에서 할론1211은 1.1[MPa] 또는 2.5[MPa], 할론1301은 2.5[MPa] 또는 4.2[MPa]이 되도록 질소가스로 가압할 것
② 저장용기의 충전비는 **할론2402**를 저장하는 것 중 **가압식**은 **0.51 이상 0.67 이하**, **축압식**은 **0.67 이상 2.75 이하**, **할론1211**은 **0.7 이상 1.4 이하**, **할론1301**은 **0.9 이상 1.6 이하**로 할 것

정답
㉮ 0.9 이상 1.6 이하   ㉯ 0.7 이상 1.4 이하
㉰ 0.51 이상 0.67 이하   ㉱ 0.67 이상 2.75 이하

129

이산화탄소소화설비의 일반점검표에서 제어장치의 계기 및 스위치류의 점검내용 및 점검방법 3가지를 쓰시오.

해설

이산화탄소소화설비의 일반점검표(세부기준 별지 제21호)

점검항목		점검내용	점검방법	점검결과	비 고
제어장치	제어반	변형·손상 유무	육 안	[ ]적합 [ ]부적합 [ ]해당없음	
		조작관리상 지장 유무	육 안	[ ]적합 [ ]부적합 [ ]해당없음	
	전원전압	전압의 지시상항 적부	육 안	[ ]적합 [ ]부적합 [ ]해당없음	
		전원등의 점등상황 적부	작동확인	[ ]적합 [ ]부적합 [ ]해당없음	
	계기 및 스위치류	**변형·손상 유무**	**육 안**	[ ]적합 [ ]부적합 [ ]해당없음	
		단자의 풀림·탈락 유무	**육 안**	[ ]적합 [ ]부적합 [ ]해당없음	
		개폐상황 및 기능의 적부	**육안 및 작동확인**	[ ]적합 [ ]부적합 [ ]해당없음	
	휴즈류	손상·용단 유무	육 안	[ ]적합 [ ]부적합 [ ]해당없음	
		종류·용량의 적부 및 예비품 유무	육 안	[ ]적합 [ ]부적합 [ ]해당없음	
	차단기	단자의 풀림·탈락 유무	육 안	[ ]적합 [ ]부적합 [ ]해당없음	
		접점의 소손 유무	육 안	[ ]적합 [ ]부적합 [ ]해당없음	
		기능의 적부	작동확인	[ ]적합 [ ]부적합 [ ]해당없음	
	결선접속	풀림·탈락·피복손상 유무	육 안	[ ]적합 [ ]부적합 [ ]해당없음	

정답
- 점검내용
  - 변형·손상 유무
  - 단자의 풀림·탈락 유무
  - 개폐상황 및 기능의 적부
- 점검방법
  - 변형·손상 유무 – 육안
  - 단자의 풀림·탈락 유무 – 육안
  - 개폐상황 및 기능의 적부 – 육안 및 작동확인

130

할론1301을 전산실 소화약제로 사용할 경우에 방호체적 1[m³]당 방사량과 개구부 면적 1[m²]당 가산량을 구하시오(단, 전역방출방식이다).

해설

소화약제 저장량

① **전역방출방식의 할로젠화합물소화설비**
  ㉠ 자동폐쇄장치가 설치된 경우

  $$저장량[kg] = 방호구역체적[m^3] \times 필요가스량[kg/m^3] \times 계수$$

  ㉡ 자동폐쇄장치가 설치되지 않는 경우

  $$저장량[kg] = (방호구역체적[m^3] \times 필요가스량[kg/m^3] + 개구부면적[m^2] \times 가산량[kg/m^2]) \times 계수$$

  [전역방출방식의 할론 필요가스량]

소화약제	필요가스량	가산량(자동폐쇄장치 미설치 시)
할론2402	0.40[kg/m³]	3.0[kg/m²]
할론1211	0.36[kg/m³]	2.7[kg/m²]
할론1301	**0.32[kg/m³]**	**2.4[kg/m²]**

② **국소방출방식의 할로젠화합물소화설비**

소방대상물		약제 저장량[kg]		
		Halon2402	Halon1211	Halon1301
면적식 국소 방출 방식	액체 위험물을 상부를 개방한 용기에 저장하는 경우 등 화재 시 연소면이 한면에 한정되고 위험물이 비산할 우려가 없는 경우	방호대상물의 표면적[m²] × 8.8[kg/m²] × 1.1 × 계수	방호대상물의 표면적[m²] × 7.6[kg/m²] × 1.1 × 계수	방호대상물의 표면적[m²] × 6.8[kg/m²] × 1.25 × 계수
용적식 국소 방출 방식	상기 이외의 것	방호공간의 체적(m³) $\times \left(X - Y\frac{a}{A}\right)$[kg/m³] × 1.1 × 계수	방호공간의 체적(m³) $\times \left(X - Y\frac{a}{A}\right)$[kg/m³] × 1.1 × 계수	방호공간의 체적(m³) $\left(X - Y\frac{a}{A}\right)$[kg/m³] × 1.25 × 계수

  ㉠ 방호공간 : 방호대상물의 각 부분으로부터 0.6[m]의 거리에 따라 둘러싸인 공간

  ㉡ $Q = X - Y\frac{a}{A}$

  여기서, Q : 단위체적당 소화약제의 양[kg/m³]
  a : 방호대상물의 주위에 실제로 설치된 고정벽의 면적의 합계[m²]
  A : 방호공간의 전체둘레의 면적[m²]
  X 및 Y : 다음 표에 정한 소화약제의 종류에 따른 수치

소화약제의 종별	X의 수치	Y의 수치
할론2402	5.2	3.9
할론1211	4.4	3.3
할론1301	4.0	3.0

정답
• 방호체적 1[m³]당 방사량 : 0.32[kg/m³]
• 개구부 면적 1[m²]당 가산량 : 2.4[kg/m²]

131 휘발유를 취급하는 설비에서 할론1301을 고정식 벽의 면적이 50[m²]이고 전체둘레면적 200[m²]일 때 용적식 국소방출방식의 소화약제의 양[kg]은?(단, 방호구역의 체적은 600[m³]임)

해설
국소방출방식의 할로젠화합물소화설비
국소방출방식의 할로젠화합물소화설비는 ① 또는 ②에 의하여 산출된 양에 저장 또는 취급하는 위험물에 따라 별표 2(생략, 세부기준 별표 2)에 정한 소화약제에 따른 계수를 곱하고 다시 할론2402 또는 할론1211에 있어서는 1.1, **할론1301**에 있어서는 **1.25**를 각각 곱한 양 이상으로 할 것

Plus One 별표 2의 계수
    휘발유 사용 시 가스계소화설비의 **계수**는 전부 **1.0**이다.

① 면적식의 국소방출방식
    액체 위험물을 상부를 개방한 용기에 저장하는 경우 등 화재 시 연소면이 한면에 한정되고 위험물이 비산할 우려가 없는 경우에는 방호대상물의 표면적 1[m²]당 할론2402에 있어서는 8.8[kg], 할론1211에 있어서는 7.6[kg], 할론1301에 있어서는 6.8[kg]의 비율로 계산한 양

약제의 종별	약제량
할론2402	방호대상물의 표면적[m²] × 8.8[kg/m²] × 1.1 × 계수
할론1211	방호대상물의 표면적[m²] × 7.6[kg/m²] × 1.1 × 계수
할론1301	방호대상물의 표면적[m²] × 6.8[kg/m²] × 1.25 × 계수

② 용적식의 국소방출방식
    ①의 경우 외의 경우에는 다음 식에 의하여 구해진 양에 방호공간의 체적을 곱한 양

$$Q = X - Y\frac{a}{A}$$

여기서, Q : 단위체적당 소화약제의 양[kg/m³]
        a : 방호대상물 주위에 실제로 설치된 고정벽의 면적의 합계[m²]
        A : 방호공간 전체둘레의 면적[m²]
        X 및 Y : 다음 표에 정한 소화약제의 종류에 따른 수치

약제의 종별	X의 수치	Y의 수치
할론2402	5.2	3.9
할론1211	4.4	3.3
할론1301	**4.0**	**3.0**

약제의 종별	약제량
할론2402	$Q = \left(X - Y\frac{a}{A}\right) \times 1.1 \times$ 계수
할론1211	$Q = \left(X - Y\frac{a}{A}\right) \times 1.1 \times$ 계수
할론1301	$Q = \left(X - Y\frac{a}{A}\right) \times$ **1.25** × **계수**

∴ $Q = \left(X - Y\frac{a}{A}\right) \times 1.25 \times$ 계수 $= \left(4 - 3 \times \frac{50}{200}\right) \times 1.25 \times 1.0 = 4.0625$ [kg/m³]

약제저장량을 구하면 600[m³] × 4.0625[kg/m³] = 2,437.5[kg]

정답 2,437.5[kg]

132

위험물제조소 및 일반취급소에 자동화재탐지설비를 설치해야 하는 기준을 3가지 쓰시오.

해설

위험물제조소 등에 설치하는 경보설비

① 경보설비의 설치기준

제조소 등의 구분	제조소 등의 규모, 저장 또는 취급하는 위험물의 종류 및 최대수량 등	경보설비
가. 제조소 및 일반취급소	• 연면적이 500[m²] 이상인 것 • 옥내에서 지정수량의 100배 이상을 취급하는 것(고인화점위험물만을 100[℃] 미만의 온도에서 취급하는 것은 제외) • 일반취급소로 사용되는 부분 외의 부분이 있는 건축물에 설치된 일반취급소(일반취급소와 일반취급소 외의 부분이 내화구조의 바닥 또는 벽으로 개구부 없이 구획된 것은 제외)	자동화재탐지설비
나. 옥내저장소	• 지정수량의 100배 이상을 저장 또는 취급하는 것(고인화점위험물만을 저장 또는 취급하는 것은 제외) • 저장창고의 연면적이 150[m²]를 초과하는 것[연면적 150[m²] 이내마다 불연재료의 격벽으로 개구부 없이 완전히 구획된 저장창고와 제2류 위험물(인화성 고체는 제외) 또는 제4류 위험물(인화점이 70[℃] 미만인 것은 제외)만을 저장 또는 취급하는 저장창고는 그 연면적이 500[m²] 이상인 것을 말한다] • 처마 높이가 6[m] 이상인 단층 건물의 것 • 옥내저장소로 사용되는 부분 외의 부분이 있는 건축물에 설치된 옥내저장소[옥내저장소와 옥내저장소 외의 부분이 내화구조의 바닥 또는 벽으로 개구부 없이 구획된 것과 제2류(인화성 고체는 제외) 또는 제4류의 위험물(인화점이 70[℃] 미만인 것은 제외)만을 저장 또는 취급하는 것은 제외]	
다. 옥내탱크저장소	단층 건물 외의 건축물에 설치된 옥내탱크저장소로서 소화난이도등급 Ⅰ에 해당하는 것	
라. 주유취급소	옥내주유취급소	
마. 옥외탱크저장소	특수인화물, 제1석유류 및 알코올류를 저장 또는 취급하는 탱크의 용량이 1,000만[L] 이상인 것	• 자동화재탐지설비 • 자동화재속보설비
바. 가목부터 마목까지의 규정에 따른 자동화재탐지설비 설치 대상 제조소 등에 해당하지 않는 제조소 등(이송취급소는 제외)	지정수량의 10배 이상을 저장 또는 취급하는 것	자동화재탐지설비, 비상경보설비, 확성장치 또는 비상방송설비 중 1종 이상

② 자동화재탐지설비의 설치기준

㉠ 자동화재탐지설비의 경계구역(화재가 발생한 구역을 다른 구역과 구분하여 식별할 수 있는 최소단위의 구역을 말한다)은 건축물 그 밖의 공작물의 2 이상의 층에 걸치지 않도록 할 것. 다만, 하나의 경계구역의 면적이 500[m²] 이하이면서 해당 경계구역이 두개의 층에 걸치는 경우이거나 계단·경사로·승강기의 승강로 그 밖에 이와 유사한 장소에 연기감지기를 설치하는 경우에는 그렇지 않다.

㉡ 하나의 경계구역의 면적은 600[m²] 이하로 하고 그 한 변의 길이는 50[m](광전식분리형 감지기를 치할 경우에는 100[m]) 이하로 할 것. 다만, 해당 건축물 그 밖의 공작물의 주요한 출입구에서 그 내부의 전체를 볼 수 있는 경우에 있어서는 그 면적을 1,000[m²] 이하로 할 수 있다.

㉢ 자동화재탐지설비의 감지기는 지붕(상층이 있는 경우에는 상층의 바닥) 또는 벽의 옥내에 면한 부분(천장이 있는 경우에는 천장 또는 벽의 옥내에 면한 부분 및 천장의 뒷부분)에 유효하게 화재의 발생을 감지할 수 있도록 설치할 것

㉣ 자동화재탐지설비에는 비상전원을 설치할 것

정답
- 연면적 500[m²] 이상인 것
- 옥내에서 지정수량의 100배 이상을 취급하는 것(고인화점위험물만을 100[℃] 미만의 온도에서 취급하는 것을 제외한다)
- 일반취급소로 사용되는 부분 외의 부분이 있는 건축물에 설치된 일반취급소(일반취급소와 일반취급소 외의 부분이 내화구조의 바닥 또는 벽으로 개구부 없이 구획된 것을 제외한다)

133 화학 공장의 위험성 평가 분석 기법 중 정성적인 기법과 정량적인 기법의 종류를 각각 3가지씩 쓰시오.

해설

위험성 평가 기법
① 정성적인 기법(Hazard Identification)
  ㉠ 체크리스트(Process Checklist)
  ㉡ 안전성 검토(Safety Review)
  ㉢ 작업자 실수 분석(Human Error Analysis)
  ㉣ 예비위험 분석(Preliminary Hazard Analysis)
  ㉤ 위험과 운전 분석(Hazard and Operability Study)
  ㉥ 이상 위험도 분석(Failure Modes, Effects and Criticality Analysis)
  ㉦ 상대 위험순위 결정(Relative Ranking)
  ㉧ 사고 예상 질문 분석(What-If)
② 정량적인 기법(Hazard Analysis)
  ㉠ 결함수 분석(Fault Tree Analysis)
  ㉡ 사건수 분석(Event Tree Analysis)
  ㉢ 원인결과 분석(Cause-Consequence Analysis)

정답
- 정성적인 기법
  - 체크리스트
  - 안전성 검토
  - 예비위험 분석(Preliminary Hazard Analysis)
- 정량적인 기법
  - 결함수 분석
  - 사건수 분석
  - 원인결과 분석

PART 04

과년도 + 최근 기출복원문제

2009년 제45회~2024년 제76회 과년도 기출복원문제
2025년 제77회~2025년 제78회 최근 기출복원문제

합격의 공식 시대에듀

www.sdedu.co.kr

2009년 5월 17일 시행 과년도 기출복원문제

01 나트륨과 다음 물질의 화학반응식을 쓰시오.
- 산화하여 아세트알데하이드를 생성한다.
- 지정수량이 제4류 위험물로 400[L]이다.
- 무색투명한 액체이다.

해설

위험물의 성질

① **나트륨**
  ㉠ 물 성

화학식	원자량	비 점	융 점	비 중	불꽃색상
Na	23	880[℃]	97.7[℃]	0.97	노란색

  ㉡ 은백색의 광택이 있는 무른 경금속으로 노란색 불꽃을 내면서 연소한다.
  ㉢ 비중(0.97), 융점(97.7[℃])이 낮다.
  ㉣ 보호액(석유, 경유, 유동파라핀)을 넣은 내통에 밀봉 저장한다.

  > 나트륨을 석유 속에 보관 중 수분이 혼입되면 화재 발생 요인이 된다.

  ㉤ 아이오딘산(HIO_3)과 접촉 시 폭발하며 수은(Hg)과 격렬하게 반응하고 경우에 따라 폭발한다.
  ㉥ 알코올이나 산과 반응하면 수소가스를 발생한다.
  ㉦ 소화방법 : 마른모래, 건조된 소금, 탄산칼슘분말

  Plus One 나트륨의 반응식
  - 연소반응 : $4Na + O_2 \rightarrow 2Na_2O$(회백색)
  - 물과 반응 : $2Na + 2H_2O \rightarrow 2NaOH + H_2 \uparrow$
  - 이산화탄소와 반응 : $4Na + 3CO_2 \rightarrow 2Na_2CO_3 + C$(연소폭발)
  - 사염화탄소와 반응 : $4Na + CCl_4 \rightarrow 4NaCl + C$(폭발)
  - 염소와 반응 : $2Na + Cl_2 \rightarrow 2NaCl$
  - **알코올과 반응** : $2Na + 2C_2H_5OH \rightarrow 2C_2H_5ONa + H_2 \uparrow$ (나트륨에틸레이트)
  - 초산과 반응 : $2Na + 2CH_3COOH \rightarrow 2CH_3COONa + H_2 \uparrow$

② **에틸알코올(C_2H_5OH)**
  ㉠ 무색투명한 액체이다.
  ㉡ 제4류 위험물 알코올류로서 지정수량이 400[L]이다.
  ㉢ 1차 산화하면 아세트알데하이드, 2차 산화하면 초산이 된다.

정답 $2Na + 2C_2H_5OH \rightarrow 2C_2H_5ONa + H_2$

02 BTX의 명칭과 화학식은?

해설

BTX는 Benzene, Toluene, Xylene이다.

명 칭	Benzene(벤젠)	Toluene(톨루엔)	Xylene(자일렌)
화학식	C_6H_6	$C_6H_5CH_3$	$C_6H_4(CH_3)_2$
구조식	(벤젠 고리)	(벤젠 고리에 CH_3)	(벤젠 고리에 CH_3 2개, o-xylene)

정답 B : 벤젠(Benzene, C_6H_6), T : 톨루엔(Toluene, $C_6H_5CH_3$), X : 자일렌[Xylene, $C_6H_4(CH_3)_2$]

03 자연발화성 물질에 대한 다음의 ( ) 안을 채우시오.

- 자연발화성 물질에 있어서는 불활성 기체를 봉입하여 밀봉하는 등 (㉮)와 접하지 않도록 할 것
- 자연발화성 물질 외의 물품에 있어서는 파라핀·경유·등유 등의 보호액으로 채워 밀봉하거나 불활성 기체를 봉입하여 밀봉하는 등 (㉯)과 접하지 않도록 할 것
- 자연발화성 물질 중 알킬알루미늄 등은 운반용기의 내용적의 (㉰)[%] 이하의 수납률로 수납하되, (㉱)[℃]의 온도에서 (㉲)[%] 이상의 공간용적을 유지하도록 할 것

해설

운반용기의 적재방법(시행규칙 별표 19)

① 위험물이 온도변화 등에 의하여 누설되지 않도록 운반용기를 밀봉하여 수납할 것. 다만, 온도변화 등에 의한 위험물로부터의 가스의 발생으로 운반용기 안의 압력이 상승할 우려가 있는 경우(발생한 가스가 독성 또는 인화성을 갖는 등 위험성이 있는 경우를 제외)에는 가스의 배출구(위험물의 누설 및 다른 물질의 침투를 방지하는 구조로 된 것에 한한다)를 설치한 운반용기에 수납할 수 있다.
② 수납하는 위험물과 위험한 반응을 일으키지 않는 등 해당 위험물의 성질에 적합한 재질의 운반용기에 수납할 것
③ 고체 위험물은 운반용기 내용적의 95[%] 이하의 수납률로 수납할 것
④ 액체 위험물은 운반용기 내용적의 98[%] 이하의 수납률로 수납하되, 55[℃]의 온도에서 누설되지 않도록 충분한 공간용적을 유지하도록 할 것
⑤ 하나의 외장용기에는 다른 종류의 위험물을 수납하지 않을 것
⑥ 제3류 위험물은 다음의 기준에 따라 운반용기에 수납할 것
  ㉠ 자연발화성 물질에 있어서는 불활성 기체를 봉입하여 밀봉하는 등 **공기**와 접하지 않도록 할 것
  ㉡ 자연발화성 물질 외의 물품에 있어서는 파라핀·경유·등유 등의 보호액으로 채워 밀봉하거나 불활성 기체를 봉입하여 밀봉하는 등 **수분**과 접하지 않도록 할 것
  ㉢ 자연발화성 물질 중 알킬알루미늄 등은 운반용기의 내용적의 **90[%]** 이하의 수납률로 수납하되, **50[℃]**의 온도에서 **5[%]** 이상의 공간용적을 유지하도록 할 것

정답 ㉮ 공 기   ㉯ 수 분
㉰ 90   ㉱ 50
㉲ 5

04 휘발유를 취급하는 설비에서 할론1301의 고정식 벽 면적이 50[m²]이고 전체둘레면적이 200[m²]일 때, 용적식 국소방출방식의 소화약제의 양[kg]은?(단, 방호공간의 체적은 600[m³])

해설

국소방출방식의 할로젠화합물소화설비(세부기준 제135조)

국소방출방식의 할로젠화합물소화설비는 ① 또는 ②에 의하여 산출된 양에 저장 또는 취급하는 위험물에 따라 별표 2(생략, 세부기준 별표 2)에 정한 소화약제에 따른 계수를 곱하고 다시 할론2402 또는 할론1211에 있어서는 1.1, **할론1301**에 있어서는 **1.25**를 각각 곱한 양 이상으로 할 것

> **Plus One** 별표 2의 계수
> 휘발유 사용 시 가스계소화설비의 계수는 전부 1.0이다.

① **면적식의 국소방출방식**

액체 위험물을 상부를 개방한 용기에 저장하는 경우 등 화재 시 연소면이 한면에 한정되고 위험물이 비산할 우려가 없는 경우에는 방호대상물의 표면적 1[m²]당 할론2402에 있어서는 8.8[kg], 할론1211에 있어서는 7.6[kg], 할론1301에 있어서는 6.8[kg]의 비율로 계산한 양

약제의 종별	약제량
할론2402	방호대상물의 표면적[m²] × 8.8[kg/m²] × 1.1 × 계수
할론1211	방호대상물의 표면적[m²] × 7.6[kg/m²] × 1.1 × 계수
할론1301	방호대상물의 표면적[m²] × 6.8[kg/m²] × 1.25 × 계수

② **용적식의 국소방출방식**

①의 경우 외의 경우에는 다음 식에 의하여 구해진 양에 방호공간의 체적을 곱한 양

$$Q = X - Y\frac{a}{A}$$

여기서, Q : 단위체적당 소화약제의 양[kg/m³]
a : 방호대상물 주위에 실제로 설치된 고정벽의 면적의 합계[m²]
A : 방호공간 전체둘레의 면적[m²]
X 및 Y : 다음 표에 정한 소화약제의 종류에 따른 수치

소화약제의 종별	X의 수치	Y의 수치
할론2402	5.2	3.9
할론1211	4.4	3.3
할론1301	**4.0**	**3.0**

약제의 종별	약제량
할론2402	$Q = \left(X - Y\frac{a}{A}\right) \times 1.1 \times 계수$
할론1211	$Q = \left(X - Y\frac{a}{A}\right) \times 1.1 \times 계수$
할론1301	$Q = \left(X - Y\frac{a}{A}\right) \times 1.25 \times 계수$

∴ $Q = \left(X - Y\frac{a}{A}\right) \times 1.25 \times 계수 = \left(4 - 3 \times \frac{50}{200}\right) \times 1.25 \times 1.0 = 4.0625 \, [\text{kg/m}^3]$

약제저장량을 구하면 600[m³] × 4.0625[kg/m³] = 2,437.5[kg]

정답 2,437.5[kg]

05

다음 위험물의 보호액을 쓰시오.
㉮ 황 린
㉯ 나트륨
㉰ 이황화탄소

해설

보호액과 저장하는 이유

위험물	보호액	보관이유
황 린	pH 9의 알칼리수용액	가연성 가스인 인화수소(PH_3)의 발생을 방지하기 위하여
나트륨	등유, 경유, 유동파라핀	수분이 혼입되면 가연성 가스(H_2)의 발생을 방지하기 위하여
이황화탄소	물	가연성 증기의 발생을 방지하기 위하여

정답
㉮ pH 9의 알칼리수용액
㉯ 등유, 경유, 유동파라핀
㉰ 물

06

뚜껑이 개방된 용기에 1[atm], 10[℃]의 공기가 있다. 이것을 400[℃]로 가열할 때 처음 공기량의 몇 [%]가 용기 밖으로 나오는가?

해설

샤를의 법칙 적용
$P_1 = P_2$, $V_1 = 1[L]$라고 가정하면,

$$\frac{V_1}{T_1} = \frac{V_2}{T_2}$$

$V_2 = V_1 \times \frac{T_2}{T_1} = 1[L] \times \frac{400+273[K]}{10+273[K]} = 2.378[L]$

$\Delta V = V_2 - V_1 = 2.378[L] - 1[L] = 1.378[L]$

∴ $\frac{\Delta V}{V_2} = \frac{1.378[L]}{2.378[L]} \times 100 = 57.95[\%]$

정답 57.95[%]

07
습식 스프링클러설비를 다른 스프링클러설비와 비교했을 때의 장단점 각 2가지를 쓰시오.

해설
습식 스프링클러설비의 장단점
① 장 점
  ㉠ 구조가 간단하고 공사비가 저렴하다.
  ㉡ 헤드까지 물이 충만되어 있으므로 화재발생 시에 물이 즉시 방수되어 소화가 빠르다.
  ㉢ 다른 종류의 스프링클러설비보다 유지관리가 쉽다.
  ㉣ 화재감지기가 없는 설비로서 작동에 있어서 가장 신뢰성이 있는 설비이다.
② 단 점
  ㉠ 차고나 주차장 등 배관의 물이 동결될 우려가 있는 장소에는 설치할 수 없다.
  ㉡ 배관의 누수 등으로 물의 피해가 우려되는 장소에는 부적합하다.
  ㉢ 화재발생 시 감지기 기동방식보다 경보가 늦게 울린다.

정답
• 장 점
  - 구조가 간단하고 공사비가 저렴하다.
  - 헤드까지 물이 충만되어 있으므로 화재 발생 시에 물이 즉시 방수되어 소화가 빠르다.
• 단 점
  - 차고나 주차장 등 배관의 물이 동결될 우려가 있는 장소에는 설치할 수 없다.
  - 배관의 누수 등으로 물의 피해가 우려되는 장소에는 부적합하다.

08
자동화재탐지설비의 경계구역 설치기준 중 ( ) 안을 채우시오.

• 자동화재탐지설비의 경계구역은 건축물 그 밖의 공작물의 2 이상의 층에 걸치지 않도록 할 것. 다만, 하나의 경계구역의 면적이 (㉮)[m²] 이하이면서 해당 경계구역이 두개의 층에 걸치는 경우이거나 계단·경사로·승강기의 승강로 그 밖에 이와 유사한 장소에 연기감지기를 설치하는 경우에는 그렇지 않다.
• 하나의 경계구역의 면적은 (㉯)[m²] 이하로 하고 그 한 변의 길이는 (㉰)[m](광전식분리형 감지기를 설치할 경우에는 (㉱)[m]) 이하로 할 것. 다만, 해당 건축물 그 밖의 공작물의 주요한 출입구에서 그 내부의 전체를 볼 수 있는 경우에 있어서는 그 면적을 (㉲)[m²] 이하로 할 수 있다.
• 자동화재탐지설비의 감지기는 지붕(상층이 있는 경우에는 상층의 바닥) 또는 벽의 옥내에 면한 부분(천장이 있는 경우에는 천장 또는 벽의 옥내에 면한 부분 및 천장의 뒷부분)에 유효하게 화재의 발생을 감지할 수 있도록 설치할 것
• 자동화재탐지설비에는 비상전원을 설치할 것

해설
자동화재탐지설비의 설치기준(시행규칙 별표 17)
① 자동화재탐지설비의 경계구역(화재가 발생한 구역을 다른 구역과 구분하여 식별할 수 있는 최소단위의 구역을 말한다)은 건축물 그 밖의 공작물의 2 이상의 층에 걸치지 않도록 할 것. 다만, 하나의 경계구역의 면적이 **500[m²] 이하**이면서 해당 경계구역이 두 개의 층에 걸치는 경우이거나 계단·경사로·승강기의 승강로 그 밖에 이와 유사한 장소에 연기감지기를 설치하는 경우에는 그렇지 않다.

② 하나의 경계구역의 면적은 600[m²] 이하로 하고 그 한 변의 길이는 50[m](광전식분리형 감지기를 설치할 경우에는 100[m]) 이하로 할 것. 다만, 해당 건축물 그 밖의 공작물의 주요한 출입구에서 그 내부의 전체를 볼 수 있는 경우에 있어서는 그 면적을 1,000[m²] 이하로 할 수 있다.
③ 자동화재탐지설비의 감지기는 지붕(상층이 있는 경우에는 상층의 바닥) 또는 벽의 옥내에 면한 부분(천장이 있는 경우에는 천장 또는 벽의 옥내에 면한 부분 및 천장의 뒷 부분)에 유효하게 화재의 발생을 감지할 수 있도록 설치할 것
④ 자동화재탐지설비에는 비상전원을 설치할 것

정답 ㉮ 500 ㉯ 600
 ㉰ 50 ㉱ 100
 ㉲ 1,000

09 염소산칼륨 1,000[g]을 분해했을 때 발생하는 산소의 부피는 몇 [m³]인가?

해설

염소산칼륨

$2KClO_3 \rightarrow 2KCl + 3O_2\uparrow$

$2 \times 122.5[g]$ — $3 \times 22.4[L]$

$1,000[g]$ — x

$\therefore x = \dfrac{1,000[g] \times 3 \times 22.4[L]}{2 \times 122.5[g]} = 274.286[L] \Rightarrow 0.27[m^3]$

표준상태에서 1[g-mol]이 차지하는 부피 : 22.4[L]

정답 0.27[m³]

10 25[℃]에서 포화용액 80[g] 속에 25[g]이 녹아 있다. 용해도를 구하시오.

해설

용해도 : 용매 100[g] 속에 녹아 있는 용질의 [g]수 $\left(용해도 = \dfrac{용질}{용매} \times 100\right)$

① 용액 = 용질 + 용매
  80[g] = 25[g] + 55[g]
  55[g] : 25[g] = 100[g] : x
  ∴ $x = \dfrac{100[g] \times 25[g]}{55[g]} = 45.45[g]$

② 용해도 $= \dfrac{용질}{용매} \times 100 = \dfrac{25[g]}{55[g]} \times 100 = 45.45$

정답 45.45

---

11 간이탱크저장소의 변경허가를 받아야 하는 경우 3가지를 쓰시오.

해설

간이탱크저장소의 변경허가를 받아야 하는 경우(시행규칙 별표 1의2)
① 간이저장탱크의 위치를 이전하는 경우
② 건축물의 벽·기둥·바닥·보 또는 지붕을 증설 또는 철거하는 경우
③ 간이저장탱크를 신설·교체 또는 철거하는 경우
④ 간이저장탱크를 보수(탱크 본체를 절개하는 경우에 한한다)하는 경우
⑤ 간이저장탱크의 노즐 또는 맨홀을 신설하는 경우(노즐 또는 맨홀의 지름이 250[mm]를 초과하는 경우에 한한다)

정답
 • 간이저장탱크의 위치를 이전하는 경우
 • 건축물의 벽·기둥·바닥·보 또는 지붕을 증설 또는 철거하는 경우
 • 간이저장탱크를 신설·교체 또는 철거하는 경우

12 국제해상위험물규칙 제2급 고압가스의 등급구분을 쓰시오.

해설

국제해상위험물규칙(IMDG Code)의 위험물의 분류 기준

① 제1급 화약류
  ㉠ 등급 1.1 : 대폭발 위험성이 있는 폭발성 물질 및 폭발성 제품
  ㉡ 등급 1.2 : 대폭발 위험성은 없으나 분사위험성이 있는 폭발성 물질 및 폭발성 제품
  ㉢ 등급 1.3 : 대폭발 위험성은 없으나 화재 위험성 또는 폭발 위험성·분사 위험성이 있는 폭발성 물질 및 폭발성 제품
  ㉣ 등급 1.4 : 대폭발 위험성·분사 위험성 및 화재 위험성은 적으나 민감한 폭발성 물질 및 폭발성 제품
  ㉤ 등급 1.5 : 대폭발 위험성이 있는 매우 둔감한 폭발성 물질
  ㉥ 등급 1.6 : 대폭발 위험성이 없는 극히 둔감한 폭발성 제품
② 제2급 고압가스
  ㉠ 제2.1급 : 인화성 가스
  ㉡ 제2.2급 : 비인화성·비독성 가스
  ㉢ 제2.3급 : 독성 가스
③ 제3급 인화성 액체류
④ 제4급 가연성 물질류
  ㉠ 제4.1급 : 가연성 물질
  ㉡ 제4.2급 : 자연발화성 물질
  ㉢ 제4.3급 : 물반응성 물질
⑤ 제5급 산화성 물질류
  ㉠ 제5.1급 : 산화성 물질
  ㉡ 제5.2급 : 유기과산화물
⑥ 제6급 독물류
  ㉠ 제6.1급 : 독물
  ㉡ 제6.2급 : 병독을 옮기기 쉬운 물질
⑦ 제7급 방사성 물질
⑧ 제8급 부식성 물질
⑨ 제9급 유해성 물질

정답
- 제2.1급 : 인화성 가스
- 제2.2급 : 비인화성·비독성 가스
- 제2.3급 : 독성 가스

참고 : 국제해상위험물규칙은 2011년부터 출제기준에서 삭제되었습니다.

13 제5류 위험물인 나이트로글리세린의 분해반응식을 쓰시오.

해설

나이트로글리세린(Nitro Glycerine, NG)
① 물 성

화학식	융 점	비 점	비 중
$C_3H_5(ONO_2)_3$	2.8[℃]	218[℃]	1.6

② 무색투명한 기름성의 액체(공업용 : 담황색)이다.
③ 알코올, 에터, 벤젠, 아세톤 등 유기용제에는 녹는다.
④ 가열, 마찰, 충격에 민감하다(**폭발을 방지**하기 위하여 **다공성 물질**에 **흡수**시킨다).
⑤ 규조토에 흡수시켜 다이너마이트를 제조할 때 사용한다.

Plus One NG의 분해반응식
$$4C_3H_5(ONO_2)_3 \rightarrow 12CO_2\uparrow + 10H_2O + 6N_2\uparrow + O_2\uparrow$$

정답 $4C_3H_5(ONO_2)_3 \rightarrow 12CO_2 + 10H_2O + 6N_2 + O_2$

14 삼황화인, 오황화인의 연소반응식을 쓰시오.

해설

황화인의 연소반응식
① **삼황화인** : $P_4S_3 + 8O_2 \rightarrow 2P_2O_5 + 3SO_2\uparrow$
② **오황화인** : $2P_2S_5 + 15O_2 \rightarrow 2P_2O_5 + 10SO_2$

정답
• 삼황화인 : $P_4S_3 + 8O_2 \rightarrow 2P_2O_5 + 3SO_2$
• 오황화인 : $2P_2S_5 + 15O_2 \rightarrow 2P_2O_5 + 10SO_2$

15

다음 ( ) 안에 적당한 말을 쓰시오.

"액상"이란 수직으로 된 시험관(안지름 30[mm], 높이 120[mm]의 원통형 유리관을 말한다)에 시료를 (㉮)[mm]까지 채운 다음 해당 시험관을 수평으로 하였을 때 시료액면의 끝부분이 (㉯)[mm]를 이동하는 데 걸리는 시간이 (㉰)초 이내에 있는 것을 말한다.

해설

액상이란 수직으로 된 시험관(안지름 30[mm], 높이 120[mm]의 원통형유리관을 말한다)에 시료를 **55[mm]**까지 채운 다음 해당 시험관을 수평으로 하였을 때 시료액면의 끝부분이 **30[mm]**를 이동하는 데 걸리는 시간이 **90초** 이내에 있는 것을 말한다(시행령 별표 1).

정답 ㉮ 55 ㉯ 30 ㉰ 90

16

제조소 또는 일반취급소에서 취급하는 제4류 위험물의 최대수량의 합이 지정수량의 24만배인 화학소방자동차의 대수 및 자체소방대원수는?

해설

자체소방대에 두는 화학소방자동차 및 인원(시행령 별표 8)

사업소의 구분	화학소방자동차	자체소방대원의 수
제조소 또는 일반취급소에서 취급하는 제4류 위험물의 최대수량의 합이 지정수량의 3,000배 이상 12만배 미만인 사업소	1대	5인
제조소 또는 일반취급소에서 취급하는 제4류 위험물의 최대수량의 합이 지정수량의 12만배 이상 24만배 미만인 사업소	2대	10인
제조소 또는 일반취급소에서 취급하는 제4류 위험물의 최대수량의 합이 지정수량의 24만배 이상 48만배 미만인 사업소	3대	15인
제조소 또는 일반취급소에서 취급하는 제4류 위험물의 최대수량의 합이 지정수량의 48만배 이상인 사업소	4대	20인
옥외탱크저장소에 저장하는 제4류 위험물의 최대수량이 지정수량의 50만배 이상인 사업소	2대	10인

비고 : 화학소방자동차에는 행정안전부령이 정하는 소화능력 및 설비를 갖추어야 하고, 소화활동에 필요한 소화약제 및 기구(방열복 등 개인장구를 포함한다)를 비치해야 한다.

정답 3대, 15인

17

다음 할로젠화합물소화기의 화학식을 쓰시오.
- ㉮ 할론1301
- ㉯ 할론2402
- ㉰ 할론1001
- ㉱ 할론1211
- ㉲ 할론1011

해설

할로젠화합물소화약제의 명명법

예를 들면, 할론1211은 CF_2ClBr로서 메테인(CH_4)에 2개의 플루오린 원자 1개의 염소 원자 및 1개의 브로민 원자로 이루어진 화합물이다.

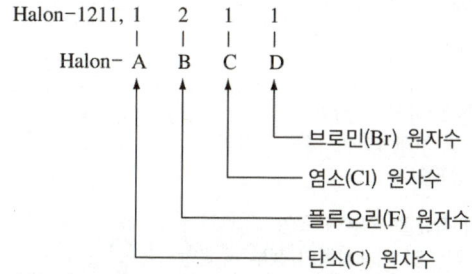

종 류	할론1301	할론2402	할론1001	할론1211	할론1011
분자식	CF_3Br	$C_2F_4Br_2$	CH_3Br	CF_2ClBr	CH_2ClBr

정답
- ㉮ CF_3Br
- ㉯ $C_2F_4Br_2$
- ㉰ CH_3Br
- ㉱ CF_2ClBr
- ㉲ CH_2ClBr

18

위험물을 취급하는 설비에 사용하는 안전장치 종류 3가지를 쓰시오.

해설

압력탱크에 설치하는 안전장치의 종류(시행규칙 별표 4)
① 자동적으로 압력의 상승을 정지시키는 장치
② 감압측에 안전밸브를 부착한 감압밸브
③ 안전밸브를 겸하는 경보장치
④ 파괴판(위험물의 성질에 따라 안전밸브의 작동이 곤란한 가압설비에 한한다)

정답
- 감압측에 안전밸브를 부착한 감압밸브
- 안전밸브를 겸하는 경보장치
- 파괴판(위험물의 성질에 따라 안전밸브의 작동이 곤란한 가압설비에 한한다)

19 물분무소화설비의 기동장치 점검사항 3가지를 쓰시오.

해설

물분무소화설비, 스프링클러설비의 점검사항(세부기준 별지 제19호)
① 펌프의 점검내용 및 점검방법
  ㉠ 누수·부식·변형·손상 유무 – 육안
  ㉡ 회전부 등의 급유상태 적부 – 육안
  ㉢ 기능의 적부 – 작동확인
  ㉣ 고정상태의 적부 – 육안
  ㉤ 이상소음·진동·발열 유무 – 육안 및 작동확인
  ㉥ 압력의 적부 – 육안
  ㉦ 계기판의 적부 – 육안
② 기동장치의 점검내용
  ㉠ 조작부 주위의 장애물 유무 – 육안
  ㉡ 표지의 손상 유무 및 기재사항의 적부 – 육안
  ㉢ 기능의 적부 – 작동확인

정답
- 조작부 주위의 장애물 유무 – 육안
- 표지의 손상 유무 및 기재사항의 적부 – 육안
- 기능의 적부 – 작동확인

20 트라이에틸알루미늄과 물의 반응식을 쓰고, 이때 발생하는 기체의 위험도를 계산하시오.

해설

알킬알루미늄의 반응식
① 트라이메틸알루미늄(Tri Methyl Aluminium, TMAL)
  ㉠ 물과의 반응 : $(CH_3)_3Al + 3H_2O \rightarrow Al(OH)_3 + 3CH_4 \uparrow$
  ㉡ 공기와의 반응 : $2(CH_3)_3Al + 12O_2 \rightarrow Al_2O_3 + 9H_2O + 6CO_2 \uparrow$
② 트라이에틸알루미늄(Tri Ethyl Aluminium, TEAL)
  ㉠ 물과의 반응 : $(C_2H_5)_3Al + 3H_2O \rightarrow Al(OH)_3 + 3C_2H_6 \uparrow$
  ㉡ 공기와의 반응 : $2(C_2H_5)_3Al + 21O_2 \rightarrow Al_2O_3 + 15H_2O + 12CO_2 \uparrow$
③ 트라이에틸알루미늄이 물과 반응 시 발생하는 가스 : 에테인(폭발범위 : 3.0~12.4[%])
④ 위험도 $= \dfrac{\text{상한값} - \text{하한값}}{\text{하한값}} = \dfrac{12.4 - 3.0}{3.0} = 3.13$

정답
- 반응식 : $(C_2H_5)_3Al + 3H_2O \rightarrow Al(OH)_3 + 3C_2H_6$
- 위험도 : 3.13

2009년 8월 23일 시행 과년도 기출복원문제

01 자체소방대의 설치제외 대상인 일반취급소 3가지를 쓰시오.

해설

자체소방대의 설치제외 대상인 일반취급소(시행규칙 제73조)
① 보일러, 버너 그 밖에 이와 유사한 장치로 위험물을 소비하는 일반취급소
② 이동저장탱크 그 밖에 이와 유사한 것에 위험물을 주입하는 일반취급소
③ 용기에 위험물을 옮겨 담는 일반취급소
④ 유압장치, 윤활유순환장치 그 밖에 이와 유사한 장치로 위험물을 취급하는 일반취급소
⑤ 광산안전법의 적용을 받는 일반취급소

정답
- 보일러, 버너 그 밖에 이와 유사한 장치로 위험물을 소비하는 일반취급소
- 이동저장탱크 그 밖에 이와 유사한 것에 위험물을 주입하는 일반취급소
- 용기에 위험물을 옮겨 담는 일반취급소

02 ANFO 폭약에 사용되는 제1류 위험물의 화학명과 분해반응식 및 폭발반응식을 쓰시오.

해설

ANFO 폭약(질산암모늄)
① 제조 : 질산암모늄 94[%]와 경유 6[%]를 혼합한 것
② 분해반응식(220[℃]) : $NH_4NO_3 \rightarrow N_2O + 2H_2O$
③ 폭발반응식 : $2NH_4NO_3 \rightarrow 2N_2 + 4H_2O + O_2$

정답
- 화학명 : 질산암모늄(NH_4NO_3)
- 분해반응식(220[℃]) : $NH_4NO_3 \rightarrow N_2O + 2H_2O$
- 폭발반응식 : $2NH_4NO_3 \rightarrow 2N_2 + 4H_2O + O_2$

03 트라이에틸알루미늄이 염소와 반응할 때 반응식을 쓰시오.

해설

트라이에틸알루미늄[$(C_2H_5)_3Al$]이 염소(Cl_2)와 반응하면 염화알루미늄($AlCl_3$)과 염화에틸(C_2H_5Cl)이 생성된다.

$$(C_2H_5)_3Al + 3Cl_2 \rightarrow AlCl_3 + 3C_2H_5Cl$$

정답 $(C_2H_5)_3Al + 3Cl_2 \rightarrow AlCl_3 + 3C_2H_5Cl$

04 포소화설비의 수동식 기동장치의 설치기준 3가지만 쓰시오.

해설

포소화설비의 수동식 기동장치의 설치기준(세부기준 제133조)
① 직접조작 또는 원격조작에 의하여 가압송수장치, 수동식 개방밸브 및 포소화약제 혼합장치를 기동할 수 있을 것
② 2 이상의 방사구역을 갖는 포소화설비는 방사구역을 선택할 수 있는 구조로 할 것
③ 기동장치의 조작부는 화재 시 용이하게 접근이 가능하고 바닥면으로부터 0.8[m] 이상 1.5[m] 이하의 높이에 설치할 것
④ 기동장치의 조작부에는 유리 등에 방호조치가 되어 있을 것
⑤ 기동장치의 조작부 및 호스접속구에는 직근의 보기 쉬운 장소에 각각 기동장치의 조작부 또는 접속구라고 표시할 것

정답
- 직접조작 또는 원격조작에 의하여 가압송수장치, 수동식 개방밸브 및 포소화약제 혼합장치를 기동할 수 있을 것
- 2 이상의 방사구역을 갖는 포소화설비는 방사구역을 선택할 수 있는 구조로 할 것
- 기동장치의 조작부에는 유리 등에 방호조치가 되어 있을 것

05 메테인과 암모니아를 백금 촉매하에서 산소와 반응시켜 얻어지는 반응성이 강한 것으로 분자량이 27이고 약한 산성을 나타내는 물질에 대하여 답하시오.
㉮ 물질명
㉯ 화학식
㉰ 품 명

해설

사이안화수소(청산)
① 물 성

품 명	지정수량	화학식	인화점	끓는점	비 중	증기비중
제1석유류(수용성)	400[L]	HCN	−17[℃]	26[℃]	0.69	0.931

② 제법 : 메테인-암모니아 혼합물의 촉매 산화반응, 사이안화나트륨과 황산의 반응, 폼아마이드($HCONH_2$)의 분해반응의 3가지 주요방법으로 합성된다.

정답
㉮ 사이안화수소
㉯ HCN
㉰ 제1석유류(수용성)

06

제3류 위험물의 운반용기의 수납기준에 대한 설명이다. 다음 ( ) 안에 적당한 말을 쓰시오.
- 자연발화성 물질에 있어서는 불활성 기체를 봉입하여 밀봉하는 등 (㉮)와 접하지 않도록 할 것
- 자연발화성 물질 외의 물품에 있어서는 (㉯) 등의 보호액으로 채워 밀봉하거나 불활성 기체를 봉입하여 밀봉하는 등 (㉰)과 접하지 않도록 할 것
- 자연발화성 물질 중 알킬알루미늄 등은 운반용기의 내용적의 (㉱)[%] 이하의 수납률로 수납하되, 50[℃]의 온도에서 (㉲)[%] 이상의 공간용적을 유지하도록 할 것

해설

제3류 위험물 운반용기의 수납기준(시행규칙 별표 19)
① **자연발화성 물질**에 있어서는 불활성 기체를 봉입하여 밀봉하는 등 **공기**와 접하지 않도록 할 것
② **자연발화성 물질 외의 물품**에 있어서는 **파라핀·경유·등유** 등의 보호액으로 채워 밀봉하거나 불활성 기체를 봉입하여 밀봉하는 등 **수분**과 접하지 않도록 할 것
③ 자연발화성 물질 중 **알킬알루미늄 등**은 운반용기의 내용적의 **90[%]** 이하의 수납률로 수납하되, 50[℃]의 온도에서 **5[%]** 이상의 **공간용적**을 유지하도록 할 것

정답　㉮ 공 기　　㉯ 파라핀, 경유, 등유
　　　　㉰ 수 분　　㉱ 90
　　　　㉲ 5

07

다음 위험물을 저장하고자 할 때 보호액을 쓰시오.
㉮ 황 린　　㉯ 나트륨
㉰ 이황화탄소

해설

보호액과 저장하는 이유
① **황린의 저장**
　㉠ 보호액 : **pH 9의 알칼리수용액**
　㉡ 보관이유 : 가연성 가스인 인화수소(PH_3)의 발생을 방지하기 위하여
② **나트륨의 저장**
　㉠ 보호액 : **등유, 경유, 유동파라핀**
　㉡ 보관이유 : 수분이 혼입되면 가연성 가스(H_2)의 발생을 방지하기 위하여
③ **이황화탄소의 저장**
　㉠ 보호액 : **물**
　㉡ 보관이유 : 가연성 증기의 발생을 방지하기 위하여

정답　㉮ pH 9의 알칼리수용액
　　　　㉯ 등유, 경유, 유동파라핀
　　　　㉰ 물

08

제1석유류이고 분자량이 60인 물질이 가수분해하여 알코올과 폼산을 생성하는 반응식을 쓰시오.

해설

의산메틸

① 물 성

화학식	비 중	비 점	인화점	착화점	연소범위
$HCOOCH_3$	0.97	32[℃]	−19[℃]	449[℃]	5.0~23.0[%]

② 럼주와 같은 향기를 가진 무색투명한 액체이다.
③ 증기는 마취성이 있으나 독성은 없다.
④ 에터, 벤젠, 에스터에 잘 녹으며 물에는 잘 녹는다(용해도 23.3).
⑤ 의산과 메틸알코올의 축합물로서 가수분해하면 의산(폼산)과 메틸알코올이 된다.

$$HCOOCH_3 + H_2O \rightarrow \underset{(메틸알코올)}{CH_3OH} + \underset{(의산)}{HCOOH}$$

정답 $HCOOCH_3 + H_2O \rightarrow CH_3OH + HCOOH$

09

클리블랜드 개방컵 인화점측정기에 대한 설명으로 적당한 말을 쓰시오.

① 시험장소는 1기압, (㉮)의 장소로 할 것
② 인화점 및 연소점 시험방법-클리블랜드 개방컵 시험방법(KS M ISO 2592)에 의한 인화점측정기의 시료 컵의 표선(標線)까지 시험물품을 채우고 시험물품의 표면의 기포를 제거할 것
③ 시험불꽃을 점화하고 화염의 크기를 직경 (㉯)[mm]가 되도록 조정할 것
④ 시험물품의 온도가 60초간 (㉰)[℃]의 비율로 상승하도록 가열하고 설정온도보다 55[℃] 낮은 온도에 달하면 가열을 조절하여 설정온도보다 28[℃] 낮은 온도에서 60초간 (㉱)[℃]의 비율로 온도가 상승하도록 할 것
⑤ 시험물품의 온도가 설정온도보다 28[℃] 낮은 온도에 달하면 시험불꽃을 시료 컵의 중심을 횡단하여 일직선으로 1초간 통과시킬 것. 이 경우 시험불꽃의 중심을 시료 컵 위쪽 가장자리의 상방 (㉲)[mm] 이하에서 수평으로 움직여야 한다.
⑥ ⑤의 방법에 의하여 인화하지 않는 경우에는 시험물품의 온도가 2[℃] 상승할 때마다 시험불꽃을 시료 컵의 중심을 횡단하여 일직선으로 1초간 통과시키는 조작을 인화할 때까지 반복할 것
⑦ ⑥의 방법에 의하여 인화한 온도와 설정온도와의 차가 4[℃]를 초과하지 않는 경우에는 해당 온도를 인화점으로 할 것
⑧ ⑤의 방법에 의하여 인화한 경우 및 ⑥의 방법에 의하여 인화한 온도와 설정온도와의 차가 4[℃]를 초과하는 경우에는 ② 내지 ⑥과 같은 순서로 반복하여 실시할 것

해설

클리블랜드 개방컵 인화점측정기에 의한 인화점측정시험(세부기준 제16조)
① 시험장소는 1기압, **무풍**의 장소로 할 것
② 인화점 및 연소점 시험방법-클리블랜드 개방컵 시험방법(KS M ISO 2592)에 의한 인화점측정기의 시료 컵의 표선(標線)까지 시험물품을 채우고 시험물품의 표면의 기포를 제거할 것
③ 시험불꽃을 점화하고 화염의 크기를 직경 **4[mm]**가 되도록 조정할 것
④ 시험물품의 온도가 60초간 **14[℃]**의 비율로 상승하도록 가열하고 설정온도보다 55[℃] 낮은 온도에 달하면 가열을 조절하여 설정온도보다 28[℃] 낮은 온도에서 60초간 **5.5[℃]**의 비율로 온도가 상승하도록 할 것
⑤ 시험물품의 온도가 설정온도보다 28[℃] 낮은 온도에 달하면 시험불꽃을 시료 컵의 중심을 횡단하여 일직선으로 1초간 통과시킬 것. 이 경우 시험불꽃의 중심을 시료 컵 위쪽 가장자리의 상방 **2[mm]** 이하에서 수평으로 움직여야 한다.
⑥ ⑤의 방법에 의하여 인화하지 않는 경우에는 시험물품의 온도가 2[℃] 상승할 때마다 시험불꽃을 시료 컵의 중심을 횡단하여 일직선으로 1초간 통과시키는 조작을 인화할 때까지 반복할 것
⑦ ⑥의 방법에 의하여 인화한 온도와 설정온도와의 차가 4[℃]를 초과하지 않는 경우에는 해당 온도를 인화점으로 할 것
⑧ ⑤의 방법에 의하여 인화한 경우 및 ⑥의 방법에 의하여 인화한 온도와 설정온도와의 차가 4[℃]를 초과하는 경우에는 ② 내지 ⑥과 같은 순서로 반복하여 실시할 것

정답
㉮ 무 풍   ㉯ 4
㉰ 14   ㉱ 5.5
㉲ 2

---

10 분자량이 58이고 압력 202.65[kPa], 온도가 100[℃]인 물질의 증기밀도를 계산하시오.

해설

① 이상기체 상태방정식을 적용하면

$$PV = nRT = \frac{W}{M}RT \qquad PM = \frac{W}{V}RT = \rho RT \qquad \rho(밀도) = \frac{PM}{RT}$$

여기서, P : 압력[atm]
n : mol수[g-mol]
W : 무게[g]
T : 절대온도(273 + [℃] = [K])
V : 부피[L]
M : 분자량(58[g/g-mol])
R : 기체상수(0.08205[L·atm/g-mol·K])

② 밀도를 구하면

$$\rho(밀도) = \frac{PM}{RT} = \frac{\frac{202.65[kPa]}{101.325[kPa]} \times 1[atm] \times 58[g/g-mol]}{0.08205[L \cdot atm/g-mol \cdot K] \times 373[K]} = 3.79[g/L]$$

정답 3.79[g/L]

11 탄화칼슘 500[g]이 물과 반응하였을 때 발생하는 가스의 양[L]과 발생가스의 위험도를 계산하시오.

해설

탄화칼슘(카바이드)

① 반응식

$$CaC_2 + 2H_2O \rightarrow Ca(OH)_2 + C_2H_2$$

$$64[g] \qquad\qquad\qquad 22.4[L]$$
$$500[g] \qquad\qquad\qquad x$$

$$\therefore x = \frac{500[g] \times 22.4[L]}{64[g]} = 175[L]$$

② 아세틸렌의 폭발범위 : 2.5~81[%]

$$\therefore 위험도 = \frac{상한값 - 하한값}{하한값} = \frac{81 - 2.5}{2.5} = 31.4$$

정답
- 발생하는 가스의 부피 : 175[L]
- 발생가스의 위험도 : 31.4

---

12 국제해상위험물규칙의 분류기준으로 ( ) 안에 알맞은 내용을 적으시오.

등급	구분	등급	구분
제1급	화약류	제5급	(㉰)
제2급	(㉮)	제6급	독성 및 전염성 물질
제3급	인화성 액체류	제7급	(㉱)
제4급	(㉯)	제8급	부식성 물질

해설

① 제1급(Class 1) - 화약류(Explosives)
제1급은 폭발성 물질, 폭발성 제품 및 실제적인 폭발효과 또는 화공효과를 발생시킬 목적으로 제조된 것을 말한다. 제1급은 그 위험도에 따라 다음의 6가지 등급(Division)으로 구분한다.

등급	정의
등급1.1	대폭발 위험성이 있는 물질 및 제품
등급1.2	발사 위험성은 있으나 대폭발 위험성은 없는 물질 및 제품
등급1.3	화재 위험성이 있으며 또한 약간의 폭발 위험성 또는 약간의 발사 위험성 혹은 그 양쪽 모두가 있으나 대폭발 위험성이 없는 물질 및 제품
등급1.4	중대한 위험성이 없는 물질 및 제품
등급1.5	대폭발 위험성이 있는 매우 둔감한 물질
등급1.6	대폭발 위험성이 없는 매우 둔감한 물질

② 제2급(Class 2) - 가스류(Gases)
제2급은 압축가스, 액화가스, 용해가스, 냉동 액화가스, 혼합가스, 가스가 충전된 제품 및 에어로졸로 구성된다. 제2급은 가스의 주위험성에 따라 다음과 같이 세분한다.

등급	정의
제2.1급-인화성 가스	20[℃] 및 101.3[kPa]에서 가스인 것
제2.2급-비인화성, 비독성 가스	20[℃]에서 280[kPa] 이상의 압력으로 운송되는 가스 또는 냉동 액체로 운송되는 가스 또는 질식성 가스, 산화성 가스 또는 다른 급에 해당되지 않는 가스
제2.3급-독성 가스	독성(LC_{50} : 5,000[mL/m^3] 이하) 및 부식성이 있는 가스

③ 제3급(Class 3) - 인화성 액체류(Flammable Liquids)
   제3급은 인화성 액체 및 감감화된 액체 화약류를 말한다.
④ 제4급(Class 4) - 가연성 고체, 자연발화성 물질, 물과 접촉 시 인화성 가스를 방출하는 물질
   제4급은 화약류로 분류되는 물질 이외의 것으로서 쉽게 발화하거나 또는 화재를 일으킬 수 있는 물질을 말한다.

등급	정의
제4.1급-가연성 물질	쉽게 발화하거나 또는 마찰에 의하여 화재를 일으킬 수 있는 고체(가연성 고체), 자체반응성물질(고체 및 액체) 및 감감화된 고체 화약류
제4.2급-자연발화성 물질	자연발화 또는 공기와의 접촉으로 발열하기 쉬우며 또한 그 자체가 화재를 일으킬 수 있는 물질(고체 및 액체)
제4.3급-물과 접촉 시 인화성 가스를 방출하는 물질	물과의 상호작용에 의하여 자연적으로 인화하거나 또는 위험한 양의 인화성 가스를 방출하기 쉬운 물질(고체 및 액체)

⑤ 제5급(Class 5) - 산화성 물질 및 유기과산화물(Oxidizing Substances & Organic Peroxides)
   제5급은 산화성 물질과 유기과산화물을 말한다.

등급	정의
제5.1급-산화성 물질	반드시 그 물질 자체가 연소하지는 아닐지라도 일반적으로 산소를 발생하거나 다른 물질의 연소를 유발하거나 돕는 물질
제5.2급-유기과산화물	2가의 -O-O- 결합을 가지며 하나 또는 두 개 모두의 수소원자가 유기라디칼로 치환된 과산화수소의 유도체로 간주될 수 있는 유기물질

⑥ 제6급(Class 6) - 독물 및 전염성 물질(Toxic & Infectious Substances)
   제6급은 독물 및 전염성 물질을 말한다.

등급	정의
제6.1급-독물	삼키거나 흡입하거나 또는 피부접촉에 의하여 사망 또는 중상을 일으키거나 인간의 건강에 해를 끼치기 쉬운 물질
제6.2급-전염성 물질	병원체를 함유하고 있는 것으로 알려져 있거나 합리적으로 추정되는 물질

⑦ 제7급(Class 7) - 방사성 물질(Radioactive Material)
   제7급은 운송품 내의 방사능 농도와 총방사능량이 기본 방사성 핵종에 대한 값을 초과하는 방사성 핵종이 함유되어 있는 물질을 말한다.
⑧ 제8급(Class 8) - 부식성 물질(Corrosive Substances)
   제8급 물질은 화학반응에 의하여 생체조직과의 접촉 시에는 심각한 손상을 줄 수 있거나 누출된 경우에는 기계적 손상 또는 다른 화물 또는 운송수단을 파손시킬 수 있는 물질을 말한다.
⑨ 제9급(Class 9) - 유해성 물질(Miscellaneous Dangerous Substances & Articles)

정답 ㉮ 가스류
㉯ 가연성 고체, 자연발화성 물질, 물과 접촉 시 인화성 가스를 방출하는 물질
㉰ 산화성 물질 및 유기과산화물
㉱ 방사성 물질

> 참고 : 국제해상위험물규칙은 2011년부터 출제기준에서 삭제되었습니다.

13 다음의 내용을 보고 물음에 답하시오.

- 비중이 1.5이다.
- 응고점이 −22[℃]이다.
- 순수한 것은 무색이고 공업용은 담황색 또는 분홍색의 액체이다.
- 알코올, 아세톤, 벤젠에는 잘 녹는다.
- 구조식은 $\begin{array}{c} CH_2-ONO_2 \\ | \\ CH_2-ONO_2 \end{array}$ 이다.

㉮ 이 물질의 명칭을 쓰시오.
㉯ 이 물질의 품명을 쓰시오.
㉰ 이 물질의 지정수량을 쓰시오.

해설

나이트로글라이콜(Nitro Glycol)

① 물 성

화학식	품 명	지정수량	비 중	응고점
$C_2H_4(ONO_2)_2$	질산에스터류(제1종)	10[kg]	1.5	−22[℃]

② 순수한 것은 무색이나 공업용은 담황색 또는 분홍색의 액체이다.
③ 알코올, 아세톤, 벤젠에는 잘 녹는다.
④ 산의 존재하에 분해가 촉진되며 폭발하는 수도 있다.

정답
㉮ 나이트로글라이콜
㉯ 질산에스터류(제1종)
㉰ 10[kg]

14 제3종 분말소화약제가 온도 190[℃], 215[℃], 300[℃] 이상에서 분해할 때 반응식을 쓰시오.

정답
- 1차 분해반응식(190[℃]) : $NH_4H_2PO_4 \rightarrow H_3PO_4$(오쏘인산) + NH_3
- 2차 분해반응식(215[℃]) : $2H_3PO_4 \rightarrow H_4P_2O_7$(피로인산) + H_2O
- 3차 분해반응식(300[℃]) : $H_4P_2O_7 \rightarrow 2HPO_3$(메타인산) + H_2O

15 화학소방자동차에 갖추어야 하는 소화능력 및 설비의 기준에 관한 설명이다. 다음 ( ) 안에 적당한 말을 넣으시오.

화학소방자동차의 구분	소화능력 및 설비의 기준
포수용액 방사차	포수용액의 방사능력이 매분 (㉮)[L] 이상일 것
	소화약액탱크 및 (㉯)를 비치할 것
	(㉰)[L] 이상의 포수용액을 방사할 수 있는 양의 소화약제를 비치할 것
분말 방사차	분말의 방사능력이 매초 (㉱)[kg] 이상일 것
	분말탱크 및 가압용 가스설비를 비치할 것
	(㉲)[kg] 이상의 분말을 비치할 것

해설
화학소방자동차에 갖추어야 하는 소화능력 및 설비의 기준(시행규칙 별표 23)

화학소방자동차의 구분	소화능력 및 설비의 기준
포수용액 방사차	포수용액의 방사능력이 **매분 2,000[L] 이상**일 것
	소화약액탱크 및 소화약액혼합장치를 비치할 것
	10만[L] 이상의 포수용액을 방사할 수 있는 양의 소화약제를 비치할 것
분말 방사차	분말의 방사능력이 **매초 35[kg] 이상**일 것
	분말탱크 및 가압용 가스설비를 비치할 것
	1,400[kg] 이상의 분말을 비치할 것
할로젠화합물 방사차	할로젠화합물의 방사능력이 매초 40[kg] 이상일 것
	할로젠화합물탱크 및 가압용 가스설비를 비치할 것
	1,000[kg] 이상의 할로젠화합물을 비치할 것
이산화탄소 방사차	이산화탄소의 방사능력이 매초 40[kg] 이상일 것
	이산화탄소저장용기를 비치할 것
	3,000[kg] 이상의 이산화탄소를 비치할 것
제독차	가성소다 및 규조토를 각각 50[kg] 이상 비치할 것

정답 ㉮ 2,000　　㉯ 소화약액혼합장치
　　　 ㉰ 10만　　　㉱ 35
　　　 ㉲ 1,400

16

화재예방규정을 정하는 제조소 등에 대한 설명이다. ( ) 안에 적당한 말을 넣으시오.
- 지정수량의 (㉮)배 이상의 위험물을 취급하는 제조소
- 지정수량의 (㉯)배 이상의 위험물을 저장하는 옥외저장소
- 지정수량의 (㉰)배 이상의 위험물을 저장하는 옥내저장소
- 지정수량의 (㉱)배 이상의 위험물을 저장하는 옥외탱크저장소

해설
관계인이 예방규정을 정해야 하는 제조소 등
① 지정수량의 **10배 이상**의 위험물을 취급하는 **제조소**
② 지정수량의 **100배 이상**의 위험물을 저장하는 **옥외저장소**
③ 지정수량의 **150배 이상**의 위험물을 저장하는 **옥내저장소**
④ 지정수량의 **200배 이상**의 위험물을 저장하는 **옥외탱크저장소**
⑤ 암반탱크저장소
⑥ 이송취급소
⑦ 지정수량의 10배 이상의 위험물을 취급하는 일반취급소. 다만, 제4류 위험물(특수인화물은 제외한다)만을 지정수량의 50배 이하로 취급하는 일반취급소(제1석유류・알코올류의 취급량이 지정수량의 10배 이하인 경우에 한한다)로서 다음의 어느 하나에 해당하는 것을 제외한다.
　㉠ 보일러・버너 또는 이와 비슷한 것으로서 위험물을 소비하는 장치로 이루어진 일반취급소
　㉡ 위험물을 용기에 옮겨 담거나 차량에 고정된 탱크에 주입하는 일반취급소

정답 ㉮ 10　　㉯ 100
　　　 ㉰ 150　　㉱ 200

17

과산화나트륨과 물, 에틸알코올의 반응식을 쓰고 이산화탄소소화기를 사용해서는 안 되는 이유를 설명하시오.

해설
과산화나트륨의 반응식
① 분해반응 : $2Na_2O_2 \rightarrow 2Na_2O + O_2\uparrow$
② 물과 반응 : $2Na_2O_2 + 2H_2O \rightarrow 4NaOH + O_2 +$ 발열
③ 에틸알코올과 반응 : $Na_2O_2 + 2C_2H_5OH \rightarrow 2C_2H_5ONa + H_2O_2$
④ 탄산가스와 반응 : $2Na_2O_2 + 2CO_2 \rightarrow 2Na_2CO_3 + O_2\uparrow$
⑤ 초산과 반응 : $Na_2O_2 + 2CH_3COOH \rightarrow 2CH_3COONa + H_2O_2$
⑥ 염산과 반응 : $Na_2O_2 + 2HCl \rightarrow 2NaCl + H_2O_2$

정답
- 반응식
　- 물과 반응 : $2Na_2O_2 + 2H_2O \rightarrow 4NaOH + O_2$
　- 에틸알코올과 반응 : $Na_2O_2 + 2C_2H_5OH \rightarrow 2C_2H_5ONa + H_2O_2$
- 이유 : 반응식에서 과산화나트륨이 이산화탄소와 반응하면 산소를 생성하므로 적합하지 않다.

18 다음 주어진 내용을 보고 물질의 시성식을 쓰시오.

㉮ 휘발성이 강한 무색투명한 특유의 향이 있는 액체로서 분자량이 74.12이고, 지정수량이 50[L]이다.

㉯ 특유의 냄새가 나는 무색의 액체로서 분자량이 53이고 비점이 78[℃], 인화점이 -5[℃], 지정수량이 200[L]이다.

해설

물질의 설명

① **다이에틸에터(Di Ethyl Ether, 에터)**
  ㉠ 물 성

화학식	분자량	지정수량	비 점	인화점	착화점	증기비중	연소범위
$C_2H_5OC_2H_5$	74.12	50[L]	34[℃]	-40[℃]	180[℃]	2.55	1.7~48.0[%]

  ㉡ 휘발성이 강한 무색투명한 특유의 향이 있는 액체이다.
  ㉢ 물에 약간 녹고, 알코올에 잘 녹으며 발생된 증기는 마취성이 있다.
  ㉣ 공기와 장기간 접촉하면 과산화물이 생성되므로 갈색병에 저장해야 한다.
  ㉤ 동·식물성 섬유로 여과할 경우 정전기가 발생하기 쉽다.
  ㉥ 이산화탄소, 할로젠화합물, 포말소화약제에 의한 질식소화를 한다.
  ㉦ 용기의 공간용적을 2[%] 이상으로 해야 한다.

② **아크릴로나이트릴**
  ㉠ 물 성

화학식	분자량	지정수량	비 점	인화점	착화점	증기비중	연소범위
$CH_2=CHCN$	53	200[L]	78[℃]	-5[℃]	481[℃]	1.83	3.0~17.0[%]

  ㉡ 특유의 냄새가 나는 무색의 액체이다.
  ㉢ 일정량 이상을 공기와 혼합하면 폭발하고 독성이 강하며 중합(重合)하기 쉽다. 합성 섬유나 합성 고무의 원료이며 용제(溶劑)나 살충제 따위에도 쓴다.
  ㉣ 유기용제에 잘 녹는다.

정답 ㉮ $C_2H_5OC_2H_5$
㉯ $CH_2=CHCN$

19. 탱크시험자가 갖추어야 할 필수장비 3가지를 적으시오.

해설

탱크시험자의 기술능력·시설 및 장비(시행령 별표 7)

① 기술능력
  ㉠ 필수인력
    • 위험물기능장·위험물산업기사 또는 위험물기능사 중 1명 이상
    • 비파괴검사기술사 1명 이상 또는 초음파비파괴검사·자기비파괴검사 및 침투비파괴검사별로 기사 또는 산업기사 각 1명 이상
  ㉡ 필요한 경우에 두는 인력
    • 충·수압시험, 진공시험, 기밀시험 또는 내압시험의 경우 : 누설비파괴검사 기사, 산업기사 또는 기능사
    • 수직·수평도시험의 경우 : 측량 및 지형공간정보 기술사, 기사, 산업기사 또는 측량기능사
    • 방사선투과시험의 경우 : 방사선비파괴검사 기사 또는 산업기사
    • 필수 인력의 보조 : 방사선비파괴검사·초음파비파괴검사·자기비파괴검사 또는 침투비파괴검사 기능사
② 시설 : 전용사무실
③ 장비
  ㉠ **필수장비** : 자기탐상시험기, 초음파두께측정기 및 다음 중 어느 하나
    • 영상초음파시험기
    • 방사선투과시험기 및 초음파시험기
  ㉡ 필요한 경우에 두는 장비
    • 충·수압시험, 진공시험, 기밀시험 또는 내압시험의 경우
      - 진공능력 53[kPa] 이상의 진공누설시험기
      - 기밀시험장치(안전장치가 부착된 것으로서 가압능력 200[kPa] 이상, 감압의 경우에는 감압능력 10[kPa] 이상·감도 10[Pa] 이하의 것으로서 각각의 압력 변화를 스스로 기록할 수 있는 것)
    • 수직·수평도 시험의 경우 : 수직·수평도 측정기
  ※ 비고 : 둘 이상의 기능을 함께 가지고 있는 장비를 갖춘 경우에는 각각의 장비를 갖춘 것으로 본다.

정답
  • 자기탐상시험기
  • 초음파두께측정기
  • 영상초음파시험기

20 옥내저장소에 지정과산화물을 저장하는 저장창고의 기준이다. ( ) 안에 적당한 말을 넣으시오.
저장창고는 (㉮)[m²] 이내마다 격벽으로 완전하게 구획할 것. 이 경우 해당 격벽은 두께 30[cm] 이상의 (㉯) 또는 (㉰)로 하거나 두께 40[cm] 이상의 (㉱)로 하고, 해당 저장창고의 양측의 외벽으로부터 1[m] 이상, 상부의 지붕으로부터 (㉲)[cm] 이상 돌출하게 해야 한다.

해설

옥내저장소의 지정과산화물 저장창고의 기준(시행규칙 별표 5)

① 저장창고는 **150[m²] 이내**마다 격벽으로 완전하게 구획할 것. 이 경우 해당 격벽은 두께 30[cm] 이상의 **철근콘크리트조** 또는 **철골·철근콘크리트조**로 하거나 두께 40[cm] 이상의 **보강콘크리트블록조**로 하고, 해당 저장창고의 양측의 외벽으로부터 1[m] 이상, 상부의 지붕으로부터 **50[cm] 이상** 돌출하게 해야 한다.
② 저장창고의 외벽은 두께 20[cm] 이상의 철근콘크리트조나 철골·철근콘크리트조 또는 두께 30[cm] 이상의 보강콘크리트블록조로 할 것
③ 저장창고의 지붕은 다음에 적합할 것
  ㉠ 중도리(서까래 중간을 받치는 수평의 도리) 또는 서까래의 간격은 30[cm] 이하로 할 것
  ㉡ 지붕의 아래쪽 면에는 한 변의 길이가 45[cm] 이하의 환강(丸鋼)·경량형강(輕量型鋼) 등으로 된 강제(鋼製)의 격자를 설치할 것
  ㉢ 지붕의 아래쪽 면에 철망을 쳐서 불연재료의 도리(서까래를 받치기 위해 기둥과 기둥 사이에 설치한 부재)·보 또는 서까래에 단단히 결합할 것
  ㉣ 두께 5[cm] 이상, 너비 30[cm] 이상의 목재로 만든 받침대를 설치할 것
④ 저장창고의 출입구에는 60분+ 방화문 또는 60분 방화문을 설치할 것
⑤ 저장창고의 창은 바닥 면으로부터 2[m] 이상의 높이에 두되, 하나의 벽면에 두는 창의 면적의 합계를 해당 벽면의 면적의 1/80 이내로 하고, 하나의 창의 면적을 0.4[m²] 이내로 할 것

정답
㉮ 150
㉯ 철근콘크리트조
㉰ 철골·철근콘크리트조
㉱ 보강콘크리트블록조
㉲ 50

2010년 5월 16일 시행 과년도 기출복원문제

01 제3종 분말소화약제가 약 190[℃]에서 1차로 열분해되는 반응식을 쓰시오.

해설

분말소화약제의 열분해반응식

① 제1종 분말
 ㉠ 1차 분해반응식(270[℃]) : $2NaHCO_3 \rightarrow Na_2CO_3 + CO_2 + H_2O - Q[kcal]$
 ㉡ 2차 분해반응식(850[℃]) : $2NaHCO_3 \rightarrow Na_2O + 2CO_2 + H_2O - Q[kcal]$
② 제2종 분말
 ㉠ 1차 분해반응식(190[℃]) : $2KHCO_3 \rightarrow K_2CO_3 + CO_2 + H_2O - Q[kcal]$
 ㉡ 2차 분해반응식(590[℃]) : $2KHCO_3 \rightarrow K_2O + 2CO_2 + H_2O - Q[kcal]$
③ 제3종 분말
 ㉠ **1차 분해반응식(190[℃])** : $NH_4H_2PO_4 \rightarrow NH_3 + H_3PO_4$(인산, 오쏘인산)
 ㉡ 2차 분해반응식(215[℃]) : $2H_3PO_4 \rightarrow H_2O + H_4P_2O_7$(피로인산)
 ㉢ 3차 분해반응식(300[℃]) : $H_4P_2O_7 \rightarrow H_2O + 2HPO_3$(메타인산)
④ 제4종 분말 : $2KHCO_3 + (NH_2)_2CO \rightarrow K_2CO_3 + 2NH_3\uparrow + 2CO_2\uparrow - Q[kcal]$

정답 $NH_4H_2PO_4 \rightarrow NH_3 + H_3PO_4$

02 다음은 위험물제조소의 구조 및 설비에 관한 기준이다. ( ) 안에 알맞은 수치 또는 알맞은 용어를 쓰시오.

- 인화성 고체를 제외한 제2류 위험물의 주의사항을 표시한 게시판의 게시내용은 (㉮)(으)로 해야 한다.
- 건축물의 벽, 기둥, 바닥, 보는 (㉯)(으)로 하고 소방청장이 정하여 고시하는 것에 한하여 연소 우려가 있는 외벽은 개구부가 없는 (㉰)의 벽으로 해야 한다.
- 환기설비의 환기구는 지붕 위 또는 지상 (㉱)[m] 이상의 높이에 회전식 고정벤틸레이터 또는 루프팬방식으로 설치해야 한다.

해설
위험물제조소의 구조 및 설비(시행규직 별표 4)
① 게시판의 주의사항 내용

위험물의 종류	주의사항	게시판의 색상
제1류 위험물 중 알칼리금속의 과산화물 제3류 위험물 중 금수성 물질	물기엄금	청색바탕에 백색문자
제2류 위험물(인화성 고체는 제외)	**화기주의**	적색바탕에 백색문자
제2류 위험물 중 인화성 고체 제3류 위험물 중 자연발화성 물질 제4류 위험물 제5류 위험물	화기엄금	적색바탕에 백색문자

② 건축물의 구조
  ㉠ 지하층이 없도록 해야 한다.
  ㉡ **벽·기둥·바닥·보·서까래 및 계단 : 불연재료**(연소 우려가 있는 외벽은 개구부가 없는 **내화구조의 벽**으로 할 것)
  ㉢ 지붕은 폭발력이 위로 방출될 정도의 가벼운 불연재료로 덮어야 한다.
  ㉣ 출입구와 비상구에는 60분+ 방화문·60분 방화문 또는 30분 방화문을 설치해야 한다.

  > 연소 우려가 있는 외벽의 출입구 : 수시로 열 수 있는 자동폐쇄식의 60분+ 방화문 또는 60분 방화문 설치

  ㉤ 건축물의 창 및 출입구의 유리 : 망입유리
  ㉥ 액체의 위험물을 취급하는 건축물의 바닥 : 적당한 경사를 두고 그 최저부에 집유설비를 할 것

③ 환기설비
  ㉠ 환기 : 자연배기방식
  ㉡ 급기구는 해당 급기구가 설치된 실의 바닥면적 150[m²]마다 1개 이상으로 하되 급기구의 크기는 800[cm²] 이상으로 할 것. 다만, 바닥면적 150[m2] 미만인 경우에는 다음의 크기로 할 것

바닥면적	급기구의 면적
60[m²] 미만	150[cm²] 이상
60[m²] 이상 90[m²] 미만	300[cm²] 이상
90[m²] 이상 120[m²] 미만	450[cm²] 이상
120[m²] 이상 150[m²] 미만	600[cm²] 이상

  ㉢ 급기구는 낮은 곳에 설치하고 가는 눈의 구리망 등으로 인화방지망을 설치할 것
  ㉣ **환기구**는 지붕 위 또는 **지상 2[m] 이상**의 높이에 회전식 고정벤틸레이터 또는 루프팬방식(Roof Fan : 지붕에 설치하는 배기장치)으로 설치할 것

정답 ㉮ 화기주의 ㉯ 불연재료
      ㉰ 내화구조 ㉱ 2

03 적재하는 위험물의 성질에 따라 일광의 직사 또는 빗물의 침투를 방지하기 위하여 유효하게 피복하는 등의 조치를 해야 한다. 다음의 각 경우에 해당하는 위험물의 유별 또는 품명 또는 성질을 쓰시오.

㉮ 차광성이 있는 피복으로 가려야 하는 것 5가지를 쓰시오.
㉯ 방수성이 있는 피복으로 덮어야 하는 것 3가지를 쓰시오.
㉰ 제5류 위험물 중 몇 [℃] 이하의 온도에서 분해될 우려가 있는 것은 보냉 컨테이너에 수납하는 등 적정한 온도관리를 해야 하는가?

해설

적재하는 위험물의 조치(시행규칙 별표 19)
① **차광성이 있는 피복으로 가려야 하는 위험물**
  ㉠ 제1류 위험물
  ㉡ 제3류 위험물 중 자연발화성 물질
  ㉢ 제4류 위험물 중 특수인화물
  ㉣ 제5류 위험물
  ㉤ 제6류 위험물
② **방수성이 있는 피복으로 덮어야 하는 위험물**
  ㉠ 제1류 위험물 중 알칼리금속의 과산화물
  ㉡ 제2류 위험물 중 철분, 금속분, 마그네슘
  ㉢ 제3류 위험물 중 금수성 물질
③ 제5류 위험물 중 **55[℃] 이하**의 온도에서 분해될 우려가 있는 것은 **보냉 컨테이너에 수납하는 등 적정한 온도관리를 할 것**

정답 ㉮ 차광성이 있는 피복으로 가려야 하는 위험물
  • 제1류 위험물
  • 제3류 위험물 중 자연발화성 물질
  • 제4류 위험물 중 특수인화물
  • 제5류 위험물
  • 제6류 위험물
㉯ 방수성이 있는 피복으로 덮어야 하는 위험물
  • 제1류 위험물 중 알칼리금속의 과산화물
  • 제2류 위험물 중 철분, 금속분, 마그네슘
  • 제3류 위험물 중 금수성 물질
㉰ 55[℃] 이하

04 제4류 위험물인 가솔린을 다음의 내장용기로 수납하여 운반할 때 내장용기의 최대용적은 얼마인가?
㉮ 플라스틱 용기
㉯ 금속제 용기

해설
액체위험물 운반용기의 최대용적 또는 중량(시행규칙 별표 19)

운반 용기				수납위험물의 종류								
내장 용기		외장 용기		제3류			제4류			제5류		제6류
용기의 종류	최대용적 또는 중량	용기의 종류	최대용적 또는 용적	I	II	III	I	II	III	I	II	I
유리 용기	5[L]	나무 또는 플라스틱 상자 (불활성의 완충재를 채울 것)	75[kg]	○	○	○	○	○	○	○	○	○
	10[L]		125[kg]		○	○		○	○		○	
			225[kg]						○			
	5[L]	파이버판 상자 (불활성의 완충재를 채울 것)	40[kg]	○	○	○	○	○	○	○	○	○
	10[L]		55[kg]						○			
플라스틱 용기	10[L]	나무 또는 플라스틱 상자 (필요에 따라 불활성의 완충재를 채울 것)	75[kg]	○	○	○	○	○	○	○	○	○
			125[kg]		○	○		○	○		○	
			225[kg]						○			
		파이버판 상자(필요에 따라 불활성의 완충재를 채울 것)	40[kg]	○	○	○	○	○	○	○	○	○
			55[kg]						○			
금속제 용기	30[L]	나무 또는 플라스틱 상자	125[kg]	○	○	○	○	○	○	○	○	○
			225[kg]						○			
		파이버판 상자	40[kg]	○	○	○	○	○	○	○	○	○
			55[kg]		○	○		○	○			
		금속제 용기(금속제 드럼 제외)	60[L]		○	○		○	○		○	
		플라스틱 용기 (플라스틱 드럼 제외)	10[L]		○	○		○	○		○	
			20[L]					○	○			
			30[L]						○		○	
		금속제 드럼(뚜껑고정식)	250[L]	○	○	○	○	○	○	○	○	○
		금속제 드럼(뚜껑탈착식)	250[L]					○	○			
		플라스틱 또는 파이버 드럼 (플라스틱 내용기부착의 것)	250[L]		○	○			○		○	

정답 ㉮ 10[L]
㉯ 30[L]

05

소화난이도등급 I 암반탱크저장소에 다음의 위험물을 저장 및 취급할 경우 설치 가능한 소화설비를 모두 쓰시오.

㉮ 황
㉯ 인화점 80[℃]의 유류
㉰ 경유

해설

소화난이도등급 I 의 제조소 등 및 소화설비(시행규칙 별표 17)

① 소화난이도등급 I 에 해당하는 제조소 등

제조소 등의 구분	제조소 등의 규모, 저장 또는 취급하는 위험물의 품명 및 최대수량 등
제조소 일반취급소	연면적 **1,000[m²] 이상**인 것
	지정수량의 **100배 이상**인 것(고인화점위험물만을 100[℃] 미만의 온도에서 취급하는 것 및 제48조의 위험물을 취급하는 것은 제외)
	지반면으로부터 6[m] 이상의 높이에 위험물 취급설비가 있는 것(고인화점위험물만을 100[℃] 미만의 온도에서 취급하는 것은 제외)
	일반취급소로 사용되는 부분 외의 부분을 갖는 건축물에 설치된 것(내화구조로 개구부 없이 구획된 것, 고인화점위험물만을 100[℃] 미만의 온도에서 취급하는 것 및 화학실험의 일반취급소는 제외)
주유취급소	별표 13 V 제2호에 따른 면적의 합이 500[m²]를 초과하는 것
옥내저장소	지정수량의 **150배 이상**인 것(고인화점위험물만을 저장하는 것 및 제48조의 위험물을 저장하는 것은 제외)
	연면적 **150[m²]를 초과**하는 것(150[m²] 이내마다 불연재료로 개구부 없이 구획된 것 및 인화성 고체 외의 제2류 위험물 또는 인화점 70[℃] 이상의 제4류 위험물만을 저장하는 것은 제외)
	처마높이가 6[m] 이상인 단층건물의 것
	옥내저장소로 사용되는 부분 외의 부분이 있는 건축물에 설치된 것(내화구조로 개구부 없이 구획된 것 및 인화성 고체 외의 제2류 위험물 또는 인화점 70[℃] 이상의 제4류 위험물만을 저장하는 것은 제외)
옥외 탱크저장소	액표면적이 40[m²] 이상인 것(제6류 위험물을 저장하는 것 및 고인화점위험물만을 100[℃] 미만의 온도에서 저장하는 것은 제외)
	지반면으로부터 탱크 옆판의 상단까지 높이가 6[m] 이상인 것(제6류 위험물을 저장하는 것 및 고인화점위험물만을 100[℃] 미만의 온도에서 저장하는 것은 제외)
	지중탱크 또는 해상탱크로서 지정수량의 100배 이상인 것(제6류 위험물을 저장하는 것 및 고인화점위험물만을 100[℃] 미만의 온도에서 저장하는 것은 제외)
	고체 위험물을 저장하는 것으로서 지정수량의 100배 이상인 것
옥내 탱크저장소	액표면적이 40[m²] 이상인 것(제6류 위험물을 저장하는 것 및 고인화점위험물만을 100[℃] 미만의 온도에서 저장하는 것은 제외)
	바닥면으로부터 탱크 옆판의 상단까지 높이가 6[m] 이상인 것(제6류 위험물을 저장하는 것 및 고인화점위험물만을 100[℃] 미만의 온도에서 저장하는 것은 제외)
	탱크전용실이 단층건물 외의 건축물에 있는 것으로서 인화점 38[℃] 이상 70[℃] 미만의 위험물을 지정수량의 5배 이상 저장하는 것(내화구조로 개구부 없이 구획된 것은 제외한다)
옥외저장소	덩어리상태의 황을 저장하는 것으로서 경계표시 내부의 면적(2 이상의 경계표시가 있는 경우에는 각 경계표시의 내부의 면적을 합한 면적)이 100[m²] 이상인 것
	별표 11 Ⅲ의 위험물을 저장하는 것으로서 지정수량의 100배 이상인 것
암반 탱크저장소	액표면적이 40[m²] 이상인 것(제6류 위험물을 저장하는 것 및 고인화점위험물만을 100[℃] 미만의 온도에서 저장하는 것은 제외)
	고체 위험물을 저장하는 것으로서 지정수량의 100배 이상인 것
이송취급소	모든 대상

비고 : 제조소 등의 구분별로 오른쪽란에 정한 제조소 등의 규모, 저장 또는 취급하는 위험물의 수량 및 최대수량 등의 어느 하나에 해당하는 제조소 등은 소화난이도등급 I 에 해당하는 것으로 한다.

② 소화난이도등급 Ⅰ의 제조소 등에 설치해야 하는 소화설비

제조소 등의 구분			소화설비
제조소 및 일반취급소			옥내소화전설비, 옥외소화전설비, 스프링클러설비 또는 물분무 등 소화설비(화재발생 시 연기가 충만할 우려가 있는 장소에는 스프링클러설비 또는 이동식 외의 물분무 등 소화설비에 한한다)
주유취급소			스프링클러설비(건축물에 한정한다), 소형수동식소화기 등(능력단위의 수치가 건축물 그 밖의 공작물 및 위험물의 소요단위의 수치에 이르도록 설치할 것)
옥내 저장소	처마높이가 6[m] 이상인 단층건물 또는 다른 용도의 부분이 있는 건축물에 설치한 옥내저장소		스프링클러설비 또는 이동식 외의 물분무 등 소화설비
	그 밖의 것		옥외소화전설비, 스프링클러설비, 이동식 외의 물분무 등 소화설비 또는 이동식 포소화설비(포소화전을 옥외에 설치하는 것에 한한다)
옥외탱크 저장소	지중탱크 또는 해상탱크 외의 것	황만을 저장·취급하는 것	물분무소화설비
		인화점 70[℃] 이상의 제4류 위험물만을 저장·취급하는 것	물분무소화설비 또는 고정식 포소화설비
		그 밖의 것	고정식 포소화설비(포소화설비가 적응성이 없는 경우에는 분말소화설비)
옥외탱크 저장소	지중탱크		고정식 포소화설비, 이동식 이외의 불활성 가스소화설비 또는 이동식 이외의 할로젠화합물소화설비
	해상탱크		고정식 포소화설비, 물분무소화설비, 이동식 이외의 불활성 가스소화설비 또는 이동식 이외의 할로젠화합물소화설비
옥내탱크 저장소	황만을 저장·취급하는 것		물분무소화설비
	인화점 70[℃] 이상의 제4류 위험물만을 저장·취급하는 것		물분무소화설비, 고정식 포소화설비, 이동식 이외의 불활성 가스소화설비, 이동식 이외의 할로젠화합물소화설비 또는 이동식 이외의 분말소화설비
	그 밖의 것		고정식 포소화설비, 이동식 이외의 불활성 가스소화설비, 이동식 이외의 할로젠화합물소화설비 또는 이동식 이외의 분말소화설비
옥외저장소 및 이송취급소			옥내소화전설비, 옥외소화전설비, 스프링클러설비 또는 물분무 등 소화설비(화재발생 시 연기가 충만할 우려가 있는 장소에는 스프링클러설비 또는 이동식 이외의 물분무 등 소화설비에 한한다)
암반탱크 저장소	황만을 저장·취급하는 것		**물분무소화설비**
	인화점 70[℃] 이상의 제4류 위험물만을 저장·취급하는 것		**물분무소화설비 또는 고정식 포소화설비**
	그 밖의 것		**고정식 포소화설비(포소화설비가 적응성이 없는 경우에는 분말소화설비)**

정답
㉮ 물분무소화설비
㉯ 물분무소화설비 또는 고정식 포소화설비
㉰ 고정식 포소화설비(포소화설비가 적응성이 없는 경우에는 분말소화설비)

06

할로젠화합물소화약제 중 할론1301에 대하여 다음 각 물음에 답하시오(단, F의 원자량은 19, Cl의 원자량은 35.5, Br의 원자량은 80, I의 원자량은 127이다).

㉮ 할론1301에서 각 숫자가 의미하는 원소를 쓰시오.
㉯ 증기비중을 구하시오.

해설

할로젠화합물소화약제

① **명명법**

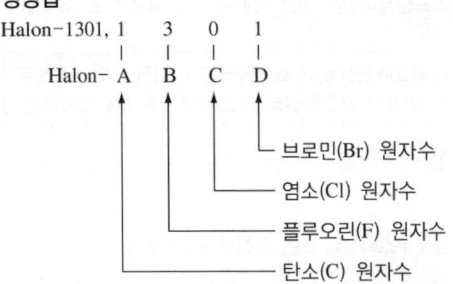

② **증기비중**

$$증기비중 = \frac{분자량}{29}$$

할론1301의 분자량 : 149

∴ 증기비중 $= \dfrac{149}{29} = 5.14$

정답
㉮ 숫자가 의미하는 원소
- 1 : C
- 3 : F
- 0 : Cl
- 1 : Br

㉯ 5.14

07

칼슘, 인화칼슘 그리고 탄화칼슘이 각각 물과 반응할 때 각각의 경우 모두 포함되어 있는 공통적으로 생성되는 물질을 화학식으로 쓰시오.

해설

물과의 반응식

① 칼슘 : $Ca + 2H_2O \rightarrow Ca(OH)_2 + H_2 \uparrow$
② 인화칼슘 : $Ca_3P_2 + 6H_2O \rightarrow 3Ca(OH)_2 + 2PH_3 \uparrow$
③ 탄화칼슘 : $CaC_2 + 2H_2O \rightarrow Ca(OH)_2 + C_2H_2 \uparrow$

정답 $Ca(OH)_2$

08 무색투명한 액체로서 분자량 약 114, 비중 0.835인 제3류 위험물에 대하여 쓰시오.
① 이 물질이 물과 접촉하여 반응하는 화학반응식을 쓰시오.
② 운반용기의 내용적의 (㉮)[%] 이하의 수납률로 수납하되, (㉯)[℃]의 온도에서 5[%] 이상의 공간용적을 유지하도록 할 것

해설

트라이에틸알루미늄

화학식	분류	분자량	성상	비중
$(C_2H_5)_3Al$	제3류 위험물	114	무색투명한 액체	0.835

① 물과 공기의 반응식
  ㉠ 물과 반응 : $(C_2H_5)_3Al + 3H_2O \rightarrow Al(OH)_3 + 3C_2H_6 \uparrow$
  ㉡ 공기와 반응 : $2(C_2H_5)_3Al + 21O_2 \rightarrow Al_2O_3 + 15H_2O + 12CO_2 \uparrow$
② **운반용기의 내용적 90[%] 이하**의 수납률로 수납하되, **50[℃]의 온도**에서 5[%] 이상의 공간용적을 유지하도록 할 것

정답
① $(C_2H_5)_3Al + 3H_2O \rightarrow Al(OH)_3 + 3C_2H_6 \uparrow$
② ㉮ 90
  ㉯ 50

09 옥외에서 액체 위험물을 취급하는 설비의 바닥에 관한 기준 4가지를 쓰시오.

해설

액체 위험물을 취급하는 설비의 바닥 기준(시행규칙 별표 4)
① 바닥의 둘레에 높이 0.15[m] 이상의 턱을 설치하는 등 위험물이 외부로 흘러나가지 않도록 해야 한다.
② 바닥은 콘크리트 등 위험물이 스며들지 않는 재료로 하고, ①의 턱이 있는 쪽이 낮게 경사지게 해야 한다.
③ 바닥의 최저부에 집유설비를 해야 한다.
④ 위험물(온도 20[℃]의 물 100[g]에 용해되는 양이 1[g] 미만인 것에 한한다)을 취급하는 설비에 있어서는 해당 위험물이 직접 배수구에 흘러들어가지 않도록 집유설비에 유분리장치를 설치해야 한다.

정답
• 바닥의 둘레에 높이 0.15[m] 이상의 턱을 설치하는 등 위험물이 외부로 흘러나가지 않도록 할 것
• 바닥은 콘크리트 등 위험물이 스며들지 않는 재료로 하고, 턱이 있는 쪽이 낮게 경사지게 할 것
• 바닥의 최저부에 집유설비를 할 것
• 위험물(온도 20[℃]의 물 100[g]에 용해되는 양이 1[g] 미만인 것에 한함)을 취급하는 설비에 있어서는 해당 위험물이 직접 배수구에 흘러들어가지 않도록 집유설비에 유분리 장치를 설치할 것

10. 제4류 위험물 제1석유류인 MEK의 구조식과 위험도를 계산하시오.

해설

메틸에틸케톤(Methyl Ethyl Keton, MEK)

① MEK의 물성

화학식	비 중	비 점	융 점	인화점	착화점	연소범위
$CH_3COC_2H_5$	0.8	80[℃]	-80[℃]	-7[℃]	505[℃]	1.8~10.0[%]

㉠ 휘발성이 강한 무색의 액체이다.
㉡ 물에 대한 용해도는 26.8이다.
㉢ 물, 알코올, 에터, 벤젠 등 유기용제에 잘 녹고, 수지, 유지를 잘 녹인다.
㉣ 탈지작용이 있으므로 피부에 닿지 않도록 주의한다.

Plus One MEK의 구조식

$$R-CO-R'$$
케톤의 일반식

$$\begin{array}{cccc} & H & O & H & H \\ & | & \| & | & | \\ H- & C- & C- & C- & C-H \\ & | & & | & | \\ & H & & H & H \end{array}$$

② 위험도

$$\text{위험도} \quad H = \frac{U-L}{L}$$

여기서, U : 폭발상한값 L : 폭발하한값

∴ 위험도 $H = \dfrac{10-1.8}{1.8} = 4.56$

정답
• 구조식 :
$$\begin{array}{cccc} & H & O & H & H \\ & | & \| & | & | \\ H- & C- & C- & C- & C-H \\ & | & & | & | \\ & H & & H & H \end{array}$$

• 위험도 : 4.56

11 제4류 위험물인 휘발유에 대한 물음에 답하시오.

(1) 휘발유의 체적팽창계수가 0.00135/[℃]이다. 팽창 전 부피 20[L]가 5[℃]에서 25[℃]로 상승하는 경우에 체적을 계산하시오.
(2) 휘발유를 저장하던 이동저장탱크에 등유나 경유 주입할 때 다음의 기준에 따라 정전기 등에 의한 재해를 방지하기 위한 조치를 해야 한다. ( ) 안에 알맞은 수치(단위포함) 또는 용어를 쓰시오.
- 이동저장탱크의 상부로부터 위험물을 주입할 때에는 위험물의 액표면이 주입관의 끝부분을 넘는 높이가 될 때까지 그 주입관 내의 유속을 초당 (㉮) 이하로 할 것
- 이동저장탱크의 밑부분으로부터 위험물을 주입할 때에는 위험물의 액표면이 주입관의 정상 부분을 넘는 높이가 될 때까지 그 주입배관 내의 유속을 초당 (㉯) 이하로 할 것
- 그 밖의 방법에 의한 위험물의 수입은 이동서장탱크에 (㉰)가 잔류하지 않도록 조치하고 안전한 상태로 있음을 확인한 후에 할 것

해설
휘발유

① 체적을 구하면
  ㉠ 체 적

  > 체적 = 초기체적 + 팽창된 체적

  여기서, 팽창된 체적 = 20[L] × 0.00135/[℃] × (25 − 5)[℃] = 0.54[L]
  ∴ 체적 = 20[L] + 0.54[L] = 20.54[L]

  ㉡ 체 적

  > $V = V_o(1 + \beta \Delta t)$

  여기서, V : 최종 부피 V_0 : 팽창 전 부피
  β : 체적팽창계수 Δt : 온도변화량
  ∴ $V = V_0(1 + \beta \Delta t) = 20 \times [1 + 0.00135 \times (25 - 5)] = 20.54$[L]

② 휘발유를 저장하던 이동저장탱크에 등유나 경유를 주입할 때 또는 등유나 경유를 저장하던 이동저장탱크에 휘발유를 주입할 때에는 다음의 기준에 따라 정전기 등에 의한 재해를 방지하기 위한 조치를 할 것
  ㉠ 이동저장탱크의 상부로부터 위험물을 주입할 때에는 위험물의 액표면이 주입관의 끝부분을 넘는 높이가 될 때까지 그 주입관 내의 **유속을 초당 1[m] 이하**로 할 것
  ㉡ 이동저장탱크의 밑부분으로부터 위험물을 주입할 때에는 위험물의 액표면이 주입관의 정상 부분을 넘는 높이가 될 때까지 그 주입배관 내의 유속을 **초당 1[m] 이하**로 할 것
  ㉢ 그 밖의 방법에 의한 위험물의 주입은 이동저장탱크에 **가연성 증기**가 잔류하지 않도록 조치하고 안전한 상태로 있음을 확인한 후에 할 것

정답 (1) 20.54[L]
  (2) ㉮ 1[m]
    ㉯ 1[m]
    ㉰ 가연성 증기

12
제3류 위험물인 황린에 대하여 다음 물음에 답하시오.
㉮ 연소반응식
㉯ 운반 시 운반용기 외부에 기재해야 하는 주의사항을 모두 쓰시오.
㉰ 보호액은 무엇인가?

해설
황 린
① 연소반응식 : $P_4 + 5O_2 \rightarrow 2P_2O_5$
② 운반용기의 주의사항
  ㉠ 제1류 위험물
    • 알칼리금속의 과산화물 : 화기·충격주의, 물기엄금, 가연물접촉주의
    • 그 밖의 것 : 화기·충격주의, 가연물접촉주의
  ㉡ 제2류 위험물
    • 철분·금속분·마그네슘 : 화기주의, 물기엄금
    • 인화성 고체 : 화기엄금
    • 그 밖의 것 : 화기주의
  ㉢ 제3류 위험물
    • **자연발화성 물질(황린) : 화기엄금, 공기접촉엄금**
    • 금수성 물질 : 물기엄금
  ㉣ 제4류 위험물 : 화기엄금
  ㉤ 제5류 위험물 : 화기엄금, 충격주의
  ㉥ 제6류 위험물 : 가연물접촉주의
③ **황린**은 물과 반응하지 않기 때문에 **pH 9(약알칼리) 정도의 물속에 저장**하며 보호액이 증발되지 않도록 한다.

> 황린은 포스핀(PH_3)의 생성을 방지하기 위하여 pH 9인 물속에 저장한다.

정답
㉮ $P_4 + 5O_2 \rightarrow 2P_2O_5$
㉯ 화기엄금, 공기접촉엄금
㉰ pH 9인 약알칼리성의 물

13
폭굉유도거리가 짧아지는 조건 3가지를 쓰시오.

해설
폭굉유도거리가 짧아지는 조건
① 압력이 높을수록
② 관 속에 방해물이 있거나 관경이 가늘수록
③ 정상연소속도가 큰 혼합가스일수록
④ 점화원의 에너지가 강할수록

정답
• 압력이 높을수록
• 정상연소속도가 큰 혼합가스일수록
• 점화원의 에너지가 강할수록

14

1[atm], 25[℃]에서 에틸알코올 200[g]이 완전 연소하기 위해 필요한 이론공기량[L]을 구하시오.

해설

방법을 2가지로 설명하면
① 무게로 계산하면

$$C_2H_5OH + 3O_2 \rightarrow 2CO_2 + 3H_2O$$

46[g] ⟶ 3×32[g]
200[g] ⟶ x

$$x = \frac{200[g] \times 3 \times 32[g]}{46[g]} = 417.39[g]$$

여기까지는 산소의 투입량을 묻는 문제이니까 반응식을 이용하여 풀면 산소의 투입량은 417.39[g]이다.
이상기체 상태방정식을 적용하여 산소의 부피를 계산하면

$$PV = nRT = \frac{W}{M}RT, \quad V = \frac{WRT}{PM}$$

여기서, P : 압력(1[atm]) M : 분자량(산소 : 32[g/g-mol])
W : 무게(417.39[g]) T : 절대온도(273 + 25 = 298[K])
R : 기체상수(0.08205[L·atm/g-mol·K])
V : 부피[L]

$$\therefore V = \frac{WRT}{PM} = \frac{417.39[g] \times 0.08205[L \cdot atm/g-mol \cdot K] \times 298[K]}{1[atm] \times 32[g/g-mol]} = 318.92[L] \text{ (이론산소량)}$$

문제에서 이론공기량을 구하는 것이므로
이론공기량 = 이론산소량/0.21 = 318.92[L]/0.21 = 1,518.67[L]

② 몰수로 계산하면

$$C_2H_5OH + 3O_2 \rightarrow 2CO_2 + 3H_2O$$

46[g] ⟶ 3[mol]
200[g] ⟶ x

$$x = \frac{200[g] \times 3}{46[g]} = 13.0434[mol]$$

이상기체 상태방정식을 적용하여 산소의 부피를 계산하면

$$PV = nRT, \quad V = \frac{nRT}{P}$$

여기서, P : 압력(1[atm]) T : 절대온도(273 + 25 = 298[K])
R : 기체상수(0.08205[L·atm/g-mol·K])
V : 부피[L]

$$\therefore V = \frac{nRT}{P} = \frac{13.0434[g-mol] \times 0.08205[L \cdot atm/g-mol \cdot K] \times 298[K]}{1[atm]} = 318.92[L] \text{ (이론산소량)}$$

문제에서 이론공기량을 구하는 것이므로
이론공기량 = 이론산소량/0.21 = 318.92[L]/0.21 = 1,518.67[L]

정답 1,518.67[L]

15 주유취급소에 주유 또는 그에 부대하는 업무를 위하여 사용되는 건축물 또는 시설물로 설치할 수 있는 것을 5가지만 쓰시오.

해설

주유취급소에 설치할 수 있는 시설(시행규칙 별표 13)
① 주유 또는 등유·경유를 옮겨 담기 위한 작업장
② 주유취급소의 업무를 행하기 위한 사무소
③ 자동차 등의 점검 및 간이정비를 위한 작업장
④ 자동차 등의 세정을 위한 작업장
⑤ 주유취급소에 출입하는 사람을 대상으로 한 점포·휴게음식점 또는 전시장
⑥ 주유취급소의 관계자가 거주하는 주거시설
⑦ 전기자동차용 충전설비(전기를 동력원으로 하는 자동차에 직접 전기를 공급하는 설비를 말한다)
⑧ 그 밖의 소방청장이 정하여 고시하는 건축물 또는 시설

정답
- 주유 또는 등유·경유를 옮겨 담기 위한 작업장
- 주유취급소의 업무를 행하기 위한 사무소
- 자동차 등의 점검 및 간이정비를 위한 작업장
- 자동차 등의 세정을 위한 작업장
- 주유취급소에 출입하는 사람을 대상으로 한 점포·휴게음식점 또는 전시장

16 컨테이너식 이동탱크저장소를 제외한 이동탱크저장소의 취급기준에 따르면 휘발유, 벤젠 그밖에 정전기에 의한 재해발생 우려가 있는 액체의 위험물을 이동저장탱크에 상부 주입하는 때에는 주입관을 사용하되 어떤 조치를 해야 하는지 쓰시오.

해설

이동저장탱크의 재해예방조치(시행규칙 별표 18)
① 휘발유·벤젠 그 밖에 정전기에 의한 재해발생의 우려가 있는 액체의 위험물을 이동저장탱크에 주입하거나 이동저장탱크로부터 배출하는 때에는 도선으로 이동저장탱크와 접지전극 등과의 사이를 긴밀히 연결하여 해당 이동저장탱크를 접지할 것
② 휘발유·벤젠·그 밖에 정전기에 의한 재해발생의 우려가 있는 액체의 위험물을 이동저장탱크의 상부로 주입하는 때에는 주입관을 사용하되, 해당 **주입관의 끝부분을 이동저장탱크의 밑바닥에 밀착할 것**

정답 도선으로 접지하고, 주입관의 끝부분을 탱크의 밑바닥에 밀착해야 한다.

17 포소화설비의 기준에 따라서 수동식 기동장치를 설치할 경우 기동장치의 조작부 및 호스접속구에는 직근의 보기 쉬운 장소에 각각 무엇 또는 무엇이라고 표시를 해야 하는지 쓰시오.

해설
포소화설비의 수동식 기동장치의 설치기준(세부기준 제133조)
① 직접조작 또는 원격조작에 의하여 가압송수장치, 수동식 개방밸브 및 포소화약제 혼합장치를 기동할 수 있을 것
② 2 이상의 방사구역을 갖는 포소화설비는 방사구역을 선택할 수 있는 구조로 할 것
③ 기동장치의 조작부는 화재 시 용이하게 접근이 가능하고 바닥면으로부터 0.8[m] 이상 1.5[m] 이하의 높이에 설치할 것
④ 기동장치의 조작부에는 유리 등에 의한 방호조치가 되어 있을 것
⑤ 기동장치의 조작부 및 호스접속구에는 직근의 보기 쉬운 장소에 각각 **기동장치의 조작부** 또는 **접속구**라고 표시할 것

정답
- 기동장치의 조작부
- 접속구

---

18 실온의 공기 중에서 표면에 치밀한 산화피막이 형성되어 내부를 보호하므로 부식성이 적은 은백색의 광택이 있는 금속(원자량 27)으로 제2류 위험물에 해당하는 물질에 대해 다음 각 물음에 답하시오.

㉮ 이 물질과 수증기의 화학반응식을 쓰시오.
㉯ 이 물질 50[g]이 수증기와 반응하여 생성되는 가연성 가스는 2[atm], 30[℃]를 기준으로 몇 [L]인지 구하시오.

해설
알루미늄
① 알루미늄의 특성
  ㉠ 물 성

화학식	원자량	비 중	비 점
Al	27	2.7	2,327[℃]

  ㉡ 은백색의 경금속이다.
  ㉢ 수분, 할로젠원소와 접촉하면 자연발화의 위험이 있다.
  ㉣ 산화제와 혼합하면 가열, 마찰, 충격에 의하여 발화한다.
  ㉤ 산, 알칼리, 물과 반응하면 수소(H_2)가스를 발생한다.

  $2Al + 6HCl \rightarrow 2AlCl_3 + 3H_2$
  $2Al + 6H_2O \rightarrow 2Al(OH)_3 + 3H_2$

  ㉥ 묽은 질산, 묽은 염산, 황산은 알루미늄분을 침식한다.
  ㉦ 연성과 전성이 가장 풍부하다.

② 계 산

$$2Al + 6H_2O \rightarrow 2Al(OH)_3 + 3H_2$$

$$2 \times 27[g] \qquad\qquad\qquad 3 \times 2[g]$$
$$50[g] \qquad\qquad\qquad\qquad x$$

$$x = \frac{50[g] \times 3 \times 2[g]}{2 \times 27[g]} = 5.56[g]$$

이상기체 상태방정식을 적용하여 가연성 가스의 부피를 계산하면

$$PV = nRT = \frac{W}{M}RT, \quad V = \frac{WRT}{PM}$$

여기서, P : 압력(2[atm]) M : 분자량(수소 : 2[g/g-mol])
W : 무게(5.56[g]) T : 절대온도(273 + 30[℃] = 303[K])
R : 기체상수(0.08205[L·atm/g-mol·K])
V : 부피[L]

$$\therefore V = \frac{WRT}{PM} = \frac{5.56[g] \times 0.08205[L \cdot atm/g-mol \cdot K] \times 303[K]}{2[atm] \times 2[g/g-mol]} = 34.56[L]$$

정답 ㉮ 2Al + 6H$_2$O → 2Al(OH)$_3$ + 3H$_2$
㉯ 34.56[L]

19

이동탱크저장소의 기준에 따라서 칸막이로 구획된 부분에 안전장치를 설치하고자 한다. 다음의 각각의 경우 안전장치가 작동해야 하는 압력의 기준을 쓰시오.

㉮ 상용압력이 18[kPa]인 탱크의 경우
㉯ 상용압력이 21[kPa]인 탱크의 경우

해설
이동탱크저장소의 안전장치(시행규칙 별표 10)
① 상용압력이 **20[kPa] 이하인 탱크** : **20[kPa] 이상 24[kPa] 이하의 압력**
② 상용압력이 **20[kPa]을 초과하는 탱크** : **상용압력의 1.1배 이하의 압력**

문제에서 상용압력이 21[kPa]이므로 21[kPa] × 1.1 = 23.1[kPa]

정답 ㉮ 20[kPa] 이상 24[kPa] 이하
㉯ 23.1[kPa] 이하

20 주유취급소에 설치할 수 있는 탱크로서 위험물을 저장 또는 취급하는 다음 탱크의 최대용량을 몇 [L] 이하이어야 하는가?

㉮ 자동차 등을 점검·정비하는 작업장 등(주유취급소 안에 설치된 것에 한한다)
㉯ 보일러 등에 직접 접속하는 전용탱크
㉰ 자동차 등에 주유하기 위한 고정주유설비에 직접 접속하는 전용탱크
㉱ 고정급유설비에 직접 접속하는 전용탱크

해설
주유취급소의 탱크용량
① 자동차 등에 주유하기 위한 고정주유설비에 직접 접속하는 전용탱크로서 50,000[L] 이하의 것
② 고정급유설비에 직접 접속하는 전용탱크로서 50,000[L] 이하의 것
③ 보일러 등에 직접 접속하는 전용탱크로서 10,000[L] 이하의 것
④ 자동차 등을 점검·정비하는 작업장 등(주유취급소 안에 설치된 것에 한한다)에서 사용하는 폐유·윤활유 등의 위험물을 저장하는 탱크로서 용량(2 이상 설치하는 경우에는 각 용량의 합계를 말한다)이 2,000[L] 이하인 탱크(이하 "폐유탱크 등"이라 한다)
⑤ 고정주유설비 또는 고정급유설비에 직접 접속하는 3기 이하의 간이탱크. 다만, 국토의 계획 및 이용에 관한 법률에 의한 방화지구 안에 위치하는 주유취급소의 경우를 제외한다.

정답
㉮ 2,000[L] 이하
㉯ 10,000[L] 이하
㉰ 50,000[L] 이하
㉱ 50,000[L] 이하

제48회 과년도 기출복원문제
2010년 8월 22일 시행

01
수계 소화설비의 점검장비 5가지를 쓰시오.

해설
소방시설 자체 점검장비

정답
※ 2016. 06. 30. 법 개정으로 위험물기능장 실기에서 출제빈도가 아주 낮습니다(소방시설 설치 및 관리에 관한 법률 시행규칙 별표 3).

02
포소화설비에서 공기포소화약제 혼합방식 4가지를 쓰시오.

해설
포소화약제의 혼합장치
① 펌프프로포셔너방식(Pump Proportioner, 펌프혼합방식)
펌프의 토출관과 흡입관 사이의 배관 도중에 설치한 흡입기에 펌프에서 토출된 물의 일부를 보내고 농도조정밸브에서 조정된 포소화약제의 필요량을 포소화약제 저장탱크에서 펌프 흡입측으로 보내어 약제를 혼합하는 방식

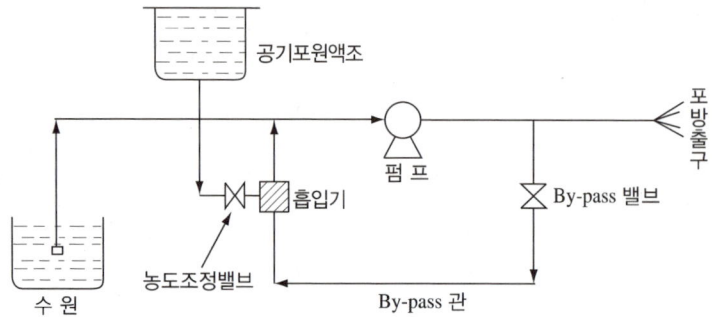

② **라인프로포셔너방식(Line Proportioner, 관로혼합방식)**
   펌프와 발포기의 중간에 설치된 벤투리관의 벤투리작용에 따라 포소화약제를 흡입·혼합하는 방식. 이 방식은 옥외 소화전에 연결 주로 1층에 사용하며 원액 흡입력 때문에 송수압력의 손실이 크고, 토출측 호스의 길이, 포원액 탱크의 높이 등에 민감하므로 아주 정밀설계와 시공을 요한다.

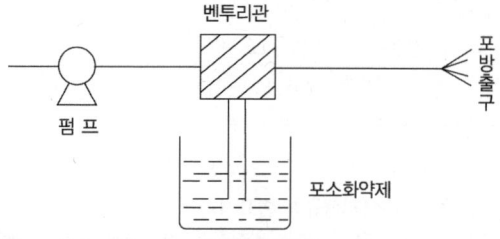

③ **프레셔프로포셔너방식(Pressure Proportioner, 차압혼합방식)**
   펌프와 발포기의 중간에 설치된 벤투리관의 벤투리작용과 펌프 가압수의 포소화약제 저장탱크에 대한 압력에 따라 포소화약제를 흡입·혼합하는 방식. 현재 우리나라에서는 3[%] 단백포 차압혼합방식을 많이 사용하고 있다.

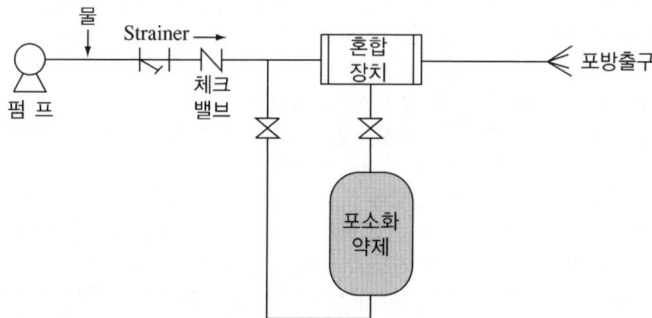

④ **프레셔사이드프로포셔너방식(Pressure Side Proportioner, 압입혼합방식)**
   펌프의 토출관에 압입기를 설치하여 포소화약제 압입용 펌프로 포소화약제를 압입시켜 혼합하는 방식

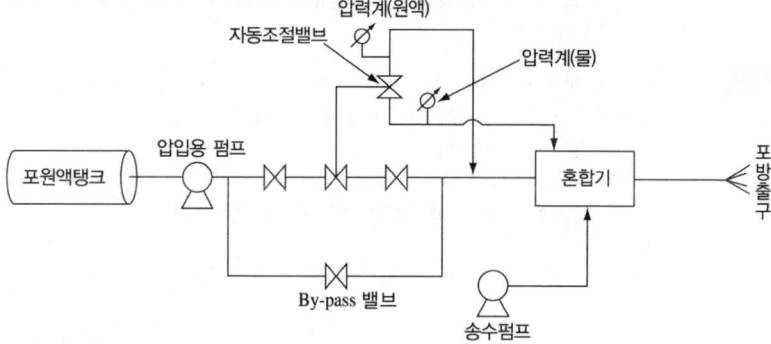

⑤ **압축공기포 믹싱챔버방식**
   물, 포 소화약제 및 공기를 믹싱챔버로 강제주입시켜 챔버 내에서 포수용액을 생성한 후 포를 방사하는 방식

정답
- 펌프프로포셔너방식
- 라인프로포셔너방식
- 프레셔프로포셔너방식
- 프레셔사이드프로포셔너방식

03

위험물제조소 건축물의 구조에 대한 설명이다. 다음 각 물음에 답하시오.
㉮ 불연재료로 해야 하는 장소 5가지는?
㉯ 지붕의 재료는?
㉰ 연소우려가 있는 외벽의 구조는?
㉱ 바닥의 구조 2가지를 쓰시오.

해설

위험물제조소 건축물의 구조(시행규칙 별표 4)

① 지하층이 없도록 해야 한다. 다만, 위험물을 취급하지 않는 지하층으로서 위험물의 취급장소에서 새어나온 위험물 또는 가연성의 증기가 흘러 들어갈 우려가 없는 구조로 된 경우에는 그렇지 않다.
② **벽·기둥·바닥·보·서까래 및 계단을 불연재료**로 하고, **연소(延燒)의 우려가 있는 외벽**은 **개구부가 없는 내화구조의 벽**으로 해야 한다. 이 경우 제6류 위험물을 취급하는 건축물에 있어서 위험물이 스며들 우려가 있는 부분에 대하여는 아스팔트 그 밖에 부식되지 않는 재료로 피복해야 한다.
③ **지붕**(작업공정상 제조기계시설 등이 2층 이상에 연결되어 설치된 경우에는 최상층의 지붕을 말한다)은 **폭발력이 위로 방출될 정도의 가벼운 불연재료**로 덮어야 한다. 다만, 위험물을 취급하는 건축물이 다음의 어느 하나에 해당하는 경우에는 그 지붕을 내화구조로 할 수 있다.
 ㉠ 제2류 위험물(분말 상태의 것과 인화성 고체를 제외한다), 제4류 위험물 중 제4석유류·동식물유류 또는 제6류 위험물을 취급하는 건축물인 경우
 ㉡ 다음의 기준에 적합한 밀폐형 구조의 건축물인 경우
  • 발생할 수 있는 내부의 과압(過壓) 또는 부압(負壓)에 견딜 수 있는 철근콘크리트조일 것
  • 외부화재에 90분 이상 견딜 수 있는 구조일 것
④ 출입구와 비상구에는 60분+ 방화문·60분 방화문 또는 30분 방화문을 설치하되, 연소의 우려가 있는 외벽에 설치하는 출입구에는 수시로 열 수 있는 자동폐쇄식의 60분+ 방화문 또는 60분 방화문을 설치해야 한다.
⑤ 위험물을 취급하는 건축물의 창 및 출입구에 유리를 이용하는 경우에는 망입유리로 해야 한다.
⑥ 액체의 위험물을 취급하는 **건축물의 바닥**은 위험물이 스며들지 못하는 재료를 사용하고, **적당한 경사를 두어 그 최저부에 집유설비**를 해야 한다.

정답
㉮ 벽, 기둥, 바닥, 보, 서까래
㉯ 폭발력이 위로 방출될 정도의 가벼운 불연재료
㉰ 개구부가 없는 내화구조의 벽
㉱ • 위험물이 스며들지 못하는 재료를 사용한다.
  • 적당한 경사를 두어 그 최저부에 집유설비를 설치한다.

04 위험물저장소의 일반점검표에서 전기설비의 접지의 점검항목 3가지를 쓰시오.

해설

위험물저장소의 점검항목(세부기준 별지 제9호)

① 환기 · 배출설비 등의 점검항목
  ㉠ 변형 · 손상 유무 및 고정상태의 적부
  ㉡ 인화방지망의 손상 및 막힘 유무
  ㉢ 방화댐퍼의 손상 유무 및 기능의 적부
  ㉣ 팬의 작동상황 적부
  ㉤ 가연성 증기 경보장치의 작동상황 적부
② 접지의 점검항목
  ㉠ 단선 유무   ㉡ 부착부분의 탈락 유무
  ㉢ 접지저항치의 적부
③ 피뢰설비의 점검항목
  ㉠ 돌침부의 경사 · 손상 · 부착상태 적부   ㉡ 피뢰도선의 단선 및 벽체 등과 접촉 유무
  ㉢ 접지저항치의 적부

정답
• 단선 유무
• 부착부분의 탈락 유무
• 접지저항치의 적부

05 분자량이 78, 방향성이 있는 액체로 증기는 독성이 있고, 인화점이 −11[℃]이다. 이 물질 2[kg]이 산소와 반응할 때 반응식과 이론산소량은?

해설

벤젠

① 반응식

$$2C_6H_6 + 15O_2 \rightarrow 12CO_2 + 6H_2O$$

② 이론산소량

$C_6H_6 + 7.5O_2 \rightarrow 6CO_2 + 3H_2O$
78[kg]   7.5×32[kg]
2[kg] x

$\therefore x = \dfrac{2 \times 7.5 \times 32[\text{kg}]}{78[\text{kg}]} = 6.15[\text{kg}]$

Plus One 벤젠

• 물성

화학식	분자량	비중	비점	융점	인화점	착화점	연소범위
C_6H_6	78	0.95	79[℃]	7[℃]	−11[℃]	498[℃]	1.4~8.0[%]

• 무색투명한 방향성을 갖는 액체이며, 증기는 독성이 있다.
• 물에 녹지 않고 알코올, 아세톤, 에터에는 녹는다.
• 비전도성이므로 정전기의 화재발생 위험이 있다.

정답
• 반응식 : $2C_6H_6 + 15O_2 \rightarrow 12CO_2 + 6H_2O$
• 이론산소량 : 6.15[kg]

06 나이트로화에 의한 TNT의 제법과 분해반응식을 쓰시오.

해설

TNT의 제법 및 분해반응식

① 제 법

$$C_6H_5CH_3 + 3HNO_3 \xrightarrow[\text{나이트로화}]{c-H_2SO_4} C_6H_2CH_3(NO_2)_3 + 3H_2O$$

② 분해반응식

$$2C_6H_2CH_3(NO_2)_3 \rightarrow 2C + 3N_2\uparrow + 5H_2\uparrow + 12CO\uparrow$$

Plus One 트라이나이트로톨루엔(Tri Nitro Toluene, TNT)의 특성
- 물 성

화학식	분자량	비 점	융 점	비 중
$C_6H_2CH_3(NO_2)_3$	227	240[℃]	80.1[℃]	1.0

- 담황색의 결정으로 강력한 폭약이다.
- 충격에는 민감하지 않으나 급격한 타격에 의하여 폭발한다.
- 물에 녹지 않고, 알코올에는 가열하면 녹고, 아세톤, 벤젠, 에터에는 잘 녹는다.
- 일광에 의해 갈색으로 변하고 가열, 타격에 의하여 폭발한다.
- 충격 감도는 피크르산보다 약하다.
- TNT가 분해할 때 질소, 일산화탄소, 수소가스가 발생한다.

정답
- 제 법

$$C_6H_5CH_3 + 3HNO_3 \xrightarrow[\text{나이트로화}]{c-H_2SO_4} C_6H_2CH_3(NO_2)_3 + 3H_2O$$

- 분해반응식

$$2C_6H_2CH_3(NO_2)_3 \rightarrow 2C + 3N_2 + 5H_2 + 12CO$$

07

에틸알코올에 진한 황산을 넣고 140[℃]로 가열시켰을 때 생성되는 특수인화물의 종류와 이 위험물의 위험도를 구하시오.

해설

다이에틸에터(Di Ethyl Ether, 에터)

① 에틸알코올에 진한 황산을 넣고 140[℃]로 가열시키면 다이에틸에터가 생성된다.
  $2C_2H_5OH \rightarrow C_2H_5OC_2H_5 + H_2O$

② 물 성

분자식	분자량	비중	비점	인화점	착화점	증기비중	연소범위
$C_2H_5OC_2H_5$	74.12	0.7	34[℃]	-40[℃]	180[℃]	2.55	1.7~48[%]

$$\therefore 위험도 = \frac{상한값 - 하한값}{하한값} = \frac{48 - 1.7}{1.7} = 27.24$$

정답
- 종류 : 다이에틸에터
- 위험도 : 27.24

08

위험물탱크시험자가 갖추어야 할 시설과 필수장비 3가지를 쓰시오.

해설

탱크시험자의 기술능력·시설 및 장비(시행령 별표 7)

① **기술능력**
  ㉠ 필수인력
    - 위험물기능장·위험물산업기사 또는 위험물기능사 중 1명 이상
    - 비파괴검사기술사 1명 이상 또는 초음파비파괴검사·자기비파괴검사 및 침투비파괴검사별로 기사 또는 산업기사 각 1명 이상
  ㉡ 필요한 경우에 두는 인력
    - 충·수압시험, 진공시험, 기밀시험 또는 내압시험의 경우 : 누설비파괴검사 기사, 산업기사 또는 기능사
    - 수직·수평도시험의 경우 : 측량 및 지형공간정보 기술사, 기사, 산업기사 또는 측량기능사
    - 방사선투과시험의 경우 : 방사선비파괴검사 기사 또는 산업기사
    - 필수 인력의 보조 : 방사선비파괴검사·초음파비파괴검사·자기비파괴검사 또는 침투비파괴검사 기능사
② **시설** : 전용사무실
③ **장 비**
  ㉠ 필수장비 : 자기탐상시험기, 초음파두께측정기 및 다음 중 어느 하나
    - 영상초음파시험기
    - 방사선투과시험기 및 초음파시험기
  ㉡ 필요한 경우에 두는 장비
    - 충·수압시험, 진공시험, 기밀시험 또는 내압시험의 경우
      - 진공능력 53[kPa] 이상의 진공누설시험기
      - 기밀시험장치(안전장치가 부착된 것으로서 가압능력 200[kPa] 이상, 감압의 경우에는 감압능력 10[kPa] 이상·감도 10[Pa] 이하의 것으로서 각각의 압력 변화를 스스로 기록할 수 있는 것)
    - 수직·수평도 시험의 경우 : 수직·수평도 측정기
  ※ 비고 : 둘 이상의 기능을 함께 가지고 있는 장비를 갖춘 경우에는 각각의 장비를 갖춘 것으로 본다.

정답
- 시설 : 전용사무실
- 필수장비 : 자기탐상시험기, 초음파두께측정기, 영상초음파시험기

09 국제해상위험물규칙에서 등급 중 8등급 명칭과 정의를 쓰시오.

해설

국제해상위험물규칙(IMDG Code)의 위험물의 분류기준

① 제1급(Class 1) - 화약류(Explosives)
제1급은 폭발성 물질, 폭발성 제품 및 실제적인 폭발효과 또는 화공효과를 발생시킬 목적으로 제조된 것을 말한다. 제1급은 그 위험도에 따라 다음의 6가지 등급(Division)으로 구분한다.

등 급	정 의
등급1.1	대폭발 위험성이 있는 물질 및 제품
등급1.2	발사 위험성은 있으나 대폭발 위험성은 없는 물질 및 제품
등급1.3	화재 위험성이 있으며 또한 약간의 폭발 위험성 또는 약간의 발사 위험성 혹은 그 양쪽 모두가 있으나 대폭발 위험성이 없는 물질 및 제품
등급1.4	중대한 위험성이 없는 물질 및 제품
등급1.5	대폭발 위험성이 있는 매우 둔감한 물질
등급1.6	대폭발 위험성이 없는 매우 둔감한 물질

② 제2급(Class 2) - 가스류(Gases)
제2급은 압축가스, 액화가스, 용해가스, 냉동 액화가스, 혼합가스, 가스가 충전된 제품 및 에어로졸로 구성된다. 제2급은 가스의 주위험성에 따라 다음과 같이 세분한다.

등 급	정 의
제2.1급-인화성 가스	20[℃] 및 101.3[kPa]에서 가스인 것
제2.2급-비인화성, 비독성 가스	20[℃]에서 280[kPa] 이상의 압력으로 운송되는 가스 또는 냉동 액체로 운송되는 가스 또는 질식성 가스, 산화성 가스 또는 다른 급에 해당되지 않는 가스
제2.3급-독성 가스	독성(LC$_{50}$: 5,000[mL/m^3] 이하) 및 부식성이 있는 가스

③ 제3급(Class 3) - 인화성 액체류(Flammable Liquids)
제3급은 인화성 액체 및 감감화된 액체 화약류를 말한다.

④ 제4급(Class 4) - 가연성 고체, 자연발화성 물질, 물과 접촉 시 인화성 가스를 방출하는 물질
제4급은 화약류로 분류되는 물질 이외의 것으로서 쉽게 발화하거나 또는 화재를 일으킬 수 있는 물질을 말한다.

등 급	정 의
제4.1급-가연성 물질	쉽게 발화하거나 또는 마찰에 의하여 화재를 일으킬 수 있는 고체(가연성 고체), 자체반응성 물질(고체 및 액체) 및 감감화된 고체 화약류
제4.2급-자연발화성 물질	자연발화 또는 공기와의 접촉으로 발열하기 쉬우며 또한 그 자체가 화재를 일으킬 수 있는 물질(고체 및 액체)
제4.3급-물과 접촉 시 인화성 가스를 방출하는 물질	물과의 상호작용에 의하여 자연적으로 인화하거나 또는 위험한 양의 인화성 가스를 방출하기 쉬운 물질(고체 및 액체)

⑤ 제5급(Class 5) – 산화성 물질 및 유기과산화물(Oxidizing Substances & Organic Peroxides)
제5급은 산화성 물질과 유기과산화물을 말한다.

등 급	정 의
제5.1급–산화성 물질	반드시 그 물질 자체가 연소하지는 아닐지라도 일반적으로 산소를 발생하거나 다른 물질의 연소를 유발하거나 돕는 물질
제5.2급–유기과산화물	2가의 –O–O– 결합을 가지며 하나 또는 두 개 모두의 수소원자가 유기라디칼로 치환된 과산화수소의 유도체로 간주될 수 있는 유기물질

⑥ 제6급(Class 6) – 독물 및 전염성 물질(Toxic & Infectious Substances)
제6급은 독물 및 전염성 물질을 말한다.

등 급	정 의
제6.1급–독물	삼키거나 흡입하거나 또는 피부접촉에 의하여 사망 또는 중상을 일으키거나 인간의 건강에 해를 끼치기 쉬운 물질
제6.2급–전염성 물질	병원체를 함유하고 있는 것으로 알려져 있거나 합리적으로 추정되는 물질

⑦ 제7급(Class 7) – 방사성 물질(Radioactive Material)
제7급은 운송품 내의 방사능 농도와 총방사능량이 기본 방사성 핵종에 대한 값을 초과하는 방사성 핵종이 함유되어 있는 물질을 말한다.

⑧ 제8급(Class 8) – 부식성 물질(Corrosive Substances)
제8급 물질은 화학반응에 의하여 생체조직과의 접촉 시에는 심각한 손상을 줄 수 있거나 누출된 경우에는 기계적 손상 또는 다른 화물 또는 운송수단을 파손시킬 수 있는 물질을 말한다.

⑨ 제9급(Class 9) – 유해성 물질(Miscellaneous Dangerous Substances & Articles)
1974년 SOLAS(개정분 포함) 제VII장 A편(위험물의 운송)의 규정을 적용해야 하는 위험특성을 갖는 물질이라고 경험에 의하여 증명되었거나 증명될 수 있는 물질로서 다른 급에 해당하지 않는 물질 및 제품을 말한다. 또한 제9급에는 액체 상태이고 100[℃] 이상의 온도로 운송되는 물질 및 고체 물질이고 240[℃] 이상의 온도로 운송되는 물질도 포함된다.

정답
- 부식성 물질
- 화학반응에 의하여 생체조직과의 접촉 시에는 심각한 손상을 줄 수 있거나 누출된 경우에는 기계적 손상 또는 다른 화물 또는 운송수단을 파손시킬 수 있는 물질을 말한다.

> **참고** : 국제해상위험물규칙은 2011년부터 출제기준에서 삭제되었습니다.

10
제3류 위험물 운반용기의 외부 표시사항 3가지를 쓰시오.

해설

운반용기의 외부 표시사항
① 위험물의 품명, 위험등급, 화학명 및 수용성(제4류 위험물의 수용성인 것에 한함)
② 위험물의 수량
③ 주의사항

Plus One 주의사항(시행규칙 별표 19)
- 제1류 위험물
  - 알칼리금속의 과산화물 : 화기·충격주의, 물기엄금, 가연물접촉주의
  - 그 밖의 것 : 화기·충격주의, 가연물접촉주의
- 제2류 위험물
  - 철분·금속분·마그네슘 : 화기주의, 물기엄금
  - 인화성 고체 : 화기엄금
  - 그 밖의 것 : 화기주의
- 제3류 위험물
  - 자연발화성 물질 : 화기엄금, 공기접촉엄금
  - 금수성 물질 : 물기엄금
- 제4류 위험물 : 화기엄금
- 제5류 위험물 : 화기엄금, 충격주의
- 제6류 위험물 : 가연물접촉주의

※ 최대용적이 1[L] 이하인 운반용기[제1류, 제2류, 제4류 위험물(위험등급Ⅰ은 제외)]의 품명 및 주의사항, 위험물의 통칭명, 주의사항은 동일한 의미가 있는 다른 표시로 대신할 수 있다.

정답
- 위험물의 품명, 위험등급, 화학명
- 위험물의 수량
- 주의사항

11
질산 31.5[g]을 물에 녹여 360[g]으로 만들었다. 질산의 몰분율과 몰농도는?(단, 수용액의 비중은 1.1이다)

해설

질산의 몰분율과 몰농도
① 몰분율
  ㉠ 질산의 몰수 = 31.5[g] ÷ 63[g/mol] = 0.5[mol]
  ㉡ 물의 양 = 360[g] − 31.5[g] = 328.5[g]
  물의 몰수 = 328.5[g] ÷ 18[g/mol] = 18.25[mol]

  ∴ 몰분율 = $\dfrac{\text{각 성분의 몰수}}{\text{전체 몰수}} = \dfrac{0.5[\text{mol}]}{0.5[\text{mol}] + 18.25[\text{mol}]} = 0.027$

② 몰농도
  먼저 수용액 360[g]을 부피로 환산하면

  밀도(비중) $\rho = \dfrac{W}{V}$

  부피 $V = 360[\text{g}] \div 1.1[\text{g/mL}] = 327.27[\text{mL}]$

  $\begin{array}{ccc} 1[\text{M}] & 63[\text{g}] & 1{,}000[\text{mL}] \\ x & 31.5[\text{g}] & 327.27[\text{mL}] \end{array}$

  $x = \dfrac{1[\text{M}] \times 31.5[\text{g}] \times 1{,}000[\text{mL}]}{63[\text{g}] \times 327.27[\text{mL}]} = 1.53[\text{M}]$

정답
- 몰분율 : 0.027
- 몰농도 : 1.53[M]

12

분자량 170, 융점 212[℃], 사진 감광제로 사용하는 제1류 위험물의 지정수량과 분해반응식을 쓰시오.

해설
질산은
① 물 성

화학식	지정수량	분자량	비 중	융 점
AgNO₃	300[kg]	170	4.35	212[℃]

② 무색무취이고 투명한 결정이다.
③ 물, 아세톤, 알코올, 글리세린에는 잘 녹는다.
④ 햇빛에 의해 변질되므로 갈색병에 보관해야 한다.
⑤ 사진감광제, 부식제, 은도금, 사진제판, 분석시약, 살균제, 촉매로 사용한다.
⑥ 분해반응식

$$2AgNO_3 \rightarrow 2Ag + 2NO_2 + O_2$$

정답
- 지정수량 : 300[kg]
- 분해반응식 : $2AgNO_3 \rightarrow 2Ag + 2NO_2 + O_2$

13

스테인리스강판으로 이동저장탱크의 방호틀을 설치하고자 한다. 이때 사용재질의 인장강도 130[N/mm²]이라면 방호틀의 두께는 몇 [mm] 이상으로 해야 하는가?

해설
이동저장탱크의 방호틀(세부기준 제107조)
KS규격품인 스테인리스강판, 알루미늄합금판, 고장력강판으로서 두께가 다음 식에 의하여 산출된 수치(소수점 2자리 이하는 올림) 이상으로 한다.

$$t = \sqrt{\frac{270}{\sigma}} \times 2.3$$

여기서, t : 사용재질의 두께[mm]
σ : 사용재질의 인장강도[N/mm²]

$\therefore t = \sqrt{\dfrac{270}{\sigma}} \times 2.3 = \sqrt{\dfrac{270}{130}} \times 2.3 = 3.31[mm]$

정답 3.4[mm] 이상

14 방폭구조의 종류 5가지를 쓰시오.

해설

방폭구조의 종류
① **내압(耐壓)방폭구조** : 폭발성 가스가 용기 내부에서 폭발하였을 때 용기가 그 압력에 견디거나 외부의 폭발성 가스가 인화되지 않도록 된 구조
② **압력(내압, 內壓)방폭구조** : 공기나 질소와 같이 불연성 가스를 용기 내부에 압입시켜 내부압력을 유지함으로써 외부의 폭발성 가스가 용기 내부에 침입하지 못하게 하는 구조
③ **유입(油入)방폭구조** : 아크 또는 고열을 발생하는 전기설비를 용기에 넣어 그 용기 안에 다시 기름을 채워 외부의 폭발성 가스와 점화원이 접촉하여 폭발의 위험이 없도록 한 구조
④ **안전증방폭구조** : 폭발성 가스나 증기에 점화원의 발생을 방지하기 위하여 기계적, 전기적 구조상 온도 상승에 대한 안전도를 증가시키는 구조
⑤ **본질안전방폭구조** : 전기불꽃, 아크 또는 고온에 의하여 폭발성 가스나 증기에 점화되지 않는 것이 점화시험, 기타에 의하여 확인된 구조

정답
- 내압(耐壓)방폭구조
- 압력(壓力)방폭구조
- 유입(油入)방폭구조
- 안전증방폭구조
- 본질안전방폭구조

15 옥외탱크저장소의 압력탱크 외의 밸브 없는 통기관의 설치기준 4가지를 쓰시오.

해설

압력탱크 외의 밸브 없는 통기관의 설치기준(시행규칙 별표 6)
① 지름은 30[mm] 이상일 것
② 끝부분은 수평면보다 45° 이상 구부려 빗물 등의 침투를 막는 구조로 할 것
③ 인화점이 38[℃] 미만인 위험물만을 저장 또는 취급하는 탱크에 설치하는 통기관에는 화염방지장치를 설치하고, 그 외의 탱크에 설치하는 통기관에는 40[mesh] 이상의 구리망 또는 동등 이상의 성능을 가진 인화방지장치를 설치할 것. 다만, 인화점이 70[℃] 이상인 위험물만을 해당 위험물의 인화점 미만의 온도로 저장 또는 취급하는 탱크에 설치하는 통기관에는 인화방지장치를 설치하지 않을 수 있다.
④ 가연성의 증기를 회수하기 위한 밸브를 통기관에 설치하는 경우에 있어서는 해당 통기관의 밸브는 저장탱크에 위험물을 주입하는 경우를 제외하고는 항상 개방되어 있는 구조로 하는 한편, 폐쇄하였을 경우에 있어서는 10[kPa] 이하의 압력에서 개방되는 구조로 할 것. 이 경우 개방된 부분의 유효단면적은 777.15[mm^2] 이상이어야 한다.

정답
- 지름은 30[mm] 이상일 것
- 끝부분은 수평면보다 45° 이상 구부려 빗물 등의 침투를 막는 구조로 할 것
- 인화점이 38[℃] 미만인 위험물만을 저장 또는 취급하는 탱크에 설치하는 통기관에는 화염방지장치를 설치하고, 그 외의 탱크에 설치하는 통기관에는 40[mesh] 이상의 구리망 또는 동등 이상의 성능을 가진 인화방지장치를 설치할 것. 다만, 인화점이 70[℃] 이상인 위험물만을 해당 위험물의 인화점 미만의 온도로 저장 또는 취급하는 탱크에 설치하는 통기관에는 인화방지장치를 설치하지 않을 수 있다.
- 가연성의 증기를 회수하기 위한 밸브를 통기관에 설치하는 경우에 있어서는 해당 통기관의 밸브는 저장탱크에 위험물을 주입하는 경우를 제외하고는 항상 개방되어 있는 구조로 하는 한편, 폐쇄하였을 경우에 있어서는 10[kPa] 이하의 압력에서 개방되는 구조로 할 것. 이 경우 개방된 부분의 유효단면적은 777.15[mm^2] 이상이어야 한다.

16 제조소에 배출설비를 하려고 한다. 국소방식의 용량을 구하시오(단, 전역방식이 아니고 가로 6[m], 세로 8[m], 높이 4[m]이다).

해설

배출능력은 1시간당 배출장소 용적의 20배 이상인 것으로 해야 한다. 다만, **전역방식**의 경우에는 바닥면적 1[m^2]당 **18[m^3] 이상**으로 할 수 있다.

∴ 배출장소의 용적 = 6[m] × 8[m] × 4[m] = 192[m^3]
  배출능력 = 192[m^3] × 20[배/h] = 3,840[m^3/h]

정답 3,840[m^3/h]

---

17 위험물제조소 등에 할로젠화합물소화설비를 설치하고자 할 때 다음 ( )에 적당한 말을 쓰시오.

축압식 저장용기 등은 온도 20[℃]에서 할론1211을 저장하는 것은 (㉮) 또는 (㉯)[MPa], 할론1301을 저장하는 것은 (㉰) 또는 (㉱)[MPa]이 되도록 (㉲)가스를 가압해야 한다.

해설

축압식 저장용기 등은 온도 20[℃]에서 할론1211을 저장하는 것은 (1.1) 또는 (2.5)[MPa], 할론1301을 저장하는 것은 (2.5) 또는 (4.2)[MPa]이 되도록 (질소)가스를 가압해야 한다(세부기준 제135조).

정답 ㉮ 1.1   ㉯ 2.5
       ㉰ 2.5   ㉱ 4.2
       ㉲ 질소

18 무색 또는 오렌지색의 결정으로, 분자량 110인 제1류 위험물에 대한 설명이다. 다음 물음에 답하시오.

㉮ 물과 반응
㉯ 이산화탄소와 반응
㉰ 황산과 반응

해설

과산화칼륨

① 물 성

화학식	분자량	비 중	분해 온도
K_2O_2	110	2.9	490[℃]

② **무색** 또는 **오렌지색의 결정**으로 에틸알코올에 용해한다.
③ 피부 접촉 시 피부를 부식시키고 탄산가스를 흡수하면 탄산염이 된다.
④ 다량일 경우 폭발의 위험이 있고 소량의 물과 접촉 시 발화의 위험이 있다.
⑤ **소화방법** : 마른모래, 암분, 탄산수소염류 분말약제, 팽창질석, 팽창진주암

Plus One 과산화칼륨의 반응식
- 분해반응식 : $2K_2O_2 \rightarrow 2K_2O + O_2\uparrow$
- **물과 반응** : $2K_2O_2 + 2H_2O \rightarrow 4KOH + O_2\uparrow +$ 발열
- **탄산가스와 반응** : $2K_2O_2 + 2CO_2 \rightarrow 2K_2CO_3 + O_2\uparrow$
- 초산과 반응 : $K_2O_2 + 2CH_3COOH \rightarrow 2CH_3COOK + H_2O_2\uparrow$
  (초산칼륨) (과산화수소)
- 염산과 반응 : $K_2O_2 + 2HCl \rightarrow 2KCl + H_2O_2\uparrow$
- **황산과 반응** : $K_2O_2 + H_2SO_4 \rightarrow K_2SO_4 + H_2O_2\uparrow$

정답
㉮ $2K_2O_2 + 2H_2O \rightarrow 4KOH + O_2$
㉯ $2K_2O_2 + 2CO_2 \rightarrow 2K_2CO_3 + O_2$
㉰ $K_2O_2 + H_2SO_4 \rightarrow K_2SO_4 + H_2O_2$

19

다음은 이동저장탱크의 구조에 대한 설명이다. 괄호 안에 적당한 말을 쓰시오.

- 상용압력이 (㉮)[kPa] 이하인 탱크에는 (㉯)[kPa] 이상 (㉰)[kPa] 이하의 압력에서, 상용압력이 (㉱)[kPa]을 초과하는 탱크에는 상용압력의 (㉲)배 이하의 압력에서 작동하는 것으로 할 것
- 방파판의 두께 (㉳)[mm] 이상의 강철판 또는 이와 동등 이상의 강도·내열성 및 내식성 있는 금속성의 것으로 할 것

해설

이동저장탱크의 구조(시행규칙 별표 10)

① 안전장치
  상용압력이 20[kPa] 이하인 탱크에는 20[kPa] 이상 24[kPa] 이하의 압력에서, 상용압력이 20[kPa]을 초과하는 탱크에는 **상용압력의 1.1배 이하**의 압력에서 작동하는 것으로 할 것

② 방파판
  ㉠ 두께 **1.6[mm] 이상**의 강철판 또는 이와 동등 이상의 강도·내열성 및 내식성이 있는 금속성의 것으로 할 것
  ㉡ 하나의 구획부분에 2개 이상의 방파판을 이동탱크저장소의 진행방향과 평행으로 설치하되, 각 방파판은 그 높이 및 칸막이로부터의 거리를 다르게 할 것
  ㉢ 하나의 구획부분에 설치하는 각 방파판의 면적의 합계는 해당 구획부분의 최대 수직단면적의 50[%] 이상으로 할 것. 다만, 수직단면이 원형이거나 짧은 지름이 1[m] 이하의 타원형일 경우에는 40[%] 이상으로 할 수 있다.

정답
㉮ 20 ㉯ 20
㉰ 24 ㉱ 20
㉲ 1.1 ㉳ 1.6

20

분말소화약제의 4종류의 화학식과 약제의 색상을 쓰시오.

해설

분말소화약제의 종류

종 류	주성분	착 색	적응화재
제1종 분말	탄산수소나트륨($NaHCO_3$)	백색	B, C급
제2종 분말	탄산수소칼륨($KHCO_3$)	담회색	B, C급
제3종 분말	제일인산암모늄($NH_4H_2PO_4$)	담홍색	A, B, C급
제4종 분말	탄산수소칼륨 + 요소[$KHCO_3 + (NH_2)_2CO$]	회색	B, C급

정답
- 제1종 : $NaHCO_3$, 백색
- 제2종 : $KHCO_3$, 담회색
- 제3종 : $NH_4H_2PO_4$, 담홍색
- 제4종 : $KHCO_3 + (NH_2)_2CO$, 회색

2011년 5월 29일 시행 과년도 기출복원문제

01 탄화칼슘이 물과 반응하여 발생하는 가연성 기체의 연소반응식을 쓰시오.

해설

탄화칼슘의 반응식
① 탄화칼슘은 물과 반응하면 아세틸렌가스를 발생한다.
  $CaC_2 + 2H_2O \rightarrow Ca(OH)_2 + C_2H_2$
② 아세틸렌이 연소하면 이산화탄소와 물을 생성한다.

$$2C_2H_2 + 5O_2 \rightarrow 4CO_2 + 2H_2O$$

정답 $2C_2H_2 + 5O_2 \rightarrow 4CO_2 + 2H_2O$

---

02 용량 1,000만[L]인 옥외저장탱크의 주위에 설치하는 방유제에 해당 탱크마다 간막이 둑을 설치해야 할 때 다음 사항에 대한 기준은?(단, 방유제 내에 설치되는 옥외저장탱크의 용량의 합계가 2억[L]를 넘지 않는다)

㉮ 간막이 둑 높이
㉯ 간막이 둑 재질
㉰ 간막이 둑 용량

해설

용량 1,000만[L]인 옥외저장탱크의 방유제 설치기준(시행규칙 별표 6)
① 간막이 **둑의 높이는 0.3[m]**(방유제 내에 설치되는 옥외저장탱크의 용량의 합계가 2억[L]를 넘는 방유제에 있어서는 1[m]) **이상**으로 하되, 방유제의 높이보다 0.2[m] 이상 낮게 할 것
② 간막이 둑은 **흙 또는 철근콘크리트**로 할 것
③ 간막이 둑의 용량은 간막이 둑 안에 설치된 탱크의 **용량의 10[%] 이상**일 것

정답 ㉮ 0.3[m] 이상
㉯ 흙 또는 철근콘크리트
㉰ 간막이 둑 안에 설치된 탱크의 용량의 10[%] 이상

03

다이에틸에터를 공기 중 장시간 방치하면 산화되어 폭발성 과산화물이 생성될 수 있다. 다음 물음에 답하시오.

㉮ 과산화물이 존재하는지 여부를 확인하는 방법
㉯ 생성된 과산화물을 제거하는 시약
㉰ 과산화물 생성방지 방법

해설

다이에틸에터
① **과산화물 검출시약** : 10[%] 아이오딘화칼륨(KI) 용액(검출 시 황색)
② **과산화물 제거시약** : 황산제일철($FeSO_4$) 또는 환원철
③ **과산화물 생성 방지** : 40[mesh]의 구리망을 넣어 준다.

정답
㉮ 10[%] KI 용액을 첨가하여 1분 이내에 황색으로 변화하는지 확인한다.
㉯ 황산제일철($FeSO_4$) 또는 환원철
㉰ 40[mesh]의 구리망을 넣어 준다.

04

알킬알루미늄 등을 저장 또는 취급하는 이동탱크저장소에는 자동차용 소화기 외에 추가로 설치해야 하는 소화설비는?

해설

소화난이도등급Ⅲ의 제조소 등에 설치해야 하는 소화설비(시행규칙 별표 17)

제조소 등의 구분	소화설비	설치기준	
지하탱크저장소	소형수동식소화기 등	능력단위의 수치가 3 이상	2개 이상
이동탱크저장소	자동차용 소화기	무상의 강화액 8[L] 이상	2개 이상
		이산화탄소 3.2[kg] 이상	
		브로모클로로다이플루오로메테인(CF_2ClBr) 2[L] 이상	
		브로모트라이플루오로메테인(CF_3Br) 2[L] 이상	
		다이브로모테트라플루오로에테인($C_2F_4Br_2$) 1[L] 이상	
		소화분말 3.3[kg] 이상	
	마른모래 및 팽창질석 또는 팽창진주암	마른모래 150[L] 이상	
		팽창질석 또는 팽창진주암 640[L] 이상	
그 밖의 제조소 등	소형수동식소화기 등	능력단위의 수치가 건축물 그 밖의 공작물 및 위험물의 소요단위의 수치에 이르도록 설치할 것. 다만, 옥내소화전설비, 옥외소화전설비, 스프링클러설비, 물분무 등 소화설비 또는 대형수동식소화기를 설치한 경우에는 해당 소화설비의 방사능력범위 내의 부분에 대하여는 수동식소화기 등을 그 능력단위의 수치가 해당 소요단위의 수치의 1/5 이상이 되도록 하는 것으로 족하다.	

비고 : **알킬알루미늄 등**을 저장 또는 취급하는 **이동탱크저장소**에 있어서는 자동차용 소화기를 설치하는 것 외에 **마른모래나 팽창질석 또는 팽창진주암**을 추가로 설치해야 한다.

정답 마른모래나 팽창질석 또는 팽창진주암

05

회백색의 금속분말로 묽은 염산에서 수소가스를 발생하며 비중이 약 7.0, 융점 1,530[℃]인 제2류 위험물이 위험물관리안전법상 위험물이 되기 위한 조건은?

해설

철분(Fe)

① 물 성

화학식	융점(녹는점)	비점(끓는점)	비 중
Fe	1,530[℃]	2,750[℃]	7.0

② 은백색의 광택 금속 분말이다.
③ 산소와 친화력이 강하여 발화할 때도 있고 산에 녹아 수소가스를 발생한다.

$$Fe + 2HCl \rightarrow FeCl_2 + H_2 \uparrow$$

④ **철분**이란 철의 분말로서 53[μm]의 표준체를 통과하는 것이 50[wt%] 미만인 것은 제외한다.

정답 철의 분말로서 53[μm]의 표준체를 통과하는 것이 50[wt%] 이상인 것을 말한다.

06

메틸에틸케톤, 과산화벤조일의 구조식을 그리시오.

해설

① **메틸에틸케톤**(Methyl Ethyl Keton, MEK : 제4류 위험물 제1석유류, 비수용성)
  ㉠ 물 성

화학식	비 중	비 점	융 점	인화점	착화점	연소범위
$CH_3COC_2H_5$	0.8	80[℃]	−80[℃]	−7[℃]	505[℃]	1.8~10.0[%]

  ㉡ 구조식

$$R-CO-R'$$
  [케톤의 일반식]

```
  H O H H
  | ‖ | |
H-C-C-C-C-H
  | | |
  H H H
```

② **과산화벤조일**(Benzoyl Peroxide, 벤조일퍼옥사이드 : 제5류 위험물 유기과산화물)
  ㉠ 물 성

화학식	비 중	융 점	착화점
$(C_6H_5CO)_2O_2$	1.33	105[℃]	80[℃]

  ㉡ 구조식

◯−C(=O)−O−O−C(=O)−◯

정답
• 메틸에틸케톤
```
  H O H H
  | ‖ | |
H-C-C-C-C-H
  | | |
  H H H
```
• 과산화벤조일
◯−C(=O)−O−O−C(=O)−◯

07

152[kPa], 100[℃] 아세톤의 증기밀도는?

해설

이상기체 상태방정식을 적용하면

$$PV = nRT = \frac{W}{M}RT \qquad PM = \frac{W}{V}RT = \rho RT \qquad \rho(밀도) = \frac{PM}{RT}$$

여기서, P : 압력[atm] V : 부피[L]
n : mol수[g-mol] M : 분자량(CH_3COCH_3 : 58[g/g-mol])
W : 무게[g] R : 기체상수(0.08205[L·atm/g-mol·K])
T : 절대온도(273+[℃]=[K])

∴ 밀도를 구하면

$$\rho(밀도) = \frac{PM}{RT} = \frac{\frac{152[kPa]}{101.325[kPa]} \times 1[atm] \times 58[g/g-mol]}{0.08205[L \cdot atm/g-mol \cdot K] \times 373[K]} = 2.84[g/L]$$

정답 2.84[g/L]

08

1몰 염화수소와 0.5몰 산소와의 혼합물에 촉매를 넣고 400[℃]에서 평형에 도달시킬 때 0.39몰의 염소를 생성하였다. 이 반응이 다음의 화학반응식을 통해 진행된다고 할 때 평형상태에서의 전체 몰수의 합을 구하고 전압이 1[atm]일 때 성분 4가지 분압은?

$$4HCl + O_2 \rightarrow 2Cl_2 + 2H_2O$$

해설

반응식에서 반응전후 몰수를 구하면

　　　　　　　　　　　　　4HCl　　　　　+　　　　O_2　　　→　　　$2Cl_2$　　+　　$2H_2O$
① 반응 전의 몰수　　　1[mol]　　　　　　　　0.5[mol]　　　　　0[mol]　　　　　0[mol]
② 반응 후의 몰수　$\left\{1-\left(\frac{4}{2} \times 0.39\right)\right\}$[mol]　$\left\{0.5-\left(\frac{1}{2} \times 0.39\right)\right\}$[mol]　0.39[mol]　　0.39[mol]
③ 전체 [mol]수 = 0.22 + 0.305 + 0.39 + 0.39 = 1.305[mol]
④ 각 성분의 분압을 구하면,
　　㉠ 염화수소 = (0.22/1.305)×1[atm] = 0.17[atm]
　　㉡ 산소 = (0.305/1.305)×1[atm] = 0.23[atm]
　　㉢ 염소 = (0.39/1.305)×1[atm] = 0.30[atm]
　　㉣ 수증기 = (0.39/1.305)×1[atm] = 0.30[atm]

정답
- 전체몰수 : 1.305[mol]
- 각 성분의 분압
  - 염화수소 : 0.17[atm]　　- 산소 : 0.23[atm]
  - 염소 : 0.30[atm]　　　　- 수증기 : 0.30[atm]

09

벤젠에 수은(Hg)을 촉매로 하여 질산을 반응시켜 제조하는 물질로 DDNP(Diazodinitro Phenol)의 원료로 사용되는 위험물의 구조식과 품명, 지정수량은?

해설

피크르산(Tri Nitro Phenol)은 DDNP(Diazodinitro Phenol)를 원료로 다이아조화해서 얻어지므로 피크르산의 물성은 다음과 같다.

피크르산

① 물 성

화학식	유 별	품 명	지정수량	착화점
$C_6H_2OH(NO_2)_3$	제5류 위험물	나이트로화합물(제1종)	10[kg]	300[℃]

② 광택 있는 황색의 침상 결정이고 찬물에는 미량 녹는다.
③ 나이트로화합물류 중 분자구조 내에 하이드록시기(-OH)를 갖는 위험물이다.
④ 쓴맛과 독성이 있고 알코올, 에터, 벤젠, 더운물에는 잘 녹는다.

- 피크르산의 구조식

- 피크르산의 분해반응식
  $2C_6H_2OH(NO_2)_3 \rightarrow 2C + 3N_2\uparrow + 3H_2\uparrow + 4CO_2\uparrow + 6CO\uparrow$

정답
- 구조식 :
- 품명 : 나이트로화합물
- 지정수량 : 10[kg]

10

특정옥외저장탱크에 애뉼러 판을 설치해야 하는 경우 3가지를 쓰시오.

해설

애뉼러 판(시행규칙 별표 6)

① 정의 : 특정옥외저장탱크의 옆판의 최하단 두께가 15[mm]를 초과하는 경우, 안지름이 30[m]를 초과하는 경우 또는 옆판을 고장력강으로 사용하는 경우에 옆판의 직하에 설치해야 하는 판

② 애뉼러 판을 설치해야 하는 경우
  ㉠ 저장탱크 옆판의 최하단 두께가 15[mm]를 초과하는 경우
  ㉡ 안지름이 30[m]를 초과하는 경우
  ㉢ 저장탱크 옆판을 고장력강으로 사용하는 경우

정답
- 저장탱크 옆판의 최하단 두께가 15[mm]를 초과하는 경우
- 안지름이 30[m]를 초과하는 경우
- 저장탱크 옆판을 고장력강으로 사용하는 경우

11 위험물안전관리법상 제조소의 기술기준을 적용함에 있어 위험물의 성질에 따른 강화된 특례기준을 적용하는 위험물은 다음과 같다. ( ) 안에 알맞은 용어를 쓰시오.
- 제3류 위험물 중 ( ), ( ) 또는 이 중 어느 하나 이상을 함유하는 것
- 제4류 위험물 중 ( ), ( ) 또는 이 중 어느 하나 이상을 함유하는 것
- 제5류 위험물 중 ( ), ( ) 또는 이 중 어느 하나 이상을 함유하는 것

해설
위험물의 성질에 따른 제조소의 특례(시행규칙 별표 4)
① 제3류 위험물 중 **알킬알루미늄, 알킬리튬** 또는 이 중 어느 하나 이상을 함유하는 것
② 제4류 위험물 중 **특수인화물의 아세트알데하이드, 산화프로필렌** 또는 이 중 어느 하나 이상을 함유하는 것
③ 제5류 위험물 중 **하이드록실아민, 하이드록실아민염류** 또는 이 중 어느 하나 이상을 함유하는 것

정답
- 알킬알루미늄, 알킬리튬
- 아세트알데하이드, 산화프로필렌
- 하이드록실아민, 하이드록실아민염류

12 위험물제조소와 학교와의 거리가 20[m]로 위험물안전관리법에 의한 안전거리를 충족할 수 없어서 방화상 유효한 담을 설치하고자 한다. 위험물제조소의 외벽높이 10[m], 학교의 높이 30[m]이며 위험물제조소와 방화상 유효 담의 거리 5[m]인 경우 방화상 유효한 담의 높이는?(단, 학교건축물은 방화구조이고 위험물제조소에 면한 부분의 개구부에 방화문이 설치되지 않았다)

해설
방화상 유효한 담의 높이(시행규칙 별표 4)

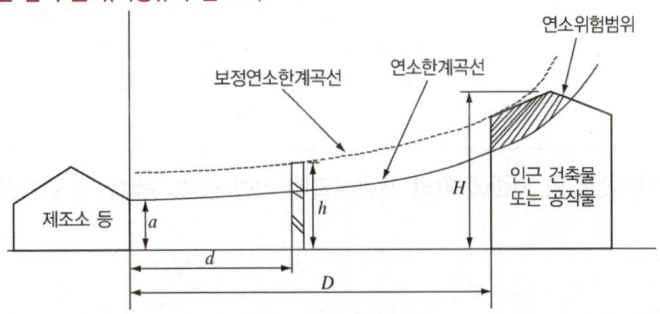

- $H \leq pD^2 + a$ 인 경우 $h = 2$
- $H > pD^2 + a$ 인 경우 $h = H - p(D^2 - d^2)$

여기서, D : 제조소 등과 인근 건축물 또는 공작물과의 거리[m]
H : 인근 건축물 또는 공작물의 높이[m]
a : 제조소 등의 외벽의 높이[m]
d : 제조소 등과 방화상 유효한 담과의 거리[m]
h : 방화상 유효한 담의 높이[m]
p : 상 수

인근 건축물 또는 공작물의 구분	p의 값
• 학교·주택·국가유산 등의 건축물 또는 공작물이 목조인 경우 • 학교·주택·국가유산 등의 건축물 또는 공작물이 **방화구조** 또는 내화구조이고, 제조소 등에 면한 부분의 **개구부에 방화문이 설치되지 않은 경우**	0.04
• 학교·주택·국가유산 등의 건축물 또는 공작물이 방화구조인 경우 • 학교·주택·국가유산 등의 건축물 또는 공작물이 방화구조 또는 내화구조이고, 제조소 등에 면한 부분의 개구부에 30분 방화문이 설치된 경우	0.15
• 학교·주택·국가유산 등의 건축물 또는 공작물이 내화구조이고, 제조소 등에 면한 개구부에 60분+ 방화문 또는 60분 방화문이 설치된 경우	∞

∴ $H > pD^2 + a$인 경우

$30 > 0.04 \times (20)^2 + 10,\ 30 > 26$

$h = H - p(D^2 - d^2) = 30[m] - 0.04(20^2 - 5^2) = 15[m]$

※ 산출된 수치가 2 미만일 때에는 담의 높이를 2[m]로, **4 이상**일 때에는 담의 높이를 **4[m]**로 해야 한다.

정답 4[m]

13

위험물옥내저장소의 기준에 따라 저장창고에 선반 등의 수납장을 설치할 때 기준 3가지를 쓰시오.

해설

옥내저장소의 선반 등의 수납장을 설치하는 경우 설치기준(시행규칙 별표 5)
① 수납장은 불연재료로 만들어 견고한 기초 위에 고정할 것
② 수납장은 해당 수납장 및 그 부속설비의 자중, 저장하는 위험물의 중량 등의 하중에 의하여 생기는 응력에 대하여 안전한 것으로 할 것
③ 수납장에는 위험물을 수납한 용기가 쉽게 떨어지지 않게 하는 조치를 할 것

정답
• 수납장은 불연재료로 만들어 견고한 기초 위에 고정할 것
• 수납장은 해당 수납장 및 그 부속설비의 자중, 저장하는 위험물의 중량 등의 하중에 의하여 생기는 응력에 대하여 안전한 것으로 할 것
• 수납장에는 위험물을 수납한 용기가 쉽게 떨어지지 않게 하는 조치를 할 것

14

454[g] 나이트로글리세린이 완전 연소(분해)할 때 발생하는 산소는 25[℃], 1기압으로 몇 [L]인가?

해설

나이트로글리세린의 분해반응식

① $4C_3H_5(ONO_2)_3 \rightarrow 12CO_2 + 10H_2O + 6N_2 + O_2$

　　$4 \times 227[g]$ ────────── $32[g]$
　　$454[g]$ ────────── x

∴ $x = \dfrac{454[g] \times 32[g]}{4 \times 227[g]} = 16[g]$

② 이상기체 상태방정식을 이용하여 부피를 구하면

$$PV = nRT = \dfrac{W}{M}RT \qquad V = \dfrac{WRT}{PM}$$

여기서, P : 압력(1[atm])　　　　　V : 부피[L]
　　　　M : 분자량(산소 : 32[g/g-mol])　W : 무게(16[g])
　　　　R : 기체상수(0.08205[L·atm/g-mol·K])
　　　　T : 절대온도(273 + 25 = 298[K])

∴ $V = \dfrac{WRT}{PM} = \dfrac{16[g] \times 0.08205[L \cdot atm/g-mol \cdot K] \times 298[K]}{1[atm] \times 32[g/g-mol]} = 12.23[L]$

정답 12.23[L]

15

이황화탄소의 옥외저장탱크는 벽 및 바닥의 두께가 (㉮)[m] 이상이고 누수가 되지 않는 (㉯)의 수조에 넣어 보관해야 한다. 이 경우 보유공지, 통기관, (㉰)는 생략한다.

해설

옥외탱크저장소의 기준(시행규칙 별표 6)
이황화탄소의 옥외저장탱크는 벽 및 바닥의 두께가 **0.2[m]** 이상이고 누수가 되지 않는 **철근콘크리트**의 수조에 넣어 보관해야 한다. 이 경우 **보유공지, 통기관, 자동계량장치**는 생략할 수 있다.

정답　㉮ 0.2
　　　　㉯ 철근콘크리트
　　　　㉰ 자동계량장치

16 위험물제조소 등의 위험물탱크 안전성능검사의 신청 시기는?

㉮ 기초, 지반검사
㉯ 충수, 수압검사
㉰ 용접부검사
㉱ 암반탱크검사

해설

검사의 신청시기

① 탱크 안전성능검사의 신청시기(시행규칙 제18조)
  ㉠ 기초·지반검사 : 위험물탱크의 기초 및 지반에 관한 공사의 개시 전
  ㉡ 충수·수압검사 : 위험물을 저장 또는 취급하는 탱크에 배관 그 밖의 부속설비를 부착하기 전
  ㉢ 용접부검사 : 탱크 본체에 관한 공사의 개시 전
  ㉣ 암반탱크검사 : 암반탱크의 본체에 관한 공사의 개시 전
② 제조소 등의 완공검사의 신청시기(시행규칙 제20조)
  ㉠ 지하탱크가 있는 제조소 등의 경우 : 해당 지하탱크를 매설하기 전
  ㉡ 이동탱크저장소의 경우 : 이동저장탱크를 완공하고 상시설치장소(상치장소)를 확보한 후
  ㉢ 이송취급소의 경우 : 이송배관공사의 전체 또는 일부를 완료한 후. 다만, 지하·하천 등에 매설하는 이송배관의 공사의 경우에는 이송배관을 매설하기 전
  ㉣ 전체 공사가 완료된 후에는 완공검사를 실시하기 곤란한 경우 : 다음에서 정하는 시기
    • 위험물설비 또는 배관의 설치가 완료되어 기밀시험 또는 내압시험을 실시하는 시기
    • 배관을 지하에 설치하는 경우에는 시·도지사, 소방서장 또는 기술원이 지정하는 부분을 매몰하기 직전
    • 기술원이 지정하는 부분의 비파괴시험을 실시하는 시기
  ㉤ ㉠ 내지 ㉣에 해당하지 않는 제조소 등의 경우 : 제조소 등의 공사를 완료한 후

정답
㉮ 위험물탱크의 기초 및 지반에 관한 공사의 개시 전
㉯ 위험물을 저장 또는 취급하는 탱크에 배관 그 밖의 부속설비를 부착하기 전
㉰ 탱크 본체에 관한 공사의 개시 전
㉱ 암반탱크의 본체에 관한 공사의 개시 전

17

위험물안전관리에 관한 세부기준에 따르면 배관 등의 용접부에는 방사선투과시험을 실시한다. 다만, 방사선투과시험을 실시하기 곤란한 경우 (   )에 알맞은 비파괴시험을 쓰시오.

① 두께 6[mm] 이상인 배관에 있어서 (㉮) 및 (㉯)을 실시할 것. 다만 강자성체 외의 재료로 된 배관에 있어서는 (㉰)을 (㉱)으로 대체할 수 있다.
② 두께 6[mm] 미만인 배관과 초음파탐상시험을 실시하기 곤란한 배관에 있어서는 (㉲)을 실시해야 한다.

해설

비파괴시험방법(세부기준 제122조)
배관 등의 용접부에는 방사선투과시험을 실시한다. 다만, 방사선투과시험을 실시하기 곤란한 경우에는 다음의 기준에 따른다.
① 두께가 6[mm] 이상인 배관에 있어서는 **초음파탐상시험** 및 **자기탐상시험**을 실시할 것. 다만, **강자성체 외의 재료로 된 배관**에 있어서는 **자기탐상시험**을 **침투탐상시험**으로 대체할 수 있다.
② 두께가 6[mm] 미만인 배관과 **초음파탐상시험을 실시하기 곤란한 배관**에 있어서는 **자기탐상시험**을 실시할 것

정답 ㉮ 초음파탐상시험   ㉯ 자기탐상시험
　　　　㉰ 자기탐상시험   ㉱ 침투탐상시험
　　　　㉲ 자기탐상시험

18

트라이에틸알루미늄과 산소, 물, 염소의 반응식을 쓰시오.

해설

트라이에틸알루미늄의 반응식
① 산소와 반응 : $2(C_2H_5)_3Al + 21O_2 \rightarrow Al_2O_3 + 12CO_2 + 15H_2O$
② 물과 반응 : $(C_2H_5)_3Al + 3H_2O \rightarrow Al(OH)_3 + 3C_2H_6 \uparrow$
③ 염소와 반응 : $(C_2H_5)_3Al + 3Cl_2 \rightarrow AlCl_3 + 3C_2H_5Cl$

Plus One 트라이메틸알루미늄의 반응식
- 산소와 반응 : $2(CH_3)_3Al + 12O_2 \rightarrow Al_2O_3 + 9H_2O + 6CO_2 \uparrow$
- 물과 반응 : $(CH_3)_3Al + 3H_2O \rightarrow Al(OH)_3 + 3CH_4 \uparrow$
- 염소와 반응 : $(CH_3)_3Al + 3Cl_2 \rightarrow AlCl_3 + 3CH_3Cl$

정답
- 산소와 반응 : $2(C_2H_5)_3Al + 21O_2 \rightarrow Al_2O_3 + 12CO_2 + 15H_2O$
- 물과 반응 : $(C_2H_5)_3Al + 3H_2O \rightarrow Al(OH)_3 + 3C_2H_6$
- 염소와 반응 : $(C_2H_5)_3Al + 3Cl_2 \rightarrow AlCl_3 + 3C_2H_5Cl$

19 [보기]에서 어떤 물질의 제조방법 3가지를 설명하고 있다. 이러한 방법으로 제조되는 제4류 위험물에 대한 각 물음에 답하시오.

[보 기]
- 에틸렌과 산소를 $PdCl_2$ 또는 $CuCl_2$ 촉매하에서 반응시켜 제조한다.
- 에탄올을 산화시켜 제조한다.
- 황산수은 촉매하에서 아세틸렌에 물을 첨가시켜 제조한다.

㉮ 이 위험물의 위험도는?
㉯ 이 물질이 공기 중 산소에 의해 산화하여 제4류 위험물이 생성되는 반응식은?

해설
아세트알데하이드

① **제법** : 에탄올을 산화시켜 제조한다.

$$2C_2H_5OH + O_2 \rightarrow 2CH_3CHO + 2H_2O$$

② **아세트알데하이드의 연소범위** : 4.0~60.0[%]

$$위험도 = \frac{상한값 - 하한값}{하한값} = \frac{60-4}{4} = 14.0$$

③ 아세트알데하이드를 산화하면 아세트산(초산)이 된다.

$$2CH_3CHO + O_2 \rightarrow 2CH_3COOH$$

정답 ㉮ 14.0
㉯ $2CH_3CHO + O_2 \rightarrow 2CH_3COOH$

20 [보기]에서 설명하는 위험물에 대하여 답하시오.

[보 기]
- 지정수량 1,000[kg]
- 분자량 158
- 흑자색 결정
- 물, 알코올, 아세톤에 녹는다.

㉮ 분해반응식은?
㉯ 묽은 황산과 반응식?

해설
과망가니즈산칼륨
① 물 성

화학식	지정수량	분자량	비 중	분해 온도
$KMnO_4$	1,000[kg]	158	2.7	200~250[℃]

② **흑자색의 사방정계 결정**으로 산화력과 살균력이 강하다.
③ **물, 알코올에 녹으면** 진한 보라색을 나타낸다.
④ 진한 황산과 접촉하면 폭발적으로 반응한다.
⑤ 강알칼리와 접촉시키면 산소를 방출한다.
⑥ 알코올, 에터, 글리세린 등 유기물과의 접촉을 피한다.
⑦ 목탄, 황 등의 환원성 물질과 접촉 시 충격에 의해 폭발의 위험성이 있다.

Plus One 과망가니즈산칼륨의 반응식
- 분해반응식 : $2KMnO_4 \rightarrow K_2MnO_4 + MnO_2 + O_2 \uparrow$
- 묽은 황산과 반응식 : $4KMnO_4 + 6H_2SO_4 \rightarrow 2K_2SO_4 + 4MnSO_4 + 6H_2O + 5O_2 \uparrow$
- 진한 황산과 반응식 : $2KMnO_4 + H_2SO_4 \rightarrow K_2SO_4 + 2HMnO_4$
- 염산과 반응식 : $2KMnO_4 + 16HCl \rightarrow 2KCl + 2MnCl_2 + 8H_2O + 5Cl_2$

정답
㉮ $2KMnO_4 \rightarrow K_2MnO_4 + MnO_2 + O_2$
㉯ $4KMnO_4 + 6H_2SO_4 \rightarrow 2K_2SO_4 + 4MnSO_4 + 6H_2O + 5O_2$

2011년 9월 25일 시행 과년도 기출복원문제

01

비중이 2.1이고 물과 글리세린에 잘 녹으며 흑색화약의 원료로 사용하는 위험물에 대하여 다음 물음에 답하시오.
㉮ 물질명
㉯ 화학식
㉰ 분해반응식

해설

질산칼륨(초석)
① 물 성

화학식	분자량	비 중	융 점	분해 온도
KNO_3	101	2.1	339[℃]	400[℃]

② 차가운 느낌의 자극이 있고 짠맛이 나는 무색의 결정 또는 백색 결정이다.
③ 물, 글리세린에 잘 녹으나, 알코올에는 녹지 않는다.
④ 강산화제이며 가연물과 접촉하면 위험하다.
⑤ 황과 숯가루와 혼합하여 **흑색화약**을 제조한다.
⑥ 분해반응식

$$2KNO_3 \rightarrow 2KNO_2 + O_2 \uparrow$$

정답
㉮ 질산칼륨
㉯ KNO_3
㉰ $2KNO_3 \rightarrow 2KNO_2 + O_2$

02 다음 중 탱크의 충수시험 및 판정기준을 완성하시오.

충수시험은 탱크에 물이 채워진 상태에서 1,000[kL] 미만의 탱크는 12시간, 1,000[kL] 이상의 탱크는 (㉮) 이상 경과한 이후에 (㉯)가 없고 탱크 본체 접속부 및 용접부 등에서 누설 변형 또는 손상 등의 이상이 없어야 한다.

해설
탱크의 충수·수압시험방법 및 판정기준(세부기준 제31조)

① 충수·수압시험은 탱크가 완성된 상태에서 배관 등의 접속이나 내·외부에 대한 도장작업 등을 하기 전에 위험물탱크의 최대사용높이 이상으로 물(물과 비중이 같거나 물보다 비중이 큰 액체로서 위험물이 아닌 것을 포함한다)을 가득 채워 실시할 것. 다만, 다음의 어느 하나에 해당하는 경우에는 규정된 방법으로 대신할 수 있다.
  ㉠ 애뉼러 판 또는 밑판의 교체공사 중 옆판의 중심선으로부터 600[mm] 범위 외의 부분에 관련된 것으로서 해당 교체부분이 저부면적(애뉼러 판 및 밑판의 면적을 말한다)의 2의 1 미만인 경우에는 교체부분의 전용접부에 대하여 초층용접 후 침투탐상시험을 하고 용접종료 후 자기탐상시험을 하는 방법
  ㉡ 애뉼러 판 또는 밑판의 교체공사 중 옆판의 중심선으로부터 600[mm] 범위 내의 부분에 관련된 것으로서 해당 교체부분이 해당 애뉼러 판 또는 밑판의 원주길이의 50[%] 미만인 경우에는 교체부분의 전용접부에 대하여 초층용접 후 침투탐상시험을 하고 용접종료 후 자기탐상시험을 하며 밑판(애뉼러 판을 포함한다)과 옆판이 용접되는 필렛용접부(완전용입용접의 경우에 한한다)에는 초음파탐상시험을 하는 방법
② 보온재가 부착된 탱크의 변경허가에 따른 충수·수압시험의 경우에는 보온재를 해당 탱크 옆판의 최하단으로부터 20[cm] 이상 제거하고 시험을 실시할 것
③ **충수시험**은 탱크에 물이 채워진 상태에서 1,000[kL] 미만의 탱크는 12시간, **1,000[kL] 이상의 탱크**는 **24시간 이상** 경과한 이후에 **지반침하**가 없고 탱크 본체 접속부 및 용접부 등에서 누설 변형 또는 손상 등의 이상이 없을 것
④ 수압시험은 탱크의 모든 개구부를 완전히 폐쇄한 이후에 물을 가득 채우고 최대사용압력의 1.5배 이상의 압력을 가하여 10분 이상 경과한 이후에 탱크 본체·접속부 및 용접부 등에서 누설 또는 영구변형 등의 이상이 없을 것. 다만, 규칙에서 시험압력을 정하고 있는 탱크의 경우에는 해당 압력을 시험압력으로 한다.
⑤ 탱크용량이 1,000[kL] 이상인 원통세로형 탱크는 ① 내지 ④의 시험 외에 수평도와 수직도를 측정하여 다음의 기준에 적합할 것
  ㉠ 옆판 최하단의 바깥쪽을 등간격으로 나눈 8개소에 스케일을 세우고 레벨측정기 등으로 수평도를 측정하였을 때 수평도는 300[mm] 이내이면서 직경의 1/100 이내일 것
  ㉡ 옆판 바깥쪽을 등간격으로 나눈 8개소의 수직도를 데오드라이트 등으로 측정하였을 때 수직도는 탱크 높이의 1/200 이내일 것. 다만, 변경허가에 따른 시험의 경우에는 127[mm] 이내이면서 1/100 이내이어야 한다.
⑥ 탱크용량이 1,000[kL] 이상인 원통세로형 외의 탱크는 ① 내지 ④의 시험 외에 침하량을 측정하기 위하여 모든 기둥의 침하측정의 기준점(수준점)을 측정(기둥이 2개인 경우에는 각 기둥마다 2점을 측정)하여 그 차이를 각각의 기둥 사이의 거리로 나눈 수치가 1/200 이내일 것. 다만, 변경허가에 따른 시험의 경우에는 127[mm] 이내이면서 1/100 이내이어야 한다.

정답
㉮ 24시간
㉯ 지반침하

03

그림과 같은 타원형 위험물탱크의 내용적은 몇 [m³]인가?

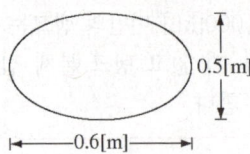 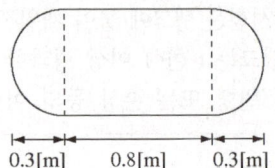

해설

탱크의 내용적

① 타원형 탱크의 내용적
  ㉠ 양쪽이 볼록한 것

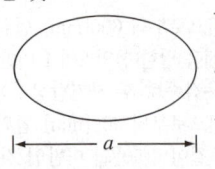 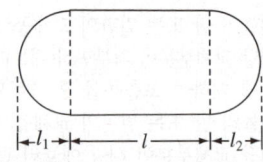

$$내용적 = \frac{\pi ab}{4}\left(l + \frac{l_1 + l_2}{3}\right)$$

  ㉡ 한쪽은 볼록하고 다른 한쪽은 오목한 것

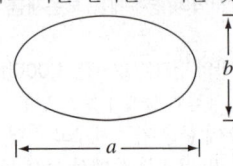 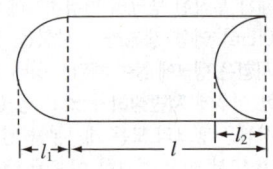

$$내용적 = \frac{\pi ab}{4}\left(l + \frac{l_1 - l_2}{3}\right)$$

② 원통형 탱크의 내용적
  ㉠ 가로로 설치한 것

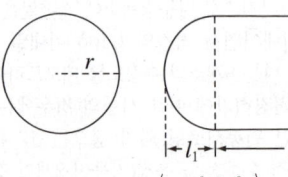

$$내용적 = \pi r^2 \left(l + \frac{l_1 + l_2}{3}\right)$$

  ㉡ 세로로 설치한 것

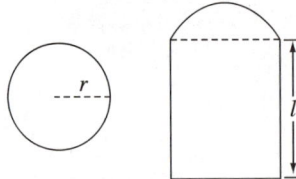

$$내용적 = \pi r^2 l$$

$$\therefore 내용적 = \frac{\pi ab}{4}\left(l + \frac{l_1 + l_2}{3}\right) = \frac{3.14 \times 0.6 \times 0.5}{4}\left(0.8 + \frac{0.3 + 0.3}{3}\right) = 0.24 [\text{m}^3]$$

정답 0.24[m³]

04 변경허가를 받지 않고 제조소 등의 위치·구조 또는 설비를 변경한 경우 행정처분 기준을 쓰시오.
㉮ 1차
㉯ 2차
㉰ 3차

해설
제조소 등에 대한 행정처분(시행규칙 별표 2)

위반행위	근거 법조문	행정처분 기준		
		1차	2차	3차
법 제6조 제1항의 후단에 따른 변경허가를 받지 않고, 제조소 등의 위치·구조 또는 설비를 변경한 경우	법 제12조 제1호	경고 또는 사용정지 15일	사용정지 60일	허가취소
법 제9조에 따른 완공검사를 받지 않고 제조소 등을 사용한 경우	법 제12조 제2호	사용정지 15일	사용정지 60일	허가취소
법 제11조의2 제3항에 따른 안전조치 이행명령을 따르지 않은 경우	법 제12조 제2호의2	경고	허가취소	-
법 제14조 제2항에 따른 수리·개조 또는 이전의 명령을 위반한 경우	법 제12조 제3호	사용정지 30일	사용정지 90일	허가취소
법 제15조 제1항 및 제2항에 따른 위험물안전관리자를 선임하지 않은 경우	법 제12조 제4호	사용정지 15일	사용정지 60일	허가취소
법 제15조 제5항을 위반하여 대리자를 지정하지 않은 경우	법 제12조 제5호	사용정지 10일	사용정지 30일	허가취소
법 제18조 제1항에 따른 정기점검을 하지 않은 경우	법 제12조 제6호	사용정지 10일	사용정지 30일	허가취소
법 제18조 제3항에 따른 정기검사를 받지 않은 경우	법 제12조 제7호	사용정지 10일	사용정지 30일	허가취소
법 제26조에 따른 저장·취급기준 준수명령을 위반한 경우	법 제12조 제8호	사용정지 30일	사용정지 60일	허가취소

정답
㉮ 경고 또는 사용정지 15일
㉯ 사용정지 60일
㉰ 허가취소

05

담황색의 주상 결정을 가진 폭발성 고체로서 보관 중 다갈색으로 변질우려가 있고 분자량이 227인 위험물의 구조식 및 분해반응식을 쓰시오.

해설

트라이나이트로톨루엔(Tri Nitro Toluene, TNT)

① 물 성

화학식	분자량	비 점	융 점	비 중
$C_6H_2CH_3(NO_2)_3$	227	240[℃]	80.1[℃]	1.0

② 담황색의 결정을 가진 폭발성 고체이다.
③ 물에 녹지 않고, 알코올에는 가열하면 녹고, 아세톤, 벤젠, 에터에는 잘 녹는다.
④ TNT가 분해할 때 질소, 일산화탄소, 수소가스가 발생한다.

- TNT의 구조식 및 제법

$$C_6H_5CH_3 + 3HNO_3 \xrightarrow[\text{나이트로화}]{c-H_2SO_4} C_6H_2CH_3(NO_2)_3 + 3H_2O$$

- TNT의 분해반응식
$2C_6H_2CH_3(NO_2)_3 \rightarrow 2C + 3N_2\uparrow + 5H_2\uparrow + 12CO\uparrow$

정답
- 구조식 : (2,4,6-트라이나이트로톨루엔 구조식)
- 분해반응식 : $2C_6H_2CH_3(NO_2)_3 \rightarrow 2C + 3N_2 + 5H_2 + 12CO$

06

예방규정을 정해야 하는 제조소 등 5가지를 쓰시오.

해설

예방규정을 정해야 하는 제조소 등(시행령 제15조)

① 지정수량의 10배 이상의 위험물을 취급하는 제조소
② 지정수량의 100배 이상의 위험물을 저장하는 옥외저장소
③ 지정수량의 150배 이상의 위험물을 저장하는 옥내저장소
④ 지정수량의 200배 이상의 위험물을 저장하는 옥외탱크저장소
⑤ 암반탱크저장소
⑥ 이송취급소
⑦ 지정수량의 10배 이상의 위험물을 취급하는 일반취급소. 다만, 제4류 위험물(특수인화물은 제외한다)만을 지정수량의 50배 이하로 취급하는 일반취급소(제1석유류·알코올류의 취급량이 지정수량의 10배 이하인 경우에 한한다)로서 다음의 어느 하나에 해당하는 것을 제외한다.
　㉠ 보일러·버너 또는 이와 비슷한 것으로서 위험물을 소비하는 장치로 이루어진 일반취급소
　㉡ 위험물을 용기에 옮겨 담거나 차량에 고정된 탱크에 주입하는 일반취급소

정답
- 지정수량의 10배 이상의 위험물을 취급하는 제조소
- 지정수량의 100배 이상의 위험물을 저장하는 옥외저장소
- 지정수량의 150배 이상의 위험물을 저장하는 옥내저장소
- 지정수량의 200배 이상의 위험물을 저장하는 옥외탱크저장소
- 암반탱크저장소

07

주유취급소의 특례기준에서 셀프용 고정주유설비의 설치기준에 대하여 완성하시오.
- 주유호스는 (㉮)[kg중] 이하의 하중에 의하여 깨져 분리되거나 이탈되어야 하고, 깨져 분리되거나 이탈된 부분으로부터의 위험물 누출을 방지할 수 있는 구조일 것
- 1회의 연속주유량 및 주유시간의 상한을 미리 설정할 수 있는 구조일 것. 이 경우 주유량의 상한은 휘발유는 (㉯)[L] 이하, 경유는 (㉰)[L] 이하로 하며, 휘발유 주유시간의 상한은 (㉱)분 이하로 한다.

해설

셀프용 설비의 기준(시행규칙 별표 13)

① 셀프용 고정주유설비의 기준
  ㉠ 주유호스의 끝부분에 수동개폐장치를 부착한 주유노즐을 설치할 것. 다만, 수동개폐장치를 개방한 상태로 고정시키는 장치가 부착된 경우에는 다음의 기준에 적합해야 한다.
  - 주유작업을 개시함에 있어서 주유노즐의 수동개폐장치가 개방상태에 있는 때에는 해당 수동개폐장치를 일단 폐쇄시켜야만 다시 주유를 개시할 수 있는 구조로 할 것
  - 주유노즐이 자동차 등의 주유구로부터 이탈된 경우 주유를 자동적으로 정지시키는 구조일 것
  ㉡ 주유노즐은 자동차 등의 연료탱크가 가득 찬 경우 자동적으로 정지시키는 구조일 것
  ㉢ **주유호스**는 200[kg중] 이하의 하중에 의하여 깨져 분리되거나 이탈되어야 하고, 깨져 분리되거나 이탈된 부분으로부터의 위험물 누출을 방지할 수 있는 구조일 것
  ㉣ 휘발유와 경유 상호 간의 오인에 의한 주유를 방지할 수 있는 구조일 것
  ㉤ 1회의 **연속주유량** 및 **주유시간**의 상한을 미리 설정할 수 있는 구조일 것

종류	연속주유량	주유시간
휘발유	100[L] 이하	4분 이하
경유	600[L] 이하	12분 이하

② 셀프용 고정급유설비의 기준
  ㉠ 급유호스의 끝부분에 수동개폐장치를 부착한 급유노즐을 설치할 것
  ㉡ 급유노즐은 용기가 가득찬 경우에 자동적으로 정지시키는 구조일 것
  ㉢ 1회의 연속급유량 및 급유시간의 상한을 미리 설정할 수 있는 구조일 것. 이 경우 급유량의 상한은 100[L] 이하, 급유시간의 상한은 6분 이하로 한다.

정답 ㉮ 200　　㉯ 100　　㉰ 600　　㉱ 4

08 이송취급소의 설치제외 장소 3가지를 쓰시오.

해설

이송취급소의 설치제외 장소(시행규칙 별표 15)
① 철도 및 도로의 터널 안
② 고속국도 및 자동차전용도로의 차도·갓길 및 중앙분리대
③ 호수·저수지 등으로서 수리의 수원이 되는 곳
④ 급경사지역으로서 붕괴의 위험이 있는 지역

정답
- 철도 및 도로의 터널 안
- 호수·저수지 등으로서 수리의 수원이 되는 곳
- 급경사지역으로서 붕괴의 위험이 있는 지역

09 제3류 위험물을 옥내저장소 저장창고의 바닥면적이 2,000[m²]에 저장할 수 있는 품명 5가지를 쓰시오.

해설

옥내저장소의 바닥면적에 따른 저장할 수 있는 위험물의 종류

위험물을 저장하는 창고의 종류	기준면적
① 제1류 위험물 중 아염소산염류, 염소산염류, 과염소산염류, 무기과산화물, 그 밖에 지정수량이 50[kg]인 위험물 ② 제3류 위험물 중 칼륨, 나트륨, 알킬알루미늄, 알킬리튬, 그 밖에 지정수량이 10[kg]인 위험물 및 황린 ③ 제4류 위험물 중 특수인화물, 제1석유류 및 알코올류 ④ 제5류 위험물 중 지정수량이 10[kg]인 위험물 ⑤ 제6류 위험물	1,000[m²] 이하
※ ①~⑤의 위험물 외의 위험물을 저장하는 창고 • 제1류 위험물 중 **브로민산염류**, 질산염류, 아이오딘산염류, 과망가니즈산염류, 다이크로뮴산염류 • 제2류 위험물 전부 • **제3류 위험물 알칼리금속(칼륨 및 나트륨은 제외) 및 알칼리토금속, 유기금속화합물(알킬알루미늄 및 알킬리튬은 제외), 금속의 수소화물, 금속의 인화물, 칼슘 또는 알루미늄의 탄화물** • 제4류 위험물 중 제2석유류, 제3석유류, 제4석유류, 동식물유류 • 제5류 위험물 중 나이트로화합물(제2종), 나이트로소화합물, 아조화합물, 다이아조화합물, 하이드라진 유도체, 하이드록실아민, 하이드록실아민염류	2,000[m²] 이하
위의 전부에 해당하는 위험물을 내화구조의 격벽으로 완전히 구획된 실에 각각 저장하는 창고(①~⑤의 위험물을 저장하는 실의 면적은 500[m²]를 초과할 수 없다)	1,500[m²] 이하

정답
- 알칼리금속(칼륨 및 나트륨은 제외) 및 알칼리토금속
- 유기금속화합물(알킬알루미늄 및 알킬리튬은 제외)
- 금속의 수소화물
- 금속의 인화물
- 칼슘 또는 알루미늄의 탄화물

10 위험물탱크 안전성능시험자의 등록 시 결격사유 3가지를 쓰시오.

해설

위험물탱크 안전성능시험자의 등록결격사유(법 제16조)
① 피성년후견인
② 위험물안전관리법, 소방기본법, 화재의 예방 및 안전관리에 관한 법률, 소방시설 설치 및 관리에 관한 법률 또는 소방시설공사업법에 의한 금고 이상의 실형의 선고를 받고 그 집행이 종료(집행이 종료된 것으로 보는 경우를 포함한다)되거나 집행이 면제된 날부터 2년이 지나지 않은 자
③ 위험물안전관리법, 소방기본법, 화재의 예방 및 안전관리에 관한 법률, 소방시설 설치 및 관리에 관한 법률 또는 소방시설공사업법에 의한 금고 이상의 형의 집행유예 선고를 받고 그 유예기간 중에 있는 자
④ 탱크시험자의 등록이 취소된 날부터 2년이 지나지 않은 자
⑤ 법인으로서 그 대표자가 ① 내지 ④의 어느 하나에 해당하는 경우

정답
- 피성년후견인
- 위험물안전관리법, 소방기본법, 화재의 예방 및 안전관리에 관한 법률 또는 소방시설공사업법에 의한 금고 이상의 형의 집행유예 선고를 받고 그 유예기간 중에 있는 자
- 탱크시험자의 등록이 취소된 날부터 2년이 지나지 않은 자

11 제1종 분말소화약제인 탄산수소나트륨의 850[℃]에서 완전 분해반응식과 탄산수소나트륨이 336[kg]이 1기압, 25[℃]에서 발생하는 탄산가스의 체적[m³]은 얼마인가?

해설

제1종 분말소화약제(탄산수소나트륨)
① 열분해반응식
  ㉠ 제1종 분말
   - 1차 분해반응식(270[℃]) : $2NaHCO_3 \rightarrow Na_2CO_3 + CO_2 + H_2O - Q[kcal]$
   - 2차 분해반응식(850[℃]) : $2NaHCO_3 \rightarrow Na_2O + 2CO_2 + H_2O - Q[kcal]$
  ㉡ 제2종 분말
   - 1차 분해반응식(190[℃]) : $2KHCO_3 \rightarrow K_2CO_3 + CO_2 + H_2O - Q[kcal]$
   - 2차 분해반응식(590[℃]) : $2KHCO_3 \rightarrow K_2O + 2CO_2 + H_2O - Q[kcal]$
  ㉢ 제3종 분말
   - 1차 분해반응식(190[℃]) : $NH_4H_2PO_4 \rightarrow NH_3 + H_3PO_4$(인산, 오쏘인산)
   - 2차 분해반응식(215[℃]) : $2H_3PO_4 \rightarrow H_2O + H_4P_2O_7$(피로인산)
   - 3차 분해반응식(300[℃]) : $H_4P_2O_7 \rightarrow H_2O + 2HPO_3$(메타인산)
  ㉣ 제4종 분말 : $2KHCO_3 + (NH_2)_2CO \rightarrow K_2CO_3 + 2NH_3\uparrow + 2CO_2\uparrow - Q[kcal]$

② 탄산가스의 체적
체적을 구해서 온도를 보정하면
$2NaHCO_3 \rightarrow Na_2O + 2CO_2 + H_2O - Q[kcal]$

$2 \times 84[kg]$ ─── $2 \times 22.4[m^3]$
$336[kg]$ ─── x

$x = \dfrac{336[kg] \times 2 \times 22.4[m^3]}{2 \times 84[kg]} = 89.6[m^3]$

∴ 체적에 온도를 보정하면 $89.6[m^3] \times \dfrac{273+25[K]}{273[K]} = 97.81[m^3]$

정답
- 완전 분해반응식 : $2NaHCO_3 \rightarrow Na_2O + 2CO_2 + H_2O$
- 탄산가스의 체적 : 97.81[m³]

12

불활성 가스소화설비의 이산화탄소 저장용기에 대하여 다음 물음에 답하시오.

- 저장용기의 충전비가 저압식인 경우 (㉮) 이상 (㉯) 이하, 고압식인 경우 (㉰) 이상 (㉱) 이하이다.
- 저압식 저장용기에는 (㉲)[MPa] 이상의 압력 및 (㉳)[MPa] 이하의 압력에서 작동하는 압력경보장치를 설치할 것
- 저압식 저장용기에는 용기 내부의 온도를 (㉴)[℃] 이상 (㉵)[℃] 이하로 유지할 수 있는 자동냉동기를 설치할 것
- 온도가 (㉶)[℃] 이하이고 온도 변화가 적은 장소에 설치할 것

해설
불활성 가스소화설비의 이산화탄소 저장용기 설치기준
① 저장용기의 충전비

구 분	고압식	저압식
충전비	1.5 이상 1.9 이하	1.1 이상 1.4 이하

② 저압식 저장용기에는 **2.3**[MPa] 이상의 압력 및 **1.9**[MPa] 이하의 압력에서 작동하는 압력경보장치를 설치할 것
③ 저압식 저장용기에는 용기 내부의 온도를 **-20**[℃] 이상 **-18**[℃] 이하로 유지할 수 있는 자동냉동기를 설치할 것
④ 온도가 **40**[℃] 이하이고 온도 변화가 적은 장소에 설치할 것

정답
- ㉮ 1.1
- ㉯ 1.4
- ㉰ 1.5
- ㉱ 1.9
- ㉲ 2.3
- ㉳ 1.9
- ㉴ -20
- ㉵ -18
- ㉶ 40

13 불활성 가스소화설비의 수동식 기동장치(이산화탄소)에 대하여 다음 물음에 답하시오.

㉮ 기동장치의 조작부의 설치높이
㉯ 기동장치의 외면의 색상
㉰ 기동장치 또는 직근의 장소에 표시사항 2가지

해설

불활성 가스소화설비의 기동장치(세부기준 134조)

① **수동식 기동장치의 설치기준(이산화탄소)**
   ㉠ 기동장치는 해당 방호구역 밖에 설치하되 해당 방호구역 안을 볼 수 있고 조작을 한 자가 쉽게 대피할 수 있는 장소에 설치할 것
   ㉡ 기동장치는 하나의 방호구역 또는 방호대상물마다 설치할 것
   ㉢ **기동장치의 조작부**는 바닥으로부터 **0.8[m] 이상 1.5[m] 이하**의 높이에 설치할 것
   ㉣ 기동장치에는 직근의 보기 쉬운 장소에 "불활성 가스소화설비의 수동식 기동장치"임을 알리는 표시를 할 것
   ㉤ **기동장치의 외면**은 **적색**으로 할 것
   ㉥ 전기를 사용하는 기동장치에는 전원표시등을 설치할 것
   ㉦ 기동장치의 방출용 스위치 등은 음향경보장치가 기동되기 전에는 조작될 수 없도록 하고 기동장치에 유리 등에 의하여 유효한 방호조치를 할 것
   ㉧ 기동장치 또는 직근의 장소에 **방호구역의 명칭, 취급방법, 안전상의 주의사항** 등을 표시할 것

② **자동식의 기동장치의 설치기준(IG-100, IG-55, IG-541)**
   ㉠ 기동장치는 자동화재탐지설비의 감지기의 작동과 연동하여 기동될 수 있도록 할 것
   ㉡ 기동장치에는 다음에 정한 것에 의하여 자동수동전환장치를 설치할 것
      • 쉽게 조작할 수 있는 장소에 설치할 것
      • 자동 및 수동을 표시하는 표시등을 설치할 것
      • 자동수동의 전환은 열쇠 등에 의하는 구조로 할 것
   ㉢ 자동수동전환장치 또는 직근의 장소에 취급방법을 표시할 것

정답

㉮ 0.8[m] 이상 1.5[m] 이하
㉯ 적색
㉰ 방호구역의 명칭, 취급방법

14 제3류 위험물인 칼륨과 이산화탄소, 에탄올, 사염화탄소가 반응할 때 반응식을 쓰시오.

해설

칼륨의 반응식
① 연소반응 : $4K + O_2 \rightarrow 2K_2O$(회백색)
② 물과 반응 : $2K + 2H_2O \rightarrow 2KOH + H_2 \uparrow + 92.8[kcal]$
③ 이산화탄소와 반응 : $4K + 3CO_2 \rightarrow 2K_2CO_3 + C$(연소폭발)
④ 에탄올과 반응 : $2K + 2C_2H_5OH \rightarrow 2C_2H_5OK + H_2 \uparrow$
⑤ 사염화탄소와 반응 : $4K + CCl_4 \rightarrow 4KCl + C$(폭발)
⑥ 초산과 반응 : $2K + 2CH_3COOH \rightarrow 2CH_3COOK + H_2 \uparrow$

정답
- 이산화탄소와 반응 : $4K + 3CO_2 \rightarrow 2K_2CO_3 + C$
- 에탄올과 반응 : $2K + 2C_2H_5OH \rightarrow 2C_2H_5OK + H_2$
- 사염화탄소와 반응 : $4K + CCl_4 \rightarrow 4KCl + C$

15 가연성의 액체·증기 또는 가스가 새거나 체류할 우려가 있는 장소 또는 가연성의 미분이 현저하게 부유할 우려가 있는 장소에서 취해야 할 조치사항 2가지를 쓰시오.

해설

제조소 등에서의 위험물의 저장 및 취급에 관한 기준(시행규칙 별표 18)
① 제조소 등에서 법 제6조 제1항의 규정에 의한 허가 및 법 제6조 제2항의 규정에 의한 신고와 관련되는 품명 외의 위험물 또는 이러한 허가 및 신고와 관련되는 수량 또는 지정수량의 배수를 초과하는 위험물을 저장 또는 취급하지 않아야 한다(중요기준).
② 위험물을 저장 또는 취급하는 건축물 그 밖의 공작물 또는 설비는 해당 위험물의 성질에 따라 차광 또는 환기를 실시해야 한다.
③ 위험물은 온도계, 습도계, 압력계 그 밖의 계기를 감시하여 해당 위험물의 성질에 맞는 적정한 온도, 습도 또는 압력을 유지하도록 저장 또는 취급해야 한다.
④ 위험물을 저장 또는 취급하는 경우에는 위험물의 변질, 이물의 혼입 등에 의하여 해당 위험물의 위험성이 증대되지 않도록 필요한 조치를 강구해야 한다.
⑤ 위험물이 남아 있거나 남아 있을 우려가 있는 설비, 기계·기구, 용기 등을 수리하는 경우에는 안전한 장소에서 위험물을 완전하게 제거한 후에 실시해야 한다.
⑥ 위험물을 용기에 수납하여 저장 또는 취급할 때에는 그 용기는 해당 위험물의 성질에 적응하고 파손·부식·균열 등이 없는 것으로 해야 한다.
⑦ **가연성의 액체·증기** 또는 **가스가** 새거나 **체류할 우려가 있는 장소** 또는 **가연성의 미분이 현저하게 부유할 우려가 있는 장소에서는 전선과 전기기구를 완전히 접속하고 불꽃을 발하는 기계·기구·공구·신발 등을 사용하지 않아야 한다.**
⑧ 위험물을 보호액 중에 보존하는 경우에는 해당 위험물이 보호액으로부터 노출되지 않도록 해야 한다.

정답
- 전선과 전기기구를 완전히 접속한다.
- 불꽃을 발하는 기계·기구·공구·신발 등을 사용하지 않아야 한다.

16 위험물의 저장기준에 대하여 ( ) 안에 적당한 말을 쓰시오.

- 옥외저장탱크·옥내저장탱크 또는 지하 저장탱크 중 압력탱크에 저장하는 아세트알데하이드 등 또는 다이에틸에터 등의 온도는 (㉮)[℃] 이하로 유지할 것
- 보냉장치가 있는 이동저장탱크에 저장하는 아세트알데하이드 등 또는 다이에틸에터 등의 온도는 해당 위험물의 (㉯) 이하로 유지할 것
- 보냉장치가 없는 이동저장탱크에 저장하는 아세트알데하이드 등 또는 다이에틸에터 등의 온도는 (㉰)[℃] 이하로 유지할 것

해설

위험물의 저장기준(시행규칙 별표 18)

① 옥외저장탱크·옥내저장탱크 또는 지하저장탱크 중 압력탱크 외의 탱크에 저장하는 다이에틸에터 등 또는 아세트알데하이드 등의 온도는 산화프로필렌과 이를 함유한 것 또는 다이에틸에터 등에 있어서는 30[℃] 이하로, 아세트알데하이드 또는 이를 함유한 것에 있어서는 15[℃] 이하로 각각 유지할 것
② 옥외저장탱크·옥내저장탱크 또는 지하저장탱크 중 **압력탱크에 저장하는 아세트알데하이드 등** 또는 **다이에틸에터 등**의 온도는 40[℃] 이하로 유지할 것
③ **보냉장치가 있는 이동저장탱크**에 저장하는 아세트알데하이드 등 또는 다이에틸에터 등의 온도는 해당 위험물의 **비점** 이하로 유지할 것
④ **보냉장치가 없는 이동저장탱크**에 저장하는 아세트알데하이드 등 또는 다이에틸에터 등의 온도는 40[℃] 이하로 유지할 것

정답 ㉮ 40
㉯ 비 점
㉰ 40

17 황화인에 대한 다음 물음에 답하시오.
㉮ 삼황화인의 연소반응식
㉯ 오황화인의 연소반응식
㉰ 오황화인과 물의 반응식
㉱ 오황화인과 물의 반응 시 발생하는 증기의 연소반응식

해설
반응식
① 삼황화인의 연소반응식

$$P_4S_3 + 8O_2 \rightarrow 2P_2O_5 + 3SO_2 \uparrow$$

② 오황화인의 연소반응식

$$2P_2S_5 + 15O_2 \rightarrow 2P_2O_5 + 10SO_2 \uparrow$$

③ 오황화인과 물의 반응식

$$P_2S_5 + 8H_2O \rightarrow 5H_2S + 2H_3PO_4$$

④ 오황화인과 물의 반응 시 발생하는 증기의 연소반응식

$$2H_2S + 3O_2 \rightarrow 2H_2O + 2SO_2$$

정답
㉮ $P_4S_3 + 8O_2 \rightarrow 2P_2O_5 + 3SO_2$
㉯ $2P_2S_5 + 15O_2 \rightarrow 2P_2O_5 + 10SO_2$
㉰ $P_2S_5 + 8H_2O \rightarrow 5H_2S + 2H_3PO_4$
㉱ $2H_2S + 3O_2 \rightarrow 2H_2O + 2SO_2$

---

18 휘발유의 체적팽창계수 0.00135/[℃], 팽창 전 부피 50[L]가 5[℃]에서 25[℃]로 상승할 때 부피의 증가율은 몇 [%]인가?

해설
부피의 증가율

- $V = V_0(1 + \beta \Delta t)$
- 부피증가율[%] = $\dfrac{\text{팽창 후 부피} - \text{팽창 전 부피}}{\text{팽창 전 부피}} \times 100$

여기서, V : 최종 부피 V_0 : 팽창 전 부피
       β : 체적팽창계수 Δt : 온도변화량

∴ $V = 50 \times [1 + 0.00135 \times (25-5)] = 51.35[L]$

부피증가율[%] = $\dfrac{\text{팽창 후 부피} - \text{팽창 전 부피}}{\text{팽창 전 부피}} \times 100 = \dfrac{51.35 - 50}{50} \times 100 = 2.7[\%]$

정답 2.7[%]

19 트라이에틸알루미늄이 공기와 수분과 반응할 때 반응식을 쓰시오.

해설
알킬알루미늄의 반응식
① **트라이메틸알루미늄**(Tri Methyl Aluminium, TMAL)
  ㉠ **물과 반응** : $(CH_3)_3Al + 3H_2O \rightarrow Al(OH)_3 + 3CH_4\uparrow$
  ㉡ **공기와 반응** : $2(CH_3)_3Al + 12O_2 \rightarrow Al_2O_3 + 9H_2O + 6CO_2\uparrow$
② **트라이에틸알루미늄**(Tri Ethyl Aluminium, TEAL)
  ㉠ **물과 반응** : $(C_2H_5)_3Al + 3H_2O \rightarrow Al(OH)_3 + 3C_2H_6\uparrow$
  ㉡ **공기와 반응** : $2(C_2H_5)_3Al + 21O_2 \rightarrow Al_2O_3 + 15H_2O + 12CO_2\uparrow$

정답
- 공기와 반응 : $2(C_2H_5)_3Al + 21O_2 \rightarrow Al_2O_3 + 15H_2O + 12CO_2$
- 수분과 반응 : $(C_2H_5)_3Al + 3H_2O \rightarrow Al(OH)_3 + 3C_2H_6$

---

20 다음 위험물 중 인화점이 낮은 순서대로 나열하시오.
다이에틸에터, 벤젠, 에탄올, 산화프로필렌, 아세톤, 이황화탄소

해설
위험물의 분류

종 류	다이에틸에터	벤 젠	에탄올	산화프로필렌	아세톤	이황화탄소
품 명	특수인화물	제1석유류	알코올류	특수인화물	제1석유류	특수인화물
인화점	$-40[℃]$	$-11[℃]$	$13[℃]$	$-37[℃]$	$-18.5[℃]$	$-30[℃]$

정답 다이에틸에터 < 산화프로필렌 < 이황화탄소 < 아세톤 < 벤젠 < 에탄올

2012년 5월 26일 시행 과년도 기출복원문제

01 지하저장탱크의 주위에는 해당 탱크로부터의 액체 위험물의 누설을 검사하기 위한 관을 4개소 이상 적당한 위치에 설치해야 하는데 그 기준을 4가지 쓰시오.

해설
액체 위험물의 누설을 검사하기 위한 관의 설치기준(시행규칙 별표 8)
① 이중관으로 할 것. 다만 소공이 없는 상부는 단관으로 할 수 있다.
② 재료는 금속관 또는 경질합성수지관으로 할 것
③ 관은 탱크전용실의 바닥 또는 탱크의 기초까지 닿게 할 것
④ 관의 밑부분으로부터 탱크의 중심 높이까지의 부분에는 소공이 뚫려 있을 것. 다만, 지하수위가 높은 장소에 있어서는 지하수위 높이까지의 부분에 소공이 뚫려 있어야 한다.
⑤ 상부는 물이 침투하지 않는 구조로 하고, 뚜껑은 검사 시에 쉽게 열 수 있도록 할 것

정답
- 이중관으로 할 것. 다만, 소공이 없는 상부는 단관으로 할 수 있다.
- 재료는 금속관 또는 경질합성수지관으로 할 것
- 관은 탱크전용실의 바닥 또는 탱크의 기초까지 닿게 할 것
- 상부는 물이 침투하지 않는 구조로 하고, 뚜껑은 검사 시에 쉽게 열 수 있도록 할 것

02 제3류 위험물 중 분자량이 144이고 수분과 반응하여 메테인을 생성시키는 물질의 반응식을 쓰시오.

해설
탄화알루미늄
① 물 성

화학식	분자량	융 점	비 중
Al_4C_3	144	2,100[℃]	2.36

[Al_4C_3의 분자량 = $(27 \times 4) + (12 \times 3) = 144$]

> Al의 원자량 : 26.97 ≒ 27, C의 원자량 : 12

② 황색(순수한 것은 백색)의 단단한 결정 또는 분말이다.
③ 에터와 알코올에 녹지 않고 물에는 분해된다.

④ 물과 반응하면 가연성의 메테인 가스를 발생한다.

$$Al_4C_3 + 12H_2O \rightarrow 4Al(OH)_3 + 3CH_4 \uparrow$$
(수산화알루미늄) (메테인)

[참 고]
탄화베릴륨(분자량 : 30)이 물과 반응하면 메테인 가스를 발생한다.
$Be_2C + 4H_2O \rightarrow 2Be(OH)_2 + CH_4$

정답 $Al_4C_3 + 12H_2O \rightarrow 4Al(OH)_3 + 3CH_4$

03

무색투명한 액체로서 분자량이 114, 비중이 0.835인 제3류 위험물이 물과 반응하여 발생하는 기체의 위험도를 구하시오.

해설

트라이에틸알루미늄

① 물 성

화학식	분자량	비 점	융 점	비 중
$(C_2H_5)_3Al$	114	128[℃]	-50[℃]	0.835

[$(C_2H_5)_3Al$의 원자량 = $\{(12 \times 2 + 1 \times 5) \times 3\} + 27 = 114$]

② 물과 접촉하면 심하게 반응하고 에테인을 발생하여 폭발한다.

$$(C_2H_5)_3Al + 3H_2O \rightarrow Al(OH)_3 + 3C_2H_6$$

③ 발생하는 에테인(연소범위 : 3.0~12.4[%])의 위험도

$$위험도 \quad H = \frac{U - L}{L}$$

여기서, U : 폭발상한값 L : 폭발하한값

∴ 위험도 $H = \dfrac{12.4 - 3.0}{3.0} = 3.13$

정답 3.13

04 위험물제조소의 안전장치의 종류 4가지를 쓰시오.

해설

위험물제조소의 압력계 및 안전장치(시행규칙 별표 4)
위험물을 가압하는 설비 또는 그 취급하는 위험물의 압력이 상승할 우려가 있는 설비에는 압력계 및 다음에 해당하는 **안전장치**를 설치해야 한다.
① 자동적으로 압력의 상승을 정지시키는 장치
② 감압측에 안전밸브를 부착한 감압밸브
③ 안전밸브를 겸하는 경보장치
④ 파괴판(위험물의 성질에 따라 안전밸브의 작동이 곤란한 가압설비에 한함)

정답
- 자동적으로 압력의 상승을 정지시키는 장치
- 감압측에 안전밸브를 부착한 감압밸브
- 안전밸브를 겸하는 경보장치
- 파괴판(위험물의 성질에 따라 안전밸브의 작동이 곤란한 가압설비에 한함)

05 과산화칼륨과 물, CO_2, 아세트산의 반응식을 쓰시오.

해설

과산화칼륨의 반응식
① 분해반응식 : $2K_2O_2 \rightarrow 2K_2O + O_2 \uparrow$
② **물과 반응** : $2K_2O_2 + 2H_2O \rightarrow 4KOH + O_2 \uparrow +$ **발열**
③ **탄산가스와 반응** : $2K_2O_2 + 2CO_2 \rightarrow 2K_2CO_3 + O_2 \uparrow$
④ 알코올과 반응 : $K_2O_2 + 2C_2H_5OH \rightarrow 2C_2H_5OK + H_2O_2 \uparrow$
⑤ **초산과 반응** : $K_2O_2 + 2CH_3COOH \rightarrow 2CH_3COOK + H_2O_2 \uparrow$
  (초산칼륨)   (과산화수소)
⑥ 염산과 반응 : $K_2O_2 + 2HCl \rightarrow 2KCl + H_2O_2 \uparrow$
⑦ 황산과 반응 : $K_2O_2 + H_2SO_4 \rightarrow K_2SO_4 + H_2O_2 \uparrow$

정답
- 물과 반응 : $2K_2O_2 + 2H_2O \rightarrow 4KOH + O_2$
- CO_2와 반응 : $2K_2O_2 + 2CO_2 \rightarrow 2K_2CO_3 + O_2$
- 아세트산과 반응 : $K_2O_2 + 2CH_3COOH \rightarrow 2CH_3COOK + H_2O_2$

06 어떤 화합물의 질량을 분석한 결과, 나트륨 58.97[%], 산소 41.03[%]였다. 이 화합물의 실험식과 분자식을 구하시오(단, 이 화합물의 분자량은 78[g/mol]이다).

해설

실험식과 분자식을 구하면

① **실험식**
 ㉠ 나트륨 = 58.97/23 = 2.56
 ㉡ 산소 = 41.03/16 = 2.56
 ∴ Na : O = 2.56 : 2.56 = 1 : 1이므로 실험식은 NaO이다.

② **분자식**
 분자식 = 실험식 × n
 78 = 39(NaO의 분자량) × n
 n = 2
 ∴ n이 2이므로 분자식은 Na_2O_2(과산화나트륨)이다.

정답
 • 실험식 : NaO
 • 분자식 : Na_2O_2

---

07 드라이아이스의 무게가 100[g], 압력이 100[kPa], 온도가 30[℃]일 때 부피는 몇 [L]인지 계산하시오.

해설

이상기체 상태방정식을 적용하면

$$PV = nRT = \frac{W}{M}RT \quad V = \frac{WRT}{PM}$$

여기서, P : 압력 $\left(\dfrac{100[kPa]}{101.325[kPa]} \times 1[atm] = 0.987[atm]\right)$
 V : 부피[L]
 M : 분자량(CO_2 = 44[g/g-mol])
 W : 무게(100[g])
 R : 기체상수(0.08205[L · atm/g-mol · K])
 T : 절대온도(273 + 30[℃] = 303[K])

∴ $V = \dfrac{WRT}{PM} = \dfrac{100 \times 0.08205 \times 303}{0.987 \times 44} = 57.25[L]$

정답 57.25[L]

08 이송취급소의 설치허가 신청 시 긴급차단밸브 및 차단밸브에 관한 첨부서류 5가지를 쓰시오.

해설
이송취급소의 경우 설치허가의 신청 시 첨부서류(시행규칙 제6조)
① 공사계획서
② 공사공정표
③ 규정에 의한 서류(시행규칙 별표 1)

구조 및 설비	첨부서류
배 관	• 위치도(축적 : 1/50,000 이상, 배관의 경로 및 이송기지의 위치를 기재할 것) • 평면도[축적 : 1/3,000 이상, 배관의 중심선에서 좌우 300[m] 이내의 지형, 부근의 도로·하천·철도 및 건축물 그 밖의 시설의 위치, 배관의 중심선·신축구조·지진감지장치·배관계 내의 압력을 측정하여 자동적으로 위험물의 누설을 감지할 수 있는 장치의 압력계·방호장치 및 밸브의 위치, 시가지·별표 15 Ⅰ제1호의 규정에 의한 장소 그리고 행정구역의 경계를 기재하고 배관의 중심선에는 200[m]마다 누계거리를 기재할 것] • 종단도면(축적 : 가로는 1/3,000·세로는 1/300 이상, 지표면으로부터 배관의 깊이·배관의 경사도·주요한 공작물의 종류 및 위치를 기재할 것) • 횡단도면(축적 : 1/200 이상, 배관을 부설한 도로·철도 등의 횡단면에 배관의 중심과 지상 및 지하의 공작물의 위치를 기재할 것) • 도로·하천·수로 또는 철도의 지하를 횡단하는 금속관 또는 방호구조물 안에 배관을 설치하거나 배관을 가공횡단(공중에 가로지름)하여 설치하는 경우에는 해당 횡단개소의 상세도면 • 강도계산서 • 접합부의 구조도 • 용접에 관한 설명서 • 접합방법에 관하여 기재한 서류 • 배관의 기점·분기점 및 종점의 위치에 관하여 기재한 서류 • 연장에 관하여 기재한 서류(도로밑·철도밑·해저·하천밑·지상·해상 등의 위치에 따라 구별하여 기재할 것) • 배관 내의 최대상용압력에 관하여 기재한 서류 • 주요 규격 및 재료에 관하여 기재한 서류 • 그 밖에 배관에 대한 설비 등에 관한 설명도서
긴급차단밸브 및 차단밸브	• 구조설명서(부대설비를 포함한다) • 기능설명서 • 강도에 관한 설명서 • 제어계통도 • 밸브의 종류·형식 및 재료에 관하여 기재한 서류
누설탐지설비 - 배관계 내의 위험물의 유량측정에 의하여 자동적으로 위험물의 누설을 검지할 수 있는 장치 또는 이와 동등 이상의 성능이 있는 장치	• 누설검지능력에 관한 설명서 • 누설검지에 관한 흐름도 • 연산처리장치의 처리능력에 관한 설명서 • 누설의 검지능력에 관하여 기재한 서류 • 유량계의 종류·형식·정밀도 및 측정범위에 관하여 기재한 서류 • 연산처리장치의 종류 및 형식에 관하여 기재한 서류
누설탐지설비 - 배관계 내의 압력을 측정하여 자동적으로 위험물의 누설을 검지할 수 있는 장치 또는 이와 동등 이상의 성능이 있는 장치	• 누설검지능력에 관한 설명서 • 누설검지에 관한 흐름도 • 수신부의 구조에 관한 설명서 • 누설검지능력에 관하여 기재한 서류 • 압력계의 종류·형식·정밀도 및 측정범위에 관하여 기재한 서류

구조 및 설비		첨부서류
누설탐지설비	배관계 내의 압력을 일정하게 유지하고 해당 압력을 측정하여 위험물의 누설을 검지할 수 있는 장치 또는 이와 동등 이상의 성능이 있는 장치	• 누설검지능력에 관한 설명서 • 누설검지능력에 관하여 기재한 서류 • 압력계의 종류·형식·정밀도 및 측정범위에 관하여 기재한 서류
압력안전장치		구조설명도 또는 압력제어방식에 관한 설명서
지진감진장치 및 강진계		• 구조설명도 • 지진검지에 관한 흐름도 • 종류 및 형식에 관하여 기재한 서류
펌프		• 구조설명도 • 강도에 관한 설명서 • 용적식 펌프의 압력상승방지장치에 관한 설명서 • 고압판넬·변압기 등 전기설비의 계통도(원동기를 움직이기 위한 전기설비에 한한다) • 종류·형식·용량·양정(펌프가 물을 퍼 올리는 높이)·회전수 및 상용·예비의 구별에 관하여 기재한 서류 • 실린더 등의 주요 규격 및 재료에 관하여 기재한 서류 • 원동기의 종류 및 출력에 관하여 기재한 서류 • 고압판넬의 용량에 관하여 기재한 서류 • 변압기용량에 관하여 기재한 서류
피그(Pig)취급장치(배관 내의 이물질 제거 및 이상 유무 파악 등을 위한 장치)		구조설명도
전기방식설비, 가열·보온설비, 지지물, 누설확산방지설비, 운전상태감시장치, 안전제어장치, 경보설비, 비상전원, 위험물주입·취출구, 금속관, 방호구조물, 보호설비, 신축흡수장치, 위험물제거장치, 통보설비, 가연성증기체류방지설비, 부등침하측정설비, 기자재창고, 점검상자, 표지 그 밖에 이송취급소에 관한 설비		• 설비의 설치에 관하여 필요한 설명서 및 도면 • 설비의 종류·형식·재료·강도 및 그 밖의 기능·성능 등에 관하여 기재한 서류

정답
- 구조설명서(부대설비를 포함한다)
- 기능설명서
- 강도에 관한 설명서
- 제어계통도
- 밸브의 종류·형식 및 재료에 관하여 기재한 서류

09

다음 [보기]의 위험물에 대한 위험등급을 쓰시오.

[보 기]
칼륨, 리튬, 나이트로셀룰로스, 염소산칼륨, 아세트산, 황, 질산칼륨, 에탄올, 클로로벤젠

해설

위험등급

① 위험등급 I 의 위험물
  ㉠ 제1류 위험물 중 아염소산염류, **염소산염류(염소산칼륨)**, 과염소산염류, 무기과산화물 그 밖에 지정수량이 50[kg]인 위험물
  ㉡ 제3류 위험물 중 **칼륨**, 나트륨, 알킬알루미늄, 알킬리튬, 황린 그 밖에 지정수량이 10[kg] 또는 20[kg] 위험물
  ㉢ 제4류 위험물 중 특수인화물
  ㉣ **제5류 위험물 중 지정수량이 10[kg] 위험물(나이트로셀룰로스)**
  ㉤ 제6류 위험물

② 위험등급 II 의 위험물
  ㉠ 제1류 위험물 중 브로민산염류, **질산염류(질산칼륨)**, 아이오딘산염류 그 밖에 지정수량이 300[kg]인 위험물
  ㉡ 제2류 위험물 중 황화인, 적린, **황** 그 밖에 지정수량이 100[kg]인 위험물
  ㉢ 제3류 위험물 중 **알칼리금속(리튬)**(칼륨 및 나트륨을 제외한다) 및 알칼리토금속(리튬), 유기금속화합물(알킬알루미늄 및 알킬리튬을 제외한다) 그 밖에 지정수량이 50[kg]인 위험물
  ㉣ 제4류 위험물 중 제1석유류 및 **알코올류(에탄올)**
  ㉤ 제5류 위험물 중 제1호 라목에 정하는 위험물 외의 것

③ 위험등급 III의 위험물 : ① 및 ②에 정하지 않은 위험물(**클로로벤젠, 아세트산 : 제2석유류**)

정답
- 위험등급 I 의 위험물 : 칼륨, 나이트로셀룰로스, 염소산칼륨
- 위험등급 II 의 위험물 : 리튬, 황, 질산칼륨, 에탄올
- 위험등급 III의 위험물 : 아세트산, 클로로벤젠

10

자기반응성 물질의 시험방법 및 판정기준에서 폭발성으로 인한 위험성의 정도를 판단하기 위한 시험에서 사용되는 표준물질 2가지를 쓰시오.

해설

자기반응성 물질의 시험방법 및 판정기준

① 폭발성 시험방법(세부기준 제18조)
  폭발성으로 인한 위험성의 정도를 판단하기 위한 시험은 열분석시험으로 하며 그 방법은 다음에 의한다.
  ㉠ 표준물질의 발열개시온도 및 발열량(단위 질량당 발열량을 말한다)
    ㉮ **표준물질인 2,4-다이나이트로톨루엔** 및 기준물질인 산화알루미늄을 각각 1[mg]씩 파열압력이 5[MPa] 이상인 스테인리스강재의 내압성 셀에 밀봉한 것을 시차주사(示差走査)열량측정장치(DSC) 또는 시차(示差)열분석장치(DTA)에 충전하고 2,4-다이나이트로톨루엔 및 산화알루미늄의 온도가 60초간 10[℃]의 비율로 상승하도록 가열하는 시험을 5회 이상 반복하여 발열개시온도 및 발열량의 각각의 평균치를 구할 것
    ㉯ **표준물질**인 **과산화벤조일** 및 기준물질인 산화알루미늄을 각각 2[mg]씩으로 하여 ㉮에 의할 것
  ㉡ 시험물품의 발열개시온도 및 발열량 시험은 시험물질 및 기준물질인 산화알루미늄을 각각 2[mg]씩으로 하여 ㉮에 의할 것

② **폭발성 판정기준(세부기준 제19조)**
  ㉠ 발열개시온도에서 25[℃]를 뺀 온도(이하 "보정온도"라 한다)의 상용대수를 횡축으로 하고 발열량의 상용대수를 종축으로 하는 좌표도를 만들 것
  ㉡ ㉠의 좌표도상에 2,4-다이나이트로톨루엔의 발열량에 0.7을 곱하여 얻은 수치의 상용대수와 보정온도의 상용대수의 상호대응 좌표점 및 과산화벤조일의 발열량에 0.8을 곱하여 얻은 수치의 상용대수와 보정온도의 상용대수의 상호대응좌표점을 연결하여 직선을 그을 것
  ㉢ 시험물품의 발열량의 상용대수와 보정온도(1[℃] 미만일 때에는 1[℃]로 한다)의 상용대수의 상호대응 좌표점을 표시할 것
  ㉣ ㉢에 의한 좌표점이 ㉡에 의한 직선상 또는 이보다 위에 있는 것을 자기반응성 물질에 해당하는 것으로 할 것

정답 2,4-다이나이트로톨루엔, 과산화벤조일

---

11 지정수량의 5배를 초과하는 지정과산화물의 옥내저장소의 안전거리 산정 시 담 또는 토제를 설치하는 경우 설치기준을 쓰시오.

해설
지정과산화물의 옥내저장소의 안전거리 산정 시 담 또는 토제를 설치하는 경우
① **지정수량의 5배 이하인 경우(시행규칙 별표 5)**
  지정수량의 5배 이하인 지정과산화물의 옥내저장소에 대하여는 해당 옥내저장소의 저장창고의 외벽을 두께 30[cm] 이상의 철근콘크리트조 또는 철골철근콘크리트조로 만드는 것으로서 담 또는 토제에 대신할 수 있다.
② **지정수량의 5배를 초과하는 경우(시행규칙 별표 4)**
  ㉠ 담 또는 토제는 저장창고의 외벽으로부터 2[m] 이상 떨어진 장소에 설치할 것. 다만, 담 또는 토제와 해당 저장창고와의 간격은 해당 옥내저장소의 공지의 너비의 1/5을 초과할 수 없다.
  ㉡ 담 또는 토제의 높이는 저장창고의 처마높이 이상으로 할 것
  ㉢ 담은 두께 15[cm] 이상의 철근콘크리트조나 철골철근콘크리트조 또는 두께 20[cm] 이상의 보강콘크리트블록조로 할 것
  ㉣ 토제의 경사면의 경사도는 60° 미만으로 할 것

정답
- 담 또는 토제는 저장창고의 외벽으로부터 2[m] 이상 떨어진 장소에 설치할 것. 다만, 담 또는 토제와 해당 저장창고와의 간격은 해당 옥내저장소의 공지의 너비의 1/5을 초과할 수 없다.
- 담 또는 토제의 높이는 저장창고의 처마높이 이상으로 할 것
- 담은 두께 15[cm] 이상의 철근콘크리트조나 철골철근콘크리트조 또는 두께 20[cm] 이상의 보강콘크리트블록조로 할 것
- 토제의 경사면의 경사도는 60° 미만으로 할 것

12

다음은 옥테인가에 대한 설명이다.
㉮ 옥테인가란 무엇인지 쓰시오.
㉯ 옥테인가 공식을 쓰시오.
㉰ 옥테인가와 연소효율의 관계를 쓰시오.

해설
옥테인가
① 정 의
   연료가 내연기관의 실린더 속에서 공기와 혼합하여 연소할 때 노킹을 억제시킬 수 있는 정도를 측정한 값으로 Antiknock Rating이라고도 하며 아이소옥테인(iso-Octane) 100, 노말헵테인(n-Heptane) 0(영)으로 하여 가솔린의 품질을 나타내는 척도이다.
② 옥테인가 구하는 방법 = $\dfrac{\text{아이소옥테인}}{\text{아이소옥테인 + 노말헵테인}} \times 100$
③ 옥테인가와 연소효율의 관계
   옥테인가가 높을수록 노킹현상이 억제되어 연소효율은 증가한다(비례관계).

정답
㉮ 아이소옥테인(iso-Octane) 100, 노말헵테인(n-Heptane) 0으로 하여 가솔린의 품질을 나타내는 척도이다.
㉯ $\dfrac{\text{아이소옥테인}}{\text{아이소옥테인 + 노말헵테인}} \times 100$
㉰ 옥테인가가 높을수록 노킹현상이 억제되어 연소효율은 증가한다(비례관계).

13

포소화설비에서 펌프를 이용하는 가압송수장치의 펌프 전양정을 구하는 식은 $H = h_1 + h_2 + h_3 + h_4$이다. 여기서 h_1, h_2, h_3, h_4를 쓰시오.

해설
펌프의 전양정

$$H = h_1 + h_2 + h_3 + h_4$$

여기서, H : 펌프의 전양정[m]
h_1 : 고정식 포방출구의 설계압력환산수두 또는 이동식 포소화설비 노즐 끝부분의 방사압력 환산수두[m]
h_2 : 배관의 마찰손실수두[m]
h_3 : 낙차[m]
h_4 : 이동식 포소화설비의 소방용 호스의 마찰손실수두[m]

정답
- h_1 : 고정식 포방출구의 설계압력환산수두 또는 이동식 포소화설비 노즐 끝부분의 방사압력 환산수두[m]
- h_2 : 배관의 마찰손실수두[m]
- h_3 : 낙차[m]
- h_4 : 이동식 포소화설비의 소방용 호스의 마찰손실수두[m]

14 아세트알데하이드가 은거울반응을 한 후 생성되는 제4류 위험물을 쓰고, 생성되는 물질의 연소반응식을 쓰시오.

해설

아세트알데하이드

① 은거울반응 : 알데하이드(아세트알데하이드, CH_3CHO)는 환원성이 있어서 암모니아성 질산은용액을 가하면 쉽게 산화되어 **카복실산(초산)**이 되며 은 이온을 은으로 환원시킨다.

$$CH_3CHO + 2Ag(NH_3)_2OH \rightarrow CH_3COOH + 2Ag + 4NH_3 + H_2O$$
(아세트알데하이드) (암모니아성 질산은용액)

② 초산의 연소반응식

$$CH_3COOH + 2O_2 \rightarrow 2CO_2 + 2H_2O$$

정답
- 생성물질 : 초산
- 연소반응식 : $CH_3COOH + 2O_2 \rightarrow 2CO_2 + 2H_2O$

---

15 알킬알루미늄 등을 저장 또는 취급하는 이동탱크저장소에 설치해야 하는 자동차용 소화기 외의 소화설비(약제)를 쓰시오.

해설

소화난이도등급Ⅲ의 제조소 등에 설치해야 하는 소화설비(시행규칙 별표 17)

제조소 등의 구분	소화설비	설치기준	
지하탱크저장소	소형수동식소화기 등	능력단위의 수치가 3 이상	2개 이상
이동탱크저장소	자동차용 소화기	무상의 강화액 8[L] 이상	2개 이상
		이산화탄소 3.2[kg] 이상	
		브로모클로로다이플루오로메테인(CF_2ClBr) 2[L] 이상	
		브로모트라이플루오로메테인(CF_3Br) 2[L] 이상	
		다이브로모테트라플루오로에테인($C_2F_4Br_2$) 1[L] 이상	
		소화분말 3.3[kg] 이상	
	마른모래 및 팽창질석 또는 팽창진주암	마른모래 150[L] 이상	
		팽창질석 또는 팽창진주암 640[L] 이상	
그 밖의 제조소 등	소형수동식소화기 등	능력단위의 수치가 건축물 그 밖의 공작물 및 위험물의 소요단위의 수치에 이르도록 설치할 것. 다만, 옥내소화전설비, 옥외소화전설비, 스프링클러설비, 물분무 등 소화설비 또는 대형수동식소화기를 설치한 경우에는 해당 소화설비의 방사능력범위 내의 부분에 대하여는 수동식소화기 등을 그 능력단위의 수치가 해당 소요단위의 수치의 1/5 이상이 되도록 하는 것으로 족하다.	

비고 : 알킬알루미늄 등을 저장 또는 취급하는 이동탱크저장소에 있어서는 **자동차용 소화기를 설치하는 것 외에 마른모래**나 **팽창질석** 또는 **팽창진주암**을 추가로 설치해야 한다.

정답 마른모래, 팽창질석, 팽창진주암

16

하이드록실아민 200[kg]을 취급하는 제조소의 안전거리를 구하시오.

해설
하이드록실아민 등을 취급하는 제조소의 안전거리

$$D = 51.1\sqrt[3]{N}\,[m]$$

여기서, N : 지정수량의 배수(하이드록실아민의 지정수량 : 100[kg])

$$지정수량의\ 배수 = \frac{취급량}{지정수량} = \frac{200[kg]}{100[kg]} = 2$$

∴ 안전거리 $D = 51.1\sqrt[3]{2} = 51.1 \times 2^{\frac{1}{3}} = 64.38\,[m]$

정답 64.38[m]

17

위험물안전관리 대행기관의 지정을 받을 때 갖추어야 할 장비 5가지를 쓰시오(단, 안전장구 및 소방시설점검기구는 제외한다).

해설
위험물안전관리 대행기관의 지정기준(시행규칙 별표 22)

기술인력	• 위험물기능장 또는 위험물산업기사 1인 이상 • 위험물산업기사 또는 위험물기능사 2인 이상 • 기계분야 및 전기분야의 소방설비기사 1인 이상
시 설	전용사무실을 갖출 것
장 비	• 절연저항계(절연저항측정기) • 접지저항측정기(최소눈금 0.1[Ω] 이하) • 가스농도측정기(탄화수소계 가스의 농도측정이 가능할 것) • 정전기 전위측정기 • 토크렌치(Torque Wrench : 볼트와 너트를 규정된 회전력에 맞춰 조이는 데 사용하는 도구) • 진동시험기 • 표면온도계(-10~300[℃]) • 두께측정기(1.5~99.9[mm]) • 안전용구(안전모, 안전화, 손전등, 안전로프 등) • 소화설비점검기구(소화전밸브압력계, 방수압력측정계, 포콜렉터, 헤드렌치, 포컨테이너)

비고 : 기술인력란의 각호에 정한 2 이상의 기술인력을 동일인이 겸할 수 없다.

정답
• 절연저항계(절연저항측정기)
• 접지저항측정기(최소눈금 0.1[Ω] 이하)
• 진동시험기
• 정전기 전위측정기
• 토크렌치(Torque Wrench : 볼트와 너트를 규정된 회전력에 맞춰 조이는 데 사용하는 도구)

18 제1류 위험물의 과염소산칼륨 지정수량이 50[kg]이고 400[℃]에서 완전 분해반응식을 쓰시오.

해설

과염소산칼륨
① 물 성

화학식	지정수량	분자량	비 중	융 점	분해 온도
$KClO_4$	50[kg]	138.5	2.52	400[℃]	400[℃]

② 무색무취의 사방정계 결정이다.
③ 물, 알코올, 에터에 녹지 않는다.
④ 분해반응식

$$KClO_4 \rightarrow KCl + 2O_2 \uparrow$$

정답 $KClO_4 \rightarrow KCl + 2O_2$

---

19 순수한 것은 무색으로 겨울에 동결되는 제5류 위험물의 구조식과 지정수량을 쓰시오.

해설

나이트로글리세린(Nitro Glycerine, NG)
① 물 성

화학식	지정수량	융 점	비 점	비 중
$C_3H_5(ONO_2)_3$	[10kg]	2.8[℃]	218[℃]	1.6

② 무색투명한 기름성의 액체(공업용 : 담황색)이다.
③ 알코올, 에터, 벤젠, 아세톤 등 유기용제에는 녹는다.
④ 상온에서 액체이고 겨울에는 동결한다.
⑤ 혀를 찌르는 듯한 단맛이 있다.
⑥ 가열, 마찰, 충격에 민감하다(폭발을 방지하기 위하여 다공성 물질에 흡수시킨다).

다공성 물질 : 규조토, 톱밥, 소맥분, 전분

⑦ 규조토에 흡수시켜 다이너마이트를 제조할 때 사용한다.

정답
· 구조식 :

$$\begin{array}{c} H \quad H \quad H \\ | \quad\ | \quad\ | \\ H-C-C-C-H \\ | \quad\ | \quad\ | \\ O \quad O \quad O \\ | \quad\ | \quad\ | \\ NO_2 \ NO_2 \ NO_2 \end{array}$$

· 지정수량 : 10[kg]

20

다음 (　) 안에 적당한 말을 쓰시오.

㉮ 액체 위험물의 옥외저장탱크의 주입구는 화재예방상 지장이 없는 장소에 설치하고 주입호스 또는 (　　)과 결합할 수 있고 결합하였을 때 위험물이 새지 않아야 한다.
㉯ 옥외저장탱크에는 지름이 30[mm] 이상이고 끝부분은 수평면보다 45° 이상 구부려 빗물 등의 침투를 막는 구조로 해야 하는 (　　)을 설치해야 한다.
㉰ 탱크와 배수관과의 결합부분이 지진 등에 의하여 손상을 받을 우려가 없는 방법으로 (　　)을 설치하는 경우에는 탱크의 밑판에 설치할 수 있다.

해설
옥외탱크저장소(시행규칙 별표 6)

① 옥외저장탱크의 **주입구** 설치기준
  ㉠ 화재예방상 지장이 없는 장소에 설치할 것
  ㉡ **주입호스** 또는 **주입관**과 **결합**할 수 있고, 결합하였을 때 위험물이 새지 않을 것
  ㉢ 주입구에는 밸브 또는 뚜껑을 설치할 것
  ㉣ 휘발유, 벤젠 그 밖에 정전기에 의한 재해가 발생할 우려가 있는 액체위험물의 옥외저장탱크의 주입구 부근에는 정전기를 유효하게 제거하기 위한 접지전극을 설치할 것

② **밸브없는 통기관**의 설치기준
  ㉠ **지름**은 **30[mm] 이상**일 것
  ㉡ **끝부분**은 수평면보다 **45° 이상** 구부려 빗물 등의 침투를 막는 구조로 할 것
  ㉢ 인화점이 38[℃] 미만인 위험물만을 저장 또는 취급하는 탱크에 설치하는 통기관에는 화염방지장치를 설치하고, 그 외의 탱크에 설치하는 통기관에는 40메시[mesh] 이상의 구리망 또는 동등 이상의 성능을 가진 인화방지장치를 설치할 것. 다만, 인화점이 70[℃] 이상인 위험물만을 해당 위험물의 인화점 미만의 온도로 저장 또는 취급하는 탱크에 설치하는 통기관에는 인화방지장치를 설치하지 않을 수 있다.

③ 옥외저장탱크의 **배수관**
  옥외저장탱크의 배수관은 탱크의 옆판에 설치해야 한다. 다만, 탱크와 배수관과의 결합부분이 지진 등에 의하여 손상을 받을 우려가 없는 방법으로 **배수관**을 설치하는 경우에는 탱크의 밑판에 설치할 수 있다.

정답　㉮ 주입관
　　　　㉯ 밸브없는 통기관
　　　　㉰ 배수관

2012년 9월 8일 시행 과년도 기출복원문제

01 기계에 의하여 하역하는 구조로 된 운반용기의 외부에 다음에 정하는 바에 따라 위험물의 품명, 수량 등을 표시하여 적재해야 한다. 예외 규정을 설명한 것인데 다음의 ( ) 안에 적당한 말을 넣으시오.
㉮ ( )에서 정한 기준
㉯ ( )이 정하여 고시하는 기준

해설

위험물 운반용기

① 운반용기의 성능기준
   ㉠ 기계로 하역하는 구조외의 용기 : 소방청장이 정하여 고시하는 낙하시험, 기밀시험, 내압시험 및 겹쳐쌓기 시험에서 소방청장이 정하여 고시하는 기준에 적합할 것
   ㉡ 기계로 하역하는 구조의 용기 : 소방청장이 정하여 고시하는 낙하시험, 기밀시험, 내압시험, 겹쳐쌓기 시험, 아랫부분 인상시험, 윗부분 인상시험, 파열전파시험, 넘어뜨리기 시험 및 일으키기 시험에서 소방청장이 정하여 고시하는 기준에 적합할 것

② 외부표시사항
위험물은 그 운반용기의 외부에 다음에 정하는 바에 따라 위험물의 품명, 수량 등을 표시하여 적재해야 한다. 다만, **UN의 위험물 운송에 관한 권고에서 정한 기준** 또는 **소방청장이 정하여 고시하는 기준**에 적합한 표시를 한 경우에는 그렇지 않다.
   ㉠ 위험물의 품명, 위험등급, 화학명 및 수용성(제4류 위험물의 수용성인 것에 한함)
   ㉡ 위험물의 수량
   ㉢ 주의사항

> **Plus One** 주의사항
> • 제1류 위험물
>   – 알칼리금속의 과산화물 : 화기・충격주의, 물기엄금, 가연물접촉주의
>   – 그 밖의 것 : 화기・충격주의, 가연물접촉주의
> • 제2류 위험물
>   – 철분・금속분・마그네슘 : 화기주의, 물기엄금
>   – 인화성 고체 : 화기엄금
>   – 그 밖의 것 : 화기주의
> • 제3류 위험물
>   – 자연발화성 물질 : 화기엄금, 공기접촉엄금
>   – 금수성 물질 : 물기엄금
> • 제4류 위험물 : 화기엄금
> • 제5류 위험물 : 화기엄금, 충격주의
> • 제6류 위험물 : 가연물접촉주의

정답 ㉮ UN의 위험물 운송에 관한 권고
㉯ 소방청장

02 위험물 안전관리자가 점검해야 할 옥내저장소의 일반점검표를 완성하시오.

점검항목		점검내용	점검방법
건축물	벽·기둥·보·지붕	(㉮)	육 안
	(㉯)	변형·손상 등 유무 및 폐쇄기능의 적부	육 안
	바 닥	(㉰)	육 안
		균열·손상·패임 등 유무	육 안
	(㉱)	변형·손상 등의 유무 및 고정상황 적부	육 안
	다른 용도부분과 구획	균열·손상 등 유무	육 안
	(㉲)	손상의 유무	육 안

해설

옥내저장소의 일반점검표(세부기준 별지 10)

점검항목		점검내용	점검방법
안전거리		보호대상물 신설 여부	육안 및 실측
		방화상 유효한 담의 손상 유무	육 안
건축물	벽·기둥·보·지붕	**균열·손상 등 유무**	육 안
	방화문	변형·손상 등 유무 및 폐쇄기능의 적부	육 안
	바 닥	**체유·체수 유무**	육 안
		균열·손상·패임 등 유무	육 안
	계 단	변형·손상 등의 유무 및 고정상황의 적부	육 안
	다른 용도 부분과 구획	균열·손상 등 유무	육 안
	조명설비	손상의 유무	육 안
환기·배출설비 등		인화방지망의 손상 및 막힘 유무	육 안
		방화댐퍼의 손상 유무 및 기능의 적부	육안 및 작동확인
		팬의 작동상황 적부	작동확인
		가연성 증기경보장치의 작동상황 적부	작동확인

정답
㉮ 균열·손상 등 유무   ㉯ 방화문
㉰ 체유·체수의 유무   ㉱ 계 단
㉲ 조명설비

03 특정옥외저장탱크의 용접방법을 쓰시오.

㉮ 애뉼러 판과 애뉼러 판
㉯ 애뉼러 판과 밑판 및 밑판과 밑판

해설

특정옥외저장탱크의 용접방법
① 옆판의 용접은 다음에 의할 것
  ㉠ 세로이음 및 가로이음은 완전용입 맞대기용접으로 할 것
  ㉡ 옆판의 세로이음은 단을 달리하는 옆판의 각각의 세로이음과 동일선상에 위치하지 않도록 할 것. 이 경우 해당 세로이음간의 간격은 서로 접하는 옆판 중 두꺼운 쪽 옆판의 두께의 5배 이상으로 해야 한다.
② 옆판과 애뉼러 판(애뉼러 판이 없는 경우에는 밑판)과의 용접은 부분용입그룹용접 또는 이와 동등 이상의 용접강도가 있는 용접방법으로 용접할 것. 이 경우에 있어서 용접 비드(Bead)는 매끄러운 형상을 가져야 한다.
③ **애뉼러 판과 애뉼러 판은 뒷면에 재료를 댄 맞대기용접**으로 하고, **애뉼러 판과 밑판 및 밑판과 밑판의 용접은 뒷면에 재료를 댄 맞대기용접** 또는 **겹치기용접**으로 용접할 것. 이 경우에 애뉼러 판과 밑판이 접하는 면 및 밑판과 밑판이 접하는 면은 해당 애뉼러 판과 밑판의 용접부의 강도 및 밑판과 밑판의 용접부의 강도에 유해한 영향을 주는 흠이 있어서는 안 된다.
④ 필렛용접의 사이즈(부등사이즈가 되는 경우에는 작은 쪽의 사이즈를 말한다)는 다음 식에 의하여 구한 값으로 할 것

$$t_1 \geq S \geq \sqrt{2t_2} \ (단, S \geq 4.5)$$

여기서, t_1 : 얇은 쪽의 강판의 두께[mm]
t_2 : 두꺼운 쪽의 강판의 두께[mm]
S : 사이즈[mm]

정답
㉮ 뒷면에 재료를 댄 맞대기용접
㉯ 뒷면에 재료를 댄 맞대기용접 또는 겹치기용접

04 제3류 위험물인 인화칼슘에 대하여 물음에 답하시오.
㉮ 물과의 화학반응식
㉯ 위험등급

해설

인화칼슘

① 물이나 약산과 반응하여 포스핀(PH_3)의 유독성 가스를 발생한다.

$$Ca_3P_2 + 6H_2O \rightarrow 3Ca(OH)_2 + 2PH_3 \uparrow$$

② 위험등급 및 지정수량

유 별	성 질	품 명	위험등급	지정수량
제3류	자연발화성 물질 및 금수성 물질	1. 칼륨, 나트륨, 알킬알루미늄, 알킬리튬	I	10[kg]
		2. 황 린	I	20[kg]
		3. 알칼리금속(칼륨 및 나트륨을 제외한다) 및 알칼리토금속, 유기금속화합물(알킬알루미늄 및 알킬리튬을 제외한다)	II	50[kg]
		4. 금속의 수소화물, **금속의 인화물**, 칼슘 또는 알루미늄의 탄화물	III	300[kg]
		5. 그 밖에 행정안전부령이 정하는 것 (염소화규소화합물)	III	10[kg], 20[kg], 50[kg], 300[kg]

정답 ㉮ $Ca_3P_2 + 6H_2O \rightarrow 3Ca(OH)_2 + 2PH_3$
㉯ III

05 제3류 위험물인 탄화칼슘의 반응식을 쓰시오.
㉮ 물과의 반응식
㉯ 발생된 기체의 완전반응식
㉰ 질소와의 반응식

해설

탄화칼슘의 반응식

① 탄화칼슘(카바이드)은 물과 반응하면 수산화칼슘과 아세틸렌가스를 발생한다.

$$CaC_2 + 2H_2O \rightarrow Ca(OH)_2 + C_2H_2 \uparrow$$
(수산화칼슘) (아세틸렌)

② 발생된 아세틸렌가스는 산소와 반응하여 이산화탄소와 물을 발생한다.

$$2C_2H_2 + 5O_2 \rightarrow 4CO_2 + 2H_2O$$

③ 발생된 아세틸렌가스가 금속(은)과 반응하면 은아세틸라이드(Ag_2C_2)를 생성한다.

$$C_2H_2 + 2Ag \rightarrow Ag_2C_2 + H_2 \uparrow$$
(은아세틸라이드 : 폭발물질)

④ 탄화칼슘이 질소와 반응하면 석회질소와 탄소를 발생한다.

$$CaC_2 + N_2 \rightarrow CaCN_2 + C + 74.6[Kcal]$$
　　　　　　　　　　(석회질소)　(탄소)

정답
㉮ $CaC_2 + 2H_2O \rightarrow Ca(OH)_2 + C_2H_2$
㉯ $2C_2H_2 + 5O_2 \rightarrow 4CO_2 + 2H_2O$
㉰ $CaC_2 + N_2 \rightarrow CaCN_2 + C$

06

위험물의 성질란에 규정된 성상을 2가지 이상 포함하는 물품을 복수성상물품이라 한다. 이 물품이 속하는 품명의 판단기준을 (　) 안에 맞는 유별을 쓰시오.

㉮ 복수성상물품이 산화성 고체의 성상 및 가연성 고체의 성상을 가지는 경우
　: (　)류 위험물
㉯ 복수성상물품이 산화성 고체의 성상 및 자기반응성 물질의 성상을 가지는 경우
　: (　)류 위험물
㉰ 복수성상물품이 가연성 고체의 성상과 자연발화성 물질의 성상 및 금수성 물질의 성상을 가지는 경우 : (　)류 위험물
㉱ 복수성상물품이 자연발화성 물질의 성상, 금수성 물질의 성상 및 인화성 액체의 성상을 가지는 경우 : (　)류 위험물
㉲ 복수성상물품이 인화성 액체의 성상 및 자기반응성 물질의 성상을 가지는 경우
　: (　)류 위험물

해설

성질란에 규정된 성상을 2가지 이상 포함하는 물품(이하 "복수성상물품"이라 한다)이 속하는 품명은 다음에 의한다.
① 복수성상물품이 **산화성 고체(제1류)**의 성상 및 **가연성 고체(제2류)**의 성상을 가지는 경우 : 제2류 제8호의 규정에 의한 품명
② 복수성상물품이 산화성 고체(제1류)의 성상 및 **자기반응성 물질(제5류)**의 성상을 가지는 경우 : 제5류 제11호의 규정에 의한 품명
③ 복수성상물품이 **가연성 고체(제2류)**의 성상과 **자연발화성 물질(제3류)**의 성상 및 **금수성 물질(제3류)**의 성상을 가지는 경우 : 제3류 제12호의 규정에 의한 품명
④ 복수성상물품이 **자연발화성 물질(제3류)**의 성상, **금수성 물질(제3류)**의 성상 및 인화성 액체(제4류)의 성상을 가지는 경우 : 제3류 제12호의 규정에 의한 품명
⑤ 복수성상물품이 **인화성 액체(제4류)**의 성상 및 **자기반응성 물질(제5류)**의 성상을 가지는 경우 : 제5류 제11호의 규정에 의한 품명

정답　㉮ 제2류　　㉯ 제5류
　　　　㉰ 제3류　　㉱ 제3류
　　　　㉲ 제5류

07

제5류 위험물인 아세틸퍼옥사이드에 대한 물음에 답하시오.

㉮ 구조식
㉯ 증기비중(단, 공기의 분자량은 29이다)

해설

아세틸퍼옥사이드(Acetyl Peroxide)
① 제5류 위험물의 유기과산화물이다.
② 구조식

$$CH_3-\overset{\overset{O}{\|}}{C}-O-O-\overset{\overset{O}{\|}}{C}-CH_3$$

③ 인화점 : 45[℃]
④ 증기비중 = 분자량/29 = 118/29 = 4.07이다.
⑤ 충격, 마찰에 의하여 분해하고 가열되면 폭발한다.
⑥ 희석제인 DMF를 75[%] 첨가시켜서 0~5[℃] 이하의 저온에서 저장한다.
⑦ 화재 시 다량의 물로 냉각소화한다.

정답 ㉮
$$CH_3-\overset{\overset{O}{\|}}{C}-O-O-\overset{\overset{O}{\|}}{C}-CH_3$$
㉯ 4.07

08

비중이 0.8인 메탄올 10[L]가 완전히 연소될 때 소요되는 이론산소량[kg]과 생성되는 이산화탄소의 부피는 25[℃], 1기압일 때 몇 [m³]인지 구하시오.

해설

메탄올의 연소반응식
① 메탄올의 무게 = 0.8[kg/L] × 10[L] = 8[kg]

> 비중 0.80이면 밀도 : 0.8[g/cm³] = 0.8[kg/L]

② 이론산소량을 구하면

$$CH_3OH + 1.5O_2 \rightarrow CO_2 + 2H_2O$$

32[kg] — 1.5×32[kg]
8[kg] — x

$$\therefore x = \frac{8 \times 1.5 \times 32[kg]}{32[kg]} = 12[kg]$$

③ 이산화탄소의 부피를 구하면(2가지 방법으로 풀이함)
  ㉠ 샤를의 법칙을 적용하면

$$CH_3OH + 1.5O_2 \rightarrow CO_2 + 2H_2O$$

32[kg] — 22.4[m³]
8[kg] — x

$$\therefore x = \frac{8[kg] \times 22.4[m^3]}{32[kg]} = 5.6[m^3]$$

$$V_2 = V_1 \times \frac{T_2}{T_1} = 5.6[m^3] \times \frac{273+25}{273} = 6.11[m^3]$$

ⓛ 이상기체 상태방정식을 적용하면

$CH_3OH + 1.5O_2 \rightarrow CO_2 + 2H_2O$

32[kg] ――― 44[kg]
8[kg] ――― x[kg]

∴ $x = \dfrac{8[kg] \times 44[kg]}{32[kg]} = 11[kg]$

$$PV = nRT = \dfrac{W}{M}RT \qquad V = \dfrac{WRT}{PM}$$

여기서, P : 압력[atm] V : 부피[m³]
    n : mol수[kg-mol] M : 분자량[kg/kg-mol]
    W : 무게[kg] R : 기체상수(0.08205[m³ · atm/kg-mol · K])
    T : 절대온도(273 + [℃])[K]

∴ 부피를 구하면
$V = \dfrac{WRT}{PM} = \dfrac{11 \times 0.08205 \times (273+25)}{1 \times 44} = 6.11[m^3]$

정답
- 이론산소량 : 12[kg]
- 이산화탄소의 부피 : 6.11[m³]

09 제2류 위험물인 적린을 제3류 위험물을 사용하여 제조하는 방법을 설명하시오(단, 원료, 제조온도 및 방법을 중심으로 설명).

정답 황린(P_4)에 공기를 차단하고 260[℃]로 가열하여 적린(P)을 제조한다.

10 위험물안전관리대행기관의 지정기준이다. 다음 ( )에 적당한 말을 쓰시오.

기술인력	• 위험물기능장 또는 위험물산업기사 1명 이상 • 위험물산업기사 또는 위험물기능사 (㉮)명 이상 • 기계분야 및 전기분야의 소방설비기사 1명 이상
시 설	(㉯)을 갖출 것
장 비	• (㉰) • 접지저항측정기(최소눈금 0.1[Ω] 이하) • (㉱) • 정전기 전위측정기 • 토크렌치(Torque Wrench : 볼트와 너트를 규정된 회전력에 맞춰 조이는 데 사용하는 도구) • 진동시험기 • 표면온도계(-10 ~ 300[℃]) • 두께측정기(1.5 ~ 99.9[mm]) • 안전용구(안전모, 안전화, 손전등, 안전로프 등) • 소화설비점검기구(소화전밸브압력계, 방수압력측정계, 포콜렉터, 헤드렌치, 포컨테이너)

해설

위험물안전관리대행기관의 지정기준(시행규칙 별표 22)

기술인력	위험물기능장 또는 위험물산업기사 1명 이상 위험물산업기사 또는 위험물기능사 **2명** 이상 기계분야 및 전기분야의 소방설비기사 1명 이상
시 설	**전용사무실**을 갖출 것
장 비	• **절연저항계(절연저항측정기)** • 접지저항측정기(최소눈금 0.1[Ω] 이하) • **가스농도측정기(탄화수소계 가스의 농도측정이 가능할 것)** • 정전기 전위측정기 • 토크렌치(Torque Wrench : 볼트와 너트를 규정된 회전력에 맞춰 조이는 데 사용하는 도구) • 진동시험기 • 표면온도계(-10 ~ 300[℃]) • 두께측정기(1.5 ~ 99.9[mm]) • 안전용구(안전모, 안전화, 손전등, 안전로프 등) • 소화설비점검기구(소화전밸브압력계, 방수압력측정계, 포콜렉터, 헤드렌치, 포컨테이너)

정답
㉮ 2
㉯ 전용사무실
㉰ 절연저항계(절연저항측정기)
㉱ 가스농도측정기(탄화수소계 가스의 농도측정이 가능할 것)

11

주유취급소의 주유공지, 보유공지에 대한 설명이다. 다음 ( ) 안에 적당한 말을 쓰시오.

- 주유취급소의 고정주유설비의 주위에는 주유를 받으려는 자동차 등이 출입할 수 있도록 너비 (㉮)[m] 이상, 길이 (㉯)[m] 이상의 콘크리트 등으로 포장한 공지(이하 "주유공지"라 한다)를 보유해야 한다.
- 고정급유설비를 설치하는 경우에는 고정급유설비의 (㉰)의 주위에 필요한 공지(이하 "급유공지"라 한다)를 보유해야 한다.
- 공지의 바닥은 주위 지면보다 높게 하고, 그 표면을 적당하게 경사지게 하여 새어나온 기름 그 밖의 액체가 공지의 외부로 유출되지 않도록 (㉱)·(㉲) 및 (㉳)를 해야 한다.

해설

주유취급소의 수유공시 및 급유공지

① 주유취급소의 고정주유설비(펌프기기 및 호스기기로 되어 위험물을 자동차 등에 직접 주유하기 위한 설비로서 현수식의 것을 포함한다)의 주위에는 주유를 받으려는 자동차 등이 출입할 수 있도록 **너비 15[m] 이상, 길이 6[m] 이상**의 콘크리트 등으로 포장한 공지(이하 "주유공지"라 한다)를 보유해야 하고, 고정급유설비(펌프기기 및 호스기기로 되어 위험물을 용기에 옮겨 담거나 이동저장탱크에 주입하기 위한 설비로서 현수식의 것을 포함한다)를 설치하는 경우에는 고정급유설비의 **호스기기**의 주위에 필요한 공지(이하 "급유공지"라 한다)를 보유해야 한다.

② 공지의 바닥은 주위 지면보다 높게 하고, 그 표면을 적당하게 경사지게 하여 새어나온 기름 그 밖의 액체가 공지의 외부로 유출되지 않도록 **배수구·집유설비 및 유분리장치**를 해야 한다.

정답
㉮ 15 ㉯ 6
㉰ 호스기기 ㉱ 배수구
㉲ 집유설비 ㉳ 유분리장치

12

마그네슘에 대한 물음에 답하시오.
㉮ 연소반응식
㉯ 물과의 반응식
㉰ ㉯에서 발생한 가스의 위험도

해설

마그네슘

① 연소하면 산화마그네슘을 생성한다.

$$2Mg + O_2 \rightarrow 2MgO + Q[kcal]$$

② **물과 반응**하면 가연성가스인 **수소가스**를 발생한다.

$$Mg + 2H_2O \rightarrow Mg(OH)_2 + H_2 \uparrow$$

③ 수소의 위험도(수소의 연소범위 : 4.0~75[%])

$$위험도\ H = \frac{U-L}{L}$$

여기서, U : 폭발상한값[%] L : 폭발하한값[%]

∴ 위험도 $H = \frac{75-4}{4} = 17.75$

정답
㉠ 2Mg + O₂ → 2MgO
㉡ Mg + 2H₂O → Mg(OH)₂ + H₂
㉢ 17.75

13
아래 조건을 동시에 충족시키는 제4류 위험물의 품명 2가지를 쓰시오.
㉠ 옥내저장소에 저장할 때 저장창고의 바닥면적을 1,000[m²] 이하로 해야 하는 위험물
㉡ 옥외저장소에 저장·취급할 수 없는 위험물

해설

옥내저장소의 기준

① 저장창고의 바닥면적 1,000[m²] 이하

위험물을 저장하는 창고의 종류	기준면적
㉠ 제1류 위험물 중 아염소산염류, 염소산염류, 과염소산염류, 무기과산화물, 그 밖에 지정수량이 50[kg]인 위험물 ㉡ 제3류 위험물 중 칼륨, 나트륨, 알킬알루미늄, 알킬리튬, 그 밖에 지정수량이 10[kg]인 위험물 및 황린 ㉢ 제4류 위험물 중 특수인화물, 제1석유류 및 알코올류 ㉣ 제5류 위험물 중 지정수량이 10[kg]인 위험물 ㉤ 제6류 위험물	1,000[m²] 이하
㉠~㉤의 위험물 외의 위험물을 저장하는 창고	2,000[m²] 이하
위의 전부에 해당하는 위험물을 내화구조의 격벽으로 완전히 구획된 실에 각각 저장하는 창고(①~⑤의 위험물을 저장하는 실의 면적은 500[m²]을 초과할 수 없다)	1,500[m²] 이하

② 옥외저장소에 저장할 수 있는 위험물
㉠ 제2류 위험물 중 황, 인화성 고체(인화점이 0[℃] 이상인 것에 한함)
㉡ 제4류 위험물 중 제1석유류(인화점이 0[℃] 이상인 것에 한함), 제2석유류, 제3석유류, 제4석유류, 알코올류, 동식물유류
㉢ 제6류 위험물
㉣ 제2류 위험물 및 제4류 위험물 중 특별시·광역시·특별자치시·도 또는 특별자치도의 조례로 정하는 위험물(관세법 제154조의 규정에 의한 보세구역 안에 저장하는 경우로 한정한다)
㉤ 국제해사기구에 관한 협약에 의하여 설치된 국제해사기구가 채택한 국제해상위험물규칙(IMDG Code)에 적합한 용기에 수납된 위험물

Plus One 옥외저장소에 저장할 수 없는 제4류 위험물
• 특수인화물
• 제1석유류(인화점이 0[℃] 미만인 것)

정답
• 특수인화물
• 제1석유류(인화점이 0[℃] 미만인 것)

14 톨루엔에 대한 물음에 답하시오.

㉮ 구조식
㉯ 증기비중
㉰ 이 위험물을 진한 황산과 진한 질산의 혼산으로 나이트로화시켰을 때 생성되는 위험물은?

해설
톨루엔

① 물 성

화학식	비 중	비 점	인화점	착화점	연소범위
$C_6H_5CH_3$	0.86	110[℃]	4[℃]	480[℃]	1.27~7.0[%]

Plus One | 톨루엔의 증기비중
- $C_6H_5CH_3$의 분자량 = (12×6) + (1×5) + 12 + (1×3) = 92
- 증기비중 = 분자량/29 = 92 ÷ 29 = 3.17

② 무색투명한 독성이 있는 액체이다.
③ 증기는 마취성이 있고 인화점이 낮다.
④ 물에 녹지 않고, 아세톤, 알코올 등 유기용제에는 잘 녹는다.
⑤ 벤젠보다 독성은 약하다.
⑥ TNT의 원료로 사용하고, 산화하면 안식향산(벤조산)이 된다.
⑦ 진한 황산과 진한 질산의 혼산으로 나이트로화시키면 트라이나이트로톨루엔이 된다.

$$\text{C}_6\text{H}_5\text{CH}_3 + 3HNO_3 \xrightarrow[\text{나이트로화}]{c-H_2SO_4} \text{C}_6\text{H}_2(\text{NO}_2)_3\text{CH}_3 + 3H_2O$$

Plus One | 톨루엔의 구조식

정답
㉮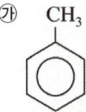

㉯ 3.17
㉰ 트라이나이트로톨루엔(TNT)

15

위험물의 취급 중 제조에 관한 사항이다. (   ) 안에 적당한 말을 쓰시오.
- 건조공정 : 위험물의 (㉮)가 부분적으로 상승하지 않는 방법으로 가열 또는 건조할 것
- 추출공정 : 추출관의 (㉯)이 비정상으로 상승하지 않도록 할 것
- 증류공정 : 위험물을 취급하는 설비의 (㉰)의 변동 등에 의하여 액체 또는 증기가 새지 않도록 할 것
- (㉱)공정 : 위험물의 분말이 현저하게 부유하고 있거나 위험물의 분말이 현저하게 기계·기구 등에 부착하고 있는 상태로 그 기계·기구를 취급하지 않을 것

해설

위험물의 취급 중 제조에 관한 기준
① 증류공정은 위험물을 취급하는 설비의 **내부압력**의 변동 등에 의하여 액체 또는 증기가 새지 않도록 할 것
② 추출공정은 추출관의 **내부압력**이 **비정상**으로 상승하지 않도록 할 것
③ 건조공정은 위험물의 **온도**가 부분적으로 상승하지 않는 방법으로 가열 또는 건조할 것
④ **분쇄공정**은 위험물의 분말이 현저하게 부유하고 있거나 위험물의 분말이 현저하게 기계·기구 등에 부착하고 있는 상태로 그 기계·기구를 취급하지 않을 것

정답
㉮ 온 도   ㉯ 내부압력
㉰ 내부압력   ㉱ 분 쇄

16

위험물제조소 옥외에 있는 위험물취급탱크에 기어유 50,000[L] 1기, 실린더유 80,000[L] 1기를 동일 방유제 내에 설치하고자 할 때 방유제의 최소용량(m^3)을 구하시오.

해설

방유제, 방유턱의 용량
① 위험물제조소의 **옥외에 있는 위험물 취급탱크**의 방유제의 용량
  ㉠ 1기일 때 : 탱크용량×0.5(50[%]) 이상
  ㉡ **2기 이상일 때 : 최대탱크용량×0.5＋(나머지 탱크 용량합계×0.1) 이상**
② 위험물제조소의 옥내에 있는 위험물 취급탱크의 방유턱의 용량
  ㉠ 1기일 때 : 탱크용량 이상
  ㉡ 2기 이상일 때 : 최대 탱크용량 이상
③ 위험물옥외탱크저장소의 방유제의 용량
  ㉠ 1기일 때 : 탱크용량×1.1(110[%])(비인화성 물질×100[%]) 이상
  ㉡ 2기 이상일 때 : 최대 탱크용량×1.1(110[%])(비인화성 물질×100[%]) 이상
∴ 방유제용량 ＝ 최대탱크용량×0.5 ＋ (나머지 탱크 용량합계×0.1)
        ＝ (80,000[L]×0.5) ＋ (50,000[L]×0.1)
        ＝ 45,000[L] ＝ 45[m^3]

정답 45[m^3]

17 위험물을 가압하는 설비 또는 그 취급하는 위험물의 압력이 상승할 우려가 있는 설비에는 압력계 및 안전장치를 설치해야 한다. 안전장치의 종류 3가지를 쓰시오.

해설
압력계 및 안전장치
위험물을 가압하는 설비 또는 그 취급하는 위험물의 압력이 상승할 우려가 있는 설비에는 압력계 및 다음에 해당하는 안전장치를 설치해야 한다.
① 자동적으로 압력의 상승을 정지시키는 장치
② 감압측에 안전밸브를 부착한 감압밸브
③ 안전밸브를 겸하는 경보장치
④ 파괴판(위험물의 성질에 따라 안전밸브의 작동이 곤란한 가압설비에 한한다)

정답
- 자동적으로 압력의 상승을 정지시키는 장치
- 감압측에 안전밸브를 부착한 감압밸브
- 안전밸브를 겸하는 경보장치

18 불활성 가스소화설비에서 이산화탄소의 설치기준에 대한 설명이다. 물음에 답하시오.
㉮ 전역방출방식의 이산화탄소의 분사헤드의 방사압력은 고압식의 것에 있어서 몇 [MPa]인가?
㉯ 전역방출방식의 불활성 가스(IG-541)의 분사헤드의 방사압력은 몇 [MPa]인가?
㉰ 국소방출방식의 이산화탄소의 분사헤드는 소화약제의 양을 몇 초 이내에 균일하게 방사해야 하는가?

해설
전역방출방식의 불활성 가스소화설비의 분사헤드

구 분	전역방출방식			국소방출방식 (이산화탄소)
	이산화탄소		불활성 가스	
	고압식	저압식	IG-100, IG-55, IG-541	
방사압력	2.1[MPa] 이상	1.05[MPa] 이상	1.9[MPa] 이상	이산화탄소와 같음
방사시간	60초 이내	60초 이내	95[%] 이상을 60초 이내	30초 이내

정답
㉮ 2.1 이상
㉯ 1.9 이상
㉰ 30초

19

위험물을 취급하는 건축물에 옥내소화전이 3층에 6개, 4층에 4개, 5층에 3개 및 6층에 2개가 설치되어 있을 때 위험물안전관리법령상 수원의 수량은 얼마 이상으로 해야 하는가?

해설

옥내소화전설비(세부기준 제129조)
① 옥내소화전은 제조소 등의 건축물의 층마다 하나의 호스접속구까지의 수평거리가 25[m] 이하가 되도록 설치할 것. 이 경우 옥내소화전은 각층의 출입구 부근에 1개 이상 설치해야 한다.
② 가압송수장치에는 해당 옥내소화전의 노즐 끝부분에서 방수압력이 0.7[MPa]을 초과하지 않도록 할 것
③ 방수량, 방수압력, 수원 등

방수량	방수압력	토출량	수 원	비상전원
260[L/min] 이상	0.35[MPa] 이상	N(최대 5개) $\times$ 260[L/min]	N(최대 5개) $\times$ 7.8[m³] (260[L/min] $\times$ 30[min])	45분 이상

∴ 수원 = N(소화전의 수, 최대 5개) $\times$ 7.8[m³] = 5 $\times$ 7.8[m³] = 39[m³]

정답 39[m³]

20

제2류 위험물에 대하여 다음 물음에 답하시오.
㉮ 마그네슘과 물의 화학반응식
㉯ 인화성고체 – 고형알코올 그 밖의 1기압에서 인화점이 (   )[℃] 미만인 고체
㉰ 알루미늄분과 염산이 반응하여 수소를 발생하는 화학반응식

해설

제2류 위험물
① 마그네슘과 물의 화학반응식
　마그네슘은 물과 반응하면 가연성 가스인 수소가스를 발생한다.

$$Mg + 2H_2O \rightarrow Mg(OH)_2 + H_2 \uparrow$$

② 인화성고체 : 고형알코올 그 밖의 1기압에서 인화점이 40[℃] 미만인 고체
③ 알루미늄분과 염산이 반응하여 가연성 가스인 수소를 발생한다.

$$2Al + 6HCl \rightarrow 2AlCl_3 + 3H_2$$

정답
㉮ $Mg + 2H_2O \rightarrow Mg(OH)_2 + H_2$
㉯ 40
㉰ $2Al + 6HCl \rightarrow 2AlCl_3 + 3H_2$

2013년 5월 26일 시행
과년도 기출복원문제

01 위험물제조소 내의 위험물을 취급하는 배관의 재질에서 강관을 제외한 재질 3가지를 쓰시오.

해설
위험물제조소의 배관의 재질
① 강 관
② 유리섬유강화플라스틱
③ 고밀도폴리에틸렌
④ 폴리우레탄

정답
- 유리섬유강화플라스틱
- 고밀도폴리에틸렌
- 폴리우레탄

02 위험물안전관리법령상 안전교육을 받아야 하는 대상자를 쓰시오.

해설
안전교육
① 안전교육실시권자 : 소방청장(위탁 : 한국소방안전원장)
② 안전교육대상자
  ㉠ 안전관리자로 선임된 자
  ㉡ 탱크시험자의 기술인력으로 종사하는 자
  ㉢ 위험물운반자로 종사하는 자
  ㉣ 위험물운송자로 종사하는 자

정답
- 안전관리자로 선임된 자
- 탱크시험자의 기술인력으로 종사하는 자
- 위험물운반자로 종사하는 자
- 위험물운송자로 종사하는 자

03

직경 6[m]이고 높이가 5[m]인 원통형탱크에 글리세린을 저장하고 있다. 이 탱크에 저장된 글리세린의 지정수량의 배수를 구하시오(이 탱크에 90[%]를 저장한다고 가정한다).

해설
원통형 탱크의 용량

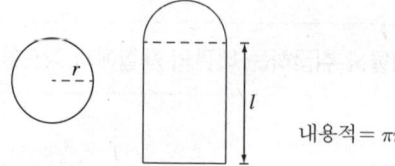

내용적 $= \pi r^2 l$

① 저장량(탱크에 90[%]를 저장한다고 가정한 경우)
  탱크의 용량 $= \pi r^2 l = 3.14 \times (3[m])^2 \times 5[m]$
  $= 141.3[m^3] = 141,300[L] \times 0.9 = 127,170[L]$
② 지정수량의 배수 $= 127,170[L] \div 4,000[L] = 31.79$배

> 글리세린(제3석유류, 수용성)의 지정수량 : 4,000[L]

정답 31.79배

04

다음 위험물의 화학식을 쓰시오.
㉮ Triethyl Aluminium
㉯ Diethyl Aluminium Chloride
㉰ Ethyl Aluminium Dichloride

해설
화학식
① 개 수
  ㉠ 1개 : Mono(거의 사용하지 않음)   ㉡ 2개 : Di
  ㉢ 3개 : Tri   ㉣ 4개 : Tetra
② 알킬기(C_nH_{2n+1})
  ㉠ Methyl기 : CH_3- ㉡ Ethyl기 : C_2H_5-
  ㉢ Propyl기 : C_3H_7- ㉣ Buthyl기 : C_4H_9-
③ 화학식
  ㉠ Triethyl Aluminium(TEA) : $(C_2H_5)_3Al$
  ㉡ Diethyl Aluminium Chloride(DEAC) : $(C_2H_5)_2AlCl$
  ㉢ Ethyl Aluminium Dichloride(EADC) : $C_2H_5AlCl_2$

정답 ㉮ $(C_2H_5)_3Al$
  ㉯ $(C_2H_5)_2AlCl$
  ㉰ $C_2H_5AlCl_2$

05 할로젠화합물 및 불활성 기체에서 IG-541의 구성비를 쓰시오.

해설
할로젠화합물 및 불활성 기체(소방)

① 할로젠화합물 및 불활성 기체의 종류

소화약제	화학식
퍼플루오로뷰테인(FC-3-1-10)	C_4F_{10}
하이드로클로로플루오로카본혼화제(HCFC BLEND A)	HCFC-123($CHCl_2CF_3$) : 4.75[%] HCFC-22($CHClF_2$) : 82[%] HCFC-124($CHClFCF_3$) : 9.5[%] $C_{10}H_{16}$: 3.75[%]
클로로테트라플루오로에테인(HCFC-124)	$CHClFCF_3$
펜타플루오로에테인(HFC-125)	CHF_2CF_3
헵타플루오로프로페인(HFC-227ea)	CF_3CHFCF_3
트라이플루오로메테인(HFC-23)	CHF_3
헥사플루오로프로페인(HFC-236fa)	$CF_3CH_2CF_3$
트라이플루오로이오다이드(FIC-13I1)	CF_3I
불연성·불활성 기체 혼합가스(IG-01)	Ar
불연성·불활성 기체 혼합가스(IG-100)	N_2
불연성·불활성 기체 혼합가스(IG-541)	N_2 : 52[%], Ar : 40[%], CO_2 : 8[%]
불연성·불활성 기체 혼합가스(IG-55)	N_2 : 50[%], Ar : 50[%]
도데카플루오로-2-메틸펜테인-3-원(FK-5-1-12)	$CF_3CF_2C(O)CF(CF_3)_2$

② 할로젠화합물 및 불활성 기체의 분류
  ㉠ 할로젠화합물 계열
   • 분류

계열	정의	해당 물질
HFC(Hydro Fluoro Carbons)계열	C(탄소)에 F(플루오린)와 H(수소)가 결합된 것	HFC-125, HFC-227ea HFC-23, HFC-236fa
HCFC(Hydro Chloro Fluoro Carbons)계열	C(탄소)에 Cl(염소), F(플루오린), H(수소)가 결합된 것	HCFC-BLEND A, HCFC-124
FIC(Fluoro Iodo Carbons) 계열	C(탄소)에 F(플루오린)와 I(옥소)가 결합된 것	FIC-13I1
FC(PerFluoro Carbons)계열	C(탄소)에 F(플루오린)가 결합된 것	FC-3-1-10, FK-5-1-12

• 명명법

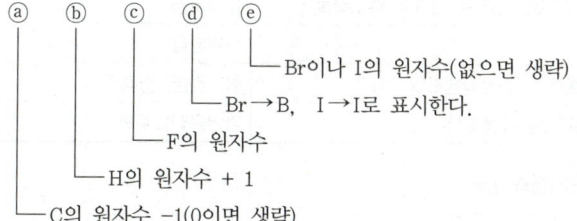

ⓐ C의 원자수 -1(0이면 생략)
ⓑ H의 원자수 + 1
ⓒ F의 원자수
ⓓ Br→B, I→I로 표시한다.
ⓔ Br이나 I의 원자수(없으면 생략)

ⓛ 불활성 기체 계열
• 분류

종 류	화학식
IG-01	Ar
IG-100	N_2
IG-55	N_2(50[%]), Ar(50[%])
IG-541	N_2(52[%]), Ar(40[%]), CO_2(8[%])

• 명명법

ⓧ ⓨ ⓩ
└─ CO_2의 농도[%] : 첫째자리 반올림, 생략 가능
└─ Ar의 농도[%] : 첫째자리 반올림
└─ N_2의 농도[%] : 첫째자리 반올림

정답 N_2 : 52[%], Ar : 40[%], CO_2 : 8[%]

06

위험물 운반용기의 외부에 표시해야 하는 주의사항을 쓰시오.
㉮ 황 린   ㉯ 황화인
㉰ 과산화칼륨   ㉱ 염소산칼륨
㉲ 철 분

해설
운반용기의 외부에 표시하는 주의사항(시행규칙 별표 19)

종 류		주의사항
제1류 위험물	알칼리금속의 과산화물 (**과산화칼륨, 과산화나트륨**)	화기·충격주의, 물기엄금, 가연물접촉주의
	그 밖의 것 (**염소산칼륨 등 나머지 제1류 위험물**)	화기·충격주의, 가연물접촉주의
제2류 위험물	**철분**, 금속분, 마그네슘	화기주의, 물기엄금
	인화성 고체	화기엄금
	그 밖의 것(**황화인, 적린, 황**)	화기주의
제3류 위험물	자연발화성 물질(**황린**)	화기엄금, 공기접촉엄금
	금수성 물질(알칼리금속, 금속의 수소화물)	물기엄금
제4류 위험물		화기엄금
제5류 위험물(나이트로셀룰로스, 과산화벤조일, TNT)		화기엄금, 충격주의
제6류 위험물(질산, 과산화수소, 과염소산)		가연물접촉주의

정답 ㉮ 화기엄금, 공기접촉엄금
㉯ 화기주의
㉰ 화기·충격주의, 물기엄금, 가연물접촉주의
㉱ 화기·충격주의, 가연물접촉주의
㉲ 화기주의, 물기엄금

07

질산 31.5[g]을 물에 녹여 360[g]으로 만들었다. 질산의 몰분율과 몰농도는?(단, 수용액의 비중은 1.1이다)

해설

질산의 몰분율과 몰농도

① 몰분율
  ㉠ 질산의 몰수 = 31.5[g] ÷ 63[g/mol] = 0.5[mol]
  ㉡ 물의 양 = 360[g] - 31.5[g] = 328.5[g]
  물의 몰수 = 328.5[g] ÷ 18[g/mol] = 18.25[mol]

  ∴ 질산의 몰분율 = $\dfrac{각\ 성분의\ 몰수}{전체\ 몰수}$ = $\dfrac{0.5[mol]}{0.5[mol] + 18.25[mol]}$ = 0.027

② 몰농도
  먼저 수용액 360[g]을 부피로 환산하면
  밀도(비중) $\rho = \dfrac{W}{V}$
  부피 $V = 360[g] ÷ 1.1[g/mL] = 327.27[mL]$

  $\begin{matrix} 1[M] & & 63[g] & & 1{,}000[mL] \\ x & & 31.5[g] & & 327.27[mL] \end{matrix}$

  ∴ $x = \dfrac{1[M] \times 31.5[g] \times 1{,}000[mL]}{63[g] \times 327.27[mL]} = 1.53[M]$

정답
- 몰분율 : 0.027
- 몰농도 : 1.53[M]

08

위험물제조소 등의 설치 및 변경의 허가 시 한국소방산업기술원의 기술검토를 받아야 하는 사항을 3가지를 쓰시오.

해설

제조소 등의 설치 및 변경의 허가

① 서류제출 : 시·도지사에게 한다.
② 한국소방산업기술원의 **기술검토를 받아야 하는 사항**(시행령 제6조)
  ㉠ 지정수량의 1천배 이상의 위험물을 취급하는 제조소 또는 일반취급소 : 구조·설비에 관한 사항
  ㉡ 옥외탱크저장소(저장용량이 50만[L] 이상인 것만 해당한다) 또는 암반탱크저장소 : 위험물탱크의 기초·지반, 탱크 본체 및 소화설비에 관한 사항
③ 부분적 변경으로 **기술검토를 받지 않는 사항**(세부기준 제24조)
  ㉠ 옥외저장탱크의 지붕판(노즐·맨홀 등을 포함한다)의 교체(동일한 형태의 것으로 교체하는 경우에 한한다)
  ㉡ 옥외저장탱크의 옆판(노즐·맨홀 등을 포함한다)의 교체 중 다음의 어느 하나에 해당하는 경우
    • 최하단 옆판을 교체하는 경우에는 옆판 표면적의 10[%] 이내의 교체
    • 최하단 외의 옆판을 교체하는 경우에는 옆판 표면적의 30[%] 이내의 교체
  ㉢ 옥외저장탱크의 밑판(옆판의 중심선으로부터 600[mm] 이내의 밑판에 있어서는 해당 밑판의 원주길이의 10[%] 미만에 해당하는 밑판에 한한다)의 교체

ⓐ 옥외저장탱크의 밑판 또는 옆판(노즐·맨홀 등을 포함한다)의 정비(밑판 또는 옆판의 표면적의 50[%] 미만의 겹침보수공사 또는 육성보수공사를 포함한다)
　　ⓑ 옥외탱크저장소의 기초·지반의 정비
　　ⓒ 암반탱크의 내벽의 정비
　　ⓓ 제조소 또는 일반취급소의 구조·설비를 변경하는 경우에 변경에 의한 위험물 취급량의 증가가 지정수량의 1천배 미만인 경우
　　ⓔ ㉠ 내지 ⓒ의 경우와 유사한 경우로서 한국소방산업기술원(이하 "기술원"이라 한다)이 부분적 변경에 해당한다고 인정하는 경우

정답
- 지정수량의 1천배 이상의 위험물을 취급하는 제조소 또는 일반취급소 : 구조·설비에 관한 사항
- 옥외탱크저장소(저장용량이 50만[L] 이상인 것만 해당한다) : 위험물탱크의 기초·지반, 탱크 본체 및 소화설비에 관한 사항
- 암반탱크저장소 : 위험물탱크의 기초·지반, 탱크 본체 및 소화설비에 관한 사항

09

질산암모늄에 대한 다음 물음에 답하시오.
㉮ 화학식
㉯ 고온으로 가열 시 분해반응식

해설

질산암모늄
① 화학식 : NH_4NO_3
② 분해반응식(220[℃]) : $NH_4NO_3 \rightarrow N_2O + 2H_2O$
③ 폭발반응식 : $2NH_4NO_3 \rightarrow 2N_2 + 4H_2O + O_2$

정답　㉮ NH_4NO_3
　　　　㉯ $NH_4NO_3 \rightarrow N_2O + 2H_2O$

10 위험물제조소 등에 설치하는 배관에 사용하는 관이음의 설계기준을 쓰시오.

해설

설계 및 설치기준

① 배관에 사용하는 관이음의 설계기준(세부기준 제118조)
  ㉠ 관이음의 설계는 배관의 설계에 준하는 것 외에 관이음의 휨특성 및 응력집중을 고려하여 행할 것
  ㉡ 배관을 분기하는 경우는 미리 제작한 분기용 관이음 또는 분기구조물을 이용할 것. 이 경우 분기구조물에는 보강판을 부착하는 것을 원칙으로 한다.
  ㉢ 분기용 관이음, 분기구조물 및 리듀서(Reducer)는 원칙적으로 이송기지 또는 전용부지 내에 설치할 것

② 배관에 부착된 밸브의 설치기준(세부기준 제120조)
  ㉠ 밸브는 배관의 강도 이상일 것
  ㉡ 밸브(이송기지 내의 배관에 부착된 것을 제외한다)는 피그의 통과에 지장이 없는 구조로 할 것
  ㉢ 밸브(이송기지 또는 전용기지 내의 배관에 부착된 것을 제외한다)와 배관과의 접속은 원칙적으로 맞대기 용접으로 할 것
  ㉣ 밸브를 용접에 의하여 배관에 접속한 경우에는 접속부의 용접두께가 급변하지 않도록 시공할 것
  ㉤ 밸브는 해당 밸브의 자중 등에 의하여 배관에 이상응력을 발생시키지 않도록 부착할 것
  ㉥ 밸브는 배관의 팽창, 수축 및 지진력 등에 의하여 힘이 직접 밸브에 작용하지 않도록 고려하여 부착할 것
  ㉦ 밸브의 개폐속도는 유격작용 등을 고려한 속도로 할 것
  ㉧ 플랜지 부착 밸브의 플랜지, 볼트 및 가스켓의 재료규격은 시행규칙 별표 15 Ⅱ 제1호의 규정에 의할 것

정답
- 관이음의 설계는 배관의 설계에 준하는 것 외에 관이음의 휨특성 및 응력집중을 고려하여 행할 것
- 배관을 분기하는 경우는 미리 제작한 분기용 관이음 또는 분기구조물을 이용할 것. 이 경우 분기구조물에는 보강판을 부착하는 것을 원칙으로 한다.
- 분기용 관이음, 분기구조물 및 리듀서(Reducer)는 원칙적으로 이송기지 또는 전용부지 내에 설치할 것

11 다이에틸에터에 대하여 다음 물음에 답하시오.

㉮ 구조식
㉯ 지정수량
㉰ 인화점, 비점
㉱ 공기 중 장시간 노출 시 생성물질
㉲ 2,550[L]일 때 옥내저장소에 보유공지(단, 내화구조이다)

해설

다이에틸에터(Di Ethyl Ether, 에터)

① 물 성

화학식	지정수량	분자량	비 중	비 점	인화점	착화점	증기비중
$C_2H_5OC_2H_5$	50[L]	74.12	0.7	34[℃]	-40[℃]	180[℃]	2.55

② 휘발성이 강한 무색투명한 특유의 향이 있는 액체이다.
③ 물에 약간 녹고, 알코올에 잘 녹으며 발생된 증기는 마취성이 있다.
④ 공기와 장기간 접촉하면 **과산화물**이 생성되므로 **갈색병**에 저장해야 한다.

- 에터의 일반식 : R-O-R′ (R : 알킬기)
- 에터의 구조식 :

  ```
       H H   H H
       | |   | |
   H - C-C - O - C-C - H
       | |   | |
       H H   H H
  ```

- 과산화물 생성 방지 : 40[mesh]의 구리망을 넣어 준다.
- 과산화물 검출시약 : 10[%] 아이오딘화칼륨(KI)용액(검출 시 황색)
- 과산화물 제거시약 : 황산제일철 또는 환원철

⑤ 옥내저장소에 저장 시 보유공지

저장 또는 취급하는 위험물의 최대수량	공지의 너비	
	벽·기둥 및 바닥이 내화구조로 된 건축물	그 밖의 건축물
지정수량의 5배 이하	–	0.5[m] 이상
지정수량의 5배 초과 10배 이하	1[m] 이상	1.5[m] 이상
지정수량의 10배 초과 20배 이하	2[m] 이상	3[m] 이상
지정수량의 20배 초과 50배 이하	3[m] 이상	5[m] 이상
지정수량의 50배 초과 200배 이하	**5[m] 이상**	**10[m] 이상**
지정수량의 200배 초과	10[m] 이상	15[m] 이상

지정수량의 배수를 결정하면 다이에틸에터는 제4류 위험물의 특수인화물이므로 지정수량은 50[L]이다.

∴ 지정수량의 배수 = $\frac{2{,}550[L]}{50[L]}$ = 51.0배

⇒ 표에서 **지정수량의 50배 초과 200배 이하에 속하므로 보유공지는 5[m] 이상이다.**

Plus One 옥외저장소에 저장할 수 있는 위험물
- 제2류 위험물 중 황, 인화성 고체(인화점이 0[℃] 이상인 것에 한함)
- 제4류 위험물 중 제1석유류(인화점이 0[℃] 이상인 것에 한함), 제2석유류, 제3석유류, 제4석유류, 알코올류, 동식물유류
- 제6류 위험물
- 제2류 위험물 및 제4류 위험물 중 특별시·광역시·특별자치시·도 또는 특별자치도의 조례로 정하는 위험물(관세법 제154조의 규정에 의한 보세구역 안에 저장하는 경우로 한정한다)
- 국제해사기구에 관한 협약에 의하여 설치된 국제해사기구가 채택한 국제해상위험물규칙(IMDG Code)에 적합한 용기에 수납된 위험물

※ 다이에틸에터는 제4류 위험물의 특수인화물로서 인화점이 –40[℃]이므로 옥외저장소에는 저장할 수 없다.

정답

㉮
```
     H H   H H
     | |   | |
 H - C-C - O - C-C - H
     | |   | |
     H H   H H
```

㉯ 50[L]

㉰ 인화점 : –40[℃], 비점 : 34[℃]

㉱ 과산화물

㉲ 5[m] 이상

12 아세틸렌 가스를 생성하는 제3류 위험물과 물의 반응식을 쓰시오.

해설
탄화칼슘(카바이드)
① 탄화칼슘은 물과 반응하면 아세틸렌가스를 발생한다.
$$CaC_2 + 2H_2O \rightarrow Ca(OH)_2 + C_2H_2$$
② 아세틸렌이 연소하면 이산화탄소와 물을 생성한다.
$$2C_2H_2 + 5O_2 \rightarrow 4CO_2 + 2H_2O$$

정답 $CaC_2 + 2H_2O \rightarrow Ca(OH)_2 + C_2H_2$

---

13 위험물의 저장 및 취급 기준에 관한 설명이다. ( ) 안에 적당한 말을 쓰시오.
- 제1류 위험물은 (㉮)과의 접촉·혼합이나 분해를 촉진하는 물품과의 접근 또는 과열·충격·마찰 등을 피하는 한편, 알칼리금속의 과산화물 및 이를 함유한 것에 있어서는 (㉯)과의 접촉을 피해야 한다.
- 제2류 위험물은 (㉰)와의 접촉·혼합이나 불티·불꽃·고온체와의 접근 또는 과열을 피하는 한편, 철분·금속분·마그네슘 및 이를 함유한 것에 있어서는 물이나 (㉱)과의 접촉을 피하고 인화성 고체에 있어서는 함부로 (㉲)를 발생시키지 않아야 한다.

해설
위험물의 저장 및 취급 기준
① **제1류 위험물**은 **가연물**과의 접촉·혼합이나 분해를 촉진하는 물품과의 접근 또는 과열·충격·마찰 등을 피하는 한편, 알칼리금속의 과산화물 및 이를 함유한 것에 있어서는 **물**과의 접촉을 피해야 한다.
② **제2류 위험물**은 **산화제**와의 접촉·혼합이나 불티·불꽃·고온체와의 접근 또는 과열을 피하는 한편, 철분·금속분·마그네슘 및 이를 함유한 것에 있어서는 **물이나 산**과의 접촉을 피하고 인화성 고체에 있어서는 함부로 **증기**를 발생시키지 않아야 한다.
③ 제3류 위험물 중 자연발화성 물질에 있어서는 불티·불꽃 또는 고온체와의 접근·과열 또는 공기와의 접촉을 피하고, 금수성 물질에 있어서는 물과의 접촉을 피해야 한다.
④ 제4류 위험물은 불티·불꽃·고온체와의 접근 또는 과열을 피하고, 함부로 증기를 발생시키지 않아야 한다.
⑤ 제5류 위험물은 불티·불꽃·고온체와의 접근이나 과열·충격 또는 마찰을 피해야 한다.
⑥ 제6류 위험물은 가연물과의 접촉·혼합이나 분해를 촉진하는 물품과의 접근 또는 과열을 피해야 한다.

정답 ㉮ 가연물 ㉯ 물
     ㉰ 산화제 ㉱ 산
     ㉲ 증기

14

소화난이도등급 Ⅰ의 옥외탱크저장소에 설치해야 하는 소화설비를 쓰시오.

㉮ 지중탱크 또는 해상탱크 외의 탱크에 황만 저장하는 곳
㉯ 지중탱크 또는 해상탱크 외의 탱크에 인화점 70[℃] 이상의 제4류 위험물을 저장하는 곳
㉰ 지중탱크

해설

소화난이도등급 Ⅰ의 제조소 등에 설치해야 하는 소화설비(시행규칙 별표 17)

제조소 등의 구분			소화설비
제조소 및 일반취급소			옥내소화전설비, 옥외소화전설비, 스프링클러설비 또는 물분무 등 소화설비(화재발생 시 연기가 충만할 우려가 있는 장소에는 스프링클러설비 또는 이동식 외의 물분무 등 소화설비에 한한다)
주유취급소			스프링클러설비(건축물에 한정한다), 소형수동식소화기 등(능력단위의 수치가 건축물 그 밖의 공작물 및 위험물의 소요단위의 수치에 이르도록 설치할 것)
옥내 저장소	처마높이가 6[m] 이상인 단층건물 또는 다른 용도의 부분이 있는 건축물에 설치한 옥내저장소		스프링클러설비 또는 이동식 외의 물분무 등 소화설비
	그 밖의 것		옥외소화전설비, 스프링클러설비, 이동식 외의 물분무 등 소화설비 또는 이동식 포소화설비(포소화전을 옥외에 설치하는 것에 한한다)
옥외 탱크 저장소	지중탱크 또는 해상탱크 외의 것	황만을 저장·취급하는 것	물분무소화설비
		인화점 70[℃] 이상의 제4류 위험물만을 저장·취급하는 것	물분무소화설비 또는 고정식 포소화설비
		그 밖의 것	고정식 포소화설비(포소화설비가 적응성이 없는 경우에는 분말소화설비)
	지중탱크		고정식 포소화설비, 이동식 이외의 불활성 가스소화설비 또는 이동식 이외의 할로젠화합물소화설비
	해상탱크		고정식 포소화설비, 물분무소화설비, 이동식 이외의 불활성 가스소화설비 또는 이동식 이외의 할로젠화합물소화설비
옥내 탱크 저장소	황만을 저장·취급하는 것		물분무소화설비
	인화점 70[℃] 이상의 제4류 위험물만을 저장·취급하는 것		물분무소화설비, 고정식 포소화설비, 이동식 이외의 불활성 가스소화설비, 이동식 이외의 할로젠화합물소화설비 또는 이동식 이외의 분말소화설비
	그 밖의 것		고정식 포소화설비, 이동식 이외의 불활성 가스소화설비, 이동식 이외의 할로젠화합물소화설비 또는 이동식 이외의 분말소화설비
옥외저장소 및 이송취급소			옥내소화전설비, 옥외소화전설비, 스프링클러설비 또는 물분무 등 소화설비(화재발생 시 연기가 충만할 우려가 있는 장소에는 스프링클러설비 또는 이동식 이외의 물분무 등 소화설비에 한한다)
암반 탱크 저장소	황만을 저장·취급하는 것		물분무소화설비
	인화점 70[℃] 이상의 제4류 위험물만을 저장·취급하는 것		물분무소화설비 또는 고정식 포소화설비
	그 밖의 것		고정식 포소화설비(포소화설비가 적응성이 없는 경우에는 분말소화설비)

정답
㉮ 물분무소화설비
㉯ 물분무소화설비, 고정식 포소화설비
㉰ 고정식 포소화설비, 이동식 이외의 불활성 가스소화설비, 이동식 이외의 할로젠화합물소화설비

15 다음 위험물의 위험도를 구하시오.
㉮ 아세트알데하이드 ㉯ 이황화탄소

해설
위험도
① 아세트알데하이드의 연소범위 : 4.0~60.0[%]

$$위험도 = \frac{상한값 - 하한값}{하한값} = \frac{60-4}{4} = 14.0$$

② 이황화탄소의 연소범위 : 1.0~50[%]

$$위험도 = \frac{상한값 - 하한값}{하한값} = \frac{50-1}{1} = 49.0$$

정답 ㉮ 14.0 ㉯ 49.0

---

16 지정수량 50[kg], 분자량 78, 비중 2.8인 물질이 물과 이산화탄소와 반응 시 화학반응식을 쓰시오.

해설
과산화나트륨
① 물 성

화학식	지정수량	분자량	비 중	융 점	분해 온도
Na_2O_2	50[kg]	78	2.8	460[℃]	460[℃]

② 순수한 것은 백색이지만 보통은 황백색의 분말이다.
③ 에틸알코올에 녹지 않는다.
④ 목탄, 가연물과 접촉하면 발화되기 쉽다.
⑤ 산과 반응하면 과산화수소를 생성한다.

$$Na_2O_2 + 2HCl \rightarrow 2NaCl + H_2O_2$$

⑥ 물과 반응하면 산소가스를 발생하고 많은 열을 발생한다.

$$2Na_2O_2 + 2H_2O \rightarrow 4NaOH + O_2$$

⑦ 아세트산과 반응 시 초산나트륨과 과산화수소를 생성한다.

$$Na_2O_2 + 2CH_3COOH \rightarrow 2CH_3COONa + H_2O_2$$

⑧ 이산화탄소와 반응하면 탄산나트륨과 산소를 발생한다.

$$2Na_2O_2 + 2CO_2 \rightarrow 2Na_2CO_3 + O_2$$

정답
• 물과 반응 : $2Na_2O_2 + 2H_2O \rightarrow 4NaOH + O_2$
• 이산화탄소와 반응 : $2Na_2O_2 + 2CO_2 \rightarrow 2Na_2CO_3 + O_2$

17 위험물제조소에 예방규정을 작성해야 하는데 지정수량의 배수에 해당하는 제조소 등을 쓰시오.
- ㉮ 10배
- ㉯ 100배
- ㉰ 150배
- ㉱ 200배

해설
관계인이 예방규정을 정해야 하는 제조소 등(시행령 제15조)
① 지정수량의 **10배 이상**의 위험물을 취급하는 **제조소**
② 지정수량의 **100배 이상**의 위험물을 저장하는 **옥외저장소**
③ 지정수량의 **150배 이상**의 위험물을 저장하는 **옥내저장소**
④ 지정수량의 **200배 이상**의 위험물을 저장하는 **옥외탱크저장소**
⑤ 암반탱크저장소
⑥ 이송취급소
⑦ 지정수량의 10배 이상의 위험물을 취급하는 일반취급소. 다만, 제4류 위험물(특수인화물은 제외한다)만을 지정수량의 50배 이하로 취급하는 일반취급소(제1석유류·알코올류의 취급량이 지정수량의 10배 이하인 경우에 한한다)로서 다음의 어느 하나에 해당하는 것을 제외한다.
  ㉠ 보일러·버너 또는 이와 비슷한 것으로서 위험물을 소비하는 장치로 이루어진 일반취급소
  ㉡ 위험물을 용기에 옮겨 담거나 차량에 고정된 탱크에 주입하는 일반취급소

정답
- ㉮ 제조소
- ㉯ 옥외저장소
- ㉰ 옥내저장소
- ㉱ 옥외탱크저장소

18 소규모 옥내저장소의 특례기준은 지정수량의 몇 배 이하이고 처마높이가 몇 [m] 미만인 것을 말하는가?

해설
소규모 옥내저장소의 특례기준
① 규 모
  ㉠ 지정수량 : 50배 이하
  ㉡ 처마높이 : 6[m] 미만
② 설치기준
  ㉠ 보유공지

저장 또는 취급하는 위험물의 최대수량	공지의 너비
지정수량의 5배 이하	-
지정수량의 5배 초과 20배 이하	1[m] 이상
지정수량의 20배 초과 50배 이하	2[m] 이상

  ㉡ 저장창고 바닥면적 : 150[m²] 이하
  ㉢ 벽·기둥·바닥·보, 지붕 : 내화구조
  ㉣ 출입구 : 수시로 개방할 수 있는 자동폐쇄식의 60분+ 방화문 또는 60분 방화문을 설치
  ㉤ 저장창고에는 창을 설치하지 않을 것

정답
- 지정수량 : 50배 이하
- 처마높이 : 6[m] 미만

19 주유취급소에 담 또는 벽을 설치하는 데 일부분을 방화상 유효한 구조의 유리로 부착할 때 다음 물음에 답하시오.

㉮ 유리의 설치높이
㉯ 유리판의 가로길이
㉰ 유리를 부착하는 범위

해설
담 또는 벽(시행규칙 별표 13)

① 주유취급소의 주위에는 자동차 등이 출입하는 쪽 외의 부분에 높이 2[m] 이상의 내화구조 또는 불연재료의 담 또는 벽을 설치할 것
② ①에도 불구하고 다음의 기준에 모두 적합한 경우에는 담 또는 벽의 일부분에 방화상 유효한 구조의 유리를 부착할 수 있다.
  ㉠ 유리를 부착하는 위치는 주입구, 고정주유설비 및 고정급유설비로부터 4[m] 이상 거리를 둘 것
  ㉡ **유리를 부착하는 방법**은 다음의 기준에 모두 적합할 것
    • 주유취급소 내의 지반면으로부터 **70[cm]를 초과하는 부분**에 한하여 유리를 부착할 것
    • 하나의 **유리판의 가로의 길이**는 **2[m] 이내**일 것
    • 유리판의 테두리를 금속제의 구조물에 견고하게 고정하고 해당 구조물을 담 또는 벽에 견고하게 부착할 것
    • 유리의 구조는 접합유리(2장의 유리를 두께 0.76[mm] 이상의 폴리비닐부티랄 필름으로 접합한 구조를 말한다)로 하되, 유리구획 부분의 내화시험방법(KS F 2845)에 따라 시험하여 비차열 30분 이상의 방화성능이 인정될 것
  ㉢ 유리를 **부착하는 범위**는 전체의 담 또는 벽의 길이의 **2/10**를 초과하지 않을 것

정답
㉮ 70[cm]를 초과하는 부분
㉯ 2[m] 이내
㉰ 전체의 담 또는 벽의 길이의 2/10를 초과하지 않을 것

20 다음 위험물 중 위험등급을 구분하시오.

아염소산칼륨, 과산화나트륨, 과망가니즈산나트륨, 마그네슘, 황화인, 나트륨, 인화알루미늄, 휘발유, 나이트로글리세린

해설
위험등급
① **위험등급 I 의 위험물**
　㉠ 제1류 위험물 중 아염소산염류(**아염소산칼륨**), 염소산염류, 과염소산염류, 무기과산화물(**과산화나트륨**), 지정수량이 50[kg]인 위험물
　㉡ 제3류 위험물 중 칼륨, **나트륨**, 알킬알루미늄, 알킬리튬, 황린, 지정수량이 10[kg]인 위험물
　㉢ 제4류 위험물 중 특수인화물
　㉣ 제5류 위험물 중 **지정수량이 10[kg]인 위험물(나이트로글리세린)**
　㉤ 제6류 위험물
② **위험등급 II 의 위험물**
　㉠ 제1류 위험물 중 브로민산염류, 질산염류, 아이오딘산염류, 지정수량이 300[kg]인 위험물
　㉡ 제2류 위험물 중 **황화인**, 적린, 황, 지정수량이 100[kg]인 위험물
　㉢ 제3류 위험물 중 알칼리금속(칼륨, 나트륨 제외) 및 알칼리토금속, 유기금속화합물(알킬알루미늄 및 알킬리튬은 제외), 지정수량이 50[kg]인 위험물
　㉣ 제4류 위험물 중 제1석유류(**휘발유**), 알코올류
　㉤ 제5류 위험물 중 위험등급 I 에 정하는 위험물 외의 것
③ **위험등급Ⅲ의 위험물** : ① 및 ②에 정하지 않은 위험물
　㉠ 과망가니즈산나트륨
　㉡ 마그네슘
　㉢ 인화알루미늄(금속의 인화물)

정답
　• 위험등급 I : 아염소산칼륨, 과산화나트륨, 나트륨, 나이트로글리세린
　• 위험등급 II : 황화인, 휘발유
　• 위험등급Ⅲ : 과망가니즈산나트륨, 마그네슘, 인화알루미늄

2013년 9월 1일 시행 과년도 기출복원문제

01

위험물안전관리자를 선임하지 않은 경우 행정처분 기준을 쓰시오.
㉮ 1차
㉯ 2차
㉰ 3차

해설

제조소 등에 대한 행정처분

위반행위	근거 법조문	행정처분 기준		
		1차	2차	3차
법 제6조 제1항의 후단에 따른 변경허가를 받지 않고, 제조소 등의 위치·구조 또는 설비를 변경한 경우	법 제12조 제1호	경고 또는 사용정지 15일	사용정지 60일	허가취소
법 제9조에 따른 완공검사를 받지 않고 제조소 등을 사용한 경우	법 제12조 제2호	사용정지 15일	사용정지 60일	허가취소
법 제11조의2 제3항에 따른 안전조치 이행명령을 따르지 않은 경우	법 제12조 제2호의2	경고	허가취소	–
법 제14조 제2항에 따른 수리·개조 또는 이전의 명령을 위반한 경우	법 제12조 제3호	사용정지 30일	사용정지 90일	허가취소
법 제15조 제1항 및 제2항에 따른 **위험물안전관리자를 선임하지 않은 경우**	법 제12조 제4호	사용정지 15일	사용정지 60일	허가취소
법 제15조 제5항을 위반하여 대리자를 지정하지 않은 경우	법 제12조 제5호	사용정지 10일	사용정지 30일	허가취소
법 제18조 제1항에 따른 정기점검을 하지 않은 경우	법 제12조 제6호	사용정지 10일	사용정지 30일	허가취소
법 제18조 제3항에 따른 정기검사를 받지 않은 경우	법 제12조 제7호	사용정지 10일	사용정지 30일	허가취소
법 제26조에 따른 저장·취급기준 준수명령을 위반한 경우	법 제12조 제8호	사용정지 30일	사용정지 60일	허가취소

정답
㉮ 사용정지 15일
㉯ 사용정지 60일
㉰ 허가취소

02

다음은 지하탱크저장소의 설비기준에 대한 설명이다. 적당한 숫자를 쓰시오.

- 탱크전용실은 지하의 가장 가까운 벽·피트·가스관 등의 시설물 및 대지경계선으로부터 (㉮)[m] 이상 떨어진 곳에 설치하고, 지하저장탱크와 탱크전용실의 안쪽과의 사이는 (㉯)[m] 이상의 간격을 유지하도록 하며 해당 탱크의 주위에 마른 모래 또는 습기 등에 의하여 응고되지 않는 입자지름 (㉰)[mm] 이하의 마른 자갈분을 채워야 한다.
- 지하저장탱크를 2 이상 인접해 설치하는 경우에는 그 상호간에 (㉱)[m](해당 2 이상의 지하저장탱크의 용량의 합계가 지정수량의 100배 이하인 때에는 (㉲)[m]) 이상의 간격을 유지해야 한다. 다만, 그 사이에 탱크 전용실의 벽이나 두께 (㉳)[cm] 이상의 콘크리트 구조물이 있는 경우에는 그렇지 않다.

해설

지하탱크저장소

① 탱크전용실은 지하의 가장 가까운 벽·피트·가스관 등의 시설물 및 대지경계선으로부터 **0.1[m] 이상** 떨어진 곳에 설치하고, 지하저장탱크와 탱크전용실의 안쪽과의 사이는 **0.1[m] 이상**의 간격을 유지하도록 하며, 해당 탱크의 주위에 마른 모래 또는 습기 등에 의하여 응고되지 않는 입자지름 **5[mm]** 이하의 마른 자갈분을 채워야 한다.
② 지하저장탱크를 2 이상 인접해 설치하는 경우에는 그 상호간에 **1[m]**(해당 2 이상의 지하저장탱크의 용량의 합계가 지정수량의 100배 이하인 때에는 **0.5[m]**) 이상의 **간격**을 유지해야 한다. 다만, 그 사이에 탱크 전용실의 벽이나 두께 **20[cm]** 이상의 콘크리트 구조물이 있는 경우에는 그렇지 않다.

정답
㉮ 0.1 ㉯ 0.1
㉰ 5   ㉱ 1
㉲ 0.5 ㉳ 20

03

위험물의 취급 중 제조에 관한 기준을 설명하시오.
㉮ 증류공정   ㉯ 추출공정
㉰ 건조공정   ㉱ 분쇄공정

해설

위험물의 취급 중 제조에 관한 기준(시행규칙 별표 18)
① **증류공정**에 있어서는 위험물을 취급하는 설비의 내부압력의 변동 등에 의하여 액체 또는 증기가 새지 않도록 할 것
② **추출공정**에 있어서는 추출관의 내부압력이 비정상으로 상승하지 않도록 할 것
③ **건조공정**에 있어서는 위험물의 온도가 부분적으로 상승하지 않는 방법으로 가열 또는 건조할 것
④ **분쇄공정**에 있어서는 위험물의 분말이 현저하게 부유하고 있거나 위험물의 분말이 현저하게 기계·기구 등에 부착하고 있는 상태로 그 기계·기구를 취급하지 않을 것

정답
㉮ 위험물을 취급하는 설비의 내부압력의 변동 등에 의하여 액체 또는 증기가 새지 않도록 할 것
㉯ 추출관의 내부압력이 비정상으로 상승하지 않도록 할 것
㉰ 위험물의 온도가 부분적으로 상승하지 않는 방법으로 가열 또는 건조할 것
㉱ 위험물의 분말이 현저하게 부유하고 있거나 위험물의 분말이 현저하게 기계·기구 등에 부착하고 있는 상태로 그 기계·기구를 취급하지 않을 것

04 벤젠 6[g]이 완전연소 시 생성되는 이산화탄소의 부피는 몇 [L]인가?(단, 표준상태이다)

해설

벤젠의 연소반응식

$$C_6H_6 + 7.5O_2 \rightarrow 6CO_2 + 3H_2O$$

C_6H_6 + 7.5O_2 → 6CO_2 + 3H_2O
78[g] ──────── 6 × 22.4[L]
6[g] ──────── x

$\therefore x = \dfrac{6[g] \times 6 \times 22.4[L]}{78[g]} = 10.34[L]$

정답 10.34[L]

---

05 제3류 위험물 운반용기의 수납기준을 쓰시오.

해설

제3류 위험물의 운반용기의 수납기준(시행규칙 별표 19)
① **자연발화성 물질에 있어서는 불활성 기체를 봉입**하여 밀봉하는 등 공기와 접하지 않도록 할 것
② **자연발화성 물질 외의 물품에 있어서는 파라핀·경유·등유** 등의 보호액으로 채워 밀봉하거나 **불활성 기체를 봉입**하여 밀봉하는 등 수분과 접하지 않도록 할 것
③ 자연발화성 물질 중 **알킬알루미늄 등은 운반용기의 내용적의 90[%] 이하의 수납률**로 수납하되, 50[℃]의 온도에서 **5[%] 이상의 공간용적**을 유지하도록 할 것

정답
• 자연발화성 물질에 있어서는 불활성 기체를 봉입하여 밀봉하는 등 공기와 접하지 않도록 할 것
• 자연발화성 물질 외의 물품에 있어서는 파라핀·경유·등유 등의 보호액으로 채워 밀봉하거나 불활성 기체를 봉입하여 밀봉하는 등 수분과 접하지 않도록 할 것
• 자연발화성 물질 중 알킬알루미늄 등은 운반용기의 내용적의 90[%] 이하의 수납률로 수납하되, 50[℃]의 온도에서 5[%] 이상의 공간용적을 유지하도록 할 것

06

경유인 액체위험물을 상부를 개방한 용기에 저장하는 경우 표면적이 50[m²]이고, 국소방출방식의 분말소화설비를 설치하고자 할 때 제3종 분말소화약제의 저장량은 얼마로 해야 하는가?

해설

국소방출방식

소방대상물		약제저장량[kg]		
		제1종 분말	제2종, 제3종 분말	제4종 분말
면적식 국소 방출 방식	액체 위험물을 상부를 개방한 용기에 저장하는 경우 등 화재 시 연소면이 한 면에 한정되고 위험물이 비산할 우려가 없는 경우	방호대상물의 표면적[m²] × 8.8[kg/m²] × 1.1 × 계수	방호대상물의 표면적[m²] × 5.2[kg/m²] × 1.1 × 계수	방호대상물의 표면적[m²] × 3.6[kg/m²] × 1.1 × 계수
용적식 국소 방출 방식	상기 이외의 것	방호공간의 체적[m³] × $\left(X - Y\frac{a}{A}\right)$[kg/m³] × 1.1 × 계수	방호공간의 체적[m³] × $\left(X - Y\frac{a}{A}\right)$[kg/m³] × 1.1 × 계수	방호공간의 체적[m³] × $\left(X - Y\frac{a}{A}\right)$[kg/m³] × 1.1 × 계수

여기서, Q : 단위체적당 소화약제의 양[kg/m³]
a : 방호대상물 주위에 실제로 설치된 고정벽의 면적의 합계[m²]
A : 방호공간 전체둘레의 면적[m²]
X 및 Y : 다음 표에 정한 소화약제의 종류에 따른 수치

소화약제의 종별	X의 수치	Y의 수치
제1종 분말	5.2	3.9
제2종 분말 또는 제3종 분말	3.2	2.4
제4종 분말	2.0	1.5

∴ 약제저장량을 구하면

저장량 = 방호대상물의 표면적[m²] × 5.2[kg/m²] × 1.1 × 계수

경유는 제1종~제4종 분말 계수가 1.0이다.
∴ 저장량 = 방호대상물의 표면적[m²] × 5.2[kg/m²] × 1.1 × 계수
= 50[m²] × 5.2[kg/m²] × 1.1 × 1.0
= 286[kg]

정답 286[kg]

07

제1류 위험물로서 무색무취이고 녹는점은 212[℃], 비중 4.35로서 햇빛에 의해 변질되므로 갈색병에 보관해야 하는 위험물의 명칭과 열분해반응식을 쓰시오.

㉮ 명 칭
㉯ 열분해반응식

해설

질산은

① 물 성

화학식	분자량	비 중	융 점
$AgNO_3$	170	4.35	212[℃]

② 무색무취이고 투명한 결정이다.
③ 물, 아세톤, 알코올, 글리세린에는 잘 녹는다.
④ 햇빛에 의해 변질되므로 갈색병에 보관해야 한다.
⑤ 사진감광제, 부식제, 은도금, 분석시약, 살균제, 살충제로 사용한다.
⑥ 분해반응식

$$2AgNO_3 \rightarrow 2Ag + 2NO_2 + O_2$$

정답 ㉮ 질산은($AgNO_3$)
㉯ $2AgNO_3 \rightarrow 2Ag + 2NO_2 + O_2$

08

제1종 분말소화약제의 열분해반응식을 쓰시오.

㉮ 270[℃]
㉯ 850[℃]

해설

분말소화약제 열분해 반응식

① **제1종 분말**
  ㉠ 1차 분해반응식(270[℃]) : $2NaHCO_3 \rightarrow Na_2CO_3 + CO_2 + H_2O$
  ㉡ 2차 분해반응식(850[℃]) : $2NaHCO_3 \rightarrow Na_2O + 2CO_2 + H_2O$
② **제2종 분말**
  ㉠ 1차 분해반응식(190[℃]) : $2KHCO_3 \rightarrow K_2CO_3 + CO_2 + H_2O$
  ㉡ 2차 분해반응식(590[℃]) : $2KHCO_3 \rightarrow K_2O + 2CO_2 + H_2O$
③ **제3종 분말**
  ㉠ 1차 분해반응식(190[℃]) : $NH_4H_2PO_4 \rightarrow NH_3 + H_3PO_4$(인산, 오쏘인산)
  ㉡ 2차 분해반응식(215[℃]) : $2H_3PO_4 \rightarrow H_2O + H_4P_2O_7$(피로인산)
  ㉢ 3차 분해반응식(300[℃]) : $H_4P_2O_7 \rightarrow H_2O + 2HPO_3$(메타인산)

정답 ㉮ $2NaHCO_3 \rightarrow Na_2CO_3 + CO_2 + H_2O$
㉯ $2NaHCO_3 \rightarrow Na_2O + 2CO_2 + H_2O$

09

다음 [보기]와 같은 물질의 구조식을 쓰시오.

[보 기]
- 제4류 위험물로서 무색, 액체이다.
- 비수용성이고, 지정수량은 1,000[L], 위험등급은 등급 Ⅲ이다.
- 비중 1.1, 증기비중 약 3.9이다.
- 벤젠을 철 촉매하에서 염소화시켜 제조한다.

해설

클로로벤젠(Chlorobenzene)

① 물 성

화학식	구조식	지정수량	위험등급	비 중	증기비중	비 점	인화점
C_6H_5Cl		1,000[L]	Ⅲ	1.1	3.88	132[℃]	27[℃]

② 마취성이 조금 있는 석유와 비슷한 냄새가 나는 무색, 액체이다.
③ 물에 녹지 않고 알코올, 에터 등 유기용제에는 녹는다.
④ 연소하면 염화수소가스를 발생한다.

$$C_6H_5Cl + 7O_2 \rightarrow 6CO_2 + 2H_2O + HCl$$

⑤ 벤젠을 철 촉매하에서 염소화시켜 제조한다.

정답

Cl
⌬

10

제2류 위험물인 마그네슘이 다음 물질과 반응할 때 반응식을 쓰시오.

㉮ 이산화탄소
㉯ 질 소
㉰ 물

해설

마그네슘의 반응식

① 연소반응식 : $2Mg + O_2 \rightarrow 2MgO$
② 물과 반응 : $Mg + 2H_2O \rightarrow Mg(OH)_2 + H_2\uparrow$
③ 산과 반응 : $Mg + 2HCl \rightarrow MgCl_2 + H_2\uparrow$
④ 질소와 반응 : $3Mg + N_2 \rightarrow Mg_3N_2$(질화마그네슘)
⑤ 이산화탄소와 반응 : $Mg + CO_2 \rightarrow MgO + CO$

정답
㉮ $Mg + CO_2 \rightarrow MgO + CO$
㉯ $3Mg + N_2 \rightarrow Mg_3N_2$
㉰ $Mg + 2H_2O \rightarrow Mg(OH)_2 + H_2$

11 규조토에 흡수시켜 다이너마이트를 제조할 때 사용하는 제5류 위험물에 대하여 다음 각 물음에 답하시오.
㉮ 품 명
㉯ 화학식
㉰ 분해반응

해설

나이트로글리세린(Nitro Glycerine, NG)

① 물 성

화학식	품 명	융 점	비 점	비 중
$C_3H_5(ONO_2)_3$	질산에스터류	2.8[℃]	218[℃]	1.6

② 무색투명한 기름성의 액체(공업용 : 담황색)이다.
③ 알코올, 에터, 벤젠, 아세톤, 등 유기용제에는 녹는다.
④ 상온에서 액체이고 겨울에는 동결한다.
⑤ 수산화나트륨-알코올의 혼합액에 분해하여 비폭발성 물질로 된다.
⑥ 일부가 동결한 것은 액상의 것보다 충격에 민감하다.
⑦ 피부 및 호흡에 의해 인체의 순환계통에 용이하게 흡수된다.
⑧ 가열, 마찰, 충격에 민감하다(폭발을 방지하기 위하여 다공성 물질에 흡수시킨다).

다공성 물질 : 규조토, 톱밥, 소맥분, 전분

⑨ 규조토에 흡수시켜 다이너마이트를 제조할 때 사용한다.

- 나이트로글리세린의 구조식

$$\begin{array}{ccc} H & H & H \\ | & | & | \\ H-C-C-C-H \\ | & | & | \\ O & O & O \\ | & | & | \\ NO_2 & NO_2 & NO_2 \end{array}$$

- NG의 분해반응식
$4C_3H_5(ONO_2)_3 \rightarrow 12CO_2\uparrow + 10H_2O + 6N_2\uparrow + O_2\uparrow$

정답
㉮ 질산에스터류
㉯ $C_3H_5(ONO_2)_3$
㉰ $4C_3H_5(ONO_2)_3 \rightarrow 12CO_2 + 10H_2O + 6N_2 + O_2$

12

1[mol] 염화수소와 0.5[mol] 산소의 혼합물에 촉매를 넣고 400[℃]에서 평형에 도달시킬 때 0.39[mol]의 염소를 생성하였다. 이 반응이 다음의 화학반응식을 통해 진행된다고 할 때, 평형상태에서의 전체 몰수의 합을 구하고 전체 압력이 1[atm]일 때 성분 4가지의 분압은?

$$4HCl + O_2 \rightarrow 2Cl_2 + 2H_2O$$

해설

반응식에서 반응 전후 몰수를 구하면

	$4HCl$	$+$	O_2	$\rightarrow$	$2Cl_2$	$+$	$2H_2O$
① 반응 전의 몰수	1[mol]		0.5[mol]		0[mol]		0[mol]
② 반응 후의 몰수	$\left\{1-\left(\frac{4}{2}\times 0.39\right)\right\}$[mol]		$\left\{0.5-\left(\frac{1}{2}\times 0.39\right)\right\}$[mol]		0.39[mol]		0.39[mol]

③ 전체 몰수 = 0.22 + 0.305 + 0.39 + 0.39 = 1.305[mol]
④ 각 성분의 분압을 구하면,
  ㉠ 염화수소 = (0.22/1.305)×1[atm] = 0.17[atm]
  ㉡ 산소 = (0.305/1.305)×1[atm] = 0.23[atm]
  ㉢ 염소 = (0.39/1.305)×1[atm] = 0.30[atm]
  ㉣ 수증기 = (0.39/1.305)×1[atm] = 0.30[atm]

정답
- 전체 몰수 : 1.305[mol]
- 각 성분의 분압
  - 염화수소 : 0.17[atm]
  - 산소 : 0.23[atm]
  - 염소 : 0.30[atm]
  - 수증기 : 0.30[atm]

13

0.01[wt%] 황을 함유한 1,000[kg]의 코크스를 과잉공기 중에 완전 연소시켰을 때 발생되는 SO_2의 양은 몇 [g]인가?

해설

1,000[kg] 중의 황의 양은 1,000,000[g]×0.0001 = 100[g]

연소반응식 $S + O_2 \rightarrow SO_2$
             32[g]   64[g]
             100[g] x[g]

$$\therefore x = \frac{100[g] \times 64[g]}{32[g]} = 200[g]$$

정답 200[g]

14 위험물 운반 시 각 유별에 따른 주의사항에 관해 (　) 안을 채우시오.

유 별		주의사항
제1류 위험물	알칼리금속의 과산화물	(㉮)
	그 밖의 것	화기·충격주의, 가연물접촉주의
제2류 위험물	철분·금속분·마그네슘	(㉯)
	인화성 고체	화기엄금
	그 밖의 것	화기주의
제3류 위험물	자연발화성 물질	(㉰)
	금수성 물질	물기엄금
제4류 위험물		화기엄금
제5류 위험물		(㉱)
제6류 위험물		(㉲)

해설

운반용기의 주의사항

유 별		주의사항
제1류 위험물	알칼리금속의 과산화물	**화기·충격주의, 물기엄금, 가연물접촉주의**
	그 밖의 것	화기·충격주의, 가연물접촉주의
제2류 위험물	철분·금속분·마그네슘	**화기주의, 물기엄금**
	인화성 고체	화기엄금
	그 밖의 것	화기주의
제3류 위험물	자연발화성 물질	**화기엄금, 공기접촉엄금**
	금수성 물질	물기엄금
제4류 위험물		화기엄금
제5류 위험물		**화기엄금, 충격주의**
제6류 위험물		**가연물접촉주의**

정답
㉮ 화기·충격주의, 물기엄금, 가연물접촉주의
㉯ 화기주의, 물기엄금
㉰ 화기엄금, 공기접촉엄금
㉱ 화기엄금, 충격주의
㉲ 가연물접촉주의

15 위험물 특정옥외저장탱크의 애뉼러 판을 설치하는 경우 3가지를 쓰시오.

해설
애뉼러 판을 설치하는 경우
① 저장탱크 옆판의 최하단 두께가 15[mm]를 초과하는 경우
② 안지름이 30[m]를 초과하는 경우
③ 저장탱크 옆판을 고장력강으로 사용하는 경우

> **Plus One** 특정옥외저장탱크의 용접방법(시행규칙 별표 6)
> - 옆판의 용접
>   - 세로이음 및 가로이음은 완전용입 맞대기용접으로 할 것
>   - 옆판의 세로이음은 단을 달리하는 옆판의 각각의 세로이음과 동일선상에 위치하지 않도록 할 것. 이 경우 해당 세로이음 간의 간격은 서로 접하는 옆판 중 두꺼운 쪽 옆판의 두께의 5배 이상으로 해야 한다.
> - 옆판과 애뉼러 판(애뉼러 판이 없는 경우에는 밑판)과의 용접은 부분용입그룹용접 또는 이와 동등 이상의 용접강도가 있는 용접방법으로 용접할 것. 이 경우에 있어서 용접 비드(Bead)는 매끄러운 형상을 가져야 한다.
> - 애뉼러 판과 애뉼러 판은 뒷면에 재료를 댄 맞대기용접으로 하고, 애뉼러 판과 밑판 및 밑판과 밑판의 용접은 뒷면에 재료를 댄 맞대기용접 또는 겹치기용접으로 용접할 것. 이 경우에 애뉼러 판과 밑판이 접하는 면 및 밑판과 밑판이 접하는 면은 해당 애뉼러 판과 밑판의 용접부의 강도 및 밑판과 밑판의 용접부의 강도에 유해한 영향을 주는 흠이 있어서는 안 된다.

정답
- 저장탱크 옆판의 최하단 두께가 15[mm]를 초과하는 경우
- 안지름이 30[m]를 초과하는 경우
- 저장탱크 옆판을 고장력강으로 사용하는 경우

16 위험물 저장탱크에 설치하는 포소화설비의 포방출구(Ⅰ형, Ⅱ형, 특형, Ⅲ형, Ⅳ형) 중 Ⅲ형 포방출구를 사용하기 위해 저장 또는 취급하는 위험물은 어떤 특성을 가져야 하는지 2가지를 쓰시오.

해설
고정포방출구(위험물 탱크)의 종류

① **Ⅰ형** : 고정지붕구조의 탱크에 상부포주입법(고정포방출구를 탱크옆판의 상부에 설치하여 액표면상에 포를 방출하는 방법을 말한다)을 이용하는 것으로서 방출된 포가 액면 아래로 몰입되거나 액면을 뒤섞지 않고 액면상을 덮을 수 있는 통계단 또는 미끄럼판 등의 설비 및 탱크 내의 위험물증기가 외부로 역류되는 것을 저지할 수 있는 구조·기구를 갖는 포방출구

② **Ⅱ형** : 고정지붕구조 또는 부상덮개부착고정지붕구조(옥외저장탱크의 액상에 금속제의 플로팅, 팬 등의 덮개를 부착한 고정지붕구조의 것을 말한다)의 탱크에 상부포주입법을 이용하는 것으로서 방출된 포가 탱크옆판의 내면을 따라 흘러내려 가면서 액면 아래로 몰입되거나 액면을 뒤섞지 않고 액면상을 덮을 수 있는 반사판 및 탱크 내의 위험물증기가 외부로 역류되는 것을 저지할 수 있는 구조·기구를 갖는 포방출구

> **Plus One** Ⅲ형 포방출구를 사용하기 위한 위험물의 특성(세부기준 제133조)
> • 온도 20[℃] 물 100[g]에 용해되는 양이 1[g] 미만일 것
> • 저장온도가 50[℃] 이하 또는 동점도가 100[cSt] 이하일 것

③ **특형** : 부상지붕구조의 탱크에 상부포주입법을 이용하는 것으로서 부상지붕의 부상부분상에 높이 0.9[m] 이상의 금속제의 칸막이(방출된 포의 유출을 막을 수 있고 충분한 배수능력을 갖는 배수구를 설치한 것에 한한다)를 탱크옆판의 내측으로부터 1.2[m] 이상 이격하여 설치하고 탱크옆판과 칸막이에 의하여 형성된 환상부분에 포를 주입하는 것이 가능한 구조의 반사판을 갖는 포방출구

④ **Ⅲ형** : 고정지붕구조의 탱크에 저부포주입법(탱크의 액면하에 설치된 포방출구로부터 포를 탱크 내에 주입하는 방법을 말한다)을 이용하는 것으로서 송포관(발포기 또는 포발생기에 의하여 발생된 포를 보내는 배관을 말한다. 해당 배관으로 탱크 내의 위험물이 역류되는 것을 저지할 수 있는 구조·기구를 갖는 것에 한한다)으로부터 포를 방출하는 포방출구

⑤ **Ⅳ형** : 고정지붕구조의 탱크에 저부포주입법을 이용하는 것으로서 평상시에는 탱크의 액면하의 저부에 설치된 격납통(포를 보내는 것에 의하여 용이하게 이탈되는 캡을 갖는 것을 포함한다)에 수납되어 있는 특수호스 등이 송포관의 말단에 접속되어 있다가 포를 보내는 것에 의하여 특수호스 등이 전개되어 그 선단(끝부분)이 액면까지 도달한 후 포를 방출하는 포방출구

> **Plus One** 탱크구조, 주입방법에 따른 포방출구
>
> | 포방출구 | 사용 탱크 | 주입방법 |
> | --- | --- | --- |
> | Ⅰ형 | 고정지붕구조의 탱크 | 상부포주입법 |
> | Ⅱ형 | 고정지붕구조의 탱크 | 상부포주입법 |
> | 특형 | 부상지붕구조의 탱크 | 상부포주입법 |
> | Ⅲ형 | 고정지붕구조의 탱크 | 저부포주입법 |
> | Ⅳ형 | 고정지붕구조의 탱크 | 저부포주입법 |

정답
• 온도 20[℃] 물 100[g]에 용해되는 양이 1[g] 미만일 것
• 저장온도가 50[℃] 이하 또는 동점도가 100[cSt] 이하일 것

17 트라이에틸알루미늄이 다음 각 물질과 반응할 때 발생하는 가연성 가스를 화학식으로 쓰시오.

㉮ H_2O ㉯ Cl_2
㉰ CH_3OH ㉱ HCl

해설
트라이에틸알루미늄의 반응식
① 공기와의 반응 : $2(C_2H_5)_3Al + 21O_2 \rightarrow Al_2O_3 + 15H_2O + 12CO_2 \uparrow$
② 물과의 반응 : $(C_2H_5)_3Al + 3H_2O \rightarrow Al(OH)_3 + 3C_2H_6 \uparrow$
③ 염소와의 반응 : $(C_2H_5)_3Al + 3Cl_2 \rightarrow AlCl_3 + 3C_2H_5Cl \uparrow$
④ 메틸알코올과의 반응 : $(C_2H_5)_3Al + 3CH_3OH \rightarrow Al(CH_3O)_3 + 3C_2H_6 \uparrow$
⑤ 염산과의 반응 : $(C_2H_5)_3Al + 3HCl \rightarrow AlCl_3 + 3C_2H_6 \uparrow$

정답
㉮ C_2H_6 ㉯ C_2H_5Cl
㉰ C_2H_6 ㉱ C_2H_6

18 동소체인 황린과 적린을 비교하시오.

항목 종류	색상	독성	연소생성물	CS_2에 대한 용해도	위험등급
황린					
적린					

해설
황린과 적린의 비교

항목 종류	색상	융점	비중	독성	연소생성물	CS_2에 대한 용해도	위험등급
황린	백색 또는 담황색	44[℃]	1.82	있다.	P_2O_5	용해한다.	I
적린	암적색	600[℃]	2.2	없다.	P_2O_5	용해하지 않는다.	II

정답

항목 종류	색상	독성	연소생성물	CS_2에 대한 용해도	위험등급
황린	백색 또는 담황색	있다.	P_2O_5	용해한다.	I
적린	암적색	없다.	P_2O_5	용해하지 않는다.	II

19 위험물제조소의 배출설비에 대한 내용이다. 다음 각 물음에 답하시오.
- 국소방식과 전역방식의 배출능력
  - 국소방식
  - 전역방식
- 배출설비를 설치해야 하는 장소

해설
위험물제조소의 배출설비
① 배출설비는 국소방식으로 해야 한다.

> **Plus One** 전역방식으로 할 수 있는 경우
> - 위험물취급설비가 배관이음 등으로만 된 경우
> - 건축물의 구조·작업장소의 분포 등의 조건에 의하여 전역방식이 유효한 경우

② 배출설비는 배풍기(오염된 공기를 뽑아내는 통풍기)·배출덕트(공기배출통로)·후드 등을 이용하여 강제적으로 배출하는 것으로 해야 한다.
③ 배출능력은 1시간당 배출장소 용적의 20배 이상인 것으로 해야 한다. 다만, 전역방식의 경우에는 바닥면적 $1[m^2]$당 $18[m^3]$ 이상으로 할 수 있다.

> **Plus One** 배출능력
> - 국소방식 : 1시간당 배출장소 용적의 20배 이상
> - 전역방식 : 바닥면적 $1[m^2]$당 $18[m^3]$ 이상

④ 배출설비의 급기구 및 배출구의 기준
  ㉠ 급기구는 높은 곳에 설치하고, 가는 눈의 구리망 등으로 인화방지망을 설치할 것
  ㉡ 배출구는 지상 $2[m]$ 이상으로서 연소의 우려가 없는 장소에 설치하고, 배출덕트가 관통하는 벽부분의 바로 가까이에 화재 시 자동으로 폐쇄되는 방화댐퍼(화재 시 연기 등을 차단하는 장치)를 설치할 것
⑤ 배풍기는 강제배기방식으로 하고, 옥내덕트의 내압이 대기압 이상이 되지 않는 위치에 설치해야 한다.
⑥ **배출설비 장소** : 가연성의 증기 또는 미분이 체류할 우려가 있는 건축물

정답
- 국소방식과 전역방식의 배출능력
  - 국소방식 : 1시간당 배출장소 용적의 20배 이상
  - 전역방식 : 바닥면적 $1[m^2]$당 $18[m^3]$ 이상
- 배출설비를 설치해야 하는 장소 : 가연성의 증기 또는 미분이 체류할 우려가 있는 건축물

20

안포폭약의 원료로 사용되는 물질에 대한 다음 각 물음에 답하시오.
㉮ 제1류 위험물에 해당하는 물질의 단독 완전 분해·폭발반응식
㉯ 제4류 위험물에 해당하는 물질의 지정수량과 위험등급

해설

안포(Ammonium Nitrate Fuel Oil, ANFO)폭약

① 제 법
질산암모늄(94[%])과 경유(6[%])를 혼합하여 ANFO(안포)폭약을 제조한다.

② 질산암모늄
　㉠ 물 성

화학식	지정수량	위험등급	분자량	비 중	융 점	분해 온도
NH_4NO_3	300[kg]	II	80	1.73	165[℃]	220[℃]

　㉡ 무색무취의 결정이다.
　㉢ 조해성 및 흡수성이 강하다.
　㉣ 물, 알코올에 녹는다(물에 용해 시 흡열반응).

> **Plus One** 질산암모늄의 반응식
> • 가열 시 : $NH_4NO_3 \rightarrow N_2O + 2H_2O$
> • 분해·폭발반응식 : $2NH_4NO_3 \rightarrow 4H_2O + 2N_2 + O_2$

③ 경 유
　㉠ 물 성

화학식	비 중	지정수량	위험등급	증기비중	인화점	착화점	연소범위
$C_{15} \sim C_{20}$	0.82~0.84	1,000[L]	III	4~5	41[℃] 이상	257[℃]	0.6~7.5[%]

　㉡ 탄소수가 15개에서 20개까지의 포화·불포화 탄화수소 혼합물이다.
　㉢ 물에 녹지 않고, 석유계 용제에는 잘 녹는다.
　㉣ 품질은 세테인값으로 정한다.

정답 ㉮ $2NH_4NO_3 \rightarrow 4H_2O + 2N_2 + O_2$
㉯ • 지정수량 : 1,000[L]
　　• 위험등급 : III

2014년 5월 25일 시행 과년도 기출복원문제

01 포소화설비에서 공기포 소화약제 혼합방식의 종류 4가지를 쓰시오.

해설
포소화약제의 혼합장치

① **펌프프로포셔너방식(Pump Proportioner, 펌프혼합방식)**
  펌프의 토출관과 흡입관 사이 배관 도중에 설치한 흡입기에 펌프에서 투출된 물의 일부를 보내고 농도조정밸브에서 조정된 포소화약제의 필요량을 포소화약제 저장탱크에서 펌프 흡입측으로 보내어 약제를 혼합하는 방식이다.

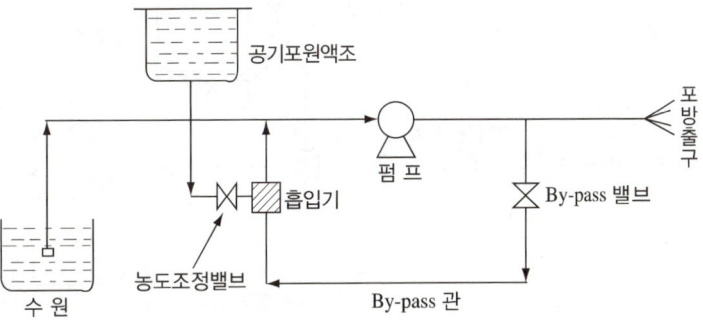

② **라인프로포셔너방식(Line Proportioner, 관로혼합방식)**
  펌프와 발포기의 중간에 설치된 벤투리관의 벤투리 작용에 따라 포소화약제를 흡입·혼합하는 방식. 이 방식은 옥외 소화전에 연결 주로 1층에 사용하며 원액 흡입력 때문에 송수압력의 손실이 크고, 토출측 호스의 길이, 포원액 탱크의 높이 등에 민감하므로 아주 정밀설계와 시공을 요한다.

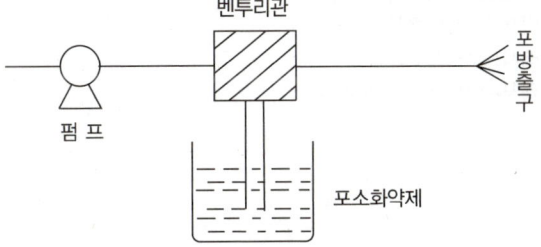

③ 프레셔프로포셔너방식(Pressure Proportioner, 차압혼합방식)
  펌프와 발포기의 중간에 설치된 벤투리관의 벤투리 작용과 펌프 가압수의 포소화약제 저장탱크에 대한 압력에 따라 포소화약제를 흡입·혼합하는 방식. 현재 우리나라에서는 3[%] 단백포 차압혼합방식을 많이 사용하고 있다.

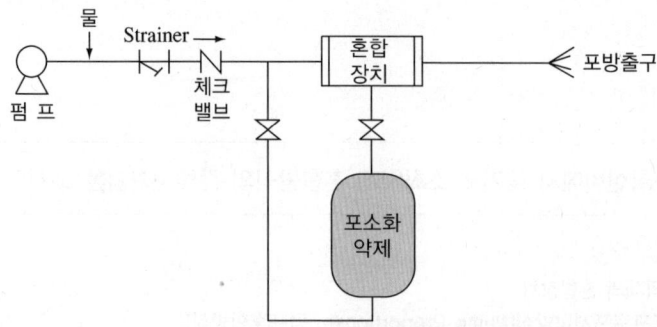

④ 프레셔사이드프로포셔너방식(Pressure Side Proportioner, 압입혼합방식)
  펌프의 토출관에 압입기를 설치하여 포소화약제 압입용 펌프로 포소화약제를 압입시켜 혼합하는 방식이다.

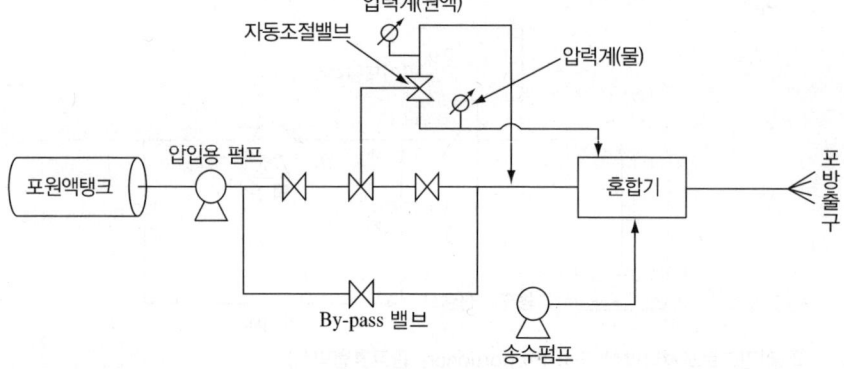

⑤ 압축공기포 믹싱챔버방식
  물, 포소화약제 및 공기를 믹싱챔버로 강제주입시켜 챔버 내에서 포수용액을 생성한 후 포를 방사하는 방식

정답
- 펌프프로포셔너방식
- 라인프로포셔너방식
- 프레셔프로포셔너방식
- 프레셔사이드프로포셔너방식

02 황화인 중 담황색의 결정으로 분자량 222, 비중 2.09인 위험물에 대하여 답하시오.

㉮ 물과 접촉하여 가연성, 유독성 가스를 발생할 때의 반응식
㉯ ㉮에서 생성된 물질 중 유독성 가스의 완전연소반응식

해설

황화인

항 목 \ 종 류	삼황화인	오황화인	칠황화인
성 상	황색 결정	담황색 결정	담황색 결정
화학식	P_4S_3	P_2S_5	P_4S_7
분자량	220	**222**	348
비 점	407[℃]	514[℃]	523[℃]
비 중	2.03	**2.09**	2.03
융 점	172.5[℃]	290[℃]	310[℃]
착화점	약 100[℃]	142[℃]	-

① 오황화인과 물의 반응 : $P_2S_5 + 8H_2O \rightarrow 2H_3PO_4 + 5H_2S$
② 황화수소의 연소반응식 : $2H_2S + 3O_2 \rightarrow 2H_2O + 2SO_2$

정답
㉮ $P_2S_5 + 8H_2O \rightarrow 2H_3PO_4 + 5H_2S$
㉯ $2H_2S + 3O_2 \rightarrow 2H_2O + 2SO_2$

03 옥내탱크저장소에서 별도의 기준을 갖출 경우 탱크전용실을 단층건물 외의 건축물에 설치할 수 있는 제2류 위험물의 종류 3가지를 쓰시오.

해설

옥내저장탱크의 전용실을 건축물의 1층 또는 지하층에 설치할 수 있는 위험물
① **제2류 위험물 : 황화인, 적린, 덩어리 황**
② 제3류 위험물 : 황린
③ 제6류 위험물 : 질산

정답
• 황화인
• 적 린
• 덩어리 황

04

분자량 101, 분해온도 400[℃], 흑색화약의 원료로 사용하는 제1류 위험물에 대하여 답하시오.
㉮ 물질명
㉯ 가열분해 반응식
㉰ 흑색화약의 역할

해설

질산칼륨
① 물 성

화학식	분자량	비 중	융 점	분해 온도
KNO_3	101	2.1	339[℃]	400[℃]

② 분해반응식 : $2KNO_3 \rightarrow 2KNO_2 + O_2 \uparrow$
③ 질산칼륨 : 제1류 위험물(산화제)

정답
㉮ 질산칼륨
㉯ $2KNO_3 \rightarrow 2KNO_2 + O_2$
㉰ 산화제

05

과산화칼륨과 아세트산이 반응하여 제6류 위험물을 생성하는 반응식을 쓰시오.

해설

과산화칼륨과 아세트산이 반응하면 초산칼륨과 과산화수소가 생성된다.

Plus One 과산화칼륨의 반응식
- 분해 반응식 : $2K_2O_2 \rightarrow 2K_2O + O_2$
- 물과 반응 : $2K_2O_2 + 2H_2O \rightarrow 4KOH + O_2$
- 탄산가스와 반응 : $2K_2O_2 + 2CO_2 \rightarrow 2K_2CO_3 + O_2$
- **초산과 반응** : $K_2O_2 + 2CH_3COOH \rightarrow 2CH_3COOK + H_2O_2$
                                          (초산칼륨)   (과산화수소)
- 염산과 반응 : $K_2O_2 + 2HCl \rightarrow 2KCl + H_2O_2$
- 알코올과 반응 : $K_2O_2 + 2C_2H_5OH \rightarrow 2C_2H_5OK + H_2O_2$
- 황산과 반응 : $K_2O_2 + H_2SO_4 \rightarrow K_2SO_4 + H_2O_2$

정답 $K_2O_2 + 2CH_3COOH \rightarrow 2CH_3COOK + H_2O_2$

06

이동식 포소화설비의 수원의 수량은 다음 기준에서 정한 양을 포수용액으로 만들기 위하여 필요한 양 이상이 되도록 한다. 다음 ( ) 안에 적당한 숫자를 적으시오.

이동식 포소화설비는 4개(호스접속구가 4개 미만인 경우에는 그 개수)의 노즐을 동시에 사용할 경우에 각 노즐 끝부분의 방사압력은 (㉮)[MPa] 이상이고, 방사량은 옥내에 설치한 것은 (㉯)[L/min], 옥외에 설치한 것은 (㉰)[L/min] 이상으로 30분간 방사할 수 있는 양 이상 되도록 해야 한다.

해설
이동식 포소화설비

이동식 포소화설비는 4개(호스접속구가 4개 미만인 경우에는 그 개수)의 노즐을 동시에 사용할 경우에 각 노즐 끝부분의 방사압력은 **0.35[MPa] 이상**이고, 방사량은 **옥내에 설치한 것은 200[L/min]**, 옥외에 설치한 것은 **400[L/min]** 이상으로 30분간 방사할 수 있는 양 이상 되도록 해야 한다.

Plus One
① 방사압력 : 0.35[MPa] 이상
② 방사량
  만약 호스접속구의 개수가 주어진다면,
  ㉠ 옥내에 설치 시 수원 = N(호스접속구수, 최대 4개) × 200[L/min] × 30[min]
  ㉡ 옥외에 설치 시 수원 = N(호스접속구수, 최대 4개) × 400[L/min] × 30[min]

정답 ㉮ 0.35
   ㉯ 200
   ㉰ 400

07

제5류 위험물인 나이트로글라이콜에 대하여 물음에 답하시오.

㉮ 구조식
㉯ 공업용 제품의 액체 색상
㉰ 액체의 비중
㉱ 1분자 내 질소의 중량[wt%]
㉲ 액체 상태의 최고폭속[m/s]

해설
나이트로글라이콜

① 물 성

화학식	구조식	비 중	응고점
$C_2H_4(ONO_2)_2$	$CH_2 - ONO_2$ $\|$ $CH_2 - ONO_2$	1.5	-22[℃]

② 순수한 것은 무색이나 **공업용**은 **담황색 또는 분홍색**의 액체이다.
③ 1분자 내 질소의 중량

  ㉠ 질소의 중량 = $\dfrac{\text{질소의 분자량}}{\text{나이트로글라이콜의 분자량}} = \dfrac{28}{152} \times 100 = 18.42[\text{wt\%}]$

  ㉡ 나이트로글라이콜의 분자량 = $C_2H_4(ONO_2)_2$
    $= (12 \times 2) + (1 \times 4) + (16 + 14 + 32) \times 2$
    $= 152$

④ 액체 상태의 최고폭속 : 7,800[m/s]

정답
㉮ CH₂–ONO₂
   |
   CH₂–ONO₂
㉯ 담황색
㉰ 1.5
㉱ 18.42[wt%]
㉲ 7,800[m/s]

08 불활성 가스소화설비 저장용기의 설치기준 4가지를 쓰시오.

해설

불활성 가스소화설비 저장용기의 설치기준(세부기준 제134조)
① 방호구역 외의 장소에 설치할 것
② 온도가 40[℃] 이하이고 온도 변화가 적은 장소에 설치할 것
③ 직사일광 및 빗물이 침투할 우려가 적은 장소에 설치할 것
④ 저장용기에는 안전장치를 설치할 것
⑤ 저장용기의 외면에 소화약제의 종류와 양, 제조연도 및 제조자를 표시할 것

Plus One 이동식 불활성 가스소화설비의 설치기준(일부만 정리함)
• 노즐은 온도 20[℃]에서 하나의 노즐마다 90[kg/min] 이상의 소화약제를 방사할 수 있을 것
• 저장용기의 용기밸브 또는 방출밸브는 호스의 설치장소에서 수동으로 개폐할 수 있을 것
• 저장용기는 호스를 설치하는 장소마다 설치할 것
• 저장용기의 직근의 보기 쉬운 장소에 적색등을 설치하고 "이동식 불활성 가스소화설비"라고 표시할 것
• 화재 시 연기가 현저하게 충만할 우려가 있는 장소 외의 장소에 설치할 것
• 이동식 불활성 가스소화설비에 사용하는 소화약제는 이산화탄소로 할 것

정답
• 방호구역 외의 장소에 설치할 것
• 온도가 40[℃] 이하이고 온도 변화가 적은 장소에 설치할 것
• 직사일광 및 빗물이 침투할 우려가 적은 장소에 설치할 것
• 저장용기에는 안전장치를 설치할 것

09 메테인 60[%], 에테인 30[%], 프로페인 10[%]의 비율로 혼합되어 있는 가스가 있다. 혼합물의 폭발하한계를 계산하시오(단, 폭발범위는 메테인 5.0~15[%], 에테인 3.0~12.4[%], 프로페인 2.1~9.5[%]이다).

해설
혼합가스의 폭발한계(폭발범위)

$$L_m = \frac{100}{\dfrac{V_1}{L_1} + \dfrac{V_2}{L_2} + \dfrac{V_3}{L_3} + \cdots + \dfrac{V_n}{L_n}}$$

여기서, L_m : 혼합가스의 폭발한계(하한값, 상한값의 용량[vol%])
$V_1, V_2, V_3, \cdots$: 가연성가스의 용량[vol%]
$L_1, L_2, L_3, \cdots$: 가연성가스의 하한값 또는 상한값[vol%]

① 하한값을 구하면
$$L_m = \frac{100}{\dfrac{V_1}{L_1} + \dfrac{V_2}{L_2} + \dfrac{V_3}{L_3}} = \frac{100}{\dfrac{60[\%]}{5.0[\%]} + \dfrac{30[\%]}{3.0[\%]} + \dfrac{10[\%]}{2.1[\%]}} = 3.74[\%]$$

② 상한값을 구하면
$$L_m = \frac{100}{\dfrac{V_1}{L_1} + \dfrac{V_2}{L_2} + \dfrac{V_3}{L_3}} = \frac{100}{\dfrac{60[\%]}{15[\%]} + \dfrac{30[\%]}{12.4[\%]} + \dfrac{10[\%]}{9.5[\%]}} = 13.39[\%]$$

정답 3.74[%]

---

10 알루미늄이 다음 물질과 반응할 때 반응식을 쓰시오.
㉮ 염산과 반응
㉯ 수산화나트륨 수용액과 반응

해설
알루미늄은 산, 알칼리, 물과 반응하면 수소(H_2)가스를 발생한다.
① **염산과 반응** : $2Al + 6HCl \rightarrow 2AlCl_3 + 3H_2$
② **물과 반응** : $2Al + 6H_2O \rightarrow 2Al(OH)_3 + 3H_2$
③ **수산화나트륨 수용액과 반응** : $2Al + 2NaOH + 2H_2O \rightarrow 2NaAlO_2 + 3H_2$
(알루미늄산 나트륨)

정답 ㉮ $2Al + 6HCl \rightarrow 2AlCl_3 + 3H_2$
㉯ $2Al + 2NaOH + 2H_2O \rightarrow 2NaAlO_2 + 3H_2$

11 제4류 위험물 제1석유류로서 분자량 60, 인화점 -19[℃], 럼주와 같은 향기가 나는 무색 액체인 물질의 가수분해 반응식을 쓰시오.

해설
의산메틸
① 물 성

화학식	분자량	비 중	비 점	인화점	착화점	연소범위
$HCOOCH_3$	60	0.97	32[℃]	-19[℃]	449[℃]	5.0~23.0[%]

② 럼주와 같은 향기를 가진 무색투명한 액체이다.
③ 의산과 메틸알코올의 축합물로서 가수분해하면 의산과 메틸알코올이 된다.

$$HCOOCH_3 + H_2O \rightarrow CH_3OH + HCOOH$$
(메틸알코올)   (의산)

정답 $HCOOCH_3 + H_2O \rightarrow CH_3OH + HCOOH$

---

12 지하저장탱크의 주위에는 해당 탱크로부터의 액체위험물의 누설을 검사하기 위한 관을 4개소 이상 설치해야 하는데 설치기준을 쓰시오.

해설
액체위험물의 **누설을 검사하기 위한 관**의 설치기준(시행규칙 별표 8)
① 설치개수 : 4개소 이상
② 설치 기준
　㉠ 이중관으로 할 것. 다만, 소공이 없는 상부는 단관으로 할 수 있다.
　㉡ 재료는 금속관 또는 경질합성수지관으로 할 것
　㉢ 관은 탱크전용실의 바닥 또는 탱크의 기초까지 닿게 할 것
　㉣ 관의 밑부분으로부터 탱크의 중심 높이까지의 부분에는 소공이 뚫려 있을 것. 다만, 지하수위가 높은 장소에 있어서는 지하수위 높이까지의 부분에 소공이 뚫려 있어야 한다.
　㉤ 상부는 물이 침투하지 않는 구조로 하고, 뚜껑은 검사 시에 쉽게 열 수 있도록 할 것

정답
- 이중관으로 할 것. 다만, 소공이 없는 상부는 단관으로 할 수 있다.
- 재료는 금속관 또는 경질합성수지관으로 할 것
- 관은 탱크전용실의 바닥 또는 탱크의 기초까지 닿게 할 것
- 관의 밑부분으로부터 탱크의 중심 높이까지의 부분에는 소공이 뚫려 있을 것. 다만, 지하수위가 높은 장소에 있어서는 지하수위 높이까지의 부분에 소공이 뚫려 있어야 한다.
- 상부는 물이 침투하지 않는 구조로 하고, 뚜껑은 검사 시에 쉽게 열 수 있도록 할 것

13 탄화칼슘이 물과 반응하는 반응식을 쓰고 발생하는 가연성가스의 위험도를 구하시오.

해설
탄화칼슘이 물과 반응하면 아세틸렌(C_2H_2)가스가 발생한다.
① 반응식 : $CaC_2 + 2H_2O \rightarrow Ca(OH)_2 + C_2H_2$
② 아세틸렌의 폭발범위 : 2.5~81[%]
∴ 위험도 = $\dfrac{상한값 - 하한값}{하한값} = \dfrac{81 - 2.5}{2.5} = 31.4$

정답
- 반응식 : $CaC_2 + 2H_2O \rightarrow Ca(OH)_2 + C_2H_2$
- 위험도 : 31.4

---

14 위험물제조소에 예방규정을 정해야 하는 대상에 대하여 ( ) 안에 알맞은 숫자나 내용을 적으시오.

㉮ 지정수량의 ( )배 이상의 위험물을 취급하는 제조소
㉯ 지정수량의 ( )배 이상의 위험물을 저장하는 옥외저장소
㉰ 지정수량의 150배 이상의 위험물을 저장하는 ( )
㉱ 지정수량의 ( )배 이상의 위험물을 저장하는 옥외탱크저장소
㉲ ( ), 이송취급소

해설
예방규정을 정해야 하는 대상(시행령 제15조)
① 지정수량의 10배 이상의 위험물을 취급하는 제조소
② 지정수량의 100배 이상의 위험물을 저장하는 옥외저장소
③ 지정수량의 150배 이상의 위험물을 저장하는 옥내저장소
④ 지정수량의 200배 이상의 위험물을 저장하는 옥외탱크저장소
⑤ 암반탱크저장소, 이송취급소
⑥ 지정수량의 10배 이상의 위험물을 취급하는 일반취급소
　다만, 제4류 위험물(특수인화물은 제외)만을 지정수량의 50배 이하로 취급하는 일반취급소(제1석유류·알코올류의 취급량이 지정수량의 10배 이하인 경우에 한한다)로서 다음의 어느 하나에 해당하는 것을 제외한다.
　㉠ 보일러·버너 또는 이와 비슷한 것으로서 위험물을 소비하는 장치로 이루어진 일반취급소
　㉡ 위험물을 용기에 옮겨 담거나 차량에 고정된 탱크에 주입하는 일반취급소

정답
㉮ 10　　㉯ 100
㉰ 옥내저장소　　㉱ 200
㉲ 암반탱크저장소

15 하이드록실아민 등을 취급하는 제조소의 안전거리를 구하는 공식을 쓰고, 사용되는 기호의 의미를 설명하시오.

해설

하이드록실아민 등을 취급하는 제조소의 안전거리

$$D = 51.1\sqrt[3]{N}\,[\text{m}]$$

여기서, N : 지정수량의 배수(하이드록실아민의 지정수량 : 100[kg])

정답 안전거리 $D = 51.1\sqrt[3]{N}$ (N : 지정수량의 배수)

---

16 위험물 옥내저장소에 조건과 같이 건축물의 구조와 위험물을 저장할 경우 소요단위를 구하시오.
- 건축물의 구조 : 지상 1층과 2층의 바닥면적이 1,000[m²]이다(1층과 2층 모두 내화구조이다).
- 공작물의 구조 : 옥외에 설치 높이는 8[m], 공작물의 최대 수평투영면적 200[m²]이다.
- 저장 위험물 : 다이에틸에터 3,000[L], 경유 5,000[L]이다.

해설

소요단위의 계산방법
① 제조소 또는 취급소의 건축물
　㉠ 외벽이 내화구조 : 연면적 100[m²]를 1소요단위
　㉡ 외벽이 내화구조가 아닌 것 : 연면적 50[m²]를 1소요단위
② 저장소의 건축물
　㉠ 외벽이 내화구조 : 연면적 150[m²]를 1소요단위
　㉡ 외벽이 내화구조가 아닌 것 : 연면적 75[m²]를 1소요단위
③ 위험물 : 지정수량의 10배를 1소요단위

$$\text{소요단위} = \text{저장(운반)수량} \div (\text{지정수량} \times 10)$$

④ 제조소 등의 옥외에 설치된 공작물은 외벽이 내화구조인 것으로 간주하고 공작물의 최대 수평투영면적을 연면적으로 간주하여 ②의 규정에 의하여 소요단위를 산정한다.

∴ 소요단위 = 건축물 + 공작물 + 위험물

$$= \frac{1,000[\text{m}^2] \times 2\text{개층}}{150[\text{m}^2]} + \frac{200[\text{m}^2]}{150[\text{m}^2]} + \left(\frac{3,000[\text{L}]}{50[\text{L}] \times 10} + \frac{5,000[\text{L}]}{1,000[\text{L}] \times 10}\right) = 21.17 \Rightarrow 22\text{단위}$$

Plus One 지정수량
- 다이에틸에터 : 50[L](제4류 위험물, 특수인화물)
- 경유 : 1,000[L](제4류 위험물 제2석유류, 비수용성)

정답 22단위

17 운송책임자의 감독·지원을 받아 운송하는 위험물 종류 2가지와 운송책임자의 자격요건을 쓰시오.

해설
① 운송책임자의 감독·지원을 받아 운송하는 위험물(시행령 제19조)
  ㉠ 알킬알루미늄
  ㉡ 알킬리튬
  ㉢ ㉠ 또는 ㉡의 물질을 함유하는 위험물
② 운송책임자의 자격요건(시행규칙 제52조)
  ㉠ 해당 위험물의 취급에 관한 국가기술자격을 취득하고 관련 업무에 1년 이상 종사한 경력이 있는 자
  ㉡ 위험물의 운송에 관한 안전교육을 수료하고 관련 업무에 2년 이상 종사한 경력이 있는 자

정답
- 위험물 종류 : 알킬알루미늄, 알킬리튬
- 운송책임자의 자격요건
  - 해당 위험물의 취급에 관한 국가기술자격을 취득하고 관련 업무에 1년 이상 종사한 경력이 있는 자
  - 법 규정에 의한 위험물의 운송에 관한 안전교육을 수료하고 관련 업무에 2년 이상 종사한 경력이 있는 자

18 위험물안전관리법령에 의한 고인화점 위험물의 정의를 쓰시오.

해설
용어 정의(시행규칙 별표 4)
① 고인화점 위험물 : 인화점이 100[℃] 이상인 제4류 위험물
② 알킬알루미늄 등 : 제3류 위험물 중 알킬알루미늄·알킬리튬 또는 이 중 어느 하나 이상을 함유하는 것
③ 아세트알데히드 등 : 제4류 위험물 중 특수인화물의 아세트알데히드·산화프로필렌 또는 이 중 어느 하나 이상을 함유하는 것
④ 하이드록실아민 등 : 제5류 위험물 중 하이드록실아민·하이드록실아민염류 또는 이 중 어느 하나 이상을 함유하는 것

정답 인화점이 100[℃] 이상인 제4류 위험물

19

위험물의 성질란에 규정된 성상을 2가지 이상 포함하는 물품을 복수성상물품이라 한다. 이 물품이 속하는 품명의 판단기준을 ( ) 안에 맞는 유별을 쓰시오.

㉮ 복수성상물품이 산화성 고체의 성상 및 가연성 고체의 성상을 가지는 경우
 : ( )류 위험물
㉯ 복수성상물품이 산화성 고체의 성상 및 자기반응성 물질의 성상을 가지는 경우
 : ( )류 위험물
㉰ 복수성상물품이 가연성 고체의 성상과 자연발화성 물질의 성상 및 금수성 물질의 성상을 가지는 경우 : ( )류 위험물
㉱ 복수성상물품이 자연발화성 물질의 성상, 금수성 물질의 성상 및 인화성 액체의 성상을 가지는 경우 : ( )류 위험물
㉲ 복수성상물품이 인화성 액체의 성상 및 자기반응성 물질의 성상을 가지는 경우
 : ( )류 위험물

해설

성질란에 규정된 성상을 2가지 이상 포함하는 물품(이하 "복수성상물품"이라 한다)이 속하는 품명은 다음에 의한다.
① 복수성상물품이 **산화성 고체(제1류)**의 성상 및 **가연성 고체(제2류)**의 성상을 가지는 경우 : 제2류 제8호의 규정에 의한 품명
② 복수성상물품이 **산화성 고체(제1류)**의 성상 및 **자기반응성 물질(제5류)**의 성상을 가지는 경우 : 제5류 제11호의 규정에 의한 품명
③ 복수성상물품이 **가연성 고체(제2류)**의 성상과 **자연발화성 물질(제3류)**의 성상 및 **금수성 물질(제3류)**의 성상을 가지는 경우 : 제3류 제12호의 규정에 의한 품명
④ 복수성상물품이 **자연발화성 물질(제3류)**의 성상, **금수성 물질(제3류)**의 성상 및 인화성 액체(제4류)의 성상을 가지는 경우 : 제3류 제12호의 규정에 의한 품명
⑤ 복수성상물품이 **인화성 액체(제4류)**의 성상 및 **자기반응성 물질(제5류)**의 성상을 가지는 경우 : 제5류 제11호의 규정에 의한 품명

정답
㉮ 제2류 ㉯ 제5류
㉰ 제3류 ㉱ 제3류
㉲ 제5류

20 촉매 존재하에 에틸렌을 물과 합성하는 방법 또는 당밀 등의 발효방법 등으로 제조하는 무색, 투명한 액체위험물에 대하여 답하시오.
㉮ 화학식
㉯ 소화효과가 가장 우수한 포소화약제
㉰ 위의 포소화약제가 우수한 이유

해설

에틸알코올

① 에틸알코올의 제조 : 에틸렌을 물과 반응하여 제조 또는 당밀을 발효시켜 제조한다.
$CH_2=CH_2 + H_2O \rightarrow CH_3CH_2OH$(에틸알코올)

Plus One 에틸렌의 반응

- 에틸렌의 산화반응 : $CH_2=CH_2 + \frac{1}{2}O_2 \rightarrow CH_3CHO$(아세트알데하이드)
- 에틸렌과 염산의 반응 : $CH_2=CH_2 + HCl \rightarrow CH_3CH_2Cl$(염화에틸)

② 에틸알코올의 소화약제 : 수용성 액체이므로 알코올용포소화약제가 적합
③ 알코올용포소화약제가 우수한 이유 : 소포(거품이 꺼짐)되지 않으므로

정답 ㉮ C_2H_5OH
㉯ 알코올용포소화약제
㉰ 소포되지 않으므로

2014년 9월 14일 시행 과년도 기출복원문제

01 위험물안전관리 법령상 옥외저장소에 저장할 수 있는 위험물을 골라 쓰시오.

황, 인화성 고체(인화점 5[℃]), 아세톤, 이황화탄소, 질산, 질산에스터류, 과염소산염류, 에탄올

해설

옥외저장소에 저장할 수 있는 위험물

① 제2류 위험물 중 황 또는 인화성 고체(인화점이 0[℃] 이상인 것에 한한다)
② 제4류 위험물 중 제1석유류(인화점이 0[℃] 이상인 것에 한한다)·알코올류·제2석유류·제3석유류·제4석유류 및 동식물유류
③ 제6류 위험물
④ 제2류 위험물 및 제4류 위험물 중 특별시·광역시·특별자치시·도 또는 특별자치도의 조례로 정하는 위험물(관세법 제154조의 규정에 의한 보세구역 안에 저장하는 경우로 한정한다)
⑤ 국제해사기구에 관한 협약에 의하여 설치된 국제해사기구가 채택한 국제해상위험물규칙(IMDG Code)에 적합한 용기에 수납된 위험물

[옥외저장소에 저장 여부]

종류	품명	인화점	저장 여부
황	제2류 위험물	-	가능
인화성 고체(인화점 5[℃])	제2류 위험물	-	가능
아세톤	제4류 위험물	-18.5[℃]	불가능
이황화탄소	제4류 위험물	-30[℃]	불가능
질산	제6류 위험물	-	가능
질산에스터류	제5류 위험물	-	불가능
과염소산염류	제1류 위험물	-	불가능
에탄올	제4류 위험물	13[℃]	가능

정답 황, 인화성 고체(인화점 5[℃]), 질산, 에탄올

02

제2류 위험물의 저장 및 취급 기준에 대한 설명이다. ( ) 안에 적당한 말을 적으시오.

제2류 위험물은 (㉮)와의 접촉, 혼합이나 불티, 불꽃, 고온체와의 접근 또는 과열을 피하는 한편, (㉯) 및 이를 함유한 것에 있어서는 물이나 산과의 접촉을 피하고 인화성 고체에 있어서는 함부로 (㉰)를 발생시키지 않아야 한다.

해설

유별 저장 및 취급의 공통 기준

① 제1류 위험물 : 가연물과의 접촉, 혼합이나 분해를 촉진하는 물품과의 접근 또는 과열, 충격, 마찰 등을 피하는 한편, 알칼리 금속의 과산화물 및 이를 함유한 것에 있어서는 물과의 접촉을 피해야 한다.
② **제2류 위험물** : **산화제**와의 접촉, 혼합이나 불티, 불꽃, 고온체와의 접근 또는 과열을 피하는 한편, **철분, 금속분, 마그네슘** 및 이를 함유한 것에 있어서는 물이나 산과의 접촉을 피하고 인화성 고체에 있어서는 함부로 **증기**를 발생시키지 않아야 한다.
③ 제3류 위험물 : 자연발화성 물질에 있어서는 불티, 불꽃 또는 고온체와의 접근·과열 또는 공기와의 접촉을 피하고, 금수성 물질에 있어서는 물과의 접촉을 피해야 한다.
④ 제4류 위험물 : 불티, 불꽃, 고온체와의 접근 또는 과열을 피하고, 함부로 증기를 발생시키지 않아야 한다.
⑤ 제5류 위험물 : 불티, 불꽃, 고온체와의 접근이나 과열, 충격 또는 마찰을 피해야 한다.
⑥ 제6류 위험물 : 가연물과의 접촉·혼합이나 분해를 촉진하는 물품과의 접근 또는 과열을 피해야 한다.

정답
㉮ 산화제
㉯ 철분, 금속분, 마그네슘
㉰ 증기

03

삼황화인, 오황화인의 연소반응식을 쓰시오.

해설

황화인의 연소반응식
① 삼황화인 : $P_4S_3 + 8O_2 \rightarrow 2P_2O_5 + 3SO_2 \uparrow$
② 오황화인 : $2P_2S_5 + 15O_2 \rightarrow 2P_2O_5 + 10SO_2$

정답
• 삼황화인 : $P_4S_3 + 8O_2 \rightarrow 2P_2O_5 + 3SO_2$
• 오황화인 : $2P_2S_5 + 15O_2 \rightarrow 2P_2O_5 + 10SO_2$

04

다음은 옥외탱크저장소의 방유제에 대한 설명이다. 다음 물음에 답하시오.

- 방유제 내에 설치하는 옥외저장탱크의 수는 10(방유제 내에 설치하는 모든 옥외저장탱크의 용량이 (㉮)[L] 이하이고, 해당 옥외저장탱크에 저장 또는 취급하는 위험물의 인화점이 70[℃] 이상 200[℃] 미만인 경우에는 20) 이하로 할 것. 다만, 인화점이 (㉯)[℃] 이상인 위험물을 저장 또는 취급하는 옥외저장탱크에 있어서는 그렇지 않다.
- 방유제 외면의 1/2 이상은 자동차 등이 통행할 수 있는 (㉰)[m] 이상의 노면 폭을 확보한 구내도로에 직접 접하도록 할 것.
- 방유제는 탱크의 옆판으로부터 일정 거리를 유지할 것(단, 인화점이 200[℃] 이상인 위험물은 제외)
  - 지름이 15[m] 미만인 경우 : 탱크 높이의 (㉱) 이상
  - 지름이 15[m] 이상인 경우 : 탱크 높이의 (㉲) 이상

해설

옥외탱크저장소(시행규칙 별표 6)

① 방유제의 용량
  ㉠ 탱크가 하나일 때 : 탱크 용량의 110[%] 이상(인화성이 없는 액체위험물은 100[%])
  ㉡ 탱크가 2기 이상일 때 : 탱크 중 용량이 최대인 것의 용량의 110[%] 이상(인화성이 없는 액체위험물은 100[%])
② 방유제의 높이 : 0.5[m] 이상 3[m] 이하, 두께가 0.2[m] 이상, 지하매설깊이 1[m] 이상
③ 방유제 내의 면적 : 80,000[m²] 이하
④ 방유제 내에 설치하는 옥외저장탱크의 수는 10(방유제 내에 설치하는 모든 옥외저장탱크의 용량이 **20만[L] 이하**이고, 위험물의 인화점이 70[℃] 이상 200[℃] 미만인 경우에는 20) 이하로 할 것(단, 인화점이 **200[℃] 이상인** 옥외저장탱크는 제외)
  ※ 방유제 내에 탱크의 설치 개수
    • 제1석유류, 제2석유류 : 10기 이하
    • 제3석유류(인화점 70[℃] 이상 200[℃] 미만) : 20기 이하
    • 제4석유류(인화점이 200[℃] 이상) : 제한없음
⑤ 방유제 외면의 **1/2 이상**은 자동차 등이 통행할 수 있는 **3[m] 이상**의 노면 폭을 확보한 구내도로에 직접 접하도록 할 것
⑥ 방유제는 탱크의 옆판으로부터 일정 거리를 유지할 것(단, 인화점이 200[℃] 이상인 위험물은 제외)
  ㉠ 지름이 **15[m] 미만**인 경우 : **탱크 높이의 1/3 이상**
  ㉡ 지름이 **15[m] 이상**인 경우 : **탱크 높이의 1/2 이상**
  ㉢ 방유제의 **재질** : **철근콘크리트**(누출된 위험물을 수용할 수 있는 전용유조 및 펌프 등의 설비를 갖춘 경우에는 방유제와 옥외저장탱크 사이의 지표면을 흙으로 할 수 있다)

정답 ㉮ 20만   ㉯ 200
      ㉰ 3   ㉱ 1/3
      ㉲ 1/2

05

제1석유류인 벤젠에 대하여 다음 물음에 답하시오.
㉮ 연소반응식
㉯ 지정수량
㉰ 분자량

해설

벤젠(Benzene, 벤졸)

① 연소반응식

$$2C_6H_6 + 15O_2 \rightarrow 12CO_2 + 6H_2O$$

② 물성

화학식	분자량	지정수량	비중	비점	융점	인화점	착화점	연소범위
C_6H_6	78	200[L]	0.95	79[℃]	7[℃]	−11[℃]	498[℃]	1.4~8.0[%]

※ 벤젠의 지정수량 : 제4류 위험물 중 제1석유류(비수용성)로 200[L]

정답
㉮ $2C_6H_6 + 15O_2 \rightarrow 12CO_2 + 6H_2O$
㉯ 200[L]
㉰ 78

06

제1류 위험물의 품명 중 행정안전부령으로 정하는 품명 5가지를 쓰시오.

해설

제1류 위험물

유별	성질	품명		위험등급	지정수량
제1류	산화성 고체	아염소산염류, 염소산염류, 과염소산염류, 무기과산화물		I	50[kg]
		브로민산염류, 질산염류, 아이오딘산염류		II	300[kg]
		과망가니즈산염류, 다이크로뮴산염류		III	1,000[kg]
		그 밖에 행정안전부령으로 정하는 것	과아이오딘산염류	II	300[kg]
			과아이오딘산		300[kg]
			크로뮴, 납 또는 아이오딘의 산화물		300[kg]
			아질산염류		300[kg]
			염소화아이소사이아누르산		300[kg]
			퍼옥소이황산염류		300[kg]
			퍼옥소붕산염류		300[kg]
			차아염소산염류	I	50[kg]

정답 차아염소산염류, 과아이오딘산염류, 과아이오딘산, 아질산염류, 퍼옥소이황산염류

07 위험물의 취급 중 소비에 관한 기준 3가지를 쓰고 설명하시오.

해설
취급의 기준(시행규칙 별표 18)
① 위험물의 취급 중 제조에 관한 기준
  ㉠ 증류공정에 있어서는 위험물을 취급하는 설비의 내부압력의 변동 등에 의하여 액체 또는 증기가 새지 않도록 할 것
  ㉡ 추출공정에 있어서는 추출관의 내부압력이 비정상으로 상승하지 않도록 할 것
  ㉢ 건조공정에 있어서는 위험물의 온도가 부분적으로 상승하지 않는 방법으로 가열 또는 건조할 것
  ㉣ 분쇄공정에 있어서는 위험물의 분말이 현저하게 부유하고 있거나 위험물의 분말이 현저하게 기계·기구 등에 부착하고 있는 상태로 그 기계·기구를 취급하지 않을 것
② 위험물의 취급 중 **소비에 관한 기준**
  ㉠ 분사도장작업은 방화상 유효한 격벽 등으로 구획된 안전한 장소에서 실시할 것
  ㉡ 담금질 또는 열처리작업은 위험물이 위험한 온도에 이르지 않도록 하여 실시할 것
  ㉢ 버너를 사용하는 경우에는 버너의 역화를 방지하고 위험물이 넘치지 않도록 할 것

정답
- 분사도장작업은 방화상 유효한 격벽 등으로 구획된 안전한 장소에서 실시할 것
- 담금질 또는 열처리작업은 위험물이 위험한 온도에 이르지 않도록 하여 실시할 것
- 버너를 사용하는 경우에는 버너의 역화를 방지하고 위험물이 넘치지 않도록 할 것

08 탱크시험자가 갖추어야 할 필수기술장비 3가지를 적으시오.

해설
탱크시험자가 갖추어야 할 기술장비(시행령 별표 7)
① 기술능력
  ㉠ 필수인력
    - 위험물기능장·위험물산업기사 또는 위험물기능사 1명 이상
    - 비파괴검사기술사 1명 이상 또는 초음파비파괴검사·자기비파괴검사 및 침투비파괴검사별로 기사 또는 산업기사 각 1명 이상
  ㉡ 필요한 경우에 두는 인력
    - 충·수압시험, 진공시험, 기밀시험 또는 내압시험의 경우 : 누설비파괴검사 기사, 산업기사 또는 기능사
    - 수직·수평도 시험의 경우 : 측량 및 지형공간정보기술사, 기사, 산업기사 또는 측량기능사
    - 방사선투과시험의 경우 : 방사선비파괴검사 기사 또는 산업기사
    - 필수 인력의 보조 : 방사선비파괴검사·초음파비파괴검사·자기비파괴검사 또는 침투비파괴검사 기능사
② 시설 : 전용사무실

③ 장 비
  ㉠ 필수장비 : **자기탐상시험기, 초음파두께측정기** 및 다음 중 어느 하나
    • **영상초음파시험기**
    • **방사선투과시험기 및 초음파시험기**
  ㉡ 필요한 경우에 두는 장비
    • 충·수압시험, 진공시험, 기밀시험 또는 내압시험의 경우
      - 진공능력 53[kPa] 이상의 진공누설시험기
      - 기밀시험장비(안전장치가 부착된 것으로서 가압능력 200[kPa] 이상, 감압의 경우에는 감압능력 10[kPa] 이상·감도 10[Pa] 이하의 것으로서 각각의 압력변화를 스스로 기록할 수 있는 것)
    • 수직·수평도 시험의 경우 : 수직·수평도측정기
※ 둘 이상의 기능을 함께 가지고 있는 장비를 갖춘 경우에는 각각의 장비를 갖춘 것으로 본다.

정답
• 자기탐상시험기
• 초음파두께측정기
• 영상초음파시험기

09

알루미늄이 다음 물질과 반응할 때 반응식을 쓰시오.
㉮ 물과 반응
㉯ 염산과 반응

해설
알루미늄의 반응식
① **물과 반응** : $2Al + 6H_2O \rightarrow 2Al(OH)_3 + 3H_2 \uparrow$
② **연소반응** : $4Al + 3O_2 \rightarrow 2Al_2O_3$
③ **염산과 반응** : $2Al + 6HCl \rightarrow 2AlCl_3 + 3H_2 \uparrow$

정답
㉮ $2Al + 6H_2O \rightarrow 2Al(OH)_3 + 3H_2$
㉯ $2Al + 6HCl \rightarrow 2AlCl_3 + 3H_2$

10 화학식이 C₆H₂CH₃(NO₂)₃인 물질에 대하여 다음 물음에 답하시오.

㉮ 유 별
㉯ 품 명
㉰ 지정수량

해설

트라이나이트로톨루엔(Tri Nitro Toluene, TNT)
① **유별** : 제5류 위험물
② **품명** : 나이트로화합물
③ 구조식

$$\underset{}{O_2N}\diagdown\overset{CH_3}{\underset{NO_2}{\bigcirc}}\diagup NO_2$$

④ **지정수량** : 제5류 위험물 중 나이트로화합물(제1종)로서 10[kg]

정답 ㉮ 제5류 위험물
㉯ 나이트로화합물
㉰ 10[kg]

---

11 다음 물질의 위험도를 구하시오.

㉮ 다이에틸에터
㉯ 아세톤

해설

위험도
① 다이에틸에터의 연소범위 : 1.7~48[%]

$$\therefore 위험도\ H = \frac{상한값 - 하한값}{하한값} = \frac{48 - 1.7}{1.7} = 27.24$$

② 아세톤의 연소범위 : 2.5~12.8[%]

$$\therefore 위험도\ H = \frac{상한값 - 하한값}{하한값} = \frac{12.8 - 2.5}{2.5} = 4.12$$

정답 ㉮ 27.24
㉯ 4.12

12 나이트로글리세린의 구조식과 분해반응 시 생성되는 가스를 모두 쓰시오.

해설

나이트로글리세린
① 구조식

```
    H   H   H
    |   |   |
H − C − C − C − H
    |   |   |
    O   O   O
    |   |   |
   NO₂ NO₂ NO₂
```

② 분해반응식

$$4C_3H_5(ONO_2)_3 \rightarrow 12CO_2\uparrow + 10H_2O + 6N_2\uparrow + O_2\uparrow$$

정답
• 구조식

```
    H   H   H
    |   |   |
H − C − C − C − H
    |   |   |
    O   O   O
    |   |   |
   NO₂ NO₂ NO₂
```

• 생성가스 : 이산화탄소(CO_2), 수증기(H_2O), 질소(N_2), 산소(O_2)

13 위험물을 저장 또는 취급하는 장소에 해당 위험물을 적당한 온도로 유지하기 위한 살수설비를 설치해야 하는 위험물의 종류를 쓰시오.

해설

인화성 고체, 제1석유류 또는 알코올류의 옥외저장소 특례(시행규칙 별표 11)
① **인화성 고체(인화점이 21[℃] 미만인 것에 한한다), 제1석유류** 또는 **알코올류**를 저장 또는 취급하는 옥외저장소에는 해당 위험물을 적당한 온도로 유지하기 위한 **살수설비 등을 설치**해야 한다.
② 제1석유류 또는 알코올류를 저장 또는 취급하는 장소의 주위에는 배수구 및 집유설비를 설치해야 한다. 이 경우 제1석유류(온도 20[℃]의 물 100[g]에 용해되는 양이 1[g] 미만인 것에 한한다)를 저장 또는 취급하는 장소에 있어서는 집유설비에 유분리 장치를 설치해야 한다.

정답 인화성 고체(인화점이 21[℃] 미만인 것에 한한다), 제1석유류, 알코올류

14 제2종 분말소화약제의 열분해반응식을 쓰시오.
㉮ 1차 분해(190[℃])
㉯ 2차 분해(590[℃])

해설
분말소화약제의 열분해 반응식
① 제1종 분말
  ㉠ 1차 분해반응식(270[℃])
    $2NaHCO_3 \rightarrow Na_2CO_3 + CO_2 + H_2O - Q[kcal]$
  ㉡ 2차 분해반응식(850[℃])
    $2NaHCO_3 \rightarrow Na_2O + 2CO_2 + H_2O - Q[kcal]$
② 제2종 분말
  ㉠ **1차 분해반응식(190[℃])**
    $2KHCO_3 \rightarrow K_2CO_3 + CO_2 + H_2O - Q[kcal]$
  ㉡ **2차 분해반응식(590[℃])**
    $2KHCO_3 \rightarrow K_2O + 2CO_2 + H_2O - Q[kcal]$
③ 제3종 분말
  ㉠ 1차 분해반응식(190[℃])
    $NH_4H_2PO_4 \rightarrow NH_3 + H_3PO_4$(인산, 오쏘인산)
  ㉡ 2차 분해반응식(215[℃])
    $2H_3PO_4 \rightarrow H_2O + H_4P_2O_7$(피로인산)
  ㉢ 3차 분해반응식(300[℃])
    $H_4P_2O_7 \rightarrow H_2O + 2HPO_3$(메타인산)
④ 제4종 분말
  $2KHCO_3 + (NH_2)_2CO \rightarrow K_2CO_3 + 2NH_3 + 2CO_2 - Q[kcal]$

정답 ㉮ $2KHCO_3 \rightarrow K_2CO_3 + CO_2 + H_2O$
㉯ $2KHCO_3 \rightarrow K_2O + 2CO_2 + H_2O$

15 과산화칼슘에 대하여 다음 물음에 쓰시오.
㉮ 열분해반응식 ㉯ 염산과 반응

해설
과산화칼슘의 반응식
① **열분해반응**
  $2CaO_2 \rightarrow 2CaO + O_2 \uparrow$
② **물과 반응**
  $2CaO_2 + 2H_2O \rightarrow 2Ca(OH)_2 + O_2 \uparrow + 발열$
③ **염산과 반응**
  $CaO_2 + 2HCl \rightarrow CaCl_2 + H_2O_2 \uparrow$

정답 ㉮ $2CaO_2 \rightarrow 2CaO + O_2$
    ㉯ $CaO_2 + 2HCl \rightarrow CaCl_2 + H_2O_2$

16 유량이 230[L/s]이고 지름이 250[mm]인 원관과 지름이 400[mm]인 원관이 직접 연결되어 있을 때 손실수두를 구하시오(단, 손실계수는 무시한다).

해설
확대관일 때 손실수두

$$H = k\frac{(u_1 - u_2)^2}{2g}$$

여기서, k : 확대손실계수

u_1 : 입구의 유속 $\left(u_1 = \dfrac{Q}{A} = \dfrac{Q}{\dfrac{\pi D^2}{4}} = \dfrac{4Q}{\pi D^2} = \dfrac{4 \times 0.23[\text{m}^3/\text{s}]}{\pi \times (0.25[\text{m}])^2} = 4.69[\text{m/s}]\right)$

u_2 : 출구의 유속 $\left(u_2 = \dfrac{4Q}{\pi D^2} = \dfrac{4 \times 0.23[\text{m}^3/\text{s}]}{\pi \times (0.4[\text{m}])^2} = 1.83[\text{m/s}]\right)$

$\therefore H = k\dfrac{(u_1 - u_2)^2}{2g} = \dfrac{(4.69[\text{m/s}] - 1.83[\text{m/s}])^2}{2 \times 9.8[\text{m/s}^2]} = 0.42[\text{m}]$

정답 0.42[m]

17 다음은 제1류, 제4류, 제5류 위험물에 대한 설명이다. (   ) 안에 적당한 품명이나 지정수량을 적으시오.

㉮ 제1류 위험물의 품명은 아염소산염류, 염소산염류, 과염소산염류, 무기과산화물, 브로민산염류, 질산염류, (   ), (   ), (   ) 그 밖에 행정안전부령이 정하는 것을 말한다.

㉯ 제4류 위험물의 지정수량은 제1석유류의 비수용성은 (   )[L], 수용성은 (   )[L], 제2석유류의 비수용성은 (   )[L], 수용성은 (   )[L]이다.

㉰ 제5류 위험물의 품명은 유기과산화물, 질산에스터류, 하이드록실아민, 하이드록실아민염류, 나이트로화합물, 나이트로소화합물, (   ), (   ), (   ), 그 밖에 행정안전부령이 정하는 것을 말한다.

해설
위험물의 설명

① 제1류 위험물은 아염소산염류, 염소산염류, 과염소산염류, 무기과산화물, 브로민산염류, 질산염류, **아이오딘산염류, 과망가니즈산염류, 다이크로뮴산염류**, 그 밖에 행정안전부령이 정하는 것을 말한다.

② 제4류 위험물의 지정수량

유별	성질	품명		위험등급	지정수량
제4류	인화성 액체	특수인화물		I	50[L]
		제1석유류	비수용성 액체	II	200[L]
			수용성 액체	II	400[L]
		알코올류		II	400[L]
		제2석유류	비수용성 액체	III	1,000[L]
			수용성 액체	III	2,000[L]
		제3석유류	비수용성 액체	III	2,000[L]
			수용성 액체	III	4,000[L]
		제4석유류		III	6,000[L]
		동식물유류		III	10,000[L]

③ 제5류 위험물의 품명은 유기과산화물, 질산에스터류, 하이드록실아민, 하이드록실아민염류, 나이트로화합물, 나이트로소화합물, **아조화합물, 다이아조화합물, 하이드라진 유도체**, 그 밖에 행정안전부령이 정하는 것을 말한다.

정답 ㉮ 아이오딘산염류, 과망가니즈산염류, 다이크로뮴산염류
㉯ 200, 400, 1,000, 2,000
㉰ 아조화합물, 다이아조화합물, 하이드라진 유도체

18 주유취급소에 주유 또는 그에 부대하는 업무를 위하여 사용되는 건축물 또는 시설물로 설치할 수 있는 것을 5가지만 쓰시오.

> **해설**
>
> **주유취급소에 설치할 수 있는 시설(시행규칙 별표 13)**
> ① 주유 또는 등유・경유를 옮겨 담기 위한 작업장
> ② 주유취급소의 업무를 행하기 위한 사무소
> ③ 자동차 등의 점검 및 간이정비를 위한 작업장
> ④ 자동차 등의 세정을 위한 작업장
> ⑤ 주유취급소에 출입하는 사람을 대상으로 한 점포・휴게음식점 또는 전시장
> ⑥ 주유취급소의 관계자가 거주하는 주거시설
> ⑦ 전기자동차용 충전설비
> ⑧ 그 밖의 소방청장이 정하여 고시하는 건축물 또는 시설
>
> **정답**
> • 주유 또는 등유・경유를 옮겨 담기 위한 작업장
> • 주유취급소의 업무를 행하기 위한 사무소
> • 자동차 등의 점검 및 간이정비를 위한 작업장
> • 자동차 등의 세정을 위한 작업장
> • 주유취급소에 출입하는 사람을 대상으로 한 점포・휴게음식점 또는 전시장

19 중탄산나트륨의 열분해 반응식과 중탄산나트륨 8.4[g]이 반응해서 발생하는 이산화탄소의 부피[L]를 쓰시오(단, Na : 23, H : 1, C : 12, O : 16).

> **해설**
>
> **제1종 분말소화약제(중탄산나트륨)**
> ① 분해 반응식
> $2NaHCO_3 \rightarrow Na_2CO_3 + CO_2 + H_2O$
> ② 이산화탄소의 부피를 구하면
> $2NaHCO_3 \rightarrow Na_2CO_3 + CO_2 + H_2O$
> $2 \times 84[g]$ ―― $22.4[L]$
> $8.4[g]$ ―― x
> $\therefore x = \dfrac{8.4[g] \times 22.4[L]}{2 \times 84[g]} = 1.12[L]$
>
> **정답**
> • 분해 반응식 : $2NaHCO_3 \rightarrow Na_2CO_3 + CO_2 + H_2O$
> • 발생하는 이산화탄소의 부피 : 1.12[L]

20 강제강화플라스틱제 이중벽탱크의 누설된 위험물을 감지할 수 있는 설비(누설감지설비)에 설치하는 경보장치에 대하여 다음 물음에 답하시오.

㉮ 감지층에 누설된 위험물 등을 감지하기 위한 센서는 (   ) 또는 (   ) 등으로 하고, 검지관 내로 누설된 위험물 등의 수위가 (   )[cm] 이상인 경우에 감지할 수 있는 성능 또는 누설량이 (   )[L] 이상인 경우에 감지할 수 있는 성능이 있을 것
㉯ 경보음의 기준

해설

강제강화플라스틱제 이중벽탱크의 누설감지설비(세부기준 제102조)
① 누설감지설비는 탱크 본체의 손상 등에 의하여 감지층에 위험물이 누설되거나 강화플라스틱 등의 손상 등에 의하여 지하수가 감지층에 침투하는 현상을 감지하기 위하여 감지층에 접속하는 검지관에 설치된 센서 및 해당 센서가 작동한 경우에 경보를 발생하는 장치로 구성되도록 할 것
② 경보표시장치는 관계인이 상시 쉽게 감시하고 이상상태를 인지할 수 있는 위치에 설치할 것
③ 감지층에 누설된 위험물 등을 감지하기 위한 센서는 **액체플로트센서** 또는 **액면계** 등으로 하고, 검지관내로 **누설된 위험물 등의 수위가 3[cm]** 이상인 경우에 감지할 수 있는 성능 또는 **누설량**이 **1[L]** 이상인 경우에 감지할 수 있는 성능이 있을 것
④ 누설감지설비는 센서가 누설된 위험물 등을 감지한 경우에 경보신호(경보음 및 경보표시)를 발하는 것으로 하되, 해당 경보신호가 쉽게 정지될 수 없는 구조로 하고 **경보음**은 **80[dB] 이상**으로 할 것

정답 ㉮ 액체플로트센서, 액면계, 3, 1
㉯ 80[dB] 이상

2015년 5월 23일 시행 과년도 기출복원문제

01 분자량 101, 분해온도 400[℃], 흑색화약의 원료로 사용하는 제1류 위험물에 대하여 답하시오.
㉮ 물질명칭
㉯ 화학식
㉰ 가열분해반응식

해설

질산칼륨

① 물 성

화학식	분자량	비 중	융 점	분해 온도
KNO_3	101	2.1	339[℃]	400[℃]

② 분해반응식
　$2KNO_3 \rightarrow 2KNO_2 + O_2 \uparrow$
③ 질산칼륨 : 제1류 위험물(산화제)

정답　㉮ 질산칼륨
　　　　㉯ KNO_3
　　　　㉰ $2KNO_3 \rightarrow 2KNO_2 + O_2$

02 메틸에틸케톤, 과산화벤조일의 구조식을 그리시오.

해설

① **메틸에틸케톤**(Methyl Ethyl Keton, MEK : 제4류 위험물 제1석유류, 비수용성)
　㉠ 물 성

화학식	비 중	비 점	융 점	인화점	착화점	연소범위
$CH_3COC_2H_5$	0.8	80[℃]	−80[℃]	**−7[℃]**	505[℃]	1.8~10.0[%]

　㉡ 구조식

$$\begin{array}{c} \quad\;\; H\;\; O\;\; H\;\; H \\ \quad\;\; |\;\;\; ||\;\;\; |\;\;\; | \\ H-C-C-C-C-H \\ \quad\;\; |\quad\;\;\; |\;\;\; | \\ \quad\;\; H\quad\;\; H\;\; H \end{array}$$

② **과산화벤조일**(Benzoyl Peroxide, 벤조일퍼옥사이드 : 제5류 위험물 유기과산화물)
  ㉠ 물 성

화학식	비 중	융 점	착화점
$(C_6H_5CO)_2O_2$	1.33	105[℃]	80[℃]

  ㉡ 구조식

  $$C_6H_5-\overset{O}{\underset{\|}{C}}-O-O-\overset{O}{\underset{\|}{C}}-C_6H_5$$

정답
- 메틸에틸케톤

$$H-\underset{\underset{H}{|}}{\overset{\overset{H}{|}}{C}}-\underset{\underset{H}{|}}{\overset{\overset{O}{\|}}{C}}-\underset{\underset{H}{|}}{\overset{\overset{H}{|}}{C}}-\underset{\underset{H}{|}}{\overset{\overset{H}{|}}{C}}-H$$

- 과산화벤조일

$$C_6H_5-\overset{O}{\underset{\|}{C}}-O-O-\overset{O}{\underset{\|}{C}}-C_6H_5$$

03 자일렌 이성질체의 종류 3가지를 쓰고 구조식을 그리시오.

해설

자일렌의 종류

항목 \ 종류	자일렌		
	o-자일렌	m-자일렌	p-자일렌
화학식	$C_6H_4(CH_3)_2$	$C_6H_4(CH_3)_2$	$C_6H_4(CH_3)_2$
구조식	(1,2-이성질체)	(1,3-이성질체)	(1,4-이성질체)
인화점	32[℃]	25[℃]	25[℃]
유 별	제4류 위험물 제2석유류(비)	제4류 위험물 제2석유류(비)	제4류 위험물 제2석유류(비)
지정수량	1,000[L]	1,000[L]	1,000[L]

정답
- o-자일렌
- m-자일렌
- p-자일렌

04
이동탱크저장소에 대하여 다음 기준을 쓰시오.
㉮ 상치장소의 개념
㉯ 옥외에 있는 상치장소
㉰ 옥내에 있는 상치장소

해설

이동탱크저장소의 상치장소 기준(시행규칙 별표 10)
① **상치장소** : 이동탱크저장소를 주차할 수 있는 장소를 말하며, 옥외 또는 옥내에 둘 수 있다.
② **옥외에 있는 상치장소** : 화기를 취급하는 장소 또는 인근의 건축물로부터 5[m] 이상(인근의 건축물이 1층인 경우에는 3[m] 이상)의 거리를 확보해야 한다. 다만, 하천의 공지나 수면, 내화구조 또는 불연재료의 담 또는 벽 그 밖에 이와 유사한 것에 접하는 경우를 제외한다.
③ **옥내에 있는 상치장소** : 벽·바닥·보·서까래 및 지붕이 내화구조 또는 불연재료로 된 건축물의 1층에 설치해야 한다.

정답
㉮ 이동탱크저장소를 주차할 수 있는 장소
㉯ 화기를 취급하는 장소 또는 인근의 건축물로부터 5[m] 이상(인근의 건축물이 1층인 경우에는 3[m] 이상)의 거리를 확보해야 한다. 다만, 하천의 공지나 수면, 내화구조 또는 불연재료의 담 또는 벽 그 밖에 이와 유사한 것에 접하는 경우를 제외한다.
㉰ 벽·바닥·보·서까래 및 지붕이 내화구조 또는 불연재료로 된 건축물의 1층에 설치해야 한다.

05
트라이에틸알루미늄과 물의 반응식을 쓰고, 이때 발생하는 기체의 위험도를 계산하시오.

해설

알킬알루미늄의 반응식
① 트라이메틸알루미늄(Tri Methyl Aluminium, TMAL)
  ㉠ 물과 반응 : $(CH_3)_3Al + 3H_2O \rightarrow Al(OH)_3 + 3CH_4 \uparrow$
  ㉡ 공기와 반응 : $2(CH_3)_3Al + 12O_2 \rightarrow Al_2O_3 + 9H_2O + 6CO_2 \uparrow$
② 트라이에틸알루미늄(Tri Ethyl Aluminium, TEAL)
  ㉠ 물과 반응 : $(C_2H_5)_3Al + 3H_2O \rightarrow Al(OH)_3 + 3C_2H_6 \uparrow$
  ㉡ 공기와 반응 : $2(C_2H_5)_3Al + 21O_2 \rightarrow Al_2O_3 + 15H_2O + 12CO_2 \uparrow$
③ 트라이에틸알루미늄과 물의 반응 시 발생하는 가스 : 에테인(폭발범위 : 3.0~12.4[%])
④ 위험도 $= \dfrac{상한값 - 하한값}{하한값} = \dfrac{12.4 - 3}{3} = 3.13$

정답
• 반응식 : $(C_2H_5)_3Al + 3H_2O \rightarrow Al(OH)_3 + 3C_2H_6$
• 위험도 : 3.13

06 위험물 저장탱크에 설치하는 포소화설비의 포방출구(Ⅰ형, Ⅱ형, Ⅲ형, Ⅳ형, 특형)이다. ( ) 안에 적당한 용어를 쓰시오.

㉮ (   )형 : 고정지붕구조의 탱크에 저부포주입법(탱크의 액면하에 설치된 포방출구로부터 포를 탱크 내에 주입하는 방법을 말한다)을 이용하는 것으로서 송포관(발포기 또는 포발생기에 의하여 발생된 포를 보내는 배관을 말한다. 해당 배관으로 탱크 내의 위험물이 역류되는 것을 저지할 수 있는 구조·기구를 갖는 것에 한한다)으로부터 포를 방출하는 포방출구

㉯ (   )형 : 고정지붕구조의 탱크에 저부포주입법을 이용하는 것으로서 평상시에는 탱크의 액면하의 저부에 설치된 격납통(포를 보내는 것에 의하여 용이하게 이탈되는 캡을 갖는 것을 포함한다)에 수납되어 있는 특수호스 등이 송포관의 말단에 접속되어 있다가 포를 보내는 것에 의하여 특수호스 등이 전개되어 그 선단(끝부분)이 액면까지 도달한 후 포를 방출하는 포방출구

㉰ 특형 : 부상지붕구조의 탱크에 상부포주입법을 이용하는 것으로서 부상지붕의 부상부분상에 높이 0.9[m] 이상의 금속제의 칸막이(방출된 포의 유출을 막을 수 있고 충분한 배수능력을 갖는 배수구를 설치한 것에 한한다)를 탱크옆판의 내측으로부터 1.2[m] 이상 이격하여 설치하고 탱크옆판과 칸막이에 의하여 형성된 환상부분에 포를 주입하는 것이 가능한 구조의 반사판을 갖는 포방출구

㉱ (   )형 : 고정지붕구조 또는 부상덮개부착고정지붕구조(옥외저장탱크의 액상에 금속제의 플로팅, 팬 등의 덮개를 부착한 고정지붕구조의 것을 말한다)의 탱크에 상부포주입법을 이용하는 것으로서 방출된 포가 탱크옆판의 내면을 따라 흘러내려 가면서 액면 아래로 몰입되거나 액면을 뒤섞지 않고 액면상을 덮을 수 있는 반사판 및 탱크 내의 위험물증기가 외부로 역류되는 것을 저지할 수 있는 구조·기구를 갖는 포방출구

㉲ (   )형 : 고정지붕구조의 탱크에 상부포주입법(고정포방출구를 탱크옆판의 상부에 설치하여 액표면상에 포를 방출하는 방법을 말한다)을 이용하는 것으로서 방출된 포가 액면 아래로 몰입되거나 액면을 뒤섞지 않고 액면상을 덮을 수 있는 통계단 또는 미끄럼판 등의 설비 및 탱크 내의 위험물증기가 외부로 역류되는 것을 저지할 수 있는 구조·기구를 갖는 포방출구

해설

고정식 방출구의 종류
고정식 포방출구방식은 탱크에서 저장 또는 취급하는 위험물의 화재를 유효하게 소화할 수 있도록 하는 포 방출구

고정포방출구(위험물 탱크)의 종류

① **Ⅰ형** : **고정지붕구조**의 탱크에 **상부포주입법**(고정포방출구를 탱크옆판의 상부에 설치하여 액표면상에 포를 방출하는 방법을 말한다)을 이용하는 것으로서 방출된 포가 액면 아래로 몰입되거나 액면을 뒤섞지 않고 액면상을 덮을 수 있는 통계단 또는 미끄럼판 등의 설비 및 탱크 내의 위험물증기가 외부로 역류되는 것을 저지할 수 있는 구조·기구를 갖는 포방출구

② **Ⅱ형** : **고정지붕구조** 또는 **부상덮개부착고정지붕구조**(옥외저장탱크의 액상에 금속제의 플로팅, 팬 등의 덮개를 부착한 고정지붕구조의 것을 말한다)의 탱크에 상부포주입법을 이용하는 것으로서 방출된 포가 탱크옆판의 내면을 따라 흘러내려 가면서 액면 아래로 몰입되거나 액면을 뒤섞지 않고 액면상을 덮을 수 있는 반사판 및 탱크 내의 위험물증기가 외부로 역류되는 것을 저지할 수 있는 구조·기구를 갖는 포방출구

③ 특형 : 부상지붕구조의 탱크에 상부포주입법을 이용하는 것으로서 부상지붕의 부상부분상에 높이 0.9[m] 이상의 금속제의 칸막이(방출된 포의 유출을 막을 수 있고 충분한 배수능력을 갖는 배수구를 설치한 것에 한한다)를 탱크옆판의 내측으로부터 1.2[m] 이상 이격하여 설치하고 탱크옆판과 칸막이에 의하여 형성된 환상부분에 포를 주입하는 것이 가능한 구조의 반사판을 갖는 포방출구

④ Ⅲ형 : **고정지붕구조**의 탱크에 **저부포주입법**(탱크의 액면하에 설치된 포방출구로부터 포를 탱크 내에 주입하는 방법을 말한다)을 이용하는 것으로서 송포관(발포기 또는 포발생기에 의하여 발생된 포를 보내는 배관을 말한다. 해당 배관으로 탱크 내의 위험물이 역류되는 것을 저지할 수 있는 구조·기구를 갖는 것에 한한다)으로부터 포를 방출하는 포방출구

⑤ Ⅳ형 : **고정지붕구조**의 탱크에 **저부포주입법**을 이용하는 것으로서 평상시에는 탱크의 액면하의 저부에 설치된 격납통(포를 보내는 것에 의하여 용이하게 이탈되는 캡을 갖는 것을 포함한다)에 수납되어 있는 특수호스 등이 송포관의 말단에 접속되어 있다가 포를 보내는 것에 의하여 특수호스 등이 전개되어 그 선단(끝부분)이 액면까지 도달한 후 포를 방출하는 포방출구

정답 ㉮ Ⅲ형, ㉯ Ⅳ형, ㉰ Ⅱ형, ㉱ Ⅰ형

07 위험물제조소 등의 관계인은 예방규정을 작성해야 하는데 작성 내용 5가지를 쓰시오.

해설
예방규정
① 작성자 : 제조소 등의 관계인
② 행정절차 : 제조소 등의 사용을 시작하기 전에 시·도지사에게 제출
③ **예방규정 작성 내용**(시행규칙 제63조)
   ㉠ 위험물의 안전관리업무를 담당하는 자의 직무 및 조직에 관한 사항
   ㉡ 안전관리자가 여행·질병 등으로 인하여 그 직무를 수행할 수 없을 경우 그 직무의 대리자에 관한 사항
   ㉢ 자체소방대를 설치해야 하는 경우에는 자체소방대의 편성과 화학소방자동차의 배치에 관한 사항
   ㉣ 위험물의 안전에 관계된 작업에 종사하는 자에 대한 **안전교육**에 관한 사항
   ㉤ 위험물시설 및 작업장에 대한 **안전순찰**에 관한 사항
   ㉥ **위험물시설·소방시설** 그 밖의 관련시설에 대한 **점검** 및 **정비**에 관한 사항
   ㉦ 위험물시설의 **운전** 또는 **조작**에 관한 사항
   ㉧ **위험물 취급 작업의 기준**에 관한 사항
   ㉨ 이송취급소에 있어서는 배관공사 현장책임자의 조건 등 배관공사 현장에 대한 감독체제에 관한 사항과 배관 주위에 있는 이송취급소 시설 외의 공사를 하는 경우 배관의 안전 확보에 관한 사항
   ㉩ 재난 그 밖의 비상시의 경우에 취해야 하는 조치에 관한 사항
   ㉪ 위험물의 안전에 관한 기록에 관한 사항
   ㉫ 제조소 등의 위치·구조 및 설비를 명시한 서류와 도면의 정비에 관한 사항
   ㉬ 그 밖에 위험물의 안전관리에 관하여 필요한 사항

정답
• 위험물의 안전에 관계된 작업에 종사하는 자에 대한 안전교육에 관한 사항
• 위험물시설 및 작업장에 대한 안전순찰에 관한 사항
• 위험물시설·소방시설 그 밖의 관련시설에 대한 점검 및 정비에 관한 사항
• 위험물시설의 운전 또는 조작에 관한 사항
• 위험물 취급 작업의 기준에 관한 사항

08 위험물제조소 등의 설치허가를 취소하거나 6월 이내의 기간을 정하여 전부 또는 일부의 사용정지를 명할 수 있는 내용 5가지를 쓰시오.

해설
설치허가의 취소와 사용정지(시행규칙 별표 2)
① 제6조 제1항 후단의 규정에 따른 변경허가를 받지 않고 제조소 등의 위치·구조 또는 설비를 변경한 때
② 제9조의 규정에 따른 완공검사를 받지 않고 제조소 등을 사용한 때
③ 법 제11조의2 제3항에 따른 안전조치 이행명령을 따르지 않은 경우
④ 제14조 제2항의 규정에 따른 수리·개조 또는 이전의 명령에 위반한 때
⑤ 제15조 제1항 및 제2항의 규정에 따른 위험물안전관리자를 선임하지 않은 때
⑥ 제15조 제5항의 규정을 위반하여 대리자를 지정하지 않은 때
⑦ 제18조 제1항의 규정에 따른 정기점검을 하지 않은 때
⑧ 제18조 제2항의 규정에 따른 정기검사를 받지 않은 때
⑨ 제26조의 규정에 따른 저장·취급기준 준수명령에 위반한 때

정답
- 변경허가를 받지 않고 제조소 등의 위치·구조 또는 설비를 변경한 때
- 완공검사를 받지 않고 제조소 등을 사용한 때
- 위험물안전관리자를 선임하지 않은 때
- 대리자를 지정하지 않은 때
- 정기점검을 하지 않은 때

09 철분이 다음 물질과 반응할 때의 화학반응식을 쓰시오.
㉮ 염산과 반응
㉯ 수증기와 반응
㉰ 산소와 반응

해설
철분과의 반응식
① 염산과 반응하면 염화제1철이 된다.
$Fe + 2HCl \rightarrow FeCl_2 + H_2$
② 수증기와 반응하면 사산화삼철이 된다.
$3Fe + 4H_2O \rightarrow Fe_3O_4 + 4H_2$
③ 공기 중에서 서서히 산화하여 삼산화제2철이 된다.
$4Fe + 3O_2 \rightarrow 2Fe_2O_3$

정답
㉮ $Fe + 2HCl \rightarrow FeCl_2 + H_2$
㉯ $3Fe + 4H_2O \rightarrow Fe_3O_4 + 4H_2$
㉰ $4Fe + 3O_2 \rightarrow 2Fe_2O_3$

10 드라이아이스를 100[g], 압력이 100[kPa], 온도가 30[℃]일 때 부피는 몇 [L]인지 계산하시오.

해설
이상기체 상태방정식을 적용하면

$$PV = nRT = \frac{W}{M}RT \qquad V = \frac{WRT}{PM}$$

여기서, P : 압력$\left(\frac{100[kPa]}{101.325[kPa]} \times 1[atm] = 0.987[atm]\right)$

V : 부피([L]) $\qquad M$: 분자량(CO_2 = 44)
W : 무게(100[g]) $\qquad R$: 기체상수(0.08205[L·atm/g-mol·K])
T : 절대온도(273 + 30[℃] = 303[K])

$$\therefore V = \frac{WRT}{PM} = \frac{100 \times 0.08205 \times 303}{0.987 \times 44} = 57.25[L]$$

정답 57.25[L]

---

11 메탄올 연소반응식과 메탄올 200[kg]이 연소할 때 필요한 이론산소량은 몇 [kg]인지 쓰시오.

해설
메탄올의 연소반응식
① 연소반응식 : $2CH_3OH + 3O_2 \rightarrow 2CO_2 + 4H_2O$
② 이론산소량을 구하면

$\quad CH_3OH \quad + \quad 1.5O_2 \quad \rightarrow \quad CO_2 + 2H_2O$
$\quad 32[kg] \qquad\qquad 1.5 \times 32[kg]$
$\quad 200[kg] \qquad\qquad x$

$$\therefore x = \frac{200 \times 1.5 \times 32[kg]}{32[kg]} = 300[kg]$$

정답
- 연소반응식 : $2CH_3OH + 3O_2 \rightarrow 2CO_2 + 4H_2O$
- 이론산소량 : 300[kg]

---

12 지하탱크저장소의 저장탱크는 용량에 따라 수압시험을 해야 하는데 대신할 수 있는 방법을 쓰시오.

해설
지하탱크저장소의 저장탱크 수압시험(시행규칙 별표 8)
① 압력탱크(최대상용압력이 46.7[kPa] 이상인 탱크를 말한다) 외의 탱크 : 70[kPa]의 압력으로 10분간
② 압력탱크 : 최대상용압력의 1.5배의 압력으로 각각 10분간 수압시험을 실시하여 새거나 변형되지 않아야 한다.
③ 대신할 수 있는 경우 : 이 경우 수압시험은 소방청장이 정하여 고시하는 기밀시험과 비파괴시험을 동시에 실시하는 방법으로 대신할 수 있다.

정답 소방청장이 정하여 고시하는 기밀시험과 비파괴시험을 동시에 실시하는 방법

13 다음 물질의 시성식을 쓰시오.

㉮ 무색투명한 특유의 향이 있는 액체로서 분자량이 74인 물질
㉯ 무색의 액체로 특유의 냄새가 나고 분자량이 53인 제1석유류 물질

해설
시성식

항목 \ 종류	다이에틸에터	아크릴로나이트릴
성상	무색투명, 특유한 향의 액체	무색, 특유의 냄새
시성식	$C_2H_5OC_2H_5$	$CH_2=CHCN$
분자량	74	53
인화점	$-40[℃]$	$-5[℃]$
유별	제4류 위험물 특수인화물	제4류 위험물 제1석유류(비수용성)
지정수량	50[L]	200[L]

정답
㉮ $C_2H_5OC_2H_5$
㉯ $CH_2=CHCN$

14 10[℃]에서 $KNO_3 \cdot 10H_2O$ 12.6[g]을 포화시킬 때 물 20[g]이 필요하다면 이 온도에서 KNO_3 용해도를 구하시오.

해설
용해도
① **정의** : 용매 100[g]에 최대한 녹아 있는 용질의 [g]수

$$용해도 = \frac{용질의\ [g]수}{용매의\ [g]수} \times 100$$

② KNO_3의 분자량 : 101
③ $KNO_3 \cdot 10H_2O$의 분자량 : 281
④ $KNO_3 \cdot 10H_2O$의 KNO_3의 양 $= \frac{101}{281} \times 12.6[g] = 4.53[g]$
⑤ $KNO_3 \cdot 10H_2O$의 $10H_2O$의 양 $= \frac{180}{281} \times 12.6[g] = 8.07[g]$
⑥ 전체용매(물)의 양 $= 20[g] + 8.07[g] = 28.07[g]$

∴ 용해도 $= \frac{4.53}{28.07} \times 100 = 16.14$

정답 16.14

15 포소화설비에서 공기포 소화약제 혼합방식의 종류 중 다음 방식을 설명하시오.
㉮ 프레셔프로포셔너방식
㉯ 라인프로포셔너방식

해설
포 혼합장치
① **펌프프로포셔너방식**(Pump Proportioner, 펌프혼합방식) : 펌프의 토출관과 흡입관 사이의 배관 도중에 설치한 흡입기에 펌프에서 토출된 물의 일부를 보내고 농도조정밸브에서 조정된 포소화약제의 필요량을 포소화약제 저장탱크에서 펌프 흡입측으로 보내어 약제를 혼합하는 방식
② **라인프로포셔너방식**(Line Proportioner, 관로혼합방식) : 펌프와 발포기의 중간에 설치된 벤투리관의 벤투리작용에 따라 포소화약제를 흡입·혼합하는 방식
③ **프레셔프로포셔너방식**(Pressure Proportioner, 차압혼합방식) : 펌프와 발포기의 중간에 설치된 벤투리관의 벤투리작용과 펌프 가압수의 포소화약제 저장탱크에 대한 압력에 따라 포소화약제를 흡입·혼합하는 방식
④ **프레셔사이드프로포셔너방식**(Pressure Side Proportioner, 압입혼합방식) : 펌프의 토출관에 압입기를 설치하여 포소화약제 압입용 펌프로 포소화약제를 압입시켜 혼합하는 방식
⑤ **압축공기포믹싱챔버방식** : 물, 포소화약제 및 공기를 믹싱챔버로 강제주입시켜 챔버 내에서 포수용액을 생성한 후 포를 방사하는 방식

정답 ㉮ 펌프와 발포기의 중간에 설치된 벤투리관의 벤투리 작용과 펌프 가압수의 포소화약제 저장탱크에 대한 압력에 따라 포소화약제를 흡입·혼합하는 방식
㉯ 펌프와 발포기의 중간에 설치된 벤투리관의 벤투리작용에 따라 포소화약제를 흡입·혼합하는 방식

16 알코올 10[g]과 물 20[g]이 혼합되었을 때 비중이 0.94라면, 이때 부피는 몇 [mL]인가?

해설
혼합액의 부피
용액은 10[g] + 20[g] = 30[g]이고, 이 용액의 비중이 0.94[g/cm^3]이다.

$$비중 = 0.94[g/cm^3] = 0.94[g/mL] = 940[g/L] = 0.94[kg/L]$$
$$1[L] = 1,000[cm^3] = 1,000[mL]$$

∴ 용액의 부피 = 30[g] ÷ 0.94[g/mL] = 31.91[mL]

정답 31.91[mL]

17

위험물제조소 등에 설치하는 불활성 가스소화설비의 전역방출방식과 국소방출방식에서 선택밸브 설치기준을 쓰시오.

해설

선택밸브의 설치기준(세부기준 제134조)
① 저장용기를 공용하는 경우에는 방호구역 또는 방호대상물마다 선택밸브를 설치할 것
② 선택밸브는 방호구역 외의 장소에 설치할 것
③ 선택밸브에는 "선택밸브"라고 표시하고 선택이 되는 방호구역 또는 방호대상물을 표시할 것

정답
- 저장용기를 공용하는 경우에는 방호구역 또는 방호대상물마다 선택밸브를 설치할 것
- 선택밸브는 방호구역 외의 장소에 설치할 것
- 선택밸브에는 "선택밸브"라고 표시하고, 선택이 되는 방호구역 또는 방호대상물을 표시할 것

18

지하탱크저장소의 주위에는 해당 탱크로부터 액체위험물의 누설을 검사하기 위한 관을 설치한다. ( ) 안에 적당한 말을 쓰시오.

- 이중관으로 할 것. 다만, 소공이 없는 상부는 (㉮)으로 할 수 있다.
- 재료는 (㉯) 또는 (㉰)으로 할 것
- 관은 탱크 전용실의 바닥 또는 탱크의 기초까지 닿게 할 것
- 관의 밑 부분으로부터 탱크의 중심 높이까지의 부분에는 소공이 뚫려 있을 것. 다만, 지하수위가 높은 장소에 있어서는 지하수위 높이까지의 부분에 소공이 뚫려 있어야 한다.
- 상부는 (㉱)이 침투하지 않는 구조로 하고, 뚜껑은 검사 시에 쉽게 열 수 있도록 할 것

해설

누유검사관의 설치기준(시행규칙 별표 8)
액체위험물의 **누설을 검사하기 위한 관**을 다음의 기준에 따라 **4개소 이상** 적당한 위치에 설치해야 한다.
① 이중관으로 할 것. 다만, 소공이 없는 상부는 **단관**으로 할 수 있다.
② 재료는 **금속관** 또는 **경질합성수지관**으로 할 것
③ 관은 탱크 전용실의 바닥 또는 탱크의 기초까지 닿게 할 것
④ 관의 밑 부분으로부터 탱크의 중심 높이까지의 부분에는 소공이 뚫려 있을 것. 다만, 지하수위가 높은 장소에 있어서는 지하수위 높이까지의 부분에 소공이 뚫려 있어야 한다.
⑤ 상부는 **물**이 침투하지 않는 구조로 하고, 뚜껑은 검사 시에 쉽게 열 수 있도록 할 것

정답
㉮ 단 관　　㉯ 금속관
㉰ 경질합성수지관　　㉱ 물

19 과산화칼륨이 다음 물질과 반응할 때 반응식을 쓰시오.

㉮ 이산화탄소
㉯ 아세트산

해설

과산화칼륨의 반응식

① 분해 반응식 : $2K_2O_2 \rightarrow 2K_2O + O_2 \uparrow$
② 물과 반응 : $2K_2O_2 + 2H_2O \rightarrow 4KOH + O_2 \uparrow$
③ 이산화탄소와 반응 : $2K_2O_2 + 2CO_2 \rightarrow 2K_2CO_3 + O_2 \uparrow$
④ 초산(아세트산)과 반응 : $K_2O_2 + 2CH_3COOH \rightarrow 2CH_3COOK + H_2O_2$
　　　　　　　　　　　　　　　　　　　　　　　　　(초산칼륨)　　(과산화수소)
⑤ 염산과의 반응 : $K_2O_2 + 2HCl \rightarrow 2KCl + H_2O_2$

정답　㉮ $2K_2O_2 + 2CO_2 \rightarrow 2K_2CO_3 + O_2$
　　　　㉯ $K_2O_2 + 2CH_3COOH \rightarrow 2CH_3COOK + H_2O_2$

20 다음 공식의 기호를 설명하시오.

$$E = \frac{1}{2}CV^2 = \frac{1}{2}QV$$

㉮ C :
㉯ Q :
㉰ V :

해설

전기불꽃

① 정의 : 전기불꽃에 의한 에너지 발생량 구하는 식

$$E = \frac{1}{2}CV^2 = \frac{1}{2}QV$$

② 기호 설명
　㉠ E : 에너지량(Joule)
　㉡ C : 정전용량(Farad)
　㉢ V : 방전전압(Volt)
　㉣ Q : 전기량(Coulomb)

정답　㉮ 정전용량
　　　　㉯ 전기량
　　　　㉰ 방전전압

제58회 과년도 기출복원문제

2015년 9월 6일 시행

01

다음 물질의 화학식을 쓰고 품명을 적으시오.

㉮ 메틸에틸케톤
- 화학식
- 품 명

㉯ 아닐린
- 화학식
- 품 명

㉰ 클로로벤젠
- 화학식
- 품 명

㉱ 사이클로헥세인
- 화학식
- 품 명

㉲ 피리딘
- 화학식
- 품 명

해설

제4류 위험물의 화학식과 품명

항목 종류	화학식	품 명	지정수량
메틸에틸케톤	$CH_3COC_2H_5$	제1석유류(비수용성)	200[L]
아닐린	$C_6H_5NH_2$	제3석유류(비수용성)	2,000[L]
클로로벤젠	C_6H_5Cl	제2석유류(비수용성)	1,000[L]
사이클로헥세인	C_6H_{12}	제1석유류(비수용성)	200[L]
피리딘	C_5H_5N	제1석유류(수용성)	400[L]

정답

㉮ $CH_3COC_2H_5$, 제1석유류(비수용성)
㉯ $C_6H_5NH_2$, 제3석유류(비수용성)
㉰ C_6H_5Cl, 제2석유류(비수용성)
㉱ C_6H_{12}, 제1석유류(비수용성)
㉲ C_5H_5N, 제1석유류(수용성)

02

제5류 위험물인 피크르산에 대하여 다음 물음에 답하시오.
㉮ 구조식
㉯ 질소의 함유량[wt%]

해설

트라이나이트로페놀(Tri Nitro Phenol, 피크르산)

① 물 성

화학식	구조식	융 점	착화점	비 중
$C_6H_2OH(NO_2)_3$	O_2N-〈OH, NO_2, NO_2 벤젠고리〉	121[℃]	300[℃]	1.8

② 질소의 함량 = N의 합/분자량의 합×100

㉠ 피크르산의 분자량[$C_6H_2OH(NO_2)_3$] = (12×6) + (1×3) + (14×3) + (7×16)
  = 229
㉡ N(질소의 합) = 14×3 = 42
∴ 피크르산 내의 질소의 함유량 = $\dfrac{42}{229} \times 100 = 18.34[\text{wt}\%]$

정답
㉮ (구조식: 2,4,6-트라이나이트로페놀)
㉯ 18.34[wt%]

03 트라이에틸알루미늄이 물과 반응할 때 화학반응식을 쓰시오.

해설
알킬알루미늄의 반응식
① 공기와 반응
$$2(C_2H_5)_3Al + 21O_2 \rightarrow Al_2O_3 + 15H_2O + 12CO_2 \uparrow$$
$$2(CH_3)_3Al + 12O_2 \rightarrow Al_2O_3 + 9H_2O + 6CO_2 \uparrow$$
② 물과 반응
$$(C_2H_5)_3Al + 3H_2O \rightarrow Al(OH)_3 + 3C_2H_6 \uparrow$$
$$(CH_3)_3Al + 3H_2O \rightarrow Al(OH)_3 + 3CH_4 \uparrow$$

㉠ 트라이메틸알루미늄 : $(CH_3)_3Al$ ㉡ 트라이에틸알루미늄 : $(C_2H_5)_3Al$
㉢ 수산화알루미늄 : $Al(OH)_3$ ㉣ 에테인 : C_2H_6

정답 $(C_2H_5)_3Al + 3H_2O \rightarrow Al(OH)_3 + 3C_2H_6$

---

04 탄화칼슘 500[g]이 물과 반응할 때 생성되는 기체는 표준상태에서의 부피[L]와 생성되는 가연성가스의 위험도를 구하시오.

해설
탄화칼슘이 물과 반응하면 아세틸렌(C_2H_2)가스가 발생한다.
① 반응식 $CaC_2 + 2H_2O \rightarrow Ca(OH)_2 + C_2H_2$
② 표준상태에서 부피

$$CaC_2 + 2H_2O \rightarrow Ca(OH)_2 + C_2H_2$$
64[g] ────────── 22.4[L]
500[g] ────────── x

$$\therefore x = \frac{500[g] \times 22.4[L]}{64[g]} = 175[L]$$

③ 아세틸렌의 폭발범위 : 2.5~81[%]
$$\therefore 위험도 = \frac{상한값 - 하한값}{하한값} = \frac{81 - 2.5}{2.5} = 31.4$$

정답 • 부피 : 175[L]
• 위험도 : 31.4

05

특별한 경우에 허가를 받지 않고 위험물제조소 등을 설치하거나 그 위치·구조 또는 설비를 변경할 수 있으며, 신고를 하지 않고 위험물의 품명·수량 또는 지정수량의 배수를 변경할 수 있다. 이에 해당하는 것을 2가지 쓰시오.

해설

허가를 받는 규정에도 불구하고 허가를 받지 않고 해당 제조소 등을 설치하거나 그 위치·구조 또는 설비를 변경할 수 있으며, 신고를 하지 않고 위험물의 품명·수량 또는 지정수량의 배수를 변경할 수 있다(법 제6조).
① 주택의 난방시설(공동주택의 중앙난방시설을 제외한다)을 위한 저장소 또는 취급소
② 농예용·축산용 또는 수산용으로 필요한 난방시설 또는 건조시설을 위한 지정수량의 20배 이하의 저장소

정답
- 주택의 난방시설(공동주택의 중앙난방시설을 제외한다)을 위한 저장소 또는 취급소
- 농예용·축산용 또는 수산용으로 필요한 난방시설 또는 건조시설을 위한 지정수량의 20배 이하의 저장소

06

바닥면적이 2,000[m^2]의 옥내저장소의 저장창고에 저장할 수 있는 제3류 위험물의 품명 5가지를 쓰시오.

해설
저장창고의 기준면적

위험물을 저장하는 창고의 종류	기준면적
① 제1류 위험물 중 아염소산염류, 염소산염류, 과염소산염류, 무기과산화물, 그 밖에 지정수량이 50[kg]인 위험물 ② 제3류 위험물 중 칼륨, 나트륨, 알킬알루미늄, 알킬리튬, 그 밖에 지정수량이 10[kg]인 위험물 및 황린 ③ 제4류 위험물 중 특수인화물, 제1석유류 및 알코올류 ④ 제5류 위험물 중 지정수량이 10[kg]인 위험물 ⑤ 제6류 위험물	1,000[m^2] 이하
①~⑤의 위험물 외의 위험물을 저장하는 창고 **[제3류 위험물]** ① 알칼리금속(칼륨 및 나트륨은 제외한다) 및 알칼리토금속 ② 유기금속화합물(알킬알루미늄 및 알킬리튬은 제외한다) ③ 금속의 수소화물 ④ 금속의 인화물 ⑤ 칼슘 또는 알루미늄의 탄화물	2,000[m^2] 이하
위의 전부에 해당하는 위험물을 내화구조의 격벽으로 완전히 구획된 실에 각각 저장하는 창고(①~⑤의 위험물을 저장하는 실의 면적은 500[m^2]를 초과할 수 없다)	1,500[m^2] 이하

정답
- 알칼리금속(칼륨 및 나트륨은 제외한다) 및 알칼리토금속
- 유기금속화합물(알킬알루미늄 및 알킬리튬은 제외한다)
- 금속의 수소화물
- 금속의 인화물
- 칼슘 또는 알루미늄의 탄화물

07 분자량이 78이고, 물에 녹으나 에틸알코올에는 녹지 않는 제1류 위험물이 초산과 반응할 때 반응식을 쓰시오.

해설
과산화나트륨의 반응식
① 분해 반응식 : $2Na_2O_2 \rightarrow 2Na_2O + O_2 \uparrow$
② 물과 반응 : $2Na_2O_2 + 2H_2O \rightarrow 4NaOH + O_2 \uparrow$
③ 탄산가스와 반응 : $2Na_2O_2 + 2CO_2 \rightarrow 2Na_2CO_3 + O_2 \uparrow$
④ **초산(아세트산)과 반응** : $Na_2O_2 + 2CH_3COOH \rightarrow \underset{(초산나트륨)}{2CH_3COONa} + \underset{(과산화수소)}{H_2O_2}$
⑤ 염산과 반응 : $Na_2O_2 + 2HCl \rightarrow 2NaCl + H_2O_2$
※ 과산화나트륨의 분자량 : $Na_2O_2 = (23 \times 2) + (16 \times 2) = 78$

정답 $Na_2O_2 + 2CH_3COOH \rightarrow 2CH_3COONa + H_2O_2$

---

08 나이트로글리세린이 폭발하는 경우 분해반응식을 쓰시오.

해설
나이트로글리세린의 분해반응식

$$4C_3H_5(ONO_2)_3 \rightarrow 12CO_2 \uparrow + 10H_2O + 6N_2 \uparrow + O_2 \uparrow$$

정답 $4C_3H_5(ONO_2)_3 \rightarrow 12CO_2 + 10H_2O + 6N_2 + O_2$

---

09 위험물안전관리법령에서 "산화성 고체"라 함은 고체(액체 또는 기체)로서 산화력의 잠재적인 위험성 또는 충격에 대한 민감성을 판단하기 위하여 소방청장이 정하여 고시하는 시험에서 고시로 정하는 성질과 상태를 나타내는 것을 말하는데, 액체와 기체의 정의를 쓰시오.

해설
산화성 고체
산화성 고체 : 고체[액체(1기압 및 20[℃]에서 액상인 것 또는 20[℃] 초과 40[℃] 이하에서 액상인 것) 또는 기체(1기압 및 20[℃]에서 기상인 것) 외의 것]로서 산화력의 잠재적인 위험성 또는 충격에 대한 민감성을 판단하기 위하여 소방청장이 정하여 고시하는 시험에서 고시로 정하는 성질과 상태를 나타내는 것을 말한다. 이 경우 "액상"이라 함은 수직으로 된 시험관(안지름 30[mm], 높이 120[mm]의 원통형유리관을 말한다)에 시료를 55[mm]까지 채운 다음 해당 시험관을 수평으로 하였을 때 시료액면의 끝부분이 30[mm]를 이동하는 데 걸리는 시간이 90초 이내에 있는 것을 말한다.

정답
• 액체 : 1기압 및 20[℃]에서 액상인 것 또는 20[℃] 초과 40[℃] 이하에서 액상인 것
• 기체 : 1기압 및 20[℃]에서 기상인 것

10

1[kg]의 아연을 묽은염산에 녹였을 때 발생가스의 부피는 0.5[atm], 27[℃]에서 몇 [L]인가?

해설

아연과 염산의 반응식

$$Zn + 2HCl \rightarrow ZnCl_2 + H_2$$

65.4[g] ────────────── 2[g]
1,000[g] ────────────── x

$$\therefore x = \frac{1,000 \times 2}{65.4} = 30.58[g]$$

이상기체 상태방정식을 적용하면

$$PV = nRT = \frac{W}{M}RT \quad V = \frac{WRT}{PM}$$

여기서, P : 압력[atm] V : 부피[L]
n : mol수 M : 분자량(H_2 = 2)
W : 무게(30.58[g])
R : 기체상수(0.08205[L·atm/g-mol·K])
T : 절대온도(273 + [℃])[K]

∴ 부피를 구하면

$$V = \frac{WRT}{PM} = \frac{30.58[g] \times 0.08205[L \cdot atm/g-mol \cdot K] \times (273+27)[K]}{0.5[atm] \times 2[g/g-mol]} = 752.73[L]$$

정답 752.73[L]

11

제조소 및 일반취급소의 환기설비 및 배출설비를 점검할 때 점검표 항목 5가지를 쓰시오.

해설

제조소, 일반취급소, 옥내저장소의 일반점검표(세부기준 별지 9)

점검항목	점검내용	점검방법
환기·배출 설비 등	변형·손상 유무 및 고정상태의 적부	육 안
	인화방지망의 손상 및 막힘 유무	육 안
	방화댐퍼의 손상 유무 및 기능의 적부	육안 및 작동확인
	팬의 작동상황 적부	작동확인
	가연성 증기 경보장치의 작동상황 적부	작동확인

정답
- 변형·손상 유무 및 고정상태의 적부
- 인화방지망의 손상 및 막힘 유무
- 방화댐퍼의 손상 유무 및 기능의 적부
- 팬의 작동상황 적부
- 가연성 증기 경보장치의 작동상황 적부

12 간이탱크저장소의 설치기준에 관한 내용 중 ( ) 안에 알맞은 말을 쓰시오.

㉮ 하나의 간이탱크저장소에 설치하는 간이저장탱크는 그 수를 ( ) 이하로 하고, 동일한 품질의 위험물의 간이저장탱크를 2 이상 설치하지 않아야 한다.
㉯ 간이저장탱크는 움직이거나 넘어지지 않도록 지면 또는 가설대에 고정시키되, 옥외에 설치하는 경우에는 그 탱크의 주위에 너비 ( )[m] 이상의 공지를 두고, 전용실 안에 설치하는 경우에는 탱크와 전용실의 벽과의 사이에 ( )[m] 이상의 간격을 유지해야 한다.
㉰ 간이저장탱크의 용량은 ( )[L] 이하이어야 한다.
㉱ 간이저장탱크는 두께 ( )[mm] 이상의 강판으로 흠이 없도록 제작해야 하며, 70[kPa]의 압력으로 10분간의 수압시험을 실시하여 새거나 변형되지 않아야 한다.

해설
간이탱크저장소의 기준(시행규칙 별표 9)
① **하나의 간이탱크저장소**에 설치하는 간이저장탱크는 그 수를 **3 이하**로 하고, 동일한 품질의 위험물의 간이저장탱크를 2 이상 설치하지 않아야 한다.
② 간이저장탱크는 움직이거나 넘어지지 않도록 지면 또는 가설대에 고정시키되, 옥외에 설치하는 경우에는 그 탱크의 주위에 너비 **1[m] 이상의 공지**를 두고, 전용실 안에 설치하는 경우에는 **탱크와 전용실의 벽과의 사이에 0.5[m] 이상의 간격**을 유지해야 한다.
③ 간이저장탱크의 **용량은 600[L] 이하**이어야 한다.
④ 간이저장탱크는 **두께 3.2[mm] 이상의 강판**으로 흠이 없도록 제작해야 하며, 70[kPa]의 압력으로 10분간의 수압시험을 실시하여 새거나 변형되지 않아야 한다.
⑤ 간이저장탱크의 외면에는 녹을 방지하기 위한 도장을 해야 한다.
⑥ 간이저장탱크에는 다음 기준에 적합한 밸브 없는 통기관을 설치해야 한다.
　㉠ 통기관의 지름은 25[mm] 이상으로 할 것
　㉡ 통기관은 옥외에 설치하되, 그 끝부분의 높이는 지상 1.5[m] 이상으로 할 것
　㉢ 통기관의 끝부분은 수평면에 대하여 아래로 45° 이상 구부려 빗물 등이 침투하지 않도록 할 것
　㉣ 가는 눈의 구리망 등으로 인화방지장치를 할 것. 다만, 인화점 70[℃] 이상의 위험물만을 70[℃] 미만의 온도로 저장 또는 취급하는 탱크에 설치하는 통기관에 있어서는 그렇지 않다.

정답
㉮ 3
㉯ 1, 0.5
㉰ 600
㉱ 3.2

13 다음은 지하탱크저장소의 설비기준에 대한 설명이다. 적당한 숫자를 쓰시오.
㉮ 지하저장탱크의 윗부분은 지면으로부터 (   )[m] 이상 아래에 있어야 한다.
㉯ 탱크전용실은 지하의 가장 가까운 벽·피트·가스관 등의 시설물 및 대지경계선으로부터 (   )[m] 이상 떨어진 곳에 설치하고, 지하저장탱크와 탱크전용실의 안쪽과의 사이는 (   )[m] 이상의 간격을 유지하도록 할 것
㉰ 탱크전용실의 벽, 바닥 및 뚜껑의 두께는 (   )[m] 이상일 것

해설

지하탱크저장소(시행규칙 별표 8)

① 탱크전용실은 지하의 가장 가까운 벽·피트·가스관 등의 시설물 및 대지경계선으로부터 **0.1[m] 이상** 떨어진 곳에 설치하고, 지하저장탱크와 탱크전용실의 안쪽과의 사이는 **0.1[m] 이상**의 간격을 유지하도록 하며, 해당 탱크의 주위에 마른 모래 또는 습기 등에 의하여 응고되지 않는 입자지름 5[mm] 이하의 마른 자갈분을 채워야 한다.
② 지하저장탱크의 윗부분은 지면으로부터 **0.6[m] 이상** 아래에 있어야 한다.
③ 지하저장탱크를 2 이상 인접해 설치하는 경우에는 그 상호간에 1[m](해당 2 이상의 지하저장탱크의 용량의 합계가 지정수량의 100배 이하인 때에는 0.5[m]) 이상의 간격을 유지해야 한다. 다만, 그 사이에 탱크 전용실의 벽이나 두께 20[cm] 이상의 콘크리트 구조물이 있는 경우에는 그렇지 않다.
④ **탱크전용실**의 구조
  ㉠ **벽, 바닥 및 뚜껑**의 두께는 **0.3[m] 이상**일 것
  ㉡ 벽, 바닥 및 뚜껑의 내부에는 지름 9[mm]부터 13[mm]까지의 철근을 가로 및 세로 5[cm]부터 20[cm]까지의 간격으로 배치할 것
  ㉢ 벽, 바닥 및 뚜껑의 재료에 수밀콘크리트를 혼입하거나 벽, 바닥 및 뚜껑의 중간에 아스팔트층을 만드는 방법으로 적정한 방수조치를 할 것

정답 ㉮ 0.6
㉯ 0.1, 0.1
㉰ 0.3

14 위험물제조소의 옥내소화전설비에 설치된 방수구가 5개일 때 비상전원의 용량과 분당 최소방수량을 쓰시오.

해설

옥내소화전설비
① 방수량, 방수압력, 수원 등

방수량	방수압력	토출량	수 원	비상전원
260[L/min] 이상	0.35[MPa] 이상	N(최대 5개)×260[L/min]	N(최대 5개)×7.8[m³] (260[L/min]×30[min])	45분 이상

∴ 방수량 = N(최대 5개) × 260[L/min] = 5 × 260[L/min] = 1,300[L/min]
② 비상전원의 용량 : 45분 이상

정답
· 비상전원의 용량 : 45분 이상
· 분당 최소방수량 : 1,300[L/min]

15 유동대전에 대하여 설명하라.

해설

정전기 대전의 종류
① **마찰대전** : 종이, 필름 등이 금속롤러와 마찰을 일으킬 때 마찰에 의하여 접촉의 위치가 이동하고 전하분리가 일어나서 정전기가 발생하는 현상
② **유동대전** : 액체류를 파이프 등으로 유동할 때 액체와 관 벽 사이에 정전기가 발생하는 현상으로 인화성 액체는 전기 절연성이 높아 유동에 의한 대전이 일어나기 쉽고 액체류의 이동속도가 정전기의 발생에 커다란 영향을 줌
③ **충돌대전** : 분체류의 입자끼리 또는 입자와 고체와의 충돌에 의하여 접촉, 분리가 일어나기 때문에 정전기가 발생하는 현상
④ **분출대전** : 분체, 액체, 기체류가 단면적이 작은 노즐 등 개구부에서 분출할 때 마찰이 일어나서 정전기가 발생하는 현상으로 가스가 분진, 무상입자로 분출할 때 대전이 잘 일어남
⑤ **박리대전** : 서로 밀착해 있는 물체가 분리될 때 전하분리가 일어나서 정전기가 발생하는 현상
⑥ **비말대전** : 액체류가 미세하게 공기 중에 비산되어 분리하여 입자로 될 때 새로운 표면을 형성하여 정전기가 발생하는 현상
⑦ **적하대전** : 고체 표면에 부착해 있는 액체류가 성장하여 자중으로 물방울로 되어 떨어질 때 전하분리가 일어나서 정전기가 발생하는 현상

정답 유동대전은 액체류를 파이프 등으로 유동할 때 액체와 관 벽 사이에 정전기가 발생하는 현상이다.

16 정전기 방전의 종류 3가지를 쓰시오.

해설

정전기 방전
① **코로나방전** : 도체 주위에서 유체의 이온화로 인하여 발생하는 전기적 방전으로서 아주 작은 파괴음을 수반하고 재해의 원인이 될 확률은 작음
② **스트리머방전** : 기체 방전에서 방전로가 긴 줄을 형성하면서 발생하는 방전
③ **불꽃방전** : 기체방전에서 전극 간의 절연이 완전히 파괴되어 강한 불꽃을 내는 방전으로 갑자기 발생하는 강한 파괴음과 발광을 동반
④ **연면방전** : 대전물체의 표면에 전위상승으로 표면을 따라 발생하는 방전

정답
- 코로나방전
- 스트리머방전
- 불꽃방전

17 위험물 운반용기의 외부에 표시해야 하는 주의사항을 쓰시오.
㉮ 질 산
㉯ 사이안화수소
㉰ 브로민산칼륨

해설
운반용기의 외부에 표시해야 하는 주의사항

종 류		주의사항
제1류 위험물	알칼리금속의 과산화물 (과산화칼륨, 과산화나트륨)	화기·충격주의, 물기엄금, 가연물접촉주의
	그 밖의 것 (**브로민산칼륨 등 나머지 제1류 위험물**)	화기·충격주의, 가연물접촉주의
제2류 위험물	철분, 금속분, 마그네슘	화기주의, 물기엄금
	인화성 고체	화기엄금
	그 밖의 것(황화인, 적린, 황)	화기주의
제3류 위험물	자연발화성 물질(황린)	화기엄금, 공기접촉엄금
	금수성 물질(탄화칼슘)	물기엄금
제4류 위험물(**사이안화수소**)		화기엄금
제5류 위험물(나이트로셀룰로스, 과산화벤조일, TNT)		화기엄금, 충격주의
제6류 위험물(**질산, 과산화수소, 과염소산**)		가연물접촉주의

정답
㉮ 가연물접촉주의
㉯ 화기엄금
㉰ 화기·충격주의, 가연물접촉주의

---

18 위험물 옥외탱크저장소의 지붕구조 3가지를 쓰시오.

해설
지붕구조에 따른 고정포방출구의 종류

지붕구조	고정지붕구조	부상지붕구조	부상덮개부착 고정지붕구조
방출구 종류	Ⅰ형, Ⅱ형, Ⅲ형, Ⅳ형	특 형	Ⅱ형

정답
• 고정지붕구조
• 부상지붕구조
• 부상덮개부착 고정지붕구조

19 유량계수 C가 0.94인 오리피스의 지름이 10[mm]이고 분당 유량이 100[L]일 때 압력은 몇 [MPa]인가?

해설
유량을 구하면

$$Q = 0.6597\,CD^2\sqrt{10P} \text{ 의 공식에서 } P = \dfrac{\left(\dfrac{Q}{0.6597\,CD^2}\right)^2}{10}$$

여기서, Q : 유량[L/min] C : 유량(흐름)계수
D : 지름[mm] P : 압력[MPa]

$$\therefore\ P = \dfrac{\left(\dfrac{Q}{0.6597\,CD^2}\right)^2}{10} = \dfrac{\left(\dfrac{100}{0.6597 \times 0.94 \times 10^2}\right)^2}{10} = 0.26[\text{MPa}]$$

정답 0.26[MPa]

20 위험물 탱크시험자가 갖추어야 할 필수장비 3가지와 그 외 필요한 경우에 갖추어야 할 장비 3가지를 쓰시오.

해설

탱크시험자가 갖추어야 할 기술장비(시행령 별표 7)
① 기술능력
  ㉠ 필수인력
   • 위험물기능장·위험물산업기사 또는 위험물기능사 1명 이상
   • 비파괴검사기술사 1명 이상 또는 초음파비파괴검사·자기비파괴검사 및 침투비파괴검사별로 기사 또는 산업기사 각 1명 이상
② 필요한 경우에 두는 인력
  ㉠ 충·수압시험, 진공시험, 기밀시험 또는 내압시험의 경우 : 누설비파괴검사기사, 산업기사 또는 기능사
  ㉡ 수직·수평도시험의 경우 : 측량 및 지형공간정보기술사, 기사, 산업기사 또는 측량기능사
  ㉢ 방사선투과시험의 경우 : 방사선비파괴검사 기사 또는 산업기사
  ㉣ 필수 인력의 보조 : 방사선비파괴검사·초음파비파괴검사·자기비파괴검사 또는 침투비파괴검사 기능사
③ 시설 : 전용사무실
④ 장비
  ㉠ **필수장비 : 자기탐상시험기, 초음파두께측정기** 및 다음 중 어느 하나
   • **영상초음파시험기**
   • **방사선투과시험기 및 초음파시험기**
  ㉡ 필요한 경우에 두는 장비
   • 충·수압시험, 진공시험, 기밀시험 또는 내압시험의 경우
    - 진공능력 53[kPa] 이상의 **진공누설시험기**
    - **기밀시험장치**(안전장치가 부착된 것으로서 가압능력 200[kPa] 이상, 감압의 경우에는 감압능력 10[kPa] 이상, 감도 10[Pa] 이하의 것으로서 각각의 압력변화를 스스로 기록할 수 있는 것)
   • 수직·수평도 시험의 경우 : **수직·수평도측정기**

  둘 이상의 기능을 함께 가지고 있는 장비를 갖춘 경우에는 각각의 장비를 갖춘 것으로 본다.

정답
① 필수장비 : 자기탐상시험기, 초음파두께측정기, 영상초음파시험기
② 필요시 갖추어야 할 장비
  • 충·수압시험, 진공시험, 기밀시험 또는 내압시험의 경우
   - 진공능력 53[kPa] 이상의 진공누설시험기
   - 기밀시험장치(안전장치가 부착된 것으로서 가압능력 200[kPa] 이상, 감압의 경우에는 감압능력 10[kPa] 이상, 감도 10[Pa] 이하의 것으로서 각각의 압력변화를 스스로 기록할 수 있는 것)
  • 수직·수평도 시험의 경우 : 수직·수평도측정기

2016년 5월 21일 시행 과년도 기출복원문제

01 제4류 위험물을 취급하는 제조소 또는 일반취급소에는 자체소방대를 설치해야 한다. 자체소방대의 설치 제외 대상인 일반취급소 3가지를 쓰시오.

해설

자체소방대
① 자체소방대 설치대상 : 지정수량의 3,000배 이상의 제4류 위험물을 취급하는 제조소 또는 일반취급소
② **자체소방대의 설치 제외 대상인 일반취급소(규칙 제73조)**
  ㉠ 보일러, 버너 그 밖에 이와 유사한 장치로 위험물을 소비하는 일반취급소
  ㉡ 이동저장탱크 그 밖에 이와 유사한 것에 위험물을 주입하는 일반취급소
  ㉢ 용기에 위험물을 옮겨 담는 일반취급소
  ㉣ 유압장치, 윤활유순환장치 그 밖에 이와 유사한 장치로 위험물을 취급하는 일반취급소
  ㉤ 광산안전법의 적용을 받는 일반취급소
③ 자체소방대를 두지 않은 관계인으로서 위험물제조소 등의 허가를 받은 자 : 1년 이하의 징역 또는 1,000만원 이하의 벌금

정답
- 보일러, 버너 그 밖에 이와 유사한 장치로 위험물을 소비하는 일반취급소
- 이동저장탱크 그 밖에 이와 유사한 것에 위험물을 주입하는 일반취급소
- 용기에 위험물을 옮겨 담는 일반취급소

02 지정수량의 20배(하나의 저장창고의 바닥면적이 150[m²] 이하인 경우에는 50배) 이하의 위험물을 저장 또는 취급하는 옥내저장소에 안전거리를 두지 않을 수 있는 기준 3가지를 쓰시오.

해설

옥내저장소의 안전거리 제외기준(시행규칙 별표 5)
① 제4석유류 또는 동식물유류의 위험물을 저장 또는 취급하는 옥내저장소로서 그 최대수량이 지정수량의 20배 미만인 것
② 제6류 위험물을 저장 또는 취급하는 옥내저장소
③ **지정수량의 20배(하나의 저장창고의 바닥면적이 150[m²] 이하인 경우에는 50배) 이하의 위험물**을 저장 또는 취급하는 옥내저장소로서 다음의 기준에 적합할 것
  ㉠ 저장창고의 벽·기둥·바닥·보 및 지붕이 내화구조인 것
  ㉡ 저장창고의 출입구에 수시로 열 수 있는 자동폐쇄식의 60분+ 방화문 또는 60분 방화문이 설치되어 있을 것
  ㉢ 저장창고에 창을 설치하지 않을 것

정답
- 저장창고의 벽·기둥·바닥·보 및 지붕이 내화구조인 것
- 저장창고의 출입구에 수시로 열 수 있는 자동폐쇄식의 60분+ 방화문 또는 60분 방화문이 설치되어 있을 것
- 저장창고에 창을 설치하지 않을 것

03

위험물옥외저장탱크의 상부에 포소화설비의 포방출구를 설치한다. 위험물 저장탱크에 따라 포방출구 설치기준이 다르다. 다음 물음에 답하시오.

㉮ 고정지붕탱크(Cone Roof Tank)에 설치해야 하는 포방출구의 종류
㉯ 부상지붕탱크(Floating Roof Tank)에 설치해야 하는 포방출구의 종류

해설

옥외저장탱크의 포방출구

① **Ⅰ형** : **고정지붕구조**의 탱크에 **상부포주입법**(고정포방출구를 탱크옆판의 상부에 설치하여 액표면상에 포를 방출하는 방법을 말한다)을 이용하는 것으로서 방출된 포가 액면 아래로 몰입되거나 액면을 뒤섞지 않고 액면상을 덮을 수 있는 통계단 또는 미끄럼판 등의 설비 및 탱크 내의 위험물증기가 외부로 역류되는 것을 저지할 수 있는 구조·기구를 갖는 포방출구

② **Ⅱ형** : **고정지붕구조** 또는 **부상덮개부착고정지붕구조**(옥외저장탱크의 액상에 금속제의 플로팅, 팬 등의 덮개를 부착한 고정지붕구조의 것을 말한다)의 탱크에 상부포주입법을 이용하는 것으로서 방출된 포가 탱크옆판의 내면을 따라 흘러내려 가면서 액면 아래로 몰입되거나 액면을 뒤섞지 않고 액면상을 덮을 수 있는 반사판 및 탱크 내의 위험물증기가 외부로 역류되는 것을 저지할 수 있는 구조·기구를 갖는 포방출구

③ **특형** : **부상지붕구조**의 탱크에 **상부포주입법**을 이용하는 것으로서 부상지붕의 부상부분상에 높이 0.9[m] 이상의 금속제의 칸막이(방출된 포의 유출을 막을 수 있고 충분한 배수능력을 갖는 배수구를 설치한 것에 한한다)를 탱크옆판의 내측으로부터 1.2[m] 이상 이격하여 설치하고 탱크옆판과 칸막이에 의하여 형성된 환상부분에 포를 주입하는 것이 가능한 구조의 반사판을 갖는 포방출구

④ **Ⅲ형** : **고정지붕구조**의 탱크에 **저부포주입법**(탱크의 액면하에 설치된 포방출구로부터 포를 탱크 내에 주입하는 방법을 말한다)을 이용하는 것으로서 송포관(발포기 또는 포발생기에 의하여 발생된 포를 보내는 배관을 말한다. 해당 배관으로 탱크 내의 위험물이 역류되는 것을 저지할 수 있는 구조·기구를 갖는 것에 한한다)으로부터 포를 방출하는 포방출구

⑤ **Ⅳ형** : **고정지붕구조**의 탱크에 **저부포주입법**을 이용하는 것으로서 평상시에는 탱크의 액면하의 저부에 설치된 격납통(포를 보내는 것에 의하여 용이하게 이탈되는 캡을 갖는 것을 포함한다)에 수납되어 있는 특수호스 등이 송포관의 말단에 접속되어 있다가 포를 보내는 것에 의하여 특수호스 등이 전개되어 그 선단(끝부분)이 액면까지 도달한 후 포를 방출하는 포방출구

[지붕구조에 따른 고정포방출구의 종류]

지붕구조	고정지붕구조	부상지붕구조	부상덮개부착고정지붕구조
방출구 종류	Ⅰ형, Ⅱ형, Ⅲ형, Ⅳ형	특 형	Ⅱ형

정답 ㉮ Ⅰ형, Ⅱ형, Ⅲ형, Ⅳ형
㉯ 특 형

04 차아염소산염류를 옥내저장소에 저장하려고 저장창고를 설치할 경우 다음 물음에 답하시오.
㉮ 저장창고는 지면에서 처마까지의 높이 몇 [m] 미만인 단층 건물로 하고, 그 바닥을 지반면보다 높게 해야 하는가?
㉯ 저장창고의 보와 서까래의 재료는?
㉰ 하나의 저장창고의 면적은?
㉱ 연소 우려가 있는 외벽의 출입구에 설치하는 문은?
㉲ 저장창고의 창 또는 출입구에 사용하는 유리는?

해설

옥내저장창고의 설치기준(시행규칙 별표 5)

① 저장창고는 지면에서 **처마까지의 높이**(처마높이) **6[m]** 미만인 단층 건물로 하고, 그 바닥을 지반면보다 높게 해야 한다.

> [제2류 또는 제4류 위험물만을 저장하는 창고로서 처마높이를 20[m] 이하로 할 수 있는 기준]
> ① 벽·기둥·보 및 바닥을 내화구조로 할 것
> ② 출입구에는 60분+ 방화문 또는 60분 방화문을 설치할 것
> ③ 피뢰침을 설치할 것. 다만, 주위 상황에 의하여 안전상 지장이 없는 경우에는 그렇지 않다.

② 저장창고의 재료
 ㉠ 벽·기둥 및 바닥 : 내화구조
 ㉡ 보, 서까래 : 불연재료

> [연소 우려가 없는 벽·기둥 및 바닥을 불연재료로 할 수 있는 경우]
> ① 지정수량 10배 이하의 위험물 저장창고
> ② 제2류 위험물(인화성 고체는 제외) 저장창고
> ③ 제4류 위험물(인화점 70[℃] 미만인 제4류 위험물은 제외) 저장창고

③ 하나의 저장창고의 면적

위험물을 저장하는 창고의 종류	기준면적
① 제1류 위험물 중 아염소산염류, 염소산염류, 과염소산염류, 무기과산화물, 그 밖에 **지정수량이 50[kg]**(차아염소산염류)인 위험물 ② 제3류 위험물 중 칼륨, 나트륨, 알킬알루미늄, 알킬리튬, 그 밖에 지정수량이 10[kg]인 위험물 및 황린 ③ 제4류 위험물 중 특수인화물, 제1석유류 및 알코올류 ④ 제5류 위험물 중 지정수량이 10[kg]인 위험물 ⑤ 제6류 위험물	1,000[m²] 이하
①~⑤의 위험물 외의 위험물을 저장하는 창고	2,000[m²] 이하
위의 전부에 해당하는 위험물을 내화구조의 격벽으로 완전히 구획된 실에 각각 저장하는 창고(①~⑤의 위험물을 저장하는 실의 면적은 500[m²]를 초과할 수 없다)	1,500[m²] 이하

④ 저장창고의 출입구에는 60분+ 방화문·60분 방화문 또는 30분 방화문을 설치하되 연소우려가 있는 외벽에 있는 출입구에는 **수시로 열 수 있는 자동폐쇄식의 60분+ 방화문 또는 60분 방화문**을 설치해야 한다.
⑤ 저장창고의 창 또는 출입구에 유리를 이용하는 경우에는 **망입유리**로 해야 한다.

정답
㉮ 6
㉯ 불연재료
㉰ 1,000[m²] 이하
㉱ 수시로 열 수 있는 자동폐쇄식의 60분+ 방화문 또는 60분 방화문
㉲ 망입유리

05 전역방출방식의 불활성 가스소화설비에 대하여 다음 물음에 답하시오.

㉮ 고압식 이산화탄소를 사용할 경우 방사압력은?
㉯ 저압식 이산화탄소를 사용할 경우 방사압력은?
㉰ 질소 100[%]를 사용하는 소화약제의 방사압력은?
㉱ 질소 50[%], 아르곤 50[%]를 사용하는 소화약제의 방사압력은?
㉲ 질소 52[%], 아르곤 40[%], 이산화탄소 8[%]를 사용하는 소화약제 95[%] 이상을 몇 초 이내 방사해야 하는가?

해설

불활성 가스소화설비

① 불활성 가스소화약제의 방사압력 및 방사시간

구 분	전역방출방식			국소방출방식 (이산화탄소)
	이산화탄소		불활성 가스	
	고압식	저압식	IG-100, IG-55, IG-541	
방사압력	2.1[MPa] 이상	1.05[MPa] 이상	1.9[MPa] 이상	이산화탄소와 같음
방사시간	60초 이내	60초 이내	95[%] 이상을 60초 이내	30초 이내

② 불연성·불활성 가스의 화학식

종 류	IG-01	IG-55	IG-100	IG-541
화학식	Ar	N_2 50[%], Ar 50[%]	N_2	N_2 52[%], Ar 40[%], CO_2 8[%]

정답
㉮ 2.1[MPa] 이상
㉯ 1.05[MPa] 이상
㉰ 1.9[MPa] 이상
㉱ 1.9[MPa] 이상
㉲ 60

06 위험물의 운반에 관한 기준에서 운반용기의 재질 5가지를 쓰시오.

해설

운반용기의 재질(시행규칙 별표 19)

① 강 판
② 알루미늄판
③ 양철판
④ 유 리
⑤ 금속판
⑥ 종 이
⑦ 플라스틱
⑧ 섬유판
⑨ 고무류
⑩ 합성섬유
⑪ 삼
⑫ 짚
⑬ 나 무

정답
• 강 판
• 알루미늄판
• 양철판
• 유 리
• 금속판

07

나이트로글리세린 500[g]이 부피 320[mL]의 용기에서 완전 분해폭발하여 폭발온도가 1,000[℃]일 경우 생성되는 기체의 압력[atm]은?(단, 이상기체 상태방정식에 따른다)

해설

이상기체 상태방정식을 적용하면

① 나이트로글리세린의 완전분해반응식

$$4C_3H_5(ONO_2)_3 \rightarrow O_2 + 6N_2 + 10H_2O + 12CO_2$$

$4C_3H_5(ONO_2)_3 \rightarrow O_2 + 6N_2 + 10H_2O + 12CO_2$

$\quad 4 \times 227[g] \qquad\qquad 29[mol](1+6+10+12[mol])$

$\quad 500[g] \qquad\qquad\qquad x$

$x = \dfrac{500[g] \times 29[g-mol]}{4 \times 227[g]} = 15.97[g-mol]$

② 이상기체 상태방정식을 이용하여 압력을 구하면

$$PV = nRT \qquad P = \dfrac{nRT}{V}$$

$\therefore P = \dfrac{nRT}{V} = \dfrac{15.97[g-mol] \times 0.08205[L \cdot atm/g-mol \cdot K] \times (273+1,000)[K]}{0.32[L]} = 5,212.69[atm]$

정답 5,212.69[atm]

08

다음 물질의 명칭, 시성식, 품명에 적당한 말을 쓰시오.

명 칭	시성식	품 명
(㉮)	C₂H₅OH	(㉯)
에틸렌글라이콜	(㉰)	제3석유류
(㉱)	C₃H₅(OH)₃	(㉲)

해설

물질의 분류

명 칭	시성식	품 명
에틸알코올	C₂H₅OH	알코올류
에틸렌글라이콜	C₂H₄(OH)₂	제3석유류
글리세린	C₃H₅(OH)₃	제3석유류

정답
㉮ 에틸알코올 ㉯ 알코올류
㉰ C₂H₄(OH)₂ ㉱ 글리세린
㉲ 제3석유류

09 옥외탱크저장소의 주변에 설치하는 유분리장치의 설치목적을 쓰시오.

해설

옥외탱크저장소의 유분리장치 구조

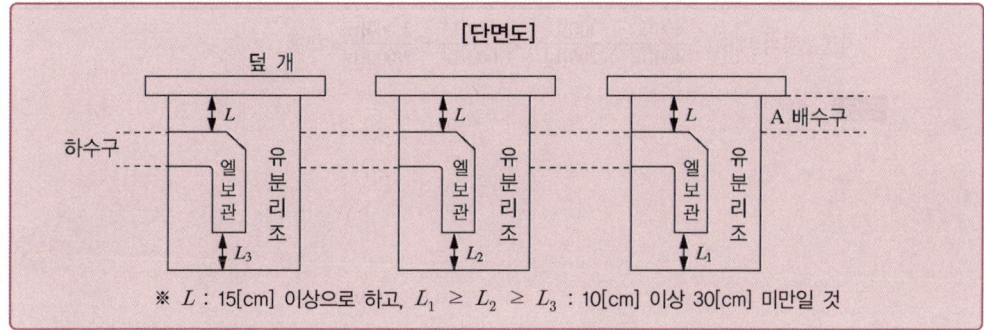

※ L : 15[cm] 이상으로 하고, $L_1 \geq L_2 \geq L_3$: 10[cm] 이상 30[cm] 미만일 것

① **유분리장치의 설치목적** : 표면을 적당히 경사지게 하여 새어나온 기름 또는 기타 액체가 공지의 외부로 유출되지 않도록 하기 위하여(기름과 물을 분리하여 기름은 모으고 물을 하수구로 보내는 장치)
② 유분리장치의 설치기준
  ㉠ 재질 및 구조
    • 재질 : 콘크리트, 강철판
    • 엘보관 : 내식성·내유성이 있는 금속 또는 플라스틱
    • 덮개 : 6[mm] 이상의 강철판
  ㉡ 유분리조의 크기 : 가로 40[cm] 이상, 세로 40[cm] 이상, 깊이 70[cm] 이상 또는 동 용량 이상으로 하고, 단수는 3단 이상으로 할 것
  ㉢ 엘보의 기준
    • 구경 : 10[cm] 이상
    • 유분리조의 상단으로부터 15[cm] 이상의 간격을 둘 것
    • 입구는 유분리조의 바닥으로부터 10[cm] 이상 30[cm] 미만의 간격을 둘 것

정답 표면을 적당히 경사지게 하여 새어나온 기름 또는 기타 액체가 공지의 외부로 유출되지 않도록 하기 위하여

10 옥내저장소에 피리딘 400[L], MEK 400[L], 클로로벤젠 2,000[L], 나이트로벤젠 2,000[L]를 저장할 때 지정수량의 배수를 구하시오.

해설

지정수량의 배수

① 지정수량의 배수

$$\text{지정수량의 배수} = \frac{\text{저장(취급)량}}{\text{지정수량}} + \frac{\text{저장(취급)량}}{\text{지정수량}} + \cdots$$

② 각 위험물의 지정수량

품 목	피리딘	MEK	클로로벤젠	나이트로벤젠
품 명	제1석유류 (수용성)	제1석유류 (비수용성)	제2석유류 (비수용성)	제3석유류 (비수용성)
지정수량	400[L]	200[L]	1,000[L]	2,000[L]

∴ 지정수량의 배수 = $\frac{400[L]}{400[L]} + \frac{400[L]}{200[L]} + \frac{2,000[L]}{1,000[L]} + \frac{2,000[L]}{2,000[L]}$ = 6배

정답 6배

11

포소화설비의 기동장치에 대한 설명이다. 다음 (　) 안에 적당한 말과 숫자를 쓰시오.
㉮ 자동식 기동장치는 (　)의 작동 또는 폐쇄형 스프링클러헤드의 개방과 연동하여 가압송수장치, 일제개방밸브 및 포소화약제 혼합장치가 기동될 수 있도록 할 것
㉯ 수동식 기동장치는 직접조작 또는 (　)에 의하여 가압송수장치, 수동식 개방밸브 및 포소화약제 혼합장치를 기동할 수 있을 것
㉰ 기동장치의 조작부는 (　)[m] 이상 (　)[m] 이하의 높이에 설치할 것
㉱ 기동장치의 (　)에는 유리 등에 의한 방호조치가 되어 있을 것

해설
포소화설비의 기동장치의 설치기준(세부기준 제133조)
① 자동식 기동장치는 **자동화재탐지설비 감지기**의 작동 또는 폐쇄형 스프링클러헤드의 개방과 연동하여 가압송수장치, 일제개방밸브 및 포소화약제 혼합장치가 기동될 수 있도록 할 것. 다만, 자동화재탐지설비의 수신기가 설치되어 있는 장소에 상시 사람이 있고 화재 시 즉시 해당 조작부를 작동시킬 수 있는 경우에는 그렇지 않다.
② **수동식 기동장치**는 다음에 정한 것에 의할 것
　㉠ 직접조작 또는 **원격조작**에 의하여 가압송수장치, 수동식 개방밸브 및 포소화약제 혼합장치를 기동할 수 있을 것
　㉡ 2 이상의 방사구역을 갖는 포소화설비는 방사구역을 선택할 수 있는 구조로 할 것
　㉢ 기동장치의 조작부는 화재 시 용이하게 접근이 가능하고 바닥면으로부터 **0.8[m] 이상 1.5[m] 이하**의 높이에 설치할 것
　㉣ 기동장치의 **조작부**에는 **유리 등에 의한 방호조치**가 되어 있을 것
　㉤ 기동장치의 조작부 및 호스접속구에는 직근의 보기 쉬운 장소에 각각 "기동장치의 조작부" 또는 "접속구"라고 표시할 것

정답 ㉮ 자동화재탐지설비의 감지기
　　　㉯ 원격조작
　　　㉰ 0.8, 1.5
　　　㉱ 조작부

12 제3종 분말약제인 인산암모늄의 각 온도에 따른 분해반응식을 써라.
㉮ 190[℃]에서 인산으로 분해될 때 반응식
㉯ 215[℃]에서 피로인산으로 분해될 때 반응식
㉰ 300[℃]에서 메타인산으로 분해될 때 반응식

해설
인산암모늄(제3종 분말)
① 인산의 종류
  ㉠ 인산(Phosphoric Acid)은 오쏘인산, 피로인산, 메타인산 등이 있는데, 일반적으로는 오쏘인산을 인산이라고 부른다.
  ㉡ 피로인산(Pyrophosphoric Acid)은 다중인산이다.
  ㉢ 메타인산(Metaphosphoric Acid)은 오쏘인산에서 물 분자가 떨어져나간 인산이다.
② 분해반응식
  ㉠ 1차 분해반응식(190[℃]) : $NH_4H_2PO_4 \rightarrow H_3PO_4$(오쏘인산) $+ NH_3$
  ㉡ 2차 분해반응식(215[℃]) : $2H_3PO_4 \rightarrow H_4P_2O_7$(피로인산) $+ H_2O$
  ㉢ 3차 분해반응식(300[℃]) : $H_4P_2O_7 \rightarrow 2HPO_3$(메타인산) $+ H_2O$

정답
㉮ $NH_4H_2PO_4 \rightarrow H_3PO_4 + NH_3$
㉯ $2H_3PO_4 \rightarrow H_4P_2O_7 + H_2O$
㉰ $H_4P_2O_7 \rightarrow 2HPO_3 + H_2O$

13 방화상 유효한 담의 높이를 구하는 그림에서 ㉠, ㉡, ㉢의 명칭을 쓰시오.

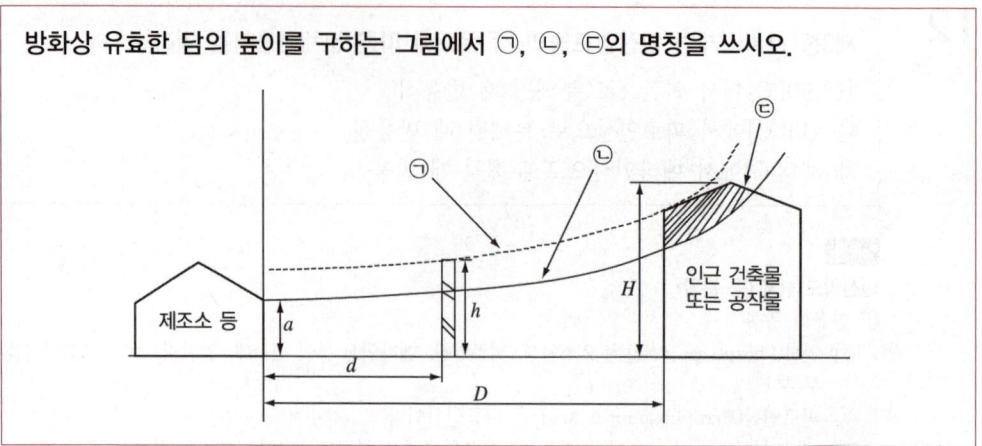

해설
방화상 유효한 담의 높이(시행규칙 별표 4)

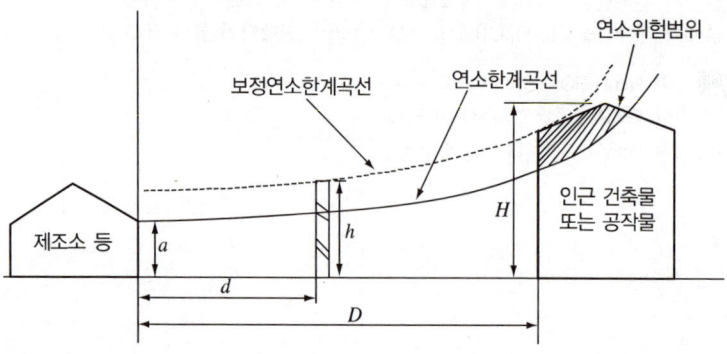

① $H \leqq pD^2+a$인 경우 $h=2$
② $H > pD^2+a$인 경우 $h=H-p(D^2-d^2)$

여기서, D : 제조소 등과 인근건축물 또는 공작물과의 거리[m]
H : 인근 건축물 또는 공작물과의 높이[m]
a : 제조소 등의 외벽의 높이[m]
d : 제조소 등과 방화상 유효한 담과의 거리[m]
h : 방화상 유효한 담의 높이[m]
p : 상 수

※ 위에서 산출한 수치가 2 미만일 때는 담의 높이를 2[m]로, 4 이상일 때는 담의 높이를 4[m]로 해야 한다.

정답 ㉠ 보정연소한계곡선
㉡ 연소한계곡선
㉢ 연소위험범위

14
수소화나트륨이 물과 반응할 때의 화학반응식을 쓰고, 이때 발생된 가스의 위험도를 구하시오.

해설
수소화나트륨과 물의 반응
① 반응식 : NaH + H$_2$O → NaOH + H$_2$↑
② 발생하는 가스 : 수소(폭발범위 : 4.0~75[%])
③ 위험도

$$위험도 \quad H = \frac{U-L}{L}$$

여기서, U : 폭발상한값[%] L : 폭발하한값[%]

∴ 위험도(H) = $\frac{75-4}{4}$ = 17.75

정답
- 반응식 : NaH + H$_2$O → NaOH + H$_2$
- 위험도 : 17.75

15
ANFO 폭약에 사용되는 위험물에 대하여 답하시오.
㉮ 분자식
㉯ 같은 류의 위험등급이 동일한 품명 2가지
㉰ 폭발반응식

해설
ANFO 폭약(질산암모늄)
① 제조 : 질산암모늄 94[%]와 경유 6[%]를 혼합한 것
② 제1류 위험물의 질산암모늄
  ㉠ 화학식 : NH$_4$NO$_3$
  ㉡ 분자식 : N$_2$H$_4$O$_3$
③ 질산염류(질산암모늄, 등급 Ⅱ)와 같은 등급 Ⅱ인 것 : 브로민산염류, 아이오딘산염류
④ 폭발반응식 : 2NH$_4$NO$_3$ → 2N$_2$ + 4H$_2$O + O$_2$

정답
㉮ N$_2$H$_4$O$_3$
㉯ 브로민산염류, 아이오딘산염류
㉰ 2NH$_4$NO$_3$ → 2N$_2$ + 4H$_2$O + O$_2$

16 다음 위험물의 완전 연소반응식을 쓰시오.
㉮ 적린
㉯ 황
㉰ 삼황화인

해설
연소반응식
① **적린의 연소반응식** : $4P + 5O_2 \rightarrow 2P_2O_5$
② **황의 연소반응식** : $S + O_2 \rightarrow SO_2$
③ **황화인의 연소반응식**
  ㉠ 삼황화인 : $P_4S_3 + 8O_2 \rightarrow 2P_2O_5 + 3SO_2$
  ㉡ 오황화인 : $2P_2S_5 + 15O_2 \rightarrow 2P_2O_5 + 10SO_2$

정답 ㉮ $4P + 5O_2 \rightarrow 2P_2O_5$
㉯ $S + O_2 \rightarrow SO_2$
㉰ $P_4S_3 + 8O_2 \rightarrow 2P_2O_5 + 3SO_2$

17 제4류 위험물 중 특수인화물인 다이에틸에터에 대하여 물음에 답하시오.
㉮ 분자식
㉯ 시성식
㉰ 증기비중

해설
다이에틸에터
① **분자식** : 단체 또는 화합물의 실제의 조성을 표시하는 식으로 한 물질의 가장 작은 단위에 있는 각 원소의 원자들의 개수를 정확히 나타내는 식($C_4H_{10}O$)
② **시성식** : 분자식을 이루고 있는 원자단(관능기)을 나타내며, 그 분자의 특성을 밝힌 화학식($C_2H_5OC_2H_5$)
③ **증기비중** : 분자량/공기의 평균분자량(29) = 74/29 = 2.55

다이에틸에터의 분자량($C_2H_5OC_2H_5$) = $(12 \times 2) + (1 \times 5) + 16 + (12 \times 2) + (1 \times 5) = 74$

정답 ㉮ $C_4H_{10}O$ ㉯ $C_2H_5OC_2H_5$
㉰ 2.55

18 탄화칼슘이 물과 반응할 때 아세틸렌가스를 발생하는 반응식을 쓰시오.

[해설]
탄화칼슘
① 물과 반응 : $CaC_2 + 2H_2O \rightarrow Ca(OH)_2 + C_2H_2 \uparrow$
　　　　　　　　　　　　　　　(소석회, 수산화칼슘)　(아세틸렌)
② 물과 반응하여 생성되는 가스는 아세틸렌(C_2H_2)이며, 폭발범위는 2.5~81[%]이다.
③ 약 700[℃] 이상에서 반응 : $CaC_2 + N_2 \rightarrow CaCN_2 + C$
　　　　　　　　　　　　　　　　　　(석회질소)　(탄소)
④ 아세틸렌가스와 금속의 반응 : $C_2H_2 + 2Ag \rightarrow Ag_2C_2 + H_2 \uparrow$
　　　　　　　　　　　　　　　　　　　　(은아세틸라이드)

[정답] $CaC_2 + 2H_2O \rightarrow Ca(OH)_2 + C_2H_2$

---

19 위험물 탱크시험자가 갖추어야 할 필수장비 3가지와 그 외 필요한 경우에 갖추어야 할 장비 3가지를 쓰시오.

[해설]
탱크시험자가 갖추어야 할 기술장비(시행령 별표 7)
① 기술능력
　㉠ 필수인력
　　• 위험물기능장·위험물산업기사 또는 위험물기능사 1명 이상
　　• 비파괴검사기술사 1명 이상 또는 초음파비파괴검사·자기비파괴검사 및 침투비파괴검사별로 기사 또는 산업기사 각 1명 이상
　㉡ 필요한 경우에 두는 인력
　　• 충·수압시험, 진공시험, 기밀시험 또는 내압시험의 경우 : 누설비파괴검사 기사, 산업기사 또는 기능사
　　• 수직·수평도시험의 경우 : 측량 및 지형공간정보기술사, 기사, 산업기사 또는 측량기능사
　　• 방사선투과시험의 경우 : 방사선비파괴검사 기사 또는 산업기사
　　• 필수 인력의 보조 : 방사선비파괴검사·초음파비파괴검사·자기비파괴검사 또는 침투비파괴검사기능사
② 시설 : 전용사무실
③ 장비
　㉠ **필수장비 : 자기탐상시험기, 초음파두께측정기 및 다음 중 어느 하나**
　　• **영상초음파시험기**
　　• **방사선투과시험기 및 초음파시험기**
　㉡ **필요한 경우에 두는 장비**
　　• 충·수압시험, 진공시험, 기밀시험 또는 내압시험의 경우
　　　- 진공능력 53[kPa] 이상의 **진공누설시험기**
　　　- **기밀시험장치**(안전장치가 부착된 것으로서 가압능력 200[kPa] 이상, 감압의 경우에는 감압능력 10[kPa] 이상·감도 10[Pa] 이하의 것으로서 각각의 압력변화를 스스로 기록할 수 있는 것)
　　• 수직·수평도 시험의 경우 : **수직·수평도측정기**
※ 둘 이상의 기능을 함께 가지고 있는 장비를 갖춘 경우에는 각각의 장비를 갖춘 것으로 본다.

정답
- 필수장비 : 자기탐상시험기, 초음파두께측정기, 영상초음파시험기
- 필요시 갖추어야 할 장비
  - 충·수압시험, 진공시험, 기밀시험 또는 내압시험의 경우 : 진공능력 53[kPa] 이상의 진공누설시험기, 기밀시험장치(안전장치가 부착된 것으로서 가압능력 200[kPa] 이상, 감압의 경우에는 감압능력 10[kPa] 이상·감도 10[Pa] 이하의 것으로서 각각의 압력변화를 스스로 기록할 수 있는 것)
  - 수직·수평도 시험의 경우 : 수직·수평도측정기

20

신속평형법 인화점측정기에 의한 인화점측정 시험방법에서 ( ) 안에 적당한 말이나 숫자를 쓰시오.

- 시험장소는 1기압, 무풍의 장소로 할 것
- 신속평형법 인화점측정기의 시료 컵을 설정온도까지 가열 또는 냉각하여 시험물품(설정온도가 상온보다 낮은 온도인 경우에는 설정온도까지 냉각한 것) (㉮)[mL]를 시료 컵에 넣고 즉시 뚜껑 및 개폐기를 닫을 것
- 시료 컵의 온도를 (㉯)분간 설정온도로 유지할 것
- 시험불꽃을 점화하고 화염의 크기를 직경 (㉰)[mm]가 되도록 조정할 것
- (㉱)분 경과 후 개폐기를 작동하여 시험불꽃을 시료 컵에 (㉲)초간 노출시키고 닫을 것. 이 경우 시험불꽃을 급격히 상하로 움직이지 않아야 한다.

해설

신속평형법 인화점측정기에 의한 인화점측정 시험방법(세부기준 제15조)
① 시험장소는 1기압, 무풍의 장소로 할 것
② 신속평형법 인화점측정기의 시료 컵을 설정온도까지 가열 또는 냉각하여 시험물품(설정온도가 상온보다 낮은 온도인 경우에는 설정온도까지 냉각한 것) **2[mL]**를 시료 컵에 넣고 즉시 뚜껑 및 개폐기를 닫을 것
③ 시료 컵의 온도를 **1분간** 설정온도로 유지할 것
④ 시험불꽃을 점화하고 화염의 크기를 직경 **4[mm]**가 되도록 조정할 것
⑤ **1분** 경과 후 개폐기를 작동하여 시험불꽃을 시료 컵에 **2.5초간** 노출시키고 닫을 것. 이 경우 시험불꽃을 급격히 상하로 움직이지 않아야 한다.
⑥ ⑤의 방법에 의하여 인화한 경우에는 인화하지 않을 때까지 설정온도를 낮추고, 인화하지 않는 경우에는 인화할 때까지 설정온도를 높여 ② 내지 ⑤의 조작을 반복하여 인화점을 측정할 것

정답
㉮ 2 ㉯ 1
㉰ 4 ㉱ 1
㉲ 2.5

2016년 8월 27일 시행 과년도 기출복원문제

01 불활성 가스소화설비에서 전역방출방식의 안전조치를 3가지 쓰시오.

해설

전역방출방식의 안전조치(세부기준 제134조)
① 기동장치의 방출용 스위치 등의 작동으로부터 저장용기의 용기밸브 또는 방출밸브 개방까지의 시간이 20초 이상 되도록 지연장치를 설치할 것
② 수동기동장치에는 ①에서 정한 시간 내에 소화약제가 방출되지 않도록 조치를 할 것
③ 방호구역의 출입구 등 보기 쉬운 장소에 소화약제가 방출된다는 사실을 알리는 표시등을 설치할 것

정답
① 기동장치의 방출용 스위치 등의 작동으로부터 저장용기의 용기밸브 또는 방출밸브 개방까지의 시간이 20초 이상 되도록 지연장치를 설치할 것
② 수동기동장치에는 ①에서 정한 시간 내에 소화약제가 방출되지 않도록 조치를 할 것
③ 방호구역의 출입구 등 보기 쉬운 장소에 소화약제가 방출된다는 사실을 알리는 표시등을 설치할 것

02 다음 ( ) 안에 적당한 말과 숫자를 쓰시오.

㉮ 알킬알루미늄 등의 이동탱크저장소에 있어서 이동저장탱크로부터 알킬알루미늄 등을 꺼낼 때에는 동시에 ( )[kPa] 이하의 압력으로 불활성의 기체를 봉입할 것

㉯ 아세트알데하이드 등의 제조소 또는 일반취급소에 있어서 아세트알데하이드 등을 취급하는 설비에는 연소성 혼합기체의 생성에 의한 폭발의 위험이 생겼을 경우에 불활성의 기체 또는 ( )[아세트알데하이드 등을 취급하는 탱크(옥외에 있는 탱크 또는 옥내에 있는 탱크로서 그 용량이 지정수량의 1/5 미만의 것을 제외한다)에 있어서는 불활성의 기체]를 봉입할 것

㉰ 아세트알데하이드 등의 이동탱크저장소에 있어서 이동저장탱크로부터 아세트알데하이드 등을 꺼낼 때에는 동시에 ( )[kPa] 이하의 압력으로 불활성의 기체를 봉입할 것

해설

알킬알루미늄 등 및 아세트알데하이드 등의 취급기준(시행규칙 별표 18)
① 알킬알루미늄 등의 제조소 또는 일반취급소에 있어서 알킬알루미늄 등을 취급하는 설비에는 **불활성의 기체**를 봉입할 것
② **알킬알루미늄** 등의 이동탱크저장소에 있어서 이동저장탱크로부터 알킬알루미늄 등을 **꺼낼 때**에는 동시에 **200[kPa]** 이하의 압력으로 불활성의 기체를 봉입할 것
③ **아세트알데하이드 등의 제조소** 또는 일반취급소에 있어서 아세트알데하이드 등을 취급하는 설비에는 연소성 혼합기체의 생성에 의한 폭발의 위험이 생겼을 경우에 **불활성의 기체** 또는 **수증기**[아세트알데하이드 등을 취급하는 탱크(옥외에 있는 탱크 또는 옥내에 있는 탱크로서 그 용량이 지정수량의 1/5 미만의 것을 제외한다)에 있어서는 불활성의 기체]를 봉입할 것

④ **아세트알데하이드 등**의 이동탱크저장소에 있어서 이동저장탱크로부터 아세트알데하이드 등을 꺼낼 때에는 동시에 100[kPa] 이하의 압력으로 불활성의 기체를 봉입할 것

정답 ㉮ 200 ㉯ 수증기
㉰ 100

03

탄화칼슘 10[kg]이 물과 반응하였을 때 70[kPa], 30[℃]에서 몇 [m³]의 아세틸렌가스가 발생하는지 계산하시오(단, 1기압은 약 101.3[kPa]이다).

해설

탄화칼슘(카바이드)의 반응식

$CaC_2 + 2H_2O \rightarrow Ca(OH)_2 + C_2H_2$
64[kg] ―――――――― 26[kg]
10[kg] ―――――――― x

$$\therefore x = \frac{10[kg] \times 26[kg]}{64[kg]} = 4.06[kg]$$

이상기체 상태방정식을 적용하면

$$PV = \frac{W}{M}RT \qquad V = \frac{WRT}{PM}$$

$$\therefore V = \frac{WRT}{PM} = \frac{4.06[kg] \times 0.08205[atm \cdot m^3/kg-mol \cdot K] \times (273+30)[K]}{\left(\frac{70[kPa]}{101.3[kPa]} \times 1[atm]\right) \times 26[kg/kg-mol]} = 5.62[m^3]$$

정답 5.62[m³]

04

옥외탱크저장소의 간막이 둑에 대하여 적당한 숫자를 쓰시오.

용량이 (㉮)[L] 이상인 경우 옥외저장탱크 주위에 설치하는 방유제 간막이 둑의 높이는 (㉯)[m](방유제 내에 설치되는 옥외저장탱크의 용량의 합계가 2억[L]를 넘는 방유제에 있어서는 (㉰)[m]) 이상으로 하되, 방유제의 높이보다 (㉱)[m] 이상 낮게 할 것

해설

용량이 1,000만[L] 이상인 옥외저장탱크의 주위에 설치하는 방유제에 설치하는 간막이 둑의 설치기준(시행규칙 별표 6)

① 간막이 둑의 높이는 **0.3[m]**(방유제 내에 설치되는 옥외저장탱크의 용량의 합계가 2억[L]를 넘는 방유제에 있어서는 **1[m]**) 이상으로 하되, 방유제의 높이보다 **0.2[m]** 이상 낮게 할 것
② 간막이 둑은 흙 또는 철근콘크리트로 할 것
③ 간막이 둑의 용량은 간막이 둑 안에 설치된 탱크의 용량의 10[%] 이상일 것

정답 ㉮ 1,000만 ㉯ 0.3
㉰ 1 ㉱ 0.2

05 위험물옥외저장소에 선반을 설치하는 경우에 설치기준을 쓰시오.

해설

옥외저장소의 기준
① 옥외저장소 선반의 설치기준
  ㉠ 선반은 불연재료로 만들고 견고한 지반면에 고정할 것
  ㉡ 선반은 해당 선반 및 그 부속설비의 자중·저장하는 위험물의 중량·풍하중·지진의 영향 등에 의하여 생기는 응력에 대하여 안전할 것
  ㉢ 선반의 높이는 6[m]를 초과하지 않을 것
  ㉣ 선반에는 위험물을 수납한 용기가 쉽게 낙하하지 않는 조치를 강구할 것
② 과산화수소 또는 과염소산을 저장하는 옥외저장소에는 불연성 또는 난연성의 천막 등을 설치하여 햇빛을 가릴 것

> **옥내저장소에 선반 등의 수납장을 설치할 때 설치기준**
> ① 수납장은 불연재료로 만들어 견고한 기초 위에 고정할 것
> ② 수납장은 해당 수납장 및 그 부속설비의 자중, 저장하는 위험물의 중량 등의 하중에 의하여 생기는 응력에 대하여 안전한 것으로 할 것
> ③ 수납장에는 위험물을 수납한 용기가 쉽게 떨어지지 않게 하는 조치를 할 것

정답
- 선반은 불연재료로 만들고 견고한 지반면에 고정할 것
- 선반은 해당 선반 및 그 부속설비의 자중·저장하는 위험물의 중량·풍하중·지진의 영향 등에 의하여 생기는 응력에 대하여 안전할 것
- 선반의 높이는 6[m]를 초과하지 않을 것
- 선반에는 위험물을 수납한 용기가 쉽게 낙하하지 않는 조치를 강구할 것

06 다음 사항에 대한 신고기한을 쓰시오.

사유 및 내용	기 간
품명, 수량 또는 지정수량을 변경하고자 하는 날로부터	1일 전
제조소 등의 설치자 지위를 승계한 날로부터	㉮
제조소 등의 용도폐지(휴업 및 폐업신고)	㉯
안전관리자의 선임신고	㉰
안전관리자의 퇴직 시 재선임기간	㉱

해설

위험물안전관리자, 탱크시험자의 등록
① 제조소 등의 위치·구조 또는 설비의 변경 없이 해당 제조소 등에서 저장하거나 취급하는 위험물의 **품명·수량 또는 지정수량의 배수를 변경**하고자 하는 자는 변경하고자 하는 날의 **1일 전**까지 시·도지사에게 신고해야 한다(법 제6조).
② 제조소 등의 설치자 **지위를 승계한 자**는 행정안전부령이 정하는 바에 따라 승계한 날부터 **30일 이내에 시·도지사**에게 그 사실을 신고해야 한다(법 제10조).
③ 제조소 등의 관계인은 해당 제조소 등의 용도를 폐지한 때에는 **제조소 등의 용도를 폐지한 날부터 14일 이내에 시·도지사에게 신고**해야 한다(법 제11조).

④ 제조소 등의 관계인은 안전관리자를 선임한 경우에는 **선임한 날부터 14일 이내**에 **소방본부장 또는 소방서장**에게 **신고**해야 한다(법 제15조).
⑤ 위험물안전관리자를 해임하거나 퇴직한 때에는 **해임하거나 퇴직한 날부터 30일 이내**에 다시 **안전관리자를 선임**해야 한다(법 제15조).
⑥ 탱크시험자가 등록한 사항 가운데 행정안전부령으로 정하는 중요사항을 변경한 경우에는 그 날부터 30일 이내에 시·도지사에게 변경신고해야 한다(법 제16조).
⑦ 안전관리대행기관은 휴업·재개업 또는 폐업을 하려는 경우에는 휴업·재개업 또는 폐업하려는 날 1일 전까지 위험물안전관리대행기관지정서를 첨부하여 소방청장에 제출해야 한다(시행규칙 제57조).

정답
㉮ 30일 이내 ㉯ 14일 이내
㉰ 14일 이내 ㉱ 30일 이내

07

다음 물질의 반응식을 쓰시오.
㉮ 트라이메틸알루미늄과 물과 반응식
㉯ ㉮에서 생성되는 기체의 완전 연소반응식
㉰ 트라이에틸알루미늄이 물과 반응식
㉱ ㉰에서 생성되는 기체의 완전 연소반응식

해설

① 트라이메틸알루미늄(Tri Methyl Aluminium, TMAL)
  ㉠ 물과 반응 : $(CH_3)_3Al + 3H_2O \rightarrow Al(OH)_3 + 3CH_4 \uparrow$
  ㉡ 공기와 반응 : $2(CH_3)_3Al + 12O_2 \rightarrow Al_2O_3 + 9H_2O + 6CO_2 \uparrow$

> 메테인의 완전 연소반응식 : $CH_4 + 2O_2 \rightarrow CO_2 + 2H_2O$

② 트라이에틸알루미늄(Tri Ethyl Aluminium, TEAL)
  ㉠ 물과 반응 : $(C_2H_5)_3Al + 3H_2O \rightarrow Al(OH)_3 + 3C_2H_6 \uparrow$
  ㉡ 공기와 반응 : $2(C_2H_5)_3Al + 21O_2 \rightarrow Al_2O_3 + 15H_2O + 12CO_2 \uparrow$

> 에테인의 완전 연소반응식 : $2C_2H_6 + 7O_2 \rightarrow 4CO_2 + 6H_2O$

정답
㉮ $(CH_3)_3Al + 3H_2O \rightarrow Al(OH)_3 + 3CH_4$
㉯ $CH_4 + 2O_2 \rightarrow CO_2 + 2H_2O$
㉰ $(C_2H_5)_3Al + 3H_2O \rightarrow Al(OH)_3 + 3C_2H_6$
㉱ $2C_2H_6 + 7O_2 \rightarrow 4CO_2 + 6H_2O$

08 분말소화약제의 열분해 반응식을 쓰시오.

㉮ 제1종 분말(270[℃])
㉯ 제3종 분말(190[℃])

해설
분말소화약제의 열분해 반응식

① 제1종 분말
  ㉠ **1차 분해(270[℃])** : $2NaHCO_3 \rightarrow Na_2CO_3 + CO_2 + H_2O$
  ㉡ 2차 분해(850[℃]) : $2NaHCO_3 \rightarrow Na_2O + 2CO_2 + H_2O$
② 제2종 분말
  ㉠ 1차 분해(190[℃]) : $2KHCO_3 \rightarrow K_2CO_3 + CO_2 + H_2O$
  ㉡ 2차 분해(590[℃]) : $2KHCO_3 \rightarrow K_2O + 2CO_2 + H_2O$
③ 제3종 분말
  ㉠ **1차 분해반응식(190[℃])** : $NH_4H_2PO_4 \rightarrow NH_3 + H_3PO_4$(인산, 오쏘인산)
  ㉡ 2차 분해반응식(215[℃]) : $2H_3PO_4 \rightarrow H_2O + H_4P_2O_7$(피로인산)
  ㉢ 3차 분해반응식(300[℃]) : $H_4P_2O_7 \rightarrow H_2O + 2HPO_3$(메타인산)
④ 제4종 분말 : $2KHCO_3 + (NH_2)_2CO \rightarrow K_2CO_3 + 2NH_3\uparrow + 2CO_2\uparrow$

정답 ㉮ $2NaHCO_3 \rightarrow Na_2CO_3 + CO_2 + H_2O$
㉯ $NH_4H_2PO_4 \rightarrow NH_3 + H_3PO_4$

09 위험물제조소 등은 제조소, 취급소, 저장소로 분류하는데 저장소의 종류 8가지를 쓰시오.

해설
제조소 등
① 제조소
② 취급소
    ㉠ 주유취급소   ㉡ 판매취급소
    ㉢ 이송취급소   ㉣ 일반취급소
③ 저장소

저장소의 구분	지정수량 이상의 위험물을 저장하기 위한 장소
옥내저장소	옥내(지붕과 기둥 또는 벽 등에 의하여 둘러싸인 곳을 말한다)에 저장(위험물을 저장하는데 따르는 취급을 포함)하는 장소
옥외탱크저장소	옥외에 있는 탱크에 위험물을 저장하는 장소
옥내탱크저장소	옥내에 있는 탱크에 위험물을 저장하는 장소
지하탱크저장소	지하에 매설한 탱크에 위험물을 저장하는 장소
간이탱크저장소	간이탱크에 위험물을 저장하는 장소
이동탱크저장소	차량에 고정된 탱크에 위험물을 저장하는 장소
옥외저장소	옥외에 다음의 하나에 해당하는 위험물을 저장하는 장소 ① 제2류 위험물 중 황 또는 인화성 고체(인화점이 0[℃] 이상인 것에 한한다) ② 제4류 위험물 중 제1석유류(인화점이 0[℃] 이상인 것에 한한다)·알코올류·제2석유류·제3석유류·제4석유류 및 동식물유류 ③ 제6류 위험물 ④ 제2류 위험물 및 제4류 위험물 중 특별시·광역시·특별자치시·도 또는 특별자치도의 조례로 정하는 위험물(관세법 제154조의 규정에 의한 보세구역 안에 저장하는 경우로 한정한다) ⑤ 국제해사기구에 관한 협약에 의하여 설치된 국제해사기구가 채택한 국제해상위험물규칙(IMDG Code)에 적합한 용기에 수납된 위험물
암반탱크저장소	암반 내의 공간을 이용한 탱크에 액체의 위험물을 저장하는 장소

정답
- 옥내저장소
- 옥내탱크저장소
- 옥외저장소
- 옥외탱크저장소
- 지하탱크저장소
- 간이탱크저장소
- 이동탱크저장소
- 암반탱크저장소

10 일반취급소에서 취급하는 작업은 일부 특례기준으로 정하고 있다. 이 특례기준에 해당하는 종류 5가지를 쓰시오.

해설
일반취급소의 특례기준
① 분무도장 작업 등의 일반취급소의 특례
② 세정작업의 일반취급소의 특례
③ 열처리작업 등의 일반취급소의 특례
④ 보일러 등으로 위험물을 소비하는 일반취급소의 특례
⑤ 충전하는 일반취급소의 특례
⑥ 옮겨 담는 일반취급소의 특례
⑦ 유압장치 등을 설치하는 일반취급소의 특례
⑧ 절삭장치 등을 설치하는 일반취급소의 특례
⑨ 열매체유 순환장치를 설치하는 일반취급소의 특례
⑩ 화학실험의 일반취급소의 특례
⑪ 고인화점 위험물의 일반취급소의 특례
⑫ 위험물의 성질에 따른 일반취급소의 특례

정답
- 분무도장 작업 등의 일반취급소의 특례
- 세정작업의 일반취급소의 특례
- 열처리작업 등의 일반취급소의 특례
- 보일러 등으로 위험물을 소비하는 일반취급소의 특례
- 충전하는 일반취급소의 특례

11 25[℃]에서 포화용액 80[g] 속에 25[g]이 녹아 있다. 용해도를 구하시오.

해설
용해도
용매 100[g] 속에 녹아 있는 용질의 [g]수 $\left(\text{용해도} = \dfrac{\text{용질}}{\text{용매}} \times 100\right)$

① 용액 = 용질 + 용매
  80[g] = 25[g] + 55[g]
  55[g] : 25[g] = 100[g] : x ∴ $x = \dfrac{100[g] \times 25[g]}{55[g]} = 45.45$

② 용해도 = $\dfrac{\text{용질}}{\text{용매}} \times 100 = \dfrac{25}{55} \times 100 = 45.45$

정답 45.45

12

제2류 위험물에 대하여 다음 물음에 답하시오.
㉮ 마그네슘과 물의 화학반응식
㉯ 인화성고체 - 고형알코올 그 밖의 1기압에서 인화점이 (   )[℃] 미만인 고체
㉰ 알루미늄과 염산이 반응하여 수소를 발생하는 화학반응식

해설

반응식 및 정의
① 마그네슘
  ㉠ 연소반응 : $2Mg + O_2 \rightarrow 2MgO$
  ㉡ **물과 반응** : $Mg + 2H_2O \rightarrow Mg(OH)_2 + H_2$
  ㉢ 염산과 반응 : $Mg + 2HCl \rightarrow MgCl_2 + H_2$
  ㉣ 황산과 반응 : $Mg + H_2SO_4 \rightarrow MgSO_4 + H_2$
② 인화성고체 - 고형알코올 그 밖의 1기압에서 인화점이 **40[℃] 미만**인 고체
③ 알루미늄의 반응식
  ㉠ 연소반응식 : $4Al + 3O_2 \rightarrow 2Al_2O_3$
  ㉡ 물과 반응 : $2Al + 6H_2O \rightarrow 2Al(OH)_3 + 3H_2$
  ㉢ **염산과 반응** : $2Al + 6HCl \rightarrow 2AlCl_3 + 3H_2$

정답
㉮ $Mg + 2H_2O \rightarrow Mg(OH)_2 + H_2$
㉯ 40
㉰ $2Al + 6HCl \rightarrow 2AlCl_3 + 3H_2$

13

위험물의 운반에 관한 기준에서 위험등급 Ⅰ등급에 해당하는 품명을 모두 적으시오.
㉮ 제1류 위험물
㉯ 제3류 위험물
㉰ 제5류 위험물

해설

위험물의 위험등급
① 위험등급 Ⅰ의 위험물
  ㉠ **제1류 위험물 중 아염소산염류, 염소산염류, 과염소산염류, 무기과산화물, 지정수량이 50[kg]인 위험물**
  ㉡ **제3류 위험물 중 칼륨, 나트륨, 알킬알루미늄, 알킬리튬, 황린 그 밖에 지정수량이 10[kg] 또는 20[kg]인 위험물**
  ㉢ 제4류 위험물 중 특수인화물
  ㉣ **제5류 위험물 중 지정수량이 10[kg]인 위험물**
  ㉤ 제6류 위험물
② 위험등급 Ⅱ의 위험물
  ㉠ 제1류 위험물 중 브로민산염류, 질산염류, 아이오딘산염류, 지정수량이 300[kg]인 위험물
  ㉡ 제2류 위험물 중 황화인, 적린, 황, 지정수량이 100[kg]인 위험물
  ㉢ 제3류 위험물 중 알칼리금속(칼륨, 나트륨 제외) 및 알칼리토금속, 유기금속화합물(알킬알루미늄 및 알킬리튬은 제외), 지정수량이 50[kg]인 위험물
  ㉣ 제4류 위험물 중 제1석유류, 알코올류
  ㉤ 제5류 위험물 중 위험등급 Ⅰ에 정하는 위험물 외의 것
③ 위험등급 Ⅲ의 위험물 : ① 및 ②에 정하지 않은 위험물

정답 ㉮ 아염소산염류, 염소산염류, 과염소산염류, 무기과산화물 그 밖에 지정수량이 50[kg]인 위험물
㉯ 칼륨, 나트륨, 알킬알루미늄, 알킬리튬, 황린 그 밖에 지정수량이 10[kg] 또는 20[kg]인 위험물
㉰ 지정수량이 10[kg]인 위험물

14

옥내저장소에 초산에틸 200[L], 사이클로헥세인 500[L], 클로로벤젠 2,000[L], 에탄올아민 2,000[L]를 저장할 때 지정수량의 배수를 구하시오.

해설
지정수량의 배수
① 지정수량의 배수

$$\text{지정수량의 배수} = \frac{\text{저장(취급)량}}{\text{지정수량}} + \frac{\text{저장(취급)량}}{\text{지정수량}} + \cdots$$

② 각 위험물의 지정수량

품목	초산에틸	사이클로헥세인	클로로벤젠	에탄올아민
품명	제1석유류 (비수용성)	제1석유류 (비수용성)	제2석유류 (비수용성)	제3석유류 (수용성)
지정수량	200[L]	200[L]	1,000[L]	4,000[L]

∴ 지정수량의 배수 = $\frac{200[L]}{200[L]} + \frac{500[L]}{200[L]} + \frac{2,000[L]}{1,000[L]} + \frac{2,000[L]}{4,000[L]} = 6$배

정답 6배

15

무색 또는 오렌지색의 결정으로 분자량 110인 제1류 위험물에 대한 설명이다. 다음 물음에 답하시오.
㉮ 물과 반응
㉯ 아세트산과 반응
㉰ 염산과 반응

해설
과산화칼륨의 반응식
① 분해 반응 : $2K_2O_2 \rightarrow 2K_2O + O_2 \uparrow$
② 물과 반응 : $2K_2O_2 + 2H_2O \rightarrow 4KOH + O_2 \uparrow + $ 발열
③ 탄산가스와 반응 : $2K_2O_2 + 2CO_2 \rightarrow 2K_2CO_3 + O_2 \uparrow$
④ 아세트산과 반응 : $K_2O_2 + 2CH_3COOH \rightarrow 2CH_3COOK + H_2O_2 \uparrow$
　　　　　　　　　　　　　　　　　　　　　　(초산칼륨)　　(과산화수소)
⑤ 염산과 반응 : $K_2O_2 + 2HCl \rightarrow 2KCl + H_2O_2 \uparrow$
⑥ 황산과 반응 : $K_2O_2 + H_2SO_4 \rightarrow K_2SO_4 + H_2O_2 \uparrow$

정답 ㉮ $2K_2O_2 + 2H_2O \rightarrow 4KOH + O_2$
㉯ $K_2O_2 + 2CH_3COOH \rightarrow 2CH_3COOK + H_2O_2$
㉰ $K_2O_2 + 2HCl \rightarrow 2KCl + H_2O_2$

16 위험물 옥외저장탱크에 알코올류를 20만[L], 30만[L], 50만[L] 저장하고 있는 탱크 3기를 동일 방유제 내에 설치하고자 할 때 방유제의 최소용량[m³]을 구하시오.

해설
옥외탱크저장소의 방유제의 용량
① 탱크가 하나일 때 : 탱크용량의 110[%](인화성이 없는 액체위험물은 100[%]) 이상
② 탱크가 2기 이상일 때 : 탱크 중 용량이 최대인 것의 용량의 110[%](인화성이 없는 액체위험물은 100[%]) 이상
※ 최대 탱크 용량이 500,000[L](500[m³])이므로, 500[m³] × 1.1 = 550[m³]

정답 550[m³]

---

17 다음 제4류 위험물의 성상이다. 빈칸에 적당한 내용을 채워 넣으시오.

품 명	수용성 구분	인화점의 범위	지정수량	화학식
			2,000[L]	HCOOH
		70[℃] 이상 200[℃] 미만		$C_6H_5NH_2$
제1석유류				C_6H_{14}
	수용성			CH_3CN

해설
제4류 위험물의 성상
① 각 위험물의 지정수량

품 목	HCOOH	$C_6H_5NH_2$	C_6H_{14}	CH_3CN
명 칭	의 산	아닐린	헥세인	아세토나이트릴
품 명	제2석유류 (수용성)	제3석유류 (비수용성)	제1석유류 (비수용성)	제1석유류 (수용성)
지정수량	2,000[L]	2,000[L]	200[L]	400[L]

② 제1석유류 : 1기압에서 인화점이 21[℃] 미만인 것
③ 제2석유류 : 1기압에서 인화점이 21[℃] 이상 70[℃] 미만인 것
④ 제3석유류 : 1기압에서 인화점이 70[℃] 이상 200[℃] 미만인 것
⑤ 제4석유류 : 1기압에서 인화점이 200[℃] 이상 250[℃] 미만인 것

정답

품 명	수용성 구분	인화점의 범위	지정수량	화학식
제2석유류	수용성	21[℃] 이상 70[℃] 미만	2,000[L]	HCOOH
제3석유류	비수용성	70[℃] 이상 200[℃] 미만	2,000[L]	$C_6H_5NH_2$
제1석유류	비수용성	21[℃] 미만	200[L]	C_6H_{14}
제1석유류	수용성	21[℃] 미만	400[L]	CH_3CN

18 다음 [보기]에 해당하는 물질에 대하여 물음에 답하시오.

[보 기]
- 휘발성이 강하고 진한 증기는 마취성이 있어 장시간 흡입 시 위험하다.
- 직사일광에 분해하여 과산화물을 생성하므로 갈색병에 저장하여 냉암소에 보관한다.
- 비중은 0.7, 증기비중은 2.6, 연소범위는 1.7~48[%]이다.

㉮ 명칭, 화학식, 지정수량을 쓰시오.
㉯ 품명에 대한 위험물안전관리법령상 정의를 쓰시오.
㉰ 보냉장치가 없는 이동저장탱크에 저장할 때 저장온도[℃]를 쓰시오.

해설
① 다이에틸에터
  ㉠ 물 성

화학식	지정수량	분자량	비중	비점	인화점	착화점	연소범위
$C_2H_5OC_2H_5$	50[L]	74.12	0.7	34[℃]	-40[℃]	180[℃]	1.7~48[%]

  ㉡ 특 성
  - 휘발성이 강한 무색투명한 특유의 향이 있는 액체이다.
  - 물에 약간 녹고 알코올에 잘 녹으며, 발생된 증기는 마취성이 있다.
  - 직사일광에 의하여 분해되어 과산화물이 생성되므로 갈색병에 저장하여 냉암소에 저장한다.
② 정의 : 이황화탄소, 다이에틸에터 그 밖에 1기압에서 발화점이 100[℃] 이하인 것 또는 인화점이 영하 20[℃] 이하이고, 비점이 40[℃] 이하인 것
③ 이동저장탱크에 저장할 때 아세트알데하이드 등 또는 다이에틸에터 등의 저장온도
  ㉠ 보냉장치가 있는 이동저장탱크 : 비점 이하
  ㉡ 보냉장치가 없는 이동저장탱크 : 40[℃] 이하

정답
㉮ 다이에틸에터, $C_2H_5OC_2H_5$, 50[L]
㉯ 이황화탄소, 다이에틸에터 그 밖에 1기압에서 발화점이 100[℃] 이하인 것 또는 인화점이 영하 20[℃] 이하이고, 비점이 40[℃] 이하인 것
㉰ 40[℃] 이하

19

주유취급소의 주유공지 및 급유공지에 대하여 (   )에 적당한 말을 쓰시오.

㉮ 주유취급소의 고정주유설비의 주위에는 주유를 받으려는 자동차 등이 출입할 수 있도록 너비 (   )[m] 이상, 길이 (   )[m] 이상의 콘크리트 등으로 포장한 공지를 보유해야 하고, 고정급유설비를 설치하는 경우에는 고정급유설비의 (   )의 주위에 필요한 공지를 보유해야 한다.

㉯ 공지의 바닥은 주위 지면보다 높게 하고 그 표면을 적당하게 경사지게 하여 새어나온 기름, 그 밖의 액체가 공지의 외부로 유출되지 않도록 (   )·(   ) 및 (   )를 해야 한다.

해설
주유취급소의 주유공지 및 급유공지

① 주유취급소의 **고정주유설비**(펌프기기 및 호스기기로 되어 있는 위험물을 자동차 등에 직접 주유하기 위한 설비로서 현수식의 것을 포함한다)의 주위에는 주유를 받으려는 자동차 등이 출입할 수 있도록 **너비 15[m] 이상, 길이 6[m] 이상**의 콘크리트 등으로 포장한 공지(주유공지)를 보유해야 하고, **고정급유설비**(펌프기기 및 호스기기로 되어 있는 위험물을 용기에 옮겨 담거나 이동저장탱크에 주입하기 위한 설비로서 현수식의 것을 포함한다)를 설치하는 경우에는 고정급유설비의 **호스기기**의 주위에 필요한 공지(급유공지)를 보유해야 한다.

② 공지의 바닥은 주위 지면보다 높게 하고 그 표면을 적당하게 경사지게 하여 새어나온 기름, 그 밖의 액체가 공지의 외부로 유출되지 않도록 **배수구·집유설비 및 유분리장치**를 해야 한다.

정답 ㉮ 15, 6, 호스기기   ㉯ 배수구, 집유설비, 유분리장치

20

회백색의 금속분말로 묽은 염산에서 수소가스를 발생하며, 비중이 약 7.86, 융점 1,530[℃]인 제2류 위험물이 위험물안전관리법령상 위험물이 되기 위한 조건은?

해설
제2류 위험물의 정의

① 인화성 고체 : 고형알코올, 그 밖에 1기압에서 인화점이 40[℃] 미만인 고체
② 황 : 순도가 60[wt%] 이상인 것을 말하며 순도측정을 하는 경우 불순물은 활석 등 불연성 물질과 수분으로 한정한다.
③ 철분 : 철의 분말로서 53[μm]의 표준체를 통과하는 것이 50[wt%] 이상인 것

[철분의 물성]

화학식	융 점	비 점	비 중
Fe	1,530[℃]	2,750[℃]	7.0

④ 금속분 : 알칼리금속·알칼리토금속·철 및 마그네슘 외의 금속의 분말(구리분·니켈분 및 150[μm]의 체를 통과하는 것이 50[wt%] 미만인 것은 제외)
⑤ 철분과 염산이 반응하면 가연성 가스인 수소가스를 발생한다.

$$Fe + 2HCl \rightarrow FeCl_2 + H_2 \uparrow$$

정답 철의 분말로서 53[μm]의 표준체를 통과하는 것이 50[wt%] 이상인 것

2017년 4월 16일 시행 과년도 기출복원문제

01
옥외저장탱크에 설치하는 고정포 방출구에 대하여 구조, 주입방법 및 특징을 서술하시오.
㉮ Ⅰ형 ㉯ Ⅱ형 ㉰ Ⅲ형

해설
포방출구의 종류(세부기준 제133조)
① **Ⅰ형** : **고정지붕구조**의 탱크에 **상부포주입법**(고정포방출구를 탱크옆판의 상부에 설치하여 액표면상에 포를 방출하는 방법을 말한다)을 이용하는 것으로서 방출된 포가 액면 아래로 몰입되거나 액면을 뒤섞지 않고 액면상을 덮을 수 있는 통계단 또는 미끄럼판 등의 설비 및 탱크 내의 위험물증기가 외부로 역류되는 것을 저지할 수 있는 구조·기구를 갖는 포방출구
② **Ⅱ형** : **고정지붕구조** 또는 **부상덮개부착고정지붕구조**(옥외저장탱크의 액상에 금속제의 플로팅, 팬 등의 덮개를 부착한 고정지붕구조의 것을 말한다)의 탱크에 상부포주입법을 이용하는 것으로서 방출된 포가 탱크옆판의 내면을 따라 흘러내려 가면서 액면 아래로 몰입되거나 액면을 뒤섞지 않고 액면상을 덮을 수 있는 반사판 및 탱크 내의 위험물증기가 외부로 역류되는 것을 저지할 수 있는 구조·기구를 갖는 포방출구
③ **특형** : 부상지붕구조의 탱크에 상부포주입법을 이용하는 것으로서 부상지붕의 부상부분상에 높이 0.9[m] 이상의 금속제의 칸막이(방출된 포의 유출을 막을 수 있고 충분한 배수능력을 갖는 배수구를 설치한 것에 한한다)를 탱크옆판의 내측으로부터 1.2[m] 이상 이격하여 설치하고 탱크옆판과 칸막이에 의하여 형성된 환상부분에 포를 주입하는 것이 가능한 구조의 반사판을 갖는 포방출구
④ **Ⅲ형** : **고정지붕구조**의 탱크에 **저부포주입법**(탱크의 액면하에 설치된 포방출구로부터 포를 탱크 내에 주입하는 방법을 말한다)을 이용하는 것으로서 송포관(발포기 또는 포발생기에 의하여 발생된 포를 보내는 배관을 말한다. 해당 배관으로 탱크 내의 위험물이 역류되는 것을 저지할 수 있는 구조·기구를 갖는 것에 한한다)으로부터 포를 방출하는 포방출구
⑤ **Ⅳ형** : 고정지붕구조의 탱크에 저부포주입법을 이용하는 것으로서 평상시에는 탱크의 액면하의 저부에 설치된 격납통(포를 보내는 것에 의하여 용이하게 이탈되는 캡을 갖는 것을 포함한다)에 수납되어 있는 특수호스 등이 송포관의 말단에 접속되어 있다가 포를 보내는 것에 의하여 특수호스 등이 전개되어 그 선단(끝부분)이 액면까지 도달한 후 포를 방출하는 포방출구

[지붕구조에 따른 고정포방출구의 종류]

지붕 구조	고정지붕구조	부상지붕구조	부상덮개부착고정지붕구조
방출구 종류	Ⅰ형, Ⅱ형, Ⅲ형, Ⅳ형	특 형	Ⅱ형

정답
㉮ **Ⅰ형** : 고정지붕구조의 탱크에 상부포주입법(고정포방출구를 탱크옆판의 상부에 설치하여 액표면상에 포를 방출하는 방법을 말한다)을 이용하는 것으로서 방출된 포가 액면 아래로 몰입되거나 액면을 뒤섞지 않고 액면상을 덮을 수 있는 통계단 또는 미끄럼판 등의 설비 및 탱크 내의 위험물증기가 외부로 역류되는 것을 저지할 수 있는 구조·기구를 갖는 포방출구

㉯ **Ⅱ형** : 고정지붕구조 또는 부상덮개부착고정지붕구조(옥외저장탱크의 액상에 금속제의 플로팅, 팬 등의 덮개를 부착한 고정지붕구조의 것을 말한다)의 탱크에 상부포주입법을 이용하는 것으로서 방출된 포가 탱크옆판의 내면을 따라 흘러내려 가면서 액면 아래로 몰입되거나 액면을 뒤섞지 않고 액면상을 덮을 수 있는 반사판 및 탱크 내의 위험물증기가 외부로 역류되는 것을 저지할 수 있는 구조·기구를 갖는 포방출구

㉰ Ⅲ형 : 고정지붕구조의 탱크에 저부포주입법(탱크의 액면하에 설치된 포방출구로부터 포를 탱크 내에 주입하는 방법을 말한다)을 이용하는 것으로서 송포관(발포기 또는 포발생기에 의하여 발생된 포를 보내는 배관을 말한다. 해당 배관으로 탱크 내의 위험물이 역류되는 것을 저지할 수 있는 구조·기구를 갖는 것에 한한다)으로부터 포를 방출하는 포방출구

02

제3류 위험물로서 비중은 0.86이고 은백색의 무른 경금속으로 보라색 불꽃을 내면서 연소하는 위험물에 대하여 다음 물음에 답하시오.

㉮ 지정수량
㉯ 연소반응식
㉰ 물과의 반응식

해설

칼륨

① 물 성

화학식	지정수량	원자량	비 점	융 점	비 중	불꽃색상
K	10[kg]	39	774[℃]	63.7[℃]	0.86	보라색

② 특 성
 • 은백색의 광택이 있는 무른 경금속이다.
 • 등유, 경유, 유동파라핀 등의 보호액 속에 저장한다.
 • 이온화 경향이 큰 금속이다.

③ 반응식
 • **연소반응** : $4K + O_2 \rightarrow 2K_2O$
 • **물과 반응** : $2K + 2H_2O \rightarrow 2KOH + H_2$
 • 이산화탄소와 반응 : $4K + 3CO_2 \rightarrow 2K_2CO_3 + C$
 • 알코올과 반응 : $2K + 2C_2H_5OH \rightarrow 2C_2H_5OK + H_2$
 • 초산과 반응 : $2K + 2CH_3COOH \rightarrow 2CH_3COOK + H_2$

정답 ㉮ 10[kg]
㉯ $4K + O_2 \rightarrow 2K_2O$
㉰ $2K + 2H_2O \rightarrow 2KOH + H_2$

03

제1류 위험물 중 비중이 2.7이고 외관은 흑자색 결정이며, 물에 녹으면 진한 보라색을 나타내는 물질에 대하여 다음 물음에 답하시오.
- ㉮ 명칭과 지정수량
- ㉯ 분해반응식
- ㉰ 묽은 황산과 반응식
- ㉱ 진한 황산과 반응 시 생성되는 물질

해설

과망가니즈산칼륨

① 물 성

화학식	색 상	지정수량	분자량	비 중	분해온도	물에 용해 시
$KMnO_4$	흑자색	1,000[kg]	158	2.7	200~250[℃]	보라색

② 반응식
- 분해반응식 : $2KMnO_4 \rightarrow K_2MnO_4 + MnO_2 + O_2$
  (망가니즈산칼륨) (이산화망가니즈)
- 묽은 황산과 반응식 : $4KMnO_4 + 6H_2SO_4 \rightarrow 2K_2SO_4 + 4MnSO_4 + 6H_2O + 5O_2$
- 진한 황산과 반응식 : $2KMnO_4 + H_2SO_4 \rightarrow K_2SO_4 + 2HMnO_4$
  (황산칼륨) (과망가니즈산)

정답
- ㉮ 과망가니즈산칼륨, 1,000[kg]
- ㉯ $2KMnO_4 \rightarrow K_2MnO_4 + MnO_2 + O_2$
- ㉰ $4KMnO_4 + 6H_2SO_4 \rightarrow 2K_2SO_4 + 4MnSO_4 + 6H_2O + 5O_2$
- ㉱ 황산칼륨, 과망가니즈산

04

특수인화물인 아세트알데하이드에 대하여 다음 물음에 답하시오.
- ㉮ 위험도
- ㉯ 연소반응식

해설

아세트알데하이드

① 물 성

화학식	지정수량	분자량	비 중	인화점	연소범위
CH_3CHO	50[L]	44	0.78	-40[℃]	4.0~60.0[%]

② 위험도

∴ 위험도$(H) = \dfrac{상한값-하한값}{하한값} = \dfrac{60-4}{4} = 14$

③ 연소반응식

$$2CH_3CHO + 5O_2 \rightarrow 4CO_2 + 4H_2O$$

정답
- ㉮ 14
- ㉯ $2CH_3CHO + 5O_2 \rightarrow 4CO_2 + 4H_2O$

05

지하저장탱크의 주위에는 해당 탱크로부터 액체 위험물의 누설을 검사하기 위한 관을 4개소 이상 설치해야 하는데, 설치기준을 쓰시오.

해설

누설을 검사하기 위한 관의 설치기준
① 이중관으로 할 것. 다만, 소공이 없는 상부는 단관으로 할 수 있다.
② 재료는 금속관 또는 경질합성수지관으로 할 것
③ 관은 탱크전용실의 바닥 또는 탱크의 기초까지 닿게 할 것
④ 관의 밑부분으로부터 탱크의 중심 높이까지의 부분에는 소공이 뚫려 있을 것. 다만, 지하수위가 높은 장소에 있어서는 지하수위 높이까지의 부분에 소공이 뚫려 있어야 한다.
⑤ 상부는 물이 침투하지 않는 구조로 하고, 뚜껑은 검사 시에 쉽게 열 수 있도록 할 것

정답
- 이중관으로 할 것. 다만, 소공이 없는 상부는 단관으로 할 수 있다.
- 재료는 금속관 또는 경질합성수지관으로 할 것
- 관은 탱크전용실의 바닥 또는 탱크의 기초까지 닿게 할 것
- 관의 밑부분으로부터 탱크의 중심 높이까지의 부분에는 소공이 뚫려 있을 것. 다만, 지하수위가 높은 장소에 있어서는 지하수위 높이까지의 부분에 소공이 뚫려 있어야 한다.
- 상부는 물이 침투하지 않는 구조로 하고, 뚜껑은 검사 시에 쉽게 열 수 있도록 할 것

06

옥내소화전설비의 압력수조를 이용한 가압송수장치의 압력을 구하는 공식을 쓰고 기호를 설명하시오.

해설

옥내소화전설비의 가압송수장치(세부기준 제129조)
① 고가수조를 이용한 가압송수장치
  ㉠ 낙차(수조의 하단으로부터 호스접속구까지의 수직거리)는 다음 식에 의하여 구한 수치 이상으로 할 것

$$H = h_1 + h_2 + 35 \, [\text{m}]$$

  여기서, H : 필요낙차[m]
  h_1 : 소방용 호스의 마찰손실수두[m]
  h_2 : 배관의 마찰손실수두[m]
  ㉡ 고가수조에는 수위계, 배수관, 오버플로우용 배수관, 보급수관 및 맨홀을 설치할 것

② 압력수조를 이용한 가압송수장치
　㉠ 압력수조의 압력은 다음 식에 의하여 구한 수치 이상으로 할 것

$$P = p_1 + p_2 + p_3 + 0.35 [\text{MPa}]$$

　　여기서, P : 필요한 압력[MPa]
　　　　　 p_1 : 소방용 호스의 마찰손실수두압[MPa]
　　　　　 p_2 : 배관의 마찰손실수두압[MPa]
　　　　　 p_3 : 낙차의 환산수두압[MPa]
　㉡ 압력수조의 수량은 해당 압력수조 체적의 2/3 이하일 것
　㉢ 압력수조에는 압력계, 수위계, 배수관, 보급수관, 통기관 및 맨홀을 설치할 것
③ 펌프를 이용한 가압송수장치
　㉠ 펌프의 토출량은 옥내소화전의 설치개수가 가장 많은 층에 대해 해당 설치개수(설치개수가 5개 이상인 경우에는 5개로 한다)에 260[L/min]을 곱한 양 이상이 되도록 할 것
　㉡ 펌프의 전양정은 다음 식에 의하여 구한 수치 이상으로 할 것

$$H = h_1 + h_2 + h_3 + 35 [\text{m}]$$

　　여기서, H : 펌프의 전양정[m]
　　　　　 h_1 : 소방용 호스의 마찰손실수두[m]
　　　　　 h_2 : 배관의 마찰손실수두[m]
　　　　　 h_3 : 낙차[m]
　㉢ 펌프의 토출량이 정격토출량의 150[%]인 경우에는 전양정은 정격전양정의 65[%] 이상일 것
　㉣ 펌프는 전용으로 할 것. 다만, 다른 소화설비와 병용 또는 겸용하여도 각각의 소화설비의 성능에 지장을 주지 않는 경우에는 그렇지 않다.
　㉤ 펌프에는 토출측에 압력계, 흡입측에 연성계를 설치할 것
　㉥ 가압송수장치에는 정격부하 운전 시 펌프의 성능을 시험하기 위한 배관설비를 설치할 것
　㉦ 가압송수장치에는 체절운전 시에 수온상승 방지를 위한 순환배관을 설치할 것
　㉧ 원동기는 전동기 또는 내연기관에 의한 것으로 할 것

정답　$P = p_1 + p_2 + p_3 + 0.35 [\text{MPa}]$
　・ P : 필요한 압력[MPa]
　・ p_1 : 소방용 호스의 마찰손실수두압[MPa]
　・ p_2 : 배관의 마찰손실수두압[MPa]
　・ p_3 : 낙차의 환산수두압[MPa]

07 위험물안전관리법령에 따른 소화설비에 관한 내용이다. [보기]의 내용을 참조하여 다음 물음에 답하시오.

[보 기]
- 옥내소화전 6개를 제조소에 설치하였을 경우
- 옥외소화전 3개를 옥외탱크저장소에 설치하였을 경우

㉮ [보기]의 소화설비 중 수원의 용량이 가장 많은 소화설비를 쓰시오.
㉯ [보기]의 소화설비 중 최소의 수원을 확보해야 할 용량을 구하시오(계산과정을 쓰시오).

해설
수 원
① 옥내소화전의 수원

수원 = 소화전수(최대 5개)×260[L/min]×30[min]
     = 소화전수(최대 5개)×7,800[L]
     = 소화전수(최대 5개)×7.8[m³]

∴ 수원 = 소화전수(최대 5개)×7.8[m³] = 5×7.8[m³] = 39[m³]

② 옥외소화전의 수원

수원 = 소화전수(최대 4개)×450[L/min]×30[min]
     = 소화전수(최대 4개)×13,500[L]
     = 소화전수(최대 4개)×13.5[m³]

∴ 수원 = 소화전수(최대 4개)×13.5[m³] = 3×13.5[m³] = 40.5[m³]

③ 수원의 용량이 가장 많은 소화설비 : 수원이 40.5[m³]로서 옥외소화전설비이다.
④ **수원을 확보해야 할 용량** : 옥내소화전설비와 옥외소화전설비의 수원을 합한 양 이상으로 해야 하므로 39[m³] + 40.5[m³] = 79.5[m³]

정답 ㉮ 옥외소화전설비   ㉯ 39[m³] + 40.5[m³] = 79.5[m³]

08 위험물 주유취급소에 고정주유설비 또는 고정급유설비의 설치기준에 대하여 (   ) 안에 적당한 숫자를 쓰시오.

고정주유설비의 중심선을 기점으로 하여 도로경계선까지 (㉮)[m] 이상, 부지경계선·담 및 건축물의 벽까지 (㉯)[m](개구부가 없는 벽까지는 1[m]) 이상의 거리를 유지하고, 고정급유설비의 중심선을 기점으로 하여 도로경계선까지 (㉰)[m] 이상, 부지경계선 및 담까지 (㉱)[m] 이상, 건축물의 벽까지 2[m](개구부가 없는 벽까지는 1[m]) 이상의 거리를 유지할 것

> **해설**
>
> **고정주유설비 또는 고정급유설비의 설치기준(시행규칙 별표 13)**
> ① **고정주유설비**의 중심선을 기점으로 하여 도로경계선까지 **4[m] 이상**, 부지경계선·담 및 건축물의 벽까지 **2[m]** (개구부가 없는 벽까지는 1[m]) 이상의 거리를 유지하고, **고정급유설비**의 중심선을 기점으로 하여 도로경계선까지 **4[m] 이상**, 부지경계선 및 담까지 1[m] 이상, 건축물의 벽까지 2[m](개구부가 없는 벽까지는 1[m]) 이상의 거리를 유지할 것
> ② 고정주유설비와 고정급유설비의 사이에는 4[m] 이상의 거리를 유지할 것

> **정답** ㉮ 4   ㉯ 2
>   ㉰ 4   ㉱ 1

09

벤젠에 수은(Hg)을 촉매로 하여 질산을 반응시켜 제조하는 물질로 DDNP(Diazodinitro Phenol)의 원료로 사용되는 위험물의 구조식과 품명, 지정수량은?

> **해설**
>
> **피크르산(Tri Nitro Phenol)**은 DDNP(Diazodinitro Phenol)를 원료로 다이아조화해서 얻어지므로 피크르산의 물성은 다음과 같다.
> ① 물 성
>
> | 화학식 | 유 별 | 품 명 | 지정수량 | 착화점 |
> |---|---|---|---|---|
> | $C_6H_2OH(NO_2)_3$ | 제5류 위험물 | 나이트로화합물(제1종) | 10[kg] | 300[℃] |
>
> ② 광택 있는 황색의 침상 결정이고 찬물에는 미량 녹고 알코올, 에터 온수에는 잘 녹는다.
> ③ 나이트로화합물류 중 분자구조 내에 하이드록시기(-OH)를 갖는 위험물이다.
> ④ 쓴맛과 독성이 있고 알코올, 에터, 벤젠, 더운물에는 잘 녹는다.
>
> - 피크르산의 구조식
>
>   (구조식: 벤젠 고리에 OH, 2,4,6 위치에 NO_2 3개)
>
> - 피크르산의 분해반응식
> $2C_6H_2OH(NO_2)_3 \rightarrow 2C + 3N_2\uparrow + 3H_2\uparrow + 4CO_2\uparrow + 6CO\uparrow$

> **정답**
> • 구조식 : (벤젠 고리에 OH, O_2N, NO_2, NO_2 치환)
> • 품명 : 나이트로화합물(제1종)
> • 지정수량 : 10[kg]

10 위험물안전관리법령상 위험물의 분류에서 적당한 위험물의 품명을 쓰시오.

유 별	품 명	지정수량
제1류 위험물	차아염소산염류, 아염소산염류	50[kg]
	염소산염류	50[kg]
	과염소산염류	50[kg]
	(㉮)	50[kg]
제2류 위험물	황화인	100[kg]
	적 린	100[kg]
	(㉯)	100[kg]
	철 분	500[kg]
	금속분	500[kg]
	(㉰)	500[kg]
제3류 위험물	(㉱)	20[kg]
제5류 위험물	나이트로화합물(제1종)	10[kg]
	나이트로소화합물(제2종)	100[kg]
	아조화합물(제2종)	100[kg]
	(㉲)	100[kg]
	금속의 아자이드화합물	10[kg]

해설

위험물의 분류

유 별	품 명	지정수량
제1류 위험물	차아염소산염류, 아염소산염류, 염소산염류, 과염소산염류, **무기과산화물**	50[kg]
	브로민산염류, 질산염류, 아이오딘산염류	300[kg]
	과망가니즈산염류, 다이크로뮴산염류	1,000[kg]
제2류 위험물	황화인, 적린, **황**	100[kg]
	철분, 금속분, **마그네슘**	500[kg]
	인화성 고체	1,000[kg]
제3류 위험물	칼륨, 나트륨, 알킬알루미늄, 알킬리튬	10[kg]
	황 린	20[kg]
제5류 위험물	질산에스터류(제1종), 나이트로화합물(제1종)	10[kg]
	셀룰로이드, 하이드록실아민(제2종), 하이드록실아민염류(제2종)	100[kg]
	나이트로화합물(제1종), 나이트로소화합물(제2종), 아조화합물(제2종), **하이드라진 유도체(제2종)**	100[kg]
	금속의 아자이드화합물	10[kg]

정답
㉮ 무기과산화물
㉯ 황
㉰ 마그네슘
㉱ 황 린
㉲ 하이드라진 유도체(제2종)

11 위험물안전관리법령상에서 규정한 제조소 등에서 안전거리와 보유공지를 두어야 하는 제조소 등의 명칭을 쓰시오.

해설
위험물제조소 등

종류 \ 거리	안전거리	보유공지
제조소, 일반취급소	○	○
옥내저장소	○	○
옥외탱크저장소	○	○
옥내탱크저장소	×	×
지하탱크저장소	×	×
간이탱크저장소	×	×
이동탱크저장소	×	×
옥외저장소	○	○
주유취급소, 판매취급소	×	×
이송취급소	×	×

정답 제조소, 일반취급소, 옥내저장소, 옥외저장소, 옥외탱크저장소

---

12 0.01[wt%] 황을 함유한 1,000[kg]의 코크스를 과잉공기 중에 완전 연소 시 발생되는 SO_2의 양은 몇 [g]인가?

해설
1,000[kg] 중 황의 양은 $1,000,000[g] \times 0.0001 = 100[g]$
연소반응식 $\quad S + O_2 \rightarrow SO_2$
$\qquad\qquad\quad 32[g] \qquad\quad 64[g]$
$\qquad\qquad\quad 100[g] \qquad\quad x$

$\therefore \; x = \dfrac{100[g] \times 64[g]}{32[g]} = 200[g]$

정답 200[g]

13 어떤 화합물의 질량을 분석한 결과 나트륨 58.97[%], 산소 41.03[g]였다. 이 화합물의 실험식과 분자식을 구하시오(단, 이 화합물의 분자량은 78[g/mol]이다).

해설

실험식과 분자식을 구하면
① **실험식**
  ㉠ 나트륨 = 58.97/23 = 2.56
  ㉡ 산소 = 41.03/16 = 2.56
  ∴ Na : O = 2.56 : 2.56 = 1 : 1이므로 실험식은 NaO이다.
② **분자식**
  분자식 = 실험식 × n
  78 = 39(NaO의 분자량) × n
  n = 2
  ∴ n이 2이므로 분자식은 Na_2O_2(과산화나트륨)이다.

정답
  • 실험식 : NaO
  • 분자식 : Na_2O_2

---

14 다음 위험물이 물과 반응할 때 반응식을 쓰시오(단, 반응이 없으면 "반응 없음"이라고 기재할 것).

㉮ 과산화나트륨   ㉯ 과염소산나트륨
㉰ 트라이에틸알루미늄   ㉱ 인화칼슘
㉲ 아세트알데하이드

해설

물과의 반응식
① 과산화나트륨 : $2Na_2O_2 + 2H_2O \rightarrow 4NaOH + O_2$
② 과염소산나트륨은 물에 녹으므로 반응 없음
③ 트라이에틸알루미늄 : $(C_2H_5)_3Al + 3H_2O \rightarrow Al(OH)_3 + 3C_2H_6$
④ 인화칼슘 : $Ca_3P_2 + 6H_2O \rightarrow 3Ca(OH)_2 + 2PH_3$
⑤ 아세트알데하이드는 물에 녹으므로 반응 없음

정답
  ㉮ $2Na_2O_2 + 2H_2O \rightarrow 4NaOH + O_2$
  ㉯ 반응 없음
  ㉰ $(C_2H_5)_3Al + 3H_2O \rightarrow Al(OH)_3 + 3C_2H_6$
  ㉱ $Ca_3P_2 + 6H_2O \rightarrow 3Ca(OH)_2 + 2PH_3$
  ㉲ 반응 없음

15

위험물안전관리법령에서 규정한 유별을 달리하는 옥내저장소에서 1[m] 이상의 간격을 두는 경우 다음 위험물을 동일한 옥내저장소에 저장할 수 있는 위험물의 종류를 쓰시오.
㉮ 제1류 위험물(알칼리금속의 과산화물은 제외)
㉯ 제6류 위험물
㉰ 제3류 위험물 중 자연발화성 물질
㉱ 제2류 위험물 중 인화성 고체

해설
동일한 저장소에 저장이 가능한 경우
유별을 달리하는 위험물은 동일한 저장소(내화구조의 격벽으로 완전히 구획된 실이 2 이상 있는 저장소에 있어서는 동일한 실)에 저장하지 않아야 한다. 다만, 옥내저장소 또는 옥외저장소에 있어서 다음의 규정에 의한 위험물을 저장하는 경우로서 위험물을 유별로 정리하여 저장하는 한편, 서로 1[m] 이상의 간격을 두는 경우에는 그렇지 않다.
① **제1류 위험물**(알칼리금속의 과산화물 또는 이를 함유한 것을 제외)과 **제5류 위험물**을 저장하는 경우
② **제1류 위험물**과 **제6류 위험물**을 저장하는 경우
③ **제1류 위험물**과 **제3류 위험물 중 자연발화성 물질**(황린 또는 이를 함유한 것에 한한다)을 저장하는 경우
④ **제2류 위험물 중 인화성고체**와 **제4류 위험물**을 저장하는 경우
⑤ 제3류 위험물 중 알킬알루미늄 등과 제4류 위험물(알킬알루미늄 또는 알킬리튬을 함유한 것에 한한다)을 저장하는 경우
⑥ 제4류 위험물 중 유기과산화물 또는 이를 함유하는 것과 제5류 위험물 중 유기과산화물 또는 이를 함유한 것을 저장하는 경우

정답 ㉮ 제5류 위험물 ㉯ 제1류 위험물 ㉰ 제1류 위험물 ㉱ 제4류 위험물

16

제6류 위험물과 황의 옥외저장소 저장에 관한 내용이다. 다음 ( ) 안에 알맞은 답을 하시오.
㉮ ( ) 또는 ( )을 저장하는 옥외저장소에는 불연성 또는 난연성의 천막 등을 설치하여 햇빛을 가릴 것
㉯ 경계표시에는 황이 넘치거나 비산하는 것을 방지하기 위한 천막 등을 고정하는 장치를 설치하되, 천막 등을 고정하는 장치는 경계표시의 길이 ( )[m]마다 한 개 이상 설치할 것
㉰ 황을 저장 또는 취급하는 장소의 주위에는 ( )와 ( )를 설치할 것

해설
제6류 위험물과 황의 옥외저장소 저장
㉮ **과산화수소** 또는 **과염소산**을 저장하는 옥외저장소에는 불연성 또는 난연성의 천막 등을 설치하여 햇빛을 가릴 것
㉯ 경계표시에는 황이 넘치거나 비산하는 것을 방지하기 위한 천막 등을 고정하는 장치를 설치하되, 천막 등을 고정하는 장치는 경계표시의 길이 **2[m]**마다 한 개 이상 설치할 것
㉰ 황을 저장 또는 취급하는 장소의 주위에는 **배수구**와 **분리장치**를 설치할 것

정답 ㉮ 과산화수소, 과염소산   ㉯ 2
       ㉰ 배수구, 분리장치

17 이송취급소를 설치한 지역에서 지진을 감지하거나 지진의 정보를 얻은 경우 소방청장이 정하여 고시하는 바에 따라 재해를 방지하기 위한 조치를 강구해야 한다. 다음에 해당하는 재해방지조치를 쓰시오.

㉮ 진도계 5 이상의 지진 정보를 얻은 경우
㉯ 진도계 4 이상의 지진 정보를 얻은 경우

해설

지진 시의 재해방지조치(세부기준 제137조)

① 특정이송취급소에 있어서 시행규칙 별표 15 Ⅳ 제13호의 규정에 따른 감진장치가 가속도 40[gal]을 초과하지 않는 범위 내로 설정한 가속도 이상의 지진동을 감지한 경우에는 신속히 펌프의 정지, 긴급차단밸브의 폐쇄, 위험물을 이송하기 위한 배관 및 펌프, 그리고 이것에 부속한 설비의 안전을 확인하기 위한 순찰 등 긴급 시에 적절한 조치가 강구되도록 준비할 것
② 이송취급소를 설치한 지역에 있어서 **진도계 5 이상의 지진 정보를 얻은 경우에는 펌프의 정지 및 긴급차단밸브의 폐쇄**를 행할 것
③ 이송취급소를 설치한 지역에 있어서 **진도계 4 이상의 지진 정보를 얻은 경우에는 해당 지역에 대한 지진재해정보를 계속 수집하고, 그 상황에 따라 펌프의 정지 및 긴급차단밸브의 폐쇄를 행할 것**
④ ②의 규정에 의하여 펌프의 정지 및 긴급차단밸브의 폐쇄를 행한 경우 또는 시행규칙 별표 15 Ⅳ 제8호의 규정에 따른 안전제어장치가 지진에 의하여 작동되어 펌프가 정지되고 긴급차단밸브가 폐쇄된 경우에는 위험물을 이송하기 위한 배관 및 펌프에 부속하는 설비의 안전을 확인하기 위한 순찰을 신속히 실시할 것
⑤ 배관계가 강한 과도한 지진동을 받은 때에는 해당 배관에 관계된 최대상용압력의 1.25배의 압력으로 4시간 이상 수압시험(물 외의 적당한 기체 또는 액체를 이용하여 실시하는 시험을 포함한다)을 하여 이상이 없음을 확인할 것
⑥ ⑤의 경우에 있어서 최대상용압력의 1.25배의 압력으로 수압시험을 하는 것이 적당하지 않은 때에는 해당 최대상용압력의 1.25배 미만의 압력으로 수압시험을 실시할 것. 이 경우 해당 수압시험의 결과가 이상이 없다고 인정된 때에는 해당 시험압력을 1.25로 나눈 수치 이하의 압력으로 이송해야 한다.

정답 ㉮ 펌프의 정지 및 긴급차단밸브의 폐쇄를 행할 것
㉯ 해당 지역에 대한 지진재해정보를 계속 수집하고, 그 상황에 따라 펌프의 정지 및 긴급차단밸브의 폐쇄를 행할 것

18. 위험물탱크안전성능검사에서 침투탐상시험의 판정기준 3가지를 쓰시오.

해설

침투탐상시험의 방법 및 판정기준(세부기준 제32조)

① 용접부시험 중 침투탐상시험의 방법은 염색침투탐상시험과 형광침투탐상시험 중 적절한 시험방법을 선택하여 시험한다.
② 침투탐상시험의 실시범위는 용접부와 모재의 경계선에서 모재쪽으로 모재판 두께 1/2 이상의 길이를 더한 범위로 한다.
③ 시험 실시 전에 시험 범위에 있는 스패터, 슬래그, 스케일, 기름 등의 부착물을 완전히 제거하여 깨끗하게 하고 시험면 및 결함 내에 잔류하는 용제, 수분 등을 충분히 건조시켜야 한다.
④ 침투탐상시험의 실시방법
  ㉠ 침투액은 시험제품의 시험부위 및 침투액의 종류에 따라 분무, 솔질 등의 방법을 적용하고 침투에 필요한 시간 동안 시험하는 부분의 표면을 침두액으로 적셔 둘 것
  ㉡ 침투처리 후 표면에 부착되어 있는 침투액은 마른 천으로 닦은 후 용제세정액을 소량 스며들게 한 천으로 완전히 닦아낼 것. 이 경우에 결함 속에 침투되어 있는 침투액을 유출시킬 만큼 많은 세정액을 사용하지 않아야 한다.
  ㉢ 잘 저어서 분산시킨 속건식 현상제를 분무상태로 시험면에 분무시켜 시험면 바탕의 소재가 희미하게 투시되어 보일 정도로 얇고 균일하게 도포할 것. 이 경우 분무노즐과 시험면의 거리는 약 300[mm]로 한다.
  ㉣ 현상제를 도포하고 10분이 경과한 후에 관찰할 것. 다만, 결함지시모양의 등급 분류 시 결함지시모양이 지나치게 확대되어 실제의 결함과 크게 다른 경우에는 현상여건을 감안하여 그 시간을 단축시킬 수 있다.
  ㉤ 고장력강판의 경우 용접 후 24시간이 경과한 후 시험을 실시할 것
⑤ **침투탐상시험결과의 판정기준**
  ㉠ **균열이 확인**된 경우에는 **불합격**으로 할 것
  ㉡ **선상 및 원형상의 결함크기가 4[mm]를 초과**할 경우에는 **불합격**으로 할 것
  ㉢ 2 이상의 결함지시모양이 동일선상에 연속해서 존재하고 그 상호간의 간격이 2[mm] 이하인 경우에는 상호간의 간격을 포함하여 연속된 하나의 결함지시모양으로 간주할 것. 다만, 결함지시모양 중 짧은 쪽의 길이가 2[mm] 이하이면서 결함지시모양 상호간의 간격 이하인 경우에는 독립된 결함지시모양으로 한다.
  ㉣ 결함지시모양이 존재하는 임의의 개소에 있어서 2,500[mm^2]의 사각형(한 변의 최대길이는 150[mm]로 한다) 내에 길이 **1[mm]를 초과**하는 결함지시모양의 길이의 합계가 **8[mm]를 초과**하는 경우에는 **불합격**으로 할 것

정답

- 균열이 확인된 경우에는 불합격으로 할 것
- 선상 및 원형상의 결함크기가 4[mm]를 초과할 경우에는 불합격으로 할 것
- 결함지시모양이 존재하는 임의의 개소에 있어서 2,500[mm^2]의 사각형(한 변의 최대길이는 150[mm]로 한다) 내에 길이 1[mm]를 초과하는 결함지시모양의 길이의 합계가 8[mm]를 초과하는 경우에는 불합격으로 할 것

19 다음 옥외저장탱크에 벤젠을 저장할 경우 탱크의 내용적[L]을 구하시오.

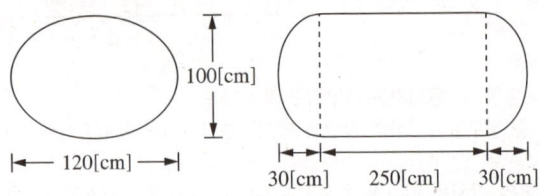

해설

탱크의 내용적

$$\text{내용적}(V) = \frac{\pi ab}{4}\left(l + \frac{l_1 + l_2}{3}\right)$$

여기서, $a = 1.2\,[\text{m}]$, $b = 1\,[\text{m}]$, $l = 2.5\,[\text{m}]$, $l_1 = l_2 = 0.3\,[\text{m}]$

∴ 내용적$(V) = \frac{\pi ab}{4}\left(l + \frac{l_1 + l_2}{3}\right) = \frac{\pi \times 1.2\,[\text{m}] \times 1\,[\text{m}]}{4} \times \left(2.5\,[\text{m}] + \frac{0.3\,[\text{m}] + 0.3\,[\text{m}]}{3}\right)$

$= 2.5434\,[\text{m}^3] = 2{,}543.4\,[\text{L}]$

$1\,[\text{m}^3] = 1{,}000\,[\text{L}]$

정답 2,543.4[L]

20 다음 소화설비의 적응성이 있으면 ○를 표시하시오.

소화설비의 구분			대상물의 구분			
			제1류 위험물	제2류 위험물	제3류 위험물	제4류 위험물
			알칼리금속의 과산화물 등	금속분	금수성물품	
옥내소화전 또는 옥외소화전설비						
스프링클러설비						△
물분무 등 소화설비	물분무소화설비					○
	포소화설비					○
	불활성 가스소화설비					
	할로젠화합물소화설비					
	분말 소화 설비	인산염류 등				
		탄산수소 염류 등				
		그 밖의 것				

해설

소화설비의 적응성(시행규칙 별표 17)

소화설비의 구분			대상물 구분										
			건축물·그 밖의 공작물	전기설비	제1류 위험물		제2류 위험물			제3류 위험물		제4류 위험물	제5류 위험물	제6류 위험물
					알칼리금속과 산화물 등	그 밖의 것	철분·금속분·마그네슘 등	인화성 고체	그 밖의 것	금수성 물품	그 밖의 것			
옥내소화전설비 또는 옥외소화전설비			○			○		○	○		○		○	○
스프링클러설비			○			○		○	○		○	△	○	○
물분무 등 소화설비	물분무소화설비		○	○		○		○	○		○	○	○	○
	포소화설비		○			○		○	○		○	○	○	○
	불활성 가스 소화설비			○				○				○		
	할로젠화합물 소화설비			○				○				○		
	분말 소화 설비	인산 염류 등	○	○		○		○	○			○		○
		탄산수소 염류 등		○	○		○	○		○		○		
		그 밖의 것			○		○			○				
대형·소형수동식소화기	봉상수(棒狀水)소화기		○			○		○	○		○		○	○
	무상수(霧狀水)소화기		○	○		○		○	○		○		○	○
	봉상강화액 소화기		○			○		○	○		○		○	○
	무상강화액 소화기		○	○		○		○	○		○	○	○	○
	포소화기		○			○		○	○		○	○	○	○
대형·소형수동식소화기	이산화탄소 소화기			○				○				○		△
	할로젠화합물 소화기			○				○				○		
	분말 소화 기	인산염류 소화기	○	○		○		○	○			○		○
		탄산수소염류 소화기		○	○		○	○		○		○		
		그 밖의 것			○		○			○				
기타	물통 또는 수조		○			○		○	○		○		○	○
	건조사				○	○	○	○	○	○	○	○	○	○
	팽창질석 또는 팽창진주암				○	○	○	○	○	○	○	○	○	○

비고 : "○" 표시는 해당 특정 소방대상물 및 위험물에 대하여 소화설비가 적응성이 있음을 표시하고, "△"표시는 제4류 위험물을 저장 또는 취급하는 장소의 살수기준 면적에 따라 스프링클러설비의 살수밀도가 규정된 표에 정하는 기준 이상인 경우에는 해당 스프링클러설비가 제4류 위험물에 대하여 적응성이 있음을, 제6류 위험물을 저장 또는 취급하는 장소로서 폭발의 위험이 없는 장소에 한하여 이산화탄소소화기가 제6류 위험물에 대하여 적응성이 있음을 각각 표시한다.

정답 소화설비의 적응성

소화설비의 구분			대상물의 구분			
			제1류 위험물	제2류 위험물	제3류 위험물	제4류 위험물
			알칼리금속의 과산화물 등	금속분	금수성물품	
옥내소화전 또는 옥외소화전설비						
스프링클러설비						△
물분무 등 소화설비	물분무소화설비					○
	포소화설비					○
	불활성 가스소화설비					○
	할로젠화합물소화설비					○
	분말 소화 설비	인산염류 등				○
		탄산수소염류 등	○	○	○	○
		그 밖의 것	○	○	○	

2017년 9월 9일 시행 과년도 기출복원문제

01 다음 물질에서 물과 반응하여 발생하는 가스의 위험도가 가장 큰 위험물이 물과 반응할 때 반응식과 발생하는 가스의 위험도를 구하시오.

탄화알루미늄, 트라이에틸알루미늄, 수소화칼륨, 탄화칼슘

해설

① 물과의 반응식
- 탄화알루미늄 : $Al_4C_3 + 12H_2O \rightarrow 4Al(OH)_3 + 3CH_4$
- 트라이에틸알루미늄 : $(C_2H_5)_3Al + 3H_2O \rightarrow Al(OH)_3 + 3C_2H_6$
- 수소화칼륨 : $KH + H_2O \rightarrow KOH + H_2$
- 탄화칼슘 : $CaC_2 + 2H_2O \rightarrow Ca(OH)_2 + C_2H_2$

② 연소범위

종류	CH_4	C_2H_6	H_2	C_2H_2
명칭	메테인	에테인	수소	아세틸렌
위험도	5.0~15[%]	3.0~12.4[%]	4.0~75[%]	2.5~81[%]

③ 위험도

$$위험도 = \frac{상한값 - 하한값}{하한값}$$

- 메테인의 위험도 $= \dfrac{상한값 - 하한값}{하한값} = \dfrac{15 - 5.0}{5.0} = 2.0$

- 에테인의 위험도 $= \dfrac{상한값 - 하한값}{하한값} = \dfrac{12.4 - 3.0}{3.0} = 3.13$

- 수소의 위험도 $= \dfrac{상한값 - 하한값}{하한값} = \dfrac{75 - 4.0}{4.0} = 17.75$

- 아세틸렌의 위험도 $= \dfrac{상한값 - 하한값}{하한값} = \dfrac{81 - 2.5}{2.5} = 31.4$

정답
- 반응식 : $CaC_2 + 2H_2O \rightarrow Ca(OH)_2 + C_2H_2$
- 위험도 : 31.4

02 다음 제4류 위험물의 동식물유류에서 건성유와 불건성유를 구분하시오.
들기름, 아마인유, 동유, 정어리기름, 올리브유, 피마자유, 동백유, 땅콩기름

해설

동식물유류
① 정의 : 동물의 지육(枝肉 : 머리, 내장, 다리를 잘라 내고 아직 부위별로 나누지 않은 고기를 말한다) 등 또는 식물의 종자나 과육으로부터 추출한 것으로서 1기압에서 인화점이 250[℃] 미만인 것
② 종류

구분 \ 항목	아이오딘값	반응성	불포화도	종류
건성유	130 이상	큼	큼	해바라기유, 동유, 아마인유, 정어리기름, 들기름
반건성유	100~130	중간	중간	채종유, 목화씨기름(면실유), 참기름, 콩기름
불건성유	100 이하	작음	작음	야자유, 올리브유, 피마자유, 동백유, 쇠기름, 돼지기름, 땅콩기름

정답
- 건성유 : 들기름, 아마인유, 동유, 정어리기름
- 불건성유 : 올리브유, 피마자유, 동백유, 땅콩기름

03 다음 피난설비에 대하여 물음에 답하시오.
㉮ 위험물을 취급하는 제조소 등에서 피난설비를 설치해야 하는 제조소 등은?
㉯ 위 제조소 등에 피난설비를 설치해야 하는 기준은?
㉰ 위 제조소 등에 설치해야 하는 피난설비를 하나 적으시오.

해설

제조소 등의 피난설비(시행규칙 별표 17)
① **주유취급소** 중 건축물의 2층 이상의 부분을 점포·휴게음식점 또는 전시장의 용도로 사용하는 것에 있어서는 해당 건축물의 2층 이상으로부터 주유취급소의 부지 밖으로 통하는 출입구와 해당 출입구로 통하는 통로·계단 및 출입구에 유도등을 설치해야 한다.
② **옥내주유취급소**에 있어서는 해당 사무소 등의 출입구 및 피난구와 해당 피난구로 통하는 통로·계단 및 출입구에 유도등을 설치해야 한다.
③ **유도등**에는 비상전원을 설치해야 한다.

정답
㉮ 주유취급소, 옥내주유취급소
㉯ 피난설비 설치기준
- 주유취급소 중 건축물의 2층 이상의 부분을 점포·휴게음식점 또는 전시장의 용도로 사용하는 것에 있어서는 해당 건축물의 2층 이상으로부터 주유취급소의 부지 밖으로 통하는 출입구와 해당 출입구로 통하는 통로·계단 및 출입구에 유도등을 설치해야 한다.
- 옥내주유취급소에 있어서는 해당 사무소 등의 출입구 및 피난구와 해당 피난구로 통하는 통로·계단 및 출입구에 유도등을 설치해야 한다.
- 유도등에는 비상전원을 설치해야 한다.

㉰ 유도등

04 제5류 위험물인 과산화벤조일과 나이트로글리세린의 구조식을 적으시오.

해설

구조식

종 류	과산화벤조일	나이트로글리세린
구조식	⌬-C(=O)-O-O-C(=O)-⌬	H-C(H)(ONO₂)-C(H)(ONO₂)-C(H)(H)(ONO₂)

정답
- 과산화벤조일

$$\text{C}_6\text{H}_5-\overset{O}{\underset{}{C}}-O-O-\overset{O}{\underset{}{C}}-\text{C}_6\text{H}_5$$

- 나이트로글리세린

$$\begin{array}{c} H\ \ H\ \ H \\ H-C-C-C-H \\ |\ \ \ |\ \ \ | \\ O\ \ O\ \ O \\ |\ \ \ |\ \ \ | \\ NO_2\ NO_2\ NO_2 \end{array}$$

05 위험물탱크안전성능검사의 대상이 되는 탱크의 검사 4가지를 적으시오.

해설

탱크안전성능검사의 대상이 되는 탱크

① **기초・지반검사** : 옥외탱크저장소의 액체위험물탱크 중 그 용량이 100만[L] 이상인 탱크
② **충수(充水)・수압검사** : 액체위험물을 저장 또는 취급하는 탱크

> [제외대상]
> - 제조소 또는 일반취급소에 설치된 탱크로서 용량이 지정수량 미만인 것
> - 고압가스안전관리법 제17조 제1항의 규정에 의한 특정설비에 관한 검사에 합격한 탱크
> - 산업안전보건법 제84조 제1항에 따른 안전인증을 받은 탱크

③ **용접부검사** : ①의 규정에 의한 탱크
④ **암반탱크검사** : 액체위험물을 저장 또는 취급하는 암반 내의 공간을 이용한 탱크

정답 기초・지반검사, 충수(充水)・수압검사, 용접부검사, 암반탱크검사

06

다음은 위험물의 저장·취급의 공통기준에 대한 설명이다. (　) 안에 적당한 말을 적으시오.

㉮ 위험물을 저장 또는 취급하는 건축물 그 밖의 공작물 또는 설비는 해당 위험물의 성질에 따라 (　) 또는 (　)를 실시해야 한다.
㉯ 가연성의 액체·증기 또는 가스가 새거나 체류할 우려가 있는 장소 또는 가연성의 미분이 현저하게 부유할 우려가 있는 장소에서는 전선과 전기기구를 완전히 접속하고 (　)을 발하는 기계·기구·공구·신발 등을 사용하지 않아야 한다.
㉰ 위험물을 (　) 중에 보존하는 경우에는 해당 위험물이 (　)으로부터 노출되지 않도록 해야 한다.

해설

저장·취급의 공통 기준(시행규칙 별표 18)

① 제조소 등에서 법 제6조 제1항의 규정에 의한 허가 및 법 제6조 제2항의 규정에 의한 신고와 관련되는 품명 외의 위험물 또는 이러한 허가 및 신고와 관련되는 수량 또는 지정수량의 배수를 초과하는 위험물을 저장 또는 취급하지 않아야 한다.
② 위험물을 저장 또는 취급하는 건축물 그 밖의 공작물 또는 설비는 해당 위험물의 성질에 따라 **차광** 또는 **환기**를 실시해야 한다.
③ 위험물은 온도계, 습도계, 압력계, 그 밖의 계기를 감시하여 해당 위험물의 성질에 맞는 적정한 온도, 습도 또는 압력을 유지하도록 저장 또는 취급해야 한다.
④ 위험물을 저장 또는 취급하는 경우에는 위험물의 변질, 이물의 혼입 등에 의하여 해당 위험물의 위험성이 증대되지 않도록 필요한 조치를 강구해야 한다.
⑤ 위험물이 남아 있거나 남아 있을 우려가 있는 설비, 기계·기구, 용기 등을 수리하는 경우에는 안전한 장소에서 위험물을 완전하게 제거한 후에 실시해야 한다.
⑥ 위험물을 용기에 수납하여 저장 또는 취급할 때에는 그 용기는 해당 위험물의 성질에 적응하고 파손·부식·균열 등이 없는 것으로 해야 한다.
⑦ 가연성의 액체·증기 또는 가스가 새거나 체류할 우려가 있는 장소 또는 가연성의 미분이 현저하게 부유할 우려가 있는 장소에서는 전선과 전기기구를 완전히 접속하고 **불꽃**을 발하는 기계·기구·공구·신발 등을 사용하지 않아야 한다.
⑧ 위험물을 **보호액** 중에 보존하는 경우에는 해당 위험물이 **보호액**으로부터 노출되지 않도록 해야 한다.

정답　㉮ 차광, 환기　　㉯ 불꽃
　　　　㉰ 보호액, 보호액

07

위험물제조소에 설치하는 배출설비는 국소방식으로 해야 하는데, 전역방식으로 할 수 있는 경우를 적으시오.

해설

전역방식으로 할 수 있는 경우(시행규칙 별표 4)
① 위험물취급설비가 배관이음 등으로만 된 경우
② 건축물의 구조·작업장소의 분포 등의 조건에 의하여 전역방식이 유효한 경우

정답
- 위험물취급설비가 배관이음 등으로만 된 경우
- 건축물의 구조·작업장소의 분포 등의 조건에 의하여 전역방식이 유효한 경우

08 안포(ANFO)폭약을 제조하는 원료인 제1류 위험물에 대하여 다음 물음에 답하시오.
㉮ 화학식
㉯ 고온으로 가열 시 분해반응식

해설
안포(Ammonium Nitrate Fuel Oil, ANFO)폭약
질산암모늄(NH_4NO_3) 94[%]에 경유 6[%]를 혼합한 것
① 고온(220[℃])으로 가열 시 분해반응식 : $NH_4NO_3 \rightarrow N_2O + 2H_2O$
② 폭발반응식 : $2NH_4NO_3 \rightarrow 2N_2 + 4H_2O + O_2$

정답 ㉮ NH_4NO_3
㉯ $NH_4NO_3 \rightarrow N_2O + 2H_2O$

09 위험물의 성질란에 규정된 성상을 2가지 이상 포함하는 물품을 복수성상물품이라 한다. 이 물품이 속하는 품명의 판단기준을 (   ) 안에 맞는 유별을 쓰시오.
㉮ 복수성상물품이 산화성 고체의 성상 및 가연성 고체의 성상을 가지는 경우 : (   )류 위험물
㉯ 복수성상물품이 산화성 고체의 성상 및 자기반응성 물질의 성상을 가지는 경우 : (   )류 위험물
㉰ 복수성상물품이 가연성 고체의 성상과 자연발화성 물질의 성상 및 금수성 물질의 성상을 가지는 경우 : (   )류 위험물
㉱ 복수성상물품이 자연발화성 물질의 성상, 금수성 물질의 성상 및 인화성 액체의 성상을 가지는 경우 : (   )류 위험물
㉲ 복수성상물품이 인화성 액체의 성상 및 자기반응성 물질의 성상을 가지는 경우 : (   )류 위험물

해설
성질란에 규정된 성상을 2가지 이상 포함하는 물품("복수성상물품"이라 한다)이 속하는 품명은 다음에 의한다.
① 복수성상물품이 **산화성 고체(제1류)**의 성상 및 **가연성 고체(제2류)**의 성상을 가지는 경우 : 제2류 제8호의 규정에 의한 품명
② 복수성상물품이 **산화성 고체(제1류)**의 성상 및 **자기반응성 물질(제5류)**의 성상을 가지는 경우 : 제5류 제11호의 규정에 의한 품명
③ 복수성상물품이 **가연성 고체(제2류)**의 성상과 **자연발화성 물질(제3류)**의 성상 및 **금수성 물질(제3류)**의 성상을 가지는 경우 : 제3류 제12호의 규정에 의한 품명
④ 복수성상물품이 **자연발화성 물질(제3류)**의 성상, **금수성 물질(제3류)**의 성상 및 인화성 액체(제4류)의 성상을 가지는 경우 : 제3류 제12호의 규정에 의한 품명
⑤ 복수성상물품이 **인화성 액체(제4류)**의 성상 및 **자기반응성 물질(제5류)**의 성상을 가지는 경우 : 제5류 제11호의 규정에 의한 품명

정답 ㉮ 제2류   ㉯ 제5류
㉰ 제3류   ㉱ 제3류
㉲ 제5류

10 제3류 위험물로서 원자량이 39.1이고, 무른 경금속으로 지정수량이 10[kg]인 위험물이 다음 물질과 반응할 때 반응식을 쓰시오.
㉮ 이산화탄소
㉯ 에틸알코올
㉰ 사염화탄소

해설

칼륨

① 물 성

화학식	지정수량	원자량	비 점	융 점	비 중	불꽃색상
K	10[kg]	39	774[℃]	63.7[℃]	0.86	보라색

② 반응식
- 연소반응 : $4K + O_2 \rightarrow 2K_2O$
- 물과 반응 : $2K + 2H_2O \rightarrow 2KOH + H_2 \uparrow$
- **이산화탄소와 반응** : $4K + 3CO_2 \rightarrow 2K_2CO_3 + C$
- 초산과 반응 : $2K + 2CH_3COOH \rightarrow 2CH_3COOK + H_2 \uparrow$
- 염산과 반응 : $2K + 2HCl \rightarrow 2KCl + H_2 \uparrow$
- **사염화탄소와 반응** : $4K + CCl_4 \rightarrow 4KCl + C$
- **에틸알코올과 반응** : $2K + 2C_2H_5OH \rightarrow 2C_2H_5OK + H_2$
  (칼륨에틸레이트)

정답
㉮ $4K + 3CO_2 \rightarrow 2K_2CO_3 + C$
㉯ $2K + 2C_2H_5OH \rightarrow 2C_2H_5OK + H_2$
㉰ $4K + CCl_4 \rightarrow 4KCl + C$

11

소화난이도등급 Ⅰ의 제조소 등에 설치해야 하는 소화설비를 적으시오.

제조소 등의 구분			소화설비
처마높이가 6[m] 이상인 단층건물 또는 다른 용도의 부분이 있는 건축물에 설치한 옥내저장소			㉮
옥외탱크 저장소	지중탱크 또는 해상탱크 외의 것	황만을 저장·취급하는 것	㉯
		인화점 70[℃] 이상의 제4류 위험물만을 저장·취급하는 것	㉰

해설
소화난이도등급 Ⅰ의 제조소 등에 설치해야 하는 소화설비

제조소 등의 구분			소화설비
옥내 저장소	처마높이가 **6[m] 이상**인 단층건물 또는 다른 용도의 부분이 있는 건축물에 설치한 옥내저장소		**스프링클러설비** 또는 **이동식 외의 물분무 등 소화설비**
	그 밖의 것		옥외소화전설비, 스프링클러설비, 이동식 외의 물분무 등 소화설비 또는 이동식 포소화설비(포소화전을 옥외에 설치하는 것에 한한다)
옥외탱크 저장소	지중탱크 또는 해상탱크 외의 것	**황만을 저장·취급하는 것**	**물분무소화설비**
		인화점 70[℃] 이상의 제4류 위험물만을 저장·취급하는 것	**물분무소화설비 또는 고정식 포소화설비**
		그 밖의 것	고정식 포소화설비 (포소화설비가 적응성이 없는 경우에는 분말소화설비)
	지중탱크		고정식 포소화설비, 이동식 이외의 불활성 가스소화설비 또는 이동식 이외의 할로젠화합물소화설비
	해상탱크		고정식 포소화설비, 물분무소화설비, 이동식 이외의 불활성 가스소화설비 또는 이동식 이외의 할로젠화합물소화설비

정답
㉮ 스프링클러설비 또는 이동식 외의 물분무 등 소화설비
㉯ 물분무소화설비
㉰ 물분무소화설비 또는 고정식 포소화설비

12 위험물제조소와 학교와의 거리가 20[m]로 위험물안전에 의한 안전거리를 충족할 수 없어서 방화상 유효한 담을 설치하고자 한다. 위험물제조소의 외벽높이 10[m], 학교의 높이 15[m]이며, 위험물제조소와 방화상 유효 담의 거리가 5[m]인 경우 방화상 유효한 담의 높이는?(단, 학교건축물은 방화구조이고 위험물제조소에 면한 부분의 개구부에 방화문이 설치되지 않았다)

해설

방화상 유효한 담의 높이

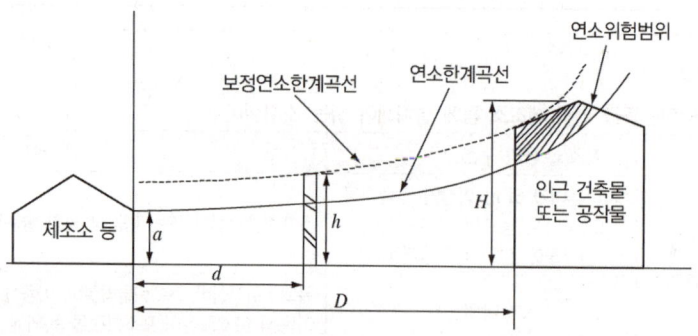

① $H \leq pD^2 + a$인 경우 $h = 2$
② $H > pD^2 + a$인 경우 $h = H - p(D^2 - d^2)$

여기서, D : 제조소 등과 인근 건축물 또는 공작물과의 거리[m]
H : 인근 건축물 또는 공작물의 높이[m]
a : 제조소 등의 외벽의 높이[m]
d : 제조소 등과 방화상 유효한 담과의 거리[m]
h : 방화상 유효한 담의 높이[m]
p : 상수

인근 건축물 또는 공작물의 구분	p 의 값
• 학교・주택・국가유산 등의 건축물 또는 공작물이 목조인 경우 • 학교・주택・국가유산 등의 건축물 또는 공작물이 방화구조 또는 내화구조이고, 제조소 등에 면한 부분의 개구부에 방화문이 설치되지 않은 경우	0.04
• 학교・주택・국가유산 등의 건축물 또는 공작물이 방화구조인 경우 • 학교・주택・국가유산 등의 건축물 또는 공작물이 방화구조 또는 내화구조이고, 제조소 등에 면한 부분의 개구부에 30분 방화문이 설치된 경우	0.15
학교・주택・국가유산 등의 건축물 또는 공작물이 내화구조이고, 제조소 등에 면한 개구부에 60분+ 방화문 또는 60분 방화문이 설치된 경우	∞

$H \leq pD^2 + a$인 경우 $h = 2$이므로, $15 < 0.04 \times 20^2 + 10$, $15 < 26$이다.
∴ 방화상 유효한 담의 높이 $h = 2$[m]이다.

정답 2[m]

13 이송취급소의 긴급차단밸브 허가 신청 시 첨부서류를 적으시오.

해설
이송취급소 허가 신청 시 첨부서류(시행규칙 별표 1)

구조 및 설비	첨부서류
긴급차단밸브 및 차단밸브	• 구조설명서(부대설비를 포함한다) • 기능설명서 • 강도에 관한 설명서 • 제어계통도 • 밸브의 종류·형식 및 재료에 관하여 기재한 서류
펌프	• 구조설명도 • 강도에 관한 설명서 • 용적식 펌프의 압력상승방지장치에 관한 설명서 • 고압패널·변압기 등 전기설비의 계통도(원동기를 움직이기 위한 전기설비에 한한다) • 종류·형식·용량·양정(펌프가 물을 퍼 올리는 높이)·회전수 및 상용·예비의 구별에 관하여 기재한 서류 • 실린더 등의 주요 규격 및 재료에 관하여 기재한 서류 • 원동기의 종류 및 출력에 관하여 기재한 서류 • 고압패널의 용량에 관하여 기재한 서류 • 변압기용량에 관하여 기재한 서류

정답
• 구조설명서(부대설비를 포함한다)
• 기능설명서
• 강도에 관한 설명서
• 제어계통도
• 밸브의 종류·형식 및 재료에 관하여 기재한 서류

14

뚜껑이 개방된 용기에 1[atm], 10[℃]의 공기가 있다. 이것을 400[℃]로 가열할 때 처음 공기량의 몇 [%]가 용기 밖으로 나오는가?

해설

샤를의 법칙 적용
$P_1 = P_2$, $V_1 = 1[L]$라고 가정하면,

$$\frac{V_1}{T_1} = \frac{V_2}{T_2}$$

$V_2 = V_1 \times \frac{T_2}{T_1} = 1[L] \times \frac{400 + 273[K]}{10 + 273[K]} = 2.378[L]$

$\Delta V = V_2 - V_1 = 2.378[L] - 1[L] = 1.378[L]$

$\therefore \frac{\Delta V}{V_2} = \frac{1.378[L]}{2.378[L]} \times 100 = 57.95[\%]$

정답 57.95[%]

15

포소화설비의 수동식 기동장치의 설치기준 3가지만 쓰시오.

해설

포소화설비의 수동식 기동장치의 설치기준(세부기준 제133조)

① 직접조작 또는 원격조작에 의하여 가압송수장치, 수동식개방밸브 및 포소화약제 혼합장치를 기동할 수 있을 것
② 2 이상의 방사구역을 갖는 포소화설비는 방사구역을 선택할 수 있는 구조로 할 것
③ 기동장치의 조작부는 화재 시 용이하게 접근이 가능하고 바닥면으로부터 0.8[m] 이상 1.5[m] 이하의 높이에 설치할 것
④ 기동장치의 조작부에는 유리 등에 의한 방호조치가 되어 있을 것
⑤ 기동장치의 조작부 및 호스접속구에는 직근의 보기 쉬운 장소에 각각 "기동장치의 조작부" 또는 "접속구"라고 표시할 것

정답
- 직접조작 또는 원격조작에 의하여 가압송수장치, 수동식개방밸브 및 포소화약제 혼합장치를 기동할 수 있을 것
- 2 이상의 방사구역을 갖는 포소화설비는 방사구역을 선택할 수 있는 구조로 할 것
- 기동장치의 조작부에는 유리 등에 의한 방호조치가 되어 있을 것

16 클리블랜드 개방식인화점측정기에 대한 설명으로 적당한 말을 쓰시오.

① 시험장소는 (㉮), 무풍의 장소로 할 것
② 원유 및 석유제품 인화점 시험방법(KS M 2010)에 의한 클리블랜드개방식 인화점측정기의 시료 컵의 표선(標線)까지 시험물품을 채우고 시험물품의 표면의 기포를 제거할 것
③ 시험불꽃을 점화하고 화염의 크기를 직경 (㉯)[mm]가 되도록 조정할 것
④ 시험물품의 온도가 60초간 (㉰)[℃]의 비율로 상승하도록 가열하고 설정온도보다 55[℃] 낮은 온도에 달하면 가열을 조절하여 설정온도보다 28[℃] 낮은 온도에서 60초간 (㉱)[℃]의 비율로 온도가 상승하도록 할 것
⑤ 시험물품의 온도가 설정온도보다 28[℃] 낮은 온도에 달하면 시험불꽃을 시료 컵의 중심을 횡단하여 일직선으로 (㉲)초간 통과시킬 것. 이 경우 시험불꽃의 중심을 시료 컵 위쪽 가장자리의 상방 (㉳)[mm] 이하에서 수평으로 움직여야 한다.
⑥ ⑤의 방법에 의하여 인화하지 않는 경우에는 시험물품의 온도가 2[℃] 상승할 때마다 시험불꽃을 시료 컵의 중심을 횡단하여 일직선으로 1초간 통과시키는 조작을 인화할 때까지 반복할 것
⑦ ⑥의 방법에 의하여 인화한 온도와 설정온도와의 차가 4[℃]를 초과하지 않는 경우에는 해당 온도를 인화점으로 할 것
⑧ ⑤의 방법에 의하여 인화한 경우 및 ⑥의 방법에 의하여 인화한 온도와 설정온도와의 차가 4[℃]를 초과하는 경우에는 ② 내지 ⑥과 같은 순서로 반복하여 실시할 것

해설
클리블랜드 개방식인화점측정기에 의한 인화점 측정시험
① 시험장소는 **1기압**, 무풍의 장소로 할 것
② 원유 및 석유제품 인화점 시험방법(KS M 2010)에 의한 클리블랜드개방식 인화점측정기의 시료 컵의 표선(標線)까지 시험물품을 채우고 시험물품의 표면의 기포를 제거할 것
③ 시험불꽃을 점화하고 화염의 크기를 직경 **4[mm]**가 되도록 조정할 것
④ 시험물품의 온도가 60초간 **14[℃]**의 비율로 상승하도록 가열하고 설정온도보다 55[℃] 낮은 온도에 달하면 가열을 조절하여 설정온도보다 28[℃] 낮은 온도에서 60초간 **5.5[℃]**의 비율로 온도가 상승하도록 할 것
⑤ 시험물품의 온도가 설정온도보다 28[℃] 낮은 온도에 달하면 시험불꽃을 시료 컵의 중심을 횡단하여 일직선으로 **1초간** 통과시킬 것. 이 경우 시험불꽃의 중심을 시료 컵 위쪽 가장자리의 상방 **2[mm]** 이하에서 수평으로 움직여야 한다.
⑥ ⑤의 방법에 의하여 인화하지 않는 경우에는 시험물품의 온도가 2[℃] 상승할 때마다 시험불꽃을 시료 컵의 중심을 횡단하여 일직선으로 1초간 통과시키는 조작을 인화할 때까지 반복할 것
⑦ ⑥의 방법에 의하여 인화한 온도와 설정온도와의 차가 4[℃]를 초과하지 않는 경우에는 해당 온도를 인화점으로 할 것
⑧ ⑤의 방법에 의하여 인화한 경우 및 ⑥의 방법에 의하여 인화한 온도와 설정온도와의 차가 4[℃]를 초과하는 경우에는 ② 내지 ⑥과 같은 순서로 반복하여 실시할 것

정답
㉮ 1기압 ㉯ 4
㉰ 14 ㉱ 5.5
㉲ 1 ㉳ 2

17 다음 불활성 기체소화약제의 구성원소와 성분비를 적으시오.

종류	IG-55	IG-100	IG-541
성분비	㉮	㉯	㉰

해설

불활성 기체소화약제

종류	IG-01	IG-55	IG-100	IG-541
성분비	Ar(100[%])	N_2(50[%]), Ar(50[%])	N_2(100[%])	N_2(52[%]), Ar(40[%]), CO_2(8[%])

정답
- ㉮ N_2(50[%]), Ar(50[%])
- ㉯ N_2(100[%])
- ㉰ N_2(52[%]), Ar(40[%]), CO_2(8[%])

18 할로젠화합물원소의 오존층 파괴지수인 ODP를 구하는 식을 쓰고 설명하시오.

해설

ODP와 GWP

① **오존파괴지수(Ozone Depletion Potential, ODP)** : 어떤 물질의 오존파괴능력을 상대적으로 나타내는 지표를 ODP(오존파괴지수)라 한다. 이 ODP는 기준물질로 CFC-11($CFCl_3$)의 ODP를 1로 정하고 상대적으로 어떤 물질의 대기권에서의 수명, 물질의 단위질량당 염소나 브로민 질량의 비, 활성염소와 브로민의 오존파괴능력 등을 고려하여 그 물질의 ODP가 정해지는데, 그 계산식은 다음과 같다.

$$ODP = \frac{\text{어떤 물질 1[kg]이 파괴하는 오존량}}{\text{CFC-11 1[kg]이 파괴하는 오존량}}$$

② **지구온난화지수(Global Warming Potential, GWP)** : 일정무게의 CO_2가 대기 중에 방출되어 지구온난화에 기여하는 정도를 1로 정하였을 때 같은 무게의 어떤 물질이 기여하는 정도를 GWP(지구온난화지수)로 나타내며, 다음 식으로 정의된다.

$$GWP = \frac{\text{어떤 물질 1[kg]이 기여하는 온난화 정도}}{CO_2 \text{ 1[kg]이 기여하는 온난화 정도}}$$

정답
- $ODP = \dfrac{\text{어떤 물질 1[kg]이 파괴하는 오존량}}{\text{CFC-11 1[kg]이 파괴하는 오존량}}$
- 어떤 물질의 오존파괴능력을 상대적으로 나타내는 지표를 ODP(오존파괴지수)라 한다. 이 ODP는 기준물질로 CFC-11($CFCl_3$)의 ODP를 1로 정하고 상대적으로 어떤 물질의 대기권에서의 수명, 물질의 단위질량당 염소나 브로민 질량의 비, 활성염소와 브로민의 오존파괴능력 등을 고려하여 그 물질의 ODP가 정해진다.

19

하이드록실아민 200[kg]을 취급하는 제조소에서 안전거리를 구하시오.

해설

하이드록실아민 등을 취급하는 제조소의 안전거리

$$D = 51.1 \times \sqrt[3]{N}\,[m]$$

여기서, N : 지정수량의 배수(하이드록실아민의 지정수량 : 100[kg], 지정수량의 배수 $= \dfrac{200[kg]}{100[kg]} = 2$)

∴ 안전거리 $D = 51.1 \times \sqrt[3]{N} = 51.1 \times \sqrt[3]{2} = 64.38\,[m]$

정답 64.38[m]

20

다음 주유취급소에 설치하는 표지 및 주의사항을 표시한 게시판에 대하여 답하시오.

표지 \ 항목	내용	문자의 색상	바탕의 색상
표지	㉮	흑색	㉯
게시판 표지	㉰	백색	㉱
게시판 표지	㉲	㉳	황색

해설

표지 및 게시판

표지 \ 항목	제조소 등의 구분	표지 및 게시판	문자의 색상	바탕의 색상
표지	주유취급소	위험물 주유취급소	흑색	백색
게시판 표지	제조소 등	화기엄금	백색	적색
게시판 표지	제조소 등	화기주의	백색	적색
게시판 표지	제조소 등	물기엄금	백색	청색
게시판 표지	주유취급소	주유 중 엔진정지	흑색	황색
게시판 표지	이동탱크저장소	위험물	황색 반사도료	흑색

정답
㉮ 위험물 주유취급소 ㉯ 백색
㉰ 화기엄금 ㉱ 적색
㉲ 주유 중 엔진정지 ㉳ 흑색

2018년 5월 26일 시행 과년도 기출복원문제

01 분자량 138.5, 비중 2.52, 융점 400[℃], 지정수량이 50[kg]인 제1류 위험물이다. 다음 물음에 답하시오.

㉮ 화학식
㉯ 분해반응식
㉰ 위의 위험물 운반 시 주의사항을 쓰시오.

해설
과염소산칼륨($KClO_4$)

① 물 성

화학식	품 명	지정수량	분자량	비 중	융 점	분해 온도
$KClO_4$	과염소산염류	50[kg]	138.5	2.52	400[℃]	400[℃]

② 무색무취의 사방정계 결정이다.
③ 물, 알코올, 에터에 녹지 않는다.
④ 탄소, 황, 유기물과 혼합하였을 때 가열, 마찰, 충격에 의하여 폭발한다.

> **Plus One** 과염소산칼륨의 분해반응식
> $KClO_4 \rightarrow KCl + 2O_2 \uparrow$

⑤ 운반 시 주의사항
  ㉠ 제1류 위험물
    • 알칼리금속의 과산화물(과산화칼륨, 과산화나트륨) : 화기・충격주의, 물기엄금, 가연물접촉주의
    • **그 밖의 것(과염소산칼륨) : 화기・충격주의, 가연물접촉주의**
  ㉡ 제2류 위험물
    • 철분・금속분・마그네슘 : 화기주의, 물기엄금
    • 인화성 고체 : 화기엄금
    • 그 밖의 것 : 화기주의
  ㉢ 제3류 위험물
    • 자연발화성 물질 : 화기엄금, 공기접촉엄금
    • 금수성 물질 : 물기엄금
  ㉣ 제4류 위험물 : 화기엄금
  ㉤ 제5류 위험물 : 화기엄금, 충격주의
  ㉥ 제6류 위험물 : 가연물접촉주의

정답
㉮ $KClO_4$
㉯ $KClO_4 \rightarrow KCl + 2O_2$
㉰ 화기・충격주의, 가연물접촉주의

02

트라이에틸알루미늄이 다음 각 물질과 반응할 때 반응식을 쓰시오.
㉮ 공기와 반응 ㉯ 물과 반응
㉰ 염산과 반응 ㉱ 에탄올과 반응

해설

트라이에틸알루미늄의 반응식
① **공기와 반응** : $2(C_2H_5)_3Al + 21O_2 \rightarrow Al_2O_3 + 15H_2O + 12CO_2$
② **물과 반응** : $(C_2H_5)_3Al + 3H_2O \rightarrow Al(OH)_3 + 3C_2H_6$
③ **염소와 반응** : $(C_2H_5)_3Al + 3Cl_2 \rightarrow AlCl_3 + 3C_2H_5Cl$
④ **메틸알코올과 반응** : $(C_2H_5)_3Al + 3CH_3OH \rightarrow Al(CH_3O)_3 + 3C_2H_6$
⑤ **에탄올과 반응** : $(C_2H_5)_3Al + 3C_2H_5OH \rightarrow Al(C_2H_5O)_3 + 3C_2H_6$
⑥ **염산과 반응** : $(C_2H_5)_3Al + 3HCl \rightarrow AlCl_3 + 3C_2H_6$

에탄올 = 에틸알코올 = C_2H_5OH

정답
㉮ $2(C_2H_5)_3Al + 21O_2 \rightarrow Al_2O_3 + 15H_2O + 12CO_2$
㉯ $(C_2H_5)_3Al + 3H_2O \rightarrow Al(OH)_3 + 3C_2H_6$
㉰ $(C_2H_5)_3Al + 3HCl \rightarrow AlCl_3 + 3C_2H_6$
㉱ $(C_2H_5)_3Al + 3C_2H_5OH \rightarrow Al(C_2H_5O)_3 + 3C_2H_6$

03

다음 위험물안전관리법령상 정의를 쓰시오.
㉮ 인화성 고체 ㉯ 제1석유류
㉰ 동식물유류

해설

① **황** : 순도가 60[wt%] 이상인 것을 말하며 순도측정을 하는 경우 불순물은 활석 등 불연성 물질과 수분으로 한정한다.
② **철분** : 철의 분말로서 53[μm]의 표준체를 통과하는 것이 50[wt%] 미만인 것은 제외한다.
③ **금속분** : 알칼리금속·알칼리토금속·철 및 마그네슘 외의 금속의 분말을 말하고, 구리분·니켈분 및 150[μm]의 체를 통과하는 것이 50[wt%] 미만인 것은 제외한다.
④ 마그네슘 및 제2류 제8호의 물품 중 마그네슘을 함유한 것에 있어서는 다음에 해당하는 것은 제외한다.
　㉠ 2[mm]의 체를 통과하지 않는 덩어리 상태의 것
　㉡ 지름 2[mm] 이상의 막대 모양의 것
⑤ **인화성 고체** : 고형알코올 그 밖에 1기압에서 인화점이 40[℃] 미만인 고체
⑥ **제1석유류** : 아세톤, 휘발유 그 밖에 1기압에서 인화점이 21[℃] 미만인 것
⑦ **동식물유류** : 동물의 지육(枝肉 : 머리, 내장, 다리를 잘라 내고 아직 부위별로 나누지 않은 고기를 말한다) 등 또는 식물의 종자나 과육으로부터 추출한 것으로서 1기압에서 인화점이 250[℃] 미만인 것

정답
㉮ 고형알코올 그 밖에 1기압에서 인화점이 40[℃] 미만인 고체
㉯ 아세톤, 휘발유 그 밖에 1기압에서 인화점이 21[℃] 미만인 것
㉰ 동물의 지육(枝肉 : 머리, 내장, 다리를 잘라 내고 아직 부위별로 나누지 않은 고기를 말한다) 등 또는 식물의 종자나 과육으로부터 추출한 것으로서 1기압에서 인화점이 250[℃] 미만인 것

04 특정옥외저장탱크의 용접방법을 쓰시오.
㉮ 옆판의 용접
㉯ 옆판과 애뉼러 판의 용접
㉰ 애뉼러 판과 애뉼러 판의 용접
㉱ 애뉼러 판과 밑판의 용접

해설
특정옥외저장탱크의 용접방법
① **옆판의 용접**은 다음에 의할 것
  ㉠ 세로이음 및 가로이음은 **완전용입 맞대기용접**으로 할 것
  ㉡ 옆판의 세로이음은 단을 달리하는 옆판의 각각의 세로이음과 동일선상에 위치하지 않도록 할 것. 이 경우 해당 세로이음 간의 간격은 서로 접히는 옆판 중 두꺼운 쪽 옆판의 두께의 5배 이상으로 해야 한다.
② **옆판과 애뉼러 판**(애뉼러 판이 없는 경우에는 밑판)**과의 용접**은 **부분용입그룹용접** 또는 이와 동등 이상의 용접강도가 있는 용접방법으로 용접할 것. 이 경우에 있어서 용접 비드(Bead)는 매끄러운 형상을 가져야 한다.
③ **애뉼러 판과 애뉼러 판은 뒷면에 재료를 댄 맞대기용접**으로 하고, **애뉼러 판과 밑판 및 밑판과 밑판의 용접**은 **뒷면에 재료를 댄 맞대기용접** 또는 **겹치기용접**으로 용접할 것. 이 경우에 애뉼러 판과 밑판의 용접부의 강도 및 밑판과 밑판의 용접부의 강도에 유해한 영향을 주는 홈이 있어서는 안 된다.
④ 필렛용접의 사이즈(부등사이즈가 되는 경우에는 작은 쪽의 사이즈를 말한다)는 다음 식에 의하여 구한 값으로 할 것

$$t_1 \geq S \geq \sqrt{2t_2} \text{ (단, } S \geq 4.5\text{)}$$

여기서, t_1 : 얇은 쪽의 강판의 두께[mm]
t_2 : 두꺼운 쪽의 강판의 두께[mm]
S : 사이즈[mm]

정답
㉮ 완전용입 맞대기용접
㉯ 부분용입그룹용접
㉰ 뒷면에 재료를 댄 맞대기용접
㉱ 뒷면에 재료를 댄 맞대기용접 또는 겹치기용접

05 다음 제3류 위험물의 반응식을 쓰시오.

㉮ 탄화칼슘
- 물과의 반응식
- 물과 반응 시 생성되는 가스의 완전 연소반응식

㉯ 탄화알루미늄
- 물과의 반응식
- 물과 반응 시 생성되는 가스의 완전 연소반응식

해설

제3류 위험물

① 탄화칼슘
  ㉠ 탄화칼슘(카바이드)은 물과 반응하면 수산화칼슘과 아세틸렌가스를 발생한다.

$$CaC_2 + 2H_2O \rightarrow \underset{(수산화칼슘)}{Ca(OH)_2} + \underset{(아세틸렌)}{C_2H_2} \uparrow$$

  ㉡ 발생된 아세틸렌가스는 산소와 반응하여 이산화탄소와 물을 발생한다.

$$2C_2H_2 + 5O_2 \rightarrow 4CO_2 + 2H_2O$$

  ㉢ 탄화칼슘이 질소와 반응하면 석회질소와 탄소를 발생한다.

$$CaC_2 + N_2 \rightarrow \underset{(석회질소)}{CaCN_2} + \underset{(탄소)}{C}$$

② 탄화알루미늄
  ㉠ 물과 반응하면 가연성의 메테인 가스를 발생한다.

$$Al_4C_3 + 12H_2O \rightarrow \underset{(수산화알루미늄)}{4Al(OH)_3} + \underset{(메테인)}{3CH_4} \uparrow$$

  ㉡ 발생된 메테인 가스는 산소와 반응하여 이산화탄소와 물을 발생한다.

$$CH_4 + 2O_2 \rightarrow CO_2 + 2H_2O$$

정답

㉮ 탄화칼슘
- 물과의 반응식
  $CaC_2 + 2H_2O \rightarrow Ca(OH)_2 + C_2H_2$
- 물과 반응 시 생성되는 가스의 완전 연소반응식
  $2C_2H_2 + 5O_2 \rightarrow 4CO_2 + 2H_2O$

㉯ 탄화알루미늄
- 물과의 반응식
  $Al_4C_3 + 12H_2O \rightarrow 4Al(OH)_3 + 3CH_4$
- 물과 반응 시 생성되는 가스의 완전 연소반응식
  $CH_4 + 2O_2 \rightarrow CO_2 + 2H_2O$

06 그림과 같은 위험물 탱크의 내용적은 몇 [m³]인가?(단위는 [m]이다)

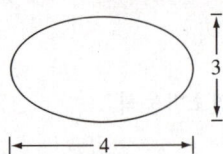 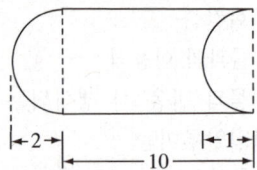

해설

탱크의 내용적

① **타원형 탱크의 내용적**
  ㉠ 양쪽이 볼록한 것

  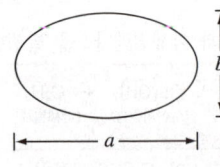 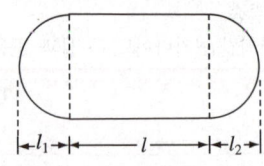

  내용적 $= \dfrac{\pi ab}{4}\left(l + \dfrac{l_1 + l_2}{3}\right)$

  ㉡ 한쪽은 볼록하고 다른 한쪽은 오목한 것

  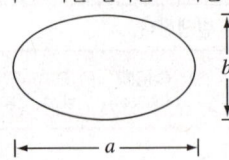 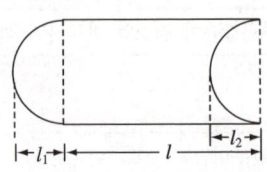

  내용적 $= \dfrac{\pi ab}{4}\left(l + \dfrac{l_1 - l_2}{3}\right)$

② **원통형 탱크의 내용적**
  ㉠ 가로로 설치한 것

  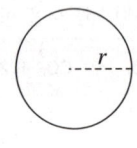 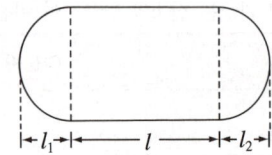

  내용적 $= \pi r^2 \left(l + \dfrac{l_1 + l_2}{3}\right)$

  ㉡ 세로로 설치한 것

  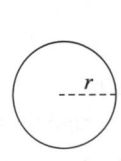 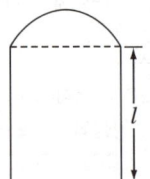

  내용적 $= \pi r^2 l$

∴ 내용적 $= \dfrac{\pi ab}{4}\left(l + \dfrac{l_1 - l_2}{3}\right) = \dfrac{\pi \times 4 \times 3}{4}\left(10 + \dfrac{2-1}{3}\right) = 97.39[\text{m}^3]$

정답 97.39[m³]

07 휘발유를 취급하는 설비에서 고정식 벽의 면적이 50[m²]이고 전체 둘레면적이 200[m²]일 때 용적식 국소방출방식의 소화약제 할론1301의 양[kg]은?(단, 방호구역의 체적은 600[m³])

해설
국소방출방식의 할로젠화합물소화설비

국소방출방식의 할로젠화합물소화설비는 ① 또는 ②에 의하여 산출된 양에 저장 또는 취급하는 위험물에 따라 별표 2(생략, 세부기준 별표 2)에 정한 소화약제에 따른 계수를 곱하고 다시 할론2402 또는 할론1211에 있어서는 1.1, 할론1301에 있어서는 1.25를 각각 곱한 양 이상으로 할 것

Plus One 별표 2의 계수
휘발유 사용 시 가스계소화설비의 계수는 전부 1.0이다.

① 면적식의 국소방출방식
액체 위험물을 상부를 개방한 용기에 저장하는 경우 등 화재 시 연소면이 한 면에 한정되고 위험물이 비산할 우려가 없는 경우에는 방호대상물의 표면적 1[m²]당 할론2402에 있어서는 8.8[kg], 할론1211에 있어서는 7.6[kg], 할론1301에 있어서는 6.8[kg]의 비율로 계산한 양

약제의 종별	약제량
할론2402	방호대상물의 표면적[m²] × 8.8[kg/m²] × 1.1 × 계수
할론1211	방호대상물의 표면적[m²] × 7.6[kg/m²] × 1.1 × 계수
할론1301	방호대상물의 표면적[m²] × 6.8[kg/m²] × 1.25 × 계수

② 용적식의 국소방출방식
①의 경우 외의 경우에는 다음 식에 의하여 구해진 양에 방호공간의 체적을 곱한 양

$$Q = X - Y\frac{a}{A}$$

여기서, Q : 단위체적당 소화약제의 양[kg/m³]
a : 방호대상물 주위에 실제로 설치된 고정벽의 면적의 합계[m²]
A : 방호공간 전체둘레의 면적[m²]
X 및 Y : 다음 표에 정한 소화약제의 종류에 따른 수치

약제의 종별	X의 수치	Y의 수치
할론2402	5.2	3.9
할론1211	4.4	3.3
할론1301	**4.0**	**3.0**

약제의 종별	약제량
할론2402	$Q = \left(X - Y\frac{a}{A}\right) \times 1.1 \times$ 계수
할론1211	$Q = \left(X - Y\frac{a}{A}\right) \times 1.1 \times$ 계수
할론1301	$Q = \left(X - Y\frac{a}{A}\right) \times 1.25 \times$ **계수**

∴ $Q = \left(X - Y\frac{a}{A}\right) \times 1.25 \times$ 계수 $= \left(4 - 3 \times \frac{50}{200}\right) \times 1.25 \times 1.0 = 4.0625$[kg/m³]

약제저장량을 구하면 600[m³] × 4.0625[kg/m³] = 2,437.50[kg]

정답 2,437.50[kg]

08

주유취급소의 특례기준에서 셀프용 고정주유설비, 고정급유설비의 설치기준에 대하여 완성하시오.

㉮ 고정주유설비 중 휘발유의 1회 연속 주유량의 상한[L]
㉯ 고정주유설비 중 경유의 1회 연속 주유량의 상한[L]
㉰ 고정주유설비 중 휘발유의 1회 주유상한시간[분]
㉱ 고정급유설비의 1회 연속 급유량의 상한[L]
㉲ 고정급유설비의 급유상한시간[분]

해설
셀프용 설비의 기준(시행규칙 별표 13)

① 셀프용 고정주유설비의 기준
  ㉠ 주유호스의 끝부분에 수동개폐장치를 부착한 주유노즐을 설치할 것. 다만, 수동개폐장치를 개방한 상태로 고정시키는 장치가 부착된 경우에는 다음의 기준에 적합해야 한다.
    • 주유작업을 개시함에 있어서 주유노즐의 수동개폐장치가 개방상태에 있는 때에는 해당 수동개폐장치를 일단 폐쇄시켜야만 다시 주유를 개시할 수 있는 구조로 할 것
    • 주유노즐이 자동차 등의 주유구로부터 이탈된 경우 주유를 자동적으로 정지시키는 구조일 것
  ㉡ 주유노즐은 자동차 등의 연료탱크가 가득 찬 경우 자동적으로 정지시키는 구조일 것
  ㉢ **주유호스는 200[kg중] 이하**의 하중에 의하여 깨져 분리되거나 이탈되어야 하고, 깨져 분리되거나 이탈된 부분으로부터의 위험물 누출을 방지할 수 있는 구조일 것
  ㉣ 휘발유와 경유 상호 간의 오인에 의한 주유를 방지할 수 있는 구조일 것
  ㉤ **1회의 연속 주유량** 및 주유시간의 상한을 미리 설정할 수 있는 구조일 것

종 류	연속주유량	주유시간
휘발유	100[L] 이하	4분 이하
경유	600[L] 이하	12분 이하

② 셀프용 고정급유설비의 기준
  ㉠ 급유호스의 끝부분에 수동개폐장치를 부착한 급유노즐을 설치할 것
  ㉡ 급유노즐은 용기가 가득 찬 경우에 자동적으로 정지시키는 구조일 것
  ㉢ 1회의 연속 급유량 및 급유시간의 상한을 미리 설정할 수 있는 구조일 것. 이 경우 **급유량의 상한**은 100[L] 이하, **급유시간의 상한은 6분 이하**로 한다.

정답
㉮ 100[L] 이하
㉯ 600[L] 이하
㉰ 4분 이하
㉱ 100[L] 이하
㉲ 6분 이하

09

지하저장탱크에 위험물을 주입할 때 과충전에 따른 위험물의 누출을 방지하기 위해 과충전방지장치를 설치하는 방법을 쓰시오.

해설

과충전방지장치(시행규칙 별표 8)

지하저장탱크에 위험물을 주입할 때 과충전에 따른 위험물의 누출을 방지하기 위해 과충전방지장치로 다음 방법 중 하나를 선택하여 설치해야 한다.
① 탱크용량을 초과하는 위험물이 주입될 때 자동으로 그 주입구를 폐쇄하거나 위험물의 공급을 자동으로 차단하는 방법
② 탱크용량의 90[%]가 찰 때 경보음을 울리는 방법

정답
- 탱크용량을 초과하는 위험물이 주입될 때 자동으로 그 주입구를 폐쇄하거나 위험물의 공급을 자동으로 차단하는 방법
- 탱크용량의 90[%]가 찰 때 경보음을 울리는 방법

10

경유 120,000[L]를 저장하고자 옥외탱크저장소를 해상탱크에 설치할 경우 소화난이도등급 I 에 해당하는 소화설비 3가지를 쓰시오.

해설

소화난이도등급 I 의 제조소 등에 설치해야 하는 소화설비

제조소 등의 구분			소화설비
옥외탱크 저장소	지중탱크 또는 해상탱크 외의 것	황만을 저장·취급하는 것	물분무소화설비
		인화점 70[℃] 이상의 제4류 위험물만을 저장·취급하는 것	물분무소화설비 또는 고정식 포소화설비
		그 밖의 것	고정식 포소화설비(포소화설비가 적응성이 없는 경우에는 분말 소화설비)
	지중탱크		고정식 포소화설비, 이동식 이외의 불활성 가스소화설비 또는 이동식 이외의 할로젠화합물소화설비
	해상탱크		고정식 포소화설비, 물분무소화설비, 이동식 이외의 불활성 가스소화설비 또는 이동식 이외의 할로젠화합물소화설비

정답
- 고정식 포소화설비
- 물분무소화설비
- 이동식 이외의 불활성 가스소화설비

11 가연성 증기가 체류할 우려가 있는 위험물 제조소 건축물에 배출설비를 설치하고자 할 때 배출능력은 몇 [m³/h] 이상이어야 하는가?(단, 전역방식이 아닌 경우이고 배출장소의 크기는 가로 8[m], 세로 6[m], 높이 4[m]이다)

해설

제조소의 배출설비

① 설치 장소 : 가연성 증기 또는 미분이 체류할 우려가 있는 건축물
② 배출설비 : 국소방식
③ 배출설비는 배풍기(오염된 공기를 뽑아내는 통풍기), 배출덕트(공기배출통로), 후드 등을 이용하여 강제적으로 배출하는 것으로 할 것
④ 배출능력은 1시간당 배출장소 용적의 **20배 이상**인 것으로 할 것(전역방식 : 바닥면적 1[m²]당 18[m³] 이상)
⑤ 급기구는 높은 곳에 설치하고 가는 눈의 구리망 등으로 인화방지망을 설치할 것
⑥ 배출구는 지상 2[m] 이상으로서 연소 우려가 없는 장소에 설치하고 화재 시 자동으로 폐쇄되는 방화댐퍼(화재 시 연기 등을 차단하는 장치)를 설치할 것
⑦ 배풍기 : 강제배기방식

∴ 배출장소의 용적을 구하면 용적 = 8[m] × 6[m] × 4[m] = 192[m³]
배출능력은 1시간당 배출장소 용적의 20배 이상인 것으로 할 것
배출능력 = 192[m³] × 20[배/h] = 3,840[m³/h]

정답 3,840[m³/h] 이상

---

12 다음 제2류 위험물의 인화성 고체에 대하여 다음 물음에 답하시오.

㉮ 운반용기의 외부표시 주의사항
㉯ 유별을 달리하는 위험물을 동일한 저장소에 저장할 수 없는데 1[m] 이상의 간격을 두고 저장할 수 있다. 인화성 고체와 같이 저장할 수 있는 다른 류의 위험물을 있는 대로 쓰시오(단, 없으면 "없음"이라고 쓰시오).

해설

① 운반용기의 주의사항
  ㉠ 제1류 위험물
    • 알칼리금속의 과산화물 : 화기·충격주의, 물기엄금, 가연물접촉주의
    • 그 밖의 것 : 화기·충격주의, 가연물접촉주의
  ㉡ 제2류 위험물
    • 철분·금속분·마그네슘 : 화기주의, 물기엄금
    • **인화성 고체 : 화기엄금**
    • 그 밖의 것 : 화기주의
  ㉢ 제3류 위험물
    • 자연발화성 물질 : 화기엄금, 공기접촉엄금
    • 금수성 물질 : 물기엄금
  ㉣ 제4류 위험물 : 화기엄금
  ㉤ 제5류 위험물 : 화기엄금, 충격주의
  ㉥ 제6류 위험물 : 가연물접촉주의

② 옥내저장소 또는 옥외저장소에 저장하는 경우
유별을 달리하는 위험물은 동일한 저장소에 저장하지 않아야 한다. 다만, 옥내저장소 또는 옥외저장소에 있어서 다음의 규정에 의한 위험물을 저장하는 경우로서 위험물을 유별로 정리하여 저장하는 한편, 서로 1[m] 이상의 간격을 두는 경우에는 그렇지 않다.
㉠ 제1류 위험물(알칼리금속의 과산화물 또는 이를 함유한 것을 제외)과 제5류 위험물을 저장하는 경우
㉡ 제1류 위험물과 제6류 위험물을 저장하는 경우
㉢ 제1류 위험물과 제3류 위험물 중 자연발화성 물질(황린 또는 이를 함유한 것에 한한다)을 저장하는 경우
㉣ **제2류 위험물 중 인화성 고체와 제4류 위험물을 저장하는 경우**
㉤ 제3류 위험물 중 알킬알루미늄 등과 제4류 위험물(알킬알루미늄 또는 알킬리튬을 함유한 것에 한한다)을 저장하는 경우
㉥ 제4류 위험물 중 유기과산화물 또는 이를 함유하는 것과 제5류 위험물 중 유기과산화물 또는 이를 함유한 것을 저장하는 경우

정답 ㉮ 화기엄금   ㉯ 제4류 위험물

13

아세트알데하이드를 저장탱크에 저장하고자 할 때 알맞은 온도[℃]를 쓰시오.
㉮ 보냉장치가 있는 이동탱크에 저장하는 경우
㉯ 보냉장치가 없는 이동탱크에 저장하는 경우
㉰ 옥외저장탱크 중 압력탱크 외의 탱크에 저장하는 경우
㉱ 옥내저장탱크 중 압력탱크 외의 탱크에 저장하는 경우
㉲ 지하저장탱크 중 압력탱크 외의 탱크에 저장하는 경우
㉳ 옥내저장탱크, 옥외저장탱크 중 압력탱크에 저장하는 경우

해설
위험물의 저장기준(시행규칙 별표 18)
① 옥외저장탱크·옥내저장탱크 또는 지하저장탱크 중 **압력탱크 외의 탱크에 저장**하는 다이에틸에터 등 또는 아세트알데하이드 등의 온도는 산화프로필렌과 이를 함유한 것 또는 다이에틸에터 등에 있어서는 30[℃] 이하로, **아세트알데하이드 또는 이를 함유한 것에 있어서는 15[℃] 이하**로 각각 유지할 것
② 옥외저장탱크·옥내저장탱크 또는 지하저장탱크 중 **압력탱크에 저장**하는 아세트알데하이드 등 또는 **다이에틸에터 등의 온도는 40[℃] 이하**로 유지할 것
③ **보냉장치가 있는 이동저장탱크**에 저장하는 아세트알데하이드 등 또는 다이에틸에터 등의 온도는 해당 위험물의 **비점 이하**로 유지할 것
④ **보냉장치가 없는 이동저장탱크**에 저장하는 아세트알데하이드 등 또는 다이에틸에터 등의 온도는 **40[℃] 이하**로 유지할 것

정답 ㉮ 비점 이하   ㉯ 40[℃] 이하
       ㉰ 15[℃] 이하   ㉱ 15[℃] 이하
       ㉲ 15[℃] 이하   ㉳ 40[℃] 이하

14 위험물의 성질란에 규정된 성상을 2가지 이상 포함하는 물품을 복수성상물품이라 한다. 이 물품이 속하는 품명의 판단기준을 ( ) 안에 맞는 유별을 쓰시오.

㉮ 복수성상물품이 산화성 고체의 성상 및 가연성 고체의 성상을 가지는 경우 : ( )류 위험물
㉯ 복수성상물품이 산화성 고체의 성상 및 자기반응성 물질의 성상을 가지는 경우 : ( )류 위험물
㉰ 복수성상물품이 가연성 고체의 성상과 자연발화성 물질의 성상 및 금수성 물질의 성상을 가지는 경우 : ( )류 위험물
㉱ 복수성상물품이 자연발화성 물질의 성상, 금수성 물질의 성상 및 인화성 액체의 성상을 가지는 경우 : ( )류 위험물
㉲ 복수성상물품이 인화성 액체의 성상 및 자기반응성 물질의 성상을 가지는 경우 : ( )류 위험물

해설

성질란에 규정된 성상을 2가지 이상 포함하는 물품(복수성상물품)이 속하는 품명은 다음에 의한다.
① 복수성상물품이 **산화성 고체(제1류)**의 성상 및 **가연성 고체(제2류)**의 성상을 가지는 경우 : **제2류** 제8호의 규정에 의한 품명
② 복수성상물품이 **산화성 고체(제1류)**의 성상 및 **자기반응성 물질(제5류)**의 성상을 가지는 경우 : **제5류** 제11호의 규정에 의한 품명
③ 복수성상물품이 **가연성 고체(제2류)**의 성상과 **자연발화성 물질(제3류)**의 성상 및 **금수성 물질(제3류)**의 성상을 가지는 경우 : **제3류** 제12호의 규정에 의한 품명
④ 복수성상물품이 **자연발화성 물질(제3류)**의 성상, **금수성 물질(제3류)**의 성상 및 **인화성 액체(제4류)**의 성상을 가지는 경우 : **제3류** 제12호의 규정에 의한 품명
⑤ 복수성상물품이 **인화성 액체(제4류)**의 성상 및 **자기반응성 물질(제5류)**의 성상을 가지는 경우 : **제5류** 제11호의 규정에 의한 품명

정답 ㉮ 제2류 ㉯ 제5류
㉰ 제3류 ㉱ 제3류
㉲ 제5류

15 다음 제6류 위험물에 대하여 답하시오.
㉮ 과산화수소의 분해반응식을 쓰시오.
㉯ 질산의 분해반응식을 쓰시오.
㉰ 할로젠간화합물의 화학식을 3개 쓰시오.

해설

제6류 위험물

① 과산화수소의 분해반응식

$$2H_2O_2 \xrightarrow{MnO_2} 2H_2O + O_2 \uparrow$$

② 질산의 분해반응식

$$4HNO_3 \rightarrow 2H_2O + 4NO_2 \uparrow + O_2 \uparrow$$

③ 할로젠간화합물

종 류	화학식	비 점	융 점
트라이플루오로브로민	BrF_3	125[℃]	8.77[℃]
펜타플루오로브로민	BrF_5	40.8[℃]	-60.5[℃]
펜타플루오로아이오다이드	IF_5	100.5[℃]	9.43[℃]

정답
㉮ $2H_2O_2 \rightarrow 2H_2O + O_2$
㉯ $4HNO_3 \rightarrow 2H_2O + 4NO_2 + O_2$
㉰ BrF_3, BrF_5, IF_5

16

제4류 위험물인 다이에틸에터에 대하여 다음 물음에 답하시오.
㉮ 구조식
㉯ 인화점, 비점
㉰ 공기 중 장시간 노출 시 생성물질과 검출방법
㉱ 2,550[L]일 때 옥내저장소의 보유공지(내화구조이다)

해설

다이에틸에터(Di Ethyl Ether, 에터)

① 물 성

화학식	분자량	비 중	비 점	인화점	착화점	증기비중	연소범위
$C_2H_5OC_2H_5$	74.12	0.7	34[℃]	-40[℃]	180℃	2.55	1.7~48.0[%]

② 휘발성이 강한 무색투명한 특유의 향이 있는 액체이다.
③ **물에 약간 녹고**, 알코올에 잘 녹으며 발생된 증기는 **마취성**이 있다.
④ 공기와 장기간 접촉하면 **과산화물**이 생성되므로 **갈색병**에 저장해야 한다.

- 에터의 일반식 : R-O-R′(R : 알킬기)
- 에터의 구조식 :

$$\begin{array}{c} H\ H\ \ \ \ H\ H \\ |\ \ |\ \ \ \ \ \ |\ \ | \\ H-C-C-O-C-C-H \\ |\ \ |\ \ \ \ \ \ |\ \ | \\ H\ H\ \ \ \ H\ H \end{array}$$

- 과산화물 생성 방지 : 40[mesh]의 구리망을 넣어 준다.
- 과산화물 검출시약 : 10[%] 아이오딘화칼륨(KI)용액(검출 시 황색)
- 과산화물 제거시약 : 황산제일철 또는 환원철

⑤ 옥내저장소에 저장 시 보유공지

저장 또는 취급하는 위험물의 최대수량	공지의 너비	
	벽·기둥 및 바닥이 내화구조로 된 건축물	그 밖의 건축물
지정수량의 5배 이하	-	0.5[m] 이상
지정수량의 5배 초과 10배 이하	1[m] 이상	1.5[m] 이상
지정수량의 10배 초과 20배 이하	2[m] 이상	3[m] 이상
지정수량의 20배 초과 50배 이하	3[m] 이상	5[m] 이상
지정수량의 50배 초과 200배 이하	5[m] 이상	10[m] 이상
지정수량의 200배 초과	10[m] 이상	15[m] 이상

지정수량의 배수를 결정하면 다이에틸에터는 제4류 위험물의 특수인화물이므로 지정수량은 50[L]이다.

∴ 지정수량의 배수 = $\dfrac{2,550[L]}{50[L]}$ = 51배

⇒ 표에서 **지정수량의 50배 초과 200배 이하**에 속하므로 보유공지는 **5[m] 이상**이다.

정답

㉮
$$\begin{array}{c} H\ H\ \ \ \ H\ H \\ |\ \ |\ \ \ \ \ \ |\ \ | \\ H-C-C-O-C-C-H \\ |\ \ |\ \ \ \ \ \ |\ \ | \\ H\ H\ \ \ \ H\ H \end{array}$$

㉯ 인화점 : -40[℃], 비점 : 34[℃]
㉰ 생성물질 : 과산화물
  검출방법 : 10[%] 아이오딘화칼륨(KI)용액을 주입하면 과산화물 검출 시 황색이 된다.
㉱ 5[m] 이상

17 위험물안전관리법령상 예방규정을 정해야 하는 제조소 등의 기준을 5가지만 쓰시오.

해설

관계인이 예방규정을 정해야 하는 제조소 등(시행령 제15조)
① 지정수량의 **10배 이상**의 위험물을 취급하는 **제조소**
② 지정수량의 **100배 이상**의 위험물을 저장하는 **옥외저장소**
③ 지정수량의 **150배 이상**의 위험물을 저장하는 **옥내저장소**
④ 지정수량의 **200배 이상**의 위험물을 저장하는 **옥외탱크저장소**
⑤ **암반탱크저장소**
⑥ **이송취급소**
⑦ 지정수량의 **10배 이상**의 위험물을 취급하는 **일반취급소**. 다만, 제4류 위험물(특수인화물은 제외한다)만을 지정수량의 50배 이하로 취급하는 일반취급소(제1석유류·알코올류의 취급량이 지정수량의 10배 이하인 경우에 한한다)로서 다음의 어느 하나에 해당하는 것을 제외한다.
　㉠ 보일러·버너 또는 이와 비슷한 것으로서 위험물을 소비하는 장치로 이루어진 일반취급소
　㉡ 위험물을 용기에 옮겨 담거나 차량에 고정된 탱크에 주입하는 일반취급소

정답
- 지정수량의 10배 이상의 위험물을 취급하는 제조소
- 지정수량의 100배 이상의 위험물을 저장하는 옥외저장소
- 지정수량의 150배 이상의 위험물을 저장하는 옥내저장소
- 지정수량의 200배 이상의 위험물을 저장하는 옥외탱크저장소
- 암반탱크저장소

18 454[g]의 나이트로글리세린이 완전연소(분해)할 때 생성되는 기체의 부피가 200[℃], 1기압에서 몇 [L]인지 계산하시오.

해설

① 나이트로글리세린의 분해반응식

$$4C_3H_5(ONO_2)_3 \rightarrow 12CO_2 + 10H_2O + 6N_2 + O_2$$

　　4 × 227[g] 　　　　29[mol](= 12 + 10 + 6 + 1)
　　454[g] 　　　　　　 x

$$\therefore x = \frac{454[g] \times 29[g-mol]}{4 \times 227[g]} = 14.5[g-mol]$$

② 이상기체 상태방정식을 이용하여 부피를 구하면

$$PV = nRT = \frac{W}{M}RT \qquad V = \frac{nRT}{P}$$

여기서, P : 압력(1[atm])　　V : 부피[L]　　n : mol수(14.5[g-mol])
　　　　R : 기체상수(0.08205[L·atm/g-mol·K])
　　　　T : 절대온도(273 + 200[℃] = 473[K])

$$\therefore V = \frac{nRT}{P} = \frac{14.5 \times 0.08205 \times (200+273)}{1} = 562.74[L]$$

정답 562.74[L]

19 다음 위험물 중 차광성이 있는 피복으로 가려야 하거나 방수성이 있는 피복으로 덮어야 하는 위험물을 아래에서 번호를 골라 적으시오.

㉠ K_2O_2	㉡ H_2O_2	㉢ CH_3COOH
㉣ K	㉤ P_2S_5	㉥ CH_3CHO
㉦ CH_3COCH_3	㉧ $C_6H_5NO_2$	㉨ Mg

㉮ 차광성이 있는 피복으로 가려야 하는 위험물
㉯ 방수성이 있는 피복으로 덮어야 하는 위험물

해설
적재하는 위험물의 조치
① **차광성**이 있는 **피복**으로 가려야 하는 위험물
  ㉠ 제1류 위험물
  ㉡ 제3류 위험물 중 자연발화성 물질
  ㉢ 제4류 위험물 중 특수인화물
  ㉣ 제5류 위험물
  ㉤ 제6류 위험물
② **방수성**이 있는 **피복**으로 덮어야 하는 위험물
  ㉠ 제1류 위험물 중 알칼리금속의 과산화물(K_2O_2, Na_2O_2)
  ㉡ 제2류 위험물 중 철분, 금속분, 마그네슘
  ㉢ 제3류 위험물 중 금수성 물질

화학식	명 칭	유별(품명)	차광성으로 피복	방수성으로 피복
K_2O_2	과산화칼륨	제1류 위험물 (무기과산화물)	○	○
H_2O_2	과산화수소	제6류 위험물	○	×
CH_3COOH	초 산	제4류 위험물 (제2석유류)	×	×
K	칼 륨	제3류 위험물	×	○
P_2S_5	오황화인	제2류 위험물 (황화인)	×	×
CH_3CHO	아세트알데하이드	제4류 위험물 (특수인화물)	○	×
CH_3COCH_3	아세톤	제4류 위험물 (제1석유류)	×	×
$C_6H_5NO_2$	나이트로벤젠	제4류 위험물 (제3석유류)	×	×
Mg	마그네슘	제2류 위험물	×	○

※ 제3류 위험물 중 자연발화성 물질 : 황린, 알킬알루미늄, 알킬리튬

정답 ㉮ ㉠, ㉡, ㉥
  ㉯ ㉠, ㉣, ㉨

20 과염소산(비중 1.76, 300[L]), 과산화수소(비중 1.46, 1,200[L]), 질산(비중 1.51, 600[L])을 옥내저장소에 저장하려고 한다. 옥내저장소에 저장하는 위험물의 지정수량의 배수를 구하시오.

해설
지정수량의 배수
① 지정수량의 배수

$$지정수량의\ 배수 = \frac{저장(취급)량}{지정수량} + \frac{저장(취급)량}{지정수량} + \cdots$$

② 비중이 1.76이면 밀도 1.76[g/cm³] = 1.76[g/mL] = 1.76[kg/L]이다. 무게로 환산하면

$$\rho = \frac{W(무게)}{V(부피)}$$

㉠ 과염소산의 무게 = 1.76[kg/L] × 300[L] = 528[kg]
㉡ 과산화수소의 무게 = 1.46[kg/L] × 1,200[L] = 1,752[kg]
㉢ 질산의 무게 = 1.51[kg/L] × 600[L] = 906[kg]

③ 지정수량

품 명	과염소산	과산화수소	질 산
지정수량	300[kg]	300[kg]	300[kg]

∴ 지정수량의 배수 = $\frac{528[kg]}{300[kg]} + \frac{1,752[kg]}{300[kg]} + \frac{906[kg]}{300[kg]}$ = 10.62배

정답 10.62배

2018년 8월 25일 시행
과년도 기출복원문제

01
다음에 제시된 연소현상의 정의와 발생 원인에 대하여 설명하시오.
㉮ 리프팅
㉯ 역 화

해설
연소의 이상 현상
① **선화(Lifting)** : 연료가스의 분출속도가 연소속도보다 빠를 때 불꽃이 버너의 노즐에서 떨어져 나가서 연소하는 현상으로 완전연소가 이루어지지 않으며 역화의 반대 현상이다.
② **역화(Back Fire)** : 연료가스의 분출속도가 연소속도보다 느릴 때 불꽃이 연소기의 내부로 들어가 혼합 관 속에서 연소하는 현상

> **역화의 원인**
> • 버너가 과열될 때
> • 혼합가스량이 너무 적을 때
> • 연료의 분출속도가 연소속도보다 느릴 때
> • 가스압력이 낮을 때
> • 노즐의 부식으로 분출 구멍이 커진 경우

정답 ㉮ 연료가스의 분출속도가 연소속도보다 빠를 때 불꽃이 버너의 노즐에서 떨어져 나가서 연소하는 현상
㉯ 연료가스의 분출속도가 연소속도보다 느릴 때 불꽃이 연소기의 내부로 들어가 혼합 관 속에서 연소하는 현상

02
이산화탄소소화설비 일반점검표의 수동기동장치 점검내용 3가지를 쓰시오.

해설
이산화탄소소화설비 일반점검표의 수동기동장치 점검내용(세부기준 별지 21)
① 조작부 주위의 장애물 유무
② 표지의 손상 유무 및 기재사항의 적부
③ 기능의 적부

정답
• 조작부 주위의 장애물 유무
• 표지의 손상 유무 및 기재사항의 적부
• 기능의 적부

03

제5류 위험물인 피크르산에 대하여 다음 물음에 답하시오.

㉮ 구조식
㉯ 질소의 함유량[wt%]

해설

트라이나이트로페놀(Tri Nitro Phenol, 피크르산)

① 물 성

화학식	융 점	착화점	비 중	폭발온도	폭발속도
$C_6H_2OH(NO_2)_3$	121[℃]	300[℃]	1.8	3,320[℃]	7,359[m/s]

② 광택 있는 황색의 침상 결정이다.
③ 쓴맛과 독성이 있고 알코올, 에터, 벤젠, 더운 물에는 잘 녹는다.
④ 단독으로 가열, 마찰 충격에 안정하고 연소 시 검은 연기를 내지만 폭발은 하지 않는다.
⑤ 금속염과 혼합하면 폭발이 심하며 가솔린, 알코올, 아이오딘(요오드, 옥소), 황과 혼합하면 마찰, 충격에 의하여 심하게 폭발한다.
⑥ 질소의 함량 = N의 합/분자량의 합×100이다.
   ㉠ 피크르산의 분자량[$C_6H_2OH(NO_2)_3$] = $(12 \times 6) + (1 \times 2) + (16 + 1) + [(14 + 32) \times 3]$ = 229
   ㉡ N(질소의 합) = $14 \times 3 = 42$

   ∴ 피크르산 내의 질소의 함유량 = $\dfrac{42}{229} \times 100 = 18.34[wt\%]$

⑦ 피크르산의 구조식

⑧ 피크르산의 분해반응식
   $2C_6H_2OH(NO_2)_3 \rightarrow 2C + 3N_2\uparrow + 3H_2\uparrow + 4CO_2\uparrow + 6CO\uparrow$

정답
㉮
㉯ 18.34[wt%]

04

인화폭발의 위험이 있는 제3류 위험물로 분자량은 144이다. 물과 반응하여 가연성인 메테인 가스를 생성하는 물질의 화학식과 화학반응식을 쓰시오.

해설

탄화알루미늄

① 물 성

화학식	분자량	성 상	비 중	융 점
Al_4C_3	144	황색 분말	2.36	2,100[℃]

② 밀폐용기에 저장해야 하며, 용기 등에는 질소가스 등 불연성 가스를 봉입시켜 빗물의 침투 우려가 없는 안전한 장소에 저장해야 한다.

③ 탄화알루미늄과 물의 반응식 : $Al_4C_3 + 12H_2O \rightarrow 4Al(OH)_3 + 3CH_4 \uparrow$
  (수산화알루미늄)   (메테인)

정답
- 화학식 : Al_4C_3
- 화학반응식 : $Al_4C_3 + 12H_2O \rightarrow 4Al(OH)_3 + 3CH_4$

05

$C_6H_2CH_3(NO_2)_3$의 물질에 대한 다음 물음에 답하시오.

㉮ 명 칭
㉯ 위험물안전관리법령상 품명
㉰ 구조식

해설

트라이나이트로톨루엔(Tri Nitro Toluene, TNT)

① 물 성

화학식	품 명	비 점	융 점	비 중
$C_6H_2CH_3(NO_2)_3$	나이트로화합물	240[℃]	80.1[℃]	1.0

② 담황색의 결정으로 강력한 폭약이다.
③ 충격에는 민감하지 않으나 급격한 타격에 의하여 폭발한다.
④ **물에 녹지 않고**, 알코올에는 가열하면 녹으며, **아세톤, 벤젠, 에터**에는 **잘 녹는다**.
⑤ 일광에 의해 갈색으로 변하고 가열, 타격에 의하여 폭발한다.
⑥ 충격 감도는 피크르산보다 약하다.

- TNT의 구조식 및 제법

$$C_6H_5CH_3 + 3HNO_3 \xrightarrow[\text{나이트로화}]{c-H_2SO_4} C_6H_2CH_3(NO_2)_3 + 3H_2O$$

- TNT의 분해반응식
$2C_6H_2CH_3(NO_2)_3 \rightarrow 2C + 3N_2\uparrow + 5H_2\uparrow + 12CO\uparrow$

정답 ㉮ TNT(트라이나이트로톨루엔)
㉯ 나이트로화합물
㉰

$$\underset{\underset{NO_2}{|}}{\overset{\overset{CH_3}{|}}{O_2N-\bigcirc-NO_2}}$$

06

다음 위험물을 인화점이 낮은 순서대로 나열하시오.

㉮ 다이에틸에터　　　　㉯ 벤젠
㉰ 에탄올　　　　　　　㉱ 산화프로필렌
㉲ 톨루엔　　　　　　　㉳ 아세톤

해설

제4류 위험물의 물성

종 류	다이에틸에터	벤 젠	에탄올	산화프로필렌	톨루엔	아세톤
품 명	특수인화물	제1석유류 (비수용성)	알코올류	특수인화물	제1석유류 (비수용성)	제1석유류 (수용성)
지정수량	50[L]	200[L]	400[L]	50[L]	200[L]	400[L]
인화점	-40[℃]	-11[℃]	13[℃]	-37[℃]	4[℃]	-18.5[℃]

정답 ㉮(다이에틸에터) < ㉱(산화프로필렌) < ㉳(아세톤) < ㉯(벤젠) < ㉲(톨루엔) < ㉰(에탄올)

07
에테인 30[%], 프로페인 45[%], 뷰테인 25[%]의 비율로 혼합되어 있는 가스가 있다. 이 혼합가스의 폭발하한계를 구하시오.

해설

혼합가스의 폭발하한계

① 혼합가스의 폭발한계공식

$$L_m = \frac{100}{\frac{V_1}{L_1} + \frac{V_2}{L_2} + \frac{V_3}{L_3}}$$

여기서, L_m : 혼합가스의 폭발한계(하한값, 상한값의 용량[%])
V_1, V_2, V_3 : 가연성 가스의 용량(용량[%])
L_1, L_2, L_3 : 가연성 가스의 하한값 또는 상한값(용량[%])

② 폭발범위

종 류	에테인	프로페인	뷰테인
연소범위	3.0~12.4[%]	2.1~9.5[%]	1.8~8.4[%]

$$L_m = \frac{100}{\frac{V_1}{L_1} + \frac{V_2}{L_2} + \frac{V_3}{L_3}} = \frac{100}{\frac{30}{3.0} + \frac{45}{2.1} + \frac{25}{1.8}} = 2.21[\%]$$

정답 2.21[%]

08
비중이 0.8인 메탄올 10[L]가 완전히 연소될 때 소요되는 이론산소량[kg]과 생성되는 이산화탄소의 부피는 25[℃], 1[atm]일 때 몇 [m³]인지 구하시오.

해설

메탄올의 연소반응식

① 메탄올의 무게 = 0.8[kg/L] × 10[L] = 8[kg]
② 이론산소량을 구하면

$$CH_3OH + 1.5O_2 \rightarrow CO_2 + 2H_2O$$

32[kg]   1.5×32[kg]
8[kg]   x

$$\therefore x = \frac{8 \times 1.5 \times 32[kg]}{32[kg]} = 12[kg]$$

③ 이산화탄소의 부피를 구하면(2가지 방법으로 풀이함)
  ㉠ 샤를의 법칙을 적용하면

$$CH_3OH + 1.5O_2 \rightarrow CO_2 + 2H_2O$$

32[kg]   22.4[m³]
8[kg]   x

$$\therefore x = \frac{8[kg] \times 22.4[m^3]}{32[kg]} = 5.6[m^3]$$

온도를 보정하면(압력은 1기압이므로 무시)

$$V_2 = V_1 \times \frac{T_2}{T_1} = 5.6[m^3] \times \frac{(273+25)[K]}{(273+0)[K]} = 6.11[m^3]$$

ⓒ 이상기체 상태방정식을 적용하면

$$CH_3OH + 1.5O_2 \rightarrow CO_2 + 2H_2O$$

32[kg]   44[kg]
8[kg] x

$$\therefore x = \frac{8 \times 44[kg]}{32[kg]} = 11[kg]$$

$$PV = nRT = \frac{W}{M}RT \qquad V = \frac{WRT}{PM}$$

여기서, P : 압력[atm] V : 부피[L]
       n : mol수 M : 분자량(CO_2 = 44)
       W : 무게[kg] R : 기체상수(0.08205[$m^3 \cdot atm/kg-mol \cdot K$])
       T : 절대온도(273 + [℃])

∴ 부피를 구하면

$$V = \frac{WRT}{PM} = \frac{11[kg] \times 0.08205[m^3 \cdot atm/kg-mol \cdot K] \times (273+25)[K]}{1[atm] \times 44[kg/kg-mol]} = 6.11[m^3]$$

정답
- 이론산소량 : 12[kg]
- 이산화탄소의 부피 : 6.11[m^3]

09

트라이에틸알루미늄이 다음 각 물질과 반응할 때 발생하는 가연성 가스를 화학식으로 쓰시오(가연성 가스가 발생하지 않으면 "반응없음"이라고 쓸 것).

㉮ H_2O ㉯ Cl_2
㉰ CH_3OH ㉱ HCl

해설
트라이에틸알루미늄의 반응식
① 공기와 반응 : $2(C_2H_5)_3Al + 21O_2 \rightarrow Al_2O_3 + 15H_2O + 12CO_2 \uparrow$
② 물과 반응 : $(C_2H_5)_3Al + 3H_2O \rightarrow Al(OH)_3 + 3C_2H_6 \uparrow$
③ 염소와 반응 : $(C_2H_5)_3Al + 3Cl_2 \rightarrow AlCl_3 + 3C_2H_5Cl \uparrow$
④ 메틸알코올과 반응 : $(C_2H_5)_3Al + 3CH_3OH \rightarrow Al(CH_3O)_3 + 3C_2H_6 \uparrow$
⑤ 염산과 반응 : $(C_2H_5)_3Al + 3HCl \rightarrow AlCl_3 + 3C_2H_6 \uparrow$

정답
㉮ C_2H_6 ㉯ C_2H_5Cl
㉰ C_2H_6 ㉱ C_2H_6

10

알루미늄이 다음 물질과 반응할 때 반응식을 쓰시오.

㉮ 염 산
㉯ 수산화나트륨 수용액

해설

알루미늄

① 물 성

화학식	원자량	비 중	비 점
Al	27	2.7	2,237[℃]

② 은백색의 경금속이다.
③ 수분, 할로젠원소와 접촉하면 자연발화의 위험이 있다.
④ 산화제와 혼합하면 가열, 마찰, 충격에 의하여 발화한다.
⑤ 산(염산), 물, 알칼리(수산화나트륨)와 반응하면 수소(H_2)가스를 발생한다.
  ㉠ $2Al + 6HCl \rightarrow 2AlCl_3 + 3H_2$
  ㉡ $2Al + 6H_2O \rightarrow 2Al(OH)_3 + 3H_2$
  ㉢ $2Al + 2NaOH + 2H_2O \rightarrow 2NaAlO_2 + 3H_2$
⑥ 묽은 질산, 묽은 염산, 황산은 알루미늄분을 침식한다.
⑦ 연성과 전성이 가장 풍부하다.
⑧ 테르밋(Thermite) 반응식

$$2Al + Fe_2O_3 \rightarrow 2Fe + Al_2O_3$$

정답 ㉮ $2Al + 6HCl \rightarrow 2AlCl_3 + 3H_2$
㉯ $2Al + 2NaOH + 2H_2O \rightarrow 2NaAlO_2 + 3H_2$

11

이동탱크저장소의 기준에 따라 칸막이로 구획된 부분에 안전장치를 설치해야 한다. 다음 각각의 경우 안전장치가 작동해야 하는 압력의 기준을 쓰시오.

㉮ 상용압력이 18[kPa]인 탱크
㉯ 상용압력이 21[kPa]인 탱크

해설

이동탱크저장소의 안전장치

상용압력이 20[kPa] 이하인 탱크에 있어서는 20[kPa] 이상 24[kPa] 이하의 압력에서, 상용압력이 20[kPa]을 초과하는 탱크에 있어서는 상용압력의 1.1배 이하의 압력에서 작동하는 것으로 할 것
① 상용압력이 18[kPa]인 탱크 : 20[kPa] 이상 24[kPa] 이하
② 상용압력이 21[kPa]인 탱크 : 21[kPa] × 1.1 = **23.1[kPa]** 이하

정답 ㉮ 20[kPa] 이상 24[kPa] 이하
㉯ 23.1[kPa] 이하

12

분자량 138.5, 융점 400[℃]인 제1류 위험물이다. 다음 물음에 답하시오.

㉮ 지정수량
㉯ 분해반응식
㉰ 이 물질 277[g]을 400[℃]에서 분해하여 생성되는 산소량은 0.8[atm]에서 몇 [L]인가?

해설

과염소산칼륨

① 물 성

화학식	품 명	지정수량	분자량	비 중	융 점	분해 온도
$KClO_4$	제1류 위험물 (과염소산염류)	50[kg]	138.5	2.52	400[℃]	400[℃]

② 무색무취의 사방정계 결정이다.
③ 물, 알코올, 에터에 녹지 않는다.
④ 탄소, 황, 유기물과 혼합하였을 때 가열, 마찰, 충격에 의하여 폭발한다.
⑤ 분해반응식

$$KClO_4 \rightarrow KCl + 2O_2 \uparrow$$

⑥ 부피를 구하면

$KClO_4 \rightarrow KCl + 2O_2$
138.5[g] \qquad\qquad 2×32[g]
277[g] \qquad\qquad x

$$\therefore x = \frac{277[g] \times 2 \times 32[g]}{138.5[g]} = 128[g]$$

이상기체 상태방정식을 적용하면

$$PV = \frac{W}{M}RT \qquad V = \frac{WRT}{PM}$$

$$\therefore V = \frac{WRT}{PM} = \frac{128g \times 0.08205[L \cdot atm/g-mol \cdot K] \times (273+400)[K]}{0.8[atm] \times 32[g/g-mol]} = 276.10[L]$$

정답
㉮ 50[kg]
㉯ $KClO_4 \rightarrow KCl + 2O_2$
㉰ 276.10[L]

13 다음 표의 빈칸을 채우시오.

항목 종류	화학식	증기비중	품 명
에탄올	㉮	1.6	알코올류
프로판올	C_3H_7OH	㉯	㉰
n-부탄올	㉱	㉲	㉳
글리세린	㉴	3.2	㉵

해설

물질의 특성 비교

항목 종류	화학식	분자량	증기비중	품 명
에탄올(에틸알코올)	C_2H_5OH	46	1.6	알코올류
프로판올(프로필알코올)	C_3H_7OH	60	2.07	알코올류
n-부탄올	C_4H_9OH	74	2.55	제2석유류 (비수용성)
글리세린	$C_3H_5(OH)_3$	92	3.2	제3석유류 (수용성)

① 프로판올의 증기비중 $= \dfrac{분자량}{29} = \dfrac{60}{29} = 2.07$

② n-부탄올의 증기비중 $= \dfrac{분자량}{29} = \dfrac{74}{29} = 2.55$

정답
㉮ C_2H_5OH
㉯ 2.07
㉰ 알코올류
㉱ C_4H_9OH
㉲ 2.55
㉳ 제2석유류
㉴ $C_3H_5(OH)_3$
㉵ 제3석유류

14 분해 온도가 400[℃]이고 물과 글리세린에 잘 녹으며 흑색화약의 원료로 사용하는 위험물에 대하여 다음 물음에 답하시오.

㉮ 분해반응식
㉯ 위험등급
㉰ 이 물질 1[kg]을 분해하였을 때 발생하는 산소의 부피는 몇 [L]인지 구하시오.

해설
질산칼륨(초석)
① 물 성

화학식	분자량	위험등급	비 중	융 점	분해 온도
KNO_3	101	Ⅱ	2.1	339[℃]	400[℃]

② 차가운 느낌의 자극이 있고 짠맛이 나는 무색의 결정 또는 백색 결정이다.
③ 물, 글리세린에 잘 녹으나, 알코올에는 녹지 않는다.
④ 황과 숯가루와 혼합하여 흑색화약을 제조한다.
⑤ 분해반응식

$$2KNO_3 \rightarrow 2KNO_2 + O_2 \uparrow$$

⑥ 산소의 부피
$2KNO_3 \rightarrow 2KNO_2 + O_2$
$2 \times 101[g]$ ―― $22.4[L]$
$1,000[g]$ ―― x

$$\therefore x = \frac{1,000[g] \times 22.4[L]}{2 \times 101[g]} = 110.89[L]$$

- 기체 1[g-mol]이 차지하는 부피 : 22.4[L]
- 기체 1[kg-mol]이 차지하는 부피 : 22.4[m³]

정답 ㉮ $2KNO_3 \rightarrow 2KNO_2 + O_2$
㉯ Ⅱ
㉰ 110.89[L]

15. 방화상 유효한 담의 높이를 구하는 2개의 식을 쓰시오.

해설

방화상 유효한 담의 높이

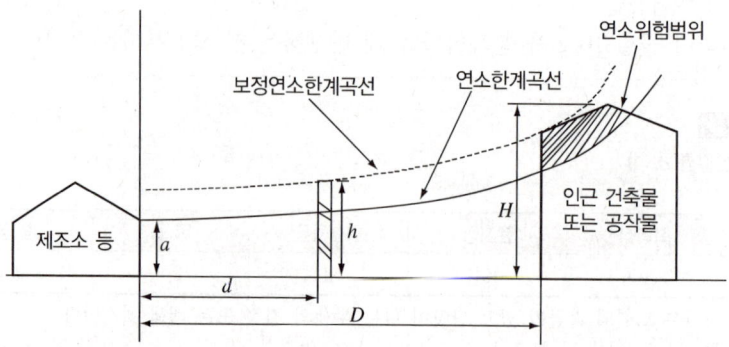

① $H \leq pD^2 + a$인 경우 $h = 2$
② $H > pD^2 + a$인 경우 $h = H - p(D^2 - d^2)$

여기서, D : 제조소 등과 인근건축물 또는 공작물과의 거리[m]
H : 인근 건축물 또는 공작물과의 높이[m]
a : 제조소 등의 외벽의 높이[m]
d : 제조소 등과 방화상 유효한 담과의 거리[m]
h : 방화상 유효한 담의 높이[m]
p : 상수

정답
• $H \leq pD^2 + a$인 경우 $h = 2$
• $H > pD^2 + a$인 경우 $h = H - p(D^2 - d^2)$

16. 선박주유취급소의 특례 중 수상구조물에 설치하는 고정주유설비의 설치기준 3가지를 쓰시오.

해설

수상구조물에 설치하는 고정주유설비의 설치기준(시행규칙 별표 13)
① 주유호스의 끝부분에 수동개폐장치를 부착한 주유노즐을 설치하고, 개방한 상태로 고정시키는 장치를 부착하지 않을 것
② 주유노즐은 선박의 연료탱크가 가득 찬 경우 자동적으로 정지시키는 구조일 것
③ 주유호스는 200[kg중] 이하의 하중에 의하여 깨져 분리되거나 이탈되어야 하고, 깨져 분리되거나 이탈된 부분으로부터의 위험물 누출을 방지할 수 있는 구조일 것

정답
• 주유호스의 끝부분에 수동개폐장치를 부착한 주유노즐을 설치하고, 개방한 상태로 고정시키는 장치를 부착하지 않을 것
• 주유노즐은 선박의 연료탱크가 가득 찬 경우 자동적으로 정지시키는 구조일 것
• 주유호스는 200[kg중] 이하의 하중에 의하여 깨져 분리되거나 이탈되어야 하고, 깨져 분리되거나 이탈된 부분으로부터의 위험물 누출을 방지할 수 있는 구조일 것

17. 소화난이도등급 I 에 해당하는 제조소 등의 기준에 대한 설명이다. 다음 빈칸을 채우시오.

제조소 등의 구분	제조소 등의 규모, 저장 또는 취급하는 위험물의 품명 및 최대수량 등
옥외 탱크저장소	액표면적이 (㉮)[m²] 이상인 것(제6류 위험물을 저장하는 것 및 고인화점위험물만을 (㉯)[℃] 미만의 온도에서 저장하는 것은 제외)
	지반면으로부터 탱크 옆판의 상단까지 높이가 (㉰)[m] 이상인 것(제6류 위험물을 저장하는 것 및 고인화점위험물만을 (㉯)[℃] 미만의 온도에서 저장하는 것은 제외)
	지중탱크 또는 해상탱크로서 지정수량의 (㉱)배 이상인 것(제6류 위험물을 저장하는 것 및 고인화점위험물만을 (㉯)[℃] 미만의 온도에서 저장하는 것은 제외)
	고체위험물을 저장하는 것으로서 지정수량의 (㉲)배 이상인 것
옥내 탱크저장소	액표면적이 (㉮)[m²] 이상인 것(제6류 위험물을 저장하는 것 및 고인화점위험물만을 (㉯)[℃] 미만의 온도에서 저장하는 것은 제외)
	바닥면으로부터 탱크 옆판의 상단까지 높이가 (㉰)[m] 이상인 것(제6류 위험물을 저장하는 것 및 고인화점위험물만을 (㉯)[℃] 미만의 온도에서 저장하는 것은 제외)
	탱크전용실이 단층건물 외의 건축물에 있는 것으로서 인화점 38[℃] 이상 70[℃] 미만의 위험물을 지정수량의 (㉳)배 이상 저장하는 것(내화구조로 개구부 없이 구획된 것은 제외한다)

해설

소화난이도등급 I 에 해당하는 제조소 등

제조소 등의 구분	제조소 등의 규모, 저장 또는 취급하는 위험물의 품명 및 최대수량 등
제조소, 일반취급소	연면적 1,000[m²] 이상인 것
	지정수량의 100배 이상인 것(고인화점위험물만을 100[℃] 미만의 온도에서 취급하는 것 및 제48조의 위험물을 취급하는 것은 제외)
	지반면으로부터 6[m] 이상의 높이에 위험물 취급설비가 있는 것(고인화점위험물만을 100[℃] 미만의 온도에서 취급하는 것은 제외)
	일반취급소로 사용되는 부분 외의 부분을 갖는 건축물에 설치된 것(내화구조로 개구부 없이 구획된 것 및 고인화점위험물만을 100[℃] 미만의 온도에서 취급하는 것 및 별표 16 X의2의 화학실험의 일반취급소는 제외)
옥내저장소	지정수량의 150배 이상인 것(고인화점위험물만을 저장하는 것 및 제48조의 위험물을 저장하는 것은 제외)
	연면적 150[m²]을 초과하는 것(150[m²] 이내마다 불연재료로 개구부 없이 구획된 것 및 인화성 고체 외의 제2류 위험물 또는 인화점 70[℃] 이상의 제4류 위험물만을 저장하는 것은 제외)
	처마높이가 6[m] 이상인 단층건물의 것
	옥내저장소로 사용되는 부분 외의 부분이 있는 건축물에 설치된 것(내화구조로 개구부 없이 구획된 것 및 인화성 고체 외의 제2류 위험물 또는 인화점 70[℃] 이상의 제4류 위험물만을 저장하는 것은 제외)
옥외 탱크저장소	액표면적이 **40[m²] 이상**인 것(제6류 위험물을 저장하는 것 및 고인화점위험물만을 **100[℃] 미만**의 온도에서 저장하는 것은 제외)
	지반면으로부터 탱크 옆판의 상단까지 높이가 **6[m] 이상**인 것(제6류 위험물을 저장하는 것 및 고인화점위험물만을 **100[℃] 미만**의 온도에서 저장하는 것은 제외)
	지중탱크 또는 해상탱크로서 지정수량의 **100배 이상**인 것(제6류 위험물을 저장하는 것 및 고인화점위험물만을 **100[℃] 미만**의 온도에서 저장하는 것은 제외)
	고체위험물을 저장하는 것으로서 지정수량의 **100배 이상**인 것

제조소 등의 구분	제조소 등의 규모, 저장 또는 취급하는 위험물의 품명 및 최대수량 등
옥내 탱크저장소	액표면적이 40[m²] 이상인 것(제6류 위험물을 저장하는 것 및 고인화점위험물만을 100[℃] 미만의 온도에서 저장하는 것은 제외)
	바닥면으로부터 탱크 옆판의 상단까지 높이가 6[m] 이상인 것(제6류 위험물을 저장하는 것 및 고인화점위험물만을 100[℃] 미만의 온도에서 저장하는 것은 제외)
	탱크전용실이 단층건물 외의 건축물에 있는 것으로서 인화점 38[℃] 이상 70[℃] 미만의 위험물을 지정수량의 5배 이상 저장하는 것(내화구조로 개구부 없이 구획된 것은 제외한다)
옥외저장소	덩어리 상태의 황을 저장하는 것으로서 경계표시 내부의 면적(2 이상의 경계표시가 있는 경우에는 각 경계표시의 내부의 면적을 합한 면적)이 100[m²] 이상인 것
	별표 11 Ⅲ의 위험물을 저장하는 것으로서 지정수량의 100배 이상인 것
암반 탱크저장소	액표면적이 40[m²] 이상인 것(제6류 위험물을 저장하는 것 및 고인화점위험물만을 100[℃] 미만의 온도에서 저장하는 것은 제외)
	고체위험물을 저장하는 것으로서 지정수량의 100배 이상인 것
이송취급소	모든 대상

정답 ㉮ 40   ㉯ 6
㉰ 100   ㉱ 100
㉲ 5

---

18 액체 상태의 물 1[m³]가 표준대기압 100[℃]에서 기체 상태로 될 때 수증기의 부피가 약 1,700배로 증가하는 것을 이상기체 상태방정식으로 설명하시오(물의 비중은 1,000[kg/m³]이다).

해설

1,700배의 증명

① 방법 Ⅰ
  ㉠ 물의 성상
   - 물의 밀도 : 1[g/cm³] = 1,000[kg/m³]
   - 화학식 : H_2O(분자량 : 18)
   - 물의 무게 : 1[m³] = 1,000[kg]
   - 물의 몰수 : 1,000[kg]/18 = 55.55[kg-mol]
  ㉡ 이상기체 상태방정식을 적용하면
   $PV = nRT$ 에서 $V = \dfrac{nRT}{P}$

   $V = \dfrac{nRT}{P}$
   $= \dfrac{55.55 \times 0.08205[\text{atm} \cdot \text{m}^3/\text{kg-mol} \cdot \text{K}] \times (273+100)[\text{K}]}{1[\text{atm}]} = 1,700.09[\text{m}^3]$

   ∴ 물 1[m³]이 100[%] 수증기로 증발하였을 때 체적은 약 1,700배가 된다.

② 방법 Ⅱ
  ㉠ 물의 성상
   - 물의 밀도 : 1[g/cm³]
   - 화학식 : H_2O(분자량 : 18)
   - 부피 : 22.4[L](표준상태에서 1[g-mol]이 차지하는 부피)

ⓒ 계 산

물이 1[g]일 때 몰수를 구하면 $\frac{1[g]}{18[g]} = 0.05555[mol]$

0.05555[mol]을 부피로 환산하면
$0.05555[mol] \times 22.4[L/mol] = 1.244[L] = 1,244[cm^3]$

온도 100[℃]를 보정하면 $1,244[cm^3] \times \frac{(273+100)[K]}{273[K]} = 1,699.67[cm^3]$

∴ 물 1[g]이 100[%] 수증기로 증발하였을 때 체적은 약 1,700배가 된다.

정답
- 물의 성상
  - 물의 밀도 : $1[g/cm^3] = 1,000[kg/m^3]$
  - 화학식 : H_2O(분자량 : 18)
  - 물의 무게 : $1[m^3] = 1,000[kg]$
  - 물의 몰수 : $1,000[kg]/18[kg/kg-mol] = 55.55[kg-mol]$
- 이상기체 상태방정식을 적용하면
  $PV = nRT$에서 $V = \frac{nRT}{P}$

  $V = \frac{nRT}{P} = \frac{55.55 \times 0.08205[atm \cdot m^3/kg-mol \cdot K] \times (273+100)[K]}{1[atm]} = 1,700.09[m^3]$

∴ 물 $1[m^3]$이 100[%] 수증기로 증발하였을 때 체적은 약 1,700배가 된다.

19

이송취급소의 특례기준 중 다음 특정이송취급소에 관하여 다음 ( ) 안에 적당한 내용을 답하시오.

위험물을 이송하기 위한 배관의 연장(해당 배관의 기점 또는 종점이 2 이상인 경우에는 임의의 기점에서 임의의 종점까지의 해당 배관의 연장 중 최대의 것을 말한다)이 (㉮)[km]를 초과하거나 위험물을 이송하기 위한 배관에 관계된 최대상용압력이 (㉯)[kPa] 이상이고 위험물을 이송하기 위한 배관의 연장이 (㉰)[km] 이상인 것

해설
이송취급소의 기준의 특례
위험물을 이송하기 위한 배관의 연장(해당 배관의 기점 또는 종점이 2 이상인 경우에는 임의의 기점에서 임의의 종점까지의 해당 배관의 연장 중 최대의 것을 말한다)이 **15[km]**를 초과하거나 위험물을 이송하기 위한 배관에 관계된 최대상용압력이 **950[kPa]** 이상이고 위험물을 이송하기 위한 배관의 연장이 **7[km]** 이상인 것(이하 "특정이송취급소"라 한다)이 아닌 이송취급소에 대하여는 Ⅳ 제7호 가목, Ⅳ 제8호 가목, Ⅳ 제10호 가목2) 및 3)과 제13호의 규정은 적용하지 않는다.

정답
㉮ 15
㉯ 950
㉰ 7

20 1,500만[L]와 용량이 적은 3개의 옥외탱크저장소가 있다. 간막이 둑에 대하여 다음 물음에 답하시오.

㉮ 간막이 둑의 설치기준
㉯ 간막이 둑의 최소높이
㉰ 간막이 둑의 용량

해설

옥외탱크저장소의 주위에 설치하는 방유제의 간막이 둑의 설치기준(시행규칙 별표 6)

① **간막이 둑의 설치기준**
  용량이 1,000만[L] 이상인 옥외저장탱크의 주위에 설치하는 방유제에는 다음의 규정에 따라 해당 탱크마다 간막이 둑을 설치할 것
  ㉠ 간막이 둑의 높이는 0.3[m](방유제 내에 설치되는 옥외저장탱크의 용량의 합계가 2억[L]를 넘는 방유제에 있어서는 1[m]) 이상으로 하되, 방유제의 높이보다 0.2[m] 이상 낮게 할 것
  ㉡ 간막이 둑은 흙 또는 철근콘크리트로 할 것
  ㉢ 간막이 둑의 용량은 간막이 둑 안에 설치된 탱크 용량의 10[%] 이상일 것

② **간막이 둑의 최소높이** : 0.3[m] 이상

③ **간막이 둑의 용량** = 1,500만[L] × 0.1(10[%]) = 150만[L] 이상

정답

㉮ 용량이 1,000만[L] 이상인 옥외저장탱크의 주위에 설치하는 방유제에는 다음의 규정에 따라 해당 탱크마다 간막이 둑을 설치할 것
  • 간막이 둑의 높이는 0.3[m](방유제 내에 설치되는 옥외저장탱크의 용량의 합계가 2억[L]를 넘는 방유제에 있어서는 1[m]) 이상으로 하되, 방유제의 높이보다 0.2[m] 이상 낮게 할 것
  • 간막이 둑은 흙 또는 철근콘크리트로 할 것
  • 간막이 둑의 용량은 간막이 둑 안에 설치된 탱크 용량의 10[%] 이상일 것

㉯ 0.3[m] 이상

㉰ 150만[L] 이상

2019년 4월 13일 시행 과년도 기출복원문제

01 포소화설비에서 고정포방출구의 포수용액량을 ( ) 안에 기입하시오.

포방출구의 종류 위험물의 구분	Ⅰ 형		Ⅱ 형		특 형	
	방출률 [L/m²·min]	포수용액량 [L/m²]	방출률 [L/m²·min]	포수용액량 [L/m²]	방출률 [L/m²·min]	포수용액량 [L/m²]
제4류 위험물 중 인화점이 21[℃] 미만인 것	4	(㉮)	4	(㉤)	8	(㉻)
제4류 위험물 중 인화점이 21[℃] 이상 70[℃] 미만인 것	4	(㉯)	4	(㉥)	8	(㉼)
제4류 위험물 중 인화점이 70[℃] 이상인 것	4	(㉰)	4	(㉦)	8	(㉽)

해설

고정포방출구의 포수용액량

포방출구의 종류 위험물의 구분	Ⅰ 형		Ⅱ 형		특 형	
	방출률 [L/m²·min]	포수용액량 [L/m²]	방출률 [L/m²·min]	포수용액량 [L/m²]	방출률 [L/m²·min]	포수용액량 [L/m²]
제4류 위험물 중 인화점이 21[℃] 미만인 것	4	(120)	4	(220)	8	(240)
제4류 위험물 중 인화점이 21[℃] 이상 70[℃] 미만인 것	4	(80)	4	(120)	8	(160)
제4류 위험물 중 인화점이 70[℃] 이상인 것	4	(60)	4	(100)	8	(120)

정답
- ㉮ 120
- ㉯ 80
- ㉰ 60
- ㉤ 220
- ㉥ 120
- ㉦ 100
- ㉻ 240
- ㉼ 160
- ㉽ 120

02 트라이에틸알루미늄과 물의 반응식을 쓰고, 생성되는 기체의 위험도를 구하라.

해설

트라이에틸알루미늄

① 반응식
  ㉠ 물과 반응 : $(C_2H_5)_3Al + 3H_2O \rightarrow Al(OH)_3 + 3C_2H_6 \uparrow$
  ㉡ 공기와 반응 : $2(C_2H_5)_3Al + 21O_2 \rightarrow Al_2O_3 + 15H_2O + 12CO_2 \uparrow$
  ㉢ 염산과 반응 : $(C_2H_5)_3Al + 3HCl \rightarrow AlCl_3 + 3C_2H_6 \uparrow$

② 에테인의 연소범위 : $3.0 \sim 12.4[\%]$

$$위험도\ H = \frac{U-L}{L}$$

여기서, U : 폭발상한값, L : 폭발하한값

$$\therefore H = \frac{12.4 - 3}{3} \fallingdotseq 3.13$$

정답
- 반응식 : $(C_2H_5)_3Al + 3H_2O \rightarrow Al(OH)_3 + 3C_2H_6$
- 위험도 : 3.13

03 다음 물질의 연소반응식을 쓰고, 불연성 물질일 경우 "연소반응 없음"이라고 쓰시오.

㉮ 과염소산암모늄　　　　　㉯ 과염소산
㉰ 메틸에틸케톤　　　　　　㉱ 트라이에틸알루미늄
㉲ 메탄올

해설

연소반응식

물 질	유 별	연소여부	연소반응식
과염소산암모늄	제1류 위험물	불연성	연소반응 없음
과염소산	제6류 위험물	불연성	연소반응 없음
메틸에틸케톤	제4류 위험물	가연성	$2CH_3COC_2H_5 + 11O_2 \rightarrow 8CO_2 + 8H_2O$
트라이에틸알루미늄	제3류 위험물	가연성	$2(C_2H_5)_3Al + 21O_2 \rightarrow Al_2O_3 + 12CO_2 + 15H_2O$
메탄올	제4류 위험물	가연성	$2CH_3OH + 3O_2 \rightarrow 2CO_2 + 4H_2O$

정답
㉮ 연소반응 없음
㉯ 연소반응 없음
㉰ $2CH_3COC_2H_5 + 11O_2 \rightarrow 8CO_2 + 8H_2O$
㉱ $2(C_2H_5)_3Al + 21O_2 \rightarrow Al_2O_3 + 12CO_2 + 15H_2O$
㉲ $2CH_3OH + 3O_2 \rightarrow 2CO_2 + 4H_2O$

04 다음 그림을 보고 질문에 답하시오.

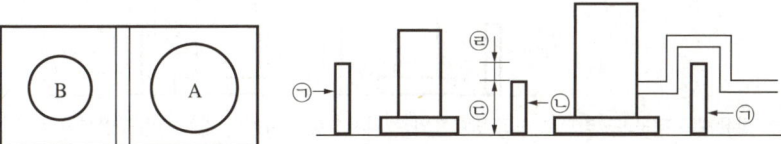

A : 1,500만[L](원유)
B : 500만[L](원유)

㉮ 허가를 받아야 하는 제조소 등의 명칭을 쓰시오.
㉯ ㉠의 명칭과 설치목적
  • 명칭 :
  • 설치목적 :
㉰ 알맞은 답을 쓰시오.
  • ㉡의 명칭 :
  • ㉢의 최소높이 :
  • ㉣의 최소차이 :
㉱ ㉠의 최소용량
㉲ ㉠의 용량범위에 해당하는 부분에 빗금치기(▨)를 하시오.
㉳ 방유제와 옥외저장탱크 사이의 지표면은 불연성과 불침윤성이 있는 구조로서 철근콘크리트로 해야 하나 흙으로 할 수 있는 경우를 쓰시오.
㉴ A탱크의 안전성능검사 목록을 모두 다 쓰시오(A탱크는 비압력탱크이다).
㉵ 상기 그림의 저장소는 정기점검 대상이다. 정기점검 기준을 쓰시오.
㉶ 상기 그림의 저장소가 동일구내에 있는 경우에 1인 안전관리자를 몇 개까지 중복하여 선임할 수 있는가?
㉷ 상기 그림의 저장소가 정기점검(구조안전점검)을 받은 시기는 완공검사합격확인증을 교부받은 날로부터 몇 년이며 최근의 정밀정기검사를 받은 날로부터 몇 년인가?

해설
옥외탱크저장소
① **제조소 등의 명칭** : 옥외탱크저장소
② **㉠의 명칭과 설치목적**
  • 명칭 : 방유제
  • 설치목적 : 탱크로부터 누출된 위험물의 확산방지 및 원활한 소화활동을 위하여
③ **알맞은 답**
  • ㉡의 명칭 : 간막이 둑
  • ㉢의 최소높이 : 0.3[m]
  • ㉣의 최소차이 : 0.2[m]
④ 방유제(㉠)의 최소용량

> **Plus One** 위험물옥외탱크저장소의 방유제의 용량
> • 1기일 때 : 탱크용량×1.1(110[%])(비인화성 물질×100[%])
> • 2기 이상일 때 : 최대 탱크용량×1.1(110[%])(비인화성 물질×100[%])

∴ 1,500만[L]×1.1 = 1,650만[L] 이상

⑤ ㉠의 용량범위에 해당하는 부분에 빗금치기

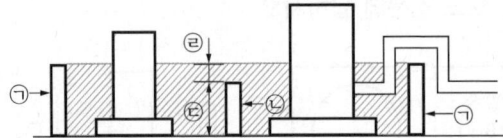

⑥ 방유제는 철근콘크리트로 하고 방유제와 옥외저장탱크 사이의 지표면은 불연성과 불침윤성이 있는 구조(철근콘크리트 등)로 할 것. 다만, 누출된 위험물을 수용할 수 있는 전용유조 및 펌프 등의 설비를 갖춘 경우에는 방유제와 옥외저장탱크 사이의 지표면을 흙으로 할 수 있다.

⑦ 탱크안전성능검사
  • 탱크안전성능검사 대상이 되는 탱크
    - 기초·지반검사 : 옥외탱크저장소의 액체위험물탱크 중 그 용량이 100만[L] 이상인 탱크
    - 충수·수압검사 : 액체위험물을 저장 또는 취급하는 탱크
    - 용접부검사 : 옥외탱크저장소의 액체위험물탱크 중 그 용량이 100만[L] 이상인 탱크
    - 암반탱크검사 : 액체위험물을 저장 또는 취급하는 암반 내의 공간을 이용한 탱크
  • 탱크안전성능검사 신청 시기
    - 기초·지반검사 : 위험물탱크의 기초 및 지반에 관한 공사의 개시 전
    - 충수·수압검사 : 액체위험물을 저장 또는 취급하는 탱크에 배관 그 밖의 부속설비를 부착하기 전
    - 용접부검사 : 탱크 본체에 관한 공사의 개시 전
    - 암반탱크검사 : 암반탱크의 본체에 관한 공사의 개시 전

⑧ 정기점검대상인 위험물 제조소 등
  • 지정수량의 10배 이상의 위험물을 취급하는 제조소, 일반취급소
  • 지정수량의 100배 이상의 위험물을 저장하는 옥외저장소
  • 지정수량의 150배 이상의 위험물을 저장하는 옥내저장소
  • 지정수량의 200배 이상의 위험물을 저장하는 옥외탱크저장소
  • 암반탱크저장소, 이송취급소
  • 지하탱크저장소
  • 이동탱크저장소
  • 위험물을 취급하는 탱크로서 지하에 매설된 탱크가 있는 제조소, 주유취급소, 일반취급소

⑨ 위험물안전관리자 중복선임
  • 10개 이하 : 옥내저장소, 옥외저장소, 암반탱크저장소
  • 30개 이하 : 옥외탱크저장소
  • 숫자 제한 없음 : 옥내탱크저장소, 지하탱크저장소, 간이탱크저장소

⑩ 정기점검
  • 대상 : 저장 또는 취급하는 액체위험물의 최대수량이 50만[L] 이상
  • 구조안전점검시기
    - 특정·준특정옥외탱크저장소의 설치허가에 따른 완공검사합격확인증을 교부받은 날부터 : 12년
    - 최근 정밀정기검사를 받은 날부터 : 11년
    - 구조안전검검시기 연장신청을 하여 해당 안전조치가 적정한 것으로 인정을 받은 경우에는 최근 정밀정기검사를 받은 날부터 : 13년

정답 ㉮ 옥외탱크저장소
  ㉯ • 명칭 : 방유제
      • 설치목적 : 탱크로부터 누출된 위험물의 확산방지 및 원활한 소화활동을 위하여
  ㉰ 알맞은 답
      • ㉡의 명칭 : 간막이 둑
      • ㉢의 최소높이 : 0.3[m]
      • ㉣의 최소차이 : 0.2[m]
  ㉱ 1,650만[L] 이상

㉮ 빗금치기

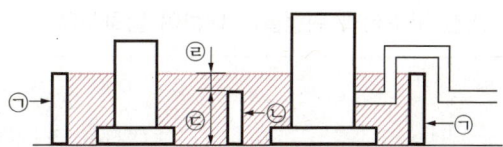

㉯ 누출된 위험물을 수용할 수 있는 전용유조 및 펌프 등의 설비를 갖춘 경우
㉰ 기초·지반검사, 충수·수압검사, 용접부검사
㉱ 지정수량의 200배 이상
㉲ 30개 이하
㉳ • 특정·준특정옥외탱크저장소의 설치허가에 따른 완공검사합격확인증을 교부받은 날부터 : 12년
   • 최근 정밀정기검사를 받은 날부터 : 11년

05

다음 위험물의 정의를 쓰시오.
㉮ 황
㉯ 철 분
㉰ 인화성 고체

해설

제2류 위험물의 정의
① **황**은 순도가 60[wt%] 이상인 것을 말하며 순도측정을 하는 경우 불순물은 활석 등 불연성 물질과 수분으로 한정한다.
② **철분**이라 함은 철의 분말로서 53[μm]의 표준체를 통과하는 것이 **50[wt%]** 미만인 것은 제외한다.
③ **금속분**이라 함은 알칼리금속·알칼리토금속·철 및 마그네슘 외의 금속의 분말을 말하고, 구리분·**니켈분** 및 150[μm]의 체를 통과하는 것이 **50[wt%]** 미만인 것은 제외한다.
④ 마그네슘 및 제2류 제8호의 물품 중 마그네슘을 함유한 것에 있어서는 다음에 해당하는 것은 제외한다.
  ㉠ 2[mm]의 체를 통과하지 않는 덩어리 상태의 것
  ㉡ 지름 2[mm] 이상의 막대 모양의 것
⑤ **인화성고체**라 함은 고형알코올 그 밖에 1기압에서 인화점이 40[℃] 미만인 고체를 말한다.

정답
㉮ 황은 순도가 60[wt%] 이상인 것을 말하며 순도측정을 하는 경우 불순물은 활석 등 불연성 물질과 수분으로 한정한다.
㉯ 철분이라 함은 철의 분말로서 53[μm]의 표준체를 통과하는 것이 50[wt%] 미만인 것은 제외한다.
㉰ 인화성고체라 함은 고형알코올 그 밖에 1기압에서 인화점이 40[℃] 미만인 고체를 말한다.

06 다음 주어진 구조식의 위험물에 대하여 답하시오.

$$\begin{array}{c} CH_2 - ONO_2 \\ | \\ CH_2 - ONO_2 \end{array}$$

㉮ 물질명 ㉯ 유 별
㉰ 품 명 ㉱ 지정수량
㉲ 제 법

해설
나이트로글라이콜(Nitro Glycol)

① 물 성

화학식	유 별	품 명	지정수량	비 중	응고점
$C_2H_4(ONO_2)_2$	제5류 위험물	질산에스터류(제1종)	10[kg]	1.5	−22[℃]

② **순수한 것은 무색**이나 공업용은 **담황색** 또는 **분홍색의 액체**이다.
③ 알코올, 아세톤, 벤젠에는 잘 녹는다.
④ 질소함유량 = $\dfrac{\text{질소의 분자량}}{\text{나이트로글라이콜의 분자량}} = \dfrac{28}{152} \times 100 ≒ 18.42[\%]$

Plus One
- 질소의 분자량 = $N_2 = 14 \times 2 = 28[g]$
- 나이트로글라이콜의 분자량 = $C_2H_4(ONO_2)_2 = (12 \times 2) + (1 \times 4) + [(16 + 14 + 32) \times 2]$
  = 152

⑤ **제법** : 에틸렌글라이콜에 질산과 황산으로 나이트로화시켜 제조한다.

정답
㉮ 나이트로글라이콜
㉯ 제5류 위험물
㉰ 질산에스터류(제1종)
㉱ 10[kg]
㉲ 에틸렌글라이콜에 질산과 황산으로 나이트로화시켜 제조한다.

07 다음 할로젠화합물 소화약제의 저장용기의 충전비를 쓰시오.

㉮ 할론2402 중에서 가압식 저장용기 등에 저장하는 것은 (　) 이상 (　) 이하
㉯ 할론2402 중에서 축압식 저장용기 등에 저장하는 것은 (　) 이상 (　) 이하
㉰ 할론1211은 (　) 이상 (　) 이하
㉱ 할론1301은 (　) 이상 (　) 이하
㉲ HFC-23은 (　) 이상 (　) 이하

해설

할로젠화합물 소화약제의 저장용기의 충전비

약제의 종류		충전비
할론2402	가압식	0.51 이상 0.67 이하
	축압식	0.67 이상 2.75 이하
할론1211		0.7 이상 1.4 이하
할론1301, HFC-227ea		0.9 이상 1.6 이하
HFC-23, HFC-125		1.2 이상 1.5 이하
FK-5-1-12		0.7 이상 1.6 이하

정답
㉮ 0.51, 0.67　　㉯ 0.67, 2.75
㉰ 0.7, 1.4　　㉱ 0.9, 1.6
㉲ 1.2, 1.5

---

08 안전관리대행기관의 지정기준에서 갖추어야 할 장비 중 소화설비 점검장비 5가지를 쓰시오.

해설

안전관리대행기관의 지정 기준(시행규칙 별표 22)

기술인력	· 위험물기능장 또는 위험물산업기사 1명 이상 · 위험물산업기사 또는 위험물기능사 2명 이상 · 기계분야 및 전기분야의 소방설비기사 1명 이상
시 설	전용사무실을 갖출 것
장 비	· 절연저항계(절연저항측정기) · 접지저항측정기(최소눈금 0.1[Ω] 이하) · 가스농도측정기(탄화수소계 가스의 농도측정이 가능할 것) · 정전기 전위측정기 · 토크렌치(Torque Wrench : 볼트와 너트를 규정된 회전력에 맞춰 조이는 데 사용하는 도구) · 진동시험기 · 표면온도계(-10~300[℃]) · 두께측정기(1.5~99.9[mm]) · 안전용구(안전모, 안전화, 손전등, 안전로프 등) · 소화설비점검기구(소화전밸브압력계, 방수압력측정계, 포콜렉터, 헤드렌치, 포컨테이너)

비고 : 기술인력란의 각호에 정한 2 이상의 기술인력을 동일인이 겸할 수 없다.

정답 소화전밸브압력계, 방수압력측정계, 포콜렉터, 헤드렌치, 포컨테이너

09 화학공장의 위험성 평가분석 기법 중 정성적인 기법과 정량적인 기법의 종류를 각각 3가지씩 쓰시오.

해설
위험성 평가 기법
① 정성적인 기법(Hazard Identification)
　㉠ 체크리스트(Process Checklist)
　㉡ 안전성 검토(Safety Review)
　㉢ 작업자 실수 분석(Human Error Analysis)
　㉣ 예비위험 분석(Preliminary Hazard Analysis)
　㉤ 위험과 운전 분석(Hazard and Operability Study)
　㉥ 이상 위험도 분석(Failure Modes, Effects and Criticality Analysis)
　㉦ 상대 위험순위 결정(Relative Ranking)
　㉧ 사고 예상 질문 분석(What-If)
② 정량적인 기법(Hazard Analysis)
　㉠ 결함수 분석(Fault Tree Analysis)
　㉡ 사건수 분석(Event Tree Analysis)
　㉢ 원인결과 분석(Cause-Consequence Analysis)

정답
- 정성적인 기법
  - 체크리스트
  - 안전성 검토
  - 예비위험 분석
- 정량적인 기법
  - 결함수 분석
  - 사건수 분석
  - 원인결과 분석

10 다음 위험물의 위험등급을 Ⅰ, Ⅱ, Ⅲ로 구분하시오.

아염소산칼륨, 과산화나트륨, 과망가니즈산나트륨, 마그네슘, 황화인, 나트륨, 인화알루미늄, 휘발유, 나이트로글리세린

해설
위험등급

항목 종류	화학식	유 별	품 명	지정수량	위험등급
아염소산칼륨	KClO₂	제1류 위험물	아염소산염류	50[kg]	Ⅰ
과산화나트륨	Na₂O₂	제1류 위험물	무기과산화물	50[kg]	Ⅰ
과망가니즈산나트륨	NaMnO₄	제1류 위험물	과망가니즈산염류	1,000[kg]	Ⅲ
마그네슘	Mg	제2류 위험물	-	500[kg]	Ⅲ
황화인	삼황화인 P₄S₃ 오황화인 P₂S₅ 칠황화인 P₄S₇	제2류 위험물	-	100[kg]	Ⅱ
나트륨	Na	제3류 위험물	-	10[kg]	Ⅰ
인화알루미늄	AlP	제3류 위험물	금속의 인화물	300[kg]	Ⅲ
휘발유	C₅H₁₂~C₉H₂₀	제4류 위험물	제1석유류(비수용성)	200[L]	Ⅱ
나이트로글리세린	C₃H₅(ONO₂)₃	제5류 위험물	질산에스터류(제1종)	10[kg]	Ⅰ

정답
- 위험등급 Ⅰ : 아염소산칼륨, 과산화나트륨, 나트륨, 나이트로글리세린
- 위험등급 Ⅱ : 황화인, 휘발유
- 위험등급 Ⅲ : 과망가니즈산나트륨, 마그네슘, 인화알루미늄

11 다음 탱크의 내용적을 구하는 공식에 해당하는 탱크의 그림을 그리고, 기호를 표시하시오.

㉮ $V = \dfrac{\pi ab}{4}\left(l + \dfrac{l_1 - l_2}{3}\right)$

㉯ $V = \pi r^2 l$

해설
탱크의 내용적

① 타원형 탱크의 내용적
  ㉠ 양쪽이 볼록한 것

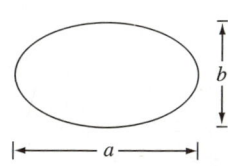 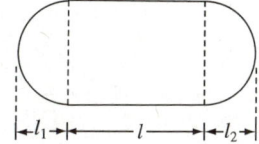

내용적 $= \dfrac{\pi ab}{4}\left(l + \dfrac{l_1 + l_2}{3}\right)$

ⓛ 한쪽은 볼록하고 다른 한쪽은 오목한 것

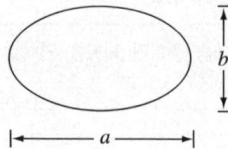 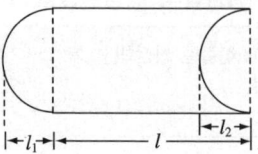

$$내용적 = \frac{\pi ab}{4}\left(l + \frac{l_1 - l_2}{3}\right)$$

② 원통형 탱크의 내용적
 ㉠ 가로로 설치한 것

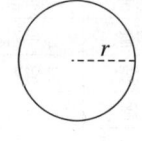 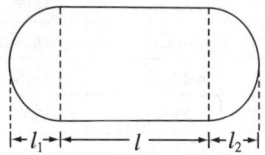

$$내용적 = \pi r^2 \left(l + \frac{l_1 + l_2}{3}\right)$$

㉡ 세로로 설치한 것

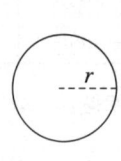 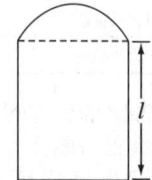

$$내용적 = \pi r^2 l$$

정답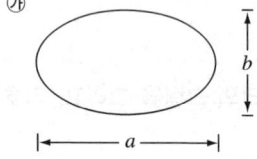

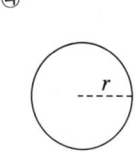 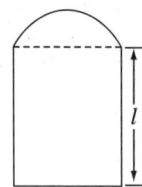

12 다음은 옥내저장소의 설치기준이다. ( ) 안에 알맞은 말을 채워 넣으시오.
㉮ 연소의 우려가 있는 외벽에 있는 출입구는 수시로 열 수 있는 ( )의 ( )을 설치해야 한다.
㉯ 저장창고의 창 또는 출입구에 유리를 이용하는 경우에는 ( )로 해야 한다.
㉰ 제1류 위험물 중 알칼리금속의 과산화물 또는 이를 함유하는 것, 제2류 위험물 중 철분·금속분·마그네슘 또는 이 중 어느 하나 이상을 함유하는 것, 제3류 위험물 중 금수성 물질 또는 ( )의 저장창고의 바닥은 물이 스며 나오거나 스며들지 않는 구조로 해야 한다.
㉱ ( )의 위험물의 저장창고의 바닥은 위험물이 스며들지 않는 구조로 하고, 적당하게 경사지게 하여 그 최저부에 ( )를 해야 한다.
㉲ 저장창고에 선반 등의 수납장을 설치하는 경우에는 수납장은 ( )로 만들어 견고한 기초 위에 고정할 것

해설
옥내저장소의 설치기준
① 저장창고의 출입구에는 60분+ 방화문·60분 방화문 또는 30분 방화문을 설치하되 연소의 우려가 있는 외벽에 있는 출입구는 수시로 열 수 있는 **자동폐쇄식의 60분+ 방화문 또는 60분 방화문**을 설치해야 한다.
② 저장창고의 창 또는 출입구에 유리를 이용하는 경우에는 **망입유리**로 해야 한다.
③ **제1류 위험물 중 알칼리금속의 과산화물** 또는 이를 함유하는 것, 제2류 위험물 중 **철분·금속분·마그네슘** 또는 이 중 어느 하나 이상을 함유하는 것, 제3류 위험물 중 **금수성 물질** 또는 **제4류 위험물**의 저장창고의 바닥은 물이 스며 나오거나 스며들지 않는 구조로 해야 한다.
④ **액상의 위험물**의 저장창고의 바닥은 위험물이 스며들지 않는 구조로 하고, 적당하게 경사지게 하여 그 **최저부에 집유설비**를 해야 한다.
⑤ 저장창고에 **선반 등의 수납장 설치기준**
  ㉠ 수납장은 **불연재료**로 만들어 견고한 기초 위에 고정할 것
  ㉡ 수납장은 해당 수납장 및 그 부속설비의 자중, 저장하는 위험물의 중량 등의 하중에 의하여 생기는 응력에 대하여 안전한 것으로 할 것
  ㉢ 수납장에는 위험물을 수납한 용기가 쉽게 떨어지지 않게 하는 조치를 할 것

정답
㉮ 자동폐쇄식, 60분+ 방화문 또는 60분 방화문
㉯ 망입유리
㉰ 제4류 위험물
㉱ 액상, 집유설비
㉲ 불연재료

13 다이에틸에터와 에틸알코올이 각각 4 : 1의 비율로 혼합되어 있는 위험물이 있다. 이 위험물의 폭발하한계를 구하시오(단, 다이에틸에터의 폭발범위는 1.7~48[%], 에틸알코올의 폭발범위는 3.1~27.7[%]이다).

해설

혼합가스의 폭발한계값

$$L_m = \frac{100}{\dfrac{V_1}{L_1} + \dfrac{V_2}{L_2} + \dfrac{V_3}{L_3} + \cdots}$$

여기서, L_m : 혼합가스의 폭발한계(하한값, 상한값의 용량[%])
$V_1,\ V_2,\ V_3,\ V_n$: 가연성가스의 용량(용량[%])
$L_1,\ L_2,\ L_3,\ L_n$: 가연성가스의 하한값 또는 상한값(용량[%])

$$\therefore L_m = \frac{100}{\dfrac{V_1}{L_1} + \dfrac{V_2}{L_2} + \dfrac{V_3}{L_3} + \cdots} = \frac{100}{\dfrac{80}{1.7} + \dfrac{20}{3.1}} \fallingdotseq 1.87[\%]$$

정답 1.87[%]

---

14 석유 속에 1[kg]의 Na이 보관되어 있는 용기에 2[L]의 공간이 있다. 밀봉상태에서 물 18[g]이 Na과 완전히 반응하였다. 용기 내부의 최대압력은 몇 기압인가?(단, 용기의 내부압력은 1[atm], 온도는 30[℃], R은 0.082[L·atm/g-mol·K]이다)

해설

용기 내부의 최대압력

$2Na\ +\ 2H_2O\ \rightarrow\ 2NaOH\ +\ H_2$
　　　　$2 \times 18[g]$　　　　　　$2[g]$

물이 2몰일 때 수소는 1몰이 발생하므로 물 1몰(18[g])일 때 수소는 0.5몰이 발생한다.

$$PV = nRT \quad P = \frac{nRT}{V}$$

여기서, n : 몰수(수소 0.5[g-mol]),　　R : 기체상수(0.082[L·atm/g-mol·K])
T : 절대온도(273 + 30 = 303[K]), V : 부피(2[L])

증가된 압력 $P = \dfrac{nRT}{V} = \dfrac{0.5 \times 0.082 \times 303}{2} \fallingdotseq 6.21[\text{atm}]$

∴ 최대압력 $P = 1[\text{atm}] + 6.21[\text{atm}]$
　　　　　　$= 7.21[\text{atm}]$

정답 7.21[atm]

15 분자량이 78, 방향성이 있는 액체로 증기는 독성이 있고 인화점이 -11[℃]이다. 이 위험물 2[kg]이 산소와 반응할 때 반응식과 이론산소량은?(단, 이 위험물 1[mol] 기준으로 한다)

해설
반응식과 이론산소량
① 벤젠의 물성

화학식	분자량	비 점	융 점	인화점	착화점	연소범위
C_6H_6	78	79[℃]	7[℃]	-11[℃]	498[℃]	1.4~8.0[%]

② 벤젠의 연소반응식 : $C_6H_6 + 7.5O_2 \rightarrow 6CO_2 + 3H_2O$
③ 이론산소량

$$C_6H_6 + 7.5O_2 \rightarrow 6CO_2 + 3H_2O$$
$$78[kg] \qquad 7.5 \times 32[kg]$$
$$2[kg] \qquad x$$

$$\therefore x = \frac{2[kg] \times 7.5 \times 32[kg]}{78[kg]} ≒ 6.15[kg]$$

정답
- 반응식 : $C_6H_6 + 7.5O_2 \rightarrow 6CO_2 + 3H_2O$
- 이론산소량 : 6.15[kg]

---

16 다음은 소화난이도등급 Ⅰ에 해당하는 제조소 등의 기준이다. ( ) 안의 제조소 등의 명칭을 쓰시오.

제조소 등의 구분	제조소 등의 규모, 저장 또는 취급하는 위험물의 종류 및 최대수량 등
(①)	액표면이 40[㎡] 이상인 것(제6류 위험물을 저장하는 것 또는 고인화점위험물만을 100[℃] 미만의 온도에서 저장하는 것은 제외)
	지반면으로부터 탱크 옆판의 상단까지 높이가 6[m] 이상인 것(제6류 위험물을 저장하는 것 또는 고인화점위험물만을 100[℃] 미만의 온도에서 저장하는 것은 제외)
	지중탱크 또는 해상탱크로서 지정수량의 100배 이상인 것(제6류 위험물을 저장하는 것 또는 고인화점위험물만을 100[℃] 미만의 온도에서 저장하는 것은 제외)
	고체 위험물을 저장하는 것으로서 지정수량의 100배 이상인 것
(②)	액표면이 40[㎡] 이상인 것(제6류 위험물을 저장하는 것 또는 고인화점위험물만을 100[℃] 미만의 온도에서 저장하는 것은 제외)
	바닥면으로부터 탱크 옆판의 상단까지 높이가 6[m] 이상인 것(제6류 위험물을 저장하는 것 또는 고인화점위험물만을 100[℃] 미만의 온도에서 저장하는 것은 제외)
	탱크전용실이 단층건물 외의 건축물에 있는 것으로서 인화점이 38[℃] 이상 70[℃] 미만의 위험물을 지정수량의 5배 이상 저장하는 것(내화구조로 개구부 없이 구획된 것은 제외한다)
(③)	모든 대상

해설

소화난이도 등급 Ⅰ

제조소 등의 구분	제조소 등의 규모, 저장 또는 취급하는 위험물의 종류 및 최대수량 등
제조소 일반 취급소	연면적 1,000[m²] 이상인 것
	지정수량의 100배 이상인 것(고인화점위험물만을 100[℃] 미만의 온도에서 취급하는 것 및 제48조의 위험물을 취급하는 것은 제외)
	지반면으로 부터 6[m] 이상의 높이에 위험물 취급설비가 있는 것(고인화점위험물만을 100[℃] 미만의 온도에서 취급하는 것은 제외)
	일반취급소로 사용되는 부분 외의 부분을 갖는 건축물에 설치된 것(내화구조로 개구부 없이 구획된 것 및 고인화점위험물만을 100[℃] 미만의 온도에서 취급하는 것은 제외)
옥내 저장소	지정수량의 150배 이상인 것(고인화점위험물만을 저장하는 것 및 제48조의 위험물을 저장하는 것은 제외)
	연면적 150[m²]을 초과하는 것(150[m²] 이내마다 불연재료로 개구부 없이 구획된 것 및 인화성고체 외의 제2류 위험물 또는 인화점 70[℃] 이상의 제4류 위험물만을 저장하는 것은 제외)
	처마높이가 6[m] 이상인 단층건물의 것
	옥내저장소로 사용되는 부분 외의 부분이 있는 건축물에 설치된 것(내화구조로 개구부 없이 구획된 것 및 인화성고체 외의 제2류 위험물 또는 인화점 70[℃] 이상의 제4류 위험물만을 저장하는 것은 제외)
옥외탱크 저장소	액표면적이 40[m²] 이상인 것(제6류 위험물을 저장하는 것 및 고인화점 위험물만을 100[℃] 미만의 온도에서 저장하는 것은 제외)
	지반면으로부터 탱크 옆판의 상단까지 높이가 6[m] 이상인 것(제6류 위험물을 저장하는 것 및 고인화점 위험물만을 100[℃] 미만의 온도에서 저장하는 것은 제외)
	지중탱크 또는 해상탱크로서 지정수량의 100배 이상인 것(제6류 위험물을 저장하는 것 및 고인화점위험물만을 100[℃] 미만의 온도에서 저장하는 것은 제외)
	고체위험물을 저장하는 것으로서 지정수량의 100배 이상인 것
옥내탱크 저장소	액표면적이 40[m²] 이상인 것(제6류 위험물을 저장하는 것 및 고인화점 위험물만을 100[℃] 미만의 온도에서 저장하는 것은 제외)
	바닥면으로부터 탱크 옆판의 상단까지 높이가 6[m] 이상인 것(제6류 위험물을 저장하는 것 및 고인화점 위험물만을 100[℃] 미만의 온도에서 저장하는 것은 제외)
	탱크전용실이 단층건물 외의 건축물에 있는 것으로서 인화점 38[℃] 이상 70[℃] 미만의 위험물을 지정수량의 5배 이상 저장하는 것(내화구조로 개구부 없이 구획된 것은 제외)
이송취급소	모든 대상

정답
① 옥외탱크저장소
② 옥내탱크저장소
③ 이송취급소

17. 다음 제시된 두 물질의 반응식을 쓰시오.

㉮ 은백색의 광택이 있는 제3류 위험물로서 무른 경금속이고 비중이 0.97, 융점이 97.7[℃]이다.
㉯ 제4류 위험물로서 분자량이 46이고, 지정수량은 400[L], 산화하면 아세트알데하이드가 생성된다.

해설

두 물질의 반응식

① 나트륨(㉮의 물질)
  ㉠ 물 성

화학식	유 별	원자량	융 점	비 중	불꽃색상
Na	제3류	23	97.7[℃]	0.97	노란색

  ㉡ 은백색의 광택이 있는 무른 경금속으로 노란색 불꽃을 내면서 연소한다.

② 에틸알코올(㉯의 물질)
  ㉠ 물 성

화학식	분자량	지정수량	비 점	인화점	착화점	연소범위
C_2H_5OH	46	400[L]	80[℃]	13[℃]	423[℃]	3.1~27.7[%]

  ㉡ 무색, 투명한 향의 냄새를 지닌 휘발성이 강한 액체이다.
  ㉢ 산화하면 에틸알코올 → 아세트알데하이드 → 초산(아세트산)이 된다.
∴ 두 물질의 반응식 $2Na + 2C_2H_5OH \rightarrow 2C_2H_5ONa + H_2 \uparrow$

정답 $2Na + 2C_2H_5OH \rightarrow 2C_2H_5ONa + H_2$

18. 이동저장탱크로부터 직접 위험물을 선박의 연료탱크에 주입 시 취급기준을 3가지 쓰시오.

해설

이동저장탱크로부터 직접 위험물을 선박의 연료탱크에 주입 시 취급기준(시행규칙 별표 18)
① 선박이 이동하지 않도록 계류시킬 것
② 이동탱크저장소가 움직이지 않도록 조치를 강구할 것
③ 이동탱크저장소의 주입호스의 끝부분을 선박의 연료탱크의 급유구에 긴밀히 결합할 것. 다만, 주입호스 끝부분에 수동개폐장치를 설치한 주유노즐로 주입하는 때에는 그렇지 않다.
④ 이동탱크저장소의 주입설비를 접지할 것. 다만 인화점 40[℃] 이상의 위험물을 주입하는 경우에는 그렇지 않다.

정답
- 선박이 이동하지 않도록 계류시킬 것
- 이동탱크저장소가 움직이지 않도록 조치를 강구할 것
- 이동탱크저장소의 주입설비를 접지할 것, 다만 인화점 40[℃] 이상의 위험물을 주입하는 경우에는 그렇지 않다.

19 다음 이송취급소의 배관공사 시 설치해야 하는 주의표지이다. ( ) 안에 알맞은 말을 쓰시오.

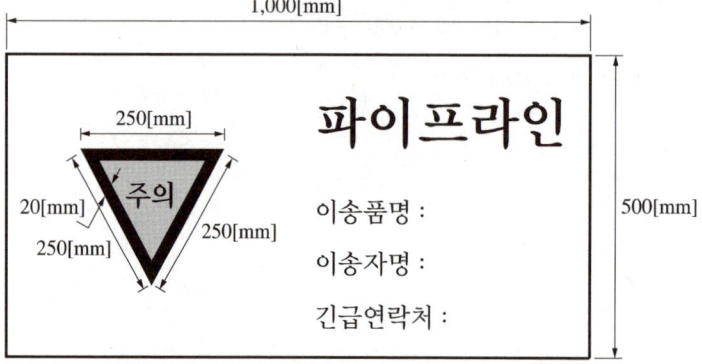

해설

이송취급소의 배관경로의 위치표지, 주의표지의 설치기준(세부기준 제125조)
- 주의표지는 다음에 의하여 지상배관의 경로에 설치할 것
  - 일반인이 접근하기 쉬운 장소 기타 배관의 안전상 필요한 장소의 배관 직근에 설치할 것
  - 양식은 다음 그림과 같이 할 것

비고 : 1. 금속제의 판으로 할 것
  2. 바탕은 백색(역정삼각형 내는 황색)으로 하고, 문자 및 역정삼각형의 모양은 흑색으로 할 것
  3. 바탕색의 재료는 반사도료 기타 반사성을 가진 것으로 할 것
  4. 역정삼각형 정점의 둥근 반경은 10[mm]로 할 것
  5. 이송품명에는 위험물의 화학명 또는 통칭명을 기재할 것

정답 ㉮ 1,000 ㉯ 500
  ㉰ 250 ㉱ 이송자명
  ㉲ 긴급연락처

2019년 8월 24일 시행 과년도 기출복원문제

01 아세틸퍼옥사이드의 구조식을 도시하고, 증기비중을 구하시오.

해설

아세틸퍼옥사이드(Acetyl peroxide)
① 제5류 위험물의 유기과산화물이다.
② 구조식

$$CH_3 - \overset{\overset{O}{\|}}{C} - O - O - \overset{\overset{O}{\|}}{C} - CH_3$$

③ 인화점 : 45[℃]
④ 충격, 마찰에 의하여 분해하고 가열되면 폭발한다.
⑤ 희석제인 DMF를 75[%] 첨가시켜서 0~5[℃] 이하의 저온에서 저장한다.
⑥ 화재 시 다량의 물로 냉각소화한다.
⑦ 아세틸퍼옥사이드$(CH_3CO)_2O_2$의 분자량 $= [12+(1\times3)+12+16]\times2+(16\times2) = 118$

$$증기비중 = \frac{118}{29} ≒ 4.07$$

정답
• 구조식 :
$$CH_3 - \overset{\overset{O}{\|}}{C} - O - O - \overset{\overset{O}{\|}}{C} - CH_3$$
• 증기비중 : 4.07

02 화학소방자동차에 갖추어야 하는 소화능력 및 설비의 기준에 관한 설명이다. 다음 ( ) 안에 적당한 말을 넣으시오.

화학소방자동차의 구분	소화능력 및 설비의 기준
포수용액 방사차	포수용액의 방사능력이 매분 (㉮)[L] 이상일 것
	소화약액탱크 및 (㉯)를 비치할 것
	(㉰)[L] 이상의 포수용액을 방사할 수 있는 양의 소화약제를 비치할 것
분말 방사차	분말의 방사능력이 매초 (㉱)[kg] 이상일 것
	분말탱크 및 가압용 가스설비를 비치할 것
	(㉲)[kg] 이상의 분말을 비치할 것

해설
화학소방자동차에 갖추어야 하는 소화능력 및 설비의 기준(시행규칙 별표 23)

화학소방자동차의 구분	소화능력 및 설비의 기준
포수용액 방사차	포수용액의 방사능력이 매분 2,000[L] 이상일 것
	소화약액탱크 및 소화약액혼합장치를 비치할 것
	10만[L] 이상의 포수용액을 방사할 수 있는 양의 소화약제를 비치할 것
분말 방사차	분말의 방사능력이 **매초 35[kg] 이상**일 것
	분말탱크 및 가압용 가스설비를 비치할 것
	1,400[kg] 이상의 분말을 비치할 것
할로젠화합물 방사차	할로젠화합물의 방사능력이 매초 40[kg] 이상일 것
	할로젠화합물탱크 및 가압용 가스설비를 비치할 것
	1,000[kg] 이상의 할로젠화합물을 비치할 것
이산화탄소 방사차	이산화탄소의 방사능력이 매초 40[kg] 이상일 것
	이산화탄소저장용기를 비치할 것
	3,000[kg] 이상의 이산화탄소를 비치할 것
제독차	가성소다 및 규조토를 각각 50[kg] 이상 비치할 것

정답
㉮ 2,000 ㉯ 소화약액혼합장치
㉰ 10만   ㉱ 35
㉲ 1,400

03 제4류 위험물인 BTX의 명칭과 화학식은?

해설
BTX(Benzene, Toluene, Xylene)

명 칭	화학식	구조식
Benzene(벤젠)	C_6H_6	(벤젠 고리)
Toluene(톨루엔)	$C_6H_5CH_3$	(벤젠 고리 + CH_3)
Xylene(자일렌)	$C_6H_4(CH_3)_2$	(o-xylene)

정답
B : 벤젠(Benzene), C_6H_6
T : 톨루엔(Toluene), $C_6H_5CH_3$
X : 자일렌(Xylene), $C_6H_4(CH_3)_2$

04

다음에 해당하는 반응식을 쓰시오.
㉮ 삼황화인의 연소반응식
㉯ 오황화인의 연소반응식
㉰ 오황화인과 물의 반응식
㉱ 오황화인과 물의 반응 시 생성되는 기체의 연소반응식

해설
반응식
① 삼황화인의 연소반응식 : $P_4S_3 + 8O_2 \rightarrow 2P_2O_5 + 3SO_2$
② 오황화인의 연소반응식 : $2P_2S_5 + 15O_2 \rightarrow 2P_2O_5 + 10SO_2$
③ 오황화인과 물의 반응식 : $P_2S_5 + 8H_2O \rightarrow 5H_2S + 2H_3PO_4$
④ 오황화인의 물과 반응 시 생성하는 기체의 연소반응식 : $2H_2S + 3O_2 \rightarrow 2H_2O + 2SO_2$

정답
㉮ $P_4S_3 + 8O_2 \rightarrow 2P_2O_5 + 3SO_2$
㉯ $2P_2S_5 + 15O_2 \rightarrow 2P_2O_5 + 10SO_2$
㉰ $P_2S_5 + 8H_2O \rightarrow 5H_2S + 2H_3PO_4$
㉱ $2H_2S + 3O_2 \rightarrow 2H_2O + 2SO_2$

05

분해 온도가 400[℃]이고 비중이 2.1, 물과 글리세린에 잘 녹으며 흑색화약의 원료로 사용하는 제1류 위험물에 대하여 다음 물음에 답하시오.
㉮ 화학식
㉯ 지정수량
㉰ 위험등급
㉱ 1기압, 400[℃]에서 이 물질 202[g]이 분해하였을 때 생성되는 산소의 부피[L]는?

해설
질산칼륨(초석)
① 물 성

화학식	지정수량	위험등급	분자량	비 중	분해 온도
KNO_3	300[kg]	Ⅱ	101	2.1	400[℃]

② 차가운 느낌의 자극이 있고 짠맛이 나는 무색의 결정 또는 백색 결정이다.
③ 물, 글리세린에 잘 녹으나, 알코올에는 녹지 않는다.
④ 황과 숯가루와 혼합하여 흑색화약을 제조한다.
⑤ 분해반응식

$$2KNO_3 \rightarrow 2KNO_2 + O_2 \uparrow$$

⑥ 1기압, 400[℃]에서 이물질 202[g]이 분해하였을 때 생성되는 산소의 부피[L]

2KNO₃ → 2KNO₂ + O₂

$2 \times 101[g]$ $32[g]$
$202[g]$ x

산소의 무게 $x = \dfrac{202[g] \times 32[g]}{2 \times 101[g]} = 32[g]$

이상기체 상태방정식을 적용하여 온도와 압력을 보정하여 부피를 구하면

$$PV = nRT = \dfrac{W}{M}RT \quad V = \dfrac{WRT}{PM}$$

여기서, P : 압력(1[atm]) V : 부피([L])
M : 분자량($O_2 = 32$) W : 무게(32[g])
R : 기체상수(0.08205[L·atm/g-mol·K])
T : 절대온도(273 + 400[℃] = 673[K])

∴ $V = \dfrac{WRT}{PM} = \dfrac{32 \times 0.08205 \times 673}{1 \times 32} ≒ 55.22[L]$

[다른 방법]

질산칼륨 2[g-mol](202[g])일 때 산소 1[g-mol](32[g])이 생성된다. 산소 1[g-mol]일 때 부피는 22.4[L]이므로, 온도를 보정하면

$22.4[L] \times \left(\dfrac{400 + 273}{273}\right) = 55.2[L]$

정답 ㉮ KNO₃   ㉯ 300[kg]
        ㉰ Ⅱ   ㉱ 55.22[L]

06

실온의 공기 중에서 표면에 치밀한 산화피막이 형성되어 내부를 보호하고 용접 시 테르밋반응을 하는 제2류 위험물이다. 다음 물질과 반응할 때 반응식을 쓰시오.

㉮ 황 산
㉯ 수산화나트륨 수용액

해설

알루미늄(Al)은 산, 알칼리, 물과 반응하면 수소(H_2)가스를 발생한다.
① 염산과의 반응 : $2Al + 6HCl \rightarrow 2AlCl_3 + 3H_2 \uparrow$
② **황산과의 반응** : $2Al + 3H_2SO_4 \rightarrow Al_2(SO_4)_3 + 3H_2 \uparrow$
③ 물과의 반응 : $2Al + 6H_2O \rightarrow 2Al(OH)_3 + 3H_2 \uparrow$
④ **수산화나트륨 수용액과의 반응** : $2Al + 2NaOH + 2H_2O \rightarrow 2NaAlO_2 + 3H_2 \uparrow$

정답 ㉮ $2Al + 3H_2SO_4 \rightarrow Al_2(SO_4)_3 + 3H_2$
        ㉯ $2Al + 2NaOH + 2H_2O \rightarrow 2NaAlO_2 + 3H_2$

07 위험물안전관리에 관한 세부기준에서 방사선투과시험의 방법 및 판정기준에 대한 설명이다. 다음 물음에 답하시오.

용접부시험 중 방사선투과시험의 실시범위(촬영개소)는 재질, 판두께, 용접이음 등에 따라서 다르게 적용할 수 있으며 옆판 용접선의 방사선투과시험의 촬영개소는 다음에 의할 것을 원칙으로 한다. ( ) 안에 들어갈 말을 쓰시오.

㉮ 기본 촬영개소

　　수직이음은 용접사별로 용접한 이음(같은 단의 이음에 한한다)의 (①)[m]마다 임의의 위치 2개소(T이음부가 수직이음 촬영개소 전체 중 25[%] 이상 적용되도록 한다)로 하고, 수평이음은 용접사별로 용접한 이음의 (②)[m]마다 임의의 위치 2개소로 한다.

㉯ 추가 촬영개소

판두께	최하단	2단 이상의 단
(③)[mm] 이하	모든 수직이음의 임의의 위치 1개소	80[℃]
(④)[mm] 초과 (⑤)[mm] 이하	모든 수직이음의 임의의 위치 2개소 (단, 1개소는 가장 아랫부분으로 한다)	모든 수직·수평이음의 접합점 및 모든 수직이음의 임의 위치 1개소
(⑥)[mm] 초과	모든 수직이음 100[%] (온길이)	

해설

방사선투과시험의 방법 및 판정기준(세부기준 제34조)

용접부시험 중 방사선투과시험의 실시범위(촬영개소)는 재질, 판두께, 용접이음 등에 따라서 다르게 적용할 수 있으며 옆판 용접선의 방사선투과시험의 촬영개소는 다음에 의할 것을 원칙으로 한다.

① 기본 촬영개소

　　수직이음은 용접사별로 용접한 이음(같은 단의 이음에 한한다.)의 **30**[m]마다 임의의 위치 2개소(T이음부가 수직이음 촬영개소 전체 중 25[%] 이상 적용되도록 한다)로 하고, 수평이음은 용접사별로 용접한 이음의 **60**[m]마다 임의의 위치 2개소로 한다.

② 추가 촬영개소

판두께	최하단	2단 이상의 단
10[mm] 이하	모든 수직이음의 임의의 위치 1개소	
10[mm] 초과 25[mm] 이하	모든 수직이음의 임의의 위치 2개소 (단, 1개소는 가장 아랫부분으로 한다)	모든 수직·수평이음의 접합점 및 모든 수직이음의 임의 위치 1개소
25[mm] 초과	모든 수직이음 100[%] (온길이)	

정답　① 30　　② 60
　　　　③ 10　　④ 10
　　　　⑤ 25　　⑥ 25

08

다음 제3류 위험물이 물과 반응할 때 생성되는 반응식과 기체를 쓰고, 반응하지 않으면 "발생기체 없음"이라고 적으시오.

㉮ 인화아연
㉯ 수소화리튬
㉰ 칼슘
㉱ 탄화칼슘
㉲ 탄화알루미늄

해설

① 인화아연 : $Zn_3P_2 + 6H_2O \rightarrow 3Zn(OH)_2 + 2PH_3 \uparrow$
② 수소화리튬 : $LiH + H_2O \rightarrow LiOH + H_2 \uparrow$
③ 칼슘 : $Ca + 2H_2O \rightarrow Ca(OH)_2 + H_2 \uparrow$
④ 탄화칼슘 : $CaC_2 + 2H_2O \rightarrow Ca(OH)_2 + C_2H_2 \uparrow$
⑤ 탄화알루미늄 : $Al_4C_3 + 12H_2O \rightarrow 4Al(OH)_3 + 3CH_4 \uparrow$

정답
㉮ $Zn_3P_2 + 6H_2O \rightarrow 3Zn(OH)_2 + 2PH_3$
㉯ $LiH + H_2O \rightarrow LiOH + H_2$
㉰ $Ca + 2H_2O \rightarrow Ca(OH)_2 + H_2$
㉱ $CaC_2 + 2H_2O \rightarrow Ca(OH)_2 + C_2H_2$
㉲ $Al_4C_3 + 12H_2O \rightarrow 4Al(OH)_3 + 3CH_4$

09

위험물안전관리법령상 위험물 탱크의 정의를 쓰시오.

㉮ 지중탱크   ㉯ 해상탱크
㉰ 특정옥외탱크저장소   ㉱ 준특정옥외탱크저장소

해설

탱크의 정의

① 지중탱크 : 저부가 지반면 아래에 있고 상부가 지반면 이상에 있으며 탱크 내 위험물의 최고 액면이 지반면 아래에 있는 원통종형식의 위험물 탱크
② 해상탱크 : 해상의 동일 장소에 정치되어 육상에 설치된 설비와 배관 등에 의하여 접속된 위험물 탱크
③ 특정옥외탱크저장소 : 옥외탱크저장소 중 그 저장 또는 취급하는 액체위험물의 최대수량이 100만[L] 이상의 것
④ 준특정옥외탱크저장소 : 옥외탱크저장소 중 그 저장 또는 취급하는 액체위험물의 최대수량이 50만[L] 이상 100만[L] 미만의 것

정답
㉮ 저부가 지반면 아래에 있고 상부가 지반면 이상에 있으며 탱크 내 위험물의 최고 액면이 지반면 아래에 있는 원통종형식의 위험물 탱크
㉯ 해상의 동일 장소에 정치되어 육상에 설치된 설비와 배관 등에 의하여 접속된 위험물 탱크
㉰ 옥외탱크저장소 중 그 저장 또는 취급하는 액체위험물의 최대수량이 100만[L] 이상의 것
㉱ 옥외탱크저장소 중 그 저장 또는 취급하는 액체위험물의 최대수량이 50만[L] 이상 100만[L] 미만의 것

10 제1종 분말소화약제인 탄산수소나트륨이 850[℃]에서 완전 분해반응식과 탄산수소나트륨이 336[kg]이 1기압, 25[℃]에서 발생하는 탄산가스의 체적[m³]은 얼마인가?

해설

제1종 분말소화약제(탄산수소나트륨)
① 열분해반응식
  ㉠ 제1종 분말
    • 1차 분해반응식(270[℃]) : $2NaHCO_3 \rightarrow Na_2CO_3 + CO_2\uparrow + H_2O$
    • **2차 분해반응식(850[℃])** : $2NaHCO_3 \rightarrow Na_2O + 2CO_2\uparrow + H_2O$
  ㉡ 제2종 분말
    • 1차 분해반응식(190[℃]) : $2KHCO_3 \rightarrow K_2CO_3 + CO_2\uparrow + H_2O$
    • 2차 분해반응식(590[℃]) : $2KHCO_3 \rightarrow K_2O + 2CO_2\uparrow + H_2O$
  ㉢ 제3종 분말
    • 1차 분해반응식(190[℃]) : $NH_4H_2PO_4 \rightarrow NH_3 + H_3PO_4$(인산, 오쏘인산)
    • 2차 분해반응식(215[℃]) : $2H_3PO_4 \rightarrow H_2O + H_4P_2O_7$(피로인산)
    • 3차 분해반응식(300[℃]) : $H_4P_2O_7 \rightarrow H_2O + 2HPO_3$(메타인산)
  ㉣ 제4종 분말 : $2KHCO_3 + (NH_2)_2CO \rightarrow K_2CO_3 + 2NH_3\uparrow + 2CO_2\uparrow$

② 탄산가스의 체적
  체적을 구해서 온도를 보정하면
  $2NaHCO_3 \rightarrow Na_2O + 2CO_2 + H_2O$
  $2 \times 84[kg]$ ─── $2 \times 22.4[m^3]$
  $336[kg]$ ─── x

  $x = \dfrac{336[kg] \times 2 \times 22.4[m^3]}{2 \times 84[kg]} = 89.6[m^3]$

  ∴ 체적에 온도를 보정하면 $89.6[m^3] \times \dfrac{273+25[K]}{273[K]} ≒ 97.81[m^3]$

[다른 방법]

$2NaHCO_3 \rightarrow Na_2O + 2CO_2 + H_2O$
$2 \times 84[kg]$ ─── $2 \times 44[kg]$
$336[kg]$ ─── x

$x = \dfrac{336[kg] \times 2 \times 44[kg]}{2 \times 84[kg]} = 176[kg]$

부피를 계산하면
$V = \dfrac{WRT}{PM} = \dfrac{176 \times 0.08205 \times (273+25)}{1 \times 44} ≒ 97.8[m^3]$

정답
• 완전 분해반응식 : $2NaHCO_3 \rightarrow Na_2O + 2CO_2 + H_2O$
• 탄산가스의 체적 : $97.8m^3$

11
과산화칼륨과 아세트산의 반응식을 쓰고 생성되는 제6류 위험물의 열분해반응식을 쓰시오.

해설

과산화칼륨의 반응식
① 분해 반응식 : $2K_2O_2 \rightarrow 2K_2O + O_2 \uparrow$
② 물과 반응 : $2K_2O_2 + 2H_2O \rightarrow 4KOH + O_2 \uparrow$
③ 탄산가스와 반응 : $2K_2O_2 + 2CO_2 \rightarrow 2K_2CO_3 + O_2 \uparrow$
④ 초산과 반응 : $K_2O_2 + 2CH_3COOH \rightarrow 2CH_3COOK + H_2O_2 \uparrow$
　　　　　　　　　　　　　　　　　　　　　(초산칼륨)　(과산화수소)

Plus One 과산화수소의 분해반응식
　$2H_2O_2 \rightarrow 2H_2O + O_2$

⑤ 염산과 반응 : $K_2O_2 + 2HCl \rightarrow 2KCl + H_2O_2 \uparrow$
⑥ 알코올과 반응 : $K_2O_2 + 2C_2H_5OH \rightarrow 2C_2H_5OK + H_2O_2 \uparrow$
⑦ 황산과 반응 : $K_2O_2 + H_2SO_4 \rightarrow K_2SO_4 + H_2O_2 \uparrow$

정답
- 반응식 : $K_2O_2 + 2CH_3COOH \rightarrow 2CH_3COOK + H_2O_2$
- 열분해반응식 : $2H_2O_2 \rightarrow 2H_2O + O_2$

12
위험물제조소 등의 관계인은 예방규정을 작성해야 하는데 작성 내용 5가지를 쓰시오(단, 그 밖에 위험물의 안전관리에 관하여 필요한 사항은 제외한다).

해설

예방규정
① 작성자 : 제조소 등의 관계인
② 행정절차 : 제조소 등의 사용을 시작하기 전에 시·도지사에게 제출
③ 예방규정 작성 내용(시행규칙 제63조)
　㉠ 위험물의 안전관리업무를 담당하는 자의 직무 및 조직에 관한 사항
　㉡ 안전관리자가 여행·질병 등으로 인하여 그 직무를 수행할 수 없을 경우 그 직무의 대리자에 관한 사항
　㉢ 자체소방대를 설치해야 하는 경우에는 자체소방대의 편성과 화학소방자동차의 배치에 관한 사항
　㉣ 위험물의 안전에 관계된 작업에 종사하는 자에 대한 안전교육에 관한 사항
　㉤ 위험물시설 및 작업장에 대한 안전순찰에 관한 사항
　㉥ 위험물시설·소방시설 그 밖의 관련시설에 대한 점검 및 정비에 관한 사항
　㉦ 위험물시설의 운전 또는 조작에 관한 사항
　㉧ 위험물 취급작업의 기준에 관한 사항
　㉨ 이송취급소에 있어서는 배관공사 현장책임자의 조건 등 배관공사 현장에 대한 감독체제에 관한 사항과 배관 주위에 있는 이송취급소 시설 외의 공사를 하는 경우 배관의 안전확보에 관한 사항
　㉩ 재난 그 밖의 비상시의 경우에 취해야 하는 조치에 관한 사항
　㉪ 위험물의 안전에 관한 기록에 관한 사항
　㉫ 제조소 등의 위치·구조 및 설비를 명시한 서류와 도면의 정비에 관한 사항
　㉬ 그 밖에 위험물의 안전관리에 관하여 필요한 사항

정답
- 위험물의 안전에 관계된 작업에 종사하는 자에 대한 안전교육에 관한 사항
- 위험물시설 및 작업장에 대한 안전순찰에 관한 사항
- 위험물시설·소방시설 그 밖의 관련시설에 대한 점검 및 정비에 관한 사항
- 위험물시설의 운전 또는 조작에 관한 사항
- 위험물 취급작업의 기준에 관한 사항

13. 압력이 152[kPa], 온도가 100[℃] 아세톤의 증기밀도는?

해설

이상기체 상태방정식을 적용하면

$$PV = nRT = \frac{W}{M}RT \qquad PM = \frac{W}{V}RT = \rho RT \qquad \rho(밀도) = \frac{PM}{RT}$$

여기서, P : 압력([atm])
V : 부피([L], [m³])
n : mol수
M : 분자량[CH_3COCH_3 = 12 + (1×3) + 12 + 16 + 12 + (1×3) = 58]
W : 무게([g])
R : 기체상수(0.08205[L·atm/g-mol·K])
T : 절대온도(273 + [℃] = 273 + 100[℃] = 373[K])

∴ 밀도를 구하면 $\rho(밀도) = \dfrac{PM}{RT} = \dfrac{\frac{152[kPa]}{101.325[kPa]} \times 1[atm] \times 58[g/g-mol]}{0.08205[L \cdot atm/g-mol \cdot K] \times 373[K]} ≒ 2.84[g/L]$

정답 2.84[g/L]

14
포소화설비에서 공기포 소화약제 혼합방식 4가지를 쓰시오.

해설

포소화약제의 혼합장치

① **펌프프로포셔너방식**(Pump Proportioner, 펌프혼합방식)
펌프의 토출관과 흡입관 사이의 배관 도중에 설치한 흡입기에 펌프에서 토출된 물의 일부를 보내고 농도조정밸브에서 조정된 포소화약제의 필요량을 포소화약제 저장탱크에서 펌프 흡입측으로 보내어 약제를 혼합하는 방식

② **라인프로포셔너방식**(Line Proportioner, 관로혼합방식)
펌프와 발포기의 중간에 설치된 벤투리관의 벤투리 작용에 따라 포소화약제를 흡입·혼합하는 방식. 이 방식은 옥외소화전에 연결 주로 1층에 사용하며 원액 흡입력 때문에 송수압력의 손실이 크고, 토출측 호스의 길이, 포원액 탱크의 높이 등에 민감하므로 아주 정밀설계와 시공을 요한다.

③ **프레셔프로포셔너방식**(Pressure Proportioner, 차압혼합방식)
펌프와 발포기의 중간에 설치된 벤투리관의 벤투리 작용과 펌프 가압수의 포소화약제 저장탱크에 대한 압력에 따라 포소화약제를 흡입·혼합하는 방식. 현재 우리나라에서는 3[%] 단백포 차압혼합방식을 많이 사용하고 있다.

④ **프레셔사이드프로포셔너방식**(Pressure Side Proportioner, 압입혼합방식)
펌프의 토출관에 압입기를 설치하여 포소화약제 압입용 펌프로 포소화약제를 압입시켜 혼합하는 방식

⑤ **압축공기포 믹싱챔버방식**
물, 포 소화약제 및 공기를 믹싱챔버로 강제주입시켜 챔버 내에서 포수용액을 생성한 후 포를 방사하는 방식

정답
- 펌프프로포셔너방식
- 라인프로포셔너방식
- 프레셔프로포셔너방식
- 프레셔사이드프로포셔너방식

15
지정수량 10[kg], 분자량이 114인 제3류 위험물에 대하여 다음 물음에 답하시오.
㉮ 물과의 반응식
㉯ 물과 반응 시 생성되는 기체의 위험도

해설

알킬알루미늄의 반응식

① 트라이메틸알루미늄(Tri Methyl Aluminium, TMAL)
  ㉠ 물과 반응 : $(CH_3)_3Al + 3H_2O \rightarrow Al(OH)_3 + 3CH_4 \uparrow$
  ㉡ 공기와 반응 : $2(CH_3)_3Al + 12O_2 \rightarrow Al_2O_3 + 9H_2O + 6CO_2 \uparrow$

② 트라이에틸알루미늄(Tri Ethyl Aluminium, TEAL, 분자량 : 114)
  ㉠ 물과 반응 : $(C_2H_5)_3Al + 3H_2O \rightarrow Al(OH)_3 + 3C_2H_6 \uparrow$
  ㉡ 공기와 반응 : $2(C_2H_5)_3Al + 21O_2 \rightarrow Al_2O_3 + 15H_2O + 12CO_2 \uparrow$

③ 트라이에틸알루미늄이 물과 반응 시 발생하는 가스 : 에테인(폭발범위 : 3.0~12.4[%])

④ 위험도 = $\dfrac{\text{상한값} - \text{하한값}}{\text{하한값}} = \dfrac{12.4 - 3}{3} ≒ 3.13$

정답
㉮ $(C_2H_5)_3Al + 3H_2O \rightarrow Al(OH)_3 + 3C_2H_6$
㉯ 3.13

16 제2류 위험물에 대하여 다음 표를 채우시오.

품 명	지정수량	위험등급
(①), (②), 황	(⑦)[kg]	(⑨)
(③), (④), (⑤)	500[kg]	(⑩)
(⑥)	(⑧)[kg]	III

해설
제2류 위험물

품 명	지정수량	위험등급
황화인, 적린, 황	100[kg]	II
철분, 금속분, 마그네슘	500[kg]	III
인화성고체	1,000[kg]	III

정답
① 황화인 ② 적 린
③ 철 분 ④ 금속분
⑤ 마그네슘 ⑥ 인화성고체
⑦ 100 ⑧ 1,000
⑨ II ⑩ III

17 다음 중 물보다 비중이 큰 것을 모두 물질의 명칭으로 쓰시오.

CS_2, HCOOH, CH_3COOH, $C_6H_5CH_3$, $CH_3COC_2H_5$, C_6H_5Br

해설
제4류 위험물의 비중(액체)

항목 \ 종류	CS_2	HCOOH	CH_3COOH	$C_6H_5CH_3$	$CH_3COC_2H_5$	C_6H_5Br
명 칭	이황화탄소	의산(개미산)	초산(아세트산)	톨루엔	메틸에틸케톤	브로모벤젠
품 명	특수인화물	제2석유류	제2석유류	제1석유류	제1석유류	제2석유류
비 중	1.26	1.2	1.05	0.86	0.8	1.49

정답 이황화탄소, 의산, 초산, 브로모벤젠

18
위험물안전관리법령상 암반탱크저장소의 설치기준 3가지와 암반탱크에 적합한 수리조건 2가지를 쓰시오.

해설

암반탱크저장소(시행규칙 별표 12)

① **암반탱크 설치기준**
 ㉠ 암반탱크는 암반투수계수가 1초당 1/10만[m] 이하인 천연암반 내에 설치할 것
 ㉡ 암반탱크는 저장할 위험물의 증기압을 억제할 수 있는 지하수면하에 설치할 것
 ㉢ 암반탱크는 내벽은 암반균열에 의한 낙반을 방지할 수 있도록 볼트·콘크리트 등으로 보강할 것

② **수리조건**
 ㉠ 암반탱크 내로 유입되는 지하수의 양은 암반 내의 지하수 충전량보다 적을 것
 ㉡ 암반탱크의 상부로 물을 주입하여 수압을 유지할 필요가 있는 경우에는 수벽공을 설치할 것
 ㉢ 암반탱크에 가해지는 지하수압은 저장소의 최대운영압보다 항상 크게 유지할 것

③ **지하수위 관측공의 설치**
 암반탱크저장소 주위에는 지하수위 및 지하수의 흐름 등을 확인·통제할 수 있는 관측공을 설치해야 한다.

④ **계량장치**
 암반탱크저장소에는 위험물의 양과 내부로 유입되는 지하수의 양을 측정할 수 있는 계량구와 자동측정이 가능한 계량장치를 설치해야 한다.

⑤ **배수시설**
 암반탱크저장소에는 주변 암반으로부터 유입되는 침출수를 자동으로 배출할 수 있는 시설을 설치하고 침출수에 섞인 위험물이 직접 배수구로 흘러 들어가지 않도록 유분리장치를 설치해야 한다.

⑥ **펌프설비**
 암반탱크저장소의 펌프설비는 점검 및 보수를 위하여 사람의 출입이 용이한 구조의 전용공동에 설치해야 한다. 다만, 액중펌프(펌프 또는 전동기를 저장탱크 또는 암반탱크 안에 설치하는 것을 말한다)를 설치한 경우에는 그렇지 않다.

정답
- 암반탱크 설치기준
  - 암반탱크는 암반투수계수가 1초당 1/10만[m] 이하인 천연암반 내에 설치할 것
  - 암반탱크는 저장할 위험물의 증기압을 억제할 수 있는 지하수면하에 설치할 것
  - 암반탱크는 내벽은 암반균열에 의한 낙반을 방지할 수 있도록 볼트·콘크리트 등으로 보강할 것
- 수리조건
  - 암반탱크 내로 유입되는 지하수의 양은 암반 내의 지하수 충전량보다 적을 것
  - 암반탱크의 상부로 물을 주입하여 수압을 유지할 필요가 있는 경우에는 수벽공을 설치할 것

19. 다음에 제시된 주유취급소의 그림을 보고, 다음 물음에 답하시오.

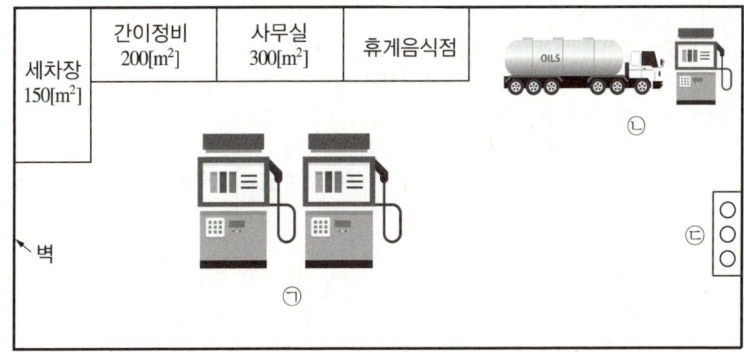

㉮ 옥내주유취급소에 관한 사항에 대해 (   ) 안에 들어갈 말을 쓰시오.
  • 건축물 안에 설치하는 주유취급소
  • 캐노피·처마·차양·부연·발코니 및 루버의 (   )이 주유취급소의 (   )의 1/3을 초과하는 주유취급소
㉯ ㉠과 ㉡의 명칭은?
㉰ ㉠의 주위에는 주유를 받으려는 자동차 등이 출입할 수 있도록 콘크리트로 포장한 공간을 보유해야 한다. 이 장소의 명칭과 크기를 쓰시오.
  • 명칭 :
  • 크기 :
㉱ 담 또는 벽의 일부분에 방화상 유효한 구조의 유리를 부착하는 경우이다.
  • ㉡과의 거리 :
  • 유리를 부착하는 범위는 담 또는 벽의 길이의 (   )를 초과하지 않을 것
㉲ ㉢은 지하저장탱크의 주입관이다. 정전기 제거를 위해 설치하는 것은?
㉳ 폐유 등의 위험물을 저장하는 탱크의 용량은?
㉴ 주유원 간이대기실의 바닥면적은?
㉵ 휴게음식점의 최대면적은?
㉶ 건축물 중 사무실 그 밖의 화기를 사용하는 곳은 다음의 기준에 적합한 구조로 해야 한다. 그 이유에 대해 쓰시오.
  • 출입구는 건축물의 안에서 밖으로 수시로 개방할 수 있는 자동폐쇄식의 것으로 할 것
  • 출입구 또는 사이통로의 문턱의 높이를 15[cm] 이상으로 할 것
  • 높이 1[m] 이하의 부분에 있는 창 등은 밀폐시킬 것
㉷ 해당 주유소에 대하여 다음에 답하시오.
  • 소화난이도 등급 :
  • 설치해야 하는 소화설비 :

해설
주유취급소

㉮ 옥내주유취급소

소방청장이 정하여 고시하는 용도로 사용하는 부분이 없는 건축물(옥내주유취급소에서 발생한 화재를 옥내주유취급소의 용도로 사용하는 부분 외의 부분에 자동적으로 유효하게 알릴 수 있는 자동화재탐지설비 등을 설치한 건축물에 한한다)에 설치할 수 있다.
① 건축물 안에 설치하는 주유취급소
② 캐노피·처마·차양·부연·발코니 및 루버의 **수평투영면적**이 주유취급소의 **공지면적의 1/3**을 초과하는 주유취급소

㉯ ⊙과 ⓒ의 명칭
⊙ 고정주유설비 : 펌프기기 및 호스기기로 되어 위험물을 자동차 등에 직접 주유하기 위한 설비로서 현수식의 것을 포함한다.
ⓒ 고정급유설비 : 펌프기기 및 호스기기로 되어 위험물을 용기에 옮겨 담거나 이동저장탱크에 주입하기 위한 설비로서 현수식의 것을 포함한다.

㉰ ⊙의 주위에는 주유를 받으려는 자동차 등이 출입할 수 있도록 콘크리트로 포장한 공간을 보유해야 한다. 이 장소의 명칭과 크기
① 명칭 : 주유공지
② 크기 : 너비 15[m] 이상, 길이 6[m] 이상

㉱ 담 또는 벽의 일부분에 방화상 유효한 구조의 유리를 부착하는 경우이다.
① 유리를 부착하는 위치는 주입구, 고정주유설비 및 고정급유설비로부터 **4[m] 이상** 거리를 둘 것
② 유리를 부착하는 범위는 전체의 담 또는 벽의 길이의 **2/10**를 초과하지 않을 것

㉲ ⓒ은 지하저장탱크의 주입관에 정전기 제거를 위해 **접지전극**을 설치한다.

㉳ **폐유** 등의 위험물을 저장하는 탱크의 용량 : **2,000[L] 이하**

㉴ 주유원 간이대기실의 기준
① 불연재료로 할 것
② 바퀴가 부착되지 않은 고정식일 것
③ 차량의 출입 및 주유작업에 장애를 주지 않는 위치에 설치할 것
④ 바닥면적이 **2.5[m²] 이하**일 것. 다만, 주유공지 및 급유공지 외의 장소에 설치하는 것은 그렇지 않다.

㉵ 휴게음식점의 최대면적

> **Plus One** 주유취급소의 위치·구조 및 설비의 기준(시행규칙 별표 13)
> ㉮ 주유취급소에 설치할 수 있는 건축물 또는 시설
> ① 주유 또는 등유·경유를 옮겨 담기 위한 작업장
> ② 주유취급소의 업무를 행하기 위한 사무소
> ③ 자동차 등의 점검 및 간이정비를 위한 작업장
> ④ 자동차 등의 세정을 위한 작업장
> ⑤ 주유취급소에 출입하는 사람을 대상으로 한 점포·휴게음식점 또는 전시장
> ⑥ 주유취급소의 관계자가 거주하는 주거시설
> ⑦ 전기자동차용 충전설비(전기를 동력원으로 하는 자동차에 직접 전기를 공급하는 설비)
> ⑧ 그 밖의 소방청장이 정하여 고시하는 건축물 또는 시설
> ㉯ 건축물에 설치할 수 있는 면적의 합계
> 주유취급소의 직원 외의 자가 출입하는 ㉮의 ②+③+⑤의 용도에 제공하는 부분의 면적의 합은 1,000[m²]를 초과할 수 없다.
> ∴ 문제에서 사무소(300[m²]), 간이정비작업장(200[m²])이 주어졌으니까
> 휴게음식점 = 1,000[m²] − (300[m²] + 200[m²]) = 500[m²]

㉶ 건축물 중 사무실 그 밖의 화기를 사용하는 곳은 누설한 **가연성의 증기가 그 내부에 유입되지 않도록** 다음의 기준에 적합한 구조로 할 것
① 출입구는 건축물의 안에서 밖으로 수시로 개방할 수 있는 자동폐쇄식의 것으로 할 것
② 출입구 또는 사이통로의 문턱의 높이를 15[cm] 이상으로 할 것
③ 높이 1[m] 이하의 부분에 있는 창 등은 밀폐시킬 것

㊛ 소화난이도 등급 구분
① 소화난이도등급Ⅰ에 해당하는 제조소 등

제조소 등의 구분	제조소 등의 규모, 저장 또는 취급하는 위험물의 품명 및 최대수량 등
주유취급소	별표 13 Ⅴ제2호에 따른 면적의 합이 500[m²]를 초과하는 것

② 소화난이도등급Ⅰ의 제조소 등에 설치해야 하는 소화설비

제조소 등의 구분	소화설비
주유취급소	스프링클러설비(건축물에 한정한다), 소형수동식소화기 등(능력단위의 수치가 건축물 그 밖의 공작물 및 위험물의 소요단위의 수치에 이르도록 설치할 것)

정답
㉮ 수평투영면적, 공지면적
㉯ ㉠ 고정주유설비
　　㉡ 고정급유설비
㉰ • 명칭 : 주유공지
　　• 크기 : 너비 15[m] 이상, 길이 6[m] 이상
㉱ • 4[m] 이상
　　• 2/10
㉲ 접지전극
㉳ 2,000[L] 이하
㉴ 2.5[m²] 이하
㉵ 500[m²]
㉶ 가연성의 증기가 그 내부에 유입되지 않도록 하기 위하여
㉷ • 소화난이도등급 : Ⅰ
　　• 소화설비 : 스프링클러설비(건축물에 한정한다), 소형수동식소화기 등(능력단위의 수치가 건축물 그 밖의 공작물 및 위험물의 소요단위의 수치에 이르도록 설치할 것)

2020년 6월 14일 시행 과년도 기출복원문제

01 위험물안전관리법령상 다음 물음에 답하시오.
㉮ 제조소 등의 지위승계 신고 시 제출서류 3가지는?
㉯ 제조소 등의 위치, 구조 또는 설비 변경 없이 위험물의 품명·수량 또는 지정수량의 배수를 변경하고자 하는 자는 며칠 전까지 시·도지사에게 신고해야 하는가?
㉰ 제조소 등에 선임된 위험물 안전관리자가 퇴직하였다.
  ㉠ 재선임 시 신고주체는?
  ㉡ 재선임기간은?
  ㉢ 선임 후 신고기간은?
㉱ B 씨가 2019년 2월 1일 A 씨로부터 위험물 주유취급소를 인수한 후 수익성이 없어 2019년 2월 20일 용도폐지 후 2019년 3월 31일 관할 소방서에 용도폐지를 신고하였다.
  ㉠ 위반자는?
  ㉡ 위반내용은?
  ㉢ 과태료는?
㉲ 위험물취급자격자의 자격에 대하여 다음 표의 ( ) 안에 알맞은 답을 쓰시오.

위험물기능장, 위험물산업기사, 위험물기능사	모든 위험물
(㉠)	제4류 위험물
소방공무원 경력자(소방공무원으로 근무한 경력이 3년 이상인 자)	(㉡)

해설
① **지위승계 신고 시 제출서류(시행규칙 제22조)**
  ㉠ 지위승계신고서(전자문서로 된 신고서를 포함한다)
  ㉡ 제조소 등의 완공검사합격확인증
  ㉢ 지위승계를 증명하는 서류(전자문서를 포함한다)

  지위승계신고 : 시·도지사 또는 소방서장에게 제출

② 제조소 등의 위치·구조 또는 설비의 변경 없이 해당 제조소 등에서 저장하거나 취급하는 위험물의 **품명·수량 또는 지정수량의 배수를** 변경하고자 하는 자는 변경하고자 하는 날의 **1일 전까지 시·도지사에게 신고**해야 한다.

③ 제조소 등에 선임된 위험물 안전관리자가 퇴직 시
  ㉠ 재선임 시 신고주체 : 제조소 등의 관계인
  ㉡ 재선임기간 : 해임 또는 퇴직한 때에는 해임하거나 퇴직한 날부터 30일 이내
  ㉢ 선임 후 신고기간 : 선임한 날부터 14일 이내 소방본부장 또는 소방서장에게 신고

④ 제조소 등의 용도폐지
  ㉠ 용도폐지 주최 : B씨
  ㉡ 용도폐지 신고 시 제출서류
    • 용도폐지신고서(전자문서로 된 신고서를 포함한다)
    • 제조소 등의 완공검사합격확인증
  ㉢ 서류 제출 : 시·도지사 또는 소방서장에게 제출
  ㉣ 위반자 : B씨
  ㉤ 위반내용 : 용도폐지 신고기한 초과(제조소 등의 용도를 폐지한 날부터 14일 이내에 시·도지사에게 신고)
  ㉥ 과태료
    신고기한(폐지일의 다음 날을 기산일로 하여 14일이 되는 날)의 다음 날을 기산일로 하여 30일 이내에 신고하였으므로 250만원의 과태료에 해당한다[2월 20일 용도폐지 했으니까 법적인 신고기한(2월 28일까지 있다고 보고) 3월 6일(법적기한 14일)이므로 3월 31일까지는 25일이 경과되었다].

위반행위	근거 법조문	과태료 금액
법 제11조에 따른 제조소 등의 폐지신고를 기간 이내에 하지 않거나 허위로 한 경우	법 제39조 제1항 제5호	
• 신고기한(폐지일의 다음날을 기산일로 하여 14일이 되는 날)의 다음날을 기산일로 하여 30일 이내에 신고한 경우		250
• 신고기한(폐지일의 다음날을 기산일로 하여 14일이 되는 날)의 다음날을 기산일로 하여 31일 이후에 신고한 경우		350
• 허위로 신고한 경우		500
• 신고를 하지 않은 경우		500

시·도지사 또는 소방서장에게 제출하라고 법으로 되어 있지만 실제로 현장에서 업무는 소방서장(소방서)에게 제출한다.

⑤ 위험물취급 자격자의 자격

위험물취급 자격자의 구분	취급할 수 있는 위험물
위험물기능장, 위험물산업기사, 위험물기능사	모든 위험물
안전관리자 교육이수자(소방청장이 실시하는 안전관리자교육을 이수한 자)	제4류 위험물
소방공무원 경력자(소방공무원으로 근무한 경력이 3년 이상인 자)	**제4류 위험물**

정답 ㉮ 제출서류
      • 지위승계신고서(전자문서로 된 신고서를 포함)
      • 제조소 등의 완공검사합격확인증
      • 지위승계를 증명하는 서류(전자문서 포함)
    ㉯ 1일
    ㉰ ㉠ 관계인
      ㉡ 30일 이내
      ㉢ 14일 이내
    ㉱ ㉠ B씨
      ㉡ 용도폐지 신고기한 초과
      ㉢ 250만원 과태료
    ㉲ ㉠ 안전관리자 교육이수자(소방청장이 실시하는 안전관리자교육을 이수한 자)
      ㉡ 제4류 위험물

02

위험물안전관리법령상 소화설비의 능력단위에 대하여 다음 ( ) 안에 알맞은 답을 쓰시오.

소화설비	용 량	능력단위
소화전용(專用) 물통	(㉮)[L]	0.3
수조(소화전용 물통 3개 포함)	80[L]	(㉯)
수조(소화전용 물통 (㉰)개 포함)	190[L]	2.5
마른모래(삽 1개 포함)	(㉱)[L]	0.5
팽창질석 또는 팽창진주암(삽 1개 포함)	160[L]	(㉲)

해설

소화설비의 능력단위

소화설비	용 량	능력단위
소화전용(專用) 물통	**8[L]**	0.3
수조(소화전용 물통 3개 포함)	80[L]	**1.5**
수조(소화전용 물통 **6개** 포함)	190[L]	2.5
마른 모래(=건조사, 삽 1개 포함)	**50[L]**	0.5
팽창질석 또는 팽창진주암(삽 1개 포함)	160[L]	**1.0**

정답 ㉮ 8   ㉯ 1.5
　　　 ㉰ 6   ㉱ 50
　　　 ㉲ 1.0

03

스테인리스강판으로 이동저장탱크의 방호틀과 방파판을 설치하고자 한다. 이때 사용재질의 인장강도가 130[N/mm²]일 때 방호틀과 방파판의 두께를 구하시오.

해설

이동저장탱크의 방호틀과 방파판의 두께(세부기준 제107조)

① 방호틀

KS규격품인 스테인리스강판, 알루미늄합금판, 고장력강판으로서 두께가 다음 식에 의하여 산출된 수치(소수점 2자리 이하는 올림) 이상으로 한다.

$$t = \sqrt{\frac{270}{\sigma}} \times 2.3$$

여기서 t : 사용재질의 두께[mm] σ : 사용재질의 인장강도[N/mm²]

$\therefore t = \sqrt{\dfrac{270}{\sigma}} \times 2.3 = \sqrt{\dfrac{270}{130}} \times 2.3 = 3.31[\text{mm}] \Rightarrow 3.4[\text{mm}]$

② 방파판

KS규격품인 스테인리스강판, 알루미늄합금판, 고장력강판으로서 두께가 다음 식에 의하여 산출된 수치(소수점 2자리 이하는 올림) 이상으로 한다.

$$t = \sqrt{\frac{270}{\sigma}} \times 1.6$$

여기서, t : 사용재질의 두께[mm] σ : 사용재질의 인장강도[N/mm^2]

∴ $t = \sqrt{\frac{270}{\sigma}} \times 1.6 = \sqrt{\frac{270}{130}} \times 1.6 = 2.31$[mm] ⇒ 2.4[mm]

이동저장탱크의 탱크·칸막이·맨홀 및 주입관의 뚜껑
KS규격품인 스테인리스강판, 알루미늄합금판, 고장력강판으로서 두께가 다음 식에 의하여 산출된 수치(소수점 2자리 이하는 올림) 이상으로 하고 판두께의 최소치는 **2.8[mm] 이상**일 것. 다만, 최대용량이 20[kL]를 초과하는 탱크를 알루미늄합금판으로 제작하는 경우에는 다음 식에 의하여 구한 수치에 1.1을 곱한 수치로 한다.

$$t = \sqrt[3]{\frac{400 \times 21}{\sigma \times A}} \times 3.2$$

여기서, t : 사용재질의 두께[mm]
       σ : 사용재질의 인장강도[N/mm^2]
       A : 사용재질의 신축률[%]

정답 방호틀 : 3.4[mm], 방파판 : 2.4[mm]

04

탄화칼슘 10[kg]의 물과 반응하였을 때 70[kPa], 30[℃]에서 몇 [m^3]의 아세틸렌가스가 발생하는지 계산하시오(단, 1기압은 약 101.3[kPa]이다).

해설

탄화칼슘(카바이드)의 반응식

CaC_2 + $2H_2O$ → $Ca(OH)_2$ + C_2H_2
64[kg] ──────────────── 26[kg]
10[kg] ──────────────── x

∴ $x = \dfrac{10[kg] \times 26[kg]}{64[kg]} = 4.06$[kg]

이상기체 상태방정식을 적용하면

$$PV = \frac{W}{M}RT \qquad V = \frac{WRT}{PM}$$

여기서, P : 압력(1[atm]) V : 부피[m^3]
       M : 분자량(C_2H_2 = 26) W : 무게(10[kg])
       R : 기체상수(0.08205[atm·m^3/kg-mol·K])
       T : 절대온도(273 + 30[℃] = 303[K])

∴ $V = \dfrac{WRT}{PM} = \dfrac{4.06[kg] \times 0.08205[atm \cdot m^3/kg-mol \cdot K] \times 303[K]}{\left(\dfrac{70[kPa]}{101.3[kPa]} \times 1[atm]\right) \times 26[kg/kg-mol]} = 5.62[m^3]$

정답 5.62[m^3]

05

연소범위 5~15[%]의 메테인이 75[vol%], 연소범위 2.1~9.5[%]의 프로페인이 25[vol%]로 섞여 있는 혼합가스의 위험도를 구하시오.

해설

혼합가스의 위험도

① 연소하한값

$$L_m = \dfrac{100}{\dfrac{V_1}{L_1} + \dfrac{V_2}{L_2}}$$

$$\therefore L_m = \dfrac{100}{\dfrac{75}{5} + \dfrac{25}{2.1}} = 3.72[\text{vol}\%]$$

② 연소상한값

$$L_m = \dfrac{100}{\dfrac{V_1}{L_1} + \dfrac{V_2}{L_2}}$$

$$\therefore L_m = \dfrac{100}{\dfrac{75}{15} + \dfrac{25}{9.5}} = 13.10[\text{vol}\%]$$

※ 혼합가스의 연소범위 : 3.72~13.10[vol%]

③ 위험도

$$위험도 \ H = \dfrac{U-L}{L}$$

여기서, U : 폭발상한값 L : 폭발하한값

$$\therefore 위험도 \ H = \dfrac{U-L}{L} = \dfrac{13.1 - 3.72}{3.72} = 2.52$$

정답 2.52

06 위험물안전관리법령상 위험물을 운반할 때 다음 물음에 답하시오.

㉮ 화기·충격주의, 물기엄금, 가연물접촉주의라는 주의사항을 갖는 위험물을 덮을 때에 쓰는 피복의 성질을 모두 쓰시오.
㉯ 제2류 위험물 중 방수성이 있는 피복으로 덮어야 하는 위험물의 주의사항을 쓰시오.
㉰ 차광성 또는 방수성이 있는 피복으로 하지 않는 위험물에 화기주의라고 표시되어 있다. 해당하는 위험물의 품명을 모두 적으시오.

해설

적재위험물에 따른 조치

① 차광성이 있는 것으로 피복
  ㉠ 제1류 위험물
  ㉡ 제3류 위험물 중 자연발화성 물질
  ㉢ 제4류 위험물 중 특수인화물
  ㉣ 제5류 위험물
  ㉤ 제6류 위험물

② 방수성이 있는 것으로 피복
  ㉠ 제1류 위험물 중 알칼리금속의 과산화물
  ㉡ 제2류 위험물 중 철분·금속분·마그네슘
  ㉢ 제3류 위험물 중 금수성 물질

③ 주의사항

Plus One
- 제1류 위험물
  - 알칼리금속의 과산화물 : 화기·충격주의, 물기엄금, 가연물접촉주의
  - 그 밖의 것 : 화기·충격주의, 가연물접촉주의
- 제2류 위험물
  - 철분·금속분·마그네슘 : 화기주의, 물기엄금
  - 인화성 고체 : 화기엄금
  - 그 밖의 것 : 화기주의(황화인, 적린, 황)
- 제3류 위험물
  - 자연발화성 물질 : 화기엄금, 공기접촉엄금
  - 금수성 물질 : 물기엄금
- 제4류 위험물 : 화기엄금
- 제5류 위험물 : 화기엄금, 충격주의
- 제6류 위험물 : 가연물접촉주의

정답
㉮ 차광성, 방수성이 있는 것으로 피복
㉯ 화기주의, 물기엄금
㉰ 황화인, 적린, 황

07 제3류 위험물인 탄화리튬이 물과 반응하여 생성되는 가연성증기의 연소반응식을 쓰시오.

해설

탄화리튬은 물과 반응하면 가연성가스인 아세틸렌을 발생한다. 아세틸렌가스는 연소하면 이산화탄소와 물이 생성된다.

- 탄화리튬과 물의 반응식 : $Li_2C_2 + 2H_2O \rightarrow 2LiOH + C_2H_2$
- 아세틸렌의 연소반응식 : $2C_2H_2 + 5O_2 \rightarrow 4CO_2 + 2H_2O$

정답 $2C_2H_2 + 5O_2 \rightarrow 4CO_2 + 2H_2O$

08 1기압, 35[℃]에서 1,000[m³]의 부피를 갖는 공기에 이산화탄소를 투입하여 산소를 15[vol%]로 하려면 소요되는 이산화탄소의 양은 몇 [kg]인지 구하시오(단, 처음 산소의 농도는 21[vol%]이고, 압력과 온도는 변하지 않는다. 기체상수는 0.082[atm · m³/kg-mol · K]이다).

해설

1,000[m³]의 공기 중 산소량 = $1,000 \times 0.21 = 210$[m³]

산소의 농도 15[%]로 낮출 때 이산화탄소의 체적

$15[\%] = \dfrac{210}{(V+1,000)} \times 100$, $V = 400[m^3]$

∴ 이상기체 상태방정식을 적용하면

$$PV = \dfrac{W}{M}RT \qquad W = \dfrac{PVM}{RT}$$

∴ $W = \dfrac{PVM}{RT} = \dfrac{1[atm] \times 400[m^3] \times 44[kg/kg-mol]}{0.082[atm \cdot m^3/kg-mol \cdot K] \times (273+35)[K]} = 696.86[kg]$

[다른 방법]

CO_2의 체적 $V = \dfrac{21-O_2}{O_2} \times 1,000[m^3] = \dfrac{21-15}{15} \times 1,000 = 400[m^3]$

이상기체 상태방정식을 적용하면

$$PV = \dfrac{W}{M}RT \qquad W = \dfrac{PVM}{RT}$$

$W = \dfrac{PVM}{RT} = \dfrac{1 \times 400 \times 44}{0.082 \times (273+35)} = 696.86[kg]$

정답 696.86[kg]

09 칼륨은 지정수량의 50배, 인화성 고체는 지정수량의 50배가 저장된 옥내저장소에 대하여 다음 물음에 답하시오(단, 내화구조의 격벽으로 완전히 구획되어 있다).

㉮ 저장창고 바닥의 최대면적은?
㉯ 칼륨과 인화성 고체가 구획된 격벽에 출입구를 설치할 수 있는가? 설치할 수 있으면 설치기준에 대해 쓰시오.
㉰ 벽, 기둥 및 내화구조인 경우 공지의 너비는?
㉱ 저장창고의 출입구에는 (　)을 설치하되, 연소의 우려가 있는 외벽에 있는 출입구에는 수시로 열수 있는 (　)을 설치해야 한다.

해설
옥내저장소

① 저장창고 바닥의 최대면적
  ㉠ 다음의 위험물을 저장하는 창고 : 1,000[m²] 이하

유 별	해당 위험물
제1류 위험물	아염소산염류, 염소산염류, 과염소산염류, 무기과산화물 그 밖에 지정수량이 50[kg]인 위험물
제3류 위험물	칼륨, 나트륨, 알킬알루미늄, 알킬리튬 그 밖에 지정수량이 10[kg]인 위험물 및 황린
제4류 위험물	특수인화물, 제1석유류 및 알코올류
제5류 위험물	지정수량이 10[kg]인 위험물
제6류 위험물	전 부

  ㉡ ㉠의 위험물 외의 위험물을 저장하는 창고 : 2,000[m²] 이하
  ㉢ ㉠의 위험물과 ㉡의 위험물을 **내화구조의 격벽으로 완전히 구획된 실에 각각 저장하는 창고 : 1,500[m²] 이하**(㉠의 위험물을 저장하는 실의 면적은 500[m²]를 초과할 수 없다)

② 출입구
  하나의 저장소에 격벽을 설치할 때에는 완전히 구획해야 하므로 격벽에는 출입구를 설치할 수 없다.

  ※ 하나의 옥내저장소에 격벽을 설치하고 두 개의 위험물을 저장할 때 소방서에서 발행하는 위험물제조소 등의 완공검사 합격확인증은 하나로 발행한다.

③ 옥내저장소에 저장 시 보유공지

저장 또는 취급하는 위험물의 최대수량	공지의 너비	
	벽·기둥 및 바닥이 내화구조로 된 건축물	그 밖의 건축물
지정수량의 5배 이하	-	0.5[m] 이상
지정수량의 5배 초과 10배 이하	1[m] 이상	1.5[m] 이상
지정수량의 10배 초과 20배 이하	2[m] 이상	3[m] 이상
지정수량의 20배 초과 50배 이하	3[m] 이상	5[m] 이상
지정수량의 **50배 초과 200배 이하**	**5[m] 이상**	10[m] 이상
지정수량의 200배 초과	10[m] 이상	15[m] 이상

  하나의 옥내저장소에 칼륨은 지정수량의 50배, 인화성 고체는 지정수량의 50배가 저장되니까 총 지정수량의 배수는 100배이므로 5[m] 이상 보유공지를 확보해야 한다.

④ 저장창고의 출입구에는 **60분+ 방화문·60분 방화문 또는 30분 방화문**을 설치하되, 연소의 우려가 있는 외벽에 있는 출입구에는 수시로 열 수 있는 **자동폐쇄식의 60분+ 방화문 또는 60분 방화문**을 설치해야 한다.

정답 ㉮ 1,500[m²] 이하
 ㉯ 설치할 수 없다.
 ㉰ 5[m] 이상
 ㉱ 60분+ 방화문·60분 방화문 또는 30분 방화문, 자동폐쇄식의 60분+ 방화문 또는 60분 방화문

10

중탄산나트륨의 270[℃]에서의 열분해반응식을 쓰고, 중탄산나트륨 8.4[g]이 반응해서 발생하는 이산화탄소의 부피는 몇 [L]인지 구하시오.

해설

제1종 분말소화약제(중탄산나트륨)
① 분해반응식(270[℃]) : $2NaHCO_3 \rightarrow Na_2CO_3 + CO_2 + H_2O$
② 이산화탄소의 부피를 구하면

$2NaHCO_3 \rightarrow Na_2CO_3 + CO_2 + H_2O$
$2 \times 84[g]$ ─── $22.4[L]$
$8.4[g]$ ─── x

$\therefore x = \dfrac{8.4[g] \times 22.4[L]}{2 \times 84[g]} = 1.12[L]$

표준상태(0[℃], 1[atm])에서
• 기체 1[g-mol]이 차지하는 부피 : 22.4[L]
• 기체 1[kg-mol]이 차지하는 부피 : 22.4[m³]

정답 • 분해반응식 : $2NaHCO_3 \rightarrow Na_2CO_3 + CO_2 + H_2O$
 • 발생하는 이산화탄소의 부피 : 1.12[L]

11

인화점이 −17[℃], 수용성이고 분자량이 27인 독성이 강한 제4류 위험물에 대하여 답하시오.
㉮ 물질명 ㉯ 화학식
㉰ 구조식 ㉱ 위험등급

해설

사이안화수소
① 물 성

품 명	지정수량	화학식	구조식	분자량	위험등급	인화점
제1석유류 (수용성)	400[L]	HCN	H−C≡N	27 (1+12+14)	Ⅱ	−17[℃]

② 제법 : 메테인-암모니아 혼합물의 촉매 산화반응, 사이안화나트륨과 황산의 반응, 폼아마이드($HCONH_2$)의 분해반응의 3가지 주요방법으로 합성된다.

정답 ㉮ 사이안화수소 ㉯ HCN
 ㉰ H−C≡N ㉱ Ⅱ

12 벤젠에 수은을 촉매로 하여 질산을 반응시켜 제조하는 물질로 DDNP(Diazodinitro Phenol)의 원료로 사용되는 위험물에 대하여 답하시오.

㉮ 구조식 :
㉯ 품 명 :
㉰ 지정수량 :

해설

피크르산(Tri Nitro Phenol)은 DDNP(Diazodinitro Phenol)를 원료로 다이아조화해서 얻어지므로 피크르산의 물성은 다음과 같다.

① 물성

화학식	유별	품명	지정수량	착화점
$C_6H_2OH(NO_2)_3$	제5류 위험물	나이트로화합물(제1종)	10[kg]	300[℃]

② 광택 있는 황색의 침상 결정이고 찬물에는 미량 녹고 알코올, 에터 온수에는 잘 녹는다.
③ 나이트로화합물류 중 분자구조 내에 하이드록시기(-OH)를 갖는 위험물이다.
④ 쓴맛과 독성이 있고 알코올, 에터, 벤젠, 더운물에는 잘 녹는다.

• 피크르산의 구조식

• 피크르산의 분해반응식
$2C_6H_2OH(NO_2)_3 \rightarrow 2C + 3N_2\uparrow + 3H_2\uparrow + 4CO_2\uparrow + 6CO\uparrow$

정답 ㉮ (구조식)
㉯ 나이트로화합물(제1종)
㉰ 10[kg]

13 이황화탄소의 옥외저장탱크는 벽 및 바닥의 두께가 (㉠)[m] 이상이고 누수가 되지 않는 (㉡)의 수조에 보관해야 한다. 이 경우 보유공지, 통기관 및 (㉢)는 생략할 수 있다.

해설

이황화탄소의 옥외탱크저장소
① 이황화탄소의 옥외저장탱크는 벽 및 바닥의 **두께가 0.2[m] 이상**이고 누수가 되지 않는 **철근콘크리트**의 수조에 넣어 보관해야 한다. 이 경우 **보유공지, 통기관 및 자동계량장치**는 생략할 수 있다.
② 이황화탄소(CS_2)는 물에 녹지 않고, 액체의 비중이 1.26으로 가연성증기의 발생을 억제하기 위하여 물속에 저장한다.

정답 ㉠ 0.2　　㉡ 철근콘크리트　　㉢ 자동계량장치

14 위험물안전관리법령에 따라 탱크시험자가 갖추어야 하는 장비는 필수장비와 필요한 경우에 두는 장비로 구분할 수 있다. 필수장비 3가지와 필요한 장비 3가지를 쓰시오.

해설
탱크시험자가 갖추어야 할 기술장비(시행령 별표 7)
① 기술능력
　㉠ 필수인력
　　• 위험물기능장·위험물산업기사 또는 위험물기능사 1명 이상
　　• 비파괴검사기술사 1명 이상 또는 초음파비파괴검사·자기비파괴검사 및 침투비파괴검사별로 기사 또는 산업기사 각 1명 이상
　㉡ 필요한 경우에 두는 인력
　　• 충·수압시험, 진공시험, 기밀시험 또는 내압시험의 경우 : 누설비파괴검사 기사, 산업기사 또는 기능사
　　• 수직·수평도시험의 경우 : 측량 및 지형공간정보기술사, 기사, 산업기사 또는 측량기능사
　　• 방사성투과시험의 경우 : 방사성비파괴검사 기사 또는 산업기사
　　• 필수 인력의 보조 : 방사선비파괴검사·초음파비파괴검사·자기비파괴검사 또는 침투비파괴검사기능사
② 시설 : 전용사무실
③ 장비
　㉠ 필수장비 : 자기탐상시험기, 초음파두께측정기 및 다음 중 어느 하나
　　• 영상초음파시험기
　　• 방사성투과시험기 및 초음파시험기
　㉡ 필요한 경우에 두는 장비
　　• 충·수압시험, 진공시험, 기밀시험 또는 내압시험의 경우
　　　- 진공능력 53[kPa] 이상의 진공누설시험기
　　　- 기밀시험장비(안전장치가 부착된 것으로서 가압능력 200[kPa] 이상, 감압의 경우에는 감압능력 10[kPa] 이상·감도 10[Pa] 이하의 것으로서 각각의 압력변화를 스스로 기록할 수 있는 것)
　　• 수직·수평도 시험의 경우 : 수직·수평도측정기

둘 이상의 기능을 함께 가지고 있는 장비를 갖춘 경우에는 각각의 장비를 갖춘 것으로 본다.

정답
• 필수장비 : 자기탐상시험기, 초음파두께측정기, 영상초음파시험기
• 필요시 갖추어야 할 장비
　- 충·수압시험, 진공시험, 기밀시험 또는 내압시험의 경우 : 진공능력 53[kPa] 이상의 진공누설시험기, 기밀시험장치(안전장치가 부착된 것으로서 가압능력 200[kPa] 이상, 감압의 경우에는 감압능력 10[kPa] 이상·감도 10[Pa] 이하의 것으로서 각각의 압력변화를 스스로 기록할 수 있는 것)
　- 수직·수평도 시험의 경우 : 수직·수평도측정기

15 지정수량 50[kg], 분자량 78, 비중 2.8인 물질의 명칭과 이 물질이 아세트산과 반응 시 화학반응식을 쓰시오.

해설

과산화나트륨

① 물 성

화학식	지정수량	분자량	비 중	융 점	분해 온도
Na_2O_2	50[kg]	78	2.8	460[℃]	460[℃]

② 순수한 것은 백색이지만 보통은 황백색의 분말이다.
③ 에틸알코올에 녹지 않는다.
④ 목탄, 가연물과 접촉하면 발화되기 쉽다.
⑤ 산(염산)과 반응하면 과산화수소(H_2O_2)를 생성한다.

$$Na_2O_2 + 2HCl \rightarrow 2NaCl + H_2O_2$$

⑥ 물과 반응하면 산소가스를 발생하고 많은 열을 발생한다.

$$2Na_2O_2 + 2H_2O \rightarrow 4NaOH + O_2\uparrow + 발열$$

⑦ 아세트산과 반응 시 초산나트륨과 과산화수소를 생성한다.

$$Na_2O_2 + 2CH_3COOH \rightarrow 2CH_3COONa + H_2O_2$$

⑧ 소화방법 : 마른모래, 탄산수소염류 분말약제, 팽창질석, 팽창진주암

정답
- 물질 : 과산화나트륨
- 반응식 : $Na_2O_2 + 2CH_3COOH \rightarrow 2CH_3COONa + H_2O_2$

16 제1류 위험물인 과산화칼륨과 물, 아세트산, 염산의 반응식을 쓰시오.
㉮ 물
㉯ 아세트산
㉰ 염 산

해설

과산화칼륨의 반응식

① 분해반응식 : $2K_2O_2 \rightarrow 2K_2O + O_2$
② 물과의 반응 : $2K_2O_2 + 2H_2O \rightarrow 4KOH + O_2$
③ 탄산가스와 반응 : $2K_2O_2 + 2CO_2 \rightarrow 2K_2CO_3 + O_2$
④ **초산(아세트산)과 반응** : $K_2O_2 + 2CH_3COOH \rightarrow 2CH_3COOK + H_2O_2$
　　　　　　　　　　　　　　　　　　　　　　　　(초산칼륨)　(과산화수소)
⑤ **염산과 반응** : $K_2O_2 + 2HCl \rightarrow 2KCl + H_2O_2$

정답
㉮ $2K_2O_2 + 2H_2O \rightarrow 4KOH + O_2$
㉯ $K_2O_2 + 2CH_3COOH \rightarrow 2CH_3COOK + H_2O_2$
㉰ $K_2O_2 + 2HCl \rightarrow 2KCl + H_2O_2$

17 할로젠화합물소화약제 중 할론1301에 대하여 다음 각 물음에 답하시오(단, F의 원자량은 19, Cl의 원자량은 35.5, Br의 원자량은 80, I의 원자량은 127이다).

㉮ 할론1301에서 각 숫자가 의미하는 원소를 쓰시오.
㉯ 증기비중을 구하시오.

해설
할로젠화합물소화약제
① 명명법

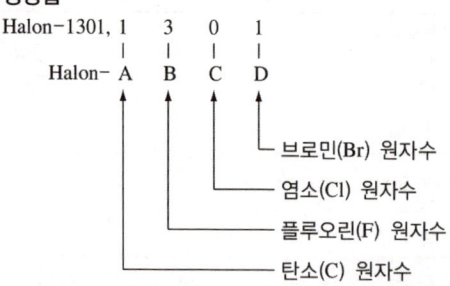

② 증기비중

$$증기비중 = \frac{분자량}{29}$$

할론1301의 분자량 : 149

∴ 증기비중 $= \dfrac{149}{29} = 5.14$

정답 ㉮ 숫자가 의미하는 원소
- 1 : C
- 3 : F
- 0 : Cl
- 1 : Br

㉯ 5.14

---

18 주유취급소에 담 또는 벽을 설치하는 데 일부분을 방화상 유효한 유리로 부착할 때 다음 물음에 답하시오.

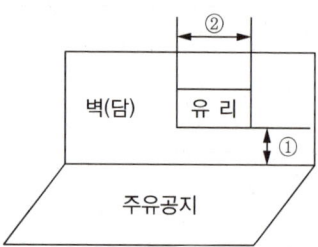

㉮ 유리의 부착높이
㉯ 유리판의 가로길이
㉰ 유리를 부착하는 범위는 전체의 담 또는 벽 길이의 얼마를 초과하지 말아야 하는가?

해설

주유취급소의 담 또는 벽의 일부분에 방화상 유효한 구조의 유리 부착기준(시행규칙 별표 13)

① 유리를 부착하는 위치는 주입구, 고정주유설비 및 고정급유설비로부터 4[m] 이상 거리를 둘 것
② 유리를 부착하는 방법은 다음의 기준에 모두 적합할 것
  ㉠ 주유취급소 내의 지반면으로부터 **70[cm]를 초과하는 부분**에 한하여 유리를 부착할 것
  ㉡ 하나의 **유리판의 가로의 길이는 2[m]** 이내일 것
  ㉢ 유리판의 테두리를 금속제의 구조물에 견고하게 고정하고 해당 구조물을 담 또는 벽에 견고하게 부착할 것
  ㉣ 유리의 구조는 접합유리(두 장의 유리를 두께 0.76[mm] 이상의 폴리비닐부티랄 필름으로 접합한 구조를 말한다)로 하되, 유리구획 부분의 내화시험방법(KS F 2845)에 따라 시험하여 비차열 30분 이상의 방화성능이 인정될 것
③ 유리를 부착하는 범위는 전체의 담 또는 벽의 길이의 **2/10**를 초과하지 않을 것

정답
  ㉮ 주유취급소 내의 지반면으로부터 70[cm]를 초과하는 부분
  ㉯ 2[m] 이내
  ㉰ 2/10

---

19 위험물 저장탱크에 설치하는 포소화설비의 포방출구(Ⅰ형, Ⅱ형, Ⅲ형, Ⅳ형, 특형)이다. ( ) 안에 적당한 말을 쓰시오.

㉮ ( )형 : 고정지붕구조(CRT)의 탱크에 저부포주입법(탱크의 액면하에 설치된 포방출구부터 포를 탱크 내에 주입하는 방법)을 이용하는 것으로 송포관으로부터 포를 방출하는 포방출구

㉯ ( )형 : 고정지붕구조의 탱크에 저부포주입법을 이용하는 것으로 평상시에는 탱크의 액면하의 저부에 격납통에 수납되어 있는 특수호스 등이 송포관의 말단에 접속되어 있다가 포를 보내어 선단(끝부분)의 액면까지 도달한 후 포를 방출하는 포방출구

㉰ 특형 : 부상지붕구조(Floating Roof Tank, FRT)의 탱크에 상부포주입법을 이용하는 것으로 부상지붕의 부상 부분상에 높이 0.9[m] 이상의 금속제의 칸막이를 탱크옆판의 내측으로부터 1.2[m] 이상 이격하여 설치하고 탱크옆판과 칸막이에 의하여 형성된 환상부분에 포를 주입하는 것이 가능한 구조의 반사판을 갖는 포방출구

㉱ ( )형 : 고정지붕구조(CRT) 또는 부상덮개부착 고정지붕 구조의 탱크에 상부포주입법을 이용하는 것으로 방출된 포가 탱크옆판의 내면을 따라 흘러 내려가면서 액면 아래로 몰입되거나 액면을 뒤섞지 않고 액면상을 덮을 수 있는 반사판 및 탱크 내의 위험물 증기가 외부로 역류되는 것을 저지할 수 있는 구조·기구를 갖는 포방출구

㉲ ( )형 : 고정지붕구조(Cone Roof Tank, CRT)의 탱크에 상부포주입법(고정포방출구를 탱크옆판의 상부에 설치하여 액표면상에 포를 방출하는 방법)을 이용하는 것으로 방출된 포가 액면 아래로 몰입되거나 액면을 뒤섞지 않고 액면상을 덮을 수 있는 통계단 또는 미끄럼판 등의 설비 및 탱크 내의 위험물 증기가 외부로 역류되는 것을 저지할 수 있는 구조·기구를 갖는 포방출구

해설

고정식 방출구의 종류
고정식 포방출구방식은 탱크에서 저장 또는 취급하는 위험물의 화재를 유효하게 소화할 수 있도록 하는 포방출구
① **I형** : 고정지붕구조(Cone Roof Tank, CRT)의 탱크에 **상부포주입법**(고정포방출구를 탱크옆판의 상부에 설치하여 액표면상에 포를 방출하는 방법)을 이용하는 것으로 방출된 포가 액면 아래로 몰입되거나 액면을 뒤섞지 않고 액면상을 덮을 수 있는 통계단 또는 미끄럼판 등의 설비 및 탱크 내의 위험물 증기가 외부로 역류되는 것을 저지할 수 있는 구조·기구를 갖는 포방출구
② **II형** : 고정지붕구조(CRT) 또는 부상덮개부착 고정 지붕구조의 탱크에 **상부포주입법**을 이용하는 것으로 방출된 포가 탱크옆판의 내면을 따라 흘러내려가면서 액면 아래로 몰입되거나 액면을 뒤섞지 않고 액면상을 덮을 수 있는 반사판 및 탱크 내의 위험물 증기가 외부로 역류되는 것을 저지할 수 있는 구조·기구를 갖는 포방출구
③ **특형** : 부상지붕구조(Floating Roof Tank, FRT)의 탱크에 상부포주입법을 이용하는 것으로 부상지붕의 부상부분상에 높이 0.9[m] 이상의 금속제의 칸막이를 탱크옆판의 내측으로부터 1.2[m] 이상 이격하여 설치하고 탱크옆판과 칸막이에 의하여 형성된 환상부분에 포를 주입하는 것이 가능한 구조의 반사판을 갖는 포방출구
④ **III형** : 고정지붕구조(CRT)의 탱크에 **저부포주입법**(탱크의 액면하에 실치된 포방출구로부터 포를 탱크 내에 주입하는 방법)을 이용하는 것으로 송포관으로부터 포를 방출하는 포방출구
⑤ **IV형** : 고정지붕구조(CRT)의 탱크에 **저부포주입법**을 이용하는 것으로 평상시에는 탱크의 액면하의 저부에 격납통에 수납되어 있는 특수호스 등이 송포관의 말단에 접속되어 있다가 포를 보내어 선단(끝부분)의 액면까지 도달한 후 포를 방출하는 포방출구

정답 ㉮ III형 ㉯ IV형
㉰ II형 ㉱ I형

2020년 8월 29일 시행 과년도 기출복원문제

01 제4류 위험물 제1석유류로서 럼주와 같은 향이 나는 액체이고 분자량 60, 인화점 -19[℃], 비중 0.97이다. 이 물질의 가수분해하면 알코올류와 제2석유류가 생성된다. 다음 각 물음에 답하시오.

㉮ 이 물질의 가수분해 반응식
㉯ 생성되는 알코올류의 연소반응식
㉰ 생성되는 제2석유류의 지정수량과 위험등급

해설

의산메틸과 생성되는 위험물

① 물성

화학식	명칭	품명	지정수량	분자량	인화점	비중	위험등급
$HCOOCH_3$	의산메틸	제1석유류 (수용성)	400[L]	60	-19[℃]	0.97	II

② 럼주와 같은 향기를 가진 무색, 투명한 액체이다.
③ **의산메틸의 가수분해 반응식**
의산과 메틸알코올의 축합물로서 가수분해하면 **메틸알코올**과 **의산**이 된다.

$$HCOOCH_3 + H_2O \rightarrow CH_3OH + HCOOH$$
(메틸알코올) (의산)

④ 생성되는 메틸알코올의 연소반응식

$$2CH_3OH + 3O_2 \rightarrow 4H_2O + 2CO_2$$

⑤ 생성되는 제2석유류(의산)

화학식	명칭	품명	지정수량	분자량	위험등급
$HCOOH$	의산	제2석유류 (수용성)	2,000[L]	46	III

정답
㉮ $HCOOCH_3 + H_2O \rightarrow CH_3OH + HCOOH$
㉯ $2CH_3OH + 3O_2 \rightarrow 4H_2O + 2CO_2$
㉰ 2,000[L], III

02 규조토에 흡수시켜 다이너마이트를 제조할 때 사용하는 제5류 위험물에 대하여 다음 각 물음에 답하시오.
㉮ 품 명
㉯ 화학식
㉰ 분해반응식

해설

나이트로글리세린(Nitro Glycerine, NG)

① 물 성

화학식	품 명	분자량	지정수량	위험등급
$C_3H_5(ONO_2)_3$	질산에스터류(제1종)	227	10[kg]	I

② 무색, 투명한 기름성의 액체(공업용 : 담황색)이다.
③ 알코올, 에터, 벤젠, 아세톤, 등 유기용제에는 녹는다.
④ 상온에서 액체이고 겨울에는 동결한다.
⑤ 일부가 동결한 것은 액상의 것보다 충격에 민감하다.
⑥ 가열, 마찰, 충격에 민감하다(폭발을 방지하기 위하여 다공성물질에 흡수시킨다).
⑦ 규조토에 흡수시켜 다이너마이트를 제조할 때 사용한다.

- 나이트로글리세린의 구조식

$$H-\underset{\underset{NO_2}{|}}{\overset{\overset{H}{|}}{C}}-\underset{\underset{NO_2}{|}}{\overset{\overset{H}{|}}{C}}-\underset{\underset{NO_2}{|}}{\overset{\overset{H}{|}}{C}}-H$$

- NG의 분해반응식

$$4C_3H_5(ONO_2)_3 \rightarrow 12CO_2\uparrow + 10H_2O + 6N_2\uparrow + O_2\uparrow$$

정답
㉮ 질산에스터류
㉯ $C_3H_5(ONO_2)_3$
㉰ $4C_3H_5(ONO_2)_3 \rightarrow 12CO_2 + 10H_2O + 6N_2 + O_2$

03

제4류 위험물의 특수인화물 중 물속에 저장하는 위험물에 대하여 답하시오.
- ㉮ 연소반응식
- ㉯ 증기비중
- ㉰ 옥외저장탱크 벽의 두께와 바닥의 두께

해설

이황화탄소(Carbon DiSulfide)

① 물 성

화학식	분자량	비 중	비 점	인화점	착화점	연소범위
CS_2	76	1.26	46[℃]	-30[℃]	90[℃]	1.0~50.0[%]

② 반응식
  ㉠ **연소반응식** : $CS_2 + 3O_2 \rightarrow CO_2 + 2SO_2$
  ㉡ 물과 반응 : $CS_2 + 2H_2O \rightarrow CO_2 + 2H_2S$

③ **증기비중**

$$증기비중 = \frac{분자량}{29}$$

∴ 증기비중 = $\frac{76}{29}$ = 2.62

④ 가연성 증기 발생을 억제하기 위하여 물속에 저장한다.
⑤ 이황화탄소의 옥외저장탱크는 **벽 및 바닥의 두께가 0.2[m] 이상**이고 누수가 되지 않는 **철근콘크리트**의 수조에 넣어 보관해야 한다. 이 경우 **보유공지, 통기관 및 자동계량장치**는 생략할 수 있다(시행규칙 별표 6).

정답
㉮ $CS_2 + 3O_2 \rightarrow CO_2 + 2SO_2$
㉯ 2.62
㉰ 0.2[m] 이상, 0.2[m] 이상

04 다음 조건에 해당하는 물질에 대하여 다음 물음에 답하시오.

- 제4류 위험물로서 증기비중이 약 3.9이고 벤젠을 철(Fe) 촉매하에 염소화시켜 제조한다.
- 황산을 촉매로 사용하여 클로랄과 이 물질을 반응시켜 DDT를 제조하는 데 사용한다.

㉮ 구조식을 쓰시오.
㉯ 위험등급을 쓰시오.
㉰ 지정수량을 쓰시오.
㉱ 도선 접지 설치유무(이동탱크저장소에 한한다)를 쓰시오.

해설
클로로벤젠(Chlorobenzene)
① 물 성

화학식	품 명	구조식	지정수량	위험등급	증기비중	인화점
C_6H_5Cl	제2석유류 (비수용성)	Cl-C₆H₅	1,000[L]	Ⅲ	3.88 (112.5/29)	27[℃]

② 벤젠을 철 촉매하에서 염소화시켜 제조한다.
③ 마취성이 조금 있는 석유와 비슷한 냄새가 나는 무색 액체이다.
④ 연소하면 염화수소가스를 발생한다.

$$C_6H_5Cl + 7O_2 \rightarrow 6CO_2 + 2H_2O + HCl$$

⑤ 이동탱크저장소의 접지설비
제4류 위험물 중 **특수인화물, 제1석유류, 제2석유류**의 이동탱크저장소에는 **접지도선**을 설치해야 한다.
㉠ 양도체의 도선에 비닐 등의 전열차단재료로 피복하여 끝부분에 접지전극 등을 결착시킬 수 있는 클립 등을 부착할 것
㉡ 도선이 손상되지 않도록 도선을 수납할 수 있는 장치를 부착할 것

정답 ㉮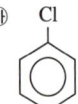

㉯ Ⅲ
㉰ 1,000[L]
㉱ 설치해야 한다.

05 전역방출방식의 불활성 가스소화설비에 대하여 다음 물음에 답하시오.

㉮ 이산화탄소를 방사하는 분사헤드 방사압력이 고압식의 것은 (   )[MPa] 이상
㉯ 이산화탄소를 방사하는 분사헤드 방사압력이 저압식의 것은 (   )[MPa] 이상
㉰ IG-100을 방사하는 분사헤드의 방사압력은 (   )[MPa] 이상
㉱ IG-541을 방사하는 분사헤드의 방사압력은 (   )[MPa] 이상
㉲ 이산화탄소를 방사하는 방사시간

해설

불활성 가스소화설비

① 불활성 가스소화약제의 방사압력 및 방사시간

구 분	전역방출방식			국소방출방식 (이산화탄소)
	이산화탄소		불활성 가스	
	고압식	저압식	IG-100, IG-55, IG-541	
방사압력	2.1[MPa] 이상	1.05[MPa] 이상	1.9[MPa] 이상	–
방사시간	60초 이내	60초 이내	95[%] 이상을 60초 이내	30초 이내

② 불연성·불활성 가스의 성분

종 류	IG-01	IG-55	IG-100	IG-541
성 분	Ar 100[%]	N_2 50[%], Ar 50[%]	N_2	N_2 52[%], Ar 40[%], CO_2 8[%]

정답
㉮ 2.1
㉯ 1.05
㉰ 1.9
㉱ 1.9
㉲ 60초 이내

06 위험물 제조소 등의 행정처분 기준을 쓰시오.

위반 사항	행정처분 기준		
	1차	2차	3차
㉮ 변경허가를 받지 않고, 제조소 등의 위치·구조 또는 설비를 변경한 경우	경고 또는 사용정지 15일	( )	허가취소
㉯ 완공검사를 받지 않고 제조소 등을 사용한 경우	( )	( )	허가취소
㉰ 정기검사를 받지 않은 경우	사용정지 10일	( )	( )

해설
제조소 등에 대한 행정처분

위반행위	근거 법조문	행정처분 기준		
		1차	2차	3차
법 제6조 제1항의 후단에 따른 변경허가를 받지 않고, 제조소 등의 위치·구조 또는 설비를 변경한 경우	법 제12조 제1호	경고 또는 사용정지 15일	**사용정지 60일**	허가취소
법 제9조에 따른 완공검사를 받지 않고 제조소 등을 사용한 경우	법 제12조 제2호	**사용정지 15일**	**사용정지 60일**	허가취소
법 제11조의2 제3항에 따른 안전조치 이행명령을 따르지 않은 경우	법 제12조 제2호의2	경고	허가취소	-
법 제14조 제2항에 따른 수리·개조 또는 이전의 명령을 위반한 경우	법 제12조 제3호	사용정지 30일	사용정지 90일	허가취소
법 제15조 제1항 및 제2항에 따른 위험물안전관리자를 선임하지 않은 경우	법 제12조 제4호	사용정지 15일	사용정지 60일	허가취소
법 제15조 제5항을 위반하여 대리자를 지정하지 않은 경우	법 제12조 제5호	사용정지 10일	사용정지 30일	허가취소
법 제18조 제1항에 따른 정기점검을 하지 않은 경우	법 제12조 제6호	사용정지 10일	사용정지 30일	허가취소
법 제18조 제3항에 따른 정기검사를 받지 않은 경우	법 제12조 제7호	사용정지 10일	**사용정지 30일**	**허가취소**
법 제26조에 따른 저장·취급기준 준수명령을 위반한 경우	법 제12조 제8호	사용정지 30일	사용정지 60일	허가취소

정답
㉮ 사용정지 60일
㉯ 사용정지 15일, 사용정지 60일
㉰ 사용정지 30일, 허가취소

07

1[atm], 25[℃]에서 에틸알코올 200[g]이 완전연소하기 위해 필요한 이론공기량[L]을 구하시오.

해설

풀이 방법을 2가지로 설명하면

① 무게로 계산하면

$$C_2H_5OH + 3O_2 \rightarrow 2CO_2 + 3H_2O$$

46[g]　　　3×32[g]
200[g]　　　x

$$x = \frac{200[g] \times 3 \times 32[g]}{46[g]} = 417.39[g]$$

이상기체 상태방정식을 적용

$$PV = nRT = \frac{W}{M}RT \qquad V = \frac{WRT}{PM}$$

여기서, P : 압력(1[atm]),　　　M : 분자량(산소 : 32)
W : 무게(417.39[g])　　　T : 절대온도(273 + 25 = 298[K])
R : 기체상수(0.08205[L·atm/g-mol·K])
V : 부피[L]

$$\therefore V = \frac{WRT}{PM} = \frac{417.39 \times 0.08205 \times 298}{1 \times 32} = 318.92[L] \text{(이론산소량)}$$

문제에서 이론공기량을 구하는 것이므로

이론공기량 = 이론산소량/0.21 = 318.92[L]/0.21 = 1,518.67[L]

② **몰수로 계산하면**

$$C_2H_5OH + 3O_2 \rightarrow 2CO_2 + 3H_2O$$

46[g]　　　3[mol]
200[g]　　　x

$$x = \frac{200[g] \times 3[mol]}{46[g]} = 13.0434[mol]$$

이상기체 상태방정식을 적용

$$PV = nRT \qquad V = \frac{nRT}{P}$$

여기서, P : 압력(1[atm])　　　T : 절대온도(273 + 25 = 298[K])
R : 기체상수(0.08205[L·atm/g-mol·K])
V : 부피[L]

$$\therefore V = \frac{nRT}{P} = \frac{13.0434 \times 0.08205 \times 298}{1} = 318.92[L] \text{(이론산소량)}$$

문제에서 이론공기량을 구하는 것이므로

이론공기량 = 이론산소량/0.21 = 318.92[L]/0.21 = 1,518.67[L]

정답　1,518.67[L]

08 다음 물질이 물과 반응하여 생성되는 기체의 연소반응식을 쓰시오(해당 없으면 "해당 없음"이라고 쓰시오).

㉮ 인화칼슘 ㉯ 과산화나트륨
㉰ 트라이메틸알루미늄 ㉱ 탄화칼슘
㉲ 아세트알데하이드

해설
물과 반응 및 생성물질의 연소반응식

종 류	구 분	반응식
인화칼슘	물과 반응	$Ca_3P_2 + 6H_2O \rightarrow 3Ca(OH)_2 + 2PH_3$
	생성기체의 연소반응	$2PH_3 + 4O_2 \rightarrow P_2O_5 + 3H_2O$
과산화나트륨	물과 반응	$2Na_2O_2 + 2H_2O \rightarrow 4NaOH + O_2$
	생성기체의 연소반응	해당 없음
트라이메틸알루미늄	물과 반응	$(CH_3)_3Al + 3H_2O \rightarrow Al(OH)_3 + 3CH_4$
	생성기체의 연소반응	$CH_4 + 2O_2 \rightarrow CO_2 + 2H_2O$
탄화칼슘	물과 반응	$CaC_2 + 2H_2O \rightarrow Ca(OH)_2 + C_2H_2$
	생성기체의 연소반응	$2C_2H_2 + 5O_2 \rightarrow 4CO_2 + 2H_2O$
아세트알데하이드	물과 반응	물에 용해
	생성기체의 연소반응	해당 없음

정답
㉮ $2PH_3 + 4O_2 \rightarrow P_2O_5 + 3H_2O$
㉯ 해당 없음
㉰ $CH_4 + 2O_2 \rightarrow CO_2 + 2H_2O$
㉱ $2C_2H_2 + 5O_2 \rightarrow 4CO_2 + 2H_2O$
㉲ 해당 없음

09 제1류 위험물인 과산화칼륨과 다음 물질의 반응식을 쓰시오.

㉮ 물
㉯ 탄산가스
㉰ 초 산

해설
과산화칼륨의 반응식
① 분해반응식 : $2K_2O_2 \rightarrow 2K_2O + O_2$
② 물과 반응 : $2K_2O_2 + 2H_2O \rightarrow 4KOH + O_2$
③ 탄산가스(이산화탄소)와 반응 : $2K_2O_2 + 2CO_2 \rightarrow 2K_2CO_3 + O_2$
④ 초산(아세트산)과 반응 : $K_2O_2 + 2CH_3COOH \rightarrow 2CH_3COOK + H_2O_2$
　　　　　　　　　　　　　　　　　　　　　　(초산칼륨)　(과산화수소)
⑤ 염산과 반응 : $K_2O_2 + 2HCl \rightarrow 2KCl + H_2O_2$

정답
㉮ $2K_2O_2 + 2H_2O \rightarrow 4KOH + O_2$
㉯ $2K_2O_2 + 2CO_2 \rightarrow 2K_2CO_3 + O_2$
㉰ $K_2O_2 + 2CH_3COOH \rightarrow 2CH_3COOK + H_2O_2$

10 다음 중 옥외저장소의 기준에 대하여 ( ) 안에 알맞은 말을 쓰시오.

㉮ (①) 또는 (②)을 저장하는 옥외저장소에는 불연성 또는 난연성의 천막 등을 설치하여 햇빛을 가릴 것
㉯ 경계표시에는 황이 넘치거나 비산하는 것을 방지하기 위한 천막 등을 고정하는 장치를 설치하되, 천막 등을 고정하는 장치는 경계표시의 길이 (③)[m]마다 한 개 이상 설치할 것
㉰ 황을 저장 또는 취급하는 장소의 주위에는 (④)와 (⑤)를 설치할 것

해설
옥외저장소의 기준
① 선반 : 불연재료
② 선반의 높이 : 6[m]를 초과하지 말 것
③ **과산화수소, 과염소산** 저장하는 옥외저장소 : 불연성 또는 난연성의 천막 등을 설치하여 햇빛을 가릴 것
④ 덩어리 상태의 황을 저장 또는 취급하는 경우
 ㉠ 하나의 경계표시의 내부의 면적 : 100[m²] 이하
 ㉡ 2 이상의 경계표시를 설치하는 경우에 있어서는 각각의 경계표시 내부의 면적을 합산한 면적 : 1,000[m²] 이하(단, 지정수량의 200배 이상인 경우 : 10[m] 이상)
 ㉢ 경계표시 : 불연재료
 ㉣ 경계표시의 높이 : 1.5[m] 이하
 ㉤ 경계표시에는 황이 넘치거나 비산하는 것을 방지하기 위한 천막 등을 고정하는 장치를 설치하되, 천막 등을 고정하는 장치는 경계표시의 길이 **2[m]**마다 한 개 이상 설치할 것
 ㉥ 황을 저장 또는 취급하는 장소의 주위에는 **배수구와 분리장치**를 설치할 것

정답
① 과산화수소
② 과염소산
③ 2
④ 배수구
⑤ 분리장치

11 바닥면적이 2,000[m²]인 옥내저장소의 저장창고에 저장할 수 있는 제3류 위험물의 품명 5가지를 쓰시오.

해설
옥내저장소의 바닥면적에 따른 저장할 수 있는 위험물의 종류

위험물을 저장하는 창고의 종류	기준면적
① 제1류 위험물 중 아염소산염류, 염소산염류, 과염소산염류, 무기과산화물, 그 밖에 지정수량이 50[kg]인 위험물 ② 제3류 위험물 중 칼륨, 나트륨, 알킬알루미늄, 알킬리튬, 그 밖에 지정수량이 10[kg]인 위험물 및 황린 ③ 제4류 위험물 중 특수인화물, 제1석유류 및 알코올류 ④ 제5류 위험물 중 지정수량이 10[kg]인 위험물 ⑤ 제6류 위험물	1,000[m²] 이하
※ ①~⑤의 위험물 외의 위험물을 저장하는 창고 • 제1류 위험물 중 브로민산염류, 질산염류, 아이오딘산염류, 과망가니즈산염류, 다이크로뮴산염류 • 제2류 위험물 전부 • **제3류 위험물 알칼리금속(칼륨 및 나트륨은 제외) 및 알칼리토금속, 유기금속화합물(알킬알루미늄 및 알킬리튬은 제외), 금속의 수소화물, 금속의 인화물, 칼슘 또는 알루미늄의 탄화물** • 제4류 위험물 중 제2석유류, 제3석유류, 제4석유류, 동식물유류 • 제5류 위험물 중 나이트로화합물(제2종), 나이트로소화합물, 아조화합물, 다이아조화합물, 하이드라진 유도체, 하이드록실아민, 하이드록실아민염류	2,000[m²] 이하
위의 전부에 해당하는 위험물을 내화구조의 격벽으로 완전히 구획된 실에 각각 저장하는 창고(①~⑤의 위험물을 저장하는 실의 면적은 500[m²]를 초과할 수 없다)	1,500[m²] 이하

정답
• 알칼리금속(칼륨 및 나트륨은 제외) 및 알칼리토금속
• 유기금속화합물(알킬알루미늄 및 알킬리튬은 제외)
• 금속의 수소화물
• 금속의 인화물
• 칼슘 또는 알루미늄의 탄화물

12 위험물의 성질란에 규정된 성상을 2가지 이상 포함하는 물품을 복수성상물품이라 한다. 이 물품이 속하는 품명의 판단기준을 ( ) 안에 맞는 유별을 쓰시오.

㉮ 복수성상물품이 산화성 고체의 성상 및 가연성 고체의 성상을 가지는 경우
 : 제( )류 위험물
㉯ 복수성상물품이 산화성 고체의 성상 및 자기반응성 물질의 성상을 가지는 경우
 : 제( )류 위험물
㉰ 복수성상물품이 가연성 고체의 성상과 자연발화성 물질의 성상 및 금수성 물질의 성상을 가지는 경우 : 제( )류 위험물
㉱ 복수성상물품이 자연발화성 물질의 성상, 금수성 물질의 성상 및 인화성 액체의 성상을 가지는 경우 : 제( )류 위험물
㉲ 복수성상물품이 인화성 액체의 성상 및 자기반응성 물질의 성상을 가지는 경우
 : 제( )류 위험물

해설
성질란에 규정된 성상을 2가지 이상 포함하는 물품(복수성상물품)이 속하는 품명은 다음에 의한다.
① 복수성상물품이 산화성 고체(제1류)의 성상 및 가연성 고체(제2류)의 성상을 가지는 경우 : **제2류** 제8호의 규정에 의한 품명
② 복수성상물품이 산화성 고체(제1류)의 성상 및 자기반응성 물질(제5류)의 성상을 가지는 경우 : **제5류** 제11호의 규정에 의한 품명
③ 복수성상물품이 가연성 고체(제2류)의 성상과 자연발화성 물질(제3류)의 성상 및 금수성 물질(제3류)의 성상을 가지는 경우 : **제3류** 제12호의 규정에 의한 품명
④ 복수성상물품이 자연발화성 물질(제3류)의 성상, 금수성 물질(제3류)의 성상 및 인화성 액체(제4류)의 성상을 가지는 경우 : **제3류** 제12호의 규정에 의한 품명
⑤ 복수성상물품이 인화성 액체(제4류)의 성상 및 자기반응성 물질(제5류)의 성상을 가지는 경우 : **제5류** 제11호의 규정에 의한 품명

정답
㉮ 제2류 ㉯ 제5류
㉰ 제3류 ㉱ 제3류
㉲ 제5류

13
다음은 위험물 안전관리법령에서 정하는 다음 용어에 대한 정의를 쓰시오.
㉮ 액 체
㉯ 기 체
㉰ 인화성 고체

해설
용어의 정의(시행령 별표 1)
① 산화성 고체 : 고체[액체(1기압 및 20[℃]에서 액상인 것 또는 20[℃] 초과 40[℃] 이하에서 액상인 것을 말한다. 이하 같다) 또는 기체(1기압 및 20[℃]에서 기상인 것을 말한다) 외의 것을 말한다. 이하 같다]로서 산화력의 잠재적인 위험성 또는 충격에 대한 민감성을 판단하기 위하여 소방방재청장이 정하여 고시(이하 "고시"라 한다)하는 시험에서 고시로 정하는 성질과 상태를 나타내는 것을 말한다. 이 경우 "액상"이라 함은 수직으로 된 시험관(안지름 30[mm], 높이 120[mm]의 원통형유리관을 말한다)에 시료를 55[mm]까지 채운 다음 해당 시험관을 수평으로 하였을 때 시료액면의 끝부분이 30[mm]를 이동하는 데 걸리는 시간이 90초 이내에 있는 것을 말한다.
② 가연성 고체 : 고체로서 화염에 의한 발화의 위험성 또는 인화의 위험성을 판단하기 위하여 고시로 정하는 시험에서 고시로 정하는 성질과 상태를 나타내는 것을 말한다.
③ 황 : 순도가 60[wt%] 이상인 것을 말하며 순도측정을 하는 경우 불순물은 활석 등 불연성 물질과 수분으로 한정한다.
④ 철분 : 철의 분말로서 53[μm]의 표준체를 통과하는 것이 50[wt%] 미만인 것은 제외한다.
⑤ 금속분 : 알칼리금속·알칼리토금속·철 및 마그네슘 외의 금속의 분말을 말하고, 구리분·니켈분 및 150[μm]의 체를 통과하는 것이 50[wt%] 미만인 것은 제외한다.
⑥ 마그네슘 및 제2류 제8호의 물품 중 마그네슘을 함유한 것에 있어서는 다음에 해당하는 것은 제외한다.
　㉠ 2[mm]의 체를 통과하지 않는 덩어리 상태의 것
　㉡ 지름 2[mm] 이상의 막대 모양의 것
⑦ **인화성 고체 : 고형알코올 그 밖에 1기압에서 인화점이 40[℃] 미만인 고체**를 말한다.
⑧ 자연발화성 물질 및 금수성 물질 : 고체 또는 액체로서 공기 중에서 발화의 위험성이 있거나 물과 접촉하여 발화하거나 가연성가스를 발생하는 위험성이 있는 것을 말한다.
⑨ 과산화수소 : 농도가 36[wt%] 이상인 것에 한한다.
⑩ 질산 : 그 비중이 1.49 이상인 것에 한한다.

정답　㉮ 1기압 및 20[℃]에서 액상인 것 또는 20[℃] 초과 40[℃] 이하에서 액상인 것
　　　　㉯ 1기압 및 20[℃]에서 기상인 것
　　　　㉰ 고형알코올 그 밖에 1기압에서 인화점이 40[℃] 미만인 고체

14

드라이아이스 100[g]이 승화될 경우, 압력이 100[kPa], 온도가 30[℃]일 때 부피는 몇 [L]인지 계산하시오.

해설

이상기체 상태방정식을 적용

$$PV = nRT = \frac{W}{M}RT \quad V = \frac{WRT}{PM}$$

여기서, P : 압력 $\left(\dfrac{100[\text{kPa}]}{101.325[\text{kPa}]} \times 1[\text{atm}] = 0.987[\text{atm}]\right)$

V : 부피[L]

W : 무게(100[g])

T : 절대온도(273 + 30[℃] = 303[K])

M : 분자량(CO_2 = 44)

R : 기체상수(0.08205[L·atm/g-mol·K])

$$\therefore V = \frac{WRT}{PM} = \frac{100 \times 0.08205 \times 303}{0.987 \times 44} = 57.25[\text{L}]$$

정답 57.25[L]

15

다음 조건을 보고 위험물제조소의 방화상 유효한 담의 높이를 구하시오.

- 제조소의 외벽의 높이 2[m]
- 인근 건축물과의 거리 5[m]
- 제조소 등과 방화상 유효한 담과의 거리 2.5[m]
- 인근 건축물의 높이 6[m]
- 상수 0.15

해설

방화상 유효한 담의 높이

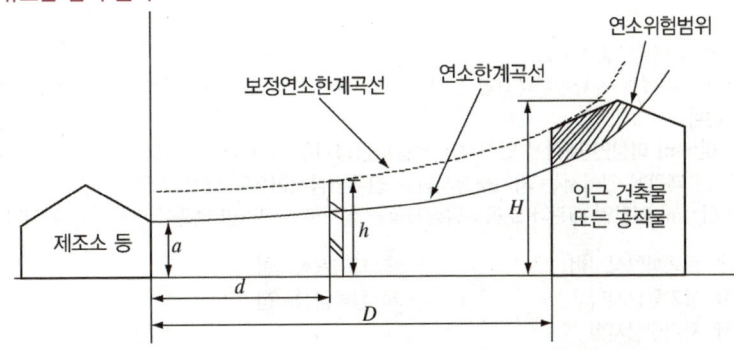

- $H \leq pD^2+a$인 경우 $h = 2$
- $H > pD^2+a$인 경우 $h = H - p(D^2 - d^2)$

여기서, D : 제조소 등과 인근 건축물 또는 공작물과의 거리[m]
  H : 인근 건축물 또는 공작물의 높이[m]
  a : 제조소 등의 외벽의 높이[m]
  d : 제조소 등과 방화상 유효한 담과의 거리[m]
  h : 방화상 유효한 담의 높이[m]
  p : 상 수

※ 위에서 산출한 수치가 **2 미만**일 때에는 담의 높이를 **2[m]**로, **4 이상**일 때에는 담의 높이를 **4[m]**로 해야 한다.

∴ $H > pD^2+a$인 경우 ⇒ $6 > 0.15 \times 5^2 + 2 = 5.75$
  벽의 높이 $h = H - p(D^2 - d^2) = 6 - 0.15(5^2 - 2.5^2) = 3.19[\text{m}]$

정답 3.19[m]

16

위험물안전관리에 관한 세부기준에 따르면 배관 등의 용접부에는 방사선투과시험을 실시한다. 다만, 방사선투과시험을 실시하기 곤란한 경우 ( )에 알맞은 비파괴시험을 쓰시오.

① 두께 6[mm] 이상인 배관에 있어서 (㉮) 및 (㉯)을 실시할 것. 다만 강자성체 외의 재료로 된 배관에 있어서는 (㉰)을 (㉱)으로 대체할 수 있다.

② 두께 6[mm] 미만인 배관과 초음파탐상시험을 실시하기 곤란한 배관에 있어서는 (㉲)을 실시해야 한다.

해설

비파괴시험방법(세부기준 제122조)
배관 등의 용접부에는 방사선투과시험을 실시한다. 다만, 방사선투과시험을 실시하기 곤란한 경우에는 다음의 기준에 따른다.
① 두께가 6[mm] 이상인 배관에 있어서는 **초음파탐상시험** 및 **자기탐상시험**을 실시할 것. 다만, **강자성체 외의 재료로 된 배관**에 있어서는 **자기탐상시험**을 **침투탐상시험**으로 대체할 수 있다.
② 두께가 6[mm] 미만인 배관과 **초음파탐상시험**을 실시하기 곤란한 배관에 있어서는 **자기탐상시험**을 실시할 것

정답 ㉮ 초음파탐상시험 ㉯ 자기탐상시험
  ㉰ 자기탐상시험 ㉱ 침투탐상시험
  ㉲ 자기탐상시험

17 위험물제조소 내의 위험물을 취급하는 배관 재질의 기준에서 강관을 대신할 수 있는 재질 3가지를 쓰시오.

해설
제조소의 배관(시행규칙 별표 4)
① 배관의 재질은 강관 그 밖에 이와 유사한 금속성으로 해야 한다. 다만, 다음의 기준에 적합한 경우에는 그렇지 않다.
  ㉠ 배관의 재질은 한국산업규격의 **유리섬유강화플라스틱·고밀도폴리에틸렌** 또는 **폴리우레탄**으로 할 것
  ㉡ 배관의 구조는 내관 및 외관의 이중으로 하고, 내관과 외관의 사이에는 틈새공간을 두어 누설여부를 외부에서 쉽게 확인할 수 있도록 할 것. 다만, 배관의 재질이 취급하는 위험물에 의해 쉽게 열화될 우려가 없는 경우에는 그렇지 않다.
  ㉢ 국내 또는 국외의 관련 공인시험기관으로부터 안전성에 대한 시험 또는 인증을 받을 것
  ㉣ 배관은 지하에 매설할 것. 다만, 화재 등 열에 의하여 쉽게 변형될 우려가 없는 재질이거나 화재 등 열에 의한 악영향을 받을 우려가 없는 장소에 설치되는 경우에는 그렇지 않다.
② 배관에 걸리는 최대상용압력의 1.5배 이상의 압력으로 내압시험(불연성의 액체 또는 기체를 이용하여 실시하는 시험을 포함한다)을 실시하여 누설 그 밖의 이상이 없는 것으로 해야 한다.
③ 배관을 지상에 설치하는 경우에는 지진·풍압·지반침하 및 온도변화에 안전한 구조의 지지물에 설치하되, 지면에 닿지 않도록 하고 배관의 외면에 부식방지를 위한 도장을 해야 한다. 다만, 불변강관 또는 부식의 우려가 없는 재질의 배관의 경우에는 부식방지를 위한 도장을 않을 수 있다.
④ 배관을 지하에 매설하는 경우에는 다음의 기준에 적합하게 해야 한다.
  ㉠ 금속성 배관의 외면에는 부식방지를 위하여 도장·복장·코팅 또는 전기방식 등의 필요한 조치를 할 것
  ㉡ 배관의 접합부분(용접에 의한 접합부 또는 위험물의 누설의 우려가 없다고 인정되는 방법에 의하여 접합된 부분을 제외한다)에는 위험물의 누설 여부를 점검할 수 있는 점검구를 설치할 것
  ㉢ 지면에 미치는 중량이 해당 배관에 미치지 않도록 보호할 것
⑤ 배관에 가열 또는 보온을 위한 설비를 설치하는 경우에는 화재예방상 안전한 구조로 해야 한다.

정답 유리섬유강화플라스틱, 고밀도폴리에틸렌, 폴리우레탄

18 위험물 제조소의 방화에 관하여 필요한 게시판 설치 시 표시해야 할 주의사항을 쓰시오(해당 없으면 "해당 없음"이라고 쓸 것).

㉮ 인화성 고체
㉯ 적린
㉰ 질산
㉱ 질산암모늄
㉲ 과산화나트륨

해설

주의사항

① 위험물제조소의 주의사항

위험물의 종류	주의사항	게시판의 색상
제1류 위험물 중 알칼리금속의 과산화물 (**과산화칼륨, 과산화나트륨**) 제3류 위험물 중 금수성 물질	물기엄금	청색바탕에 백색문자
제2류 위험물(인화성 고체는 제외) – **적린**	화기주의	적색바탕에 백색문자
제2류 위험물 중 **인화성 고체** 제3류 위험물 중 자연발화성 물질 제4류 위험물 제5류 위험물	화기엄금	적색바탕에 백색문자
제1류 위험물 중 알칼리금속의 과산화물 외[염소산염류, 과염소산염류, **질산염류(질산암모늄)**, 과망가니즈산염류 등] 제6류 위험물(**질산**, 과산화수소, 과염소산)	해당 없음	

② 운반 시 주의사항

유 별	위험물의 종류	주의사항
제1류 위험물	제1류 위험물 중 알칼리금속의 과산화물 (과산화칼륨, 과산화나트륨)	화기·충격주의, 물기엄금, 가연물접촉주의
	그 밖의 것	화기·충격주의, 가연물접촉주의
제2류 위험물	철분, 금속분, 마그네슘	화기주의, 물기엄금
	인화성 고체	화기엄금
	그 밖의 것	화기주의
제3류 위험물	자연발화성 물질	화기엄금, 공기접촉엄금
	금수성 물질	물기엄금
제4류 위험물	전 부	화기엄금
제5류 위험물	전 부	충격주의, 화기엄금
제6류 위험물	전 부	가연물접촉주의

정답
㉮ 화기엄금
㉯ 화기주의
㉰ 해당 없음
㉱ 해당 없음
㉲ 물기엄금

19 어떤 사업주가 부산물(비수용성, 인화점 210[℃])을 석유제품(비수용성, 인화점 60[℃])으로 정제하기 위하여 위험물제조소 등을 보유하고자 한다. 사업주가 정제된 위험물을 옥외탱크저장소에 저장하였다가 10만[L]를 이동저장탱크로 판매하고 추가로 2만[L]를 더 저장하여 판매하기 위한 공장의 부지를 마련할 계획이다. 이 사업장의 위험물시설은 다음과 같다. 아래 물음에 답하시오.

- 석유제품생산을 위한 부산물을 수집하기 위한 탱크로리(용량 5,000[L] 1대와 2만[L] 1대)
- 위험물에 속하는 부산물을 석유제품으로 정제하기 위한 시설(지정수량 10배)
- 제조한 석유제품을 저장하기 위한 용량이 10만[L]인 옥외탱크저장소 1기
- 제조한 위험물을 출하하기 위해 탱크로리에 주입하는 일반취급소
- 제조한 위험물을 판매처에 운송하기 위한 용량 5,000[L]의 탱크로리 1대

㉮ 위 사업장에서 허가를 받아야 하는 제조소 등의 종류를 모두 쓰시오(예 : 옥외지장소 3개).
㉯ 위 사업장에 선임해야 하는 안전관리자에 대하여 물음에 답하시오.
  ㉠ 위험물안전관리자 선임대상인 제조소 등의 종류를 모두 쓰시오.
  ㉡ 선임대상인 제조소 등의 안전관리자 선임자격을 쓰시오.
  ㉢ 중복하여 선임할 수 있는 안전관리자의 최소인원은 몇 명인지 쓰시오.
㉰ 위 사업장에서 정기점검 대상에 해당하는 제조소 등을 모두 쓰시오.
㉱ 위 사업장의 제조소에 관하여 다음 물음에 답하시오.
  ㉠ 위 제조소의 보유공지는 몇 [m]인지 쓰시오.
  ㉡ 제조소와 인근에 위치한 종합병원과의 안전거리는 몇 [m]인지 쓰시오(단, 제조소와 종합병원 사이에는 방화상 유효한 격벽이 설치되어 있지 않다).

해설
정제 및 판매하는 위험물제조소 등

① 공정 개요

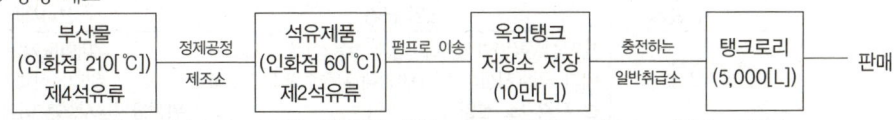

㉠ 제조소 등 : 지정수량 이상의 위험물을 취급 또는 저장하는 제조소, 저장소, 취급소
㉡ 제조소 : 위험물에 속하는 부산물을 석유제품으로 정제하기 위한 시설

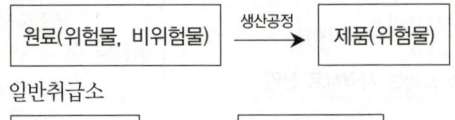

㉢ 일반취급소

② 위험물의 분류 및 지정수량

품 명	기 준	지정수량	해당 위험물
제2석유류	1기압에서 인화점이 21[℃] 이상 70[℃] 미만	1,000[L]	정제된 석유제품(비수용성, 인화점 60[℃])
제4석유류	1기압에서 인화점이 200[℃] 이상 250[℃] 미만	6,000[L]	부산물(비수용성, 인화점 210[℃])

③ 물음에 대한 풀이
  ㉮ 제조소 등의 종류

시설현황	제조소 등의 종류

• 석유제품생산을 위한 부산물을 수집하기 위한 탱크로리
  (용량 5,000[L] 1대와 2만[L] 1대)
  ※ 부산물(제4석유류)의 용량 5천[L]는 지정수량 미만이므로 제조소 등에서 제외된다.
	이동탱크저장소(20,000[L]×1대)

• 위험물에 속하는 부산물을 석유제품으로 정제하기 위한 시설(지정수량 10배)	제조소(1개소)
• 제조한 석유제품을 저장하기 위한 용량이 10만[L]인 옥외탱크저장소 1기	옥외탱크저장소(100,000[L]×1기)
• 제조한 위험물을 출하하기 위해 탱크로리에 주입하는 일반취급소	충전하는 일반취급소(1개소)
• 제조한 위험물을 판매처에 운송하기 위한 용량 5,000[L]의 탱크로리 1대 ※ 정제된 석유제품(제2석유류, 지정수량 1,000[L])은 제조소 등에 해당된다.	이동탱크저장소(5,000[L]×1대)

※ 제조소 등의 종류 : 이동탱크저장소 2대, 제조소 1개소, 옥외탱크저장소 1기, 충전하는 일반취급소 1개소

> **현장 실무**
> 부산물을 탱크로리(유조차, 이동탱크저장소)에 싣고 사업장으로 와서 부산물 옥외탱크저장소에 저장한 후 제조소에서 정제하는데 이 문제는 부산물 저장탱크가 없기 때문에 탱크로리에서 바로 제조소의 반응탱크로 투입하는 것으로 되어 있으니까 현장실무와 거리가 멀다고 생각합니다.

  ㉯ 사업장에 선임해야 하는 안전관리자
    ㉠ 위험물안전관리자 선임대상인 제조소 등의 종류
      이동탱크저장소에는 위험물안전관리자 선임대상이 아니므로 제조소, 옥외탱크저장소, 충전하는 일반취급소에는 선임해야 한다.
    ㉡ 선임대상인 제조소 등의 안전관리자 선임자격

시 설	선임 근거	선임자격
제조소	제2석유류(인화점 60[℃], 비수용성)로 정제하기 위한 시설(지정수량 10배)인데 지정수량 **5배 초과는 자격자로 선임**	위험물기능장 위험물산업기사 위험물기능사(2년 이상 실무경력자)
옥외탱크저장소	정제된 위험물은 제2석유류(인화점 60[℃] 비수용성)로서 저장량 10만[L]는 지정배수 = $\dfrac{100,000[L]}{1,000[L]}$ = 100배 **지정수량 40배 초과는 자격자로 선임**	위험물기능장 위험물산업기사 위험물기능사(2년 이상 실무경력자)
충전하는 일반취급소	정제된 위험물은 제2석유류로서 위험물을 차량에 고정된 탱크에 주입하는 경우에 **지정수량 50배 이하는 자격증이나 수첩으로 선임된다.** (지정배수 = $\dfrac{5,000[L]}{1,000[L]}$ = 5배)	위험물기능장 위험물산업기사 위험물기능사(2년 이상 실무경력자) 안전관리교육이수자 소방공무원경력자 (소방공무원으로 근무한 경력이 3년 이상인 자)

ⓒ 위험물안전관리자 중복선임(1명)
  • 10개 이하 : 옥내저장소, 옥외저장소, 암반탱크저장소
  • 30개 이하 : 옥외탱크저장소
  • 숫자 제한 없음 : 옥내탱크저장소, 지하탱크저장소, 간이탱크저장소
  • **5개 이하의 제조소 등을 동일인이 설치한 경우(시행령 제12조)**
    - 각 제조소 등의 동일구내에 위치하거나 상호 100[m] 이내의 거리에 있을 것
    - 각 제조소 등에서 저장 또는 취급하는 위험물의 최대수량이 지정수량의 3,000배 미만일 것(단, 저장소의 경우에는 그렇지 않다).
  ※ 제조소 등의 명칭이 각각 다르며 5개까지는 1명으로 선임이 되고 6개 이상 10개까지는 2명 선임해야 한다.
  ∴ 이 문제는 제조소, 옥외탱크저장소, 충전하는 일반취급소가 각각 1개이므로 전체 3개의 제조소 등이 있으므로 **위험물안전관리자는 1명으로 선임하면 된다.**

ⓓ 정기점검 대상에 해당하는 위험물제조소 등
  ㉠ 지정수량의 **10배 이상**의 위험물을 취급하는 **제조소, 일반취급소**
  ㉡ 지정수량의 100배 이상의 위험물을 저장하는 옥외저장소
  ㉢ 지정수량의 150배 이상의 위험물을 저장하는 옥내저장소
  ㉣ 지정수량의 **200배 이상**의 위험물을 저장하는 **옥외탱크저장소**
  ㉤ 암반탱크저장소, 이송취급소
  ㉥ 지하탱크저장소
  ㉦ **이동탱크저장소**
  ㉧ 위험물을 취급하는 탱크로서 지하에 매설된 탱크가 있는 제조소, 주유취급소, 일반취급소

시 설	점검대상 근거	대상 여부
제조소	제2석유류(인화점 60[℃], 비수용성)로 정제하기 위한 시설(**지정수량 10배**)	정기점검 **대상**
옥외탱크저장소	제2석유류(인화점 60[℃], 비수용성)로 저장량 10만[L]는 지정배수 $= \dfrac{100,000[\text{L}]}{1,000[\text{L}]} = 100$배	정기점검 **미 대상**
충전하는 일반취급소	제2석유류(인화점 60[℃], 비수용성)로서 용량이 5,000[L]이므로 지정배수 $= \dfrac{5,000[\text{L}]}{1,000[\text{L}]} = 5$배	정기점검 **미 대상**
이동탱크저장소	용량에 관계없이 정기점검 대상이다.	정기점검 **대상**

ⓔ 보유공지와 안전거리
  ㉠ 제조소의 보유공지

취급하는 위험물의 최대수량	공지의 너비
지정수량의 10배 이하	**3[m] 이상**
지정수량의 10배 초과	5[m] 이상

ⓒ 제조소와 종합병원과의 안전거리

건축물	안전거리
사용전압 7,000[V] 초과 35,000[V] 이하의 특고압 가공전선	3[m] 이상
사용전압 35,000[V] 초과의 특고압 가공전선	5[m] 이상
주거용으로 사용되는 것(제조소가 설치된 부지 내에 있는 것을 제외)	10[m] 이상
고압가스, 액화석유가스, 도시가스를 저장 또는 취급하는 시설	20[m] 이상
학교, **병원**(병원급 의료기관), 극장(공연장, 영화상영관, 수용인원 300명 이상 수용할 수 있는 것), 복지시설(아동복지시설, 노인복지시설, 장애인복지시설, 한부모가족복지시설), 어린이집, 성매매피해자 등을 위한 지원시설, 정신건강증진시설, 가정폭력방지 및 피해자보호 등에 관한 법률에 따른 보호시설 및 그 밖의 이와 유사한 시설로서 수용인원 20명 이상 수용할 수 있는 것	**30[m] 이상**
지정문화유산 및 천연기념물 등	50[m] 이상

정답
㉮ 이동탱크저장소 2대, 제조소 1개소, 옥외탱크저장소 1기, 충전하는 일반취급소 1개소
㉯ ㉠ 제조소, 충전하는 일반취급소, 옥외탱크저장소
　　ⓒ • 제조소, 옥외탱크저장소 : 위험물기능장, 위험물산업기사, 위험물기능사(2년 이상 실무경력자)
　　　• 충전하는 일반취급소 : 위험물기능장, 위험물산업기사, 위험물기능사(2년 이상 실무경력자), 안전관리교육이수자, 소방공무원경력자(소방공무원으로 근무한 경력이 3년 이상인 자)
　　ⓒ 1명
㉰ 제조소, 이동탱크저장소
㉱ ㉠ 3[m] 이상
　　ⓒ 30[m] 이상

2021년 4월 3일 시행 과년도 기출복원문제

01 아세트알데하이드가 은거울반응을 한 후 생성되는 제4류 위험물에 대하여 답하시오.
㉮ 시성식
㉯ 지정수량
㉰ 완전연소반응식

해설

아세트알데하이드

① 은거울반응 : 알데하이드(아세트알데하이드, CH_3CHO)는 환원성이 있어서 암모니아성 질산은 용액을 가하면 쉽게 산화되어 **초산**이 되며 은 이온을 은으로 환원시킨다.

$$CH_3CHO + 2Ag(NH_3)_2OH \rightarrow CH_3COOH + 2Ag + 4NH_3 + H_2O$$
(알데하이드기) (암모니아성 질산은 용액)

② 초 산

시성식	품 명	지정수량	위험등급
CH_3COOH	제4류 위험물 제2석유류(수용성)	2,000[L]	Ⅲ

③ 초산의 연소반응식

$$CH_3COOH + 2O_2 \rightarrow 2CO_2 + 2H_2O$$

정답
㉮ CH_3COOH
㉯ 2,000[L]
㉰ $CH_3COOH + 2O_2 \rightarrow 2CO_2 + 2H_2O$

02 제4류 위험물인 휘발유에 대하여 다음 물음에 답하시오.

㉮ 휘발유의 체적팽창계수가 0.00135/[℃]이다. 팽창 전 부피 20[L]가 0[℃]에서 25[℃]로 상승하는 경우에 체적[L]을 구하시오.

㉯ 휘발유를 저장하던 이동저장탱크에 등유나 경유를 주입할 때 다음의 기준에 따라 정전기 등에 의한 재해를 방지하기 위한 조치를 해야 한다. (   )에 알맞은 수치(단위 포함) 또는 용어를 쓰시오.
- 이동저장탱크의 상부로부터 위험물을 주입할 때에는 위험물의 액표면이 주입관의 끝부분을 넘는 높이가 될 때까지 그 주입관 내의 유속을 초당 (㉠) 이하로 할 것
- 이동저장탱크의 밑부분으로부터 위험물을 주입할 때에는 위험물의 액표면이 주입관의 정상부분을 넘는 높이가 될 때까지 그 주입관 내의 유속을 초당 (㉡) 이하로 할 것
- 그 밖의 방법에 의한 위험물의 주입은 이동저장탱크에 (㉢)가 잔류하지 않도록 조치하고 안전한 상태로 있음을 확인한 후에 할 것

해설
휘발유
① 체적을 구하면
  ㉠ 방법 Ⅰ

  체적 = 초기 체적 + 팽창된 체적

  여기서, 팽창된 체적 = 20[L] × 0.00135/[℃] × (25 − 0)[℃] = 0.675[L]
  ∴ 체적 = 20[L] + 0.675[L] = 20.68[L]

  ㉡ 방법 Ⅱ

  $V = V_0(1 + \beta \Delta t)$

  여기서, V : 최종 부피 V_0 : 팽창 전 부피
  β : 체적팽창계수 Δt : 온도 변화량
  ∴ $V = V_0(1 + \beta \Delta t) = 20 \times [1 + 0.00135 \times (25 - 0)] = 20.68[L]$

  2가지 풀이방법 중 쉬운 방법으로 풀이하시면 됩니다.

② 휘발유를 저장하던 이동저장탱크에 등유나 경유를 주입할 때 또는 등유나 경유를 저장하던 이동저장탱크에 휘발유를 주입할 때에는 다음의 기준에 따라 **정전기** 등에 의한 재해를 **방지하기 위한 조치**를 할 것
  ㉠ 이동저장탱크의 상부로부터 위험물을 주입할 때에는 위험물의 액표면이 주입관의 끝부분을 넘는 높이가 될 때까지 그 주입관 내의 **유속을 초당 1[m] 이하**로 할 것
  ㉡ 이동저장탱크의 밑부분으로부터 위험물을 주입할 때에는 위험물의 액표면이 주입관의 정상 부분을 넘는 높이가 될 때까지 그 주입배관 내의 유속을 **초당 1[m] 이하**로 할 것
  ㉢ 그 밖의 방법에 의한 위험물의 주입은 이동저장탱크에 **가연성 증기**가 잔류하지 않도록 조치하고 안전한 상태로 있음을 확인한 후에 할 것

정답 ㉮ 20.68[L]
  ㉯ ㉠ 1[m]
    ㉡ 1[m]
    ㉢ 가연성 증기

03

다음 표를 참고하여 프로페인 50[%], 뷰테인 15[%], 에테인 4[%], 나머지는 메테인으로 구성된 혼합가스의 폭발범위를 구하시오.

물 질	폭발하한값[%]	폭발상한값[%]
프로페인	2.1	9.5
뷰테인	1.8	8.4
에테인	3.0	12.4
메테인	5.0	15.0

해설

혼합가스의 폭발한계(폭발범위)

$$L_m = \frac{100}{\frac{V_1}{L_1} + \frac{V_2}{L_2} + \frac{V_3}{L_3} + \frac{V_4}{L_4}}$$

여기서, L_m : 혼합가스의 폭발한계(하한값, 상한값의 용량[%])
V_1, V_2, V_3, V_4 : 가연성가스의 용량(용량[%])
L_1, L_2, L_3, L_4 : 가연성가스의 하한값 또는 상한값(용량[%])

① 하한값

$$L_m = \frac{100}{\frac{V_1}{L_1} + \frac{V_2}{L_2} + \frac{V_3}{L_3} + \frac{V_4}{L_4}} = \frac{100}{\frac{50}{2.1} + \frac{15}{1.8} + \frac{4}{3} + \frac{31}{5}} = 2.52[\%]$$

② 상한값

$$L_m = \frac{100}{\frac{V_1}{L_1} + \frac{V_2}{L_2} + \frac{V_3}{L_3} + \frac{V_4}{L_4}} = \frac{100}{\frac{50}{9.5} + \frac{15}{8.4} + \frac{4}{12.4} + \frac{31}{15}} = 10.60[\%]$$

∴ 폭발범위 : 2.52~10.60[%]

정답 2.52~10.60[%]

04 다음 위험물이 물과 반응할 때 반응식을 쓰고 공통으로 생성되는 물질을 쓰시오.

칼슘, 수소화칼슘, 인화칼슘, 탄화칼슘

해설

물과 반응식
① 칼슘 : $Ca + 2H_2O \rightarrow Ca(OH)_2 + H_2$(수소)
② 수소화칼슘 : $CaH_2 + 2H_2O \rightarrow Ca(OH)_2 + 2H_2$(수소)
③ 인화칼슘 : $Ca_3P_2 + 6H_2O \rightarrow 3Ca(OH)_2 + 2PH_3$(포스핀, 인화수소)
④ 탄화칼슘 : $CaC_2 + 2H_2O \rightarrow Ca(OH)_2 + C_2H_2$(아세틸렌)

정답
- 물과 반응식
  - 칼슘 : $Ca + 2H_2O \rightarrow Ca(OH)_2 + H_2$(수소)
  - 수소화칼슘 : $CaH_2 + 2H_2O \rightarrow Ca(OH)_2 + 2H_2$(수소)
  - 인화칼슘 : $Ca_3P_2 + 6H_2O \rightarrow 3Ca(OH)_2 + 2PH_3$(포스핀, 인화수소)
  - 탄화칼슘 : $CaC_2 + 2H_2O \rightarrow Ca(OH)_2 + C_2H_2$(아세틸렌)
- 공통으로 생성되는 물질 : 수산화칼슘[$Ca(OH)_2$]

05 성냥원료로 사용하기 위하여 저장해 둔 순수한 염소산나트륨에 조해현상이 나타나 90[wt%]로 변하였다. 이것을 재활용하여 3[wt%] 소독약으로 만들기 위하여 조해된 염소산나트륨 1[kg]에 추가해야 하는 물의 양[kg]을 구하시오.

해설

추가해야 할 물의 양
- 염소산나트륨의 순수한 양 = 1,000[g] × 0.9 = 900[g]
- 농도 = $\dfrac{\text{용질[g]}}{\text{용액[g]}} \times 100$
- $3[\text{wt\%}] = \dfrac{900[g]}{1,000 + x[g]} \times 100$

  $3(1,000 + x) = 900 \times 100$

  $3,000 + 3x = 90,000 \quad \therefore\ x = \dfrac{90,000 - 3,000}{3} = 29,000[g] = 29[kg]$

정답 29[kg]

06

휘발유를 저장하는 옥외탱크저장소에 대하여 다음 물음에 답하시오.

㉮ 방유제의 재질
㉯ 방유제의 두께
㉰ 방유제의 지하매설깊이
㉱ 높이가 1[m]를 넘는 방유제 내에 출입하기 위한 계단의 설치간격은?
㉲ 방유제 내에 설치 가능한 탱크의 개수는?(단, 용량이 20만[L]이고 개수에 제한이 없으면 "제한없음"으로 기재할 것)

해설

옥외탱크저장소의 방유제(이황화탄소는 제외)

① 방유제의 용량
  ㉠ 탱크가 하나일 때 : 탱크 용량의 110[%] 이상(인화성이 없는 액체위험물은 100[%])
  ㉡ 탱크가 2기 이상일 때 : 탱크 중 용량이 최대인 것의 용량의 110[%] 이상(인화성이 없는 액체위험물은 100[%])
② 방유제의 높이 : 0.5[m] 이상 3[m] 이하
③ **방유제의 두께 : 0.2[m] 이상**
④ **방유제의 지하매설깊이 : 1[m] 이상**
⑤ 방유제 내의 면적 : 80,000[m²] 이하
⑥ 방유제 내에 설치하는 옥외저장탱크의 수는 10(방유제 내에 설치하는 모든 옥외저장탱크의 용량이 20만[L] 이하이고, 위험물의 인화점이 70[℃] 이상 200[℃] 미만인 경우에는 20) 이하로 할 것(단, 인화점이 200[℃] 이상인 옥외저장탱크는 제외)

> **Plus One** 방유제 내 탱크의 설치 개수
> 1. 제1석유류, 제2석유류 : 10기 이하(**휘발유 : 제1석유류**)
> 2. 제3석유류(인화점 70[℃] 이상 200[℃] 미만) : 20기 이하
> 3. 제4석유류(인화점이 200[℃] 이상) : 제한없음

⑦ 방유제는 탱크의 옆판으로부터 일정 거리를 유지할 것(단, 인화점이 200[℃] 이상인 위험물은 제외)
  ㉠ 지름이 15[m] 미만인 경우 : 탱크 높이의 1/3 이상
  ㉡ 지름이 15[m] 이상인 경우 : 탱크 높이의 1/2 이상
⑧ **방유제의 재질** : **철근콘크리트**로 하고 방유제와 옥외저장탱크 사이의 지표면은 불연성과 불침윤성이 있는 구조(철근콘크리트 등)로 할 것. 다만, 누출된 위험물을 수용할 수 있는 전용유조 및 펌프 등의 설비를 갖춘 경우에는 방유제와 옥외저장탱크 사이의 지표면을 흙으로 할 수 있다.
⑨ 높이가 1[m] 이상이면 **계단 또는 경사로를 약 50[m]마다 설치할 것**

정답

㉮ 철근콘크리트
㉯ 0.2[m] 이상
㉰ 1[m] 이상
㉱ 50[m]
㉲ 10

07

수소화나트륨이 물과 반응할 때의 화학반응식을 쓰고 이때 발생된 가스의 위험도를 구하시오.

해설

수소화나트륨과 물의 반응
① 반응식 : NaH + H$_2$O → NaOH + H$_2$↑
② 발생하는 가스 : 수소(폭발범위 : 4.0~75[%])
③ 위험도

$$\text{위험도} \quad H = \frac{U - L}{L}$$

여기서, U : 폭발상한값[%] L : 폭발하한값[%]

∴ 위험도 $H = \dfrac{75-4}{4} = 17.75$

정답
- 반응식 : NaH + H$_2$O → NaOH + H$_2$
- 위험도 : 17.75

08

위험물의 성질란에 규정된 성상을 2가지 이상 포함하는 물품을 복수성상물품이라 한다. 이 물품이 속하는 품명의 판단기준을 ( ) 안에 맞는 유별을 쓰시오.

㉮ 복수성상물품이 산화성 고체의 성상 및 가연성 고체의 성상을 가지는 경우
  : 제( )류 위험물
㉯ 복수성상물품이 산화성 고체의 성상 및 자기반응성 물질의 성상을 가지는 경우
  : 제( )류 위험물
㉰ 복수성상물품이 가연성 고체의 성상과 자연발화성 물질의 성상 및 금수성 물질의 성상을 가지는 경우 : 제( )류 위험물
㉱ 복수성상물품이 자연발화성 물질의 성상, 금수성 물질의 성상 및 인화성 액체의 성상을 가지는 경우 : 제( )류 위험물
㉲ 복수성상물품이 인화성 액체의 성상 및 자기반응성 물질의 성상을 가지는 경우
  : 제( )류 위험물

해설

성질란에 규정된 성상을 2가지 이상 포함하는 물품(복수성상물품)이 속하는 품명은 다음에 의한다.
① 복수성상물품이 산화성 고체(제1류)의 성상 및 가연성 고체(제2류)의 성상을 가지는 경우 : **제2류** 제8호의 규정에 의한 품명
② 복수성상물품이 산화성 고체(제1류)의 성상 및 자기반응성 물질(제5류)의 성상을 가지는 경우 : **제5류** 제11호의 규정에 의한 품명
③ 복수성상물품이 가연성 고체(제2류)의 성상과 자연발화성 물질(제3류)의 성상 및 금수성 물질(제3류)의 성상을 가지는 경우 : **제3류** 제12호의 규정에 의한 품명
④ 복수성상물품이 자연발화성 물질(제3류)의 성상, 금수성 물질(제3류)의 성상 및 인화성 액체(제4류)의 성상을 가지는 경우 : **제3류** 제12호의 규정에 의한 품명
⑤ 복수성상물품이 인화성 액체(제4류)의 성상 및 자기반응성 물질(제5류)의 성상을 가지는 경우 : **제5류** 제11호의 규정에 의한 품명

정답 ㉮ 제2류
㉯ 제5류
㉰ 제3류
㉱ 제3류
㉲ 제5류

09

위험물안전관리법령상 제2류 위험물의 인화성 고체에 대하여 다음 물음에 답하시오.
㉮ 운반용기의 외부표시 주의사항
㉯ 유별을 달리하는 위험물을 동일한 저장소에 저장할 수 없는데 1[m] 이상의 간격을 두고 저장할 수 있다. 인화성 고체와 같이 저장할 수 있는 다른 류의 위험물을 있는 대로 쓰시오(단, 없으면 "해당 없음"이라고 답할 것).

해설
인화성 고체
① 운반용기의 주의사항
  ㉠ 제1류 위험물
    • 알칼리금속의 과산화물 : 화기·충격주의, 물기엄금, 가연물접촉주의
    • 그 밖의 것 : 화기·충격주의, 가연물접촉주의
  ㉡ 제2류 위험물
    • 철분·금속분·마그네슘 : 화기주의, 물기엄금
    • **인화성 고체 : 화기엄금**
    • 그 밖의 것 : 화기주의
  ㉢ 제3류 위험물
    • 자연발화성 물질 : 화기엄금, 공기접촉엄금
    • 금수성 물질 : 물기엄금
  ㉣ 제4류 위험물 : 화기엄금
  ㉤ 제5류 위험물 : 화기엄금, 충격주의
  ㉥ 제6류 위험물 : 가연물접촉주의
② 옥내저장소 또는 옥외저장소에 저장하는 경우
  유별을 달리하는 위험물은 동일한 저장소에 저장하지 않아야 한다. 다만, 옥내저장소 또는 옥외저장소에 있어서 다음의 규정에 의한 위험물을 저장하는 경우로서 위험물을 유별로 정리하여 저장하는 한편, 서로 **1[m] 이상의 간격을 두는 경우에는 그렇지 않다.**
  ㉠ 제1류 위험물(알칼리금속의 과산화물 또는 이를 함유한 것을 제외)과 제5류 위험물을 저장하는 경우
  ㉡ 제1류 위험물과 제6류 위험물을 저장하는 경우
  ㉢ 제1류 위험물과 제3류 위험물 중 자연발화성 물질(황린 또는 이를 함유한 것에 한한다)을 저장하는 경우
  ㉣ **제2류 위험물 중 인화성 고체와 제4류 위험물을 저장**하는 경우
  ㉤ 제3류 위험물 중 알킬알루미늄 등과 제4류 위험물(알킬알루미늄 또는 알킬리튬을 함유한 것에 한한다)을 저장하는 경우
  ㉥ 제4류 위험물 중 유기과산화물 또는 이를 함유하는 것과 제5류 위험물 중 유기과산화물 또는 이를 함유한 것을 저장하는 경우

정답 ㉮ 화기엄금
㉯ 제4류 위험물

10

무색투명한 휘발성 액체로 알코올, 에터 등 유기용제에 잘 녹으며 비중 0.95, 인화점 −11[℃]이고 겨울철에 동결되는 위험물에 대하여 물음에 답하시오.

㉮ 위험등급 ㉯ 분자량
㉰ 연소반응식

해설

벤젠(Benzene, 벤졸)

① 물 성

화학식	분자량	지정수량	위험등급	비 중	융 점	인화점	연소범위
C_6H_6	78	200[L]	II	0.95	7[℃]	−11[℃]	1.4~8.0[%]

② 연소반응식

$$2C_6H_6 + 15O_2 \rightarrow 12CO_2 + 6H_2O$$

정답
㉮ II
㉯ 78
㉰ $2C_6H_6 + 15O_2 \rightarrow 12CO_2 + 6H_2O$

11

벤젠에서 수소 1개를 메틸기로 치환된 물질에 대하여 다음 물음에 답하시오.

㉮ 구조식
㉯ 증기비중
㉰ 이 물질을 진한 질산과 진한 황산으로 나이트로화시키면 생성되는 물질명

해설

톨루엔(Toluene, 메틸벤젠)

① 물 성

화학식	구조식	품 명	분자량	인화점	증기비중
$C_6H_5CH_3$	(CH₃-벤젠고리)	제1석유류 (비수용성)	92	4℃	$\frac{92}{29} = 3.17$

② TNT의 제법 : 톨루엔을 진한 질산과 진한 황산으로 나이트로화시키면 생성되는 물질

톨루엔 $+ 3HNO_3 \xrightarrow[\text{나이트로화}]{c-H_2SO_4}$ TNT $+ 3H_2O$

정답
㉮ (CH₃가 달린 벤젠고리 구조식)
㉯ 3.17
㉰ 트라이나이트로톨루엔(TNT)

12 운송책임자의 감독·지원을 받아 운송해야 하는 대통령령으로 정하는 위험물인 알킬알루미늄에 대하여 다음 물음에 답하시오.

㉮ 알킬알루미늄을 이동저장탱크에 저장 또는 취급 시 이동저장탱크의 용량
㉯ 알킬알루미늄을 취급하는 이동저장탱크의 외면 도장색상
㉰ 알킬알루미늄 중 비중이 0.84이고, 물과 반응하여 에테인을 발생하는 물질이 공기 중에 노출 시 반응식
㉱ 운송책임자의 자격기준
㉲ 이동탱크저장소에 비치해야 하는 서류 2가지

해설

알킬알루미늄

① **이동저장탱크의 용량** : 1,900[L] 미만
② 이동저장탱크의 외면 도장색상 : 적색
  ㉠ **탱크의 외면 도장 색상(시행규칙)**
    알킬알루미늄을 저장 또는 취급하는 이동탱크저장소의 이동저장탱크는 그 외면을 적색으로 도장하는 한편 백색문자로서 동판의 양측면 및 경판(동체의 양 끝부분에 부착하는 판)에 주의사항을 표시할 것(규칙 별표 10 Ⅹ. 참고)
  ㉡ 탱크의 외면 도장 색상(세부기준 제109조)

유 별	도장의 색상	비 고
제1류	회 색	
제2류	적 색	• 탱크의 앞면과 뒷면을 제외한 면적의 40[%] 이내의 면적은 다른 유별의 색상 외의 색상으로 도장하는 것이 가능하다.
제3류	청 색	
제5류	황 색	• 제4류에 대해서는 도장의 색상 제한이 없으나 적색을 권장한다.
제6류	청 색	

  ※ 제3류 위험물인 알킬알루미늄 등은 시행규칙 별표 10에서 적색으로 명시되어 있어 세부기준보다 규칙이 상위법이니까 적색으로 답하였다.

③ 트라이에틸알루미늄
  ㉠ 물 성

화학식	유 량	분자량	비 중	지정수량
$(C_2H_5)_3Al$	제3류 위험물	114	0.835	10[kg]

  ㉡ 반응식
    • 연소반응식 : $2(C_2H_5)_3Al + 21O_2 \rightarrow Al_2O_3 + 15H_2O + 12CO_2$
    • 물과 반응 : $(C_2H_5)_3Al + 3H_2O \rightarrow Al(OH)_3 + 3C_2H_6$(에테인)

④ **운송책임자의 자격기준(시행규칙 제52조)**
  ㉠ 해당 위험물의 취급에 관한 국가기술자격을 취득하고 관련 업무에 1년 이상 종사한 경력이 있는 자
  ㉡ 위험물의 운송에 관한 안전교육을 수료하고 관련 업무에 2년 이상 종사한 경력이 있는 자

⑤ **이동탱크저장소에 비치해야 하는 서류 2가지** : 완공검사합격확인증, 정기점검기록

정답

㉮ 1,900[L] 미만
㉯ 적 색
㉰ $2(C_2H_5)_3Al + 21O_2 \rightarrow Al_2O_3 + 15H_2O + 12CO_2$
㉱ • 해당 위험물의 취급에 관한 국가기술자격을 취득하고 관련 업무에 1년 이상 종사한 경력이 있는 자
  • 위험물의 운송에 관한 안전교육을 수료하고 관련 업무에 2년 이상 종사한 경력이 있는 자
㉲ 완공검사합격확인증, 정기점검기록

13 제조소 등의 위치·구조 및 설비의 기준이 아닌 특례기준을 적용받는 일반취급소 5가지의 정의와 지정수량의 배수에 대하여 쓰시오.

해설
특례기준을 적용받는 일반취급소(시행규칙 별표 16)

① 도장, 인쇄 또는 도포를 위하여 제2류 위험물 또는 제4류 위험물(특수인화물을 제외한다)을 취급하는 일반취급소로서 지정수량의 30배 미만의 것(위험물을 취급하는 설비를 건축물에 설치하는 것에 한하며, 이하 "분무도장작업 등의 일반취급소"라 한다)

② 세정을 위하여 위험물(인화점이 40[℃] 이상인 제4류 위험물에 한한다)을 취급하는 일반취급소로서 지정수량의 30배 미만의 것(위험물을 취급하는 설비를 건축물에 설치하는 것에 한하며, 이하 "세정작업의 일반취급소"라 한다)

③ 열처리작업 또는 방전가공을 위하여 위험물(인화점이 70[℃] 이상인 제4류 위험물에 한한다)을 취급하는 일반취급소로서 지정수량의 30배 미만의 것(위험물을 취급하는 설비를 건축물에 설치하는 것에 한하며, 이하 "열처리작업 등의 일반취급소"라 한다)

④ 보일러, 버너 그 밖의 이와 유사한 장치로 위험물(인화점이 38[℃] 이상인 제4류 위험물에 한한다)을 소비하는 일반취급소로서 지정수량의 30배 미만의 것(위험물을 취급하는 설비를 건축물에 설치하는 것에 한하며, 이하 "보일러 등으로 위험물을 소비하는 일반취급소"라 한다)

⑤ 이동저장탱크에 액체위험물(알킬알루미늄 등, 아세트알데하이드 등 및 하이드록실아민 등을 제외한다. 이하 이 호에서 같다)을 주입하는 일반취급소(액체위험물을 용기에 옮겨 담는 취급소를 포함하며, 이하 "충전하는 일반취급소"라 한다)

⑥ 고정급유설비에 의하여 위험물(인화점이 38[℃] 이상인 제4류 위험물에 한한다)을 용기에 옮겨 담거나 4,000[L] 이하의 이동저장탱크(용량이 2,000[L]를 넘는 탱크에 있어서는 그 내부를 2,000[L] 이하마다 구획한 것에 한한다)에 주입하는 일반취급소로서 지정수량의 40배 미만인 것(이하 "옮겨 담는 일반취급소"라 한다)

⑦ 위험물을 이용한 유압장치 또는 윤활유 순환장치를 설치하는 일반취급소(고인화점 위험물만을 100[℃] 미만의 온도로 취급하는 것에 한한다)로서 지정수량의 50배 미만의 것(위험물을 취급하는 설비를 건축물에 설치하는 것에 한하며, 이하 "유압장치 등을 설치하는 일반취급소"라 한다)

⑧ 절삭유의 위험물을 이용한 절삭장치, 연삭장치 그 밖의 이와 유사한 장치를 설치하는 일반취급소(고인화점 위험물만을 100[℃] 미만의 온도로 취급하는 것에 한한다)로서 지정수량의 30배 미만의 것(위험물을 취급하는 설비를 건축물에 설치하는 것에 한하며, 이하 "절삭장치 등을 설치하는 일반취급소"라 한다)

⑨ 위험물 외의 물건을 가열하기 위하여 위험물(고인화점 위험물에 한한다)을 이용한 열매체유 순환장치를 설치하는 일반취급소로서 지정수량의 30배 미만의 것(위험물을 취급하는 설비를 건축물에 설치하는 것에 한하며, 이하 "열매체유 순환장치를 설치하는 일반취급소"라 한다)

⑩ 화학실험을 위하여 위험물을 취급하는 일반취급소로서 지정수량의 30배 미만의 것(위험물을 취급하는 설비를 건축물에 설치하는 것만 해당하며, 이하 "화학실험의 일반취급소"라 한다)

정답
- **분무도장작업 등의 일반취급소** : 도장, 인쇄 또는 도포를 위하여 제2류 위험물 또는 제4류 위험물(특수인화물을 제외)을 취급하는 일반취급소로서 지정수량의 30배 미만의 것
- **세정작업의 일반취급소** : 세정을 위하여 위험물(인화점이 40[℃] 이상인 제4류 위험물에 한한다)을 취급하는 일반취급소로서 지정수량의 30배 미만의 것
- **열처리작업 등의 일반취급소** : 열처리작업 또는 방전가공을 위하여 위험물(인화점이 70[℃] 이상인 제4류 위험물에 한한다)을 취급하는 일반취급소로서 지정수량의 30배 미만의 것
- **보일러 등으로 위험물을 소비하는 일반취급소** : 보일러, 버너 그 밖의 이와 유사한 장치로 위험물(인화점이 38[℃] 이상인 제4류 위험물에 한한다)을 소비하는 일반취급소로서 지정수량의 30배 미만의 것
- **화학실험의 일반취급소** : 화학실험을 위하여 위험물을 취급하는 일반취급소로서 지정수량의 30배 미만의 것

14

분자량 158, 지정수량이 1,000[kg]이고 물과 알코올에 녹으면 진한 보라색을 나타내는 물질에 대하여 답하시오.

㉮ 240[℃]에서의 분해반응식
㉯ 묽은 황산과 반응식

해설

과망가니즈산칼륨의 반응식

① 분해반응식 : $2KMnO_4 \rightarrow K_2MnO_4 + MnO_2 + O_2 \uparrow$
　　　　　　　　　　　　　(망가니즈산칼륨)　(이산화망가니즈)
② 묽은 황산과 반응식 : $4KMnO_4 + 6H_2SO_4 \rightarrow 2K_2SO_4 + 4MnSO_4 + 6H_2O + 5O_2 \uparrow$
③ 진한 황산과 반응식 : $2KMnO_4 + H_2SO_4 \rightarrow K_2SO_4 + 2HMnO_4$
　　　　　　　　　　　　　　　　　　　　　　　　(과망가니즈산)
④ 염산과 반응식 : $2KMnO_4 + 16HCl \rightarrow 2KCl + 2MnCl_2 + 8H_2O + 5Cl_2 \uparrow$

정답　㉮ $2KMnO_4 \rightarrow K_2MnO_4 + MnO_2 + O_2$
　　　　㉯ $4KMnO_4 + 6H_2SO_4 \rightarrow 2K_2SO_4 + 4MnSO_4 + 6H_2O + 5O_2$

15

지하 7층, 지상 9층인 다층 건축물에 경유를 저장하는 옥내탱크저장소를 설치하고자 할 때 다음 물음에 답하시오.

㉮ 경유를 저장할 수 있는 탱크전용실이 설치 가능한 층은?(전층이면 "전층"이라고 기입할 것)
㉯ 지상 3층에 경유를 저장할 시 최대 용량[L]은?
㉰ 지하 2층에 동일한 탱크전용실에 탱크 2기 설치 시 탱크 1기의 용량이 1만[L]일 때 나머지 탱크 1기의 용량[L]은?
㉱ 탱크전용실에 펌프설비를 설치하고자 할 때 턱의 높이[m]는?

해설

탱크전용실을 단층건물 외의 건축물에 설치하는 경우

① 옥내저장탱크는 탱크전용실에 설치할 것. 이 경우 제2류 위험물 중 황화인·적린 및 덩어리 황, 제3류 위험물 중 황린, 제6류 위험물 중 질산의 탱크전용실은 **건축물의 1층 또는 지하층에 설치해야 한다.**

　　　　　　　　　제4류 위험물(경유) : 전층에 설치 가능

② 옥내저장탱크의 용량(동일한 탱크전용실에 옥내저장탱크를 2 이상 설치하는 경우에는 각 탱크의 용량의 합계를 말한다)은 **1층 이하의 층**에 있어서는 **지정수량의 40배**(제4석유류 및 동식물유류 외의 제4류 위험물에 있어서 해당 수량이 2만[L]를 초과할 때에는 2만[L]) 이하, **2층 이상의 층**에 있어서는 지정수량의 10배(**제4석유류 및 동식물유류 외의 제4류 위험물에 있어서 해당 수량이 5,000[L]를 초과할 때에는 5,000[L]**) 이하일 것

- 2층 이상의 층 : 지정수량의 10배 또는 **최대 5,000[L]** 이하
- 1층 이하의 층 : 지정수량의 40배 또는 **최대 20,000[L]** 이하
※ 지하 2층에 경유를 20,000[L]까지 저장할 수 있는데 용량 10,000[L]가 하나 설치되어 있으므로 용량 10,000[L]를 추가할 수 있다.

③ 탱크전용실에 펌프설비를 설치하는 경우에는 견고한 기초 위에 고정한 다음 그 주위에는 불연재료로 된 턱을 **0.2[m] 이상의 높이**로 설치하는 등 누설된 위험물이 유출되거나 유입되지 않도록 하는 조치를 할 것

정답
㉮ 전 층
㉯ 5,000[L]
㉰ 10,000[L] 이하
㉱ 0.2[m]

16

다음 중 지정수량이 2,000[L]인 위험물을 모두 고르시오.

아세트산, 아닐린, 에틸렌글라이콜, 글리세린, 클로로벤젠, 나이트로벤젠, 등유, 아세톤, 하이드라진

해설

제4류 위험물의 지정수량

종 류	품 명	지정수량	종 류	품 명	지정수량
아세트산	제2석유류 (수용성)	2,000[L]	나이트로벤젠	제3석유류 (비수용성)	2,000[L]
아닐린	제3석유류 (비수용성)	2,000[L]	등 유	제2석유류 (비수용성)	1,000[L]
에틸렌글라이콜	제3석유류 (수용성)	4,000[L]	아세톤	제1석유류 (수용성)	400[L]
글리세린	제3석유류 (수용성)	4,000[L]	하이드라진	제2석유류 (수용성)	2,000[L]
클로로벤젠	제2석유류 (비수용성)	1,000[L]		-	

정답 아세트산, 아닐린, 나이트로벤젠, 하이드라진

17 다음은 소화난이도등급 Ⅰ의 제조소 등에 설치해야 하는 소화설비를 쓰시오.

제조소 등의 구분		소화설비
옥내저장소	처마높이가 6[m] 이상인 단층건물 또는 다른 용도의 부분이 있는 건축물에 설치한 옥내저장소	㉮
옥외탱크 저장소	지중탱크 또는 해상탱크 외의 것 — 황만을 저장·취급하는 것	㉯
	지중탱크 또는 해상탱크 외의 것 — 인화점 70[℃] 이상의 제4류 위험물을 저장·취급하는 것	㉰
옥내탱크 저장소	황만을 저장·취급하는 것	㉱

해설
소화난이도등급 Ⅰ의 제조소 등에 설치해야 하는 소화설비

제조소 등의 구분			소화설비
옥내 저장소	처마높이가 6[m] 이상인 단층건물 또는 다른 용도의 부분이 있는 건축물에 설치한 옥내저장소		**스프링클러설비 또는 이동식 외의 물분무 등 소화설비**
	그 밖의 것		옥외소화전설비, 스프링클러설비, 이동식 외의 물분무 등 소화설비 또는 이동식 포소화설비(포소화전을 옥외에 설치하는 것에 한한다)
옥외 탱크 저장소	지중탱크 또는 해상탱크 외의 것	황만을 저장·취급하는 것	**물분무소화설비**
		인화점 70[℃] 이상의 제4류 위험물만을 저장·취급하는 것	**물분무소화설비 또는 고정식 포소화설비**
	지중탱크		고정식 포소화설비, 이동식 이외의 불활성 가스소화설비 또는 이동식 이외의 할로젠화합물소화설비
	해상탱크		고정식 포소화설비, 물분무소화설비, 이동식 이외의 불활성 가스소화설비 또는 이동식 이외의 할로젠화합물소화설비
옥내 탱크 저장소	황만을 저장·취급하는 것		**물분무소화설비**
	인화점 70[℃] 이상의 제4류 위험물만을 저장·취급하는 것		물분무소화설비, 고정식 포소화설비, 이동식 이외의 불활성 가스소화설비, 이동식 이외의 할로젠화합물소화설비 또는 이동식 이외의 분말소화설비
	그 밖의 것		고정식 포소화설비, 이동식 이외의 불활성 가스소화설비, 이동식 이외의 할로젠화합물소화설비 또는 이동식 이외의 분말소화설비

정답
㉮ 스프링클러설비 또는 이동식 외의 물분무 등 소화설비
㉯ 물분무소화설비
㉰ 물분무소화설비 또는 고정식 포소화설비
㉱ 물분무소화설비

18 다음 ( ) 안에 알맞은 내용을 쓰시오.

① 이동저장탱크에 알킬알루미늄 등을 저장하는 경우에는 (㉮)[kPa] 이하의 압력으로 불활성의 기체를 봉입하여 둘 것
② 옥외저장탱크·옥내저장탱크 또는 지하저장탱크 중 압력탱크에 있어서는 아세트알데하이드 등의 취출에 의하여 해당 탱크 내의 압력이 (㉯)압력 이하로 저하하지 않도록, 압력탱크 외의 탱크에 있어서는 아세트알데하이드 등의 취출이나 온도의 저하에 의한 공기의 혼입을 방지할 수 있도록 불활성 기체를 봉입할 것
③ 보냉장치가 있는 이동저장탱크에 저장하는 아세트알데하이드 등 또는 다이에틸에터 등의 온도는 해당 위험물의 (㉰) 이하로 유지할 것
④ 보냉장치가 없는 이동저장탱크에 저장하는 아세트알데하이드 등 또는 다이에틸에터 등의 온도는 (㉱)[℃] 이하로 유지할 것

해설
알킬알루미늄 등, 아세트알데하이드 등 및 다이에틸에터 등의 저장기준(시행규칙 별표 18)

㉠ 옥외저장탱크 또는 옥내저장탱크 중 압력탱크(최대상용압력이 대기압을 초과하는 탱크를 말한다)에 있어서는 알킬알루미늄 등의 취출에 의하여 해당 탱크 내의 압력이 상용압력 이하로 저하하지 않도록, 압력탱크 외의 탱크에 있어서는 알킬알루미늄 등의 취출이나 온도의 저하에 의한 공기의 혼입을 방지할 수 있도록 불활성의 기체를 봉입할 것
㉡ 옥외저장탱크·옥내저장탱크 또는 이동저장탱크에 새롭게 알킬알루미늄 등을 주입하는 때에는 미리 해당 탱크 안의 공기를 불활성 기체와 치환하여 둘 것
㉢ 이동저장탱크에 알킬알루미늄 등을 저장하는 경우에는 **20[kPa] 이하의 압력으로 불활성의 기체를 봉입하여 둘 것**
㉣ **옥외저장탱크·옥내저장탱크 또는 지하저장탱크 중 압력탱크**에 있어서는 아세트알데하이드 등의 취출에 의하여 해당 탱크 내의 압력이 **상용압력 이하로 저하하지 않도록**, 압력탱크 외의 탱크에 있어서는 아세트알데하이드 등의 취출이나 온도의 저하에 의한 공기의 혼입을 방지할 수 있도록 불활성 기체를 봉입할 것
㉤ 옥외저장탱크·옥내저장탱크·지하저장탱크 또는 이동저장탱크에 새롭게 아세트알데하이드 등을 주입하는 때에는 미리 해당 탱크 안의 공기를 불활성 기체와 치환하여 둘 것
㉥ 이동저장탱크에 아세트알데하이드 등을 저장하는 경우에는 항상 불활성의 기체를 봉입하여 둘 것
㉦ 옥외저장탱크·옥내저장탱크 또는 지하저장탱크 중 압력탱크 외의 탱크에 저장하는 다이에틸에터 등 또는 아세트알데하이드 등의 온도는 산화프로필렌과 이를 함유한 것 또는 다이에틸에터 등에 있어서는 30[℃] 이하로, 아세트알데하이드 또는 이를 함유한 것에 있어서는 15[℃] 이하로 각각 유지할 것
㉧ 옥외저장탱크·옥내저장탱크 또는 지하저장탱크 중 압력탱크에 저장하는 아세트알데하이드 등 또는 다이에틸에터 등의 온도는 40[℃] 이하로 유지할 것
㉨ **보냉장치가 있는 이동저장탱크**에 저장하는 아세트알데하이드 등 또는 다이에틸에터 등의 온도는 해당 위험물의 **비점 이하**로 유지할 것
㉩ **보냉장치가 없는 이동저장탱크**에 저장하는 아세트알데하이드 등 또는 다이에틸에터 등의 온도는 **40[℃]** 이하로 유지할 것

정답 ㉮ 20
㉯ 상용
㉰ 비점
㉱ 40

19 위험물제조소 등의 설치허가와 관련하여 다음 물음에 답하시오.

① 허가를 받지 않고 해당 제조소 등을 설치하거나 그 위치·구조 또는 설비를 변경할 수 있으며 신고를 하지 않고 위험물의 품명·수량 또는 지정수량의 배수를 변경할 수 있는 경우에 대해 다음 표를 채우시오.

제조소명	대 상	지정수량
㉮	주택의 난방시설(공동주택의 중앙난방시설을 제외한다)	제한없음
저장소	농예용·축산용 또는 수산용으로 필요한 난방시설 또는 건조시설	㉯
제조소 등	㉰	제한없음

② 위험물탱크안전성능검사 4가지 중 3가지를 쓰시오.
③ 다음 탱크의 완공검사 시기를 쓰시오.
  ㉠ 지하탱크가 있는 제조소 등의 경우
  ㉡ 이동탱크저장소의 경우
④ 위험물제조소 등의 설치·변경 허가 시 한국소방산업기술원의 기술검토를 받아야 하는 사항을 쓰시오.
⑤ 시·도지사로부터 기술원이 위탁받아 수행하는 탱크안전성능검사 업무에 해당하는 탱크를 쓰시오.

해설
위험물제조소 등의 설치허가

(1) 신고를 하지 않고 위험물의 품명·수량 또는 지정수량의 배수를 변경할 수 있는 경우

제조소명	대 상	지정수량
저장소 또는 취급소	주택의 난방시설(공동주택의 중앙난방시설을 제외한다)	제한없음
저장소	농예용·축산용 또는 수산용으로 필요한 난방시설 또는 건조시설	20배 이하
제조소 등	군사목적 또는 군부대시설을 위한 제조소 등	제한없음

[위험물안전관리법 제6조, 제7조]
- 다음에 해당하는 제조소 등의 경우에는 허가를 받지 않고 해당 제조소 등을 설치하거나 그 위치·구조 또는 설비를 변경할 수 있으며, 신고를 하지 않고 위험물의 품명·수량 또는 지정수량의 배수를 변경할 수 있다.
  - 주택의 난방시설(공동주택의 중앙난방시설을 제외한다)을 위한 저장소 또는 취급소
  - 농예용·축산용 또는 수산용으로 필요한 난방시설 또는 건조시설을 위한 지정수량 20배 이하의 저장소
- 군사목적 또는 군부대시설을 위한 제조소 등을 설치하거나 그 위치·구조 또는 설비를 변경하고자 하는 군부대의 장은 대통령령이 정하는 바에 따라 미리 제조소 등의 소재지를 관할하는 시·도지사와 협의해야 한다.

(2) 위험물탱크안전성능검사의 종류, 대상 및 시기
① 탱크안전성능검사 대상이 되는 탱크
  ㉠ **기초·지반검사** : 옥외탱크저장소의 액체위험물탱크 중 그 용량이 100만[L] 이상인 탱크
  ㉡ **충수(充水)·수압검사** : 액체위험물을 저장 또는 취급하는 탱크. 다만, 다음의 어느 하나에 해당하는 탱크는 제외한다.
    - 제조소 또는 일반취급소에 설치된 탱크로서 용량이 지정수량 미만인 것
    - 고압가스 안전관리법 제17조 제1항에 따른 특정설비에 관한 검사에 합격한 탱크
    - 산업안전보건법 제84조 제1항에 따른 안전인증을 받은 탱크

ⓒ **용접부검사** : ㉠의 규정에 의한 탱크. 다만, 탱크의 저부에 관계된 변경공사(탱크의 옆판과 관련되는 공사를 포함하는 것을 제외한다) 시에 행하여진 법 제18조 제2항의 규정에 의한 정기검사에 의하여 용접부에 관한 사항이 행정안전부령으로 정하는 기준에 적합하다고 인정된 탱크를 제외한다.
　　ⓓ **암반탱크검사** : 액체위험물을 저장 또는 취급하는 암반 내의 공간을 이용한 탱크
② **탱크안전성능검사 신청시기**
　　㉠ 기초·지반검사 : 위험물탱크의 기초 및 지반에 관한 공사의 개시 전
　　ⓒ 충수(充水)·수압검사 : 위험물을 저장 또는 취급하는 탱크에 배관 그 밖의 부속설비를 부착하기 전
　　ⓓ 용접부검사 : 탱크 본체에 관한 공사의 개시 전
　　ⓔ 암반탱크검사 : 암반탱크의 본체에 관한 공사의 개시 전
③ **완공검사 시기**
　　㉠ 지하탱크가 있는 제조소 등의 경우 : 해당 지하탱크를 매설하기 전
　　ⓒ 이동탱크저장소의 경우 : 이동저장탱크를 완공하고 상시설치장소(상치장소)를 확보한 후
　　ⓓ 이송취급소의 경우 : 이송배관 공사의 전체 또는 일부를 완료한 후. 다만, 지하·하천 등에 매설하는 이송배관 공사의 경우에는 이송배관을 매설하기 전
　　ⓔ 전체 공사가 완료된 후에는 완공검사를 실시하기 곤란한 경우 : 다음에서 정하는 시기
　　　• 위험물설비 또는 배관의 설치가 완료되어 기밀시험 또는 내압시험을 실시하는 시기
　　　• 배관을 지하에 설치하는 경우에는 시·도지사, 소방서장 또는 기술원이 지정하는 부분을 매몰하기 직전
　　　• 기술원이 지정하는 부분의 비파괴시험을 실시하는 시기
　　ⓕ ㉠ 내지 ⓔ에 해당하지 않는 제조소 등의 경우 : 제조소 등의 공사를 완료한 후
④ **한국소방산업기술원의 기술검토를 받아야 하는 사항**(시행령 제6조)
　　㉠ 지정수량의 1,000배 이상의 위험물을 취급하는 제조소 또는 일반취급소 : 구조·설비에 관한 사항
　　ⓒ 옥외탱크저장소(저장용량이 50만[L] 이상인 것만 해당한다) 또는 암반탱크저장소 : 위험물탱크의 기초·지반, 탱크 본체 및 소화설비에 관한 사항
⑤ **시·도지사로부터 기술원이 위탁받아 수행하는 탱크안전성능검사 업무에 해당하는 탱크**(시행령 제22조)
　　㉠ 용량이 100만[L] 이상인 액체위험물을 저장하는 탱크
　　ⓒ 암반탱크
　　ⓓ 지하탱크저장소의 위험물탱크 중 행정안전부령이 정하는 액체위험물탱크

> **[시·도지사로부터 기술원이 위탁받아 수행하는 완공검사 업무에 해당하는 탱크]**(시행령 제22조)
> • 지정수량의 1천배 이상의 위험물을 취급하는 제조소 또는 일반취급소의 설치 또는 변경(사용 중인 제조소 또는 일반취급소의 보수 또는 부분적인 증설은 제외한다)에 따른 완공검사
> • 옥외탱크저장소(저장용량이 50만[L] 이상인 것만 해당한다) 또는 암반탱크저장소의 설치 또는 변경에 따른 완공검사

정답 ① ㉮ 저장소 또는 취급소
　　　　㉯ 20배 이하
　　　　㉰ 군사목적 또는 군부대시설을 위한 제조소 등
② 기초·지반검사, 충수(充水)·수압검사, 용접부검사
③ 완공검사 시기
　　㉠ 지하탱크가 있는 제조소 등의 경우 : 해당 지하탱크를 매설하기 전
　　ⓒ 이동탱크저장소의 경우 : 이동저장탱크를 완공하고 상시설치장소(상치장소)를 확보한 후
④ 한국소방산업기술원의 기술검토를 받아야 하는 사항
　• 지정수량의 1,000배 이상의 위험물을 취급하는 제조소 또는 일반취급소 : 구조·설비에 관한 사항
　• 옥외탱크저장소(저장용량이 50만[L] 이상인 것만 해당한다) 또는 암반탱크저장소 : 위험물탱크의 기초·지반, 탱크 본체 및 소화설비에 관한 사항
⑤ 시·도지사로부터 기술원이 위탁받아 수행하는 탱크안전성능검사 업무에 해당하는 탱크
　• 용량이 100만[L] 이상인 액체위험물을 저장하는 탱크
　• 암반탱크
　• 지하탱크저장소의 위험물탱크 중 행정안전부령이 정하는 액체위험물탱크

2021년 8월 22일 시행 과년도 기출복원문제

01 칼륨 50[kg], 인화칼슘 6,000[kg]을 저장하고자 할 때 필요한 마른모래는 몇 [L]인가?

해설
필요한 마른모래의 양
① 지정수량

항목 \ 종류	칼륨	인화칼슘
유 별	제3류 위험물	제3류 위험물
품 명	–	금속의 탄화물
지정수량	10[kg]	300[kg]

② 소요단위

$$\text{소요단위} = \frac{\text{저장수량}}{\text{지정수량} \times 10} = \frac{50[\text{kg}]}{10[\text{kg}] \times 10} + \frac{6{,}000[\text{kg}]}{300[\text{kg}] \times 10} = 2.5\text{단위}$$

> 위험물의 1소요단위 : 지정수량의 10배

③ 소화설비의 능력단위

소화설비	용량	능력단위
소화전용(專用) 물통	8[L]	0.3
수조(소화전용 물통 3개 포함)	80[L]	1.5
수조(소화전용 물통 6개 포함)	190[L]	2.5
마른모래(삽 1개 포함)	**50[L]**	**0.5**
팽창질석 또는 팽창진주암(삽 1개 포함)	160[L]	1.0

∴ 건조사 **50[L]**가 능력단위 **0.5단위**이므로
  50[L] : 0.5단위 = x : 2.5단위
  $x = \dfrac{50[\text{L}] \times 2.5\text{단위}}{0.5\text{단위}} = 250[\text{L}]$

※ 능력단위 : 소요단위에 대응하는 소화설비의 소화능력 기준단위

정답 250[L]

02 다음 소화약제의 분해반응식을 쓰시오.
㉮ 제1종 분말소화약제(270[℃])
㉯ 제3종 분말소화약제(190[℃])

해설

분말소화약제의 열분해반응식
① 제1종 분말
  ㉠ **1차 분해반응식(270[℃])** : $2NaHCO_3 \rightarrow Na_2CO_3 + CO_2 + H_2O$
  ㉡ 2차 분해반응식(850[℃]) : $2NaHCO_3 \rightarrow Na_2O + 2CO_2 + H_2O$
② 제2종 분말
  ㉠ 1차 분해반응식(190[℃]) : $2KHCO_3 \rightarrow K_2CO_3 + CO_2 + H_2O$
  ㉡ 2차 분해반응식(590[℃]) : $2KHCO_3 \rightarrow K_2O + 2CO_2 + H_2O$
③ 제3종 분말
  ㉠ **1차 분해반응식(190[℃])** : $NH_4H_2PO_4 \rightarrow NH_3 + H_3PO_4$(인산, 오쏘인산)
  ㉡ 2차 분해반응식(215[℃]) : $2H_3PO_4 \rightarrow H_2O + H_4P_2O_7$(피로인산)
  ㉢ 3차 분해반응식(300[℃]) : $H_4P_2O_7 \rightarrow H_2O + 2HPO_3$(메타인산)
④ 제4종 분말 : $2KHCO_3 + (NH_2)_2CO \rightarrow K_2CO_3 + 2NH_3\uparrow + 2CO_2\uparrow$

정답 ㉮ $2NaHCO_3 \rightarrow Na_2CO_3 + CO_2 + H_2O$
㉯ $NH_4H_2PO_4 \rightarrow NH_3 + H_3PO_4$

03 다음은 위험물안전관리법령에서 정하는 액상의 정의로서 ( ) 안의 알맞은 숫자를 쓰시오.

"액상"이라 함은 수직으로 된 안지름 (㉮)[mm] 높이 (㉯)[mm]의 원통형 유리관에 시료를 (㉰)[mm]까지 채운 다음 해당 시험관을 수평으로 하였을 때 시료 액면의 끝부분이 (㉱)[mm]를 이동하는 데 걸리는 시간이 (㉲)초 이내에 있는 것을 말한다.

해설

산화성 고체 : 고체[액체(1기압 및 20[℃]에서 액상인 것 또는 20[℃] 초과 40[℃] 이하에서 액상인 것) 또는 기체(1기압 및 20[℃]에서 기상인 것)외의 것]로서 산화력의 잠재적인 위험성 또는 충격에 대한 민감성을 판단하기 위하여 소방청장이 정하여 고시하는 시험에서 고시로 정하는 성질과 상태를 나타내는 것을 말한다. 이 경우 "**액상**"이라 함은 수직으로 된 시험관(안지름 30[mm], 높이 120[mm]의 원통형유리관을 말한다)에 시료를 55[mm]까지 채운 다음 해당 시험관을 수평으로 하였을 때 시료액면의 끝부분이 30[mm]를 이동하는 데 걸리는 시간이 90초 이내에 있는 것을 말한다.

정답 ㉮ 30 ㉯ 120
㉰ 55 ㉱ 30
㉲ 90

04
알코올 10[g]과 물 20[g]이 혼합되었을 때 비중이 0.94라고 하면 이때 부피는 몇 [mL]인가?

해설

부 피
① 알코올 용액 = 10[g](알코올) + 20[g](물) = 30[g]
② 비중 = 0.94이라면 밀도 = 0.94[g/cm³] = 0.94[g/mL]

$$1[mL] = 1[cm^3]$$

∴ 용액의 부피 = $\dfrac{30[g]}{0.94[g/mL]}$ = 31.91[mL]

정답 31.91[mL]

05
위험물안전관리법령에서 하이드록실아민을 취급하는 제조소의 안전거리를 구하는 공식을 쓰고 기호를 설명하시오(단, 단위가 있을 경우에는 단위를 기입한다).

해설

하이드록실아민을 취급하는 제조소의 안전거리

$$D = 51.1\sqrt[3]{N}\,[m]$$

여기서, D : 거리[m]
N : 해당 제조소에서 취급하는 하이드록실아민 등의 지정수량의 배수
(하이드록실아민의 지정수량 : 100[kg])

정답 $D = 51.1\sqrt[3]{N}\,[m]$
- D : 거리[m]
- N : 해당 제조소에서 취급하는 하이드록실아민 등의 지정수량의 배수

06
위험물안전관리법령에서 피뢰침을 설치해야 하는 옥외탱크저장소에 피뢰침을 제외할 수 있는 조건 3가지를 쓰시오.

해설

옥외탱크저장소의 피뢰침 설치
① 설치대상 : 지정수량의 10배 이상
② 설치제외 대상
  ㉠ 제6류 위험물
  ㉡ 탱크의 저항이 5[Ω] 이하인 접지시설을 설치한 경우
  ㉢ 인근 피뢰설비의 보호범위 내에 들어가는 등 주위의 상황에 따라 안전상 지장이 없는 경우

정답
- 제6류 위험물
- 탱크의 저항이 5[Ω] 이하인 접지시설을 설치한 경우
- 인근 피뢰설비의 보호범위 내에 들어가는 등 주위의 상황에 따라 안전상 지장이 없는 경우

07 위험물안전관리법령에서 이송취급소에서 배관을 해상에 설치하는 경우의 기준 3가지를 쓰시오.

해설
이송취급소에서 배관을 해상에 설치하는 경우 기준
① 배관은 지진·풍압·파도 등에 대하여 안전한 구조의 지지물에 의하여 지지할 것
② 배관은 선박 등의 항행에 의하여 손상을 받지 않도록 해면과의 사이에 필요한 공간을 확보하여 설치할 것
③ 선박의 충돌 등에 의해서 배관 또는 그 지지물이 손상을 받을 우려가 있는 경우에는 견고하고 내구력이 있는 보호설비를 설치할 것
④ 배관은 다른 공작물(해당 배관의 지지물을 제외한다)에 대하여 배관의 유지관리상 필요한 간격을 유지할 것

정답
- 배관은 지진·풍압·파도 등에 대하여 안전한 구조의 지지물에 의하여 지지할 것
- 배관은 선박 등의 항행에 의하여 손상을 받지 않도록 해면과의 사이에 필요한 공간을 확보하여 설치할 것
- 선박의 충돌 등에 의해서 배관 또는 그 지지물이 손상을 받을 우려가 있는 경우에는 견고하고 내구력이 있는 보호설비를 설치할 것

---

08 벤젠에서 수소 1개를 메틸기로 치환된 물질의 품명, 구조식, 지정수량을 쓰시오.

해설
톨루엔
① 제법 : 벤젠(C_6H_6)에 수소원자 1개를 메틸기($-CH_3$)로 치환한 물질
② 톨루엔 성상

품 명	구조식	지정수량	인화점
제1석유류 (비수용성)	(CH$_3$-벤젠고리)	200[L]	4[℃]

정답
- 품명 : 제1석유류(비수용성)
- 구조식

  (CH$_3$기가 붙은 벤젠고리 구조)

- 지정수량 : 200[L]

09 제2류 위험물인 알루미늄이 다음 물질과 반응하는 반응식을 쓰시오.
㉮ 산 소
㉯ 물
㉰ 염 산

해설

알루미늄의 반응

① 산소와 반응 : $4Al + 3O_2 \rightarrow 2Al_2O_3$ (산화알루미늄)

② 물과 반응 : $2Al + 6H_2O \rightarrow 2Al(OH)_3 + 3H_2$ (수산화알루미늄)

③ 염산과 반응 : $2Al + 6HCl \rightarrow 2AlCl_3 + 3H_2$ (염화알루미늄)

④ 황산과 반응 : $2Al + 3H_2SO_4 \rightarrow Al_2(SO_4)_3 + 3H_2$ (황산알루미늄)

⑤ 수산화나트륨과 반응 : $2Al + 2NaOH + 2H_2O \rightarrow 2NaAlO_2 + 3H_2$ (알루미늄산나트륨)

정답
㉮ $4Al + 3O_2 \rightarrow 2Al_2O_3$
㉯ $2Al + 6H_2O \rightarrow 2Al(OH)_3 + 3H_2$
㉰ $2Al + 6HCl \rightarrow 2AlCl_3 + 3H_2$

---

10 적갈색의 금수성 물질로서 비중이 2.5, 융점 1,600[℃], 지정수량이 300[kg]인 제3류 위험물에 대하여 다음 물음에 답하시오.
㉮ 물과 반응식
㉯ 위험등급

해설

인화칼슘(제3류 위험물)

① 물 성

품 명	성 상	위험등급	지정수량	비 중	융 점
금속의 인화물	적갈색 고체	Ⅲ	300[kg]	2.51	1,600[℃]

② 인화칼슘의 반응식
㉠ 물과 반응 : $Ca_3P_2 + 6H_2O \rightarrow 3Ca(OH)_2 + 2PH_3\uparrow$
㉡ 염산과 반응 : $Ca_3P_2 + 6HCl \rightarrow 3CaCl_2 + 2PH_3\uparrow$

정답
㉮ $Ca_3P_2 + 6H_2O \rightarrow 3Ca(OH)_2 + 2PH_3$
㉯ Ⅲ

11 제4류 위험물에 대하여 화학식, 품명, 수용성(비수용성) 여부를 쓰시오.

㉮ 메틸에틸케톤 ㉯ 아닐린
㉰ 클로로벤젠 ㉱ 사이클로헥세인
㉲ 피리딘

해설

제4류 위험물의 물성

종류	화학식	품명	수용성(비수용성)	지정수량
메틸에틸케톤	$CH_3COC_2H_5$	제1석유류	비수용성	200[L]
아닐린	$C_6H_5NH_2$	제3석유류	비수용성	2,000[L]
클로로벤젠	C_6H_5Cl	제2석유류	비수용성	1,000[L]
사이클로헥세인	C_6H_{12}	제1석유류	비수용성	200[L]
피리딘	C_5H_5N	제1석유류	수용성	400[L]

정답
㉮ $CH_3COC_2H_5$, 제1석유류, 비수용성
㉯ $C_6H_5NH_2$, 제3석유류, 비수용성
㉰ C_6H_5Cl, 제2석유류, 비수용성
㉱ C_6H_{12}, 제1석유류, 비수용성
㉲ C_5H_5N, 제1석유류, 수용성

12 제1류 위험물로서 분자량이 78인 위험물이 다음 물질과 반응할 때 반응식을 쓰시오.

㉮ 물
㉯ 이산화탄소

해설

과산화나트륨

① 물성

화학식	분자량	비중	융점	분해 온도
Na_2O_2	78	2.8	460[℃]	460[℃]

② 과산화나트륨의 반응식
  ㉠ 분해 반응 : $2Na_2O_2 \rightarrow 2Na_2O + O_2$
  ㉡ 물과 반응 : $2Na_2O_2 + 2H_2O \rightarrow 4NaOH + O_2$
  ㉢ 이산화탄소와 반응 : $2Na_2O_2 + 2CO_2 \rightarrow 2Na_2CO_3 + O_2$
  ㉣ 초산과 반응 : $Na_2O_2 + 2CH_3COOH \rightarrow 2CH_3COONa + H_2O_2$
  ㉤ 염산과 반응 : $Na_2O_2 + 2HCl \rightarrow 2NaCl + H_2O_2$
  ㉥ 알코올과 반응 : $Na_2O_2 + 2C_2H_5OH \rightarrow 2C_2H_5ONa + H_2O_2$
  ㉦ 황산과 반응 : $Na_2O_2 + H_2SO_4 \rightarrow Na_2SO_4 + H_2O_2$

정답
㉮ $2Na_2O_2 + 2H_2O \rightarrow 4NaOH + O_2$
㉯ $2Na_2O_2 + 2CO_2 \rightarrow 2Na_2CO_3 + O_2$

13

제6류 위험물에 대하여 다음 물음에 답하시오.

㉮ 잔토프로테인 반응하는 물질이 위험물이 되기 위한 조건
㉯ N_2H_4와 반응하여 물과 질소를 발생시키는 물질이 물과 산소를 발생시키는 분해반응식
㉰ 할로젠간화합물의 화학식 3가지를 쓰시오.

해설
제6류 위험물

① 질산의 물성

화학식	비 점	융 점	비 중
HNO_3	122[℃]	−42[℃]	1.49

※ 질산은 잔토프로테인 반응을 하며 비중이 1.49 이상이면 제6류 위험물에 해당된다.

② 잔토프로테인 반응
단백질 검출 반응의 하나로서 아미노산 또는 단백질에 진한 질산을 가하여 가열하면 황색이 되고, 냉각하여 염기성으로 되게 하면 등황색을 띤다.

③ 과산화수소
㉠ 과산화수소와 하이드라진의 혼촉분해 반응

$$2H_2O_2 + N_2H_4 \rightarrow 4H_2O + N_2$$

㉡ 과산화수소의 분해반응식

$$2H_2O_2 \rightarrow 2H_2O + O_2$$

④ 할로젠간 화합물

종 류	화학식	비 점	융 점
트라이플루오로브로민	BrF_3	125[℃]	8.77[℃]
펜타플루오로브로민	BrF_5	40.8[℃]	−60.5[℃]
펜타플루오로아이오다이드	IF_5	100.5[℃]	9.43[℃]

정답
㉮ 비중이 1.49 이상
㉯ $2H_2O_2 \rightarrow 2H_2O + O_2$
㉰ BrF_3, BrF_5, IF_5

14

전역방출방식의 불활성 가스소화설비에 대하여 다음 물음에 답하시오.

㉮ 이산화탄소를 방사하는 분사헤드 중 고압식 방사압력은 (①)[MPa] 이상, 저압식의 방사압력은 (②)[MPa] 이상, IG-100, IG-55, IG-541의 방사압력은 (③)[MPa] 이상일 것
㉯ IG-100, IG-55, IG-541의 구성성분과 각 구성비를 쓰시오.

해설
전역방출방식의 불활성 가스소화설비

① 방사압력

구 분	전역방출방식			국소방출방식
	이산화탄소		불활성 가스	
	고압식	저압식	IG-55, IG-100, IG-541	
방사압력	2.1[MPa] 이상	1.05[MPa] 이상	1.9[MPa] 이상	이산화탄소와 같음
방사시간	60초 이내	60초 이내	95[%] 이상을 60초 이내	30초 이내

② 불활성 가스의 구성성분과 구성비

종 류	구성성분	구성비
IG-55	N_2(질소), Ar(아르곤)	N_2 : 50[%], Ar : 50[%]
IG-100	N_2(질소)	N_2 : 100[%]
IG-541	N_2(질소), Ar(아르곤), CO_2(이산화탄소)	N_2 : 52[%], Ar : 40[%], CO_2 : 8[%]

정답
㉮ ① 2.1
② 1.05
③ 1.9

㉯ • IG-100
 - 구성성분 : N_2
 - 구성비 : N_2 100[%]
• IG-55
 - 구성성분 : N_2(질소), Ar(아르곤)
 - 구성비 : N_2 50[%], Ar 50[%]
• IG-541
 - 구성성분 : N_2(질소), Ar(아르곤), CO_2(이산화탄소)
 - 구성비 : N_2 52[%], Ar 40[%], CO_2 8[%]

15 다음 물음에 빈칸을 채우시오(단, 해당 없으면 "해당 없음"으로 표기할 것).

위험물	주의사항	
	제조소	운반용기
트라이나이트로페놀		
철분		
적린		
과염소산		
과아이오딘산		

해설
주의사항

위험물	유별	주의사항	
		제조소	운반용기
트라이나이트로페놀	제5류 위험물	화기엄금	화기엄금, 충격주의
철분	제2류 위험물	화기주의	화기주의, 물기엄금
적린	제2류 위험물	화기주의	화기주의
과염소산	제6류 위험물	해당 없음	가연물접촉주의
과아이오딘산	제1류 위험물	해당 없음	화기·충격주의, 가연물접촉주의

정답

위험물	주의사항	
	제조소	운반용기
트라이나이트로페놀	화기엄금	화기엄금, 충격주의
철분	화기주의	화기주의, 물기엄금
적린	화기주의	화기주의
과염소산	해당 없음	가연물접촉주의
과아이오딘산	해당 없음	화기·충격주의, 가연물접촉주의

16 위험물안전관리법령상 안전교육을 받아야 하는 대상자를 쓰시오.

해설
안전교육대상자
① 안전관리자로 선임된 자
② 탱크시험자의 기술인력으로 종사하는 자
③ 위험물운반자로 종사하는 자
④ 위험물운송자로 종사하는 자

정답
- 안전관리자로 선임된 자
- 탱크시험자의 기술인력으로 종사하는 자
- 위험물운반자로 종사하는 자
- 위험물운송자로 종사하는 자

17 위험물안전관리법령상 위험물제조소의 건축물의 구조에 대하여 다음 물음에 답하시오.
㉮ 위험물을 바닥에 흘렸을 때 바닥에 스며들지 않도록 바닥을 아스팔트 등으로 피복해야 하는 위험물의 유별을 쓰시오(해당 위험물이 없으면 "없음"이라고 표시할 것).
㉯ 지붕은 어떤 재료로 해야 하는지 쓰시오(단, 내화구조는 제외한다).
㉰ 건축물의 창 또는 출입구에는 어떤 유리로 설치해야 하는지 쓰시오.
㉱ 액체의 위험물을 취급하는 건축물 바닥의 설치기준 2가지를 쓰시오.

해설
제조소의 건축물의 구조
① 벽·기둥·바닥·보·서까래 및 계단을 불연재료로 하고 연소의 우려가 있는 외벽(소방청장이 정하여 고시하는 것에 한한다)은 출입구 외의 개구부가 없는 내화구조의 벽으로 해야 한다. 이 경우 **제6류 위험물**을 취급하는 건축물에 있어서 위험물이 스며들 우려가 있는 부분에 대하여는 **아스팔트 그 밖에 부식되지 않는 재료로 피복**해야 한다.
② 지붕(작업 공정상 제조기계시설 등이 2층 이상에 연결되어 설치된 경우에는 최상층의 지붕을 말한다)은 **폭발력이 위로 방출될 정도의 가벼운 불연재료**로 덮어야 한다.

> [지붕을 내화구조로 할 수 있는 경우]
> • 제2류 위험물(분말 상태의 것과 인화성고체를 제외한다), 제4류 위험물 중 제4석유류, 동식물유류 또는 제6류 위험물을 취급하는 건축물인 경우
> • 다음 기준에 적합한 밀폐형 구조의 건축물인 경우
> – 발생할 수 있는 내부의 과압(過壓) 또는 부압(負壓)에 견딜 수 있는 철근콘크리트조일 것
> – 외부화재에 90분 이상 견딜 수 있는 구조일 것

③ 위험물을 취급하는 건축물의 창 또는 출입구에 유리문을 이용하는 경우에는 **망입유리**(두꺼운 판유리에 철망을 넣은 것)로 해야 한다.

[망입유리]

④ 액체의 위험물을 취급하는 건축물의 바닥
 ㉠ 위험물이 스며들지 못하는 재료를 사용한다.
 ㉡ 적당한 경사를 두어 최저부에 집유설비를 해야 한다.

정답
㉮ 제6류 위험물
㉯ 폭발력이 위로 방출될 정도의 가벼운 불연재료
㉰ 망입유리(두꺼운 판유리에 철망을 넣은 것)
㉱ 액체의 위험물을 취급하는 건축물의 바닥
 • 위험물이 스며들지 못하는 재료를 사용한다.
 • 적당한 경사를 두어 최저부에 집유설비를 해야 한다.

18 위험물안전관리법령상 지정수량의 5배를 초과하는 지정과산화물의 옥내저장소의 안전거리 산정할 때 다음 물음에 답하시오.

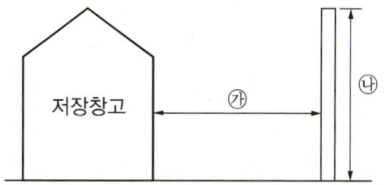

㉮ 담과 저장창고 외벽과의 간격에 대한 기준
㉯ 담의 높이 기준
㉰ 담의 재질과 두께

해설

지정과산화물의 옥내저장소의 안전거리
① 담 또는 토제는 저장창고의 외벽으로부터 2[m] 이상 떨어진 장소에 설치할 것. 다만, 담 또는 토제와 해당 저장창고와의 간격은 해당 옥내저장소의 공지의 너비의 1/5을 초과할 수 없다.
② 담 또는 토제의 높이는 저장창고의 처마높이 이상으로 할 것
③ 담은 두께 15[cm] 이상의 철근콘크리트조나 철골철근콘크리트조 또는 두께 20[cm] 이상의 보강콘크리트블록조로 할 것
④ 토제의 경사면의 경사도는 60° 미만으로 할 것

정답 ㉮ 저장창고의 외벽으로부터 2[m] 이상 떨어진 장소(해당 저장창고와의 간격은 해당 옥내저장소의 공지의 너비의 1/5을 초과할 수 없다)
㉯ 저장창고의 처마높이 이상
㉰ • 재질 : 철근콘크리트조, 철골철근콘크리트조, 보강콘크리트블록조
　　• 두께 : 15[cm] 이상의 철근콘크리트조나 철골철근콘크리트조,
　　　　　　20[cm] 이상의 보강콘크리트블록조

19

위험물안전관리법령상 안전관리 대행기관에 대하여 다음 물음에 답하시오.

㉮ 허가를 받기 위한 장비 2가지를 쓰시오(단, 안전용구, 두께측정기, 소화설비 점검기구는 제외한다).
㉯ 대행기관 지정 취소사유 2가지를 쓰시오.
㉰ 1인의 기술인력을 안전관리자로 중복선임 가능한 최대 제조소 등의 수를 쓰시오.
㉱ 다음 빈칸에 들어갈 내용을 쓰시오.

변경사유 \ 항목	변경 신고기한	신고기관
영업소의 소재지 법인명칭 또는 대표자를 변경		

㉲ 기술인력이 위험물의 취급작업에 참여하지 않는 경우에 기술인력이 점검 및 감독을 매월 기준으로 몇 회 이상 실시해야 하는지 쓰시오.
 ㉠ 제조소
 ㉡ 일반취급소
 ㉢ 저장소
㉳ 제조소 등의 관계인은 안전관리원을 지정하여 대행기관이 지정한 안전관리자의 업무를 보조하게 해야 한다. 안전관리원을 선임하지 않아도 되는 조건을 쓰시오.

해설

안전관리 대행기관

① 대행기관의 지정기준(시행규칙 별표 22)

기술인력	• 위험물기능장 또는 위험물산업기사 1인 이상 • 위험물산업기사 또는 위험물기능사 2인 이상 • 기계분야 및 전기분야의 소방설비기사 1인 이상
시 설	전용사무실을 갖출 것
장 비	• 절연저항계(절연저항측정기) • 접지저항측정기(최소눈금 0.1[Ω] 이하) • 가스농도측정기(탄화수소계 가스의 농도측정이 가능할 것) • 정전기 전위측정기 • 토크렌치(Torque Wrench : 볼트와 너트를 규정된 회전력에 맞춰 조이는 데 사용하는 도구) • 진동시험기 • 표면온도계(-10~300[℃]) • 두께측정기(1.5~99.9[mm]) • 안전용구(안전모, 안전화, 손전등, 안전로프 등) • 소화설비점검기구(소화전밸브압력계, 방수압력측정계, 포콜렉터, 헤드렌치, 포콘테이너)

② 대행기관 지정 취소사유(취소 또는 6월 이내의 업무 정지)(시행규칙 제58조)
 ㉠ 허위 그 밖의 부정한 방법으로 지정을 받은 때
 ㉡ 탱크시험자의 등록 또는 다른 법령에 의하여 안전관리업무를 대행하는 기관의 지정·승인 등이 취소된 때
 ㉢ 다른 사람에게 지정서를 대여한 때
 ㉣ 안전관리대행기관의 지정기준에 미달되는 때
 ㉤ 소방청장의 지도·감독에 정당한 이유 없이 따르지 않는 때
 ㉥ 안전관리대행기관의 변경·휴업 또는 재개업의 신고를 연간 2회 이상 하지 않은 때
 ㉦ 안전관리대행기관의 기술인력이 안전관리업무를 성실하게 수행하지 않은 때

③ **1인의 기술인력을 안전관리자로 중복선임 가능한 최대 제조소 등의 수**(시행규칙 제59조)
안전관리대행기관은 기술인력을 안전관리자로 지정함에 있어서 1인의 기술인력을 다수의 제조소 등의 안전관리자로 중복하여 지정하는 경우에는 규정에 적합하게 지정하거나 안전관리자의 업무를 성실히 대행할 수 있는 범위 내에서 관리하는 제조소 등의 수가 25를 초과하지 않도록 지정해야 한다. 이 경우 각 제조소 등(**지정수량의 20배 이하를 저장하는 저장소는 제외한다**)의 관계인은 해당 제조소 등마다 위험물의 취급에 관한 국가기술자격자 또는 안전교육을 받은 자를 안전관리원으로 지정하여 대행기관이 지정한 안전관리자의 업무를 보조하게 해야 한다.

> [제조소 등의 수(현장 실무)]
> • 관할 소방서에서 발급하는 완공검사합격확인증의 개수가 제조소 등의 수를 말한다.
> • 옥외탱크저장소는 하나의 방유제 안에 탱크가 5개 있으면 완공검사합격확인증은 5개가 발급되므로 제조소 등의 수에 5개가 포함된다. 그 나머지 제조소 등은 1개가 발급된다.

④ **안전관리대행기관이 지정받은 사항을 변경하는 경우**(시행규칙 제57조)
  ㉠ **신고기한**
    • 안전관리대행기관은 지정받은 사항의 변경이 있는 때 : 그 사유가 있는 날부터 14일 이내
    • 휴업·재개업 또는 폐업을 하려는 경우 : 휴업·재개업 또는 폐업하려는 날의 1일 전
  ㉡ **신고기관** : 소방청장
  ㉢ 변경 시 필요한 서류
    • 영업소의 소재지, 법인명칭 또는 대표자를 변경하는 경우
      - 위험물안전관리대행기관지정서
    • 기술인력을 변경하는 경우
      - 기술인력자의 연명부
      - 변경된 기술인력자의 기술자격증

⑤ **기술인력의 사업장 방문 횟수**(시행규칙 제59조)
안전관리자로 지정된 안전관리대행기관의 기술인력 또는 제2항에 따라 안전관리원으로 지정된 자는 위험물의 취급작업에 참여하여 법 제15조 및 시행규칙 제55조에 따른 안전관리자의 책무를 성실히 수행해야 하며, 기술인력이 위험물의 취급작업에 참여하지 않는 경우에 기술인력은 제55조 제3호 가목에 따른 점검 및 동조 제6호에 따른 감독을 매월 4회(저장소의 경우에는 매월 2회) 이상 실시해야 한다.
  ㉠ 제조소나 일반취급소의 경우 방문 횟수 : 월 4회 이상
  ㉡ 저장소의 경우 방문 횟수 : 월 2회 이상

정답
  ㉮ 절연저항계(절연저항측정기), 접지저항측정기(최소눈금 0.1[Ω] 이하)
  ㉯ • 허위 그 밖의 부정한 방법으로 지정을 받은 때
    • 다른 사람에게 지정서를 대여한 때
  ㉰ 25개의 제조소 등
  ㉱ 변 경

변경사유 \ 항목	변경 신고기한	신고기관
영업소의 소재지 법인명칭 또는 대표자를 변경	그 사유가 있는 날부터 14일 이내	소방청 (소방청장)

  ㉲ 방문 횟수
    ㉠ 제조소 : 월 4회 이상
    ㉡ 일반취급소 : 월 4회 이상
    ㉢ 저장소 : 월 2회 이상
  ㉳ 지정수량의 20배 이하를 저장하는 저장소

2022년 5월 7일 시행
과년도 기출복원문제

01 운반 시 ( ) 안에 맞는 답을 쓰시오.

㉮ 제1류 위험물, 제3류 위험물 중 자연발화성 물질, 제4류 위험물 중 특수인화물, (①) 위험물 또는 (②)위험물은 차광성이 있는 피복으로 가릴 것

㉯ 제1류 위험물 중 (③)의 과산화물 또는 이를 함유한 것, 제2류 위험물 중 (④)·(⑤)·(⑥) 또는 이들 중 어느 하나 이상을 함유한 것 또는 제3류 위험물 중 금수성 물질은 방수성이 있는 피복으로 덮을 것

㉰ 제5류 위험물 중 (⑦)[℃] 이하의 온도에서 분해될 우려가 있는 것은 보냉 컨테이너에 수납하는 등 적정한 온도관리를 할 것

㉱ 액체위험물 또는 위험등급 (⑧)의 고체위험물을 기계에 의하여 하역하는 구조로 된 운반용기에 수납하여 적재하는 경우에는 해당 용기에 충격 등을 방지하기 위한 조치를 강구할 것

해설

적재방법(시행규칙 별표 19)

① 차광성이 있는 피복으로 가려야 하는 위험물
  ㉠ 제1류 위험물
  ㉡ 제3류 위험물 중 자연발화성 물질
  ㉢ 제4류 위험물 중 특수인화물
  ㉣ 제5류 위험물
  ㉤ 제6류 위험물
② 방수성이 있는 피복으로 덮어야 하는 위험물
  ㉠ 제1류 위험물 중 알칼리금속의 과산화물
  ㉡ 제2류 위험물 중 철분, 금속분, 마그네슘
  ㉢ 제3류 위험물 중 금수성 물질
③ 제5류 위험물 중 55[℃] 이하의 온도에서 분해될 우려가 있는 것은 보냉 컨테이너에 수납하는 등 적정한 온도관리를 할 것
④ 액체위험물 또는 위험등급 Ⅱ의 고체위험물을 기계에 의하여 하역하는 구조로 된 운반용기에 수납하여 적재하는 경우에는 해당 용기에 충격 등을 방지하기 위한 조치를 강구할 것

정답
① 제5류   ② 제6류
③ 알칼리금속   ④ 철 분
⑤ 금속분   ⑥ 마그네슘
⑦ 55   ⑧ Ⅱ

02

위험물의 성질란에 규정된 성상을 2가지 이상 포함하는 물품을 복수성상물품이라 한다. 이 물품이 속하는 품명의 판단기준을 ( ) 안에 맞는 유별을 쓰시오.

㉮ 복수성상물품이 산화성 고체(제1류)의 성상 및 가연성 고체(제2류)의 성상을 가지는 경우 : ( )의 규정에 의한 품명
㉯ 복수성상물품이 산화성 고체(제1류)의 성상 및 자기반응성 물질(제5류)의 성상을 가지는 경우 : ( )의 규정에 의한 품명
㉰ 복수성상물품이 가연성 고체(제2류)의 성상과 자연발화성 물질(제3류)의 성상 및 금수성 물질(제3류)의 성상을 가지는 경우 : ( )의 규정에 의한 품명
㉱ 복수성상물품이 자연발화성 물질(제3류)의 성상, 금수성 물질(제3류)의 성상 및 인화성 액체(제4류)의 성상을 가지는 경우 : ( )의 규정에 의한 품명
㉲ 복수성상물품이 인화성 액체(제4류)의 성상 및 자기반응성 물질(제5류)의 성상을 가지는 경우 : ( )의 규정에 의한 품명

해설

복수성상물품(시행령 별표 1)

위험물의 성질란에 규정된 성상을 2가지 이상 포함하는 물품이 속하는 품명은 다음에 의한다.
① 복수성상물품이 산화성 고체(제1류)의 성상 및 가연성 고체(제2류)의 성상을 가지는 경우 : 제2류 제8호의 규정에 의한 품명
② 복수성상물품이 산화성 고체(제1류)의 성상 및 자기반응성 물질(제5류)의 성상을 가지는 경우 : 제5류 제11호의 규정에 의한 품명
③ 복수성상물품이 가연성 고체(제2류)의 성상과 자연발화성 물질(제3류)의 성상 및 금수성 물질(제3류)의 성상을 가지는 경우 : 제3류 제12호의 규정에 의한 품명
④ 복수성상물품이 자연발화성 물질(제3류)의 성상, 금수성 물질(제3류)의 성상 및 인화성 액체(제4류)의 성상을 가지는 경우 : 제3류 제12호의 규정에 의한 품명
⑤ 복수성상물품이 인화성 액체(제4류)의 성상 및 자기반응성 물질(제5류)의 성상을 가지는 경우 : 제5류 제11호의 규정에 의한 품명

정답
㉮ 제2류
㉯ 제5류
㉰ 제3류
㉱ 제3류
㉲ 제5류

03

위험물안전관리에 관한 세부기준에서 포소화설비의 포방출구에 대한 설명이다. 다음 물음에 답하시오.

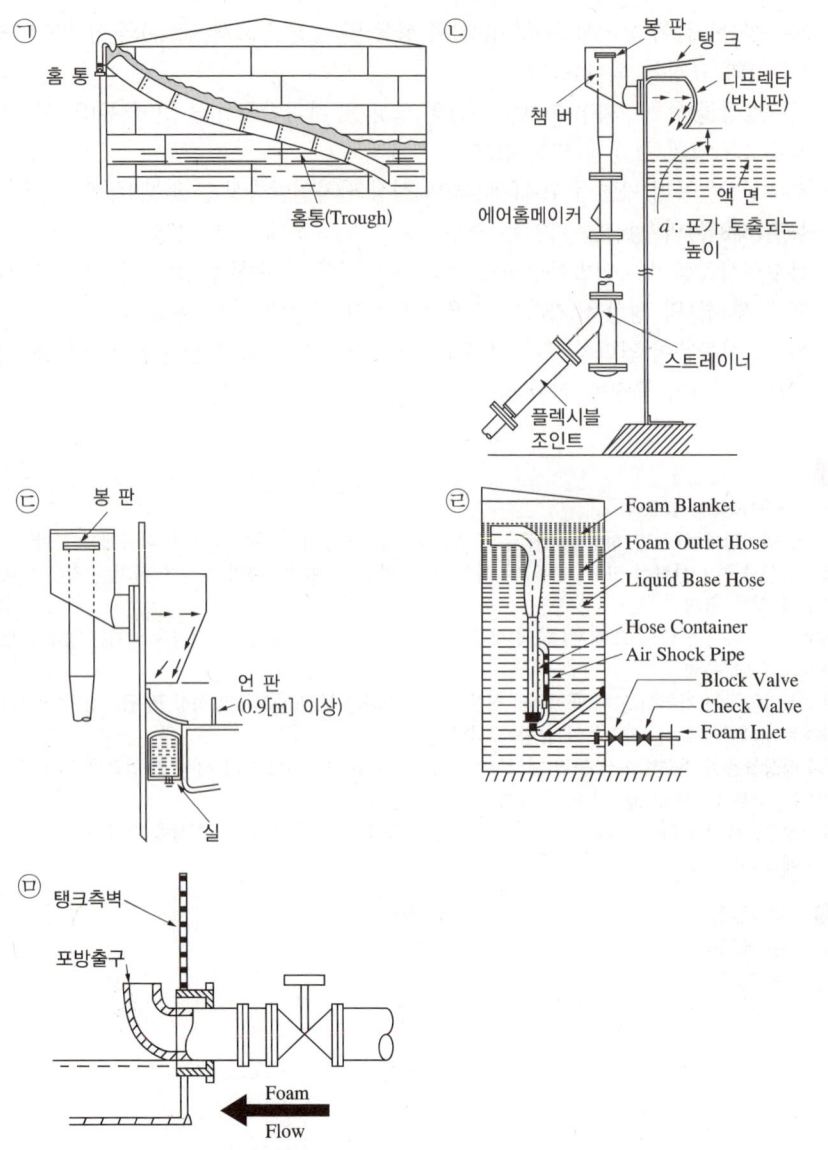

㉮ 위의 그림의 기호를 보고 포방출구의 종류를 쓰시오.

㉠	㉡	㉢	㉣	㉤
( )형	( )형	( )형	( )형	( )형

㉯ 고정지붕구조의 탱크에 상부포주입법(고정포방출구를 탱크옆판의 상부에 설치하여 액표면상에 포를 방출하는 방법을 말한다)을 이용하는 것으로서 방출된 포가 액면 아래로 몰입되거나 액면을 뒤섞지 않고 액면상을 덮을 수 있는 통계단 또는 미끄럼판 등의 설비 및 탱크 내의 위험물증기가 외부로 역류되는 것을 저지할 수 있는 구조·기구를 갖는 포방출구를 위 그림의 기호를 찾아 쓰시오.

㉢ 공기포소화약제의 혼합장치의 종류 2가지를 쓰시오.
㉣ 포헤드 방식의 포헤드 설치기준이다. 알맞은 답을 쓰시오.

> 방호대상물의 표면적 (①)[m²]당 1개 이상의 헤드를, 방호대상물의 표면적 1[m²]당의 방사량이 (②)[L/min] 이상의 비율로 계산한 양의 포수용액을 표준방사량으로 방사할 수 있도록 설치할 것

㉤ 포모니터의 설치기준이다. 알맞은 답을 쓰시오.

> 포모니터 노즐은 모든 노즐을 동시에 사용할 경우에 각 노즐 끝부분의 방사량이 (①)[L/min] 이상이고 수평방사거리가 (②)[m] 이상이 되도록 설치할 것

㉥ 직경 10[m], 높이 15[m]인 위험물 탱크에 포소화설비를 설치하고자 할 때, 고정포 방출구의 포수용액량 A[L/m²], 보조포 소화전의 방사량은 B[L/min], 방사시간은 C[min]라고 한다면 포소화설비의 수원의 양을 계산하는 식을 쓰시오(보조포 소화전은 1개이다).

해설
포방출구

① 포방출구의 종류(세부기준 제133조)
  ㉠ **Ⅰ형** : 고정지붕구조의 탱크에 상부포주입법(고정포방출구를 탱크옆판의 상부에 설치하여 액표면상에 포를 방출하는 방법을 말한다)을 이용하는 것으로서 방출된 포가 액면 아래로 몰입되거나 액면을 뒤섞지 않고 액면상을 덮을 수 있는 통계단 또는 미끄럼판 등의 설비 및 탱크 내의 위험물증기가 외부로 역류되는 것을 저지할 수 있는 구조·기구를 갖는 포방출구
  ㉡ **Ⅱ형** : 고정지붕구조 또는 부상덮개부착고정지붕구조(옥외저장탱크의 액상에 금속제의 플로팅, 팬 등의 덮개를 부착한 고정지붕구조의 것을 말한다)의 탱크에 상부포주입법을 이용하는 것으로서 방출된 포가 탱크 옆판의 내면을 따라 흘러내려 가면서 액면 아래로 몰입되거나 액면을 뒤섞지 않고 액면상을 덮을 수 있는 반사판 및 탱크 내의 위험물증기가 외부로 역류되는 것을 저지할 수 있는 구조·기구를 갖는 포방출구

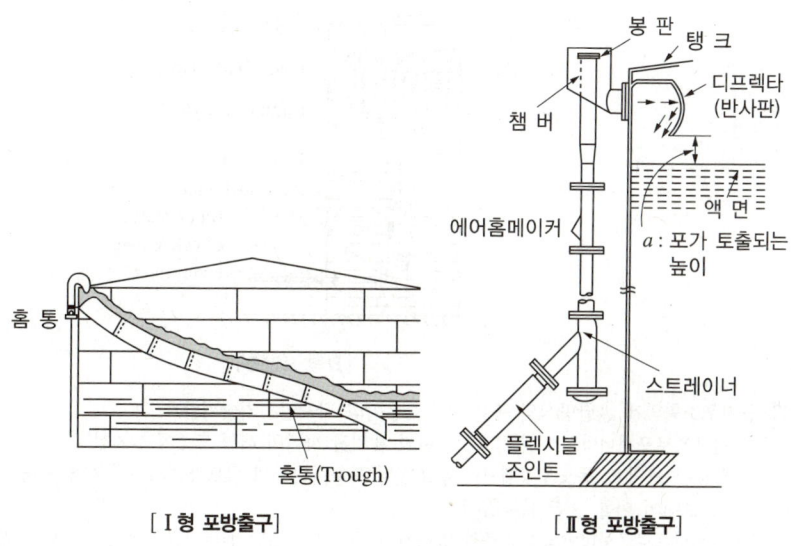

[Ⅰ형 포방출구]   [Ⅱ형 포방출구]

ⓒ 특형 : 부상지붕구조의 탱크에 상부포주입법을 이용하는 것으로서 부상지붕의 부상부분상에 높이 0.9[m] 이상의 금속제의 칸막이(방출된 포의 유출을 막을 수 있고 충분한 배수능력을 갖는 배수구를 설치한 것에 한한다)를 탱크옆판의 내측으로부터 1.2[m] 이상 이격하여 설치하고 탱크옆판과 칸막이에 의하여 형성된 환상부분에 포를 주입하는 것이 가능한 구조의 반사판을 갖는 포방출구

ⓓ Ⅲ형 : 고정지붕구조의 탱크에 저부포주입법(탱크의 액면하에 설치된 포방출구로부터 포를 탱크 내에 주입하는 방법을 말한다)을 이용하는 것으로서 송포관(발포기 또는 포발생기에 의하여 발생된 포를 보내는 배관을 말한다. 해당 배관으로 탱크 내의 위험물이 역류되는 것을 저지할 수 있는 구조·기구를 갖는 것에 한한다)으로부터 포를 방출하는 포방출구

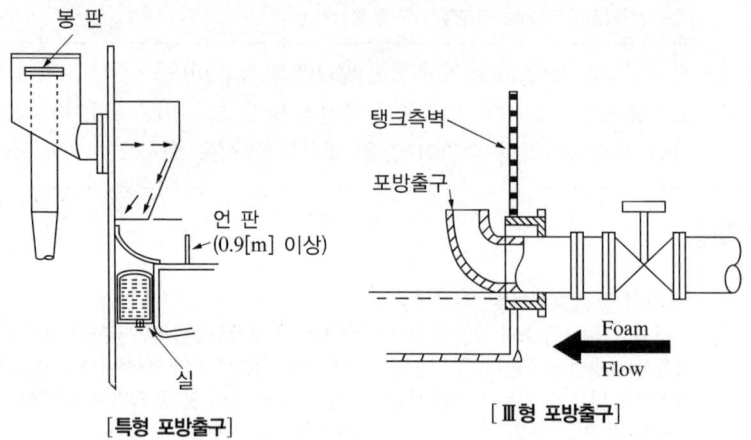

[특형 포방출구]   [Ⅲ형 포방출구]

ⓔ Ⅳ형 : 고정지붕구조의 탱크에 저부포주입법을 이용하는 것으로서 평상시에는 탱크의 액면하의 저부에 설치된 격납통(포를 보내는 것에 의하여 용이하게 이탈되는 캡을 갖는 것을 포함한다)에 수납되어 있는 특수호스 등이 송포관의 말단에 접속되어 있다가 포를 보내는 것에 의하여 특수호스 등이 전개되어 그 끝부분이 액면까지 도달한 후 포를 방출하는 포방출구

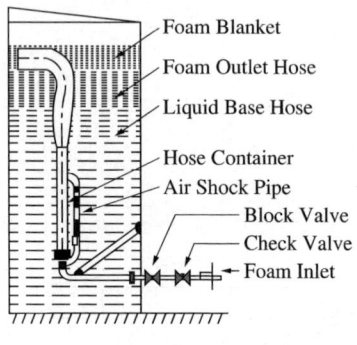

[Ⅳ형 포방출구]

② 공기포소화약제 혼합방식의 종류(포소화설비의 화재안전기술기준)
  ㉠ 펌프프로포셔너방식 : 펌프의 토출관과 흡입관 사이의 배관 도중에 설치한 흡입기에 펌프에서 토출된 물의 일부를 보내고, 농도조정밸브에서 조정된 포소화약제의 필요량을 포소화약제 저장탱크에서 펌프 흡입측으로 보내어 이를 혼합하는 방식
  ㉡ 프레셔프로포셔너방식 : 펌프와 발포기의 중간에 설치된 벤투리관의 벤투리작용과 펌프 가압수의 포소화약제 저장탱크에 대한 압력에 따라 포소화약제를 흡입·혼합하는 방식
  ㉢ 라인프로포셔너방식 : 펌프와 발포기의 중간에 설치된 벤투리관의 벤투리작용에 따라 포소화약제를 흡입·혼합하는 방식
  ㉣ 프레셔사이드프로포셔너방식 : 펌프의 토출관에 압입기를 설치하여 포소화약제 압입용펌프로 포소화약제를 압입시켜 혼합하는 방식

ⓒ 압축공기포 믹싱챔버방식 : 물, 포소화약제 및 공기를 믹싱챔버로 강제주입시켜 챔버 내에서 포수용액을 생성한 후 포를 방사하는 방식
③ 포헤드방식의 포헤드 설치기준(세부기준 제133조)
　ⓐ 포헤드는 방호대상물의 모든 표면이 포헤드의 유효사정 내에 있도록 설치할 것
　ⓑ 방호대상물의 표면적(건축물의 경우에는 바닥면적) 9[m²]당 1개 이상의 헤드를, 방호대상물의 표면적 1[m²]당의 방사량이 6.5[L/min] 이상의 비율로 계산한 양의 포수용액을 표준방사량으로 방사할 수 있도록 설치할 것
　ⓒ 방사구역은 100[m²] 이상(방호대상물의 표면적이 100[m²] 미만인 경우에는 해당 표면적)으로 할 것
④ 포모니터 노즐(위치가 고정된 노즐의 방사각도를 수동 또는 자동으로 조준하여 포를 방사하는 설비를 말한다)방식의 설치기준(세부기준 제133조)
　ⓐ 포모니터 노즐은 옥외저장탱크 또는 이송취급소의 펌프설비 등이 안벽, 부두, 해상구조물, 그 밖의 이와 유사한 장소에 설치되어 있는 경우에 해당 장소의 끝선(해면과 접하는 선)으로부터 수평거리 15[m] 이내의 해면 및 주입구 등 위험물취급설비의 모든 부분이 수평방사거리 내에 있도록 설치할 것. 이 경우에 그 설치개수가 1개인 경우에는 2개로 할 것
　ⓑ 포모니터 노즐은 소화활동상 지장이 없는 위치에서 기동 및 조작이 가능하도록 고정하여 설치할 것
　ⓒ 포모니터 노즐은 모든 노즐을 동시에 사용할 경우에 각 노즐 끝부분의 방사량이 1,900[L/min] 이상이고 수평방사거리가 30[m] 이상이 되도록 설치할 것
⑤ ⓐ 고정포 방출구의 수원 = 표면적[m²] × 포수용액량[L/m²]
　ⓑ 보조포 소화전의 수원 = 보조포 소화전수 × 방사량[L/min] × 방사시간[min]
　∴ 이 설비의 수원 = $\left(\frac{\pi}{4} \times 10^2 \times A\right) + (1 \times B \times C)$

정답

㉮	㉠	㉡	㉢	㉣	㉤
	Ⅰ형	Ⅱ형	특형	Ⅳ형	Ⅲ형

㉯ ㉠
㉰ 펌프프로포셔너방식, 프레셔프로포셔너방식
㉱ ① 9
　② 6.5
㉲ ① 1,900
　② 30
㉳ $\left(\frac{\pi}{4} \times 10^2 \times A\right) + (1 \times B \times C)$

04

다음에 설명하는 2개의 위험물을 반응할 때 반응식을 쓰시오.

- 산화하여 아세트알데하이드를 생성하는 제4류 위험물로서 분자량이 46, 지정수량이 400[L]이다.
- 무른 경금속으로 비중 0.97, 융점이 97.7[℃]인 자연발화성 물질이다.

해설

① 에틸알코올
　㉠ 물 성

화학식	분자량	성 질	지정수량
C_2H_5OH	46	인화성 액체	400[L]

　㉡ 산 화
　　에틸알코올 → 아세트알데하이드 → 초산

② 나트륨

화학식	성 질	지정수량	비 중	융 점
Na	자연발화성 물질	10[kg]	0.97	97.7[℃]

③ 에틸알코올과 나트륨의 반응식 : $2C_2H_5OH + 2Na \rightarrow 2C_2H_5ONa + H_2$

정답 $2C_2H_5OH + 2Na \rightarrow 2C_2H_5ONa + H_2$

05

물과 반응하지 않고 자연발화할 때 흰 연기가 발생하며 위험등급 Ⅰ등급인 위험물에 대하여 다음 물음에 답하시오.
㉮ 자연발화할 때 발생하는 흰색의 명칭과 화학식을 쓰시오.
㉯ 위 위험물이 수산화칼륨 수용액과 반응할 때 반응식을 쓰시오.
㉰ 옥내저장소에 저장할 때 면적기준을 쓰시오.

해설
황 린
① 물 성

화학식	지정수량	발화점	비 점	비 중	증기비중
P_4	20[kg]	34[℃]	280[℃]	1.82	4.4

② 황린은 자연발화(연소)할 때 **오산화인의 흰 연기를 발생**한다.

$$P_4 + 5O_2 \rightarrow 2P_2O_5$$

③ 강알칼리 용액과 반응하면 유독성의 포스핀가스(PH_3)를 발생한다.

$$P_4 + 3KOH + 3H_2O \rightarrow 3KH_2PO_2 + PH_3$$
(차아인산칼륨)

④ 저장창고의 기준면적(시행규칙 별표 5)

위험물을 저장하는 창고의 종류	기준면적
① 제1류 위험물 중 아염소산염류, 염소산염류, 과염소산염류, 무기과산화물, 그 밖에 지정수량이 50kg인 위험물 ② 제3류 위험물 중 칼륨, 나트륨, 알킬알루미늄, 알킬리튬, 그 밖에 지정수량이 10[kg]인 위험물 및 **황린** ③ 제4류 위험물 중 특수인화물, 제1석유류 및 알코올류 ④ 제5류 위험물 중 지정수량이 10[kg]인 위험물 ⑤ 제6류 위험물	1,000[m²] 이하
①~⑤의 위험물 외의 위험물을 저장하는 창고	2,000[m²]
위의 전부에 해당하는 위험물을 내화구조의 격벽으로 완전히 구획된 실에 각각 저장하는 창고(①~⑤의 위험물을 저장하는 실의 면적은 500[m²]를 초과할 수 없다	1,500[m²]

정답 ㉮ 오산화인, P_2O_5
㉯ $P_4 + 3KOH + 3H_2O \rightarrow 3KH_2PO_2 + PH_3$
㉰ 1,000[m²] 이하

06

다음 표에 알맞은 품명을 쓰시오.

유 별	품 명	지정수량
제1류 위험물	브로민산염류, 질산염류, (①), 크로뮴의 산화물	300[kg]
제2류 위험물	황화인, 적린, (②)	100[kg]
	(③)	1,000[kg]
제3류 위험물	금속의 수소화물, (④), 칼슘 또는 알루미늄의 탄화물	300[kg]
제5류 위험물	나이트로소화합물(제2종), 아조화합물(제2종), (⑤)	100[kg]

해설
유별의 지정수량

유 별	품 명	지정수량
제1류 위험물	브로민산염류, 질산염류, 아이오딘산염류, 크로뮴의 산화물	300[kg]
제2류 위험물	황화인, 적린, 황	100[kg]
	철분, 금속분, 마그네슘	500[kg]
	인화성 고체	1,000[kg]
제3류 위험물	알칼리금속(칼륨 및 나트륨을 제외) 및 알칼리토금속, 유기금속화합물(알킬알루미늄 및 알킬리튬을 제외)	50[kg]
	금속의 수소화물, 금속의 인화물, 칼슘 또는 알루미늄의 탄화물	300[kg]
제5류 위험물	질산에스터류(제1종), 나이트로화합물(제1종)	10[kg]
	나이트로소화합물(제2종), 아조화합물(제2종), 하이드라진 유도체(제2종)	100[kg]

정답
① 아이오딘산염류　　② 황
③ 인화성 고체　　④ 금속의 인화물
⑤ 하이드라진 유도체(제2종)

07

위험물안전관리법령에서 탱크안전성능검사의 종류 4가지를 쓰시오.

해설
탱크안전성능검사의 종류 및 신청시기(시행규칙 제18조)
① 기초·지반검사 : 위험물탱크의 기초 및 지반에 관한 공사의 개시 전
② 충수·수압검사 : 위험물을 저장 또는 취급하는 탱크에 배관 그 밖의 부속설비를 부착하기 전
③ 용접부검사 : 탱크 본체에 관한 공사의 개시 전
④ 암반탱크검사 : 암반탱크의 본체에 관한 공사의 개시 전

정답 기초·지반검사, 충수·수압검사, 용접부검사, 암반탱크검사

08

비중이 1.73이고, 안포(ANFO)폭약을 제조하는 데 사용되는 고체 위험물에 대하여 답하시오.

㉮ 화학식
㉯ 품 명
㉰ 폭발반응식(수증기, 질소, 산소 생성)

해설
질산암모늄
① 질산암모늄(94[%])과 경유(6[%])를 혼합하여 안포(ANFO)폭약을 제조한다.
② 물 성

화학식	품 명	분자량	비 중	위험등급	분해 온도
NH_4NO_3	질산염류	80	1.73	II	220[℃]

③ 폭발반응식 : $2NH_4NO_3 \rightarrow 4H_2O + 2N_2 + O_2$

정답
㉮ NH_4NO_3
㉯ 질산염류
㉰ $2NH_4NO_3 \rightarrow 4H_2O + 2N_2 + O_2$

09

다음 [보기]에서 각 물질과 반응하여 생성되는 가스의 성분 비율이 아래와 같을 때 혼합가스의 폭발하한값[%]을 구하시오.

[보 기]
- 탄화칼슘이 물과 반응 시 생성기체 45[vol%]
- 탄화알루미늄이 물과 반응 시 생성기체 30[vol%]
- 아연이 물과 반응 시 생성기체 25[vol%]

해설
폭발하한값
① 반응식
  ㉠ 탄화칼슘이 물과 반응 : $CaC_2 + 2H_2O \rightarrow Ca(OH)_2 + C_2H_2\uparrow$ (아세틸렌)
  ㉡ 탄화알루미늄이 물과 반응 : $Al_4C_3 + 12H_2O \rightarrow 4Al(OH)_3 + 3CH_4\uparrow$ (메테인)
  ㉢ 아연이 물과 반응 : $Zn + 2H_2O \rightarrow Zn(OH)_2 + H_2\uparrow$ (수소)

② 폭발범위

종 류	아세틸렌	메테인	수 소
연소범위	2.5~81[%]	5.0~15[%]	4.0~75[%]

③ 폭발하한값

$$L_m = \frac{100}{\frac{V_1}{L_1} + \frac{V_2}{L_2} + \frac{V_3}{L_3} + \cdots}$$

여기서, L_m : 혼합가스의 폭발한계(하한값, 상한값의 용량[%])
$V_1, V_2, V_3, \cdots$: 가연성가스의 용량(용량[%])
$L_1, L_2, L_3, \cdots$: 가연성가스의 하한값 또는 상한값(용량[%])

$$\therefore L_m = \frac{100}{\frac{V_1}{L_1} + \frac{V_2}{L_2} + \frac{V_3}{L_3}} = \frac{100}{\frac{45}{2.5} + \frac{30}{5.0} + \frac{25}{4.0}} = 3.31[\%]$$

정답 3.31[%]

10 [보기]에서 어떤 물질의 제조방법 3가지를 설명하고 있다. 이러한 방법으로 제조되는 제4류 위험물에 대한 각 물음에 답하시오.

[보 기]
• 에틸렌과 산소를 $PdCl_2$ 또는 $CuCl_2$ 촉매 하에서 반응시켜 제조한다.
• 에탄올을 산화시켜 제조한다.
• 황산수은 촉매 하에서 아세틸렌에 물을 첨가시켜 제조한다.

㉮ 이 위험물의 위험도는?
㉯ 이 위험물이 공기 중 산소에 의해 산화하여 제4류 위험물이 생성되는 반응식은?

해설
아세트알데하이드
① 제법 : 에탄올을 산화시켜 제조한다.

$$2C_2H_5OH + O_2 \rightarrow 2CH_3CHO + 2H_2O$$

② 연소범위 : 4.0~60[%]

$$위험도 = \frac{상한값 - 하한값}{하한값} = \frac{60 - 4.0}{4.0} = 14.0$$

③ 아세트알데하이드를 산화하면 아세트산(초산)이 된다.

$$2CH_3CHO + O_2 \rightarrow 2CH_3COOH$$

정답 ㉮ 14.0
㉯ $2CH_3CHO + O_2 \rightarrow 2CH_3COOH$

11 다음 [보기]의 물질이 분해할 때 산소를 발생하는 물질을 고르고 분해반응식을 쓰시오.

[보 기]
염소산나트륨, 질산칼륨, 메틸알코올, 트라이에틸알루미늄, 나이트로글리세린

해설
분해반응식
① **염소산나트륨** : $2NaClO_3 \rightarrow 2NaCl + 3O_2$
② **질산칼륨** : $2KNO_3 \rightarrow 2KNO_2 + O_2$
③ 메탄올 : 물에 잘 녹는다.
④ 트라이에틸알루미늄 : $2(C_2H_5)_3Al \rightarrow 2Al + 3H_2 + 6C_2H_4$
⑤ **나이트로글리세린** : $4C_3H_5(ONO_2)_3 \rightarrow 12CO_2 + 10H_2O + 6N_2 + O_2$

정답
- 염소산나트륨 : $2NaClO_3 \rightarrow 2NaCl + 3O_2$
- 질산칼륨 : $2KNO_3 \rightarrow 2KNO_2 + O_2$
- 나이트로글리세린 : $4C_3H_5(ONO_2)_3 \rightarrow 12CO_2 + 10H_2O + 6N_2 + O_2$

12 트라이에틸알루미늄이 다음 물질과 반응할 때 반응식을 쓰시오.
㉮ 물
㉯ 산소(연소반응식)
㉰ 메틸알코올

해설
트라이에틸알루미늄의 반응식
① 물과 반응 : $(C_2H_5)_3Al + 3H_2O \rightarrow Al(OH)_3 + 3C_2H_6$
② 산소와 반응 : $2(C_2H_5)_3Al + 21O_2 \rightarrow Al_2O_3 + 15H_2O + 12CO_2$
③ 메틸알코올과 반응 : $(C_2H_5)_3Al + 3CH_3OH \rightarrow Al(CH_3O)_3 + 3C_2H_6$
④ 염산과 반응 : $(C_2H_5)_3Al + 3HCl \rightarrow AlCl_3 + 3C_2H_6$
⑤ 염소와 반응 : $(C_2H_5)_3Al + 3Cl_2 \rightarrow AlCl_3 + 3C_2H_5Cl$

정답
㉮ $(C_2H_5)_3Al + 3H_2O \rightarrow Al(OH)_3 + 3C_2H_6$
㉯ $2(C_2H_5)_3Al + 21O_2 \rightarrow Al_2O_3 + 15H_2O + 12CO_2$
㉰ $(C_2H_5)_3Al + 3CH_3OH \rightarrow Al(CH_3O)_3 + 3C_2H_6$

13 다음 표에 알맞은 위험물의 명칭과 시성식을 쓰시오.

종류 \ 항목	분자량	비중	외관	명칭	시성식
특수인화물	74	0.7	무색투명한 휘발성 액체	㉮	㉯
제1석유류(비수용성)	53	0.8	무색투명한 액체	㉰	㉱
제2석유류(수용성)	46	1.2	무색투명한 액체	㉲	㉳

해설
제4류 위험물

종류 \ 항목	분자량	명칭	시성식
특수인화물	74	다이에틸에터	$C_2H_5OC_2H_5$
제1석유류(비수용성)	53	아크릴로나이트릴	$CH_2=CHCN$
제2석유류(수용성)	46	의산(개미산)	$HCOOH$

정답
㉮ 다이에틸에터 ㉯ $C_2H_5OC_2H_5$
㉰ 아크릴로나이트릴 ㉱ $CH_2=CHCN$
㉲ 의산(개미산) ㉳ $HCOOH$

---

14 과산화칼륨이 초산과 반응하여 제6류 위험물이 생성된다.
㉮ 두 물질이 반응할 때 반응식을 쓰시오.
㉯ 생성되는 제6류 위험물의 열분해반응식을 쓰시오.

해설
과산화칼륨의 반응식
① 분해반응 : $2K_2O_2 \rightarrow 2K_2O + O_2$
② 물과의 반응 : $2K_2O_2 + 2H_2O \rightarrow 4KOH + O_2$
③ 탄산가스와의 반응 : $2K_2O_2 + 2CO_2 \rightarrow 2K_2CO_3 + O_2$
④ **초산과의 반응** : $K_2O_2 + 2CH_3COOH \rightarrow 2CH_3COOK + H_2O_2$
　　　　　　　　　　　　　　　　　　　　　(초산칼륨)　(과산화수소)
⑤ 염산과의 반응 : $K_2O_2 + 2HCl \rightarrow 2KCl + H_2O_2$
⑥ **과산화수소의 분해반응** : $2H_2O_2 \rightarrow 2H_2O + O_2$

정답 ㉮ $K_2O_2 + 2CH_3COOH \rightarrow 2CH_3COOK + H_2O_2$
　　　　㉯ $2H_2O_2 \rightarrow 2H_2O + O_2$

15 다음 위험물안전관리 법령상 옥외탱크저장소의 기준에 대하여 답을 하시오.

㉮ 보유공지에 대하여 빈칸에 알맞은 답을 쓰시오.

저장 또는 취급하는 위험물의 최대수량	공지의 너비
지정수량의 500배 이하	3[m] 이상
지정수량의 500배 초과 1,000배 이하	( )[m] 이상
지정수량의 1,000배 초과 2,000배 이하	( )[m] 이상
지정수량의 2,000배 초과 3,000배 이하	12[m] 이상
지정수량의 3,000배 초과 4,000배 이하	15[m] 이상
지정수량의 4,000배 초과	해당 탱크의 수평 단면의 최대지름(가로형은 긴변)과 높이 중 큰 것과 같은 거리 이상(단, 30[m] 초과 시 30[m] 이상으로, 15[m] 미만 시 15[m] 이상으로 할 것)

㉯ 지정수량의 2,500배인 옥외저장탱크(원주길이 50[m])에 대하여 보유공지 너비를 6[m]로 줄이기 위해 물분무설비로 방호 조치 시 필요한 분당 방사량[L/min]을 구하시오.

㉰ ㉯의 수원계산식을 참고하여 수원의 양[m³]을 구하시오.

해설

옥외탱크저장소의 기준

㉮ 보유공지

저장 또는 취급하는 위험물의 최대수량	공지의 너비
지정수량의 500배 이하	3[m] 이상
지정수량의 500배 초과 1,000배 이하	5[m] 이상
지정수량의 1,000배 초과 2,000배 이하	9[m] 이상
지정수량의 2,000배 초과 3,000배 이하	12[m] 이상
지정수량의 3,000배 초과 4,000배 이하	15[m] 이상
지정수량의 4,000배 초과	해당 탱크의 수평 단면의 최대지름(가로형은 긴변)과 높이 중 큰 것과 같은 거리 이상(단, 30[m] 초과 시 30[m] 이상으로, 15[m] 미만 시 15[m] 이상으로 할 것)

㉯ 분당 방사량

옥외저장탱크에 다음의 기준에 적합한 물분무설비로 방호조치를 하는 경우에는 그 보유공지를 기존의 규정에 의한 보유공지의 1/2 이상의 너비(최소 3[m] 이상)로 할 수 있다.

이 경우 공지단축 옥외저장탱크의 화재 시 1[m²]당 20[kW] 이상의 복사열에 노출되는 표면을 갖는 인접한 옥외저장탱크가 있으면 해당 표면에도 다음의 기준에 적합한 물분무설비로 방호조치를 함께 해야 한다.

㉠ 탱크의 표면에 방사하는 물의 양은 탱크의 원주길이 1[m]에 대하여 분당 37[L] 이상으로 할 것
㉡ 수원의 양은 ㉠의 규정에 의한 수량으로 20분 이상 방사할 수 있는 수량으로 할 것

∴ 지정수량의 배수가 2,500배일 때 보유공지는 12[m] 이상인데 물분무소화설비로 방호조치를 하는 경우에는 1/2(6[m])로 할 수 있다. 이 때 분당 방사량은 50[m] × 37[L/min·m] = 1,850[L/min]이다.

㉰ 수원의 양

수원 = 원주길이 × 37[L/min·m] × 20[min]
     = 50[m] × 37[L/min·m] × 20[min]
     = 37,000[L]
     = 37[m³]

[1m³] = 1,000[L]

정답 ㉮ 5, 9
㉯ 1,850[L/min]
㉰ 37[m³]

16

제4류 위험물로서 인화점 -37[℃], 끓는점 35[℃], 비중 0.82, 지정수량이 50[L]인 물질에 대하여 답하시오.

㉮ 구조식
㉯ 증기비중
㉰ 옥외저장탱크 중 압력탱크에 저장 시 온도
㉱ 이동저장탱크에 저장하는 경우에 보냉장치가 없을 경우 온도

해설

산화프로필렌
① 물 성

화학식	구조식	지정수량	분자량	비 중	인화점
CH₃CHCH₂O	H H H H-C-C-C-H 　　H O	50[L]	58	0.82	-37[℃]

② 증기비중

$$증기비중 = \frac{분자량}{29}$$

산화프로필렌의 증기비중 = 58 ÷ 29 = 2

③ 저장기준
㉠ 옥외저장탱크·옥내저장탱크 또는 지하저장탱크 중 압력탱크에 저장에 아세트알데하이드 등(아세트알데하이드, 산화프로필렌) 또는 다이에틸에터 등 : 40[℃] 이하
㉡ 아세트알데하이드 등 또는 다이에틸에터 등을 이동저장탱크에 저장하는 경우
　• 보냉장치가 있는 경우 : 비점 이하
　• 보냉장치가 없는 경우 : 40[℃] 이하

정답 ㉮ H H H
　　　　H-C-C-C-H
　　　　　　H O
㉯ 2
㉰ 40[℃] 이하
㉱ 40[℃] 이하

17 경유인 액체 위험물을 상부를 개방한 용기에 저장하는 경우 표면적이 50[m²]이고, 국소방출방식의 분말소화설비를 설치하고자 할 때 제3종 분말소화약제의 저장량[kg]은 얼마로 해야 하는가?

해설

국소방출방식

소방대상물		약제저장량[kg]		
		제1종 분말	제2종, 제3종 분말	제4종 분말
면적식 국소 방출 방식	액체 위험물을 상부를 개방한 용기에 저장하는 경우 등 화재 시 연소면이 한 면에 한정되고 위험물이 비산할 우려가 없는 경우	방호대상물의 표면적[m²] × 8.8[kg/m²] × 1.1 × 계수	방호대상물의 표면적[m²] × 5.2[kg/m²] × 1.1 × 계수	방호대상물의 표면적[m²] × 3.6[kg/m²] × 1.1 × 계수
용적식 국소 방출 방식	상기 이외의 것	방호공간의 체적[m³] × $\left(X - Y\frac{a}{A}\right)$[kg/m³] × 1.1 × 계수	방호공간의 체적[m³] × $\left(X - Y\frac{a}{A}\right)$[kg/m³] × 1.1 × 계수	방호공간의 체적[m³] × $\left(X - Y\frac{a}{A}\right)$[kg/m³] × 1.1 × 계수

여기서, Q : 단위체적당 소화약제의 양[kg/m³]
 a : 방호대상물 주위에 실제로 설치된 고정벽의 면적의 합계[m²]
 A : 방호공간 전체둘레의 면적[m²]
 X 및 Y : 다음 표에 정한 소화약제의 종류에 따른 수치

소화약제의 종별	X의 수치	Y의 수치
제1종 분말	5.2	3.9
제2종 분말 또는 제3종 분말	3.2	2.4
제4종 분말	2.0	1.5

∴ 약제저장량을 구하면

저장량 = 방호대상물의 표면적[m²] × 5.2[kg/m²] × 1.1 × 계수

경유의 제1종~제4종 분말 계수는 1.0이다.
∴ 저장량 = 방호대상물의 표면적[m²] × 5.2[kg/m²] × 1.1 × 계수
 = 50[m²] × 5.2[kg/m²] × 1.1 × 1.0
 = 286[kg]

정답 286[kg]

18 위험물안전관리에 관한 세부기준에서 분말소화설비 저장용기의 설치기준이다. 다음 ( ) 안에 알맞은 답을 쓰시오.

㉮ 온도가 ( )[℃] 이하이고 온도 변화가 적은 장소에 설치할 것
㉯ ( ) 및 빗물이 침투할 우려가 적은 장소에 설치할 것
㉰ 저장용기[축압식인 것은 내압력이 ( )[MPa]인 것에 한한다]에는 용기밸브를 설치할 것
㉱ 가압식의 저장용기 등에는 ( )밸브를 설치할 것
㉲ 보기 쉬운 장소에 충전소화약제량, 소화약제의 종류, ( )(가압식인 것에 한한다), 제조연월 및 제조자명을 표시할 것

해설

분말소화설비 저장용기의 설치기준(세부기준 제136조)
① 온도가 **40**[℃] 이하이고 온도 변화가 적은 장소에 설치할 것
② **직사일광** 및 빗물이 침투할 우려가 적은 장소에 설치할 것
③ 저장용기(축압식인 것은 내압력이 **1.0**[MPa]인 것에 한한다)에는 용기밸브를 설치할 것
④ 가압식의 저장용기 등에는 **방출**밸브를 설치할 것
⑤ 보기 쉬운 장소에 충전소화약제량, 소화약제의 종류, **최고사용압력**(가압식인 것에 한한다), 제조연월 및 제조자명을 표시할 것

정답
㉮ 40   ㉯ 직사일광
㉰ 1.0   ㉱ 방 출
㉲ 최고사용압력

19 제5류 위험물의 구조식을 쓰시오.
㉮ 과산화벤조일
㉯ 나이트로글리세린

해설
구조식

항목 \ 종류	과산화벤조일	나이트로글리세린
품명	유기과산화물	질산에스터류
화학식	$(C_6H_5CO)_2O_2$	$C_3H_5(ONO_2)_3$
구조식	⟨○⟩-C(=O)-O-O-C(=O)-⟨○⟩	H-C(H)(ONO_2)-C(H)(ONO_2)-C(H)(ONO_2)-H

정답
㉮ ⟨○⟩-C(=O)-O-O-C(=O)-⟨○⟩
㉯ H-C(H)(ONO_2)-C(H)(ONO_2)-C(H)(ONO_2)-H

2022년 8월 14일 시행 과년도 기출복원문제

01 옥내저장소에 다음의 위험물을 저장하려고 한다. 다음 물음에 답하시오(유별이 다른 것은 내화구조의 벽으로 구분하여 저장하고 있다).

> 제2석유류(비수용성) 2,000[L], 제3석유류(비수용성) 4,000[L], 유기과산화물(제1종) 100[kg]

㉮ 학교로부터 안전거리 32[m]를 확보할 경우 저장소 설치가능 여부
㉯ 주거용 건물로부터 안전거리 20[m]를 확보할 경우 저장소 설치가능 여부
㉰ 국가유산으로부터 안전거리 52[m]를 확보할 경우 저장소 설치가능 여부
㉱ 안전거리는 충분히 유지되고 담 또는 토제를 설치하지 않았을 때 보유공지

해설
옥내저장소 설치가능 여부

① 지정수량의 배수

종류	제2석유류(비수용성)	제3석유류(비수용성)	유기과산화물(제1종)
지정수량	1,000[L]	2,000[L]	10[kg]

∴ 지정수량의 배수 = $\dfrac{저장수량}{지정수량} + \dfrac{저장수량}{지정수량} + \cdots = \dfrac{2,000[\text{L}]}{1,000[\text{L}]} + \dfrac{4,000[\text{L}]}{2,000[\text{L}]} + \dfrac{100[\text{kg}]}{10[\text{kg}]} = 14$배

② 지정과산화물의 안전거리(시행규칙 별표 5의 부표 1)

저장 또는 취급하는 위험물의 최대수량	안전거리					
	별표4 Ⅰ 제1호					
	가목에 정하는 것 (주거용)		나목에 정하는 것 (학교, 병원, 극장)		다목에 정하는 것 (지정문화유산 및 천연기념물 등)	
	저장창고의 주위에 비고 제1호에 정하는 담 또는 토제를 설치한 경우	왼쪽란에 정하는 경우 외의 경우	저장창고의 주위에 비고 제1호에 정하는 담 또는 토제를 설치한 경우	왼쪽란에 정하는 경우 외의 경우	저장창고의 주위에 비고 제1호에 정하는 담 또는 토제를 설치한 경우	왼쪽란에 정하는 경우 외의 경우
10배 이하	20[m] 이상	40[m] 이상	30[m] 이상	50[m] 이상	50[m] 이상	60[m] 이상
10배 초과 20배 이하	**22[m] 이상**	45[m] 이상	**33[m] 이상**	55[m] 이상	**54[m] 이상**	65[m] 이상
20배 초과 40배 이하	24[m] 이상	50[m] 이상	36[m] 이상	60[m] 이상	58[m] 이상	70[m] 이상
40배 초과 60배 이하	27[m] 이상	55[m] 이상	39[m] 이상	65[m] 이상	62[m] 이상	75[m] 이상
60배 초과 90배 이하	32[m] 이상	65[m] 이상	45[m] 이상	75[m] 이상	70[m] 이상	85[m] 이상
90배 초과 150배 이하	37[m] 이상	75[m] 이상	51[m] 이상	85[m] 이상	79[m] 이상	95[m] 이상
150배 초과 300배 이하	42[m] 이상	85[m] 이상	57[m] 이상	95[m] 이상	87[m] 이상	105[m] 이상
300배 초과	47[m] 이상	95[m] 이상	66[m] 이상	110[m] 이상	100[m] 이상	120[m] 이상

[비고]
1. 담 또는 토제는 다음에 적합한 것으로 해야 한다. 다만, 지정수량의 5배 이하인 지정과산화물의 옥내저장소에 대하여는 해당 옥내저장소의 저장창고의 외벽을 두께 30[cm] 이상의 철근콘크리트조 또는 철골철근콘크리트조로 만드는 것으로서 담 또는 토제에 대신할 수 있다.
    가. 담 또는 토제는 저장창고의 외벽으로부터 2[m] 이상 떨어진 장소에 설치할 것. 다만, 담 또는 토제와 해당 저장창고와의 간격은 해당 옥내저장소의 공지의 너비의 1/5을 초과할 수 없다.
    나. 담 또는 토제의 높이는 저장창고의 처마높이 이상으로 할 것
    다. 담은 두께 15[cm] 이상의 철근콘크리트조나 철골철근콘크리트조 또는 두께 20[cm] 이상의 보강콘크리트블록조로 할 것
    라. 토제의 경사면의 경사도는 60° 미만으로 할 것
2. 지정수량의 5배 이하인 지정과산화물의 옥내저장소에 해당 옥내저장소의 저장창고의 외벽을 제1호 단서의 규정에 의한 구조로 하고 주위에 제1호 각목의 규정에 의한 담 또는 토제를 설치하는 때에는 별표 4 Ⅰ제1호 가목에 정하는 건축물 등까지의 사이의 거리를 10[m] 이상으로 할 수 있다.

번 호	문제에서 주어진 안전거리	법적인 안전거리	설치여부
㉮(학교)	32[m]	33[m] 이상	설치 불가
㉯(주거용)	20[m]	22[m] 이상	설치 불가
㉰(지정문화유산 및 천연기념물 등)	52[m]	54[m] 이상	설치 불가

③ 지정과산화물의 보유공지(시행규칙 별표 5의 부표 2)

저장 또는 취급하는 위험물의 최대수량	공지의 너비	
	저장창고의 주위에 비고 제1호에 정하는 담 또는 토제를 설치한 경우	왼쪽란에 정하는 경우 외의 경우
5배 이하	3.0[m] 이상	10[m] 이상
5배 초과 10배 이하	5.0[m] 이상	15[m] 이상
10배 초과 20배 이하	6.5[m] 이상	**20[m] 이상**
20배 초과 40배 이하	8.0[m] 이상	25[m] 이상
40배 초과 60배 이하	10.0[m] 이상	30[m] 이상
60배 초과 90배 이하	11.5[m] 이상	35[m] 이상
90배 초과 150배 이하	13.0[m] 이상	40[m] 이상
150배 초과 300배 이하	15.0[m] 이상	45[m] 이상
300배 초과	16.5[m] 이상	50[m] 이상

[비고]
1. 담 또는 토제는 다음에 적합한 것으로 해야 한다. 다만, 지정수량의 5배 이하인 지정과산화물의 옥내저장소에 대하여는 해당 옥내저장소의 저장창고의 외벽을 두께 30[cm] 이상의 철근콘크리트조 또는 철골철근콘크리트조로 만드는 것으로서 담 또는 토제에 대신할 수 있다.
    가. 담 또는 토제는 저장창고의 외벽으로부터 2[m] 이상 떨어진 장소에 설치할 것. 다만, 담 또는 토제와 해당 저장창고와의 간격은 해당 옥내저장소의 공지의 너비의 1/5을 초과할 수 없다.
    나. 담 또는 토제의 높이는 저장창고의 처마높이 이상으로 할 것
    다. 담은 두께 15[cm] 이상의 철근콘크리트조나 철골철근콘크리트조 또는 두께 20[cm] 이상의 보강콘크리트블록조로 할 것
    라. 토제의 경사면의 경사도는 60° 미만으로 할 것
2. 지정수량의 5배 이하인 지정과산화물의 옥내저장소에 해당 옥내저장소의 저장창고의 외벽을 제1호 단서의 규정에 의한 구조로 하고 주위에 제1호 각목의 규정에 의한 담 또는 토제를 설치하는 때에는 그 공지의 너비를 2[m] 이상으로 할 수 있다.

정답 ㉮ 설치 불가
㉯ 설치 불가
㉰ 설치 불가
㉱ 20[m] 이상

02

80[wt%] 과산화수소 수용액 300[kg]을 보관하고 있는 탱크에 화재가 일어났을 때 다량의 물에 의하여 희석소화를 시키고자 한다. 과산화수소의 최종 희석 농도를 3[wt%] 이하로 하기로 하고, 실제 소화수의 양은 이론양의 1.5배를 준비하기 위해서 저장해야 하는 소화수의 양[kg]을 구하시오.

해설

① **방법 Ⅰ**
과산화수소의 양을 구하면 $300[kg] \times 0.8 = 240[kg]$
㉠ 3[wt%]로 희석 시 필요한 물의 양(W)

$$\text{농도}[wt\%] = \frac{\text{용질}[g]}{\text{용액}[g]} \times 100$$

$3[wt\%] = \dfrac{240[kg]}{(300[kg] + W)} \times 100$

$W = 7,700[kg]$

㉡ 실제 소화수의 양 $= 7,700 \times 1.5 = 11,550[kg]$

② **방법 Ⅱ**

과산화수소 80[%] ＼ ／ $3 - 0 = 3 \times 100 = 300[kg]$
　　　　　　　　　 3[%]
　　　물　　 0[%] ／ ＼ $80 - 3 = 77 \times 100 = 7,700[kg]$

∴ 실제 소화수의 양 $= 7,700[kg] \times 1.5 = 11,550[kg]$

정답 11,550[kg]

03

다음 소화약제 저장용기의 충전비를 쓰시오.
㉮ 이산화탄소(고압식)　　㉯ 이산화탄소(저압식)
㉰ 할론 2402(가압식)　　㉱ 할론 2402(축압식)
㉲ HFC-125

해설

소화약제 저장용기의 충전비

약제종류		충전비
이산화탄소	고압식	1.5 이상 1.9 이하
	저압식	1.1 이상 1.4 이하
할론 2402	가압식	0.51 이상 0.67 이하
	축압식	0.67 이상 2.75 이하
할론 1211		0.7 이상 1.4 이하
할론 1301, HFC-227ea		0.9 이상 1.6 이하
HFC-23, HFC-125		1.2 이상 1.5 이하
FK-5-1-12		0.7 이상 1.6 이하
IG-100, IG-55, IG-541		IG-100, IG-55, IG-541 : 32[MPa] 이하

정답 ㉮ 1.5 이상 1.9 이하 ㉯ 1.1 이상 1.4 이하
㉰ 0.51 이상 0.67 이하 ㉱ 0.67 이상 2.75 이하
㉲ 1.2 이상 1.5 이하

04

분자량 85, 비중 2.27, 융점 308[℃], 분해온도 380[℃]이며 산화성 물질로서 물이나 암모니아에 녹는 위험물에 대하여 다음 물음에 답하시오.

㉮ 명 칭
㉯ 위험등급
㉰ 분해반응식
㉱ 플라스틱 용기(드럼 제외)에 저장할 때 최대수량[L]

해설

질산나트륨

① 물 성

화학식	분자량	지정수량	위험등급	비 중	분해온도
$NaNO_3$	85	300[kg]	II	2.27	380[℃]

② 분해반응식 : $2NaNO_3 \rightarrow 2NaNO_2 + O_2$

③ 고체 위험물 운반용기의 최대용적

운반 용기					수납위험물의 종류			
내장 용기		외장 용기		제1류			제2류	
용기의 종류	최대용적 또는 중량	용기의 종류	최대용적 또는 용적	I	II	III	II	III
유리 용기 또는 플라스틱 용기	10[L]	나무 상자 또는 플라스틱 상자 (필요에 따라 불활성의 완충재를 채울 것)	125[kg]	○	○	○	○	○
			225[kg]		○	○		○
		파이버판 상자 (필요에 따라 불활성의 완충재를 채울 것)	40[kg]	○	○	○	○	○
			55[kg]		○	○		○
금속제 용기	30[L]	나무 상자 또는 플라스틱 상자	125[kg]	○	○	○	○	○
			225[kg]		○	○		○
		파이버판 상자	40[kg]	○	○	○	○	○
			55[kg]		○	○		○
플라스틱 필름포대 또는 종이포대	5[kg]	나무 상자 또는 플라스틱 상자	50[kg]	○	○	○	○	○
	50[kg]		50[kg]		○	○		○
	125[kg]		125[kg]		○	○		○
	225[kg]		225[kg]			○		○
	5[kg]	파이버판 상자	40[kg]	○	○	○	○	○
	40[kg]		40[kg]		○	○		○
	55[kg]		55[kg]			○		○
		금속제 용기(드럼 제외)	60[L]	○	○	○	○	○
		플라스틱 용기(드럼 제외)	10[L]		○	○	○	○
			30[L]			○		○
		금속제 드럼	250[L]	○	○	○	○	○

※ 질산나트륨 : 제1류 위험물이면서 위험등급 II이다.

정답 ㉮ 질산나트륨
㉯ Ⅱ
㉰ 2NaNO₃ → 2NaNO₂ + O₂
㉱ 10[L]

05

제6류 위험물에 대하여 다음 물음에 답하시오.
㉮ 질산의 분해반응식을 쓰시오.
㉯ 과산화수소의 분해반응식을 쓰시오.
㉰ 할로젠간화합물의 종류 1가지만 화학식을 쓰시오.

해설

제6류 위험물

① 질산의 분해반응식 : 4HNO₃ → 2H₂O + 4NO₂↑ + O₂↑
② 과산화수소의 분해반응식 : 2H₂O₂ → 2H₂O + O₂↑
③ 할로젠간화합물의 종류

종 류	화학식	비 점	비 중
트라이플루오로브로민	BrF₃	125[℃]	2.8
펜타플루오로브로민	BrF₅	40.8[℃]	2.5
펜타플루오로아이오다이드	IF₅	100.5[℃]	3.19

정답 ㉮ 4HNO₃ → 2H₂O + 4NO₂ + O₂
㉯ 2H₂O₂ → 2H₂O + O₂
㉰ BrF₃

06 이송취급소 배관 용접부의 침투탐상시험결과의 판정기준 3가지를 쓰시오.

해설

침투탐상시험 방법 및 판정기준(세부기준 제32조)

① 용접부 시험 중 침투탐상시험의 방법 : 염색침투탐상시험과 형광침투탐상시험
② 침투탐상시험의 실시범위 : 용접부와 모재의 경계선에서 모재쪽으로 모재판 두께의 1/2 이상의 길이를 더한 범위
③ 침투탐상시험의 실시방법
  ㉠ 침투액은 시험제품의 시험부위 및 침투액의 종류에 따라 분무, 솔질 등의 방법을 적용하고 침투에 필요한 시간동안 시험하는 부분의 표면을 침투액으로 적셔둘 것
  ㉡ 침투처리 후 표면에 부착되어 있는 침투액은 마른천으로 닦은 후 용제세정액을 소량 스며들게 한 천으로 완전히 닦아낼 것. 이 경우에 결함 속에 침투되어 있는 침투액을 유출시킬 만큼 많은 세정액을 사용하지 않아야 한다.
  ㉢ 잘 저어서 분산시킨 속건식 현상제를 분무상태로 시험면에 분무시켜 시험면 바탕의 소재가 희미하게 투시되어 보일 정도로 얇고 균일하게 도포할 것. 이 경우에 분무노즐과 시험면의 거리는 약 300[mm]로 한다.
  ㉣ 현상제를 도포하고 10분이 경과한 후에 관찰할 것. 다만, 결함지시모양의 등급 분류 시 결함지시모양이 지나치게 확대되어 실제의 결함과 크게 다른 경우에는 현상여건을 감안하여 그 시간을 단축시킬 수 있다.
⑤ 고장력강판의 경우 용접 후 24시간이 경과한 후 시험을 실시할 것
④ 침투탐상시험결과의 판정기준
  ㉠ 균열이 확인된 경우에는 불합격으로 할 것
  ㉡ 선상 및 원형상의 결함크기가 4[mm] 초과할 경우에는 불합격으로 할 것
  ㉢ 2 이상의 결함지시모양이 동일 선상에 연속해서 존재하고 그 상호 간의 간격이 2[mm] 이하인 경우에는 상호 간의 간격을 포함하여 연속된 하나의 결함지시모양으로 간주할 것. 다만, 결함지시모양 중 짧은 쪽의 길이가 2[mm] 이하이면서 결함지시모양 상호 간의 간격 이하인 경우에는 독립된 결함지시모양으로 한다.
  ㉣ 결함지시모양이 존재하는 임의의 개소에 있어서 2,500[mm^2]의 사각형(한 변의 최대길이는 150[mm]로 한다)내에 길이 1[mm]를 초과하는 결함지시모양의 길이의 합계가 8[mm]를 초과하는 경우에는 불합격으로 할 것

정답
- 균열이 확인된 경우에는 불합격으로 할 것
- 선상 및 원형상의 결함크기가 4[mm] 초과할 경우에는 불합격으로 할 것
- 2 이상의 결함지시모양이 동일 선상에 연속해서 존재하고 그 상호 간의 간격이 2[mm] 이하인 경우에는 상호 간의 간격을 포함하여 연속된 하나의 결함지시모양으로 간주할 것. 다만, 결함지시모양 중 짧은 쪽의 길이가 2[mm] 이하이면서 결함지시모양 상호 간의 간격 이하인 경우에는 독립된 결함지시모양으로 한다.

07

가연성 증기가 체류할 우려가 있는 위험물 제조소에 배출설비를 하고자 할 때 배출능력은 몇 [m³/h] 이상이어야 하는가?(단, 전역방식이 아닌 경우이고 배출장소의 크기는 가로 8[m], 세로 6[m], 높이 4[m]이다)

해설
제조소의 배출설비
① 설치장소 : 가연성 증기 또는 미분이 체류할 우려가 있는 건축물
② 배출설비 : 국소방식
③ 배출설비는 배풍기, 배출덕트, 후드 등을 이용하여 강제적으로 배출하는 것으로 할 것
④ 배출능력은 1시간당 배출장소 용적의 20배 이상인 것으로 할 것(전역방출방식 : 바닥면적 1[m²]당 18[m³] 이상)
⑤ 급기구는 높은 곳에 설치하고 가는 눈의 구리망으로 인화방지망을 설치할 것
⑥ 배출구는 지상 2[m] 이상으로서 연소 우려가 없는 장소에 설치하고 화재 시 자동으로 폐쇄되는 방화댐퍼를 설치할 것
⑦ 배풍기 : 강제배기방식
∴ 배출장소의 용적을 구하면 용적 = 8[m] × 6[m] × 4[m] = 192[m³]
배출능력은 1시간당 배출장소 용적의 20배 이상인 것으로 할 것
배출능력 = 192[m³] × 20[배/h] = 3,840[m³/h]

정답 3,840[m³/h] 이상

08

위험물 제2종 판매취급소에 대하여 다음 물음에 답하시오.

㉮ 판매취급소의 용도로 사용하는 부분에 상층에 있는 경우에 있어서는 상층의 바닥을 (㉠)로 하는 동시에 상층으로의 (㉡)를 방지하기 위한 조치를 강구하고 상층이 없는 경우에는 지붕을 (㉢)로 할 것
㉯ 판매취급소의 용도로 사용하는 부분 중 연소의 우려가 없는 부분에 한하여 창을 두되 해당 창에는 (㉣)을 설치할 것
㉰ 배합실에서 위험물을 배합하는 경우 옮겨 담는 작업을 할 수 있는 위험물을 [보기]에서 모두 고르시오(없으면 "해당없음"이라고 답할 것).

[보 기]
염소산칼륨 500[kg], 황 1,000[kg], 톨루엔 2,000[L], 벤젠 200[L], 경유 1,000[L]

해설
제2종 판매취급소
① 제2종 판매취급소의 용도로 사용하는 부분은 벽·기둥·바닥 및 보를 내화구조로 하고, 천장이 있는 경우에는 이를 불연재료로 하며, 판매취급소로 사용되는 부분과 다른 부분과의 격벽은 내화구조로 할 것
② 제2종 판매취급소의 용도로 사용하는 부분에 상층이 있는 경우에 있어서는 상층의 바닥을 **내화구조**로 하는 동시에 상층으로의 **연소**를 방지하기 위한 조치를 강구하고, 상층이 없는 경우에는 지붕을 **내화구조**로 할 것

③ 제2종 판매취급소의 용도로 사용하는 부분 중 연소의 우려가 없는 부분에 한하여 창을 두되, 해당 창에는 **60분+ 방화문·60분 방화문 또는 30분 방화문**을 설치할 것
④ 제2종 판매취급소의 용도로 사용하는 부분의 출입구에는 60분+ 방화문·60분 방화문 또는 30분 방화문을 설치할 것. 다만, 해당 부분 중 연소의 우려가 있는 벽에 설치하는 출입구에는 수시로 열 수 있는 자동폐쇄식의 60분+ 방화문 또는 60분 방화문을 설치해야 한다.
⑤ 배합실에서 옮겨 담는 작업을 할 수 있는 위험물(시행규칙 별표 18)
판매취급소에서는 도료류, 제1류 위험물 중 염소산염류 및 염소산염류만을 함유한 것, 황 또는 인화점이 38[℃] 이상인 제4류 위험물을 배합실에서 배합하는 경우 외에는 위험물을 배합하거나 옮겨 담는 작업을 하지 않을 것

종 류	톨루엔	벤 젠	경 유
인화점	4[℃]	-11[℃]	41[℃] 이상

정답 ㉮ ㉠ 내화구조
           ㉡ 연 소
           ㉢ 내화구조
       ㉯ ㉣ 60분+ 방화문·60분 방화문 또는 30분 방화문
       ㉰ 염소산칼륨, 황, 경유

09

[보기]에서 제5류 위험물에 대한 설명이다. 다음 설명하는 위험물에 대하여 답하시오.

[보 기]
- 톨루엔에 진한 질산과 진한황산이 나이트로화 반응을 하여 제조한다.
- 분자량 227, 비중 1.0이다.

㉮ 이 위험물의 제조반응식을 쓰시오.
㉯ 이 위험물의 분해반응식을 쓰시오.

해설

트라이나이트로톨루엔(Tri Nitro Toluene, TNT)
① 물 성

화학식	분자량	비 점	융 점	비 중
$C_6H_2CH_3(NO_2)_3$	227	240[℃]	80.1[℃]	1.0

② 담황색의 결정으로 강력한 폭약이다.
③ 충격에는 민감하지 않으나 급격한 타격에 의하여 폭발한다.
④ 물에 녹지 않고, 알코올에는 가열하면 녹고, 아세톤, 벤젠, 에터에는 잘 녹는다.
⑤ 일광에 의해 갈색으로 변하고 가열, 타격에 의하여 폭발한다.
⑥ TNT의 제법

$$C_6H_5CH_3 + 3HNO_3 \xrightarrow[\text{나이트로화}]{c-H_2SO_4} C_6H_2CH_3(NO_2)_3 + 3H_2O$$

⑦ TNT의 분해반응식 : $2C_6H_2CH_3(NO_2)_3 \rightarrow 2C + 3N_2\uparrow + 5H_2\uparrow + 12CO\uparrow$

정답 ㉮

$$\text{CH}_3\text{-C}_6\text{H}_5 + 3HNO_3 \xrightarrow[\text{나이트로화}]{c-H_2SO_4} \text{C}_6\text{H}_2\text{CH}_3(\text{NO}_2)_3 + 3H_2O$$

㉯ $2C_6H_2CH_3(NO_2)_3 \rightarrow 2C + 3N_2 + 5H_2 + 12CO$

10

제3류 위험물인 트라이에틸알루미늄이 다음 물질과 반응할 때 반응식을 쓰시오.
㉮ 물
㉯ 산 소
㉰ 염 산

해설
트라이에틸알루미늄의 반응식
① 물과 반응 : $(C_2H_5)_3Al + 3H_2O \rightarrow Al(OH)_3 + 3C_2H_6 \uparrow$
② 산소와 반응 : $2(C_2H_5)_3Al + 21O_2 \rightarrow Al_2O_3 + 15H_2O + 12CO_2 \uparrow$
③ 염산과 반응 : $(C_2H_5)_3Al + 3HCl \rightarrow AlCl_3 + 3C_2H_6 \uparrow$
④ 메틸알코올과 반응 : $(C_2H_5)_3Al + 3CH_3OH \rightarrow Al(CH_3O)_3 + 3C_2H_6 \uparrow$
⑤ 염소와 반응 : $(C_2H_5)_3Al + 3Cl_2 \rightarrow AlCl_3 + 3C_2H_5Cl \uparrow$

정답 ㉮ $(C_2H_5)_3Al + 3H_2O \rightarrow Al(OH)_3 + 3C_2H_6$
㉯ $2(C_2H_5)_3Al + 21O_2 \rightarrow Al_2O_3 + 15H_2O + 12CO_2$
㉰ $(C_2H_5)_3Al + 3HCl \rightarrow AlCl_3 + 3C_2H_6$

11

분자량 78, 인화점 −11[℃], 융점 7[℃]이고, 방향성이 있고 증기는 유독한 위험물이 있다. 이 위험물 2[kg]이 산소와 반응할 때 반응식과 이론산소량[kg]을 구하시오.

해설

벤 젠

① 물 성

화학식	비 중	비 점	융 점	인화점	착화점	연소범위
C_6H_6	0.95	79[℃]	7[℃]	−11[℃]	498[℃]	1.4~8.0[%]

② 무색투명한 방향성을 갖는 액체이며, 증기는 독성이 있다.
③ 연소반응식 : $2C_6H_6 + 15O_2 \rightarrow 12CO_2 + 6H_2O$
④ 이론산소량

$$2C_6H_6 + 15O_2 \rightarrow 12CO_2 + 6H_2O$$
$$2 \times 78[kg] \quad 15 \times 32[kg]$$
$$2[kg] \quad\quad\quad x$$

$$\therefore x = \frac{2[kg] \times 15 \times 32[kg]}{2 \times 78[kg]} = 6.15[kg]$$

정답
- 반응식 : $2C_6H_6 + 15O_2 \rightarrow 12CO_2 + 6H_2O$
- 이론산소량 : 6.15[kg]

12

옥외탱크저장소 통기관의 설치기준에서 압력탱크 외의 위험물탱크에 대하여 다음 물음에 답하시오.

㉮ 압력탱크의 정의를 쓰시오.
㉯ 압력탱크에 설치하는 안전장치의 종류(2가지)를 쓰시오.
㉰ 밸브 없는 통기관을 설치하는 경우 저장하는 위험물의 유별을 쓰시오.
㉱ 밸브 없는 통기관에 화염방지장치를 설치해야 하는 위험물의 인화점을 쓰시오.

해설

옥외탱크저장소

① 압력탱크 : 최대상용압력이 부압 또는 정압 5[kPa]을 초과하는 탱크
② 안전장치
 ㉮ 압력탱크 외의 탱크(제4류 위험물의 옥외저장탱크에 한한다) : 밸브 없는 통기관, 대기밸브부착 통기관
 ㉯ 압력탱크
  ㉠ 압력계(위험물을 가압하는 설비 또는 그 취급하는 위험물의 압력이 상승할 우려가 있는 설비)
  ㉡ 자동적으로 압력의 상승을 정지시키는 장치
  ㉢ 감압측에 안전밸브를 부착한 감압밸브
  ㉣ 안전밸브를 겸하는 경보장치
  ㉤ 파괴판(위험물의 성질에 따라 안전밸브의 작동이 곤란한 가압설비에 한한다)
③ 압력탱크외의 탱크(제4류 위험물의 옥외저장탱크에 한한다) : 밸브 없는 통기관, 대기밸브부착 통기관
④ 인화점이 38[℃] 미만인 위험물만을 저장 또는 취급하는 탱크에 설치하는 통기관에는 화염방지장치를 설치하고, 그 외의 탱크에 설치하는 통기관에는 40메시[mesh] 이상의 구리망 또는 동등 이상의 성능을 가진 인화방지장치를 설치할 것. 다만, 인화점이 70[℃] 이상인 위험물만을 해당 위험물의 인화점 미만의 온도로 저장 또는 취급하는 탱크에 설치하는 통기관에는 인화방지장치를 설치하지 않을 수 있다.

정답 ㉮ 최대상용압력이 부압 또는 정압 5[kPa]을 초과하는 탱크
㉯ 안전장치
- 자동적으로 압력의 상승을 정지시키는 장치
- 감압측에 안전밸브를 부착한 감압밸브

㉰ 제4류 위험물
㉱ 38[℃] 미만

13

메테인과 암모니아를 백금 촉매하에서 산소와 반응시켜 얻어지는 반응성이 강한 것으로 분자량 27, 융점 −17[℃]인 맹독성 물질에 대하여 다음 물음에 답하시오.

㉮ 명 칭
㉯ 품 명
㉰ 증기비중(계산식 포함)
㉱ 위험등급

해설

사이안화수소(청산)

① 물 성

품 명	지정수량	화학식	구조식	위험등급	인화점	증기비중
제1석유류(수용성)	400[L]	HCN	H−C≡N	II	−17[℃]	27/29 = 0.931

② 제법 : 메테인−암모니아 혼합물의 촉매 산화반응, 사이안화나트륨과 황산의 반응, 폼아마이드($HCONH_2$)의 분해반응의 3가지 주요 방법으로 합성된다.

정답 ㉮ 사이안화수소
㉯ 제1석유류(수용성)
㉰ 27÷29 = 0.931
㉱ II

14 제4류 위험물인 아세트알데하이드에 대하여 다음 물음에 답하시오.
㉮ 품 명
㉯ 시성식
㉰ 연소반응식
㉱ 저장 또는 취급하는 지하탱크저장소에 대하여 강화되는 기준 2가지

해설

아세트알데하이드
① 물 성

시성식	품 명	인화점	비 중	비 점	연소범위
CH_3CHO	특수인화물	-40[℃]	0.78	21[℃]	4.0~60[%]

② 연소반응식 : $2CH_3CHO + 5O_2 \rightarrow 4CO_2 + 4H_2O$
③ 저장 또는 취급하는 지하탱크저장소에 대하여 강화되는 기준(시행규칙 별표 8)
  ㉠ 지하저장탱크는 지반면하에 설치된 탱크전용실에 설치할 것
  ㉡ 지하저장탱크의 설비는 시행규칙 별표 6 Ⅺ의 규정에 의한 아세트알데하이드 등의 옥외저장탱크의 설비의 기준을 준용할 것. 다만, 지하저장탱크가 아세트알데하이드 등의 온도를 적당한 온도로 유지할 수 있는 구조인 경우에는 냉각장치 또는 보냉장치를 설치하지 않을 수 있다.

정답
㉮ 특수인화물
㉯ CH_3CHO
㉰ $2CH_3CHO + 5O_2 \rightarrow 4CO_2 + 4H_2O$
㉱ 강화되는 기준
  • 지하저장탱크는 지반면하에 설치된 탱크전용실에 설치할 것
  • 지하저장탱크의 설비는 시행규칙 별표 6 Ⅺ의 규정에 의한 아세트알데하이드 등의 옥외저장탱크의 설비의 기준을 준용할 것. 다만, 지하저장탱크가 아세트알데하이드 등의 온도를 적당한 온도로 유지할 수 있는 구조인 경우에는 냉각장치 또는 보냉장치를 설치하지 않을 수 있다.

15 제2류 위험물인 마그네슘에 대하여 다음 물음에 답하시오.
㉮ 연소반응식을 쓰시오.
㉯ 물과의 반응식을 쓰시오.
㉰ ㉯에서 발생한 가스의 위험도를 계산하시오.

해설
마그네슘
① 물 성

화학식	원자량	비 중	융 점	비 점
Mg	24.3	1.74	651[℃]	1,100[℃]

② 반응식
  ㉠ 연소반응 : $2Mg + O_2 \rightarrow 2MgO$
  ㉡ 물과 반응 : $Mg + 2H_2O \rightarrow Mg(OH)_2 + H_2 \uparrow$ (수소)
  ㉢ 위험도(수소의 연소범위 : 4.0 ~ 75.0[%])

$$위험도\ H = \frac{U-L}{L}$$

여기서, U : 폭발상한값[%] L : 폭발하한값[%]

∴ $H = \dfrac{U-L}{L} = \dfrac{75-4}{4} = 17.75$

정답
㉮ $2Mg + O_2 \rightarrow 2MgO$
㉯ $Mg + 2H_2O \rightarrow Mg(OH)_2 + H_2$
㉰ 17.75

---

16 제5류 위험물인 나이트로글라이콜에 대하여 다음 물음에 답하시오.
㉮ 구조식
㉯ 색상(공업용)
㉰ 액체 비중
㉱ 분자 내 질소 함량[wt%]

해설
나이트로글라이콜
① 물 성

화학식	분자량	구조식	액체 비중	응고점
$C_2H_4(ONO_2)_2$	152	CH_2-ONO_2 | CH_2-ONO_2	1.5	−22[℃]

② 순수한 것은 무색이나 공업용은 담황색 또는 분홍색의 액체이다.

③ 1분자 내 질소의 중량

$$\text{질소의 중량} = \frac{\text{질소의 분자량}}{\text{나이트로글라이콜의 분자량}} = \frac{28}{152} \times 100 = 18.42[\text{wt\%}]$$

정답 ㉮ CH$_2$-ONO$_2$
　　　　　　|
　　　　　CH$_2$-ONO$_2$
　　　㉯ 담황색
　　　㉰ 1.5
　　　㉱ 18.42[wt%]

17

다음 [보기]의 조건을 모두 충족시키는 제4류 위험물의 품명 2가지를 쓰시오.

[보 기]
- 옥내저장소에 저장할 때 저장창고의 바닥면적을 1,000[m^2] 이하로 해야 하는 위험물
- 옥외저장소에 저장·취급할 수 없는 위험물

해설

저장창고의 바닥면적 등

① 옥내저장소 저장창고의 기준면적

위험물을 저장하는 창고의 종류	기준면적
① 제1류 위험물 중 **아염소산염류, 염소산염류, 과염소산염류, 무기과산화물**, 그 밖에 지정수량이 **50[kg]**인 위험물 ② 제3류 위험물 중 **칼륨, 나트륨, 알킬알루미늄, 알킬리튬**, 그 밖에 지정수량이 **10[kg]**인 위험물 및 **황린** ③ 제4류 위험물 중 **특수인화물, 제1석유류** 및 **알코올류** ④ 제5류 위험물 중 지정수량이 10[kg]인 위험물 ⑤ **제6류 위험물**	1,000[m^2] 이하
①~⑤의 위험물 외의 위험물을 저장하는 창고	2,000[m^2] 이하
위의 전부에 해당하는 위험물을 내화구조의 격벽으로 완전히 구획된 실에 각각 저장하는 창고(①~⑤의 위험물을 저장하는 실의 면적은 500[m^2]를 초과할 수 없다)	1,500[m^2] 이하

② 옥외저장소에 저장 또는 취급할 수 있는 위험물
　㉠ 제2류 위험물 중 황, 인화성 고체(인화점이 0[℃] 이상인 것에 한함)
　㉡ 제4류 위험물 중 제1석유류(인화점이 0[℃] 이상인 것에 한함), 제2석유류, 제3석유류, 제4석유류, 알코올류, 동식물유류
　㉢ 제6류 위험물
　㉣ 제2류 위험물 및 제4류 위험물 중 특별시·광역시·특별자치시·도 또는 특별자치도의 조례로 정하는 위험물(관세법 제154조의 규정에 의한 보세구역 안에 저장하는 경우로 한정한다)
　㉤ 국제해사기구에 관한 협약에 의하여 설치된 국제해사기구가 채택한 국제해상위험물규칙(IMDG Code)에 적합한 용기에 수납된 위험물
∴ 제4류 위험물 중 특수인화물과 제1석유류(인화점이 0[℃] 미만인 것)는 옥외저장소에 저장할 수 없다.

정답 특수인화물, 제1석유류(인화점이 0[℃] 미만인 것)

18 다음은 제조소의 방화상 유효한 담의 높이를 산정하는 그림이다. ①, ②, ③에 알맞은 명칭과 $H > pD^2 + a$인 경우에 h를 구하는 공식을 쓰시오.

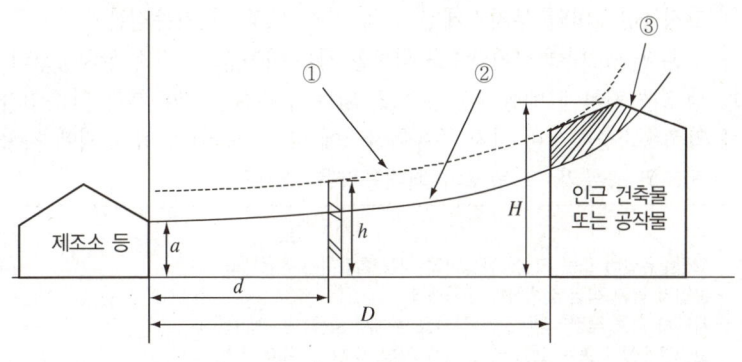

해설
방화상 유효한 담의 높이 산정 방법

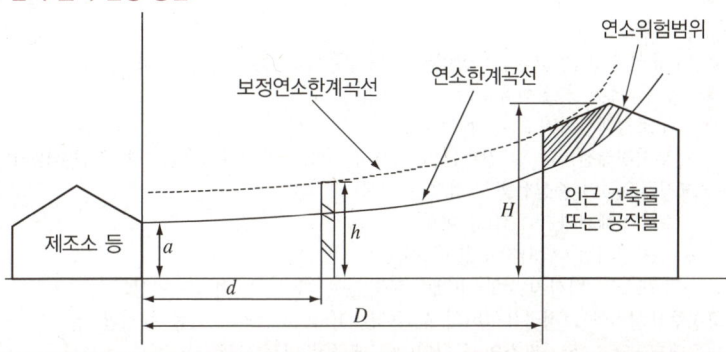

① $H \leq pD^2 + a$인 경우, $h = 2$
② $H > pD^2 + a$인 경우, $h = H - p(D^2 - d^2)$

여기서, D : 제조소 등과 인근 건축물 또는 공작물과의 거리[m]
H : 인근 건축물 또는 공작물의 높이[m]
a : 제조소 등의 외벽의 높이[m]
d : 제조소 등과 방화상 유효한 담과의 거리[m]
h : 방화상 유효한 담의 높이[m]
p : 상 수

정답
- 명칭 : ① 보정연소한계곡선, ② 연소한계곡선, ③ 연소위험범위
- 공식 : $h = H - p(D^2 - d^2)$

19

위험물안전관리 법령에 따른 주유취급소에 대하여 다음 물음에 답하시오.

㉮ 고정주유설비와 도로경계선 간의 거리 산정 시 기준점은?
㉯ 고정급유설비와 부지경계선 간의 거리 산정 시 기준점은?
㉰ 주유취급소 내에 상치장소를 확보할 경우 이동탱크저장소 상치장소의 설치기준을 쓰시오.
㉱ 탱크를 지하에 매설하지 않아도 되는 주유취급소의 특례 기준 3가지를 쓰시오.
㉲ 압축수소충전설비 설치 주유취급소에 다음 [보기]의 탱크 외에 지하에 매설할 수 있는 탱크의 종류와 그 탱크의 최대용량을 쓰시오.

[보 기]
- 고정주유설비 또는 고정급유설비에 직접 접속하는 전용탱크
- 보일러 등에 직접 접속하는 전용탱크
- 자동차 등을 점검·정비하는 작업장 등에서 사용하는 폐유탱크
- 고정주유설비 또는 고정급유설비에 직접 접속하는 간이탱크

해설

주유취급소 등

① 고정주유설비 또는 고정급유설비의 설치기준
　㉠ 고정주유설비(중심선을 기점으로 하여)
　　- 도로경계선까지 : 4[m] 이상
　　- 부지경계선·담 및 건축물의 벽까지 : 2[m](개구부가 없는 벽까지는 1[m]) 이상
　㉡ 고정급유설비(중심선을 기점으로 하여)
　　- 도로경계선까지 : 4[m] 이상
　　- 부지경계선·담까지 : 1[m] 이상
　　- 건축물의 벽까지 : 2[m](개구부가 없는 벽까지는 1[m]) 이상
② 고정주유설비와 고정급유설비의 사이에는 4[m] 이상의 거리를 유지할 것
③ 이동탱크저장소 상치장소의 설치기준(시행규칙 별표 10)
　㉠ 옥외에 있는 상치장소는 화기를 취급하는 장소 또는 인근의 건축물로부터 5[m] 이상(인근의 건축물이 1층인 경우에는 3[m] 이상)의 거리를 확보해야 한다. 다만, 하천의 공지나 수면, 내화구조 또는 불연재료의 담 또는 벽 그 밖에 이와 유사한 것에 접하는 경우를 제외한다.
　㉡ 옥내에 있는 상치장소는 벽·바닥·보·서까래 및 지붕이 내화구조 또는 불연재료로 된 건축물의 1층에 설치해야 한다.
④ 탱크를 지하에 매설하지 않아도 되는 주유취급소의 특례 기준
　㉠ 항공기주유취급소
　㉡ 철도주유취급소
　㉢ 선박주유취급소
⑤ 압축수소충전설비 설치 주유취급소에는 Ⅲ 제1호의 규정에 불구하고 인화성 액체를 원료로 하여 수소를 제조하기 위한 개질장치에 접속하는 원료탱크(50,000[L] 이하의 것에 한정한다)를 설치할 수 있다. 이 경우 원료탱크는 지하에 매설하되, 그 위치, 구조 및 설비는 Ⅲ 제3호 가목을 준용한다.
　㉠ 탱크의 기준(Ⅲ 제1호의 규정)
　　- 자동차 등에 주유하기 위한 고정주유설비에 직접 접속하는 전용탱크로서 50,000[L] 이하의 것
　　- 고정급유설비에 직접 접속하는 전용탱크로서 50,000[L] 이하의 것
　　- 보일러 등에 직접 접속하는 전용탱크로서 10,000[L] 이하의 것
　　- 자동차 등을 점검·정비하는 작업장 등(주유취급소 안에 설치된 것에 한한다)에서 사용하는 폐유·윤활유 등의 위험물을 저장하는 탱크로서 용량(2 이상 설치하는 경우에는 각 용량의 합계를 말한다)이 2,000[L] 이하인 탱크(이하 "폐유탱크 등"이라 한다)

- 고정주유설비 또는 고정급유설비에 직접 접속하는 3기 이하의 간이탱크. 다만, 국토의 계획 및 이용에 관한 법률에 의한 방화지구 안에 위치하는 주유취급소의 경우를 제외한다.

정답
㉮ 고정주유설비의 중심선
㉯ 고정급유설비의 중심선
㉰ 상치장소의 설치기준
- 옥외에 있는 상치장소는 화기를 취급하는 장소 또는 인근의 건축물로부터 5[m] 이상(인근의 건축물이 1층인 경우에는 3[m] 이상)의 거리를 확보해야 한다. 다만, 하천의 공지나 수면, 내화구조 또는 불연재료의 담 또는 벽 그 밖에 이와 유사한 것에 접하는 경우를 제외한다.
- 옥내에 있는 상치장소는 벽·바닥·보·서까래 및 지붕이 내화구조 또는 불연재료로 된 건축물의 1층에 설치해야 한다.

㉱ 항공기주유취급소, 철도주유취급소, 선박주유취급소
㉲ 원료탱크, 50,000[L] 이하

제73회 과년도 기출복원문제
2023년 3월 25일 시행

01 다음 물음에 알맞은 답을 쓰시오.
㉮ 탄화칼슘
  ㉠ 물과의 반응식을 쓰시오.
  ㉡ ㉠에서 생성되는 기체의 연소반응식을 쓰시오.
㉯ 탄화알루미늄
  ㉠ 물과의 반응식을 쓰시오.
  ㉡ ㉠에서 생성되는 기체의 연소반응식을 쓰시오.

해설
반응식
① 탄화칼슘의 반응식
  ㉠ 물과의 반응 : $CaC_2 + 2H_2O \rightarrow Ca(OH)_2 + C_2H_2$
  ㉡ 아세틸렌의 연소반응 : $2C_2H_2 + 5O_2 \rightarrow 4CO_2 + 2H_2O$
② 탄화알루미늄의 반응식
  ㉠ 물과의 반응 : $Al_4C_3 + 12H_2O \rightarrow 4Al(OH)_3 + 3CH_4$
  ㉡ 메테인의 연소반응 : $CH_4 + 2O_2 \rightarrow CO_2 + 2H_2O$

정답 ㉮ 탄화칼슘
  ㉠ $CaC_2 + 2H_2O \rightarrow Ca(OH)_2 + C_2H_2$
  ㉡ $2C_2H_2 + 5O_2 \rightarrow 4CO_2 + 2H_2O$
㉯ 탄화알루미늄
  ㉠ $Al_4C_3 + 12H_2O \rightarrow 4Al(OH)_3 + 3CH_4$
  ㉡ $CH_4 + 2O_2 \rightarrow CO_2 + 2H_2O$

02 지정수량이 10[kg]이고 비중이 0.86, 분자량이 39.1인 제3류 위험물에 대하여 다음 각 물음에 답을 쓰시오.
㉮ 이산화탄소와의 반응식을 쓰시오.
㉯ 사염화탄소와의 반응식을 쓰시오.
㉰ 에틸알코올과의 반응식을 쓰시오.

> **해설**
> **칼륨의 반응식**
> ① 연소 반응 : $4K + O_2 \rightarrow 2K_2O$(회백색)
> ② 물과의 반응 : $2K + 2H_2O \rightarrow 2KOH + H_2$
> ③ 이산화탄소와의 반응 : $4K + 3CO_2 \rightarrow 2K_2CO_3 + C$
> ④ 사염화탄소와의 반응 : $4K + CCl_4 \rightarrow 4KCl + C$
> ⑤ 에틸알코올과의 반응 : $2K + 2C_2H_5OH \rightarrow 2C_2H_5OK + H_2$
> ⑥ 초산과의 반응 : $2K + 2CH_3COOH \rightarrow 2CH_3COOK + H_2$

> **정답**
> ㉮ $4K + 3CO_2 \rightarrow 2K_2CO_3 + C$
> ㉯ $4K + CCl_4 \rightarrow 4KCl + C$
> ㉰ $2K + 2C_2H_5OH \rightarrow 2C_2H_5OK + H_2$

03

위험물안전관리법령에 따른 할로젠화합물 소화약제의 저장용기 충전비이다. 다음 ( ) 안에 알맞은 답을 쓰시오.

소화약제의 종류	충전비
할론2402(가압식)	(㉮)
할론2402(축압식)	(㉯)
할론1211	(㉰)
할론1301	(㉱)
HFC-23	(㉲)

> **해설**
> **충전비**
>
> | 소화약제의 종류 | 충전비 |
> | --- | --- |
> | 할론2402(가압식) | 0.51 이상 0.67 이하 |
> | 할론2402(축압식) | 0.67 이상 2.75 이하 |
> | 할론1211 | 0.7 이상 1.4 이하 |
> | 할론1301 | 0.9 이상 1.6 이하 |
> | HFC-23 | 1.2 이상 1.5 이하 |

> **정답**
> ㉮ 0.51 이상 0.67 이하
> ㉯ 0.67 이상 2.75 이하
> ㉰ 0.7 이상 1.4 이하
> ㉱ 0.9 이상 1.6 이하
> ㉲ 1.2 이상 1.5 이하

04 위험물안전관리법령에서 정한 이송취급소 허가 신청의 첨부서류 중 긴급차단밸브 및 차단밸브의 첨부서류를 5가지 쓰시오.

해설
제조소 등(이송취급소)의 설치허가 신청(시행규칙 제6조)
① 공사계획서
② 공사공정표
③ 시행규칙 별표 1의 규정에 의한 서류

구조 및 설비	첨부서류
배 관	• 위치도 • 평면도 • 종단도면 • 횡단도면 • 도로・하천・수로 또는 철도의 지하를 횡단하는 금속관 또는 방호구조물 안에 배관을 설치하거나 배관을 가공횡단(架空橫斷 : 공중에 가로지름)하여 설치하는 경우에는 해당 횡단 개소의 상세도면 • 강도계산서 • 접합부의 구조도 • 용접에 관한 설명서 • 접합방법에 관하여 기재한 서류 • 배관의 기점・분기점 및 종점의 위치에 관하여 기재한 서류 • 연장에 관하여 기재한 서류 • 배관 내의 최대상용 압력에 관하여 기재한 서류 • 주요 규격 및 재료에 관하여 기재한 서류 • 그 밖에 배관에 대한 설비 등에 관한 설명도서
긴급차단밸브 및 차단밸브	• 구조설명서(부대설비를 포함한다) • 기능설명서 • 강도에 관한 설명서 • 제어계통도 • 밸브의 종류・형식 및 재료에 관하여 기재한 서류
지진감지장치 및 강진계	• 구조설명도 • 지진검지에 관한 흐름도 • 종류 및 형식에 관하여 기재한 서류
펌 프	• 구조설명도 • 강도에 관한 설명서 • 용적식펌프의 압력상승방지장치에 관한 설명서 • 고압판넬・변압기 등 전기설비의 계통도(원동기를 움직이기 위한 전기설비에 한한다) • 종류・형식・용량・양정(揚程 : 펌프가 물을 퍼올리는 높이)・회전수 및 상용・예비의 구별에 관하여 기재한 서류 • 실린더 등의 주요 규격 및 재료에 관하여 기재한 서류 • 원동기의 종류 및 출력에 관하여 기재한 서류 • 고압판넬의 용량에 관하여 기재한 서류 • 변압기용량에 관하여 기재한 서류

정답
• 구조설명서(부대설비를 포함한다)
• 기능설명서
• 강도에 관한 설명서
• 제어계통도
• 밸브의 종류・형식 및 재료에 관하여 기재한 서류

05
위험물안전관리대행기관의 지정기준이다. 다음 내용 중 틀린 부분을 찾아 바르게 고치시오.

기술인력	• 위험물기능장 또는 위험물산업기사 3인 이상 • 위험물산업기사 또는 위험물기능사 3인 이상 • 기계분야 및 전기분야의 소방설비기사 1인 이상
시 설	전용사무실을 갖출 것
장 비	• 절연저항계(절연저항측정기) • 접지저항측정기(최소눈금 0.1[Ω] 이하) • 가스농도측정기(탄화수소계 가스의 농도측정이 가능할 것) • 정전기 전위측정기 • 토크렌치(Torque Wrench : 볼트와 너트를 규정된 회전력에 맞춰 조이는 데 사용하는 도구) • 진동펌프 • 냉각가열기(-10~300[℃]) • 두께측정기(1.5~99.9[mm]) • 안전용구(안전모, 안전화, 손전등, 안전로프 등) • 소화설비점검기구(소화전밸브압력계, 방수압력측정계, 포콜렉터, 헤드렌치, 포콘테이너)

비고 : 기술인력란의 각호에 정한 2 이상의 기술인력을 동일인이 겸할 수 있다.

해설
위험물안전관리대행기관의 지정기준(시행규칙 별표 22)

기술인력	• 위험물기능장 또는 위험물산업기사 1인 이상 • 위험물산업기사 또는 위험물기능사 2인 이상 • 기계분야 및 전기분야의 소방설비기사 1인 이상
시 설	전용사무실을 갖출 것
장 비	• 절연저항계(절연저항측정기) • 접지저항측정기(최소눈금 0.1[Ω] 이하) • 가스농도측정기(탄화수소계 가스의 농도측정이 가능할 것) • 정전기 전위측정기 • 토크렌치(Torque Wrench : 볼트와 너트를 규정된 회전력에 맞춰 조이는 데 사용하는 도구) • 진동시험기 • 표면온도계(-10~300[℃]) • 두께측정기(1.5~99.9[mm]) • 안전용구(안전모, 안전화, 손전등, 안전로프 등) • 소화설비점검기구(소화전밸브압력계, 방수압력측정계, 포콜렉터, 헤드렌치, 포콘테이너)

비고 : 기술인력란의 각호에 정한 2 이상의 기술인력을 동일인이 겸할 수 없다.

정답
- 위험물기능장 또는 위험물산업기사 3인 → 1인
- 위험물산업기사 또는 위험물기능사 3인 → 2인
- 진공펌프 → 진동시험기
- 냉각가열기 → 표면온도계
- 동일인이 겸할 수 있다. → 동일인이 겸할 수 없다.

06 다음은 지정수량 15배 미만의 소규모 옥내저장소이다. 위험물안전관리법령에서 정한 다음 각 물음에 대하여 알맞은 답을 쓰시오.

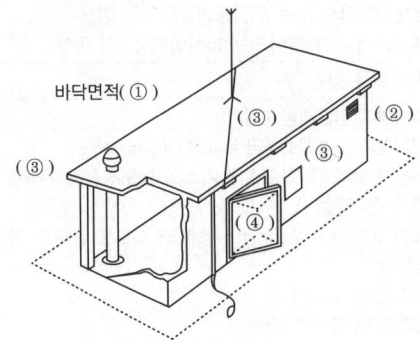

㉮ 바닥면적은 몇 [m²] 이하로 해야 하는지 쓰시오.
㉯ 처마높이는 몇 [m] 미만으로 해야 하는지 쓰시오.
㉰ 저장창고의 벽·기둥·바닥·보 및 지붕은 어떤 재료(또는 구조)로 해야 하는지 쓰시오.
㉱ 저장창고의 출입구에 설치해야 하는 문의 명칭을 쓰시오.
㉲ 저장소에 창문을 설치할 수 있는지 여부를 쓰시오.

> **해설**
>
> **소규모 옥내저장소의 특례(시행규칙 별표 5)**
> ① 지정수량의 50배 이하인 소규모의 옥내저장소 중 저장창고의 처마높이가 6[m] 미만인 것으로서 저장창고가 다음에 정하는 기준에 적합한 것에 대하여는 Ⅰ 제1호·제2호 및 제6호 내지 제9호의 규정은 적용하지 않는다.
>   ㉠ 저장창고의 주위에는 다음 표에 정하는 너비의 공지를 보유할 것
>
> | 저장 또는 취급하는 위험물의 최대수량 | 공지의 너비 |
> |---|---|
> | 지정수량의 5배 이하 | - |
> | 지정수량의 5배 초과 20배 이하 | 1[m] 이상 |
> | 지정수량의 20배 초과 50배 이하 | 2[m] 이상 |
>
>   ㉡ 하나의 저장창고 바닥면적은 150[m²] 이하로 할 것
>   ㉢ 저장창고는 벽·기둥·바닥·보 및 지붕을 내화구조로 할 것
>   ㉣ 저장창고의 출입구에는 수시로 개방할 수 있는 자동폐쇄식의 60분+ 방화문 또는 60분 방화문을 설치할 것
>   ㉤ 저장창고에는 창을 설치하지 않을 것
> ② 지정수량의 50배 이하인 소규모의 옥내저장소 중 저장창고의 처마높이가 6[m] 이상인 것으로서 저장창고가 제1호 나목 내지 마목의 규정에 의한 기준에 적합한 것에 대하여는 Ⅰ제1호 및 제6호 내지 제9호의 규정은 적용하지 않는다.

> **정답** ㉮ 150[m²]
> ㉯ 6[m]
> ㉰ 내화구조
> ㉱ 자동폐쇄식의 60분+ 방화문 또는 60분 방화문
> ㉲ 설치하지 않을 것

07

위험물안전관리법령상 소화난이도등급Ⅱ의 제조소 등에 설치해야 하는 소화설비에 대한 내용이다. 다음 (   ) 안에 알맞은 답을 쓰시오.

제조소 등의 구분	소화설비
제조소 옥내저장소 옥외저장소 (㉮) (㉯) (㉰)	방사능력 범위 내에 해당 건축물, 그 밖의 공작물 및 위험물이 포함되도록 대형수동식소화기를 설치하고, 해당 위험물의 소요단위의 1/5 이상에 해당되는 능력단위의 소형수동식소화기 등을 설치할 것
옥외탱크저장소 옥내탱크저장소	(㉱) 및 (㉲) 등을 각각 1개 이상 설치할 것

해설
소화난이도등급Ⅱ의 제조소 등에 설치해야 하는 소화설비

제조소 등의 구분	소화설비
제조소 옥내저장소 옥외저장소 **주유취급소** **판매취급소** **일반취급소**	방사능력 범위 내에 해당 건축물, 그 밖의 공작물 및 위험물이 포함되도록 대형수동식소화기를 설치하고, 해당 위험물의 소요단위의 1/5 이상에 해당되는 능력단위의 소형수동식소화기 등을 설치할 것
옥외탱크저장소 옥내탱크저장소	**대형수동식소화기** 및 **소형수동식소화기** 등을 각각 1개 이상 설치할 것

정답
- ㉮ 주유취급소
- ㉯ 판매취급소
- ㉰ 일반취급소
- ㉱ 대형수동식소화기
- ㉲ 소형수동식소화기

08

다음 [보기]의 동식물유류를 건성유와 불건성유로 구분하시오.

[보 기]
- ㉮ 동유
- ㉯ 정어리기름
- ㉰ 아마인유
- ㉱ 들기름
- ㉲ 올리브유
- ㉳ 피마자유
- ㉴ 야자유
- ㉵ 낙화생유(땅콩)

해설
동식물유류의 분류

구 분	아이오딘값	반응성	불포화도	종류
건성유	130 이상	큼	큼	해바라기유, 동유, 아마인유, 정어리기름, 들기름
반건성유	100~130	중간	중간	채종유, 목화씨기름(면실유), 참기름, 콩기름
불건성유	100 이하	작음	작음	야자유, 올리브유, 피마자유, 동백유, 낙화생유(땅콩)

정답
- 건성유 : ㉮, ㉯, ㉰, ㉱
- 불건성유 : ㉲, ㉳, ㉴, ㉵

09

다음 구조식을 보고, 물음에 알맞은 답을 쓰시오.

①	②	③
(피리딘 구조)	(톨루엔 구조) CH₃	(클로로벤젠 구조) Cl

㉮ ①의 위험물에 대하여 알맞은 답을 쓰시오.
 ⓐ 지정수량
 ⓑ 위험등급
㉯ ②의 증기비중을 구하시오(계산과정을 포함한다).
㉰ ③을 기계에 의하여 하역하는 구조가 아닌 용기만 겹쳐 쌓을 경우 최대 높이를 쓰시오.

해설

제4류 위험물

항 목 \ 종 류	피리딘	톨루엔	클로로벤젠
분자식	C_5H_5N	$C_6H_5CH_3$	C_6H_5Cl
분자량	79	92	112.5
구조식	(피리딘)	(톨루엔)	(클로로벤젠)
위험등급	II	II	III
품 명	제1석유류(수용성)	제1석유류(비수용성)	제2석유류(비수용성)
지정수량	400[L]	200[L]	1,000[L]
증기비중	$\frac{79}{29} = 2.72$	$\frac{92}{29} = 3.17$	$\frac{112.5}{29} = 3.88$
적재높이	3[m]	3[m]	3[m]

정답 ㉮ ⓐ 400[L], ⓑ II
 ㉯ $\frac{92}{29} = 3.17$
 ㉰ 3[m]

10

TNT 1[kg]이 폭발할 경우 표준상태에서 기체의 부피는 830[L]이다. 1기압, 2,217[℃]일 경우 기체의 부피는 폭발 전 고체 상태일 때 TNT의 몇배인지 계산하시오(단, TNT의 밀도는 1.65[kg/L]이다).

해설

고체 상태일 때 TNT의 배수

$$\frac{2,217[℃]일때\ 기체의\ 부피}{폭발\ 전\ 고체의\ 부피} = \frac{830[L] \times \frac{(273+2,217)[K]}{273[K]}}{\frac{1[kg]}{1.65[kg/L]}} = 12,491.04배$$

정답 12,491.04배

11

다음과 같은 건축물의 구조에 위험물을 저장할 경우 소요단위 또는 능력단위를 구하시오.

㉮ 취급소(내화구조인 것)의 연면적 300[m²]일 때 소요단위
㉯ 제조소(내화구조인 아닌 것)의 연면적 300[m²]일 때 소요단위
㉰ 저장소(내화구조인 아닌 것)의 연면적 300[m²]일 때 소요단위
㉱ 마른모래(삽 1개 포함)가 800[L]일 때 능력단위
㉲ 수조(소화전용 물통 3개 포함)가 800[L]일 때 능력단위

해설

소요단위 및 능력단위

① 제조소 또는 취급소의 건축물
  ㉠ 외벽이 내화구조 : 연면적 100[m²]를 1소요단위
  ㉡ 외벽이 내화구조가 아닌 것 : 연면적 50[m²]를 1소요단위
② 저장소의 건축물
  ㉠ 외벽이 내화구조 : 연면적 150[m²]를 1소요단위
  ㉡ 외벽이 내화구조가 아닌 것 : 연면적 75[m²]를 1소요단위
③ 소화설비의 능력단위

소화설비	용량	능력단위
소화전용(專用) 물통	8[L]	0.3
수조(소화전용 물통 3개 포함)	**80[L]**	**1.5**
수조(소화전용 물통 6개 포함)	190[L]	2.5
마른모래(삽 1개 포함)	**50[L]**	**0.5**
팽창질석 또는 팽창진주암(삽 1개 포함)	160[L]	1.0

㉠ 취급소(내화구조인 것)의 연면적 300[m²]일 때 소요단위

$$\text{소요단위} = \frac{\text{연면적}}{\text{기준면적}} = \frac{300[m^2]}{100[m^2]} = 3\text{단위}$$

㉡ 제조소(내화구조인 아닌 것)의 연면적 300[m²]일 때 소요단위

$$\text{소요단위} = \frac{\text{연면적}}{\text{기준면적}} = \frac{300[m^2]}{50[m^2]} = 6\text{단위}$$

㉢ 저장소(내화구조인 아닌 것)의 연면적 300[m²]일 때 소요단위

$$\text{소요단위} = \frac{\text{연면적}}{\text{기준면적}} = \frac{300[m^2]}{75[m^2]} = 4\text{단위}$$

㉣ 마른모래(삽 1개 포함)가 800[L]일 때 능력단위

50[L] : 0.5 = 800[L] : x

∴ 능력단위 $x = \dfrac{0.5 \times 800[L]}{50[L]} = 8\text{단위}$

㉤ 수조(소화전용 물통 3개 포함)가 800[L]일 때 능력단위

80[L] : 1.5 = 800[L] : x

∴ 능력단위 $x = \dfrac{1.5 \times 800[L]}{80[L]} = 15\text{단위}$

정답
㉮ 3단위
㉯ 6단위
㉰ 4단위
㉱ 8단위
㉲ 15단위

12

인화점이 −17[℃], 분자량이 27인 제4류 위험물에 대하여 다음 각 물음에 답하시오.

㉮ 물질명을 쓰시오.
㉯ 구조식을 쓰시오.
㉰ 위험등급을 쓰시오.

해설

사이안화수소의 물성

품 명	지정수량	화학식	분자량	구조식	위험등급	인화점
제1석유류 (수용성)	400[L]	HCN	27	H−C≡N	Ⅱ	−17[℃]

정답 ㉮ 사이안화수소
㉯ H−C≡N
㉰ Ⅱ

13 어떤 제2류 위험물은 실온의 공기 중 표면에 치밀한 산화피막이 형성되어 내부를 보호한다. 부식성이 적고, 은백색의 광택이 있는 금속(원자량 27)에 해당하는 물질에 대해 다음 각 물음에 답하시오.

㉮ 물과의 반응식을 쓰시오.
㉯ 이 물질 50[g]이 물과 반응하여 생성되는 기체는 2[atm], 30[℃]를 기준으로 몇 [L]인지 구하시오.

해설

알루미늄

① 반응식
 ㉠ 물과의 반응 : $2Al + 6H_2O \rightarrow 2Al(OH)_3 + 3H_2$
 ㉡ 염산과의 반응 : $2Al + 6HCl \rightarrow 2AlCl_3 + 3H_2$

② 수소의 부피

$$2Al + 6H_2O \rightarrow 2Al(OH)_3 + 3H_2$$

$2 \times 27[g]$ ───────── $3 \times 2[g]$
$50[g]$ ───────── x

$$\therefore x = \frac{50[g] \times 3 \times 2[g]}{2 \times 27[g]} = 5.56[g]$$

이상기체 상태방정식을 적용하여 가연성가스의 부피를 계산하면

$$PV = nRT = \frac{W}{M}RT \qquad V = \frac{WRT}{PM}$$

여기서, P : 압력(2[atm]) M : 분자량(2[g/g-mol])
    W : 무게(5.56[g]) T : 절대온도(273 + 30 = 303[K])
    R : 기체상수(0.08205[L·atm/g-mol·K])
    V : 부피[L]

$$\therefore V = \frac{WRT}{PM} = \frac{5.56 \times 0.08205 \times 303}{2 \times 2} = 34.56[L]$$

정답 ㉮ $2Al + 6H_2O \rightarrow 2Al(OH)_3 + 3H_2$
    ㉯ 34.56[L]

14 위험물안전관리법령에 따른 운반용기의 최대용적 기준이다. 다음 적응성이 있는 곳에 ○표를 하시오.

운반 용기				수납 위험물의 종류		
내장 용기	최대용적 또는 중량	외장 용기	최대용적 또는 중량	아염소산나트륨	질산나트륨	과망가니즈산나트륨
유리 용기 또는 플라스틱 용기	10[L]	나무상자 또는 플라스틱상자	125[kg]			
금속제 용기	30[L]	파이어판상자	55[kg]			
플라스틱필름 포대 또는 종이포대	5[kg]	나무상자 또는 플라스틱상자	50[kg]			

해설

① 제1류 위험물의 위험등급

종 류	아염소산나트륨	질산나트륨	과망가니즈산나트륨
품 명	아염소산염류	질산염류	과망가니즈산염류
위험등급	I	II	III

② 고체위험물 운반용기의 최대용적(시행규칙 별표 19)

운반 용기				수납 위험물의 종류				
내장 용기		외장 용기		제1류			제2류	
용기의 종류	최대용적 또는 중량	용기의 종류	최대용적 또는 중량	I	II	III	II	III
유리 용기 또는 플라스틱 용기	10[L]	나무상자 또는 플라스틱상자(필요에 따라 불활성의 완충재를 채울 것)	125[kg]	○	○	○	○	○
			225[kg]		○	○	○	○
		파이버판상자(필요에 따라 불활성의 완충재를 채울 것)	40[kg]	○	○	○	○	○
			55[kg]		○	○		○
금속제 용기	30[L]	나무상자 또는 플라스틱상자	125[kg]	○	○	○	○	○
			225[kg]		○	○		○
		파이버판상자	40[kg]	○	○	○	○	○
			55[kg]		○	○		○
플라스틱필름 포대 또는 종이포대	5[kg]	나무상자 또는 플라스틱상자	50[kg]	○	○	○	○	○
	50[kg]		50[kg]	○	○	○	○	○
	125[kg]		125[kg]		○	○		○
	225[kg]		225[kg]			○		○
	5[kg]	파이버판상자	40[kg]	○	○	○	○	○
	40[kg]		40[kg]		○	○		○
	55[kg]		55[kg]			○		○

정답

운반 용기				수납 위험물의 종류		
내장 용기	최대용적 또는 중량	외장 용기	최대용적 또는 중량	아염소산나트륨	질산나트륨	과망가니즈산나트륨
유리 용기 또는 플라스틱 용기	10[L]	나무상자 또는 플라스틱상자	125[kg]	○	○	○
금속제 용기	30[L]	파이어판상자	55[kg]		○	○
플라스틱필름 포대 또는 종이포대	5[kg]	나무상자 또는 플라스틱상자	50[kg]	○	○	○

15 위험물안전관리법령상 이동탱크저장소의 기준에 따라 칸막이로 구획된 부분에는 안전장치를 설치해야 한다. 다음 각 물음에 답하시오.

㉮ 상용압력이 18[kPa]인 탱크에서 안전장치가 작동해야 하는 압력을 쓰시오.
㉯ 상용압력이 21[kPa]인 탱크에서 안전장치가 작동해야 하는 압력을 쓰시오.

해설

이동탱크저장소의 안전장치 작동압력
① 상용압력이 20[kPa] 이하인 탱크 : 20[kPa] 이상 24[kPa] 이하의 압력
② 상용압력이 20[kPa]을 초과하는 탱크 : 상용압력 1.1배 이하의 압력
∴ 작동압력 = 21[kPa] × 1.1 = 23.1[kPa] 이하

정답 ㉮ 20[kPa] 이상 24[kPa] 이하
㉯ 23.1[kPa] 이하

16

다음 [보기]를 보고, 다음 각 물음에 답하시오.

[보 기]
㉠ 옥외탱크저장소(휘발유 50만[L])
㉡ 옥외탱크저장소(경유 100만[L])
㉢ 옥외탱크저장소(동식물유류 100만[L])
㉣ 옥외탱크저장소(경유 1,000[L]를 2개월 이내로 임시사용)
㉤ 옥외탱크저장소(경유 900[L]를 2개월 이내로 임시사용)
㉥ 옥외탱크저장소(경유 2,000[L]를 4개월 이내로 임시사용)
㉦ 지하탱크저장소(경유 10만[L])
㉧ 제조소 1,000배와 지하매설탱크 휘발유 100[L] 포함
㉨ 제조소 3,000배와 옥외취급탱크 휘발유 1,000[L] 포함

㉮ 한국소방산업기술원에 기술검토를 받아야 하는 제조소 등을 [보기]에서 모두 고르시오.
㉯ 설치 허가 없이 임시로 저장 또는 취급을 할 수 있는 제조소 등을 [보기]에서 모두 고르시오.
㉰ 연 1회 이상 실시하는 정기점검을 받아야 하는 제조소 등을 [보기]에서 모두 고르시오.
㉱ 정기검사 대상인 제조소 등을 [보기]에서 모두 고르시오.
㉲ [보기] 중 반드시 허가를 받아야 하는 제조소 등의 개수는 몇 개인지 쓰시오.

해설
위험물안전관리법령

(1) 한국소방산업기술원에 기술검토를 받아야 하는 제조소 등(시행령 제6조)
  ① 지정수량의 1,000배 이상의 위험물을 취급하는 제조소 또는 일반취급소 : 구조·설비에 관한 사항

  ㉧ 제조소 1,000배와 지하매설탱크 휘발유 100[L] 포함
  ㉨ 제조소 3,000배와 옥외취급탱크 휘발유 1,000[L] 포함

  ② 옥외탱크저장소(저장용량이 50만[L] 이상인 것만 해당한다) 또는 암반탱크저장소 : 위험물탱크의 기초·지반, 탱크 본체 및 소화설비에 관한 사항

  ㉠ 옥외탱크저장소(휘발유 50만[L])
  ㉡ 옥외탱크저장소(경유 100만[L])
  ㉢ 옥외탱크저장소(동식물유류 100만[L])

  ∴ 한국소방산업기술원에 기술검토를 받아야 하는 제조소 등 : ㉠, ㉡, ㉢, ㉧, ㉨

(2) 위험물의 저장 및 취급의 제한(법 제5조)
  다음의 어느 하나에 해당하는 경우에는 제조소 등이 아닌 장소에서 지정수량 이상의 위험물을 취급할 수 있다. 이 경우 임시로 저장 또는 취급하는 장소에서의 저장 또는 취급의 기준과 임시로 저장 또는 취급하는 장소의 위치·구조 및 설비의 기준은 시·도의 조례로 정한다(법 제5조).
  ① 시·도의 조례가 정하는 바에 따라 관할 소방서장의 승인을 받아 지정수량 이상의 위험물을 90일 이내의 기간 동안 임시로 저장 또는 취급하는 경우

② 군부대가 지정수량 이상의 위험물을 군사목적으로 임시로 저장 또는 취급하는 경우

> ㉣ 옥외탱크저장소(경유 1,000[L]를 2개월 이내로 임시사용)
>   → 경유의 지정수량 1,000[L]이므로 지정수량의 배수가 $\frac{1,000[L]}{1,000[L]} = 1$배로서 지정수량 이상이고 저장기간이 90일 이내(2개월 = 60일)이므로 임시로 저장할 수 있다.
> ㉤ 옥외탱크저장소(경유 900[L]를 2개월 이내로 임시사용)
>   → 경유의 지정수량이 900[L]는 지정수량 미만이므로 시·도의 조례기준에 준하므로 임시로 저장할 수 있다.
> ㉥ 옥외탱크저장소(경유 2,000[L]를 4개월 이내로 임시사용)
>   → 경유의 지정수량 1,000[L]이므로 지정수량의 배수가 $\frac{2,000[L]}{1,000[L]} = 2$배로서 지정수량 이상이고 저장기간이 90일 이내(4개월 = 120일)가 아니므로 임시로 저장할 수 없다.

∴ 제조소 등의 설치 허가 없이 임시로 저장 또는 취급을 할 수 있는 제조소 등 : ㉣, ㉤

(3) 연 1회 이상 실시하는 정기점검을 받아야 하는 제조소 등(시행령 제15조)
  ① 예방규정을 정해야 하는 제조소 등
    ㉠ 지정수량의 10배 이상의 위험물을 취급하는 제조소, 일반취급소
    ㉡ 지정수량의 100배 이상의 위험물을 저장하는 옥외저장소
    ㉢ 지정수량의 150배 이상의 위험물을 저장하는 옥내저장소
    ㉣ 지정수량의 200배 이상의 위험물을 저장하는 옥외탱크저장소
    ㉤ 암반탱크저장소
    ㉥ 이송취급소
  ② 지하탱크저장소
  ③ 이동탱크저장소
  ④ 위험물을 취급하는 탱크로서 지하에 매설된 탱크가 있는 제조소, 주유취급소, 일반취급소

> ㉠ 옥외탱크저장소(휘발유 50만[L])
>   → 휘발유의 지정수량 200[L]이므로 지정수량의 배수가 $\frac{500,000[L]}{200[L]} = 2,500$배이므로 정기점검 대상이다.
> ㉡ 옥외탱크저장소(경유 100만[L])
>   → 경유의 지정수량 1,000[L]이므로 지정수량의 배수가 $\frac{1,000,000[L]}{1,000[L]} = 1,000$배이므로 정기점검 대상이다.
> ㉢ 옥외탱크저장소(동식물유류 100만[L])
>   → 동식물유류의 지정수량 10,000[L]이므로 지정수량의 배수가 $\frac{1,000,000[L]}{10,000[L]} = 100$배이므로 정기점검 대상이 아니다.
> ㉣, ㉥의 임시저장하는 시설은 정기점검 대상이 아니다.
> ㉦ 지하탱크저장소(경유 10만[L])
>   → 지하탱크저장소는 지정수량의 배수에 관계없이 무조건 정기점검 대상이다.
> ㉧ 제조소 1,000배와 지하매설탱크 휘발유 100[L] 포함
>   → 제조소는 10배 이상이면 정기점검 대상이다.
> ㉨ 제조소 3,000배와 옥외취급탱크 휘발유 1,000[L] 포함
>   → 제조소는 10배 이상이면 정기점검 대상이다.

∴ 연 1회 이상 실시하는 정기점검을 받아야 하는 제조소 등 : ㉠, ㉡, ㉦, ㉧, ㉨

(4) 정기검사 대상인 제조소 등
  액체위험물을 저장 또는 취급하는 50만[L] 이상의 옥외탱크저장소
  ∴ 정기검사 대상인 제조소 등 : ㉠, ㉡, ㉢

(5) 제조소 등에서 반드시 허가를 받아야 하는 제조소 등의 개수
   지정수량의 배수가 1 이상이면 위험물안전관리법령에 따른 허가를 받아야 한다.

> ㉠ 옥외탱크저장소(휘발유 50만[L])
>   → 휘발유의 지정수량 200[L]이므로 지정수량의 배수가 $\frac{500,000[L]}{200[L]} = 2,500$배이므로 허가대상이다.
> ㉡ 옥외탱크저장소(경유 100만[L])
>   → 경유의 지정수량 1,000[L]이므로 지정수량의 배수가 $\frac{1,000,000[L]}{1,000[L]} = 1,000$배이므로 허가대상이다.
> ㉢ 옥외탱크저장소(동식물유류 100만[L])
>   → 동식물유류의 지정수량 10,000[L]이므로 지정수량의 배수가 $\frac{1,000,000[L]}{10,000[L]} = 100$배이므로 허가대상이다.
> ㉣ 옥외탱크저장소(경유 1,000[L]를 2개월 이내로 임시사용) → 허가대상이 아니다.
> ㉤ 옥외탱크저장소(경유 900[L]를 2개월 이내로 임시사용) → 허가대상이 아니다.
> ㉥ 옥외탱크저장소(경유 2,000[L]를 4개월 이내로 임시사용) → 지정수량의 배수가 1배이고 임시저장 기간이 90일을 초과하므로 허가대상이다.
> ㉦ 지하탱크저장소(경유 10만[L])
>   → 경유의 지정수량 1,000[L]이므로 지정수량의 배수가 $\frac{100,000[L]}{1,000[L]} = 100$배이므로 허가대상이다.
> ㉧ 제조소 1,000배와 지하매설탱크 휘발유 100[L] 포함
>   → 제조소는 1배 이상이면 허가대상이다.
> ㉨ 제조소 3,000배와 옥외취급탱크 휘발유 1,000[L] 포함
>   → 제조소는 1배 이상이면 허가대상이다.

∴ 허가를 받아야 하는 제조소 등 : 7개(㉠, ㉡, ㉢, ㉥, ㉦, ㉧, ㉨)

정답 ㉮ ㉠, ㉡, ㉢, ㉧, ㉨   ㉯ ㉣, ㉤
　　　　㉰ ㉠, ㉡, ㉦, ㉧, ㉨   ㉱ ㉠, ㉡, ㉢
　　　　㉲ 7개

17

R–CHO에 해당하는 특수인화물에 대하여 다음 각 물음에 답하시오.

㉮ 시성식을 쓰시오.
㉯ 산화하면 제2석유류가 생성되는 반응식을 쓰시오.
㉰ 지하탱크저장소의 압력탱크에 저장할 때 온도는 몇 [℃] 이하인지 쓰시오(단, 별도 온도에 대한 기준이 없을 경우에는 "해당없음"이라고 답할 것).
㉱ 옥외탱크저장소의 압력탱크 외의 탱크에 저장할 때 온도는 몇 [℃] 이하인지 쓰시오(단, 별도 온도에 대한 기준이 없을 경우에는 "해당없음"이라고 답할 것).

해설
아세트알데하이드

① 물 성

시성식	품 명	인화점	비 중	비 점	연소범위
CH_3CHO	특수인화물	$-40[℃]$	0.78	$21[℃]$	$4.0 \sim 60[\%]$

② 산화반응식 : $2CH_3CHO + O_2 \rightarrow 2CH_3COOH$
③ 옥외저장탱크, 옥내저장탱크 또는 지하저장탱크 중 압력탱크에 저장 : 아세트알데하이드 등 또는 다이에틸에터 등은 40[℃] 이하
④ 옥외저장탱크, 옥내저장탱크 또는 지하저장탱크 중 압력탱크 외의 탱크에 저장
  ㉠ 산화프로필렌, 다이에틸에터 등 : 30[℃] 이하
  ㉡ 아세트알데하이드 : 15[℃] 이하

정답
㉮ CH_3CHO
㉯ $2CH_3CHO + O_2 \rightarrow 2CH_3COOH$
㉰ 40[℃]
㉱ 15[℃]

18

저장창고의 벽·기둥 및 바닥은 내화구조로 하고, 지붕은 폭발력이 위로 방출될 정도의 가벼운 불연재료로 하고, 천장을 만들지 않아야 한다. 다만, 예외적인 경우가 있는데 수량과 유별을 중심으로 다음 각 물음에 답하시오.
㉮ 벽·기둥 및 바닥을 불연재료로 할 수 있는 경우
㉯ 지붕을 내화구조로 할 수 있는 경우
㉰ 천장을 불연재료 또는 난연재료로 할 수 있는 경우

해설
옥내저장소의 저장창고

① 저장창고의 벽·기둥 및 바닥은 내화구조로 하고, 보와 서까래는 불연재료로 해야 한다.

[연소의 우려가 없는 벽·기둥 및 바닥을 불연재료로 할 수 있는 경우]
• 지정수량의 10배 이하의 위험물의 저장창고
• 제2류 위험물(인화성 고체는 제외한다)만의 저장창고
• 제4류 위험물(인화점이 70[℃] 미만인 것은 제외한다)만의 저장창고

② 저장창고의 지붕은 폭발력이 위로 방출될 정도의 가벼운 불연재료로 하고, 천장을 만들지 않아야 한다. 제5류 위험물만의 저장창고는 저온 유지를 위해 난연재료 또는 불연재료의 천장을 설치할 수 있다.

[지붕을 내화구조로 할 수 있는 경우]
• 제2류 위험물(분말 상태의 것과 인화성 고체는 제외)만의 저장창고
• 제6류 위험물만의 저장창고

정답
㉮ 지정수량의 10배 이하의 위험물의 저장창고 또는 제2류 위험물(인화성 고체는 제외한다)과 제4류 위험물(인화점이 70[℃] 미만인 것은 제외한다)만의 저장창고
㉯ 제2류 위험물(분말 상태의 것과 인화성 고체를 제외한다)과 제6류 위험물만의 저장창고
㉰ 제5류 위험물만의 저장창고

19 다음 설명을 보고, 제1류 위험물에 대하여 다음 각 물음에 답하시오.

- 백색의 결정으로 분자량은 101이다.
- 가열하면 약 400[℃]에서 분해된다.
- 흑색화약의 원료로 사용된다.

㉮ 해당 위험물의 명칭을 쓰시오.
㉯ 분해반응식을 쓰시오.
㉰ ㉮의 위험물은 흑색화약의 원료 중에서 어떤 역할을 하는지 쓰시오.

해설
질산칼륨(초석)
① 물 성

화학식	분자량	위험등급	비 중	융 점	분해 온도
KNO_3	101	II	2.1	339[℃]	400[℃]

② 차가운 느낌의 자극이 있고 짠맛이 나는 무색의 결정 또는 백색 결정이다.
③ 물, 글리세린에 잘 녹으나 알코올에는 녹지 않는다.
④ 황과 숯가루와 혼합하여 흑색화약을 제조한다.
⑤ 제1류 위험물은 산화성 고체이다.
⑥ 분해반응식 : $2KNO_3 \rightarrow 2KNO_2 + O_2$

정답 ㉮ 질산칼륨
㉯ $2KNO_3 \rightarrow 2KNO_2 + O_2$
㉰ 산화제

2023년 8월 12일 시행 과년도 기출복원문제

01
용량 1,000만[L]인 옥외저장탱크의 주위에 설치하는 방유제에 해당 탱크마다 간막이 둑을 설치해야 할 때 다음 사항에 대한 기준은?(단, 방유제 내에 설치되는 옥외저장탱크의 용량의 합계가 2억[L]를 넘지 않는다)
㉮ 간막이 둑 높이
㉯ 간막이 둑 재질
㉰ 간막이 둑 용량

해설
용량이 1,000만[L] 이상인 옥외저장탱크의 주위에 설치하는 방유제에 설치하는 간막이 둑의 설치기준
① 간막이 둑의 높이는 0.3[m](방유제 내에 설치되는 옥외저장탱크의 용량의 합계가 2억[L]를 넘는 방유제에 있어서는 1[m]) 이상으로 하되, 방유제의 높이보다 0.2[m] 이상 낮게 할 것
② 간막이 둑은 흙 또는 철근콘크리트로 할 것
③ 간막이 둑의 용량은 간막이 둑 안에 설치된 탱크 용량의 10[%] 이상일 것

정답
㉮ 0.3[m] 이상
㉯ 흙 또는 철근콘크리트
㉰ 간막이 둑 안에 설치된 탱크 용량의 10[%] 이상

02
제3종 분말소화약제인 인산암모늄의 각 온도에 따른 분해반응식을 쓰시오.
㉮ 190[℃]에서 인산으로 분해될 때 반응식
㉯ 215[℃]에서 피로인산으로 분해될 때 반응식
㉰ 300[℃]에서 메타인산으로 분해될 때 반응식

해설
인산암모늄(제3종 분말)
① 인산의 종류
  ㉠ 인산(Phosphoric Acid)에는 오쏘인산, 피로인산, 메타인산 등이 있는데, 일반적으로 오쏘인산을 인산이라고 부른다.
  ㉡ 피로인산(Pyrophosphoric Acid)은 다중인산이다.
  ㉢ 메타인산(Metaphosphoric Acid)은 오쏘인산에서 물 분자가 떨어져 나간 인산이다.
② 분해반응식
  ㉠ 1차 분해반응식(190[℃]) : $NH_4H_2PO_4 \rightarrow H_3PO_4$(오쏘인산) $+ NH_3$
  ㉡ 2차 분해반응식(215[℃]) : $2H_3PO_4 \rightarrow H_4P_2O_7$(피로인산) $+ H_2O$
  ㉢ 3차 분해반응식(300[℃]) : $H_4P_2O_7 \rightarrow 2HPO_3$(메타인산) $+ H_2O$

정답 ㉮ $NH_4H_2PO_4 \rightarrow H_3PO_4 + NH_3$
㉯ $2H_3PO_4 \rightarrow H_4P_2O_7 + H_2O$
㉰ $H_4P_2O_7 \rightarrow 2HPO_3 + H_2O$

03

위험물안전관리법령에 따른 소요단위의 계산방법에 대하여 다음 (   ) 안에 적당한 용어를 쓰시오.

㉮ 제조소 또는 취급소의 건축물은 외벽이 내화구조인 것은 연면적 (㉠)[m²]를 1소요단위로 하며, 외벽이 내화구조가 아닌 것은 연면적 (㉡)[m²]를 1소요단위로 할 것
㉯ 저장소의 건축물은 외벽이 내화구조인 것은 연면적 (㉢)[m²]를 1소요단위로 하고, 외벽이 내화구조가 아닌 것은 연면적 (㉣)[m²]를 1소요단위로 할 것
㉰ 제조소 등의 옥외에 설치된 공작물은 외벽이 내화구조인 것으로 간주하고, 공작물의 (㉤)을 연면적으로 간주하여 규정에 의하여 소요단위를 산정할 것
㉱ 위험물은 지정수량의 10배를 1소요단위로 할 것

해설
소요단위
(1) 제조소 또는 취급소의 건축물
  ① 외벽이 내화구조인 것 : 연면적 100[m²]를 1소요단위로 할 것
  ② 외벽이 내화구조가 아닌 것 : 연면적 50[m²]를 1소요단위로 할 것
(2) 저장소의 건축물
  ① 외벽이 내화구조인 것 : 연면적 150[m²]를 1소요단위로 할 것
  ② 외벽이 내화구조가 아닌 것 : 연면적 75[m²]를 1소요단위로 할 것
(3) 제조소 등의 옥외에 설치된 공작물은 외벽이 내화구조인 것으로 간주하고, 공작물의 최대수평투영면적을 연면적으로 간주하여 (1) 및 (2)의 규정에 의하여 소요단위를 산정할 것
(4) 위험물은 지정수량의 10배를 1소요단위로 할 것

정답 ㉠ 100   ㉡ 50
㉢ 150   ㉣ 75
㉤ 최대수평투영면적

04

메테인과 암모니아를 백금 촉매하에서 산소와 반응시켜 얻어지는 반응성이 강한 것으로 증기비중이 0.93, 인화점이 −17[℃], 분자량이 27인 독성이 강한 제4류 위험물에 대해 답하시오.

㉮ 명 칭
㉯ 구조식
㉰ 위험등급
㉱ 연소반응식

해설

사이안화수소

① 물성

품 명	지정수량	화학식	구조식	분자량	위험등급	인화점
제1석유류 (수용성)	400[L]	HCN	H−C≡N	27	II	−17[℃]

② 제법 : 메테인-암모니아 혼합물의 촉매 산화반응, 사이안화나트륨과 황산의 반응, 폼아마이드($HCONH_2$)의 분해반응의 3가지 주요방법으로 합성된다.

③ 연소반응식 : $4HCN + 5O_2 \rightarrow 2N_2 + 4CO_2 + 2H_2O$

정답
㉮ 사이안화수소
㉯ H−C≡N
㉰ II
㉱ $4HCN + 5O_2 \rightarrow 2N_2 + 4CO_2 + 2H_2O$

05

다음 위반사항에 대한 행정처분(벌금, 과태료 등)에 대해 답하시오(단, 위반사항은 1차 위반 시 해당한다. 예를 들어 "100만원 이하의 과태료, 100만원 이하의 벌금, 해당없음"으로 답할 것).

㉮ 주유취급소의 고정주유설비에서 이동저장탱크에 급유할 경우
㉯ 이동저장탱크로부터 건설현장의 불도저에 주유할 경우
㉰ 이동저장탱크로부터 주유취급소의 승용차에 주유할 경우

해설

행정처분 및 과태료

① 500만원 이하의 과태료(법 제39조)
제5조 제3항 제2호의 규정에 따른 위험물의 저장 또는 취급에 관한 세부기준을 위반한 자

> **세부기준** : 화재 등 위해의 예방과 응급조치에 있어서 중요기준보다 상대적으로 적은 영향을 미치거나 그 기준을 위반하는 경우 간접적으로 화재를 일으킬 수 있는 기준 및 위험물의 안전관리에 필요한 표시와 서류·기구 등의 비치에 관한 기준으로서 행정안전부령이 정하는 기준

[주유취급소 또는 이동탱크저장소에서의 위험물 취급기준(시행규칙 별표 18)]
㉠ 자동차 등에 주유할 때에는 고정주유설비를 사용하여 직접 주유할 것(중요기준)
㉡ 이동저장탱크에 급유할 때 고정급유설비를 사용하여 직접 급유할 것(세부기준)
㉢ 이동저장탱크로부터 직접 위험물을 자동차(자동차, 덤프트럭, 콘크리트믹서트럭)의 연료탱크에 주입하지 말 것. 다만, 건설공사를 하는 장소에서 주입설비를 부착한 이동탱크저장소로부터 해당 건설공사와 관련된 자동차, 덤프트럭, 콘크리트믹서트럭의 연료탱크에 인화점 40[℃] 이상의 위험물을 주입하는 경우에는 그렇지 않다.

[과태료 부과기준(시행령 별표 9)]

위반 행위	근거 법조문	과태료 금액[만원]
법 제5조 제3항 제2호에 따른 위험물의 저장 또는 취급에 관한 세부기준을 위반한 경우 1) 1차 위반 시 2) 2차 위반 시 3) 3차 이상 위반 시	법 제39조 제1항 제2호	250 400 500

② 1,500만원 이하의 벌금(법 제36조)
  제5조 제3항 제1호의 규정에 따른 위험물의 저장 또는 취급에 관한 중요기준에 따르지 않는 자

> **중요기준** : 화재 등 위해의 예방과 응급조치에 있어서 큰 영향을 미치거나 그 기준을 위반하는 경우 직접적으로 화재를 일으킬 가능성이 큰 기준으로 행정안전부령이 정하는 기준

정답
㉮ 250만원 과태료
㉯ 해당없음
㉰ 250만원 과태료

06

위험물안전관리법령에서 규정한 유별을 달리하는 옥내저장소에서 1[m] 이상의 간격을 두는 경우, 동일한 옥내저장소에 저장할 수 있는 위험물의 종류를 쓰시오.
㉮ 제1류 위험물(알칼리금속의 과산화물은 제외)
㉯ 제6류 위험물
㉰ 제3류 위험물 중 자연발화성 물질
㉱ 제2류 위험물 중 인화성 고체
㉲ 제3류 위험물 중 알킬알루미늄 등

해설
동일한 저장소에 저장이 가능한 경우
유별을 달리하는 위험물은 동일한 저장소(내화구조의 격벽으로 완전히 구획된 실이 2 이상 있는 저장소에 있어서는 동일한 실)에 저장하지 않아야 한다. 다만, 옥내저장소 또는 옥외저장소에 있어서 다음의 규정에 의한 위험물을 저장하는 경우로서 위험물을 유별로 정리하여 저장하는 한편, 서로 1[m] 이상의 간격을 두는 경우에는 그렇지 않다.
① 제1류 위험물(알칼리금속의 과산화물 또는 이를 함유한 것을 제외)과 제5류 위험물을 저장하는 경우
② 제1류 위험물과 제6류 위험물을 저장하는 경우
③ 제1류 위험물과 제3류 위험물 중 자연발화성 물질(황린 또는 이를 함유한 것에 한한다)을 저장하는 경우
④ 제2류 위험물 중 인화성 고체와 제4류 위험물을 저장하는 경우
⑤ 제3류 위험물 중 알킬알루미늄 등과 제4류 위험물(알킬알루미늄 또는 알킬리튬을 함유한 것에 한한다)을 저장하는 경우
⑥ 제4류 위험물 중 유기과산화물 또는 이를 함유하는 것과 제5류 위험물 중 유기과산화물 또는 이를 함유한 것을 저장하는 경우

정답
㉮ 제5류 위험물
㉯ 제1류 위험물
㉰ 제1류 위험물
㉱ 제4류 위험물
㉲ 제4류 위험물(알킬알루미늄 또는 알킬리튬을 함유한 것에 한함)

07

다음은 제6류 위험물과 황의 옥외저장소 저장에 관한 내용이다. 다음 ( ) 안에 알맞은 답을 하시오.

㉮ (   ) 또는 (   )을 저장하는 옥외저장소에는 불연성 또는 난연성의 천막 등을 설치하여 햇빛을 가릴 것
㉯ 경계표시에는 황이 넘치거나 비산하는 것을 방지하기 위한 천막 등을 고정하는 장치를 설치하되, 천막 등을 고정하는 장치는 경계표시의 길이 (   )[m]마다 한 개 이상 설치할 것
㉰ 황을 저장 또는 취급하는 장소의 주위에는 (   )와 (   )를 설치할 것

해설

제6류 위험물과 황의 옥외저장소 저장
① 과산화수소 또는 과염소산을 저장하는 옥외저장소에는 불연성 또는 난연성의 천막 등을 설치하여 햇빛을 가릴 것
② 경계표시에는 황이 넘치거나 비산하는 것을 방지하기 위한 천막 등을 고정하는 장치를 설치하되, 천막 등을 고정하는 장치는 경계표시의 길이 2[m]마다 한 개 이상 설치할 것
③ 황을 저장 또는 취급하는 장소의 주위에는 배수구와 분리장치를 설치할 것

정답
㉮ 과산화수소, 과염소산
㉯ 2
㉰ 배수구, 분리장치

08

다음 위험물의 연소반응식을 쓰시오(단, 연소하지 않으면 "반응없음"이라고 표시할 것).

㉮ 과염소산암모늄
㉯ 과염소산
㉰ 메틸에틸케톤
㉱ 트라이메틸알루미늄
㉲ 메탄올

해설

연소반응식
① 제1류 위험물(과염소산암모늄)은 연소하지 않는다.
② 제6류 위험물(과염소산)은 연소하지 않는다.
③ 메틸에틸케톤 : $2CH_3COC_2H_5 + 11O_2 \rightarrow 8CO_2 + 8H_2O$
④ 트라이메틸알루미늄 : $2(CH_3)_3Al + 12O_2 \rightarrow Al_2O_3 + 9H_2O + 6CO_2$
⑤ 메탄올 : $2CH_3OH + 3O_2 \rightarrow 2CO_2 + 4H_2O$

정답
㉮ 반응없음
㉯ 반응없음
㉰ $2CH_3COC_2H_5 + 11O_2 \rightarrow 8CO_2 + 8H_2O$
㉱ $2(CH_3)_3Al + 12O_2 \rightarrow Al_2O_3 + 9H_2O + 6CO_2$
㉲ $2CH_3OH + 3O_2 \rightarrow 2CO_2 + 4H_2O$

09 안포폭약의 원료로 사용되는 물질에 대하여 다음 물음에 답하시오.
① 제1류 위험물에 해당하는 위험물의 분해, 폭발반응식
② 제4류 위험물에 해당하는 위험물의 지정수량과 위험등급
   ㉠ 지정수량
   ㉡ 위험등급

해설
안포폭약(ANFO ; Ammonium Nitrate Fuel Oil)
① 제 법
   질산암모늄(94[%])과 경유(6[%])를 혼합하여 ANFO(안포폭약)을 제조한다.
② 질산암모늄
   ㉠ 물 성

화학식	지정수량	위험등급	분자량	비 중	융 점	분해 온도
NH_4NO_3	300[kg]	II	80	1.73	165[℃]	220[℃]

   ㉡ 무색무취의 결정이다.
   ㉢ 조해성 및 흡수성이 강하다.
   ㉣ 물, 알코올에 녹는다(물에 용해 시 흡열반응).

   [질산암모늄의 반응식]
   • 가열 시 : $NH_4NO_3 \rightarrow N_2O + 2H_2O$
   • 분해, 폭발반응식 : $2NH_4NO_3 \rightarrow 4H_2O + 2N_2 + O_2$

③ 경 유
   ㉠ 물 성

화학식	비 중	지정수량	위험등급	증기비중	인화점	착화점	연소범위
$C_{15} \sim C_{20}$	0.82~0.84	1,000[L]	III	4~5	41[℃] 이상	257[℃]	0.6~7.5[%]

   ㉡ 탄소수가 15개에서 20개까지의 포화·불포화 탄화수소 혼합물이다.
   ㉢ 물에는 녹지 않지만, 석유계 용제에는 잘 녹는다.
   ㉣ 품질은 세테인값으로 정한다.

정답
① $2NH_4NO_3 \rightarrow 4H_2O + 2N_2 + O_2$
② ㉠ 1,000[L]
   ㉡ III

10

질산 31.5[g]을 물에 녹여 360[g]으로 만들었다. 질산의 몰분율과 몰농도는?(단, 수용액의 비중은 1.1이다)

해설

질산의 몰분율과 몰농도

① 몰분율
  ㉠ 질산의 몰수 = 31.5[g] ÷ 63[g/mol] = 0.5[mol]
  ㉡ 물의 양 = 360[g] − 31.5[g] = 328.5[g]
    물의 몰수 = 328.5[g] ÷ 18[g/mol] = 18.2[mol]
  ∴ 몰분율 = $\dfrac{\text{각 성분의 몰수}}{\text{전체 몰수}} = \dfrac{0.5[\text{mol}]}{0.5[\text{mol}] + 18.25[\text{mol}]} = 0.027 ≒ 0.03$

② 몰농도
  먼저 수용액 360[g]을 부피로 환산하면
  밀도(비중) $\rho = \dfrac{W}{V}$
  부피 $V = 360[g] ÷ 1.1[g/mL] = 327.27[mL]$

  1[M]   63[g]   1,000[mL]
  x 31.5[g] 327.27[mL]

  ∴ $x = \dfrac{1[\text{M}] \times 31.5[\text{g}] \times 1,000[\text{mL}]}{63[\text{g}] \times 327.27[\text{mL}]} = 1.53[\text{M}]$

정답
- 몰분율 : 0.03
- 몰농도 : 1.53[M]

11

황화인 중 담황색의 결정으로 분자량 222, 비중 2.09인 위험물에 대하여 답하시오.

㉮ 물과 접촉하여 가연성, 유독성 가스를 발생할 때의 반응식
㉯ ㉮에서 생성된 물질 중 유독성 가스의 완전 연소반응식

해설

황화인

항 목 \ 종 류	삼황화인	오황화인	칠황화인
외 관	황색 결정	담황색 결정	담황색 결정
화학식	P_4S_3	P_2S_5	P_4S_7
분자량	220	222	348
비 점	407[℃]	514[℃]	523[℃]
비 중	2.03	2.09	2.03
융 점	172.5[℃]	290[℃]	310[℃]
착화점	약 100[℃]	142[℃]	−

① 오황화인과 물의 반응식 : $P_2S_5 + 8H_2O \rightarrow 2H_3PO_4 + 5H_2S$
② 황화수소의 연소반응식 : $2H_2S + 3O_2 \rightarrow 2H_2O + 2SO_2$

정답
㉮ $P_2S_5 + 8H_2O \rightarrow 2H_3PO_4 + 5H_2S$
㉯ $2H_2S + 3O_2 \rightarrow 2H_2O + 2SO_2$

12

벤젠의 수소 한 개를 메틸기로 치환시킨 위험물에 질산과 황산으로 나이트로화시킨 제5류 위험물에 대하여 다음 물음에 답하시오.

㉮ 분해반응식을 쓰시오.
㉯ 트라이나이트로톨루엔에 함유된 질소의 함유량[wt%]을 구하시오.
㉰ 구조식을 쓰시오.

해설

트라이나이트로톨루엔(Tri Nitro Toluene, TNT)
① 물 성

화학식	분자량	지정수량	구조식	품 명
$C_6H_2CH_3(NO_2)_3$	227	10[kg]	(O$_2$N, CH$_3$, NO$_2$, NO$_2$ 구조)	나이트로화합물

② 분해반응식 : $2C_6H_2CH_3(NO_2)_3 \rightarrow 2C + 3N_2 + 5H_2 + 12CO$
③ TNT 내의 질소함유량

$$\text{질소함유량} = \frac{\text{질소의 분자량}}{\text{TNT의 분자량}} \times 100 = \frac{14 \times 3}{227} \times 100 = 18.50[\text{wt\%}]$$

정답
㉮ $2C_6H_2CH_3(NO_2)_3 \rightarrow 2C + 3N_2 + 5H_2 + 12CO$
㉯ 18.50[wt%]
㉰ (O$_2$N, CH$_3$, NO$_2$, NO$_2$가 붙은 벤젠고리 구조식)

13

휘발유의 체적팽창계수 0.00135/[℃], 팽창 전 부피 50[L], 5[℃]에서 25[℃]로 상승할 때 부피의 증가율은 몇 [%]인가?

해설
부피의 증가율

- $V = V_0(1 + \beta \Delta T)$
- 부피증가율[%] = $\dfrac{\text{팽창 후 부피} - \text{팽창 전 부피}}{\text{팽창 전 부피}} \times 100$

여기서, V : 최종 부피 V_0 : 팽창 전 부피
  β : 체적팽창계수 ΔT : 온도 변화량

∴ $V = 50 \times [1 + 0.00135 \times (25-5)] = 51.35[L]$

부피증가율[%] = $\dfrac{\text{팽창 후 부피} - \text{팽창 전 부피}}{\text{팽창 전 부피}} \times 100 = \dfrac{51.35 - 50}{50} \times 100 = 2.7[\%]$

정답 2.7[%]

14 동소체인 황린과 적린을 비교하시오.

항목 종류	색 상	독 성	연소생성물	CS₂에 대한 용해도	위험등급
황 린					
적 린					

해설
황린과 적린의 비교

항목 종류	색 상	융 점	비 중	독 성	연소생성물	CS₂에 대한 용해도	위험등급
황 린	백색 또는 담황색	44[℃]	1.82	있다.	P_2O_5	용해한다.	I
적 린	암적색	600[℃]	2.2	없다.	P_2O_5	용해하지 않는다.	II

정답 해설 표 참조

15 위험물안전관리법령에 따른 위험등급 I 등급을 모두 쓰시오(단, 없으면 "해당없음"이라고 표시할 것).

㉮ 제1류 위험물
㉯ 제2류 위험물
㉰ 제3류 위험물
㉱ 제4류 위험물
㉲ 제5류 위험물

해설
위험물의 위험등급
① 위험등급 I 의 위험물
　㉠ 제1류 위험물 중 아염소산염류, 염소산염류, 과염소산염류, 무기과산화물 그 밖에 지정수량이 50[kg]인 위험물
　㉡ 제3류 위험물 중 칼륨, 나트륨, 알킬알루미늄, 알킬리튬, 황린 그 밖에 지정수량이 10[kg] 또는 20[kg]인 위험물
　㉢ 제4류 위험물 중 특수인화물
　㉣ 제5류 위험물 중 지정수량이 10[kg]인 위험물
　㉤ 제6류 위험물
② 위험등급 II의 위험물
　㉠ 제1류 위험물 중 브로민산염류, 질산염류, 아이오딘산염류 그 밖에 지정수량이 300[kg]인 위험물
　㉡ 제2류 위험물 중 황화인, 적린, 황 그 밖에 지정수량이 100[kg]인 위험물
　㉢ 제3류 위험물 중 알칼리금속(칼륨 및 나트륨을 제외한다) 및 알칼리토금속, 유기금속화합물(알킬알루미늄 및 알킬리튬을 제외한다) 그 밖에 지정수량이 50[kg]인 위험물
　㉣ 제4류 위험물 중 제1석유류 및 알코올류
　㉤ 제5류 위험물 중 ①의 ㉣에서 정하는 위험물 외의 것
③ 위험등급 III의 위험물 : ① 및 ②에서 정하지 않은 위험물

정답 ㉮ 아염소산염류, 염소산염류 과염소산염류, 무기과산화물
　　　　㉯ 해당없음
　　　　㉰ 칼륨, 나트륨, 알킬알루미늄, 알킬리튬, 황린
　　　　㉱ 특수인화물
　　　　㉲ 질산에스터류(제1종), 나이트로화합물(제1종)

16 트라이에틸알루미늄과 물의 반응식을 쓰고, 이때 발생하는 기체의 위험도를 계산하시오.

해설
알킬알루미늄의 반응식
① 트라이메틸알루미늄(Tri Methyl Aluminium, TMAL)
　㉠ 물과의 반응 : $(CH_3)_3Al + 3H_2O \rightarrow Al(OH)_3 + 3CH_4$
　㉡ 공기와의 반응 : $2(CH_3)_3Al + 12O_2 \rightarrow Al_2O_3 + 9H_2O + 6CO_2$
② 트라이에틸알루미늄(Tri Ethyl Aluminium, TEAL)
　㉠ 물과의 반응 : $(C_2H_5)_3Al + 3H_2O \rightarrow Al(OH)_3 + 3C_2H_6$
　㉡ 공기와의 반응 : $2(C_2H_5)_3Al + 21O_2 \rightarrow Al_2O_3 + 15H_2O + 12CO_2$
③ 트라이에틸알루미늄이 물과 반응 시 발생하는 가스 : 에테인(폭발범위 : 3.0~12.4[%])
④ 위험도 = $\dfrac{상한값 - 하한값}{하한값} = \dfrac{12.4 - 3}{3} = 3.13$

정답　• 반응식 : $(C_2H_5)_3Al + 3H_2O \rightarrow Al(OH)_3 + 3C_2H_6$
　　　　• 위험도 : 3.13

17 위험물안전관리법령에 따라 이송취급소를 설치하려고 한다. 다음 물음에 답을 하시오.

• 지진감지장치 등
　배관의 경로에는 안전상 필요한 장소와 25[km]의 거리마다 (㉠) 및 (㉡)를 설치해야 한다.
• 경보설비
　– 이송기지에는 (㉢) 및 (㉣)를 설치할 것
　– 가연성증기를 발생하는 위험물을 취급하는 펌프실 등에는 (㉤)를 설치할 것
• 다음 ( ) 안에 알맞은 답을 쓰시오.
　– (㉥)는 해당 장치의 내부압력을 안전하게 방출할 수 있고 내부압력을 방출한 후가 아니면 피그를 삽입하거나 배출할 수 없는 구조로 할 것
　– (㉦)를 설치한 장소의 바닥은 위험물이 침투하지 않는 구조로 하고 누설된 위험물이 외부로 유출되지 않도록 배수구 및 집유설비를 설치할 것

해설
이송취급소의 위치·구조 및 설비기준(시행규칙 별표 15)
① 위험물 제거조치
　배관에는 서로 인접하는 2개의 긴급차단밸브 사이의 구간마다 해당 배관 안의 위험물을 안전하게 물 또는 불연성기체로 치환할 수 있는 조치를 해야 한다.
② 지진감지장치 등
　배관의 경로에는 안전상 필요한 장소와 25[km]의 거리마다 **지진감지장치** 및 **강진계**를 설치해야 한다.
③ 경보설비
　㉠ 이송기지에는 **비상벨장치** 및 **확성장치**를 설치할 것
　㉡ 가연성증기를 발생하는 위험물을 취급하는 펌프실 등에는 **가연성증기 경보설비**를 설치할 것
④ 피그장치
　피그장치를 설치하는 경우에는 다음의 기준에 의해야 한다.
　㉠ 피그장치는 배관의 강도와 동등 이상의 강도를 가질 것
　㉡ **피그장치**는 해당 장치의 내부압력을 안전하게 방출할 수 있고 내부압력을 방출한 후가 아니면 피그를 삽입하거나 배출할 수 없는 구조로 할 것
　㉢ 피그장치는 배관 내에 이상응력이 발생하지 않도록 설치할 것
　㉣ **피그장치**를 설치한 장소의 바닥은 위험물이 침투하지 않는 구조로 하고 누설된 위험물이 외부로 유출되지 않도록 배수구 및 집유설비를 설치할 것
　㉤ 피그장치의 주변에는 너비 3[m] 이상의 공지를 보유할 것. 다만, 펌프실 내에 설치하는 경우에는 그렇지 않다.

정답　㉠ 지진감지장치
　　　㉡ 강진계
　　　㉢ 비상벨장치
　　　㉣ 확성장치
　　　㉤ 가연성증기 경보설비
　　　㉥ 피그장치
　　　㉦ 피그장치

---

18 위험물안전관리법령에 따라 옥외탱크저장소에 물분무소화설비를 설치하려고 한다. 다음 물음에 답하시오.

[옥외저장탱크의 물분무설비 방호조치의 설치기준]
㉮ 탱크의 표면에 방사하는 물의 양은 탱크의 원주길이 1[m]에 대하여 분당 (㉠)[L] 이상으로 할 것
㉯ 수원의 양은 ㉮의 규정에 의한 수량으로 (㉡)분 이상 방사할 수 있는 수량으로 할 것

[물분무소화설비의 설치기준]
㉰ 물분무소화설비의 방사구역은 (㉢)[m²] 이상(방호대상물의 표면적 150[m²] 미만인 경우에는 해당 표면적)으로 할 것
㉱ 수원의 수량은 분무헤드가 가장 많이 설치된 방사구역의 모든 분무헤드를 동시에 사용할 경우 해당 방사구역의 표면적 1[m²]당 1분당 (㉣)[L]의 비율로 계산한 양으로 (㉤)분간 방사할 수 있는 양 이상이 되도록 설치할 것

해설
물분무설비
① 옥외저장탱크의 물분무설비 방호조치의 설치기준(시행규칙 별표 6)
  물분무설비로 방호조치하는 경우에는 그 보유공지의 1/2 이상의 너비(최소 3[m] 이상)로 할 수 있다. 이 경우 공지단축 옥외저장탱크의 화재 시 1[m²]당 20[kW] 이상의 복사열에 노출되는 표면을 갖는 인접한 옥외저장탱크가 있으면 해당 표면에도 다음의 기준에 적합한 물분무설비로 방호조치를 함께 해야 한다.
  ㉠ 탱크의 표면에 방사하는 물의 양은 탱크의 원주길이 1[m]에 대하여 분당 37[L] 이상으로 할 것
  ㉡ 수원의 양은 ㉠의 규정에 의한 수량으로 20분 이상 방사할 수 있는 수량으로 할 것
② 물분무소화설비의 설치기준(시행규칙 별표 17)
  ㉠ 물분무소화설비의 방사구역은 150[m²] 이상(방호대상물의 표면적 150[m²] 미만인 경우에는 해당 표면적)으로 할 것
  ㉡ 수원의 수량은 분무헤드가 가장 많이 설치된 방사구역의 모든 분무헤드를 동시에 사용할 경우 해당 방사구역의 표면적 1[m²]당 1분당 20[L]의 비율로 계산한 양으로 30분간 방사할 수 있는 양 이상이 되도록 설치할 것

정답 ㉠ 37   ㉡ 20
        ㉢ 150   ㉣ 20
        ㉤ 30

19

위험물안전관리법령에 따른 지하탱크저장소에 대하여 다음 물음에 답을 하시오.

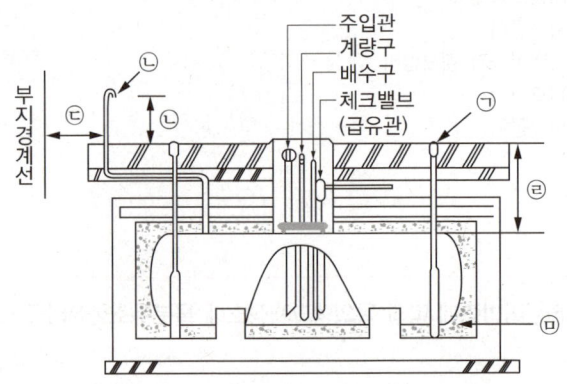

㉮ ① ㉠의 명칭   ② ㉠의 최소 설치개수
㉯ ① ㉡의 명칭   ② ㉡의 높이
   ③ ㉢의 거리   ④ ㉣의 길이
㉰ ㉤의 시공방법
㉱ 이중벽탱크의 종류 2가지
㉲ 위험물탱크 안전성능검사의 시행 주체를 모두 쓰시오.
   ① 강화플라스틱제 이중벽탱크
   ② 강제이중벽탱크
㉳ 압력탱크가 아닌 경우의 수압시험 기준을 쓰시오.
㉴ 수압시험을 대신할 수 있는 방법을 쓰시오.
㉵ 지하저장탱크에 과충전을 방지하는 장치 2가지를 쓰시오.

해설
지하탱크저장소의 위치·구조 및 설비기준(시행규칙 별표 8)

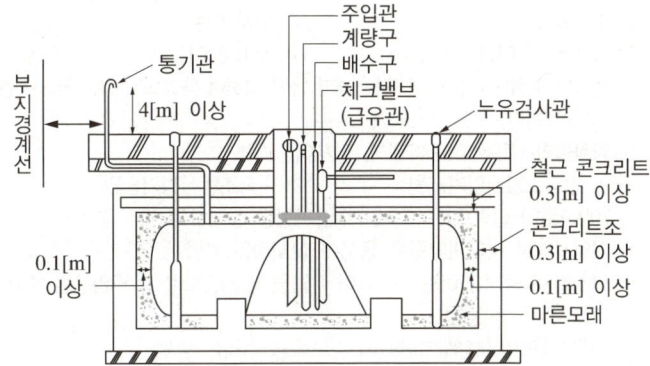

① 지하저장탱크의 주위에는 해당 탱크로부터의 액체위험물의 누설을 검사하기 위한 관[누유검사관(㉠)]을 다음의 기준에 따라 4개소 이상 적당한 위치에 설치해야 한다.
　㉠ 이중관으로 할 것. 다만, 소공이 없는 상부는 단관으로 할 수 있다.
　㉡ 재료는 금속관 또는 경질합성수지관으로 할 것
　㉢ 관은 탱크전용실의 바닥 또는 탱크의 기초까지 닿게 할 것
　㉣ 관의 밑부분으로부터 탱크의 중심 높이까지의 부분에는 소공이 뚫려 있을 것. 다만, 지하수위가 높은 장소에 있어서는 지하수위 높이까지의 부분에 소공이 뚫려 있어야 한다.
　㉤ 상부는 물이 침투하지 않는 구조로 하고, 뚜껑은 검사 시에 쉽게 열 수 있도록 할 것
② 통기관(㉡)
　㉠ 지름은 30[mm] 이상일 것
　㉡ 끝부분은 수평면보다 45° 이상 구부려 빗물 등의 침투를 막는 구조로 되어 있는 것으로 할 것
　㉢ 밸브 없는 통기관의 끝부분은 건축물의 창·출입구 등의 개구부로부터 1[m] 이상 떨어진 옥외의 장소에 지면으로부터 4[m] 이상의 높이로 설치하되, 인화점이 40[℃] 미만인 위험물의 탱크에 설치하는 통기관에 있어서는 부지경계선으로부터 1.5[m] 이상(㉢) 거리를 둘 것. 다만, 고인화점 위험물만을 100[℃] 미만의 온도로 저장 또는 취급하는 탱크에 설치하는 통기관은 그 끝부분을 탱크전용실 내에 설치할 수 있다.
③ 지하저장탱크의 윗부분은 지면으로부터 0.6[m] 이상(㉣) 아래에 있어야 한다.
④ 탱크전용실은 지하의 가장 가까운 벽·피트·가스관 등의 시설물 및 대지경계선으로부터 0.1[m] 이상 떨어진 곳에 설치하고, 지하저장탱크와 탱크전용실의 안쪽과의 사이는 0.1[m] 이상의 간격을 유지하도록 하며, 해당 탱크의 주위에 마른모래 또는 습기 등에 의하여 응고되지 않는 입자지름 5[mm] 이하의 마른 자갈분을 채워야 한다(㉤).
⑤ 이중벽탱크의 종류 및 위험물탱크 안전성능검사의 시행
　㉠ 강화플라스틱제 이중벽탱크의 검사 : 한국소방산업기술원
　㉡ 강제이중벽탱크의 검사 : 한국소방산업기술원
⑥ 수압시험기준
　㉠ 압력탱크 : 최대상용압력의 1.5배의 압력으로 10분간 수압시험을 실시하여 새거나 변형되지 않아야 한다.
　㉡ 압력탱크 외의 탱크 : 70[kPa]의 압력으로 10분간 수압시험을 실시하여 새거나 변형되지 않아야 한다.
⑦ 수압시험을 대신할 수 있는 방법
　소방청장이 정하여 고시하는 기밀시험과 비파괴시험을 동시에 실시하는 방법으로 대신할 수 있다.
⑧ 과충전을 방지하는 장치 2가지
　㉠ 탱크용량을 초과하는 위험물이 주입될 때 자동으로 그 주입구를 폐쇄하거나 위험물의 공급을 자동으로 차단하는 방법
　㉡ 탱크용량의 90[%]가 찰 때 경보음을 울리는 방법

정답 ㉮ ① 누유검사관(액체위험물의 누설을 검사하기 위한 관)
② 4개소
㉯ ① 통기관 ② 4[m] 이상
③ 1.5[m] 이상 ④ 0.6[m] 이상
㉰ 탱크의 주위에 마른모래 또는 습기 등에 의하여 응고되지 않는 입자지름 5[mm] 이하의 마른 자갈분을 채워야 한다.
㉱ 강화플라스틱제 이중벽탱크, 강제이중벽탱크
㉲ ① 한국소방산업기술원 ② 한국소방산업기술원
㉳ 70[kPa]의 압력으로 10분간 수압시험을 실시하여 새거나 변형되지 않아야 한다.
㉴ 기밀시험과 비파괴시험을 동시에 실시하는 방법
㉵ • 탱크용량을 초과하는 위험물이 주입될 때 자동으로 그 주입구를 폐쇄하거나 위험물의 공급을 자동으로 차단하는 방법
• 탱크용량의 90[%]가 찰 때 경보음을 울리는 방법

2024년 3월 16일 시행 과년도 기출복원문제

01 위험물안전관리법령상 기계에 의하여 하역하는 구조로 된 운반용기의 수납기준이다. 다음 빈칸에 알맞은 답을 쓰시오.

- 금속제의 운반용기, 경질플라스틱제의 운반용기 또는 플라스틱내용기 부착의 운반용기에 있어서는 다음에 정하는 시험 및 점검에서 누설 등 이상이 없을 것
  - (㉮)년 6개월 이내에 실시한 기밀시험(액체의 위험물 또는 10[kPa] 이상의 압력을 가하여 수납 또는 배출하는 고체의 위험물을 수납하는 운반용기에 한한다)
  - (㉯)년 6개월 이내에 실시한 운반용기의 외부의 점검·부속설비의 기능점검 및 5년 이내의 사이에 실시한 운반용기의 내부의 점검
- 액체위험물을 수납하는 경우에는 55[℃]의 온도에서의 증기압이 (㉰)[kPa] 이하가 되도록 수납할 것
- 경질플라스틱제의 운반용기 또는 플라스틱내용기 부착의 운반용기에 액체위험물을 수납하는 경우에는 당해 운반용기는 제조된 때로부터 (㉱)년 이내의 것으로 할 것
- 휘발유, 벤젠 그 밖의 (㉲)에 의한 재해가 발생할 우려가 있는 액체의 위험물을 운반용기에 수납 또는 배출할 때에는 당해 재해의 발생을 방지하기 위한 조치를 강구할 것
- 복수의 폐쇄장치가 연속하여 설치되어 있는 운반용기에 위험물을 수납하는 경우에는 (㉳)에 가까운 폐쇄장치를 먼저 폐쇄할 것

해설

기계에 의하여 하역하는 구조로 된 운반용기에 대한 수납기준(시행규칙 별표 19)

① 다음의 규정에 의한 요건에 적합한 운반용기에 수납할 것
  ㉠ 부식, 손상 등 이상이 없을 것
  ㉡ 금속제의 운반용기, 경질플라스틱제의 운반용기 또는 플라스틱내용기 부착의 운반용기에 있어서는 다음에 정하는 시험 및 점검에서 누설 등 이상이 없을 것
    • 2년 6개월 이내에 실시한 기밀시험(액체의 위험물 또는 10[kPa] 이상의 압력을 가하여 수납 또는 배출하는 고체의 위험물을 수납하는 운반용기에 한한다)
    • 2년 6개월 이내에 실시한 운반용기의 외부의 점검·부속설비의 기능점검 및 5년 이내의 사이에 실시한 운반용기의 내부의 점검
② 복수의 폐쇄장치가 연속하여 설치되어 있는 운반용기에 위험물을 수납하는 경우에는 용기본체에 가까운 폐쇄장치를 먼저 폐쇄할 것
③ 휘발유, 벤젠 그 밖의 정전기에 의한 재해가 발생할 우려가 있는 액체의 위험물을 운반용기에 수납 또는 배출할 때에는 당해 재해의 발생을 방지하기 위한 조치를 강구할 것
④ 온도변화 등에 의하여 액상이 되는 고체의 위험물은 액상으로 되었을 때 당해 위험물이 새지 아니하는 운반용기에 수납할 것
⑤ 액체위험물을 수납하는 경우에는 55[℃]의 온도에서의 증기압이 130[kPa] 이하가 되도록 수납할 것
⑥ 경질플라스틱제의 운반용기 또는 플라스틱내용기 부착의 운반용기에 액체위험물을 수납하는 경우에는 당해 운반용기는 제조된 때로부터 5년 이내의 것으로 할 것

정답 ㉮ 2　　㉯ 2
　　　 ㉰ 130　㉱ 5
　　　 ㉲ 정전기　㉳ 용기본체

02

불활성 가스소화설비의 소화약제 조성비를 쓰시오.

㉮ IG-100
㉯ IG-55
㉰ IG-541

해설

불활성 가스

종류	IG-01	IG-55	IG-100	IG-541
화학식	Ar	N_2 50[%], Ar 50[%]	N_2	N_2 52[%], Ar 40[%], CO_2 8[%]

정답 ㉮ N_2 100[%]
　　　 ㉯ N_2 50[%], Ar 50[%]
　　　 ㉰ N_2 52[%], Ar 40[%], CO_2 8[%]

03

나이트로글리세린 500[g]이 부피 320[mL]의 용기에서 완전 분해폭발하여 폭발온도가 1,000[℃]일 경우 생성되는 기체의 압력[atm]은?(단, 이상기체 상태방정식에 따른다)

해설

이상기체 상태방정식을 적용하면
① 나이트로글리세린의 완전분해반응식

$$4C_3H_5(ONO_2)_3 \rightarrow O_2 + 6N_2 + 10H_2O + 12CO_2$$

$4C_3H_5(ONO_2)_3 \rightarrow O_2 + 6N_2 + 10H_2O + 12CO_2$
4 × 227[g]　　　29[mol](1 + 6 + 10 + 12[mol])
500[g]　　　　　x

$x = \dfrac{500[g] \times 29[g-mol]}{4 \times 227[g]} = 15.97[g-mol]$

② 이상기체 상태방정식을 이용하여 압력을 구하면

$$PV = nRT \qquad P = \dfrac{nRT}{V}$$

∴ $P = \dfrac{nRT}{V} = \dfrac{15.97[g-mol] \times 0.08205[L \cdot atm/g-mol \cdot K] \times (273+1,000)[K]}{0.32[L]} = 5,212.69[atm]$

정답 5,212.69[atm]

04

분말소화약제에 대하여 다음 물음에 답하시오.
- ㉮ 제1종 분말소화약제의 주성분을 화학식으로 쓰시오.
- ㉯ 제2종 분말소화약제의 주성분을 화학식으로 쓰시오.
- ㉰ 제3종 분말소화약제의 주성분을 화학식으로 쓰시오.
- ㉱ 분자량이 84인 소화약제로 주방에서 사용하는 식용유화재에 효과가 있는 소화약제는 몇 종인지 쓰시오.
- ㉲ 제3종 분말소화약제가 열분해 되어 가연물의 표면에 유리상의 피막을 형성하는 물질이 무엇인지 쓰시오.

해설
분말소화약제
① 약제의 적응화재 및 착색

종 류	주성분	적응화재	착 색	비 고
제1종 분말	$NaHCO_3$(중탄산나트륨, 탄산수소나트륨)	B, C급	백 색	식용유화재 적합
제2종 분말	$KHCO_3$(중탄산칼륨, 탄산수소칼륨)	B, C급	담회색	
제3종 분말	$NH_4H_2PO_4$(인산암모늄, 제일인산암모늄)	A, B, C급	담홍색	
제4종 분말	$KHCO_3 + (NH_2)_2CO$	B, C급	회 색	

② 열분해 반응식
  ㉠ 제1종 분말
   • 1차 분해반응식(270[℃]) : $2NaHCO_3 \rightarrow Na_2CO_3 + CO_2 + H_2O - Q[kcal]$
   • 2차 분해반응식(850[℃]) : $2NaHCO_3 \rightarrow Na_2O + 2CO_2 + H_2O - Q[kcal]$
  ㉡ 제2종 분말
   • 1차 분해반응식(190[℃]) : $2KHCO_3 \rightarrow K_2CO_3 + CO_2 + H_2O - Q[kcal]$
   • 2차 분해반응식(590[℃]) : $2KHCO_3 \rightarrow K_2O + 2CO_2 + H_2O - Q[kcal]$
  ㉢ 제3종 분말
   $NH_4H_2PO_4 \rightarrow HPO_3$(메타인산) $+ NH_3 \uparrow + H_2O \uparrow - Q[kcal]$
  ㉣ 제4종 분말
   $2KHCO_3 + (NH_2)_2CO \rightarrow K_2CO_3 + 2NH_3 \uparrow + 2CO_2 \uparrow - Q[kcal]$

정답
㉮ $NaHCO_3$
㉯ $KHCO_3$
㉰ $NH_4H_2PO_4$
㉱ 제1종
㉲ HPO_3(메타인산)

05

글리세린 탱크의 내용적 90% 충전 시 지정수량의 몇 배인가?

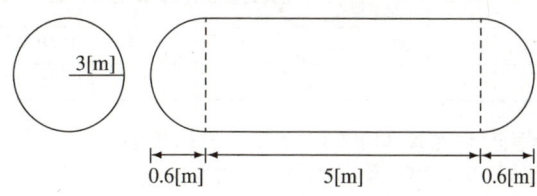

해설

원통형 탱크의 내용적

① 가로로 설치한 것

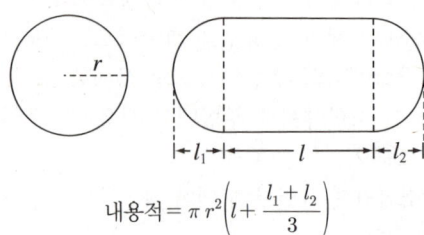

내용적 $= \pi r^2 \left(l + \dfrac{l_1 + l_2}{3} \right)$

② 세로로 설치한 것

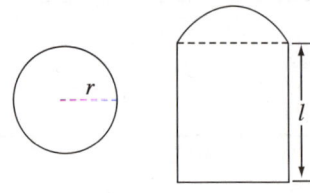

내용적 $= \pi r^2 l$

먼저 탱크의 내용적을 구하면

내용적 $= \pi r^2 \left(l + \dfrac{l_1 + l_2}{3} \right) = 3.14 \times (3[\text{m}])^2 \times \left(5[\text{m}] + \dfrac{0.6[\text{m}] + 0.6[\text{m}]}{3} \right) = 152.604[\text{m}^3]$

$= 152{,}604[\text{L}] \times 0.9 = 13{,}734.6[\text{L}]$

∴ 글리세린은 제4류 위험물 제3석유류(수용성)로서 지정수량은 4,000[L]이다.

지정수량의 배수 $= \dfrac{13{,}734.6[\text{L}]}{4{,}000[\text{L}]} = 34.34$배

정답 34.34배

06

다음 [보기]의 위험물에 대한 위험등급을 쓰시오.

[보 기]
칼륨, 리튬, 나이트로셀룰로스, 염소산칼륨, 아세트산, 황, 질산칼륨, 에탄올, 클로로벤젠

해설

위험물의 분류

종 류	칼 륨	리 튬	나이트로셀룰로스	염소산칼륨	아세트산	황	질산칼륨	에탄올	클로로벤젠
유 별	제3류	제3류	제5류(제1종)	제1류	제4류	제2류	제1류	제4류	제4류
위험등급	I	II	I	I	III	II	II	II	III

정답
- 위험등급 I : 칼륨, 나이트로셀룰로스, 염소산칼륨
- 위험등급 II : 리튬, 황, 질산칼륨, 에탄올
- 위험등급 III : 아세트산, 클로로벤젠

07 지정과산화물을 저장하는 옥내저장소의 안전거리에 관한 기준이다. 다음 문제에서 안전거리를 쓰시오(단, 지정수량의 100배이다).

㉮ 옥내저장소와 의료시설로서 담 또는 토제를 설치한 경우의 안전거리
㉯ 옥내저장소와 의료시설로서 담 또는 토제를 설치하지 않는 경우의 안전거리
㉰ 옥내저장소와 지정문화유산 및 천연기념물 등으로서 담 또는 토제를 설치한 경우의 안전거리
㉱ 옥내저장소와 지정문화유산 및 천연기념물 등으로서 담 또는 토제를 설치하지 않는 경우의 안전거리
㉲ 옥내저장소와 주거용도로서 담 또는 토제를 설치한 경우의 안전거리
㉳ 옥내저장소와 주거용도로서 담 또는 토제를 설치하지 않는 경우의 안전거리

해설
지정과산화물의 옥내저장소의 안전거리(규칙 별표 5의 부표 1)

저장 또는 취급하는 위험물의 최대수량	주거용도로 사용되는 것		학교, 의료기관, 영화상영관, 어린이집, 복지시설(아동복지시설, 노인복지시설 등)		지정문화유산 및 천연기념물 등	
	저장창고 주위에 담 또는 토제를 설치한 경우	저장창고 주위에 담 또는 토제를 설치하지 않는 경우	저장창고 주위에 담 또는 토제를 설치한 경우	저장창고 주위에 담 또는 토제를 설치하지 않는 경우	저장창고 주위에 담 또는 토제를 설치한 경우	저장창고 주위에 담 또는 토제를 설치하지 않는 경우
10배 이하	20m 이상	40m 이상	30m 이상	50m 이상	50m 이상	60m 이상
10배 초과 20배 이하	22m 이상	45m 이상	33m 이상	55m 이상	54m 이상	65m 이상
20배 초과 40배 이하	24m 이상	50m 이상	36m 이상	60m 이상	58m 이상	70m 이상
40배 초과 60배 이하	27m 이상	55m 이상	39m 이상	65m 이상	62m 이상	75m 이상
60배 초과 90배 이하	32m 이상	65m 이상	45m 이상	75m 이상	70m 이상	85m 이상
90배 초과 150배 이하	**37m 이상**	**75m 이상**	**51m 이상**	**85m 이상**	**79m 이상**	**95m 이상**
150배 초과 300배 이하	42m 이상	85m 이상	57m 이상	95m 이상	87m 이상	105m 이상
300배 초과	47m 이상	95m 이상	66m 이상	110m 이상	100m 이상	120m 이상

정답
㉮ 51m 이상
㉯ 85m 이상
㉰ 79m 이상
㉱ 95m 이상
㉲ 37m 이상
㉳ 75m 이상

08

위험물안전관리법령에서 정한 위험물의 정의에 대한 기준이다. 다음 ( ) 안에 알맞은 답을 쓰시오.

- "알코올류"라 함은 1분자를 구성하는 탄소원자의 수가 1개부터 3개까지인 포화 1가 알코올(변성알코올 포함)을 말한다. 다만, 다음 각 목에 해당하는 것은 제외한다.
  - 1분자를 구성하는 탄소원자의 수가 1개 내지 3개의 포화 1가 알코올의 함유량이 (㉮)[wt%] 미만인 수용액
  - 가연성 액체량이 (㉯)[wt%] 미만이고 인화점 및 연소점(태그개방식 인화점측정기에 의한 연소점을 말한다)이 에틸알코올 (㉰)[wt%] 수용액의 인화점 및 연소점을 초과하는 것
- "금속분"이라 함은 알칼리금속·알칼리토금속·철 및 마그네슘 외의 금속의 분말을 말하고, 구리분·니켈분 및 150[μm]의 체를 통과하는 것이 (㉱)[wt%] 미만인 것은 제외한다.
- "철분"이라 함은 철의 분말로서 53[μm]의 표준체를 통과하는 것이 (㉲)[wt%] 미만인 것은 제외한다.

해설

위험물의 정의(시행령 별표 1)

① 알코올류 : 1분자를 구성하는 탄소원자의 수가 1개부터 3개까지인 포화 1가 알코올(변성 알코올 포함)을 말한다. 다만, 다음 각 목에 해당하는 것은 제외한다.
  ㉠ 1분자를 구성하는 탄소원자의 수가 1개 내지 3개의 포화 1가 알코올의 함유량이 60[wt%] 미만인 수용액
  ㉡ 가연성 액체량이 60[wt%] 미만이고 인화점 및 연소점(태그개방식 인화점측정기에 의한 연소점을 말한다)이 에틸알코올 60[wt%] 수용액의 인화점 및 연소점을 초과하는 것
② 금속분 : 알칼리금속·알칼리토금속·철 및 마그네슘 외의 금속의 분말을 말하고, 구리분·니켈분 및 150[μm]의 체를 통과하는 것이 50[wt%] 미만인 것은 제외한다.
③ 철분 : 철의 분말로서 53[μm]의 표준체를 통과하는 것이 50[wt%] 미만인 것은 제외한다.

정답 ㉮ 60   ㉯ 60
　　　　㉰ 60   ㉱ 50
　　　　㉲ 50

09

다음 [보기]의 위험물 중 인화점이 낮은 순서대로 나열하시오.

[보 기]
다이에틸에터, 벤젠, 에틸알코올, 톨루엔, 산화프로필렌, 아세톤

해설

위험물의 분류

종 류	다이에틸에터	벤 젠	에틸알코올	톨루엔	산화프로필렌	아세톤
품 명	특수인화물	제1석유류	알코올류	제1석유류	특수인화물	제1석유류
인화점	−40[℃]	−11[℃]	13[℃]	4[℃]	−37[℃]	−18.5[℃]

정답 다이에틸에터 < 산화프로필렌 < 아세톤 < 벤젠 < 톨루엔 < 에틸알코올

10 다음 위험물에 대하여 알맞은 답을 쓰시오(단, 없으면 "해당없음"으로 답할 것).

㉮ 트라이에틸알루미늄
- 연소반응식
- 물과의 반응식

㉯ 나트륨
- 연소반응식
- 물과의 반응식

㉰ 하이드라진
- 연소반응식
- 물과의 반응식

해설

위험물의 반응식

① 트라이에틸알루미늄
  ㉠ 연소반응식 : $2(C_2H_5)_3Al + 21O_2 \rightarrow Al_2O_3 + 15H_2O + 12CO_2 \uparrow$
  ㉡ 물과의 반응식 : $(C_2H_5)_3Al + 3H_2O \rightarrow Al(OH)_3 + 3C_2H_6 \uparrow$

② 나트륨
  ㉠ 연소반응식 : $4Na + O_2 \rightarrow 2Na_2O$
  ㉡ 물과의 반응식 : $2Na + 2H_2O \rightarrow 2NaOH + H_2 \uparrow$

③ 하이드라진
  ㉠ 연소반응식 : $N_2H_4 + O_2 \rightarrow N_2 + 2H_2O$
  ㉡ 물과의 반응식 : 해당없음(제4류 제2석유류, 수용성)

정답
㉮ 트라이에틸알루미늄
  - 연소반응식 : $2(C_2H_5)_3Al + 21O_2 \rightarrow Al_2O_3 + 15H_2O + 12CO_2$
  - 물과의 반응식 : $(C_2H_5)_3Al + 3H_2O \rightarrow Al(OH)_3 + 3C_2H_6$

㉯ 나트륨
  - 연소반응식 : $4Na + O_2 \rightarrow 2Na_2O$
  - 물과의 반응식 : $2Na + 2H_2O \rightarrow 2NaOH + H_2$

㉰ 하이드라진
  - 연소반응식 : $N_2H_4 + O_2 \rightarrow N_2 + 2H_2O$
  - 물과의 반응식 : 해당없음

11

촉매의 존재하에 에틸렌을 물과 합성한 방법 또는 당밀 등의 발효방법 등으로 제조하는 무색, 투명한 제4류 위험물에 대하여 다음 물음에 답하시오.

㉮ 화학식을 쓰시오.
㉯ 해당 위험물 화재에 소화할 경우 소화효과가 가장 우수한 포소화약제를 쓰시오.
㉰ ㉯에서 소화효과가 우수한 이유를 설명하시오.

해설

에틸알코올

① 제법 : 촉매의 존재하에 에틸렌을 물과 합성한 방법 또는 당밀 등의 발효방법 등으로 제조
② 소화약제 : 소포를 방지하기 위하여 알코올용포소화약제가 적합

정답
㉮ C_2H_5OH
㉯ 알코올용포소화약제
㉰ 약제가 소포되지 않기 때문

12

분자량 110, 분해온도 490[℃]인 무기과산화물에 대하여 다음 물질과 반응할 때 반응식을 쓰시오.

㉮ 물
㉯ 이산화탄소
㉰ 황 산

해설

과산화칼륨의 반응식

① 물 성

화학식	지정수량	분자량	비 중	분해 온도
K_2O_2	50[kg]	110	2.9	490[℃]

② 반응식
  ㉠ 분해 반응식 : $2K_2O_2 \rightarrow 2K_2O + O_2 \uparrow$
  ㉡ 물과의 반응 : $2K_2O_2 + 2H_2O \rightarrow 4KOH + O_2 \uparrow$
  ㉢ 이산화탄소 : $2K_2O_2 + 2CO_2 \rightarrow 2K_2CO_3 + O_2 \uparrow$
  ㉣ 황산 : $K_2O_2 + H_2SO_4 \rightarrow K_2SO_4 + H_2O_2 \uparrow$

정답
㉮ $2K_2O_2 + 2H_2O \rightarrow 4KOH + O_2$
㉯ $2K_2O_2 + 2CO_2 \rightarrow 2K_2CO_3 + O_2$
㉰ $K_2O_2 + H_2SO_4 \rightarrow K_2SO_4 + H_2O_2$

13

다음 빈칸에 알맞은 답을 쓰시오.

물질명	화학식	품 명
(㉮)	$(CH_3)_2CHOH$	(㉯)
에틸렌글라이콜	(㉰)	(㉱)
(㉲)	$C_3H_5(OH)_3$	(㉳)

해설

화학식과 품명

물질명	화학식	품 명
아이소프로필알코올	$(CH_3)_2CHOH$	알코올류
에틸렌글라이콜	$C_2H_4(OH)_2$	제3석유류(수용성)
글리세린	$C_3H_5(OH)_3$	제3석유류(수용성)

정답
- ㉮ 아이소프로필알코올
- ㉯ 알코올류
- ㉰ $C_2H_4(OH)_2$
- ㉱ 제3석유류(수용성)
- ㉲ 글리세린
- ㉳ 제3석유류(수용성)

14

위험물안전관리법령에 따른 옥내탱크저장소에 대한 기준이다. 다음 물음에 답하시오.

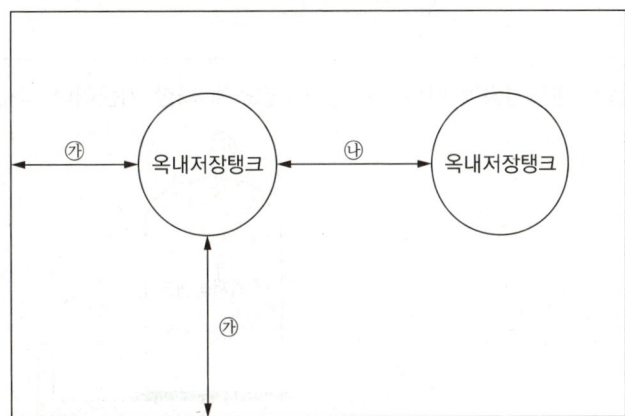

㉮ 탱크전용실과 벽 사이의 거리는 몇 [m] 이상인지 쓰시오.
㉯ 옥내저장탱크 상호 간의 거리는 몇 [m] 이상인지 쓰시오.
㉰ 탱크전용실의 벽, 기둥, 바닥을 불연재료로 할 수 있는 경우를 쓰시오.
㉱ 탱크전용실에 천장 설치 가능 여부를 쓰시오.
㉲ 탱크전용실의 창에 유리 설치 가능 여부를 쓰시오.

해설

옥내탱크저장소의 기준(시행규칙 별표 7)

① 옥내저장탱크와 탱크전용실의 벽과의 사이 및 옥내저장탱크의 상호 간에는 0.5[m] 이상의 간격을 유지할 것. 다만, 탱크의 점검 및 보수에 지장이 없는 경우에는 그렇지 않다.
② 탱크전용실은 벽·기둥 및 바닥을 내화구조로 하고, 보를 불연재료로 하며, 연소의 우려가 있는 외벽은 출입구 외에는 개구부가 없도록 할 것. 다만, 인화점이 70[℃] 이상인 제4류 위험물만의 옥내저장탱크를 설치하는 탱크전용실에 있어서는 연소의 우려가 없는 외벽·기둥 및 바닥을 불연재료로 할 수 있다.
③ 탱크전용실은 지붕을 불연재료로 하고, 천장을 설치하지 아니할 것
④ 탱크전용실의 창 또는 출입구에는 60분+ 방화문·60분 방화문 또는 30분 방화문을 설치하는 동시에 연소의 우려가 있는 외벽에 두는 출입구에는 수시로 열 수 있는 자동폐쇄식의 60분+ 방화문 또는 60분 방화문을 설치할 것
⑤ 탱크전용실의 창 또는 출입구에 유리를 이용하는 경우에는 망입유리로 할 것

정답
㉮ 0.5[m]
㉯ 0.5[m]
㉰ 인화점이 70[℃] 이상인 제4류 위험물만의 옥내저장탱크를 설치하는 경우
㉱ 불가능
㉲ 가능

---

15 위험물안전관리법령에 따른 옥외탱크저장소에 대한 기준이다. 다음 물음에 답하시오.

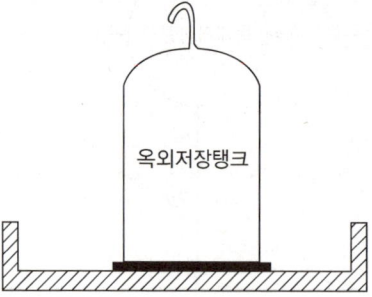

㉮ 방유제의 최소 높이를 쓰시오.
㉯ 방유제의 최대 높이를 쓰시오.
㉰ 펌프실 외의 장소에 설치하는 턱은 몇 [m] 이상의 높이로 해야 하는지 쓰시오.
㉱ 집유설비에 유분리장치를 설치해야 하는 위험물은 제 몇 류 위험물인지 쓰시오(단, 해당 위험물의 조건이 있다면 조건을 포함하여 작성하시오).

해설
옥외탱크저장소(시행규칙 별표 6)
① 방유제의 용량
  ㉠ 탱크가 하나일 때 : 탱크 용량의 110[%] 이상(인화성이 없는 액체위험물은 100[%])
  ㉡ 탱크가 2기 이상일 때 : 탱크 중 용량이 최대인 것의 용량의 110[%] 이상(인화성이 없는 액체위험물은 100[%])
② **방유제의 높이 : 0.5[m] 이상 3[m] 이하**
③ 방유제의 두께 : 0.2[m] 이상
④ 방유제의 지하매설깊이 : 1[m] 이상
⑤ 방유제 내의 면적 : 80,000[m^2] 이하
⑥ 방유제 내에 설치하는 옥외저장탱크의 수는 10(방유제 내에 설치하는 모든 옥외저장탱크의 용량이 20만[L] 이하이고, 위험물의 인화점이 70[℃] 이상 200[℃] 미만인 경우에는 20) 이하로 할 것(단, 인화점이 200[℃] 이상인 옥외저장탱크는 제외)
⑦ 펌프실 외의 장소에 설치하는 펌프설비에는 그 직하의 지반면의 주위에 높이 **0.15[m] 이상의 턱**을 만들고 당해 지반면은 콘크리트 등 위험물이 스며들지 않는 재료로 적당히 경사지게 하여 그 최저부에는 집유설비를 설치할 것. 이 경우 **제4류 위험물(온도 20[℃]의 물 100[g]에 용해되는 양이 1[g] 미만인 것에 한한다)**을 취급하는 펌프설비에 있어서는 당해 위험물이 직접 배수구에 유입되지 않도록 집유설비에 유분리장치를 설치해야 한다.)

정답
㉮ 0.5[m]
㉯ 3[m]
㉰ 0.15[m]
㉱ 제4류 위험물(온도 20[℃]의 물 100[g]에 용해되는 양이 1[g] 미만인 것에 한한다)

16
위험물안전관리에 관한 세부기준에 따른 고정식 포소화설비의 포방출구에 대한 기준이다. 다음 내용을 보고 물음에 답을 하시오.

- 부상덮개부착 고정지붕구조
- 직경 : 46[m]
- 제2석유류(비수용성)

㉮ 다음 물음에 답하시오.
  - 포방출구 종류는 몇 형인지 쓰시오.
  - 포방출구의 개수를 쓰시오.
㉯ 다음 내용 중 밑줄 친 부분(A)은 몇 [L]인지 구하시오.
  위험물의 구분 및 포방출구의 종류에 따라 <u>액표면적 1m^{2}당 필요한 포수용액양에 당해 액표면적을 곱하여 얻은 양(A)</u>을 해당 방출률 이상으로 포방출구 개수에 유효하게 방출할 수 있도록 설치해야 한다.

해설
고정식의 포소화설비의 포방출구(세부기준 제133조)
① 포방출구의 구분
  ㉠ Ⅰ형 : 고정지붕구조의 탱크에 상부포주입법(고정포방출구를 탱크옆판의 상부에 설치하여 액표면상에 포를 방출하는 방법)을 이용하는 것으로서 방출된 포가 액면 아래로 몰입되거나 액면을 뒤섞지 않고 액면상을 덮을 수 있는 통계단 또는 미끄럼판 등의 설비 및 탱크 내의 위험물증기가 외부로 역류되는 것을 저지할 수 있는 구조·기구를 갖는 포방출구

㉡ Ⅱ형 : 고정지붕구조 또는 **부상덮개부착고정지붕구조**(옥외저장탱크의 액상에 금속제의 플로팅, 팬 등의 덮개를 부착한 고정지붕구조의 것을 말함)의 탱크에 상부포주입법을 이용하는 것으로서 방출된 포가 탱크옆판의 내면을 따라 흘러내려 가면서 액면 아래로 몰입되거나 액면을 뒤섞지 않고 액면상을 덮을 수 있는 반사판 및 탱크 내의 위험물증기가 외부로 역류되는 것을 저지할 수 있는 구조·기구를 갖는 포방출구
  ㉢ 특형 : 부상지붕구조의 탱크에 상부포주입법을 이용하는 것으로서 부상지붕의 부상부분상에 높이 0.9[m] 이상의 금속제의 칸막이(방출된 포의 유출을 막을 수 있고 충분한 배수능력을 갖는 배수구를 설치한 것에 한한다)를 탱크옆판의 내측으로부터 1.2[m] 이상 이격하여 설치하고 탱크옆판과 칸막이에 의하여 형성된 환상부분(이하 "환상부분"이라 한다)에 포를 주입하는 것이 가능한 구조의 반사판을 갖는 포방출구
  ㉣ Ⅲ형 : 고정지붕구조의 탱크에 저부포주입법(탱크의 액면하에 설치된 포방출구로부터 포를 탱크 내에 주입하는 방법을 말한다)을 이용하는 것으로서 송포관(발포기 또는 포발생기에 의하여 발생된 포를 보내는 배관을 말한다. 당해 배관으로 탱크 내의 위험물이 역류되는 것을 저지할 수 있는 구조·기구를 갖는 것에 한한다)으로부터 포를 방출하는 포방출구
  ㉤ Ⅳ형 : 고정지붕구조의 탱크에 저부포주입법을 이용하는 것으로서 평상시에는 탱크의 액면하의 저부에 설치된 격납통(포를 보내는 것에 의하여 용이하게 이탈되는 캡을 갖는 것을 포함)에 수납되어 있는 특수호스 등이 송포관의 말단에 접속되어 있다가 포를 보내는 것에 의하여 특수호스 등이 전개되어 그 선단이 액면까지 도달한 후 포를 방출하는 포방출구
② 탱크의 직경, 구조, 포방출구의 종류에 따른 포방출구 개수

탱크의 구조 포방출구의 종류 탱크직경	포방출구의 개수			
	고정지붕구조		부상덮개부착 고정지붕구조	부상지붕구조
	Ⅰ형 또는 Ⅱ형	Ⅲ형 또는 Ⅳ형	Ⅱ형	특 형
13[m] 미만	2	1	2	2
13[m] 이상 19[m] 미만	2	1	3	3
19[m] 이상 24[m] 미만	2	1	4	4
24[m] 이상 35[m] 미만	2	2	5	5
35[m] 이상 42[m] 미만	3	3	6	6
42[m] 이상 46[m] 미만	4	4	7	7
46[m] 이상 53[m] 미만	6	6	8	8
53[m] 이상 60[m] 미만	8	8	10	10
60[m] 이상 67[m] 미만	왼쪽란에 해당하는 직경의 탱크에는 Ⅰ형 또는 Ⅱ형의 포방출구를 8개 설치하는 것 외에 오른쪽란에 표시한 직경에 따른 포방출구의 수에서 8을 뺀 수의 Ⅲ형 또는 Ⅳ형의 포방출구를 폭 30[m]의 환상부분을 제외한 중심부의 액표면에 방출할 수 있도록 추가로 설치할 것	10		10
67[m] 이상 73[m] 미만		12		12
73[m] 이상 79[m] 미만		14		12
79[m] 이상 85[m] 미만		16		14
85[m] 이상 90[m] 미만		18		14
90[m] 이상 95[m] 미만		20		16
95[m] 이상 99[m] 미만		22		16
99[m] 이상		24		18

③ (포수용액량×액표면적)의 양
 포방출구는 다음 표의 위험물 구분 및 포방출구의 종류에 따라 정한 액표면적 1[m²]당 필요한 포수용액양에 당해 탱크의 액표면적(특형의 포방출구를 설치하는 경우는 환상부분의 면적)을 곱하여 얻은 양을 동표의 위험물의 구분 및 포방출구의 종류에 따라 정한 방출율(액표면적1[m²]당 매분당의 포수용액의 방출량) 이상으로 ②의 표에서 정한 개수[고정지붕구조의 탱크 중 탱크직경이 24[m] 미만인 것은 당해 포방출구(Ⅲ형 및 Ⅳ형은 제외)의 개수에서 1을 뺀 개수]에 유효하게 방출할 수 있도록 설치할 것

포방출구의 종류 위험물의 구분	I형		II형		특형		III형		IV형	
	포수용 액량 ([L/m²])	방출율 ([L/m² ·min])	포수용 액량 ([L/m²])	방출율 ([L/m² ·min])	포수용 액량 ([L/m²])	방출율 ([L/m² ·min])	포수용 액량 ([L/m²])	방출율 ([L/m² ·min])	포수용 액량 ([L/m²])	방출율 ([L/m² ·min])
제4류 위험물 중 인화점 이 21[℃] 미만인 것	120	4	220	4	240	8	220	4	220	4
제4류 위험물 중 인화점 이 21[℃] 이상 70[℃] 미만인 것	80	4	120	4	160	8	120	4	120	4
제4류 위험물 중 인화점 이 70[℃] 이상인 것	60	4	100	4	120	8	100	4	100	4

㉠ 포 수용액량 = 120[L/m²]
㉡ 액표면적 A = $\pi r^2 = \pi \times (23[m])^2 = 1,661.9[m^2]$
∴ 포수용액량 × 액표면적 = 120[L/m²] × 1,661.90[m²] = 199,428[L]

정답 ㉮ · II형
· 8개
㉯ 199,428[L]

17 탄화칼슘 100[kg], 온도 100[℃], 1[atm]일 때 물과의 반응 시 발생하는 가스의 부피[m³]와 발생하는 가스의 위험도를 구하시오(단, 생성되는 가연성 기체의 폭발상한값은 81[%]이다).

해설

탄화칼슘(카바이드)
① 반응식
$$CaC_2 + H_2O \rightarrow Ca(OH)_2 + C_2H_2$$
64[kg] ─────────── 26[kg]
100[kg] ─────────── x

$x = \dfrac{100[kg] \times 26[kg]}{64[kg]} = 40.6[kg]$

이상기체 상태방정식을 적용하면

$$PV = \dfrac{W}{M}RT \quad V = \dfrac{WRT}{PM}$$

∴ $V = \dfrac{WRT}{PM} = \dfrac{40.6[kg] \times 0.08205[atm \cdot m^3/kg-mol \cdot K] \times (273+100)[K]}{1[atm] \times 26} = 47.79[m^3]$

② 발생하는 가스 : 아세틸렌
③ 아세틸렌의 폭발범위 : 2.5~81[%]

∴ 위험도 = $\dfrac{\text{상한값} - \text{하한값}}{\text{하한값}} = \dfrac{81 - 2.5}{2.5} = 31.4$

정답 · 가스의 부피 : 47.79[m³]
· 위험도 = 31.4

18 위험물안전관리법령에 따른 제조소의 배출설비의 기준이다. 다음 물음에 알맞은 답을 쓰시오.

㉮ 배출설비는 국소방식으로 해야 하는데 전역방식으로 할 수 있는 경우 2가지를 쓰시오.
㉯ 가로 100[m], 세로 50[m], 높이 10[m]일 경우 다음 배출량을 구하시오.
  • 국소방출방식
  • 전역방출방식
㉰ 배풍기는 강제배기방식으로 하고 옥내덕트의 내압이 어떤 압력 이상이 되지 않는 위치에 설치해야 하는지 쓰시오.

해설
제조소의 배출설비의 기준
① 전역방식으로 할 수 있는 경우
  ㉠ 위험물취급설비가 배관이음 등으로만 된 경우
  ㉡ 건축물의 구조·작업장소의 분포 등의 조건에 의하여 전역방식이 유효한 경우
② 배출량
  ㉠ 국소방출방식 : 1시간당 배출장소 용적의 20배 이상으로 해야 한다.
    ∴ [(100[m]×50[m]×10[m])×20배]/[h] = 1,000,000[m³/h]
  ㉡ 전역방출방식 : 바닥면적 1[m²]당 18[m³] 이상으로 할 수 있다.
    ∴ (100[m]×50[m])×18[m³/m²] = 90,000[m³]
③ 배풍기는 강제배기방식으로 하고 옥내덕트의 내압이 대기압 이상이 되지 않는 위치에 설치해야 한다.

정답 ㉮ • 위험물취급설비가 배관이음 등으로만 된 경우
  • 건축물의 구조·작업장소의 분포 등의 조건에 의하여 전역방식이 유효한 경우
㉯ • 1,000,000[m³/h]
  • 90,000[m³]
㉰ 대기압

19 다음 [보기]는 주유취급소에 설치된 시설물이다. 다음 물음에 알맞은 답을 쓰시오.

[보 기]
㉠ 고정급유설비에 직접 접속하는 휘발유 전용탱크로서 5만[L]
㉡ 고정주유설비에 직접 접속하는 경유 전용탱크로서 5만[L]
㉢ 보일러에 직접 접속하는 지하저장탱크로서 2만[L]
㉣ 보일러에 직접 접속하는 옥외저장탱크로서 1,000[L]
㉤ 폐유 등의 위험물을 저장하는 지하저장탱크로서 2,000[L]
㉥ 폐유 등의 위험물을 저장하는 옥외저장탱크로서 1,000[L]
㉦ 전기를 동력원으로 하는 자동차에 직접 전기를 공급하는 전기자동차용 충전설비
㉧ 전기를 원동력으로 하는 자동차에 수소를 충전하기 위한 압축수소 충전설비

㉮ 위험물안전관리법령상 다음 시설별 설치가 잘못된 것을 찾고 그 이유를 설명하시오(단, 없으면 "해당없음"이라고 답할 것).
㉯ 다음 A와 B 중에서 변경허가 대상의 경우는 어느 것인시 쓰시오(단, 모두 허가대상이면 A와 B를 모두 쓰시오).

• A : 고정주유설비를 철거하는 경우
• B : 고정주유설비를 복식 주유설비로 교체하는 경우

㉰ 주유 또는 그에 부대하는 업무를 위하여 사용되는 건축물 또는 시설 중 주유취급소 직원 외의 자가 출입하는 용도에 제공하는 부분의 면적을 제한할 수 있는 시설을 모두 쓰시오.
㉱ 주유취급소 소화난이도 Ⅰ등급을 결정하는 조건 중 건축물의 면적의 합이 500[m²]를 초과하는 것인데 직원 외의 자가 출입하는 용도를 제공하는 부분의 면적의 합이 1,000[m²]를 초과할 수 없는 건축물 3가지를 쓰시오.
㉲ 자가용주유취급소는 주유취급소의 위치·구조 및 설비의 기준에 대하여 (   )와 (   )를 적용받지 않는다.

해설
주유취급소
① 주유취급소에 저장 또는 취급할 수 있는 탱크의 용량
  ㉠ 자동차 등에 주유하기 위한 고정주유설비에 직접 접속하는 전용탱크로서 5만[L] 이하의 것
  ㉡ 고정급유설비에 직접 접속하는 전용탱크로서 5만[L] 이하의 것
  ㉢ 보일러 등에 직접 접속하는 전용탱크로서 1만[L] 이하의 것
  ㉣ 자동차 등을 점검·정비하는 작업장 등(주유취급소 안에 설치된 것에 한한다)에서 사용하는 폐유·윤활유 등의 위험물을 저장하는 탱크로서 용량(2 이상 설치하는 경우에는 각 용량의 합계를 말한다)이 2,000[L] 이하인 탱크(폐유탱크 등)
  ㉤ 고정주유설비 또는 고정급유설비에 직접 접속하는 3기 이하의 간이탱크

[잘못 설치된 것의 이유]

문제 내용	시설 설치 여부	근 거
㉠ 고정급유설비에 직접 접속하는 휘발유 전용탱크로서 5만[L]	적 합	-
㉡ 고정주유설비에 직접 접속하는 경유 전용탱크로서 5만[L]	적 합	-
㉢ 보일러에 직접 접속하는 지하저장탱크로서 2만[L]	부적합	1만[L] 이하
㉣ 보일러에 직접 접속하는 옥외저장탱크로서 1,000[L]	적 합	-
㉤ 폐유 등의 위험물을 저장하는 지하저장탱크로서 2,000[L]	적 합	2개의 탱크용량의 합계가 2,000[L] 이하
㉥ 폐유 등의 위험물을 저장하는 옥외저장탱크로서 1,000[L]	부적합	
㉦ 전기를 동력원으로 하는 자동차에 직접 전기를 공급하는 전기자동차용 충전설비	적 합	-
㉧ 전기를 원동력으로 하는 자동차에 수소를 충전하기 위한 압축수소 충전설비	적 합	-

② 주유취급소의 변경허가의 대상(규칙 별표 1의 2)

제조소 등의 구분	변경허가를 받아야 하는 경우
주유취급소	가. 지하에 매설하는 탱크의 변경 중 다음의 어느 하나에 해당하는 경우 　1) 탱크의 위치를 이전하는 경우 　2) 탱크전용실을 보수하는 경우 　3) 탱크를 신설·교체 또는 철거하는 경우 　4) 탱크를 보수(탱크 본체를 절개하는 경우에 한한다)하는 경우 　5) 탱크의 노즐 또는 맨홀을 신설하는 경우(노즐 또는 맨홀의 지름이 250[mm]를 초과하는 경우에 한한다) 　6) 특수누설방지구조를 보수하는 경우 나. 옥내에 설치하는 탱크의 변경 중 다음의 어느 하나에 해당하는 경우 　1) 탱크의 위치를 이전하는 경우 　2) 탱크를 신설·교체 또는 철거하는 경우 　3) 탱크를 보수(탱크 본체를 절개하는 경우에 한한다)하는 경우 　4) 탱크의 노즐 또는 맨홀을 신설하는 경우(노즐 또는 맨홀의 지름이 250mm를 초과하는 경우에 한한다) 다. **고정주유설비 또는 고정급유설비를 신설 또는 철거하는 경우** 라. 고정주유설비 또는 고정급유설비의 위치를 이전하는 경우 마. 건축물의 벽·기둥·바닥·보 또는 지붕을 증설 또는 철거하는 경우 바. 담 또는 캐노피(기둥으로 받치거나 매달아 놓은 덮개)를 신설 또는 철거(유리를 부착하기 위하여 담의 일부를 철거하는 경우를 포함한다)하는 경우 사. 주입구의 위치를 이전하거나 신설하는 경우 아. 별표 13 Ⅴ제1호 각 목에 따른 시설과 관계된 공작물(바닥면적이 4[m²] 이상인 것에 한한다)을 신설 또는 증축하는 경우 자. 별표 13 ⅩⅥ에 따른 개질장치(改質裝置 : 탄화수소의 구조를 변화시켜 제품의 품질을 높이는 조작 장치), 압축기(壓縮機), 충전설비, 축압기(압력흡수저장장치) 또는 수입설비(受入設備)를 신설하는 경우 차. 자동화재탐지설비를 신설 또는 철거하는 경우 카. 셀프용이 아닌 고정주유설비를 셀프용 고정주유설비로 변경하는 경우 타. 주유취급소 부지의 면적 또는 위치를 변경하는 경우 파. 300[m](지상에 설치하지 않는 배관의 경우에는 30[m])를 초과하는 위험물의 배관을 신설·교체·철거 또는 보수(배관을 자르는 경우만 해당한다)하는 경우 하. 탱크의 내부에 탱크를 추가로 설치하거나 철판 등을 이용하여 탱크 내부를 구획하는 경우

③ 주유취급소의 설치할 수 있는 건축물 또는 공작물
　㉠ 주유 또는 등유·경유 등을 옮겨 담기 위한 작업장
　㉡ 주유취급소의 업무를 행하기 위한 사무소
　㉢ 자동차 등의 점검 및 간이정비를 위한 작업장
　㉣ 자동차 등의 세정을 위한 작업장
　㉤ 주유취급소에 출입하는 사람을 대상으로 한 점포·휴게음식점 또는 전시장
　㉥ 주유취급소의 관계자가 거주하는 주거시설
　㉦ 전기자동차용 충전설비(전기를 동력원으로 하는 자동차에 직접 전기를 공급하는 설비)

> [시행규칙 별표 13, Ⅴ(건축물 등의 제한 등), 2]
> ③의 각 목의 건축물 중 주유취급소의 직원 외의 자가 출입하는 ㉡, ㉢, ㉤의 용도에 제공하는 부분의 면적의 합은 1,000[m²]를 초과할 수 없다.

④ 주유취급소 소화난이도 Ⅰ등급을 결정하는 조건 중 건축물의 면적의 합이 500[m²]를 초과하는 것인데 1,000[m²]를 초과할 수 없는 건축물
　㉠ 소화난이도 등급 Ⅰ에 해당하는 주유취급소

제조소 등의 구분	제조소 등의 규모, 저장 또는 취급하는 위험물의 품명 및 최대수량 등
주유취급소	별표 13 Ⅴ 제2호에 따른 면적의 합이 500[m²]를 초과하는 것

ⓒ 건축물 등의 제한(규칙 별표 13 Ⅴ, 2호)
제1호 각 목의 건축물 중 주유취급소의 직원 외의 자가 출입하는 나목, 다목 및 마목의 용도에 제공하는 부분의 면적의 합은 1,000[m²]를 초과할 수 없다.

제1호의 나, 다, 마목
나. 주유취급소의 업무를 행하기 위한 사무소
다. 자동차 등의 점검 및 간이정비를 위한 작업장
마. 주유취급소에 출입하는 사람을 대상으로 한 점포·휴게음식점 또는 전시장

⑤ 자가용주유취급소는 주유취급소의 위치·구조 및 설비의 기준에 대하여 주유공지와 급유공지를 적용받지 않는다.

정답 ㉮ 잘못된 번호와 이유

문제 내용	잘못된 이유
ⓒ 보일러에 직접 접속하는 지하저장탱크로서 2만[L]	보일러 등에 직접 접속하는 전용탱크로서 1만[L] 이하이므로
ⓑ 폐유 등의 위험물을 저장하는 옥외저장탱크로서 1,000[L]	2개의 탱크용량의 합계가 2,000[L] 이하인데 ⓑ이 2,000[L]이므로 ⓑ은 취급할 수 없다

㉯ A만 변경허가 대상이다.
㉰ 시설
  • 주유취급소의 업무를 행하기 위한 사무소
  • 자동차 등의 점검 및 간이정비를 위한 작업장
  • 주유취급소에 출입하는 사람을 대상으로 한 점포·휴게음식점 또는 전시장
㉱ 1,000[m²]를 초과할 수 없는 건축물
  • 주유취급소의 업무를 행하기 위한 사무소
  • 자동차등의 점검 및 간이정비를 위한 작업장
  • 주유취급소에 출입하는 사람을 대상으로 한 점포·휴게음식점 또는 전시장
㉲ 주유공지, 급유공지

제76회 과년도 기출복원문제
2024년 8월 17일 시행

01

주유취급소의 주유공지, 보유공지에 대한 설명이다. 다음 (   ) 안에 적당한 말을 쓰시오.

- 주유취급소의 고정주유설비의 주위에는 주유를 받으려는 자동차 등이 출입할 수 있도록 너비 (㉮)[m] 이상, 길이 (㉯)[m] 이상의 콘크리트 등으로 포장한 공지(이하 "주유공지"라 한다)를 보유해야 한다.
- 고정급유설비를 설치하는 경우에는 고정급유설비의 (㉰)의 주위에 필요한 공지(이하 "급유공지"라 한다)를 보유해야 한다.
- 공지의 바닥은 주위 지면보다 높게 하고, 그 표면을 적당하게 경사지게 하여 새어나온 기름 그 밖의 액체가 공지의 외부로 유출되지 않도록 (㉱)·(㉲) 및 (㉳)를 해야 한다.

해설

주유취급소의 주유공지 및 급유공지(시행규칙 별표 13)

① 주유취급소의 고정주유설비(펌프기기 및 호스기기로 되어 위험물을 자동차 등에 직접 주유하기 위한 설비로서 현수식의 것을 포함한다)의 주위에는 주유를 받으려는 자동차 등이 출입할 수 있도록 **너비 15[m] 이상, 길이 6[m] 이상**의 콘크리트 등으로 포장한 공지(이하 "주유공지"라 한다)를 보유해야 하고, 고정급유설비(펌프기기 및 호스기기로 되어 위험물을 용기에 옮겨 담거나 이동저장탱크에 주입하기 위한 설비로서 현수식의 것을 포함한다)를 설치하는 경우에는 고정급유설비의 **호스기기**의 주위에 필요한 공지(이하 "급유공지"라 한다)를 보유해야 한다.

② 공지의 바닥은 주위 지면보다 높게 하고, 그 표면을 적당하게 경사지게 하여 새어나온 기름 그 밖의 액체가 공지의 외부로 유출되지 않도록 **배수구·집유설비 및 유분리장치**를 해야 한다.

정답
㉮ 15
㉯ 6
㉰ 호스기기
㉱ 배수구
㉲ 집유설비
㉳ 유분리장치

02

BTX에 대하여 다음 물음에 답하시오.

㉮ 각각의 명칭을 쓰시오.
㉯ 각각의 화학식을 쓰시오.

해설
BTX란 벤젠, 톨루엔, 자일렌의 약자를 말한다.
BTX 비교

항목 \ 종류	벤젠	톨루엔	자일렌		
			o-자일렌	m-자일렌	p-자일렌
화학식	C_6H_6	$C_6H_5CH_3$	$C_6H_4(CH_3)_2$	$C_6H_4(CH_3)_2$	$C_6H_4(CH_3)_2$
구조식					
인화점	-11[℃]	4[℃]	32[℃]	25[℃]	25[℃]
유별	제4류 위험물 제1석유류(비)	제4류 위험물 제1석유류(비)	제4류 위험물 제2석유류(비)	제4류 위험물 제2석유류(비)	제4류 위험물 제2석유류(비)
지정수량	200[L]	200[L]	1,000[L]	1,000[L]	1,000[L]

정답
㉮ Benzen, Toluene, Xylene
㉯ C_6H_6, $C_6H_5CH_3$, $C_6H_4(CH_3)_2$

03

위험물안전관리법령에서 정한 소화난이도 등급 I에 해당하는 제조소 등에 설치해야 하는 소화설비의 기준이다. 빈칸에 알맞은 답을 적으시오.

제조소 등의 구분			소화설비
옥외탱크저장소	지중탱크 또는 해상탱크 외의 것	황만을 저장 취급하는 것	(㉮)
		인화점 70[℃] 이상의 제4류 위험물만을 저장 취급하는 것	(㉯)
		그 밖의 것	고정식 포소화설비(포소화설비가 적응성이 없는 경우에는 분말소화설비)
	지중탱크		(㉰)
	해상탱크		고정식 포소화설비, 물분무소화설비, 이동식 이외의 불활성 가스소화설비 또는 이동식 이외의 할로젠화합물소화설비

해설

소화난이도등급 Ⅰ (시행규칙 별표 17)

① 소화난이도등급 Ⅰ에 해당하는 제조소 등

제조소 등의 구분	제조소 등의 규모, 저장 또는 취급하는 위험물의 품명 및 최대수량 등
제조소 일반취급소	연면적 **1,000[m²] 이상**인 것
	지정수량의 **100배 이상**인 것(고인화점위험물만을 100[℃] 미만의 온도에서 취급하는 것 및 제48조의 위험물을 취급하는 것은 제외)
	지반면으로부터 6[m] 이상의 높이에 위험물 취급설비가 있는 것(고인화점위험물만을 100[℃] 미만의 온도에서 취급하는 것은 제외)
	일반취급소로 사용되는 부분 외의 부분을 갖는 건축물에 설치된 것(내화구조로 개구부 없이 구획된 것 및 고인화점위험물만을 100[℃] 미만의 온도에서 취급하는 것은 제외)
옥내 저장소	지정수량의 **150배 이상**인 것(고인화점위험물만을 저장하는 것 및 제48조의 위험물을 저장하는 것은 제외)
	연면적 150[m²]을 초과하는 것(150[m²] 이내마다 불연재료로 개구부 없이 구획된 것 및 인화성 고체 외의 제2류 위험물 또는 인화점 70[℃] 이상의 제4류 위험물만을 저장하는 것은 제외)
	처마높이가 6[m] 이상인 단층건물의 것
	옥내저장소로 사용되는 부분 외의 부분이 있는 건축물에 설치된 것(내화구조로 개구부 없이 구획된 것 및 인화성 고체 외의 제2류 위험물 또는 인화점 70[℃] 이상의 제4류 위험물만을 저장하는 것은 제외)
옥외 탱크저장소	액표면적이 40[m²] 이상인 것(제6류 위험물을 저장하는 것 및 고인화점위험물만을 100[℃] 미만의 온도에서 저장하는 것은 제외)
	지반면으로부터 탱크 옆판의 상단까지 높이가 6[m] 이상인 것(제6류 위험물을 저장하는 것 및 고인화점위험물만을 100[℃] 미만의 온도에서 저장하는 것은 제외)
	지중탱크 또는 해상탱크로서 지정수량의 100배 이상인 것(제6류 위험물을 저장하는 것 및 고인화점위험물만을 100[℃] 미만의 온도에서 저장하는 것은 제외)
	고체위험물을 저장하는 것으로서 지정수량의 100배 이상인 것

② 소화난이도등급 Ⅰ의 제조소 등에 설치해야 하는 소화설비

제조소 등의 구분			소화설비
제조소 및 일반취급소			**옥내소화전설비, 옥외소화전설비, 스프링클러설비 또는 물분무등소화설비**(화재발생 시 연기가 충만할 우려가 있는 장소에는 스프링클러설비 또는 이동식 외의 물분무등소화설비에 한한다)
옥내 저장소	처마높이가 **6[m] 이상**인 단층건물 또는 다른 용도의 부분이 있는 건축물에 설치한 옥내저장소		**스프링클러설비 또는 이동식 외의 물분무 등 소화설비**
	그 밖의 것		옥외소화전설비, 스프링클러설비, 이동식 외의 물분무 등 소화설비 또는 이동식 포소화설비(포소화전을 옥외에 설치하는 것에 한한다)
옥외탱크 저장소	지중탱크 또는 해상탱크 외의 것	황만을 저장 취급하는 것	**물분무소화설비**
		인화점 70℃ 이상의 제4류 위험물만을 저장·취급하는 것	물분무소화설비 또는 고정식 포소화설비
		그 밖의 것	고정식 포소화설비(포소화설비가 적응성이 없는 경우에는 분말소화설비)
	지중탱크		고정식 포소화설비, 이동식 이외의 불활성 가스소화설비 또는 이동식 이외의 할로젠화합물소화설비
	해상탱크		고정식 포소화설비, 물분무소화설비, 이동식 이외의 불활성 가스소화설비 또는 이동식 이외의 할로젠화합물소화설비
옥내탱크 저장소	황만을 저장·취급하는 것		물분무소화설비
	인화점 70℃ 이상의 제4류 위험물만을 저장·취급하는 것		물분무소화설비, 고정식 포소화설비, 이동식 이외의 불활성 가스소화설비, 이동식 이외의 할로젠화합물소화설비 또는 이동식 이외의 분말소화설비
	그 밖의 것		고정식 포소화설비, 이동식 이외의 불활성 가스소화설비, 이동식 이외의 할로젠화합물소화설비 또는 이동식 이외의 분말소화설비

정답 ㉮ 물분무소화설비
　　　　㉯ 물분무소화설비 또는 고정식 포소화설비
　　　　㉰ 고정식 포소화설비, 이동식 이외의 불활성 가스소화설비 또는 이동식 이외의 할로젠화합물소화설비

04

제1종 분말소화약제인 탄산수소나트륨에 대하여 물음에 답하시오.

㉮ 1차 분해반응식을 쓰시오.
㉯ 탄산수소나트륨 8.4[g]이 분해하여 생성되는 이산화탄소는 몇 [L]인가?(단, Na의 원자량은 23이다)

해설

제1종 분말소화약제(중탄산나트륨)

① 분해반응식 : $2NaHCO_3 \rightarrow Na_2CO_3 + CO_2 + H_2O$

② 이산화탄소의 부피를 구하면

$2NaHCO_3 \rightarrow Na_2CO_3 + CO_2 + H_2O$
$2 \times 84[g]$ ────────── $22.4[L]$
$8.4[g]$ ────────── x

$\therefore x = \dfrac{8.4[g] \times 22.4[L]}{2 \times 84[g]} = 1.12[L]$

정답 ㉮ $2NaHCO_3 \rightarrow Na_2CO_3 + CO_2 + H_2O$
　　　　㉯ 1.12[L]

05

다음 [보기]의 제3류 위험물에 대하여 물음에 답하시오.

[보 기]
- 은백색의 무른 경금속이다.
- 보라색 불꽃을 내면서 연소한다.
- 비중은 0.86이다.

㉮ 이 위험물의 지정수량을 쓰시오.
㉯ 이 위험물의 연소반응식을 쓰시오.
㉰ 물과 반응하는 반응식을 쓰시오.

해설

칼륨

① 물 성

화학식	지정수량	원자량	비점	융점	비중	불꽃색상
K	10kg	39	774℃	63.7℃	0.86	보라색

② 은백색의 광택이 있는 무른 경금속으로 보라색 불꽃을 내면서 연소한다.
③ 할로젠 및 산소, 수증기 등과 접촉하면 발화위험이 있다.
④ 습기 존재 하에서 CO와 접촉하면 폭발한다.
⑤ 석유, 경유, 유동파라핀 등의 보호액을 넣은 내통에 밀봉 저장한다.
⑥ 칼륨과의 반응식
　㉠ 연소 반응 : $4K + O_2 \rightarrow 2K_2O$
　㉡ 물과의 반응 : $2K + 2H_2O \rightarrow 2KOH + H_2 \uparrow$
　㉢ 이산화탄소와 반응 : $4K + 3CO_2 \rightarrow 2K_2CO_3 + C$
　㉣ 에틸알코올과 반응 : $2K + 2C_2H_5OH \rightarrow 2C_2H_5OK + H_2 \uparrow$
　㉤ 사염화탄소와 반응 : $4K + CCl_4 \rightarrow 4KCl + C$(폭발)
　㉥ 초산과 반응 : $2K + 2CH_3COOH \rightarrow 2CH_3COOK + H_2 \uparrow$

정답 　㉮ 10[kg]
　　　　㉯ $4K + O_2 \rightarrow 2K_2O$
　　　　㉰ $2K + 2H_2O \rightarrow 2KOH + H_2$

06 다음 위험물에 대하여 운반용기의 외부에 표시해야 하는 주의사항을 모두 쓰시오(단, 없으면 "해당없음"이라고 답할 것).

㉮ 질 산
㉯ 사이안화수소
㉰ 브로민산칼륨
㉱ 과산화나트륨
㉲ 아 연

해설
운반용기의 주의사항

① 위험물 구분

종 류	질 산	사이안화수소	브로민산칼륨	과산화나트륨	아 연
유별 및 품명	제6류 위험물	제4류 위험물	제1류 위험물 (브로민산염류)	제1류 위험물 (알칼리금속의 과산화물)	제2류 위험물 (금속분)

② 운반용기의 외부 표시
- 위험물의 품명, 위험등급, 화학명 및 수용성(제4류 위험물의 수용성인 것에 한함)
- 위험물의 수량
- 주의사항

유 별	품 명	주의사항
제1류 위험물	알칼리금속의 과산화물	화기·충격주의, 물기엄금, 가연물접촉주의
	그 밖의 것	화기·충격주의, 가연물접촉주의
제2류 위험물	철분, 마그네슘, 금속분	화기주의, 물기엄금
	인화성고체	화기엄금
	그 밖의 것	화기주의
제3류 위험물	자연발화성 물질	화기엄금, 공기접촉엄금
	금수성 물질	물기엄금
제4류 위험물	전 부	화기엄금
제5류 위험물	전 부	화기엄금, 충격주의
제6류 위험물	전 부	가연물접촉주의

정답
㉮ 가연물접촉주의
㉯ 화기엄금
㉰ 화기·충격주의, 가연물접촉주의
㉱ 화기·충격주의, 물기엄금, 가연물접촉주의
㉲ 화기주의, 물기엄금

07

다음 위험물이 물과 반응할 때 반응식을 쓰고 공통으로 생성되는 물질을 쓰시오.

> 칼슘, 수소화칼슘, 인화칼슘, 탄화칼슘

해설
물과 반응식
① 칼슘 : $Ca + 2H_2O \rightarrow Ca(OH)_2 + H_2$(수소)
② 수소화칼슘 : $CaH_2 + 2H_2O \rightarrow Ca(OH)_2 + 2H_2$(수소)
③ 인화칼슘 : $Ca_3P_2 + 6H_2O \rightarrow 3Ca(OH)_2 + 2PH_3$(포스핀, 인화수소)
④ 탄화칼슘 : $CaC_2 + 2H_2O \rightarrow Ca(OH)_2 + C_2H_2$(아세틸렌)

정답
- 칼슘 : $Ca + 2H_2O \rightarrow Ca(OH)_2 + H_2$
- 수소화칼슘 : $CaH_2 + 2H_2O \rightarrow Ca(OH)_2 + 2H_2$
- 인화칼슘 : $Ca_3P_2 + 6H_2O \rightarrow 3Ca(OH)_2 + 2PH_3$
- 탄화칼슘 : $CaC_2 + 2H_2O \rightarrow Ca(OH)_2 + C_2H_2$
- ∴ 공통으로 생성되는 물질 : 수산화칼슘[$Ca(OH)_2$]

08

위험물안전관리법령에 따른 포소화설비에서 가압송수장치의 설치기준이다. 다음 [보기]의 내용을 적으시오(단, 중복되는 내용은 작성하고 해당 없는 내용은 작성하지 말 것).

> **[보 기]**
> ㉠ 배관의 마찰손실수두[m]
> ㉡ 배관의 마찰손실수두압[MPa]
> ㉢ 배관의 설계수두[m]
> ㉣ 고정식 포방출구의 설계압력 또는 이동식 포소화설비의 노즐 방사압력[MPa]
> ㉤ 고정식 포방출구의 설계압력환산수두 또는 이동식 포소화설비 노즐 선단의 방사압력 환산수두[m]
> ㉥ 이동식 포소화설비의 소방용 호스의 마찰손실수두압[MPa]
> ㉦ 이동식 포소화설비의 소방용 호스의 마찰손실수두[m]
> ㉧ 낙차의 환산수두압[MPa]
> ㉨ 낙차[m]
> ㉩ 대기압[MPa]

㉮ 고가수조를 이용한 가압송수장치, 필요한 낙차 $H = h_1 + h_2 + h_3$
  ① h_1 :   ② h_2 :
  ③ h_3 :

㉯ 압력수조를 이용한 가압송수장치, 필요한 압력 $P = p_1 + p_2 + p_3 + p_4$
  ① p_1 :   ② p_2 :
  ③ p_3 :   ④ p_4 :

㉰ 펌프를 이용한 가압송수장치, 필요한 낙차 $H = h_1 + h_2 + h_3 + h_4$
  ① h_1 :   ② h_2 :
  ③ h_3 :   ④ h_4 :

해설

포소화설비의 가압송수장치(세부기준 제133조)

① 고가수조를 이용한 가압송수장치

$$H = h_1 + h_2 + h_3$$

여기서, H : 필요한 낙차[m]
  h_1 : 고정식포방출구의 설계압력 환산수두 또는 이동식포소화설비 노즐방사압력 환산수두[m]
  h_2 : 배관의 마찰손실수두[m]
  h_3 : 이동식포소화설비의 소방용 호스의 마찰손실수두[m]

② 압력수조를 이용한 가압송수장치

$$P = p_1 + p_2 + p_3 + p_4$$

여기서, P : 필요한 압력[MPa]
  p_1 : 고정식포방출구의 설계압력 또는 이동식포소화설비 노즐방사압력[MPa]
  p_2 : 배관의 마찰손실수두압[MPa]
  p_3 : 낙차의 환산수두압[MPa]
  p_4 : 이동식포소화설비의 소방용 호스의 마찰손실수두압[MPa]

③ 펌프를 이용한 가압송수장치

$$H = h_1 + h_2 + h_3 + h_4$$

여기서, H : 펌프의 전양정[m]
  h_1 : 고정식포방출구의 설계압력환산수두 또는 이동식포소화설비 노즐선단의 방사압력 환산수두[m]
  h_2 : 배관의 마찰손실수두[m]
  h_3 : 낙차[m]
  h_4 : 이동식포소화설비의 소방용호스의 마찰손실수두[m]

정답 ㉮ ① h_1 : ⓜ 고정식 포방출구의 설계압력환산수두 또는 이동식 포소화설비의 노즐 방사압력 환산수두[m]
  ② h_2 : ㉠ 배관의 마찰손실수두[m]
  ③ h_3 : ⓐ 이동식 포소화설비의 소방용 호스의 마찰손실수두[m]
㉯ ① p_1 : ㉢ 고정식 포방출구의 설계압력 또는 이동식 포소화설비의 노즐 방사압력[MPa]
  ② p_2 : ㉡ 배관의 마찰손실수두압[MPa]
  ③ p_3 : ㉣ 낙차의 환산수두압[MPa]
  ④ p_4 : ㉥ 이동식 포소화설비의 소방용 호스의 마찰손실수두압[MPa]
㉰ ① h_1 : ⓜ 고정식 포방출구의 설계압력환산수두 또는 이동식 포소화설비 노즐 선단의 방사압력환산수두[m]
  ② h_2 : ㉠ 배관의 마찰손실수두[m]
  ③ h_3 : ㉾ 낙차[m]
  ④ h_4 : ⓐ 이동식 포소화설비의 소방용 호스의 마찰손실수두[m]

09

휘발유를 취급하는 설비에서 할론1301을 고정식 벽의 면적이 50[m²]이고 전체둘레면적 200[m²]일 때 용적식 국소방출방식의 소화약제의 양[kg]은?(단, 방호구역의 체적은 600[m³]임)

해설
국소방출방식의 할로젠화합물소화설비

국소방출방식의 할로젠화합물소화설비는 ① 또는 ②에 의하여 산출된 양에 저장 또는 취급하는 위험물에 따라 별표 2(생략, 세부기준 별표 2)에 정한 소화약제에 따른 계수를 곱하고 다시 할론2402 또는 할론1211에 있어서는 1.1, **할론1301에 있어서는 1.25**를 각각 곱한 양 이상으로 할 것

Plus One 별표 2의 계수
휘발유 사용 시 가스계소화설비의 **계수**는 전부 **1.0**이다.

① **면적식의 국소방출방식**
액체 위험물을 상부를 개방한 용기에 저장하는 경우 등 화재 시 연소면이 한면에 한정되고 위험물이 비산할 우려가 없는 경우에는 방호대상물의 표면적 1[m²]당 할론2402에 있어서는 8.8[kg], 할론1211에 있어서는 7.6[kg], 할론1301에 있어서는 6.8[kg]의 비율로 계산한 양

약제의 종별	약제량
할론2402	방호대상물의 표면적[m²] × 8.8[kg/m²] × 1.1 × 계수
할론1211	방호대상물의 표면적[m²] × 7.6[kg/m²] × 1.1 × 계수
할론1301	방호대상물의 표면적[m²] × 6.8[kg/m²] × 1.25 × 계수

② **용적식의 국소방출방식**
①의 경우 외의 경우에는 다음 식에 의하여 구해진 양에 방호공간의 체적을 곱한 양

$$Q = X - Y\frac{a}{A}$$

여기서, Q : 단위체적당 소화약제의 양[kg/m³]
a : 방호대상물 주위에 실제로 설치된 고정벽의 면적의 합계[m²]
A : 방호공간 전체둘레의 면적[m²]
X 및 Y : 다음 표에 정한 소화약제의 종류에 따른 수치

약제의 종별	X의 수치	Y의 수치
할론2402	5.2	3.9
할론1211	4.4	3.3
할론1301	**4.0**	**3.0**

약제의 종별	약제량
할론2402	$Q = \left(X - Y\frac{a}{A}\right) \times 1.1 \times 계수$
할론1211	$Q = \left(X - Y\frac{a}{A}\right) \times 1.1 \times 계수$
할론1301	$Q = \left(X - Y\frac{a}{A}\right) \times 1.25 \times 계수$

∴ $Q = \left(X - Y\frac{a}{A}\right) \times 1.25 \times 계수 = \left(4 - 3 \times \frac{50}{200}\right) \times 1.25 \times 1.0 = 4.0625 [\text{kg/m}^3]$

약제저장량을 구하면 $600[\text{m}^3] \times 4.0625[\text{kg/m}^3] = 2,437.5[\text{kg}]$

정답 2,437.5[kg]

10 표준대기압, 100[℃]에서 기체상태인 수증기로 변할 때 부피가 약 1,700배로 증가한다. 이런 과정을 이상기체 상태방정식을 이용하여 설명하시오(단, 물의 밀도는 1,000[kg/m³]이다).

해설

1,700배 계산

① 방법 I

물의 1[g]일 때 몰수를 구하면 $\frac{1[g]}{18[g]} = 0.05555[mol]$

0.05555[mol]을 부피로 환산하면 $0.05555[mol] \times 22.4[L] = 1.244[L] = 1,244[cm^3]$

온도 100[℃]를 보정하면, $1,244[cm^3] \times \frac{(273+100)[K]}{273[K]} = 1,700[cm^3]$

∴ 물 1g이 100% 수증기로 증발하였을 때 체적은 약 1,700배가 된다.

② 방법 II (이상기체상태 방정식을 적용)

$$PV = nRT = \frac{W}{M}RT \quad V = \frac{WRT}{PM}$$

여기서, P : 압력(1[atm])
V : 부피[m³]
M : 분자량($H_2O = 18g/g\text{-mol}$)
W : 무게(1,000[kg])
R : 기체상수(0.08205[L·atm/g-mol·K])
T : 절대온도(273 + 100[℃] = 373[K])

∴ $V = \frac{WRT}{PM} = \frac{1,000 \times 0.08205 \times 373}{1 \times 18} = 1,700.26[m^3]$

정답 $PV = nRT = \frac{W}{M}RT, \quad V = \frac{WRT}{PM}$

$V = \frac{WRT}{PM} = \frac{1,000 \times 0.08205 \times 373}{1 \times 18} = 1,700.26[m^3]$

부피 $= \frac{1,700.26[m^3]}{1[m^3]} ≒ 1,700$배

11 다음 [보기]의 위험물이 물과 반응할 경우 생성되는 가연성 가스가 동일한 물질만 물과의 반응식을 모두 쓰시오.

[보 기]
나트륨, 리튬, 트라이에틸알루미늄, 메틸리튬, 인화칼슘, 수소화나트륨

해설
물과 반응식
① 나트륨 : $2Na + 2H_2O \rightarrow 2NaOH + H_2 \uparrow$
② 리튬 : $2Li + 2H_2O \rightarrow 2LiOH + H_2 \uparrow$
③ 트라이에틸알루미늄 : $(C_2H_5)_3Al + 3H_2O \rightarrow Al(OH)_3 + 3C_2H_6 \uparrow$
④ 메틸리튬 : $CH_3Li + H_2O \rightarrow LiOH + CH_4 \uparrow$
⑤ 인화칼슘 : $Ca_3P_2 + 6H_2O \rightarrow 3Ca(OH)_2 + 2PH_3 \uparrow$
⑥ 수소화나트륨 : $NaH + H_2O \rightarrow NaOH + H_2 \uparrow$

정답
- 나트륨 : $2Na + 2H_2O \rightarrow 2NaOH + H_2$
- 리튬 : $2Li + 2H_2O \rightarrow 2LiOH + H_2$
- 수소화나트륨 : $NaH + H_2O \rightarrow NaOH + H_2$

12 할로젠화합물 소화약제에 대하여 화학식을 쓰시오.

종 류	할론1301	할론1211	할론1011	할론1001	할론2402
화학식					

해설
할로젠화합물 소화약제
① 명명법

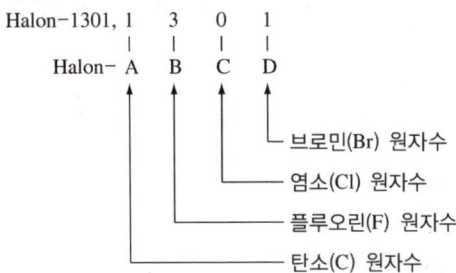

Halon-1301, 1 3 0 1
Halon- A B C D

- D : 브로민(Br) 원자수
- C : 염소(Cl) 원자수
- B : 플루오린(F) 원자수
- A : 탄소(C) 원자수

② 소화약제의 화학식

종 류	할론1301	할론1211	할론1011	할론1001	할론2402
화학식	CF_3Br	CF_2ClBr	CH_2ClBr	CH_3Br	$C_2F_4Br_2$

정답 화학식

종 류	할론1301	할론1211	할론1011	할론1001	할론2402
화학식	CF_3Br	CF_2ClBr	CH_2ClBr	CH_3Br	$C_2F_4Br_2$

13 위험물안전관리법령에서 정한 위험물제조소 등의 설치 및 변경 허가 시 한국소방산업기술원의 검토를 받아야 하는 대상 3가지를 쓰시오.

해설
한국소방산업기술원의 검토를 받아야 하는 대상(시행령 제6조)
① 지정수량의 1,000배 이상의 위험물을 취급하는 제조소 또는 일반취급소
② 옥외탱크저장소(저장용량이 50만[L] 이상인 것만 해당한다)
③ 암반탱크저장소

정답
- 지정수량의 1,000배 이상의 위험물을 취급하는 제조소 또는 일반취급소
- 옥외탱크저장소(저장용량이 50만[L] 이상인 것만 해당한다)
- 암반탱크저장소

14 아세트알데하이드가 은거울 반응을 한 후 생성되는 제4류 위험물에 대하여 다음 물음에 답하시오.

㉮ 시성식을 쓰시오.
㉯ 지정수량을 쓰시오.
㉰ 연소반응식을 쓰시오.

해설
제4류 위험물
① 은거울반응 : 알데하이드(아세트알데하이드, CH_3CHO)는 환원성이 있어서 암모니아성 질산은 용액을 가하면 쉽게 산화되어 카복시산이 되며 은 이온을 은으로 환원시킨다.

$$CH_3CHO + 2Ag(NH_3)_2OH \rightarrow CH_3COOH + 2Ag + 4NH_3 + H_2O$$

② 초산

화학식(시성식)	품 명	지정수량	인화점	연소반응식
CH_3COOH	제2석유류 (수용성)	2,000[L]	40[℃]	$CH_3COOH + 2O_2 \rightarrow 2CO_2 + 2H_2O$

정답
㉮ CH_3COOH
㉯ 2,000[L]
㉰ $CH_3COOH + 2O_2 \rightarrow 2CO_2 + 2H_2O$

15 위험물안전관리법령에 따른 위험물의 저장 및 취급에 관한 기준이다. 다음 물음에 답하시오.

㉮ 법령에서 정한 이동탱크저장소의 취급기준에 따르면 휘발유, 벤젠 그 밖에 정전기에 의한 재해 발생 우려가 있는 액체의 위험물을 이동저장탱크 상부로 주입하는 때에는 주입관을 사용하되 어떠한 조치를 해야 하는지 쓰시오(단, 컨테이너식 이동탱크저장소는 제외).

㉯ 휘발유를 저장하던 이동저장탱크에 등유나 경유를 주입할 때 또는 등유나 경유를 저장하던 이동저장탱크에 휘발유를 주입할 때에는 다음 기준에 따라 정전기 등에 의한 재해를 방지하기 위한 조치를 해야 한다. 조치사항을 쓰시오.
- 이동저장탱크 상부로부터 위험물을 주입하는 경우
- 이동저장탱크 밑부분으로부터 위험물을 주입하는 경우
- 그 밖의 방법으로 위험물을 주입하는 경우

해설
이동탱크저장소(컨테이너식 이동탱크저장소를 제외)에서의 취급기준(시행규칙 별표 18)

① 이동저장탱크로부터 위험물을 저장 또는 취급하는 탱크에 액체의 위험물을 주입할 경우에는 그 탱크의 주입구에 이동저장탱크의 주입호스를 견고하게 결합할 것. 다만, 주입호스의 끝부분에 수동개폐장치를 한 주입노즐(수동개폐장치를 개방상태로 고정하는 장치를 한 것을 제외)을 사용하여 지정수량 미만의 양의 위험물을 저장 또는 취급하는 탱크에 인화점이 40[℃] 이상인 위험물을 주입하는 경우에는 그렇지 않다.

② 이동저장탱크로부터 액체위험물을 용기에 옮겨 담지 아니할 것. 다만, 주입호스의 끝부분에 수동개폐장치를 한 주입노즐(수동개폐장치를 개방상태로 고정하는 장치를 한 것을 제외)을 사용하여 별표 19 Ⅰ의 기준에 적합한 운반용기에 인화점 40[℃] 이상의 제4류 위험물을 옮겨 담는 경우에는 그렇지 않다.

③ 이동저장탱크로부터 위험물을 저장 또는 취급하는 탱크에 인화점이 40[℃] 미만인 위험물을 주입할 때에는 이동탱크저장소의 원동기를 정지시킬 것

④ 이동저장탱크로부터 직접 위험물을 자동차(자동차관리법 제2조 제1호에 따른 자동차와 건설기계관리법 제2조 제1항 제1호에 따른 건설기계 중 덤프트럭 및 콘크리트믹서트럭을 말한다)의 연료탱크에 주입하지 말 것. 다만, 다음의 어느 하나에 해당하는 경우에는 그렇지 않다.
- 건설공사를 하는 장소에서 따른 주입설비를 부착한 이동탱크저장소로부터 해당 건설공사와 관련된 자동차(건설기계 중 덤프트럭과 콘크리트믹서트럭으로 한정한다)의 연료탱크에 인화점 40[℃] 이상의 위험물을 주입하는 경우
- 재난이 발생한 장소에서 주입설비를 부착한 이동탱크저장소로부터 다음의 어느 하나에 해당하는 자동차의 연료탱크에 인화점 40[℃] 이상의 위험물을 주입하는 경우. 이 경우 주유장소는 소방대장 또는 긴급구조지원기관의 장이 지정하는 안전한 장소로 해야 하고, 해당 이동탱크저장소는 주유장소에 정차 중인 자동차 1대에 대해서 주유를 완료한 후가 아니면 다른 자동차에 주유하지 않아야 한다.
  - 소방장비관리법 제8조에 따른 소방자동차
  - 긴급구조지원기관 소속의 자동차
  - 그 밖에 재난에 긴급히 대응할 필요가 있는 경우로서 소방대장 및 긴급구조지원기관의 장이 지정하는 자동차

⑤ 휘발유·벤젠 그 밖에 정전기에 의한 재해발생의 우려가 있는 액체의 위험물을 이동저장탱크에 주입하거나 이동저장탱크로부터 배출하는 때에는 도선으로 이동저장탱크와 접지전극 등과의 사이를 긴밀히 연결하여 당해 이동저장탱크를 접지할 것

⑥ 휘발유·벤젠·그 밖에 정전기에 의한 재해발생의 우려가 있는 액체의 위험물을 이동저장탱크의 상부로 주입하는 때에는 주입관을 사용하되, **당해 주입관의 끝부분을 이동저장탱크의 밑바닥에 밀착할 것**

⑦ 휘발유를 저장하던 이동저장탱크에 등유나 경유를 주입할 때 또는 등유나 경유를 저장하던 이동저장탱크에 휘발유를 주입할 때에는 다음의 기준에 따라 정전기 등에 의한 재해를 방지하기 위한 조치를 할 것
- **이동저장탱크의 상부로부터 위험물을 주입할 때에는** 위험물의 액표면이 주입관의 끝부분을 넘는 높이가 될 때까지 그 주입관내의 유속을 초당 1[m] 이하로 할 것

- 이동저장탱크의 밑부분으로부터 위험물을 주입할 때에는 위험물의 액표면이 주입관의 정상 부분을 넘는 높이가 될 때까지 그 주입배관 내의 유속을 초당 1[m] 이하로 할 것
- **그 밖의 방법에 의한 위험물의 주입**은 이동저장탱크에 가연성 증기가 잔류하지 않도록 조치하고 안전한 상태로 있음을 확인한 후에 할 것

정답 ㉮ 당해 주입관의 끝부분을 이동저장탱크의 밑바닥에 밀착할 것
㉯ • 위험물의 액표면이 주입관의 끝부분을 넘는 높이가 될 때까지 그 주입관 내의 유속을 초당 1[m] 이하로 할 것
• 위험물의 액표면이 주입관의 정상 부분을 넘는 높이가 될 때까지 그 주입배관 내의 유속을 초당 1[m] 이하로 할 것
• 이동저장탱크에 가연성 증기가 잔류하지 않도록 조치하고 안전한 상태로 있음을 확인한 후에 할 것

16 제조소에서 다음과 같은 건축물 구조에 저장할 경우 위험물의 소요단위를 구하시오.

제조소	
건축물	공작물

- 다이에틸에터 3,000[L], 경유 50,000[L]를 취급하는 제조소
- 지상 1층과 2층의 바닥면적이 각각 1,000[m²]인 외벽이 내화구조인 건축물
- 옥외에 설치 높이가 8[m]이고 최대 수평투영면적이 200[m²]인 옥외 공작물

해설
소요단위
① 다이에틸에터 3,000[L], 경유 50,000[L]를 취급하는 제조소
  ㉠ 지정수량

종류	다이에틸에터	경유
품명	특수인화물	제2석유류(비수용성)
지정수량	50L	1,000L

  ㉡ 소요단위 = $\frac{취급량}{지정수량 \times 10}$ = $\frac{3,000[L]}{50[L] \times 10배}$ + $\frac{50,000[L]}{1,000[L] \times 10배}$ = 11단위

② 지상 1층과 2층의 바닥면적이 1,000[m²]인 외벽이 내화구조인 건축물
  ㉠ 제조소, 취급소의 1소요단위 기준

구 분	기준면적
외벽이 내화구조일 경우	100[m²]
외벽이 내화구조가 아닐 경우	50[m²]

  ㉡ 소요단위 = $\frac{연면적}{기준면적}$ = $\frac{(1,000+1,000)[m^2]}{100[m^2]}$ = 20단위

  ※ 연면적 = 1층 바닥면적 + 2층 바닥면적

③ 옥외에 설치 높이가 8[m]이고 최대 수평투영면적이 200[m²]인 옥외 공작물
  제조소 등의 옥외에 설치된 공작물은 외벽이 내화구조인 것으로 간주하고 공작물의 최대수평투영면적을 연면적으로 간주하여 ②의 규정에 의하여 소요단위를 산정한다.

  소요단위 = $\frac{연면적}{기준면적}$ = $\frac{200[m^2]}{100[m^2]}$ = 2단위

∴ 전체 소요단위 = 11 + 20 + 2 = 33단위

정답 33단위

17 위험물안전관리법령에서 정한 [보기]의 위험물 정의에 대하여 다음 물음에 알맞은 답을 쓰시오.

[보 기]
- 금속분이라 함은 알칼리금속·알칼리토금속·(㉠) 및 (㉡) 외의 금속의 분말을 말하고 구리분, 니켈분 및 150[μm]의 체를 통과하는 것이 50[wt%] 미만인 것은 제외한다.
- (㉠)이라 함은 (㉠)의 분말로서 53[μm]의 표준체를 통과하는 것이 50[wt%] 미만인 것은 제외한다.
- (㉢)은 순도가 60[wt%] 이상인 것을 말하며 순도측정을 하는 경우 불순물은 활석 등 불연성 물질과 수분으로 한정한다.

㉮ ㉠에 해당하는 물질의 운반용기 외부에 표시해야 하는 주의사항을 모두 쓰시오.
㉯ ㉡에 해당하는 물질의 화재에 이산화탄소소화기를 사용하면 안 되는 이유를 설명하시오.
㉰ ㉡에 해당하는 물질을 저장하는 경우 해당 옥내저장소의 바닥은 어떤 구조로 해야 하는지 쓰시오.
㉱ ㉢의 물질의 연소반응식을 쓰시오.
㉲ ㉠, ㉡, ㉢ 등에서 지정수량이 가장 작은 물질을 쓰시오(단, 복수일 경우 모두 쓰시오).

해설
제2류 위험물

① 정 의
- ㉠ **가연성 고체** : 고체로서 화염에 의한 발화의 위험성 또는 인화의 위험성을 판단하기 위하여 고시로 정하는 시험에서 고시로 정하는 성질과 상태를 나타내는 것
- ㉡ **황** : 순도가 60[wt%] 이상인 것을 말하며 순도측정을 하는 경우 불순물은 활석 등 불연성 물질과 수분으로 한정한다.
- ㉢ **철분** : 철의 분말로서 53[μm]의 표준체를 통과하는 것이 50[wt%] 미만인 것은 제외하다.
- ㉣ **금속분** : 알칼리금속·알칼리토금속·**철 및 마그네슘** 외의 금속의 분말을 말하고 구리분, 니켈분 및 150[μm]의 체를 통과하는 것이 50[wt%] 미만인 것은 제외한다.
- ㉤ **인화성 고체** : 고형알코올 그 밖에 1[atm]에서 인화점이 40[℃] 미만인 고체

② 운반 시 주의사항

유 별	품 명	주의사항
제1류 위험물	알칼리금속의 과산화물	화기·충격주의, 물기엄금, 가연물접촉주의
	그 밖의 것	화기·충격주의, 가연물접촉주의
제2류 위험물	**철분, 마그네슘, 금속분**	**화기주의, 물기엄금**
	인화성 고체	화기엄금
	그 밖의 것	화기주의
제3류 위험물	자연발화성 물질	화기엄금, 공기접촉엄금
	금수성 물질	물기엄금
제4류 위험물	전 부	화기엄금
제5류 위험물	전 부	화기엄금, 충격주의
제6류 위험물	전 부	가연물접촉주의

③ 마그네슘은 이산화탄소와 반응하면 분자량이 28인 일산화탄소를 생성한다.

$$Mg + CO_2 \rightarrow MgO + CO$$

④ 옥내저장창고의 바닥은 물이 스며 나오거나 스며들지 않는 구조로 해야 하는 위험물
  ㉠ 제1류 위험물 중 알칼리금속의 과산화물 또는 이를 함유하는 것
  ㉡ 제2류 위험물 중 철분·금속분·마그네슘 또는 이를 함유하는 것
  ㉢ 제3류 위험물 중 금수성물질
  ㉣ 제4류 위험물
⑤ 황의 연소반응식 : S + O$_2$ → SO$_2$
⑥ 지정수량

종 류	철분, 금속분, 마그네슘	황화인, 적린, 황
지정수량	500[kg]	100[kg]

정답
㉮ 화기주의, 물기엄금
㉯ 가연성가스인 일산화탄소가 생성하여 화재면이 확대된다.
㉰ 물이 스며 나오거나 스며들지 않는 구조
㉱ S + O$_2$ → SO$_2$
㉲ 황

---

18 위험물안전관리법령에 따른 옥내저장소의 설치기준에 관한 설명이다. 다음 물음에 답하시오.
㉮ 단층건물의 옥내저장소 외의 다른 용도의 옥내저장소의 종류 2가지를 쓰시오.
㉯ 옥내저장소의 설치기준을 완화 받는 특례기준에 해당하는 옥내저장소의 종류 4가지를 쓰시오.
㉰ 위험물의 성질에 따른 옥내저장소의 특례기준에서 강화되는 위험물의 품명 2가지를 쓰시오.
㉱ 격벽으로 완전히 구획된 옥내저장소에 특수인화물과 경유를 같이 저장하고 있다. 다음 물음에 답하시오.

저장소 구분	저장하는 위험물
A	특수인화물 + 경유를 같이 저장
B	경유만 저장

• A 저장소에 해당 위험물을 저장할 경우 최대 허용면적[m^2]을 쓰시오.
• A 저장소가 최대 허용면적일 경우 B의 면적[m^2]을 쓰시오.

해설
옥내저장소의 설치기준
① 단층건물의 옥내저장소 외의 다른 용도의 옥내저장소의 종류 : 다층건물의 옥내저장소, 복합용도 건축물의 옥내저장소
② 옥내저장소의 설치기준을 완화 받는 특례기준에 해당하는 옥내저장소의 종류
  ㉠ 소규모 옥내저장소
  ㉡ 고인화점 위험물의 단층건물 옥내저장소
  ㉢ 고인화점 위험물의 다층건물 옥내저장소
  ㉣ 고인화점 위험물의 소규모 옥내저장소
③ 위험물의 성질에 따른 옥내저장소의 특례기준에서 강화되는 위험물의 품명
  ㉠ 제5류 위험물 중 유기과산화물(제1종) 또는 이를 함유하는 것으로서 지정수량이 10[kg]인 것(지정과산화물)
  ㉡ 알킬알루미늄 등
  ㉢ 하이드록실아민 등

④ 격벽으로 완전히 구획된 옥내저장소의 저장창고의 바닥면적

바닥면적		해당 위험물
① 1,000[m²] 이하	제1류 위험물	아염소산염류, 염소산염류, 과염소산염류, 무기과산화물
	제3류 위험물	칼륨, 나트륨, 알킬알루미늄, 알킬리튬
	제4류 위험물	**특수인화물**, 제1석유류, 알코올류
	제5류 위험물	지정수량이 10[kg]인 위험물
	제6류 위험물	전 부
② 2,000[m²] 이하		①의 위험물 외의 위험물

①의 위험물과 ②의 위험물을 내화구조의 격벽으로 완전히 구획된 실에 각각 저장하는 창고 : 1,500[m²] 이하(단, ①의 **위험물**을 저장하는 실의 면적은 500[m²]를 초과할 수 없다)

㉠ A 저장소에 해당 위험물을 저장할 경우 최대 허용면적[m²] : 500[m²]
㉡ A 저장소가 최대 허용면적일 경우 B의 면적[m²] : 1,000[m²]

정답
㉮ 다층건물의 옥내저장소, 복합용도 건축물의 옥내저장소
㉯ 소규모 옥내저장소, 고인화점 위험물의 단층건물 옥내저장소, 고인화점 위험물의 다층건물 옥내저장소, 고인화점 위험물의 소규모 옥내저장소
㉰ 제5류 위험물 중 유기과산화물(제1종) 또는 이를 함유하는 것으로서 지정수량이 10kg인 것, 알킬알루미늄등, 하이드록실아민 등
㉱ • 500[m²]
　• 1,000[m²]

19 위험물안전관리법령상 이송취급소의 배관을 지상에 설치하는 기준에 대하여 안전거리를 적으시오.

대상물	안전거리
철도(화물수송용으로만 쓰이는 것은 제외) 또는 도로의 경계선	(㉮)[m] 이상
학교, 병원급 의료기관, 공연장, 영화상영관, 아동복지시설, 노인복지시설, 장애인복지시설, 한부모가족복지시설, 어린이집, 성매매피해자 등을 위한 지원시설, 정신건강증진시설	(㉯)[m] 이상
지정문화유산 및 천연기념물 등	(㉰)[m] 이상
고압가스, 제조시설, 고압가스저장시설, 액화석유가스저장시설, 가스공급시설	(㉱)[m] 이상
수도시설 중 위험물이 유입될 가능성이 있는 것	(㉲) 이상

해설
이송취급소의 안전거리

① 배관을 지상에 설치하는 경우의 안전거리

대상물	안전거리
철도(화물수송용으로만 쓰이는 것은 제외) 또는 도로의 경계선	25[m] 이상
고압가스, 제조시설, 고압가스저장시설, 액화석유가스저장시설, 가스공급시설	35[m] 이상
학교, 병원급 의료기관, 공연장, 영화상영관, 아동복지시설, 노인복지시설, 장애인복지시설, 한부모가족복지시설, 어린이집, 성매매피해자 등을 위한 지원시설, 정신건강증진시설	45[m] 이상
도시공원	45[m] 이상
판매시설, 숙박시설, 위락시설 등 불특정다중을 수용하는 시설 중 연면적 1,000[m^2] 이상인 것	45[m] 이상
1일 평균 20,000명 이상 이용하는 기차역 또는 버스터미널	45[m] 이상
지정문화유산 및 천연기념물 등	65[m] 이상
수도시설 중 위험물이 유입될 가능성이 있는 것	300[m] 이상

② 배관을 지하에 설치하는 경우의 안전거리

대상물		안전거리
건축물(지하가 내의 건축물은 제외)		1.5[m] 이상
지하가 및 터널		10[m] 이상
수도시설(위험물의 유입 우려가 있는 것에 한한다)		300[m] 이상
배관은 그 외면으로부터 다른 공작물		0.3[m] 이상
배관의 외면과 지표면 사이의 거리	산이나 들	0.9[m] 이상
	그 밖의 지역	1.2[m] 이상

정답
㉮ 25
㉯ 45
㉰ 65
㉱ 35
㉲ 300

2025년 1월 25일 시행
최근 기출복원문제

01 제2류 위험물에 대하여 다음 ( ) 안에 알맞은 답을 쓰시오.

명칭	지정수량	위험등급
(㉮), (㉯), 황	(㉳)[kg]	(㉷)
(㉰), (㉱), (㉲)	500[kg]	(㉸)
(㉴)	(㉵)[kg]	Ⅲ

해설

제2류 위험물

명칭	지정수량	위험등급
황화인, 적린, 황	100[kg]	Ⅱ
철분, 금속분, 마그네슘	500[kg]	Ⅲ
인화성 고체	1,000[kg]	Ⅲ

정답
- ㉮ 황화인
- ㉯ 적린
- ㉰ 철분
- ㉱ 금속분
- ㉲ 마그네슘
- ㉴ 인화성 고체
- ㉳ 100
- ㉵ 1,000
- ㉷ Ⅱ
- ㉸ Ⅲ

02

위험물안전관리법령에 따른 운반용기 수납기준이다. 다음 ( ) 안에 알맞은 답을 쓰시오.

- 고체위험물은 운반용기 내용적의 (㉮)[%] 이하의 수납율로 수납할 것
- 액체위험물은 운반용기 내용적의 (㉯)[%] 이하의 수납율로 수납하되, (㉰)℃의 온도에서 누설되지 않도록 충분한 공간용적을 유지하도록 할 것
- 알킬알루미늄 등은 운반용기의 내용적의 (㉱)[%] 이하의 수납율로 수납하되, 50℃의 온도에서 (㉲)[%] 이상의 공간용적을 유지하도록 할 것

해설

수납기준

① 위험물이 온도변화 등에 의하여 누설되지 않도록 운반용기를 밀봉하여 수납할 것. 다만, 온도변화 등에 의한 위험물로부터의 가스의 발생으로 운반용기안의 압력이 상승할 우려가 있는 경우(발생한 가스가 독성 또는 인화성을 갖는 등 위험성이 있는 경우를 제외한다)에는 가스의 배출구(위험물의 누설 및 다른 물질의 침투를 방지하는 구조로 된 것에 한한다)를 설치한 운반용기에 수납할 수 있다.
② 수납하는 위험물과 위험한 반응을 일으키지 않는 등 해당 위험물의 성질에 적합한 재질의 운반용기에 수납할 것
③ **고체위험물**은 운반용기 내용적의 **95[%] 이하의 수납율**로 수납할 것
④ **액체위험물**은 운반용기 내용적의 **98[%] 이하의 수납율**로 수납하되, **55℃**의 온도에서 누설되지 않도록 충분한 공간용적을 유지하도록 할 것
⑤ 하나의 외장용기에는 다른 종류의 위험물을 수납하지 아니할 것
⑥ 제3류 위험물은 다음의 기준에 따라 운반용기에 수납할 것
   ㉠ 자연발화성 물질에 있어서는 불활성 기체를 봉입하여 밀봉하는 등 공기와 접하지 않도록 할 것
   ㉡ 자연발화성 물질 외의 물품에 있어서는 파라핀·경유·등유 등의 보호액으로 채워 밀봉하거나 불활성 기체를 봉입하여 밀봉하는 등 **수분**과 접하지 않도록 할 것
   ㉢ 자연발화성물질 중 **알킬알루미늄** 등은 운반용기의 내용적 **90[%] 이하의 수납율**로 수납하되, 50℃의 온도에서 **5[%] 이상의 공간용적**을 유지하도록 할 것

정답 ㉮ 95 ㉯ 98 ㉰ 55 ㉱ 90 ㉲ 5

03

다음 중 물보다 비중이 큰 것을 모두 물질의 명칭으로 쓰시오.

CS_2, HCOOH, CH_3COOH, $C_6H_5CH_3$, MEK, C_6H_5Br

해설

제4류 위험물의 비중(액체)

종류 항목	CS_2	HCOOH	CH_3COOH	$C_6H_5CH_3$	$CH_3COC_2H_5$	C_6H_5Br
명칭	이황화탄소	의산(개미산)	초산(아세트산)	톨루엔	메틸에틸케톤(MEK)	브로모벤젠
품명	특수인화물	제2석유류	제2석유류	제1석유류	제1석유류	제2석유류
비중	1.26	1.20	1.05	0.86	0.8	1.49

정답 이황화탄소, 의산, 초산, 브로모벤젠

04

위험물안전관리법령상 소화난이도 등급Ⅰ의 제조소 등에 설치해야 하는 소화설비의 기준이다. 다음 ( ) 안에 알맞은 답을 쓰시오.

제조소 등의 구분			소화설비
제조소 및 일반취급소			(㉮), (㉯), (㉰) 또는 물분무 등 소화설비(화재 발생 시 연기가 충만할 우려가 있는 장소에는 스프링클러설비 또는 이동식 외의 물분무등소화설비에 한한다)
주유취급소			(㉰)(건축물에 한정한다), (㉱) 등(능력단위의 수치가 건축물 그 밖의 공작물 및 위험물의 소요단위의 수치에 이르도록 설치할 것)
옥내저장소	처마높이가 6[m] 이상인 단층건물 또는 다른 용도의 부분이 있는 건축물에 설치한 옥내저장소		(㉰) 또는 이동식 외의 물분무 등 소화설비
	그 밖의 것		(㉯), (㉰), 이동식 외의 물분무 등 소화설비 또는 이동식 포소화설비(포소화전을 옥외에 설치하는 것에 한한다)
옥외탱크저장소	지중탱크 또는 해상탱크 외의 것	황만을 저장·취급하는 것	물분무소화설비
		인화점 70℃ 이상의 제4류 위험물만을 저장·취급하는 것	물분무소화설비 또는 (㉲)
		그 밖의 것	(㉲)(포소화설비가적응성이 없는 경우에는 분말소화설비)

해설
소화난이도등급Ⅰ의 제조소 등에 설치해야 하는 소화설비

제조소 등의 구분			소화설비
제조소 및 일반취급소			**옥내소화전설비, 옥외소화전설비, 스프링클러설비** 또는 물분무 등 소화설비(화재발생 시 연기가 충만할 우려가 있는 장소에는 스프링클러설비 또는 이동식 외의 물분무 등 소화설비에 한한다)
주유취급소			**스프링클러설비**(건축물에 한정한다), **소형수동식소화기 등**(능력단위 수치가 건축물 그 밖의 공작물 및 위험물의 소요단위의 수치에 이르도록 설치할 것)
옥내저장소	처마높이가 6[m] 이상인 단층건물 또는 다른 용도의 부분이 있는 건축물에 설치한 옥내저장소		**스프링클러설비** 또는 **이동식 외의 물분무 등 소화설비**
	그 밖의 것		**옥외소화전설비, 스프링클러설비**, 이동식 외의 물분무 등 소화설비 또는 이동식 포소화설비(포소화전을 옥외에 설치하는 것에 한한다)
옥외탱크저장소	지중탱크 또는 해상탱크 외의 것	황만을 저장·취급하는 것	**물분무소화설비**
		인화점 70℃ 이상의 제4류 위험물만을 저장·취급하는 것	물분무소화설비 또는 **고정식 포소화설비**
		그 밖의 것	**고정식 포소화설비**(포소화설비가 적응성이 없는 경우에는 분말소화설비)

정답
- ㉮ 옥내소화전설비
- ㉯ 옥외소화전설비
- ㉰ 스프링클러설비
- ㉱ 소형수동식소화기
- ㉲ 고정식 포소화설비

05

옥내저장소에 지정과산화물을 저장하는 저장창고의 기준이다. 다음 ( ) 안에 적당한 말을 넣으시오.

저장창고는 (㉮)[m²] 이내마다 격벽으로 완전하게 구획할 것. 이 경우 당해 격벽은 두께 (㉯)[cm] 이상의 철근콘크리트조 또는 철골철근콘크리트조로 하거나 두께 (㉰)[cm] 이상의 보강콘크리트 블록조로 하고, 해당 저장창고의 양측의 외벽으로부터 (㉱)[m] 이상, 상부의 지붕으로부터 (㉲)[cm] 이상 돌출하게 해야 한다.

해설
옥내저장소의 지정과산화물 저장창고의 기준(시행규칙 별표 5)
① 저장창고는 **150[m²]** 이내마다 격벽으로 완전하게 구획할 것. 이 경우 당해 격벽은 두께 **30[cm]** 이상의 철근콘크리트조 또는 철골철근콘크리트조로 하거나 두께 **40[cm]** 이상의 보강콘크리트블록조로 하고, 해당 저장창고의 양측의 외벽으로부터 **1[m]** 이상, 상부의 지붕으로부터 **50[cm]** 이상 돌출하게 해야 한다.
② 저장창고의 외벽은 두께 20[cm] 이상의 철근콘크리트조나 철골철근콘크리트조 또는 두께 30[cm] 이상의 보강콘그리트블록조로 할 것
③ 저장창고의 지붕은 다음 각목에 적합할 것
  ㉠ 중도리 또는 서까래의 간격은 30[cm] 이하로 할 것
  ㉡ 지붕의 아래쪽 면에는 한 변의 길이가 45[cm] 이하의 환강(丸鋼)·경량형강(輕量型鋼) 등으로 된 강제(鋼製)의 격자를 설치할 것
  ㉢ 지붕의 아래쪽 면에 철망을 쳐서 불연재료의 도리·보 또는 서까래에 단단히 결합할 것
  ㉣ 두께 5[cm] 이상, 너비 30[cm] 이상의 목재로 만든 받침대를 설치할 것
④ 저장창고의 출입구에는 60분+ 방화문 또는 60분 방화문을 설치할 것
⑤ 저장창고의 창은 바닥 면으로부터 2[m] 이상의 높이에 두되, 하나의 벽면에 두는 창의 면적의 합계를 당해 벽면의 면적의 1/80 이내로 하고, 하나의 창의 면적을 0.4[m²] 이내로 할 것

정답 ㉮ 150 ㉯ 30
  ㉰ 40 ㉱ 1
  ㉲ 50

06

유량이 230[L/s]이고 지름이 250[mm]인 원관과 지름이 400[mm]인 원관이 직접 연결되어 있을 때 손실수두를 구하시오(단, 손실계수는 무시한다).

해설
확대관일 때 손실수두

$$H = k\frac{(u_1 - u_2)^2}{2g}$$

여기서, k : 확대손실계수

u_1 : 입구의 유속 $\left(u_1 = \dfrac{Q}{A} = \dfrac{Q}{\dfrac{\pi D^2}{4}} = \dfrac{4Q}{\pi D^2} = \dfrac{4 \times 0.23[\text{m}^3/\text{s}]}{\pi \times (0.25[\text{m}])^2} = 4.69[\text{m/s}]\right)$

u_2 : 출구의 유속 $\left(u_2 = \dfrac{4Q}{\pi D^2} = \dfrac{4 \times 0.23[\text{m}^3/\text{s}]}{\pi \times (0.4[\text{m}])^2} = 1.83[\text{m/s}]\right)$

∴ $H = k\dfrac{(u_1 - u_2)^2}{2g} = \dfrac{(4.69[\text{m/s}] - 1.83[\text{m/s}])^2}{2 \times 9.8[\text{m/s}^2]} = 0.42[\text{m}]$

정답 0.42[m]

07

신속평형법 인화점측정기에 의한 인화점 측정시험 방법에서 다음 ( ) 안에 적당한 말이나 숫자를 쓰시오.

- 시험장소는 1기압, 무풍의 장소로 할 것
- 신속평형법 인화점측정기의 시료컵을 설정온도까지 가열 또는 냉각하여 시험물품(설정온도가 상온보다 낮은 온도인 경우에는 설정온도까지 냉각한 것) (㉮)[mL]를 시료컵에 넣고 즉시 뚜껑 및 개폐기를 닫을 것
- 시료컵의 온도를 (㉯)분간 설정온도로 유지할 것
- 시험불꽃을 점화하고 화염의 크기를 직경 (㉰)[mm]가 되도록 조정할 것
- (㉱)분 경과 후 개폐기를 작동하여 시험불꽃을 시료컵에 (㉲)초간 노출시키고 닫을 것. 이 경우 시험불꽃을 급격히 상하로 움직이지 않아야 한다.

해설

신속평형법 인화점측정기에 의한 인화점 측정시험 방법(위험물안전관리에 관한 세부기준 제15조)

① 시험장소는 1기압, 무풍의 장소로 할 것
② 신속평형법인화점측정기의 시료컵을 설정온도까지 가열 또는 냉각하여 시험물품(설정온도가 상온보다 낮은 온도인 경우에는 설정온도까지 냉각한 것) **2[mL]**를 시료컵에 넣고 즉시 뚜껑 및 개폐기를 닫을 것
③ 시료컵의 온도를 **1분간** 설정온도로 유지할 것
④ 시험불꽃을 점화하고 화염의 크기를 직경 **4[mm]**가 되도록 조정할 것
⑤ **1분** 경과 후 개폐기를 작동하여 시험불꽃을 시료컵에 **2.5초간** 노출시키고 닫을 것. 이 경우 시험불꽃을 급격히 상하로 움직이지 않아야 한다.
⑥ ⑤의 방법에 의하여 인화한 경우에는 인화하지 않을 때까지 설정온도를 낮추고, 인화하지 않는 경우에는 인화할 때까지 설정온도를 높여 ② 내지 ⑤의 조작을 반복하여 인화점을 측정할 것

정답
㉮ 2
㉯ 1
㉰ 4
㉱ 1
㉲ 2.5

08

할로젠화합물 소화약제에 대하여 다음 ( ) 안에 알맞은 답을 쓰시오.

㉮ 브로모트라이플루오로메테인 : 할론( )
㉯ 브로모클로로다이플루오로메테인 : 할론( )
㉰ 펜타플루오로에테인 : HFC-( )
㉱ 트라이플루오로메테인 : HFC-( )
㉲ 헵타플루오로프로페인 : HFC-( )

해설
할로젠화합물 소화약제의 화학식

종 류	화학식	화학명
할론1301	CF_3Br	브로모트라이플루오로메탄 = 브로모트라이플루오로메테인
할론1211	CF_2ClBr	브로모클로로다이플루오로메탄 = 브로모클로로다이플루오로메테인
HFC-125	CHF_2CF_3	펜타플루오로에탄 = 펜타플루오로에테인
HFC-23	CHF_3	트라이플루오로메탄 = 트라이플루오로메테인
HFC-227ea	CF_3CHFCF_3	헵타플루오로프로판 = 헵타플루오로프로페인

정답
㉮ 1301
㉯ 1211
㉰ 125
㉱ 23
㉲ 227ea

09

[보기]와 같은 제4류 위험물에 대하여 다음 물음에 알맞은 답을 쓰시오.

[보 기]
- 무색, 투명한 액체로 증기비중은 약 3.90이다.
- 벤젠을 철 촉매하에서 염소화시켜 제조한다.
- 트라이클로로에탄올(C_2HCl_3O)을 황산 촉매하에 반응시켜 DDT(살충제)를 제조하는 데 사용한다.

㉮ 구조식을 쓰시오.
㉯ 위험등급을 쓰시오.
㉰ 지정수량을 쓰시오.
㉱ 해당 위험물의 이동탱크저장소에 접지도선 설치 여부를 쓰시오.

해설
클로로벤젠(Chlorobenzene)

① 물 성

화학식	구조식	품 명	지정수량	위험등급	비 중	증기비중	인화점	착화점
C_6H_5Cl	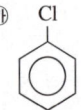	제2석유류 (비수용성)	1,000[L]	Ⅲ	1.13	112.5/29 = 3.88	27℃	638℃

② 마취성이 조금 있는 석유와 비슷한 냄새가 나는 무색액체이다.
③ 물에 녹지 않고 알코올, 에터 등 유기용제에는 녹는다.
④ 연소하면 염화수소가스를 발생한다.

$$C_6H_5Cl + 7O_2 \rightarrow 6CO_2 + 2H_2O + HCl$$

⑤ 벤젠을 철 촉매하에서 염소화시켜 제조한다.
⑥ **이동탱크저장소의 접지도선** : 특수인화물, 제1석유류, **제2석유류(클로로벤젠)**

정답
㉮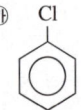
㉯ Ⅲ등급
㉰ 1,000[L]
㉱ 설치해야 한다.

10 [보기]와 같은 위험물에 대하여 다음 물음에 알맞은 답을 쓰시오.

[보 기]
- 지정수량이 500[kg], 융점 651[℃], 비중 1.74이다.
- 운반용기 외부에 표시해야 할 주의사항은 화기주의와 물기엄금이다.

㉮ 물과 반응식을 쓰시오.
㉯ 제조소의 게시판에 표시해야 할 주의사항을 모두 쓰시오.
㉰ [보기]에서 설명하는 위험물의 제외조건 한 가지만 쓰시오.

해설
마그네슘

① 물성

화학식	지정수량	원자량	비중	융점
Mg	500[kg]	24.3	1.74	651℃

② 은백색의 광택이 있는 금속이다.
③ 물과 반응하면 수소가스를 발생한다.

$$Mg + 2H_2O \rightarrow Mg(OH)_2 + H_2 \uparrow$$

④ 주의사항

구 분	주의사항
운반용기에 표시해야 하는 주의사항	화기주의, 물기엄금
제조소의 게시판에 표시해야 할 주의사항	화기주의

⑤ 마그네슘이 **제2류 위험물의 제외조건**
  ㉠ 2[mm]의 체를 통과하지 않는 덩어리 상태의 것
  ㉡ 직경 2[mm] 이상의 막대 모양의 것

정답
㉮ $Mg + 2H_2O \rightarrow Mg(OH)_2 + H_2$
㉯ 화기주의
㉰ • 2[mm]의 체를 통과하지 않는 덩어리 상태의 것
  • 직경 2[mm] 이상의 막대 모양의 것

11 위험물안전관리법령상 옥외탱크저장소의 용량을 구하시오(단, 공간용적은 6[%]이다).

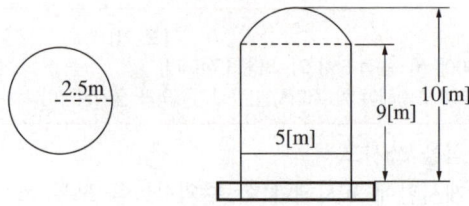

해설
세로로 설치한 것

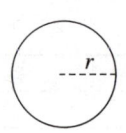 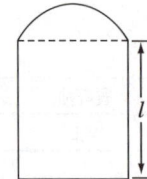

내용적 $= \pi r^2 l$

∴ $\pi \times (2.5[m])^2 \times 9[m] = 176,714587[m^3] = 176,714.587[L]$
공간용적을 고려하면 $176,714.587[L] \times 0.94 = 166,111.71[L]$

정답 166,111.71[L]

---

12 [보기]와 같은 제4류 위험물에 대하여 다음 물음에 알맞은 답을 쓰시오.

[보기]
- 은거울반응과 펠링반응을 한다.
- 산화할 경우 제4류 위험물인 지정수량 2,000[L]의 물질을 생성한다.
- 무색의 휘발성이 강한 액체이다.
- 공기 중에서 산화할 경우 과산화물이 생성된다.

㉮ 산화반응식을 쓰시오.
㉯ 구리, 은과 접촉하면 안 되는 이유를 쓰시오.
㉰ 지하탱크저장소에 탱크전용실을 설치해야 하는지 여부를 쓰시오.
㉱ 지하저장탱크가 위의 위험물을 적당한 온도로 유지할 수 있는 구조인 경우에 보냉장치(냉각장치)의 최소 개수를 쓰시오(단, 해당 없으면 "해당 없음"으로 쓸 것).

해설

아세트알데하이드

① **산화반응식** : 2CH$_3$CHO + O$_2$ → CH$_3$COOH(초산, 지정수량 : 2,000[L])

② 아세트알데하이드의 검출방법

　㉠ 은거울반응 : 알데하이드(아세트알데하이드, CH$_3$CHO)는 환원성이 있어서 암모니아성 질산은 용액을 가하면 쉽게 산화되어 카복실산이 되며 은 이온을 은으로 환원시킨다.

$$CH_3CHO + 2Ag(NH_3)_2OH \rightarrow CH_3COOH + 2Ag + 4NH_3 + H_2O$$
　　　아세트알데하이드　암모니아성 질산은 용액

　㉡ 펠링반응 : 알데하이드를 펠링용액(황산구리(Ⅱ)수용액, 수산화나트륨수용액)에 넣고 가열하면 Cu$_2$O의 붉은색 침전이 생성된다.

$$CH_3CHO + 2Cu^{2+} + H_2O + NaOH \rightarrow CH_3COONa + 4H^+ + Cu_2O \downarrow (붉은색)$$

③ **구리(Cu), 마그네슘(Mg), 은(Ag), 수은(Hg)과 반응**하면 **폭발성 아세틸라이드를 생성**한다.

④ 탱크전용실 설치 여부 : 위험물을 저장 또는 취급하는 **지하저장탱크**는 **지면하에 설치된 탱크전용실에 설치**해야 한다. 다만, 제4류 위험물의 지하저장탱크가 다음 기준에 적합한 때에는 그렇지 않다.

　㉠ 해당 탱크를 지하철·지하가 또는 지하터널로부터 수평거리 10[m] 이내의 장소 또는 지하건축물 내의 장소에 설치하지 아니할 것

　㉡ 해당 탱크를 그 수평투영의 세로 및 가로보다 각각 0.6[m] 이상 크고 두께가 0.3[m] 이상인 철근콘크리트조의 뚜껑으로 덮을 것

　㉢ 뚜껑에 걸리는 중량이 직접 당해 탱크에 걸리지 않는 구조일 것

　㉣ 해당 탱크를 견고한 기초 위에 고정할 것

　㉤ 해당 탱크를 지하의 가장 가까운 벽·피트(pit : 인공지하구조물)·가스관 등의 시설물 및 대지경계선으로부터 0.6[m] 이상 떨어진 곳에 매설할 것

⑤ 보냉장치 : 지하저장탱크가 **아세트알데하이드 등의 온도를 적당한 온도로 유지할 수 있는 구조인 경우**에 냉각장치 또는 **보냉장치를 설치하지 않을 수 있다**(규칙 별표 8, Ⅳ).

정답
　㉮ 2CH$_3$CHO + O$_2$ → CH$_3$COOH
　㉯ 폭발성 아세틸라이드를 생성하기 때문
　㉰ 설치해야 한다.
　㉱ 해당 없음

---

13 다음과 같은 비율로 혼합되어 있는 이 혼합기체의 폭발하한계를 구하시오.

- 탄화알루미늄과 염산의 반응 시 생성되는 기체 40[vol%]
- 트라이에틸알루미늄과 물과 반응 시 생성되는 기체 30[vol%]
- 칼륨과 에탄올의 반응 시 생성되는 기체 30[vol%]

해설

폭발하한계

① 반응식
  ㉠ 탄화알루미늄과 염산의 반응 : $Al_4C_3 + 12HCl \rightarrow 4AlCl_3 + 3CH_4 \uparrow$ (메테인)
  ㉡ 트라이에틸알루미늄과 물의 반응 : $(C_2H_5)_3Al + 3H_2O \rightarrow Al(OH)_3 + 3C_2H_6 \uparrow$ (에테인)
  ㉢ 칼륨과 에탄올의 반응 : $2K + 2C_2H_5OH \rightarrow 2C_2H_5OK + H_2 \uparrow$ (수소)

② 폭발범위

종 류	메테인	에테인	수 소
연소범위	5.0~15[%]	3.0~12.4[%]	4.0~75[%]

③ 폭발하한계

$$L_m = \frac{100}{\frac{V_1}{L_1} + \frac{V_2}{L_2} + \frac{V_3}{L_3} + \frac{V_4}{L_4}}$$

여기서, L_m : 혼합가스의 폭발한계(하한값, 상한값의 용량[%])
  V_1, V_2, V_3, V_n : 가연성 가스의 용량(용량[%])
  L_1, L_2, L_3, L_n : 가연성 가스의 하한값 또는 상한값(용량[%])

$$\therefore L_m = \frac{100}{\frac{V_1}{L_1} + \frac{V_2}{L_2} + \frac{V_3}{L_3}} = \frac{100}{\frac{40}{5.0} + \frac{30}{3.0} + \frac{30}{4.0}} = 3.92[\%]$$

정답 3.92[%]

---

14 위험물안전관리법령상 일반취급소의 기준이다. 다음 [보기] 중 제2류 위험물의 취급이 가능한 일반취급소를 모두 고르시오.

[보 기]
㉮ 분무도장작업 등의 일반취급소
㉯ 충전하는 일반취급소
㉰ 화학실험의 일반취급소
㉱ 세정작업의 일반취급소
㉲ 반도체 제조공정의 일반취급소
㉳ 절삭장치 등을 설치하는 일반취급소
㉴ 2차 전지 제조공정의 일반취급소

해설

① 일반취급소 구분
  ㉠ 도장, 인쇄 또는 도포를 위하여 **제2류 위험물** 또는 제4류 위험물(특수인화물을 제외한다)을 취급하는 일반취급소로서 지정수량의 30배 미만의 것(위험물을 취급하는 설비를 건축물에 설치하는 것에 한하며, 이하 "**분무도장작업 등의 일반취급소**"라 한다)
  ㉡ 세정을 위하여 위험물(**인화점이 40℃ 이상인 제4류 위험물에 한한다**)을 취급하는 일반취급소로서 지정수량의 30배 미만의 것(위험물을 취급하는 설비를 건축물에 설치하는 것에 한하며, 이하 "**세정작업의 일반취급소**"라 한다)

ⓒ 열처리작업 또는 방전가공을 위하여 위험물(인화점이 70℃ 이상인 제4류 위험물에 한한다)을 취급하는 일반취급소로서 지정수량의 30배 미만의 것(위험물을 취급하는 설비를 건축물에 설치하는 것에 한하며, 이하 "열처리작업 등의 일반취급소"라 한다)
ⓔ 보일러, 버너 그 밖의 이와 유사한 장치로 위험물(인화점이 38℃ 이상인 제4류 위험물에 한한다)을 소비하는 일반취급소로서 지정수량의 30배 미만의 것(위험물을 취급하는 설비를 건축물에 설치하는 것에 한하며, 이하 "보일러 등으로 위험물을 소비하는 일반취급소"라 한다)
ⓜ 이동저장탱크에 **액체위험물**(알킬알루미늄 등, 아세트알데하이드 등 및 하이드록실아민 등을 제외한다)을 주입하는 일반취급소(액체위험물을 용기에 옮겨 담는 취급소를 포함하며, 이하 "**충전하는 일반취급소**"라 한다)
ⓗ 고정급유설비에 의하여 위험물(인화점이 38℃ 이상인 제4류 위험물에 한한다)을 용기에 옮겨 담거나 4,000[L] 이하의 이동저장탱크(용량이 2,000[L]를 넘는 탱크에 있어서는 그 내부를 2,000[L] 이하마다 구획한 것에 한한다)에 주입하는 일반취급소로서 지정수량의 40배 미만인 것(이하 "**옮겨 담는 일반취급소**"라 한다)
ⓢ 위험물을 이용한 유압장치 또는 윤활유 순환장치를 설치하는 일반취급소(고인화점 위험물만을 100℃ 미만의 온도로 취급하는 것에 한한다)로서 지정수량의 50배 미만의 것(위험물을 취급하는 설비를 건축물에 설치하는 것에 한하며, 이하 "**유압장치 등을 설치하는 일반취급소**"라 한다)
ⓞ 절삭유의 위험물을 이용한 절삭장치, 연삭장치 그 밖의 이와 유사한 장치를 설치하는 일반취급소(고인화점 위험물만을 100℃ 미만의 온도로 취급하는 것에 한한다)로서 지정수량의 30배 미만의 것(위험물을 취급하는 설비를 건축물에 설치하는 것에 한하며, 이하 "**절삭장치 등을 설치하는 일반취급소**"라 한다)
ⓩ 위험물 외의 물건을 가열하기 위하여 위험물(고인화점 위험물에 한한다)을 이용한 열매체유(열 전달에 이용하는 합성유) 순환장치를 설치하는 일반취급소로서 지정수량의 30배 미만의 것(위험물을 취급하는 설비를 건축물에 설치하는 것에 한하며, 이하 "**열매체유 순환장치를 설치하는 일반취급소**"라 한다)
ⓩ 화학실험을 위하여 위험물을 취급하는 일반취급소로서 **지정수량의 30배 미만의 것**(위험물을 취급하는 설비를 건축물에 설치하는 것만 해당하며, 이하 "**화학실험의 일반취급소**"라 한다)
㉠ 국가첨단전략산업 경쟁력 강화 및 보호에 관한 특별조치법 제2조 제1호에 따른 국가첨단전략기술 중 반도체 관련 **제품의 제조를 위하여 위험물을 취급하는 일반취급소**(위험물을 취급하는 설비를 건축물에 설치하는 것으로 한정하며, 이하 "**반도체 제조공정의 일반취급소**"라 한다)
㉡ 국가첨단전략산업 경쟁력 강화 및 보호에 관한 특별조치법 제2조 제1호에 따른 국가첨단전략기술 중 2차 전지 관련 **제품의 제조를 위하여 위험물을 취급하는 일반취급소**(위험물을 취급하는 설비를 건축물에 설치하는 것으로 한정하며, 이하 "2차 전지 제조공정의 일반취급소"라 한다)

② 제2류 위험물 취급 가능한 일반취급소

구 분	취급 근거	제2류 위험물 취급 여부
분무도장작업 등의 일반취급소	도장, 인쇄 또는 도포를 위하여 제2류 위험물 또는 제4류 위험물(특수인화물을 제외한다)을 취급하는 일반취급소로서 지정수량의 30배 미만의 것	○
충전하는 일반취급소	이동저장탱크에 액체위험물(알킬알루미늄 등, 아세트알데하이드 등 및 하이드록실아민 등을 제외한다)을 주입하는 일반취급소	×
화학실험의 일반취급소	화학실험을 위하여 위험물을 취급하는 일반취급소로서 지정수량의 30배 미만의 것	○
세정작업의 일반취급소	세정을 위하여 위험물(인화점이 40℃ 이상인 제4류 위험물에 한한다)을 취급하는 일반취급소로서 지정수량의 30배 미만의 것	×
반도체 제조공정의 일반취급소	반도체 관련 제품의 제조를 위하여 위험물을 취급하는 일반취급소	○
절삭장치 등을 설치하는 일반취급소	절삭유의 위험물을 이용한 절삭장치, 연삭장치 그 밖의 이와 유사한 장치를 설치하는 일반취급소(고인화점 위험물만을 100℃ 미만의 온도로 취급하는 것에 한한다)로서 지정수량의 30배 미만의 것	×
2차 전지 제조공정의 일반취급소	2차 전지 관련 제품의 제조를 위하여 위험물을 취급하는 일반취급소	○

정답 ㉮, ㉯, ㉰, ㉳

15 다이에틸에터에 대하여 다음 물음에 대하여 알맞은 답을 쓰시오.

㉮ 구조식을 쓰시오.
㉯ 연소반응식을 쓰시오.
㉰ 옥내저장소에서 2,550[L] 저장할 때 보유공지 너비를 구하시오(단, 내화구조이다).
㉱ 과산화물을 검출하는 방법을 쓰시오.

해설
다이에틸에터(Di Ethyl Ether)

① 물 성

화학식	구조식	분자량	비 중	인화점	착화점	증기비중	연소범위

$C_2H_5OC_2H_5$	H H H H
	  | | | |
	H-C-C-O-C-C-H
	  | | | |
	H H H H
		74.12	0.7	-40℃	180[℃]	2.55	1.7~48[%]

② 연소반응식 : $C_2H_5OC_2H_5 + 6O_2 \rightarrow 4CO_2 + 5H_2O$

③ 옥내저장소의 보유공지

저장 또는 취급하는 위험물의 최대수량	공지의 너비	
	벽·기둥 및 바닥이 내화구조로 된 건축물	그 밖의 건축물
지정수량의 5배 이하	-	0.5[m] 이상
지정수량의 5배 초과 10배 이하	1[m] 이상	1.5[m] 이상
지정수량의 10배 초과 20배 이하	2[m] 이상	3[m] 이상
지정수량의 20배 초과 50배 이하	3[m] 이상	5[m] 이상
지정수량의 50배 초과 200배 이하	**5[m] 이상**	10[m] 이상
지정수량의 200배 초과	10[m] 이상	15[m] 이상

지정수량의 배수를 결정하면(다이에틸에터 : 제4류 위험물의 특수인화물, 지정수량 : 50[L])

∴ 지정수량의 배수 = $\dfrac{2,550[L]}{50[L]}$ = 51.0배

⇒ 표에서 **지정수량의 50배 초과 200배 이하**에 속하므로 보유공지는 **5[m] 이상**이다.

④ 과산화물 검출 방법 : 10[%] 아이오딘화칼륨(KI)용액을 첨가하여 황색으로 변하는 것을 확인한다.

정답
㉮
```
  H H   H H
  | |   | |
H-C-C-O-C-C-H
  | |   | |
  H H   H H
```
㉯ $C_2H_5OC_2H_5 + 6O_2 \rightarrow 4CO_2 + 5H_2O$
㉰ 5[m] 이상
㉱ 10[%] 아이오딘화칼륨(KI)용액을 첨가하여 황색으로 변하는 것을 확인한다.

---

16 위험물 제조소 등의 설치허가를 받으려는 경우 제조소 등의 위치·구조 및 설비에 관한 도면에 포함되어야 하는 사항 6가지 중 3가지를 적으시오.

> **해설**
>
> **제조소 등의 설치허가 신청**
> ① 다음의 사항을 기재한 **제조소 등의 위치·구조 및 설비에 관한 도면**
>   ㉠ 해당 제조소 등을 포함하는 사업소 안 및 주위의 주요 건축물과 공작물의 배치
>   ㉡ 해당 제조소 등이 설치된 건축물 안에 제조소 등의 용도로 사용되지 않는 부분이 있는 경우 그 부분의 배치 및 구조
>   ㉢ 해당 제조소 등을 구성하는 건축물, 공작물 및 기계·기구 그 밖의 설비의 배치(제조소 또는 일반취급소의 경우에는 공정의 개요를 포함한다)
>   ㉣ 해당 제조소 등에서 위험물을 저장 또는 취급하는 건축물, 공작물 및 기계·기구 그 밖의 설비의 구조(주유취급소의 경우에는 별표 13 Ⅴ 제1호의 규정에 의한 건축물 및 공작물의 구조를 포함한다)
>   ㉤ 해당 제조소 등에 설치하는 전기설비, 피뢰설비, 소화설비, 경보설비 및 피난설비의 개요
>   ㉥ 압력안전장치·누설점검장치 및 긴급차단밸브 등 긴급대책에 관계된 설비를 설치하는 제조소 등의 경우에는 해당 설비의 개요
> ② 해당 제조소 등에 해당하는 구조설비명세표(별지 제3호 서식 내지 별지 제15호 서식)
> ③ 소화설비(소화기구를 제외)를 설치하는 제조소 등의 경우에는 해당 설비의 설계도서
> ④ 화재탐지설비를 설치하는 제조소 등의 경우에는 당해 설비의 설계도서
> ⑤ 50만[L] 이상의 옥외탱크저장소의 경우에는 해당 옥외탱크저장소의 탱크(옥외저장탱크)의 기초·지반 및 탱크본체의 설계도서, 공사계획서, 공사공정표, 지질조사자료 등 기초·지반에 관하여 필요한 자료와 용접부에 관한 설명서 등 탱크에 관한 자료
> ⑥ 암반탱크저장소의 경우에는 당해 암반탱크의 탱크본체·갱도(坑道) 및 배관 그 밖의 설비의 설계도서, 공사계획서, 공사공정표 및 지질·수리(水理)조사서
> ⑦ 옥외저장탱크가 지중탱크(저부가 지반면 아래에 있고 상부가 지반면 이상에 있으며 탱크 내 위험물의 최고액면이 지반면 아래에 있는 원통세로형식의 위험물탱크를 말한다)인 경우에는 해당 지중탱크의 지반 및 탱크본체의 설계도서, 공사계획서, 공사공정표 및 지질조사자료 등 지반에 관한 자료
> ⑧ 옥외저장탱크가 해상탱크(해상의 동일 장소에 정치되어 육상에 설치된 설비와 배관 등에 의하여 접속된 위험물탱크를 말한다)인 경우에는 당해 해상탱크의 탱크본체·정치설비(해상탱크를 동일 장소에 정치하기 위한 설비를 말한다) 그 밖의 설비의 설계도서, 공사계획서 및 공사공정표
> ⑨ 이송취급소의 경우에는 공사계획서, 공사공정표 및 별표 1의 규정에 의한 서류
> ⑩ 소방산업의 진흥에 관한 법률 제14조에 따른 한국소방산업기술원이 발급한 기술검토서(영 제6조 제3항의 규정에 의하여 기술원의 기술검토를 미리 받은 경우에 한한다)
>
> **정답**
> • 해당 제조소 등을 포함하는 사업소 안 및 주위의 주요 건축물과 공작물의 배치
> • 해당 제조소 등이 설치된 건축물 안에 제조소 등의 용도로 사용되지 않는 부분이 있는 경우 그 부분의 배치 및 구조
> • 해당 제조소 등을 구성하는 건축물, 공작물 및 기계·기구 그 밖의 설비의 배치(제조소 또는 일반취급소의 경우에는 공정의 개요를 포함한다)

17 제1류 위험물과 제2류 위험물, 목탄으로 이루어진 흑색화약의 구성물질의 표준조성비를 쓰시오.

> **해설**
>
> **흑색화약의 조성**
>
> | 종 류 | 질산칼륨 | 황 | 목 탄 |
> |---|---|---|---|
> | 유 별 | 제1류 위험물 | 제2류 위험물 | – |
> | 조성비 | 75[%] | 10[%] | 15[%] |
>
> **정답** 질산칼륨 75[%], 황 10[%], 목탄 15[%]

18 옥내저장소에 [보기]와 같이 저장하고 있으며 유별이 다른 위험물은 내화구조의 격벽으로 완전히 구획하여 보관한다. 다음 물음에 알맞은 답을 쓰시오(단, 옥내저장창고 주위에는 담 또는 토제를 설치하지 않는 경우이다).

[보 기]
제2석유류(수용성) 2,000[L], 제3석유류(비수용성) 4,000[L], 유기과산화물(제1종) 100[kg]

㉮ 학교로부터 안전거리 32[m]를 확보할 경우 옥내저장소를 설치할 수 있는지 여부를 쓰시오.
㉯ 주택가로부터 안전거리 20[m]를 확보할 경우 옥내저장소를 설치할 수 있는지 여부를 쓰시오.
㉰ 지정문화유산으로부터 안전거리 52[m]를 확보할 경우 옥내저장소를 설치할 수 있는지 여부를 쓰시오.
㉱ 안전거리가 충분하게 유지되고 담 또는 토제 등을 설치하지 않았을 때 보유공지는 몇 [m] 이상으로 해야 하는지 쓰시오.

해설
옥내저장소
① 지정수량의 배수

종 류	제2석유류(수용성)	제3석유류(비수용성)	유기과산화물(제1종)
지정수량	2,000[L]	2,000[L]	10[kg]
저장량	2,000[L]	4,000[L]	100[kg]
지정수량의 배수	$\dfrac{2,000[L]}{2,000[L]} = 1.0$배	$\dfrac{4,000[L]}{2,000[L]} = 2.0$배	$\dfrac{100[kg]}{10[kg]} = 10.0$배

∴ 총 지정수량의 배수 = 1.0 + 2.0 + 10.0 = 13배

② 지정과산화물의 옥내저장소의 안전거리(지정수량의 배수 : 13배, 별표 5 부표 1)

저장 또는 취급하는 위험물의 최대수량	안전거리(담 또는 토제를 설치하지 않는 경우)		
	주거용	학교, 병원, 극장, 유원지 등	지정문화유산 및 천연기념물 등
10배 초과 20배 이하	45[m] 이상	55[m] 이상	65[m] 이상

③ 지정과산화물의 옥내저장소 설치 여부(별표 5 부표 2)

조 건	안전거리 기준	설치 여부
학교로부터 안전거리 32[m]를 확보할 경우	45[m] 이상	불가능
주택가로부터 안전거리 20[m]를 확보할 경우	55[m] 이상	불가능
지정문화유산으로부터 안전거리 52[m]를 확보할 경우	65[m] 이상	불가능

④ 지정과산화물의 옥내저장소의 보유공지(지정수량의 배수 : 13배)

저장 또는 취급하는 위험물의 최대수량	공지의 너비	
	저장창고 주위에 담 또는 토제를 설치하는 경우	저장창고 주위에 담 또는 토제를 설치하지 않는 경우
10배 초과 20배 이하	6.5[m] 이상	20[m] 이상

정답 ㉮ 불가능
㉯ 불가능
㉰ 불가능
㉱ 20[m] 이상

19 제조소 등을 [보기]와 같은 시설을 동일 사업장 내에 설치하기 위해 허가를 받으려고 한다. 다음 물음에 알맞은 답을 쓰시오.

[보 기]
㉠ 일일 취급량이 제2석유류(비수용성) 위험물 3,000[L]를 이용하여 제2석유류(비수용성) 900[L] 제조하는 설비
㉡ 제조한 제2석유류(비수용성) 위험물을 이송배관을 이용하여 옥외저장탱크에 20만[L], 지하저장탱크에 2만[L] 저장
㉢ 옥외저장탱크와 지하저장탱크의 위험물을 탱크로리를 이용하여 출하하는 설비(일일 출하량 : 2,000[L])

㉮ 위험물안전관리법령상 ㉠의 명칭을 쓰시오.
㉯ 안전관리 교육이수자를 안전관리자로 선임할 수 있는 제조소 등의 명칭을 쓰시오(단, 없으면 "해당 없음"이라고 쓸 것).
㉰ ㉮에 해당하는 제조소 등에는 안전거리를 확보해야 한다. 다음에서 안전거리를 확보해야 하는 것을 고르시오.

영화상영관 200명, 건강증진시설 20명, 고등학교

㉱ ㉠에서 ㉢ 중에서 정기점검대상 제조소 등의 명칭을 쓰시오.
㉲ 보기에서 ㉠의 제조소 등의 외벽과 ㉡의 옥외탱크저장소 측면 사이에 확보해야 할 거리를 구하시오(단, 옥외저장탱크와 방유제간 거리는 4[m]이고 방유제의 두께 등은 무시한다).

해설

① 명 칭
- 제조소

  원료(위험물, 비위험물) ──생산공정──▶ 제품(위험물)

- 일반취급소

  원료(위험물) ──생산공정──▶ 제품(비위험물)

∴ 원료에는 관계없이 생산공정을 거쳐 생산되는 제품이 위험물(제2석유류, 비수용성)이므로 제조소이다.

② 안전관리 교육이수자(수첩)를 안전관리자로 선임할 수 있는 제조소 등
  ㉠ 지정수량의 배수

구 분	제조소 등의 구분	품 명	지정수량	취급량	지정수량의 배수
일일 취급량이 제2석유류(비수용성) 위험물 3,000[L]를 이용하여 제2석유류(비수용성) 900[L] 제조하는 설비	제조소	제2석유류(비수용성)	1,000[L]	3,000[L], 900[L]	$\frac{3,000[L]}{1,000[L]} + \frac{900[L]}{1,000[L]} = 3.9$배
제조한 제2석유류(비수용성) 위험물을 이송배관을 이용하여 옥외저장탱크에 20만[L], 지하저장탱크에 2만[L] 저장	옥외탱크저장소	제2석유류(비수용성)	1,000[L]	200,000[L]	옥외탱크저장소 $\frac{200,000[L]}{1,000[L]} = 200$배
	지하탱크저장소	제2석유류(비수용성)	1,000[L]	20,000[L]	지하탱크저장소 $\frac{20,000[L]}{1,000[L]} = 20$배
옥외저장탱크와 지하저장탱크의 위험물을 탱크로리를 이용하여 출하하는 설비(일일 출하량 : 2,000[L])	일반취급소	제2석유류(비수용성)	1,000[L]	2,000[L]	$\frac{2,000[L]}{1,000[L]} = 2$배

ⓒ 안전관리 교육이수자(수첩)를 안전관리자로 선임할 수 있는 제조소 등

구 분	제조소 등의 구분	지정수량의 배수	수첩으로 선임 가능 기준	수첩선임 가능 여부
일일 취급량이 제2석유류(비수용성) 위험물 3,000[L]를 이용하여 제2석유류(비수용성) 900[L] 제조하는 설비	제조소	3.9배	제조소는 지정수량의 5배 이하	가 능
제조한 제2석유류(비수용성) 위험물을 이송배관을 이용하여 옥외저장탱크에 20만[L], 지하저장탱크에 2만[L] 저장	옥외탱크저장소	200배	제2석유류는 지정수량 40배 이하	불가능
	지하탱크저장소	20배	제2석유류는 지정수량 250배 이하	가 능
옥외저장탱크와 지하저장탱크의 위험물을 탱크로리를 이용하여 출하하는 설비(일일 출하량 : 2,000[L])	일반취급소	2배	제2석유류는 지정수량 20배 이하	가 능

③ 제조소의 안전거리

구 분	기준	안전거리 기준	안전거리 설치 여부
영화상영관 200명	공연장, 영화상영관으로서 300명 이상 수용할 수 있는 것	30[m] 이상	×
건강증진시설 20명	아동복지시설, 노인복지시설, 장애인복지시설, 한부모가족복지시설, 어린이집, 성매매피해자 등을 위한 지원시설, 정신건강증진시설, 가정폭력방지 및 피해자 보호등에 관한 법률에 따른 보호시설, 그 밖에 이와 유사한 시설로서 수용인원 20명 이상의 인원을 수용할 수 있는 것	30[m] 이상	○
고등학교	학교, 병원 극장	30[m] 이상	○

④ 정기점검 대상 구분
  ㉠ 정기점검 대상

제조소등의 구분	지정수량의 배수	참 고
제조소	지정수량의 10배 이상 취급	예방규정 대상
옥외저장소	지정수량의 100배 이상 저장	예방규정 대상
옥내저장소	지정수량의 150배 이상 저장	예방규정 대상
옥외탱크저장소	지정수량의 200배 이상 저장	예방규정 대상
암반탱크저장소	무조건 대상	-
이송취급소	무조건 대상	-
일반취급소	지정수량의 10배 이상 취급(예외 규정 생략)	-
지하탱크저장소	무조건 대상	-
이동탱크저장소	무조건 대상	-
위험물을 취급하는 탱크로서 지하에 매설된 제조소, 주유취급소, 일반취급소		-

  ㉡ 정기점검 대상 제조소 등의 명칭

구 분	제조소 등의 구분	지정수량의 배수	정기점검 기준	정기점검 대상 여부
일일 취급량이 제2석유류(비수용성) 위험물 3,000[L]를 이용하여 제2석유류(비수용성) 900[L] 제조하는 설비	제조소	3.9배	지정수량의 10배 이상	해당 안 됨
제조한 제2석유류(비수용성) 위험물을 이송배관을 이용하여 옥외저장탱크에 20만[L], 지하저장탱크에 2만[L] 저장	옥외탱크저장소	200배	지정수량의 200배 이상	해당 됨
	지하탱크저장소	20배	지정수량에 관계없이 무조건 대상	해당 됨
옥외저장탱크와 지하저장탱크의 위험물을 탱크로리를 이용하여 출하하는 설비(일일 출하량 : 2,000[L])	일반취급소	2배	지정수량의 10배 이상	해당 안 됨

⑤ ㉠의 제조소 등의 외벽과 ㉡의 옥외탱크저장소 측면 사이에 확보해야 할 거리

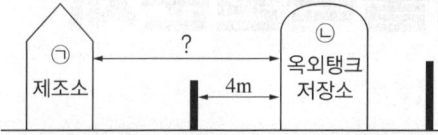

제조소 등의 구분	지정수량의 배수	보유공지 기준	보유공지 계산	비 고
제조소	3.9배	10배 이하 : 3[m] 이상	3[m] + 4[m] = 7[m] 이상	문제에서 옥외저장탱크와 방유제 간의 거리가 4[m]라고 명시됨
옥외탱크저장소	200배	500배 이하 : 옥외저장탱크의 측면으로부터 3[m] 이상		

정답
㉮ 제조소
㉯ 제조소, 지하탱크저장소, 일반취급소
㉰ 건강증진시설 20명, 고등학교
㉱ 옥외탱크저장소, 지하탱크저장소
㉲ 7[m] 이상

2025년 6월 28일 시행
최근 기출복원문제

01 벤젠 6[g]이 완전연소 시 생성되는 기체의 부피는 몇 [L]인가?(단, 표준상태이다)

해설

벤젠의 연소반응식

$$C_6H_6 + 7.5O_2 \rightarrow 6CO_2 + 3H_2O$$

$C_6H_6 + 7.5O_2 \rightarrow 6CO_2 + 3H_2O$
78g → 6 × 22.4[L]
6g → x

$\therefore x = \dfrac{6g \times 6 \times 22.4L}{78g} = 10.34[L]$

정답 10.34[L]

---

02 트라이에틸알루미늄이 다음 각 물질과 반응할 때 다음 물음에 답하시오.

㉮ 트라이에틸알루미늄이 다음 물질과 반응할 때 공통으로 생성되는 가연성 가스의 명칭을 쓰시오.

- O_2(산소)
- H_2O(물)
- Cl_2(염소)
- CH_3OH(메탄올, 메틸알코올)
- HCl(염산)

㉯ ㉮의 반응식을 쓰시오.

해설

트라이에틸알루미늄의 반응식
① 산소와 반응 : $2(C_2H_5)_3Al + 21O_2 \rightarrow Al_2O_3 + 15H_2O + 12CO_2\uparrow$
② 물과 반응 : $(C_2H_5)_3Al + 3H_2O \rightarrow Al(OH)_3 + 3C_2H_6\uparrow$
③ 염소와 반응 : $(C_2H_5)_3Al + 3Cl_2 \rightarrow AlCl_3 + 3C_2H_5Cl\uparrow$
④ 메틸알코올과 반응 : $(C_2H_5)_3Al + 3CH_3OH \rightarrow Al(CH_3O)_3 + 3C_2H_6\uparrow$
⑤ 염산과 반응 : $(C_2H_5)_3Al + 3HCl \rightarrow AlCl_3 + 3C_2H_6\uparrow$

정답 ㉮ 에테인(C_2H_6)
㉯ • 물과 반응 : $(C_2H_5)_3Al + 3H_2O \rightarrow Al(OH)_3 + 3C_2H_6$
• 메틸알코올과 반응 : $(C_2H_5)_3Al + 3CH_3OH \rightarrow Al(CH_3O)_3 + 3C_2H_6$
• 염산과 반응 : $(C_2H_5)_3Al + 3HCl \rightarrow AlCl_3 + 3C_2H_6$

03

10[℃]에서 KNO₃·10H₂O 12.6[g] 포화시킬 때 물 20[g]이 필요하다면 이 온도에서 KNO₃ 용해도를 구하시오.

해설

용해도

① 정의 : 용매 100[g]에 최대한 녹아있는 용질의 [g]수

$$용해도 = \frac{용질의\ [g]\ 수}{용매의\ [g]\ 수} \times 100$$

② KNO₃의 분자량 : 101
③ KNO₃·10H₂O의 분자량 : 281
④ KNO₃·10H₂O의 KNO₃의 양 = $\frac{101}{281} \times 12.6[g] = 4.53[g]$
⑤ KNO₃·10H₂O의 10H₂O의 양 = $\frac{180}{281} \times 12.6[g] = 8.07[g]$
⑥ 전체용매(물)의 양 = 20[g] + 8.07[g] = 28.07[g]

∴ 용해도 = $\frac{4.53}{28.07} \times 100 = 16.14$

정답 16.14

04

위험물안전관리법령상 소화난이도등급 Ⅰ 의 제조소 등에 설치해야 하는 소화설비 기준이다. 다음 ( ) 안에 알맞은 답을 쓰시오.

제조소 등의 구분		소화설비
제조소 및 일반취급소		(㉮), (㉯), 스프링클러설비 또는 물분무 등 소화설비(화재발생 시 연기가 충만할 우려가 있는 장소에는 스프링클러설비 또는 이동식 외의 물분무 등 소화설비에 한한다)
주유취급소		스프링클러설비(건축물에 한정한다), (㉰) 등(능력단위 수치가 건축물 그 밖의 공작물 및 위험물의 소요단위의 수치에 이르도록 설치할 것)
옥내 저장소	처마높이가 6[m] 이상인 단층건물 또는 다른 용도의 부분이 있는 건축물에 설치한 옥내저장소	스프링클러설비 또는 이동식 외의 물분무 등 소화설비
	그 밖의 것	옥외소화전설비, 스프링클러설비, 이동식 외의 물분무 등 소화설비 또는 이동식 포소화설비(포소화전을 옥외에 설치하는 것에 한한다)
옥외탱크 저장소	지중탱크 또는 해상탱크 외의 것	황만을 저장 취급하는 것	(㉱)
		인화점 70[℃] 이상의 제4류 위험물만을 저장 취급하는 것	물분무소화설비 또는 고정식 포소화설비
		그 밖의 것	고정식 포소화설비(포소화비가 적응성이 없는 경우에는 분말소화설비)
	지중탱크	고정식 포소화설비, 이동식 이외의 불활성 가스소화설비 또는 이동식 이외의 할로젠화합물소화설비
	해상탱크	(㉲), 물분무소화설비, 이동식 이외의 불활성 가스소화설비 또는 이동식 이외의 할로젠화합물소화설비

해설

제조소 등의 구분		소화설비
제조소 및 일반취급소		**옥내소화전설비, 옥외소화전설비**, 스프링클러설비 또는 물분무 등 소화설비(화재발생시 연기가 충만할 우려가 있는 장소에는 스프링클러설비 또는 이동식 외의 물분무등소화설비에 한한다)
주유취급소		스프링클러설비(건축물에 한정한다), **소형수동식소화기** 등(능력단위 수치가 건축물 그 밖의 공작물 및 위험물의 소요단위의 수치에 이르도록 설치할 것)
옥내 저장소	처마높이가 6[m] 이상인 단층건물 또는 다른 용도의 부분이 있는 건축물에 설치한 옥내저장소	스프링클러설비 또는 이동식 외의 물분무 등 소화설비
	그 밖의 것	옥외소화전설비, 스프링클러설비, 이동식 외의 물분무등소화설비 또는 이동식 포소화설비(포소화전을 옥외에 설치하는 것에 한한다)
옥외탱크 저장소	지중탱크 또는 해상탱크 외의 것	황만을 저장 취급하는 것	**물분무소화설비**
		인화점 70[℃] 이상의 제4류 위험물만을 저장 취급하는 것	물분무소화설비 또는 고정식 포소화설비
		그 밖의 것	고정식 포소화설비(포소화설비가 적응성이 없는 경우에는 분말소화설비)
	지중탱크		고정식 포소화설비, 이동식 이외의 불활성 가스소화설비 또는 이동식 이외의 할로젠화합물소화설비
	해상탱크		**고정식 포소화설비**, 물분무소화설비, 이동식 이외의 불활성 가스소화설비 또는 이동식 이외의 할로젠화합물소화설비
옥내탱크 저장소	황만을 저장 취급하는 것		물분무소화설비
	인화점 70[℃] 이상의 제4류 위험물만을 저장 취급하는 것		물분무소화설비, 고정식 포소화설비, 이동식 이외의 불활성 가스소화설비, 이동식 이외의 할로젠화합물소화설비 또는 이동식 이외의 분말소화설비
	그 밖의 것		고정식 포소화설비, 이동식 이외의 불활성 가스소화설비, 이동식 이외의 할로젠화합물소화설비 또는 이동식 이외의 분말소화설비

정답 ㉮ 옥내소화전설비 ㉯ 옥외소화전설비
㉰ 소형수동식소화기 ㉱ 물분무소화설비
㉲ 고정식포소화설비

05

과산화칼륨이 물, CO_2, 아세트산과의 반응식을 쓰시오.

해설

과산화칼륨의 반응식

① 분해 반응식 : $2K_2O_2 \rightarrow 2K_2O + O_2$
② **물과의 반응** : $2K_2O_2 + 2H_2O \rightarrow 4KOH + O_2$
③ **탄산가스(CO_2)와 반응** : $2K_2O_2 + 2CO_2 \rightarrow 2K_2CO_3 + O_2$
④ **아세트산과 반응** : $K_2O_2 + 2CH_3COOH \rightarrow 2CH_3COOK + H_2O_2$
　　　　　　　　　　　　　　　　　　　　　　(초산칼륨)　(과산화수소)
⑤ 염산과 반응 : $K_2O_2 + 2HCl \rightarrow 2KCl + H_2O_2 \uparrow$
⑥ 알코올과 반응 : $K_2O_2 + 2C_2H_5OH \rightarrow 2C_2H_5OK + H_2O_2 \uparrow$
⑦ 황산과 반응 : $K_2O_2 + H_2SO_4 \rightarrow K_2SO_4 + H_2O_2 \uparrow$

정답
- 물과 반응 : $2K_2O_2 + 2H_2O \rightarrow 4KOH + O_2$
- CO_2와 반응 : $2K_2O_2 + 2CO_2 \rightarrow 2K_2CO_3 + O_2$
- 아세트산과 반응 : $K_2O_2 + 2CH_3COOH \rightarrow 2CH_3COOK + H_2O_2$

06

제1종 분말소화약제인 탄산수소나트륨이 850[℃]에서 분해반응식과 탄산수소나트륨이 336[kg]이 1기압, 25[℃]에서 발생하는 탄산가스의 체적[m³]은 얼마인가?

해설

제1종 분말소화약제(탄산수소나트륨)

① 열분해반응식
- ㉠ 제1종 분말
  - 1차 분해반응식(270[℃]) : $2NaHCO_3 \rightarrow Na_2CO_3 + CO_2 + H_2O - Q[kcal]$
  - **2차 분해반응식(850[℃]) : $2NaHCO_3 \rightarrow Na_2O + 2CO_2 + H_2O - Q[kcal]$**
- ㉡ 제2종 분말
  - 1차 분해반응식(190[℃]) : $2KHCO_3 \rightarrow K_2CO_3 + CO_2 + H_2O - Q[kcal]$
  - 2차 분해반응식(590[℃]) : $2KHCO_3 \rightarrow K_2O + 2CO_2 + H_2O - Q[kcal]$
- ㉢ 제3종 분말
  - 190[℃]에서 분해 : $NH_4H_2PO_4 \rightarrow NH_3 + H_3PO_4$(인산, 올쏘인산)
  - 215[℃]에서 분해 : $2H_3PO_4 \rightarrow H_2O + H_4P_2O_7$(피로인산)
  - 300[℃]에서 분해 : $H_4P_2O_7 \rightarrow H_2O + HPO_3$(메타인산)
- ㉣ 제4종 분말 $2KHCO_3 + (NH_2)_2CO \rightarrow K_2CO_3 + 2NH_3\uparrow + 2CO_2\uparrow - Q[kcal]$

② 탄산가스의 체적

체적을 구해서 온도를 보정하면

$2NaHCO_3 \rightarrow Na_2O + 2CO_2 + H_2O$
$2 \times 84[kg] \qquad\qquad 2 \times 22.4[m^3]$
$336kg \qquad\qquad\qquad x$

$x = \dfrac{336[kg] \times 2 \times 22.4[m^3]}{2 \times 84[kg]} = 89.6[m^3]$

∴ 체적에 온도를 보정하면 $89.6[m^3] \times \dfrac{273 + 25K}{273K} = 97.8[m^3]$

정답
- 분해반응식 : $2NaHCO_3 \rightarrow Na_2O + 2CO_2 + H_2O$
- 체적 : $97.8[m^3]$

07
위험물안전관리법령상 옥내소화전설비의 기준이다. 다음 물음에 알맞은 답을 쓰시오.

㉮ 옥내소화전설비의 비상전원은 몇 분 이상 작동해야 하는가?
㉯ 옥내소화전의 개폐밸브 및 호스접속구의 높이는 몇 [m] 이하로 설치하는지 쓰시오.
 ㉠ 개폐밸브
 ㉡ 호스접속구
㉰ 물올림탱크에 설치해야 하는 장치를 모두 쓰시오.
㉱ 옥내소화전이 7개 설치되어 있을 경우 수원의 양[m³]을 구하시오.

해설
옥내소화전설비의 기준

① 옥내소화전설비의 비상전원은 자가발전설비 또는 축전지설비에 의하되 용량은 옥내소화전설비를 유효하게 **45분 이상** 작동시키는 것이 가능할 것
② 옥내소화전의 **개폐밸브 및 호스접속구**는 바닥면으로부터 **1.5[m] 이하**의 높이에 설치할 것
③ 물올림장치 설치대상 : 수원의 수위가 펌프(수평회전식의 것에 한한다)보다 낮은 위치에 있는 가압송수장치
④ 물올림장치의 설치기준
 ㉠ 물올림장치에는 전용의 물올림탱크를 설치할 것
 ㉡ 물올림탱크의 용량은 가압송수장치를 유효하게 작동할 수 있도록 할 것
 ㉢ 물올림탱크에는 **감수경보장치** 및 **물올림탱크에 물을 자동으로 보급하기 위한 장치**가 설치되어 있을 것
⑤ 방수량, 방수압력, 수원 등

방수량	방수압력	토출량	수 원	비상전원
260[L/min] 이상	0.35[MPa] 이상	N(최대 5개)×260[L/min]	N(최대 5개)×7.8[m³](260[L/min]×30min)	45분

∴ 수원 = N(소화전의 수, 최대 5개)×7.8[m³] = 5×7.8[m³] = 39[m³]

정답
㉮ 45분
㉯ ㉠ 1.5m, ㉡ 1.5m
㉰ 감수경보장치 및 물올림탱크에 물을 자동으로 보급하기 위한 장치
㉱ 39[m³]

08
위험물안전관리법령에서 정하는 주유취급소의 특례기준에서 셀프용 고정주유설비 및 고정급유설비의 설치기준에서 대하여 다음 ( ) 안에 알맞은 답을 쓰시오.

고정주유설비
• 주유호스는 (㉮)[kg중] 이하의 하중에 의하여 깨져 분리되거나 이탈되어야 하고, 깨져 분리되거나 이탈된 부분으로부터의 위험물 누출을 방지할 수 있는 구조일 것
• 1회의 연속주유량 및 주유시간의 상한을 미리 설정할 수 있는 구조일 것. 이 경우 연속주유량 및 상한은 다음과 같다.
 - 휘발유는 100[L] 이하, 4분 이하로 할 것
 - 경유는 (㉯)[L] 이하, (㉰)분 이하로 할 것

고정급유설비
• 급유호스의 끝부분에 (㉱)장치를 급유한 급유노즐을 설치할 것
• 1회의 연속급유량 및 급유시간의 상한을 미리 설정할 수 있는 구조일 것. 이 경우 급유량의 상한 100[L] 이하, 급유시간의 상한은 (㉲)분 이하로 한다.

> **해설**
>
> **셀프용 설비의 기준**
>
> ① 셀프용 고정주유설비의 기준
>   ㉠ 주유호스의 끝부분에 수동개폐장치를 부착한 주유노즐을 설치할 것. 다만, 수동개폐장치를 개방한 상태로 고정시키는 장치가 부착된 경우에는 다음의 기준에 적합해야 한다.
>   • 주유작업을 개시함에 있어서 주유노즐의 수동개폐장치가 개방상태에 있을 때에는 당해 수동개폐장치를 일단 폐쇄시켜야만 다시 주유를 개시할 수 있는 구조로 할 것
>   • 주유노즐이 자동차 등의 주유구로부터 이탈된 경우 주유를 자동적으로 정지시키는 구조일 것
>   ㉡ 주유노즐은 자동차 등의 연료탱크가 가득 찬 경우 자동적으로 정지시키는 구조일 것
>   ㉢ **주유호스는 200[kg중] 이하**의 하중에 의하여 깨져 분리되거나 이탈되어야 하고, 깨져 분리되거나 이탈된 부분으로부터의 위험물 누출을 방지할 수 있는 구조일 것
>   ㉣ 휘발유와 경유 상호간의 오인에 의한 주유를 방지할 수 있는 구조일 것
>   ㉤ **1회**의 **연속주유량** 및 **주유시간**의 상한을 미리 설정할 수 있는 구조일 것. 이 경우 연속주유량 및 상한은 다음과 같다.
>
> | 종 류 | 연속주유량 | 주유시간 |
> |---|---|---|
> | 휘발유 | 100[L] 이하 | 4분 이하 |
> | 경 유 | **600[L] 이하** | **12분 이하** |
>
> ② 셀프용 고정급유설비의 기준
>   ㉠ 급유호스의 끝부분에 **수동개폐장치**를 부착한 급유노즐을 설치할 것
>   ㉡ 급유노즐은 용기가 가득찬 경우에 자동적으로 정지시키는 구조일 것
>   ㉢ 1회의 연속급유량 및 급유시간의 상한을 미리 설정할 수 있는 구조일 것. 이 경우 급유량의 상한은 100[L] 이하, 급유시간의 상한은 **6분 이하**로 한다.
>
> **정답** ㉮ 200 ㉯ 600 ㉰ 12 ㉱ 수동개폐 ㉲ 6

09 A씨는 관할 소방서에 제조소 등의 설치허가를 받고 공사를 하는 중에 옥외탱크저장소의 탱크용량이 45만[L]에서 50만[L]로 용량이 변경되었고 옥외탱크저장소에 저장하려고 하던 제3석유류가 제2석유류로 품명이 변경되면서 지정수량이 1,000배 늘어났다. 이후 제조소의 소유권은 A씨에서 B씨로 양도 되었다(단, 용량변경으로 탱크용량은 법적으로 저장 가능하며 방유제 용량도 법적으로 하자 없는 조건이다). 다음 물음에 알맞은 답을 쓰시오.

㉮ 위험물안전관리법령상 우선적으로 해야 할 행정상의 절차를 쓰시오.
㉯ 이 경우 지위승계 필요 여부를 판단하고 그 이유를 설명하시오.
㉰ 소유권이 B씨에게 승계되었고 완공검사합격증은 교부 받았지만 경영상의 이유로 위험물안전관리자를 선임하지 못했다. 위험물안전관리자를 언제까지 선임해야 하는지 쓰시오.

해설

옥외탱크저장소의 허가 및 지위승계

① 용량과 품명 변경 시 행정 절차 : 위험물제조소의 품명, 수량 또는 지정수량의 배수 변경신고
② 지위승계
　제조소 등의 설치자(제6조 제1항의 규정에 따라 허가를 받아 제조소 등을 설치한 자를 말한다)에게 양도는 받아서 소유권은 이전 되었지만 지위승계는 이루어지지 않은 상태이다.
③ 위험물안전관리자 선임 여부
　제조소 등에 있어서 위험물취급자격자가 아닌 자는 안전관리자 또는 대리자가 참여한 상태에서 위험물을 취급하여야 한다. 그러므로 위험물제조소에서 위험물을 최초 사용하기 전까지 위험물안전관리자를 선임해야 한다.

정답　㉮ 위험물제조소의 품명, 수량 또는 지정수량의 배수 변경신고
　　　　 ㉯ • 지위승계 여부 : 필요
　　　　　　• 이유 : B씨는 양도를 받아서 소유권은 이전되었지만 지위승계신고가 이루어지지 않음
　　　　 ㉰ 제조소를 최초 사용하기 전

---

10 제6류 위험물에 대하여 다음 물음에 답을 쓰시오.
㉮ 잔토프로테인 반응하는 이 물질이 위험물안전관리법령상 위험물의 조건을 쓰시오.
㉯ N_2H_4와 반응하여 물과 질소를 생성하는 이 물질이 물과 산소를 발생하는 분해반응식을 쓰시오.
㉰ 할로젠간화합물 3가지를 화학식을 쓰시오.

해설

제6류 위험물

① 질산
　㉠ 비중 : 1.49 이상은 제6류 위험물로 본다.
　㉡ 분해반응식

$$4HNO_3 \rightarrow 2H_2O + 4NO_2 \uparrow + O_2 \uparrow$$

　㉢ 잔토프로테인반응 : 단백질 검출 반응으로 벤젠 고리를 가진 아미노산 또는 그것이 들어 있는 단백질에 진한 질산을 작용시켜 가열하면 황색으로 되는 반응
② 과산화수소
　㉠ 하이드라진과 반응하면 물(H_2O)과 질소(N_2)를 생성한다.

$$2H_2O_2 + N_2H_4 \rightarrow 4H_2O + N_2$$

　㉡ 과산화수소가 분해하면 물(H_2O)과 산소(O_2)를 생성한다.

$$2H_2O_2 \rightarrow 2H_2O + O_2$$

③ 할로젠간화합물

종류	트라이플루오르화브로민	펜타플루오르화브로민	펜타플루오르화아이오딘
화학식	BrF_3	BrF_5	IF_5

정답　㉮ 비중이 1.49 이상
　　　　 ㉯ $2H_2O_2 \rightarrow 2H_2O + O_2$
　　　　 ㉰ BrF_3, BrF_5, IF_5

11 아세트알데하이드에 대하여 다음 물음에 답을 쓰시오.
㉮ 구조식을 쓰시오.
㉯ 지하저장탱크 중 압력탱크 외의 탱크에 저장하는 경우 몇 [℃] 이하로 각각 유지해야 되는지 쓰시오.
㉰ 펠링반응하여 적색 침전물이 생성되는데 이 물질의 화학식을 쓰시오.
㉱ 이동탱크저장소로부터 아세트알데하이드를 꺼낼 때 조치사항을 쓰시오.

해설

아세트알데하이드

① 아세트알데하이드의 물성

시성식	구조식	품 명	인화점	비 중	비 점	연소범위
CH_3CHO	$H-\underset{\underset{H}{\mid}}{\overset{\overset{H}{\mid}}{C}}-C\underset{O}{\overset{H}{\diagdown\!\!\!\diagup}}$	특수인화물	-40[℃]	0.78	21℃	4~60[%]

② 저장기준
  ㉠ 옥외저장탱크, 옥내저장탱크 또는 지하저장탱크 중 압력탱크에 저장 : 아세트알데하이드 등 또는 다이에틸에터 등 : 40[℃] 이하
  ㉡ 옥외저장탱크, 옥내저장탱크 또는 지하저장탱크 중 압력탱크 외의 탱크에 저장
    • 산화프로필렌, 다이에틸에터 등 : 30[℃] 이하
    • 아세트알데하이드 : 15[℃] 이하

③ 펠링반응 : 알데하이드를 펠링용액(황산구리(Ⅱ)수용액, 수산화나트륨수용액)에 넣고 가열하면 Cu_2O의 붉은색 침전이 생성됨

$$CH_3CHO + 2Cu^{2+} + H_2O + NaOH \rightarrow CH_3COONa + 4H^+ + Cu_2O\downarrow (붉은색)$$

④ 알킬알루미늄 등 및 아세트알데하이드 등의 취급기준
  ㉠ 알킬알루미늄 등의 제조소 또는 일반취급소에 있어서 알킬알루미늄 등을 취급하는 설비에는 불활성의 기체를 봉입할 것
  ㉡ 알킬알루미늄 등의 이동탱크저장소에 있어서 이동저장탱크로부터 알킬알루미늄 등을 **꺼낼 때**에는 동시에 200[kPa] 이하의 압력으로 불활성의 기체를 봉입할 것
  ㉢ 아세트알데하이드 등의 제조소 또는 일반취급소에 있어서 아세트알데하이드 등을 취급하는 설비에는 연소성 혼합기체의 생성에 의한 폭발의 위험이 생겼을 경우에 불활성의 기체 또는 수증기[아세트알데하이드 등을 취급하는 탱크(옥외에 있는 탱크 또는 옥내에 있는 탱크로서 그 용량이 지정수량의 1/5 미만의 것을 제외한다)에 있어서는 불활성의 기체]를 봉입할 것
  ㉣ 아세트알데하이드 등의 이동탱크저장소에 있어서 이동저장탱크로부터 **아세트알데하이드 등을 꺼낼 때**에는 동시에 **100[kPa] 이하의 압력으로 불활성의 기체를 봉입**할 것

정답

㉮ $H-\underset{\underset{H}{\mid}}{\overset{\overset{H}{\mid}}{C}}-C\underset{O}{\overset{H}{\diagdown\!\!\!\diagup}}$

㉯ 15[℃]
㉰ Cu_2O
㉱ 100[kPa] 이하의 압력으로 불활성 기체를 봉입

12 메탄올 연소반응식을 쓰고, 메탄올 200[kg]이 연소할 때 필요한 이론산소량[kg]은 얼마인가?

해설
메탄올의 연소반응식
① 연소반응식 : $2CH_3OH + 3O_2 \rightarrow 2CO_2 + 4H_2O$
② 이론산소량을 구하면

$$CH_3OH + 1.5O_2 \rightarrow CO_2 + 2H_2O$$
$$32[kg] \qquad 1.5 \times 32[kg]$$
$$200[kg] \qquad x$$

$$\therefore x = \frac{200 \times 1.5 \times 32[kg]}{32[kg]} = 300[kg]$$

정답 ㉮ 연소반응식 : $2CH_3OH + 3O_2 \rightarrow 2CO_2 + 4H_2O$
㉯ 300[kg]

---

13 불활성 가스소화설비에 대하여 다음 ( ) 안에 알맞은 답을 쓰시오.

㉮ 이산화탄소를 방사하는 분사헤드 중 고압식의 것(소화약제가 상온으로 용기에 저장되어 있는 것을 말한다)에 있어서는 ( )[MPa] 이상, 저압식의 것(소화약제가 영하 ( )[℃] 이하의 온도로 용기에 저장되어 있는 것을 말한다)에 있어서는 1.05[MPa] 이상일 것
㉯ 질소(이하 "IG-100"이라 한다), 질소와 ( )의 용량비가 50 : 50인 혼합물(이하 "IG-55"라 한다) 또는 질소와 ( )과 이산화탄소의 용량비가 52 : 40 : 8인 혼합물(이하 "IG-541"이라 한다)을 방사하는 분사헤드는 1.9[MPa] 이상일 것
㉰ 이산화탄소를 방사하는 것은 기준에 정하는 소화약제의 양을 ( )초 이내에 균일하게 방사하고, IG-100, IG-55 또는 IG-541을 방사하는 것은 기준에 정하는 소화약제의 양의 ( )[%] 이상을 60초 이내에 방사할 것

해설
전역방출방식의 불활성 가스소화설비의 분사헤드 기준
① 방사된 소화약제가 방호구역의 전역에 균일하고 신속하게 방사할 수 있도록 설치할 것
② 분사헤드의 방사압력은 다음에 정한 기준에 의할 것
　㉠ 이산화탄소를 방사하는 분사헤드 중 고압식의 것(소화약제가 상온으로 용기에 저장되어 있는 것을 말한다)에 있어서는 **2.1[MPa] 이상**, 저압식의 것(소화약제가 **영하 18[℃] 이하**의 온도로 용기에 저장되어 있는 것을 말한다)에 있어서는 1.05[MPa] 이상일 것
　㉡ 질소(이하 "IG-100"이라 한다), 질소와 **아르곤**의 용량비가 50 : 50인 혼합물(이하 "IG-55"라 한다) 또는 질소와 **아르곤**과 이산화탄소의 용량비가 52 : 40 : 8인 혼합물(이하 "IG-541"이라 한다)을 방사하는 분사헤드는 1.9[MPa] 이상일 것
③ 이산화탄소를 방사하는 것은 기준에 정하는 소화약제의 양을 **60초** 이내에 균일하게 방사하고, IG-100, IG-55 또는 IG-541을 방사하는 것은 기준에 정하는 소화약제의 양의 **95[%] 이상**을 60초 이내에 방사할 것

정답 ㉮ 2.1, 18
㉯ 아르곤, 아르곤
㉰ 60, 95

14 위험물안전관리법령에서 정한 위험물안전관리 대행기관의 지정 중 대행기관의 지정을 받을 때 갖추어야 할 장비 5가지를 쓰시오(단, 안전용구와 소방시설 점검기구는 제외한다).

해설
위험물안전관리 대행기관의 지정기준(시행규칙 별표 22)

기술인력	• 위험물기능장 또는 위험물산업기사 1인 이상 • 위험물산업기사 또는 위험물기능사 2인 이상 • 기계분야 및 전기분야의 소방설비기사 1인 이상
시 설	바닥면적 33m² 이상의 전용사무실
장 비	• 절연저항계 • 접지저항측정기(최소눈금 0.1[Ω] 이하) • 가스농도측정기(탄화수소계 가스의 농도측정이 가능할 것) • 정전기 전위측정기 • 토크렌치(Torque Wrench : 볼트와 너트를 규정된 회전력에 맞춰 조이는 데 사용하는 도구) • 진동시험기 • 안전밸브시험기 • 표면온도계(-10~300[℃]) • 두께측정기(1.5~99.9[mm]) • 유량계, 압력계 • 안전용구(안전모, 안전화, 손전등, 안전로프 등) • 소화설비점검기구(소화전밸브압력계, 방수압력측정계, 포콜렉터, 헤드렌치, 포콘테이너)

비고 : 기술인력란의 각호에 정한 2 이상의 기술인력을 동일인이 겸할 수 없다.

정답
• 절연저항계(절연저항측정기)
• 접지저항측정기(최소눈금 0.1[Ω] 이하)
• 가스농도측정기(탄화수소계 가스의 농도측정이 가능할 것)
• 정전기 전위측정기
• 진동시험기

15 제2류 위험물인 인화성 고체에 대하여 다음 물음에 알맞은 답을 쓰시오.

㉮ 위험물안전관리법령상 인화성 고체의 정의를 쓰시오.
㉯ 제조소의 게시판에 표시해야 하는 주의사항을 쓰시오.
㉰ 유별을 달리하는 위험물을 동일한 저장소에 저장할 수 없는데 1[m] 이상의 간격을 두고 저장할 수 있다. 인화성 고체와 같이 저장할 수 있는 다른 류의 위험물을 있는 대로 쓰시오(단, 해당 없으면 "해당없음"이라고 쓰시오).

해설

제2류 위험물 인화성 고체
① 인화성 고체 : 고형 알코올 그 밖에 1기압에서 인화점이 40[℃] 미만인 고체
② 게시판의 주의사항 내용

위험물의 종류	주의사항	게시판의 색상
제1류 위험물 중 알칼리금속의 과산화물 제3류 위험물 중 금수성 물질	물기엄금	청색바탕에 백색문자
제2류 위험물(인화성 고체는 제외)	화기주의	적색바탕에 백색문자
제2류 위험물 중 **인화성 고체** 제3류 위험물 중 자연발화성 물질 제4류 위험물 제5류 위험물	**화기엄금**	적색바탕에 백색문자

③ 옥내저장소 또는 옥외저장소에 저장하는 경우
유별을 달리하는 위험물은 동일한 저장소에 저장하지 않아야 한다. 다만, 옥내저장소 또는 옥외저장소에 있어서 다음의 각목의 규정에 의한 위험물을 저장하는 경우로서 위험물을 유별로 정리하여 저장하는 한편, 서로 **1[m] 이상의 간격을 두는 경우에는 그렇지 않다.**
㉠ 제1류 위험물(알칼리금속의 과산화물 또는 이를 함유한 것을 제외)과 제5류 위험물을 저장하는 경우
㉡ 제1류 위험물과 제6류 위험물을 저장하는 경우
㉢ 제1류 위험물과 제3류위험물 중 자연발화성 물질(황린 또는 이를 함유한 것에 한한다)을 저장하는 경우
㉣ **제2류 위험물 중 인화성 고체와 제4류 위험물을 저장**하는 경우
㉤ 제3류 위험물 중 알킬알루미늄등과 제4류 위험물(알킬알루미늄 또는 알킬리튬을 함유한 것에 한한다)을 저장하는 경우
㉥ 제4류 위험물 중 유기과산화물 또는 이를 함유하는 것과 제5류 위험물 중 유기과산화물 또는 이를 함유한 것을 저장하는 경우

정답 ㉮ 고형 알코올 그 밖에 1기압에서 인화점이 40[℃] 미만인 고체
㉯ 화기엄금
㉰ 제4류 위험물

16 위험물안전관리법령상 제조소 등의 지위승계 신고기간의 위반사항에 대하여 과태료 부과기준이다. 다음 빈 칸에 알맞은 답을 쓰시오.

위반행위	근거 법조문	과태료 금액(단위 : 만원)
법 제10조 제3항에 따른 지위승계신고를 기간 이내에 하지 않거나 허위로 한 경우	법 제39조 제1항 제4호	
• 신고기한(지위승계일의 다음날을 기산일로 하여 30일이 되는 날)의 다음날을 기산일로 하여 30일 이내에 신고한 경우		(㉮)
• 신고기한(지위승계일의 다음날을 기산일로 하여 30일이 되는 날)의 다음날을 기산일로 하여 31일 이후에 신고한 경우		(㉯)
• 허위로 신고한 경우		(㉰)
• 신고를 하지 않은 경우		500

해설

위반행위	근거 법조문	과태료 금액(단위 : 만원)
법 제10조 제3항에 따른 지위승계신고를 기간 이내에 하지 않거나 허위로 한 경우	법 제39조 제1항 제4호	
• 신고기한(지위승계일의 다음날을 기산일로 하여 30일이 되는 날)의 다음날을 기산일로 하여 30일 이내에 신고한 경우		250
• 신고기한(지위승계일의 다음날을 기산일로 하여 30일이 되는 날)의 다음날을 기산일로 하여 31일 이후에 신고한 경우		350
• 허위로 신고한 경우		500
• 신고를 하지 않은 경우		500

정답 ㉮ 250　　㉯ 350　　㉰ 500

---

17 제5류 위험물인 피크르산에 대하여 다음 물음에 답하시오.
　㉮ 구조식
　㉯ 질소의 함유량[wt%]

해설
트라이나이트로페놀(Tri Nitro Phenol, 피크르산)
① 물 성

화학식	구조식	융 점	착화점	비 중
$C_6H_2OH(NO_2)_3$	(OH, O_2N, NO_2, NO_2 치환된 벤젠고리)	121[℃]	300[℃]	1.8

② 질소의 함량 = N의 합/분자량의 합×100

> ③ 피크르산의 분자량[$C_6H_2OH(NO_2)_3$] = $(12×6)+(1×3)+(14×3)+(7×16)$
> $= 229$
> ⓒ N(질소의 합)=14×3=42
> ∴ 피크르산 내의 질소의 함유량= $\frac{42}{229}×100 = 18.34[wt\%]$

정답 ㉮ (구조식: 피크르산)

㉯ 18.34[wt%]

18

$C_6H_2CH_3(NO_2)_3$인 물질에 대하여 다음 물음에 답을 쓰시오.
㉮ 명 칭
㉯ 품 명
㉰ 구조식

해설

트라이나이트로톨루엔(Tri Nitro Toluene, TNT)의 물성

화학식	품 명	분자량	지정수량	구조식	위험등급
$C_6H_2CH_3(NO_2)_3$	나이트로화합물	227	10[kg]	(TNT 구조식)	I

정답 ㉮ 트라이나이트로톨루엔
㉯ 나이트로화합물
㉰ (TNT 구조식)

19 위험물안전관리법령상 이동탱크저장소의 기준이다. 다음 물음에 알맞는 답을 쓰시오.

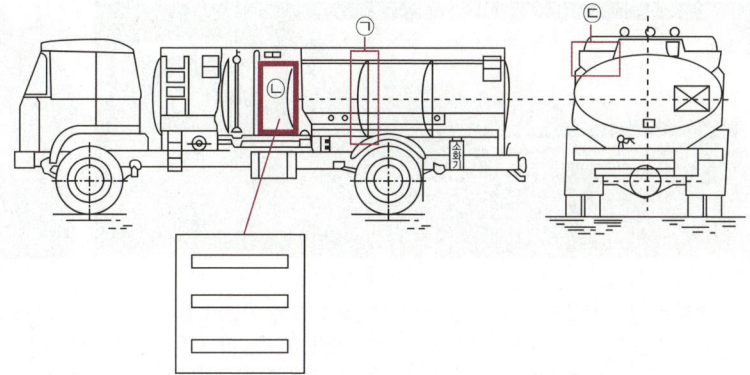

㉮ 이동탱크저장소의 허가를 받을 경우 이동저장탱크를 운행하지 않을 경우 주차하는 장소의 명칭을 쓰시오.
㉯ ㉮를 옥내에 설치할 때 기준으로 다음 물음에 알맞은 답을 쓰시오.
 ① 옥내건축물의 기준을 쓰시오.
 ② ①을 설치할 경우 몇 층에 설치해야 하는지 쓰시오.
㉰ 그림 ㉠에 대하여 다음 물음에 알맞은 답을 쓰시오.
 ① 용량 :
 ② 설치하지 않아도 되는 경우 설치목적 :
㉱ 그림 ㉡에 대하여 다음 물음에 알맞은 답을 쓰시오.
 ① 명칭 :
 ② 설치목적 :
㉲ 그림 ㉢에 대하여 다음 물음에 알맞은 답을 쓰시오.
 ① 명칭 :
 ② 설치목적 :
㉳ 주입설비에 대하여 다음 물음에 알맞은 답을 쓰시오.
 ① 길이 :   [m]
 ② 분당 배출량 :   [L/min]
㉴ 아세트알데하이드 등을 저장 또는 취급하는 경우 해당 위험물의 성질에 따라 강화해야 하는 기준 2가지를 쓰시오.
㉵ UN넘버를 설치하는 목적을 쓰시오.
㉶ 접지도선을 설치해야 하는 제4류 위험물의 품명을 모두 쓰시오.
㉷ 컨테이너식 이동탱크저장소의 정의를 쓰시오.

해설
이동탱크저장소

① 상치장소
  ㉠ 옥외에 있는 상치장소는 화기를 취급하는 장소 또는 인근의 건축물로부터 5[m] 이상(인근의 건축물이 1층인 경우에는 3[m] 이상)의 거리를 확보해야 한다. 다만, 하천의 공지나 수면, 내화구조 또는 불연재료의 담 또는 벽 그 밖에 이와 유사한 것에 접하는 경우를 제외한다.
  ㉡ 옥내에 있는 상치장소는 벽·바닥·보·서까래 및 지붕이 내화구조 또는 불연재료로 된 건축물의 1층에 설치해야 한다.
② 부속장치

부속장치 종류	용 도	강철판의 두께
방호틀	탱크 전복 시 부속장치(주입구, 맨홀, 안전장치) 보호	2.3[mm]
측면틀	탱크 전복 시 탱크 본체 파손 방지	2.3[mm]
방파판	위험물 운송 중 내부의 위험물의 출렁임, 쏠림 등을 완화하여 차량의 안전 확보	1.6[mm]
칸막이	탱크 전복 시 탱크의 일부가 파손되더라도 전량의 위험물의 누출 방지	3.2[mm]

③ 주입설비

구 분	기 준
정 의	주입호스의 끝부분에 개폐밸브를 설치한 것
주입설비의 길이	50[m] 이내
설치해야 하는 장치	그 끝부분에 축적되는 정전기를 유효하게 제거할 수 있는 장치
배출량	분당 200[L] 이하

④ 아세트알데하이드 등을 저장 또는 취급하는 경우 해당 위험물의 성질에 따라 강화해야 하는 기준(규칙 별표 10)
  ㉠ 이동저장탱크는 불활성기체를 봉입할 수 있는 구조로 할 것
  ㉡ 이동저장탱크 및 그 설비는 은·수은·동·마그네슘 또는 이들을 성분으로 하는 합금을 만들지 않을 것
⑤ UN 넘버를 설치하는 목적 : 위험물에 대한 운송방식 규제 및 사고 발생 시 위험물의 정보 제공
⑥ 접지도선을 설치해야 하는 제4류 위험물 : 특수인화물, 제1석유류, 제2석유류
⑦ 컨테이너식 이동탱크저장소 : 이동저장탱크를 차량등에 옮겨 싣는 구조로 된 이동탱크저장소

정답
㉮ 상치장소
㉯ ① 벽·바닥·보·서까래 및 지붕이 내화구조 또는 불연재료
　　② 1층
㉰ ① 4,000[L] 이하
　　② 고체인 위험물을 저장하거나 고체인 위험물을 가열하여 액체상태로 저장하는 경우
㉱ ① 방파판
　　② 위험물 운송 중 내부의 위험물의 출렁임, 쏠림 등을 완화하여 차량의 안전 확보
㉲ ① 측면틀
　　② 탱크 전복 시 탱크 본체 파손 방지
㉳ ① 50
　　② 200
㉴ • 이동저장탱크는 불활성 기체를 봉입할 수 있는 구조로 할 것
　　• 이동저장탱크 및 그 설비는 은·수은·동·마그네슘 또는 이들을 성분으로 하는 합금을 만들지 않을 것
㉵ 위험물에 대한 운송 방식 규제 및 사고 발생 시 위험물의 정보 제공
㉶ 특수인화물, 제1석유류, 제2석유류
㉷ 이동저장탱크를 차량 등에 옮겨 싣는 구조로 된 이동탱크저장소

교육은 우리 자신의 무지를 점차 발견해 가는 과정이다.

– 윌 듀란트 –

위험물기능장 실기 한권으로 끝내기

개정13판1쇄 발행	2026년 01월 05일 (인쇄 2025년 10월 27일)
초 판 발 행	2013년 01월 07일 (인쇄 2012년 10월 11일)
발 행 인	박영일
책 임 편 집	이해욱
편 저	이덕수
편 집 진 행	윤진영 · 김지은
표지디자인	권은경 · 길전홍선
편집디자인	정경일 · 박동진
발 행 처	(주)시대고시기획
출 판 등 록	제10-1521호
주 소	서울시 마포구 큰우물로 75 [도화동 538 성지 B/D] 9F
전 화	1600-3600
팩 스	02-701-8823
홈 페 이 지	www.sdedu.co.kr
I S B N	979-11-434-0132-8(13570)
정 가	40,000원

※ 저자와의 협의에 의해 인지를 생략합니다.
※ 이 책은 저작권법의 보호를 받는 저작물이므로 동영상 제작 및 무단전재와 배포를 금합니다.
※ 잘못된 책은 구입하신 서점에서 바꾸어 드립니다.

더 이상의 위험물 시리즈는 없다!

시대에듀

명쾌하다!
상세한 풀이로 완벽하게 익힐 수 있으니까!

친절하다!
핵심 내용을 쉽게 설명하고 있으니까!

핵심을 뚫는다!
시험 유형에 적합한 문제를 다루니까!

알차다!
꼭 알아야 할 내용을 담고 있으니까!

시대에듀가 신뢰와 책임의 마음으로 수험생 여러분에게 다가갑니다.

위험물시리즈 최고의 베스트셀러!

위험물기능장 필기
한권으로 끝내기
4×6배판 / 정가 42,000원

위험물기능장 실기
한권으로 끝내기
4×6배판 / 정가 40,000원

위험물기능사 필기+실기
한권으로 끝내기
4×6배판 / 정가 36,000원

※ 도서의 구성 및 이미지와 가격은 변경될 수 있습니다.

| 오랜 실무와 강의 경험을 바탕으로 한 저자의 **노하우** 제시 | 2026년 시험 대비를 위한 **최신 개정 법령** 반영 | 핵심을 꿰뚫는 예상문제와 상세한 해설로 **효율적으로 학습** 가능 | 10개년 이상 과년도 + 최근 **기출복원문제 최다** 수록 |

시대에듀 위험물 도서리스트

위험물 기능장

위험물기능장 필기	4×6배판 / 42,000원
위험물기능장 실기	4×6배판 / 40,000원

위험물 산업기사

Win-Q 위험물산업기사 필기	별판 / 28,000원
Win-Q 위험물산업기사 실기	별판 / 28,000원

위험물 기능사

Win-Q 위험물기능사 필기	별판 / 26,000원
Win-Q 위험물기능사 실기	별판 / 25,000원
위험물기능사 필기+실기	4×6배판 / 36,000원

※ 도서의 가격은 변동될 수 있습니다.

시대에듀가 준비한 합격공식 콘텐츠
위험물기능장 필기/실기

동영상 강의 →

합격을 위한 동반자,
시대에듀 동영상 강의와 함께하세요!

www.sdedu.co.kr

유료

수강회원을 위한 특별한 혜택

- 위험물 **기초 화학특강** 제공
- **합격 시 환급 & 불합격 시 연장**
- **최근 + 과년도 기출특강** 제공
- 소방시설관리사 전 강좌 **40% 할인쿠폰** 제공

※ 강의 커리큘럼 및 혜택은 변동될 수 있습니다.